Gesamtverzeichnis des deutschsprachigen Schrifttums (GV) 1700 – 1910

Bearbeitet unter der Leitung von
Hilmar Schmuck und Willi Gorzny
Bibliographische und redaktionelle Beratung:
Hans Popst und Rainer Schöller

68

Jak - Je

K · G · Saur München · New York · London · Paris 1982

CIP-Kurztitelaufnahme der Deutschen Bibliothek

Gesamtverzeichnis des deutschsprachigen Schrifttums :
(GV). – München, New York, London, Paris : Saur.
Bd. 1 – 6 bearb. unter d. Leitung von Peter Geils
u. Willi Gorzny.
ISBN 3-598-30000-X

1700 – 1910 / bearb. unter d. Leitung von Hilmar
Schmuck u. Willi Gorzny. Bibliograph. u. red.
Beratung: Hans Popst u. Rainer Schöller

NE: Schmuck, Hilmar [Bearb.]

68. Jak - Je. - 1982.

Techn. Realisierung und Druck: Norbert Gärtner, Mainz-Kastel
Binden: Karl Schaumann, Darmstadt
Printed in the Federal Republic of Germany
ISBN 3-598-30000-X (Gesamtwerk)

Jäk, J., s. J ä c k

Jäkel, s.a. J a c k e l. – J ä c k e l.

Jackel, Wege-Gesetzgebung für Schlesien. gr. 8. (III, 158 S.) Breslau 871, Glar's Verlagsh. *

Jaekel, Alfred: Ein F a l l von Pankreatitis mit Fettnecrose. Greifswald 1898: J. Abel. (26 S.) 8°
Greifswald, Med. Diss. v. 25. März 1898

Jäkel, C., s. J ä k e l, J. C.

Jäkel, Carl, s. J ä k e l, J. C.

Jäkel, E. Th., Geschichte der Jesuiten, s. Julius.

— Geschichte d. Reformation von Luthers Tode bis auf unsere Zeit. Ein Volksbuch. Anhang zu „Luthers Leben u. Wirken" von demselben Verfasser. 1.–4. Heft. 12. (Mit 3 Stahlst.) Leipzig 846, Naumburg. à n. 1/6 Thlr

Jäkel, E. T., Geschichte der Reformation von Luthers Tode bis auf unsere Zeit. Volksbuch. Anhang zu „Luther's Leben u. Wirken" von demselben Verf. 5–16. Hft. gr. 16. (1. Bd.: VIII S. u. S. 257 – 472 mit 3 Stahlst. 2. Bd.: 566 S. mit 8 Stahlst.) Leipzig 847, Meißner. à n. 1/6 Thlr (cplt. n. 2 2/3 Thlr)

— Geschichte d. neuesten Zeit in Biographien u. Charakteristiken. 1–6. Bdchn. 16. (355 S.) Leipzig 848. 49, Brügmann. (à n. 2 Ngr) u. 12 Ngr – (1. Folge. Neue Ausg.) 16. (355 S.) Ebd. 849. 1/3 Thlr

(Jäkel, E. T.,) ausführl. evangel. Katechismus f. evangel. Konfirmanden, s. Katechismus.

—— der Krieg der schweizer. Eidgenossenschaft gegen den Sonderbund und die Jesuiten. Eine vollständ. Darlegung des ultramontanen Treibens in der Schweiz und der dadurch hervorgerufenen Ereignisse. 8. (72 S.) Leipzig 848, [Matthes.]

Jäkel, E. T., Leben und Wirken Dr. Martin Luther's im Lichte unserer Zeit. Mit vielen Bildern aus Luthers Leben und seiner Zeit. 16–46 Bdchn. Mit 10 Lithogr. 16. Chemnitz 840, Binder. à n. 1/6 Thlr

Jäkel, E. T., Leben u. Wirken Dr. Martin Luther's im Lichte unserer Zeit. Ein Denkbuch für die ganze Christenheit. Mit vielen Bildern aus Luthers Leben und seiner Zeit. 5.–20. Bdchn. 16. Leipz. 841–45, Binder. (Naumburg.) à n. 1/6 Thlr

— dass. 2. Stereotypausgabe (ohne Lithogr.) in 3 Bden. 1. u. 2. Bd. Mit 2 Stahlst. 16. Ebend. 843. à 24 Ngr

— dass. Pracht-Ausg. in 3 Bden. mit Stahlst. 1.–4. Bdchn. mit 7 Stahlst. 16. Ebend. 844. à n. 1/6 Thlr

Jäkel, E. T., Dr. Martin Luther. Geschichte seines Lebens u. seiner Zeit. Ein Gedenkbuch für das evangel. Volk. 1–8. Liefg. Elberfeld 870. Püttmann. gr. 8. (S. 1–384 mit 4 Holzschntafl.) Jede Liefg. 5 Ngr

Jäkel, E. T., Dr. Martin Luther. Geschichte seines Lebens u. seiner Zeit. Ein Gedenkbuch f. das evangel. Volk. 9–18. (Schluß-)Hft. gr. 8. (S. 385–853 m. 5 Stahlst.) Elberfeld 872. Püttmann. à – 50

Jackel, Er., d. Bildung des Menschen, e. Lesebuch für d. Jugend; mit 16 ill. Kpf. 8. Berl. 819. Hasselberg. 1 Thlr

Jäkel, Er., Herbstblumen, oder lehrreiche Erzählungen für wißbegierige Kinder. Mit 8 ill. Kpfr. 16. Berlin 839. Hasselberg. 1/3 Thlr

Jaekel, Ernst

Jackel, Ern., de Diis domesticis priscor. Italor. 4 maj. (6 B.) Berolini 830, Nauck.

(——) die lehrende Mutter, s. Mutter.

Jäkel, E. Rede (bei Einführung des Dir. Bonnell.) 5 S. . . .
Die Antrittsrede des Directors Bonnell s. oben.
Berlin, W., Progr. 1838

Jäkel, E. Rede bei der Gedächtniß-Feier des Kantors Rust. 5 S. . .
Berlin, W., Progr. 1838

—— der german. Ursprung d. latein. Sprache u. d. röm. Volkes; nachgewiesen. gr. 8. (16½ B. u. 1 Tab.) Breslau 830, [W. G. Korn.]

—— Wanderungen d. Familie Waller durch d. schönsten u. merkwürdigsten Gegenden Schlesiens. Ein Leseb. u. Wegweiser. M. 8 Kpfr. 16. (12 B.) Berlin (831), Hasselberg.

—— frohe Winterabende guter Kinder. M. 9 ill. Kpfr. 8. (7 B.) Berlin 829, Hasselberg.

Jaekel, Felix: (Aus d. med. Universitätskl. zu Rostock.) Erfahrungen mit der von Pirquetschen kutanen Tuberkulinreaktion. Rostock 1910: Adler. 28 S. 8°
Rostock, Med. Diss. v. 13. Mai 1910, Ref. Martius
[Geb. 30. Mai 83 Nieder-Hermsdorf i. Schl.; Wohnort: Gehlsheim; Staatsangeh.: Preußen; Vorbildung: Realgymn. Neiße Reife M. 02; Studium: Breslau 1, Königsberg 1, Berlin 1, Tübingen 2, Greifswald 2, Rostock 3 S.; Coll. 18. Nov. 09; Approb. 20. April 10.] [U 10. 3906

Jaekel, H., u. C Parschke, sechs Unterrichtsbriefe zur leichten u. sicheren Aneigng. d. Roller-schen Stenographie. Für d. Selbsterlerng. u. d. briefl. Unterricht. Auf Wunsch d. Herrn H. Roller bearb. u. hrsg. M. losen Übungsblättern. gr. 8. (24 u. 27 autogr. S.) Zielenzig (896). C. Parschke. n.n.n. 1. 50

Jaekel, Hans, Referendar: Die Rechtsstellung der Kriegsschiffe Kriegführender in neutralen Gewässern. Greifswald 1910: Abel. 120 S. 8°
Greifswald, Jur. Diss. v. 8. März 1910, Ref. Hubrich
[Geb. 19. Juni 87 Neusalz a. O.; Wohnort: Neusalz; Staatsangeh.: Preußen; Vorbildung: Gymn. Glogau Reife O. 06; Studium: Lausanne 1, München 2, Berlin 1, Greifswald 3 S.; Rig. 22. Dez. 09.] [U 10. 1521

Jäkel, Heinrich: G e d i c h t e von Schiller und Goethe übertragen von H[einrich] Jäkel. Berlin: Roller's Stenogr. Inst. (Leipzig: Robolsky in Komm.) [1909]. 24, 10 S. 8° [Umschlagt.] [Text stenogr.]
(Stenographische Bibliothek. System Roller. Bd 29. 30.)

Jaekel, Heinrich: L e s e b u c h für Rollersche Stenographen. Zur Weiterbildung d. Roller' schen Weltkurzschrift von Heinrich Jaekel, Lehrer. 2. verm. Aufl. Berlin: Roller 1908. 32 S. 8° [Text stenogr.]

Jaekel, Heinrich: S a m m l u n g deutscher Gedichte zum Gebrauch als Lesestoff in Unterrichtskursen, zsgest. von –. 2. verm. u. verb. Aufl. Wilhelmshagen bei Berlin: Roller's Stenogr. Inst. [nach 1905]. 32 S. 8° [Umschlagt. Text stenogr.]
(Stenographische Bibliothek. System Roller. Bd 24.)

— d. „vereinf. Stenographie" v. Ferdinand Schrey, s: Roller od. Schrey?

Jaekel, Hugo, Forschungen z. altfriesischen Gerichts- u. Ständeverfassung. (VII, 232 S.) gr. 8. Weimar 907. H. Böhlau's Nachf. 6. —
Sonderabdr. aus: „Ztschr. d. Savigny-Stiftg. f. Rechtsgesch."

Jaekel, Hugo, d. Grafen v. Mittelfriesland aus d. Geschlechte König Ratbods. gr. 8. (VIII, 135 S.) Gotha 895. F. A. Perthes. n. 2. —

Jäkel, J., s. Jäkel, J. C.

Jäkel, J. C. (auch: Jäkel, C. J., Carl, Julius Carl u. Julius Cäsar.)

Jäkel, J., Aufgaben zum Tafelrechnen, s.: Berthelt, A.

Jäkel, J., Bibelkunde, s. a. Berthelt, A.

Jäkel, J., Bibelkunde für evangelische Schulen. (Des Kommentars zum größern und kleinern Handbuche für Schüler von Berthelt, Jäkel, Petermann. 8. Bdchn.) 2., durchgeseh. Aufl. gr. 8. (VII und 115 S. mit 1 lithogr. und ill. Karte von Palästina in gr. 4.) Leipzig 866, Klinkhardt.

Jäkel's, J. C., Bibelkunde für evangelische Schulen. 3., umgearb. Aufl. v. Karl Petermann. Mit 3 Anhängen u. einer (lith. u. color.) Karte v. Palästina. gr. 8. (VIII, 112 S.) Leipzig 878. Klinkhardt. n. 1. —

Jäkel, J. C., ausgewählte Erzählungen aus der Geschichte des preußischen Staats für das preuß. Volk und seine Schulen. Ein Beitrag zur Verbreitung vaterländ. Geschichtskenntniß &c. Mit Rücksicht auf die drei Schulregulative bearb. 8. (VIII und 110 S.) Langensalza 855(56,) Schulbuchhandlung des thüringer Lehrer-Vereins. Thlr.

Jäkel, C., ausgewählte Erzählungen aus der Geschichte des preußischen Staats. 2. Aufl. 8. (VIII und 112 S. mit 7 Stnt.) Langensalza 857, [Schulbuchhandlung von Greßler.]

Jäkel, J. C., 100 Erzählungen aus der Kirchen- und Reformationsgeschichte mit besond. Berücksicht. der Geschichte Luthers und der evangelisch-kirchl. Gedenktage. Für den Schulunterricht, für Konfirmanden, Schul-Bibliotheken und zur schlichten, aber ansprechenden Belehrung für Erwachsene mit steter Zurückführung auf die heil. Schrift bearb. 1. Aufl. 1855. und 2. Aufl. 8. (88 S.) Langensalza 856, Schulbuchhandlung des thüringer Lehrer-Vereins.

—— 100 Erzählungen aus der Kirchen- und Reformationsgeschichte mit besond. Berücksicht. der Geschichte Luthers und der evangelisch-kirchlichen Gedenktage. Für den Schulunterricht, für Confirmanden, Schulbibliotheken &c. mit steter Zurückführung auf die heil. Schrift bearb. 3. Aufl. 8. (88 S.) Langensalza 860, [Schulbuchhandlung von Greßler.]

Jäkel, C., 100 Erzählungen aus der Kirchen- und Reformationsgeschichte mit besond. Berücksichtigung der Geschichte Luthers und der evangelisch-kirchl. Gedenktage. Für den Schulunterricht, für Confirmanden, Schulbibliotheken &c. mit steter Zurückführung auf die heil. Schrift bearb. 4. Aufl. 1864. und 5. Aufl. 8. (88 S.) Langensalza 867, Schulbuchh. von Greßler.

Jäkel, C., 100 Erzählungen aus der Kirchen- und Reformationsgeschichte mit besond. Berücksicht. der Geschichte Luthers und der evangelisch-kirchl. Gedenktage. Für den Schulunterricht, für Confirmanden, Schulbibliotheken und zur schlichten, aber ansprech. Belehrung für Erwachsene mit steter Zurückführung auf die heil. Schrift bearb. 6. Aufl. 1871, und 7. Aufl. 8. (88 S.) Langensalza 874, Schulbuchh. von Greßler.

Jäkel, C., 100 Erzählungen aus der Kirchen- u. Reformationsgeschichte m. besond. Berücksicht. der Geschichte Luthers u. der evangelisch-kirchl. Gedenktage. Für den Schulunterricht, f. Confirmanden, Schulbibliotheken u. zur schlichten, aber ansprech. Belehrg. f. Erwachsene m. steter Zurückführg. auf die heil. Schrift bearb. 8. Aufl. 8. (100 S.) Langensalza 876. Schulbuchh. — 60

Jäkel's, C., 100 Erzählungen aus der Kirchen- u. Reformationsgeschichte, m. besond. Berücksicht. der Geschichte Luthers u. der evangelisch-kirchl. Gedenktage. Für den Schulunterricht, für Confirmanden, Schulbibliotheken u. zum Wegweiser für Jedermann, m. steter Zurückführung auf die heil. Schrift neu bearb. v. Hermens. 9. Aufl. 8. (100 S.) Langensalza 879. Schulbuchhandlung. — 60

Jäkel, C., 100 Erzählungen aus der Kirchen und Reformationsgeschichte mit besond. Berücksicht. der Geschichte Luthers und der evangelisch-kirchl. Gedenktage. Für den Schulunterricht, für Konfirmanden, Schulbibliotheken und zum Wegweiser für Jedermann, mit steter Zurückführung auf die heil. Schrift, neu bearb. von Hermens. 10. Aufl. 8. (112 S.) Langensalza 883, Schulbuchh. von Greßler.

Jäkel's, C., 100 Erzählungen aus der Kirchen- u. Reformationsgeschichte m. besond. Berücksicht. der Geschichte Luthers u. der evangelisch-kirchlichen Gedenktage. Neu bearb. v. Hermens. 11. Aufl. 8. (112 S.) Langensalza 891. Schulbuchhandlg. — 60

Jäkel, J. C., deutsches Familienbuch, s. Berthelt, A.

Facitbuch, s. Berthelt, A.

Jäkel, J. (C.), Geographie, Geschichte und Verfassung des Königr. Sachsen, s.: Berthelt, A.

—— Geschichte, Geographie und Verfassung des Königr. Sachsen, s.: Berthelt, A.

—— Geschichte der christl. Kirche für evangel. Schulen, s. a. Berthelt.

Jäkel's, J. C., Geschichte der christlichen Kirche für evangelische Schulen. 4., verm. u. gänzlich umgearb. Aufl. v. Karl Petermann. 8. (VI, 164 S.) Leipzig 879. Klinkhardt. n. 1. 20

Jäkel's, J. C., Geschichte der christlichen Kirche für evangel. Schulen. 6. verb. Aufl., besorgt von E. Eckardt. gr. 8. (IV, 156 S.) Lpz. 890, Klinkhardt. 1 20

—— Geschichte des preußischen Staats. Nach den besten vorhand. Materialien und mit specieller Darstellung der Provinzialgeschichte für Freunde der vaterländ. Geschichte, für Patrioten und Gebildete jeden Standes, namentlich aber für die Bedürfnisse der preuß. Lehrer bearb. 2 Bde. gr. 8. Langensalza 861, Schulbuchh. von Greßler. [1. Bd. (XII und S. 1—380.) * 1 Thlr. 7½ Ngr., 2. Bd. (S. 381—644.) * 24 Ngr.]

—— Geschichte und Verfassung des Königreich Sachsen, s. Berthelt, A.

—— biblische Geschichten mit Bildern, s. Berthelt, A.

—— biblische Geschichten für Mittel- und Unterklassen, s. Bertheld, A.

——, A. Berthelt, C. Petermann, Handatlas, s. Berthelt, A.

—— größeres Handbuch für Schüler, s.: Berthelt, A.

—— kleineres Handbuch für Schüler, s.: Berthelt, A.

—— Kommentar zum größeren und kleineren Handbuch für Schüler, s. Berthelt, A.

—— der menschliche Körper, s.: Berthelt, Aug.

— Lebensbilder, s.: Berthelt, A.

— Lebensbilder, s. Lebensbilder.

— erstes Lesebuch nach der Schreiblese- s.: Berthelt, A.
methode,

— „Mit Gott, für König und Vaterland!" Eine Sammlung auserlesener patriot. Lieder. Für Preußens Heer und Volk. Besonders zur würdigen Geburtstagsfeier Sr. Maj. des Königs componirt. Op. 6. Hrsg. von G. W. Körner. br. 8. (31 S.) Erfurt 855, Körner's Verlag. *

— Pflanzenkunde, s. Berthelt, A.

— Rechenschule, s. Rechenschule.

— neue Rechenschule, s.: Berthelt, A.

Jäkel, Jul. Cäs., Christliche Religionsgeschichte, s. Berthelt, Jäkel u. Petermann, Kommentar ꝛc.

— Sammlung poetischer Musterstücke, s. Berthelt, A.

— sorgfältig ausgewählte Uebungs-Stoffe für die Singstunden in der Volksschule. Vollständig in 3 auf einander folgenden Heften, enth.: zahlreiche Vorübungen oder eine kleine vollständige Gesangschule, ein- und zweistimm. leichtere Lieder, die bekanntesten Choräle ꝛc. 3 Hefte. gr. 16. (92 S.) Erfurt 855, Körner's Verlag. à Heft * 2 Ngr. *

Vgl.: Aufgaben zum Tafelrechnen. — Berthelt, A. — Geschichten, biblische. — Julius, G. — Lebensbilder. — Lesebuch, erstes. — Rechenschule. — Sammlung poet. Musterstücke. — Wandtafeln, XIV, zur Lese- und Schreibefibel.

— Vorbereitungsheft, s. Berthelt, A.

— Wandtafeln, s. Wandtafeln.

— Wandtafeln, XIV, zur Lese- u. Schreibefibel, s. Bertheld, A.

Jäckel, J. G., Gedanken von der Unendlichkeit der Höllenstrafen. Chem. 771. 8.

Jäkel, Johs., Gustav-Adolf-Freunde, vorwärts im hl. Werk! Predigt, b. Jahresfeste d. Dresdener Gustav-Adolf-Hauptvereins in Schandau am 29. VI. 1898. gr. 8. (15 S.) Dresden 898. F. Sturm & Co. n. — 20

Jäkel, Jos. Zur Aeneassage. 27 S. 8. *Freistadt Ob. Östr.* 1879
Progr.

Jäkel, Jos., Ferdinand I. u. die Stipendiaten aus den Partikularschulen Oberösterreichs in den J. 1551—1554, s. a. Beiträge zur österreich. Erziehungs- u. Schulgeschichte. 5. Hft.

Jäkel, Josef: Ferdinand I. und die Stipendiaten aus den Partikularschulen Oberösterreichs in den Jahren 1551 bis 1554. Von Josef Jäkel, Gymn.Prof. in Freistadt. (Wien & Leipzig: W. Braumüller 1904.) (S. 57–98.) 8°
= Beiträge z. Österr. Erziehungs- u. Schulgeschichte. H. 5, 2.

Jäkel, Jos., zur Frage üb. d. Entstehung d. Täufergemeinden in Oberösterreich. Progr. gr. 8. (39 S.) Freistadt 895. (Linz, F. J. Ebenhöch.) n. — 80

— die Freiheit des menschlichen Willens. Hrsg. vom deutschen Schulverein. (VII, 75 S.) gr. 8. Wien 906. (C. Fromme.) n. 1. —

Jäkel Josef: Geschichte des Gymnasiums in Freistadt. A. Vorgeschichte. Die latein. Schulen der Piaristen vor 125 Jahren. (84). Freistadt 92.
Progr.

Jäkel, Jos., Geschichte der latein. Schulmeister zu Freistadt, s.: Beiträge zur österreich. Erziehungs- u. Schulgeschichte. 3. Hft.

Jäkel, Jos. Geschichtliches über die Gotteshäuser der Stadtpfarre Freistadt in Oberösterreich. 32 S. 8.
Progr. *Freistadt Öst.* 1885.

Jaekel, Josephus (*geb. Heidersdorf bei Nimptsch 22. 10. 1836*): De Kantii phaenomeno et noumeno quomodo inter sese habeant. Vratislaviae (1862). (28 S.) 8°
Breslau, Phil. Diss. v. (30.) Juli 1862

Jäkel, Jos., der Satz des zureichenden Grundes. gr. 8. (208 S.) Breslau 869, Maruschke und Berendt. *

Jäkel, J., Das Teiresiasorakel. (Hom. Odyss. λ 100—188.) Pr. 1876. 46 S.

— Kirchliche und religiöse Zustände in Freistadt während des Reformations-Zeitalters. 8 (S. 3—32). Schluss. 8 (S. 3—38).
Progr. Staat-G. *Freistadt in Oberösterr.* 1889. 1890.

Jäkel, Julius Carl, s. Jäkel, J. C.

Jäkel, Julius Cäsar, s. Jäkel, J. C.

Jäkel, Leop., das Kassen- u. Rechnungswesen bei den preußischen Staats- u. den unter Staats-Verwaltung stehenden Eisenbahnen, beruhend auf der General-Instruction vom 11. Mai 1858, der Instruction für die Ober-Rechnungs-Kammer vom 18. Dezbr. 1824 u. den einschläg. Bestimmungen. Zusammengestellt u. bearb., sowie m. einem Anh. versehen. 5., verm Aufl. gr. 8. (VI, 332 S.) Görlitz 880. (Breslau, Leuckart.) n.n. 5. —

Jäkel, Leop., das Kassen- und Rechnungswesen bei den preußischen Staats- und den unter Staats-Verwaltung stehenden Eisenbahnen, beruhend auf der General-Instruction vom 11. Mai 1858, der Instruction für die Ober-Rechnungs-Kammer vom 18. Dezbr. 1824 und den einschläg. Bestimmungen. Zusammengestellt und bearb., sowie mit einem Anhang versehen. 5. verm. Aufl. (VI, 332 S.) 1880. ** ℳ 5.; 6. erheblich verm. Aufl. gr. 8. (VII, 428 S.) Görlitz 883. (Breslau, Leuckart'sche Sortimentsh.) **
1.—4. Aufl. erschienen im Selbstverlage des Verfassers.

Jäkel, Mart., Magister Haugsdorff. Ein Pfarrherr v. Hirschfelde in d. Oberlausitz während des dreißigjähr. Krieges. Ein Beitrag z. Heimatsgeschichte. (44 S.) gr. 8. Zittau 910. W. Fiedler. 1. —

Jäkel, Martin: Zur Komposition des Hans Memling. Ein Ergänzungskapitel zu Lessings Laokoon. Leipzig 1910: Marx, Reichenau. 90 S. 8° ¶ (Ersch. vollst. als Buch b. Dieterich, Leipzig.)
Leipzig, Phil. Diss. v. 22. Febr. 1910, Ref. Schmarsow, Volkelt
[Geb. 8. Okt. 83 Hirschfelde b. Zittau; Wohnort: Lindenau b. Leipzig; Staatsangeh.: Sachsen; Vorbildung: Gymn. Zittau Reife O. 03; Studium: Greifswald 1, Leipzig 9 S.; Rig. 17. Febr. 09.] [U 10. 3164

— Zur Komposition d. Hans Memling. Ein Ergänzungskapitel zu Lessings Laokoon. (Diss.) (95 S. m. 1 Grundr. u. 1 Taf.) gr. 8. Leipzig 910. Dieterich. 2. —

Jaekel, Otto

Jaekel (O.), Ueber das Alter des sog. Graptolithen-Gesteins. Mit besonderer Berücksichtigung der in demselben enthaltenen Graptolithen. (Sep.-Abdr. der Ztschr. d. D. geol. Ges. 1889.) Berlin 1890. 8.

Jaekel, O., Beiträge zur Geologie v. Kamerun, s.: Esch, Ernst.

Jaekel, O., Beiträge zur Kenntniss d palaeozoischen Crinoiden Deutschlands, s.: Abhandlungen, palaeontolog.

Jaekel, O., üb. d. Beurteilung d. paarigen Extremitäten. (S. 707—724 m. Abb.) Lex. 8. Berlin 909. G. Reimer. 1. —
Sonderabdr. aus. „Sitzungsber. d. preuss. Akad. d. Wiss."

—— Ueber das Darmsystem der Pelmatozoen. (Sep.-Abdr. a. d. Sitz.-Ber. d. Gesellsch. naturf. Freunde, Jahrg. 1897.) 8.

Jäkel, Otto [aus Neusalz a./Oder]: Das Diluvium Nieder-Schlesiens .... (Abdr. a. d. Zeitschr. d. D. geol. Ges. XXXIX, 2.) Berlin, Druck v. J. F. Starke, 1887; 2 Bl. + S. 277 300 + 2 Bl. u. 2 Taf. 8°.
München, Phil. Fak., Inaug.-Diss. v. 1887.

—— Einige paläozoische Gattungen von Crinoiden. (Abdr. a. d. Zeitschr. d. deutschen geol. Gesellsch., Jahrg. 1897.) 8.

—— Die Organisation von Archegosaurus. (Sond.-Abdr. aus: Zeitschr. d. Dtsch. geol. Gesellsch., Jahrg. 1896.) 8.

—— Ueber die Organisation der Petalodonten. (Sep.-Abdr. a. d. Zeitschr. d. Dtsch. geol. Gesellsch., Band 51, Jahrg. 1899.) 8. Mit 2 Tafeln.

Jaekel (O), Phaneropleuron und Hemictenodus, n. g. (Sitz.-Ber. der Gesellsch. naturf. Freunde z. Berlin 1890.) 8.

Jaekel, O., die Selachier aus dem oberen Muschelkalk Lothringens, s.a. Abhandlungen zur geologischen Specialkarte v. Elsass-Lothringen.

Jaekel, Otto, die eocänen Selachier vom Monte Bolca. Ein Beitrag zur Morphogenie der Wirbelthiere. Mit 39 Textabbildgn. u. 8 Taf. in Heliograv. (Hrsg. m. Unterstützg. der kgl. Akademie der Wissenschaften zu Berlin.) Lex.-8. (III, 176 S. m. 8 Hülfstaf.) Berlin 894. J. Springer. n. 20. —

— unter-tertiäre Selachier aus Südrussland. [Mémoires du comité géologique, vol. IX, Nr. 4.] (Russisch u. deutsch.) Imp.-4. (35 S m. 2 Taf. u. 2 Bl. Erklärgn.) St Petersburg 895. (Eggers & Co.) n. 3. —

Jaekel, Otto, Stammesgeschichte der Pelmatozoen. 1. Bd. Thecoidea u. Cystoidea. gr. 4. (X, 442 S. m. 88 Fig., 18 Taf. u. 18 Bl. Erklärgn.) Berlin 899. J. Springer. n. 40. —

—— Ueber die Stammform der Wirbelthiere. (Sond.-Abdr. a. d. Sitz.-Ber. d. Gesellsch. naturf. Freunde zu Berlin 1896.) 8.

Jaekel (O.), Ueber d. system. Stellung d. Gattung Pristiophorus. (Sep.-Abdr. der Zeitschr. d. D. Geol. Ges. 1890.) Berlin 1891. 8. Mit 4 Tafeln.

—— Verzeichniss der Selachier des Mainzer Oligocäns. (Sep.-Abdr. a. d. Sitz.-Ber. d. Gesellsch. naturf. Freunde, Jahrg. 1898.) 8.

Jaekel, O., über verschiedene Wege phylogenetischer Entwickelung. gr. 8. (60 S. m. 28 Abbildgn.) Jena 902. G. Fischer. n. 1.50
Sonderabdruck aus: „Verhandlgn. des 5. internat. Zoologen-Congresses zu Berlin".

Jäkel, Richard

KURZE NACHRICHTEN ÜBER DIE LAUSITZER PREDIGER-GESELLSCHAFT ZU LEIPZIG.
Mittheilung 11., vom 10. December 1866 bis dahin 1872. Zusammengestellt von RICHARD JÄKEL. (Bautzen. Druck von L. A. Donnerhak.) 4°.

Jaekel, V[aleska]: Die Frau. Anthropolog. Studien. — Leobschütz: Selbstverl. 1901. 164 S. 8°

Jaekel, V., die Natur der Frau. Anthropologische Studien. gr. 8. (XVI, 301 S.) Berlin 900. Charlottenburg, M. Hildebrandt. n. 3. —

— Studien zur vergleichenden Völkerkunde. Mit besond. Berücksicht. des Frauenlebens. 8. (XI, 144 S.) Berlin 901. S. Cronbach. n. 2. —; geb. n. 3. —

Jakesch, Wilh., Bleichsucht u. Blutarmut beim weiblichen Geschlechte. 8. (32 S.) Berlin 892. C Duncker. n —75

— üb. Menstruationsanomalien, s.: Wandervorträge, medicinische.

Jakesch, Wilh., die Schicksale d. blonden Rasse. Die Kämpfe um Böhmen im Spiegel d. Weltgeschichte. 2 Vorträge. (86 S.) gr. 8. Leipzig (909). G. Müller-Mann. 1. —

JÁKI, FRANZ: Das Buch der heiligen Rosenkränze, oder: Anweisung, 50 verschiedene hl. Rosenkränze zu beten, für fromme katholische Christen gesammelt von Franz Jáki, weiland Pfarrer in Osli. Nach der dritten ungarischen Auflage ins Deutsche übertragen von Dr. Adam Olt, Kaplan in Budapest-St. Joseph. Budapest 1887: Col. Rózsa u. Frau (vorm. A. Bucsánszky). 274 S. - 180 mm
- Dass. Budapest 1898. Col. Rózsa u. Frau.
- Dass. Budapest (1915): Col. Rózsa u. Frau.

Jäkle, Bern., das Duell, s.a. Erinnerungsblätter.

Jackle, Bernard
Das Duell. Erzählung. Von Bernard Jäkle.
Wien: Kaulfuß & Krzler 1859. 160 S. 8°

Jäkle, Bern., s. Erinnerungsblätter. Eine Sammlung von Erzählungen &c.

Jaekle, Hermann, s. Jaeckle

Jäklin, Dietrich, s. Jecklin.

Jaklitsch, Gius., istrazione elementare, .. Wien ..., Braumüller et Seidel. n. 5/12 ℛ

— Principj elementari della lingua italiana ad uso della gioventù. gr. 8. Milano 829. (Triest, Börner.) 3/4 ℛ

Jaklitsch, Gius., Studio della lingua alemanna. Metodo semplificato d'imparare la lingua tedesca, con o senza l'assistenza d'un precettore. gr. 8. (18¾ B. u. 1 Bl. Vorschriften.) Vienna 836, (Braumüller e Seidel.) Thlr. *

Jakob, s.a. Jacob.

JAKOB aus den Bergen, Doktor Lustig der unübertreffliche Spassmacher. 1860.

— — Dasselbe. 1873.

Jakob, du mußt bremsen! Die kleinen Schuhe. Zwei Erzählungen. (Hrsg. vom schweizer. Mäßigkeitsverein.) 8. (16 S.) Basel 884, Spittler. *

Jakob, du musst bremsen! Die kleinen Schuhe. Zwei Erzählgn Bonn & Barmen: Agentur d. Blauen Kreuzes [1898]. (16 S.) 1 Bd 8.

Jakob, Der gute alte ..., s.a. Jacob. – Der gute alte Jacob.

Jakob, d. gute alte, oder d. Kunst reich zu werden; eine Erzählung fürs Volk, (v. K. Witte). Mit 1 Kpf. 2e Ausg. unt. d. T.: d. kluge Mann in Wiesendorf, oder d. Kunst reich zu werden. 8. Leipz. (ohne Jahrz.) Joachim. 6 K

Jakob und sein Herr, s.a. Jacob. – Jacob und sein Herr.

Jakob und sein Herr, von Diderot. 2 Bände. 8. Berlin, Unger. 792. (Reimer.) Velinpap.

Jakob, Der kleine, und die große Marie, s. Jacob. – Der kleine Jacob und die große Marie

— der kleine, und die große Marie, eine Geschichte, 2 Theile mit 1 Kupf. 8. Leipzig, 796. G. Fleischer. 2 Rthl.

Jakob, der krüppelhafte. Ein Beispiel echter Frömmigkeit. Eine Erzählung zur Belehrung für Unglückliche und Trostbedürftige. 8. ... (Lindau, Stettner.) 2 ngl

Jakob van der Nees. Von der Verf. v. Godwie-Castle. 3 Thle. I. Angela. II. Urica. III. Floripes. 8. (79½ B.) Breslau 841, Max u. Comp.

Jakob und das Publikum, s.a. Jacob. – Jacob und das Publikum.

Jakob u. d. Publikum, oder ein Dialog über d. Ankündigung des Instituts für Selbstrecensionen, (v. Jh. Dn. Schulze). 8. Gera u. Leipz. 801.

Jakob und die schöne Rahel, s.a. Jacob. – Jacob und die schöne Rahel.

— und die schöne Rahel, 2 Theile, 8. Gera, 795. Rothe. 1 Rthlr. 15 sgl.

— u. seine Söhne in Deutschland. Das deutsche Trauerspiel der Gegenwart. 8. (93 S.) Berlin 883. (M. Schulze.) n. 1.—

Der Vetter Jakob. Illustrirter Schweizerischer Familien-Kalender. 1871. 36 Seiten. 4. Zürich, J. R. Müller. —. 35

Vetter Jakob. Illustr. schweizer. Familienkalender. 1872. 52 Stn. 4. Zürich, J. R. Müller. —. 35

Vetter Jacob. Illustr. Schweizer. Familien-Kalender. 1873. 48 Stn. 4. Zürich, J. R. Müller. —. 35

Vetter Jacob. Illustr. schweizer. Familienkalender f. 1874. 48 Stn. 4. Zürich, J. R. Müller. —. 35

Vetter Jacob. Illustr. Familienkalender f. 1875. 4. Zürich, J. R. Müller. —. 35

„Vetter Jakob". Illustr. schweiz. Familienkalender 1876. 4. Zürich, Müller z. „Leutpriesterei". —. 35

Vetter Jakob. Illustr. schweiz. Familienkalender f. 1877. 4. Zürich, J. D. Müller —. 50

Vetter Jakob, illustr. schweiz. Familien-Kalender 1878. 4. Zürich, J. R. Müller. —. 50

Jakob, Vetter. Illustrirter schweizer. Familien-Kalender. 1881—1885. 4. (à Jahrg. ca. 75 S. mit eingedr. Holzschn.) Zürich. (Bern, Jenni's Buchh.) à Jahrg. *

Jakob, Vetter. Illustrirter schweizer. Familien-Kalender, 1886—1888. 4. (à Jahrg. ca. 70 S.) Zürich. (Bern, Köhler'sche Buchh.) à Jahrg. *
—— dass. — 1889. 4. (71 S.) Zürich, (Meyer und Zeller.) *

Jakob, Vetter. Illustrierter schweizer. Familien-Kalender 1891. 4. (54 S.) Zür., (Meyer u. Zeller). — 40

Jakob, Vetter. Illustr. schweizer. Familien-Kalender. 1894. 4. (71 S.) Zürich, J. R. Müller. n. — 40

Jakob von Cessole. Schachbuch, s. Bibliothek älterer Schriftwerke d. deutsch. Schweiz.

Jakob I. von England. ΒΑΣΙΛΙΚΟΝ ΔΩΡΟΝ Oder Königliches Geschenk Jacobi I. Königes in Engelland, Schottland und Irland, an seinen Sohn Prinzen Heinrich in sich fassend Eine Unterweisung wohl zu regieren, auf das neue in das Teutsche übersetzet. Ebenda 1750. 22 Bl. 119 S.

Jakob, s.a. Jacob. – Jacobi. – Jacobus. – Jacoby. – Jakobi. – Jakobs. – Jakoby.

Jakob's, Vetter, Erzählungen ꝛc., s.a. Vetter.

Jakob's, Vetter, Erzählungen, Fabeln u. Mährchen für Knaben u. Mädchen ꝛc. von 8—12 Jahren. Mit 8 ill. Kpf. 8. Magdeb. 830. Rubach. 1 ₰

Jakob. Esquisses du Tout Universel. Préface par J. H. D. Mit 1 Tf. In-8°. 153 S. Zürich, Fäsi & Beer. 3 —

Jakob, d. Gesetze üb. Enregistrements-Stempel etc. in Els.-Lothr. Amtl. Strassburg 878.

Jakob: Die Mineralwasser- und Limonaden-Fabrikation, s. Schädlich & Jakob.

Jakob, Vater, s.: Selbsterzieher, der.

(F) Unterrichts- und Lesebuch für weibliche Fortbildungs- und Sonntagsschulen. Mit besonderer Berücksichtigung der Hauswirtschaftskunde und Gesundheitspflege nach den amtlichen Lehrplänen für die Fortbildungsschulen Württembergs zum allgemeinen Gebrauche au Fortbildungeschulen hearbeitet und herausgegeben von Jakob Ils. 3., vermehrte und verbesserte Auflage. Stuttgart und Wien 1901. Roth. Gr.-8°. 213 S. K 1.44

Jakob, Vetter, die Wörterschau; e. Posse. 8. Leipz. 802. Göschen. 9 K

Jakob, A., unsere Erde, s.a. Bibliothek, illustrirte, der Länder- und Völkerkunde.

Jakob, A., unsere Erde. Astronomische und physische Geographie. Eine Vorhalle zur Länder- und Völkerkunde. gr. 8. (XII, 485 S. mit 100 in den Text gedr. Holzschn., 26 Vollbildern und 1 Spektraltaf. in Farbendr.) Freiburg i. Br. 883, Herder'sche Verlagsh. * M 8.; geb. *

Jakob, A., unsere Erde. Astronom. u. phys. Erdbeschreibg. E. Vorhalle z. Länder- u. Völkerkunde. 2., unt. Mitwirkg. v. J. Plaßmann wesentl. erweit. u. verb. Aufl. (Illustr. Bibliothek d. Länder- u. Völkerkunde.) gr. 8. (XIV, 531 S. m. 138 Abb, farb. Titelbild, 1 Spectraltaf. u. 2 Karten) Freiburg i/B. 895. Herder. n. 8. —; geb. in Leinw. n. 10. —

Jakob, A., Hauptlehren der mathematischen Geographie. Für Real- u. Handelsschulen, sowie für Lehrerseminarien. gr. 8. (IV, 87 S. m. 4 Steintaf.) Nürnberg 879. Korn. n. 1. 40

Jakob, A., el hombre, rey de la creación. Estudio de antropología y etnografía Traducción directa del Alemán por D. Fernando Peña Maya. gr. 8. (VIII, 171 S. m. 54 Abbildgn.) Freiburg i/B. 895 Herder. 3. —; geb. in Leinw. n. 3. 80

Jakob, A., patriotische Liederharfe, s.: **Richter, E.**

Jakob, A Mitteilungen aus dem Leben Ernst Hentschels. Leipzig 1882.

— die große französische **Revolution**, deren Ursachen, bezeichnendste Erscheinungen u. Begebenheiten. Die Schicksale Ludwigs XVI. u. der Seinigen. Eine zeitgemäße histor. Betrachtg. f. jung u. alt. gr. 8. (132 S. m. Abbildgn.) Münster 894. A. Russell. n. 2. —; geb. n. 2. 50

Jakob, A., Weltkunde, s.a. **Jugendbibliothek**, illustrirte, im Anschlusse an das Lesebuch von J. Bumüller und J. Schuster.

—— Weltkunde im Anschluß an das Lesebuch von J. Bumüller und J. Schuster. Illustr. Ausg., für die reifere Jugend neu bearb. 12. (V, 183 S. mit 55 Abbild.) Freiburg i. Br. 886, Herder'sche Verlagsh. *ℳ 1.—; geb. *

Jakob, A., Cypressenzweige auf Gräber geliebter Entschlafenen, s.: **Richter, E.**

v. Jakob, Ad. Ludolf, (Sohn v. L. H.), s. **Criminalcodex für d. russ. Reich.**

Jakob, Alfons: Die Pathogenese der Pseudobulbärparalyse. Mit 1 lith. Taf. Berlin 1909: Schumacher. IV, 132 S. 8° ¶(Aus: Archiv f. Psychiatrie u. Nervenkrankh. Bd 45, H. 3.)
Straßburg, Med. Diss. v. 13. Juli 1909, Ref. Wollenberg
[Geb. 2. Juli 84 Aschaffenburg; Wohnort: Straßburg; Staatsangeh.: Bayern; Vorbildung: Gymn. Aschaffenburg; Studium: München 2, Straßburg 3, Berlin 1, Straßburg 5 S.; Coll. 11. Dez. 08; Approb. 2. Dez. 08.] [U 09. 3803

Jakob, Anton, Der Mensch, die Krone der irdischen Schöpfung Zeitgemäße Betrachtungen über Verbreitung, Einteilung, Abstammung und Alter des Menschengeschlechtes mit einer kritischen Beleuchtung der Affentheorie. Mit 53 Textillustrationen u. 1 Karte in Farbendruck. Freiburg, Herder, 1890, gr 8°, VIII, 160 S., 2,40 M!

Jakob, (Ksm. Jak. Carstens), Idyllen. Schwerin 17...

Jakob, Aug., deutscher Liedergarten, s. **Erk, L.**

— **Mitteilungen** aus dem Leben Ernst Hentschels, k. Musikdirektors u. 1. Seminarlehrers in Weißenfels. Biographische, pädagog. u. musikal. Aphorismen aus dem Briefwechsel desselben m. einem Jugendfreunde. 8. (III, 116 S.) Leipzig 882. Merseburger. 1. 50

— u. **A. Kretschmer**, Palmenzweige. Nachrufe f. geliebte Entschlafene; sowie Grabdenkmal-Inschriften. gr. 8. (IV, 119 S.) Erfurt 883. Bartholomäus. n. 1. —

Jakob, Aug., u. **Alb. Kretschmer**, poetischer Ratgeber für Kinder u. Erwachsene oder der Gelegenheitsdichter in Freud u. Leid. Sammlung von Dichtungen für Neujahr, Sylvester, Geburtstag rc. gr. 8. (III, 124 S.) Strehlen 882. Gemeinhardt. n. 1. —

— — **poetischer Ratgeber** f. Kinder u. Erwachsene, od. der Gelegenheitsdichter in Freud' u. Leid. 8. (III, 124 S.) Strehlen 884. Gemeinhardt. cart. n. 1. —

Jakob, A. Die Rübenzucker-Fabrikation, ihr volkswirthschaftlicher Nutzen und ihre Besteuerung. gr. 8°. Halle 1852.

(Jakob, A.) „Historischer Rückblick auf die Geschichte der Anstalt in den verflossenen 25 Jahren". pg. 42—47. 8°. M. Niedermayr.
Rosenheim, Progr. 1905/06

— patriotischer Sängerhain, | s.: **Erk, L.**
— Teutonia, |

Jakob, Benno, aus Erlangen. Ueber infektiöse Embolie im Wochenbett. *Erlangen 1898: E. Th. Jacob.* (23 S.) 8°
Erlangen, Med. Diss. v. 20. Juli 1898

Jakob, C., prakt. Bemerkk. über d. Zähne u. d. Krankheiten derselben. 8. Hamb. 789. ...

Jakob, C. G., s. **Jacob**, Karl Georg

Jakob, C. H., s.a. **Jacob**

— Ausführliche Erklärung des Grundrisses der allgemeinen Grammatik. Leipz. 814. 8. 18 gr.

Jakob, C. H., Grundriß der allgemeinen Grammatik. Leipz. 814. 8. 8 gr.

Jakob, Christfried [aus Nördlingen]: Aortitis syphilitica (?) . . . Erlangen, Druck v. A. Vollrath's k. b. Hofbuchdr., 1891; 30 S. 8°
Erlangen, Med. Fak., Inaug.-Diss. v. Jul. 1891

Jakob, Christfried, Atlas des gesunden u. kranken Nervensystems, nebst Grundriss der Anatomie, Pathologie u. Therapie desselben, s.a. **Lehmann's medicin. Handatlanten.**

Jakob, Christfried: **Atlas** des gesunden und kranken Nervensystems nebst Grundriss der Anatomie, Pathologie u. Therapie desselben von Christfried Jakob, Arzt in Bamberg. Mit e. Vorw. von Ad[olf] v. Strümpell, Dir. d. med. Klinik, Erlangen. Mit Lithogr. u. Holzschn. München: J. F. Lehmann 1895. (XXIII, 89, 197 S., 78 Taf.) 8°
= Hand-Atlanten, Lehmann's Medicinische. Bd 9.

— **Atlas d. klin. Untersuchungsmethoden, nebst Grundriss d. klin. Diagnostik u. d. spez. Pathologie u. Therapie der inneren Krankheiten**, s.a. **Lehmann's medicin. Handatlanten.**

Atlas der Klinischen Untersuchungsmethoden nebst Grundriss d. klin. Diagnostik u. d. speziellen Pathologie u. Therapie der inneren Krankheiten von Christfried **Jakob**, Arzt in Bamberg. Mit 182 farb. Abb. auf 68 Taf. u. 64 Abb. im Text *München: J. F. Lehmann 1897.* (XV, 231 S.) 8°
— Hand-Atlanten, Lehmann's Medicinische. Bd 15.

— **neurologische Wandtafeln**, s.: **Strümpell, Adf.**

Jakob, Elias, s.: **Fromer, J.**

Jakob, Emil *Ernst Moritz* [aus Prenzlau in Brandenb.]: Complikationen und Nachkrankheiten von Diphtherie ... Greifswald, Druck v. J. Abel, 1894; 31 S. 8.
Greifswald, Med. Fak., Inaug.-Diss. v. 24. März 1894

Jakob, Aemil. Rich. Henr (geb. Wollin bei Prenzlau 20. 11 1836): De meningitide tuberculosa infantium. Berolini (1860). (32 S.) 8°
Berlin, Med. Diss. v 27. März 1860

Jakob, F: Über die partielle elektrolytische Reduktion aromatischer Polynitrokörper bei Gegenwart von Vanadinsalzen. Diss. Erlangen 1908

Jakob, Ferd., Buchhaltung nach vereinfachtem amerikan. System, s.a. Gewerbe-Bibliothek, schweizer. Nr. 12.

Jakob, Ferd[inand]. Buchhaltung nach vereinfachtem amerikanischem System. Hrg. für gewerbliche und kaufmännische Fortbildungsschulen, sowie zum Privatgebrauche. IV + 28 S. 8. Bern, Büchler & Co., 1906. fr. —. 50; von 10 Ex. an, à —. 25
Schweizer. Gewerbe-Bibliothek. Nr. 12.

— u. J. Spreng, Geschäftsaufsätze f. Volks-, Fortbildungs- u. Gewerbeschulen, sowie zum Privatgebrauch. Stoff: Erklärungen. — Gesetzliche Bestimmgn. — Musterbeispiele. — Aufgaben. Nach den Vorschriften des schweiz. Obligationenrechts u. des Betreibungs- u. Konkursgesetzes bearb. 2., umgearb. u. verm. Aufl. 8. (IV, 128 S.) Bern 899. K. J. Wyss. n. 1. —

Jakob, Ferd[inand], und Spreng, J[acob]. Geschäftsaufsätze für Volks-, Fortbildungs- und Gewerbeschulen, sowie zum Privatgebrauch. Stoff: Erklärungen — Gesetzliche Bestimmungen — Musterbeispiele — Aufgaben. Nach den Vorschriften des Schweiz. Obligationenrechtes und des Betreibungs- und Konkursgesetzes bearb. von Ferd. J'... und J. Sp', Fürsprecher in Bern. [Mit Anhang.] 3., durchgesehene und vermehrte Aufl. IV + 134 + *Anhang* 23 S. 8. Bern, K. J. Wyss, 1905. [geb. fr. 1. 50]
Anhang u. d. T.: Praktische Aufgaben aus den Geschäftsaufsätzen für V'-, F'- und G' s' zum P'. Nach den V' des Schweiz. Obligationenrechts und des B'- und K' bearb. von Ferd. J'... und J. Sp', Gerichtspräsident in Bern. 23 S. 8. Bern, K. J. Wyss, 1899.

Jakob, Ferd., Leitfaden f. Rechnungs- u. Buchführung. Hrsg. f. Volks-, Fortbildungs- u. Gewerbeschulen, sowie zum Privatgebrauch. 3. durchgeseh. u. bedeutend verm. Aufl. 8. (VIII, 152 S. m. 2 Formularen.) Bern 900. Scheitlin, Spring & Co. Kart. n.n. 1. 20

Jakob, Ferd., kleine Sammlung von Muster- und Uebungsbeispielen für den Unterricht in der Rechnungsführung in den obern Primarklassen und den Sekundarschulen. gr. 8. (III, 44 S.) Bern 874, Daly'sche Buchh. *
Erläuterungen und Auflösungen (15 S.) *

Jakob, Fr., ABC-Büchlein für Landfeuerwehren. 1. und 2. Aufl. 16. (71 S.) Freising 881,82, Datterer. *

Jakob, Frz., die Fabel v. Atreus u. Thyestes in den wichtigsten Tragödien der engl., französ. u. italien. Literatur, s.a. Beiträge, Münchener zur romanischen u. engl. Philologie. 37.

Jakob, Franz: Die Fabel von Atreus und Thyestes in den wichtigsten Tragödien der englischen, französischen und italienischen Literatur. Naumburg a. S.: Lippert 1906. (37 S.) 8° ¶(Erschien vollst. 1906 als: Münchener Beiträge zur roman. u. engl. Philol. H. 37.)
München, Phil. Fak., Ref. Breymann, Diss. v. 7. März 1906
[Geb. 31. Mai 81 Aschaffenburg; Wohnort: Aschaffenburg; Staatsangeh.: Bayern; Vorbildung: Gymn. Aschaffenburg Reife Juli 00; Studium: Würzburg 3, Grenoble 1, München 6 S.; Rig. 7. März 06.]

Jakob, Franz: Die Fabel von Atreus und Thyestes in den wichtigsten Tragödien der engl., franz. u. italien. Lit. von Dr. Franz Jakob. Leipzig: A. Deichert Nachf. 1907. (151 S.) 8°
= Beiträge, Münchener, z. roman. u. engl. Philologie. H. 37.

Jakob, Frz., das Keulenschwingen, s.: Wohlrath, Thdr.

Jakob, Franz Dr. „Quellenstudien zu Chr. F. Weisses Atreus u. Thyest". pg. 3—29. 8°. Ph. Brönner'sche B. (P. Seitz).
Eichstätt, Progr. 1910/11

Jakob, Friedrich August Leberecht

Jakob, Fr. A. L., faßl. Anweis. zum Gesangunterricht in Volksschulen. Nach naturgemäßen Grundsätzen u. d. Singen nach Noten u. Ziffern verbindend bearbeitet. gr. 4. Bresl. 828. (Hentze), 10 K

Jacob, F. A. L., hundert 3 u. 4stimm. Begräbniß-Arien, auch Gesänge fürs Todtenfest, für Männerstimmen u. den gemischten Chor. qu. 4. (11¾ B.) Essen 839, Bädecker.

—— der Mädchen Blumengarten, od. d. Blumen gottsel. Deutung in Dichtungen mit ein- u. mehrstimm. Tonweisen v. verschied. Wort- u. Tondichtern. Ein kl. Beitr. z. gegenseit. Durchdringung u. Beleb. d. Gottseligkeit-, Naturkunde- u. Gesang-Unterrichtes. Für Volksschulen, insbesond. f. Mädchen. 2 Hfte. (In Discant- od. in Violinschlüssel.) qu. gr. 8. (à 4 B.) Neiße 830, Hennings. à 4 Gr.

—— und E. Richter, reformatorisches Choralbuch für Kirche, Schule und Haus. Oder allgemeines Choralbuch für die deutsche evangel. Kirche. Auf Quellenforschung gestützter Beitrag zur Regeneration des evangel. Kirchengesangs. A. u. d. T.: Allgemeines vierstimm. Kirchen- und Haus-Choralbuch für die königl. preuß.-schles. Lande. 2 Thle. in 7 Lfgn. gr. 4. Berlin 872—74, Stubenrauch. [1. Thl. in 3 Lfgn. (XVI, S. 1—440.); 2. Thl. in 4 Lfgn. (VI, S. 441—1027 mit einer Musikbeilage in Fol.)] à Lfg. *M 3. *

— und E. Richter, schlesisches Choralbuch. Auf Quellenforschung gestützt und vierstimmig bearb. 2. Ausg. Durch Hinzufügung aller zum „Schlesischen Provinzial-Gesangbuch" noch nothwend. Melodien erweitert und als schles. Provinzial-Choralbuch hrsg. von F. A. L. Jakob. A. u. d. T.: 356 Choräle der evangel. Kirche. Vierstimmig bearb. und hrsg. 2. Ausg. der 311 Choräle der evangel. Kirche, verm. von F. A. L. Jakob. 4. (XV, 256 S.) Berlin 879, Stubenrauch. *

— u. E. Richter, schlesisches Choralbuch. Auf Quellenforschung gestützt u. vierstimmig bearb. 2. Ausg. Durch Hinzufügung aller zum „Schlesischen Provinzial-Gesangbuch" noch nothwendigen Melodien erweitert u. als schles. Provinzial-Choralbuch hrsg. von F. A. L. Jakob. A. u. d. T.: 365 Choräle der evangel. Kirche. Vierstimmig bearb. u. hrsg. 2. Ausg. der 311 Choräle der evangel. Kirche, verm. von F. A. L. Jakob. 4. (XV, 256 S.) Berlin 880. Stubenrauch. n. 5. —

Jacob, F. A. L., u. E. Richter, 311 Choräle der evangelischen Kirche. Vierstimmig bearb. A. u. d. T.: Schlesisches Choralbuch. Auf Quellenforschg. gestützt, 4stimmig bearb. 4. (XV, 228 S.) Berlin 874. Stubenrauch. n. 4. 50

Jakob, Friedr. Aug. Leber., 50 Chöre, Hymnen und Motetten für alle Feste des evangelischen Kirchenjahres und einige andere festl. Veranlassungen. Für 4stimm. gemischten Chor. gr. 4. (VI, 136 S.) Leipzig 874, Kummer.

Jakob, F. A. L., Dispositionen u. Stoffe zu religiösen Unterredungen in der Volks- u. Bürgerschule über biblische Geschichten, Evangelien, Episteln, freie Texte u. Katechismus. Eine prakt. Handreichung. gr. 8. (VI, 182 S.) Bernburg 882. Bacmeister. n. 1. 80

—— der Festtagssänger. Eine Samml. v. Figuralgesängen od. sogen. Arien f. alle Feste d. christl. Kirchenjahres. 1—3. Jahrg. Für Schulen u. kleine Singchöre gesamm., bearb. u. componirt. Op. VIII. qu. 16. (5 B.) Haynau 841. (Leipzig, Kummer.) *

Jakob, F. A. L., neuester Festtagsänger, s.a. Festtagsänger, neuester.

Jakob, Fr. Aug. Leberecht, neuester Festtagsänger. 24 Figuralgesänge oder sogenannte Arien für Weihnacht, Neujahr, Charfreitag, Ostern rc. Op. XXII. Leipzig 853. Merseburger. 4. (3 Bl., 26 S.) 7½ ngr.

— 100 dreistimmige Figuralgesänge oder sogen. Arien für alle Feste u. festliche Veranlassungen im kirchl. Leben. (Des Festtagssängers 3. Thl.) Op. XVII. kl. qu. Fol. Leipzig 846, G. Mayer. ⅔ ß

— der Gelegenheitsdichter. Eine Sammlung von Geburtstags-, Neujahrs-, Weihnachts- rc. Gedichten. 8. (III, 243 S.) Neuwied 879, Heuser'sche Buchh.

Jacob, F. A. L., die spielende Jugend. Eine Sammlung von 131 Kinderspielen, auszuführen im Freien und im Zimmer. 8. (VII und 200 S. mit 29 Bildern in Holzschn.) Haynau 819. (Leipzig, Kummer.)

Jakob, Friedr. Aug. Leber., Deutschlands spielende Jugend. Eine Sammlung von mehr als 430 Kinderspielen auszuführen im Freien und im Zimmer. 2., verb. und sehr verm. Aufl. gr. 8. (VIII, 436 S. mit 2 Stnt. in gr. 8. und qu. Fol.) Leipzig 875, Kummer.

Jacob, F. A. L., Deutschlands spielende Jugend. Eine Sammlung von mehr als 430 Kinderspielen, auszuführen im Freien und im Zimmer. 2. verb. und sehr verm. Aufl. 8. (VIII, 436 S.) Leipzig 880, Kummer. geb.

Jakob, Friedr. Aug. Leber., Deutschlands spielende Jugend. Eine Sammlung von 436 volkstüml. Turn-, Jugend- und Kinderspielen mit den nötigen Melodien, auszuführen im Freien und im Zimmer, nebst Scherz- und Rätselfragen, Rätseln verschiedener Art, Kunststücken, sowie Ab- und Auszählreimen und Pfandauslösungen. Namentlich für Lehrer, Eltern und Freunde froher Jugend hrsg. 3. nochmals verb. und verm. Aufl. 8. (VII, 420 S.) Leipzig 883, Kummer.

Jakob, F. A. L, Deutschlands spielende Jugend. E. Sammlg. v. volkstüml. Turn-, Jugend- u Kinderspielen m. d. nöt Melodieen, auszuführen im Freien u. im Zimmer, nebst Scherz- u. Räthselfragen, Rätseln verschied Art, Kunststücken, sow. Ab- u. Auszählreimen u. Pfandauslösgn. F. Lehrer, Eltern u. Freunde froher Jugend u diese selbst hrsg. 4., nochmals verb. u. verm. Aufl., bearb. v. K. Gebser u. A. Raabe. gr. 8. (VIII, 459 S. m. Abb. u. 1 Taf.) Leipzig 896. E. Kummer. n. 4. –; kart. n. 4. 80

Jakob, F. A. L., Deutschlands spielende Jugend. E. Samml. v. 436 volkstüml. Turn-, Jugend- u. Kinderspielen m. d. nötigen Melodien, auszuführen im Freien u. im Zimmer, n. Scherz- u. Rätselfragen, Rätseln verschiedener Art, Kunststücken, sowie Ab- und Auszählreimen u. Pfandauslösungen, m. Abb., Leipzig 1883, 1896, 1911, 8°. 3 Bde.
3. Aufl., 4. verb. u. verm. Aufl., bearb. v. K. Gebser u. A. Raabe, 5. Aufl. v. Martin Gerste.

— u. L. Erk, Musikalischer Jugendfreund, s.: Erk, L.

Jakob, Friedr. Aug. Leber., deutscher Liederborn. Mehrstimmige Lieder für Oberklassen der Volks- und Bürgerschule. gr. 16. (IV und 112 S.) Leipzig 862, Merseburger. *

—— deutscher Liedergarten, s. Erk, L.

—— patriotische Liederharfe, s. Richter, E.

Jacob, F. A. L., Liederwäldchen. Sammlung ächter deutscher Volksweisen mit alten u. neuen Texten f. die Kleinkinder- u. Volks-Schulen. 1. Hft. Ster.-Ausg. Op. XV. 12. (1 B.) Essen 846, Baedeker. **

Jacob, F. A. L., Liederwäldchen. Sammlung ächter deutscher Volksweisen mit alten und neuen Texten für die Kleinkinder- und (niedern Klassen der) Volksschulen. 1. Heft. 42 ein- und zweistimmige Lieder enthaltend. op. XV. 4. verb. (Ster.-) Aufl. 8. Essen 871, Baedeker. *

—— Liederwäldchen. Sammlung ächter deutscher Volksweisen mit alten und neuen Texten für die Kleinkinder- und (nied. Klassen der) Volks-Schulen. 2. Heft. 48 ein- und zweistimm. Lieder und 4 Spiele mit Gesang enth., nebst einem Anhange von Kindergebeten. 1. und 2. Stereotyp-Ausg. 2. Heft. Op. XIX. 12. (32 S.) Essen 848(51,) Bädeker. **

Jakob, F. A. L., Liederwäldchen. Sammlung ächter deutscher Volksweisen mit alten u. neuen Texten für die Kleinkinder- u. [niedern Klassen der] Volks-Schulen. 2. Hft. 48 ein- u. zweistimmige Lieder u. 4 Spiele mit Gesang enth., nebst e. Anh. v. Kindergebeten. [2. verb. u. verm. Ster.-Aufl.] Op. 19. 8. (32 S.) Essen 851, Bädeker. n. n. 1⅓ ngr.

—— Myrthenzweige. Eine Sammlung von 54 Gesängen für Trauungen. [Sogenannte Arien und Motetten.] Für den gemischten Chor mit und ohne Begleitung. qu. 4. (VIII, 80 S.) Görlitz [Liegnitz] 870, Wollmann. *

—— Sang und Klang des deutschen Volkes. Eine Sammlung deutscher Volksweisen mit alten und neuen Texten, aus dem Liederschatze des Volks und seiner Dichter; für Deutschlands jugendl. Sänger, insbesond. für die Volksschulen hrsg. 20. Werk. Enthaltend 84 1-, 2-, 3- und 4stimm. Lieder. 8. (88 S.) Eisleben 851, Reichardt. *

— s. Sängerchor, der kirchliche.

—— patriotischer Sängerhain, s. Erk, L.

—— Sangopfer an den Gräbern unsrer Lieben. Eine Sammlung von sogen. Arien, Motetten und Chören für Beerdigungen und Gedächtnißfeiern, (oder sogen. kirchliche Ankündigungen) sowie für die allgemeine Todtenfeier. Für den Männerchor hrsg. 4. (III und 79 S.) Breslau 866, Maruschke und Berendt.

—— der Singschüler od. Singstoff, besteh. in ein- u. mehrstimm. Sätzen, Kanon's, Liedern u. Choräler; f. Volksschulen unterrichtl. geordnet. 2 Hfte. 4. (5¼ u. 6 B.) Breslau 828, 30, [Hentze.] à 4 Gr.

– Teutonia, s. Erk, L.

— 25 neue Texte zu den beiden allbekannten Begräbnißarien: Auferstehn, ja auferstehn — u. Wie sie so sanft ruhn. Zum Gebrauch bei Begräbnissen u. sogenannten Ankündigungen, sowie für den Charfreitag u. das Osterfest. Ebend. 866. 8. (IV, 44 S.) n. 4 ngr.

— Volks-Harfe od. Liederbuch für's deutsche Volk. In flieg. Blättern hrsg. besonders f. Volksgesang, Arbeiter- u. Gesellen-Vereine, Herbergen u. Spinnstuben. 2. verb. u. verm. Aufl. 8. (22 S.) Ebend. 874. n. — 20

—— der Volkssänger. Eine Samml. deutscher ächter Volksweisen mit alten u. neuen Texten; der sanglust. Jugend in allen deutschen Gauen, besond. d. Volksschulen, gewidmet. 1. Hft. (101 ein- u. zweistimm. Lieder enthalt.) Op. IX. 8. (6 B.) Essen 841, Bädeker.

—— der Volkssänger. Eine Sammlung deutscher ächter Volksweisen m. alten u. neuen Texten; der sanglustigen Jugend, besond. den Volksschulen gewidmet. 1. Hft. Op. IX. 2., verb. u. verm. Ster.-Aufl. 12. (4⅙ B.) Essen 845, Baedeker.

—— der Volkssänger. Eine Sammlung ächter deutscher Volksweisen mit alten und neuen Texten rc. 2. Heft. Op. XVIII. (67 2-, 3- und 4stimm. Lieder enth.) 12. (IV und 103 S.) Essen 847, Bädeker.

Jacob, F. A. L., der Volkssänger. Eine Sammlung ächter deutschen Volksweisen mit alten und neuen Texten; der sanglustigen Jugend in allen deutschen Gauen, besonders den Volksschulen gewidmet. 1. Heft: 188 ein-, zwei- und dreistimmige Lieder enth. Op. IX. 6. nochmals durchgängig verb. und alle singbaren Lieder des deutschen Lesebuchs für die mittlere und obere Stufe einfacher Schulverhältnisse, von E. Bock, enth. Ausg. 8. (VIII, 112 S.) Essen 877, Bädeker. *

Jacob, F. A. L., deutsche Volks- und Turnspiele (168) für Jung und Alt. Ein Handbüchlein für Aeltern, Lehrer, Erzieher, Kinder- und Jugendfreunde sowie eine Beigabe zu jedem Turn-Leitfaden. Mit einer Notenbeilage. gr. 8. (XIII und 130 S.) Breslau 865, Maruschke und Berendt. *

Jakob, Friedr. Aug. Leber., Cypressenzweige auf Gräber geliebter Entschlafenen, s. E. Richter.!

Jakob, Fritz, „'s Laad". Humoristische Gedichte in Nassauer Mundart. (86 S.) 8. Limburg (910). H. A. Herz. — 60

Jakob, Fritz: Über die partielle elektrolytische Reduktion aromatischer Polynitrokörper bei Gegenwart von Vanadinsalzen. 1908. 85 S., 1 Taf. 8° ¶ Vgl. Berichte d. Deutschen Chem. Gesellschaft. Jg. 41.
München, Dr.-Ing.-Diss. v. 27. 5. 1908

Jakob, G., Allerlei. Gedichte in Rieser Mundart. gr. 16. (IV, 134 S.) Nördlingen 893. (Th. Reischle.) n. 1. —; geb. n. 1. 30

Jakob, G. Dr. Joseph Amberger, Domkapitular in Regensburg. Zur Erinnerung für Schüler u. Freunde. gr. 8. (16 S. mit Bildniß.) Regensb. 890, Pustet. — 30

Jakob, G., Rieser Grüße. Schriftsprachliche Gedichte. Mit dem Bildnis des Verf. u. 2 Kompositionen. 12. (88 S.) Nördlingen 900. (C. H. Beck.) n. 1. —

Jakob, G., aus'm Riaß. Neue Gedichte in Rieser Mundart. M. d. Bildnis d. Verf. u. e. Notenbeilage. gr. 16. (130 S.) Nördlingen 897. C. H. Beck. Kart. n.n. 1. 25

Jakob, Georg

Jakob, G., die **Kunst im Dienste der Kirche. Ein Handbuch für Freunde der kirchlichen Kunst. Lex.-8. (X und 244 S. nebst 1 lithogr. Titelbilde in Tondr. und 12 Stnt.) Landshut 857, Thomann'sche Buchh.** *

Jakob, G., die Kunst im Dienste der Kirche. Ein Handbuch für Freunde der kirchl. Kunst. 2. umgearb. Aufl. Lex.-8. (XIV, 455 S. nebst Titelbild in Stahlst. und 20 lithogr. Taf.) Landshut 870, Thomann'sche Buchh. *

Jakob, Geo., die Kunst im Dienste der Kirche. Ein Handbuch für Freunde der kirchl. Kunst. 3. Aufl. gr. 8. (XX, 460 S. mit Titelbild in Stahlst. und 20 lithogr. Taf.) Landshut 880, Thomann'sche Buchh. *

Jakob, G., die Kunst im Dienste der Kirche. Ein Handbuch f. Freunde der kirchl. Kunst. 5. verb. Aufl. Mit Titelbild u. 20 Taf. (in Stahlst.) Lex.-8. (XX, 535 S.) Landshut 901. J. Thomann. n. 8. —

— die lateinischen Reden des sel. Berthold von Regensburg. gr. 8. (182 S.) Regensburg 880, Manz. *

Jakob, Gottfr., **praktische Mälzerei- u. Brauerei-Betriebskontrolle,** s.: **Schifferer, A.**

Jakob, Gbilf, die Kuni von Emtsberg. Erzählung. 16. (114 S.) Rothenburg o. T. 888, Peter.

Jakob, Gustav, a. Gotha: Die Pseudogenies bei A. Daudet. Eine literarpsychologische Untersuchung zur inneren Entwicklung des französischen Realismus. Borna-Leipzig 1906: R. Noske (90 S.) 8°
Leipzig, Phil. Fak., Ref. Birch-Hirschfeld, Wülker, Diss. v. 24. Febr. 1906
[Geb. 7. Nov. 79 Gotha; Wohnort: Gotha; Staatsangeh.: Sachsen-Coburg-Gotha; Vorbildung: Gymn. Ernest. Gotha Reife O. 01; Studium: Marburg 1, Leipzig 3, Tübigen 1, München 1, Leipzig 3 S.; Rig. 5. Dez. 05.]

Jakob, Heinrich [approb. Tierarzt und I. Assistent d. medizin. Klinik in München]: Experimentelle Untersuchungen über die diuretische Wirkung des Theobrominum-Natrioaceticum (Agurin) und dessen praktische Verwertung in der Tiermedizin. München 1902. 44 S. 8°.
Bern. Vet.-med. Diss. 1902/1903.

Jakob, J. Die Bedeutung der Führer Dante's in der divina commedia: Virgil, Beatrix, St. Bernhard, in Bezug auf den idealen Zweck des Gedichtes und auf Grund der geistigen Lebensentwickelung des Dichters. Diss. Leipzig 1874. 84 S.

Jakob, J. A. L., s. Jakob, Friedrich Aug. Leber.

Jakob, Joh., nützl. u. leichtverständl. Belehrgn. üb. d. Beförderung v. Personen, Gepäck, leb. Tieren u. Gütern auf d. österr. Eisenbahnen. Zum Gebrauch f. jedermann leicht fassl. u. übersichtl. nach d. einschläg. Vorschriften, Reglements u. Tarifen zusammengest. gr. 8. (VIII, 103 S.) Wien 898. A. Hartleben. n. 1. 60

Jakob, Joh.: Ueber das Verhältnis der hamburgischen Dramaturgie zur Poetik des Aristoteles. 26 S. – Colberg, Progr. 1872.

Lehrbuch der Arithmetik und Geometrie für Realschulen von Jakob und Schiffner. Raumlehre, bearbeitet von Franz Schiffner, Für die I. bis III. Klasse. Wien 1910 Franz Deuticke. Geh. K 2.—, geb. K 2.40. (Min.-Erl. vom 14. Februar 1910, Z. 3754.)

Jakob, Dr. Josef, Lehrbuch der Arithmetik für Obergymnasien. Wien 1907. F. Deuticke. Geh. K 3.30, geb. K 3.80. Dieses Lehrbuch wird zum Unterrichtsgebrauche an Gymnasien mit deutscher Unterrichtssprache mit der Einschränkung zugelassen, daß die Abschnitte über Funktionen, über den Differentialquotienten und das Integral nur dort in Betracht kommen, wo im Sinne des h. o. Erlasses vom 23. April 1907, Z. 4748, Versuche hinsichtlich der allfälligen Umgestaltung des mathematischen Unterrichtes gestattet wurden.

Jakob, Joseph: Studien zu Chariton dem Erotiker. Erster Teil. 58 S. 8. K. Hum. Gymn. *Aschaffenburg* 1903.
I. Die Liebe bei Ch. II. Die religiös-sittlichen Anschauungen des Autors. Zum Kunstcharakter des Werkes. Kritische Beiträge. I. Der Thebanus. II Zu Cobet, Mnemosyne, VIII 1859. Eigene Vermutungen.
Progr.

Jakob, Joseph: **Studien zu Chariton dem Erotiker.** T. 1. *Aschaffenburg 1903: Schippner.* (58 S.) 8°
Aschaffenburg, k. humanist. G, P 1903*

Jakob, Joseph: Studien zu Platos Protagoras. 62 S. 8.
Progr. K. Hum. Gymn. *Aschaffenburg* 1904.
Genaue Analyse des Inhalts des Dialogs. Zur Würdigung des Dialogs. Beziehungen des Pr. zu anderen Platonischen Dialogen.

Jakob, Joseph: Studien zu Platons Protagoras. Aschaffenburg 1904: Schippner. (62 S.) 8°
Aschaffenburg, k. humanist. G P 1904*

Jakob, Karl, s.a. **Jacob, Karl.**

Jakob, (Lord Bischof von London,) Karl, das Licht der Welt. Eine Predigt, geh. vor Sr. Maj. dem Könige von Preußen am 30. Januar 1842 in der Kathedral-Kirche St. Pauli in London. Gedruckt auf Verlangen Sr. Maj., übersetzt von J. C. Reichardt. gr. 8. Leipzig 842, Bösenberg. n. 1/6 ß

Jakob, Karl: Die historischen Quellen von Bulwers Roman The Last of the Barons und sein Verhältnis zur Geschichte. Würzburg 1908: Becker. VIII, 84 S. 8°
Würzburg, Phil. Diss. v. 15. März 1909, Ref. Förster
[Geb. 27. Sept. 78 Würzburg; Wohnort: Würzburg; Staatsangeh.: Bayern; Vorbildung: Altes Gymn. Würzburg Reife Juli 99; Studium: Würzburg 2, Genf 1, Würzburg 4, Cambridge 1, Würzburg 1 S.; Rig. 27. Nov. 08.] [U 09. 4166

Jakob, Karl. **Wert des Zeichenunterrichts**, s. **Zeit- u. Streitfragen, pädagogische.**

Jakob, L., Ideen. 1s Bdchen. gr. 8. Nürnb. 805. (b. Seidel in Sulzb.) 8 gGr vgl. Jacob.

Jakob, Ludwig Heinrich von

v. Jakob, Ritter Ldw. Hnr., vermischte philosophische Abhandlungen. 8. Halle 797. Waisenh.-B. 1 Rthlr.

— kurzer Abriß d. Kritik d. Geschmacks. 8. Halle 793. Schwetschke u. S. 2 gr.

— tabellar. Abriß einer Encyklopädie aller Wissenschaften u. Künste. 8. Halle 800. (Reinecke u. C.) 6 gr.

— tabell. Abriß einer Encyklopädie aller Wissenschaft. und K. 8. Halle, Ruff. 800.

— Dissert. philosoph. de Allegoria Homerica. Halae, Ruff. 779.

— dissert.: An sint officia, ad quae hominem natura obligat. etc. 4. maj. Leiden. Luchtmann. 791.

— s.a. Annalen d. Philosophie.

— Annalen d. Philosophie u. d. philosophischen Geistes. 1795. 12 Mon. 4. Halle. (Kleefeld, auch Bauer in Leipz.)

— — dieselben f. 96—97. zu 4 Quartalen d. Jahrg. Ebend. (à 3 Rthlr.)

— s.a. Annalen d. Preuß. Staatswirthschaft.

Jakob, L. H und Krug, Leopold (Herausgeber). „Annalen der Preußischen Staatswirthschaft und Statistik" von einer Gesellschaft praktischer und theoretischer Staatskundiger 2 Bände in 8 Heften, Halle 1804 (Reinicke & C).

L. H. Jakob, Annalen der Preuß. Staatswirthschaft und Statistik. 1805. Vgl. S. 33. (Ertrag der Contributions-Revenüen, zufolge des Etats von 1775—76).

Jakob, Ritter Ludwig Heinrich von: „Antimachiavell, oder über die Grenzen des bürgerlichen Gehorsams. Auf Veranlassung zweyer Aufsätze in der Berliner Monatsschrift (September und Dezember 1793). An Herrn Hofrath Schlözer in Göttingen", Halle 1794 (Renger) (erschien anonym). — 2. Auflage (m. Namen des Verfassers), ebenda 1796, vorh.: Preuß. Staatsbibl. Berlin —

— Antimachiavell, oder über d. Grenzen des bürgerl. Gehorsams. 8. Halle 794. (anonym). 2e A., mit seinem Namen 796. Renger. 12 gr.

— s.a. Apostelgeschichte.

— neue Uebersez. der Apostelgeschichte. 8. Halle, Ruff. 779.

Jakob, Ritter Ldw. Hnr. von, Ueber die Arbeit leibeigener und freier Bauern in Beziehung auf den Nutzen der Landeigenthümer. Eine gekrönte Preisschrift. gr. 8°. Petersburg 1814. (Halle, Schwetschke u. S.)

Jacob, L. H.: „Ueber die Arbeit leibeigner und freier Bauern, in Beziehung auf den Nutzen der Landeigenthümer, vorzüglich in Russland", eine gekrönte Preisschrift, Petersburg 1815 (Halle; Hemmerde).

— über d. Arbeit leibeigner u. freier Bauern in Beziehung auf den Nutzen d. Landeigenthümer; eine gekrönte Preisschrift. gr. 8. Petersb. 815. (Halle, Schwetschke u. S.) 16 gr. Hdg. Pr. 12 gr.

Jacob, L. H. Ueber Armen-Versorgung. *Halle* und *Leipzig.* 1809

s. Bayle, philos. Wörterbuch.

[Jakob, Ludw. Heinr. Ritter v.]. Amtliche Belehrung über den Geist und das Wesen der Burschenschaft aus den Untersuchungs-Akten gezogen u. zunächst z. Verwarn. f. alle Studirende auf d. Königl. Preuss. Universitäten bestimmt. Auf ausdrückl. hohen Befehl. (Halle) 1824. 8°.

Jacob, L. H. von. „Kurze Belehrung über das Papiergeld, zur Beurtheilung der preussischen Tresorscheine", Halle und Leipzig 1806. — Vorh · Com. Bibl. Hamburg

— kurze Belehrung über d. Papiergeld, zur Beurtheilung d. preuß. Tresorscheine. gr. 8. Halle 806. (Reinicke u. C.) 8 gr.

s. Belehrungen üb. d. Geist u. d. Wesen d. Burschenschaft, u. setze hinzu: (v. L. H. v. Jakob).

L. H. **Jakob** üb. d. moral. Beweis f. d. Daseyn Gottes. *Libau,* Lagarde. 791. 8° 12 gl.

— über den moral. Beweis für d. Daseyn Gottes. 8. Liebau 791. Friedrich. 12 gr. 2e A. 8. Ebd. 798. (Rein in Leipz.) 1 Rthlr. 4 gr. Schrbp. 1 Rthlr. 16 gr.

— üb. d. moral. Beweis f. d. Daseyn Gottes. 8. Liebau, Friedrich. 791.

— Beweis für d. Unsterblichkeit d. Seele aus dem Begriff d. Pflicht. Eine Preisschrift. 8. Jena 790. 2e A. 794. Frommann. 14 gr. Velinp. 1 Rthlr. 12 gr.

L. H. **Jakob's** Beweis f. d. Unsterblichk. d. Seele a. d. Begriffe d. Pflicht; (e. Preisschr. v. Vf. selbst a. d. Lat. übers.) *Züllich.,* Frommann. (790.) 2e ganz umgearb. Ausg. 791. 8° 20 gl.

— u. H. L. W. Barkhausen, Magdeburg-Halberstädt. Blätter. Jan., Febr., März. 8. Halle 801.

— s. Cabanis, über d. Verbindung.

Jakob, Ritter Ludwig Heinrich v.: „Einleitung in das Studium der Staatswissenschaften als Leitfaden für seine Vorlesungen ausgearbeitet", Halle 1819 (Hemmerde & Schwetschke). — Vorh · Preußische Staatsbibliothek Berlin

— Einleitung in d. Studien d. Staatswissenschaften u. Leitfaden bei Vorlesungen. 8. Halle 819. Schwetschke u. S. 1 Rthlr. 12 gr.

Jakob, L. H. v. England nach seinem gegenwärtigen Zustande des Ackerbaues, des Handels und der Finanzen betrachtet von Jos. Lowe. Nach dem Engl. bearbeitet und mit Zusätzen versehen. 8°. Leipzig 1823.

Jacob, L. H. v., Entwurf eines Criminalgesetzbuches für das russische Reich. Mit Anmerk. über die bestehenden russischen Criminalgesetze. gr. 8. Halle, Hemmerde und Schw. 818.

— Entwurf eines Criminalgesetzbuches für d. russ. Reich. Mit Anmerkk. über d. bestehenden russ. Criminalgesetze. gr. 8. Halle 818. Schwetschke u. S. 1 Rthlr. 20 gr.

— ausführl. Erklärung des Grundrisses d. allgem. Grammatik. A. u. d. T.: allgem. Grammatik zum Gebrauch in Gymnasien. kl. 8. Riga 814. (Serig in Leipz.) 18 gr (Taubert das.) 20 gr

s. a. Essais philosophiques sur l'homme.

Essais philosophiques sur l'homme, ses principaux rapports et sa destinée, fondés sur l'expérience et la raison; suivis d'observations sur le beau; publiés d'après les manuscrits confiés par l'auteur, par L. H. de Jakob. *Halle*, Ruff. 808. 8° 1 Rthlr

s. Europa, oder Uebersicht d. Lagen d. europ. Hauptmächte im J. 1821, (von A. H. Everett), u. setze hinzu: Aus d. Engl., mit erlaut. Anmerkk. (v. L. H. v. Jakob).

— academische Freiheit u. Disciplin, mit besonderer Rücksicht auf d. preuß. Universitäten erwogen gr. 8. Leipz. 819. Brockhaus. 16 gr

— über d. moralische Gefühl; an Kanzler v. Hoffmann ꝛc. 8. Görlitz 788. (Anton in Halle). 2 gr

L. H. Jakob üb. d. moral. Gefühl. *Halle*, Franke. 788. 8° 2 gl

— Grundriß d. Erfahrungsseelenlehre. 8. Halle, Hemmerde u. Schw. 800.

— Grundriß d. Erfahrungsseelenlehre. 8. Halle 791. 2e A. 795. 3e A. 800. 4e A. 810. Schwetschke u. S 1 Rthlr

— Grundriß d. allgem. Grammatik zum Gebrauch in Schulen. 8. Riga 814. (Serig in Leipz.) 8 gr

Jakob, Ludw. Heinr. v., Grundriß d. Handelswissenschaft f. Staatsgelehrte. Zu seinen Vorlesn. bestimmt. gr. 8. (6½ B.) Halle 828, Renger. [Leipzig, Volckmar.] 12 Gr., hrbgs. Pr.

— Grundriß d. allgem. Logik u. krit. Anfangsgründe d. Metaphysik. 8. Halle 788. 2e A. 791. 3e A. 793. 1e A. 800. Schwetschke u. S. 1 Rthlr 8 gr

Eb. Grundr. d. empir. Psychologie, z. Gebr. f. Schulen. *Riga*, Hartmann. 814. gr8° 6 gl

— Grundriß d. empirischen Psychologie zum Gebrauch f. Schulen. 8. Riga 814. (Serig, a. Taubert in Leipz.) 6 gr

— ausführl. Erklärung desselben. 8. Ebd. 814. Ebd. (Taubert in Leipz.) 1 Rthlr 12 gr (bei Serig das.) 1 Rthlr

Jacob, Ritter Ludwig Heinrich von: „Grundsätze der National-Oekonomie oder National-Wirthschaftslehre", Halle 1805. — Vorhanden: UB Bonn — Ka 475 — und Com. Bibl. Hamburg. — 2. Auflage Halle 1819 — 3. sehr verm. und verb. Auflage, u. d. Titel: „Grundsätze der National-Oekonomie oder Theorie des National-Reichthums", 2 Abteilungen, Halle 1825, vorh.: Com Bibl. Hamburg.

— Grundsätze d. National-Oekonomie, oder Grundsätze d. National-Reichthums. 8. Halle 805. 2e A. 819. 3e A. in 2 Abtheill 825. Fr. Ruff. (Barth in Leipz.) 2 Rthlr 6 gr

— Grundsätze d. Polizei-Gesetzgebung u. d. Polizei-Anstalten. 2 Bde. gr. 8. Charkow, Halle u. Leipz. 809. Ruff. 3 Rthlr 6 gr

Jakob, Ludw. Heinr., Grundsätze d. Polizeigesetzgebung u. d. Polizeianstalten. 2., unveränd. Aufl. gr. 8. (39 B.) Halle 837, (Mühlmann.)

L. H. Jakob's Grundsätze d. Weish. u. d. menschl. Lebens; e. Buch f. gebild. Leser. *Halle*, Hemmerde u. Schwetschke. 800. 8° 1 Rthlr 21 gl

— Grundsätze d. Weisheit d. menschl. Lebens. 8. Halle 800. (Reinecke u. S.) 1 Rthlr 16 gr

— Grunds. d. Weisheit des menschl. Lebens. 8. Halle, Ruff. 802.

Jakob, R., ökonom. Handbuch zur Beförderung des Anziehens d. Gemüse- u. Obstarten in Mistbeeten. Mit 4 Kpft. gr. 8. Frankf. a. M. 797. (Schäfer). 1 Rthlr 16 gr

s. D. Hume, über d. menschl. Natur.

— über Cursus u. Studienplan, für angehende Cameralisten. gr. 8. Halle 805. (Reinecke u. S.) 2 gr

- s. J. Lowe, England.

- s. J. Mills Elemente.

Jakob, Ludwig Heinrich (Prorector), cum senatu academico tempus memoriae natalis Jesu Christi sacrum sancte celebr. indicit. — Praemissis observationibus ad orationem, quam vocant, dominicam Matth. VI, 9 seq. et Lucae XI, 2 seqq Halle (Jo. Christ. Hendel) 1801. 20 S. (4.50) 16621
Hdschr.: auct. Jo. Aug. Noesselt.

Jacob, Ludwig Heinrich (von) „Ueber Russlands Papiergeld und die Mittel, dasselbe bei einem veränderlichen Werte zu erhalten. Nebst einem Anhange über die neuesten Maassregeln in Oesterreich, das Papiergeld daselbst wegzuschaffen", Halle 1817. — Vorh.: Com. Bibl. Hamburg, Preuß. Staatsbibl. Berlin.

— über Rußlands Papiergeld u. d. Mittel, dasselbe bei einem unveränderl. Werthe zu erhalten ꝛc. gr. 8. Halle 817. Schwetschke u. S. 21 gr

- s. Phaedri fabulae.

— Prolegomena z. prakt. Philosophie. 8. Halle 787. Schwetschke u. S.) 2 gr

— — cum directore et senatu academico memoriam spiritus sancti in apostolis collati sancte celebrandam academiae civibus indicit. — Prolusione in locum Paulli apostoli I Cor. XII, 4 bis 11. Halle (Jo. Christ. Hendel) 1803. 24 S. (3.—) 16622
Hdschr.: J. A. Nösselt.

v. Jakob, Ritter Ldw. Hnr., Prüfung d. Mendelsohnschen Morgenstunden, nebst e. Abhandl. von Kant. 8. Leipz. 786. (Brockhaus). 1 Rthlr

L. H. Jakob's Prüf. d. *Mendelss.* Morgenstunden od. aller speculat. Beweise f. d. Das. G. in Vorless., nebst e. Abhandl. v. Im. Kant. *Lpz.*, Crusius. 786. 8° 1 Rthlr

Jacob, Ludw. Heinr., Prüf. d. Mendelssohnsch. Morgenstund. nebst einer Abhandl. v. Kant. 8. Leipz. Gleditsch. 786. Rthlr.

— philosoph. Rechtslehre, oder Naturrecht. 8. Halle 795. 2e A. 802. Renger. 1 ß 12 gl Dass., im Ausz. 8. Ebd. 796. 12 gl

L. H. Jakob: d. allgem. Religion; e. Buch f. gebild. Leser. *Halle*, Hemmerde u. Schwetschke. 797. gr 8° 1 ß 20 gl

— d. allgem. Religion, f. Gebildete. 8. Halle 801. (Reineke u. C.) 1 ß 16 gl

— allgemeine Religion. 8. Halle, Ruff. 801.

— kurze Sätze z. Erfahrungspsychologie. 8. Halle 789. Schwetschke u. S. 2 gl

— s. J. B. Say, Nationalökonomie.

Jakob, Ldw. Hnr., Science des finances, exposée theoriquement et pratiquement, et expliquée par des exemples tirés de l'histoire financière moderne des états de l'Europe. Ouvrage trad. de l'allemand, par Henri Jouffroy. II Tom. gr. in-8. Leipsic et Paris 841, Brockhaus et Aven. n. 5 ß

— s. Sidney, Betracht.

— philosophische Sittenlehre. 8. Halle, Hemmerde und Schw. 794.

— philosophische Sittenlehre. 8. Halle 794. Schwetschke u. S. 1 ß 8 gl

— die Staatsfinanzwissenschaft. 2 Bde. gr. 8. Halle 821, Hemmerde.

— d. Staatsfinanzwissenschaft. 2 Bde. gr. 8. Halle 821. Schwetschke u. S. 5 ß 12 gl

Jakob L H v, d. Staatsfinanzwissenschaft, theoret. u prakt. dargestellt. Reutlingen 1824

— die Staats-Finanzwissenschaft. Theoretisch u. praktisch dargestellt und durch Beispiele aus der neuern Finanzgeschichte europäischer Staaten erläutert. 2e verb. u. verm. Aufl. von J. F. H. Eiselen. gr. 8. Halle 837. Schwetschke u. Sohn. Subscr.: Preis 4 ß

Jakob, Ritter Ldw. Hnr. v. Theorie und Praxis in der Staatswirthschaft. gr. 8°. Halle (Reinicke u. Co.) (1801).

— s. Thornton, Papiercredit.

Jakob, ... (Prof.), über d. Universitäten in Deutschland, besond. in d. königl. Preuß. Staaten. Mit ausführbaren Vorschlägen, sie von Grund aus zu verbessern. 8. Berl. 798. Voß. 18 gl

Jacob, L. H. v., Vorschläge zur Verbesserung der Gesetzgebung über das Einquartierungswesen. gr. 8. Halle, Hemmerde und Schw. 819. Rthlr.

— Vorschläge zur Verbesserung d. Gesetzgebung über d. Einquartierungswesen. gr. 8. Halle 819. Schwetschke u. S. 5 gl

Jakob, M.: Über die Abhängigkeit der spezifischen Wärme CP . . . , s. Knoblauch, O.

Technisch-physikalische Untersuchungen von Aluminium-Elektrolytzellen. Von Dr.-Ing. Max Jakob, München. Mit 32 Abb. u. 31 graph. Darstellungen. Stuttgart: F. Enke 1906. (131 S.) 8° [Umschlagt.]
— Sammlung Elektrotechnischer Vorträge. Bd 9, H. 1–3. (d. 3697)

— über die spezifische Wärme Cp des überhitzten Wasserdampfes f. Drucke bis 8 Atmosphären u. Temperaturen bis 350° C, s.: Knoblauch, Osc.

Jakob, N., s. Jacob, Niclaus

Jakob, Paul L., die Katakomben von Rom, s. Ausland, das belletrist., von K. Spindler, 107.—110. Bdchen.

Jakob, Paul L., Medianoches. Mitternächtliche Erzählungen. Deutsch v. L. v. Alvensleben. 2 Bde. 8. Leipz. 836. Grayen. 2 ß

Jakob, R.

Jacob, R., ökonom. Handb. z. Beförd. des früh. Anziehens d. Gemüse- u. Obstarten in Mistbeeten. gr. 8. Frankf. Eßlinger. 797.

Jakob, R., ökonom. Handbuch zur Beförderung des Anziehens d. Gemüse- u. Obstarten in Mistbeeten. Mit 4 Kpft. gr. 8. Frankf. a. M. 797. (Schäfer). 1 ß 16 gl

Jacob, R., ökonom. Handbuch z. Beförder. d. frühern Anziehens d. Gemüse- u. Obstarten in Mistbeeten u. Treibhäusern. Mit d. nöthigen Luftmaassstab u. ständigen Wintertabelle versehen. Mit 4 Kpf. gr. 8. Frankfurt, 1797. (Stiefel.) 1. 5

Jacob, R. [Hrsg.] s.a. Korrespondenzblatt zur Förderung der Feuerbestattung

Jakob, R. Correspondenzblatt zur Förderung der Feuerbestattung. Zwei Hefte. Weilburg a. d. Lahn. März bis Mai 1876. H. Zipper.

Jakob, Rich., Messrädchen zum Messen krummer und gradliniger Entfernungen auf Karten, Plänen und Zeichnungen jeder Art und jeden Masstabs, ohne Benutzung des Letzteren. 32. (4 S) [Metz 885, Scriba.] Bonn, Soenneken.
Mit Messrädchen * *
Leder-Etuis hierzu * *

Jakob, *Theodor*: Das Präfix er in der transitiven mittel- und neuhochdeutschen Verbalcomposition. 4 (XXXXVI S., 1 Bl.).
Progr. Kgl. Rg. u. höh. Landwirtschaftssch. *Döbeln* 1900

Jakob, Th[eodor]: Das Präfix er in der transitiven mittel- und neuhochdeutschen Verbalcomposition. *Döbeln 1900: A. Thallwitz.* (S. I—XXXXVI.) 4°
Döbeln, k. RG u. h. Landwirtschafts-S, OP 1900 (589)

Jakob, Therese Albertine Luise Robinson, geb. v., s. † Talvj.

Jakobäi, Jh., († d. 5. Oct. 1799.) Samml. alter u. neuer auserlesener geistl. Gesänge. 8. Bautzen 775.

— von d. hohen Würde eines Landeshauptmanns im Markgrafth. Oberlausitz; e. Beitr. zur Vaterlandsgeschichte; nebst e. kurzen Lebensgeschichte aller, vom Anfange bis jetzt gewesenen Landeshauptmänner. 8. Bautzen 787.

Verein f. Kunst u. Kunstgewerbe, Flensburg. Jacob [Jakob] Alberts-Ausstellung im Flensburger Kunstgewerbe-Museum v. 30. Juni bis 4. Sept. 1910. (Flensburg 1910: Schmidt.) 5 Bl., 25 Taf. 4°
(11. 12034 8

JAKOBCSAK, Ludovicus: Vita et cultus beatae Margarethae viginis Belae IV. regis Hungarorum filiae. — (1910) 168 Bl. 4° (Handschr.) Dis. 758
Diss. Wien, Univ.

Jakober, Fr., schweizerische Kranken- u. Unfallversicherung, s.a. Zeitfragen, gewerbliche.

Jakober, Fr., Schweizerische Kranken- u. Unfallversicherung. Vorschläge zur Einführung derselben im Sinne des Obligatoriums für sämmtliche Volkskreise. (Gewerbliche Zeitfragen, Heft 6.) 4⁰. Zürich (Bern, Michel u. B.) 1892.

Jakober, Gregor, die Festigkeit, Zweckmäßigkeit und Schönheit der katholischen Kirche. Predigt gehalten am 16. Oktbr. 1870 in Luzern. gr. 8. (16 S.) Luzern 870, Gebr. Räber.

Jakobi, s.a. Jacob. – Jacobi. – Jacobus. – Jacoby. – Jakob. – Jakobs. – Jakoby.

Jakobi: Von der besten Zubereitung d. Mauerkalkes. Preisschr. U. St. 1763. 45 S. P.

Jakobi, A. F. E. (Hrsg.), s. Holländische Staatsanzeigen.

Jakobi, Adf., Führer durch die Stadt Bochum. Mit e. (farb.) Stadtplan. (49 S.) gr. 16. Bochum 903. W. Schmitz. n. — 80

Stadtplan von Bochum 1903. Gez. von Adolf **Jakobi**. Maßst. 1:10,000. *Bochum: W. Schmitz 1903; Meisenbach, Riffarth & Co., Berlin-Schöneberg.* (1 Kartenbl. 36×47 cm mit Legende.) 8° [kol.]
[Umschlagt.:] Plan d. Stadt Bochum. [04. 327

Jakobi, Dr. Alfred und **Mehl Hermann,** Deutsches Lesebuch für Bürgerschulen. In 3 Teilen. Neu bearbeitet von Viktor Pilečka. Richard Roßbach und Franz Müller. III Teil. Für die 3. Klasse. 5. Aufl. Wien 1905. Manz. Geb. K 1.60.

Jakobi, B., s. Jacobi, Bernhard

Jakobi, Carl, s. Jakobi, Karl

Jakobi, Chrn., Hilfs- u. Uebungsbüchlein in der Sprachlehre, im Rechtschreiben, im schriftlichen Gedankenausdrucke, im Kopf- u. Tafelrechnen, sowie in der vaterländischen Geographie für Mittelklassen deutscher Schulen. Zusammengestellt u. bearb. zum Selbstgebrauche. Augsburg 865. Kranzfelder'sche Buchh. gr. 8. (110 S.) n. 5 ngr.

Ein Jahr aus Ruths Leben. Eine jüd. Erzählung von E. **Jakobi** mit e. Vorw. v. Dr. Meier Hildesheimer. Berlin: L. Lamm 1900. (IV, 146 S.) 8° [08. 4379

JAKOBI, FRANZ: Christliche Erbauungs-Rede von der Wichtigkeit der weiblichen Erziehung. Pesth 1807: Druck. Trattner. 24 S. - 200 mm

Jakobi, J. T. Versuch eines Plans zur Errichtung eines Arbeitshauses in Aachen. 8. *Düsseldorf. Dänzer.* 1791

— —**Dasselbe,** herausgegeben von Bartels und Voght. 1tes bis 33tes Stck. 8. *Hamburg, Hoffmann.* 1794 — 1806.

Jakobi, Joannes Theophilus Mauritius *(geb. Prausnitz in Schles. 4. 3. 1812)*: Specimen disquisitionis curvarum, quae in iis quarti ordinis aequationibus continentur, in quibus quantitatibus variabilibus x, y pares tantum exponentes tribuuntur. Vratislaviae (1841). (36 S., 4 Taf.) 4⁰ *[Auf d. Diplom fälschlich: Jacobi. — Im Buchhandel 1842 bei Hirt in Breslau.]*
Breslau, Phil. Diss. v. 13. Aug. 1841

Jakobi, Jo. Theoph. Maur., **Specimen disquisitionis curvarum, quae in iis quarti ordinis aequationibus continentur, in quibus quantitatibus variabilibus X, y pares tantum exponentes tribuuntur. Dissert.** 4 maj. (5¼ B. u. 4 Stnt.) **Vratislaviae 843. (Hirt.)** *
Vgl. Jacobi.

Jakobi, Karl

Jakobi, Carl, **system der Stolze'schen schrift (stenographie).** 2. Ausg. gr. 8. **(VI und 92 S. mit 32 Stnt.) Berlin 851, Th.** Grieben. *
Fein Pap. *

—— zehn unterrichts-briefe in der Stolze'schen stenographie. gr. 4. (84 gespalt. S. und 65 lithogr. stenogr. Schriftt. in gr. 8.) Berlin 850, Th. Grieben. **

Jakobi, Ludwig Hermann Wilhelm, s. Jacobi

Jakobi, Siegfr., **arithmetische Aufgaben nebst Lehrbuch der Arithmetik f. Metallindustrieschulen,** s.: **Barbey, E.**

JAKOBI, SIEGFRIED. Ueber Benzyl-α-Naphtylamin. (Bern) Berlin, 1895.

Jakobi, Siegfr., die Eisenhüttenkunde, s.a. **Hillger's illustr. Volksbücher.**

Jakobi, Siegfried: Die Eisenhüttenkunde. Eine Beschreibung d. wichtigsten Prozesse d. Eisenhüttentechnik von Dr. Siegfried Jakobi, Oberl., Elberfeld-Barmen. Mit 22 Ill. Berlin, Leipzig: H. Hillger [1906]. (61 S.) 8⁰
= Volksbücher, Hillgers illustrierte. Bd 42.

Die Königlich Preußischen Maschinenbauschulen, ihre Ziele u. ihre Berechtigungen, sowie ihre Bedeutung f. d. Erziehung u. wirtschaftl. Förderung d. deutschen Techniker-Standes. Nebst Ratschlägen f. d. Besuch d. Maschinenbauschulen. Von Dr. Siegfried **Jakobi**, Oberl. Mit 15 Abb. Berlin: J. Springer 1905. (204 S.) 8° [05. 11878

Jakobi, Theodor, s. Jacobi

Jakobi, Wilh., s.a. **Sommerwerck, Wilh.**

Jakobi, Willy, Tabaksteuer od. Monopol? **Offener Brief** an Hrn. Carl Ewald. 8. (23 S.) **Mannheim 885.** Dr. H. Haas'sche Buchdr. n. — 50

Jakobine, s.a. Jacobine

— eine Geschichte aus der Zeit des Baierschen Successionskrieges, 2 Theile, neue Ausg. Halberstadt, 797. Großens. 1 Rthl. 5 sgl.

Jakobine v. Bayern, Gräfin v. Holland; eine Gesch. in 2 Thlen. 8. Leipz. Jacobäer. 792.

Jakobine von Baiern, Gräfin von Holland. 2 Thle. Neue Ausg. 8. Leipzig, Jacobäer. 818.

Jakobiner (Die wahren) im preussischen Staate, oder aktenmässige Darstellung der bösen Ränke und betrügerischen Dienstführung zweyer preussischer Staatsminister. (Von H. v. Held.) 8⁰. Ueberall u. Nirgends, 1801.

Jakobiner, der, in Wien. **Oesterreichische Memoiren aus dem letzten Dezennium des achtzehnten Jahrhunderts.** gr. 12. **Zürich** u. **Winterthur 842, Literar. Comptoir.** 1¾ ß

Jakobiner, der, in Wien. Oesterreichische Memoiren aus dem letzten Dezennium des 18. Jahrhunderts. gr. 12. (16 B.) Zürich 842. [Rothpletz.] 1

Jakobitz, Felicitas, s.: **Jacobitz, Felicitas.**

Jakobowski, Ludwig, Verf. von: Anne-Marie. Der kluge Scheikh s. Jacobowski.

Jakob's Kampf. 1. Mose Kap. 32. Von d. Verf. des Naeman (Theophil. Passavant). gr. 8. (94 S.) Basel 850, Bahnmaier. 9 ngr.

Jakobs Kampf. 1. Mose, Kap. 32. Von dem Verf. des Naeman. 2., veränd. Aufl. gr. 8. (III und 102 S.) Basel 854, Bahnmaier's Buchh.

Jakobs I. von Schottland Kingis Quair, s. Wischmann, Walther.

Jakob's Kriegsthaten u. Hochzeit. Fastnachtsposse in 3 Akten. Fortsetzung von: unser Verkehr. 8. Kanaan. (Frankf. Boselli.) 816.

Jakobs Kriegsthaten u. Hochzeit. Fastnachtsposse in 3 Akten. 3te Aufl. 8. Frankf. a. M., Boselli. 817.

Jakobs, Meister, aus Savoyen Memoiren, aus dem Engl. 2 Theile, 8. Leipzig, 776, 84. Schwickert. 15 ggl.

Jakobs, Des alten, Reisebüchlein, s.a. Jacobs. – Des alten Jacobs Reisebüchlein.

Jakobs, d. alten, Reisebüchlein, od. die Welt wie ich sie fand; e. tragikom. Roman, m. K. 2 Bde. 8. Leipz. Müller. (Joachim.) 799. (à 1 Thlr. 8 gr.)

Jakob's, Meister, Wanderjahre. Ein Handwerkerbild aus dem vorigen Jahrhundert. St. Gallen 864. Scheitlin & Zollikofer. 8. (67 S. u. 1 Lithogr.) 9 ngr.

Jakobs, s.a. Jacob. – Jakob.

Jakobs, C[hr.] W[ilh.]. Ideen über Gegenstände der Criminalgesetzgebung. Leipzig 1793.

Jakobs, Conrad, s. Jakobs, Konrad

Jakobs, Eduard, s. Jacobs

Jakobs, F., der arme Holzhauer, } s.: Perlen.
— auf dem Königssee,
— d. arme Wandersmann.

Jakobs, Fr., durch Trübsal zur Freude, s.: Wunderlich, Eduard.

— Wiedervereint, s.: Wunderlich, Eduard.

Jakobs, Franz, aus Cöln-Deutz: Statistik des Alters der Gebärenden an der Universitäts-Frauenklinik zu Bonn 1893—1903. Bonn 1904: E. Eisele. (66 S.) 8°

Bonn, Med. Fak., Ref. Fritsch, Diss. v. 4. Aug. 1904

[Geb. 7. Sept. 79 Cöln-Deutz; Heimatsort: Cöln-Deutz; Staatsangeh.: Preußen; Vorbildung: Kais. Wilh.-Gymn. Cöln Reife O. 99; Studium: Bonn 1, Würzburg 4, Bonn 4 S.; Coll. 4. Aug. 04; Approb. 7. Juli 04.]

Jakobs, K., för de Fierabendstid. Lustige Rimels. 8. (VIII, 168 S.) Bützow 896. Hagenow (Schröder). n 1.50; geb. in Leinw. n. 2.—

Jakobs, Konr., Thaddäus-Büchlein. Andachtsbüchlein zur Verehrg. u. Nachfolge des hl. Apostels Judas Thaddäus. (127 S. m. Titelbild.) 11,6×7,7 cm. Einsiedeln 908. Verlagsanstalt Benziger & Co. —40; geb. —50

Jakobskogel [Schlagwort]

Jakobskogel, s.: Wiener Ausflugskarten.

Jakobsen, s.a. Jacobsen. – Jacobson

Jakobsen, Benno, s. Jacobson

Jakobsen, J. Die Schlacht bei Reutlingen 14. 5. 1377. Leipzig 1882. 8°. (Histor. Studien. 6.) (Verm. Jähns.)

Jakobsen, Jak., freundschaftliche Bewirthung meiner mathematischen Brüder mit einem Traktament von sechs Gerichten, s. Jacobsen, Jak.

Jakobsleiter, die. Ein Lese-, Gebet- und Erbauungsbuch für die stillen Verehrer der heil. Liebe. 3., neu bearb. und verm. Aufl. 8. (578 S. mit 1 Stahlst.) Wien 858, (Mechitharisten-Congregations-Buchh.)

Jakobsohn, B., Biblische Frauengestalten. (154 S. m. 2 Holzschn.) Leipzig 1896. O. Leiner. Geb.

vgl. Jacobsohn

Jakobsohn, Ernst [pract. Arzt]: Beiträge zur Aetiologie des Skorbut .... Breslau, Buchdr. H. Proskauer jr. (1887); 56 + 1 S. + 2 Bl 8°.

Breslau, Med. Fak., Inaug.-Diss. v. 2 Mai 1887.

Jakobson, Heinr. Friedr., Herr Dr. Rupp zu Königsberg im Conflict mit den Symbolen d. evangel. Kirche u. dem preuß. Provinzial-Consistorium. Eine Beleuchtung d. Schrift: Die Symbole oder Gottes Wort? rc. v. Jul. Rupp. gr. 8. (3½ B.) Leipzig 846, Otto Wigand. Königsberg, Gräfe u. Unzer.

Jakobstadt [Schlagwort]

Jakobstadt, s.: Europa. Uebersichtskarte.

Jakobsz, C. Ph. Ausführlicher Unterricht in der Perspective. Nebst einem Anhange mit 60 Kupfertaf. (1 Bd. Text und 1 Atlas.) 8. Wien 1803.

Jakoby, s.a. Jacob. – Jacobi. – Jacobus. – Jacoby. – Jakob. – Jakobs. – Jakobi. –

Jakoby, A., kämpfende Herzen, s. Novellenkranz.

Jakoby, D., De Leibnitii studiis Aristotelicis. (inest ineditum Leibnitii. Diss. 1867. 84 S.

Jakoby, Dr. J., die französischen Pferderacen. Erfurt 1867. 8.

Jakoby, Herm., Beiträge zu christlicher Erkenntniß in Predigten. gr. 8. (208 S.) Gütersloh 870, Bertelsmann's Verlag. *

Jakoby, Hermann: Die Grenzen der weiblichen Bildung. — Gütersloh: Bertelsmann 1871. 20 S. 8°

Jakoby, L., Kupfer- und Stahlstichdruck, s. Ausstellungs-Bericht, officieller.

Jakoby, Willy. Tabaksteuer oder Monopol? Offener Brief an Herrn Carl Ewald. 8°. Mannheim, Haas'sche Buchdr., 1885.

Jakopp, Ludw. Th., s.: **Adressbuch v. Tirol u. Vorarlberg.**

Jakowatz, Ant., die Arten der Gattung Gentiana, Sect. Thylacites Ren. u. ihr entwicklungsgeschichtlicher Zusammenhang. gr. 8. (52 S. m. 1 Fig., 2 Karten u. 2 Taf.) Wien 899. (C. Gerold's Sohn.) n. 1. 50

— vergleichende Untersuchungen üb. Farnprothallien. (1. Reihe.) Beitrag zur Entwickelungsgeschichte des Prothalliums v. Asplenium septentrionale Hoffm., Aspidium Filix mas Sw., Aspidium dilatatum Sm., Scolopendrium vulgare Sm., Athyrium Filix femina Roth u. Polypodium vulgare L. gr. 8. (27 S. m. 7 Taf.) Ebd. 901. n. 1. 80
2 Sonderabdrucke aus: „Sitzungsber. d. k. Akad. d. Wiss."

Jakowenko, Eugen [aus Schischak '(Russl.)']: Aus d. patholog. Institut d. Univ. Würzburg. Zur Frage über die Natur der Mischgeschwülste der Parotis ... Würzburg, Druck d. Bonitas-Bauer'schen k. b. Hofbuchdr., 1897; 40 S. 8.
Würzburg, Med. Fak., Inaug.-Diss. v. 1897

Jakowicki, Anton: Zur physiologischen Wirkung der Bluttransfusion. Diss. Dorpat 1875. 8°. 48 pp.

Jakowicki, Anton: Über die physiologischen Wirkungen der Transfusion. Preisarbeit Dorpat 1873.

Jakowicki, Ludw. Observationes in Thucydidis libri tertii capita XXXVII—XLVIII. 16 S. Progr. *Neustadt Pr.* 1879.

v. Jakowicki, Ludw. Observationes in sex prima tertii libri Horatii carmina certo inter se vinculo connexa. 15 S.
Trzemeszno, Progr. 1854

Jakowicki, Theod. v.

Jakowicki, T., über die Gründung des Russenreichs. 1. Thl. 4. (26 S.) Posen 865, (Jagielski.)

Jakowicki, Theod. v. Otto der Große, der Gründer des römisch-deutschen Kaiserreichs. 12 S. **Progr.** Mar. G. *Posen* 1882.

Jakowkina, Ottilie, a. Odessa: Kobaltisalze als Kathodische Depolarisatoren. Halle a. S. 1904: (C. A. Kaemmerer.) (32 S.) 8°
Gießen, Phil. Fak., Ref. Elbs, Diss. v. 31. Jan. 1905
[Geb. 3. Jan. 81 Odessa; Wohnort: Odessa; Staatsangeh.: Rußland; Vorbildung: Mädchengymn. Odessa, Reife 99; Studium: Halle, Gießen 3 S.; Rig. 28. Juli 04.]

Jakowlew, M. J., aerztliches System nebst kritischer Analyse des Werkes „Mein System" v. J. P. Müller u. m. Beilage der Uebungstafel des Systems aerztl. Zimmergymnastik. (59 S. m. Abbildgn.) gr. 8. Berlin 910. Priber & Lammers. 1. 80

Jakowlew, N., die Fauna einiger oberpalaeozoischer Ablagerungen Russlands. I. Die Cephalopoden u. Gastropoden. (In deutscher u. russ. Sprache.) gr. 4. (S. 81—140 m. 5 Taf. u. 5 Bl. Erklärgn.) St. Petersburg 899. (Leipzig, M. Weg.) n. 7. 70
Sonderabdruck aus: „Mémoires du comité géologique".

Jakowlew, N., die Fauna der oberen Abtheilung der palaeozoischen Ablagerungen im Donez Bassin. I. u. II. (Deutsch u. russisch.) (Mémoires du comité géologique.) gr. 4. St. Petersburg 903. (Leipzig, M. Weg.) n.n. 3. 24
I. Die Lamellibranchiaten. (III, 44 S. m. Fig., 2 Taf. u. 5 S. Erklärgn.) n.n. 2. 16
II. Die Korallen. (16 S. m. 1 Taf. u. 1 Bl. Erklärgn.) n.n. 1. 08

Jakowlewa, Pulcheria, aus Petersburg: Über Keratitis interstitialis diffusa. Beitrag zur Pathologie der Cornea-Krankheiten. Zürich: Orell, Füsslie Cie Dr. 1873. 52 S., 1 Bl. Thesen. 8°.
Zürich, Med. Diss. v. 20. Dec. 1873.

Jaks, (Alfred): Die Sozialversicherung und die Arztfrage auf dem Lande. Hrsg. vom Verein d. Halberstädter Landärzte. [Nebst] Begleitbrief. Berlin 1910. 1913. 8°

Jaks, Dr., Die Socialversicherung und die Arztfrage auf dem Lande. Hrsg. vom Verein der Halberstädter Landärzte. 8°. Halberstadt 1910. (Leipzig, G. Thieme.)

Jaksch: Die Bewegung der Erde um sich und um die Sonne, und die daraus hervorgehenden Erleuchtungs- und Erwärmungsverhältnisse. 100 S. 8°—Czernowitz OR. Progr. 1866

Jaksch: Die Drehung der Polarisationsebene des Lichtes. 34 S.—Brünn, Progr. 1868.

Jaksch, v., s.: Zeitschrift f. Heilkunde.

Jaksch, Aug.

Jaksch, August Ritt. v. Wartenhorst. Eine offene Antwort auf die vom kath.-politischen u. landwirtschaftlichen Vereine für die Slovenen Kärntens herausgegebene anonyme Schrift: „Zur Ortsnamenforschung in Kärnten". Klgft., v. Kleinmayr, 1891. 41 S.

Jaksch, Aug. v., Archivberichte aus Kärnten. I. Die Graf Lodron'schen Archive in Gmünd. gr. 8. (172 S.) Klagenfurt 900. (F. v. Kleinmayr.) n. 4. —
Sonderabdruck aus: „Archiv f. vaterl. Gesch. u. Topogr."

Jaksch, Aug. v, s.: Carinthia.

Jaksch, Aug. v., die Einführung d. Johanniter-Ritterordens in Kärnten u. dessen Commende u. Pfarre Pulst daselbst. [Aus: „Archiv f. österr. Geschichte".] gr. 8. (56 S.) Wien 890. (Tempsky.) n. 1. —

—. **die Gurker Geschichtsquellen 864—1632,** s.a. **Monumenta historica ducatus Carinthiae.**

Jaksch August Ritter von **Wartenhorst,** Dr.: Die Gurker Geschichtsquellen 864 bis 1232 (mit 20 Siegelbildern). *Monumenta historica ducatus Carinthiae.* Band I. Klagenfurt. 1896. F. von Kleinmayr . . . .
— — 1233—1269 (mit 1 Siegelabbildung). *Monumenta historica ducatus Carinthiae.* Band II. Klagenfurt. 1898. F. von Kleinmayr . . . .

— s.a. **Geschichtsquellen, die Kärntner.**

— Die Kärntner Geschichtsquellen 811—1202. *Monumenta historica ducatus Carinthiae.* Band III. Klagenfurt 1904. F. von Kleinmayr . . . .
— — 1202—1269. I. Teil 1202—1262. *Monumenta historica ducatus Carinthiae.* Band IV/1. Klagenfurt, 1906. F. von Kleinmayr . . . .
— — II. Teil 1263—1269. *Monumenta historica ducatus Carinthiae.* Band IV/2. Klagenfurt. 1906. F. von Kleinmayr . . . .

Jaksch, A. v., Die Kärntner Geschichtsquellen 811—1202. [Monumenta historica ducatus Carinthiae. 3. Bd.] Lex.-8°. (LIX, 600 S.) Klagenfurt: Kleinmayr 1904. K 35.—

Jaksch, A. v., Die Kärntner Geschichtsquellen. IV. Bd. 1202—1269. 2. Teil. 1263—1269. [Monumenta historica ducatus carinthiae. IV. Bd. 2. Teil.] Lex.-8°. (pag. XXIV, 590—1073) Klagenfurt: Kleinmayr 1906. * K 33.—

Jaksch, August v.: Der Geschichtsverein für Kärnthen 1844—1894. Aktenmässig dargestellt. *Klagenfurt 1896.*
in: **Festschrift** z. 100j. Geburtstage G. v. Ankershoven. [96. 2197

Jaksch, August Ritt. v. Wartenhorst. Die Section Klagenfurt des Deutschen u. Oesterreichischen Alpen-Vereines 1872—96. Klgft., v. Kleinmayr, 1897. Quart. 54 S.

— s.: Monumenta historica ducatus Carinthiae.

Jaksch, August Ritt. v. Wartenhorst. Ueber Ortsnamen u. Ortsnamenforschung mit besonderer Rücksicht auf Kärnten. Klgft., v. Kleinmayr, 1891. 44 S.

Jaksch, Elfriede, s.a. Schack v. Igar.

[J.] Der Schwur auf dem Oelberg. Roman v. Schack v. Igar '(Elfriede Jaksch)'. *Zürich, Erfurt [&] Leipzig: E. Moos 1897.* (2 Bl., 250 S., 1 Portr.) 1 Bd 8.
— Collection Moos. Ser. I. Bd 4. [97 1170

Jaksch Hans: G. und seine Mutter. 26. Eger L.-B.-A. 77. Progr.

Jaksch, J., neue Schulschriften. 2 Bdchen. 8. Prag 819. Krauß. 12 K

Jaksch, Ign., s. Jahrbuch für Lehrer, Aeltern und Erzieher.

JAKSCH, K. VON.
Vergiftungen (Die) chemisch gruppirt. Wien, 1897. 8vo. Ill.

Jaksch, Rud. v., üb. Acetonurie u. Diaceturie. Mit 6 Holzschn. gr. 8. (VIII, 156 S.) Berlin 885. Hirschwald. n. 3. 60

Jaksch, R. v., üb. die klinische Bedeutung d. Vorkommens v. Harnsäure u. Xanthinbasen im Blute, den Exsudaten u. Transsudaten. [Aus: „Festschrift z. Centennalfeier d. k. k. allgemeinen Krankenhauses in Prag".] gr. 8. (28 S.) Berlin 891. Fischer's medicin. Buchhandlg. n. 1. —

Jaksch, R. v., über die moderne Behandlung der Herzaffektionen in Beziehung auf Franzensbad als Herzheilbad, s.: Wander-Vorträge, medicinische. 65. Hft.

Jaksch, R. v., s.: Beiträge zur inneren Medicin.

Jaksch, R. v., zur quantitativen Bestimmung der freien Salzsäure im Magensafte. [Aus: „Sitzungsber. d. k. Akad. d. Wiss."] Lex.-8. (3 S.) Wien 889. (Tempsky.) n.n. — 10

Jaksch, R. v., über Diagnose u. Therapie der Erkrankungen des Blutes, s.: Wander-Vorträge, medicinische.

— klinische Diagnostik innerer Krankheiten mittels bakteriologischer, chemischer und mikroskopischer Untersuchungsmethoden. Mit 108 zum Theil farb. Holzschn. gr. 8. (XXIV, 356 S.) Wien 887. Urban & Schwarzenberg. n. 12. —; geb. n. 14. —

— dasselbe. 2., verm. Aufl. Mit 125 zum Theil farb. Holzschn. gr. 8. (XXVIII, 438 S.) Ebd. 889. n. 12. —; geb. n. 14. —

— klinische Diagnostik innerer Krankheiten mittels bakteriologischer, chemischer u. mikroskopischer Untersuchungsmethoden. 3., verm. Aufl. Mit 140 z. Thl. farb. Holzschn. gr. 8. (XXXII, 490 S.) Wien 892. Urban & Schwarzenberg. n. 15. —

Jaksch, Rud. v., klinische Diagnostik innerer Krankheiten mittels bakteriolog., chem. u. mikroskop. Untersuchungsmethoden. 4., vorm. u. verb. Aufl. Mit 150 theilweise mehrfarb. Illustr. in Holzschn. 2 Hlftn. gr. 8. (XXVIII, 568 S.) Wien 896. Urban & Schwarzenberg. à n. 8. — (kplt. geb. n. 18. —)

— klinische Diagnostik innerer Krankheiten mittels bakteriolog., chem. u. mikroskop. Untersuchungsmethoden. 5., verm. Aufl. Mit 160 theilw. mehrfarb. Illustr. in Holzschn. gr. 8. (XXVIII, 626 S.) Wien 901. Urban & Schwarzenberg. n. 18. —; geb. in Halbfrz. n. 20. —

Jaksch, Rud. v., klinische Diagnostik innerer Krankheiten mittels bakteriologischer, chemischer u. mikroskopischer Untersuchungsmethoden. 6., vollständig umgearb. Aufl. (XXXI, 640 S. m. 174 teilweise mehrfarb. Holzschn.) Lex.8. Wien 907. Urban & Schwarzenberg. 18.—: geb. n 20. 50

— Gegenwart u. Zukunft der internen Medicin, s.: Wander-Vorträge, medicinische.

— üb. transitorische, alimentäre u. dauernde Glycosurie u. ihre Beziehungen zum Diabetes, nebst Bemerkgn. üb. den Nachweis v. Kohlehydraten im Harn, s.a. Wander-Vorträge, medicinische.

Jaksch, R. v.: Über transitorische, alimentäre und dauernde Glycosurie und ihre Beziehungen zum Diabetes nebst Bemerkungen über den Nachweis von Kohlenhydraten im Harn. Von Prof. Dr. R. v. Jaksch-Prag. Berlin: Fischer 1892. (23 S.) 8°.
Wander-Vorträge, Medicinische. H. 31.

— der Kaiser Franz Josef-Pavillon im k. k. allgem. Krankenhause zu Prag, s.: Czermak, W.

— Mittheilung über die Wirkungen d. Koch'schen Heilmittels gegen Tuberkulose, s. Mittheilungen über d. Koch'sche Mittel.
— Wander-Vorträge, medicinische.

— u. H. **Rotky**, die Pneumonie im Röntgenbilde, s.a. Fortschritte auf dem Gebiete der Röntgenstrahlen. 19. Erg.-Bd.

Die Pneumonie im Röntgenbilde von R[udolf] v. **Jaksch** u. H. Rotky in Prag. Mit 59 Röntgenbild. auf 10 Taf. u. 10 Skizzenbl. Hamburg: L. Gräfe & Sillem 1908. (20 S.) 4°
— Archiv u. Atlas d. normalen u. pathol. Anatomie in typischen Röntgenbildern. [19.]
— **Fortschritte** auf d. Gebiete d. Röntgenstrahlen. Erg.Bd 19. [08. 6807

— diagnostische u. therapeutische Resultate d. Koch'schen Heilverfahrens. [Aus: „Verhandlungen d. X. Congresses f. innere Medicin".] gr. 8. (45 S. m. 19 Abbildgn.) Wiesbaden 891. J. F. Bergmann. n. 1. 20

— üb. d. Vaccination, s.a. Wandervorträge, medicin.

Ueber die Vaccination v. Prof. Dr. R[udolf] v. Jaksch. *Berlin: Fischer 1896.* (16 S.) 1 Bd 8.
— Wandervorträge, Medicinische. H. 52. [97 7375

— Vergiftungen, s.a. Erben, Frz.

Die Vergiftungen v. Prof. Dr. R[ud.] v. **Jaksch**, ... Prof. ... in Prag. Mit 29 Figuren. (In 3 Heften.) *Wien: A. Hölder 18(94—)97.* (XVII, 640 S.) 1 Bd 8.
— Pathologie, Specielle u. Therapie. Bd I. [97. 5361

Die Vergiftungen. Von Dr. R[udolf] v. **Jaksch**, Prof. 2. vollst. umgearb. u. verm. Aufl. Mit 42 Abb. Wien & Leipzig: Hölder 1910. XLI, 732 S. 8°
(Spezielle Pathologie u. Therapie.) [10. 7911

— üb. d. Verhütg. ansteckender Erkrankungen, s.: Sammlung gemeinnütz. Vorträge.

— der Weingeist als Heilmittel, s. Binz, C.

— üb. den therapeutischen Werth der Blutentziehungen, s.a. Wander-Vorträge, medicinische.

Ueber den therapeutischen Werth der Blutentziehungen. Von Prof. Dr. R[udolf] v. Jaksch. *Berlin: Fischer 1894.* (20 S.) 1 Bd 8.
= **Wander-Vorträge, Medicinische.** H. 41. [97. 7367

— s.: **Zeitschrift f. Heilkunde.**

Jaksche, F., Die Entstehung, Bestimmung und Ausbreitung des ritterlichen Ordens der Kreuzherren mit dem roten Sterne. Gr.-8°. (25 S.)

Jaksche, J., s.: Gundacker's v. Judenburg Christi Hort.

Jakschits-Musulin, Catharina. Ein Beitrag zur Casuistik des Narbenkrebses. Diss. Med. Univ. Zürich ... von Frl. K' J'-M'.... *Kopftitel:* Aus der chirurgischen Klinik des Herrn Professor [Ulrich] Krönlein, Zürich. 27 [+25] S. 8. Zürich, Gebr. Leemann & Co., 1908.

Jakšić Duschan: Die Einwanderung der Serben nach Ungarn im Jahre 1690.
H. 1908 PN 2407 Diss. Wien, Univ. 983

Jakson, J., chronologische Alterthümer und Zeitrechn. der ältesten Königreiche v. Anfange der Welt bis hieher. gr. 4. Strnbg. Monath und K. 756.

Jakstein, d. Gewährg. v. Wohnungsmiete als Art d. Armenunterstützg., s.a. Kayser.

— d. Stellungnahme d. Landesgesetzgebung zu den gegen alimentationspflicht. Angehörige zu treff. Zwangsmaßregeln, s.a. Schriften d. deutschen Vereins f. Armenpflege u. Wohlthätigkeit.

Die Stellungnahme der Landesgesetzgebung zu den gegen alimentationspflichtige Angehörige zu treffenden Zwangsmaßregeln. (Referat von [W.] **Jakstein**, Stadtrath in Potsdam.) Die Fürsorge f. Obdachlose in den Städten. (Referat von Dr. E. Münsterberg in Hamburg. Korreferat v. Geh. Reg.R. C[onrad] v. Massow.) In welchen Fällen ist d. Abnahme von Kindern der Gewährung v. Familienunterstützung in offener Pflege vorzuziehen? (Von Stadtrath Dr. [Karl] Flesch in Frankfurt a. M.) *Leipzig: Duncker & Humblot 1895.* (94 S.) 8° [F.]
= **Schriften** d. deutschen Vereins f. Armenpflege u. Wohlthätigkeit. H. 22. [04. 13148

— Zwangsmaßregeln gegen nährpflicht. Angehörige, s.: Hirschberg, E.

Jakszakov, Vaszilij, aus den sibirischen Bleibergwerken. Unedierte Briefe d. zu lebenslängl. Zwangsarbeit verurtheilten V. J. m. den Zeichngn. u. dem Autogramm d. Verurtheilten. Aus dem Ungar. übers. 1.—3. Taus. 8. (184 S.) Berlin 892. 893. S. Cronbach. n. 2. 50; geb. n.n. 3. 50

Jakub Adalbert: Das Leben des hl. Wenzel.
H. 1899 PN 1195 Diss. Wien, Univ. 821

Kak młodźenz póndźe po čžistym pucźu? Ssobudar na pucź psches sswjet do nebja. Wschitkim młodym Sserbam pschi wustupenju s wótzneho doma w luboszi poskicźeny wot ERNSTA BOHUWJERA JAKUBA. (Wie wird ein Jüngling seinen Weg unsträflich gehen? Mitgabe auf den Weg durch die Welt in den Himmel. Allen jungen Wenden beim Verlassen des väterlichen Hauses in Liebe dargereicht von E. B. JACOB.) ib. 1852. —

Wjerny kcheszijan pod Božim prutom. Prjedowanje dźeržane w cžassu shromadneho khorenja ssydomnatu nedźelu po ssw. Trojizy 1850 a wschitkim k wubudźenju a srudnym k troschtej s wužitnymi pschidawkami a modlitwami na žadanje wudate wot ERNSTA BOHUWJERA JAKUBA. (Der wahre Christ unter der Zuchtruthe Gottes. Predigt gehalten zur Zeit der Massenkrankheit am 17. Sonntag nach der h. Dreieinigkeit 1850 und allen zur Erweckung und den Traurigen zum Trost mit nützlichen Beigaben und Gebeten auf Begehr herausgegeben von E. B. JACOB.) ib. 1850. —

Jakubec, Jan., Geschichte der čechischen Litteratur, s.a. Literaturen, die, des Ostens. V. 1.

Geschichte der čechischen Litteratur. Von Jan **Jakubec**. Die čechische Litteratur der Gegenwart von Arno Novák. Leipzig: C. F. Amelang 1907. (XII, 383 S.) 8°
= **Litteraturen**, Die, d. Ostens in Einzeldarstellungen. Bd 5, Abt. 1. [07. 17308

Geschichte der čechischen Litteratur von Jan **Jakubec**. Die čechische Litteratur der Gegenwart von Arne Novák. 2. Ausg. mit Nachtr. u. Berichtigungen. Leipzig: Amelang 1909. XII, 383, 4 S. 8°
(Die Litteraturen d. Ostens. Bd 5, Abt. 1.) [11. 2489 8

JAKUBEK, Stephanus: S. Hieronymus et S. Augustinus adversus hostes virginum. — (1908) 221, 12 Bl. 4° (Handschr.) Diss. 559
Diss. Wien, Univ.

Jakubetzky, Karl, Bemerkungen zu dem Entwurfe e. bürgerlichen Gesetzbuches f. das Deutsche Reich. Dem k. bayer. Staatsministerium der Justiz vorgelegt. gr. 8. (XV, 358 S.) München 892. Dr. C. Wolf & Sohn. n. 8. —

Jakubiczka, Friedrich: Kühlung feuchter Luft in geschlossenen Oberflächenkühlern. – 1905. 23 S.
Diss. Wien, TH

Jakubowitsch, Anna [von Perm, Russland]: Ein Fall von congenitaler Atresie der Arteria pulmonalis. Zürich 1897. 38 S. 8°.
Zürich. Med. Diss. 1897/98.

Jakubowski, A[nton] von, z. Z. Volontärassistent an der patholog.-anatom. Abteilung des kgl. hygienischen Instituts zu Posen: Aus dem Kgl. hygienischen Institut zu Posen, patholog.-anatom. Abteilung (Prof. Dr. Busse). Über Hirncysticerken. Greifswald 1906: F. W. Kunike. (50 S.) 8°
Greifswald, Med. Fak., Ref. Busse, Grawitz, Diss. v. 24. Jan. 1906
[Geb. 15. Juni 77 Thorn; Wohnort: Thorn; Staatsangeh.: Preußen; Vorbildung: Gymn. Thorn Reife M. 98; Studium: Berlin 5, Breslau 5 S.; Coll. 25. Juli 05; Approb. 14. Juni 04.]

Jakubowski, Kurt, cand. med. aus Lissa i. P.: **Zur Casuistik der Hypophysistumoren.** *München 1899: Kastner & Lossen.* (18 S.) 8°
München, Med. Diss. v. 1899

Jakubowski, Sophie von [aus Kieciny (Lithauen)]: Beziehungen zwischen Strassburg, Zürich und Bern im XVII. Jahrhundert. Strassburg 1898. 182 S. 8°.
Bern. Phil. Diss. 1897/98.

Jakubowski, Sophie E. v., Beziehgn. zwischen Strassburg, Zürich u. Bern im XVII. Jahrh. gr. 8. (IV, 182 S.) Strassburg 898. J. H. E. Heitz. n. 3. —

Jakubson, Naum. Über einige Derivate des Phenolphtaleïns. Diss. Phil. Basel. 32 S. 8. Basel, Emil Birkhäuser, 1903.

Jakubzick, Julius: Einkommensteuer-Handbuch. Von – . 2. Aufl. Berlin: Selbstverl. 1907 (1906). (482 S.) 8°.

[**Jakuschkin**, Iwan Dmitriewitsch, Fürst Eug. *Obolenski*, und Fürst Sergei Grigoriewitsch *Wolkonski*], Aus der Dekabristenzeit. Erinnerungen hoh. russ. Offiziere (Jakuschkin, Obolenski, Wolkonski) von d. Militär-Revolution d. J. 1825. Bearb. von Adda *Goldschmidt*. Hamburg 1907. 8°.
(Bibliothek wertvoller Memoiren. Bd 3.)

JALICS, MATHIAS: Lob- und Pflicht-Rede auf das Geheimniss, da der allerhöchsten dreieinigen Gottheit An dem hohen Titularfeste des Barfüsserordens, und einer hochlöblichen englischen Erzbruderschaft der allerheiligsten Dreyfaltigkeit von Erlösung gefangener Christen, bey Bestättigung der Würdenswahlen vor zahlreicher Anwesenheit, in dem löbl. Gotteshause zu Klein-Mariazell nächst Altofen, den 14. Brachmonat im J. 1772 vorgetragen und abgeredet von dem tugendsamen Jüngling Mathias Jalics, studiosus. Ofen 1772. Gedruckt bey Katharina Landerer. 14 S. - 4°

Jalkowski, Johannes [app. Arzt aus Graudenz]: **Zur Pathologie der Psoriasis. Nach 105 in d. letzten Jahren in d. medizin. Klinik zu Tübingen behand. Fällen ... Tübingen, Druck v. H. Laupp jr, 1896; 28 S. 8.**
Tübingen, Med. Fak., Inaug.-Diss. v. 1896

Jaell, Marie

Der Anschlag. (Le Toucher.) Neues Klavierstudium auf physiolog. Grundlage von Marie Jaell. Bd 1. *Leipzig: Breitkopf & Härtel 1901.* 2* [Ant. u. F.] [**. **4**]

Jallabert, (Louis): Experimenta electrica usibus medicis applicata, oder Versuche über die Electricität, aus denen der herrliche Nutzen derselben in der Artzneywissenschaft und insbesondere in der Kur eines Lahmen zu ersehen, nebst einigen Muthmassungen über die Ursach der Wirkungen der Electricität. (Expériences sur l'électricité avec quelques conjectures sur la cause de ses effets... Dt.)...beygefügt Herrn (François Boissier) de Sauvages (de la Croix)...Sendschreiben an Herrn Dr. (Jean Jacques) Bruhier (d'Ablaincourt), von den Versuchen...an einigen Lahmen... (Dissertatio de hemiplegia per electricitatem curanda. Dt.) 312 S., gbd., 3 Taf., 1 Tab.
Basel: Im Hof 1750 JB 2.664

(Jean) Jallabert,[Expériences sur l'électricité. Deutsch:] Versuche über die Electricität,worinnen der herrliche Nutzen...in der Arzneywissenschaft... gezeiget wird.Bey dieser 2.Aufl. mit e.Zusatz... Basel: Im Hof 1771. 312,36 S. 8°
[Sondert.:] Ammersin (Amersin),Wendelin: Kurze Nachricht von der eigenthümlichen Electricität des Holzes.1771.

Jalon, Max. Untersuchungen über einen synthetischen Sulfinazofarbstoff. Diss. Phil. Basel. 43 S. 8. Basel, Brin & Cie., 1908.

Jalonsky, Ignaz v., od. die Liebenden in der Tiefe der Weichsel, von Jul. v. Voß. 2 Bde. 8. Berlin, Schmidt. 806.

Jalousien, die grünen, s.: Bibliothek ausgewählter Novellen. 3. Bd.

Jalowetz Heinrich: Ueber einige Besonderheiten der melodischen Technik Beethovens und deren Wurzeln in den Werken von Mozart, Haydn und Philipp Emanuel Bach. Diss.Wien, Univ.
D: Sammelbände der Int. Musikgesellschaft Bd. 12, Leipzig 1910.
1908 PN 2414 2139

Jalowicz, Hermann, Referendar: Die Bedeutung der Vermutungen des § 1362 B.G.B. für die verschiedenen Güterstände des bürgerlichen Gesetzbuchs. *Rostock 1903: C. Hinstorff.* (56 S.) 8°
Rostock, Jur. Diss. v. [25. Nov.] 1903

Jalowiecki, Olgierd. Ueber Wachsthumsveränderungen an den Wirbeln nach Spondylitis tuberculosa. Diss. Med. Univ. Zürich. Mit 3 Abbildungen. *Kopftitel:* Aus dem orthopädischen Institut von Dr. A[ugust] Lüning und Dr. W(ilhelm) Schulthess, Privatdocenten in Zürich. II + 13 S. 8. Stuttgart, Union Deutsche Verlagsgesellschaft, 1902.

Jama, Rud., Repetitorium über Physiologie, pathologische Anatomie, Pharmakologie, anorganische Chemie und allgemeine Pathologie. gr. 8. (336 S.) Wien 871, (Czermak.) (*M 14.) *

Jama, R.: Repetitorium über Physiologie, pathologische Anatomie, Pharmacologie, anorganische Chemie etc. 1876.

Jamabos, s.a. Jammabos

Jamabos, die; od. die japanischen Mönche. Trauersp. in 5 Aufz. a. d. Franz. übersetzt von A. Wittenberg. 8. Hamb. Hoffmann. 782.

Jamain, M. A., Handbuch der niederen Chirurgie. Enthltd.: Die Lehre von den Verbänden bei Wunden, abnormen Zuständen und Fracturen, sowie die Pessarien, Bruchbänder, Punktionen, die Vaccination, die Incisionen, etc. 2., gänzlich umgearb. Aufl. Mit 189 Abbildgn. Deutsch bearb. u. mit Zusätzen verm. von Jac. Herzfelder. Quedlinburg 854. Basse. gr. 8. (XV, 414 S. u. 38 lith. Taf.) 1 ₰. 20 ngr.

Jamamoto, J[orodu]: Ueber das Fibromyom der Vagina. Mit 1 Taf. München 1910: Kastner & Callwey. 31 S. 8°
München, Med. Diss. v. 27. Juli 1910, Ref. Döderlein
[Geb. 6. Nov. 81 Fukuokaken; Wohnort: Fukuokaken; Staatsangeh.: Japan; Vorbildung: Prov.-Mittelsch. Kurume Reife März 01; Studium: Nagasaki Med. Akad. 8, Würzburg 1, München 1 S.; Rig. 27. Juli 10.] [U 10. 3520

Jamar, C. H. T., Maria, d. Mutter Jesu. E. Lebensbild d. allerseligsten Jungfrau u. Gottesmutter, auf Grund d. hl. Schrift, d. Kirchenväter, d. theolog. Schriftsteller etc. Uebers. v. Frz. Brim. gr. 8. (VI, 510 S.) Trier 896. Paulinus-Druckerei. n. 4. —; geb. n.n. 5 —

Jamaer, L., Aufgabensammlung f. den Rechen-Unterricht in Feinmetallarbeiterklassen, s.: Horstmeier, W.

— Das Rechnen in Werkstatt u. Leben, s.: Horstmeier, W.

Jamashita, Risaku, a. Japan: Über die Entstehung der Milzcysten. Freiburg i. Br. 1908: K. Henn. (39 S.) 8°
Freiburg i. B., Med. Fak., Ref. Aschoff, Diss. v. 1908
[Geb. 11. Dez. 80 Saitama; Wohnort: Freiburg i. B.; Staatsangeh.: Japan; Vorbildung: Gymn. Saitama Reife O. 98; Studium: Sendai 4, Freiburg i. B. 6 S.; Rig. 14. Dez. 07; Approb. 1902.]

Jamben. Leipzig 1784. V: *Stolberg, Frdr. Leop. Graf zu.* (GGr)

Jamben eines greisen Ghibellinen. Cogitantibus. 8. (241 S.) Bonn 876. Neußer. geb. m. Goldschn. n. 9. —

Jamblichus

— *Adhortatio ad philosophiam.* Gr. et lat. cum anim. ed. Kiefsling. Lips. 813. 8. 2 rthlr.

— in Nicomachi arithmeticam introductionem liber, ad fidem codicis Florentini edidit Hermenegild. Pistelli. 8. (IX, 195 S.) Ebd. 894. n. 2. 40

Ἰαμβλίχου Χαλκιδέως, περὶ βίου Πυθαγορικοῦ λόγος. Jamblichi Chalcid. de vita Pythagorica liber; graec. et lat. Text. post L. Küsterum ad fid. Codd. Mss. recognovit etc. Gli. Kiessling etc. II Voll. 8maj. Leipz. 815, 16. W. Vogel. 5 ₰ Schrbp. 6 ₰ Velinp. 7 ₰ 8 gr

— *λόγος προτρεπτικὸς εἰς φιλοσοφίαν.* Jamblichii Chalcid. adhortatio ad philosophiam. Textum ad fid. Codd. Mss. recens., interpretatione latina partim nova et animadversionibus instruxit M. Th. Kiesling. 8maj. ibidem. 813.
Schreibp.
Velinp.

Jamblichi de mysteriis liber. Ad fidem codicum manu scriptorum recogn. Gust. Parthey. gr. 8. (LVI und 328 S.) Berlin 857, Nicolai'sche Verlagsbuchh. *
Vgl.: Scriptores, erotici, graeci.

Jamblichi Protrepticus, ad fidem codicis Florentini edidit Hermenegildus Pistelli. 8. (XVI, 170 S.) Leipzig 888, Teubner. 1 80

Iamblichi de communi mathematica scientia liber ad fidem codicis Florentini ed. Nic. Festa. 8. (IX, 152 S.) Leipzig 891. B. G. Teubner. 1. 80

Jamblichi de vita Pythagorica liber graece et latine, textum post Kusterum ad fid. Codd. Msc. recognovit Ulr. Obrecht interpretat. lat. passim mutavit Kusteri aliorumque animadvers. adjecit suas M. Th. Kiesling. Acced. Porphyrius de vita Pythagorae et var. lect. libri περι της κοινης μαθηματικης etc. Pars IIda 8maj. Lipsiae, W. Vogel. 816.
Charta membr. 3 Rthlr. 8 Gr. Charta script.

Jamblichi de vita Pythagorica liber. Ad fidem codicis Florentini rec. Aug. Nauck. Accedit epimetrum de Pythagorae aureo carmine. Lex.-8. (LXXXVI, 369 S. m. 2 Fcsm.-Taf.) Petropoli 884. Leipzig, Voss' Sort. n. 6. —

Jámbor, Jules, Histoire, organisation et fonctionnement de l'université technique Joseph de Budapest. Edité par Vincent Wartha. Lex.-8. (80 S.) Budapest 898. (F. Kilián's Nachf.) 3. —

James, Abriss e. Geschichte etc. d. Meteorologie, s. Forbes.

James, das Erbrechen der Schwangern, seine nachtheiligen Folgen für Mutter und Kind und seine Heilung. Nebst einem Anhange über die Diätetik der Schwangern und der Säuglinge. Aus dem Engl. 8. (III und 43 S.) Leipzig 853, (Thomas.) *

James, das Erbrechen der Schwangern, seine nachtheiligen Folgen für Mutter u. Kind und seine Heilung. Nebst einem Anh. über die Diätetik der Schwangern u. der Säuglinge. Aus dem Engl. Leipzig 854. Thomas in Comm. 8. (2 Bl., 43 S.) n. 6 ngr.

James, s. Geschichten, unheimliche.

James, Leben und Zeitalter Ludwig's XIV. Aus d. Engl. 4 Bde. Lemgo 1838. 8°.
R. Zinke's Dresdner März-Auct. 1906, no. 165: Mindestgebot 2 Mk.

James, Dr., wohlgemeinte Rathschläge für diejenigen, die an Hämorrhoiden und Harnbeschwerden leiden. gr. 12. Prag 842, Haase Söhne. 5/12 ℔

James, Arth. W. English spoken. Uebungen in der engl. Conversation. 8. (181 S.) Berl., Wilhelmstr. 141. 890. (Fr. Beuge). * 1 50

James, Arthur W. [Middletown, Conn. (Amer.)]: **Die starken Praeterita in den Werken von Hans Sachs ... München, Druck d. Nationalen Verlagsanst., Buch- u. Kunstdr., 1894; 83 S. 8.**
München, Phil. Fak., Inaug.-Diss. v. 1894

James, Charles T. C. Holy Wedlock. s.a. Collection of British authors.

Holy Wedlock. A story of things as they are. By Charles T. C. **James.** Copyright ed. Leipzig: Tauchnitz 1892. 288 S. 8°
(Collection of British authors. Tauchnitz Ed. Vol. 2833.) [11. 7895

James, E., praktischer u. theoret. Leitfaden der Präzisionsreglage. Mit 9 Abbildgn. im Text u. 8 Spiralkurventaf. Übers. u. durch e. Anh. „Die Gangprüfungs-Bestimmgn. in den verschied. Ländern" erweitert v. M. Loeske. (VIII, 117 S.) gr. 8. Bautzen 910. E. Hübner. 6.—; geb. 6. 50

James, E., nouvelle méthode facile et exacte pour déterminer rapidement les dimensions des engrenages. qu. 4. (2 Taf. m. 2 Bl. Text.) Biel 887. (Kuhn.) n. 1. 60

James, Edmund Janes

James, E. J., Studien über den amerikanischen Zolltarif, seine Entwickelung u. seinen Einfluss auf die Volkswirthschaft, s.a. Sammlung nationalökonomisch. u. statistischer Abhandlungen des staatswissenschaftlichen Seminars zu Halle a/S.

James, E(dmund) J(anes): Studien über den amerikanischen Zolltarif. Halle a/S. 1877: (Frommann in Jena). 48 S. 8°
Halle-Wittenberg, Phil. Diss. v. [6. Aug.] 1877
Geb. Jacksonville (Nordamerika) 21. 5. 1855. V.

James, Emile

James, E., die Lehre v. den Schlagwerken, s.a. **Schlagwerke u. Repetitionen. 1. Hft.**

James, E[mile]. Die Lehre von den Schlagwerken. Ein praktischer und theoretischer Wegweiser von E. James, Lehrer ... in Genf. Mit 61 Abbildungen. Autorisierte Übersetzung von M[ichael] Loeske, Berlin. IV + 88 S. 8. Bautzen, Emil Hübner, 1903. [M. 3. —]

Schlagwerke und Repetitionen. Hilfsbuch für Praktiker. Heft 1.

James, E[mile]. Praktischer und theoretischer Leitfaden der Präzisionsreglage. Mit 9 Abbildungen im Text und 8 Spiralkurventafeln. Übersetzt und durch einen Anhang »Die Gangprüfungs-Bestimmungen in den verschiedenen Ländern (für Schiffs-Chronometer und Taschenuhren)« erweitert von M[ichael] Loeske-Berlin. II + VI + 117 S. + *Inserate.* 8. Bautzen, Emil Hübner, 1910. [M. 6. —, geb. 6. 50]

James, Florence. 1908 [Frauenname],
s. Warden, Florence [Mädchenname].

James, George Francis, Thomas Hill Green u. der Utilitarismus, s.a. **Abhandlungen zur Philosophie u ihrer Geschichte.**

James, George Francis [aus Normal, Ills, V. S. A.]: **Thomas Hill Green und der Utilitarismus ... Halle a. S., Druck v. E. Karras, 1894; 1 Bl., 37 S. 8.**
Halle, Phil. Fak., Inaug.-Diss. v. [6. Aug.] 1894

James, George Payne Rainsford

— und Maunsell B. Field, Adrian oder die Wolken des Geistes. Ein Roman. Aus dem Engl. übers. von Ernst Susemihl. 2 Bde. 8. (408 S.) Leipzig 852, Kollmann. à Bd. 20 Ngr.

— — dass. — (Taschenausg.) 2 Bde. oder 4 Bdchn. (James' Werke. 70. und 71. Bd.) 16. (408 S.) Ebds. 852. à Bd. 10 Ngr.

— **Agincourt,** s.a. **Collection of brit. authors.**

— Agincourt. Ein Roman. Aus d. Engl. v. Ernst Susemihl. 3 Bde. 8. (54½ B.) Leipzig 845, Kollmann. Thlr.

— dass. (Taschen-Ausg.) 6 Bdchn. 16. (54½ B.) Ebds. 845.

— **Rose d'Albret,** s.a. **Collection.**

— Rosa d'Albret od. die unruhigen Zeiten. Ein Roman. A. d. Engl. v. Ernst Susemihl. 3 Bde. 8. (52 B.) Leipzig 844, Kollmann. Thlr.

— dass. (Taschen-Ausg.) 1—6. Bdchn. 16. (52 B.) Leipzig 844, Kollmann. à
Vgl. Bibliothek, europäische. — Echo. — Sammlung.

James, Georg Payne Rainsford, Attila. Histor. Roman. Aus d. Engl. übersetzt von Wilh. Ad. Lindau. 3 Thle. 8. Leipzig 838. Kollmann. 3 1/2 ₰

—— Beauchamp; or the error., s. Collection.

—— Beauchamp od. d. Irrthum. A. d. Engl. v. A. Kretzschmar. 1—3. Bd. 8. (58 B.) Leipzig 840, Kollmann. à

—— dass. Taschen-Ausg. 1—6. Bdchn. 16. (58 B.) Leipzig 840, Kollmann. à

—— einige Bemerkungen über drei Artikel im Athenäum. 16. (4 1/4 B.) Stuttgart 842, Metzler'sche Buchh.

James, G(eorg) P(aine) R(ainsford), Bestrebungen und Hindernisse. Ein Roman. Aus dem Engl. übers. von W. E. Drugulin. 4 Bde. 8. (881 S.) Leipzig 853, Kollmann. à Bd. 20 Ngr.

—— dass. — (Taschenausg.) 4 Bde. oder 8 Bdchn. (Werke. 78—81. Bd.) 16. (881 S.) Ebds. 853. à Bd. 10 Ngr.

James, Geo. Paine Rainsford, dunkle Bilder aus der Geschichte. Aus dem Engl. übers. 3 Bde. 8. (709 S.) Leipzig 850. Kollmann. à Bd. 20 Ngr.

—— dass. — Taschenausg. 3 Bde. oder 6 Bdchn. 16. (709 S.) Ebds. 850. à Bd. 10 Ngr.

James, George Paine Rainsford, Sir Theodor Broughton, siehe: Britannia, 9 u. 10. Bd.

James, George Paine Rainsford, Sir Theodor Broughton, siehe: Collection of British authors, vol. 147. 148.

—— the Castle of Ehrenstein, s. Collection.

James, G(eorge) P(aine) R(ainsford), the cavalier, s.a. Dürr's Collection of standard american authors.

James, G(eorg) P(aine) R(ainsford), der Cavalier. Roman. 2 Bde. 8. (435 S.) Leipzig 860, Kollmann. Thlr.

—— **der Cavalier. Roman. Fortsetzung von „Lord Montagu's Page." Deutsch von W. E. Drugulin. 2 Bde. (Werke 91. und 92. Bd.) 16. (435 S.) Leipzig 860, Kollmann.**

——, Heinrich v. Gerons. Ein Roman. A. d. Engl. übers. v. Ernst Susemihl. 3 Bde. 8. (41 1/4 B.) Leipzig 841, Kollmann.

– The convict, s. Collection of british authors.

James, G. P. R., Corse de Leon, oder: der Straßenräuber. Ein Roman. Aus dem Engl. übersetzt von Er. Susemihl. 3 Bde. kl. 8. Leipzig 841, Kollmann. 4 ₰

– Darnley, s. Collection of british authors.

(James, Geo. Payne Rainsford,) Darnley, 3 Bde., s. Darnley.

– Forest Days, s.a. Collection of british authors.

James, G. P. R.: Forest Days a romance of old times.
8° Leipzig 1843.

– The old Dominion, s. Dürr's Collection of standard american authors.

—— Ehrenstein. Ein Roman. Aus dem Engl. von Ernst Susemihl. 3 Bde. 8. (779 S.) Leipzig 847, Kollmann. à Bd. 20 Ngr.

—— dass. — Taschenausg. 3 Bde. oder 6 Bdchn. 16. (779 S.) Ebds. 847. à Bdchn. 5 Ngr.

– das Schloß Ehrenstein, s.a.: Aula der schönen Literatur, 107—113 Bdchn.

— das Schloß Ehrenstein. Seine geistigen und zeitlichen Herren; seine weltl. u. überirdischen Bewohner. Deutsch von A. Schraishuon. 7 Bdchn. 8. (1. 92 S. 2. 96 S. 3. 86 S. 4. 87 S. 5. 96 S. 6. 72 S. 7. 70 S.) Stuttgart 847, Hallbergersche Verlagsbuchh. 2 ₰

—— die alte Eichentruhe, s. Bibliothek, europäische. 365–368. Bd.

—Eine unter Tausend. Aus d. Tagen Heinrich des Vierten. Aus d. Engl. übers. v. W. A. Lindau. 3 Thle. 8. Leipzig 836. Kollmann. 4 ₰

—— der falsche Erbe. Ein Roman. Aus d. Engl. von Ernst Susemihl. 3 Bde. 8. (64 B.) Leipzig 844, Kollmann.

—— Morley Ernstein etc., s.a. Collection.

—— Morley Ernstein. Ein Roman. Aus d. Engl. von Ernst Susemihl. 3 Thle. 8. (72 B.) Leipzig 842, Kollmann.

—— die Fälschung oder die besten Absichten. Ein Roman. Aus dem Engl. übers. von Ernst Susemihl. 3 Bde. 8. (818 S.) Leipzig 849, Kollmann. à Bd. 20 Ngr.

—— dass. – Taschenausg. 3 Bde. oder 6 Bdchn. 16. (818 S.) Ebds. 849. à Bd. 10 Ngr.

– The fate, s. Dürr's Collection of standard american authors.

— der Förster, s.: Bibliothek, Europäische, 251—253. Bd.

—— Frankreich vor der Revolution. Ein Roman. Aus d. Engl. v. Ernst Susemihl. 3 Bde. 8. (59 B.) Leipzig 842, Kollmann.

— Frankreich vor der Revolution. Ein Roman. A. d. Engl. übers. v. Er. Susemihl. 3 Bde. kl. 8. Ebend. 843. 3 3/4 ₰

James, George Payne Rainsford

Frauenbilder. Aus dem Engl. von Martin Bernhard. Hrsg. von Wilhelm Adolf Lindau. Th. 1.
Leipzig: Kollmann 1839. 246 S. 8°

—— Freiheit und Sclaverei. Ein amerikan. Roman. Aus dem Engl. übertr. von Ernst Susemihl. (Taschenausg.) 3 Bde. (Werke. 85—87. Bd.) 16. (788 S.) Leipzig 856, Kollmann.

—— dass. — 3 Bde. 8. (788 S.) Ebds. 856.

—der Gentleman aus der alten Schule. Ein Roman. Aus d. Engl. übers. von Ernst Susemihl. 3 Bde. 8. Leipzig 840. Kollmann. 4 ₰

– The Gipsy, s. Collection of british authors.

— Gowrie, s.a.: Bibliothek, Europäische, 525—528. Bd.

James, Geo. Paine Rainsford, Gowrie, oder des Königs Complott. Ein Roman aus dem Engl. übers. von Ernst Susemihl. 3 Bde. 8. (787 S.) Leipzig 851, Kollmann. à Bd. 20 Ngr. Thlr.

—— dass. — Taschenausg. 3 Bde. oder 6 Bdchn. 16. (787 S.) Leipzig 851, Kollmann. à Bd. 10 Ngr.

—— Margarethe Graham. Ein Roman. Aus dem Engl. von Ernst Susemihl. 2 Bde. 8. (363 S.) Leipzig 848, Kollmann.

—— dass. — Taschenausg. 4 Bdchn. oder 2 Bde. 16. (363 S.) Ebds. 848. à Bdchn. 5 Ngr.

— Heinrich v. Guise. Ein Roman. Aus d. Engl. übers. v. Ernst Susemihl. 3 Bde. 8. Leipzig 840. Kollmann. 4 Thlr

— , John Marston Hall. A. d. Engl. übers. v. With. Ad. Lindau. 3 Thle. 8. ($58\frac{1}{2}$ B.) Leipzig 835, Kollmann.

—— Heidelberg, s.a. Collection.

— Heidelberg, s.a.: Lese-Cabinet, belletristisches 45—48. Lfg.

—— Heidelberg. Ein Roman. Aus d. Engl. v. Ernst Susemihl. 3 Bde. 8. ($54\frac{1}{2}$ B.) Leipzig 846, Kollmann.

—— dass. Taschen-Ausg. 6 Bdchn. 16. (50 B.) Ebds. 846. à

James, George Payne Rainsford
Heidelberg. Roman. Aus dem Engl. von Ernst Susemihl. Bd 1-3.
Leipzig: Kollmann 1847. 8°

—— the false heir, s. Collection.

— der Hugenot, eine Erzählung von den franz. Protestanten. Ein Roman. Aus d. Engl. übers. von Ernst Susemihl. 4 Bde. 8. Leipzig 839. Kollmann. (à $1\frac{1}{3}$ Thlr) $5\frac{1}{3}$ Thlr

— die Jacquerie, oder die Dame und der Page. Ein histor. Roman. Aus dem Engl. übersetzt von E. Susemihl. 3 Bde. kl. 8. Ebend. 842. $3\frac{2}{3}$ Thlr

—— die Jacquerie, od. die Dame u. der Page. Ein histor. Roman. A. d. Engl. v. Ernst Susemihl. 3 Bde. 8. ($57\frac{3}{4}$ B.) Leipzig 843, Kollmann.

— Vor dreißig Jahren, siehe: Bibliothek, Europäische, 264—267. Bd.

James, G. P. R., der Cavalier. Roman. Fortsetzung von „Lord Montagu's Page." Deutsch von W. E. Drugulin. 2 Bde. Leipzig 860. Kollmann. 8. (435 S.) 1 Thlr 10 ngr.

— die Landstraße. Ein Roman. Aus d. Engl. übersetzt von Ernst Susemihl. 3 Bde. 8. Leipzig 840. Kollmann. 4 Thlr

—— Leben u. Zeitalter Ludwig d. Vierzehnten. A. d. Engl. übers. 4 Thle. 8. ($44\frac{1}{6}$ B.) Lemgo 838, Meyersche Hofbh. à $1\frac{1}{2}$ Thlr.

—— die Leidenschaften. Erzählungen. A. d. Engl. übers. v. Ernst Susemihl. 2 Bde. 8. ($33\frac{7}{8}$ B.) Leipzig 839, Kollmann.

— s. Lese-Cabinet, neuestes belletristisches.

(——) Maria von Burgund, s. Maria.

(——) Heinrich Masterton, 3 Bde., s. Heinrich.

—— Arrah Neil, s.a. Collection.

—— Arrah Neil. Ein Roman. Aus d. Engl. v. Ernst Susemihl. 3 Bde. 8. (50 B.) Leipzig 845, Kollmann.

—— dass. (Taschen-Ausg.) 6 Bdchn. 16. (50 B.) Leipzig 845, Kollmann.

—— gesammelte Novellen. Aus d. Engl. v. Ernst Susemihl. 2 Bde. 8. (39 B.) Leipzig 844, Kollmann.

—— Novels. Vol. I—V. 8. Leipsic 840, Kollmann. à * A. u. d. Ttln.:
Vol. I. Philip Augustus or the Brothers in arms. (27 B. u. 2 Stahlst.)
- II. Darnley; or, the field of the cloth of gold. ($29\frac{3}{4}$ B. u. 2 Stahlst.)
III. De l'Orme. ($30\frac{1}{2}$ B. u. 2 Stahlst.)
IV. Henry Masterton; or, the adventures of a young cavalier. (29 B. u. 2 Stahlst.)
- V. Richelieu, a tale of France. (23 B. u. 2 Stahlst.)

— Leonora d'Orco, s.a. Dürr's Collection of standard american authors.

—— Leonora d'Orco. Ein histor. Roman. Deutsch von Ernst Susemihl. 3 Bde. (Werke 93—95. Bd.) 16. (701 S.) Leipzig 861, Kollmann.

—— dass. — 3 Bde. 8. (701 S.) Ebendas. 861.

(——) De l'Orme, 3 Bde., s. De l'Orme.

—— Lord Montagu's page, s.a. Dürr's Collection of standard american authors.

—— dass. — s.a. Lese-Cabinet, neuestes belletristisches.

—— Lord Montagu's Page. Ein histor. Roman. Deutsch von Ernst Susemihl. 3 Bde. (Werke 88—90. Bd.) 16. (XIV und 874 S.) Leipzig 859, Kollmann.

—— dass. — 3 Bde. 8. (XIV und 874 S.) Ebendas. 859.

— Pequinillo, s.a. Dürr's Collection of standard american authors.

James, George Paine Rainsford, Pequinillo. Ein Roman. Aus dem Engl. übers. von E. Susemihl. 3 Bde. 8. (239. 239 u. 243 S.) Leipzig 852, Kollmann. (à $\frac{2}{3}$ Thlr) 2 Thlr

— dass. (Taschenausg.) 3 Bde. oder 6 Bdchn. [Werke. 67—69. Bd.] 16. (239. 239 u. 243 S.) Ebd. 852. (à Bd. $\frac{1}{3}$ Thlr) 1 Thlr

(——) Philipp August, s. Philipp.

—— Rache. Ein Roman aus dem Engl. übers. von Ernst Susemihl. 3 Bde. 8. (751 S.) Leipzig 852, Kollmann. à Bd. 20 Ngr.

—— dass. — (Taschenausg.) 3 Bde. oder 6 Bdchn. (Werke. 59—61. Bd.) 16. (751 S.) Ebds. 852. à Bd. 10 Ngr.

— der Räuber. Ein Roman. Aus d. Engl. übersetzt von Ernst Susemihl. 3 Bde. 8. Leipzig 839. Kollmann. 4 Thlr

— Reiseabenteuer und Reisenovellen. Aus d. Engl. v. W. A. Lindau. 3 Thle. 8. Leipzig 837. Kollmann. $3\frac{1}{2}$ Thlr

– Revenge, s. Dürr's Collection of standard american authors.

(——) Kardinal Richelieu, 3 Bde., s. Richelieu.
Sämmtliche Romane erschienen anonym; der Name des Verf. wurde erst mit seinem „John Marston Hall" (1835) in Deutschland bekannt.

—— David Rizzio, oder Scenen in Europa während des 16. Jahrhunderts. Aus dem schriftl. Nachlasse William Henry Irelands hrsg. Aus dem Engl. übers. von Ernst Susemihl. 4 Bde. 8. (787 S.) Leipzig 851(52,) Kollmann. à Bd. 20 Ngr.

—— Robin Hood, od. das Leben im lustigen Walde v. Sherwood. Ein Roman. Aus d. Engl. v. Ernst Susemihl. 3 Bde. 8. ($60\frac{1}{2}$ B.) Leipzig 843, Kollmann.

—— dass. — Taschenausg. 4 Bde. oder 8 Bdchn. 16. (787 S.) Ebds. 851(52.) à Bd. 10 Ngr.

—— Romane, in deutschen Uebertragungen hrsg. v. F. Notter u. G. Pfizer. 1—76. Bdchn. 16. Stuttgart 838—43, Metzler'sche Buchh.

A. u. d. Titln.:
Bdchn. 1— 6. Der Zigeuner. 6 Bdchn.
" 7—14. Der Hugenotte, eine Erzähl. v. d. französ. Protestanten. 8 Bdchn.
" 15—21. Darnley. Eine Erzähl. 7 Bdchn.
" 22—27. Richelieu. Eine Erzähl. a. d. französ. Gesch. 6 Bdchn.
Bdchn. 28—34. Des Königs Hochstraße. 7 Bdchn.
" 35—38. Karl Tyrrell, od.: Das böse Blut. 4 Bdchn.
" 39—44. La Jacquerie (der franz. Bauernkrieg) od. das Fräulein u. d. Page. Histor. Roman. 6 Bdchn.
" 45—52. Morley Ernstein, od. d. Mächte d. Herzens. 8 Bdchn.
" 53—58. Das alte Régime. Erzählung. 6 Bdchn.
" 59—64. Die Tage d. Waldlebens. Eine romant. Geschichte aus alten Zeiten. 6 Bdchn.
" 65—70. Der falsche Erbe. 6 Bdchn.
" 71—76. Corse de Leon od. der Räuber. 6 Bdchn.

—— Romane, in deutschen Uebertragungen hrsg. v. F. Notter u. G. Pfizer. 77—209. Bdchn. 16. Stuttgart 844—47, Metzler'sche Buchh. à Bdchn. $3\frac{3}{4}$ Ngr.
Bdchn. 77—80. Heinrich von Gerons. 4 Bdchn.
" 81—86. Maria von Burgund, od. die Empörung in Gent. 6 Bdchn.
" 87—92. Arabella Stuart. 6 Bdchn.
" 93—98. Henry Masterton, od. die Erlebnisse eines jungen Cavaliers. 6 Bdchn.
" 99—104. Leben u. Abenteuer John Marston Hall's. 6 Bdchn.
" 105—110. Rosa d'Albret, od. stürmische Zeiten. 6 Bdchn.
" 111—116. Arrah Neil, od. alte Zeiten. 6 Bdchn.
" 117—122. Der Räuber, Franklin Gray. 6 Bdchn.
" 123—128. Agincourt. 6 Bdchn.
" 129—133. Philipp August, od. die Waffenbrüder. 5 Bdchn.
" 134—139. Eine unter Tausenden, od. die Tage Heinrich IV. 6 Bdchn.
" 140—145. Der Schmuggler. 6 Bdchn.
" 146—149. Das Buch der Leidenschaften. 4 Bdchn.
" 150—160. Die Stiefmutter. 11 Bdchn.
" 161—167. De l'Orme. 6 Bdchn.
" 168—173. Attila. 6 Bdchn.
" 174—179. Der Gentleman aus der alten Schule. 6 Bdchn.
" 180—186. Heidelberg. 7 Bdchn.
" 187—193. Beauchamp, oder der Irrthum. 7 Bdchn.
Bdchn. 194—198. Das Schloß Ehrenstein. 5 Bdchn.
" 199—204. Der Tourist. 6 Bdchn.
" 205—209. Russel. 1—5. Bdchn.
Bdchn. 1—76. Ebendas. 1838—43. 9 Thlr. 15 Ngr.

—— Romane, in deutschen Uebertragungen hrsg. von F. Notter und G. Pfizer. 210—252. Bdchn. 16. Stuttgart 847—52, Metzler'sche Buchh. à Bdchn. $3\frac{3}{4}$ Ngr.
Bdchn. 210. Russel. 6. (letztes) Bdchn. (136 S.)
" 211—214. Der Ueberwiesene. 4 Bdchn. (632 S.)
" 215—217. Margarethe Graham. 3 Bdchn. (287 S.)
" 218—223. Sir Theodor Broughton oder der Gifttrank. 6 Bdchn. (695 S.)
" 224. Die letzte der Feen. (159 S.)
" 225—230. Die Fälschung oder beste Absichten. 6 Bdchn. (680 S.)
" 231—235. Das Schicksal. Erzählung aus bewegten Zeiten. 5 Bdchn. (640 S.)
" 236—241. Henry Smeaton. Eine Jakobiten-Geschichte aus der Regierungszeit Georgs I. 6 Bdchn. (740 S.)
" 242—246. Gowrie oder des Königs Komplott. 5 Bdchn. (648 S.)
" 247—252. Der Waldmann. Erzählung aus Richard III. Zeiten. 6 Bdchn. (752 S.)
Die Bändchen 211—252 wurden auch u. d. T.: Neueste Romane 1—42. Bdchn. ausgegeben. — Vgl. 10. Bd. 1. Abthl. S. 444.

— Romane, in deutschen Uebertragungen herausg. von F. Notter und G. Pfizer. Stuttgart 852. Metzler. 16.
Jedes Bdchn. $3\frac{3}{4}$ ngr.
253—257. Bdchn. Rache. Novelle. 5 Bdchn. (2 Bl., 641 S.)
258—263. Bdchn. Die alte Eichenkiste. Erzählung aus dem häuslichen Leben. 6 Bdchn. (8 Bl., 720 S.)

—— Romane, in deutschen Uebertragungen hrsg. von F. Notter und G. Pfizer. 253—263 Bdchn. (Neueste Romane. 43—63. Bdchn.) 16. Stuttgart 853, Metzler'sche Buchh. à Bdchn. $3\frac{3}{4}$ Ngr.
Inhalt:
Bdchn. 253—257. Rache. Novelle. 5 Bdchn. (644 S.)
258—263. Die alte Eichenkiste. Erzählung aus dem häusl. Leben. 6 Bdchn. (720 S.)

—— Russel, s.a. Collection of British authors.

—— Russel. Eine Erzählung aus der Regierungszeit Karl des Zweiten. Aus dem Engl. von Ernst Susemihl. 3 Bde. 8. (854 S.) Leipzig 847, Kollmann. à Bd. 20 Ngr.

—— dass. — Taschenausg. 6 Bdchn. oder 3 Bde. 16. (854 S.) Ebds. 847. à Bdchn. 5 Ngr.

—— der Schmuggler. Eine Erzählung. Aus d. Engl. von A. Kretzschmar. 3 Bde. 8. ($57\frac{1}{4}$ B.) Leipzig 845, Kollmann.

—— dass. (Taschen-Ausg.) 6 Bdchn. 16. ($57\frac{1}{4}$ B.) Ebds. 845.

– Henry Smeaton, s.a. Dürr's Collection of standard american authors.

—— Henry Smeaton, oder die Jakobiten unter Georg dem Ersten. Ein Roman. Aus dem Engl. übers. von Ernst Susemihl. 4 Bde. 8. (873 S.) Leipzig 851, Kollmann. à Bd. 20 Ngr.

—— dass. — Taschenausg. 4 Bde. oder 8 Bdchn. 16. (873 S.) Ebds. 851. à Bd. 10 Ngr.

—— the Smuggler, a Tale, s. Collection.

– Agnes Sorel, s.a. Dürr's Collection of standard american authors.

—— Agnes Sorel. Ein histor. Roman. Aus dem Engl. übers. von Ernst Susemihl. 4 Bde. 8. (837 S.) Leipzig 853, Kollmann. à Bd. 20 Ngr.

—— dass. — (Taschenausg.) 4 Bde. oder 8 Bdchn. (Werke. 74—77. Bd.) 16. (837 S.) Ebds. 853. à Bd. 10 Ngr.

—— the Step-Mother, s. Collection.

—— die Stiefmutter. Ein Roman. Aus d. Engl. v. Ernst Susemihl. 6 Bde. 8. ($94\frac{3}{4}$ B.) Leipzig 845, 46, Kollmann.

—— dass. (Taschen-Ausg.) 1—8. Bdchn. 16. ($98\frac{3}{4}$ B.) Ebds. 845, 46.

—— Arabella Stuart, s.a. Collection.

—— Arabella Stuart. Ein Roman. Aus d. Engl. v. Ernst Susemihl. 3 Bde. 8. (60 B.) Leipzig 844, Kollmann.

James, G(eorg) P(aine) R(ainsford), Ticonderoga oder der schwarze Adler. Eine amerikan. Erzählung. Aus dem Engl. von Ernst Susemihl. 3 Bde. 8. (748 S.) Leipzig 854, Kollmann. à Bd. 20 Ngr. Thlr.

—— dass. — (Taschenausg.) 3 Bde. oder 6 Bdchn. (Werke. 82—84. Bd.) 16. (748 S.) Ebds. 854. à Bd. 10 Ngr.

—— die alte eichene Truhe. Eine Erzählung aus dem häusl. Leben. Aus dem Engl. übers. von Ernst Susemihl. 3 Bde. 8. (877 S.) Leipzig 850, Kollmann. à Bd. 20 Ngr.

—— dass. — Taschenausg. 3 Bde. oder 6 Bdchn. 16. (877 S.) Ebds. 850. à Bd. 10 Ngr.

— Charles Tyrell. Ein Roman. Aus d. Engl. übersetzt von Ernst Susemihl. 3 Bde. Nebst Bildniß des Verfass. 8. Leipzig 839. Kollmann. 3 ℳ

— der Untersuchungs-Kommissar, oder Reisen und Abenteuer eines Mannes vom Stande. Aus dem Engl. übers. 5 Bde. 8. (1145 S.) Leipzig 852, Kollmann. à Bd. 20 Ngr.

— dass. — (Taschenausg.) 5 Bde. oder 10 Bdchn. (Werke. 62—66. Bd.) 16. (1145 S.) Ebds. 852. à Bd. 10 Ngr.

— das Verhängniß oder die Zeit der Aufregung. Ein Roman. Aus dem Engl. übers. von Ernst Susemihl. 3 Bde. 8. (767 S.) Leipzig 851, Kollmann. à Bd. 20 Ngr.

— dass. — Taschenausg. 3 Bde. oder 6 Bdchn. 16. (767 S.) Ebds. 851. à Bd. 10 Ngr.

— der Verurtheilte, siehe: Britannia, 1—3. Bd.

— der Wechsel des Lebens. Ein Roman aus der Revolutionszeit. In's Deutsche übertr. von Ernst Susemihl. 2 Bde. 8. (495 S.) Leipzig 853, Kollmann. à Bd. 20 Ngr.

— dass. — (Taschenausg.) 2 Bde. oder 4 Bdchn. (Werke. 72. und 73. Bd.) 16. (495 S.) Ebds. 853. à Bd. 10 Ngr.

— der Weidmann. Romantische Erzählung aus der Zeit Richard III. Aus dem Engl. übertr. von H. Bertholdi. 3 Bde. 8. (794 S.) Leipzig 850, Kollmann. à Bd. 20 Ngr.

— dass. — Taschenausg. 3 Bde. oder 6 Bdchn. 16. (794 S.) Ebds. 850. à Bd. 10 Ngr.

— Werke. Neue Taschenausg. Ebend. 853—56. 16. Jedes Bdchn. 5 ngr.
72. 73. Bd. Die Wechsel des Lebens. Ein Roman aus der Revolutionszeit. In's Deutsche übertr. von E. Susemihl. 2 Bde. (244; 251 S.)
74—77. Bd. Agnes Sorel. Ein historischer Roman. Aus dem Engl. übers. von E. Susemihl. 4 Bde. (198; 210; 212; 217 S.)
78—81. Bd. Bestrebungen und Hindernisse. Ein Roman. Aus dem Engl. übers. von W. E. Drugulin. 4 Bde. (223; 216; 212; 230 S.)
82—84. Bd. Ticonderoga oder der schwarze Adler. Eine amerikanische Erzählung. Aus dem Engl. von E. Susemihl. 3 Bde. (248; 240; 260 S.)
85—87. Bd. Freiheit und Sklaverei. Ein amerikanischer Roman. Aus dem Engl. von E. Susemihl. 3 Bde. 247: 264: 277 S.)

— Werke. Neue Taschenausg. 88—93. Bd. Leipzig 859—61 Kollmann. 16. Jeder Bd. 10 ng
88—90. Bd.: Lord Montagu's Page. Ein historischer Roman. Deutsch von Ernst Susemihl. 3 Bde (XIV, 874 S.)
91. u. 92. Bd.: Der Cavalier. Roman. Fortsetzung von „Lord Montagu's Page." Deutsch von W. E. Drugulin. 2 Bde. (435 S.)
93—95. Bd.: Leonora d'Orco. Ein historischer Roman. Deutsch von Ernst Susemihl. 3 Bde. (701 S.)

James, Geo. Paine Rainsford, Works. Revised and corrected by the author. With an introductory preface. Vol. 1—10. London. Leipzig. (Bernh. Tauchnitz jun.) à Vol. * ⁝

Vol. 1. The Gipsy, a Tale. (27 B. u. 1 Stahlst.) 844.
" 2. Mary of Burgundy: or the Revolt of Ghent. (29 B. u. 1 Stahlst.) 844.
Vol. 3. The Huguenot: A Tale of the French Protestants. ($26^{3}/_{4}$ B. u. 2 Stahlst.) 844.
" 4. One in a thousand: or, the days of Henry quatre. (26 B. u. 1 Stahlst.) 845.
" 5. Philip Augustus: or, the brothers in arms. (27 B. u. 1 Stahlst.) 845.
" 6. Henry of Guise: or, the states of Blois. (27 B. u. 1 Stahlst.) 846.
" 7., 8. Morley Ernstein: or, the tenants of the heart. ($53^{3}/_{8}$ B. u. 2 Stahlst.) 846.
" 9., 10. Darnley. — The Brigand. ($51^{1}/_{2}$ B. u. 2 Stahlst.) 846.

— der Zigeuner. A. d. Engl. übers. v. Wilh. Ad. Lindau. 3 Thle. 8. ($70^{5}/_{8}$ B.) Leipzig 836, Kollmann.
Vgl. 8. Bd.: James (die Anmerk.).

James, Henry

James Jr., H., the American, s.: Collection of british authors.

James, Henry

Der Amerikaner. Roman. Von Henry James jun. Ins Deutsche übertr. von Moritz Busch. Th. 1.2. Leipzig: Grunow 1877. 8°

— der Amerikaner. Roman. Aus dem Amerikan. 8. (318 S.) Berlin 878. Janke. n. 2. —

— dasselbe.s.a. Novellisten, amerikanische.

James Jr., H., der Amerikaner od. Marquis u. Yankee, s.a. Roman-Bibliothek, transatlantische.

— Confidence, s. Collection of British Authors

— ein leidenschaftlicher Erdenpilger, s. Novellisten, amerikanische.

— the Europeans, s. Collection of British Authors

James, Henry, the finer grain, s.a.: Collection of British authors.

James, Henry: The finer Grain. By Henry James. Copyright ed. Leipzig: Tauchnitz 1910. 278 S. 8°
(Collection of Brit. Authors. Tauchnitz Ed. Vol. 4224.)

— Roderick Hudson, s. Collection of British Authors.
— dass. — s. Novellisten, amerikanische.

James, Henry, the lesson of the master. The marriages. The pupil. Brooksmith. The solution. Sir Edmund Orme,
— a London life,
} s.: Library, the English.

— the madonna of the future; Longstaff's marriage; Madame de Mauves, s.: Collection of british authors.

— Daisy Miller, s. Collection of British Authors.

— foreign Parts, Collection of British Authors

— Eugene Pickering; the diary of a man of fifty; Benvolio, s.: Collection of British authors.

— Eugen Pickering, s. Universal-Bibliothek Nr. 1058.

— French Poets and Novellists, s. Collection of British Authors

— the portrait of a lady, s. Collection of British Authors

— Portraits of Places, s. Collection of British Authors.

— the siege of London; the point of view; a passionate pilgrim, s.: Collection of british authors.

James, H., a little tour in France, s. Collection of British Authors.

—— Washington Square; the pension Beaurepas; a bundle of letters, s. Collection of British Authors.

James, J. Will., üb. die Derivate des Aetylen-chlorobromids; insbesondere über das Aethylen-chlorsulfocyanat u. seine Reactionen. Inaugural-Dissertation. gr. 8. (34 S.) Jena 882. Pohle. — 75

James, Johannes Angelus, s. James, John Agell.

James, John, die Hämorrhoiden u. ihre vollständige Beseitigung durch ein neues einfaches Heilverfahren von sicherer Wirkung. Mit Angabe der Heilmittel. 863. — 2. Aufl. Berlin 864. Mode. 8. (48 S.) 7½ ngr.

James, John, die Hämorrhoiden u. ihre vollständige Beseitigung durch ein neues einfaches Heilverfahren von sicherer Wirkung. Ein zuverläss. ärztl. Rathgeber in allen Krankheiten, welche die Hämorrhoiden in ihrem Gefolge haben, als Hämorrhoidalkolik, Magenbeschwerden, Verschleimungen rc. Mit Angabe der Heilmittel. 3. u. 4. Aufl. Berlin 865—67. Mode's Verlag. 8. (48 S.) 7½ ngr.

— Keine Unterleibskrankheiten mehr! Der kranke Magen u. die schlechte Verdauung als Grundursachen der meisten Leiden, wie Magenschwäche, Magenkrampf, Magendrücken rc. Aerztlicher u. leicht verständlicher Rathgeber, um obige Leiden gründlich u. sicher zu beseitigen. Mit Angabe der Heilmittel. Uebersetzt aus dem Engl. 863. — 2. verb. Aufl. 864. — 3. verb. Aufl. Ebend. 865. 8. (48 S.) 7½ ngr.

James, John, M. A., B. Sc. (Oxon.), B. A. (Lond.), aus Conwil-Elvet, Caermarthen, Wales: Die Abraham-Lemoinesche Methode zur Messung sehr kleiner Zeitintervalle und ihre Anwendung zur Bestimmung der Richtung und Geschwindigkeit der Entladung in Entladungsröhren. *Erlangen 1904: Junge & Sohn.* (42 S.) 8°
Erlangen, Phil. Diss. v. 18. Dez. 1902

— keine Unterleibskrankheiten mehr! Der kranke Magen u. die schlechte Verdauung als Grundursachen der meisten Leiden, wie Magenschwäche, Magenkrampf, Magendrücken rc. Mit Angabe der Heilmittel. Uebers. aus dem Engl. 4—12. verb. Aufl. Ebend. 866—69. 8. (48 S.) 7½ ngr.

James, John Agell. Die Anziehungskraft des Kreuzes, eine Missionsrede ... Neue Aufl. Nürnb. 1826. Ü: *Wiesinger, Joh. Frdr.* (Ky)

James, J. A., d. Anziehungskraft des Kreuzes, eine Missionsrede, gehalten v. d. Londoner Missionsgesellschaft 1819. Verdeutscht vom Pfarrer W(iesinger). N. Aufl., (mit Vorwort von D. G. H. Schubert). 8. Nürnb. 826. Raw. 4 gl.

James, J. A., die Anziehungskraft des Kreuzes. Eine Missionsrede. Verdeutscht von Pfarrer W. Neue revid. u. verb. Aufl. 8. Nürnberg 842, Raw'sche Buchh. ⅙ ℛ

James, Joh. Angelus, der Christ in Wort u. Wandel, oder: Der Bekenner Christi, dargestellt in einer Reihe von Rathschlägen u. Vorsichtsmaßregeln. (Nach der 5. Ausg. des Engl.) Uebers. von Joh. Hoffmann. Hrsg. von J. D. Prochnow, Berlin 865. Buchh. des Missions-Vereins. gr. 8. (VIII, 240 S.) 15 ngr.

James, J. A., über die große Erweckung in Amerika. Ein Vortrag. (Aus dem Engl.) 16. (32 S.) Hamburg 859, Oncken.

— der Jüngling in der Fremde. Eine Gabe für die confirmirte Jugend. Aus dem Engl. von Ed. Wlh. Thdr. Kuntze. 16. Berlin 842, L. Oehmigke. ⅔ ℛ

James, J. A., der Jüngling in der Fremde. Eine Gabe für die confirmirte Jugend. Aus dem Engl. von Ed. Wilh. Thdr. Kuntze. 2. (Titel-)Ausg. Berlin (842.) 858. L. Oehmigke. 16. (5 Bl., 260 S.) 18 ngr.

James's, J. A., Rathgeber und Tröster für um ihr Heil bekümmerte Seelen. Aus dem Engl. 8. (IV und 166 S.) Hamburg 848, (Agentur des Rauhen Hauses.) *

James, J. A. Wegweiser für den eifrigen Sucher der Seligkeit ... a. d. Engl. Zürich 1839. Ü: *Thiele, Hnr.* (winer)

James, J. A., Wegweiser für den eifrigen Sucher nach der Seligkeit. Nach der 6n Aufl. aus d. Engl. übers. 8. Zürich 839. Meyer u. Zeller. 7/12 ℛ

— die Wittwe und ihr Gott. Aus dem Engl. von Ed. Wlh. Thdr. Kuntze. 16. Ebend. 842. ⅔ ℛ

— die Wittwe und ihr Gott. Aus dem Engl. von Ed. Wilh. Thdr. Kuntze. 2. (Titel-)Ausg. Ebend. (842.) 858. 16. (XVI, 239 S.) 18 ngr.

James, Nathaniel [aus Halifax '(Canada)']: Die Englische Kirche in ihrem Verhältniss zum Papst- und Königthum bis zum Ende des 8. Jahrhunderts ... Halle a. S., Hofbuchdr. v. C. A. Kaemmerer & C., 1893; 1 Bl., 5—42 S., 1 Bl. 8.
Halle, Phil. Fak., Inaug.-Diss. v. [12. Aug.] 1893

James, T. H., the cub's triumph, s. Fairy tale series, Japanese.

James, William

James, Will., a complete Dictionary of the english and german languages for general use. A. u. d. T.: Vollständ. Wörterbuch d. engl. u. deutschen Sprache zum Gebrauche f. alle Stände. M. vorzügl. Rücksicht auf die neueste Literatur u. Bezeichnung d. Aussprache u. Betonung nach Walkers u. Heinsius Grundsätzen. Stereot.-Ausg. 2 Thle in 1 Bde. 8. (52¼ B.) Leipzig 840, Bernh. Tauchnitz jun.

James, William, a complete dictionary of the english and german languages for general use. Compiled with especial regard to the elucidation of modern literature; the pronunciation and accentuation after the principles of Walker and Heinsius. 2—5. Aufl. 1847—51. and 6. Ster.-edition. 2 Parts. (English and german. — German and english.) — Vollständiges Wörterbuch der englischen und deutschen Sprache zum Gebrauch für alle Stände. 2 Thle. (Englisch und deutsch. — Deutsch und englisch.) 8. (X und 879 S.) Leipzig 852(53,) B. Tauchnitz. Thlr.

James, William, a complete dictionary of the english and german languages for general use. Compiled with especial regard to the elucidation of modern literature, the pronunciation and accentuation after the principles of Walker and Heinsius. 2 Parts. (English and german. — German and english.) — Vollständiges Wörterbuch der englischen und deutschen Sprache zum Gebrauch für alle Stände. 2 Thle. 7. Ausg. 8. Ster.-Ausg. 8. (X und 879 S.) Leipzig 854(55,) B. Tauchnitz.

James, William, a complete dictionary of the english and german languages for general use. Compiled with especial regard to the elucidation of modern literature, the pronunciation and accentuation after the principles of Walker and Heinsius. 10—18. Ster.-edition. 2 Parts. (English and german. — German and english.) — Vollständiges Wörterbuch der engl. und deutschen Sprache zum Gebrauch für alle Stände. 2 Thle. 10—18. Ster.-Ausg. 8. (X und 880 S.) Leipzig 857—61, B. Tauchnitz.

James, Will., a complete Dictionary of the English and German Languages for general use. Compiled with especial regard to the elucidation of modern literature, the pronunciation and accentuation after the principles of Walker and Heinsius. — Vollständiges Wörterbuch der englischen und deutschen Sprache zum Gebrauch für alle Stände. Mit vorzügl. Rücksicht auf die neueste Literatur und Bezeichnung der Aussprache und Betonung nach Walker's und Heinsius' Grundsätzen. 20.—22. Aufl. 2 Thle. 8. (881 S.) 1869—72. *M.* 4., und 23. und 24. gänzlich umgearb. und bedeutend verm. Ster.-Ausg. 8. (X, 900 S.) Leipzig 873, B. Tauchnitz.

James, Will., a complete Dictionary of the English and German Languages for general use. Compiled with especial regard to the elucidation of modern literature, the pronunciation and accentuation after the principles of Walker and Heinsius. — Vollständiges Wörterbuch der englischen und deutschen Sprache zum Gebrauch für alle Stände. Mit vorzügl. Rücksicht auf die neueste Literatur und Bezeichnung der Aussprache und Betonung nach Walker's. und Heinsius' Grundsätzen. 25. und 26. Ster.-Ausg. 8. (X, 482, 418 S.) Leipzig 875,76, B. Tauchnitz.

James, Will., a complete Dictionary of the English and German Languages for general use. Compiled with especial regard to the elucidation of modern literature, the pronunciation and accentuation after the principles of Walker and Heinsius. — Vollständiges Wörterbuch der englischen und deutschen Sprache zum Gebrauch für alle Stände. Mit vorzügl. Rücksicht auf die neueste Literatur und Bezeichnung der Aussprache und Betonung nach Walker's und Heinsius' Grundsätzen. 27. Ster.-Aufl. (X, 482, 418 S.); 28. und 29. durchgängig revid. Aufl. 8. (X, 482, 419 S.) Leipzig 878—82, B. Tauchnitz.

James, Will., a complete Dictionary of the English and German Languages for general use. Compiled with especial regard to the elucidation of modern literature, the pronunciation and accentuation after the principles of Walker and Heinsius. — Vollständiges Wörterbuch der englischen und deutschen Sprache zum Gebrauch für alle Stände. Mit vorzügl. Rücksicht auf die neueste Literatur und Bezeichnung der Aussprache und Betonung nach Walker's und Heinsius' Grundsätzen. 30. durchgängig revid. Ster.-Aufl. 8. (X, 482; 408 S.) Leipzig 885, B. Tauchnitz.

James, Will., and Molé, Dictionary of the english and french languages for the general use. Dictionnaire de la langue française et anglaise à l'usage de tous les états etc. etc. 2 Vols. in 1 Bde. kl. Lex.-8. Lpz. 847, B. Tauchnitz jun. 2⅙ ß

—— and A. Molé, Dictionary of the english and french languages for general use with the accentuation and a literal pronunciation of every word in both languages compiled from the best and most approved english and french authorities. 2 Parts. 1. Edit. 1847. and 2. Ster.-edition. — Dictionnaire de la langue française et anglaise à l'usage de tous les états. 2 Parties. 1. et 2. Édition stér. 8. (XVI und 896 S.) Leipzig 851, B. Tauchnitz.

—— and A. Molé, Dictionary of the english and french languages for general use with the accentuation and a literal pronunciation of every word in both languages compiled from the best and most approved english and french authorities. 2 Parts. (The english and french part. — The french and english part.) — Dictionnaire de la langue française et anglaise, à l'usage de tous les états. 2 Parties. 3. Édit. 1853. et 4. Édit. stér. 8. (XVI und 896 S.) Leipzig 854, B. Tauchnitz.

—— and A. Molé, Dictionary of the english and french languages for general use with the accentuation and a literal pronunciation of every word in both languages compiled from the best and most approved english and french authorities. 2 Parts. (The english and french part. — The french and english part.) 5. Ster.-edition 1857. und 6. Ster.-edition. — Dictionnaire de la langue française et anglaise, à l'usage de tous les états. 2 Parties. 8. (XVI und 896 S.) Leipzig 861, B. Tauchnitz.

—— and A. Molé, Dictionary of the English and French languages for general use with the accentuation and a literal pronunciation of every word in both languages compiled from the best and most approved English and French authorities. — Dictionnaire de la langue française et anglaise, à l'usage de tous les états. — 2 Parts. 7. ster. edition. 8. (XVI und 896 S.) Leipzig 864, B. Tauchnitz.

—— and A. Molé, Dictionary of the English and French Languages for general use, with the accentuation and a literal pronunciation of every word in both languages. Compiled from the best and most approved English and French Authorities. — Dictionnaire de la langue française et anglaise à l'usage de tous les états enrichi de l'accentuation et d'une prononciation littérale et figurée de chaque mot des deux langues. Rédigé d'après les meilleurs dictionnaires publiés en Angleterre et en France. 2 vol. 11th ster. edit. 8. (VIII, 468; VIII, 428 S.) Leipzig 873, B. Tauchnitz.

—— and A. Molé, Dictionary of the English and French Languages for general use, with the accentuation and a literal pronunciation of every word in both languages. Compiled from the best and most approved English and French Authorities. — Dictionnaire de la langue française et anglaise à l'usage de tous les états enrichi de l'accentuation et d'une prononciation littérale et figurée de chaque mot des deux langues. Rédigé d'après les meilleurs dictionnaires publiés en Angleterre et en France. 2 vol. 12th ster. edit. 8. (VIII, 468; VIII, 428 S.) Ebendas. 876.

—— and A. Molé, Dictionary of the English and French Languages for general use, with the accentuation and a literal pronunciation of every word in both languages. Compiled from the best and most approved English and French Authorities. — Dictionnaire de la langue française et anglaise à l'usage de tous les états, enrichi de l'accentuation et d'une prononciation littérale et figurée de chaque mot des deux langues. Rédigé d'après les meilleurs dictionnaires publiés en Angleterre et en France. 2 vol. 13th ster. edit. 8. (VIII, 468; VIII, 428 S.) Ebendas. 883.

—— and A. Molé, Dictionary of the English and French languages for general use, with the accentuation and a literal pronunciation of every word in both languages. 2 parts. 14. ster. ed. 12. (VIII, 468; VIII, 424 S.) Ebd. 889. 6 —

— & A. Molé, dictionary of the English and French languages, for general use with the accentuation and a literal pronunciation of every word in both languages compiled from the best and most approved English and French authorities. (Dictionnaire de la langue française et anglaise.) 15. ster. ed. 2 Tle. in 1 Bd. 12. (VIII, 468 u. VIII, 428 S.) Ebd. 896. 6. —.

— and A. Molé, Dictionary of the English and french languages. 16., entirely new and modern ed. Completely rewritten and greatly enlarged by Louis Tolhausen and George Payn. Assisted by E. Heymann. (Dictionnaire des langues anglaise et française.) 2 Tle. in 1 Bd. 8. (X, 564 u. 663 S.) Ebd. 902. n. 5. —; geb. in Leinw. n. 6. —

— and A. Molé, Dictionary of the English and French languages. 17., entirely new and modern ed. Completely rewritten and greatly enlarged by Louis Tolhausen and George Payn. Assisted by E. Heymann. (Dictionnaire des langues anglaise et française.) 2 Tle. in 1 Bd. (X, 564 u. 663 S.) 8. Ebd. 906. 5. —; geb. in Leinw. 6. —

—— and Gius. Grassi, Dictionary of the english and italian languages for general use with the italian pronunciation and the accentuation of every word in both languages and the terms of science and art, of mechanics, railways, marine etc. compiled from the best and most recent english and italian dictionaries. 2 Parts. (Italian and english. — English and italian.) Ster. edition. — Dizionario italiano-inglese e inglese-italiano ad uso di ambedue le nazioni, colla pronunzia italiana e coll'accento su tutte le parole delle due lingue arricchito di termini risguardanti le scienze ed arti, la mecanica, le strade ferrate, la marina ecc. Edizione ster. 8. (VIII und 812 S.) Leipzig 854, B. Tauchnitz.

—— and Gius. Grassi, Dictionary of the english and italian languages for general use with the italian pronunciation and the accentuation of every word in both languages and the terms of science and art, of mechanics etc. compiled from the best and most recent english and italian dictionaries. — Dizionario italiano-inglese e inglese-italiano ad uso di ambidue le nazioni. — 2 Parts. 2. Ster.-edition. (XI und 812 S.) 1857. und 3. Ster.-edition. 8. (VIII und 816 S.) Leipzig 861, B. Tauchnitz.

James, Will., and Gius. Grassi, Dictionary of the English and Italian Languages for general use with the Italian pronunciation and the accentuation of every word in both languages and the terms of science and art, of mechanics, railways, marine etc. Compiled from the best and most recent English and Italian Dictionaries. — Dizionario italiano-inglese e inglese-italiano ad uso di ambedue le nazioni, colla pronunzia italiana e coll' accento su tutte le parole delle duo lingue arricchito di termini risguardanti le scienze ed arti, la meccanica, le strade ferrate, la marina ecc. ecc. Compilato sui migliori e più recenti vocabularj italiani. 2 Parts. 6th ster. edit. 1869. *M.* 5,25.; and 7th ster. edit. 8. (VIII, 816 S.) Leipzig 873, B. Tauchnitz.

James, Will., and Gius. Grassi, Dictionary of the English and Italian Languages for general use, with the Italian pronunciation and the accentuation of every word in both languages and the terms of science and art, of mechanics, railways, marine etc. Compiled from the best and most recent English and Italian Dictionaries. — Dizionario italiano-inglese e inglese-italiano ad uso di ambedue le nazioni, colla pronunzia italiana e coll' accento su tutte le parole delle due lingue arricchito di termini risguardanti le scienze ed arti, la meccanica, le strade ferrate, la marina ecc. ecc. Compilato sui migliori e più recenti vocabularj italiani. 2 Parts. 8th ster. edit. 8. (VIII, 816 S.) Ebendas. 877.

—— and Gius. Grassi, Dictionary of the English and Italian Languages for general use, with the Italian pronunciation and the accentuation of every word in both languages and the terms of science and art, of mechanics, railways, marine etc. Compiled from the best and most recent English and Italian Dictionaries. — Dizionario italiano-inglese ed inglese-italiano ad uso di ambedue le nazioni, colla pronunzia italiana e coll' accento su tutte le parole delle due lingue, arricchito di termini risguardanti le scienze ed arti, la meccanica, le strade ferrate, la marina ecc. ecc. Compilato sui migliori e più recenti vocabulari italiani ed inglesi. 2 Parts. 9th ster. edit. 8. (VIII, 812 S.) Ebendas. 882.

— and G. Grassi, dictionary of the English and Italian languages for general use, with the Italian pronunciation and the accentuation of every word in both languages. 2 parts in 1 vol. 10. ster. ed. 12. (VIII, 456 u. 356 S.) Ebd. 889. 5.—

— and Gius. Grassi, dictionary of the English and Italian languages for general use, with the Italian pronunciation and the accentuation of every word in both languages. 11. ster. ed. 12. (VIII, 456 u. 356 S.) Ebd. 893. 5.—

James, William, and Gius. Grassi, Dictionary of the English and Italian languages for general use, with the Italian pronunciation and the accentuation of every word in both languages, and the terms of science and art, of mechanics, railways, marine etc., compiled from the best and most recent English and Italian dictionaries. 12. ster. ed. 12. (VIII, 456 u. 356 S.) Leipzig 899. B. Tauchnitz. 5.—

– and A. Molé

—— —— Dictionnaire de la langue française et anglaise à l'usage de tous les états enrichi de l'accentuation et d'une prononciation littérale etc. — Dictionary of the English and French languages for general use. — 2 parties. 8. édit. stér. 8. (XVI und 896 S.) Leipzig 865, B. Tauchnitz.

James, William, die religiöse Erfahrung in ihrer Mannigfaltigkeit. Materialien u. Studien zu e. Psychologie u. Pathologie des religiösen Lebens. Ins Deutsche übertr. v. Geo. Wobbermin. (XXI, 472 S.) 8. Leipzig 907. J. C. Hinrichs' Verl. 6.—; geb. in Leinw. 7.—

— Der Pragmatismus, s.a. Bücherei. philosophisch-soziologische. I.

James, William: Der Pragmatismus. Ein neuer Name für alte Denkmethoden. Volkstüml. philos. Vorlesungen. Von William James, Prof., Harvard-Univ. Aus d. Engl. übers. von (Prof.) Wilhelm Jerusalem. Leipzig: W. Klinkhardt 1908. (XIV, 194 S.) 8°
= Bücherei, Philosophisch-soziologische. Bd 1.

James, William. Psychologie. Übersetzt von Dr. Marie Dürr, mit Anmerkungen von Prof. Dr. E[rnst] Dürr. [Mit Figuren.] VI + 478 S. 8. Leipzig, Quelle & Meyer, 1909. [M. 7.—, geb. M. 8.—]

James, William, Psychologie u. Erziehung. Ansprachen an Lehrer. Aus dem Engl. v. Frdr. Kiesow. Autoris. Übersetzg. gr. 8. (X, 150 S. m. 2 Fig.) Leipzig 900. W. Engelmann. n. 3. 50; geb. n. 4. 30

— Psychologie u. Erziehung. Ansprachen an Lehrer. Aus dem Engl. v. Frdr. Kiesow. Autoris. Übersetzg. in 2., überarb. Aufl. (X, 134 S. m. 2 Fig.) gr. 8. Leipzig 908. W. Engelmann. 3.—; geb. in Leinw. 3. 80

— der Wille z. Glauben u. andere populär-philosophische Essays. Ins Deutsche übertr. v. Th. Lorenz. Mit e. Geleitwort v. Fr. Paulsen. gr. 8. (XX, 196 S.) Stuttgart 899. F. Frommann. n. 3.—

James, W., Wörterbuch der englischen u. deutschen Sprache. 31. Aufl. Vollständig neu bearb. v. C. Stoffel. 8. (XII, 524 u. 485 S.) Leipzig 890. B. Tauchnitz. 4. 50; geb. 5.—

James, Will., Wörterbuch der englischen u. deutschen Sprache. 32. u. 33. Aufl. Von C. Stoffel. 8. (XII, 524 u. 485 S.) Leipzig 891. 893. B. Tauchnitz. 4. 50; geb. in Leinw. 5.—

James W, Wörterbuch der englischen u deutschen Sprache. 34. Aufl. v. C Stoffel. (524 u 485 S) Leipzig 1895

James, William: Wörterbuch der englischen und deutschen Sprache. Von —. 35. Aufl. Von C[ornelis] Stoffel. Engl.-deutsch u. deutsch-engl. in 1 Bd. Leipzig: Tauchnitz 1897. 524, 485 S. 8°
[Nebent.:] James, W.: Dictionary of the Engl. and German languages. 1897.

James, William, Wörterbuch der englischen u. deutschen Sprache. 36. u. 37. Aufl. Von C. Stoffel. 8. (XII, 524 u. 485 S.) Leipzig 899. 901. B. Tauchnitz. 4.50; geb. in Leinw. 5.—

James, William, Wörterbuch der englischen u. deutschen Sprache. 39. Aufl. Von C. Stoffel. Englisch-Deutsch u. Deutsch-Englisch in 1 Bde. (XII, 524 u. 485 S.) 8. Leipzig 904. B. Tauchnitz. 4.50; geb. in Leinw. 5.—

James, William, Wörterbuch der englischen u. deutschen Sprache. 41., völlig neu bearb. u. bedeutend verm. Aufl. Englisch-Deutsch u. Deutsch-Englisch in 1 Bde. (XII, 592 u. 532 S.) 8. Leipzig 908. B. Tauchnitz. 4.50; geb. in Leinw. 5.—; in Halbfrz. 5. 50

James, William, vollständiges Wörterbuch der englischen u. deutschen Sprache zum Gebrauch für alle Stände. Mit vorzüglicher Rücksicht auf die neueste Literatur u. Bezeichnung der Aussprache u. Betonung nach Walker's u. Heinsius' Grundsätzen. 6—10. Stereot.-Ausg. 2 Thle. Englisch u. Deutsch. — Deutsch u. Englisch. A. u. d. T.: A complete dictionary of the English and German languages for general use etc. Leipzig 853—57. B. Tauchnitz. 8. (X, 462; 1 Bl., 417 S.) 1 ℛ 10 ngr.

James, William, vollständiges Wörterbuch der englischen und deutschen Sprache zum Gebrauch für alle Stände. Mit vorzüglicher Rücksicht auf die neueste Literatur und Bezeichnung der Aussprache und Betonung nach Walker's und Heinsius' Grundsätzen. 11—15. Stereot.-Ausg. 2 Thle. Englisch u. Deutsch. — Deutsch u. Englisch. — A. u. d. T.: A complete dictionary of the English and German languages for general use etc. Leipzig 859—64. B. Tauchnitz. 8. (X, 462; 1 Bl., 417 S.) 1 ℛ 10 ngr.

James, Will., vollständiges Wörterbuch der englischen u. deutschen Sprache zum Gebrauch für alle Stände. Mit vorzügl. Rücksicht auf die neueste Literatur u. Bezeichnung der Aussprache u. Betonung nach Walker's u. Heinsius' Grundsätzen. — A complete dictionary of the English and German languages for general use. — 2 Thle. 16—20. Ster.-Ausg. Leipzig 865—69. B. Tauchnitz. 8. (X, 879 S.) 1 ℛ 10 ngr.

James, Will., vollständiges Wörterbuch der englischen u. deutschen Sprache zum Gebrauch f. alle Stände. Mit vorzügl. Rücksicht auf die neueste Literatur u. Bezeichng. der Aussprache u. Betong. nach Walker's u. Heinsius Grundsätzen. 23., gänzlich umgearb. u. bedeutend verm. Ster.-Ausg. — A complete dictionary of the english a. German languages for general use. 8. (X, 900 S.) Leipzig 873. B. Tauchnitz. 4. —

— dasselbe. 26. Ster.-Ausg. 8. (X, 482 u. 418 S.) Ebend. 876. 4. 50

James, Will., vollständiges Wörterbuch der englischen u. deutschen Sprache zum Gebrauche für alle Stände. Mit vorzüglicher Rücksicht auf die neueste Literatur u. Bezeichnung der Aussprache u. Betonung nach Walker's u. Heinsius' Grundsätzen. 28., durchgängig rev. Ster.-Ausg. 8. (X, 482 u. 419 S.) Leipzig 880. B. Tauchnitz. 4. 50

James, Will., vollständiges Wörterbuch der englischen u. deutschen Sprache zum Gebrauch f. alle Stände. Mit vorzügl. Rücksicht auf die neueste Literatur u. Bezeichng. der Aussprache u. Betong. nach Walker's u. Heinsius' Grundsätzen. 30. Ausg. (X, 482 u. 408 S.) Leipzig 886. B. Tauchnitz. 4. 50

James, Winifred, Bachelor Betty, s.a. Collection of British authors.

Bachelor Betty. By Winifred **James.** Copyrighted. Leipzig: Tauchnitz 1908. 288 S. 8°
(Collection of British authors. Tauchnitz Ed. Vol. 4062.) [11. 8798

Jameson

— Shakspeare's female characters. An Appendix to Shakspeare's dramatic Works. gr. 12. Bielefeld 840. Velhagen und Klasing. n. 1 1/3 ℛ

— Shakspeare's Female Characters. An appendix to Shakspeare's dramatik works. 2. edit. gr. 12. Bielefeld 843, Velhagen and Klasing. 1/2 ℛ

Jameson, Entdeckungen u. Abentheuer in Afrika, s. Entdeckungen.

Jameson, Prof., s. Entdeckungen u. Abentheuer in d. Polar-Seen.

Jameson, Mrs. ..., Frauenbilder, od. Charakteristik d. vorzüglichsten Frauen in Shakspeares Dramen. Deutsch v. Adb. Wagner. gr. 12. (22⅞ B.) Leipzig 834, Barth. 2 Thlr. 12 Gr., fein Pap.

— Sketches of Germany. — Art — Literature — Character. Antwerp, Brussels, Aix-la-Chapelle, Spa, Cologne, the Rhine, Frankfort, Heidelberg, Stuttgart, Munich, Nurnberg, Dresden etc. etc. 18. Frankfort o. M. 837. Jügel. n. 1 ℛ

Jameson, Sketches of Italy. — Italy by William Beckford. In one Volume. (Jugel's Pocket-Novellists No. 18.) 18. Frankfort o/M. 841, Jugel. n. 1 ℛ

— Winterstudien und Sommerstreifereien in Canada. Ein Tagebuch. Aus d. Engl. übersetzt von A. W. 3 Bde. gr. 12. Braunschweig 839. Vieweg u. Sohn. 4 ℛ

Jameson, H(enry) Lyster, B. A., (Dublin): **Contributions to the Anatomy and Histology of Thalassema neptuni Gaertner.** Mit 3 Taf. u. 1 Textfig. *Jena: G. Fischer 1899.* (34 S.) 8°
Heidelberg, Naturw.-math. Diss. v. [28. Juli] 1898

Jameson, J., Bericht über d. Cholera-Seuche in Bengalen, s. Samml. d. wicht. Abhandll. d. Choleraseuche.

Jameson, J. F. Historical Writing in the United States, 1783—1861, s. Studien, engl. Bd. 12.

Jameson, James S. Forschungen u. Erlebnisse im „Dunkelsten Afrika". Geschichte d. Nachhut der Emin-Pascha-Entsatz-Expedition. Nach dessen Tode hrsg. v. Frau J. S. Jameson. Mit 1 Karte u. 98 Illustr. nach Zeichngn. d. Verf. Autoris. Uebersetzg. v. E. Oppert. gr. 8. (XXIII, 432 S. m. 2 Facsms.) Hamb. 891, Verlags-Anstalt u. Druckerei, A.-G. * 10 —; geb. * 12 —

Jameson, Rob., mineralog. Reisen durch Schottland u. d. Schottischen Inseln; aus d. Engl. übersetzt u. mit e. Auszuge aus Werner's Geognosie, d. Lehre von den Gebirgsarten betreff. als Einleitung begl. v. H. W. Meuder. Mit 2 Kpf. u. 2 Karten. gr. 4. Leipz. 802. W. Vogel. 3 ℛ 12 gr

Jameson, Thomas. Neue praktische Bemerkungen über die Verdauungsmittel und ihre Wirkungen . . . a. d. Engl. . . . Leipz. 1790. Ü: *Michaelis, Chn Friedrich.* (Adel) (MGT) (OL) (Ky)

Jameson, Thom., prakt. Bemerkk. über d. Verdünnungsmittel u. ihre Wirkungen; aus d. Engl. (v. Chr. Fr. Michaelis d. J.) 8. Leipz. 790. Compt. f. Liter. 6 gr

Jameson, Thomas: Neue praktische Bemerkungen über die Verdünnungsmittel und ihre Wirkungen in besonderen Krankheiten. (A Treatise on diluents and an enquiry into the diseases of the fluids of the human body, to ascertain the operations of diluents upon them. Dt.) 134 S., gbd.

Leipzig: Hilscher 1790

JB 1.444

Jamieson, Alex., die Mechanik f. Gewerbtreibende. Enthalt.: Die Zusammensetzung u. Zerlegung der Kräfte, den Mittelpunkt der Schwere u. die mechanischen Potenzen. Erläutert durch Beispiele u. Figuren. In 3 Abthl. gr. 8. Wien 841, Förster. n. 4 2/3 ℛ

Jamieson, Andr., Elemente des Magnetismus u. der Elektrizität. Insbesondere f. angeh. Elektrotechniker. Uebers. u. m. Zusätzen versehen v. J. Kollert. gr. 8. (XVI, 480 S. m. 380 Fig. u. 1 Taf.) Leipzig 891. Quandt & Händel. n. 8. 40

Jamin's petit traité de physique, s. Recknagel, G., Compendium der Experimental-Physik.

Jamin, D. N., Geschichte der Kirchenfeste. A. d. Franz. Bamb. 1785. 8.

Jamin, Friedrich [aus Augsburg]: Beitrag zur Kasuistik der Dystrophia muscularis progressiva ... Berlin, C. Vogts Buchdr., *1896;* 53 S. 8.
Erlangen, Med. Fak., Inaug.-Diss. v. 21. Juli 1896

Jamin, Friedrich: Die Koronararterien des menschlichen Herzens unter normalen und pathologischen Verhältnissen. Dargest. in stereoskop. Röntgenbild. von Dr. F[riedrich] Jamin, Prof., u. Dr. H[ermann] Merkel, Privatd. Aus d. med. Klinik u. d. pathol. Inst. zu Erlangen.
Jena: G. Fischer 1907. (43 S., 30 Taf.) quer- 8°

Jamin, Friedrich, Dr. med., approb. Arzt, I. Assist. an d. med. Klinik: Experimentelle Untersuchungen zur Lehre von der Atrophie gelähmter Muskeln. *Jena: G. Fischer 1904.* (181 S.) 8°
Erlangen, Med. Hab.-Schr. v. [11. März] 1904

Jamin, N. Pet., Abhandl. vom christl. Abendmahl. 8. Augsb. 780. M. Rieger. 10 K

— von christl. Auswahl u. Lesung d. Bücher; aus d. Französ. von Jh. B. Auer. 8. Augsb. 780. Rieger. 9 K

— Früchte meiner Lektüre, oder Gedanken aus d. Classikern in Rücksicht auf Gesellschaft. gr. 8. Bamb. 784. (Frankf. a. M., Wesché). 16 K

— theolog. Gedanken über d. Irrthümer dieser Zeit. Aus d. Französ. 8. Manh. 770. Löffler. 20 K N. A., verb. von A. Erthal. 8. Würzb. 785. Stahel. 9 K (Münch., Franz. 4 K

— Geschichte d. Kirchenfeste; aus d. Französ. gr. 8. Bamb. 786. (Würzb., Stahel). 16 K (Frankf., Wesché). 20 K

— Placidus an Maclovien über d. Gewissenszweifel. gr. 8. Bamb. 782. (Frankf., Wesché). 9 K

Jamin, Dom., Placidus an Maclovia über die Scrupel. Aus dem Französ. von Matth. Wlh. Kerp. 12. Köln 846, DuMont-Schauberg. 5/12 ß

— Placidus u. Scholastika, über d. Weise, wie man sich in Rücksicht auf Religion verhalten soll. gr. 8. Bamb. 783. (Frankf. a. M., Wesché). 9 K

Jamin, Niklas

Jamin, N., über die Gewissenszweifel, s. a. Bücher für das gottselige Leben.

Jamin, Dom Niklas, über die Gewissenszweifel. (Aus dem Franz.) Neueste Aufl. gr. 16. (XIX, 287 S.) Würzburg (900). F. X. Bucher. n. —90; geb. n. 1. 20

Jamin, Dom Niklas, über die Gewissenszweifel. (Aus dem Franz.) Neueste Aufl. (XIX, 287 S.) gr. 16. Würzburg (904). F. X. Bucher. n. —90; geb. n. 1. 20

Jamin, Nicol., Gedanken über die Irrthümer der Zeit. Aus dem Französ. frei übers. von B. Fr. Brust. 8. (XX und 267 S.) Coesfeld 855, Wittneven Sohn. *

Jamin, Nicol., Gedanken über die Irrthümer der Zeit. Aus dem Französ. frei übers. von B. Fr. Brust. 2. Aufl. 8. (XX und 267 S.) Münster 859, Mitsdörffer. *

Jaminiet, J. v., das Kind der Somnambule. Roman. 8. (172 S.) Stolberg 872. Heinzelmann. n. 3. —

Jamitzers, Wentzel, Entwürfe zu Prachtgefäßen in Silber u. Gold. Photolith. Nachbildungen von Kantenseeter u. Haas in Nürnberg, hrsg. von R. Bergau. gr. 4. (71 Bl. m. 7 S. Text.) Berlin 880. Bette. In Mappe. n. 20. —

Jamlitz [Schlagwort]

Jamlitz, s.: **Preussen. Messtischblätter.**

Jammabos, s.a. Jamabos

Jammabos, die, oder d. japanischen Mönche. Trspl. in 5 A., aus d. Französ. v. A. Wittenberg. 8. Hamb. 782. (Campe). 8 K

Jämmerlings, Michel, Kreuz- und Querzüge Abenteuer und Schicksale. Fliegende Blätter für gesunde Leser von PSH. 8. (469 S.) Magdeburg 850, (Quednow.)

Jammerthal [Schlagwort]

Jammerthal, s.: Ems.

Jamnig, C., u. **A. Richter**, die Technik der geklöppelten Spitze. Orig.-Entwürfe u. Ausführgn., nach Spitzensorten systematisch geordnet, m. besond. Berücksicht. der Details in 3 Abtheilgn. dargestellt. 41 Lichtdr.-Taf. m. Text, Lichtdr. v. J. Löwy in Wien. (In 5 Lfgn.) 1—4. Lfg. Fol. (à 8 Taf.) Wien 886. Spielhagen & Schurich. à n. 10. —

Jamnig, C., u. **A. Richter**, die Technik der geklöppelten Spitze. Orig.-Entwürfe u. Ausführgn., nach Spitzensorten systematisch geordnet, mit besond. Berücksicht. der Details in 3 Abtheilgn. dargestellt. 41 Lichtdr.-Taf. m. Text. Lichtdr. v. J. Löwy in Wien. 5. (Schluss-) Lfg. Fol. (8 Taf. m. 2 Bl. Text.) Wien 886. Spielhagen & Schurich. n. 10. — (cplt.: n. 50. —)

Jampel, Sigmund. Die Beurteilung des Estherbuches und des Purimfestes bei den jüdischen Gesetzeslehrern der nachalttestamentlichen Zeit. Diss. Phil. Bern. VI + 44 S. 8. Pressburg, Adolf Alkalay & Sohn, 1905.

Jampel, Sigm., das Buch Esther, auf seine Geschichtlichkeit kritisch untersucht, nebst e. Anh.: Die topograph. Beschreibg. des Achašveroš-Palastes im Buche Esther u. die Burg zu Susa v. Marcel Dieulafoy. Mit Unterstützg. der „Gesellschaft zur Förderg. d. Wissenschaft des Judentums" hrsg. (V, 165 S.) gr. 8. Frankfurt a/M. 907. J. Kauffmann. 2. —

— Vom Kriegsschauplatze der israelitischen Religionswissenschaft. Eine gemeinverständl. Schilderg. der Kämpfe auf dem Gebiete der modern. Bibelwissenschaft. Mit Unterstützg. d. „Gesellschaft zur Förderg. der Wissenschaft des Judentums" hrsg. (52 S.) gr. 8. Ebd. 909. —80
Sonderabdr. a.: „Monatsschr. f. Gesch. u. Wiss. d. Judent."

Jampel, Sigm., die Wiederherstellung Israels unter den Achämeniden. Kritisch-histor. Untersuchg. m. inschriftl. Beleuchtg. (VIII, 171 S.) gr. 8. Breslau 904. (Koebner.) n. 2. —
Sonderabdr. aus: „Monatsschr. f. Gesch. u. Wiss. d. Judenth".

Jampert, Christian Friedrich (Berlin), Causas incrementum corporis animalis limitantes. Halle (Fürsten) 5. X. 1754. 70 S. (7.—) 16623
Hdschr. Widm. an v. Asseburg.

— — Specimen physiologiae plantarum I. quo dubia contra vasorum in plantis probabilitatem proponuntur. Halle (Fürsten) 15. X. 1755. 24 Seiten. (6.—) 16624
Gew.: Hamberger, Daries, Linné, Ludewig, Kaestner, Gleditsch. — Tl. II s. Schwalbe, F. C.

— **Johann Gottfried** (Zeitz), De nullitate alienationis haereditatis absentis ante tempus legitimum a curatore factae. Diss. jur. Präs. Conr. Wilhelm Strecker. Erfurt (Hering) 25. XI. 1735. 18 S. (6.—) 16625
Gew.: Heinrich v. Bünau (Püchen).

Jampert, Thomas: Neugegossenes // B u ß - // und // Wetter - G l ö c k l e i n . // So aus heiliger Metall // Vieler geistreicher Gebeth und Lieder geflossen / // Und // I. // Bey schwehren gefährlichen // Donner-Zeiten / // Wenn es recht angezogen wird / // Ein Christliches Hertz in seiner Hoffnung zu //Gott nicht fallen lässet / // Welches // Zu getrosten Anblick des finstern Himmels // darstellet / // II. // Auch nach ausgestandener Angst und Furcht / allen // Kindern Gottes // Etliche geistreiche hertzerquickende Lieder zu würdigen // Gebrauch // Des H. Nacht-Mahls / // mit angefüget hat // Thomas Jampertus, Pastor // zu Reuden / im Amt Weissenfelß. // Eisenberg / Gedr. und verl. von Jac. Pet. Kückelhahnen / 1701. – Titelblatt, 226 S. und noch 2 Blatt (nicht paginiert) Register. B. S. T. 8° 343.

Jampoller Adolf: Der Bauernsohn Gottlieb Fuchs. Sein Leben und Dichten.
1904 PN 1752 Diss. Wien, Univ. 143

Jampolski, Fanny. Über das Vorkommen von [Paul] Ernst'schen Keratingranula in normalen und erkrankten Schleimhäuten, mit besonderer Berücksichtigung der Gonorrhoe. Diss. Med. Bern. Sonderabdruck aus «Deutsche Medizinal-Zeitung» [Jahrg. 28,] 1907. No. 7. *Kopftitel:* Aus der Dermatologischen Universitäts-Klinik zu Bern. ⟨Direktor: Prof. Dr. [Joseph] Jadassohn.⟩ 15 S. 8. Berlin, Eugen Grosser, 1907.

Jamrath, F., die kaiserlichen Schlösser von Berlin und Potsdam in ihren inneren Einrichtungen. Orig.-Aufnahmen nach der Natur. 1. und 2. Serie à 12 Lfgn. (à 3 photogr. Bl.) Imp.-Fol. Berlin 872—74, Grieben.
à Blatt * *M.* 9.; à Lfg. * *M.* 21. *
Mappe dazu *

Jamrowski, Hermann

Jesus und seine ersten Jünger. ⟨Ev. Johannis 1, 35–51.⟩ (Wie entsteht Glaube?) Von H[ermann] **Jamrowski**, Pfarrer in Silberbach. *Königsberg i. Pr.: Ev. Buchh. d. ostpr. Provinzialver. f. inn. Mission 1904.* (31 S.) 8° [F.] [04. 7629 10

[F.] Die Taufe eine Zeremonie oder ein Sakrament? Vortr. v. H. **Jamrowski**, Pfarrer in Silberbach ... *Gütersloh: C. Bertelsmann 1895.* (1 Bl., 31 S.) 1 Bd 8. [96. 1424

Jamrowski, H., der Uebermensch, der Mensch der Sünde, der Gottmensch. Vortrag, geh. im kirchl. Verein f. Ost- u. Westpreußen am 21. III. 1900. gr. 8. (60 S.) Helmstedt 901. (Königsberg, Gräfe & Unzer, Buchh.) n. 1.—

Der Uebermensch, der Mensch der Sünde, der Gottmensch. Vortrag, geh. 1900 von H[ermann] **Jamrowski**, Pfarrer. *Helmstedt 1901: J. C. Schmidt.* (60 S.) 8° [F. u. Ant.] [01. 6313 10

Jamtalhütte [Schlagwort]

Jamtalhütte, s.: Alpen. Haug.

Jamunabai's Wanderungen od. Blicke in indisches Wittwenleben. 8. (63 S.) Basel 880. Missionsbuchh. n. — 50

Jan von Leiden; od. die Belagerung von Münster. Trauersp. von Nosselrode. 8. Münster, Perrenon. (a. Coppenrath.) 786.

Jan van Leyden, der Prophet, König der Wiedertäufer. Komische Operetten-Quatrologie in 4 Akten. Text und Musik von der karnevalist. Abendgesellschaft des Westfäl. zoolog. Gartens in Münster unter Mitwirkung von H. Landois. 8. (84 S.) Osnabrück 884, Wehberg. *

Jan Pokrzywa. Trzy obrazy ze życia wiejskiego wszystkim ku nauce i przestrodze przedstawione przez wieśniaka. Za poruczeniem diecezyi kluczborskiej na polskie tłumaczono z pisma: Nessel-Hans. w Namysłowie (Simmenau) 853. (Breslau, Dülfer.) 8. (32 S.) n. 2 *ngr.*

Jan van Vliet, der Geiger v. Amsterdam. Romant. Erzähl. a. d. Mitte d. 16. Jahrh. Vom Verf. des „Cardinals." 8. (16½ B.) Magdeburg 883, Rubach.

Jan, s.a. J a h n. – J a h n y. – J a n i. – J a n o. – J a n u. – J a n u s.

Jan: Das Erlanger G y m n a s i u m vor u. unter Döderleins Leitung. Erlangen. 30p. 1864
Schul-/Univ.-Schrift

Jan, A., s. **Maître.**

Jan, Carl von, s. J a n , Karl von

Jan, D. F., Notitia vocum Latinae linguae olim honestarum nunc inhonestarum. 1726. 92 S. 1.20

Jan, C. v., die Menschen und der Gottmensch. Lebensbilder aus den vier Evangelien. gr. 8. (311 S.) Stuttgart 862, Belser's Verlag.

v. Jan, Dr. Fr., s. J. X. Haßl, geistl. Lehr-, Trost- u. Hülfsbüchlein.

de Ian, Fridericus [Borussus Landsbergensis]: **De Callimacho** Homeri interprete ... Argentorati, *typ. expr. F. A. Eupel, Sondershusae,* 1893; 110 S., 1 Bl. 8.
Strassburg, Phil. Fak., Inaug.-Diss. v. 1893

Jan, Frdr. v., de Callimacho Homeri interprete. Diss. gr. 8. (112 S.) Argentorati 893. (Leipzig, B. G. Teubner.) n. 2. —

v. Jan, (Friedr.), die medizinische Reform in Bayern. Nachrichten aus der Periode vom 1. October 1848, dem Beginn des zu Munchen abgehalt. ärztl. Congresses bis zum 10. Febr. 1850, dem Schlusse der vom k. b. Staatsministerium einberufenen Berathungs-Commission. gr. 8. (IV u 344 S.) Nürnberg 850, J. L. Schrag. n. n. 1 *rf*

— die medicin. Reform in Bayern insbesond. ihr Stand am letzten Septbr: 1848. gr. 8. (134 S.) Erlangen 848, Blaesing. n. 13 *ngl.*

Jan, Gg., s.: Gallesio, Gg.

Jan, Georg Chr. Car. Lud., s. J a n , Karl

Jan, Heinr. v., das bayerische Hagelversicherungsgesetz vom 13. II. 1884/4. IV. 1910, in der Fassung der Bekanntmachung vom 23. IV. 1910 erläutert, s.: **Haag, Heinr. Ritter v.**

Jan, Hermann Ludwig

Jan, Herm. L. v., s.a. †Ludwig, Herm.

Jan, Herm. Ludw. v., malerische Aktstudien, s.: Meyer, Bruno, weibliche Schönheit.

Jan, Herm. Ludw. v., Erzählungen aus dem Wasgau. Bilderschmuck v. Max Bernuth. (Neue Aufl.) (Volks- u. Familienbücherei.) Lex.-8. (VII, 169 S.) Straßburg 899. Fr. X. Le Roux & Co. n. 2. 50

Jan, Herm. Ludw. v., Fabiola, s.: Wiseman, N.

– Kallista, s.: Newman, J. H.

Jan, Hermann Ludwig v[on]. Rüdiger Manesse und Kindlicher Opfermut. Erzählungen nach dem Französischen von Hermann Ludwig v. Jan. Buchschmuck von H Ganier-Tanconville. [2 Theile.] (II + zus. 287 S.) gr.-8. Strassburg i. E., F. X. Le Roux & Co., (1901). [M. 3. —]

[Theil 1] *u. d. T.:* Rüdiger Manesse. Eine Erzählung aus der Mitte des 14. Jahrhunderts. Nach dem Französischen des L(udwig [Adolf]) Spach frei bearb. von Hermann — — Tanconville. VIII + 111 S.

[Theil 2] *u. d. T.:* Kindlicher Opfermut. «Les Enfants des Vosges». Erlebnisse eines Elsässers während der Schreckenszeit (1793) Nach dem Französischen des (Henri-Louis de) Coiffier de Moret frei bearb. von Hermann — — Tanconville. VIII + 160 S.

Volks- und Familienbücherei: Rüdiger Manesse — Kindlicher Opfermut.

— das lebende Modell. (Umschlag: Von Herm. Ludw. v. Jan u. Hans Hildenbrand.) 20 maler. Aktstudien, m. Erläutergn. v. Bruno Meyer. 1.—4. Lfg. (1. Bd. 16 Bl. m. VIII S. Text.) Fol. Leipzig (904). A. Schumann's Verl. à 2. —

Jan, Herm. Ludw. v., u. Hans Hildenbrand, das lebende Modell. 20 maler. Aktstudien, m. Erläutergn. v. Bruno Meyer. 5.—10. (Schluß-)Lfg. (2. Bd. 24 Bl. m. VIII S. Text.) 40×81 cm. Leipzig (904). A. Schumann's Verl. à 2. —

JAN, Das lebende Modell .... (c. 1907). Confiscirt.

Jan, J. Lor., Katechismus d. Christen u. d. Levitisch. Ceremonien. 8. Nürnb. Pech. 718.

— Gott geheil. Passionsandachten. mit K. 8. Ebend. 728.

Jan, Johann Christian Carl (Frankfurt a. M.)
De prorogatione et coarctatione conventionali fatalis interponendae appellationis, specimen inaugurale.
Giessae [S.] Mai 1787: Braun. 23, (1) S. 4°
pro licentia gradum doctoris consequendi.

Jan, Joh. Wilhelm [Präs.], s. Crüger, Theodor: Observat. selectas ad historiam censurae ...

Jan, Karl von

von Jan, *Carl* [Oberl. Prof. Dr.]: Die Eisagoge des Bacchius. 1. Text, kritischer Apparat und deutsche Uebersetzung. (2. Erklärung folgt als Beil. z. Progr. 1891.) Strassburg, Strassburger Druckerei u. Verlagsanst., 1890; 2 Bl., 32 S. 4°
Strassburg im Elsass, L, P 1890

von Jan, Karl [Prof. Dr.]: Die Eisagoge des Bacchius. Erklärung. (Forts. d. P-Beil. 1890.) Strassburg, Strassb. Druckerei u. Verlagsanst., 1891; S. 1—28; 4°
Strassburg i. E., L, P 1891 (512)

de Jan, (Gg. Chr.) Car. (Lud.) (geb. Schweinfurt 22. 5. 1836): De fidibus Graecorum. Berolini (1859). (43 S.) 8°
Berlin, Phil. Diss. v. 25. Juli 1859

Jan, Carl v., de fidibus Graecorum. Dissertatio inauguralis. gr. 8. (III und 44 S. mit 1 Stnt.) Berlin 861, (Calvary und Comp.) *

Jan, Karl v., die Harmonik des Aristoxenianers Kleonides. Landsberg a. d. W. 870. (Schäffer & Co.) 4. (23 S.) n. 10 ngr.

— Die Metrik des Bacchius. S.-A. 1891. 20 S.

Jan, Carol., s.: Musici scriptores graeci.

Jan, Karl v., die griechischen Saiteninstrumente. Mit 6 Abbildungen in Zinkätzung. 4. (36 S.) Leipzig 882. Teubner in Comm. n. 1. 20

— Uebungen zur Erlernung u. Repetition der lateinischen Syntax. 3., verm. Aufl. gr. 8. (VI, 110 S.) Landsberg a/W. 878. Schaeffer & Co. n. 1. 10; cart. n. 1. 20

—— Übungen zur Erlernung und Repetition der lateinischen Syntax. 4. abermals verm. Aufl. gr. 8. (VIII, 156 S.) Landsberg a. d. W. 881. Schäffer und Comp. *ℳ 1,20.; cart. *

Jan, Karl v., Übungen zur Erlernung und Repetition der lateinischen Syntax. 5. unveränd., nur mit einem Anhang vers. Aufl. gr. 8. (VII, 142 S.) Landsberg a. W. 885. Schaeffer und Comp. *ℳ 1.25.; cart. *
Anhang (4 S.) für Besitzer der 4. Aufl. allein *

Jan, Carl v., Ubungen zu Erlernung u. Wiederholung der lateinischen Syntax. 6. (v. Seyffert's Grammatik nicht mehr abhäng.) Aufl. gr. 8. (XXI, 182 S.) Landsberg a/W. 893. Fr. Schäffer & Co. n. 1. 25; geb. n. 1. 40

Jan, Carl v., Ubungen zur Erlernung u. Wiederholung der lateinischen Syntax. Neu hrsg. von Fritz v. Jan. 7. Aufl. (XXV, 160 S.) 8. Leipzig 908. O. R. Reisland. Kart. 1. 60

—— Uebungen zur Repetition der lateinischen Syntax. 1. Aufl. (43 S.) 1874. * 60 Pf., und 2. verm. Aufl. gr. 8. (IV, 72 S.) Ebendas. 876. *
cart. *

Jan, Carl v. Vorlagen zu Übungen im lateinischen Stil für Secunda. gr. 8. (VI, 60 S.) Lpz. 889, Teubner. — 75

Jan, Ludw. v., Anmerkungen zu Euripides' Andromache zur Förderung einer gründl. Vorbereitung. gr. 8. (48 S.) Schweinfurt 850, Giegler.

Jan, Ludw. v., Anmerkungen zu Euripides' Hippolytus zur Förderung einer gründlichen Vorbereitung. gr. 8. (82 S.) Schweinfurt 861, Giegler. *

Jan. Ludw. v., Anmerkungen zu Euripides' Iphigenia in Taurien (nach dem Teubner'schen Text), zur Förderung einer gründl. Vorbereitung. gr. 8. (84 S.) Schweinfurt 860, Giegler. Thlr. *

Ansichten und Wünsche in Betreff der für die Koen. Bay. Studien-Anstalten vorgeschriebenen Ausgaben der alten Classiker. Von Dr. Ludwig von Jan, P. u. corresp. Mitgl. der K. B. Akad. d. W. — Mit zwei Beilagen: Adnotationes ad Demosth. orat. Olynth. I. et ad Horat. Od. I, 1. — 1845. Ebend. — S. 3—20.
Progr. Schweinfurt.

Jan, L. v., Zu Sophokles' Antigone. S.-A. 1865. 24 S.

Jan, Ludw. v., über die Bedeutung des classischen Alterthums für die Gymnasialbildung. Rede bei der Preisvertheilung der k. bayer. Studienanstalt zu Erlangen gehalten. Erlangen 867. Deichert. gr. 8. (16 S.) 2 ngr.

Grundzüge eines Lehrbuchs der französischen Sprache nach Massgabe der revidirten Ordnung der lat. Schulen und der Gymnasien im Koenigreiche Bayern von Dr. Ludwig von Jan, P. u. s. w. — 1855. Ebend. — S. 3–20.
Progr. Schweinfurt.

— Lectionum Plinianarum p. II. 1834. 16 S. 4⁰.

Jan, L., observationes aliquot criticae in C. Plinii Secundi naturalis historiae libros. 4. Münch. 830. v Cotta. 6 gl.

—— die medicinische Reform in Bayern insbesond. ihr Stand am letzten Septbr. 1848. gr. 8. (134 S.) Erlangen 848, Blaesing. *

—— die medicinische Reform in Bayern. Nachrichten aus der Periode vom 1. Octbr. 1848, dem Beginn des zu München abgehalt. ärztl. Congresses bis zum 10. Febr. 1850, dem Schlusse der vom k. bayr. Staatsministerium einberufenen Berathungs-Commission. gr. 8. (III und 344 S.) Nürnberg 850, J. L. Schrag. **

— Ueber den gegenwärtigen Stand der handschriftlichen Kritik der Nat. historia des Plinius. Ak. 1862. 89 S. 1.—

Jan, L. de. Symbolae ad Macrobii libros Saturnaliorum emendandos. Gel. 1848. 16 S. 4⁰.

Jan, Ludwig Fr. Er. v.

— s. Geschichte Germaniens.

v. Jan, Reichsfrhr. Ldw. Fr. Er., staatsrechtl. Verhältniß d. Schweiz zu dem deutschen Reiche, vom Ursprunge d. Eidgenoss. Bundes an bis zu Ende d. 18. Jahrh. 3 Bde. gr. 8. Nürnb. 801—3. Monath u. K. 5 ₰ 4 gl.

v. Jan, Wlfg. Jul. Joach., kurze Belehrung über das in England entdeckte Verwahrungsmittel gegen d. wahren Blattern oder sogenannten Kuhpocken. 8. Wallerstein 800.

— Diss. inaug. de materiae nerveae secretione. 4. Erl. 776.

Jan-Ruban, A., Gedanken u. Eindrücke. (In russ. Sprache.) 8. (IV, 88 S.) Leipzig 900. R. Gerhard. n. 2.40

Janakoff, Dimiter, aus Choumla ⟨Bulgarien⟩: Über die Function des Magens nach Gastro-Enterostomie. *Freiburg i. B. 1899: H. Epstein.* (49, II S.) 8°
Freiburg i. B., Med. Diss. v. 1899

Janalik, Vinc., wěrná roza, aneb: wjtězstwj katholického náboženstwj. Půwodnj powjdka. 12. (262 S.) Prag 849, (Credner und Kleinbub.) *

Janalik, Vinc., Wěrná Roza, aneb wjtězstwj katolického náboženstwj. Půwodnj powjdka od rc. 3. wydanj. Prag 858. Credner. 12. (1 Bl., 261 S.) n. 10 ngr.

Janasz, Adf., die Zukunft des Volkes Israel. gr. 8. (15 S.) Berlin 882, Bouillon. *

Janasz, Gustav: Einfluß des Zuckerrübenbaues auf die Landwirtschaft im Königreich Polen. Weida i. Th. 1910: Thomas & Hubert. 59 S. 8°
Leipzig, Phil. Diss. v. 21. Juni 1910, Ref. Kirchner, Stieda
[Geb. 15. Juni 85 Dańków, Gouv. Warschau; Wohnort: Dańków; Staatsangeh.: Rußland; Vorbildung: Gymn. Tzarskoje Selo Reife Juni 05; Studium: Leipzig 8 S.; Rig. 6. Mai 10.] [U 10. 3165

Janasz, Stanislaus: Beschreibung einiger Zuckerrübenrassen. *Merseburg 1904: F. Stollberg.* (58 S.) 4°(8°)
Breslau, Phil. Diss. v. 30. Juli 1904

Janauschek, Leop., bibliographia Bernardina, qua Sancti Bernardi, primi abbatis Claravallensis, operum cum omnium tum singulorum editiones ac versiones vitas et tractatus de eo scriptos quotquot usque ad finem MDCCCXC reperire potuit, collegit et adnotavit L. J. [Aus: „Xenia Bernardina".] gr. 8 (XII, XXXVII, 558 S.) Wien 891. (A. Hölder.) n. 9.—

Janauschek, Leop., Originum Cisterciensium tomus I, in quo praemissis congregationum domiciliis adjectisque tabulis chronologico-genealogicis veterum abbatiarum a monachis habitatarum fundationes ad fidem antiquissimorum fontium primus descripsit. Opus Caes. reg. academia literarum Vindobonensis subsidium ferente ed. Imp.-4. (VII, LXXXII, 394 S.) Wien 877, (Hölder.) *

Janauschek, L., Originum Cisterciensium tomus I, Nachträge, s.: Grillnberger, Otto, d. Catalogi abbatiarum ordinis Cisterciensis.

•**Jančar**, France. Umni gospodar ali gospodarsko berilo. V Celovcu, Blaznik in Laibach, 1869. 215 S.

•**Jančar**, France. Umni vinorejec. V Celovcu, Blaznik in Laibach. 1867. 104 S.

Jančer Ferdinand: Ueber die geschichtliche Bedeutung der ersten drei Bücher von Conecinius Schriftl. Commentarii de bello Maximiliani cum Venetis gesto. II. 1897 PN 1051 Diss. Wien, Univ. 799

Janchen des Pachters Ernst Sohn . . . Frankf. u. Leipz. 1804. V: *Breitenstein, Johann Phil.* (MGT) (Ky) (NN)

Janchen, des Pachters Ernsts Sohn, eine ländl. Familiengeschichte (v. Ph. Breitenstein). 8. Marb. 804. Krieger. 8 gl.

Janchen, Erwin, die europäischen Gattungen der Farn- u. Blütenpflanzen, nach dem Wettsteinschen System geordnet. (49 S.) gr. 8. Wien 908. (F. Deuticke.) 1.—

— Helianthemum canum (L.) Baumg. u. seine nächsten Verwandten, s.a. Abhandlungen der k. k. zool.-botan. Gesellschaft in Wien. IV, 1.

Helianthemum canum ⟨L.⟩ Baumg. und seine nächsten Verwandten von Dr. Erwin **Janchen**. ⟨Aus d. bot. Inst. d. Univ. Wien.⟩ Jena: G. Fischer 1907. (67 S.) 4°(8°)
= **Abhandlungen** d. K. k. zool.-bot. Gesellschaft in Wien. Bd 4, H. 1. [07. 10537

Jancigny, A. de B. de, Histoire de l'Inde ancienne et moderne et de la confédération Indo-Britannique depuis leurs origines jusqu'à nos jours. 12. (371 S.) Leipzig 858, A. Dürr. *

Jancke, s.a. Janke. – Jankius.

Jancke, E[rich]: Über gewisse Erscheinungen in auffallendem und durchgehendem Licht an bearbeiteten Flächen. Königsberg i. Pr. 1904: Hartung. (21 S.) 4°
Königsberg i. Pr., st. Löbenichtsche R OP 1904 (24)

Jancke, E[rich]: Über Rollbewegungen. Königsberg Pr. 1906: R. Leupold. (42 S.) 4°
Königsberg, st. Löbenichtsche R OP 1906 (25)

Jancke, Geo., die Schwemm-Canalisation und die Anschlüsse der Grundstücke, mit besond. Berücksicht. großstädt. Verhältnisse. Bearb. und zusammengestellt. 8. (53 S. mit 1 lithogr. Taf.) Berlin 879, Polytechn. Buchh. *

Jancke, Gerhard, Gerichtsass.: Die Vollmacht des Prokuristen. Borna-Leipzig 1908: Noske. IV, 70 S. 8°
Leipzig, Jur. Diss. v. 25. Sept. 1908
[Geb. 25. Juli 79 Freystadt i. Niederschl.; Wohnort: Grottkau; Staatsangeh.: Preußen; Vorbildung: Johannes-Gymn. Breslau Reife O. 99; Studium: Berlin 2, Freiburg i. B. 2, Breslau 3 S.; Rig. 28. Febr. 03.] [U 09. 2554

Jancke, Herbert, Referendar: Vertragsrecht und Verlöbnis. Borna-Leipzig 1909: Noske. X, 77 S. 8°
Breslau, Jur. Diss. v. 6. Dez. 1909, Ref. Leonhard, Schott
[Geb. 21. Juni 86 Gr.-Jenkwitz; Wohnort: Grottkau; Staatsangeh.: Preußen; Vorbildung: Johannes-Gymn. Breslau Reife M. 05; Studium: Breslau 1, Genf 1, Berlin 1, Breslau 3 S.; Rig. 25. Mai 09.] [U 10. 499

Jo. Chr. Jancke Beiträge zur Geschichte der Kirche und des Hospitals St. Jacobi zu Görlitz. I — IX. Görlitz 1802 — 10. 4.
— Ejusd. Beiträge zur Geschichte der Kirche und des Hospitals zur Liebfrauen in Görlitz. I — IX. Görlitz 1811 — 19. 4.

Jancke, Johann Gottfried

— — **De capsis tendinum articularibus. Observat. quasdam anatomicas.** Lpz. (Langenheim) 4. V. 1753. 20 S. (5.50) 16627

Jancke, J. G., resp. J. G. Günz, De cavernis quibusdam quae ossibus capitis humani continentur. 16 pp. Lps. 4°. 1753

— — **Prolusio prior ad exercitationes anatomicas super medii imique ventris visceribus et partibus naturalibus in cadavere viri publ. habend. in qua observationes quasdam anatomicas de cavernis quibusdam, quae ossibus capitis humani continentur, proponit.** Lpz. (Langenheim) 4. XI. 1753. 16 S. (3.50) 16628

— — **De medico exorcista.** Disp. med. Präs. Johann Ehrenfried Pohl. Lpz. (Sommer) 11. IV. 1788. 26 S. (6.—) 16629
Gew.: Christian Friedrich Kadelbach, Georg Heinrich Borz.

Jancke, Jo. G.: De phantasia laesa...,
s. Bose, E. Gl. (Praes.)

Jancke, Johann Gottfried (Bautzen), **Epistola ad virum Christian Gotthelff Marchium (Bautzen) avunculum optumum qua ipsi diem natalem quinquagesimum primum gratul. et forcipem ac forficem, ferramenta a Bingio, chirurgo Hafniensi inventa describit, usumque in partu difficili exponit.** Lpz. (Langenheim) 8. I. 1750. 32 S. u. 1 Tfl. Abbild. (6.50) 16626

Jancke, Oskar, appr. Arzt a. Bucharzewo (Kr. Birnbaum, Prov. Posen), Unterarzt beim 1. Masurischen Inf. Reg. Nr. 146: Die Hernia epigastrica. Berlin (1906): G. Schade. (38 S.) 8°
Berlin, Med. Fak., Ref. Hildebrand, Diss. v. 6. April 1906
[Geb. 29 Aug. 81 Bucharzewo, Kr. Birnbaum; Wohnort: Berlin; Staatsangeh.: Preußen; Vorbildung: Gymn. Neustadt W.-Pr. Reife O. 00; Studium: Berlin 1, Berlin Kaiser ... Akademie 9 S.; Coll. 4. Apr. 06; Approb. 20. März 06.]

Jäncke, Jh. Dav., († 1752.) Lebensgeschichte Joh. Bugenhagens, mit e. Vorrede, Zusätzen u. Verbesserungen von Neuem ans Licht gestellt von J. K. K. Oelrichs. 4. Rostock 757. ... 10 gl

— gelehrt. Pommerland. 1r Thl. die Theologen. 4. Stett. 754.

— Vorber. v. s. Abhandl. d. gelehrten Pommerl. 8. Starg. 752.

Jaenckendorf: Feier der Erinnerung ...,
s. Nostitz, Adolf von

Jaenckendorf: Rügen und Entgegnungen,
s. Nostitz, Adolf von

Jaenckendorf: Sonettenzweig ...,
s. Nostitz, Adolf von

Jancov, Eduard Hermann (Penig), **De febri catarrhali epidemica quae nomine influenzae sub finem veris anni 1831 Lipsiam tenuit.** Diss. med. Lpz. (F. A. Brockhaus) 9. IX. 1831. 35 S. mit Literatur u. 1 Tabelle: Witterungsbeobachtungen in den ersten 6 Monaten des Jahres 1831. (6.—) 16630
Gew.: Johann August Christian Clarus, Carl August Kuhl.

Janczowski, E de, recherches sur l'accroissement terminal des racines et le développement des radicelles dans les phanérogames. gr. 8. (66 S. m. 8 Steintaf.) Paris 875. Berlin, Friedländer & Sohn. n.n. 5. —

Janczewski, Ed. v., der Gartenbau in Galizien 1848 bis 1898. Lex.-8. (8 S.) Wien 899. (M. Perles.) n. — 40
Sonderabdruck aus: „Geschichte d. österr. Land- u. Forstwirtschaft u. ihrer Industrien 1848—1898".

Ianczewski, Eduard v.: • Vergleichende Untersuchungen über die Entwickelungsgeschichte des Archegoniums. 57 S. 8° (4°)
Halle-Wittenberg, Phil. Diss. v. 21. März 1872
Geb. [Blinstrubiszki b. Kowno (Russland) 2. 12. 1846]
Ersch. in: Botanische Zeitung. Jg. 30. Leipzig 1872. Sp. 377—393, 401—420, 440—443. Im Catalogue of scientific papers (1864/73). Vol. 7. London 1877 wird der Verf. unter d. Namen v. Glinka-Janczewski geführt.

Jancžič, Anton, s. Janežič.

JANCŽIČ, Johannes: Genetico-historica evolutio festi ss. Cordis Jesu ejusque momentum practicum pro cura animarum. — (1886) 140 S. 4° (Handschr.) Diss. 417
Diss. Wien, Univ.

Janda, Ferd., und Frz. Zubrinić, der Proviant-Officier im Frieden und im Kriege. Systematisch geordnet und zusammengestellt. 2 Bde. gr. 8. (XXI, XIV, 704 S. mit 10 in den Text gedr. Fig. und 16 Taf.) Innsbruck 887, (Wagner'sche Universitäts-Buchh.) *

Janda, Vict., über die Regeneration des centr. Nervensystems u. Mesoblastes bei Rhynchelmis. gr. 8. (59 S. m. 3 Taf.) Prag 902. (F. Řivnáč.) n. 1. 60
Sonderabdruck a.: „Sitzungsber. d. böhm. Gesellsch. d. Wiss."

Jandaurek: Ueber den Einfluss, welcher der Religion und ihrer Trägerin, der Kirche, an den Gymnasien gebührt. 8 S. – Prag Kl., Progr. 1852.

Jandaurek, Anton, Katholischer Katechismus zum Gebrauche für Schule und Haus. Prag. Verlag der f. e. Buchdruckerei. Preis, gebunden, 58 kr. 1882.

Jandaurek, Anton, Katholischer Katechismus zum Gebrauche für Schule und Haus. 3. unveränderte Auflage. Prag 1894. Rohlíček u. Sievers (Min.-Erl. v. 13. Mai 1894, Z. 9314.) Gebunden —.58

Jandaurek, Julius

Jandaurek, J., das Königr. Galizien und Lodomerien und das Herzogth. Bukowina, s.a. Länder, die, Oesterreich-Ungarns in Wort und Bild.

Janeck, Clem., Organisation des preuß. Volksschulwesens und der Verhältnisse seiner Lehrer im Geiste der Zeit und des Fortschrittes. Preußens ganzem Volke, den edlen Vertretern desselben und dem ganzen Volksschullehrerstande zu allseitiger Prüfung gewidmet. 8. (26 S.) Cölleda 848. (Halle, Schwetschke'sche Sortimentsh.)

Janeck, Reinhold: Die Entwickelung der Blättertracheen und der Tracheen bei den Spinnen. Mit 67 Fig. im Text. Jena: Fischer 1909. 61 S. 8° ¶ (Aus: Jenaische Zeitschr. f. Naturwiss. Bd 44. N. F. 37, H. 2.)
Jena, Phil. Diss. v. 13. Jan. 1909, Ref. Ziegler
[Geb. 26. Juni 84 Stuttgart; Wohnort: Stuttgart; Staatsangeh.: Württemberg; Vorbildung: Realgymn. Borna Reife O. 05; Studium: Leipzig 2, Jena 5 S.; Rig. 27. Juli 08.] [U 09. 2186

Janecke, R., die Grundzüge der electromagnetischen Telegraphie, nebst einem Nachtrage über die wichtigsten electr. Eisenbahn-Signal-Vorrichtungen [ihr Zweck und ihre Construction]. Unter besond. Berücksicht. der bei den Eisenbahnen bestehenden Einrichtungen zum Gebrauch für Eisenbahn-Beamte zusammengestellt und bearb. 1. und 2. Aufl. (38 S.) 1882,83. * 60 Pf.; 3. Aufl. gr. 8. (IV, 62 S.) Halberstadt 884. (Berlin, Siemenroth.) *
Nachtrag (IV, 24 S.) *

Janecke, R., die Grundzüge der elektromagnetischen Telegraphie, sowie Zweck u. Konstruktion der wichtigsten elektrischen Eisenbahn-Signal-Vorrichtungen. Unter besond. Berücksicht. der bei den Eisenbahnen besteh. Einrichtgn. zum Gebrauch f. Eisenbahn-Beamte zusammengestellt u. bearb. 4. Aufl. gr. 8. (V, 58 S. m. Abbildgn.) Berlin 891. Siemenroth & Worms. n. 1. —

Jaenecke. Der Einfluß der Währung auf Warenpreise und Konjunktur. (Sonderabdruck aus dem Deutschen Oekonomist.) Berlin 1908.

Jänecke: 26 maurische Lieder für den Bruderkreis, s. Müller.

Jaenecke Gebr. Hannover. Proben d. Schriftgiesserei. 1 Bd (129 T) 4° Hannover 1855

Jänecke, C., der griechisch-römische Ringkampf in seiner heutigen Gestaltung. 8. (VII, 160 S. m. 65 Abbildgn.) Hamburg 894. Verlagsanstalt u. Druckerei. n. 3. —; geb. n. 3. 50

Maurerische Dichtungen von Christian **Jänecke.** Hannover 1876: Jänecke. VIII, 173 S. 8° 193.

Jänecke, Christian Heinrich Karl, s. Jänecke, Karl

Jänecke, Ernst, aus Hannover: Über Amidodiäthylketon, Aminodiäthylcarbinol nebst einigen Derivaten. *Berlin 1898: (Gebr. Jänecke, Hannover).* (37 S.) 8°
Berlin, Phil. Diss. v. 19. Dez. 1898

Jänecke, Ernst, gesättigte Salzlösungen vom Standpunkt der Phasenlehre. Mit 83 Tab., 153 Abbildgn. im Text. (IX, 188 S.) gr. 8. Halle 908. W. Knapp. 9. —

— Summary of alloys. The employment of physical chemistry in mettallography. (39 S. m. Fig.) Lex. 8 Hannover (909). (Dr. M. Jänecke.) 3. —

— Kurze Uebersicht üb. sämtliche Legierungen. (VIII, 100 S. m. Fig. u. 1 Tab.) 8. Ebd. 910. 3. 90

Jänecke, Georg, aus Bremen, 2. Assistenzarzt in Klingenmünster: Ueber Metamorphosenwahn. *Hannover 1902: Gebr. Jänecke.* (28 S.) 8°
Freiburg i. B., Med. Diss. v. 1902

Jänecke, J. F., Lebenserhalter, oder d. Kunst, gesunde u. wohlfeile Speisen zu bereiten. 8. Zerbst 807. (Weigel, a. Engelmann in Leipz.) 12 gr.

Jaenecke, Johann Friedrich Conrad (Eldagsen/Hannover), De haemorrhoidibus. Diss. med. Gött. (Barmeier) 6. IV. 1791. 32 S. (6.—) 16578
Gew.: Theophil Fried. Wehrde (Hannover), Ernst Fried. Jaenecke (Vater).

Jänecke, J. F. C., de haemorrhoidibus. 4. Götting. 791. Brose. 4 gr.

Jänecke, Karl

Jänecke, *Christian Heinrich* Karl [aus Hannover]: Ein Beitrag zur Therapie der Netzhautablösung. '(10 Fälle.)' ... Hannover, Hofbuchdr. d. Gebr. Jänecke, *1895;* 33 S., 2 Bl. 8.
Berlin, Med. Fak., Inaug.-Diss. v. 19. Nov. 1895

Jänecke, Max, die Gewerbe-Politik d. ehemaligen Königr. Hannover in ihren Wandlungen von 1815—1866. Ein Beitrag zur Geschichte der deutschen gewerberechtl. Theorien im 19. Jahrh. gr. 8. (VI, 66 S.) Marburg i/H. 892. N. G. Elwert's Verl. n. 1. 50

Jänecke, Wilhelm

Jänecke, W., der Architekt, s.: Buch, das, der Berufe. IX.

Jänecke, Wilh., die Baugeschichte des Schlosses Iburg, s.a. Beiträge zur westfäl. Kunstgeschichte. 4. Heft.

Jänecke, Wilh(elm), Dr. Ing., Kreisbauinsp.: Die Baugeschichte des Schlosses Iburg insbesondere des 'Rittersaales'. Zugleich e. Beitr. z. Geschichte d. Denkmalpflege. Münster ⟨Westf.⟩: Coppenrath 1909. 53 S. 4°(8°) ¶ (Ersch. vollst. als Beiträge z. westf. Kunstgesch. H. 4.)
Münster, Phil. Diss. v. 7. Mai 1909, Ref. Ehrenberg
[Geb. 22. Aug. 72 Alt-Warmbüchen; Wohnort: Osnabrück; Staatsangeh.: Preußen; Vorbildung: Realgymn. I Hannover Reife O. 91; Studium: Techn. Hochschulen Hannover 6, München 2, Berlin 1, Berlin Univ. 2 S.; Rig. 6. März 09.] [U 09. 3593

— Beiträge zur Geschichte der Ornamentik. I. Ueber die Entwickelg. der Akantusranke im französ. Rokoko. Dargestellt an Stichen französ. Meister in der Zeit von 1650—1750. Mit 57 nach den Originalen gezeichneten Abbildgn. hoch 4. (82 S.) Hannover 902. Gebr. Jänecke. n. 2. —

Jänecke, Wilhelm, Reg.-Baumeister: Über die Entwickelung der Akanthusranke im französischen Rokoko dargestellt an Stichen französischer Meister in der Zeit von 1650—1750. Mit 57 nach d. Orig. gez. Abb. Hannover: Jänecke 1902. 31 S. 4°
¶ Als Buch u. d. T.: Beiträge zur Geschichte d. Ornamentik. 1.
Hannover, Dr.-Ing.-Diss. v. 29. 6. 1903

Janecki, E., Beiträge zur Widerlegung der Flugschrift „über die neueste polnische Insurrection", s. Beiträge.

Janecki, J., der Hopfenbau. Praktisches Handbuch für Hopfenbauer und Hopfenhändler. 8. (80 S.) Wollstein und Grätz 861, Jacobi. *

Janecki, Marcelli, erhielten die Juden in Polen durch die Taufe den Adelstand? gr. 8. (16 S.) Berlin 888, (Puttkammer und Mühlbrecht.) *
Aus: Vierteljahrsschrift für Heraldik etc., besonders abgedruckt.

Jander, (J.) A., katholische Festpredigten, gehalten zumeist in der Kathedrale zu Breslau. gr. 8. (X und 271 S.) Neisse 855, Burckhardt. (Leipzig, Steinacker.)

—— Luther's Leben zur Belehrung und Erbauung erzählt, nebst einer Characteristik Luther's, im Besonderen wie er sich als Prediger des Evangeliums in seinen Schriften darstellt. Mit einem Vorworte von E. Huschke. 8. (183 S. mit 1 Stahlst.) Leipzig 853, Dörffling und Franke. * -

Jander, K., Oratorum et rhetorum Graecorum nova fragmenta collecta adnotationibusque instructa. Diss. 1913. 84 S. 1.50

Jander, Max [aus Ohlau i. Schlesien]: Ueber die eitrige Mediastinitis. ... Breslau, Buchdr. z. Gutenberg Anton Schreiber (1889); 3 Bl. + 85 S. + 1 Bl. 8°
Breslau, Med. Fak., Inaug.-Diss. v. 28. Febr. 1889

Jander, M., üb. die eitrige Mediastinitis. Inaug.-Diss. gr. 8. (85 S.) Breslau 889. (Köhler.) n. 1. —

Jander, Richard [aus Hamburg]: Die Epithelverhältnisse des Tricladenpharynx ... Jena, G. Fischer, 1896; 50 S., 3 Taf. 8.
Rostock, Phil. Fak., Inaug.-Diss. v. [18. Dez.] 1896

Jander, Stanislaus [aus Ober-Schönau i. Schles.]: Krystallographische Untersuchungen über Picolinderivate und verwandte Körper ... (Aus: Zeitschr. f. Krystallogr. u. Mineral. xx. Bd. 3. Heft.) Leipzig, W. Engelmann, 1892; 19 S. 8.
Erlangen, Phil. Fak., Inaug.-Diss. v. 1892

Jandera, Jos. Lad., Beiträge zu e. leichtern u. gründlichern Behandl. einiger Lehren d. Arithmetik. gr. 8. (21 B.) Prag 830, (Calve.)

— prima calculi exponentialis elementa nova partim methodo in us. auditor. suorum proposita etc. 8. Prag 812. Widtmann. 20 𝒦

s.a. Jandra, L. P.

—— über Miletin in Böhmen, e. topograph.-histor. Versuch. Für d. Abhandln. d. Kgl. Böhm. Gesellsch. d. Wissensch. gr. 8. ... Prag 830, (Kronberger u. Weber.)

Jandera, L., Rede zur Gedächtnissfeyer des Herrn Staniel. Wydra, bey Gelegenheit der Aufstellung seines Brustbildes in der k. k. Bibliothek in Prag im July 1816. Mit der Abbild. d. Monuments. 8. Prag, Krauß (in Comm.) 816. (Haase S. das.)

Jandera, L., s. Jandera, Jos. Lad.

Jandl, Ernest: Vom Weine und Weintrinken in Wien in alter und neuer Zeit. Ein Beitrag zum 1. Niederösterreichischen Weinmarkt. Wien: Selbstverl. 1904. 32 S. -- UB Wien*

Jandl, Ernest: Wien und der Wein mit Wein-Bädeker. Ein Beitrag zur 2. niederösterreichischen Landes-Weinkost. 2. Aufl. Wien: Verl. der 'Wiener Approvisionierungs-Zeitung' 1906. 64 S. -- UB Wien*

Jandl, Ferdinand J.: Sagen aus den dt. Teilen der Bezirke Landskron, Leitomischl und Politschka im östl. Böhmen. Ges. — Rudelsdorf: Selbstverl. 1905. VIII, 142 S.

Jandorf, Julius, Bacc. iur., Gerichtsref. a. Berlin: Zwei Fragen aus dem Gebiete des Gewährleistungsrechts: 1. Verhältnis der in § 463 B.G.B. bezeichneten Ansprüche zueinander. 2. Klagantrag bei der Wandelung. Borna-Leipzig 1905: R. Noske. (X, 40 S.) 8°
Leipzig, Jur. Fak., Diss. v. 24. Aug. 1905
[Geb. 24. Mai 83 Hengstfeld, Württemb.; Wohnort: Berlin; Staatsangeh.: Württemberg u. Preußen; Vorbildung: Gymn. Schw.-Gmünd Reife M. 01; Studium: Berlin 8 S.; Rig. 11. Febr. 05.]

Jandra, L. P., prima calculi exponentialis elementa nova partim methodo proposita etc. 8. Pragae, Widtmann. 812.
s.a. Jandera, Jos. Lad.

Jane Eyre, die Waise von Lowood, s. Eyre, Jane.

Jane Shore. Trauersp. v. Nic. Rowe. 8. Riga, (Hartknoch in Leipz.) 774. •

Jane, Emma, Alice oder die Christin als Tochter, Schwester, Freundin und Gattin. Eine Erzählung aus der Gegenwart. Aus dem Engl. übers. 2. (Titel-)Ausg. Leipzig (847.) 853. Verlags-Magazin. 8. (187 S.) 15 ngr

— — Neue (Titel-)Ausg. Berlin 855. Gebauer. (Streeraith u. Co.) 8. (187 S.) 15 ngr.

Jane, Emma, Alice oder die Christin als Tochter, Schwester, Freundin und Gattin. Eine Erzählung aus der Gegenwart. Aus dem Engl. übersetzt. Neue Ausgabe. Mit 1 (lith.) Titelbilde. Berlin 859. Beck. 8. (1 Bl., 187 S.) 22½ ngr.

Jane, Fred T.

Jane, F. T., All the world's fighting ships. Abbildgn. v. allen Kriegsschiffen d. Welt. Genaue Zeichngn. v. üb. 1000 Kriegsschiffen, nebst Noten u. and. nützl. statist. Angaben. M. eingeschlossen Breitseiten-Pläne aller gepanz. Schiffe. (Mit Text in engl., französ., deutscher u. italien. Sprache.) qu. hoch. 4. (218 S u. 8 Bl.) London 898. S. Low, Marston & Co. Geb. in Leinw. n.n. 10. 50

Jane, Fred. T., Ketzereien üb. Seemacht. Mit e. Vorwort v. Graf Ernst zu Reventlow. Mit 8 Karten u. 17 Abbildgn. (XI, 236 S.) gr. 8. Leipzig 907. F. Engelmann. 5.20; geb. 6. 50

Jane, Paul [Adolph van Soust de Borckenfeldt], das blutige Jahr [l'année sanglante]. Autoris. Uebersetzung von Gust. Dannehl. gr. 8. (48 S.) Breslau 874, Max und Comp. *

Janeček, A., e. Jahr in der einklassigen Volksschule. Entwurf e. Vertheilg. d. gesammten Unterrichtsstoffes auf jede Stunde d. Schuljahres. 2 Thle. Fol. Znaim, (Fournier & Haberler). à n. 2. —
1. (28 S.) 891. — 2. Vertheilung d. Lehrstoffes vom Jänner bis zum Schlusse d. Schuljahres (Mitte Juli). (28 S.) 892.

Janeček, Gust., die Grenzen der Beweisbarkeit d. Hämatinspektrums u. der Häminkrystalle [Teichmanns Krystalle] f. die Anwesenheit v. Blut. Ein Beitrag zur Verhütg. v. Justizmorden. Mitgetheilt in der Sitzg. der mathem.-naturw. Klasse der südslav. Akademie der Wissenschaften u. Künste vom 7. Novbr. 1891. gr. 8. (11 S. m. 1 Fig.) Agram 892. F. Suppan. n. — 80

Janeček, Gust., über normalen Hexylalkohol und normale Oenanthylsäure, s. Lieben, A.

—— Leitfaden für die praktischen Uebungen in der qualitativen chemischen Analyse unorganischer Körper. 8. (IV, 32 S.) Wien 879, Lehmann und Wentzel. *

Janeček, Gust., Pharmacopoearum austriacae ed. VII., croatico-slavonicae ed. II., hungaricae ed. II. cum additamentis praecepta graviora comparando reddita. 12. (V, 170 S.) Zagrabiae 902. (Wien, W. Braumüller.) Geb. in Leinw. n. 2. 40

Janeček, H., über normalen Hexylalkohol u. normale Oenanthylsäure, s.: Lieben, A.

Jandaurek, Julius: Weil k. k. Gymnasial-Professor. Das Königreich G a l i z i e n und Lodomerien und das Herzogthum Bukowina. Mit zahlreichen Abbildungen und 3 Vollbildern in Tondruck. (Aus: „Die Länder Österreich-Ungarns in Wort und Bild. Herausgegeben von Prof. Dr. Friedrich Umlauft." 10. Band.) 8⁰. Wien 1884.

—— deutsches Lesebuch für die fünfte Classe der galizischen Mittelschulen. Mit Anmerkungen und einem Wörterbuch versehen. Neu hrsg. von Ed. Hamerski. 2. Aufl. gr. 8. (VI, 248 S.) Lemberg 880, Seyfarth und Czajkowski. *

Jandebeur, S. Jos., das Forstgesetz für das Königr. Bayern, s.a. Forstgesetz.

JANDEBEUR, S. Jos.: Das Forstgesetz für das Königreich Bayern, zusammengestellt aus den Verhandlungen beider Kammern nebst dem allerhöchst sanctionirten Gesetze und den Vollzugsinstructionen zu solchem. - München 1852. V, 531 S., 35 S. Repertorium.

Jandebeur, S., 8. Fortsetzung des Döllinger'schen Registers über die in den Regierungs- und Gesetzblättern von den J. 1817, 1848 und 1849 enthalt. Verordnungen. Mit einem besondern Namens- und Sach-Register. gr. 4. (IV und 208 S.) Augsburg 850, Jaquet's Vrlgsh.

Jandebeur, S. Jos., neunte Fortsetzung des Döllinger'schen Registers über die in den Regierungs- u. Gesetzblättern von den Jahren 1850, 1851 u. 1852 enthaltenen Gesetze, Verordnungen, Bekanntmachungen rc. Mit einem besondern Namens- u. Sach-Register. Augsburg 853. Jaquet. gr. 4. (1 Bl., 251 S.) 2 ℛ𝓉. 12 ngr.

Jandebeur, S. Jos., 10. Fortsetzung des Döllingerschen Registers über die in den Regierungs- und Gesetzblättern von den J. 1853, 1854 und 1855 enthaltenen Gesetze, Verordnungen, Bekanntmachungen rc. Mit einem besondern Namens- und Sach-Register. gr. 4. (III und 205 S.) Augsburg 856, Jaquet's Verlag. *

Vgl. 11. Bd. 1. Abthl. S. 466.

Jandebeur, S. J., neue Folge erster Band (11. Fortsetzung) des Döllinger'schen Registers über die in den Regierungs- und Gesetzblättern von den J. 1856, 1857 und 1858 enthaltenen Gesetze, Verordnungen, Bekanntmachungen rc. gr. 4. (III und 186 S.) München 860, (Finsterlin.) *

Vgl. 12. Bd. 1. Abthl. S. 483.

—— die Gesetze des Königr. Bayern über Benützung des Wassers, Be- und Entwässerungs-Unternehmungen zum Zwecke der Bodenkultur und den Uferschutz und Schutz gegen Ueberschwemmungen. Mit den zu den einzelnen Artikeln gehörigen Bemerkungen der königl. Staatsregierung und der beiden Kammern und einem Generalrepertorium. gr. 8. (IV und 227 S.) München 852, (Finsterlin.) *

— die Gesetze des Königreichs Bayern vom Jahre 1856 über die Besteuerung des besonderen Einkommens, der Kapitalrenten und der Gewerbe mit Vollzugsvorschriften, Einleitungen, sachgemäßen Erläuterungen u. Uebersichten herausg. (2 Liefgn.) München 856. Finsterlin in Comm. gr. 8. Jede Liefg. n. 18 ngr.

1. Liefg.: Die Gesetze des Königreichs Bayern vom 31. Mai 1856 die Besteuerung des besonderen Einkommens u. der Kapitalrenten mit Einleitungen rc. (XVI, 139 S.)
2. Liefg.: Das Gewerbsteuer-Gesetz für das Königreich Bayern vom 1. Juli 1856 mit der Vollzugsinstruction, Einleitungen rc. (2 Bl., 208 S.)

— die neuen bayerischen Strafgesetzbücher nebst Einführungsgesetz. Alphabetisch geordnete Zusammenstellung aller im Strafgesetzbuche, Polizeistrafgesetzbuche und Einführungsgesetze vom 10. Novbr. 1861 enthaltenen Bestimmungen u. Strafen. 2 Thle. München 862. Lindauer. 16. (IV, 552 S.) 1 ℛ𝓉 7½ ngr.

Jandečky, Václ., geometria pro vyšši gymnasia. Díl 1. Planimetria. Do textu vloženo přes 150 obrazců. Prag 864. Kober in Comm. gr. 8. (VIII, 127 S.) n. 18 ngr.

Jander, u. W. Petrick, heimatkundl. Lesestücke aus d. Prov. Brandenburg, s.: Hirt's, Ferd., deutsches Lesebuch.

Jander, A., s. J a n d e r, J. A.

Jander, Albrecht, Referendar: Die Ausgleichungspflicht unter Gesamtschuldnern in ihrer geschichtlichen Entwickelung. Liegnitz 1909: Seyffarth. X, 75 S. 8°

Breslau, Jur. Diss. v. 15. Sept. 1909, Ref. Schott, Meyer

[Geb. 1. Aug. 87 Liegnitz; Wohnort: Landeck; Staatsangeh.: Preußen; Vorbildung: Städt. Gymn. Liegnitz Reife O. 05; Studium: Breslau 3, Leipzig 2, Breslau 1 S.; Rig. 16. Febr. 09.] [U 10. 500

6*

Jander, A., Führer f. Liegnitz u. seine Umgebung. Ein Beitrag zur Heimatkunde. 3. Aufl. 12. (192 S. mit 1 Lichtdr.-Taf.) Liegnitz 888. Kaulfuß. cart. n. 1. 50

Liegnitz in seinem Entwicklungsgange von den Anfängen bis zur Gegenwart dargest. von Albrecht Jander. Liegnitz: Th. Kaulfuss 1905. (208 S.) 8° [06. 1755

Jander, Albr., Liegnitz u. Umgegend E. Beitrag zur Heimatkunde. 4. Aufl. 2 Hfte. 12. Liegnitz, Th. Kaulfuß. n. 2. —

1. Streifereien um Liegnitz. (IV, 86 S.) 897. n. — 75
2. Liegnitzer Touren- u. Wanderbuch. (VII, 216 S.) 898. n. 1. 25

Jander, Albr., Mitteilungen üb. Liegnitz u. seine Umgebung. 8. (VI, 66 S.) Liegnitz 883. Reisner. cart. n. 1. —

Jander, Albr[echt]: Hans von Sagan. Liegnitz (1909): Seyffarth. S. 11—14. 8°

Liegnitz, st. ev. G, in Festschr. z. 600j. Jubil. 1909, P 1910 (281) [S 10. 202

Jander, E., Aufgaben zu deutschen Aufsätzen. gr. 8. (102 S.) Breslau 902. F. Hirt. n. 1 —

— u. W. Petrick, Brandenburg, heimatkundliche Lesestücke, s.: Hirt's, Ferd., deutsches Lesebuch.

— vaterländische Gedichte für den Schulgebrauch. Insonderheit als Ergänzg. zu Ferd. Hirts deutschen Lesebüchern zusammengestellt. gr. 8. (VIII, 142 S.) Ebd. 900. n. 1. 50

Jander, E., 500 Jahre Hohenzollernregiment. Eine Reihe vaterländ. Gedichte. (78 S.) gr. 8. Leipzig 903. Dürr'sche Buchh. n. — 90

Jander, E., Leitfaden der Psychologie. (24 S.) gr. 8. Leipzig 908. [Dürr'sche Buchh.] Berlin, Union, Zweigniederlassg. – 50

Jander, Erich, Referendar in Liegnitz: Die Beschränkungen für den Inhalt einer Grunddienstbarkeit nach römischem und bürgerlichem Recht unter besonderer Berücksichtigung der verschiedenen Auslegung streitiger Digestenstellen. Liegnitz 1905: C. Seyffarth. (X, 51 S.) 8° [F.]

Breslau, Jur. Fak., Ref. Jörs, Diss. v. 18. Nov. 1905

[Geb. 24. Nov. 82 Liegnitz; Wohnort: Liegnitz; Staatsangeh.: Preußen; Vorbildung: Gymn. Liegnitz Reife O. 01; Studium: München 3, Breslau 3 S.; Rig. 14. Juli 05.]

Jander, Fritz: Aus d. chemischen Institut d. Universität. Ueber einige komplexe Merkurisalze. *Breslau 1902: H. Fleischmann.* (41 S.) 8°

Breslau, Phil. Diss. v. 28. Juni 1902

[F.] Marcelli Janocki. Die staatsrechtliche Stellung des polnischen Adels. E. Beitr. z. Streite üb. d. Thronfolge im Fürstentum Lippe. *Berlin: J. A. Stargardt 1897.* (42 S.) 1 Bd 8. [97. 9051

Janeczek sen., Frdr., die einfachste Art Buchführung f. den Gewerbsmann, s.: Vorträge, volksthümliche, d. allg. n.-ö. Volksbildungsvereins.

Janeiro, Max, Gedichte. 16. (31 S.) Tübingen 847, Zu-Guttenberg. *

Janeke, C., De encephalo. 11 l. Vienn. 4°. 1765

Janeke, Otto Benedict: A n m e r c k u n g e n über einige in der aus dem dänischen übersetzten Oeconomischen und Statistischen Reise durch Mecklenburg, Pommern, Brandenburg und Holstein, geäusserte Behauptungen, welche die Holsteinische Landwirthschaft und den Unterschied zwischen derselben und der Mecklenburgischen Wirthschaft betreffen, v. –. Hamburg. 1788. 8°

— über d. Anwendbarkeit d. Koppelwirthschaft in d. M. Brandenburg. 8. Hamb. 794. (Campe). 8 ƙ

Janeke, Otto Bdkt., († d. 22. Nov. 1805.) Bemerkk. über einige in d. etc. Reise durch Mecklenburg geäußerte Behauptungen, d. Holstein. Landwirthschaft betreff. 8. Hamb. 788. Hoffmann. 3 ƙ

– s. B e s c h r e i b. d. Holsteiner Landwirthschaft etc.

[JANEKE, OTTO BENED.], Die Hollsteinische Landwirthschaft, ihre eigenthümlichen Einrichtungen und vornehmsten Gegenstände, der Kornbau, die Nutzungen der Holländereyen und Teichfischereyen, im Grundrisz beschrieben und verglichen mit der Wirthschaft in dreyen Feldern mit der Mecklenburgischen und Englischen Wirthschaft. Hamburg. 1783.

Janeke, O.B.: Über die N i e d e r l e g u n g der Domainen ..., s. B l a t t , Jürgen

– s. N i e d e r l e g u n g d. Domainen- u. Landgüter.

Janeke, Wilh., Epistel-Büchlein. Schriftgemäße Auslegung der heil. Sonn- und Festtags-Episteln. 2. (Titel-)Aufl. gr. 8. (VIII, 368 S.) Berlin (867)70, Wohlgemuth. *

Jaeneke, August Eduard (Osterwiek. Halberstadt), De gastritide chronica. Diss. med.-chir. Bln. (Ferdinand Nietack) 22. VII. 1830. 43 S. mit Biogr. (M.: Dieckmann.) (6.—) 16579
Oppon.: Herm. Burmeister, Heinr. Emil Succow, M. Baumarten-Crusius. — Gew.: J. Chr. Gottfried Jaeneke (Vater).

Jaeneke, G., De statuum doctrina ab Hermogene tradita. Ad rhetoricae historiam symbolae. Diss. 1904. 156 S.

Jäneke, J. F., Lebenserhalter, od. die Kunst gesunde und wohlfeile Speisen zu bereiten. 8. Zerbst. (Fr. Bruder in Lpz. a. Weichel.) 807.

Jäneke, Jo. Chr. Gottfried (Wernigerode), De hydrothorace. Diss. med. Halle (Tramp) 21. IV. 1797. 44 S. (6.—) 16580
Gew.: Thom. Christ. Gottfr. Jäneke (Wildenfeld), Jo. Rudolph Aug. Jäneke (Möschlitz).

Jaeneke, Gualtherus, Dresdensis: De statuum doctrina ab Hermogene tradita. Ad rhetoricae historiam symbolae. *Bornae 1904: R. Noske.* (156 S.) 8°
Leipzig, Phil. Diss. v. 1904

Janel, Julius, s. J a n e l l .

Jaenel, Edm., Medicus humoristicus. Ein Repetitorium der inneren Medicin in Vers u. Reim f. fidele Mediciner. 1. Thl.: Infectionskrankheiten. gr. 8. (88 S.) Sagan 892. (R. Schönborn.) n. 1. 20

Jaenel, Edmund [pract. Arzt aus Neisse O/S.]: Die Resectio sterni mit Bericht über ein Sarcoma retrosternale .... (Neumarkt, Druck v. Th. Erbrich, 1887); 20 S. 8°
Erlangen, Med. Fak., Inaug.-Diss. v. 21. Mai 1887

J a n e l l, Dr. Julius — K. k. a. priv. Anatherin-Mundwasser und dessen Anwendung zur Heilung von Mund- und Zahnkrankheiten. Erprobt durch unzählige Erfahrungen und bestätigt durch hunderte von Zeugnissen, dessen spezielle Gebrauchsweise, nebst Angabe dasselbe echt zu beziehen. Dargestellt von — —. Wien, 1855. Druck und Papier von Leopold Sommer. (32 S. 8.)

J a n e l l, Dr. Julius — K. k. a. priv. Anatherin-Mundwasser und dessen Anwendung zur Heilung von Mund- und Zahnkrankheiten. Erprobt durch unzählige Erfahrungen und bestätigt durch hunderte von Zeugnissen, dessen spezielle Gebrauchsweise, nebst Angabe dasselbe echt zu beziehen. Dargestellt von — —. 9te Auflage. Wien, 1857. Druck und Papier von Leop. Sommer. (32 S. 8.)

J a n e l l, Dr. Julius —. K. k. a. priv. Anatherin-Mundwasser und dessen Anwendung zur Heilung von Mund- und Zahnkrankheiten. Erprobt durch unzählige Erfahrungen und bestätiget durch Hunderte von Zeugnißen, dessen spezielle Gebrauchsweise, nebst Angabe dasselbe echt zu beziehen. Dargestellt von — —. 14. Aufl. Wien, 1857. Druck und Papier von Leop. Sommer. (Jede Auflage enthält 32 S. 8.) Dasselbe auch deutsch und französisch zugleich, italienisch und deutsch zugleich.

J a n e l l, Mr. le Dr. Julius — Eau d' Anathérin privilegiée par le gouvernement de S. M. I. R. et son emploi pour guérir les maux de dents et ceux de la bouche. Garantie par des experiences sans nombre, confirmées par des centaines de certificats, et dont l' usage spécial est clairement exposé dans ce petit livre. Par — —. Vienne, 1856. Imprimerie et papier de Léop. Sommer. (35 S. 8.)

Janell, Jul., Heilung aller Mund- und Zahnkrankheiten durch Anwendung des echten Anatherin-Mundwassers, dessen specielle Gebrauchsweise nebst Angabe dasselbe echt zu beziehen. 5. Aufl. Wien 856. Sommer. (F. Klemm.) 8. (30 S.) n. 2 ngr.

J a n e l, Dr. Julije — Lečenje svlju bolestij usta i zubij upotrebljavanjem prave Anaterinske vode za usta. Osobityj način postupanja s njom i izvjestije, gde da se prava dobyje. Napisao — —. Trinaesto izdanje. U Beču, 1857. Knjigopečatnjom Aleks. Andrića. (36 S kl. 8) (Heilung aller Mund- und Zahnkrankheiten durch Anwendung des Anatherin-Mundwassers. Anleitung zum Gebrauche desselben. Von — —. 13. Aufl. Wien, 1857. Dr. des Alex. Andrić.)

Janell, W., deutsches Sprachbüchlein für Stadt- und Landschulen. 4., verb. Aufl. 8. (34 S.) Neubrandenburg 860, Brünslow. * *

Janell, W., deutsches Sprachbüchlein für Stadt- und Landschulen. 5. gänzlich veränderte Aufl. gr. 8. (32 S.) Neubrandenburg 871, Brünslow. geb. *

Janell, [Walter]: Aus griechischen Inschriften. 43 S., 1 S. ungez. 4. **Progr.** Gymn. Carolinum *Neu-Strelitz* 1903 (761).
Vgl. des Verf. Ausgewählte Inschriften. Griechisch und deutsch herausgegeben von W. J. *Berlin: Weidmann* 1906. VIII, 148 S. 8. M. 4,—.

Janell, [Walter, Dr.]: Aus griechischen Inschriften. *Neu-Strelitz 1903: H. Bohl.* (43 S.) 4°
Neu-Strelitz, G Carolinum, P 1903 (761)

Janell, Walth., ausgewählte Inschriften. Griechisch u. deutsch. Mit Titelvignette u. 3 Abbildgn. (VIII, 148 S.) gr. 8. Berlin 906. Weidmann. n. 4. —

Janell, Gualtherus, Megalopolitanus: **Quaestiones Platonicae.** *Lipsiae 1901: B. G. Teubner.* (S. 265—309.) 8° ¶ (Aus: Jahrb. f. class. Philol., Suppl. Bd 26.)
Rostock, Phil. Diss. v. [26. Juli] 1900

Janell, Gualth., Quaestiones Platonicae. gr. 8. (S. 263—336.) Leipzig 901. B. G. Teubner. n. 2. 80
Sonderabdruck aus: „Jahrbücher f. class. Philologie".

Janensch, W., Pterosphenus Schweinfurthi Andrews u. die Entwicklung der Palaeophiden. (V u. S. 313—350 m. 2 Taf.) Lex. 8. Berlin 906. (R. Friedländer & Sohn.) nn 4. —
Sonderabdruck aus: „Archiv f. Biontologie".

Janensch, Werner, die Jurensisschichten, s.a. **Abhandlungen z. geolog. Specialkarte v. Elsass-Lothringen.**

Janensch, Werner: Die Jurensisschichten des Elsass. Von —. Mit 12 Taf. u. 13 Zeichn. Strassburg: Strassb. Dr. u. Verlagsanst. 1902. (151 S.) 4° (8°)
= Abhandlungen z. geolog. Specialkarte v. Elsass-Loth. N. F. H. 5.

Janensch, Werner: Die **Jurensisschichten** des Elsass. Mit 12 Taf. u. 13 Zeichn. im Text. *Strassburg i. E. 1902: Strassb. Druckerei u. Verlagsanst.* (151 S.) 4° (8°)
Strassburg, Math.-naturw. Diss. v. 1901

Janentzky, Christian, G. A. Bürgers Ästhetik, s.a. **Forschungen zur neueren Literaturgeschichte. 37.**

Janentzky, Christian: G. A. Bürgers Ästhetik. Von Dr. —. Berlin: A. Duncker 1909. X, 250 S. 8°
(Forschungen z. neueren Literaturgeschichte. 37.)

Janentzky, Christian: G. A. Bürgers akademische Lehrtätigkeit. T. 1. Berlin: Duncker 1909. 35 S. 8° ¶ (Ersch. vollst. u. d. T.: G. A. Bürgers Ästhetik, als: Forschungen z. neueren Literaturgesch. Bd 37.)
München, Phil. Diss. v. 4. März 1909, Ref. Muncker, H. Paul
[Geb. 29. Jan. 86 Rostock; Wohnort: Rostock; Staatsangeh.: Mecklenburg-Schwerin; Vorbildung: Gymn. Rostock Reife O. 04; Studium: München 10 S.; Rig. 4. März 09.] [U 10. 3663

Janert, Ludwig, appr. Arzt a. Seehausen in der Altmark, Unterarzt beim 2. Niederschlesischen Inf.-Reg. Nr. 47: Aus der ehem. III. medizinischen Klinik der Kgl. Charité zu Berlin. ⟨Direktor: Geh. Medizinalrat Prof. Dr. Senator.⟩ Über das spezifische Gewicht menschlicher Faeces. Berlin (1906): G. Schade. (32 S.) 8°
Berlin, Med. Fak., Ref. von Leyden, Diss. v. 5. Mai 1906
[Geb. 7. März 81 Seehausen, Altmark; Wohnort: Seehausen; Staatsangeh.: Preußen; Vorbildung: Gymn. Seehausen Reife O. 00; Studium: Berlin Kaiser Wilh.-Akad. 10 S.; Coll. 2. Mai 06; Approb. 21. Apr. 06.]

Janes, Carl, pract. Arzt aus Pfalzburg ⟨Lothr.⟩: **Über Nabelschnurtorsion.** Mit Abb. *Strassburg i. E. 1899: Ch. Müh & Co.* (46 S.) 8°
Strassburg, Med. Diss. v. 1899

Janes, Carl, Schönschnellschreiben, Rund- u goth. Schrift, in kurzer Zeit durch Selbstunterricht ohne Lehrer zu erlernen. gr. 8. (8 S. m. Fig u. 8 Taf.) Leipzig 897. P. Schimmelwitz. n. 1. —

Janeschitz Robert: Die Geschichte der ewigen Richtung des Jahres 1474.
1904 PN 1807 **Diss.** Wien, Univ. 898

Janesville Journal: 1889?—1918?
Independent weekly. Circulation: 1890, 700; 1900, 900; 1910, 1100; 1915, 1100. Edited & published by H. W. Frick, 1889—1918.
Janesville, WI

Janet, Paul, der Materialismus unserer Zeit in Deutschland. Prüfung des Dr. Büchner'schen Systems, übers., mit einer Einleitung und Anmerkungen von K. A. Frhr. v. Reichlin-Meldegg, hrsg. mit einem Vorwort von J. H. v. Fichte. 2. (Titel-) Ausg. 8. (XL, 189 S.) Leipzig (866) 885, Le Soudier.

Janet, Pierre: Der Geisteszustand der Hysterischen (Die psychischen Stigmata) von Dr. —. Mit e. Vorr. von Prof. (J[ean] M[artin]) Charcot. Uebers. von Dr. Max Kahane, Secundararzt d. Wiener allg. Krankenhauses. (Bd 1.) [Mehr nicht erschienen.] Leipzig & Wien: F. Demicke 1894. (197 S.) 8°
= Bibliothek neurolog. Werke d. In- u. Auslandes. Bd 3.

Janetschek, A., meine Reise zur Weltausstellung nach Paris 1900. 8. (68 S. m. Abbildgn.) Linz (901). (E. Mareis.) n. 1. —

Janetschek, Clemens d' Elpidio

Janetschek, Clemens. **Das Augustinerkloster in Gewitsch [Mähren]. 1. u. 2. Aufl. 12. (63 S. m. 2 Abbildgn.) Brünn 889,90, (Winiker). * — 80**

Janetschek, Clemens de Elpidio, necrologia patrum et fratrum Ordinis Eremitarum calceat. S. Augustini in vicariatu Moraviae ab a. 1363—1888 defunctorum. In hunc ordinem redegit C. de E. J. 8. (39 S.) Brünn 894. (C. Winiker.) n. 1. —

Das Augustiner-Eremitenstift S. Thomas in Brünn mit steter Bezugnahme auf d. Klöster desselben Ordens in Mähren. Von P. Clemens d'Elpidio **Janetschek**, O. S. A., Archivar d. Stiftes S. Thomas. Bd 1. Brünn: Commv. C. Winiker; Dr. d. päpstl. Benedictiner-Buchdr. 1898. 8. 8.
(98. 315

Janetschek, Clem., die Schlacht bei Austerlitz. (2. XII. 1805.) Nach der v. Alois Slovák in 2. Aufl. veröffentl. Darstellg. bearb. Mit e. Karte des Schlachtfeldes u. dem Bilde der drei Kaiser. 8. (170 S.) Brünn 898. (C. Winkler.) n. — 60

Janetzki, Alfred, Regierungsrefer.: Die grundsätzlichen Unterschiede der preußischen Städteordnungen von 1808, 1831 und 1853. Borna-Leipzig 1909: Noske. VI, 52 S. 8°
Leipzig, Jur. Diss. v. 3. Juli 1909
[Geb. 12. März 80 Rothlach; Wohnort: Königsberg i. P.; Staatsangeh.: Preußen; Vorbildung: Fürstensch. Pleß Reife O. 00; Studium: Heidelberg 1, Göttingen 3, Breslau 1, Göttingen 2 S.; Rig. 26. Juli 04.] [U 09. 2555

Janeway, Jac., geistl. Exempelbuch für Kinder. 8. Nrub. Monatb. u. K. 767.

Janežič, Anton

—— Cvet slovenske poezije. S kratkim naukom o pesniških izdelkih za gimnazijalne in realne šole. (Blume der slovenischen Dichtung, mit kurzer Beleuchtung über die Dichter, für die Gymnasial- und Real-Schulen. gr. 8. (120 S.) Klagenfurt 861, Leon'sche Buchh. *

Janežič, Ant., Cvetje slowanskega naroda, s. Cvetje.

Janežič A., Cvetuik. Berilo za slovensko mladino. I. Theil. 4. Auflage. Klagenfurt 1881. Verlag des St. Hermagoras-Vereines. Preis 70 kr.

Janežič, Ant. Deutsch-slovenisches Handwörterbuch. 3. vollständ. umgearb. u. verm. Aufl., bearb. von Ant. Bartel unter Mitwirkg. von A. Kaspret, M. Petelin, J. Pichler etc. 8. (IV, 843 S.) Klagenf. 889, (v. Kleinmayr. -- Raunecker). * 6 —

Janežič, Ant., Deutsch-slovenisches Hand-Wörterbuch. 4., umgearb. u. verm. Aufl., bearb. v. Ant. Bartel. (IV, 907 S.) 8. Klagenfurt 905. (F. v. Kleinmayr. — J. Heyn.) n. 6. —; geb. n.n. 7. 50

Janežič, Ant., slovenisch-deutsches Hand-Wörterbuch. 8., vollständig umgearb. u. verm. Aufl., bearb. v. Frz. Hubad. 8. (VIII, 900 S.) Klagenfurt 893. (F. v. Kleinmayr.) n. 6. —

—— slovenisches Lesebuch für Deutsche mit kurzen Erklärungen und dem nöthigen alphabet. Nachschlageregister. A. u. d. T.: Slovensko berilo za Nemce s kratkimi razjasnjenji in potrebnim abecednim imenikom. gr. 8. (VIII und 186 S.) Klagenfurt 854, Leon'sche Buchh.

— popólni ročni slovár slovénskega in némškega jezika. — Vollständiges Taschen-Wörterbuch der slovenischen u. deutschen Sprache. Deutsch-sloven. Theil. 16. (VIII u. 631 S.) — Slovenisch-deutscher Theil. 2 Abthlgn. gr. 16. (VI u. 554 S.) Ebd. 847—52. (I. Thl. u. 1 1/3 ₰ II. Thl. 1. u. 2. Abthlg. à 3/4 ₰) n. 2 3/6 ₰

Janežič, Ant., Popólni ročni slovár slovénskega in némškega jezika. Némškoslovénski dél. — Vollständiges Taschen-Wörterbuch der slovenischen und deutschen Sprache. Deutsch-sloven. Theil. 16. (VII und 631 S.) Klagenfurt 850, Liegel's Buchh. (Leipzig, H. Fritzsche.) *

—— dass. — Slowenisch-deutscher Theil. 2 Abthlgn. — Popólni ročni slovár slovénskega in némškega jezika. — Slovénsko-némški dél. gr. 16. (V und 554 S.) Ebds. 851—52. *

Janežič, Anton. Slovensko-nemški slovar. Popravil in pomnožil Julij pl. Kleinmayr. 2. natis. V Celovcu, St. Hermagoras-Druck., 1874. 639 S.

—— Slovenska slovnika s kratkim pregledom slovenskega slovstva ter z malim cirilskim in glagoliškim berilom za Slovence. gr. 8. (VII und 182 S.) Klagenfurt 854. (Leipzig, H. Fritzsche.) *

Janežič, Anton. Slovenska slovnica s kratkim pregledom slovenskega slovstva. V Celovcu, Liegel, (typ. Haase in Prag), 1854. 190 S.

Janežič, Anton. Slovenska slovnica za domače in šolsko rabo. Nova vsa predelana in popravljena izdava. V Celovcu, Leon, 1863. 268 S. — 3. popravljen natis. V Celovcu, Liegel, (typ. Blaznik in Laibach), 1864. 256 S. — 4. popravljeni natis. 1869. 255 S. — 5. natis. V Celovcu, St. Hermagoras-Druck., 1876. 255 S. — Slovenska slovnica. Za srednje šole priredil in predelal J. Sket. 6. predelana izdaja. V Celovcu, St. Hermagoras-Druck., 1889. 284 S. — 7. izdaja. 1894. 280 S. — 8. pred. izdaja. 1900. 292 S. — 9. izd. 1906.

Janežič, Anton. Slovenska slovnica za slovenske učence gimnasijalnih in realnih šol. V Celovcu, (Liegel, typ. Haase in Prag), 1857. 117 S.

Janežič, Ant., slovenisches Sprach- und Lesebuch für die unteren Klassen der Gymnasien und Realschulen. 4., umgearb. Aufl. gr. 8. (IV und 268 S.) Klagenfurt 860, Liegel's Buchh. *

Janežič, Ant., slovenisches Sprach- und Lesebuch für Anfänger zum Schulgebrauch und Privatunterricht. 5., verb. Aufl. gr. 8. (250 S.) Klagenfurt 863, (Liegel's Buchh.) *

Janežič, Ant., slovenisches Sprach- u. Uebungsbuch für Anfänger zum Schul- u. Privatunterrichte. 6. u. 7., verb. Aufl. Klagenfurt 865, 68. Liegel's Buchh. gr. 8. (IV, 283 S.) n. 1 ₰

Janežič, Anton. Vollständiges Taschen-Wörterbuch der slovenischen u. deutschen Sprache. Klgft., Sigmund (Liegel, typ. Pichler in Wien), 1850—51. 2 Tle. (Auch mit sloven. Titel.) — Deutsch-slovenisches Taschen-Wörterbuch. 2., umgearb. u. verm. Aufl. Klgft., Liegel (typ. Blasnik in Laibach). 1867. 927 S. (Slov.-deutsch v.: Slovenischer Teil.) — Deutsch-slovenisch. 3. vollständig umgearb. u. verm. Aufl., bearb. v. A. Bartel. Klgft., St. Hermagoras-Druck., 1889. 847 S. — Slovenisch-deutsch. Bearb. v. F. Hubad. 1893. 908 S. (Auch mit slov. Titel.) — Deutsch-Slovenisch. 4. umgearb. u. verm. Aufl., bearb. v. A. Bartel. 1905. 911 S. — Slovenisch-deutsch. Bearb. v. F. Hubad. 1908. 951 S. (Auch mit slov. Titel.)

Janežič, Anton. Kurzer leichtfaßlicher Unterricht in der Slovenischen Sprache. Für Deutsche. Klgft., Sigmund (typ. Pichler in Wien), 1849. 2 Tle. — 2. umgearb. u. verb. Aufl. 1850. 235 S. — 3. umgearb. u. verb. Aufl. 1854. 2 Tle. — 4. umgearb. Aufl. Klgft., Liegel (typ. Leon), 1860. 270 S. — 5. verb. Aufl. Klgft., Leon, 1863. 250 S. — 6. verb. Aufl. Klgft., Liegel (typ. Blasnik in Laibach), 1865. 288 S. — 7. verb. Aufl. 1868. 286 S. — (8. Aufl. in Laibach verlegt 1872.) — 9. Aufl. Klgft., St. Hermagoras-Druck., 1875. 288 S.

—— praktischer Unterricht in der slovenischen Sprache für Deutsche zum Schulgebrauch und Privatunterrichte. I. Aufl. (II und 344 S.) 1849. 1 Thlr. 3 Ngr. und 2., umgearb. und verb. Aufl. gr. 8. (VIII und 228 S.) Klagenfurt 850, Liegel's Buchh. (Leipzig, H. Fritzsche.) *

JANEZIC, Franciscus: De artibus in servitio cultus divini adhibitis — (1893) IV, 101 S. 4° (Handschr.) Diss. 495
Diss. Wien, Univ.

Janšmann, K., Marcus Tullius Tiro. Pr. 1897. 69 S. 2.—

Janggen, Arnold, die Compensation nach schweizerischem Obligationenrecht. 2. verb. Ausg. gr. 8. (144 S.) Bern 888, Buchdr. P. Haller. *

Jang-Tse-Kiang

Jang-Tse- und Si-Kiang. Englische Aufnahmen. 800,000 u. 3,000,000. G. M. 1861.

Jani, Edmund, od. das furchtbare Zimmer. 8. Leipz. 801. Joachim. 1 ₰ 4 gr

Jani, s.a. Jahn. – Jahny. – Jan. – Jano. – Janu. – Janus.

Janj, Aug., über e. zweckmässigere Gestaltung d. sächs. Gerichtswesens ohne Aufhebung d. Patrimonialgerichte. Ein Versuch. gr. 8. (2 1/2 B.) Adorf 838, Verlags-Büreau.

Janl, C. W., Panorama aller französ. Zeitwörter auf fünf Wurzeln zurückgeführt etc. Fol. Leipz. 805. (Klein). 5 gr

Janl, Panorama franz. Zeitwörter. Lpz. Fr. Bruder. 810.

Janl, Panorama d. Zeitwörter d. franz. Sprache, in 2 Tabellen. Fol. Leipz. Klein. 812.

Jani, Christian David

— — (Rector d. Gymnas.), De Alcaeo poeta lyrico ejusque fragmentis. Commentat. I. Oratiunculis in gymnasio ill. elector. Islebiae 21. XII. 1780. Halle (Hendel). 10 S. u. 1 Bl. Namen. (1.20) 16635

— — Dasselbe. II. Eisleben 20. XII. 1781. Halle (Hendel) S. 11—20 u. 2 Bl. Namen. (—.—) 16636

— — Dasselbe. III. Eisleben 25. VI. 1782. Halle (Hendel) S. 21—30 u. 2 Bl. Namen. (1.—) 16637

Jani, Christian David. Erklärende Anmerkungen zu Horazen's Satiren und Episteln, aus dessen Vorlesungen. Leipz. 1795. H: *Vogel, Friedrich Erasmus.* (ADB 13, 698)

Jani, J. C., erklär. Anmerk. z. Horazens Satyren, Epist., Oden und Epoden. 3 Theile. gr. 8. Lpz. Baumgärtner. 795—98. (à 18 gr.)

— artis poëticae latinae libri IV. 8maj. Halle 774. Waisenhaus-B. 1 ℳ 4 gr

— — u. **August Gottlob Weber** (Halle), Super Horatii carm. IV. 4. 19—22. Disp. crit. Halle (Hendel) 31. X. 1778. 8 S. (1.—) 16634

Jani, Chr. Dav., († d. 5. Oct. 1790.) copia epithetorum, substantivorum, verborum, adverbiorum etc., item indices deorum atque heroum veterum. 8maj. Halle 774. Waisenh.-B. 8 gr

Jani, C. D., üb. d. Gregoriusfest. Eisenb. 1790. 4.

— s. Horatii opera.

Jani, M. Christian David (Conrector), De ingenio Horatii prolusio. — Qua orationes in gymnasio Hallensi indicit. Halle (Friedrich Wilhelm Hundt) 10. I. 1775. 12 S. (2.—) 16631

— initia dialecticae, cum historiae philosophicae tabula; in usum Gymnasii. 4. Halle 770.

Jani, Chr. Dav., brevis notitia rei poeticae latinae. 8 maj. Halle 772. Waisenh. B. 3 gr

— observationum criticarum Part. I.—III. 4. Eisleben 784—86.

Jani, C. D., Observationes criticae. Progr. Isleb. 784-88. 5 Part. 4. 12 gr.

— — Observationum criticarum part. II. Oratiunculis in gymnasio ill. elector. Islebiae memoriae Langianae sacrum. Eisleben (Hullmann) 30. VI. 1785. 6 Bl. mit Namen. (1.50) 16638

Jani, Chrn Dav., Observationes criticae. Pars 5. (de Taciti Germania c. 2.) Halae 1788. 4.

— — Dasselbe. V. Memoriam b. Joannis Gottofredi Langii in gymnasio ill. elector. Eisleben (Hullmann) 14. VII. 1788. 7 Bl. (1.—) 16639

— — De difficili ingeniorum pictura prolusio orationibus in gymnasio Hallensi. Halle (Hendel) 16. I. 1776. 8 S. (2.—) 16633

— d. Schulfreund. (8 Progr.) 4. Halle 776—78.

— — Specimen novae editionis Horatii. — Quo gymnasii Hallensis natalem 210 celebr. indicit. Halle (Johann Christian Hendel) 28. VIII. 1775. 16 S. (2.—) 16632

— s. Virgil, Aeneide.

Jani, Christian Gottfried Moritz

Jani, Chr. Gttf. Mor., Chronik der ehemaligen Churstadt, jetzt Königl. Preuß. Provinzial- u. Herzogl. Sächs. Kreisstadt Herzberg a. d. Schwarzen Elster, nebst einigen nicht unwichtigen histor. Dokumenten des Stadtarchivs. gr. 8. Herzberg 842, auf Kosten des Verf. (unt. fremd. Namen.) 2 ℳ

—— Denkwürdigkeiten d. großen Völker- u. Befreiungs-Schlacht bei Leipzig, s. Denkwürdigkeiten.

Jani, Chrstn. Gtfr. Mor., die wahre evangel. Kirche in Grundzügen d. evangel. Kirchenrechts dargest. gr. 8. (15⅛ B.) Adorf 836, Verlags-Büreau.

— s. Kirchenbibliothek, allgemeine.

—— evangel. Kirchenbibliothek. Eine auserwählte Samml. d. wichtigsten u. segensreichsten, insbesond. ascet. Schriften u. Werke d. evangel.-luther. Kirche. Reformatorische Section. 1. Bd. (Lfg. I.) gr. 8. (12 B.) Leipzig 841, (Fort). *

Jani, Chr. Gottfr. Mor., evangelische Kirchenbibliothek. 1. u. 2. Lfg. gr. 8. (S. 1—256.) Berlin 847, C. Heymann in Comm. (à n. ⅓ ℳ) n. ⅔ ℳ

— Propylaeum ad Magnam Instaurationem Scientiarum per Inductionem Novi Organi inter Coaetaneos et Nostrates, s. Verulam.

— Ronge, Czerski u. die christ-kathol. Gemeinde zu Schneidemühl. Ad acta ecclesiastica. Ein Zeichen der Zeit und Beitrag zur Kirchengeschichte des 19. Jahrh. gr. 8. Leipzig 845, Pönicke u. Sohn. n. ⅓ ℳ

— s. Saint-Pierre, Paul u. Virginie.

— s.a. Veilchenkranz unter den Sternen gewunden.

(——) Veilchenkranz unter d. Sternen gewunden z. Morgen- u. Abend-Opfer evangel. Festandacht. gr. 8. (8½ B. m. Vign.) Zwickau 839. [Leipzig,] Gebr. Schumann.

Jani, Christian Heinrich

Jani, Chr. Hnr., was müssen wir bei den jetzigen Bemühungen deutscher Aerzte, die gänzl. Ausrottung d. Blattern vorzubereiten, zur Mitwirkung thun? 8. Gera 799.

Janj, Chr. Hnr., u. C. W. Janj, welche im Hauptwerke unter Jani aufgeführt sind, müssen in Janj abgeändert werden.

Jani, D. F., s. Janus, Daniel Friedrich

Jani, Dav., s. Lustspiele, kl., für junge Leute.

Jani, Dav. Gbhrd., die Gnade Gottes rc.; eine Rede an Hrn. Niemeyer gehalten. gr. 8. Halle 765. Waisenh.-B. 4 gl

— **Heinrich Ludwig** (Gera), De tympanitide. Diss. med. Lpz. (Teubner) 19. I. 1827. 20 S. (6.—) 16640
Gew.: Christian Heinrich Jani (Vater).

Jani, J. C., s. Jani, Christian David

– s. Jani, Johann Christian

Jani, J. G., s. Janus.

Iani, I. Herm., de Luthero, studii bibl. instauratore liber hist. 8. Halae, Hemmerde. 752.

Iani, de studio bibl. Lutheri c. Praef. Langii. 8. Halae, Hemmerde et S.

Jani, Johann Christian

Jani, J.C. (Hrsg.), s. Aufsätze, Kleine theologische, eines Baiern.

— **Johann Christian** (Ostfriesland), De comparatione status ecclesiae apostolicae et hodierni rite ac sobrie instituenda. Disp. theol. Präs. Johann Georg Knapp. Halle (Johann Andreas Stephani) 16. IV. 1762. 32 S. (5.50) 16641
Gew: Johann Ludwig Lindhammer, Andreas Arnold Gossel, D. Gotth. August Francke. — Widm. v.: Präs., Johann Gotthilf Füller (Thür.), Christian Müller (Magdeburg), Christian David Jani (Halle; Cousin).

— Dank- u. Huldigungspredigt bei der am Neujahrstage 1808 zu Cassel erfolgten Thronbesteigung d. Königs von Westphalen, in d. Domkirche zu Stendal gehalten. gr. 8. Stendal 808. Franzen u. Gr. 3 gl

— oratio de eo, quod potissim. ad statum scholae etc. 4. Stendal 793 Franzen u. Gr. 3 gl

Jani, Jh. Chr., († ...) Etwas zur Prüfung über Conrrs Sendschreiben. 8. Halle 778.

— Gedächtnißpredigt, bei dem am 25. Febr. 1805 erfolgten Ableben der verw. Königin Friederike Luise v. Preußen. 8. Stendal 805. Franzen u. Gr. 2 gl

— Predigt am Dankfest wegen der am 22. Juli 1794 geschehenen Eroberung von Mainz, über Psalm 118, V. 15. 8. Stendal 794. Franzen u. Gr. 2 gl

— Predigt bei d. Huldigung des Königs Hieronymus v. Westphalen zu Stendal am 6. März 1808. gr. 8. Stendal 808. Franzen u. Gr. 2 gl

— u. Thormeyer's Reden bei d. Einführung d. letzteren in d. Schule zu Stendal gehalten. 3 Abhandl. 4. Stendal 793. Franzen u. Gr. 6 gl

— schriftmäß. Religionsbekenntniß eines Christen. 8. Stendal, Franzen. 795.

— Schlußantwort auf die im Auszuge des Hrn. Corners vorkomm. Einwürfe u. Beschuldigungen. 8. ... 781.

— kurzgefaßter Unterricht in d. christl. Religion für fähige Confirmanden. 8. Stendal 811. Franzen u. Gr. 3 gl

— d. Versöhnungswerk Jesu Christi. 8. Berl. 780. Reimer. 6 gl

— Versuch e. Beantwortung d. Fr.: Ob eine allgem. Vernunftreligion in d. Welt möglich u. von d. Umschaffung oder Abschaffung d. christl. Religion zu erwarten sey? 8. Berl. 805. Maurers B. 8 gl

Jani, Jh. Wlh., opuscula ad historiam et chronologiam spectantia; edidit Chr. A. Klotz. 8maj. Halle 769. (Hahn in Hannov.) 12 gl

Jani, Ludwig, s. Janus.

Janj, M. Denkwürdigkeiten der großen Völker- und Befreiungsschlacht bei Leipzig. Leipzig 1846. 8°.

Janicaud, Wilhelm Adolf, ein Emigrantensohn. Aus der Dragonaden-Zeit. 8. (24 S.) Basel 868, Spittler.

Janicaud, Walt., Hemmnisse im Vorwärtskommen des Gärtners od. Inwiefern hat der Gärtner der Neuzeit Rechnung zu tragen, um seines Berufes froh zu werden. Von e. praktisch u. theoretisch gebildeten Gärtner bearb. (31 S.) gr. 8. Leipzig 910. H. Friedrich. — 50

Janich, Ed., Beleuchtung d. anonymen Schrift: „Die Königl. Rede an e. kathol. Bischof, oder: Wer war Saller, und was wollte er?" gr. 8. Neuburg a. d. D. 843, Prechter. 7 ngl

Jaenich

— s. a. **Jenich.**

Jaenich, A., der Walfischfahrer, s. Volksbibliothek des Lahrer Hinkenden Boten.

Jaenich, Alb., Lieb und Leid. Vier Novellen. 2 Bde. 8. (351; 355 S.) Berlin 876, [Wedekind und Schwieger.] Neufeld. *

Jaenich, Peter, s. Jaenichen

Jänichen, Ferdinand, — Veturino, — Sellner, s. Genlis Gräfin, Theresina.

Jaenichen, s.a. Jähnichen. – Jehnichen. – Jenichen.

Jänichen, C. A., historische Darstellung aller merkwürdigen Personen und Begebenheiten aus der biblischen Geschichte, zur Bildung des jugendlichen Herzens und Verstandes, so wie auch zum bessern Verstehen der Bibel, für Unstudirte. gr. 8. Halle, Hendel. 818.

— die einzig richtigen Mittel, um d. in unsern Zeiten überhand nehmende Gleichgültigkeit d. Religion zu vermindern. 8. Brandenb. 804. (o. Schutz in Magdeb.) 8 gr

Jänichen, C. A., Mittel, die Gleichgültigkeit d. Religion zu vermindern. 8. Brandenb. (Hesseuland in Magdeburg.) 804.

— Naturlehre und Physik für Kinder. 8. Zerbst, Füchsel. 800.

— Naturlehre u. Physik für Kinder. 8. Zerbst 800. (Kummer). 18 gr

— d. Präpositionen oder Umstandswörter mit ihren richtigen Fällen, in Hinsicht auf Geschlechts- u. Fürwörter; als Wörterbuch für Kinder. 8. Köthen 803. Aue. 6 gr

— Franz Tugendreich, oder der Soldat, wie er seyn sollte. 8. Lpz. Böhme. 801.

Jänichen, Erich [aus Wolfenbüttel]: Beiträge zur Kenntnis des Turbellarienauges ... M. 2 Taf. u. 7 Fig. im Text. (Aus: Zeitschr. f. wiss. Zool., Bd. LXII Heft 2.) Leipzig, W. Engelmann, 1890; 41 S., 2 Taf. 8.
Heidelberg, Naturw.-math. Fak., Inaug.-Diss. v. [10. Dez.] 1890

Jänichen, J., Anweis. z. poetischen Elocution. 8. Lpz. Junius. 706.

Jänichen, J., deutlicher Wegweiser zu der Variation des Stili. Leipzig 724. 8.

— Wegweis. z. Variation des Styls. 8. Lpz. Eurich. 741.

Jaenichen, J. G.

—, Hemiplegia curata, sed casus lethalis, melanch. ex ulcere, epil. a vermib. 20 pp. Hal. 4°.
1768

Jaenichen, M. Jo. Christoph (Danzig), Protogaea novo specimine argumentis mathematicis atque philosophicis retractata. Wittbg. (Ephraim Gottlob Eichsfeld) 8. III. 1760. 28 S. (6.50) 16584
Gew.: Michael Schmidt, Gabriel Schumann, Gottlieb Gabriel Weickhmann, Friedr. Gottlieb Fichtel, Heinrich Zernecke, Carl Ludw. Ehler, Samuel Wolff, Jo. Samuel Ferber, M. Nathanael Friedrich Kautz, Friedrich u. Constantin Ludwig Wahl, Michael Groddeck, Joachim Gottlieb Barthold, Christian Hartmann v. Schroeder, Johann Benjamin Engelcke. — Widm. v.: Jo. Daniel Titius.

Jänichen, Johann. Gründliche Anleitung // zur // Poetischen Elocution, // Die man // bey Teutschen Versen gebrauchen muß; // darinnen der studirenden Jugend zum besten in // kurtzen und richtigen Regeln / welche mit vielen deut- // lichen Exempeln erläutert sind /// gezeiget wird /// Wie man bey der Teutschen Poesie durch // eine wohleingerichtete Elocution seine Gedancken // in reine / deutliche / zierliche und scharfsinnige Worte // einkleiden /// Ingleichen eine vorgegebene kurtze Propo- // sition nach denen Principiis Grammaticis, Rhetori- //cis und Logicis vielfältig verändern /// und solcher Gestalt einen guten Vorrath der // schönsten Wörter und Redens-Arten // die sich zum dreyfachen Charactere dicendi wohl // schicken / durch eignes Nachsinnen erlangen /// mithin die vornehmsten Poeten hierinnen glücklich // imitiren könne; // Nebst einer Vorrede /// Darinnen von der Notwendigkeit und Nutzbarkeit dieser // Übung ausführlich gehandelt wird / dem öffentlichen // Druck übergeben von // M. Joh. Jänichen / Gymn. Hallens. Rect. // Leipzig / in Verlegung Friedr. Lanckischens sel. Erben / // ANNO M DCC VI. - 8 Blatt (nicht paginiert) Titelkupfer, Titelblatt, Widmung und Vorrede. - 1036 Seiten und noch [illegible] Blatt (nicht paginiert) Register. -
B. S. T. 8°.342.

Jänichen, Jh. Pt., († d. 24. Juni 1764.), s. Lucian v. Samosat, d. Lügenfreund.

Jänichen, L. A., d. Präpositionen od. Umstandswörter m. ihr. richt. Fällen rc. als Wörterbuch f. Kinder, 8. Cöthen, Aue. 803.

Jaenichen, Paul. Maur. (geb. Düben an d. Mulde 23. 8. 1843): De rhachitide. Berolini (1867). (32 S.) 8°
Berlin, Med. Diss. v. 31. Juli 1867

Jaenichen, Peter

— — u. **Johann Adam Calo** (Belgern), De Clodoveo M. primo inter Francos rege christiano. Diss. philos. Wittbg. (Johann Gottfried Meyer) 8. V. 1704. 18 Bl. mit Widm. v. Präs. (6.30) 16582

Jaenich, M. Peter (Fürstenberg/Lausitz) u. (Respond.) **Carl Christoph Beutniz** (Priorau/Saxo), De justitia bellorum Alexandri M. et C. Jul. Caesaris. Wittbg. (Meyer) 8. III. 1704. 8 Bl. mit Widm. d. Präs. a. d. Respond. (6.—) 16581

Iaenichen, Pet., meletemata Thorunensia s. dissertation. var. argum., ad hist. max. Polonicam et Prussicam etc. spectant. IV Tomi. 8. Thorunii. 728–762.

— — (Rector d. Gymnas.), De praemiis et honoribus literatorum insolitis. — **Zabler, Jacob** (Pannonii [= Ungarn]), De exiliis et hospitiis bonarum literarum. (Orationes duae auspicales.) Thorn (Joh. Nicolai) 8. XII. 1718. 5 Bl., 56 S., 2 Bl. (6.80) **16583**
I. Gew.: Jacob Zabler. — II. Widm. v.: Johann Sartorius, Mich. Gottl. Sartorius (Thorn), Daniel Hockh (Neusohl).

--- Ders.: Diss. de vineis Hungariae. Thorn 1712. -- [Zit. nach BJ. Namensform nach dem alphabetischen Katalog der UB Bonn verifiziert]
Boehmer: Jaenich. -- Simon: Bibliotheca vinaria: Jänish, P. -- Thienemann: Jaenich.

Janichs, Geo., animadversiones criticae in versionem syriacam Peschytthonianam librorum Koheleth et Ruth. gr. 8. (39 S.) Breslau 871. Skutsch. 1. 50

Janicke

— s. a. **Jaenicke.**

Janicke [Hrsg.], s. H i l d e s h e i m [Schlagwort]. Urkundenbuch des Hochstifts Hildesheim.

Janicke, Albert

Die Feier des goldenen Jubiläums der German Pilgrim Loge No 179 f. & a. m. am 31. März und 1. April 1900. [Unterz.:] Albert **Janicke, Frank H. Zitz, Jac. Hedderich.** [New York 1900: Hasper.] 16 S. 8⁰ [Umschlagtit.]
Auszug in: Bh. 48 (1900) S. 217–220.
cf. Bbl. 14 (1900) S. 502.
Festrede von A. J a n i c k e: Umriss des Fortgangs der Loge. 23.

Janicke, M. Friedrich Georg (Freiberg), De animi capacitate quae ad logicae studium requiritur. Präs. Ernst Christian Schroeder. Wittbg. (Schroeder) Okt. 1716. 8 Bl. (5.—) 16642

— **Georg Friedrich** (Freiberg), Institutionum jurisprudentiae naturalis lib. II. tit. 8. 9. 10. 11. Präs. Carl Otto Rechenberg. Lpz. (Brandenburger) 3. XII. 1712. 13 Bl. (6.—) 16643

Janicke, Herm. Adolph. (geb. Berlin 29. 11. 1840): De paralysibus syphiliticis. Berolini (1864). (32 S.) 8⁰
Berlin, Med. Diss. v. 29. Sept. 1864

Janicke, K., Geschichts-Blätter für Stadt und Land Magdeburg, s. Geschichts-Blätter.

—— über Magdeburgische Häusernamen. Ein Vortrag gehalten im Magdeburg. Geschichtsverein. 8. (20 S.) Magdeburg 866, Baensch. *

—— Mittheilungen aus der Magdeburger Schöppen-Chronik. Ein Beitrag zur Kenntniß städt. Lebens im deutschen Mittelalter und zugleich Ankündigung einer Ausg. der Schöppen-Chronik. gr. 8. (VIII und 57 S.) Magdeburg 865, Heinrichshofen'sche Buchh.

Janicke, K., s.: Urkundenbuch d. Hochstifts Hildesheim u. s. Bischöfe.

Janicke, K., Urkundenbuch der Stadt Quedlinburg, s.a. G e s c h i c h t s q u e l l e n der Prov. Sachsen u. angrenzender Gebiete.

Janicke, Karl, das deutsche Kriegslied. Eine literarhistor. Studie. 8. (VII, 106 S.) Berlin 871. Lipperheide. n. 1. 50

Janicke, Carolus: Quaestionis de vita et scriptis Hugonis Trimbergensis specimen. Halis Saxonum (1856): Schmidt. 32 S. 8⁰
Halle-Wittenberg, Phil. Diss. v. 11. Juli 1856
Geb. Magdeburg 1. 1. 1829. V.
Lateinischer Abschnitt aus der eingereichten grösseren deutschen Arbeit. — Wohl der ungedr. Rest ersch. vom Verf. deutsch: Ueber Hugos v. Trimberg Leben u. Schriften. In: Germania. Jg. 2. Stuttgart 1857. S. 363 bis 377. Freidank bei Hugo v. Trimberg. Ebda S. 418—424. Hugos v. Trimbergs Weltanschauung. Ebda Jg. 5. Wien 1860. S. 385—401.

Jaenike, s.a. J a n i c k e. – J a e n i k e. – J e n i c k e.

J ä n i c k e. Observations sur Hamlet. Graudenz, H. B., 1853. Dasselbe. (Fortsetzung.) Potsdam, G., 1858. 18 S. 4.
Progr.

Jänicke, Rede, bei der Enthüllungsfeier des Krieger-Denkmals in Cöthen geh. am 19. Octbr. 1879. gr. 8. (4 S.) Cöthen 879. Schettler's Verl. — 15

Jänicke [Referendar Löbejün, Prov. Sachsen]: Die Stellung des überlebenden Ehegatten bei fortgesetzter Gütergemeinschaft, insbesondere nach den neuern Gesetzen und dem Entwurfe zu einem bürgerlichen Gesetzbuche für das Deutsche Reich. . . . Göttingen, Druck d. Univ.-Buchdr. v. E. A. Huth, 1888; 38 S. 8⁰
Göttingen, Jur. Fak., Inaug.-Diss. v. 9. Jan. 1889

J ä n i c k e, die Stellung des überlebenden Ehegatten bei fortgesetzter Gütergemeinschaft, insbesondere nach den neuern Gesetzen und dem Entwurfe zu einem bürgerl. Gesetzbuche für das Deutsche Reich. Inaugural-Dissertation. gr. 8. (38 S.) Göttingen 888, (Vandenhoeck und Ruprecht's Verlag.) *

Jaenicke, s.: Taschen-Kalender, medicin.

Jaenicke, Warngn. u. Ratschläge f. Radfahrer, s.: H e i n r i c h, **Wilh.**

Jaenicke, Arth, der B e r g f r i e d. Ländl. Dichtg. in 3 Gesängen. 8. (60 S.) Dresden 898. E. Pierson. n. 1. 50; geb. n. 2. 50

Jaenicke, Arthur (*geb. Graudenz 28. 10. 1854*): Senile Herzveränderungen. Breslau (1876). (57 S.) 8⁰
Breslau, Med. Diss. v. 22. Juli 1876

Jaenicke, A., Vorschriften f. die Krankenkost. 16. (29 S.) Breslau 890. Preuss & Jünger. n. — 50

Jaenicke, C., der Dienst als Schiffsarzt bei der deutschen Handelsmarine. gr. 8. (39 S.) Leipzig-Reudnitz 894. M. Hoffmann. n. 1. —

Jänicke, Christian

Jänicke Chr.: Die sogenannten Gräcismen im Infinitivgebrauche bei V. 17. Oberhollabrunn 74. **Progr.**

J ä n i c k e, Christian Die Verbindung der Substantiva durch Präpositionen bei Cicero. I. Theil. (Umschlagtitel: . . . Cicero.) 8 (20 S.). II. Theil. 8 (14 S.). Staatsg. im III. Bezirk *Wien* 1886. 1887
Progr.

J ä n i c k e, Christian: Jakob Walser. Nekrolog. 8 (S. 1—6).
Progr. K. k. Staatsg. im III. Bezirke *Wien* 1897.

Jaenicke, Christian Wilhelm Gotthilf (Zwickau), De ratione juris Romani in constituenda tutela legitima. Präs. Heinr. Gottfried Bauer. Leipzig (Langenheim) 1. X. 1761. 8 S. (4.—) 16585

Jänicke, Ed.

Jänicke, E., Geschichte der Methodik d. Rechenunterrichts, s.: **Kehr, C., Geschichte d. Methodik d. deutschen Volksschulunterrichtes.**

Jänicke, Ed., Jerusalem und das evangelische Bisthum. Vortrag am Jahrestage der Stiftung des Bisth. Jerusalem (21. Jan. 1859) in der neustädter Kapelle zu Halberstadt. gr. 8. (16 S.) Berlin 860, (W. Schultze.) **

Jänicke, E., Maswali ya kuhesabu kwa watoto wadogo, s.: Hentschel, E.

—— die berliner Missions-Station Zoar — Amalienstein im Caplande. Bevorwortet von M. H. Lange. 8. (IV und 99 S. mit 1 Stnt.) Berlin 857, (Beck.) **

Jänicke, E., die Berliner Missions-Station Zoar-Amalienstein im Caplande. Bevorw. von M. H. Lange. Berlin 857. (Evangelische Buchhdlg.) 8. (2 Bl., 99 S. u. 1 Lithogr.) n. 5 *ngr.*

Jänicke, Ed., Rechenbuch für die abschließende Volksschule, s.: Hentschel, E.

Jänicke, Ed., der Rechenunterricht in der deutschen Volksschule. 1. Thl.: Grundzüge der Geschichte und Methodik des Rechenunterrichts. Für Volksschullehrer und Schulamtsbewerber, sowie zur Vorbereitung für die Prüfung der Mittelschullehrer und Rectoren bearb. gr. 8. (VI, 92 S.) Gotha 879, Thienemann. *

— der Rechenunterricht in der deutschen Volksschule. 1. Thl.: Grundzüge der Geschichte u. Methodik des Rechenunterrichts. Für Volksschullehrer u. Schulamtsbewerber, sowie zur Vorbereitung für die Prüfungen der Mittelschullehrer u. Rectoren bearb. gr. 8. (VI, 92 S.) Gotha 880. Thienemann. n. 1. —

Jaenicke, Edmund [aus Roitzsch '(Prov. Sachsen)']: Die Rechte des Staates in Bezug auf die Verwaltung und Verwendung des Kirchenvermögens im Königreich Bayern diesseits des Rheins ... Erlangen, k. b. Hofbuchdr. v. A. Vollrath, 1896; VI, 84 S.
Erlangen, Jur.Fak., Inaug.-Diss. v. März 1895

Jaenicke, Friedrich

— Figuren- u. Blumen-Malerei (Portrait, Genre, Tierstück, Stillleben) in Aquarell. Stuttgart 1889. 8. [2 Ex.]

— **Friedrich Ernst Gottlob** (Grimma), De aequitatis in jure usu. Präs. Heinr. Gottfried Bauer. Lpz. (Langenheim) 20. VI. 1761. 8 S. (4.—) 16586

Jaenicke, Fritz, aus Dessau: **Beiträge zum Urkunden- und Kanzleiwesen der gräflichen Anhaltiner vornehmlich im 13. und 14. Jahrhundert.** *Dessau [1902]: C. Dünnhaupt.* (82 S.) 8° [F.] ¶ [Aus: Mitt. d. Ver. f. Anhalt. Gesch., 9.]
Leipzig, Phil. Diss. v. [11. Dez.] 1902

Jaenicke, Hans. Vergleichende anatomische und histologische Untersuchungen über den Gaumen der Haussäugetiere. Diss. Vet.-Med. Univ. Zürich. Mit 8 Tafeln. *Kopftitel:* Aus dem Physiologischen und Histologischen Institut der Kgl. Tierärztlichen Hochschule zu Dresden.... VIII + 78 S. 8. Dresden, Otto Franke, 1908.

Jaenicke, Hermann

Jaenicke, Herm[ann]: [Bericht über die Einweihungsfeier des neuen Anstaltsgebäudes.] S. 24—26. 4.
Progr. Kgl. Friedrichs-Gymn. *Gumbinnen* 1904 (4).

— u. Fr. **Stohrer,** Bilder aus der deutschen u. brandenburgisch-preußischen Geschichte. Für Volksschulen bearb. 2 Tle. 8. Ebd. n.n. — 85
1. [Für die Mittelstufe]: Die drei Deutschen Kaiser, der Große Kurfürst u. die preußischen Könige. 2., völlig unveränd. Aufl. (4.—6. Taus.) (IV, 32 S.) 893. n.n. — 25
2. [Für die Oberstufe]: Vom Ursprunge der Deutschen bis auf Kaiser Wilhelm II. (II, 95 S.) 891. Kart. n. — 60

— u. Fr. **Stohrer,** Bilder aus d. deutschen u. brandenburg.-preuß. Geschichte. Für Volksschulen bearb. 2. Tl. (f. d. Oberstufe): V. Ursprunge d. Deutschen bis auf Kaiser Wilhelm II. 10. u. 11. Aufl. (28. bis 33. Taus.) M. Anh.: Bilder aus d. schles. Geschichte. 8. (IV, 100 u. 8 S.) Ebd. 898. Kart. n.n. — 50

— u. Fr. **Stohrer,** Bilder aus der deutschen u. brandenburgisch-preußischen Geschichte. Für Volksschulen bearb. 1 u. 2. Lehrstufe. 8. Ebd. 902. n.n. — 7
1. (f. d. Mittelstufe): Die 3 deutschen Kaiser, der Große Kurfürst u. die preuß. Könige. 8. Aufl. (7. bis 9. Taus.) (IV, 32 S.) n.n. — 2
2. (f. die Oberstufe): Vom Ursprunge der Deutschen bis auf Kaiser Wilhelm II. Mit Anh.: Bilder aus der schles. Geschichte. 14. u. 15. Aufl. (43.—48. Taus.) (IV, 100 u. 8 S. Kart. n.n. — 5

— u. Fr. **Stohrer,** Bilder aus der deutschen u. brandenburgisch-preußischen Geschichte. Für Volksschulen bearb. 2. Tl. (f. die Oberstufe): Vom Ursprunge der Deutschen bis auf Kaiser Wilhelm II. Mit Anh.: Bilder aus der schles. Geschichte. 18. u. 19. Aufl. (55–60. Taus.) (IV, 100 u. 8 S.) 8. Ebd. 906. Kart. n.n. — 50

— u. Fr. **Stohrer,** Bilder aus der deutschen u. brandenburgisch-preuß. Geschichte. Für Volksschulen bearb. 2. Tl. (f. die Oberstufe): Vom Ursprunge der Deutschen bis auf Kaiser Wilhelm II. Mit Anh.: Bilder aus der schles. Geschichte. 20. u. 21. Aufl. (61.—66. Taus.) (IV, 100 u. 8 S.) 8. Berlin 909. Weidmann. Kart. nn — 50

Jaenicke, Herm., Bilder aus der polnischen Geschichte. Ein Anh. zu den geschichtl. Lehrbüchern, besonders zu Jaenickes Geschichtswerk. (24 S.) 8. Berlin 909. Weidmann. — 30

– und Fr. Stohrer

— — Bilder aus der schlesischen Geschichte. Ein Anh. zu den „Bildern aus der deutschen u. brandenburgisch-preuß. Geschichte". 8. (8 S.) Ebd. 893. n. — 10

Jänicke, Hermann *Heinrich* **[aus Griesen b. Wörlitz]: Einwirkung von Amidosulfonsäure auf aromatische Basen ... Berlin, Buchdr. „Die Post", 1896; 15 S. 8.**
Erlangen, Phil. Fak., Inaug.-Diss. v. 30. Aug. 1895

Jaenicke, Herm[ann]: Festrede, gehalten am 3. Juli 1903 bei der Einweihungsfeier des neuen Schulhauses. (Umschlagtitel: Die Geschichte der alten Friedrichschule zu Gumbinnen.) S. 3—10. 4.
Progr.

Jaenicke, Herm., die Geschichte des Altertums mit Berücksicht. der alten Geographie. Für den ersten Geschichtsunterricht auf höheren Lehranstalten. Mit einer Geschichtstabelle. gr. 8. (134 S.) Berlin 881, Weidmann'sche Buchh. *

—— die deutsche und die brandenburgisch-preußische Geschichte. Im Zusammenhange dargestellt für die mittleren Klassen höherer Lehranstalten. Mit zwei Geschichtstabellen. 2 Tle. gr. 8. Ebendas. 880. [1. Tl. (88 S.) * 80 Pf.; 2. Tl. (124 S.) * M 1,20.] *

Jaenicke, Herm., die deutsche und die brandenburgisch-preußische Geschichte. Im Zusammenhange dargestellt. 2 Tle. 2. verb. Aufl. gr. 8. Berlin 886, Weidmann'sche Buchh. cart. *
Inhalt:
Tl. 1. [Pensum der Untertertia]: Die deutsche Geschichte bis zum westfäl. Frieden. (102 S. mit 1 Geschichtstab.) * M 1.20.
" 2. [Pensum der Obertertia]: Die brandenburgisch-preußische Geschichte, seit 1648 im Zusammenhange mit der deutschen Geschichte. (123 S. mit 1 Geschichtstab.) * M 1.40.

Jaenicke, Herm., die deutsche u. die brandenburgisch-preußische **Geschichte**. Für die mittleren Klassen höherer Lehranstalten dargestellt. 2 Tle. 8., verb. Aufl. gr. 8. Berlin 892. Weidmann. Kart. n. 2. 70
1. Die deutsche Geschichte bis zum westfälischen Frieden. (IV, 108 S. m. 1 Zeittaf.) n. 1. 20
2. Die brandenburgisch-preußische Geschichte, seit 1648 im Zusammenhange m. der deutschen Geschichte. (IV, 140 S. m. 1 Zeittaf.) n. 1. 50.

Jaenicke, Herm., die deutsche u. die brandenburg.-preuß. **Geschichte**. Für d. mittleren Klassen höh. Lehranst. dargest. 2 Tle. 5., verb. Aufl. gr. 8. Berlin, Weidmann. n 3. 30
1. D. deutsche Geschichte bis z. westf. Frieden. M. 4 Karten u. 1 Zeittaf. (IV, 104 S.) 898. Geb. in Leinw. n. 1. 80
2. D. brandenburg.-preuß. Geschichte, seit 1648 im Zusammenhange m. d. deutschen Geschichte. M. e. Anh., e. Zeit- u. 2 Stammtaf. (IV, 150 S.) 897. Kart. n. 1. 50

Jaenicke, Hermann: Die deutsche und die brandenburgisch-preussische Geschichte. Für d. mittleren Klassen höh. Lehranst. dargest. von Dr. Hermann Jaenicke, Dir. in Gumbinnen. 6. Aufl. T. 2. [T. 1 erscheint später]. Berlin: Weidmann 1899. 8⁰

Die deutsche und die brandenburgisch-preußische Geschichte. Für d. mittleren Klassen höh. Lehranstalten dargest. von Dr. Hermann **Jaenicke**, Dir. zu Gumbinnen. 9. verb. Aufl. T. 1. 2. Mit Karten, Zeittaf. u. Anh. Berlin: Weidmann 1907. 2 Bde 8° [F.]
1. Die deutsche Geschichte bis z. westfäl. Frieden.
2. Die brandenb.-preuß. Geschichte, seit 1648 im Zusammenhange mit d. deutschen Geschichte. Mit 2 Stammtaf. u. Wiederholungsaufgaben.
→ **Jaenicke**: Geschichtswerk f. höh. Lehranstalten. 3. 4. [08. 9883]

Jaenicke, Hermann, Dir. Dr.: Die Geschichte der alten **Friedrichschule** zu Gumbinnen. Gumbinnen 1904: W. **Krauseneck**. (S. 1—10.) 4°
Gumbinnen, k. Friedrichs-G P 1904 (4)

— die **Geschichte** der Griechen u. Römer. Für die Quarta höherer Lehranstalten dargestellt. Mit 1 Zeittaf. 2. Aufl. gr. 8. (III, 97 S.) Ebd. 892. Kart. n. 1. 20

[F.] Die Geschichte der Griechen und Römer. F. d. Quarta u. Untertertia höh. Lehranst. dargest. v. Dr. Hermann **Jaenicke**, Dir. ... zu Kreuzburg. M. 1 Zeittaf. 3. Aufl. *Berlin: Weidmann 1896.* (2 Bl., 100 S.) 1 Bd 8. [97. 805]

Jaenicke, Hermann: Die Geschichte der Griechen und Römer. F. d. Quarta u. Untertertia höh. Lehranst. dargest. v. Dr. Hermann Jaenicke, Dir. d. Königl. Friedrichs-Gymn. zu Gumbinnen. M. 4 geschichtl. Kt. u. 1 Zeittaf. 4. Aufl. Berlin: Weidmann 1899. (2 Bl., 100 S., 4 Kt.) 1 Bd. 8⁰

— Die **Geschichte Polens**. Ein Beitrag zum Verständnis der poln. Frage. (78 S.) 8. Ebd. 909. 1.50

Jaenicke's, Herm., Geschichtswerk f. höhere Lehranstalten 2—6. gr. 8. Berlin, Weidmann. Geb. in Leinw. n. 11.-
2. Die Geschichte der Griechen u. Römer. Für die Quarta Untertertia höh. Lehranstalten dargestellt. Mit 4 geschich Karten u. 1 Zeittaf. 5., verb. Aufl. (VI, 100 S.) 902. n. 1.
3. Die deutsche u. die brandenb.-preußische Geschichte. Für d. mittleren Klassen höh. Lehranstalten dargestellt. 1. Tl.: D. deutsche Geschichte bis zum westfäl. Frieden. Mit 4 Karte u. 1 Zeittaf. 7., verb. Aufl. (VIII, 109 S.) 902. n. 1.
4. Dasselbe. 2. Tl.: Die brandenb.-preuß. Geschichte, seit 16.. im Zusammenhange m. der deutschen Geschichte. Mit 3 Karten, e. Anh., 1 Zeit- u. Stammtaf. 7., verb. Aufl. (VII. 167 S.) 902. n. ?
5. Lehrbuch der Geschichte f. die oberen Klassen. 1. Tl.: (F. Obersekunda.) Das Altertum. Mit 1 Zeittaf. 3. verb. Aufl. (VIII, 200 S.) 901. n. 2.
6. Lehrbuch der Geschichte f. die oberen Klassen höh. Lehranstalten. 2. Tl.: (Für Unterprima.) Vom Untergange des weström. Reiches bis zum westfäl. Frieden. Mit 1 Zeittafel 3., nach den Lehrplänen v. 1901 veränd. Aufl. (XII, 203 S.) 902. n. 2.(

Jaenicke's, Herm., Geschichtswerk f. höhere Lehranstalten. 2.—5. u. 7. Tl. 8. Berlin, Weidmann. Geb. in Leinw. n. 11. 20
2. Die Geschichte der Griechen u. Römer. Für die Quarta u. Untertertia höh. Lehranstalten dargestellt. Mit 4 geschichtl. Karten u. 1 Zeittaf. 6., verb. Aufl. (VI, 100 S.) 901. n. 1. 80
3. Die deutsche u. die brandenburgisch-preuß. Geschichte. Für die mittleren Klassen höh. Lehranstalten dargestellt. 1. Tl.: Die deutsche Geschichte bis zum westfäl. Frieden. Mit 4 Karten u. 1 Zeittaf. 8., verb. Aufl. (VI, 109 S.) 904. n. 1. 80
4. Dasselbe. 2. Tl.: Die brandenburgisch-preuß. Geschichte, seit 1648 im Zusammenhange m. der deutschen Geschichte. Mit 3 Karten, e. Anh., 1 Zeit- u. 2 Stammtaf., 8., verb. Aufl. (VI, 167 S.) 904. n. 2. 20
5. Lehrbuch der Geschichte f. die oberen Klassen. 1. Tl.: (Für Obersekunda.) Das Altertum. Mit 1 Zeittaf. 4., verb. Aufl. (VIII, 213 S.) 906. n. 2. 80
7. Dasselbe. 3. Tl.: (Für Oberprima.) Vom westfäl. Frieden bis zu Kaiser Wilhelm II. Mit 1 Zeittafel u. 2 Stammtaf. 3., nach den Lehrplänen v. 1901 bearb. Aufl. (V, 182 S.) 903. n. 2. 60

— **Geschichtswerk** f. höhere Lehranstalten. 2.—4. 6. u. 7. Tl. 8. Ebd. Geb. 11. 40
2. Die Geschichte der Griechen u. Römer. Für die Quarta u. Untertertia höh. Lehranstalten dargestellt. Mit 4 (farb.) geschichtl. Karten, 1 Zeittaf. u. e. Anh. 7., verb. Aufl. (VIII, 102 S.) 908. Geb. 1. 80
3. Die deutsche u. die brandenburgisch-preuß. Geschichte. Für die mittleren Klassen höh. Lehranstalten dargestellt. 1. Tl.: Die deutsche Geschichte bis zum westfäl. Frieden. Mit 4 (farb.) Karten, 1 Zeittaf. u. e. Anh. 10., verb. Aufl. (VI, 112 S.) 910. Geb. 1. 80
4. — Dasselbe. 2. Tl.: Die brandenburgisch-preuß. Geschichte, seit 1648 im Zusammenhange m. der deutschen Geschichte. Mit 3 Karten, e. Anh., 1 Zeit- u. 2 Stammtaf. u. Wiederholungsaufgaben. 10., verb. Aufl. (VI, 178 S.) 910. Geb. 2. 20
6. Lehrbuch der Geschichte f. die oberen Klassen höherer Lehranstalten. 2. Tl.: (Für Unterprima.) Vom Untergange des weström. Reiches bis zum westfäl. Frieden. Mit 1 Zeittafel u. e. Anh. 4., verb. Aufl. (XII, 207 S.) 908. Geb. 2. 80
7. Dasselbe. 3. Tl.: (Für Oberprima.) Vom westfäl. Frieden bis zu Kaiser Wilhelm II. Mit 1 Zeittaf. u. 2 Stammtaf. 4., verb. Aufl. (VI, 190 S.) 910. Geb. 2. 80

— u. G. **Haehnel**, Hilfsbuch f. die Geschichtserzählungen in Sexta u. Quinta. Im Anschluß an die geschichtl. Lehrbücher v. Jaenicke hrsg. gr. 8. (VI, 70 S.) Berlin 893. Weidmann. Kart. n. — 80

Jaenicke, Hermann: Hilfsbuch für die Geschichtserzählungen in Sexta und Quinta. Im Anschluss an d. geschichtl. Lehrbücher v. Jaenicke hrsg. v. Dr. H[ermann] Jaenicke, Kgl. Gymn.-Dir. in Gumbinnen u. Dr. G[eorg] Haehnel, Kgl. Oberl. in Bunzlau. 2. verb. Aufl. Berlin: Weidmann 1899. (VI, 70 S.) 1 Bd. 8⁰

— u. G. **Haehnel**, **Hilfsbuch** f. die Geschichtserzählungen in Sexta u. Quinta. Im Anschluß an die geschichtl. Lehrbücher v. Jaenicke hrsg. 4., verb. Aufl. (VI, 80 S.) 8. Ebd. 909. Kart. — 80

—— **Lehrbuch** der Geographie für höhere Lehranstalten. 2 Tle. gr. 8. Breslau, F. Hirt. *M 3,50.; geb. *
Inhalt:
Tl. 1. Für Sexta, Quinta und Quarta. [Zugleich für die entsprechenden Klassen der höheren Mädchenschulen und der Mittelschulen.] (VI, 120 S. mit 57 eingedr. Holzschn.-Illustr.) 882. *M 1,25.; geb. *M 1,50.
„ 2. Für Tertia, Sekunda und Prima. 1. Abtl.: Europa. Mit einem Illustrations-Anhang. (IV, S. 1—108.) 884. *M 1.; geb. *M 1,25.
„ 2. —— dass. — 2. Abtl.: Die außereurop. Erdteile. Mit Repetitions-Tabellen, einem Register und Illustrations-Anhang. (IV, S. 109—232.) 884. *M 1,25.; geb. *M 1,50.

—— **Lehrbuch** der Geographie für höhere Lehranstalten. 3. Tl., für Sekunda und Prima. Allgemeine Erdkunde: A) Physische Geographie. Vom Hrsgbr. B) Astronomische [mathemat.] Geographie. Von E. O. Bermann. gr. 8. (110 S. mit 23 Fig.) Breslau 885, F. Hirt. *
1., und 2. Tl. 1. und 2. Abtl. Ebendas. 1882—84. *M 3.50.

Jänicke, H., Lehrbuch der Geographie für höhere Lehranstalten. 1. Tl. Lehrabschnitt der Sexta, Quinta und Quarta. Mit e. Illustr.-Anh. 2., verb. Aufl. gr. 8. (128 S.) Breslau 889. F. Hirt. geb. n. 1. 50

—— Lehrbuch der Geschichte für die oberen Klassen höherer Lehranstalten. 1. Tl. [Pensum der Unter- und Obersecunda]: Das Altertum. gr. 8. (274 S. mit einer Geschichtstab.) Breslau 888, Trewendt. * *ℳ 2.60.; geb. *

— Lehrbuch der Geschichte f. die oberen Klassen höherer Lehranstalten. 2 Tle. gr. 8. Breslau, Trewendt. n. 6. 60; geb. n. 7. 50
1. [Pensum der Unter- u. Obersecunda]: Das Altertum. Mit e. Geschichtstabelle. gr. 8. (274 S.) 888. n. 2. 60; geb. n. 3. —
2. [Pensum der Unter- u. Oberprima]: Vom Untergange des weströmischen Reiches bis zur Aufrichtung des neuen Deutschen Reiches. Mit e. Geschichtstabelle u. 2 Stammtaf. (III, 372 S.) 890. n. 4. —; geb. n. 4. 50

— Lehrbuch der Geschichte f. die oberen Klassen höherer Lehranstalten. 3 Tle. 2., nach den Lehrplänen v. 1892 veränd. Aufl. gr. 8. Breslau, E. Trewendt. à n. 2. —; geb. in Leinw. à n. 2. 40
1. Das Altertum. Mit e. Zeittafel. (IV, 190 S.) 893.
2. (Für die Unterprima.) Vom Untergange des weströmischen Reiches bis zum westfälischen Frieden. Mit 1 Zeittaf. (VII, 195 S.) 894.
3. (Für die Oberprima.) Vom westfälischen Frieden bis zu Kaiser Wilhelm II. Mit 1 Zeittaf. u. 2 Stammtaf. (VI, 155 S.) 894.

Jaenicke, Hermann: Lehrbuch der Geschichte für d. oberen Klassen höherer Lehranstalten von Dr. Hermann Jaenicke, Dir. zu Gumbinnen. 3. verb. Aufl. T. 1. Berlin: Weidmann 1901. 8°
= Jaenicke: Geschichtswerk f. höhere Lehranstalten. 5,1.

— u. R. Lorenz, Lehr- u. Lesebuch f. den deutschen Unterricht in den fünf untersten Klassen höh. Lehranstalten 1.—3. Tl. gr. 8. Ebd. 900. Geb. in Leinw. n. 5. 6
1. Für Sexta. (XII, 197 S.) n. 1.
2. Für Quinta. (XII, 196 S.) n. 1.
3. Für Quarta. Mit e. Wörterverzeichnis. (XII, 252 S.) n. 2. -

Jaenicke, Hermannus: De vitae Hadrianeae scriptoribus. Halis Saxonum (1875: Genossenschafts-Buchdr. in Breslau). 48 S. 8°
Halle-Wittenberg, Phil. Diss. v. 19. Okt. 1875
Geb. Kopojno (Polen) 4. 4. 1851. V.
Verf. erlebte die Diplomerneuerung 1925 als Geheimer Studienrat, Gymnasial-Direktor a. D. in Berlin-Friedenau, vgl. Anh. Nr. 694.

—— Kurze Weltgeschichte. 2 Tle. in 1 Bd. (Neue Ausg. d. „Lehrbuchs d. Geschichte f. die oberen Klassen höherer Lehranstalten".) gr. 8. (III. 274: III, 372 S.) Ebd. 890. geb. * 10 —

Jänicke, J. F., Beweis, d. d. Epr. Röm. V. 19. nicht v. d. Rechtfertig. handle, wider Gerhards Wiederbringung aller Dinge. 4. Lpz. 728.

Jaenicke, Karl, Justine Dankmar. Eine Berliner Geschichte. 8. (233 S.) Breslau 887, Schottländer. *ℳ 2.50.; geb. *

Jaenicke, Karl. Der Enthusiast v. Fichtenstädtel u. andere Novellen. 8. (372 S.) Berl. 889, Rosenbaum u. Hart. * 3 —; geb. * 4 —

Jaenicke, Karl, d. Enthusiast v. Fichtenstädtel u. and. Novellen. 2. (Titel-)Aufl. 8. (III, 272 S.) Berlin (889) 895. Rosenbaum & Hart. n. 3. —

Jaenicke, Karl: Die Falkenburg. Lustsp. in 3 Act. von –. Breslau: S. Schottlaender [1899]. (124 S.) 8°
= Unterwegs und Daheim. [6, 12].

Jänicke, K., Geschichte der Stadt Uelzen. Mit 5 Kunstbeilagen. [Aus: „Hannov. Städtebuch".] gr. 8. (IV, 52 S.) Hannover 889. (Hahn.) n. 1. 60

Jaenicke, Karl, Gedichte aus dem Nachlaß. Hrsg. v. Carl Biberfeld. (89 S. m. Bildnis.) kl. 8. Breslau 904. Preuß & Jünger. Geb. in Leinw. n. 2. —

—— Geschichte der Stadt Uelzen. Mit 5 Kunstbeilagen. gr. 8. (IV, 52 S.) Hannov. 889, (Hahn). * 1 60
Aus: Hannov. Städtebuch, besonders abgedruckt.

Jaenicke, Karl, Glück, s.: Universal-Bibliothek.

— Herzog Heinrich IV. v. Breslau. Hist. Roman. gr. 8 (298 S.) Breslau 900. W. G. Korn. 4. 50; geb. 5. 50

—— Liebes-Rausch und Tausch und andere Novellen. 8. (303 S.) Ebendas. 887. *ℳ 4.50.; geb. *

[F.] Frau Sophie Peltner. Novelle v. Karl Jaenicke. *Breslau: S. Schottlaender 1896.* (189 S.) 1 Bd 8.
(Unterwegs u. Daheim.) [97. 6630

— das Waldhorn. Krokonosch u. Ziegenrücken. 2 Novellen aus Schlesiens Bergen. 8. (344 S.) Ebd. 890. n. 4. 50; geb. n. 5. 50

— das Waldhorn. Krokonosch u. Ziegenrücken. Zwei Novellen aus Schlesiens Bergen. 8. (344 S.) Breslau 891. Schles. Verlags-Anstalt. n. 4. 50; geb. n. 5. 50

— das Waldhorn. Krokonosch u. Ziegenrücken. Zwei Novellen aus Schlesiens Bergen. (Neue [Titel-] Ausg.) 8. (344 S.) Ebd. (891) 898. n. 2. —

— d. Volksmann Franz Ziegler, s.: Sammlung volkstüml. Vorträge u. Schriften.

Jaenicke, *Carl* Moritz [aus Magdeburg]: Über Reduktion des Benzol-azo-Anisols und der Benzol-azo-Anisol-Carbonsäure ... Heidelberg, vorm. Weiss'sche Univ.-Buchh., 1896; 4 Bl., 32 S., 1 Bl. 8.
Heidelberg, Naturw.-math. Fak., Inaug.-Diss. v. [6. Aug.] 1896

Jänicke, Oskar

Jänicke. O., Beiträge zur Kritik d. grossen Wolfdietrich. 4. (35 S.) Berlin 871. (Calvary & Co.) n. 1. 20

Jänicke, Osk., über die niederdeutschen Elemente in unserer Schriftsprache. Berlin 870. Calvary & Co. gr. 4. (35 S.) n. 20 ngr

Jänicke, Osk., deutsche Rechtschreibung u. Formenlehre für die unteren u. mittlen Klassen gelehrter Schulen. Brandenburg 863. Wiesike. gr. 8. (X, 86 S.) 7½ ngr

— Elias Steinmeyer u. Wilh. Wilmanns, altdeutsche Studien. Der Ritter v. Staufenberg. Das jüngere Gedicht vom Riesen Sigenot. Zur Geschichte d. Eckenliedes. gr. 8. (III, 140 S.) Berlin 871. Weidmann. n. 3. —

Jaenicke, Oskar: De dicendi usu Wolframi de Eschenbach. Halis Saxonum (1860): Orphanotropheum. 34 S. 8°
Halle-Wittenberg, Phil. Diss. v. 20. Okt. 1860
Geb. Pitschkau bei Sorau (Nieder-Lausitz) 21. 6. 1839. V.

Jaenicke, Otto [app. Arzt aus Loebejün, Prov. Sachsen]: Aus d. medicin. Klinik zu Kiel. Über das Foramen ovale cordis mit Anschl. e. Falles v. embol. Pyämie durch Offenbleiben desselben ... Kiel, Druck v. A. F. Jensen, 1894; 39 S. 8.
Kiel, Med. Fak., Inaug.-Diss. v. [11. Apr.] 1894

Jaenicke, R., die Berufswahl, e. Darstellg. der wichtigeren (u. am häufigsten gewählten) Berufe, unter genauer Angabe der Vorbildg., Ausbildg., Aussichten Gehälter u. Pensionen. gr. 8. (IV, 258 S.) Leipzig (902). A. Schwarzenberg. n. 3. —

Jaenicke, G. A., die Schlacht- und Mahlsteuer in Preußen. Beleuchtet vom volkswirthschaftl. Standpunkt der hiesigen Zeit. gr. 8. (38 S.) Berlin 872, Kortkampf. *

Jaenicke, Wilhelm [Assistenzarzt am städt. Krankenhause zu Fürth]: Ueber Embolische Verschloppung von Thrombenmaterial aus dem rechten Herzen in periphere Körperarterien durch das offene Foramen ovale. . . . Nürnberg, Druck v. J. Grohrock, 1890; 14 S. 8°

Erlangen, Med. Fak., Inaug.-Diss. v. 27. Mai 1889

Janicki, Constantin von, s. J a n i c k i , Konstantin von

Janicki, Julian: Les comédies de Paul Scarron. Contribution à l'histoire des relations littéraires franco-espagnoles au 17. siècle. Posen 1907: Merzbach. (14 S.) 4°
Posen, k. Marien-G P 1907 (206)

Janicki, Konstantin von

Janicki, C., die Cestoden aus Procavia, s.: D e n k s c h r i f t e n der medicinisch-naturwiss. Gesellschaft zu Jena. XVI. 3.

Janicki, Constantin von. Studien an Säugetiercestoden. Diss. Phil. Basel. Mit 6 Tafeln und 15 Textabbilduugen. (Separat-Abdruck a. «Zeitschrift f. wissenschaftl. Zoologie». Bd. 81. [Heft] 2. u. 3.) 98 S. 8. Leipzig. Wilhelm Engelmann. 1906.

Janicki. L: Die Beschaffenheit der Spektrallinien der Elemente. Leipzig 1909 (Mitteil. a. d. Physik.-Techn. Reichsanst.)

Janicki, Ludov. (Vladislaus) (geb. Warschau 30. 1. 1825): De atrophia hepatis flava. Berolini (1848). (31 S.) 8°
Berlin, Med. Diss. v. 18. Apr. 1848

Janicki, Ludwig, a. Nicheln ⟨Prov. Posen⟩: Feinere Zerlegung der Spektrallinien von Quecksilber, Kadmium, Natrium, Zink, Thallium und Wasserstoff. Halle a. S. 1905: C. A. Kaemmerer. (60 S.) 8°
Halle, Phil. Fak., Ref. Dorn, Diss. v. 9. Okt. 1905
[Geb. 15. Aug. 79 Nicheln, Kr. Fraustadt; Wohnort: Posen: Staatsangeh.: Preußen; Vorbildung: Gymn. Fraustadt Reife O. 99; Studium: Freiburg i. B. 1, Breslau 5, Halle 6 S.; Rig. 1. Aug. 05.]

Janicki, S., die verschiedenen Methoden zur Verbesserung der Schiffbarkeit von Flüssen in Deutschland, Frankreich, Russland etc. Bearb. und mit Zusätzen versehen von Klett. gr. 4. (IV, 60 S. mit 2 Lithogr. und mehreren eingedr. Holzschn.) Hannover 882, Kniep'sche Buchh. *

Janicon, François Michel(?), Pseudonym:] Gavin, Ant. Le Passe-par-tout de l'Eglise Romaine, Der Dietrich, Dessen sich die Römische Kirche an statt der Schlüssel Petri bedienet; Oder Die Betrügerreyen derer Pfaffen und Mönche in Spanien ... Aus dem Englischen in das Frantzösische, Und anjetzo ... ins Teutsche übersetzt [von J. G. Beger]. Cöln am Rhein (= Berlin, Nicolai) 1730. 8°. 3 Teile in 1 Bde. *Titelkupfer*, 462 S.; 16 Bl. 522 S.; 7 Bl. 474 S. *und 24 Kupferstichtafeln*. Leicht fleckiges Pgt. d. Z.

Cf. Gesse III, 37/38. H.-G. II, 507/08: „2 Berichte über die verwerflichen Machinationen des römischen Klerus in Betreff der Messe, der wundertätigen Heiligenbilder etc., äußerst freie Enthüllungen über die unglaubliche Sittenlosigkeit der Mönche und Nonnen", Beichtpraxis, Inquisition usw. — Erste deutsche Ausgabe des in erster Linie kulturhistorisch interess. Werkes, dessen Original „A master key to popery in 5 parts" 1725/26 in London erschienen war. Die Teile 4 und 5 der englischen Ausgabe stammen von *Gabr. d'Emilliane* und erschienen separat in deutscher Übersetzung. Nach allgemeiner Ansicht war der Autor der französ. Literat *Janiçon* (1674—1730), wie sein Vater ein Opfer des Widerrufs des Edikt von Nantes, der in Holland und Irland lebte, eine Zeitlang Soldat war und in den Haag starb. Er war Mitredaktor der Gazette d'Amsterdam und betätigte sich auch als Übersetzer. — Nach Hayn-Gotendorf, der auch den Namen des Übersetzers Beger ermittelt hat, war Janiçon aber nur der Übersetzer: der eigentliche Autor hieß nach H.-G. tatsächlich *Anton Gavin* und war ein spanischer Priester, der 1715 dem Katholizismus entsagte und nach England floh. Das Buch ist jedenfalls geladen mit Polemik und Ressentiment. Beigegeben ist (am Ende des 3. Bandes) *J. C. Wagenseil* „Dissertation der J o h a n n a e i n e r P ä b s t i n" in deutscher Übersetzung.

Janig, Wilh., der Leinbau u. die Flachsbereitung. Ein populäres Handbüchlein. Prag 860. Rziwnatz. gr. 8. (128 S. mit Holzschn.) 22½ ngr

Janik, F., Gewerbeordnung vom 30. Dec. 1859. Giltig vom 1. Mai 1860 an. Mit Register und Formularien versehen. gr. 16. (215 S.) Pest 860, Lampel.

Janik, Frz., Lehrbuch zur gründl Erlerng. d. Damenfrisirens m bes. Berücksicht. d. neuesten Wiener, Pariser u. engl. Modefrisuren, nebst Costume-, histor., Theater- u. Nationalfrisuren. qu. 4. (V, 89 S. m. Abb. u Bildn.) Wien 896. (Leipzig, Literar. Anstalt, A. Schulze.) n. 4. —

Jaenike, s.a. J a n i c k e . – J a e n i c k e . – J e n i c k e .

Jaenike, W., militärischer Begleiter für schweizerische Offiziere. Gesammelte Notizen, basirt auf die Vorträge an der ersten Generalstabsschule. 2. verb. Aufl. 12. (47 S.) Zürich 886, Orell, Füssli und Comp., Verlag. cart. *

Jaenike, W., militärischer Begleiter f. schweizerische Offiziere. 3., erweit. Aufl. 12. (128 S. m. Fig.) Zürich 894. Art. Institut Orell Füssli, Verl. n. 3. 50

Jaenike, W., militär. Begleiter f. schweizer. Offiziere. 4., erweit., d. neuesten Bestimmgn. angepasste Aufl. 12. (120 S.) Zürich 895. Art. Institut Orell Füssli, Verl. Kart. n. 3. 50

—— le guide de l'officier suisse. Notes réunies, d'après les cours de la première école d'etat major-général. 2e édit. revue. 12. (47 S. mit Fig.) Ebendas. 888. cart. *

— le g u i d e de l'officier suisse. Traduit par E. Ceresole. 4. éd., augmentée et adaptée aux prescriptions nouvelles. 12. (119 S. m. Fig.) Ebd. 895. Kart. n. 3. 50

Janilius, Clem., poëmata collecta cur. Jh. Ehrenfr. Böhme. 8. Leipz. 755. Löwe. 6 gr.

Janisson, (des Amerikaners,) Richard. Schnell-Likörfabrikation. 16. Erfurt 840. (Leipzig, Kößling.) n. 1/6 Rthlr.

Sammlung J u l e s Janin in Stuttgart. Autographen, Portraits, Handzeichnungen. Versteig. in Frankfurt a. M. 1900 durch d. Buchh. Joseph Baer & Co. (*Ellwangen 1900: L. Weil.*) (50 S.) 8° (so. 5845 7

Janin, Mlle. H., v. T a n t e Marguerite.

Janin, J. J., die Beichte. 8. Leipz. 830. Hartmann. 21 gr.

Janin, Jean. Anatomische ... Abhandlungen und Beobachtungen über das Auge und dessen Krankheiten ... a. d. Franz. Berlin 1776 [1778]. Ü: *Selle, Christian Gottlieb*. (ML) (Ky) (EngM)

Janin, J., anatom., physiologische und physische Beobacht. v. Augen, a. d. Franz. v. Selle. gr. 8. Berlin, Himburg. 788. Rthlr.

Janin, Jb., anatom., physiologische u. physische Beobachtungen d. Augen; aus d. Französ. (v. Chr. Gli. Selle). gr. 8. Berl. 776. Mit n. Titel 788. (Reimer). 1 Rthlr.

Janin, Johann, s. J a n i n , Jean

Janke, Albrecht, appr. Arzt: Aus d. Med. Klinik zu Kiel. Die typhösen Knochenerkrankungen mit besonderer Berücksichtigung der in der Medizinischen Klinik zu Kiel gemachten Erfahrungen. Liegnitz 1910: Seyffarth. 50 S. 8°
Kiel, Med. Diss. v. 13. April 1910, Ref. Fischer
[Geb. 29. Juli 82 Potsdam; Wohnort: Potsdam; Staatsangeh.: Preußen; Vorbildung: Gymn. Potsdam Reife O. 02; Studium: Kiel 6, Berlin 1, Kiel 5 S.; Coll. 26. März 09: Approb. 1. Jan. 10.] [U 10. 2446

Janke, Alphons, die Baukonstruktionen in Stein, Holz u. Eisen, s.: Leu, Ewald.

Janke, Alph., s.: Für Schule u. Praxis.

— Lehrbuch d. Bauformen. 1. Hft. Profillehre. gr. 8. (27 S. m. 26 Fig.-Taf.) Köln 897. P. Neubner. n. 1. 60

— Lehrbuch d. Baumaterialien, s.a. Für Schule u. Praxis.

Janke A, Lehrbuch der Baumaterialien. (79 S) Köln 1895

Janke, Alphons: Lehrbuch der Baumaterialien bearb. von Alphons Janke, Architekt zu Friedberg ⟨Hessen⟩. Mit 2 Figurentaf. 2. Aufl. Köln a. Rh.: P. Neubner 1900. (70 S.) 4° (8°)
= Schule, Für, u. Praxis. Bd 3, Abt. 3.

Janke, Alphons: Lehrbuch der Perspektive. Bearb. von Alphons Janke, Architekt zu Friedberg ⟨Hessen⟩. Mit 30 Figurentaf. Köln a. Rh.: P. Neubner 1900. (28 S.) 4° (8°)
= Schule, Für, u. Praxis. Bd 1, Abt. 4.

Lehrbuch der Schattenkonstruktion. Bearb. von Alphons **Janke**, Architekt. Mit 25 Figurentaf. *Köln: P. Neubner 1902.* (23 S.) 4°(8°) [F.]
— [Schule, Für, u. Praxis. Bd 1, 3.] [03. 5455

— Säulenordnungen u. Stützenformen, s.a. Für Schule u. Praxis.

Säulenordnungen und Stützenformen. Bearb. von Alphons **Janke**, Architekt. Mit 25 Figurentaf. Cöln: P. Neubner 1904. (20 S.) 4°(8°) [F.]
= Bau-Entwerfen. Abt. 2, H. 2.
= Schule, Für, u. Praxis. Bd 3, Abt. 2, H. 2. [05. 14799

Janke, Alph., f. Schule u. Praxis, s.: Leu, Ewald.

Janke, Arthur

Janke, A., auf Alexanders des Grossen Pfaden. Eine Reise durch Kleinasien. Mit 20 Abbildgn. im Text u. 6 Plänen nach den Aufnahmen von W. v. Marées. (VIII, 186 S.) gr. 8. Berlin 904. Weidmann. n. 7. —

Janke, Bronisl., Jubiläums-Büchlein bei Gelegenheit des allgemeinen kirchlichen Jubeljahres 1875 für kathol. Christen der Erz-Diözese Gnesen-Posen. gr. 16. (48 S.) Posen 875, (Leitgeber und Comp.) *

Janke, C. (Hrsg.), s. Welt-Echo.

Janke, C. F., die Gesellschafterin. Erzählung. (231 S.) 8. Leipzig 905. A. Cavael. n. 2. —; geb. n. 3. —

Janke, C. F., Franz Reinhardt. E. Sang aus Schule u. Leben. gr. 8. (64 S.) Potsdam 898. A. Stein. Geb. n. 1. —

Janke, C. F., pädagogische Schnitzel u. Späne. Eine Gabe f. Lehrer u. Seminaristen. 8. (108 S.) Hannover 900. C. Meyer. n 1.—

Janke, C. F., Schulandachten. gr. 8. (VIII, 186 S.) Langensalza 891. H. Beyer & Söhne. n. 1. 60

— Treue siegt. Novelletten u. Skizzen. (168 S.) kl. 8. Liegnitz 904. (C. Seyffarth.) n. 2. —

Janke, C. Fritz

Besoldungsverhältnisse brandenburgischer Lehrer. Hrsg. v. Vorstande d. Lehrerverbandes d. Prov. Brandenb. C. F[ritz] Janke, Rektor in Potsdam. Liegnitz [1902?]: C. Seyffarth. (24 S.) 8° [02. 10475 4

Spätherbst. Gedichte u. Sprüche von C. F[ritz] **Janke**. Liegnitz: C. Seyffarth 1907. (147 S.) 8° [F.] [08. 2400

Janke, Carl Aug., s. Janke, Karl Aug.

Janke, Erich, s.: Feld-Briefe e. Kriegsfreiwilligen v. 1813.

— das Geisterschloß. Lustspiel in 1 Aufzuge. 8. (88 S.) Breslau 902. Berlin, E. Trewendt. n. 1.—

Janke, Erich, Dr. phil.: Zur Geschichte der Verhaftung des Staatsrats Justus Gruner in Prag im August 1812. *Berlin 1902: Berliner Buchdr.-Akt.-Ges.* (71 S.) 8°
Rostock, Phil. Diss. v. [22. Nov.] 1902

Janke, Erich, vom Kern des Lebens. Gedichte. Mit e. Umschlagzeichng. v. Max Tilke. (VIII, 152 S.) kl. 8. Berlin 904. O. Janke. n. 1. —

Janke, Erich, vom Kern des Lebens. Gedichte. 2., veränd. Aufl. (85 S.) kl. 8. Berlin 907. O. Janke. 1. —

Janke, Erich: Vom Kern des Lebens. Gedichte. 3. Aufl. Berlin: Janke 1908. II, 85 S. 8°

Janke, Erich: Paulinzelle. Trauerspiel in 5 Aufz. von —. Berlin: O. Janke 1909. 155 S. 8°

Erich **Janke**. Die Sarazenin. Trauerspiel in 5 Aufz. Berlin: O. Janke 1906. (183 S.) 8° [06. 11805

Janke, Ernst, Gerichtsref. in Kolberg: **Der Vertrag des Minderjährigen nach gemeinem, preussischem und deutschem bürgerlichen Recht.** *Greifswald 1901: J. Abel.* (40 S.) 8° [F.]
¶ (Gekr. Preisschr.)
Greifswald, Jur. Diss. v. [29. Nov.] 1901

Janke, F., Sammlung algebraischer Aufgaben. 8. (81 S.) Bernburg 885. Bacmeister. n. — 80; Auflösgn. (4 S.) — 15

Janke, Frid. Alb., Aristoteles doctrinae paedagogicae pater. Dissertatio inauguralis philosophica. Halis 866. (Berlin, Calvary & Co.) gr. 8. (28 S.) n. 10 ngr.

Janke, Fridericus Albertus: Aristoteles doctrinae paedagogicae pater. Halis (1866): Heynemann. 27 S. 8°
Halle-Wittenberg, Phil. Diss. v. 12. Jan. 1866
Geb. Torgau 30. 4. 1841. V.
Im Buchhandel Halis (Berlin: Calvary) 1866. 28 S. 8°

Janke, Georg: Über die Abhängigkeit der spezifischen Wärme des Wassers von der Temperatur. Berlin: Rahneberg 1910. 27 S. 4°
Rostock, Phil. Diss. v. 21. Febr. 1910, Ref. Heydweiller
[Geb. 3. Mai 74 Plathe, Kr. Regenwalde; Wohnort: Berlin; Staatsangeh.: Preußen; Vorbildung: Friedrichs-Werdersches Gymn. Reife O. 06; Studium: Berlin 6, Rostock 2 S.; Rig. 14. Febr. 10.] [U 10. 3958

Janisch, E., die Naturkunde in der Volksschule. Naturgeschichte u. Naturlehre in natürl. Gruppen vereinigt. Zur Vorbereitg. f. den Unterricht bearb. 4. Aufl. (X, 244 S.) 8. Langensalza 904. Schulbuchh. n. 2. 50

Janisch Eduard: Über eine specielle Fußpunktcurve der Steiner'schen Hypocycloide. (Mit 2 Tafeln). 17. Wien V. R. 96.
Progr.

Janisch, Emil, Spitzbübereien. Lustige Geschichten m. (farb.) Bildern für Kinder von 3 bis 6 Jahren. (12 Bl.) 4. Straßburg (904). J. Singer. Kart. n. 3. —

Janisch, Franz

Die Gebürenbemessung des Abhandlungsgerichtes nach dem Geb.-Ges. (kais. Pat. v. 9./2. 1850, R. G. Bl. Nr. 50,) dem Ges. v. 13./12. 1862, R G. Bl. Nr. 89. und den hiezu erflossenen Verordnungen, sowie nach dem Gesetze v. 18/6. 1901, R. G. Bl. Nr. 74. und der Verordnung der Minister der Finanzen und der Justiz v. 21./6. 1901, R. G. Bl. Nr. 75. Von Franz Janisch. 3., vermehrte und verbesserte Auflage. Leipa. 1901. Künstner. 8°. 78 S. K 1.—

Janisch, Frz., prakt. Organisation des Kinderschutzes u. der Jugendfürsorge im Bezirke des Vormundschafts- u. Jugendgerichtes. (VII, 159 S.) 8. Wien 910. Manz. 2.20; geb. n 2. 90

— Die öffentl. Schutzfürsorge f. die unehel. Kinder. (29 S.) gr. 8. Wien 906. C. Fromme. — 75
Sonderabdr. a.: „Ztschr. f. Notariat u. freiwill. Gerichtsbark. in Österr."

Janisch, J., systemat.-geordn. Samml. v. Rechnungsaufgaben in d. Münz-, Maß- u. Gewichtsarten d. österreich. Monarchie. Ein unentbehrl. Hilfsbuch beim Rechnenunterr. f. Lehrer u. Schüler d. Stadt- u. Landschulen u. Privat-Lehranstalten. gr. 8. Preßburg 835, C. F. Wigand.

—— dass. — Auflösungen. gr. 8. Ebds. 835.

Janisch, Jos., Gründliche Anweisung zum Kopf- u. Denkrechnen für Schul- u. Privatunterricht, wodurch nicht nur das Ordnen und Messen der Zahlen; die vier Species sowohl in einfachen als gleich- u ungleichbenannt. Zahlen, so wie in Brüchen zc. Nebst e. entsprechenden Anzahl von Erläuterungs- u. Uebungsbeispielen, sammt den Auflösungen alles nach dem österreich. Münz, Maaß- u. Gewichtsfuße. 8. Grätz 835 Kienreich. 1/4 ₰

Janisch, Jos., relig. Gesänge f. evangel.-protestant. Schulen u. Erziehungsanstalten, so wie f. d. häusl. Andachtsübungen d. Jugend u. Freunde d. Christenthums überhaupt. Nebst e. Anh. v. Schulgebeten. gr. 8. (22½ B.) Sulzbach 835, v. Seidel'sche Bh.
s.a. Janisch, Josef Anton

Jánisch, Jos., s.: Journal, gemeinnütz. Pesther.

Janisch, Jos., Washington. Historisch-epische Dichtg. in vier Gesängen. Nebst geschichtlichen Erläuterungen. Mit Washington's Bildniss (auf 1 Holzschntaf.). Leipzig 870. M. Schaefer. 4. (176 S.) In engl. Einb. mit Goldschn. n. 3 ₰ 10 ngr.

Janisch, Jos. Andr., topographisch-statistisches Lexikon von Steiermark mit historischen Notizen und Anmerkungen. 1.—26. Heft. gr. 8. (1. Bd. VIII, 812 S. mit Stnt.; 2. Bd. S. 1—432 mit Stnt.) Graz 875—79, Leykam-Josefsthal.
à Heft * M 1,30. *

Janisch, Jos. Andr., topographisch-statistisches Lexikon von Steiermark mit histor. Notizen und Anmerkungen. 27.—48. (Schluß-)Heft. gr. 8. (2. und 3. Bd. S. 433—1492 mit je 2 Stnt.) Graz 880—84, Verlagsh. „Leykam".
27.—45. Heft à * M 1,30.; 46.—48. Heft à * M 1,35. *
compl. 3 Bde. *
1.—26. Heft. Ebendas. 1875—79. à * M 1,30.

Janisch, Jos. Andr., topographisch-statistisches Lexikon v. Steiermark m. historischen Notizen u. Anmerkgn. 40—48. Hft. gr. 8. (3. Bd. S. 1057—1492 m. je 2 Steintaf.) Graz 883—85. Leykam. à n. 1. 30 (cplt. 3 Bde.: n. 60. —)

Janisch, Josef Anton

— Abhandl. vom Schwärmen d. Bienen. 8. Wien 774. (Heubner). 6 Kr

Janisch, (Janscha), Jos. Ant., prakt. Bienenpflege für den Landmann in Böhmen. Mit 2 Kpft. gr. 8. Prag 789. Widtmann. 16 Kr Dass. in böhm. Sprache. 8. Ebd. 789. 16 Kr

Janisch, (Janscha) Jos. (Ant.), religiöse Gesänge für evangel.-protestant. Schulen und Erziehungs-Anstalten, so wie für die häuslichen Andachtsübungen der Jugend und Freunde des Christenthums überhaupt. Mit e. alphabet. geordnetem Verzeichnisse der in dieses Gesangbuch aufgenommenen Melodieen u. deren Parallelmelodieen; einer Classifikation der Parallelmelodieen u. ihrer verschied. Titel. Nebst e. Anhange v. Schulgebeten. gr. 8. Sulzbach 835. v. Seidel. 3/4 ₰
s.a. Janisch, Josef

— d. Landwirthschaft in allen ihren Verzweigungen. Für Ungarns Güterbesitzer, Wirthschaftsbeamte u. Oekonomen. Eine Preisschrift. gr. 8. Pesth 831. Hartleben. 1 ₰ 16 Kr

— vollständ. Lehre von d. Bienenzucht. Mit Kpf. 8. Wien 790. (Wolke). 20 Kr

— Unterricht über den Anbau, d. Pflege, Erndte u. Zubereitung des Flachses. 8. Prag 816. Calve. 8 Kr

Janisch, K. F., über Copulationen d. Verlobten, (aus Wagnitz liturg. Journal Bd. 3. Stück 4.) 8. Halle 804. Gebauer. 4 Kr

Janisch, Osk., Aufgaben aus der analytischen Geometrie der Ebene m. den Resultaten f. höhere Lehranstalten u. f. den Selbstunterricht. Hrsg. v. H. Funcke. gr. 8. (IV, 200 S. m. eingedr. Fig.) Potsdam 886. Stein. n. 3. —

Janisch, Oskar Ein Blick auf die Geschichte der Erde. Vorgetragen in der „Philomathie" am 21. November 1875. 15 S.
Progr. *Landeshut* 1876.

Janisch, Osk., Lehrbuch der Arithmetik für die mittleren und oberen Klassen höherer Lehranstalten. gr. 8. (VIII und 176 S.) Frankfurt a. d. O. 859, Schiefer. * —

Janisch, Osc. Car. Ferd. (geb. Krusza podludowa in Posen 27. 2. 1828): Notio punctorum inflexionis, quae constituitur pro curvis planis, qua ratione extendenda sit in curvas duplo-curvatas atque in superficies curvas. Berolini (1853). (21 S.) 4°
Berlin, Phil. Diss. v. 6. Aug. 1853

Janisch, Rudolf *Alfred Richard* [aus Morrn '(Prov. Brandenb.)']: Über das Verschwinden des diastolischen Geräusches bei einer ausgesprochenen Aorteninsufficienz ... Berlin, Buchdr. v. G. Schade, *1896;* 30 S., 1 Bl. 8.
Berlin, Med. Fak., Inaug.-Diss. v. 6. März 1896

Janisch, Wilh., geometrische Aufgaben zur Lehre v. der Proportionalität d. Grössen (Streckenteilung, vierte u. mittlere Proportionale, Aehnlichkeit der Figuren, Strecken am Kreise, stetige Teilung). (100 S. m. Fig.) gr. 8. Potsdam 904. A. Stein. n. 1.50; geb. n. 1.75

Janisch, Wilhelm: Aufgaben und Lehrsätze zum „goldenen Schnitt". Erfurt 1904: Ohlenroth. (30 S.) 8°
Erfurt, st. R OP 1904 (310)

Jänisch

— s. a. **Jenisch.**

[F.] Neue Anweisung zum naturgemässen Schreibleseunterricht. Bearb. v. Albert Jänisch ... M. Originalgedichten v. Fritz Mügge. *Potsdam: A. Stein 1896.* (190 S., 2 Bl.) 1 Bd 8. [97. 6104

Neue Anweisung zum naturgemäßen Schreibleseunterricht. Bearb. von Albert Jänisch. Mit Originalgedichten von Fritz Mügge. *Potsdam: A. Stein 1896.* (190 S.) 8° [F.]
— Handbücher, Steins, f. Lehrer. No 3. [04. 4906

— Aufgaben f. d. Rechnen in den ersten Schuljahren. 1. Hft. D. Zahlenkreis v. 1—10. gr. 8. (16 S.) Ebd. 896. n. — 15

— dasselbe. 3 Hfte. gr. 8. Ebd. n.n. — 80
1. Die Zahlenkreise v. 1—10 u. 1—20. (30 S.) 896. n.n. — 25
2. Der Zahlenkreis v. 1—100. (56 S.) 896. n.n. — 30
3. Der Zahlenkreis v. 1—1000. (56 S.) 897. n.n. — 30

Jänisch, Alb., Aufgaben f. das Rechnen in den späteren Schuljahren. 4. Hft. Der unbegrenzte Zahlenkreis. Sortenverwandlung. Regeldetri. Zeitrechnung. Brüche. gr. 8. (62 S.) Potsdam 899. A. Stein. n.n. — 40

Jänisch, Alb., Aufgaben f. das Rechnen in den späteren Schuljahren. 5. Heft. Gemeine u. dezimale Bruchrechng. Regeldetri. Zins-, Raum- u. Wohlfahrtsrechng. (72 S.) gr. 8. Potsdam 903. A. Stein. n.n. — 40

Jänisch, Alb., Aufgaben f. das Rechnen in den späteren Schuljahren. 4. Heft. Der unbegrenzte Zahlenkreis. Sortenverwandlung. Regeldetri. Zeitrechng. Brüche. (Neue Aufl.) (62 S.) 8. Potsdam (908). A. Stein. nn — 35

— Aufgaben f. d. Rechnen in Volks-, Vor- u. Mittelschulen. 2. 3. u. 6. Heft. gr. 8. Ebd. n.n. 1. 10
2. Der Zahlenkreis v. 1—100. 2. Aufl. (56 S.) (903.) n.n. — 25
3. Der Zahlenkreis v. 1—1000. 2. Aufl. (56 S.) (904.) n.n. — 25
6. Die bürgerl. Rechnungsarten. (88 S.) (906.) n. — 60

— dasselbe. Ergebnisse. (58 S.) gr. 8. Ebd. 903. n.n. 1. 25

Gemeine und dezimale Brüche, Regeldetri, Zins-, Raum- und Wohlfahrtsrechnung. Wie bringt man sie z. Klarheit u. Sicherheit? Eine prakt. Anweisung f. d. Rechenunterr. auf d. Unterabt. d. Oberstufe von Albert **Jänisch.** Mit 1 faks. Schülerarbeit. Potsdam: A. Stein (1904). (141 S.) 8° [F.]
— [**Handbücher**, Steins, f. Lehrer. No 17.] [04. 10379

— Grammatik u. Orthographie in Verbindung. Mit Diktaten in Satz- u. Aufsatzform. Unter besond. Berücksicht. 7klass. Schulen bearb. Als Beilagen viele fksm. Schülerarbeiten. (IV, 188 u. 6 S.) 8. Ebd. (906.) n. 1.50

— Bürgerliche Rechnungsarten. Wie bringt man sie zur Klarheit u. Sicherheit? Eine prakt. Anweisg. f. den Rechenunterricht a. d. Oberabtlg. d. Oberstufe. Mit 1 fksm. Schülerarbeit. (III, 218 S.) 8. Ebd. (909). 3.—; geb. 3.50

Jänisch, Albert: Schuldeklamatorium. 200 ... ausgewählte Gedichte zu Kaisers Geburtstag, Sedan, Weihnachten. Ausserdem 60 Stammbuchverse. Gesamm. u. nach Stufen geordnet von –. Potsdam: A. Stein 1899. (112 S.) 8°
= Handbücher, Steins, f. Lehrer. No 7.

Jänisch, Alb. Der Zahlenkreis von 1—100. Wie bringt man ihn zur Klarheit u. Sicherheit? Eine method. Studie u. prakt. Anweisg. zum ersten Rechenunterricht. 8. (IV, 87 S.) Potsdam 889, (Stein). * — 60

— unbegrenzter Zahlenkreis, Sortenverwandlung, Regeldetri u. Zeitrechnung, s. a. Stein's Handbücher f. Lehrer.

Unbegrenzter Zahlenkreis, Sortenverwandlung, Regeldetri und Zeitrechnung. Wie bringt man sie z. Klarheit u. Sicherheit? Mit e. faks. Schülerarbeit als Beilage. Eine prakt. Anweisung f. d. Rechenunterr. auf d. Oberabt. d. Mittelstufe von Albert **Jänisch.** Potsdam: A. Stein (1903). (90 S.) 8° [F.]
— [**Handbücher**, Steins, f. Lehrer. No 16.] [04. 10378

Jänisch, Alb., die Zahlenkreise 1—10, 1—100 u. 1—1000. Wie bringt man sie zur Klarheit u. Sicherheit? Eine method. Studie u. prakt. Anweisg. zum 1. Rechenunterricht. 2., verb. u. erweit. Aufl. gr. 8. (158 S. m. 8 Fig.) Potsdam 894. A. Stein. n. 1. 20

Jänisch, Albert: Die Zahlenkreise von 1–10, 1–100 und 1–1000. Wie bringt man sie z. Klarheit u. Sicherheit? Eine method. Studie u. prakt. Anweisung z. ersten Rechenunterr. von –. 3., verb. u. erweit. Aufl. Potsdam: A. Stein [1899]. (156 S.) 8°
= Handbücher, Steins, f. Lehrer. No 2.

Jänisch, Albert: Die Zahlenkreise von 1–10, 1–100 und 1–1000. Wie bringt man sie z. Klarheit u. Sicherheit? Eine method. Studie u. prakt. Anweisung z. ersten Rechenunterr. von –. 4. verb. u. erw. Aufl. Potsdam: A. Stein (1904. (171 S.) 8°
= Handbücher, Steins, f. Lehrer. No 2.

Jaenisch, C. F. de, Analyse nouvelle des ouvertures du jeu des échecs. Vol. I. gr. in-12. (9 B.) St. Petersburg 842. (Leipzig, Voss.) *

—— le même. Vol. II. gr. in-12. (13½ B.) St. Petersburg 843. (Leipzig, Michelsen.) *

Jänisch, Christian Gottlob

Jänisch, Chr. Glo., († d. 31. März 1791.) Abhandl. von Rindviehseuchen, welche in d. J. 1766 u. 68 in Schlesien geherrscht haben. 8. Bresl. 768. J. F. Korn. 4 gr

Calculorum Consideratio theoretica. Halae Magdeb. (1758:) Curt. 34 S. 8°
Halle, Med. Diss. v. 2. Okt. 1758

Jänisch, F. A., kleines Gesangbuch für Volksschulen. 1. Abthl. 2. Aufl. 16. (38 S.) Breslau 847, Scholz. *

Jänisch, F. M. (Primaner). Ihren abgehenden Freunden die Schüler durch F. M. Jänisch, 17. März. 2 S. . . . .
Wittenberg, Progr. 1826

Jänisch, F. M.: Propempticon Wundero dedit Magistrorum collegium, XXIV. Sept. 3 S. . . . .
Wittenberg, Progr. 1826

Jänisch, Fr. Ad., 27 Tabellen z. leichten Berechnung der halbjährlich zu entrichtenden Provinzial-Land-Feuer-Societäts-Beiträge f. Ortserheber. 4. Liegnitz 843, Kuhlmey. n. ⅓ ß

Jaenisch, Gottfried Jacob (Hamburg), Phthiseos ex ulcere curationes antiquas. Diss. med. Götting. (Friedr. Andr. Rosenbusch) 4. VII. 1775. 48 S. (6.50) 16587
Gew.: Gottfried Jacob Jaenisch (Vater). — Widm. v.: E. G. Baldinger, J. L. Gericke (dtsch.).

Zeugnisse der Freundschaft nach dem Tode in der den 9ten Hornung 5758 von der sehr ehrw. Freymäurer-Loge Absalom [in Hamburg] wegen des den 2ten Jenner in Leipzig erfolgten frühzeitigen Absterbens ihres verehrungswürdigen Brs Peter Carpsers des Jüngeren gehaltenen Trauerversammlung abgeleget von G[ottfr.] J[ak.] J[änisch] und Matthias Arnold Wodarch. Hamburg [1758]: Piscator. 6 Bl. 4⁰ [Umschlagtit.]
Abgedr. in: Denkmaal der Freundschaft; P. Carpser gewidm. 1758 S. 49—56.
Kl. 1303. Enth. eine Gedächtnisrede u. ein Gedicht.

Jaenisch, Henricus *(geb. Ueberschau bei Parchwitz in Schles. 9. 1. 1834)*: De compressione corporum vertebrarum. Vratislaviae (1858). (25 S.) 8°
Breslau, Med. Diss. v. 22. [vielmehr 21.] Okt. 1858

Jaenisch, J., De Graecorum asylis. I. Diss. 1868. 88 S. 1.50

Jänisch, Jh. Hnr., Abhandl. von dem Krebs u. d. besten Heilart desselben. 8. Petersb. 784. 2e A. 785. (Gnobloch in Lpz.) 6 gr

— kurze Geschichte u. Beschreib. d. vortheilhaftesten Art, d. Pocken einzuimpfen. 8. Petersb. 768. Logan.

Jänisch, J. H., v. Krebs und dessen Heilart. 8. Petersb. Logan. 785.

— — dasselbe. 8. Riga, Müller. 795.

— — dasselbe. 8. Riga. (Hartknoch in Lpz.) 784.

— Johann Heinrich (Wiburg/Finnland), De vermibus et praecipue de specie illa vermium intestinalium quam taeniam vocamus. Diss. med. Präs. Carl Friedr. Kaltschmied. Jena (Tennemann) 8. XI. 1755. 56 S. u. 1 Tfl. Abb. (6.50) 16588

Jaenisch, Karoline v., das Nordlicht. Proben d. neuesten russ. Litteratur. (Erzähln. u. Gedichte.) 1. Lfg. 8. (17¼ B.) Dresden 833, Arnold.

Jänisch, Nicol., Dissert. inaug. med. de spiritus vini usu et abusu. 8. Götting. 793. Dieterich. 3 gr

Jänisch, Osk., Predigt üb. 2. Petrus, Capitel 3, V. 11 u. 12 zum Gedächtnis d. Hrn. Hauptpastor Albrecht Krause, Dr. phil., geh. am Totensonntag, den 23. XI. 1902. (12 S.) gr. 8. Hamburg 902. H. Seippel. n. —60

Jaenisch, Reinholdus *(geb. Ueberschau bei Parchwitz in Schles. 23. 6. 1835)*: De ligatura candenti cum ceteris penis amputandi methodis comparata. Vratislaviae (1858). (24 S.) 8°
Breslau, Med. Diss. v. 13. [vielmehr 12.] Okt. 1858

Jaenisch, Reinhold, appr. Arzt: Die Militärkonventionen und die Einheitlichkeit des Reichsheeres. Berlin [1907]: M. Günther. (61 S.) 8°
Heidelberg, Jur. Fak., Ref. Anschütz, Diss. v. 2. April 1907
[Geb. 17. März 73 Sensburg; Wohnort: Berlin; Staatsangeh.: Preußen; Vorbildung: Gymn. Tilsit, Düsseldorf, Verden Reife M. 92; Studium: Königsberg 3, Freiburg i. B. 1, Leipzig 1, Straßburg 3, Greifswald 2, Berlin 8 S.; Rig. 2. März 07.]

Jänisch, Rud.

— bibliotheca G. J. Jänisch. Prs I.—IV. 8. Hamb. 782—85.

— Entwurf zum ersten Unterricht in d. Religion für Kinder. 8. Hamb. 796. Campe. 4 gr

— s. J. Hamelsveld, bibl. Geographie.

Jänisch, Rud., († d. 7. April 1826.) Predigtentwürfe über d. Evangelien u. andere Texte. 16 Jahrgg. gr. 8. Hamb. 797—812. (Gundermann u. Herold jun.) (à 1 rthlr) 16 rthlr

Jänisch, R., Predigtentwürfe üb. die sonn- u. festtägl. Evangelien u. and. bibl. Texte. 14r—16r Jahrg. 8. Hamburg, Bohn. 810—12. (à 1 Rthlr.)

— sind d. sogenannte Civilstand u. d. Civilstandsregister wirklich so unnütz, als man behauptet? 8. Hamb. 815. Campe. 4 gr

Janiszewski, Joann. Chrysost. *[geb. Pudliszki in Pos. 27. 1. 1818]*: Theses theologicae ... pro licentiati in theologia honoribus rite capessendis. Vratislaviae (1842). (2 Bl.) 8°
Breslau, Kath.-theol. Liz.-Thesen v. 9. Juli 1842

Janiszewski, Kasimir: Schutz des früheren Besitzes auf Grund der §§ 861 und 1007 des B.G.B. in vergleichender Darstellung. Posen 1905: St. Adalbert-Druckerei. (VI, 63 S.) 8°
Jena, Jur. Fak., Ref. Danz, Diss. v. 5. Aug. 1905
[Geb. 29. Febr. 76 Blotnik, Kr. Bomst; Wohnort: Priment, Kr. Bomst; Staatsangeh.: Preußen; Vorbildung: Gymn. Dramburg Reife M. 99; Studium: Breslau 3, Berlin 1, Breslau 2, Jena 2 S.; Rig. 27. Juni 05.]

Ianitius, Clem., poemata coll. cur Boehmio, 8. Lps Loewe. 755.

Janitsch, Aemilian

— üb. die Anständigkeit d. Cölibatgesetze in d. böhmischen Kirche. 8. Wien, Rehm. (a. Haslinger in Linz.) 793.

— Abhandl. über d. Anständigkeit d. Cölibatgesetze in d. böhmischen (kathol.) Kirche. 8. Wien 793. (2e Aufl.) gr. 12. Ebd. 829. Sollinger. 8 gr

Janitsch, Aem., Abhandlung üb. d. Anständigkeit d. Cölibat-Gesetzes in d. kathol. Kirche. Nach d. Grundsätzen d. natürl. Billigkeit d. Kirchen- u. Staatslehre. (2. Aufl.) gr. 12. (8 B.) Wien 829, Sollinger.

— Abhandl. über d. Pflichten u. Rechte d. Aebte. 8. St. Pölten 793. (Haslinger in Linz). 6 gr

—— Philosophisch-theologische Abhandlung über die Religion überhaupt u. die katholische insbesondere. Wien 1816 (?). Dazu: Anhang. Wien 1818. — 2. Aufl. St. Pölten 1832.

Janitsch, Aem., statist.-histor. Abhandl. über d. Vorzüge d. monarchischen Regierungsart. Nebst interessanten Nachr. über d. Revolutionen in Sicilien, Neapel, Piemont u. Spanien. gr. 8. Wien 825. Sollinger. 10 gr. (Liebeskind in Leipz.) 21 gr.

— Biographie des Abtes von Gottweih, Leonard Grindberger, k. k. Rath u. Verfasser mehrer moral. Schriften. 8. Wien, Gerold. 6 gr.

— Entstehung, wunderbare Fortpflanzung u. genaue Verbindung d. natürl. mit d. geoffenbarten Religion. 8. Wien 807. 6e A. 827. Sollinger. 14 gr.

Janitsch, Ämilian, Über die Entstehung, wunderbare Fortpflanzung und genaue Verbindung der geoffenbarten mit der natürlichen Religion von Anbeginn bis zur Ankunft des großen Welterlösers mit Widerlegung der Einwürfe Voltaires und seiner Anhänger, der Modephilosophen. Klagenfurt, 1792. Wien, Sollinger, 1826, 8°, 388 S., 5. Aufl.

Auch ins Italien. übers. u. von Papst Pius VI. belobt. Vgl. Felder, Lsc. Friedr. 1828, Bd. 1 S. 66—74.

— christl.-philosoph. Gedanken über den Tod des Menschen u. d. Art zu sterben. 8. Wien 826. Mayer u. Comp. 12 gr.

Janitsch, Aemilian, Prof. in Göttweig. Geschichte der Entstehung und des Wachsthumes der deutsch-österreichischen Monarchie, von den ältesten bis auf unsere Zeiten. (9 Bde.) 8. Wien 1805—1807.

— Geschichte d. Entstehung u. des Wachsthumes d. deutsch-österr. Monarchie, von den ältesten bis auf unsere Zeiten 1807. 9 Bde. gr. 8. Wien 807—28. Mayer. 12 Thlr. 12 gr. (Gräffer u. Sch.) 12 Thlr.

Janitsch, Aem., Geschichte der Entstehung u. des Wachsthums der deutsch-österreich. Monarchie, von 1827 bis 1836. .. Wien 836. Mayer u. Comp. 2/3 Thlr.

— Geschichte d. Hungarischen Königinnen, von d. Entstehung des Königreichs bis auf unsere Zeiten. 8. Wien 820. Mayer u. C. 1 Thlr.

— Geschichte d. Kriege, Staats- u. Religionsverfassung d. Aegyptier, Babylonier, Assyrer, Perser u. Meder. gr. 8. Wien 181..

— Geschichte d. Kriege, Staats- u. Religionsverfassung d. griech. Staaten Athen u. Sparta. gr. 8. Wien 181..

— Geschichte d. Kriege, Staats- u. Religionsverfassung d. Karthager u. Römer. gr. 8. Wien 181..

— kurzgefaßte Geschichte des uralten Benedictiner-Stifts Göttweih, von d. Entstehung bis auf den heutigen Tag. Mit d. Biographie d. Verfassers. 8. Wien 820. Mayer u. C. 12 gr.

— Geschichte d. uralten u. berühmten Benedictinerstifts Melk; mit d. Biographie des verstorb. Abts Ant. Reyberger. 8. Wien 819. Mayer u. C. 16 gr.

— merkwürd. Geschichte des Krieges in Deutschland u. Frankreich im J. 1815. gr. 8. Wien 815.

— merkwürd. Geschichte des Kriegs in Polen u. Rußland in d. J. 1812—14. gr. 8. Wien 815.

— merkwürd. Gesch. d. Kriegsvorfälle zwischen Oestreich, Frankreich, Großbritannien, Rußland u. Preußen, vom J. 1790 bis 1807. 3 Bde. 8. Brünn 807 u. ff.

— merkwürd. Geschichte d. Kriegsvorfälle zwischen Oestreich u. Frankreich in dem Jahre 1809, mit 3 Plan. gr. 8. Wien, Gräffer. (Leipz. Gräff.) 811.

— — dieselbe, zwischen Oestreich, Rußland, Preußen, Spanien u. Frankreich in d. Jahren 1812, 13 u. 14, mit 16 Kupf. in Fol. gr. 8. Wien, Rehm. 815.
ohne K.

— merkwürd. Geschichte d. Kriegsvorfälle zwischen Oesterreich u. Frankreich in d. J. 1809, mit 3 Plänen. gr. 8. Wien 812. Gräffer. (Leipz., Wienbrack). 2 Thlr. 12 gr.

— Dieselbe, zwischen Oestreich, Rußland, Preußen, Spanien u. Frankreich in d. Jahren 1812—15. Mit 16 Kpf. in Fol., nebst e. Anh. über d. Resultate d. Wiener Congresses. gr. 8. Wien 815. (Haas). 9 Thlr. 14 gr. ohne Kpf. 3 Thlr.

Janitsch, Aem., Geschichte der deutsch-östreich. Monarchie. 8 Bde. kostet jetzt nur:

— Krieg d. Franzosen in Spanien u. Portugal im J. 1808. gr. 8. Wien ...

— christl. Legenden, s. Legenden.

Janitsch, Ämilian, Nachrichten über den Ursprung und die Fortpflanzung der wahren Religion bei dem auserwählten Volke im Alten und bei den Rechtgläubigen im Neuen Bunde. Mit Erläuterungen der Glaubenslehren der kath. Kirche. Wien, 1835, 8°, 2 Bde.

— Nachrichten üb. d. Ursprung u. d. Fortpflanzung d. wahren Religion. 2 Abthl. gr. 8. Wien 835, Mayer u. Comp.

Janitsch, A., über Pflichten und Rechte der Aebte. 8. St. Pölten, Lorenz. (a. Haslinger in Linz.) 793.

— s. Reise von Wien nach Venedig.

— Rückreise J. Sicil. Maj. v. Wien nach Neapel, s. Reise.

Janitsch, Aem., allerneueste Schilderung d. glückl. Insel Sicilien u. d. benachbarten Erblande, als Fortsetzung d. Reise nach Italien. 2 Thle. 8. St. Pölten 793, 94. (Rehm in Wien). 16 gr.

— allgem. Uebersicht d. berühmtesten Staaten u. Nationen d. Vorwelt. 6 Bde. 8. St. Pölten 794 u. ff. (Rehm in Wien).

— von genauer Verbindung d. natürl. mit d. geoffenbarten Religion. gr. 8. Klagenf. 792. Walliser. (Haslinger in Linz). 4 gr.

— s. a. Vertheidigung d. Religion.

Janitsch, Ämil., Verteidigung der christlichen Religion u. der katholischen insbesonders. Aus dem Französ. Wien 1811, 8°.

— d. Zeitperiode des neu errichteten östr. Kaiserthums unter Franz I. vom J. 1807 bis 1827. St. Pölten 828. (Mayer u. C. in Wien). 1 Thlr. 6 gr.

Janitsch, Georg Gottfried (Schweidn. / Schles.), Quantum liceat medico ignorantia, errore et malitia aegri in ejusdem salutem uti. Präs. M. Jacob Gering. Lpz. (Schede) 12. IV. 1718. 18 Blatt. (6.—) 16644
Gew.: Carl Gehler (Gierbigsdorff, Leschwitz).

Janitsch, Jul., das Bildnis Sebastian Brants v. Albrecht Dürer, s.a. Studien zur deutschen Kunstgeschichte, 74. Hft.

Janitsch, Julius. Das Bildnis Sebastian Brants von Albrecht Dürer. Mit [5 Porträts:] 3 Lichtdrucktafeln und 2 Abbildungen im Text. 19 S. 8. Strassburg, J. H. Ed. Heitz, 1906. (M. 2.—)
Studien zur Deutschen Kunstgeschichte. Heft 74.

Janitsch, J., Jacques Androuet Ducerceau, s.a. Kunst und Künstler des Mittelalters und der Neuzeit.

Janitsch, J. Jacques Androuet Ducerceau. (Dohme, Kunst und Künstler. Abth. 3.)

Janitsch, Jul., s.: Prell, Herm., Fresken im Treppenhause d. schles. Museums d. bild. Künste zu Breslau.

Janitsch, J. und Lichtwark, A. Stiche und Radirungen von Schongauer, Dürer, Rembrandt in heliographischer Nachbildung nach den Originalen des Königl. Kupferstichkabinets zu Berlin. Mit begleitendem Text. Berlin 1885. Fol. 2 Bde.

Janitsch, Jul., der orientalische Teppich als Vorbild. Kritik u. Vorschläge. gr. 8. (35 S.) Breslau 891. Maruschke & Berendt. n. 1.—

Janitsch, Jul., Kants Urteile über Berkeley. Ein Beitrag zur Kantphilologie. gr. 8. (57 S.) Strassburg 879. Astmann in Comm. n. 1. 20

Janitschar, der letzte. Aus den Denkwürdigkeiten eines Leibarztes des Chosrew Paschah. (Hrsg. von Wilh. Chezy.) gr. 8. (416 S. mit eingedr. Holzschn.) Wien 855, Ludwig und Bang. **

Janitscharen, die, s.a. Soldaten-Freund, der.

Janitscharen, die, (ein Abdruck aus d. 4ten Hefte der Pallas). 8. Altona 826. (Leipz., Rein). 4 'K

JANITSCHEK, Franz: Was ist der Zweck der Liturgie? — (1842) 84 S. 8°
(Handschr.) Diss. 62
Diss. Wien, Univ.

Janitschek, Hubert

Janitschek, H., die Trierer Ada-Handschrift, s.a. Publikationen der Gesellschaft f. rheinische Geschichtskunde.

Janitschek, H. Francesco Albani. (Dohme, Kunst und Künstler. Abth. 2, Bd. III.)

Janitschek, H. Francesco Barbieri. (Dohme, Kunst und Künstler. Abth. 2, Bd. III.)
Gutbier. Museum d. ital. Malerei in Photogr. XXXXIII.

Janitschek, Hub., Giovanni Bellini, s.a. Kunst u. Künstler des Mittelalters u. der Neuzeit.

Janitschek, H. Giovanni Bellini. (Dohme, Kunst und Künstler, Abth. 2, Bd. III.)
Gutbier. Museum d. ital. Malerei in Original-Photogr. XX.

Janitschek, H. Die Caracci. (Dohme, Kunst und Künstler. Abth. 2, Bd. III.)
Gutbier. Museum der ital. Malerei in Photogr. XXXXI.

Janitschek, H. Geschichte der deutschen Malerei. Mit Textillustrationen, Tafeln und Farbendrucken. (Geschichte der deutschen Kunst. III.) Berlin 1890. 4°.

Janitschek, Hub., Geschichte der deutschen Malerei. Berlin 1893. gr. Lex.-8.
Ist: Geschichte d. deut. Kunst. (D.)

—— die Gesellschaft der Renaissance in Italien und die Kunst. Vier Vorträge. 8. (VII, 120 S.) Stuttgart 879, Spemann. *

Janitschek, Hub., die Kunstlehre Dante's u. Giotto's Kunst. Antrittsvorlesung, geh. in der Aula der k. Universität in Leipzig am 4. Mai 1892. gr. 8. (31 S.) Leipzig, F. A. Brockhaus. n. — 60

— die Malerei, s.a. Geschichte der deutschen Kunst.

Janitschek H, die Malerei. (Geschichte der deutschen Kunst 3) Berlin 1890

—— die Malerschule von Bologna, s. Kunst und Künstler des Mittelalters und der Neuzeit.

Janitschek, H. Guido Reni. (Dohme, Kunst und Künstler. Abth. 2, Bd. III.)
Gutbier. Museum d. ital. Malerei in Photogr. XXXXII.

*Janitschek, Hubert. Repertorium für Kunstwissenschaft. (Bd. I red. von F. Schestag, Bd. II und III von H. Janitschek und A. Woltmann, Bd. IV. ff. von H. Janitschek.) Stuttgart 1876—.

—— Andrea del Sarto,
s.a. Kunst und Künstler des Mittelalters und der Neuzeit.

Janitschek, H. Andrea del Sarto. (Dohme, Kunst und Künstler. Abth. 2, Bd. III.)
Gutbier. Museum d. ital. Malerei in Photogr. XXV.

Janitschek, H., zwei Studien zur Geschichte der carolingischen Malerei, s.: Festgruss, Strassburger, an Anton Springer.

– Tintoretto, s.a. Kunst und Künstler des Mittelalters und der Neuzeit

Janitschek, H. Tintoretto. (Dohme, Kunst und Künstler. Abth. 2, Bd. III.)

– Paolo Veronese, s.a. Kunst und Künstler des Mittelalters und der Neuzeit

Janitschek, H. Paolo Veronese. (Dohme, Kunst und Künstler. Abth. 2, Bd. III.)
Gutbier. Museum d. ital. Malerei in Photogr. XXXX.
Tizian.

Janitschek, H. Domenico Zampieri. (Dohme, Kunst und Künstler. Abth. 2, Bd. III.)
Gutbier. Museum d. ital. Malerei in Photogr. XXXXIII.

Das Bildnis Sebastian Brants von Albrecht Dürer. Von Julius Janitsch. Mit 3 Lichtdrucktaf. u. 2 Abb. Strassburg: J. H. E. Heitz 1906. (18 S.) 8°
— Studien z. deutschen Kunstgeschichte. H. 74. [07. 337

Janitschek, Carl, Grasnod'ln. Erzählungen u. Gedichte in obersteir. Mundart. 8. (114 S.) Leoben 901. L. Nüssler.
Geb. in Leinw. n. 2.—

Janitschek, Maria: Die A m a z o n e n s c h l a c h t .
Leipzig: M. Spohr 1897. (107 S.) 1 Bd. 8⁰

Janitschek, Maria, die A m a z o n e n s c h l a c h t. gr. 8. (107 S.) Leipzig 897. Verlag „Kreisende Ringe“. n. 2. —

Janitschek, Maria, A t l a s. Novelle. 8. (69 S.) Berlin 893. G. Grote. n. 1. 50; geb. n. 2. —

— E s c l a r m o n d e. Ihr Lieben u. Leiden. 1. u. 2. Aufl. (à 344 S.) 8. Stuttgart 906. Deutsche Verlags-Anstalt. n. 4. —; geb. n. 5. —

JANITSCHEK, Maria, verw. (München, geb. zu Mödling 23. Juli 1860), D i e n e u e E v a. (7 Novellen.) 1902. (3. Aufl. 1905.) (Br. Kr. 3—, eleg. gebd. 4,20.) (Br. 1 Kr. 80 H., eleg. gebd. 2 Kr. 40 H. L. Rosner, Wien, 1911.)
In Deutschland v e r b o t e n. — Kürschner's Litt.-Kal. f. 1909, Sp. 746—47.

Janitschek, Maria: Die neue E v a .
Leipzig: H. Seemann 1902. 218 S. 8⁰

— die neue Eva. 3. Aufl. (5.—6. Taus.) (219 S.) kl. 8. Berlin (905). Leipzig, F. Rothbarth. n. 2.50; geb. n. 3. 50

— Im F i n s t e r n. Roman. (323 S.) 8. Leipzig (910). B. Elischer Nachf. 4.—; geb. in Leinw. 5. —

— auf weiten Flügeln. Novellen. kl. 4. (336 S.) Ebd. 902. n. 2.50

— F r a u e n k r a f t. Novellen. 8. (288 S.) Berlin (900). Vita. n. 3.—

Janitschek, Maria, aus A p h r o d i t e n s Garten. 2 Bde. 4. Leipzig 902. H. Seemann Nachf. à n. 2.50; geb. à n. 3.50
1. Maiblumen. (156 S.) — 2. Feuerlilie. (148 S.)

(B) Janitschek, Maria, aus Aphroditens Garten. 902. (KBL 31.) — Die neue Eva. 905. (KBL 33.) — Auf weiten Flügeln. 902. (KBL 31.) Jetzt: Berlin, Concordia.

Janitschek, Maria, gesammelte G e d i c h t e. 2., verm. Aufl. 12. (186 S.) Stuttgart 892. Union. n. 2. —

[F.] Gelandet. Roman v. M a r i a Janitschek. *Berlin: Romanwelt 1897.* (1 Bl., 159 S.) 1 Bd 8.

Janitschek, Maria. G e l a n d e t. Roman. 2. Aufl. 8. (159 S.) Berlin 897. Vita, Deutsches Verlagshaus. n. 2. —; geb. n. 3. —

Janitschek, Maria: G o t t hat es gewollt. Aus d. Leben e. russ. Priesters. Leipzig: Spohr 1895. 143 S. 8⁰

— Gott hat es gewollt. A. d. Leben e. russ. Priesters. gr. 8. (143 S.) Leipzig 895. Verlag „Kreisende Ringe“. n. 2. —

— das Haus in den Rosen, s. a. K ü r s c h n e r ' s, Jos., Bücherschatz.

Das Haus in den Rosen. Roman von Maria Janitschek. Berlin, Eisenach, Leipzig: H. Hillger [1905]. (128 S.) 8° [F.]
— Bücherschatz, Kürschners. No 481.

Janitschek, Maria, im Kampf um die Zukunft. Dichtung. 8. (63 S.) Stuttgart 887, Spemann. *

— K i n d e r der Sehnsucht. 8. (III, 216 S.) Goslar (901). F. A. Lattmann. n. 2.50; geb. n. 3.—

— K r e u z f a h r e r. gr. 8. (231 S.) Ebd. 897. n. 3. —

[Ant. u. F.] M a r i a Janitschek. Ins Leben verirrt. Roman. *Berlin: S. Fischer 1898.* (2 Bl., 196, VIII S.) 1 Bd 8.

Janitschek, Maria, Legenden u. Geschichten. 8. (III, 89 S.) Stuttgart 885. Spemann. n. 2. —

— lichthungrige L e u t e. Novellen. 8. (187 S.) Dresden 892. E. Pierson. n. 2. —

M a r i a Janitschek. Lichthungrige Leute. Novellen. (2. Aufl.) *Dresden & Leipzig: E. Pierson (1895).* (186 S.) 8° [F.]

(B) — Lichthungrige Leute. 895. (KBL 29.) Jetzt: Berlin, Verlag Berlin-Wien.

— Despotische Liebe; Es geistert, s.: M e i s t e r w e r k e d. zeitgenöss. Novellistik.

— Irrende L i e b e. Roman. (252 S.) 8. Ebd. (909). 3.50; geb. 4. 50

— Eine L i e b e s n a c h t. Roman. (305 S.) 8. Leipzig 908. B. Elischer Nachf. 4.—; geb. in Leinw. 5. —

— L i l i e n z a u b e r. 8. (109 S.) Leipzig 895. Verlag „Kreisende Ringe“. n. 2. —

— M i m i k r y. Ein Stück modernes Leben. (251 S.) kl. 4. Loipsig 903. [H. Seemann Nachf.] J. Rothbarth. n. 2. 50

(B) — Mimikry. 903. (KBL 33.) Jetzt: Berlin, Concordia.

Janitschek, Maria: N i n i v e . Roman.
Leipzig: Spohr 1896. 253 S. 8⁰

— O l y m p i e r. Novelle. 8. (186 S.) Breslau 901. Schles. Buchdruckerei x. n. 2. —; geb. n. 3.—

Olympier. Novelle von M a r i a Janitschek. *Breslau: S. Schottlaender; Leipzig: E. F. Steinacker 1901.* (186 S.) 8° [F.]

— P f a d s u c h e r. Vier Novellen. 8. (149 S.) Berlin 894. G. Grote. Kart. n. 3. —; geb. n. 4. —

— P f i n g s t s o n n e. Novelle. 8. (166 S.) Ebd. 903. n. 2.—; geb. n. 3.—

— Raoul u. Irene, s.a. Collection Fischer.

Raoul und Irene. Von M a r i a Janitschek. *Berlin: S. Fischer 1897.* (2 Bl., 112 S.) 1 Bd 8.
(Collection Fischer.)

— der S c h l e i f s t e i n. Ein Lebensbild. gr. 8. (195 S.) Leipzig 896. Verlag „Kreisende Ringe“. n. 3. —

—— Aus der S c h m i e d e d. Lebens. Erzählungen. 8. (III, 274 S.) Berl. 890, Zoberbier. * 3 —

— aus d. Schmiede d. Lebens. Erzählgn. 2. Aufl. 8. (VII, 255 S.) Leipzig 902. Schulze & Co. n. 3. —; geb. n. 4. —

Janitschek, Maria, harter Sieg. Roman. 2 Tle. in 1 Bde. 8. (166 u. 207 S.) Berlin (902). O. Janke. n. 5. —; geb. in Leinw. n. 6. —

— im Sommerwind. Gedichte. 8. (108 S.) Ebd. 895. n. 2. —

— im Sonnenbrand, s.a. Kürschner's Bücherschatz.

Janitschek, Maria: Im Sonnenbrand ... Novellen v. –. M. Ill. v. M. Ränike. Berlin, Eisenach, Leipzig: H. Hillger [1898]. (127 S.) 1 Bd. 8°
= Bücherschatz, Kürschners. No 91.

— Stückwerk. Roman. 1. u. 2. Aufl. 8. (à 211 S.) Leipzig 901. O. Gracklauer. n. 3. —; geb. n. 4. —

— Überm Tal, s.a. Kürschner's Bücherschatz.

— Überm Thal. Novelle. 8. (170 S.) Breslau 898. Schles. Buchdruckerei ꝛc. n. 3. —; geb. n. 4. —

Überm Tal. Novelle von Maria Janitschek. Mit Ill. von W. Roegge. Berlin, Leipzig: H. Hillger [1907]. (93 S.) 8° [F.]
— Bücherschatz, Kürschners. No 541. [07. 13337

—— Irdische u. unirdische Träume. Gedichte. 12. (85 S. m. Lichtdr.-Portr.) Stuttg. 889, Union. * 2 —

— Verzaubert. Eine Herzensfabel in Versen. (68 S.) 8. Stuttgart 888. München (Amalienstr. 1), Frau M. Janitschek. 1.50

Janitschek, M., Vom Weibe. Charakterzeichnungen. (143 S.) Berlin 1895. S. Fischer.

— vom Weibe. Charakterzeichnungen. 8. (V, 143 S.) Berlin 896. S. Fischer, Verl. n. 2. —; geb. 3. —

— vom Weibe. Charakterzeichnungen. 2. u. 3. Tausd. 8. (IX, 143 S.) Berlin 901. S. Fischer, Verl. n. 2. —; geb. n.n. 3. —

Janitschek, Maria, wo die Adler horsten, s.: Deva-Roman-Sammlung 71. Bd.

— aus alten Zeiten. Gedichte. 12. (97 S.) Leipzig 900. Verlag „Kreisende Ringe". n. 2. —

Janitzkin, Stanisl. v., Spieler u. Falschspieler. Die Lehren aus dem Hannover'schen Spielerprocesse. Grelle Streiflichter auf das „High life". gr. 8. (39 S.) Berlin 894. Neufeld & Henius. n. 1. —

Jank, Angelo, die Wacht am Rhein. Soldatenbilderbuch. Gedichte, ausgewählt v. Nikol. Henningsen. 2 Bde. [Aus der Sammlg.: „Das deutsche Bilderbuch".] (Je 15 S. farb. Abbildgn.) 22,5×29,5 cm. Mainz (910). J. Scholz. Geb. à 1. —; in 1 Bd. geb. 2. —

Jank, Berta, neues Schnittbuch, s.: Hübel, Amalie.

— Ausgeführte Schnittmuster, s.: Hübel, Amalie.

— Unterricht in den weiblichen Handarbeiten, s.: Hübel, Amalie.

Jank, G.: Der Findling oder Folgen der Irrthümer in der Erziehung weiblicher Jugend. Eine in ihren Grundzügen wahre Geschichte. 12. (91.S.) Korneuburg: Kühlkopf 1868.

Jank, G.: Leokadia, das Kind einer Zigeunerin. Erzählung. 8° (142 S.) Korneuburg: Kühkopf 1870.

Janka, Gabr., die Eignung d. Buchenholzes zu Straßenpflaster im Vergleiche m. Nadelhölzern. (34 S.) gr. 8. Wien 902. W. Frick. n. — 60

— u. N. Lorenz, R. v. Liburnau, die Einwirkg. v. Süss- u. Salzwässern auf die gewerbl. Eigenschaften der Hauptholzarten, s.a. Mitteilungen aus dem forstl. Versuchswesen Österreichs. 33. Heft.

JANKA, Gabriel u. Norbert LORENZ Ritter v. LIBURNAU: Die Einwirkung von Süss- und Salzwässern auf die gewerblichen Eigenschaften der Hauptholzarten. - Wien 1907. VIII, 115 S. 2 Tl. - Tl. 1 v. Gabriel Janka: Untersuchungen und Ergebnisse in mechanisch-technischer Hinsicht. - Tl. 2 v. Norbert Lorenz Ritter von Liburnau: Untersuchungen und Ergebnisse in chemischer Hinsicht. - (Mitt. a. d. forstl. Versuchswes. Österreichs H. 33)

Janka, G. und Lorenz R. von Liburnau, N., Die Einwirkung von Süß- und Salzwässern auf die gewerblichen Eigenschaften der Hauptholzarten. I. und II. Teil. [Mitteilungen a. d. forstlichen Versuchswesen Österreichs. XXXIII. Heft.] 4°. (VIII, 115 S.) Wien: Frick 1907. K 4. —

Janka, Gabr., Fichte aus den Karpathen, aus dem Böhmerwalde, Ternovanerwalde u. den Zentralalpen, s.: Mitteilungen aus dem forstl. Untersuchungswesen Österreichs.

— Fichte v. Nordtirol, vom Wienerwalde u. Erzgebirge, s.: Mitteilungen aus dem forstl. Versuchswesen Oesterreichs. 28. Hft.

— Die Härte des Holzes. (Mitteilung der k. k. forstl. Versuchsanstalt in Mariabrunn.) (32 S. m. Abbildgn.) gr. 8. Wien 906. W. Frick. 1. —

Janka, Gabr., Untersuchungen üb. die Elasticität u. Festigkeit der österr. Bauhölzer, s.a. Hadek, Ant.

JANKA, Gabriel u. Anton HADEK: Untersuchungen über die Elasticität und Festigkeit der österreichischen Bauhölzer. - Wien 1900, 1904, 1909, 1913 u. 1918. 5 Tl. - Tl. 1: Die Fichte Südtirols. VII, 161 S., 14 Abb., 21 Taf. - Tl. 2: Fichte von Nordtirol, vom Wienerwalde und Erzgebirge. VI, 313 S., 15 Taf., 12 Abb. - Tl. 3: Fichte aus den Karpathen, aus dem Böhmerwalde, Ternovanerwald und den Zentralalpen. Technische Qualität des Fichtenholzes im Allgemeinen. VIII, 127 S., m. Abb., 4 Taf., 4 Bl. Erkl. - Tl. 4: Lärche aus dem Wienerwalde, aus Schlesien, Nord- und Südtirol. VIII, 116 S., 2 Abb., 5 Taf., 5 Bl. Erkl. - Tl. 5: Lärche aus Krain, aus Oberösterreich, Steiermark, aus dem Erzgebirge und Böhmerwalde, aus Mähren und Galizien. Technische Qualität des Lärchenholzes im Allgemeinen. VIII, 88 S., m. Taf., 5 Bl. Erkl. - (Mitt. a. d. forstl. Versuchswes. Österr. H. 25, 28, 35, 37, 40)

Janka, G., Untersuchungen über die Elastizität und Festigkeit der österr. Bauhölzer. 2. Fichte von Nordtirol, vom Wienerwalde und Erzgebirge. [Mitteilungen aus dem forstlichen Versuchswesen Österreichs. 28. Heft.] 4°. (ill. VI, 313 S. mit 15 Tafeln) Wien: Frick 1904. K 8. —

Janka, G., Untersuchungen über die Elastizität und Festigkeit der österreichischen Bauhölzer. III. [Mitteilungen aus dem forstlichen Versuchswesen Österreichs. 35. Heft.] Fol. (ill. VIII, 127 S. mit 4 Tafeln) Wien: Frick 1910. K 5. —

— Untersuchungen üb. Holzqualität. (23 S.) Lex.-8. Wien 904. W. Frick. n. — 60
Sonderabdruck aus: „Zentralbl. f. d. ges. Forstwesen".

Janka, Karl, die Grundlagen der Strafschuld. Vortrag, gehalten in der Plenar-Versammlung der jurist. Gesellschaft in Wien am 30. Jänner 1885. gr. 8. (59 S.) Wien 885, Manz'sche Hof-Verlags- und Universitäts-Buchh. *

Janka, Karl, staatliches Klagmonopol oder subsidiäres Strafklagrecht. Eine strafprocessuale Abhandlung. gr. 8. (IV, 48 S.) Erlangen 879, Deichert. *

—— der strafrechtliche Notstand. gr. 8. (VIII, 264 S.) Ebendas. 878. *

— das österreichische Strafrecht. 8. (XVI, 380 S.) Prag 884. Tempsky. — Leipzig, Freytag. n. 5. 60; Einbd. n.n. 1. —

Janka, K., das österreichische Strafrecht. 2. Aufl., durchgesehen u. ergänzt v. F. Rulf. gr. 8. (XVIII, 365 S.) Prag 890. Tempsky. — Leipzig, Freytag. n. 6. —

Janka, Karl: Das Österreichische Strafrecht. Von Dr. –. 3. Aufl., durchges. u. m. Berücks. d. neuesten Strafgesetzent. ergänzt v. Dr. Friedrich Rulf ... Prag, Wien, Leipzig: Tempsky, Freitag 1894. (XV, 358 S.) 1 Bd. 8°

Janka, Karl, das österreichische Strafrecht. 4. Aufl., durchgesehen u. ergänzt von Emilian Frhr. v. Kallina. gr. 8. (VIII, 352 S.) Wien 902. F. Tempsky. — Leipzig, G. Freytag. Geb. in Leinw. n. 10. —

Janka, Vict. de, Amaryllideae, Dioscoreae et Liliaceae europaeae. Analytice elaboratae. Lex.-8. (37 S.) Budapestini 886. (Berlin, Friedländer und Sohn.) *
Aus: Természetrajzi Füzetek, besonders abgedruckt.

Janka, Vict. de, Cruciferae siliculosae florae europaeae. Lex.-8. (22 S.) Budapest 883. (Berlin, Friedländer und Sohn.) **
Aus: Természetrajzi Füzetek, besonders abgedruckt.

Janka, Victor v. Zur Flora von Siebenbürgen. *Wien, C. Ueberreuter.* 5 S. 8°.
Separatabdruk aus Nr. 6 der „Oesterr. botan. Zeitschr."

—— Genisteae europaeae. gr. 8. (17 S.) (Ebendas.) 884. *

—— Hedysareae et Astragaleae europaeae. gr. 8. (21 S.) (Ebendas.) 884. *

—— Leguminosae europaeae, analytice elaboratae. gr. 8. (78 S.) (Ebendas.) 885. *
Vorstehendes Werk enthält folgende Abhandlungen: Genisteae, Hedysareae, Trifolieae und Vicieae.

Janka, Vict. de, Scrophularineae europaeae analytice elaboratae. gr. 8. (40 S.) Budapest 881. (Berlin, Friedländer & Sohn.) 2. —

— Trifolieae et Loteae florae europaeae. gr. 8. (26 S.) Ebend. 884. n. 1. 50

—— Vicieae europaeae. gr. 8. (12 S.) (Ebendas.) 885. *
Vorstehende Schriften sind aus: Természetrajzi Füzetek, besonders abgedruckt.

Jankau, Ludw., Anatomie, Physiologie u. Hygiene des geschlechtsreifen Sohnes. Ein Buch f. Eltern u. Erzieher. 8. (VII, 68 S. m. Abbildgn.) München 894. Bielefeld, A. Helmich. n. 1. 50

— dasselbe der geschlechtsreifen Tochter. Für Eltern u. Erzieher. 8. (VII, 56 S. m. Abbildgn.) Ebd. 894. n. 1. 50

— Familien-Hygiene. Ein Hausbuch. (Titel-Ausg. der 4 Einzelwerke.) 8. Ebd. 894. Geb. in Leinw. n. 6. —
1. An junge Frauen. Briefwechsel üb. Krankheiten des weibl. Geschlechts, Schwangerschaft, Geburt, Ernährg. u. Erziehg. der Kinder. (XII, 104 S.)
2. Zur Hygiene des Ehemannes. Abhandlungen aus dem Eheleben. (49 S.)
3. Anatomie, Physiologie u. Hygiene der geschlechtsreifen Tochter. Für Eltern u. Erzieher. (VII, 56 S.)
4. Anatomie, Physiologie u. Hygiene des geschlechtsreifen Sohnes. Ein Buch f. Eltern u. Erzieher. (VII, 68 S.)

— an junge Frauen. Briefwechsel üb. Krankheiten des weibl. Geschlechts, Schwangerschaft, Geburt, Ernährg. u. Erziehg. der Kinder. 8. (XII, 104 S.) Ebd. 893. n. 2. —

Jankau, L., badeärztliches Handbuch. Kompendium f. Bade-Anstalts- u. prakt. Aerzte. (VII, 224 S.) 8. Planegg bei München 903. (Leipzig, C. Knobloch.) n.n. 4. —

Jankau, Ludw., s.: Handbuch der Prophylaxe.

— zur Hygiene des Ehemannes. Abhandlungen aus dem Eheleben. (2. Aufl.) 8. (49 S.) Ebd. 894. n. 1. 50

Jankau, L., die Hygiene d. Ohres u. d. Prophylaxe d. Ohrerkrankgn. gr. 8. (VII, 143 S. m. 6 Abb.) Leipzig 895. E. H. Mayer. n. 3. —

— s.: Monatsschrift, internat. photogr., f. Medizin.

Jankau, L., Orientierungsmaterial aus der gesamten Pathologie u. Therapie zum Gebrauche f. Ärzte u. Studierende. (Zusammenfassung der vom Autor hrsg. Taschenbücher.) 2 Bde. (409 S., S. 75—296, 75—315, 75—322 u. 75—335, 75—271, 3—350, 3—240 u. 84 S. m. Tab. II. (Personal-)Tl. des Taschenbuch f. Augenärzte; Chirurgen u. Orthopäden; Frauenärzte u. Geburtshelfer; Kinderärzte; Nervenärzte, Psychiater u. Ohren-, Nasen- u. Halsärzte, 61, 75, 60, 47, 82 u. 64 S.) 8. Eberswalde 910. M. Gelsdorf. Geb. in Leinw. 40. —

— die Photographie in der praktischen Medizin. Mit 30 Orig.-Aufnahmen. Für Kliniken, prakt. Aerzte u. Studirende. 8. (119 S.) München 894. Seitz & Schauer. n. 3. 60

— s.: Praxis, deutsche.

— s.: Repertorium der praktischen Medizin.

— d. Röntgen-Photographie, s. a. Projections-Vorträge.

Jankau, L.: Die Röntgen-Photographie. Vortrag zu e. Serie v. 40 Laternenbildern. Von Dr. –. Düsseldorf: E. Liesegang 1898. (21 S.) 8°
= Projections-Vorträge. H. 21.

— der Tabak u. seine Einwirkg. auf den menschlichen Organismus. Eine chem., physiolog., patholog. u. therapeut. Studie. gr. 8. (110 S. m. Fig.) Ebd. 893. n. 3. —

— Taschenbuch f. Augenärzte samt Augenärzte-Verzeichnis etc. des In- u. Auslandes. III. Ausg. (Jahrg. 1906 u. 1907.) (XI, 227 S. m. Schreibkalender in 12 Monatsheften.) kl. 8. Leipzig 905. M. Gelsdorf. Geb. in Leinw. u. geh. n. 4. —

Jankau, L.: Taschenbuch für Augenärzte samt Augenärzte-Verzeichnis usw. des In- und Auslandes. 3. Ausg. Leipzig 1906

— Taschenbuch f. Augenärzte. 4. umgearb. u. bedeutend verm. Aufl. (XV, 296 S.) kl. 8. Eberswalde 909. M. Gelsdorf. Geb. in Leinw. 6.—; II. Tl.: Personalien. 4. vielf. ergänzte Aufl. (IV, 61 S.) 1.50

— Taschenbuch f. Chirurgen u. Orthopäden samt Spezialärzte-Verzeichnis etc. des In- u. Auslandes. II. Ausg. (Jahrg. 1906 u. 1907.) (XI, 232 S. m. Schreibkalender in 12 Monatsheften.) kl. 8. Ebd. 905. Geb. in Leinw. u. geh. n. 4.—

— Taschenbuch f. Chirurgen. 3. umgearb. u. bedeutend erweit. Aufl. (XVI, 409 S.) kl. 8. Ebd. 909. Geb. in Leinw. 6.—; II. Tl. Personalien. 3. Aufl. (IV, 75 S.) 910. 1.50

— Taschenbuch f. Frauenärzte u. Geburtshelfer samt Frauenärzte-Verzeichnis etc. des In- u. Auslandes. II. Ausg. (Jahrg. 1906 u. 1907.) (X, 212 S. m. Schreibkalender in 12 Monatsheften.) kl. 8. Ebd. 905. Geb. in Leinw. u. geh. n. 4.—

— Taschenbuch f. Frauenärzte. 4. umgearb. u. bedeutend verm. Aufl. (XIV, 271 S.) kl. 8. Ebd. 909. Geb. in Leinw. 6.—; II. Tl.: Personalien. 3. vielfach ergänzte Aufl. (IV, 60 S.) 910. 1.50

— Taschenbuch f. Kinderärzte, samt Spezialärzte-Verzeichnis etc. (Jahrg. 1905 u. 1906.) (X, 210 S. m. Schreibkalender in 12 Monatsheften.) kl. 8. München [Seitz & Schauer.] Leipzig, M. Gelsdorf. Geb. in Leinw. u. geh. n. 4.—

Jankau, L., Taschenbuch f. Kinderärzte. 3. umgearb. u. bedeutend verm. Aufl. (XV, 335 S. m. 4 Tab. u. Schreibkalender in 12 Monatsheften.) kl. 8. Eberswalde 909. M. Gelsdorf. Geb. in Leinw. u. geh. 6.—; II. Tl.: Personalien. 3. vielf. ergänzte Aufl. (IV, 47 S.) 910. 1.50

— Taschenbuch f. Magen-, Darm- u. Stoffwechselkrankheiten. 2 Tle. kl. 8. Eberswalde, M. Gelsdorf. Geb. in Leinw. 12.—
I. 2. verb. u. verm. Aufl. (XV, 362 S. m. 2 Tab. u. Schreibkalender in 12 Monatsheften.) 910. Geb. 6.—
II. (XII, 240 S.) Leipzig 909. Geb. 6.—

— Taschenbuch f. Nervenärzte u. Psychiater samt Spezialisten-Verzeichnis u. Notiz-Kalender. (Jahrg. 1905 u. 1906.) (X, 229 S. m. Schreibkalender in 12 Monatsheften.) kl. 8. Ebd. Geb. in Leinw. 4.—

— Taschenbuch f. Nervenärzte u. Psychiater. 3. umgearb. u. bedeutend verm. Aufl. (XV, 315 S. m. 2 Tab. u. Notizkalender in 12 Heften.) kl. 8. Ebd. 909. Geb. in Leinw. u. geh. 6.—; II. Tl.: Personalien. 3. Aufl. (IV, 82 S.) 910. 1.50

— dasselbe f. Ohren-, Nasen-, Rachen- u. Halsärzte auf d. J. 1903. 8. Jahrg. 12. (VIII, 203 S. m. Schreibkalender in 12 Monatsheften.) Ebd. Geb. in Leinw. u. geh. n. 5.—
Vergl.: Vademecum etc.

— Taschenbuch f. Ohren-, Nasen-, Rachen- u. Halsärzte nebst Spezialisten-Verzeichnis u. Taschen-Kalender auf d. J. 1905/6. 9. Ausg. (X, 232 S. m. Schreibkalender in 12 Monatsheften.) kl. 8. Ebd. Geb. in Leinw. u. geh. n. 4.—

— Taschenbuch f. Ohren-, Nasen- u. Halsärzte. 11. umgearb. u. bedeutend verm. Aufl. (XIV, 322 S. m. 2 Tab. u. Schreibkalender in 12 Monatsheften.) kl. 8. Ebd. 909. Geb. in Leinw. u. geh. 6.—; II. Tl.: Personalien. 11. vielf. ergänzte Aufl. (IV, 62 S.) 910. 1.50

— Taschenbuch u. Spezialisten-Verzeichnis u. Taschen-Kalender f. Augenärzte auf d. J. 1903. Mit 12 Monatsheften: Aerztl. Notizkalender. 12. (VII, 183 S.) München, Seitz & Schauer. Geb. in Leinw. u. geh. n. 5.—

— s.: Vademecum nebst Taschenkalender f. Ohren- etc.-Ärzte.

— Vorsichtsmaßregeln bei Behandlg. v. Ohrenleiden z. Verteilg. an Ohrenkranke v. Seite d. Arztes. 8. (64 Bl.) München 898. Seitz & Schauer. n. —50

Janke, s.a. Jancke. — Jankius.

Janke, Elektricität als Weltallskraft. Verhalten der Elektricität zu den Körpern. (Fortpflanzung der Elektricität u. der elektr. Widerstand der Körper im Allgemeinen.) gr. 8. (35 S. m. Fig.) Leipzig 901. Luckhardt's Buchh. f. Verkehrswesen. n. 1.—

Janke: De stasimo Philoctetae fabulae Sophocleae primo comm. 18 S.—Pyritz, Progr. 1865

Janke, A., die Belagerungen der Stadt Trier in den J. 1673 bis 1675 u. die Schlacht an d. Conzer Brücke am 11. Aug. 1675. Mit e. Plan. gr. 8. (VII, 108 S.) Trier 890. Lintz. n. 4.—

Janke, A., Reise-Erinnerungen aus Italien, Griechenland u. dem Orient. Mit besond. Berücksicht. der militär. Verhältnisse. 8. (XII, 515 S.) Berlin 874. Schneider & Co. n. 7. 20; geb. n. 8. 50

Janke, A., Skizzen aus dem Europäischen Rußland. Mit besonderer Berücksichtigung militairischer Verhältnisse. 1. u. 2. Hft. gr. 8. Berlin 877. 79. F. Luckhardt. à n. 2. 40
1. Warschau u. Polen. 2. (Titel-)Aufl. (129 S.)
2. St. Petersburg u. Finnland. (IV, 124 S.)

Janke, Alb., Bad Colberg. Führer durch das Sool-, Moor- u. Seebad, nebst e. Plan v. der Stadt u. dem Theater. 12. (VI, 176 S.) Colberg 884. (Colbergermünde, Pickel.) cart. n. 1. 50

Janke, Albert: Die Mängel in der gegenwärtigen äussern und innern Einrichtung und die zeitgemässe Umgestaltung der höheren Töchterschulen. Vom Verbande d. deutschen Frauenbildungs- u. Erwerbsvereine gekr. Preisschrift. — Berlin: Oppenheim 1873. VII, 116 S. 8°

Janke, Albert [Dr.]: Über Schulhygiene. Cöslin, gedr. bei C. G. Hendess, 1891; S. 1–24; 4°
Cöslin, k. G, OP 1891 (128)

Janke-Karola, Gedichte. 3. Thl. 2. Aufl. gr. 16. (IV, 110 S.) Dresden 872. (Berlin, Conrad.)
1. und 2. Thl. (Ebendas.) 1867. *M. 3.

Gedichte in der Frühlingszeit von Janke-Cárola [d. i. Karola v. Janke]. 3 Teile. 5. Aufl. Berlin: Konrad 1900. (197 S.) 8° [F.] [06. 2890 2

—— vier Lustspiele für Bühne und Haus. (Den Bühnen gegenüber als Mscr.) br. 8. (117 S.) Leipzig 866, Klinkhardt.

— das Räthsel der Unsterblichkeit gelöst von einer Somnambule. Dresden 868. (Berlin, Conrad.) 8. (22 S.) n. 5 ngr.

-- die Fortsetzung des Räthsels der Unsterblichkeit oder: „Nur eine Religion." 1. u. 2. Aufl. Ebend. 869. 8. (22 S.) n. 3 ngr.

Das Spiel des Zufalls. Lustspiel in 3 Abt. von Janke-Cárola. Berlin: Conrad 1898. (20 S.) 8° [F.] [06. 11304

Tagebuchblätter aus der Frühlingszeit von Janke-Cárola [d. i. Karola v. Janke]. Berlin: Conrad 1892. (70 S.) 8° [F.] [06. 2891 2

Janke, Kurt, letzte Gedanken e. Selbstmörders. (28 S.) 8. Straßburg 906. J. Singer. n. 1.—

Janke, Ludwig

Das Chemische Staats-Laboratorium zu Bremen 1877–1901. Bericht von Prof. Dr. Ludwig Janke, Dir. zu Bremen. Bremen: Rühle & Schlenker in Komm. 1904. (445 S.) 8°
[Umschlagt.:] Das chem. Staats-Laboratorium zu Bremen. 1877–1901. [05. 4376

Janke, O., Handfibel, s.: Schulz, Otto.

— Berliner Lesebuch, s.: Berthold, L., u. H. Reinecke.

— s.: Nordpolfahrten.

— Übungsschule zur Erlerng. der deutschen Sprache, s.: Gusinde, Alois.

Janke, Otto, der Beginn der Schulpflicht. Ein Beitrag zur Erörterg. dieser Frage. gr. 8. (70 S. m. 8 Tab.) Bielefeld 891. A. Helmich. n. 1.—

— die Beleuchtung der Schulzimmer, s.: Magazin, pädagogisches.

— Bericht des Sonderkomitees IX der „Deutschen Frauen-Abteilung bei der Weltausstellung Chicago 1893", s.: Pappenheim, E.

Janke, O., d. Gesundheitslehre im Lesebuch, s.: Magazin, pädagog.

Janke, Otto, Grundriß der Schulhygiene. Für Lehrer u. Aufsichtsbeamte zusammengestellt. gr. 8. (VII, 95 S.) Hamburg 890. Voß. n. 1. 50

Janke, Otto, Grundriss der Schulhygiene. Für Lehrer, Schulaufsichtsbeamte u. Schulärzte bearb. 2., vollst. umgearb. u. erweit. Aufl. gr. 8. (VIII, 309 S.) Hamburg 901. L. Voss. n. 4.—; geb. in Leinw. n. 5.—

— Handbuch der Schulhygiene, s.: Baginsky, Adf.

— die Hygiene der Knaben-Handarbeit. Beiträge zur gesundheitsgemäßen Ausgestaltg. d. Handarbeits-Unterrichts f. Knaben. gr. 8. (IX, 106 S.) Hamburg 893. L. Voß. n. 1. 80

— Körperhaltung u. Schriftrichtung, s.: Magazin, pädagogisches.

— die Litteratur der Schulhygiene, s.a. Zeit- u. Streitfragen, pädagogische.

Janke, Otto, Die Litteratur d. Schulhygiene, Kritischer Bericht, Gotha, 1892, 53 S., 8°.

Janke, Otto [Hrsg.]
s. Roman-Zeitung, Deutsche. 1864–83.

— die Schäden d. gewerbl. u. landwirtschaftl. Kinderarbeit f. d. Jugenderziehg., s.a. Magazin, pädagog.

Die Schäden der gewerblichen und landwirtschaftlichen Kinderarbeit für die Jugenderziehung. Von Otto Janke. Langensalza: H. Beyer & Söhne 1897. (1 Bl., 44 S.) 1 Bd. 8°
= Magazin, Pädagogisches. H. 88. [97. 4736

— Schreiben u. Schrift. Spez. Anweisgn. aus d. Physiologie u. Hygiene d. Schreibunterrichts. [Aus: „Rein's encyklopäd. Handbuch d. Pädagogik".] gr. 8. (III, 64 S.) Langensalza 898. H. Beyer & Söhne. n. 1. 20

Janke, O., siehe: *Schulgesetz-Samml.*

— üb. d. Unterricht in d. Gesundheitslehre. gr. 8. (VIII, 163 S.) Hamburg 895. L. Voss. n. 2. 50

Janke's, Otto, Volkskalender für die J. 1869—1875. 1.—7. Jahrg. 16. (à 184—250 S. mit vielen in den Text gedr. Holzschn.) Berlin, Janke. à Jahrg.

Janke's, Otto, Volks-Kalender für die J. 1876 und 1877. 8. und 9. Jahrg. Mit vielen in den Text gedr. Holzschn. 16. (225; 128 S.) Berlin, Janke. à Jahrg. *

—— dass. — auf die J. 1878 und 1879. Hrsg. von der Gesellschaft für Verbreitung von Volksbildung. 10. und 11. Jahrg. Mit vielen Illustr. (in eingedr. Holzschn. und Holzschntaf.). (Neuer deutscher Reichs-Kalender.) (Ausg. für das östl. Deutschland.) 16. (208, 22; 208, 24 S.) Berlin, C. Heymann's Verlag. à Jahrg. *
Die Fortsetzung u. d. T.: Neuer deutscher Reichs-Kalender.

Janke's, Otto, deutsche Wochenschrift hrsg. von Friedr. Spielhagen. Jahrg. 1863. (1.—3. Quartal.) Mit Illustr. gr. 4. Berlin, Janke.
Die Fortsetzung bildet: Romanzeitung, deutsche.

Jankó, P. v: Eine neue Claviatur. (Totis 1886)

Janke, Robertus *(geb. Breslau 26. 5. 1822)*: De conditionibus matrimonio appositis. Vratislaviae (1851). (31 S.) 8°
Breslau, Jur. Diss. v. 15. Aug. 1851

Janke, Th., Preußen 1807 u. jetzt, oder was ist in Preußen seit d. J. 1807 ausgeführt, um den gesellschaftl. Zustand zu verbessern u. zu erheben? 1e u. 2e unveränd. Aufl. gr. 8. Berl. 831. Nauck. 10 gr.

Janke, Godof., resp. J. C. Hoermann, De foraminibus calvariae eorumque usu. 76 pp. 1 pl. Lps. 4°. Sandifort, Roterod. 1763, Diss II, 187—234. Weiz, Vollst. Auszg. 12°. Lpz. u. Bud. 1774, VI, 1762

Janke, H., die direkte Besteuerung des Spiritus. Eine Zeitfrage der Gegenwart. 2. (Titel-)Ausg. Lex.-8. (VIII und 161 S.) Berlin (861)64, Janke.

— u. Lehmann, die Einführung der Fabrikssteuer bei der Spiritusbrennerei. Zwei Abhandlungen vorgetragen in der Sitzung des schlesischen Vereins der Spiritus-Fabrikanten [Concordia-Verein] am 15. Novbr. 1862 in Breslau. Breslau 863. Kern. gr. 8. (30 S.) 6 ngr

— die Forderung der Drainage in Preußen von Staatswegen. Eine staatswissenschaftl. Darstellung mit prakt. Vorschlägen. gr. 8. (VIII und 248 S.) Berlin 862, [Wiegandt und Hempel.] *

— das Fruchtrecht des redlichen Besitzers und des Pfandgläubigers. Zwei civilist. Abhandlungen, unter Berücksicht. der modernen Gesetzgebungen. Lex.-8. (XV und 811 S.) Erlangen (861)62, Enke's Verlagsbuchh. *

Janke, Heinr., Embryologie u. Infections-Krankheits-Uebertragung, sowie die Blutserum-Therapie. gr. 8. (III, 104 S.) Neuwied 894. Heuser's Verl. n. 2.50

Janke, Heinr., die Grundsätze der Schafzüchtung. Mit besond. Berücksichtigung der deutschen Merinozucht. Berlin 867. Springer's Verlag. gr. 8. (XV, 220 S. mit 1 lith. Titelbilde in Tondr.) n. 1 ₰ 10 ngr

Janke, H., die willkürliche Hervorbringung des Geschlechts bei Mensch u. Hausthieren. gr. 8. (XIX, 495 S.) Neuwied 887. [Heuser's Verl.] Stuttgart, Zimmer's Verl. n. 11.—

— dasselbe. 2., verm. Aufl. gr. 8. (XXIV, 581 S.) Ebd. 888. 12.—

Janke, Heinr. Die willkürliche Hervorbringung d. Geschlechts bei Mensch u. Hausthieren. Kleine Ausg. gr. 8. (LXXXVII, 223 S.) Stuttg. 890, Zimmer. * 4 —

Janke, Heinr., zur neuen Hypotheken- u. Grundbuch-Ordnung. Ein Rathgeber f. Grundbesitzer, Kapitalisten, Miether u. Pächter. gr. 8. (18 S.) Stettin 872. v. der Nahmer. — 80

Janke, Heinr. (II.), die Schafschau auf der Wiener Welt-Thier-Ausstellung im Sommer 1873. gr. 8. (51 S.) Prag 873, Calve'sche Universitäts-Buchh.
Aus: Komers Jahrbuch für österreichische Landwirthe, besonders abgedruckt.

— die Uebervölkerung u. ihre Abwehr. gr. 8. (XII, 160 S.) Leipzig 893. M. Spohr. n. 2.40

Janke, Heinr., die Vorausbestimmung des Geschlechts beim Rinde. 2., vollständig neu bearb. Aufl. gr. 8. (100 S.) Berlin 881. Janke. n. 2.—

— die Wollproduktion unserer Erde und die Zukunft der deutschen Schafzucht. Nebst prakt. Züchtungsregeln. gr. 8. (XV und 347 S.) Breslau 864, Kern's Verlag.

Janke, J., De stasimo Philoctetae fabulae Sophocleae I. Pr. 1865. 18 S. 4°. 1.—

Janke, J.E.Th.(Hrsg.), s. Abhandlungen über einige der wichtigsten Theile d.Preuß.Städte-Ordnung . . .

Janke, J. E. Th., über Ursprung, Wesen u. Erfolg d. Schiedsmanns-Instituts im preuß. Staate. Zur Belehr. f. Schiedsmänner u. Alle, welche davon Kunde nehmen wollen. 16. (2 B.) Berlin 835, Vereins-Buchh.

Janke, J. G.: De medico exorcista, s. Pohl, G. Chr.

Janke, Johann Gottfried

Ioannes Godofredus Iankius [Janke]: De foraminibus calvariae eorumque usu. [Resp.:] Ioannes Casparus Hoermanno [Hoermann]. Lipsiae (1762:) Langenheim. 76 S. 8°
Leipzig, Med. Disp. v. 1. Okt. 1762

Ioannes Godofredus Iancke [Janke]: Observationes quaedam anatomicae de capsis tendinum articularibus. (Lipsiae 1753: Langenheim.) XX S. 8°
Leipzig, Phil. Univ.- Schr. v. 4. Mai 1753

Ioannes Godofredus Iancke [Janke] et Ernestus Samuel Wehle (2: Ioannes Godofredus Iancke [Janke]) De Ossibus mandibularum puerorum septennium dissertatio 1.2. Lipsiae (1751:) Langenheim. 8°
1: (1751.)
Leipzig, Med. Disp. v. 14. Apr. 1751
2: (1751.)
Leipzig, Med. Diss. v. 16. Apr. 1751

Ioannes Godofredus Iankius [Janke]: De Ratione venas corporis humani angustiores in primis cutaneas ostendendi. (Lipsiae 1762: Langenheim.) XX S. 8°
Leipzig, Med. Univ.- Schr. v.2.Okt. 1762
2. Ex.: Mx 245 (55)

Ianke, Ios. Constantinus (geb. am 27 Aug. 1787 in Schaiba bei Haida in Böhmen): Theses medicae quas . . . dissertationi . . . De cerebri morbis organicis et quid inde influit [!] in motum muscularem proxime typis edendae praemittit. Bonnae, typ. Büschlerianis (1821). 2 Bl. 4. ¶ D. versprochene Diss. ist nicht erschienen.
Bonn, Med. Fak., Thes. v. 28 Aug. 1821

Janke, Julius. Über den gekrönten Strafsburger Dichter Caspar Brülow aus Pyritz. 20 S. Progr. Pyritz 1880.

Janke, Karl Aug.

Janke, Carl Aug., der Begriff der Ehe und seine Konsequenzen für die Gesetzgebung. gr. 8. (32 S.) Leipzig 860, O. Wigand. *

Janke, Carl Aug., mein Bekenntniß oder die Abschaffung der Pfaffenthümer. gr. 8. (31 S.) Graudenz 848, (Gaebel.) *

Janke, Karola v.

Janke Cárola. Ueber die Bestimmung der Völker. Dem Socialismus gewidmet von [Frl.] Janke Károla. 13 S. 8. Zürich, Selbstverlag, 1905.
Janke Károla ist Autorname.

Janke-Carola, d. Eifersüchtigen od. Fritz u. Dorchen. Lustsp. in 1 Aufz. 3. Aufl. gr. 8. (22 S.) Grüningen 895. J. Wirz. n. — 80

Janke-Karola, Gedichte. 2 Thle. Dresden 867. (Breslau, Heidenfeld.) gr. 16. (176 S.) n. 1 ₰; geb. mit Goldschn. n. 1 ₰ 15 ngr

Janke-Karola, Gedichte. 3. Thl. 2. Aufl. gr. 16. (IV, 110 S.) Dresden 872. (Berlin, Conrad.)
1. und 2. Thl. (Ebendas.) 1867. * ℳ 3.

Gedichte in der Frühlingszeit von Janke-Cárola [d. i. Karola v. Janke]. 3 Teile. 5. Aufl. Berlin: Konrad 1900. (197 S.) 8° [F.]

—— vier Lustspiele für Bühne und Haus. (Den Bühnen gegenüber als Mscr.) br. 8. (117 S.) Leipzig 866, Klinkhardt.

— das Räthsel der Unsterblichkeit gelöst von einer Somnambule. Dresden 868. (Berlin, Conrad.) 8. (22 S.) n. 5 ngr.

— die Fortsetzung des Räthsels der Unsterblichkeit oder: „Nur eine Religion." 1. u. 2. Aufl. Ebend. 869. 8. (22 S.) n. 3 ngr.

Das Spiel des Zufalls. Lustspiel in 3 Abt. von Janke-Cárola. Berlin: Conrad 1898. (20 S.) 8° [F.]

Tagebuchblätter aus der Frühlingszeit von Janke-Cárola [d. i. Karola v. Janke]. Berlin: Conrad 1892. (70 S.) 8° [F.]

Janke, Kurt, letzte Gedanken e. Selbstmörders. (28 S.) 8. Straßburg 906. J. Singer. n. 1.—

Janke, Ludwig

Das Chemische Staats-Laboratorium zu Bremen 1877–1901. Bericht von Prof. Dr. Ludwig Janke, Dir. zu Bremen. Bremen: Rühle & Schlenker in Komm. 1904. (445 S.) 8°
[Umschlagt.:] Das chem. Staats-Laboratorium zu Bremen. 1877–1901.

Janke, O., Handfibel, s.: Schulz, Otto.

— Berliner Lesebuch, s.: Berthold, B., u. H. Reinecke.

— s.: Nordpolfahrten.

— Übungsschule zur Erlerng. der deutschen Sprache, s.: Gustinde, Alois.

Janke, Otto, der Beginn der Schulpflicht. Ein Beitrag zur Erörterg. dieser Frage. gr. 8. (70 S. m. 8 Tab.) Bielefeld 891. A. Helmich. n. 1.—

— die Beleuchtung der Schulzimmer, s.: Magazin, pädagogisches.

— Bericht des Sonderkomitees IX der „Deutschen Frauen-Abteilung bei der Weltausstellung Chicago 1893", s.: Pappenheim, E.

Janke, O., d. Gesundheitslehre im Lesebuch, s.: Magazin, pädagog.

Janke, Otto, Grundriß der Schulhygiene. Für Lehrer u. Aufsichtsbeamte zusammengestellt. gr. 8. (VII, 95 S.) Hamburg 890. Voß. n. 1.50

Janke, Otto, Grundriss der Schulhygiene. Für Lehrer, Schulaufsichtsbeamte u. Schulärzte bearb. 2., vollst. umgearb. u. erweit. Aufl. gr. 8. (VIII, 309 S.) Hamburg 901. L. Voss. n. 4.—; geb. in Leinw. n. 5.—

— Handbuch der Schulhygiene, s.: Baginsky, Adf.

— die Hygiene der Knaben-Handarbeit. Beiträge zur gesundheitsgemäßen Ausgestaltg. d. Handarbeits-Unterrichts f. Knaben. gr. 8. (IX, 105 S.) Hamburg 893. L. Voß. n. 1.80

— Körperhaltung u. Schriftrichtung, s.: Magazin, pädagogisches.

— die Litteratur der Schulhygiene, s.a. Zeit- u. Streitfragen, pädagogische.

Janke, Otto, Die Litteratur d. Schulhygiene, Kritischer Bericht, Gotha, 1892, 53 S., 8°.

Janke, Otto [Hrsg.]
s. Roman-Zeitung, Deutsche. 1864-83.

— die Schäden d. gewerbl. u. landwirtschaftl. Kinderarbeit f. d. Jugenderziehg., s.a. Magazin, pädagog.

Die Schäden der gewerblichen und landwirtschaftlichen Kinderarbeit für die Jugenderziehung. Von Otto Janke. Langensalza: H. Beyer & Söhne 1897. (1 Bl., 44 S.) 1 Bd. 8°
= Magazin, Pädagogisches. H. 88.

— Schreiben u. Schrift. Spez. Anweisgn. aus d. Physiologie u. Hygiene d. Schreibunterrichts. [Aus: „Rein's encyklopäd. Handbuch d. Pädagogik".] gr. 8. (III, 64 S) Langensalza 898. H. Beyer & Söhne. n. 1.20

Janke, O., siehe: *Schulgesetz-Samml.*

— üb. d. Unterricht in d. Gesundheitslehre. gr. 8. (VIII, 168 S.) Hamburg 895. L. Voss. n. 2.50

Janke's, Otto, Volkskalender für die J. 1869—1875. 1.—7. Jahrg. 16. (à 184—250 S. mit vielen in den Text gedr. Holzschn.) Berlin, Janke. à Jahrg.

Janke's, Otto, Volks-Kalender für die J. 1876 und 1877. 8. und 9. Jahrg. Mit vielen in den Text gedr. Holzschn. 16. (225; 128 S.) Berlin, Janke. à Jahrg. *

—— dass. — auf die J. 1878 und 1879. Hrsg. von der Gesellschaft für Verbreitung von Volksbildung. 10. und 11. Jahrg. Mit vielen Illustr. (in eingedr. Holzschn. und Holzschntaf.). (Neuer deutscher Reichs-Kalender.) (Ausg. für das östl. Deutschland.) 16. (208, 22; 208, 24 S.) Berlin, C. Heymann's Verlag. à Jahrg. *
Die Fortsetzung u. d. T.: Neuer deutscher Reichs-Kalender.

Janke's, Otto, deutsche Wochenschrift hrsg. von Friedr. Spielhagen. Jahrg. 1863. (1.—8. Quartal.) Mit Illustr. gr. 4. Berlin, Janke.
Die Fortsetzung bildet: Romanzeitung, deutsche.

Jankó, P. v: Eine neue Claviatur. (Totis 1886)

Janke, Robertus (geb. Breslau 26. 5. 1822): De conditionibus matrimonio appositis. Vratislaviae (1851). (31 S.) 8°
Breslau, Jur. Diss. v. 15. Aug. 1851

Janke, Th., Preußen 1807 u. jetzt, oder was ist in Preußen seit d. J. 1807 ausgeführt, um den gesellschaftl. Zustand zu verbessern u. zu erheben? 1e u. 2e unveränd. Aufl. gr. 8. Berl. 831. Rauck. 10 ℳ

Janke & Gutherz, Preis-Courant. Berlin (1892?)
Abth. 1. Diamant-Maschinen-Oele usw.
Abth. 2. Technische Artikel, Treibriemen, Asbest und Gummi usw.
Abth. 3. Werkzeuge, Maschinen und vollständige Werkstatts-Einrichtungen.

Janke Karola, s. J a n k e , Karola von

Jaenke, Heinrich, über Orthoamidoazoverbindungen des Xylols und Pseudocumols. Diss. Marburg 1888, N. G. Elwert'sche Univ.-Buchh. 8°. 35 S.

Jaenke, Heinrich [aus Höxter i. W.]: Über Orthoamidoazoverbindungen des Xylols und Pseudocumols . . . . Marburg, Fr. Sömmering's Buchdr., 1888; 35 S. 8°
Marburg, Phil. Fak., Inaug.-Diss. v. [27. Apr.] 1888

Jaenke, Conrad, Referendar in Rostock: Die N a c h l a s s v e r w a l t u n g nach dem Bürgerlichen Gesetzbuche.
Rostock 1898: C. Boldt. (55 S.) 8°
Rostock, Jur. Diss. v. [23. Nov.] 1898

Jankef, R. Waih geschriegen. Mer sain gemacht! Rebbe Jankef an Rebbe Jatzmach in Warschau. Druck von C. Litfaß. 1 Bl. Fol.
Flugblatt. Berlin, 1848/49.

Jankelowicz, Boris: Ueber das α^1-α^4-Naphtochinonchlorimid. 1892. 42 S. 8°
Karlsruhe, Dipl.-Diss. v. 28. 10. 1892

Jankelowitz, Adolf [aus Neustadt '(Ostpr.)']: Zur Entwicklung der Bauchspeicheldrüse ... Berlin, Buchdr. v. G. Schade, 1895; 31 S. 8.
Berlin, Med. Fak., Inaug.-Diss. v. 1. Febr. 1895

Janker, J. s.a. Railton, G.S.

Janker, Josef: Der Entwurf eines Gesetzes über die Sicherung der Bauforderungen, seine geschichtliche Entwicklung und bisherige Kritik. München 1909: Beck. VII, 104 S. 8°
Erlangen, Jur. Diss. v. 1. Nov. 1909, Ref. Oertmann
[Geb. 22. Nov. 83 München; Wohnort: Ebersberg; Staatsangeh.: Bayern; Vorbildung: Maximilians-Gymn. München Reife Juli 01; Studium: München 8 S.; Rig. 2. Juli 09.] [U 10. 706

Jankewitz, Gustav

Zwei Logen-Cantaten. No 1. Fest-Cantate für Soli, Männerchor, Streichquartett und Klavier vierhändig. No 2. Trauer-Cantate für Soli, Männerchor, Streichquartett und Harmonium, gewidmet unsern hochehrw. Logen von Gust. Jankewitz. Danzig: Selbstverl. o. J. 67 S. 4° [Lithogr.]
Partitur. 283.

Jankewitz, Gust., Schulchorbuch für dreistimmigen Chor, Sopran, Alt- und Männerstimme [Baryton] für die oberen Singklassen der Real-Gymnasien, höheren Bürger-, Elementar- und Mädchenschulen, sowie für kleinere Gesangvereine. 8. (VII, 83 S.) Danzig 888, Kafemann. cart. *

Jankius

— s. a. Jancke.

Jankius, D. Johann Gottfried, De ratione venas corporis humani angustiores in primis cutaneas. Lpz. (Langenheim) Okt. 1762. 20 S. u. 1 Abb. (5.50) 16645

Janknecht, Theodor [app. Arzt aus Neheim (Westf.)]: Beiträge zur Pathologie der Zungentonsille. . . . Würzburg, Buchdr. d. „Neuen Bayer. Landeszeitung", 1891; 35 S. 8°
Würzburg, Med. Fak., Inaug.-Diss. v. 1891

Janko, s. H a n s m a n n . – S c h m i t t , Hans

Janko, C. P., e. Lieb. Dramatische Studie in Versen u. 1 Acte. 12. (27 S.) Bielitz 893. (W. Fröhlich.) n. — 50

Janko, Hnr., Die Wollproduction unserer Erde und die Zukunft der deutschen Schafzucht. Nebst praktischen Züchtungsregeln. Breslau 1864.

Jankó, Jean, s.: Zichy, Comte Eug. de, voyages au Caucase.

Jankó, Joh., Antwort an Herrn Otto Herman auf seine üb. Bd. I des Werkes: „III. asiatische Expedition des Hrn. Grafen Eugen Zichy" geschriebene Recension. Anh.: Antwort Dr. Wilib. Semayer's auf die Bemerkgn. Hrn. Otto Hermans zur Übersetzg. desselben Werkes. gr. 8. (52 S. m. 14 Fig.) Budapest 900. (Leipzig, K. W. Hiersemann.) n. 1.—

Jankó, Joh., das Delta d. Nil. Geologischer u. geograph. Aufbau d. Deltas. [Mittheilgn. aus dem Jahrbuche der kön. ungar. geolog. Anstalt. 8. Bd. 9. (Schluss-)Hft.] Lex.-8. (LIII, 131 S. m. 4 farb. Taf.) Budapest 890. (F. Kilián.) n. 4. —

Jankó, Joh., Ethnographie der Bevölkerung der Umgebung des Balatonsees, deutsch bearb. v. Willib. Semayer, s.a. Resultate der wissenschaftlichen Erforschung des Balatonsees. III. 2,

Ethnographie der Umwohner des Balatongestades. Nach d. Tode d. Verf. Dr. Johann Jankó deutsch bearb. von Dr. Willibald Semayer. Mit 6 Taf., 16 Tab. u. 156 Abb. Wien: E. Hölzel in Komm. 1906. (V, 499 S.) 4°(8°)
— Resultate d. wissenschaftl. Erforschung d. Balatonsees. Bd 3, T. 2. [c6. 7609

— Herkunft d. magyarischen Fischerei, s.a. Forschungsreise, 3. asiatische, des Grafen Eugen Zichy. I.

Herkunft der magyarischen Fischerei von Dr. Johann Jankó. Mit e. vorläuf. Berichte d. Grafen Eugen Zichy. Mit 565 Fig. (In 2 Hälften.) *Budapest: V. Hornyánszky; Leipzig: K. W. Hiersemann 1900.* (634 S.) 4°
[Nebent.:] A Magyar halászat eredete. Irta Dr. Jankó János.
— Forschungsreise, Dritte asiatische, d. Grafen Zichy. Bd 1. [c1. 480

— magyarische Typen. I. Die Umgebung des Balaton, s.a. Sammlungen, ethnographische, des ung. Nationalmuseums. II.

Jankó, Johann: Magyarische T y p e n . Zsgest. von Dr. –. Auf Kosten des k. ungar. Minist. f. Cultus u. Unterr. hrsg. durch d. Ethnogr. Abth. d. Ungar. Nationalmuseums. Ser. 1. Budapest 1900: V. Hornyánszky. 4°
[Nebent.:] Magyar typosok, Összeállitotta: Dr. Jankó János. Sorozat 1.
= Sammlungen, Ethnogr., d. Ungar. Nationalmuseums. 2.

Janko, Jos., die Allegorie der Minnegrotte bei Gottfried v. Strassburg. (14 S.) gr. 8. Prag 906. (F. Řivnáč.) n. — 80
Sonderabdr. aus: „Sitzungsber. d. böhm. Gesellsch. d. Wiss."

Janko, Josef: Die D i c h t e r s p r a c h e Gottfrids von Strassburg in Bezug auf ihren rhetorischen Schmuck.
Phil. Diss., Prag 1896/97

Janko, Paul v., e. neue Claviatur. Theorie u. Beispiele zur Einführg. in die Praxis. Lex.-8. (X, 68 S. m. Abbildgn., 3 Taf. u. Notenbeispielen 11 S.) Wien 886. A. Rosé. n. 2. —

Jankó, P. v., Mittheilungen üb. d. Jankó-Claviatur. [Aus: „Musikal. Rundschau".] 1. Hft. gr. 8. (58 S.) Wien 890. Wetzler. n. 2. 50

Janko, Wilh. Edler v., Fabel u. Geschichte. Eine Sammlung historischer Irrthümer u. Fälschungen. 8. (XI, 229 S.) Wien 880. Gerold's Sohn. n. 4. —

Janko, Wilh. Edler v., Rudolph v. Habsburg und die Schlacht bei Dürnkrut am Marchfelde. Zur 600jähr. Gedenkfeier den 26. Aug. 1278. Mit dem (phototyp.) Bildnisse Rudolph's v. Habsburg und 1 (photolithogr.) Karte des Schlachtfeldes. gr. 8. (VI, 69 S.) Wien 878, Braumüller. *

Janko, Wilh. Edler v., Laudon, s. a. Helden, unsere. V.

— Laudon im Gedicht u. Liebe seiner Zeitgenossen. Mit dem (Lichtdr.-)Bildnisse Laudon's. gr. 8. (XV, 160 S.) Wien 881. Braumüller. n. 3. —

Janko, W. Edl. v., Laudon. [Unsere Helden. Lebensbilder für Heer und Volk. Bd. 5.] 2. Aufl. 8°. (64 S.) Salzburg: Dieter 1903. K —.60, kart. K —.80

Janko, Wilh. Edler v., das Leben des k. k. Feldmarschalls Gideon Ernst Frhrn. v. Laudon. Nach Orig.-Acten des k. k. Haus-, Hof-, Staats- u. Kriegs-Archivs, Correspondenzen u. Quellen geschrieben. Wien 869. Gerold's Sohn. gr. 8. (XII, 516 S.) 3 ₰ 10 ngr

Janko, Wilhelm Edlen von: k. k. Oberlieutenant. Regiments - Geschichte. (Infanterie-Regiment Nr. 72.) (Enthalten im:) „Almanach 1863 für das 72. Linien-Infanterie-Regiment FML. Freiherr Ramming von Riedkirchen." Zusammengestellt und herausgegeben von Ferdinand Guido Triulzi, k. k. Oberlieutenant und Regiments-Adjutant.
8° Pressburg 1863.

— — Der k. k. Feldmarschall Christoph Hermann von Russworm. Ein Beitrag zur Kenntniss der Regierungsperiode, Cultur- und Sittengeschichte unter Kaiser Rudolf II. Nach den Original-Acten des k. k. Haus-, Hof-, Staats- und Kriegs-Archives und weiters angegebenen Quellen. 1869. gr. 8. (56 S.) Ebds. in Comm. 1870. 1 fl.

—— Lazarus Frhr. v. Schwendi, oberster Feldhauptmann und Rath Kaiser Maximilian's II. Nach Original-Akten des k. k. Haus-, Hof- und Staats-Archives, der Archive des k. k. Ministerium des Innern, der Finanzen und des Krieges. Mit Schwendi's Bildniß (in Holzschn.). gr. 8. (VI, 213 S.) Wien 871, Braumüller.

Janko, Wilh. Edler v., Wallenstein. Ein Charakterbild im Sinne neuerer Geschichtsforschung auf Grundlage der angegebenen Quellen. In 3 Büchern. gr. 8. (XVIII und 238 S.) Wien 867, Braumüller.

Janko: W e r n h a r d t , kurfürstlich bayerischer General-Lieut. und kaiserlich österreichischer General der Cavallerie. Geschildert nach Acten und Quellen. (3. Hft. der „Abendstunden". Zwanglose Hefte zur Belehrung und Erheiterung. Herausgegeben vom österreichischen Volksschriften-Vereine.) 8° Wien 1874.

v. **Janko, W.** Johann v. Werth [Jahrbuch des Volksschriftenvereins] 8. Wien 1874

Janko, Wilhelm Edler v., Das Wissenswertheste der Weltgeschichte. mit besonderer Berücksichtigung Oesterreichs. Ein Hilfsbuch für Jedermann, insbesondere für Offiziers-Aspiranten und Freiwillige der k. u. k. Armee. 8. (197 S.) Wien, Dirnböck's B. (Georg Draudt.) 1870. 1 fl.

Jaukoff, Thdr., die europäische Intervention in Mexiko u. die Annahme der mexikanischen Kaiserkrone durch Erzherzog Maximilian v. Oesterreich. Inaug.-Diss. gr. 8. (50 S.) Bern 890. (Huber & Co.) n. — 50

Jankofski, J. Das Denguefieber (Influenza). Beiträge zur Kenntniss desselben, mit Berücksicht. der letzten Epidemie. In-8°. 32 S. St. Gallen, M. Kreutzmann. 1890. — 50

Jankofsky, Gustav [pract. Arzt in Suhl]: Über das vasomotorische Reizphänomen mit spezieller Berücksichtigung der Urticaria factitia .... Breslau, Druck v. Th. Schatzky, 1887; 4 Bl. + 54 S. + 2 Bl. 8°
Breslau, Med. Fak., Inaug.-Diss. v. 11. Nov. 1887

Jankofsky, Gust., über das vasomotorische Reizphänomen mit spezieller Berücksicht. der Urticaria factitia. Inaugural-Dissertation. gr. 8. (55 S.) Breslau 887, (Köhler.) *

Jankovich, bei uns. Erinnergn. a. d. Günser Manövertagen 1893. 12. (65 S.) Wien 894. L. W. Seidel & Sohn. n. 1. 20

Jankovics, Gräfin Anna, Die lachenden Kinderstimmen verwerthet für die weinenden. Kl.-4. (144, XXXV S.) Eleg. geb. * 5.—
Wien: Drescher & Comp. 1881.

Jankovics, Gräfin Anna, die lachenden Kinderstimmen, verwerthet f. die weinenden. gr. 4. (144 u. XXXV S. m. Abbildgn.) Wien 890. Buchdr. „Austria", Drescher & Co. geb. n. 10. —

Jankovisch, A., Pesth und Ofen mit ihren Einwohnern, besond. in medizinischer u. anthropologischer Hinsicht dargestellt. gr. 8. Ofen 838. (Heckenast in Pesth.) n 2 ₰

JANKOVITSCH, Miroslav (Belgrad): Der Einfluss besonderer Umstände auf Täterschaft und Teilnahme. Kritische Studie zur Behandlung dieser Frage in der deutschen Literatur und Gesetzgebung.- München: Vereinigte Kunstanst. 1911. 99 S.
12.4.1911 - Ch: 1910/11.21; U 11.3544
Diss.Ingolst.-Landsh.-Mchn.

Jankovitsch, Welizar S., aus Serbien: **System der direkten Steuern in Serbien.** *(Berlin 1904: G. Schade.)* (76 S.) 8°
Berlin, Phil. Diss. v. 12. März 1904

Jankowiak, Mieczyslaus: **Ist die Bezahlung einer Geldstrafe für einen anderen als Begünstigung strafbar?** *Posen 1898: Dziennik Poznański.* (36 S.) 8°
Göttingen, Jur. Diss. v. [5. Sept.] 1898

Jankowitz, Bernh., Liebe und Grünspan. Humoresken aus Nord und Ost. 8. (119 S.) Oberhausen 881, Spaarmann.

Jankowski: Explicatio metrica versuum nonnullorum Euripidis Baccharum cum versione germanica metrica. 21 S. – Krotoschin, Progr. 1870.

Jankowski, Boleslaw, Beitrag zur Myopie-Frage, s.: Mitteilungen aus Kliniken u. medicinischen Instituten der Schweiz.

Jankowski, Ed., **das Evangelium oder die frohe Botschaft. 8. (VIII, 142 S.) Halle 879. Strien.** n. 1. 75

Jankowski, Ed., Phänomenologie und Metaphysik der abnormalen Sinnesbilder. gr. 8. (X, 221 S.) Leipzig 882, Mutze.

—— Pisticismus und Substanzialismus. gr. 8. (VIII, 172 S.) Köthen 880, Schettler's Verlag.

Jankowski, Edward [aus Warschau]: Zur Kenntnis der Azoderivate des m-Kresols, des p-Kresols und m-Xylenols ... Heidelberg, Univ.-Buchdr. v. J. Hörning, 1896; 41 S. 8.
Heidelberg, Naturw.-math. Fak., Inaug.-Diss. v. [20. Sept.] 1896

von Jankowski, Franz [pr. Arzt]: Aus d. kgl. med. Univ.-Poliklinik zu Königsberg i. Pr. Cardiographische Untersuchungen ... Königsberg i. Pr., P. Englick, 1895; 49 S., 1 Bl. 8.
Königsberg, Med. Fak., Inaug.-Diss. v. 20. Febr. 1895

Jankowski, Frz. v., cardiographische Untersuchgn. Diss. gr. 8. (49 S.) Königsberg 895. (W. Koch.) n. 1.—

Jankowski, Johann, aus Kurland: Ueber Pseudoleukaemie und Anaemia splenica. *Berlin (1902): E. Ebering.* (29 S.) 8°
Berlin, Med. Diss. v. 14. Juli 1902

Jankowski, Jos. Das Denguefieber. [Influenza.] Beiträge z. Kenntniss desselben m. Berücksicht. der letzten Epidemie. 8. (32 S.) St. Gallen 890, Kreutzmann. * — 40

Jankowski, Joseph Emanuel, Succincta logices in Polonorum scholis historia. Krakau (typis universitatis) 1828. 16 S. (4.20) 16646

Jankowski, Mathäus (geb. Ostrowęs in Polen 9. 9. 1843): Typhus abdominalis complicirt mit Ruptur der geraden Bauchmuskel. Berlin (1869). (32 S.) 8°
Berlin, Med. Diss. v. 15. Juni 1869

Jankowski, Paul. Die Wasserstoffionen des Harns als Maass seiner Acidität. Diss. Med. Univ. Zürich. *Kopftitel:* Aus dem physiologischen Institut Zürich. Direktor: Herr Prof. Dr. [Justus] Gaule. 34 S. 8. Zürich, A. Markwalder, 1903.

Jankowski, Peter Paul, Untersuchungen üb. Peptonurie. Diss. gr. 8. (65 S.) Jurjew (Dorpat) 893. (E. J. Karow.) n. 1. 50

Jankowski-Gorowaya, Fr[au Maria]. Über Sublimatvergiftung. Nach Beobachtungen an der Zürcher medizinischen Klinik. Diss. Med. Univ. Zürich. *Kopftitel:* Aus der medizinischen Universitätsklinik Zürich. 37 S. 8. Zürich, A. Markwalder, 1902.

Jankowsky, Cholera-Selbstbehandlung, oder populär-praktische Belehrung über die asiatische Cholera für das gebildete Publikum. 8. (30 S.) Lemberg 865. (Wild.) *

Jankowsky, Rud., die Begründung naturgemässer Hochwaldbestände. 2., durchgeseh. u. verm. Aufl. (XII, 107 S. m. 4 Taf.) gr. 8. Haslach 903. (Wien, W. Frick.) n. 4.—

— dasselbe. 3., neuerlich verm. Aufl. (XI, 117 S. m. 4 farb. Taf.) gr. 8. Berlin 904. P. Parey. n. 3. 60

Jankowsky, Rudolf, aus Eggleningken (Regbez. Gumbinnen): Samland und seine Bevölkerung. *Königsberg i. Pr. (1902): Hartung.* (74 S.) 8°
Königsberg, Phil. Diss. v. 19. März 1902

Janku Ferdinand: Adelaide Anna Procter.
1909 PN 2691 Diss. Wien, Univ. 1987

Janku, Joh. Bapt., der Farbenstich als Vorläufer des photograph. Dreifarbendrucks u. nach seinen techn. u. geschichtl. Entwicklungs-Bedingungen. Studie. gr. 8. (X, 86 S.) Halle 899. W. Knapp. n. 2. 40

Jan Mayen Werk. Die internationale Polarforschung 1882–1883. Die österreichische Polarstation Jan Mayen. Ausgerüstet durch Seine Exzellenz Graf Hanns Wilczek, geleitet vom k. k. Korvetten-Kapitän Emil Edlen von Wohlgemuth. Beobachtungs-Ergebnisse, herausgegeben von der kaiserlichen Akademie der Wissenschaften. Wien 1886. 4°.
1. Band: Vorbericht der wissenschaftlichen Expedition nach Jan Mayen von dem Leiter der Expedition Kapitän von Wohlgemuth (mit 1 Karte und 3 Taf.).
I. Teil: Astronomie, bearbeitet von Linienschiffs-Lieutenant Richard Freiherrn Basso von Gödel-Lannoy (mit 3 Textfiguren).
II. Teil: Aufnahme und Beschreibung der Insel Jan Mayen und Beobachtungen über Gletscherbewegung, durchgeführt und bearbeitet von Linienschiffs-Lieutenant Adolf Bobrik von Boldva (mit 3 Karten und 1 Textfiguren).
III. Teil: 1. Meteorologie, bearbeitet von Linienschiffs-Lieutenant A. Sobieczky (mit 3 Taf. und 3 Textfiguren). 2. Temperatur und spezifisches Gewicht des Seewassers, bearbeitet von den Professoren Josef Luksch und Julius Wolf an der k. k. Marine-Akademie in Fiume (mit 6 Taf.). 3. Resultate der chemischen Untersuchungen über die von Jan Mayen mitgebrachten Seewasserproben, bearbeitet von A. Kliemetschek und J. Sobieczky, beide Assistenten im chemischen Laboratorium der k. k. technischen Hochschule in Wien. 4. Ebbe- und Flutbeobachtungen, bearbeitet von Linienschiffs-Lieutenant Adolf Bobrik von Boldva (mit 3 Taf.).
2. Band. I. Abteilung. IV. Teil: Polarlicht und Spektral-Beobachtungen, durchgeführt und bearbeitet von Linienschiffs-Lieutenant A. Bobrik von Boldva (mit 12 Taf. und 69 Textfiguren).
II. Abteilung. V. Teil: Magnetische Beobachtungen auf Jan Mayen 1882–1883, bearbeitet von Linienschiffs-Lieutenant August Gratzl (mit 25 Taf. und 4 Textfiguren).
3. Band: Einleitung von Dr. Ferdinand Fischer.
VI. Teil: Zoologie (mit 9 Taf.). *A.* Foraminiferen von Dr. Viktor Uhlig. *B.* Poriferen, Anthozoen, Ctenophoren und Würmer (mit 1 Taf.) von Dr. Emil Edlen von Marenzeller. *C.* Polypomedusen (mit 1 Taf.) von Dr. Ludwig Lorenz Ritter von Liburnau. *D.* Echinodermen von Dr. Ferdinand Fischer. *E.* Crustaceen, Pycnogoniden und Arachnoiden (mit 2 Taf.) von Karl Kolbel. *F.* Insekten (mit 1 Taf.) von Dr. Eduard Becher. *G.* Mollusken (mit 1 Taf.) von Dr. Eduard Becher. *H.* Bryozoen (mit 1 Taf.) von Dr. Ludwig Lorenz Ritter von Liburnau. *I.* Tunicaten (mit 1 Taf.) von Dr. Richard Freiherrn von Drasche. *K.* Fische von Dr. Franz Steindachner. *L.* Vögel und Säugetiere (mit 1 Taf.) von Dr. Ferdinand Fischer und August von Pelzeln.
VII. Teil: Botanik (mit 2 Textfiguren). *A.* Flora der Insel Jan Mayen von Dr. Heinrich Wilhelm Reichardt. *B.* Untersuchungen einiger Treibhölzer (mit 2 Textfiguren) von J. Schneider.
VIII. Teil: Mineralogie. Gesteine von Jan Mayen von Dr. Friedrich Martin Berwerth.
Preis des ganzen Werkes . . . . K 60.—
Von dem Vorbericht der Expedition aus dem 1. Bande des Werkes, welcher den beschreibenden Teil der Expedition bildet, ist eine Separatausgabe erschienen. Der Preis derselben beträgt 5.50

Jann, Adelhelm, O. M. Cap., Anastasius Hartmann v. Hitzkirch, s.: Imhof, Adrian.

Jann, Adolf [prakt. Arzt aus Stans]: Beitrag zu den Knochenfrakturen bei Kindern. Zusammenstellung der im Kinderspital zu Basel in den Jahren 1886—1898 vorgekommenen Fälle. Leipzig 1899. 48 S. 8°. (S.-A. aus Jahrbuch für Kinderheilkunde, Bd. 50.)
Basel. Med. Diss. 1899/1900.

Jann, F., Frag u. Antwort über d. nothwendigsten Stücke zur Seligkeit, 3 göttl. Tugenden, Beichte u. Communion. 12. Lpz., Joachim. 3 gr in 8. Ebd. 4 gr

Jann, Franz Xaver

— s. A. Desing, Universalhistorie.

JANN, Frz. Xav., Etwas wider die Mode. Gedichte und Schauspiele ohne Caressen und Heurathen. Augsburg 1782. 8°. Zahm. (1 Mk. 40 Pfg. Beck, Nördlingen, vor 1885.)

— Etwas wider d. Mode; Gedichte u. Schauspiele ohne Caressen u. Heirathen für d. studir. Jugend. 5 Thle. 8. Augsb. 791. Wolff. ...

Jann, Fr. X., Ist der Verfasser der Korrespondenz der Heiligen aus dem Mittelalter, und der Briefe der Narren aus den neuern Zeiten nicht der ehrloseste Pasquillant? Beantwortet. Augsburg 1788. 8°. 66 S. (1 Mk. 25 Pfg. Frdr. Klüber, 1906.) Rar!

Jann, Frz. Xav., Gedichte u. Schauspiele für d. Jugend. 3 Thle. 8. Augsb. 781—88. Rieger. 1 ₰ 20 gr

— Geschichte aus d. göttl. Schrift in Predigten, auf alle Sonntage in d. Fasten. 2 Bdchen. 8. Augsb. 790—92. Styr. (Bolling). 12 gr

— **Geschichten aus dem göttlich. Schr. in Predigten auf d. sechs Samstage der heil. Fasten. ates Bdchen. 8. Augsb. Bolling. 791.**

Jann, Frz. Xavier, der mißvergnügte Holzhacker, } s.a. Dilettanten-Bühne, die.

Der mißvergnügte Holzhacker. Lustspiel in 2 Acten nach Franz Xavier Jann. (2. Aufl.) *(Düsseldorf: W. Deiters [1895].)* (24 S.) 8° [F.]
— Dilettanten-Bühne, Die. H. 14.

Jann, Frz. Xavier,
— der eingebild. Kranke. } s.a. Dilettanten-Bühne, die.

Der eingebildete Kranke. Lustspiel in 2 Aufz. nach Franz Xavier Jann. (2. Aufl.) *(Düsseldorf: W. Deiters [1895].)* (48 S.) 8° [F.]
— Dilettanten-Bühne, Die. H. 13.

— die eingebildete Tote, s.: Dilettanten-Bühne, die. 7. Hft.

— lehrreiche, bisher ungedruckte Trauer- u. Schauspiele für d. studir. Jugend. 8. Ebd. 821. Doll. 1 ℳ 2 𝒦

Jann, Walther, Arzt aus Stans [Kt. Nidwalden]: Ueber die in den Jahren 1890 bis 1893 im Kantonsspital Zürich beobachteten genuinen fibrinösen Pneumonien. Uster-Zür. A. Gull Dr. 1894. 58 S., 1 Bl. 8°. Zürich, Med. Diss. [v. 8. Nov. 1894].

Jannarakis, Antonios, deutsch-neugriechisches Handwörterbuch. Unter besond. Berücksicht. der neugriech. Volkssprache bearb. 2 Abthlgn. 8. (VIII, 1372 S.) Hannover 883, Hahn'sche Buchh.

Jannaris, A. N., s.: Comment parle-t-on à Athènes?

— s.a. Wie spricht man in Athen?

Jannaris, A. N. Wie spricht man in Athen? Echo der neugriech. Umgangssprache. Mit einem vollständ. Spezial-Wörterbuche v. K. H. Gelbert. 8. (166 S.) Lpz. 891, R. Giegler. cart. 3 60

Jannasch, Hans. Süd-Afrikanische Kriegs-Blätter. Von Hans Jannasch, (Adjutant beim deutschen Freikorps der Boeren-Armee). [Mit illustriertem Umschlag.] 80 S. 8. Basel, K. J. Wyss, 1902. (fr. 1. —)

Jannasch, Oscar (Cöthen/Anhalt), De tussi convulsiva. Diss. med. Bln. (Nietack) 18. II. 1841. 32 S. mit Biogr. (M.: J. Wachter.) (6.—) 16647 Oppon.: O. Schultz, M. Stuemcke, F. Plate. — Gew.: H. Fr. Link.

Jannasch, Otto, verbesserte Schnellessigfabrication. 8. (...? S.) Bernburg 847, (Gröning'sche Buchh.) **

Jannasch (P.) und **Kloos** (J. H.), Mittheilungen über die krystallinischen Gesteine des Columbia-Flusses in Nordamerika und die darin enthaltenen Feldspathe. (Sep.-Abdr. aus d. mineralog. u. petrograph. Mittheilungen. III. 1880.) (Ohne Druckort.) 8.

Jannasch, Paul, gesammelte chemische Forschungen. 1. Bd. gr. 8. (X, 269 S.) Göttingen 888, (Vandenhoeck und Ruprecht's Verlag.) *

Jannasch, Paul, zur Kenntniss des Trimethylbenzols. Inaugural-Dissertation. gr. 8. (39 S.) Göttingen 869. (Görlitz, Tzschaschel.) *

Jannasch, Paul, prakt. Leitfaden d. Gewichtsanalyse. gr. 8. (XII, 314 S. m. Abb.) Leipzig 897. Veit & Co. Geb. in Leinw. n. 6.50

Jannasch, Paul, prakt. Leitfaden der Gewichtsanalyse. 2. verm. u. verb. Aufl. (XVI, 450 S. m. Abb.) gr. 8. Leipzig 904. Veit & Co. Geb. in Leinw. n. 8. —

Jannasch, Robert

Jannasch, Rob., Abhandlungen über Nationaloeconomie und Statistik. 1. Ausg. 1869, und 2. Ausg. gr. 8. (VIII, 120 S.) Basel 875, Schweighauser'sche Buchh. * 2 40

Jannasch, R., die europäische Baumwollen-Industrie u. deren Productionsbedingungen mit besonderer Berücksichtigung des Oberrheins. gr. 8. (IX, 112 S.) Berlin 882. Allgemeine Verlags-Agentur. n. 3. —

— die Baumwollenmärkte in Europa, s.: Zeitfragen, handelspolitische.

— Bericht über die Entwickelung des landwirthschaftlichen Genossenschaftswesens in Schlesien, erstattet an den Landwirthschaftlichen Centralverein der Provinz. gr. 8. (57 S.) Breslau 878. Korn. n. — 80

R. JANNASCH, Die kaufmännische Bildungsfrage. Berlin, Anfang Oktober 1903. (Druck von) Martin & Jonske. (Ohne bes. Titelblatt.) 8°.

Jannasch, R., d. Erschliessg. v. China. Vortrag, geh. in d. Gesellschaft f. Erdkunde zu Leipzig. gr. 8. (29 S. m. 1 Karte.) Charlottenburg 895. Allgem. Verlags-Agentur. n. 1. —

Jannasch, R., d. deutsche Exportmusterlager zu Berlin S. — Klassen-Eintheilg. des deutschen Exportmusterlagers zu Berlin S., Dresdener Strasse 34/35, Luisenhof. gr. 8. (29 u. XXXI S. m. 1 Taf.) Berlin 896. 97. (H. Walther.) n. 2. —

Jannasch, R., Freiheits-Catechismus f. d. constitutionelle Anhalt. 8. (23 S.) Cöthen 848, Schettler. n. 2 ℳ

Jannasch, R., die deutsche Handelsexpedition 1886. gr. 8. (XVI, 292 S. mit zahlr. Abbild. und 3 Karten.) Berlin 887, C. Heymanns Verlag. *

Karte der Kolonien im Staate Rio Grande do Sul. Nach den neuesten Quellen bearbeitet, herausgegeben von R. JANNASCH Maßstab 1:500000. Ausgabe Frühjahr 1898. Berlin. Lith. Anst. v. Leop. Kraatz.

Karte von Santa Catharina und Paraná nach den neuesten Quellen bearbeitet, herausgegeben von R. JANNASCH. Maaßstab 1 : 1000000. Berlin (1898). Lith. Anst. v. Leop. Kraatz.

Karte von Südbrasilien. Rio Grande do Sul, Santa Catharina, Paraná nebst d. Grenzländern. Nach d. neuesten Quellen bearb., hrsg. von Dr. R[obert] Jannasch. Ausg. Frühj. 1902. [Mit 3 Nebenkarten.] Maassst. 1:2,000,000. *Berlin (1902): L. Kraatz.* (1 Kartenbl. 76 × 72 cm.) gr. 2° [kol.]

Eine Deutsche Colonialbank. Programm für die von dem „Centralverein für Handelsgeographie und Förderung deutscher Interessen im Auslande zu Berlin“ zu verfolgende Handels-Colonialpolitik entworfen von R. JANNASCH und von diesem an den Vorstand in der am 9. Mai 1883 abgehaltenen Vorstandssitzung berichtet. Als Manuscript gedruckt. ... Berlin. 1883. Gedruckt bei Julius Sittenfeld. 8°.

—— Kolonien, Kolonialpolitik und Auswanderung, s. Roscher, W.

Jannasch, R., Land u. Leute v. Rio Grande do Sul. Vortrag, geh. am 5. IV. 1905 in der „Gesellschaft f. Erdkunde" zu Leipzig. (80 S. m. Abbildgn.) gr. 8. Leipzig 906. (R. Friese.) n. 1. —
Sonderabdruck aus: „Export".

— Der Markenschutz und die Gewerbepolitik des Deutschen Reiches. Gekrönte Preisschrift. Zugleich den Bericht des Handelsausschusses an die Société industrielle zu Mühlhausen enthalt. gr. 8⁰. Berlin, Habel, 1873. (Auch Deutsch. Zeit- u. Streitfragen, Heft 20.)

Jannasch, R., der deutsche Maschinen-Export, was er ist u. was er sein kann. gr. 8. (32 S.) Charlottenburg 895, Allg. Verlags-Agentur. n. 1. —

— s. Mittheilungen des statistischen Bureaus der Stadt Dresden.

Mitteilungen über Industrielle Unternehmungen in Siebenbürgen. Als Ms. gedr. Von Dr. Robert **Jannasch**. [Nebst] Forts. *(Berlin: R. Jannasch 1900).* 2 Bde 8° [F.] [04. 0450

Jannasch R, Mitteilung. üb. industr. Unternehm. in Siebenbürgen. 1. 2 (23 u 58 S) (Hermannstadt, Schwedt 1900)

Jannasch R, der Musterschutz und die Gewerbepolitik des deutschen Reiches. (Zeit- und Streitfragen, Deutsche 20) Berlin 1873

Jannasch, R., unsere Pferde. Ein Beitrag zur deutschen National-Oeconomie. 860. (2 Bl., 67 S.) n. 7½ ngr — 2. verb. Aufl. 861. — 3. Aufl. Dresden 864. Zeh in Comm. gr. 8. (2 Bl., 78 S.) n. 15 ngr

— unsere Pferde, als Folgen der Anglomanie. Ein Beitrag zur deutschen National-Oeconomie. 4., verm. und verb. Aufl. gr. 8. (IV und 96 S.) Coburg 865, (Riemann'sche Hofbuchh.) *

Programm des »Centralvereins für Handelsgeographie und Förderung deutscher Interessen im Auslande« zu Berlin, für die von demselben in Süd-Brasilien und den benachbarten subtropischen Ländern zu entfaltende Thätigkeit, entworfen von R. JANNASCH, und von diesem an den Vorstand gedachten Vereins in der am 9. April 1883 abgehaltenen Vorstandssitzung berichtet. Als Manuscript gedruckt. Berlin. 1883. Gedruckt bei Julius Sittenfeld. 8⁰.

Rathschläge für Auswanderer nach Südbrasilien. Auf Veranl. d. Central-Vereins f. Handelsgeogr. u. Förderung deutscher Interessen im Auslande zu Berlin hrsg. v. dessen Vorsitzenden R[obert] Jannasch, bearb. v. Carl v. Koseritz ... 3. umgearb. u. verm. Aufl. Mit 3 Karten. *Berlin: Allg. Verl.-Agentur 1897.* (XI, 93 S.) 8° [99. 10230 11

— **Rathschläge f. Auswanderer nach Südbrasilien.** Auf Veranlassg. des Central-Vereins f. Handelsgeographie u. Förderg. deutscher Interessen im Auslande zu Berlin bearb. u. hrsg. unt. Mitwirkg. von Carl v. Koseriz, Ottokar Doerffel, A. W. Sellin, O. Canstatt, C. O. Ullrich, Ernst Zietlow. 4., umgearb. u. verm. Aufl. gr. 8. (XV, 128 S.) Berlin 898. Charlottenburg, Allg. Verlags-Agentur. n. 1. 50; 3 Karten dazu n. 9. —

Spezialkarte von Santa Catharina, Rio Grande do Sul und Uruguay. Nach d. neuesten Quellen bearb., hrsg. von Dr. R[obert] **Jannasch**. Ausg. 1907. Maßst. 1:1,000,000. Berlin (1907): Lith. L. Kraatz. (1 Kartenbl. 95 × 99 cm.) [kol.] [07. 4934

— die **Statistik** als wissenschaftliche Methodik u. Zustandsdynamik. Inauguraldissertation. Ebend 869. gr. 4. (10 S.) n. 4 ngr

Jannasch, jun., Rob., die Strikes, die Cooperation. die industrial Partnerships u. ihre Stellung zur socialen Frage. Berlin 868. F. Duncker. gr. 8. (V, 66 S.) n. 10 ngr.

Telegraphenkarte für den Weltverkehr. Nach d. neuesten Quellen bearb. Hrsg. von Dr. R[ob.] **Jannasch**. Massst. 1:47,000,000. *Berlin: Berl. Lith. Inst. 1901.* (1 Kartenbl. 52 × 86 cm.) quer-gr. 2° [farbig.] [01. 3776

— die Trades' Unions oder Gewerkvereine. gr. 4. (40 S.) Basel 871, (Schweighauser'sche Buchh.)
Aus: Zeitschrift für schweizer. Statistik, besonders abgedruckt.

Jannasch, R., tabellar. Uebersicht d. röm. Rechtsgeschichte. Mit e. Vorwort von K. E. Otto. gr. 4. Leipz. 831. Serig. 9 gr

— die Volks-Bibliotheken, ihre Aufgabe und Organisation, s. a. Zeit- und Streit-Fragen, deutsche.

Jannasch R, die Volksbibliotheken, ihre Aufgaben und ihre Organisation. (Zeit- und Streitfragen 67) Berlin 1876

Jannasch, Rob., Vorschläge für Einführung der Krankenversicherung unter den ländlichen Arbeitern, nebst dem Entwurfe eines Statuts. gr. 8. (20 S.) Breslau 872, Korn. *

— Vortrag über Schleswig-Holstein. Gehalten in einer Sitzung des Gewerbevereins in Coburg am 4. Jan. 1864. gr. 8. (16 S. mit 1 Tab. in gr. 4.) Coburg 864, (Streit's Verlag.)

— die Wege u. Entfernungen zur See im Weltverkehr. (XVII S. m. 16 Tab. u. 1 farb. Karte.) gr. 8. Berlin 904. (Leipzig, R. Friese.) n. 8.

Jannasch, Willibald, appr. Arzt: Aus d. Unterrichtsanst. f. Staatsarzneik. d. Univ. Berlin. Die gerichtsärztliche Begutachtung von Wohnungen. Berlin 1909: Ebering. 67 S. 8°
Berlin, Med. Diss. v. 21. Mai 1909, Ref. Rubner
[Geb. 4. Okt. 77 Ruhland; Wohnort: Berlin; Staatsangeh.: Preußen; Vorbildung: Gymn. Neuhaldensleben Reife O. 99; Studium: Berlin 10 S.; Coll. 13. Mai 09; Approb. 10. Aug. 04.] [U 09. 58

v. Jannau, Hnr. Jh., († d. 18. Jan. 1821.) Geschichte von Lief- u. Esthland. 2 Thle. 8. Riga 792, 97. Hartknoch in Leipz. 2 ₰ 4 gr

Jannau, H. J. v. Vide: Geschichte der Sclaverei etc.

– s. Provinzialblätter an das estländische Publikum.

– s. Sitten u. Zeit.

– s. Sophisterei.

Janneck, Martin. Schematismus sämmtlicher Herren Mitglieder der löblich. Nationalgarde der Provinzial-Hauptstadt Klgft. u. deren Umgebung. Klgft., Leon, 1849. Quart. 37 S.

Clement Jannequin. 'Petite nymphe folastre.' ⟨Reizende Nymphe.⟩ Vierstimmiges Chanson aus 'Les Amours de Pierre de Ronsard' ⟨Paris, 1552⟩ ... Deutscher Text von Th[eobald] Rehbaum. Hrsg. von W[illiam] Barclay Squire. (Leipzig: Breitkopf & Härtel [1902].) (6 S.) 4° [Kopft.]
— **Madrigale**, Ausgewählte, u. mehrstimmige Gesänge berühmter Meister d. 16. u. 17. Jhs. N. F. 18, [1.] [07. 13713

Janner, Ferd.: Die Bauhütten des Mittelalters. Eine kunsthistorische Skizze. 16 S. 4⁰.
Regensburg, Progr. 1871.

Die Bauhütten des deutschen Mittelalters. Dargest. von Ferd. Janner. Leipzig: Seemann 1876. VIII, 310 S. 8°
Recens: Bh. 19 (1876) S. 277—278 (J. G. Findel); FZ. 30 (1876) S. 278—279 (Th. Merzdorf); BN. 6 (1879) S. 61—63 (J. P. Vaillant).
cf. F. 1 (1876) S. 113—117 (H. Beigel).
Tt. 795. Beigefügt die Steinmetzordnungen v. J. 1459, 1462, 1498 u. 1563. Jeder Zusammenhang der mittelalterlichen Baugenossenschaften mit der Frmrbrrschaft wird in Abrede gestellt.

Janner, Ferd., das römische Brevier in deutscher Sprache. 4 Tle. m. je 1 Stahlst. 8. Regensburg 890. Pustet. n. 16. —; Einbd. in Halbldr. n.n. 6. —; in Ldr. m. Goldschn. n.n. 12. —; in Chagrinbd. m. Goldschn. n.n. 22. —
Frühlingsteil. (XVIII, 516 u. 300 S.) — Sommerteil. (XIX, 548 u. 252 S.) — Herbstteil. (XVIII, 460 u. 263 S.) — Winterteil. (XXVII, 512 u. 260 S.)

Janner, Ferd., Geschichte der Bischöfe von Regensburg. 6.—9. (Schluß-)Heft. gr. 8. (2. Bd. S. 417—584; 3. Bd. 653 S.) Regensburg 885,86, Pustet. à Heft *ℳ 2.—. *
3. Bd. *
1.—5. Heft. Ebendas. 1883,84. à *ℳ 2.—.

Janner, Ferd., Himmelskalender, s. Himmelskalender.

Janner: Infallibilem Ecclesiam Catholicam esse in diiudicandis factis dogmaticis rectae rationis argumentis probatur. 14 S. — Speier, Progr. 1866.

Ianner, Ferd., De infallibilitate Ecclesiae in diiudicandis factis dogmaticis. Speyer 1866, 4°. 16 S., Prog. d. Gymn.

Janner, Ferd., das heilige Land und die heiligen Stätten. Ein Pilgerbuch in ausgewählten Bildern mit erläut. Texte, nach den Berichten der bewährtesten Schriftsteller erzählt. Mit Titelstahlstich und der Ansicht von Jerusalem in Farbendr. und vielen Holzschnittbildern. In 12 Heften. gr. 4. (767 S.) Regensburg 869—71, Pustet. à Heft 75 Pf.

—— das officium unius martyris de communi in seinem Zusammenhange erklärt. Festgabe zur Jubiläumsfeier des Bischofs von Speyer Nicol. v. Weis. gr. 8. (188 S.) Speyer 867, Kleeberger. *-

—— die Schotten in Regensburg, die Kirche zu St. Jakob und deren Nordportal. gr. 16. (35 S. mit 1 Stahlst.) Regensburg 885, Coppenrath's Verlag. *

Janner, F., N. v. Weis, Bischof zu Speyer, s.a. Deutschlands Episcopat in Lebensbildern.

—— Nikolaus v. Weis, Bischof von Speyer. Ein Lebensbild zunächst für das kathol. Volk. 16. (111 S.) Speyer 872, Kleeberger. *

Jänner, Der 28ste, 1804. O. O.
V: *Sengespeick, Friedrich von.* (I.S)

Jänner, Siebzehnter, 1874 . . .
Salzburg 1874. V: *Thürheim, Andreas Graf.* (Hr)

Die Mythen des Hörselberges und seiner Umgebung von G. Jänner, Lehrer in Gotha. *Gotha: C. Gläser 1899.* (50 S.) 8° [B.]
= Heimath, Aus der. Ergänzungsh. 4. 199. 8072

Jänner, G., die Mythen des Hörselberges u. Umgebung. (4. Ergänzungsheft zu „Aus der Heimat", Blätter der Vereinigg. f. Gothaische Geschichte u. Altertumsforschg.) gr. 8. (50 S.) Gotha 899. R. Schmidt. n. 1. —

Jannes, 25 Jahre knappschaftsärztliche Praxis beim Eschweiler Bergwerks-Verein (1884—1909). (68 S. m. 32 Abb. u. 1 Tab.) Lex. 8. München 909. J. F. Lehmann's Verl. 2.- -

JÄNNES, Juho
Beitrag zur Kenntnis der Stickstoffabgaben einer dünnen auf Erde lagernden Mistschicht. Hannover 1910. 92 pg. 8:o.
Diss. Hels.

Jannet, Claudio, u. Walter Kämpfe, die Vereinigten Staaten Nordamerikas in der Gegenwart. Sitten, Institutionen u. Ideen seit dem Secessionskriege. gr. 8. (XLIV, 704 S.) Freiburg i/B. 893. Herder. n. 8. —; geb. in Leinw. n. 10. —

JANNEWAY, JACOB: Geistliches Exempel-Büchlein, für Kinder (etwas vermehrt und die Vorrede geändert). – Tübingen 1732. Hrsg.: Joh. Jak. Moser.

Janneway, Jac., geistliche Exempelbüchlein für Kinder. 8. Nürnb. Monath. 767.

— tableau spirituel. 8. Lps. F. C. W. Vogel. 732.

Jaennicke, Friedrich

Jaennicke, Frdr., kunstgewerbl. Altertümer u. Kuriositäten, s.: Graesse, J. G. Th.

Jaennicke, Fr., kurze Anleitung zur Tempera- u. Pastelltechnik, Gobelin- u. Fächermalerei (einschließlich der Malerei auf Seide), sowie zum Uebermalen v. Photographien. 8. (VII, 46 S.) Stuttgart 893. P. Neff. n. 1.20

— Kurze Anleitung zur Tempera- u. Pastelltechnik, Gobelin- u. Fächermalerei (einschließl. der Malerei auf Seide), sowie zum Übermalen v. Photographien. Neudr. (VII, 46 S.) 8. Eßlingen 907. P. Neff. 1.20

Jaennicke, F., neue exotische Dipteren aus den Museen zu Frankfurt a. M. und Darmstadt. gr. 4. (100 S. mit 2 Taf. in Kpfrst.) Frankfurt a. M. 867, Winter. *
Aus: Abhandlungen der Senckenberg. naturforsch. Gesellschaft, besonders abgedruckt.

Jännicke, F[riedrich]. Die Farbenharmonie mit besonderer Rücksicht auf den gleichzeitigen Contrast in ihrer Anwendung in der Malerei, in der decorativen Kunst, bei Ausschmückung der Wohnräume, sowie in Kostüm & Toilette. Zugleich als zweite, gänzlich umgearbeitete Auflage der Farbenharmonie von E. Chevreul herausgegeben von F. Jännicke . . . Stuttgart, Verlag von Paul Neff 1878.
VIII + 275 S.; 9 farb. Taf. 8°.
Französische Vorlage erschienen u. d. T.: De la loi du contrast simultané des couleurs et de l'assortiment des objets coloriés. Strasbourg & Paris 1839.

Jaennicke, Frdr., die Farbenharmonie m. besond. Rücksicht auf gleichzeitigen Kontrast in Anwendg. auf dekorative Kunst, Kostüm u. Toilette. Mit 3 Illustr. u. 4 Farbentaf. 8. umgearb. Aufl. v. E. Chevreul, Farbenharmonie, bearb. v. Fr. Jaennicke. 8. (VI, 208 S.) Stuttgart 902. P. Neff Verl. Geb. in Leinw. n. 5. —

—— Figuren- und Blumen-Malerei [Portrait, Genre, Tierstück, Blumen- und Fruchtstück, Stillleben] in Aquarell. Nach dem heut. Standpunkte. 8. (VIII, 310 S.) Ebendas. 888. *ℳ 4.50.; geb. *

Jaennicke, Frdr., Figuren- u. Blumen-Malerei (Porträt, Genre, Tierstück, Blumen- u. Fruchtstück, Stillleben) in Aquarell. Nach d. heut. Standpunkte. 2. [Titel-] Aufl. 8. (VIII, 310 S.) Stuttgart (888) 898. P. Neff, Verl. n. 4. 50; geb. in Leinw. n. 5. —

JÄNNICKE, Friedrich: Botanischer Führer durch den Mainzer Stadtpark. - Mainz 1898. VIII, 251 S., 1 Kt.

Jaennicke, Frdr., Führer f. Sammler u. Liebhaber v. Gegenständen der Kleinkunst, v. Antiquitäten sowie v. Kuriositäten. Zugleich als 3., gänzlich umgearb. Aufl. des Guide de l'amateur d'objets d'art et de curiosités v. J. G. Th. Graesse. Enth. neben kurzgefassten Einleitgn. zur Orientierung in den betr. Fächern nach Jahrhunderten geordnete Namen- u. Markenverzeichnisse der bedeutenderen Bildner in Stein, Holz, Elfenbein, Wachs u. Metallen (einschliesslich Waffen aller Art, Medaillen, Plaketten, Intaglios u. Kameen), sowie der Meister in Email-, Miniatur- u. Glasmalerei, Bildwirkerei (Gobelins), Intarsien, Mosaiken etc. seit den Zeiten der Renaissance bis zum Ende des 19. Jahrh. (V, 246 S. m. Fig.) 8. Leipzig 905. Berlin, G. Schönfeld. Geb. in Leinw. n. 8. —

— Führer f. Sammler v. Porzellan u. Fayence, Steinzeug, Steingut usw., s.: Graesse, J. G. Th.

— Geschichte der Keramik, s. a. Weber's illustr. Katechismen.

Geschichte der Keramik von Friedrich Jaennicke. Mit Titelbild u. 416 Abb. *Leipzig: J. J. Weber 1900.* (XI, 809 S.) 8° [J.]
— Katechismen. Webers illustrierte. No 185. [illegible] 7

Jaennicke, Friedrich s. Graesse, J[ohann] G[eorg] Th[eodor]. Kunstgewerbliche Altertümer und Kuriositäten. 4. Aufl. Berlin, Paris, London 1909.

— s.: Graesse, J. G. Th., guide de l'amateur de porcelaines et de faïences.

Jaennicke, Friedr., Grundriss der Keramik in Bezug auf das Kunstgewerbe. Eine historische Darstellung ihres Entwickelungsganges in Europa, dem Orient und Ostasien von den ältesten Zeiten bis auf die Gegenwart. Ein zuverläss. Führer für Kunstfreunde, Sammler, Fabrikanten, Modelleure und Gewerbeschulen, wie auch als Ergänzung zur Kunstgeschichte. 18 Lfgn. Lex.-8. (XXVIII, 1022 S. mit 476 Holzschn.-Illustr. und 2645 Marken und Monogrammen.) Stuttgart 878,79, Neff. à Lfg. * M 2.; compl. * geb. *

Jaennicke, Frdr., Grundriss der Keramik in Bezug auf das Kunstgewerbe. Eine historische Darstellung ihres Entwickelungsganges in Europa, dem Orient u. Ostasien von den ältesten Zeiten bis auf die Gegenwart. Ein zuverlässiger Führer für Kunstfreunde, Sammler, Fabrikanten, Modelleure u. Gewerbeschulen, wie auch als Ergänzung zur Kunstgeschichte. Mit ca. 400 (Holzschn.-)Illustr. u. über 2500 Marken u. Monogrammen. 18 Lfgn. Lex.-8. (XXVII, 1021 S.) Stuttgart 879. Neff. à n. 2. —

— Guide de l'amateur de porcelaines et de faiences, s.: Graesse, J. G. Th.

Jaennicke, Friedr., Handbuch der Aquarellmalerei. Nach dem heut. Standpunkte und in vorzügl. Anwendung auf Landschaft und Architektur. Nebst einem Anhang über Holzmalerei. 1. Aufl. (XII, 225 S.) 1875. * M 4.; 2. verb. und verm. Aufl. 8. (XV, 287 S.) Stuttgart 877, Neff. * M 4,50.; geb. *

Jaennicke, Friedr., Handbuch der Aquarellmalerei. Nach dem heut. Standpunkte und in vorzügl. Anwendung auf Landschaft und Architektur, nebst einem Anhang über Holzmalerei. 3. verb. und verm. Aufl. 8. (VIII, 323 S.) Stuttgart 885, Neff. * M 4.50.; geb. *

— Handbuch der Aquarellmalerei, nach dem heut. Standpunkte u. in vorzügl. Anwendg. auf Landschaft u. Architektur nebst e. Anhang über Holzmalerei. 4., verb. Aufl. 8. (VII, 307 S.) Ebd. 889. n. 4. 50; geb. n. 6. —

— Handbuch der Aquarellmalerei. Nach dem heut. Standpunkte u. in vorzugsweiser Anwendg. auf Landschaft u. Architektur, nebst e. Anh. üb. Holzmalerei. 5., verm. Aufl. 8. (VII, 308 S.) Stuttgart 893. P. Neff. n. 4. 50

Jaennicke, Frdr., Handbuch der Aquarellmalerei. Nach dem heutigen Standpunkte u. in vorzugsweiser Anwendg. auf Landschaft u. Architektur mit e. Anh. über Holzmalerei. 6. verb. u. verm. Aufl. 8. (VII, 321 S.) Stuttgart 902. P. Neff Verlag. Geb. in Leinw. n. 5. —

— Handbuch der Glasmalerei. Zugleich Anleitung für Kunstfreunde zur Beurteilg. v. Glasmalereien. 8. (VIII, 299 S. m. 31 Illustr.) Ebd. 890. n. 4. 50; geb. n. 6. —

— Handbuch d. Glas-Malerei. Zugl. Anleitg. f. Kunstfreunde z. Beurteilg. v. Glasmalereien. Mit 31 Illustr. 2. [Titel-] Aufl. 8. (VIII, 299 S.) Ebd. (890) 898. n. 4. 50; geb. in Leinw. n. 5. —

—— Handbuch der Oel-Malerei. Nach dem heut. Standpunkte und in vorzugsweiser Anwendung auf Landschaft und Architektur. 8. (X, 265 S.) Ebendas. 878. * M 4,50.; geb. *

—— Handbuch der Oel-Malerei. Nach dem heut. Standpunkte und in vorzugsweiser Anwendung auf Landschaft und Architektur. 2. Aufl. 8. (VIII, 265 S.) Ebendas. 885. * geb. *

— Handbuch der Oel-Malerei, nach dem heutigen Standpunkte u. in vorzugsweiser Anwendung auf Landschaft, Marine u. Architektur nebst Anh. (Andeutgn. üb. Temperamalerei, sowie Gobelin-Imitationen, Jute- u. Kieselmalerei). 3., verb. Aufl. 8. (VIII, 305 S.) Ebd. 889. n. 4. 50; geb. n. 6. —

— Handbuch der Oel-Malerei nach dem heutigen Standpunkte u. in vorzugsweiser Anwendung auf Landschaft, Marine u. Architektur. 4., verm. Aufl. 8. (VIII, 311 S.) Ebd. 893. n. 4. 50

— Handbuch d. Oel-Malerei nach d. heut. Standpunkte u. in vorzugsweiser Anwendg. auf Landschaft, Marine u. Architektur. 5., verm. u. verb. Aufl. 8. (VIII, 316 S.) Ebd. 898. n. 4. 50; geb. in Leinw. n. 5. —

— Handbuch der Oelmalerei nach dem heutigen Standpunkte u. in vorzugsweiser Anwendg. auf Landschaft, Marine u. Architektur. 6. verm. u. verb. Aufl. (VII, 250 S.) 8. Stuttgart 903. Eßlingen, P. Neff. n. 4. 50; geb. in Leinw. n. 5. —

— dasselbe. II. Tl. In Anwendg. auf Figur, Porträt, Historienbild u. Genre, Tier-, Blumen-, Fruchtstück u. Stillleben. (VII, 158 S.) 8. Eßlingen 906. P. Neff. Geb. in Leinw. 4. —

— Handbuch der Oelmalerei nach dem heutigen Standpunkte. 1. Tl. In Anwendg. auf Landschaft, Marine u. Architektur. 7. Aufl. (VII, 266 S.) 8. Eßlingen 909. P. Neff. Geb. in Leinw. 5. —

— Handbuch der Porzellan-, Steingut- u. Fayence-Malerei üb. u. unter Glasur in ihren verschiedenen älteren u. neueren Abarten einschliesslich der Malerei auf weiches Porzellan u. Terrakotta, sowie der Metall- u. Lüsterverzierg. 8. (VIII, 316 S. m. 28 Illustr.) Ebd. 891. n. 4. 50; geb. n. 6. —

— Handbuch d. Porzellan-, Steingut- u. Fayence-Malerei üb. u. unt. Glasur in ihren verschied. Alt. u. neueren Abarten einschliessl. der Malerei auf weiches Porzellan u. Terrakotta, sow. d. Metall- u. Lüsterverzierg. M. 23 Illustr. 2. [Titel-] Aufl. 8. (VIII, 816 S.) Ebd. (891) 898. n. 4 50; geb. in Leinw. n. 5. —

Jaennicke, F., die gesammte keramische Literatur. Ein zuverlässiger Führer für Liebhaber, Gewerbetreibende und sonst. Interessenten, zugleich ein Suppl. zu des Verf. Grundriss der Keramik. 8. (XVI, 146 S.) Stuttgart 882, Neff.

—— Marken und Monogramme auf Fayence, Porcellan, Steinzeug und sonstigen keramischen Erzeugnissen. Aus Grundriss der Keramik mit Bezug auf das Kunstgewerbe von den ältesten Zeiten bis auf die Gegenwart. Lex.-8. (XV, 95 S.) Ebendas. 878. cart. *

—— Mettlacher Museum. 1. Abthl.: Deutsches Steinzeug bis zum 18. Jahrh., beschrieben. gr. 8. (91 S. mit 11 Lichtdr.-Taf.) Mainz 884, Diemer. *

Jaennicke, Frdr., Studien über die Gattung Platanus L., s. a. Acta, nova, academiae etc. naturae curiosorum. 77. Bd.

Studien über die Gattung Platanus L. 1892–1897. Von Friedrich Jaennicke. *Halle 1899: E. Karras.* (S. 115–226.) 4°
— Acta, Nova, Academiae Caes. Leopoldino-Carolinae Germanicae naturae curiosorum. T. 77, No 2. [oo. 10056

Jännicke, Wilh., Beiträge zur vergleichenden Anatomie der Geraniaceae. gr. 8. (24 S. mit 1 lithogr. und color. Taf.) Frankfurt a. M. 886, (Diesterweg.) *
Aus: Abhandlungen der Senckenbergischen naturforschenden Gesellschaft, besonders abgedruckt.

Jännicke, W., botanischer Führer durch die städtischen Anlagen in Frankfurt a. Main, s.: Blum, J.

Jännicke, Wilh[elm], Dr. phil.: Die Sandflora von Mainz, ein Relict aus der Steppenzeit. 1892. 25 S. 8° ¶ Umgearb. aus: Flora oder allg. botan. Zeitung. N. R. Jg. 47. 1889.
Darmstadt Te. H., Hab.-Schr. v. 22. 4. 1892

— die Sandflora v. Mainz, e. Relict aus der Steppenzeit. gr. 8. (25 S.) Frankfurt a/M. 892. Gebr. Knauer. n. 1. 50

Jannigke, A. Fr. De alienatione domaniarum a Pomerianiae ducibus facta. 4°. Sedini 1734.

Janning, Johannes: Die Knochenstärke der Pferde in ihrer Beziehung zur chemischen Zusammensetzung. Breslau 1908: H. Fleischmann. (47 S.) 8°
Breslau, Phil. Fak., Ref. Holdefleiss, Diss. v. 5. Mai 1908
[Geb. 13. Sept. 82 Cöde b. Münster (Westf.); Wohnort: Breslau; Staatsangeh.: Preußen; Vorbildung: Gymn. Münster Reife O. 03; Studium: München 2, Halle 5 S.; Rig. 26. Febr. 08.]

Jannotas, Michael: Die Magenerweiterung mit Rücksicht auf die geweblichen Veränderungen der Magenwandung. *Erlangen 1898: F. Junge.* (75 S.) 8°
Erlangen, Med. Diss. v. [4. März] 1898

Jannotta, Aug., Lesestoffe u. Materialien d. dritten Schuljahrs. Mit e. Vorrede v. Otto Willmann. 8. (XVI, 184 S.) Wien 872. Graeser. n. 1. 40
Vgl. Janotta

Janssen, Bernhard [app. Arzt aus Langstoft]: Aus d. Augenklinik zu Kiel. Ueber Canthoplastik. . . . Kiel, Druck v. Carl Böckel, 1890; 23 S. + 2 Bl. 8°
Kiel, Med. Fak., Inaug.-Diss. v. 20. März 1890

Jannsen, Bernh. Über Canthoplastik. Aus der Augenklinik zu Kiel. Diss. gr. 8. (23 S.) Kiel 890, (Lipsius u. Tischer). 1 —

Jannsen, Eug., Untersuchungen über die Verletzungen der Arterien des Unterschenkels und des Popliteulgebietes und deren Behandlung. Inaugural-Dissertation. gr. 8. (88 S.) Dorpat 881, (Karow.) *

Jannsen, Harry, Märchen u. Sagen des estnischen Volkes, gesammelt u. übersetzt. 1. Lfg. gr. 8. (70 S.) Dorpat 881. (Leipzig, K. F. Köhler.) n. 2. —

Jannsen, Harry, Märchen und Sagen des estnischen Volkes. Uebers. und mit Anmerkungen versehen. 2. Lfg. 8. (VIII, 203 S.) Riga 888, Kymmel's Sortiment. *
1. Lfg. Dorpat 1881. (Leipzig, K. F. Köhler.) *M 2.—.

— Montesquieu's Theorie von der Dreitheilung der Gewalten im Staate auf ihre Quellen zurückgeführt. Ein Beitrag zur Geschichte der Staatswissenschaft. 8. (26 S.) Gotha 878. F. A. Perthes. n. — 60

Janny, Alois, aus Hottingen (Ct. Zürich): Ueber die Acetoxime. Hottingen-Zür. H. Zürcher Dr. 1883. 61 S., 1 Bl. 8°.
Zürich, Phil. Diss. [v. 9. Febr. 1883].

Janny, L., Über Einwanderung des Cysticercus cellul. ins menschl. Auge. Berlin 82. Münnich. M. —.50

Janociana sive clarorum atque illustrium Poloniae Auctorum Maecenatum memoriae . . . , s. Janotzki, Jh. Daniel Andreas

Janoni, Pet., Neapolit. historici celeberr., abjuratio ab eo sponte facta Taurini in carcere sito ad portam Padanam die 4. April 1738. 4. Erlang. 763. Heyder. 4 K

Janosch, der schwarze, od. die geheimen Gewölbe in Venedig, s. a. Walden, H., Zöglinge froher Laune rc. 28 Bdchn.

Janosch, Der schwarze, oder die geheimen Gewölbe in Venedig. Historische Skizze aus der ersten Hälfte des sechzehnten Jahrhunderts. Wien 1829. V: *Gleich, Josef Alois.* (Maassen, C. G. von, Der grundgescheute Antiquarius, Jg. I, Heft 6 [März 1922], S. 188—190)

Janosch, J., der Witzbold. Ein Buch zum Tränen lachen! Gepfefferte Anekdoten, Couplets, Gedichte u. humorist. Vorträge, Erzählgn., Scherzfragen usw. (XXXII, 95 S.) 8. Leipzig (909). F. Casper & Co. 1.50

Janosch, Stephan, 50 jähr. durchaus erprobte Erfahrungen üb. d. Zucht, Pflege, Wartung, Krankheitsheilung u. Benutzung aller Haus- u. Nutzthiere. Aus dess. Nachlaß gesamm., geord. u. hrsg. v. Chrstph. Mayer. 4 Thle. 8. Leipzig, Kummer. Thlr. A. u. d. Titln.:
Thl. 1. Zucht u. Pflege d. Pferde, Heilart ihrer Krankheiten u. Pferdehandel. (13 B.) 833. 12 Gr.
" 2. Zucht u. Pflege d. Hornviehes, d. Schafe u. Schweine; Heilart ihrer Krankheiten u. Handel mit diesen Viehgattungen. Nebst e. gleichinhalt. Anh. v. Hunden u. Katzen. (14 1/2 B.) 834. 14 Gr.
" 3. Zucht u. Pflege d. Federviehes; Heilart d. Krankheiten u. Handelsbetrieb mit dems. (5 1/2 B.) 834. 5 Gr.
" 4. Zucht u. Pflege d. Bienen u. Seidenwürmer; Benutzung ders. u. Heilart ihrer Krankheiten. (7 B.) 834. 6 Gr.

Janošik, J., Beiträge zur Kenntniss des Keimwulstes bei Vögeln. [Aus der anatom. Anstalt in Prag.] [Mit 1 (lith. u. color.) Taf.] [Aus: „Sitzungsber. d. k. Akad. d. Wiss."] Lex.-8. (14 S.) Wien 881. (Gerold's Sohn.) n. 1. —

Janošik, J., Bemerkungen über die Entwicklung d. Genitalsystems. [Aus: „Sitzungsber. d. k. Akad. der Wissensch."] Lex.-8. (29 S. m. 1 Taf.) Wien 890. (Tempsky.) n. 1. —

Janošik, J., zur Histologie des Ovarium. Lex.-8. (22 S. mit 2 Taf.) Wien 888, (Tempsky.) *

Janošik, J., histologisch-embryologische Untersuchungen üb. das Urogenitalsystem. [Mit 4 (lith.) Taf.] Lex.-8. (103 S.) Wien 885. (Gerold's Sohn.) n. 3. 50

Janota, Eugen

Janota, Eug.: Sprachstudien als Beitrag zur ethischen und logischen Bildung. 19 S.– Teschen kth., Progr. 1851.

Janota, E., Uebersetzung von psalmen, hymnen und kirchengebeten aus dem XIV. jahrhunderte, s. Uebersetzung.

Janota: Uebersetzung von Psalmen, Hymnen und Kirchengebeten aus der Handschrift herausgegeben. 69 S. 8° –Krakau St. A., Progr. 1855

Janota, E., Übersetzung von psalmen, hymnen und kirchengebeten aus dem XIV. jahrh. Aus der handschrift herausg. Wien 855. (Cracau, Friedlein.) Lex.-8. (VI, 69 S. u. 1 lith. Taf.) nn. 15 ngr

Janota, Robert, Oberstlieut. des Ruhestandes. Geschichte des k. und k. Inft.-Reg. Graf Daun Nr. 56. (1684—1888.) Auf Grund der 1. Aufl., dann nach Feldacten der k. und k. Archive und sonstigen authent. Quellen bearbeitet und ergänzt vom ehem. Mitgliede des Reg. 2. Aufl. (Mit 1 Portrait.) gr. 8. Teschen 1889.

Janota, Rud., die Gewerbereform od.: „Was bringt das Gesetz vom 5. II. 1907, RGBl. Nr. 26, u. dessen Durchführungsverordngn. Neues?" Übersichtlich u. leichtfaßl. in Frage u. Antwort dargestellt. Mit e. Anh. üb. wicht. gewerbl. Vorschriften im allgemeinen. (XVI, 202 S.) 8. Wien 907. Manz. 2.35; kart. n 2. 60

Janotiana sive clarorum Poloniae auctorum memoriae miscellae, s. Janotzki, Jh. Daniel Andreas

Janotta, Aug., Lesestoffe und Materialien des dritten Schuljahrs. Mit einer Vorrede von Otto Willmann. 8. (XVI, 184 S.) Wien 872, Sallmayer und Comp. *
vgl. Jannotta

Janotta, H. Jung-
s. Jung-Janotta.

Janotta, Karl Aug., Klein Ido-Grammatik, s.: Siminne, A.

— Linguo internaciona di la delegitaro Ido, s.: Miniatur-Bibliothek.

Janotta, Wilhelm [aus Osterwitz in Ob.-Schles.]: Ueber amniotische Bänder und Fäden ... Leobschütz, Druck v. W. Witke, 1896; 24 S., 1 Taf. 8.
Erlangen, Med. Fak., Inaug.-Diss. v. 26. Juli 1894

Janotyckh v. Adlerstein, Joh., Archiv des ungarischen Ministeriums, s. Archiv.

Janotyckh v. Adlerstein, Joh. Archiv des ungarischen Ministeriums und Landesvertheidigungsausschusses. (3 Bde.) 8. Altenburg 1851.

Janotyckh v. Adlerstein, Joh., Federzeichnungen. Eine Reihe von Skizzen, den socialen u. polit. Zuständen in Ungarn vor u. während der Revolutionszeit entnommen. 2 Bde. 8. (XLII u. 436 S.) Wien 850, Keck & Sohn. n. 1⅓ ₰

— die letzten zwei Jahre Ungarns. Chronologisches Tagebuch der magyarischen Revolution. 3 Bde. od. 6 Lfgn. gr. 8. (1. Bd. 258 S. 2. Bd. 394 S. 3. Bd. 356 S.) Wien 850, Sollingers Wwe. 3 ₰

(Janotyckh v. Adlerstein, Joh.) Die Rundreise Sr. k. k. apost. Majestät Franz Joseph des Ersten durch Ungarn und Siebenbürgen im Jahre 1852. Als ein Beitrag zur Geschichte unserer Tage mitgetheilt von einem Augenzeugen. Nebst dem Portrait Sr. k. k. ap. Majestät und der Abbildung des Hentzi-Monumentes in Ofen. 8. Wien 1852.

Janotzki, Jh. Daniel Andreas

— kritische Briefe an Freunde. 8. Dresden, Walther. 745.

— Polnischer Büchersaal, s. Büchersaal, u. setze hinzu: (v. J. D. A. Janotzki).

— specimen Catalogi Codicum Mss. Bibliothecae Zaluscianae. 4. Dresd. 750.

— Excerptum polonicae literaturae huj. atq. super. aetatis. IV pts. 8. maj. ibid. 764–67.

Ianotzky, I. Dan., sarmaticae literaturae nostri temporis fragmenta. Vol. I. 8. maj. Warsch. Groell. 773. Rthl.

— Janociana, sive claror. atque illustr. Poloniae auctor. memoriae. II Tom. 8maj. Warschau u. Leipz. 776—79. Gröll. 2 ₰ 12 gr. Vol. III. nunc primum e codicibus Bibliothecae publicae Varsoviae edidit Sam. Th. Linde. 8. Warschau. 1 ₰

— Lexicon der jetzt lebenden Gelehrten in Pohlen. 2 Thle. cum otio Varsaviensi. gr. 8. Bresl. W. G. Korn. 750.

— Lexikon der jetzt lebenden Gelehrten in Polen. 2 Thle. cum otio Varsaviensi. gr. 8. Bresl. 755. W. G. Korn. 1 ₰

Janotzki, (eigentl. Janisch), Jh. Dn. Andr., († 1786.) Nachr. von d. in d. gräfl. Zaluskischen Bibliothek sich befindl. raren polnischen Bücher. 5 Thle. gr. 8. Bresl. 747—53. W. G. Korn. à ₰

— parens patriae Stanislaus Augustus Poloniae regum maxim. atque invictissimus civibus fidelissimus a parricidis ereptus redditusque. 8maj. Warschau 772. Gröll. 8 gr.

— Polonia literaria nostri temporis. 8maj. Bresl. 750. W. G. Korn. 4 gr.

— musarum sarmaticar. specimina nova. Vol. I. 8maj. Bresl. 771. W. G. Korn. 6 gr.

Janotzky, J. Dan., s. Janotzki, Jh. Daniel Andreas

Janouli, J., über Kaiserschnitt u. Perforation in gerichtl.-medicin. Beziehung. gr. 8. (5¼ B.) Heidelberg 834, Winter.

Janov, Matthiae de, dicti Magister Parisiensis, regulae Veteris et Novi Testamenti, Primum in lucem ed. Vlastimil Kybal. Vol. I et II. Lex. 8. Innsbruck, Wagner. 24. —
I. Subsidio academiae scientiarum, artium et litterarum Bohemicae Pragensis. (XXIX, 347 S. m. 1 Taf.) 908. 12. —
II. Subsidio academiae scientiarum, artium et litterarum bohemiae Pragensis. (XXIV, 351 S.) 909. 12. —

Janovic, Vasyliu — Gramáteka limbec romanesci pentru a triea clasa a scoalelor poporene. Compusa de — —. 8. (246 S.) Viena. Saŭ tiperit la Leopold Grund. 1851. (Romanische Sprachlehre für die dritte Klasse in den Volksschulen.)
Verlag der Schulbücher-Verschleiß-Administration

Janovic, Vasyliu — Gramátika limbec romanesci pentru jamea si a doa closa a scoalelor poporene. Compus de — —. 8. (122 S.) Viena. Saŭ tiperit la Leopold Grund. 1851. (Sprachlehre der romanischen Sprache für die zweite Klasse in den Volksschulen.) Gebunden 12 kr. Ungebunden 8 kr. C. M. Verlag der Schulbücher-Verschleiß-Administration

Janovics, Gräfin Anna. *Die lachenden Kinderstimmen* verwerthet für die weinenden. Wien, Austria: Drescher & Comp. [c. 1889]. 144 u. XXXV SS. mit zahlr. Bildern und Vignetten. Gr.-4°. Heller Or.-Leinenbd. m. Gold- u. Grünpressung. 9.—
Gedichte und lustige Kinderanekdoten, etwas erbaulicher Tendenz. Mit einem französ. Anhang. Jede Seite blau eingerahmt. — Einband ein wenig fleckig.

Janovsky, Fed., das nordwestliche k. k. Schlesien. Auszug aus e. grösseren, unter Mitwirkg. mehrerer hervorrag. Fachmänner verf. statist. Werke. (124 S. m. 3 Karten.) 8. Ober-Hermsdorf 873. (Freiwaldau, A. Blažek.) 2. 50

Janovsky, J. V.

— Über Amidoazobenzolparasulfosäure (mit 5 Holzschnitten). S. 88. II. 38 . . . . . vgr.
Separatabdruck

— Die Änderung des Molekulargewichtes und das Molekularrefraktionsvermögen. S. 81. II. 539 . . . . . vgr.
— — 2. Folge. S. 82. II. 147 . . . . . vgr.
Separatabdruck

Janovsky, J. V., Anleitung zur qualitativen Analyse unorganischer u. organischer Körper. Als Hilfsbuch bei den praktischen Arbeiten in gewerblichen u. technischen Laboratorien. gr. 8. (IV, 71 S. m. 1 Tab.) Prag 882. Calve. cart. n. 2. —

Janovsky, J. V., Anleitung zur qualitativen Analyse unorganischer und organischer Körper. 2. umgearbeitete Auflage. Prag 1891. J. G. Calve'sche Hof- und Universitäts-Buchhandlung. (Min.-Erl. 17. Mai 1891. Z. 7984) 1.—

— Über eine neue Azobenzoldisulfosäure. S. 83. II. 646 . . . . . vgr.
Separatabdruck

— Beiträge zur Kenntnis der Azoverbindungen (mit 3 Holzschnitten). S. 95. II. 225 . vgr.
Separatabdruck

—— Geschichte der gerichtlichen Medicin, s. Handbuch der gerichtlichen Medicin.

— über einige chemische Constanten. [Aus: „Sitzungsber. d. k. Akad. d. Wiss."] Lex.-8. (9 S.) Wien 878. (Gerold's Sohn.) n. — 20

—— über Niobit und ein neues Titanat vom Isergebirge. Lex.-8. (8 S.) (Ebendas.) 879. *
Vorstehende zwei Schriften sind aus: Sitzungsberichte der k. Akademie der Wissenschaften, besonders abgedruckt.

— Über Nitroazokörper und Bromsubstitutionsprodukte des Azobenzols (mit 3 Holzschnitten). S. 93. II. 623 . . . . . vgr.
Separatabdruck

—— über Nitro- und Amidoderivate des Azobenzols. Lex.-8. (8 S. mit 6 eingedr. Holzschn.) Wien 883, (Gerold's Sohn.) *
Aus: Sitzungsberichte der k. Akademie der Wissenschaften, besonders abgedruckt.

Janovsky J. V.: Über die Nitroderivate der Azobenzolparasulfosäure. S. 86. II. 238 . vgr.
Separatabdruck

— Über die Reduktionsprodukte der Nitroazokörper und über Azonitrolsäuren. 1. Abhandlung (mit 3 Holzschnitten). S. 91. II. 207 . . . . . vgr.
— — 2. Abhandlung. S. 92. II. 210 . . . . . vgr.
Separatabdruck

— Über direkte Substitutionsprodukte des Azobenzols und ein asymmetrisches Triamidobenzol (mit 7 Holzschnitten). S. 89. II. 640 . . . . . vgr.
Separatabdruck

— Studie über Azotoluole. 1. Mitteilung (mit 4 Textfiguren). S. 97. IIb. 612 . . . . vgr.
Separatabdruck

— Studie über Azo- und Azoxytoluole. 2. Mitteilung. S. 98. IIb. 605 . . . . . vgr.
Separatabdruck

— Über Sulfosäuren des Azobenzols. S. 85. II. 762 . . . . . vgr.
Separatabdruck

Janower, Martin. Die Gattung Solenocaulon. Diss. Phil. Bern. [Mit 2 Tafeln, nebst Tafel-Erklärungen.] (Extrait de la Revue suisse de Zoologie. T. 12, 1904.) IV S. + S. 495—538. 8. Genève, W. Kündig & fils. 1904.

J(anowitz,) Mor., Robotpredigt den guten und fleißigen Landleuten gehalten. gr. 8. (16 S.) Wien 848, Wallishausser.

—— Zehnt-Predigt. Fortsetzung der Robotpredigt. gr. 8. (24 S.) Wien 848, Wallishausser.

Janowski, C., s. J. P. L. Pistorius, Anleitung.

Janowski, Casimirus: Observationes in nomina vestium a tragicis Graecis prolata. *Berolini (1897): E. Ebering.* (44 S.) 8°
Berlin, Phil. Diss. v. 11. Dez. 1897

Janowski, Nikolaus, Op. 16. Drei Lieder.
Nr. 1. Anakreons Grab. Nr. 2. Volksweise. Nr. 3. Heimweh. (Wanderlied in der Fremde) K 1.80 no.
Wien: Nikau & Welleminsky 1910

Janowski, Nikolaus, Nr. 1. Sommernacht. Nr. 2. Wanderers Wachtlied. 1. Der von dem Himmel bist. Nr. 3. Über allen Gipfeln ist Ruh K 1.80 no.
Wien: Nikau & Welleminsky 1910

Janowski, W., üb. d. diagnost. u. prognost. Bedeutg. der exakten Pulsuntersuchg., s. a. Sammlung klin. Vorträge.

Über die diagnostische u. prognostische Bedeutung der exakten Pulsuntersuchung. Von W. Janowski, Warschau. *Leipzig: Breitkopf & Härtel 1897.* (82 S.) 8.
= Sammlung Klinischer Vorträge. N. F. No 192/93. [97. 6634

Janowski, W., die funktionelle Herzdiagnostik. (VII, 159 S. m. 44 Fig.) Lex. 8. Berlin 910. A. Hirschwald.

Janowski, W., Physiologie u. allgem. Pathologie des Erbrechens, s.a. Sammlung klinischer Vorträge.

Physiologie und allgemeine Pathologie des Erbrechens von W. Janowski, Primararzt in Warschau. *Leipzig: Breitkopf & Härtel 1902.* (24 S.) 8°
— Sammlung Klinischer Vorträge. N. F. No 333.

Allgemeine Semiotik des Erbrechens von Dr. med. W. Janowski, Primärarzt zu Warschau. *Jena: G. Fischer 1903.* (108 S.) 8°

Janowsky, Eugénie, Wladimir (Russie): Hernie inguinale intrapariétale. (Université de Lausanne. Faculté de médecine. Lausanne 1909. 95 p. et trois planches. [11 VII. 09.]
Lausanne. Thèse méd. 1909 10.

Janowsky, Sch., Was wollen die Anarchisten? 8°. London, „Workers Friend“, 1890. (Anarchistisch-Commun. Bibliothek, hrsg. von der Gruppe „Ritter der Freiheit“.)

Jaar, H., Polizei-Verordnung, betr. die Einrichtung u. den Betrieb v. Aufzügen (Fahrstühlen) gemäss Ministerialerlass vom 27. XII. 1909 m. den einschl. gesetzl. Bestimmungen u. Verordnungen nebst e. Beschreibung der Aufzüge u. e. Anweisung zur Berechnung der Seile u. Ketten u. der Prüfung der Aufzüge. 5. Aufl. (84 S.) 8. Hagen, O. Hammerschmidt. 1910
Geb. in Halbleinw. 1. 50.

Jans, Jos. Der praktische Viehwärter m. dem ebenso praktischen Pferdewärter. Ein lehrreicher Leitfaden f. Fütterungs- u. Viehpflegekurse, sowie auch e. Lehrwort der Erfahrg. f. alle Viehzüchter rc. gr. 8. (VI, 80 S.) Aarau 891, Christen. cart. * 1 —

Jans, Jos., der prakt. Viehwärter m. dem ebenso prakt. Pferdewärter. Ein lehrreicher Leitfaden f. Fütterungs- u. Viehpflegekurse, sowie auch e. Lehrwort der Erfahrg. f. alle Viehzüchter, Rindvieh- u. Pferdewärter v. Beruf, wie überhaupt f. alle Bauern, Sennen, Melker, Karrer, Kutscher, Hirten, Viehtreiber u. Frauen, welche m. der Stallpflege zu thun haben. 2., verm. u. verb. Aufl. 8. (VI, 90 S.) Aarau 901. E. Wirz. Kart. n. 1.—

Jans, Wilhelm: Aus dem Kgl. pathologischen Institute zu Kiel. Über einen Fall von Lungenaktinomykose. *Kiel 1897: H. Fiencke.* (25 S.) 8°
Kiel, Med. Diss. v. [7. Jan.] 1898

Jansa, Franz: Von der Verminderung der Pflanzungen schädlicher Thiere, s. Programm, Erstes, der öffentlichen Unter-Realschule der k. Freistadt Zombor.

Jansa, V., s.a. Jansa, W.

Jansa, V., Album v. Alt-Prag. Nach Aquarellen v. J. (25 [23 farb.] Taf. m. französ., engl., tschech., russ., deutschen u. poln. Unterschriften.) qu. gr. 4. Prag (908). B. Kočí. n. 4. 50

Jansa, Vincenz

Jansa Vincenz, Feiertags- und Gelegenheits-Predigten. Neueste Folge. VII Bd. 8. (200 S.) Gratz, Dirnböck und Mühlfeith, Druck A. Leykams Erben. 1852

— leichtfaßliche Frühpredigten für die Sonntage des katholischen Kirchenjahres. Bearb. u. mit anziehenden Erzählungen u. Beispielen durchgängig beleuchtet. Regensburg 855. Manz. 8. (444 S.) 1 ₰. 3 ngr

— neuer römisch-katholischer Kalender, s. Kalender.

Jansa, Vinc., leichtfaßliche Predigten. I. Bd. I. Aufl. 1843. und 2. Aufl. A. u. d. T.: Leichtfaßliche Sonntags-Predigten, bearb. und mit anziehenden Erzählungen durchgängig beleuchtet. 2. (Titel-)Aufl. 8. (VI und 434 S.) Gratz 852, Dirnböck.

— dass. — 2. Bd. A. u. d. T.: Leichtfaßliche Feiertags- und Gelegenheits-Predigten, bearb. und mit anzieh. Erzählungen durchgängig beleuchtet. gr. 8. (262 S.) Ebds. 849.

— dass. — 3. Bd. A. u. d. T.: Leichtfaßliche Sonntags-Predigten für Stadt und Land, bearb. und mit anziehenden Erzählungen durchgängig beleuchtet. 2 Hälften. (Advent- und Oster-Cyclus. — Pfingst-Cyclus.) gr. 8. (558 S.) Ebds. 850.

— dass. — 4. Bd. A. u. d. T.: Leichtfaßliche Feiertags- und Gelegenheits-Predigten, bearb. und mit anziehenden Erzählungen durchgängig beleuchtet. Neue Folge. 8. (245 S.) Regensburg 851, Manz.

— dass. — 5. und 6. Bd. A. u. d. T.: Leichtfaßliche Sonntags-Predigten, bearb. und mit anziehenden Erzählungen durchgängig beleuchtet. 2 Thle. 8. (501 S.) Ebds. 852.

— der Spiegel. Ein Exempelbuch für die erwachsene kathol. Jugend, zur Weckung religiös-moral. Gesinnung. 8. (235 S. und 1 Stahlst.) Regensburg 851, Manz.

Jansa, Vinz., katechetische Unterredungen mit den Anfängern im Schulgehen; oder: Was sollen Kinder wissen, ehe man den Katechismus mit ihnen anfängt? 8. Grätz 826. Kienreich. 1/8 ₰

Jansa, W., Alt-Prag. 80 Aquarelle. In treuer färb. Reproduction. Mit Begleittext v. J. Herain u. J. Kamper gr. Fol. (III, 118 S.) Prag (900—902). B. Kočí.
In Mappe n. 100.—; auch in 20 Lfgn. à 4. 50

Jansch, Paul, Fragen u. Aufgaben aus der Physik der Volksschule. [Aus: „Die Physik in der Volksschule“.] 1.—3. Taus. (77 S. m. 99 Abb.) 8. Köln 909. J. P. Bachem. — 60

— Von Hühnern u. Eiern. Ein Unterrichtsbild aus dem Anschauungsunterricht des ersten Schuljahres, s.a. Zur Volksschulpädagogik.

Von Hühnern und Eiern. Ein Unterrichtsbild aus d. Anschauungsunterricht d. ersten Schuljahres. Von Paul Jansch. Langensalza: Beltz 1910. 15 S. 8°
(Zur Volksschulpädagogik. H. 7.)

— Die Physik in der Volksschule. Lehrproben, Entwürfe, Stoffsammlgn. m. angeschlossenen Fragen u. Aufgaben u. Lehrplänen. 1.—3. Taus. (384 S. m. 109 Abbildgn.) 8. Köln 909. J. P. Bachem. 4.—; geb. 4. 80

— Zur Theorie u. Praxis des modernen Anschauungsunterrichts. Mit zahlr. Unterrichtsbildern u. Skizzen. (VIII, 150 S.) gr. 8. Osterwieck 909. A. W. Zickfeldt. 2.25; geb. n 2. 80

Jaensch, Adf., wie gelange ich aus eigener Kraft zu Erfolg u. Wohlstand? 2. Aufl. (32 S.) gr. 8. München (904). Seitz u. Schauer. n. 1. 50

Ⓢ **Jaensch**, Ad., wie gelange ich zu Erfolg u. Wohlstand? 904. (KBL 34.) Jetzt: München, Verlag d. ärztl. Rundschau.

Jaensch, Bernh., die Presse, ein Stück moderner Verstimpelung von Jos. Lukas, beurtheilt u. gewürdigt. Regensburg 868. Manz. 8. (64 S.) 6 ngr

Jaensch, Bernh., der Schulzwang kein Stück moderner Tyrannei. Offenes Sendschreiben an Herrn Jos. Lukas, als Antwort auf seine Schrift: „Der Schulzwang ein Stück moderner Tyrannei." gr. 8. (82 S.) Regensburg 866, Manz.

Jaensch, Erich: Experimentelle Analyse des Aubert-Foerster'-schen Gesetzes. I. Abschn. § 1—6. Leipzig: J. A. Barth 1909. XII, 117 S. 8° (Ersch. vollst. u. d. T.: Zur Analyse d. Gesichtswahrnehmungen, als: Zeitschrift f. Psychol. u. Physiol. d. Sinnesorg. Erg.Bd 4.)
Göttingen, Phil. Diss. v. 3. Sept. 1909, Ref. Müller
[Geb. 26. Febr. 83 Breslau; Wohnort: Breslau; Staatsangeh.: Preußen; Vorbildung: Gymn. Jena Reife O. 02; Studium: Tübingen 1, Jena 4, Breslau 2, Göttingen 5 S.; Rig. 5. Aug. 09.] [U 10. 1423

Jaensch, E. R., zur Analyse der Gesichtswahrnehmungen, s. a. Zeitschrift f. Psychologie u. Physiologie der Sinnesorgane. 4. Erg.-Bd.

Zur Analyse der Gesichtswahrnehmungen. Experimentell-psycholog. Untersuchungen nebst Anwendung auf d. Pathologie d. Sehens von E. R. Jaensch. Leipzig: Barth 1909. XIV, 388 S. 8°
(Zeitschrift f. Psychologie u. Physiologie d. Sinnesorgane. Erg.Bd 4.) [09. 14367

Jaensch, Georg, Ober-Postpraktikant in Berlin (Reichs-Postamt): **Die deutschen Dampfersubventionen, ihre Entstehung, Begründung und ihre volkswirtschaftlichen Wirkungen.** Berlin 1907: F. A. Günther & Sohn. (VIII, 166 S., 1 Karte.) 8°
Heidelberg, Phil. Fak., Ref. Gothein, Diss. v. 28. Febr. 1907
[Geb. 30. Sept. 74 Liegnitz; Wohnort: Berlin; Staatsangeh.: Preußen; Vorbildung: Gymn. Frankfurt a. O. Reife O. 93; Studium: Berlin 6 S.; Rig. 30. Jan. 07.]

Jaensch, Geo., die deutschen Dampfersubventionen, ihre Entstehung, Begründung u. ihre volkswirtschaftlich. Wirkungen. (VIII, 165 S. m. 1 Karte.) 8. Berlin 907. (Köslin, A. Hoffmann.) nun 2. 50

Jänsch, Gf. Fd. († d. 19. Aug. 1785.) **Diss. de efficaci mercurialium usu chirurgica. 8. Halle 756.**

— **Unterricht an d. schles. Landwirthe, wie sie sich vor Krankheiten verwahren u., wenn sie damit befallen worden, sich mit gehörigen Mitteln zu Hülfe kommen sollen, bis sie d. Hülfe e. Arztes erlangen können. 8. Bresl. 765.**

[F. u. Ant.] Lexikographisches Ortschafts-Verzeichniss nebst Entfernungs-Tabelle des Regiergsbez. Gumbinnen enth. alle Städte, Dörfer ... M. Genehmigg d. Kgl. Regierg nach amtl. Material zsgest. v. L[eo] Jaensch, Polizei-Assist. in Tilsit. *Tilsit: Selbstv.; Dr. v. O. r. Mauderode:* (a. d. Deckel hs. bezw. aufgest.: *Verl. v. O. Sembill) 1895.* (222 S.) 1 Bd 4. [96. 9151

Jaensch, Oskar: Aus dem Kgl. bot. Garten der Universität Breslau. Beitrag zur Embryologie von Ardisia crispa A. DC. Breslau 1905: H. Fleischmann. (35 S.) 8°
Breslau, Phil. Fak., Ref. Pax, Diss. v. 21. Nov. 1905
[Geb. 13. Aug. 79 Massow, Kr. Landsberg a. W.; Wohnort: Woldenberg, Nm.; Staatsangeh.: Preußen; Vorbildung: Gymn. Fürstenwalde Reife O. 01; Studium: Berlin, Marburg, Breslau; Rig. 28. Okt. 05.]

Jaensch, Robert

Jänsch: Eine Abhandlung über die Rectification und Quadratur der sphärischen Ellipse. 16 S. Figt.– Schluss 19 S.– Rastenburg, Progr. 1852, 1853.

Jaensch, Rob., Haus Ballenstedt und die Grafen von Ascherssleben. gr. 16. (16 S.) Aschersleben 873, Schlegel. *

Jänsch Einiges aus der Lehre von der harmonischen Theilung. 20 S. u. Figurent.
Rastenburg, Progr. 1848

Jänsch, R., Lehrbuch der Mathematik für die mittleren und oberen Klassen. I. Thl.: Geometrie. Enthaltend die Lehre von der Congruenz der Dreiecke und vom Kreise, ohne Anwendung der Lehre von der Aehnlichkeit. br. 8. (48 S. mit 1 Stnt. in Fol.) Rastenburg 853, Röhricht. *

Jaensch, Rob. Die schwierigeren Probleme der Zahlentheorie in systematischem Zusammenhange bearbeitet zur beabsichtigten Einreihung dieses Stoffes in den Unterricht der Prima der höheren Lehranstalten. 31 S. **Progr.** *Rastenburg* 1876.

Jänsch, Rob. Jos., Katechismus der katholischen Religion. 8. Breslau 843, Leuckart. geb. n. 1/6 ℞

Jänsch, Rob. Jos., Katechismus der kathol. Religion. 2. Aufl. gr. 8. (128 S.) Breslau 850, Leuckart. 3 ngl

Jaensch, Rudolphus *(geb. Ulbersdorf bei Haynau in Schles. 23. 5. 1839)*: De nexu inter rheumarthritidem acutam cordisque morbos intercedente. Vratislaviae (1862). (31 S.) 8°
Breslau, Med. Diss. v. 9. Aug. 1862

Jaensch, Thdr., **Anatomie einiger Leguminosenhölzer. Ein Beitrag zur Systematik der Leguminosen. gr. 8. (25 S. mit 1 Stnt.) Berlin 884. (Wien, Szelinski.)** *
Aus: Berichte der deutschen botanischen Gesellschaft, besonders abgedruckt.

Jaensch, (Chr. J.) Theodor *(geb. Hardershoff bei Königsberg i. Pr. 6. 5. 1860)*: Über den inneren Bau und die sonstigen Eigentümlichkeiten des Ambatsch (Herminiera Elaphroxylon G. P. R. s. Aedemone mirabilis Kotschy) mit vergleichender Berücksichtigung des Stammbaues anderer holzbildender Leguminosen. T. 1: Herminiera Elaphroxylon G. P. R. Versuch einer Einzelbearbeitung (Monographie). Breslau (1883). (46 S.) 8° *[Im Buchhandel 1883 bei Köhler in Breslau; Forts. in: Berichte d. deutsch. bot. Gesellsch. Bd 2. 1844 unt. d. T.: „Zur Anatomie einiger Leguminosenhölzer".]*
Breslau, Phil. Diss. v. 21. Dez. 1883

Jaensch, Thdr., aus Urdas Born. Schilderungen u. Betrachtgn. im Lichte der heut. Lebenserforschg. 8. (XVII, 288 S. m. Abbildgn.) Berlin 892. Verein der Bücherfreunde. n. 3. 75; geb. n. 4. 50

Der Zucker in seiner Bedeutung für die Volks-Ernährung. Von Dr. Theodor Jaensch. *Berlin: P. Parey 1900.* (106 S.) 8° [F.] [00. 5844

(Janscha,) s. Janisch, Jos. (Ant.)

Janscha, A.: Abhandlung v. Schwärmen d. Bienen. Wien 1774. 140 S.

Janscha, die Bienenzucht. Hrsg. v. Jos. Münzberg. 5. Aufl. Neuhrsg. u. m. Anmerkgn. versehen v. Hugo Rufer u. F. J. Untergasser. 8. (VIII, 101 S. m. 45 Abbildgn.) Dessingen u. Holbruck 900. (Nördlingen, C. H. Beck.) n. 1. 50

Janscha, v., vollst. Lehre der Bienenzucht. 8. Wien. 790. Hat jetzt Volke.

— v. Schwärmen der Bienen. 8. Ebend. 774.

Janscha, L., Collection de 50 vues du Rhin les plus intéressantes et les plus pittoresques, depuis Spire jusqu'à Dusseldorf: dess. sur les lieux d'après nature par J. Janscha, et gravées par J. Ziegler; avec descriptions. 50 malerische Ansichten des Rhein-Stromes, ... Vienne, Wien, Artaria & Co., 1798. qu.-Fol. (Br. Mus.; D.)

Janseskowitsch, Otto, über die Verwendung des Cementes als Baumaterial. 12. (19 S.) Klagenfurt 881, [Bertschinger und Heyn.] Heyn. *

Jansen Eninkel

Jansen des Eninkel's gereimte Weltchronik; Bruchstücke, s.a. Bruchstücke.

(Jansen.) Bruchstücke aus Jansen des Eninkel's gereimter Weltchronik, herausg., ergänzt u. erläutert von Karl Roth. Nebst e. Anh., die Sprüche der Väter enthltd. München 854. Finsterlin. 8. (48 S.) n. 10 ngr

Jansen: Analytische B e h a n d l u n g einer Gleichung von der Form $y = \frac{F(x)}{F(x)}$, worin f (x) u. F (x) Functionen dritten Grades sind.
20 S. u. Taf. – Wesel, Progr. 1872.

Der Besuch Sr. Durchl. des Kais. Statthalters in Elsass-Lothringen Fürsten zu Hohenlohe-Langenburg bei den Ausgrabungen der Königspfalz der Merowinger und Karolinger zu Kirchheim i. E. unter Leitung von Dr. Konrad Plath. (Auf Veranl. d. Kreisdir. verf. vom Steuer-Kontrol. Jansen in Molsheim.) *Molsheim 1900: E. Schultheiss.* (12 S.) 8° [F.]
Aus: Molsheimer Kreisblatt. 6. Jan. 1900. [illegible]

Jansen, Briefsammlung, s.: Demme.

Jansen. Vide: Freiheit, Brüderlichkeit, Arbeit.

Jansen, Gebr., illustrirter 2jähriger Kalender 1894, 1895 u. Hauptkatalog f. Vogelliebhaberei, Geflügelzucht, Gartenbau, Landwirthschaft etc. gr. 4. (XXVIII, 63 S. m. Abbildgn. u. 1 Farbendr.) M.-Gladbach 893. (Fr. W. Strauß.) n. — 50

Jansen, Taschenbuch d. dtschen. Handelskorrespondenz, s.: Bitterling.

Jansen, üb. d. Voraussetzungen u. d. Urspr. d. jüd. Komgth. Brandenb. 1863
Schul-/Univ.-Schrift

Jansen, A., Erfahrgn. üb. Hirnsinusthrombosen nach Mittelohreiterung, s.: Sammlung klin. Vorträge.

Jansen, A. Schriften üb. Gebrauch u. Mißbrauch v. Alkohol. Antwerpen 1872—83.

Jansen, Ad.* Ein Mahnruf an das deutsche Volk! Die Leichenverbrennung ein Frevel gegen das Naturgesetz des allmählichen Entstehens und Vergehens, eine Schande für den gesunden Menschenverstand und eine Rückkehr zum Barbarismus. Straßburg 1910. Druck der Straßburger Neuesten Nachrichten.

Jansen, Alb., die Aechtheit der Holbein'schen Madonna in Dresden bewiesen. br. 8. (81 S.) Dresden 871, v. Zahn's Verlag. *

Jansen, Alb., die Idee des Fortschrittes in der Universalgeschichte. Eine philosophisch-histor. Studie. 8. (X und 219 S.) Brandenburg 863, Wiesike. *

JANSEN, Albert (Hildesheim): Zur Kenntniss der Carbolintoxication.- München: Ernst 1884. 80 S. 6.8.1884 - Urk (Titel: De intoxicationis acidi carbolici cognitione.); Chr 1884/85,19
Diss. Ingolst.-Landsh.-Mchn.

—— Leben und Werke des Malers Giovannantonio Bazzi v. Vercelli genannt il Soddoma. Als Beitrag zur Geschichte der italien. Rennaissance zum ersten Male beschrieben. gr. 8. (IV, 211 S. mit 1 Holzschntaf.) Stuttgart 870, Ebner und Seubert. *

Jansen, Albert [pr. Arzt aus Pont, Rheinprov.]: Die Mikroorganismen des Rostocker Bodens ... Rostock, C. Boldt'sche Hof-Buchdr., 1893; 23 S. 8.
Rostock, Med. Fak., Inaug.-Diss. v. [16. Sept.] 1893

Jansen, Guil. Albert. (geb. Cassel 1834): De Iulio Pflugio eiusque sociis reformationis aetate et ecclesiae concordiae et Germaniae unitatis studiosis. Berolini (1858). (60 S.) 8°
Berlin, Phil. Diss. v. 9. Jan. 1858

Jansen, Alb., de Julio Pflugio ejusque sociis reformationis aetate et ecclesiae concordiae et Germaniae unitatis studiosis. gr. 8. (56 S.) Berlin 858, Hertz. *

Jansen, Alb., Jean-Jacques Rousseau. Fragments inédits. Recherches biographiques et littéraires. gr. 8. (III, 84 S.) Berlin 882, Wilhelmi. *

Jansen, Alb., Jean-Jacques Rousseau als Botaniker. gr. 8. (VI, 308 S.) Berlin 885, G. Reimer. *

—— Jean-Jacques Rousseau als Musiker. gr. 8. (X, 482 S.) Berlin 884, G. Reimer.

Jansen, Alph., de facultate docendi seu de scholis institutiones juridicae. gr. 8. (VIII, 208 S.) Aachen 885, Barth. *

Jansen, C.: S a m m l u n g der Gesetze und Verordnungen in den Vereinsstaaten Hannover u. Braunschweig, s. S c h u l z e , C.

Jansen, C. A. Gedichte. 8. Emden 801.

Jansen, C. A., die deutsche Kriegs-Marine, s.; Andresen-Siemens, Jac.

Jansen, C. H. C. F., ausführl. Erläuterungs-Tabellen üb. d. persönl. directen Steuern, wie solche nach d. kgl. Gesetze v. 21. Oct. 1834 im Kgr. Hannover v. 1. Jan. 1835 an, eingeführt wurden. 4. Celle 835, Schulze. *

Jansen, C. H. C. F., statist. Handbuch des Kön. Hannover. 2 Abtheill. gr. 8. Hannov. 824. (Helwing). 3 rℓ

Jansen, C. H. C. F., Reductions-Tabellen zur leichtern Berechnung verschied. fremden Handels- u. Krämer-Gewichte auf das neue Hannoversche oder Cöllnische Gewicht. Nach der Anlage C. zu der Bekanntmachung d. Königl. General-Direction der indirecten Abgaben u. Zölle, d. d. Hannover, d. 16. Mai 1815, bearbeitet. gr. 8. Celle 836. Schulze. 3/4 rℓ

— s. Sammlung der Gesetze und Verordnungen über die Eingangs- Durchgangs- u. Ausgangs-Abgaben, etc.

—— die hannover.-braunschweig. Zollgesetze, s. Sammlung.

Jansen, Carlos, portugies. Grammatik, s.: Schmitz, F. J.

Jansen, Dav.: „Kunst, gutes Gesinde zu haben", Gießen 1801 (Krieger).

Jansen, D., d. Kunst, gutes Gesinde zu haben. 8. Marb. 801. Krieger. 6 K

Jansen, Emmi, s.a. Roland, Emil.

[F.] In blauer Ferne. Neue Novellen v. Emil R o l a n d (d. i. E m m y Jansen). *Berlin: F. Fontane 1898.* (2 Bl., 254 S., 1 Bl.) 1 Bd 8. [illegible]

Gefühlsklippen. Novellen von Emil R o l a n d [d. i. Emmi Jansen]. *Berlin: F. Fontane & Co. 1900.* (241 S.) 8° [F.] [illegible]

[F.] Sein Ich. Roman v. Emil Roland [d. i. Emmi **Jansen**]. *Berlin: F. Fontane & C. 1896.* (2 Bl., 236 S.) 1 Bd 8. [96. 4220

[F.] Kinder der Zeit. Novellen v. Emil Roland [d. i. Emmi **Jansen**]. *Berlin: F. Fontane & C. 1897.* (3 Bl., 309 S.) 1 Bd 8. [97. 352

Jansen, Engelbert: Aus d. Knappschaftskrankenh. zu Bardenberg. Chefarzt Quadflieg. Beiträge zur Frage der Uterusperforationen. Bonn 1909: Foppen. 42 S. 8°
Bonn, Med. Diss. v. 7. April 1909, Ref. Fritsch
[Geb. 30. Mai 83 Eschweiler; Wohnort: Bardenberg; Staatsangeh.: Preußen; Vorbildung: Gymn. Münstereifel Reife O. 01; Studium: Bonn 4, Heidelberg 2, Bonn 1, Berlin 2, Bonn 1 S.; Coll. 7. Apr. 09; Approb. 14. Febr. 09.] [U 09. 342

Jansen, Er., s. Tégner, E., die Frithjofs-Sage.

Jansen, F. Gust., Abriss d. Musikgeschichte, s.: Kothe, B.

Jansen, F. Gust., die Davidsbündler. Aus Rob. Schumann's Sturm- u. Drangperiode. Ein Beitrag zur Biographie R. Schumann's, nebst ungedruckten Briefen, Aufsätzen u. Portraitskizzen aus seinem Freundeskreise. Mit 2 (Lichtdr.-)Bildnissen. gr. 8. (VIII, 260 S.) Leipzig 883. Breitkopf & Härtel. n. 6. —; geb. n. 7. 50

Jansen, F. Gust., s.: Schumann's, Rob., Briefe.

Jansen, F. Gust., s. Schumann, Rob. Gesammelte Schriften.

Jansen, F. Gust., 6 altniederländ. Volkslieder, s.: Kremser, Ed.

Jansen, F. X., moralische Erzählungen zur Unterhaltung und Belehrung d. Jugend. 16. Aachen 835. Hensen u. Comp. 1/8 ₰

Jansen, Fd., (Mahler), Gedichte in d. Aachner Mundart. 2 Bde. 8. Aachen 820, 21.

Jansen, Ferd., der neue Heiland. Ein modernes Epos. 8. (90 S.) Berlin 902. Gose & Tetzlaff. n. 2. —; geb. n. 3. —

Der Sohn der Sterne. Tragödie in 5 Akten von Ferdinand **Jansen**. Berlin: R. Schröder 1905. (102 S.) 8° [F.] [06. 4756

Jansen, F., d. Sohn d. Sterne. Liefert: Cöpenick, R. Schön.

Jansen, Franc. (geb. Papenburg 17. 8. 1812): De morbo Brightii. Berolini (1837). (28 S.) 8°
Berlin, Med. Diss. v. 20. Dez. 1837

[F.] Die Pfarre zum hl. Apostel Andreas in Stockheim, Kreis Düren. Von Franz **Jansen**, Pfarrer. *Zülpich: Dr. v. P. Blumenthal;* (a. d. Umschl. aufgest.: *Comm.-V. v. W. Solinus, Düren) 1893.* (2 Bl., 50 S., 1 Taf.) 1 Bd 8. [96. 6455

Jansen, Franz Xaver, s. Jansen, Wilhelm Xaver

Jansen, Frdr., die Katharinen. Drama in 5 Aufzügen. 2. [Titel-]Aufl. gr. 8. (90 S.) Oldenburg [894.] (900). Schulze. n. 1. 20

Über die beiden Homerischen Cardinaltugenden v. Friedrich Carl Daniel **Jansen**. Itzehoe. 1854. 4°. Meldorf. Gymn.-Progr. 35 S.

Jansen, G. Beiträge zur Synonymik und Poetik der allgemein als echt anerkannten Dichtungen Cynewulf's. Diss. Münster 1883. 146 S.

Jansen, Günth., s.: Carl Alexander, Großherzog v. Sachsen, in seinen Briefen an Frau Fanny Lewald-Stahr.

Grossherzog Nicolaus Friedrich Peter von Oldenburg. Erinnerungen aus d. Jahren 1864 bis 1900. Von Günther **Jansen**, Oldenb. Staatsminister a. D. *Oldenburg & Leipzig: Schulze 1903.* (175 S.) 8° [F.] [04. 14864

Großherzog Peter von Oldenburg und die Schleswig-Holsteinische Frage v. Günther **Jansen.** Stuttgart, Leipzig. 1902. 8°. Ausschnitt aus: Deutsche Revue, Jg. 27, Oktober 1902.

Jansen, G., Rochus Friedrich Graf zu Lynar, königl. dän. Statthalter der Grafschaften Oldenburg und Delmenhorst. Zur Geschichte der nord. Politik im 18. Jahrh. gr. 8. (134 S.) Oldenburg 873, Schulze'sche Buchh. *

— nordwestdeutsche Studien. Gesammelte Aufsätze. (VII, 366 S.) 8. Berlin 904. Gebr. Paetel. n. 5. —; geb. in Leinw. n. 6. —

Jansen, G., aus vergangenen Tagen. Oldenburg's literar. und gesellschaftl. Zustände während des Zeitraums von 1778 bis 1811. gr. 8. (VIII, 228 S.) Oldenburg 877, Schulze'sche Hofbuchh. *

Jansen, G[ustav]: Über die Verwertung der ripuarischen Mundart für den englischen Unterricht (auf höheren Schulen). [T. 1.] *Kalk 1902: A. H. Kirmse.* (S. 3—9.) 4° [F.]
Kalk, st. PG m. Engl., P 1902 (497)

Jansen, G[ustav]: Über die Verwertung der ripuarischen Mundart für den englischen Unterricht auf höheren Schulen. T. 2. *Kalk 1903: A. H. Kirmse.* (S. 3—9.) 4° [F.] ¶ (Forts. d. P-Beil. 1902.)
Kalk, st. PG m. wahlfr. Engl., P 1903 (512)

Jansen, H., Deutsche Schlachten-Denkmäler. Wie sie sind und wie sie sein sollten. Hamburg 1889. 8.
Inh: Deut. Zeit- u. Streitfr. N. F. Jhg. 4. Nr. 50—51. . . . . (D.; HC.)

Jansen, H. H., (Kfm. in Hamburg), Streiflichter auf die Justizverhältnisse zu Arlesheim u. Liestal in Basellandschaft. Proben despotischer Rechtspflege. II, VI u. 144 Stn. 8. Hamburg, Druck v. M. Rosenberg. 1872

Jansen, Hans: Lückenlose Ausfüllung des R_n mit gitterförmig angeordneten n-dimensionalen Quadern. Leipzig 1909: Teubner. 49 S. 8°
Kiel, Phil. Diss. v. 26. Febr. 1909, Ref. Heffter
[Geb. 20. April 83 Hamburg; Wohnort: Hamburg; Staatsangeh.: Hamburg; Vorbildung: Gymn. Rostock Reife O. 02; Studium: Rostock 2, München 3, Göttingen 6 S.; Rig. 14. Nov. 08.] [U 09. 2314

Jansen, (Henr. Arnold.) Eduard. (geb. Dülken im Rheinl. 5. 1. 1830): De sputis ad pneumoniam eiusque exitus spectantibus. Berolini (1854). (28 S.) 8°
Berlin, Med. Diss. v. 21. Aug. 1854

Jansen, Hnr. Ldw., arithmet. Vorlegeblätter. Eine methodisch geordnete u. vollständ. Samml. von Aufgaben zur Uebung im Tafelrechnen. 1e u. 2e Abtheil. 8. Hildesh. 824 u. 27. Gerstenberg. (1e Abtheil. 12 K 2e Abthl. 16 K) 1 ₰ 4 K

— s. auch Janssen.

Jansen, Hermann [app. Arzt aus Rheine i/W.]: Die sacrale Operationsmethode von Kraske mit ihren Modifikationen ... München, kgl. Hof- u. Univ.-Buchdr. v. Dr. C. Wolf & Sohn, 1893; 46 S., 1 Bl. 8.
München, Med. Fak., Inaug.-Diss. v. 1893

Jansen, Hermann, Rigenser, Untersuchungen über den Einfluss des schwefelsauren Chinins auf die Körperwärme und den Stickstoffumsatz. Diss. Dorpat. 8°. 48 pp. 1872

Jansen, Herm., Vorschlag zu e. Grundplan f. Gross-Berlin. (77 S. m. 14 Abb. u. 5 [2 farb.] Plänen.) Lex. 8. München 910. G. D. W. Callwey. 5. —

Jansen, Hubert [aus Griethausen '(bei Kleve)']: '(I)' Bemerkungen zur Verskunst im Urdū als Teil d. Einleitg zum '(II)' Transkriptionstext der Wāsōkht des Amānat ... (I aus: Giorn. d. Soc. Asiat. Ital., Bd VII. — I u. II sind Theile e. gröss. Arb.) Friedrichshagen '(bei Berlin)', 1893; 4 Bl., 64 S., 96 autogr. S. 8.
Leipzig, Phil. Fak., Inaug.-Diss. v. [2. März] 1894

Verein Deutscher Ingenieure. Leitfaden zum Ausziehen von Wörterbüchern, Merkheften, Katalogen, Lehr- und Handbüchern, Enzyklopädieen usw. für das Technolexikon. Mit Fingerzeigen f. d. endgiltige Bearb. u. d. kürzeste Fassung d. Wörterbuch-Artikel. Von Dr. Hubert **Jansen**. Als Hs. gedr. *Berlin 1903: Langenscheidt.* (55 S.) 4° [03. 3338

Verein Deutscher Ingenieure. Leitfaden für das Technolexikon. Von Dr. Hubert **Jansen**. 2. verm. u. verb. Ausg. Als Hs. gedr. *Berlin 1903: Langenscheidt.* (96 S.) 4°(8°) [03. 20346

Jansen, Hub., deutsche, österreich. u. schweizer. Maße, Gewichte u. Münzen. A. Die neueren Maße rc. m. ihren Gegenwerten in englischen u. nordamerikan. Ausdrücken. B. Die älteren Maße rc. m. ihren Gegenwerten in metr. Ausdrücken bzw. in (Gold-) Mark deutscher Reichswährg. C. Das internation. CGS-System u. die Elektrizitätsmessg. [Aus: „Muret-Sanders deutsch-engl. Wörterbuch".] Nebst: I. Die engl. (u. nordamerikan.) Maße, Gewichte u. Münzen. II. Die französ. (u. belg. rc.) Maße, Gewichte u. Münzen. III. Der Aufsatz „Wie entsteht Muret-Sanders?" nebst den Bildnissen der Verf. dieses großen Lexikons. Lex.-8. (VII, XLVIII, VII, XVI u. 16 S.) Berlin 900. Langenscheidt's Verl. Geb. 6. —

Jansen, Hub., Rechtschreibung der naturwissenschaftlichen u. technischen Fremdwörter. Unter Mitwirkg. v. Fachmännern hrsg. vom Verein dtschr. Ingenieure. (XXXII, 122 S.) gr. 8. Berlin-Schöneberg 907. Langenscheidt's Verl. 1. 25

Jansen, Hub., Verbreitg. d. Islâms m. Angabe d. verschied. Riten, Sekten u. religiösen Bruderschaften in d. verschied. Ländern d. Erde 1890 bis 1897. M. Benutzung d. neuesten Angaben (Zählgn., Berechngn., Schätzgn. u. Vermutgn.) ermitt. u. m. d. Quellen-Angaben vers. gr. 8. (78 autogr. S.) Friedrichshagen b. Berlin 897. (Berlin, P. Scheller.) n. 2. —

Verzeichnis der Fremdwörter im Deutschen, bei denen zur Zeit verschiedene Schreibungen zulässig sind. Als Grundlage f. d. Beratungen der v. Verein Deutscher Ingen. 1904 einberufenen Rechtschreibungskonferenz zsgest. von Dr. Hubert **Jansen**. *Berlin 1904: Langenscheidt.* (38 S.) 8° [04. 14880

Verzeichnis der Fremdwörter im Deutschen, bei denen zur Zeit verschiedene Schreibungen zulässig sind. Für die v. Verein Deutscher Ingen. einberufene Rechtschreibungskonferenz zsgest. von Dr. Hubert **Jansen**. 2. verm. Ausg. Als Hs. gedr. Berlin-Schoeneberg 1905: Langenscheidt. (x, 83 S.) 8° [06. 175

Jansen, J., persönliches Christentum. Religiöse Betrachtgn. Autor. Übersetzg. v. Eva Quistorp. 8. (80 S. m. Bildn.) Bremen 897. J. Morgenbesser. n. 1. —

Charte von Friedrichstadt. Vermess. u. gez. v. J. **Jansen** 1 : 3200. Friedrichstadt. 1851. Farbendr. 1 Bl. Fol., 53/61,5 cm. Aufgez. a. Leinen.
—— Handschriftl. nach Westen bis Coldenbüttel erweitert.

Hydrographische Karte der Seeküsten der Herzogthümer Schleswig-Holstein. Bearb. u. gez. v. **J. Jansen** und **G. A. Bussmann.** 1 : 500 000. Husum im Jahre 1849. Lithogr. 1 Bl. Fol., 54/82,3 cm. Aufgez. a. Carton.
Plan I aus: Der Norddeutsche Kanal zur Verbindung der Nord- und Ostsee zwischen Eckernförde und Husum. Schleswig. 1849.

Jansen, J. Die lyrische Poesie in Deutschland bis auf Heinrich von Veldeke. 39 S. Progr. Rsch. *Crefeld* **1882.**

Jansen, J. A. R., neue deutsche Sprachlehre. Mit Vorrede von Klefeker. 8. Hamburg, Herold. 817.

Jansen, J. H., s. Hastings, J., die Lungenschwindsucht.

Jansen, J. J., elf Alltagspredigten. Autoris. Uebertragg. aus dem Norweg. durch Herm. Flegel. (VIII, 103 S.) 8. Bremen 906. J. Morgenbesser. Kart. n. 1. 20

Jansen, Jakob [aus Köln]: Über das physiologische und chemische Verhalten des Formphenetidid und des Formanisidid im Organismus. ... Bonn, Univ.-Buchdr. v. Carl Georgi, 1890; 27 + 1 S. + 1 Bl. 8°
Bonn, Med. Fak., Inaug.-Diss. v. [28. Jun.] 1890

Jansen, Joh. Heinr. Friedr. Ludw., die evangel. Kirchengesangskunde, od.: Encyclopäd. Handbuch aller nöthigen u. nützl. Kenntnisse z. Ausführ. e. erbaul. sowohl Gemeinde- als Altar- u. Chorgesanges in d. evangel. Kirchen. Für Prediger, Cantoren, Organisten rc. Mit e. Vorw. v. H. Gräfe. gr. 8. (18¼ B. u. 1 Musikbeil.) Jena 838, Hochhausen.

Jansen, Johann Jacob (Tönning/Holstein), De simulatis morbis et quomodo eos dignoscere liceat. Diss. med.-forens. Präs. Rudolph Augustin Vogel. Götting. (Barmeier) 11. X. 1769. 38 S. (6.50) **16649**

Der heilige Alfons von Liguori gegen Hoensbroech verteidigt von Prof. Johann Laurenz **Jansen**. Münster i. W.: Alphonsus-Buchh. 1904. (160 S.) 8° [F.] [05. 5501

Jansen, Joh. Laur., C. Ss. R., Geschichte u. Kritik im Dienste d. „Minusprobabilis". Antwort an P. V. Cathrein S. J. (78 S.) 8. Paderborn 906. F. Schöningh. n. 1. —

Jansen, Joh. Matth., Signatur d. modernen kathol. Dogmatik in Deutschland. 1. u. 2. Lfg. gr. 8. Trier, Gall. [1. (8 B.) 837. ⅝ Thlr., 2. (9¾ B.) 838. ¾ Thlr.]

Jansen, Johs., brauchen wir e. neues Ehe-Ideal? Gedanken üb. freie Liebe u. Ehe-Reform. (45 S.) 8. Kiel 908. R. Cordes. — 75

Jansen, Johs.: Brauchen wir ein neues Ehe-Ideal? Gedanken über freie Liebe u. Ehe-Reform. 2. Aufl. — Kiel: Cordes 1908. 45 S. 8°

Jansen, Dr. Johannes, Prof. der Geschichte zu Frankfurt a/M. Zur Genesis der ersten Theilung Polens. 8. Freiburg i. B. 1865.

Gibt es ein Leben nach dem Tode? Von Johs. **Jansen**, Pastor in Kiel. Kiel: Cordes 1910. 68 S. 8° [10. 11701

Gibt es einen Gott? und wie vertragen sich die Übel in der Welt mit dem Gottesglauben? von Johs. **Jansen**, Pastor an d. Ansgarkirche. Kiel: R. Cordes 1907. (45 S.) 8° [F. u. Ant.] [07. 17074 B

— u. Mart. Cornils, hat Jesus gelebt? I. Leitsätze, v. J. II. Predigt, geh. in Kiel am 30. I. 1910 v. C. (18 S.) gr. 8. Ebd. 910. — 30

Jansen, Johannes, aus Sieglar: Ueber das Hydrazid der Asparaginsäure und der p-Amidobenzoësäure. *Heidelberg 1899: J. Hörning.* (46 S.) 8°
Heidelberg, Naturw.-math. Diss. v. 1899

Rede am Sarge der Frau Oberin des Anschar-Schwestern- und Krankenhauses in Kiel. Auguste **Wickel**. am 4. April 1910 gehalten von J[ohannes] Jansen. — Kiel 1910: Handorff. 4 Bl. 4°, 2 Bl. 8° [Hs.]

— Die Stellung der evangel. Kirche zur Feuerbestattung Vortrag auf dem 12. Verbandstage der Feuerbestattungsvereine deutscher Sprache in Kiel, am 8. IX. 1906. (Hrsg. vom Vorstande des Verbandes der Feuerbestattungsvereine deutscher Sprache in Bremen.) (15 S.) 8. Ebd. 907. — 20

Jansen, Jordanus, O. Praed., der hl. Thomas v. Aquin. Leben u. Lehre d. Heiligen, dargest. u. d. kathol. Volke, insbes. d. studier. Jugend gewidmet. gr. 8. (206 S. m. Bildn.) Kevelaer 898. Butzon & Bercker. n. 1. 60; geb. n. 2. 25

Jansen, *Peter* Joseph [aus Brachelen]: Aus d. Klinik f. syphil. u. Haut-Krankheiten zu Bonn. **Beitrag** zur Kenntnis der Naevi. . . . Bonn, Hauptmann'sche Buchdr., *1891;* 28 S., 2 Bl. 8°
Bonn, Med. Fak., Inaug.-Diss. v. [24.] Jan. 1891

Jansen, Jos., der beste u. kürzeste Weg zur Vollkommenheit, s.: Nieremberg, Joh. Euseb.

Jansen, Karl

Jansen, K., Abriß der Geschichte für die oberen Klassen gelehrter Schulen. gr. 8. (III, 309 S.) Kiel 876, Homann. *

Jansen, Karl Aleander im Reichstage zu Worms, 1521. Auf Grundlage des berichtigten Friedrichschen Textes seiner Briefe zur vierten Säkularfeier von Luthers Geburt dargest. 72 S. G. *Kiel* 1883.
Progr.

Jansen, Karl, Aleander am Reichstage zu Worms 1521. Auf Grundlage d. berichtigten Friedrichschen Textes seiner Briefe zur 4. Säcularfeier v. Luthers Geburt dargestellt. gr. 4. (72 S.) Kiel 883. Lipsius & Tischer. n. 3. 60

Jansen, Karl (II.), physikalische Aufgaben für die Prima höherer Lehranstalten. gr. 8. (IV, 150 S.) Freiburg i. Br. 883, Herder'sche Verlagsh. *

Jansen, K., die Bedingtheit des Verkehrs und der Ansiedelungen der Menschen durch die Gestaltung der Erdoberfläche nachgewiesen insonderheit an der Cimbrischen Halbinsel. Kiel 861. Akademische Buchhdlg. gr. 8. (VIII, 112 S. u. 1 lith. Taf. in 4.) n. 18 *ngr.*

Jansen, Karl, Schleswig-Holsteins Befreiung. Hrsg. aus d. Nachlaß u. ergänzt v. Karl Sammer. Mit e. Bilde d. Herzogs Friedrich v. Schleswig-Holstein u. zahlr. Urkunden. gr. 8. (XVI, 799 S.) Wiesbaden 897. J. F. Bergmann. n. 9.—; geb. n. 10. 60

[J.] **Jansen,** Karl [Dir. Prof. Dr.]: *Bericht über seine Einführung als Direktor der Anstalt.* Münster, Westfäl. Vereinsdr. vorm. Coppenrathsche Buchdr., 1894; 52—53 S. 4.
Münster i. W., RG, P 1894 (375)

Jansen, Karl, die Cynewulf-Forschung von ihren Anfängen bis zur Gegenwart, s.a. Beiträge, Bonner, zur Anglistik.

Die Cynewulf-Forschung von ihren Anfängen bis zur Gegenwart von Dr. Karl **Jansen**. Bonn: P. Hanstein 1908. (126 S.) 8°
= **Beitraege, Bonner,** z. Anglistik. H. 24. [08. 10247 2

Iansen, Carolus ⟨geb. am 10 Febr. 1844 in Düsseldorf⟩: **De determinatione** quantitativa oxydi ferrici et ferrosi, si haec oxyda in silicatibus apparent . . . Bonnae, typ. Carthausianis (**1866**). 2 Bl., 22 S., 1 Bl. 8.
Bonn, Phil. Fak., Diss. v. 28 Juni 1866

⊙ Entwurf einer Repetitions-Tabelle für den Geschichts-Unterricht in den untern und mittlern Classen von Gymnasien v. [Karl] **Jansen.** Kiel. 1868. 8° geb. in 4°. Gymn.-Progr.

Jansen, K., die Erinnerungen des Herzogs Ernst II. von Coburg-Gotha aus Schleswig-Holstein 1848—51, auf Grundlage teils bekannter, teils bisher nicht veröffentlichter Zeugnisse geprüft. Zugleich eine begründete Ergänzung zu des Verfassers Schrift: „Der Tag und die Männer von Eckernförde" mit 21 Beilagen. gr. 8. (97 S.) Kiel 888, Homann. *
Aus: Zeitschrift der Gesellschaft für Schleswig-Holstein-Lauenburgische Geschichte, besonders abgedruckt.

Jansen, K., heilsame Erinnerungen aus der Franzosenzeit. gr. 8. (82 S.) Kiel 893. H. Eckardt. n. 1. 60

Jansen, Karl Gasmotor und Lichtmaschine mit Bezug auf die neuesten Erwerbungen des physikalischen Kabinets der Realschule zu Düsseldorf. 31 S. u. 4 Taf. **Progr.** Rg. *Düsseldorf* 1881.

Zur Geschichte der ersten Erhebung Schleswig-Holsteins (von) K. J. (d. i.: Karl **Jansen**). Ausschnitt aus: Beilage zur Allgemeinen Zeitung. Nr. 85, 89, 90 u. 91. Beilage-Nummer 71, 74, 75 u. 76. München. 1894. 4°.

Jansen, K. Die Haltung der schleswig-holsteinischen Geistlichkeit in der schleswig-holsteinischen Erhebung. gr. 8. (28 S.) Kiel 891, Lipsius u. Tischer. * — 60
Aus: Die Heimat, besonders abgedruckt.

—— der Kampf gegen die Fremdwörter ein Kampf gegen die Welschsucht. 8. (68 S.) Kiel 888, Lipsius und Tischer. *

—— Die Stadt Kiel u. ihr Weichbild im Munde der Vorzeit, s. Mittheilungen der Gesellschaft f. kieler Stadtgeschichte.

[J.] **Jansen,** Karl [Dir. Prof. Dr.]: *Lebensabriss des Direktors Geh. Regierungsrath Dr. Peter Münch.* Münster, Westfäl. Vereinsdr. vorm. Coppenrathsche Buchdr., 1894; 50—51 S. 4.
Münster i. W., RG, P 1894 (375)

Jansen, Karl, methodischer Leitfaden der Physik und Chemie. Für höhere Töchterschulen, Lehrerinnenseminarien und Fortbildungsanstalten. gr. 8. (XII, 252 S. mit 200 in den Text gedr. Abbild.) Freiburg i. Br. 887, Herder'sche Verlagsh. *

Jansen, Karl, Uwe Jens Lornsen. Ein Beitrag zur Geschichte der Wiedergeburt des deutschen Volkes. gr. 8. (X, 512 S.) Kiel 872, Homann. *

—— Uwe Jens Lornsen. Hrsg. zur Erinnerung an den 24. März 1848. gr. 8. (24 S.) Garding 873, Lühr und Dircks. *

Jansen, *Karl Direktor Dr. Peter Münch tritt in den Ruhestand.*
— *Bericht über seine Einführung als Direktor.* 4 (S. 50—53).
Progr. Rg. *Münster i. W.* 1894 (375).

—— Poleographie der cimbrischen Halbinsel, s.a. Forschungen zur deutschen Landes- und Volkskunde.

Jansen, K.: Poleographie der **cimbrischen Halbinsel**. Ein Versuch, die Ansiedlungen Nordalbingiens in ihrer Bedingtheit durch Natur und Geschichte nachzuweisen. Stuttgart 1886. 79 S.
= Forschungen zur deutschen Landes- und Volkskunde. Bd. 1. Heft 8. 8°.

Jansen: Die ersten Regungen eines staatsbürgerlichen und nationalen Bewusstseins in Schleswig-Holstein. Rede. 79 S. 8° – Kiel, Progr. 1870.

– die ersten Regungen eines staatsbürgerlichen u. nationalen Bewusstseins in Schleswig-Holstein. Kiel 870, Universitätsbuchh. gr. 8. (III, 79 S.) n. 10 *ngr.*

—— Repetitions-Tabelle für den Geschichts-Unterricht in den untern und mittleren Classen gelehrter Schulen. gr. 8. (IV, 88 S.) Ebendas. 868. *

—— Deutsche Schlachten-Denkmäler, s. Zeit- und Streit-Fragen, deutsche. 50. 51.

Jansen, Karl, a. Odenkirchen: Die Schriften zu und über Cynewulf nach der Zeitfolge. Bonn: P. Hanstein 1907. (53 S.) 8° ¶(Erscheint vollst. u. d. T.: „Die Cynewulf-Forschung von ihren Anfängen bis zur Gegenwart" in: Bonner Beiträge z. Anglistik H. 24.)
Bonn, Phil. Fak., Ref. Trautmann, Diss. v. 18. Dez. 1907
[Geb. 29. Nov. 84 Odenkirchen; Wohnort: Odenkirchen; Staatsangeh.: Preußen; Vorbildung: Ober-Realsch. Rheydt Reife O. 03; Studium: Bonn 1, München 1, Bonn 6 S.; Rig. 17. Juli 07.]

—— der Tag und die Männer von Eckernförde. gr. 8. (IV, 52 S. mit 1 lithogr. Karte.) Ebendas. 870. *

[J. u. Ant.] **Jansen,** Karl [Dir. Prof. Dr.]: Über grösste und kleinste Werte im Anschlusse an die Lehre von den Kegelschnitten. Münster, Westfäl. Vereinsdr. vorm. Coppenrathsche Buchdr., 1897; 3—55 S. 4.
Münster i. W., RG, P. 1897 (385)

⊙ Ueber Ziel und Gang des geschichtlichen Unterrichts auf Gelehrtenschulen. v. [Karl] **Jansen.** Kiel. 1858. 4°. Gymn.-Progr.

Jansen, Car. Ludov. (geb. Cöln a. Rh. 28. 2. 1835): De noma. Berolini (1860). (32 S.) 8°
Berlin, Med. Diss. v. 30. Juli 1860

Quaestiones physicae Metamorphosin. Quâ uxor Lothi in Statuam Salinam est conversa, explicantes: Quas Praesidio Caesonis Grammii Publicae disquisitioni antehac Kilonii (1669) submisit: jam verò Nonnullarum rogatu, et. ut propter absentiam sperat, Pace Praesidis recudi curavit Respondens Cornelius **Jansenius,** Tönningâ-Holsatus. o. O. u. J. 4° k.

Jansenii, (Corn. Lacrd.,) **Tetrateuchus, sive Commentarius** in sancta J. C. **Evangelia. Editio nova, caeteris** multo corr. et emend. II Tomi. 12maj. Mechliniae 825, (Mainz Müller, Lips. Hinrichs.)

Jansen, Corn., Tetrateuchus s. commentarius in sancta Jesu Christi evangelia. 2 tomi. Avenione 853. (Leipzig, Gerhard.) 12. (XLVII, 1287 S.) n. 2 ₰. 15 ngr

Jansen, M. H., Gebet- und Gesangbuch für die kathol. Jugend. Enth.: Morgen-, Tisch- und Abendgebete, acht öffentl. Meßandachten rc. Mit einer Vorrede von Greg. Kloth. 18. (IV und 238 S.) Aachen 848, Hensen und Comp.

Jansen, M. H., Handfibel in Druckschrift für das Lesen und Schreiben. 3., gänzlich umgearb. Aufl. 8. (32 S.) Aachen 860, Hensen.

Jansen, M. H., Handfibel in Druckschrift für das Lesen und Schreiben. 5. Aufl. 8. (32 S.) Aachen 865, [Jacobi und Comp.] **

Jansen, M. H., praktische Rechtschreib-, Sprach- u. Aufsatz-Uebungen für Schule u. Haus, auf die Lautlehre gegründet und mit dem ersten Schreibunterricht anfangend. 1. 2. Thl. 12. Aachen 844, 45, Mayer. 1. Thl. 1/8 ₰ 2. Thl. 6 1/4 ngr

— praktische Rechtschreib-, Sprach- u. Aufsatz-Uebungen f. Schule u. Haus, auf die Lautlehre gegründet u. m. d. ersten Schreibunterricht anfangend. 1. Thl. 2. verb. u. verm. Aufl. gr. 12 (60 S.) Ebd. 851. 1/8 ₰

—— praktische Rechtschreib-, Sprach- und Aufsatz-Uebungen für Schule und Haus, auf die Lautlehre gegründet und mit dem ersten Schreibunterricht anfangend. 1. Thl. 3., verb. und verm. Aufl. 12. (64 S.) Aachen 861, Hensen.

Jansen, M. H., lithographirte Wandfibel f. d. Schreiben u. Lesen, wie auch f. d. begründ. Rechtschreib- u. Sprachlehr-Unterricht. 20 Blätter, gr. Fol. Nebst: Leitfaden. 8. (2 B.) Aachen 837, Cremersche Buchh. *

Jansen, Margarethe. Über den Einfluss der Übung eines Spezialgedächtnisses auf das Allgemeingedächtnis. Diss. Phil. I. Univ. Zürich. 41 S. 8. Zürich, Gebr. Leemann & Co., 1906.

Jansen, Max, die Anfänge der Fugger (bis 1494), s. a. Studien zur Fugger-Geschichte. 1. Heft.

Die Anfänge der Fugger ⟨bis 1494⟩. Von Max **Jansen.** Leipzig: Duncker & Humblot 1907. (IX, 200 S.) 8°
= Studien z. Fugger-Geschichte. H. 1. [07. 18847

Auflösung d. Reiches. Neues Kulturleben. Kaiser Maximilian I. Von Max Jansen. Mit 80 Abb. 1.–5. Taus. München: Kirchheim 1905. (141 S.) 4° (8°) [F.]
= Weltgeschichte in Karakterbildern. Abt. 3, [1.] [05. 5570

Jansen, Max, Papst Bonifatius IX. u. seine Beziehungen zur deutschen Kirche, s. a. Studien u. Darstellungen aus dem Gebiete der Geschichte. III. 3. 4.

Jansen, Max, Dr. phil.: Papst Bonifacius IX. ⟨1389—1404⟩ und seine Beziehungen zur deutschen Kirche. *München 1902: Kastner & Lossen.* (54 S.) 8°
München, Phil. Hab.-Schr. v. 1902
(Nicht für den Austausch)

Papst Bonifatius IX. ⟨1389-1404⟩ und seine Beziehung zur deutschen Kirche. Von Dr. Max **Jansen,** Privatd., München. *Freiburg i. Br.: Herder 1904.* (XI, 213 S.) 8° [F.]
= Studien u. Darstellungen aus d. Geb. d. Geschichte. Bd 3, H. 3. 4. [04. 8894

Jansen, M., Die Fugger, s. a. Studien zur Fuggergeschichte.

Jakob Fugger der Reiche. Studien u. Quellen. Von Max **Jansen.** 1. Leipzig: Duncker & Humblot 1910. 8°
(Studien z. Fugger-Geschichte. H. 3.) [11, 209

— s.: Festgabe zum 7. IX. 1910. Hermann Grauert gewidmet v. seinen Schülern.

— s.: Festgabe, Karl Theodor v. Heigel gewidmet.

Jansen, Max, s.: Gobelinus Person, Cosmidromius.

Jansen, Max, die Herzogsgewalt d. Erzbischöfe v. Köln in Westfalen seit dem J. 1180 bis zum Ausgange des 14. Jahrh., s. a. Abhandlgn., historische.

Jansen, Max: Die Herzogsgewalt der Erzbischöfe von Köln in Westfalen seit dem Jahre 1180 bis zum Ausgange des 14. Jahrhunderts. E. verfassungsgeschichtl. Studie ... (Erschien vollst. als Heft VII von: Histor. Abh. hrsg. v. Th. Heigel u. H. Grauert.) München, H. Lüneburg, 1895; 35 S. 8.
München, Phil. Fak., Inaug.-Diss. v. 1895

Jansen, M(ax), u. L(udwig) *Schmitz*: Historiographie und Quellen der deutschen Geschichte bis 1500. 2. Aufl. Leipzig-Berlin 1914. 4° (8°) *[1. Aufl. 1906.]*

— s.: Jahrbuch, historisches.

Jansen, Max: Aus d. psychiatr. u. Nervenklinik zu Kiel. Zur Lehre von der Melancholia cum stupore. Kiel 1908: Jensen. 23 S. 8°
Kiel, Med. Diss. v. 12. Aug. 1909, Ref. Siemerling
[Geb. 16. Jan. 84 Flensburg; Wohnort: Bredstedt; Staatsangeh.: Preußen; Vorbildung: Gymn. Leer Reife O. 03; Studium: Kiel 1, Leipzig 1, Freiburg i. B. 1, Göttingen 2, Berlin 1, Kiel 1, Göttingen 1, Kiel 2 S.; Coll. 4. Juli 08; Approb. 3. Aug. 09.] [U 09. 2268

— Kaiser Maximilian I. (Auflösung d. Reiches. Neues Kulturleben.) (Weltgesch. in Karakterbildern. Hrsg. v. Frz. Kampers, Seb. Merkle u. Mart. Spahn. 3. Abtlg. Uebergangszeit.) 1.—5. Taus.) (141 S. m. 80 Abb.) Lex.-8. München 905. Mainz, Kirchheim & Co. In Leinw. kart. n. 4. —

— s.: Studien zur Fugger-Geschichte.

Jansen, Rob., „Jenseits". Drama. (50 S.) 8. Wien (904). Verlag neuer Literatur u. Kunst. n. 1. —

Jansen, Robert [aus Düsseldorf]: Zur Kenntnis der Chinazoline. . . . Berlin, Druck v. M. Driesner, *1891;* 43 S., 1 Bl. 8°
Berlin, Phil. Fak., Inaug.-Diss. v. 27. Jul. 1891

— ein Volksfreund. Drama. (188 S.) 8. Berlin 905. J. Harrwitz Nachf. n. 1. 50

Jansen, Rudolf

Jansen, Rudolf [aus M. Gladbach '(Rheinprov.)']: Beitrag zum Gerichtlich-chemischen Nachweis der Alkaloide m. spec. Berücks. v. Strychnin, Brucin, Atropin, Veratrin, Colchicin, Digitalin u. Morphin unt. Anwendg d. Gypsverfahrens ... M. Gladbach, Druck v. E. Schellmann, 1893; 31 S. 8.
Erlangen, Phil. Fak., Inaug.-Diss. v. 1893

— ein tugendhaft. Ehebruch, s.: Geschichten, intime.

— Eine v. der Friedrichstraße, s.: Geschichten, intime.

— der Herrenabend, s.: Geschichten, intime.

Jansen, Rud., Baronin Adeles Hochzeitsnacht, s.: Geschichten intime.

— die Kur in Marienbad, s.: Geschichten, intime.

— Kittkas Nachtquartier, s.: Geschichten, intime.

— wo war Mathilde das e. Jahr?, s.: Geschichten, intime.

Jansen, S., Charte von dem Hever Strohm nebst den Mündungen der Eyder, Elbe, Weser und des Schmaltiefs nach Aufgabe von H. F. Rosencrantz, in Riss gebracht von S. Jansen in Husum 1776. . . . . (HC.)

Jansen, Sofie, Lebi u. Bubi. Ein Jahr aus dem Kinderleben. Allen kleinen Hamburgern von 5—8 Jahren erzählt. Mit 8 Vollbildern v. O. Schwindrazheim. (221 S.) 8. Neudamm (909). J. Neumann. Geb. 2. —; bessere Ausg. m. farb. Bildern, geb. in Leinw. 3. 60

Jansen, S., Sofiensruh. Wie ich mir das Landleben dachte u. wie ich es fand. 1. u. 2. Aufl. 1.—5. Taus. (IV, 345 S.) gr. 8. Neudamm (905. 906). J. Neumann. n. 4. —; geb. in Leinw. n. 5. —

- Sofiensruh. Wie ich mir das Landleben dachte u. wie ich es fand. 3. Aufl. 6.—8. Taus. (VI, 345 S.) gr. 8. Ebd. (910). 4.—; geb. in Leinw. 5. —

— Friede Wend. Roman. (235 S.) 8. Berlin 908. E. Fleischel & Co. 3.—; geb. 4. 50

Jansen, Thdr., das jüdische Blutmysterium. Vortrag, geh. in e. Versammlung d. Vereins „Christenschutz" zu Aachen am 3. Septbr. 1895. 2. Aufl. gr. 8. (30 S.) Aachen 895. (Leipzig, H. Beyer.) n. — 20

Die Notwendigkeit einer Deutschen Mittelstandsvereinigung. Vortrag von Th. H. **Jansen**, Hilden, geh. 1908 in d. Ortsgruppe Barmen. Barmen: Deutsche Mittelstandsvereinigung (1908). 16 S. 8°
(Schriften d. Deutschen Mittelstands-Vereinigung. H. 2.) [11. 1:06

Jansen, Vinc. Frz, Gesamtindex zu Kluge's etymologischem Wörterbuch der deutschen Sprache. Strassburg 1890. 4. . . . . (HC.; DC.; D.)

Jansen, W., die verschiedenen Appreturverfahren der Streichgarn-, Kammgarn- u. Cheviotstoffe u. der halbwollenen Waren. (XII, 285 S.) gr. 8. Leipzig (906). „Spinner u. Weber" Hausdorff & Co. n. 5. —

Jansen, W., u. **C. Bitterling,** Lehrbuch zur Einführg. in die französische Sprache zum Gebrauche f. Handelsschulen u. kaufm. Fortbildungsschulen. gr. 8. (VII, 75 S.) Leipzig 901. B. G. Teubner. Kart. n. 1. —

Jansen, W., das Musterausnehmen nebst Anleitungen zur Untersuchg. u. Beurteilg. der wollenen u. halbwollenen Bekleidungsstoffe. (XI, 122 S. m. Abbildgn.) 8. Leipzig (908). Spinner u. Weber. 2.80; geb. 3. 40

Jansen, W. X., moral. Erzählungen z. Unterhalt. u. Belehr. d. Jugend. 16. (4 B.) Aachen 835, Hensen u. Comp.

Jansen, Wern., dem neuen Gott entgegen. (148 S.) 8. Berlin 909. Schuster & Loeffler. 2.—; geb. 3. —

Jansen, *Wilhelm* [Dr.]: Die Ausbildung des ästhetischen Urteils im Gesangunterricht der höheren Lehranstalten. Essen, Buchdr. C. W. Haarfeld, 1896; 15 S. 4.
Essen, RG, P 1896 (488)

Jansen, Wilhelm, aus Gelsenkirchen: Kasuistische Beiträge zur Gastrostomie. *Bonn 1900: K. Drobnig.* (31 S.) 8°
Bonn, Med. Diss. v. [28. Apr.] 1900

Jansen, Wilhelm* (geb. am 5 Dez. 1843 in Bottrop Westf.): Klinische Beiträge zur Kenntniss und Heilung des Keuchhusten [!] ... Bonn, gedr. bei J. F. Carthaus (1868). 30 S., 1 Bl. 8.
Bonn, Med. Fak., Diss. v. 31 Juli 1868

Jansen, Wilh., die Kreiselbewegung. Untersuchung der Rotation v. Körpern, welche in e. Punkte od. garnicht unterstützt sind. gr. 8. (54 S. m. Abbildgn.) Berlin 891. F. Luckhardt. n. 1. 80

Jansen, Wilhelm: Die Theorie der Möglichkeit in Kants Kritik der reinen Vernunft . . . . Essen, Druck v. H. L. Geck (1887); 29 S. 8°
Strassburg, Phil. Fak., Inaug.-Diss. v. 1887

Jansen, *Wilhelm* Die Warnung. Gedicht des XIII. Jahrhunderts. 8 (S. 35—59). 1889.
In: Festschrift zur Feier d. 25jähr. Bestehens der Reallehranstalt *Essen* 1890 (zu 474).
Progr.

Jansen, Wilhelm Albert, s. Jansen, Albert

Jansen, Wilhelm Xaver

— Abhandl. v. thierischen Fette, a. d. Lat. mit Anmerk. v. J. Jonas. gr. 8. Halle, Hemmerde u. S. 786.

— phys. u. patholog. Abhandl. vom thierischen Fette; aus d. Latein., mit Anmerkungen von J. C. Jonas. gr. 8. Halle 786. Schwetschke u. S. 8 gr.

Iansen, G. X., Episc. Iprens. Augustinus s. doctrina Aug. de hum. naturae sanitate. 4. maj. Mayl. Gallarzi. 790.

Jansen, Wilhelmus Xaverius. Briefe über Italien; a. d. Holl. Düsseldorf 1793—94. Ü: *Gall, Frdr.* (MGT)

Franz Xav. Jansen Briefe über Italien vornehmlich den gegenwärtigen Zustand der Arzneikunde und Naturgeschichte betreffend. Aus dem Holländ. Düsseldorf (Leipz.) 1793. 1794. 8.

— coll. dissertat. selectar. in var. foederati Belgii acad. editar. etc. II pts. 4. ibid. 791. 92.

Jansen, Frz. Xav., († d. 19. Juni 1793.) collectio dissertat. selectar, in variis foederati Belgii acad. editar. etc. II Prts. 4. Düsseld. 793—94. Dänzer. 2 Rthl 19 gr.

— s. J. C. Jonas, Magazin.

— de pelagra morbo in Mediolan. ducatu endemio. 8maj. Düsseld. 788. Dänzer. (Leipz., Barth). 8 K

Jansen, William, practical mercantile Correspondence, with german notes and an appendix, cont. forms of invoices, bills of lading etc. and abbreviations and explaining mercantile technicalities. gr. 12. Frankfort o. M. 842, Hermann's Library. F. E. Suchsland. 1½ ß

Jansen, Willib., Wilhelm Jordan. Anregungen f. das Studium seiner Werke. s. a. Zur Fortbildung des Lehrers. 28. Heft.

Wilhelm Jordan. Anregungen f. d. Studium s. Werke von Willibald **Jansen**, Mittelschullehrer. Berlin: Gerdes & Hödel 1910. 62 S. 8°
(Zur Fortbildung d. Lehrers. H. 28.)

Jansen-Reinhold, die Kaffeetanten, s.: Bolger's Damen-Bühne.

Jansen Anzeiger: 1889?--1890?
Weekly, published in English and German, the only newspaper published in Jansen, 1889--90. Edited & published by J. F. Harms, 1889—90; edited by J. P. Stoye, 1890.
Jansen, NE

Iauseniani, erroris calumnia a I. de Palafox sublata. 8. Mant. (Goebhard, Bamberg.) 773.

Jansenten, 8. Alethopel. (Montag in Regensb.) 775.

Jansenismus, d. entlarvte. 8. Köln 768. Haas. 3 K

Jansenismus, Der, ein Schreckenbild für Kinder. Friedburg [Münch.] 1776. V: *Wittola, Maxim. Anton.* (wr)

— ein Schreckenbild f. Kinder. 8. München, Lindauer. 776.

— derselbe. 8. München. (Kräll in Ingolst.) 776.

Jansenius, Rich. (geb. Düsseldorf 1813): Singularis in infante morborum complexus observatio. Berolini (1835). (32 S.) 8°
Berlin, Med. Diss. v. 7. Okt. 1835

Janser, Joseph, aus Düren (Rheinpreussen): Ueber Eclampsia infantum. Zür. Genossenschafts-Buchdr. Dr. 1876. 39 S., 1 Bl. Thesen. 8°.
Zürich, Med. Diss. [v. 16. März 1876].

Janske, J.

Jánske: De philosophia Euripidis. Je 32 S. – Breslau, kath., Progr. 1857, 1866.

Janske, J., De rebus Corcyraeorum. I. Pr. 1840. 82 S. 4°.

Janski, Ludw., Russland. Militärische Studie. gr. 8. (V, 67 S.) Wien 871, (v. Waldheim.) *
Aus: Organ des militär-wissenschaftl. Vereins, besonders abgedruckt.

Janski, Russland. Militärische Studien. 2 Bde. 8. Wien 1871.

—— Studie über die Bequartierungs-Reform des kaiserlich königl. Heeres. gr. 8. (88 S.) Wien 874, Seidel und Sohn. *

—— über die Truppen-Schulen des kaiserl. königl. Heeres zur Heranbildung des Offiziers-Nachwuchses. Zur Orientirung für Freunde des Heeres und für die Jugend gebildeter Classen. gr. 8. (42 S.) Ebendas. 874. *

F. C.: Josef Janský. 2. Prag-Tischlerg. 94. Progr.

Janský's Pflanzen-Wandbilder zum naturgeschichtlichen Unterrichte in den Volks- und Bürgerschulen. Deutsche und böhmische Ausgabe. Erste Lieferung: 1. Türkenbundlilie, Schneeglöckchen, 2. Seidelbast, 3. Kiefer, 4. Sumpfdotterblume, 5. Stieleiche. II. Lieferung: 6. Kartoffel, 7. Tabak, 8. Hopfen, 9. Feuerbohne, 10. Tollkirsche. 1892

Jansky's Pflanzen-Wandbilder zum naturgeschichtlichen Unterrichte in den Volks und Bürgerschulen. Deutsche und böhmische Ausgabe.
III. Lief. 11. Schwarzer Hollunder. 12. Die Kamille. 13. Baldrian. 14. Linde. 15. Spitzahorn.
IV. Lief. 16. Weiße u. gelbe Seerose. 17. Hundrose. 18. Märzenveilchen. 19. Gebauter Lein (Flachs). 20. Walderdbeere. Eine Lieferung, bestehend aus 5 Tafeln, 2.25, auf starkem Lederpapier aufgezogen 1892 2.75

Janský's Pflanzen-Wandbilder zum naturgeschichtlichen Unterrichte in den Volks- und Bürgerschulen. Deutsche u. böhmische Ausgabe. Tafel 21 bis 48. 21. Der scharfe Hahnenfuß, 22. Cypressen-Wolfsmilch, 23. Stachelbeerstrauch, 24. Wegwarte, 25. Gemeine Fichte, Rothtanne, 26. Weizen, 27. Rispenhafer, 28. Geflecktes Knabenkraut, 29. Haselnußstrauch, 30. Immergrün und Glockenblume, 31. Der Apfelbaum, 32. Die Buche, 33. Die Erbse, 34. Gemeiner Hanf, 35. Weichsel, 36. Rettig und Kohlreps, 37. Weinrebe, 38. Der Mohn, 39. Die Runkelrübe, 40. Der Wasserschierling, 41. Der rothe Fingerhut, 42. Mais, 43. Kaffeebaum, 44. Der Theestrauch, 45. Die Baumwollstaude, 46. Das Haidekraut und die Himmelschlüssel-Blume, 47. Die Kornblume, 48. Der Buchweizen. Je 5 Tafeln in beliebiger Auswahl bilden eine Lieferung. (Min.-Erl. v. 24. Dec. 1894, Z. 26941.) Eine Lieferung 2.25 Auf starkem Lederpapier aufgezogen 1895 2.75

Janský's Pflanzen-Wandbilder zum naturgeschichtlichen Unterrichte in den Volks- und Bürgerschulen. Deutsche und böhmische Ausgabe. Tafel 49—54. 49. Der gelbe Enzian. 50. Der gemeine Wachholder, die Lärche. 51. Gartentulpe, Gartennelke. 52. Herbstzeitlose. 53. Das schwarze Bilsenkraut. 54. Stechapfel. (Min.-Erl. v. 14. Juni 1897, Z. 14303.) Je fünf Tafeln in beliebiger Auswahl bilden eine Lieferung zum Preise von 2.25, auf starkem Lederpapier aufgezogen 1897 2.75

Janson, Revision d. deutschen handelsgeographischen Literatur. Cassel. 4. 1864
Schul-/Univ.-Schrift

Janson, Adolf, appr. Arzt a. Pyritz: Aus der Psychiatrischen- und Nervenklinik zu Kiel. Über einen Fall von Tumor cerebri (im rechten Schläfenlappen). Kiel 1904: Schmidt & Klaunig. (27 S.) 8°
Kiel, Med. Fak., Ref. Siemerling, Diss. v. 11. Jan. 1905
[Geb. 18. Aug. 77 Pyritz (Pommern); Wohnort: Pyritz; Staatsangeh.: Preußen; Vorbildung: Gymn. Pyritz Reife O. 97; Studium: Halle 1, Berlin 2, Greifswald 6 S.; Coll. 17. Dez. 04; Approb. 27. Juli 02.]

Janson, Adolph. (Car. Joan.) (geb. Königsberg i. Pr. 30. 6. 1821): De vi vitali plastica. Berolini (1843). (31 S.) 8°
Berlin, Med. Diss. v. 30. Okt. 1843

Die Gartenpflege. Anleitung z. Pflege u. Erziehung d. Ziergartens unter Berücks. ländl. Verhältnisse. Von Arthur Janson, Dezernent d. Landwirtschaftskammer f. d. Prov. Sachsen. Mit 69 Textabb. *Berlin: P. Parey 1903.* (V, 136 S.) 8° [F.] [03. 14604

— einträglicher Gemüsebau, s.: Gressent.

— auf 300 qm Gemüseland den Bedarf e. Haushalts zu ziehen. Anleitung zum nutzbring. Gemüsebau des kleineren Mannes u. zur Bewirtschaftg. ländl. Grundstücke sowie kleiner Schreber- u. Nutzgärten. (103 S. m. Abbildgn.) 8. Würzburg 904. J. M. Richter. n. — 75

Janson, A., der Großobstbau. Hand- u. Lehrbuch des Obstplantagenbetriebes unter besond. Berücksicht. der Unter- u. Zwischenkulturen f. Gärtner, Landwirte u. zum Gebrauch an Lehranstalten. Mit 131 Textabb. u. 1 Plan. (VI, 313 S.) gr. 8. Berlin 909. P. Parey. Geb. in Leinw. 5. 50

— der ländliche u. kleinbürgerliche Nutzgarten u. seine intensive Ausnutzung u. Bewirtschaftung bei gleichzeitigem Betriebe v. Obst- u. Gemüsebau. (174 S. m. Abbildgn.) gr. 8. Ebd. (904). Geb. n. 1. 40

Janson, August

Janson, v., das militär. Ausbildungsjahr d. Infanterie, s. a. Beiheft z. Militär-Wochenblatt. 1901. Hft. 3.

Das militärische Ausbildungsjahr der Infanterie. Von [August] v. Janson, Generallt. z. D. *Berlin: E. S. Mittler & Sohn 1901.* (S. 121–141.) 8° [F.]
— Militär-Wochenblatt. 1901, Beiheft 3, [1.] [01. 5590

Janson, A. v., noch nicht veröffentlichte Briefe Metternichs an Schwarzenberg aus dem Feldzuge 1814, s. a. Militär-Wochenblatt. 1906. 3. Beiheft.

Noch nicht veröffentlichte Briefe [Klemens Wenzel Nepomuk Lothar Fürst] Metternichs an Schwarzenberg aus dem Feldzuge 1814. Von A[ugust] v. Janson, Gen.Lt. z. D. Berlin: E. S. Mittler & Sohn (1906). (S. 88–104.) 8° [Umschlagt. F.]
— Militär-Wochenblatt. 1906, Beiheft 3, [2.] [06. 1981

Der Dienst des Truppen-Generalstabes im Frieden. Von [Aug.] v. Janson, Gen.Lt. u. Kommandeur d. 3. Div. *Berlin: E. S. Mittler & Sohn 1899.* (188 S.) 8° [F.] [99. 8075

— der Dienst des Truppen-Generalstabes im Frieden. 2. verm. Aufl. unter Berücksicht. der neuesten Bestimmgn. gr. 8. (VI, 208 S.) Berlin 901. E. S. Mittler & Sohn. n. 4. —; geb. in Leinw. n.n. 5. 25
1. Aufl. (VI, 188 S.) Ebd. 899. n. 3. 50; geb. n.n. 4. 75.

Der Einfluss abgegrenzter Kriegsschauplätze auf den Charakter der Operationen v. Generalleutnant z. D. von Janson. (Berlin. 1906.) 4° Ausschnitt aus: Militär-Wochenblatt. Jg. 91, Nr. 17. 18.

Janson, v., d. Entwickelg. uns. Infanterie-Taktik seit uns. letzten Kriegen, s. a. Beiheft z. Militär-Wochenblatt.

Janson. Die Entwickelung unserer Infanterie-Taktik bei unseren letzten Kriegen. „Beihft. z. Milit.-Wochenblatt." Berlin 1895.

Janson, A. v., König Friedrich Wilhelm III. in der Schlacht. Mit 2 Portr. u. 25 vom Verf. entworfenen Textskizzen. (XII, 314 S.) gr. 8. Berlin 907. R. Eisenschmidt. 7.50; geb. 8. 75

— Geschichte des Feldzuges 1814 in Frankreich, s. a. Geschichte der Befreiungskriege 1813–1815.

Geschichte des Feldzuges 1814 in Frankreich. Von [August] v. Janson, Gen.Lt. z. D. Mit Textskizzen u. Karten. Mit Pl. Bd 1. 2. Berlin: E. S. Mittler & Sohn 1903–05. 2 Bde 4°(8°)
1. Der Feldzug bis z. 2. Trennung d. Schles. Armee von d. Hauptarmee. 1903.
2. (Schluß.) Der Feldzug von d. 2. Trennung d. Schles. Armee von d. Hauptarmee bis z. Frieden. 1905.
— Geschichte d. Befreiungskriege 1813–1815. [3], Bd 1. 2. [05. 14680

Der junge Infanterieofficier und seine taktische Ausbildung. Von [Aug.] v. Janson, Generallt. z. D. *Berlin: E. S. Mittler & Sohn 1900.* (X, 213 S.) 8° [F.] [00. 9093

Janson, A. v. Der Herzog Karl August von Sachsen-Weimar und der Kronprinz Karl Johann von Schweden während des Feldzuges 1814 in den Niederlanden. (Berlin 1906.) 8°. (Aus: Deutsche Rundschau.)

— Scharnhorsts militär. Testament u. sein Verhältnis zu Knesebeck, s. a. Militär-Wochenblatt. 1906, 11. Beiheft.

Scharnhorsts militärisches Testament u. sein Verhältnis zu Knesebeck. Von [August] v. Janson, Gen.Lt. z. D. Berlin: E. S. Mittler & Sohn 1906. (S. 408–418.) 8° [Umschlagt. F.]
— Militär-Wochenblatt. 1906, Beih. 11, [1.] [07. 1964 4

— Der Überfall üb. See als Feldzugseinleitung. Eine kriegsgeschichtl. Studie. Mit 14 vom Verf. gezeichneten Textskizzen. (147 S.) gr. 8. Ebd. 909. 4.—; geb. 4. 90

— die Unternehmungen des Yorckschen Korps gegen die nordfranzös. Festungen 1814, s. a. Beiheft zum Militär-Wochenblatt. 1903. Hft. 1.

Die Unternehmungen des Yorckschen Korps gegen die nordfranzösischen Festungen 1814. Ein Beitrag z. Frage d. Wertes d. Festungen einst u. jetzt von [Aug.] v. Janson, Gen.Lt. z. D. Mit 2 Übersichtskarten im Text. *Berlin: E. S. Mittler & Sohn 1903.* (65 S.) 8° [F.]
— Militär-Wochenblatt. 1903, Beih. 1. [03. 707

— die Wehrkraft Japans, begründet in der Eigenart v. Land u. Leuten. (V, 81 S.) gr. 8. Berlin 904. E. S. Mittler & Sohn. n. 1. 75

Janson, v., wie gestaltet sich das Exercier-Reglement der Infanterie nach der allerhöchsten Cabinets-Ordre vom 19. März 1873. Eine Reglements-Studie nebst Ansichten üb. Ausbildg. gr. 8. (80 S.) Berlin 873. Mittler & Sohn. n. — 50

— Ein vergessener Zivilstratege, s. a. Militär-Wochenblatt. 1907. Beiheft 12.

Ein vergessener Zivilstratege. Von [August] v. Janson, Gen.Lt. z. D. Berlin: E. S. Mittler & Sohn 1907. (S. 493–512.) 8° [Umschlagt. F.]
— Militär-Wochenblatt. 1907, Beiheft 12, [2.] [07. 18133

— das Zusammenwirken v. Heer u. Flotte im russisch-japanischen Kriege 1904/5. Mit e. Uebersichtskarte. (III, 57 S.) Lex.-8. Berlin 905. R. Eisenschmidt. n. 1. 50

— das strategische u. taktische Zusammenwirken von Heer u. Flotte. 2 Hfte. gr. 8. (VIII, 183 S.) Ebd. 900. n. 3. 75; geb. in Leinw. n. 5. 75; in 1 Bd. geb. n. 5.—
1. n. 1. 50; geb. n. 2. 50. — 2. n. 2. 25; geb. n. 3. 25.

Das strategische und taktische Zusammenwirken von Heer und Flotte von [August] v. Janson, Gen.Lt. z. D. Band-Ausg. *Berlin: E. S. Mittler & Sohn [1902].* (VIII, 183 S.) 8° [F.] [02. 11480

*Janson, C. Einige Gesichtspunkte bei der Untersuchung und Beurteilung der Lebensversicherungsrisikos. Stockholm 1901.

Janson, Chr[istian]: Untersuchungen über die Einlagerung der Reservestoffe in die Hafer- und Gerstenkörner beim Reifungsprozeß. Jena 1907: A. Kämpfe. (47 S.) 8°
Jena, Phil. Fak., Ref. Edler, Diss. v. 17. Mai 1907
[Geb. 11. Apr. 78 Kleinbockenheim (Rh. Pfalz.); Wohnort: Kleinbockenheim; Staatsangeh.: Bayern; Vorbildung: Realsch. Worms Einj.-Freiw.-Zeugn. O. 95; Studium: Halle 7, Jena 3 S.; Rig. 21. Dez. 06.]

Janson, Emil [app. Arzt aus Bremen]: Beitrag zur Lehre von den Tumoren der Harnblase. . . . Erlangen, k. b. Hof- u. Univ.-Buchdr. v. F. Junge, 1890; 50 S. 8°
Erlangen, Med. Fak., Inaug.-Diss. v. März 1890

Janson, Ferdinand

Janson, Ferd., 1-, 2- u. 3stimmige Choräle. Für Schulen ausgewählt u. bearb. 2. Aufl. (68 S.) gr. 8. Dresden 909. G. Kühtmann. — 80; geb. 1. 20

Janson, F., Choräle u. Gesangübungen f. Schulen. Zur Gewinng. von Tonvorstellgn. durch Ohr u. Auge entworfen u. behandelt. gr. 8. (IV, 118 S. m. 1 Taf.) Norden 889. Fischer Nachf. n. 1. —
Daraus einzeln: 1. Ein-, zwei- u. dreistimm. Choräle f. Schulen. (IV, 41 S.) n. — 40. — 2. Gesangübungen f. Schulen, wie auch f. den Privat- u. Selbstunterricht. (IV, 77 S. m. 1 Taf.) n. — 60.

Janson, Ferd., deutsche Schulgesänge für Knaben in den mittleren Classen der Gymnasien u. Realschulen, ausgewählt u. bearb. 1. Hft. gr. 8. (72 S.) Norden 879. Fischer Nachf. n. — 50

— dasselbe. 2. Hft. gr. 8. (88 S.) Ebend. 879. n.n. — 60

— dasselbe. 4. Hft. 3., verb. Aufl. gr. 8. (56 S.) Ebend. 881. n. — 40

— dasselbe. 5. Hft. 3., verb. Aufl. gr. 8. (IV, 119 S.) Ebend. 882. n. — 90

Janson, Ferd., deutsche Schulgesänge für Mädchen. Zunächst für den Gebrauch in der höheren Töchterschule von A. M. Janson zu Bremen ausgewählt und bearb. 6 Hefte und Suppl.-Heft. gr. 8. Bremen, Kühtmann und Comp. *
Inhalt:
Heft 1. (IV, 36 S.) 870. * 30 Pf.
" 2. (38 S.) 870. * 30 Pf.
" 3. (52 S.) 1870, und 2. verb. und verm. Aufl. (55 S.) 875. * 40 Pf.

Janson, Ferd., deutsche Schulgesänge für Mädchen rc.
Heft 4. (53 S.) 870. * 40 Pf.
" 5. (102 S.) 1870. * 70 Pf., und 2. verb. und verm. Aufl. (IV, 119 S.) 875. * 90 Pf.
" 6. Chorgesänge für Gesangchöre höherer Schulen, wie auch für Gesangvereine. Zur ersten Einführung in die Schätze deutschen Chorgesangs und im Anschluß an des Hrsgbrs. „deutsche Schulgesänge für Mädchen" als 6. Heft derselben zusammengestellt. (IV, 124 S.) 875. * 70 Pf. — Suppl., enth. Tenor und Baß zu den Chören. [3. Abthl.] (38 S.) 871. * 20 Pf.

—— deutsche Schulgesänge für Mädchen. Zunächst für den Gebrauch in der höheren Töchterschule von A. M. Janson zu Bremen ausgewählt und bearb. 1., 2. und 4. Heft. 2. verb. Aufl. gr. 8. Ebendas. [1. Heft. (40 S.) 877. * 30 Pf.; 2. Heft. (40 S.) 876. * 30 Pf.; 4. Heft. (56 S.) 876. * 40 Pf.] *
3., 5. und 6. (Schluß-)Heft. Ebendas. 1871—75. *M 2,20.

Janson, Ferd., deutsche Schulgesänge für Mädchen. Zunächst für den Gebrauch in der höheren Töchterschule von A. M. Janson zu Bremen ausgewählt und bearb. 3.—5. Heft. gr. 8. [Bremen.] Norden, Fischer's Nachf. [3. Heft. 3. und 4. verb. Aufl. (56 S.) 879,83. * 40 Pf.; 4. Heft. 3. verb. Aufl. (56 S.) 881. * 40 Pf.; 5. Heft. 3. verb. Aufl. (IV, 119 S.) 882. * 90 Pf.] *
1., 2. und 6. Heft. Ebendas. 1871—77. *M 1,30.

— deutsche Schulgesänge f. Mädchen. Ausgewählt u. hrsg. 3. u. 5. Hft. gr. 8. Ebd. n. 1. 40
3. 5. Aufl. (58 S.) 887. n. — 40. — 5. 4. Aufl. (III, 124 S.) 889. n. 1. —.

Janson, Ferd., deutsche Schulgesänge f. Mädchen. Ausgewählt u. bearb. (In 6 Hftn.) 1.—4. Hft. gr. 8. Norden, H. Fischer Nachf. n. 1. 90
1. 2. 5., verb. Aufl. (44 u. 45 S.) 891. à n. — 40
3. 6., verb. Aufl. (59 S.) 893. n. — 50
4. 5., verb. u. verm. Aufl. (IV, 71 S.) 890. n. — 60

Janson, Ferd., deutsche Schulgesänge f. Mädchen. Ausgewählt u. bearb. (In 6 Heften.) 1. u. 3. Heft. gr. 8. Dresden, G. Kühtmann. n. — 90
1. 6., verb. u. verm. Aufl. (52 S.) 904. n. — 40
3. 7., verb. u. verm. Aufl. (63 S.) 903. n. — 50

Janson, Ferd., deutsche Schulgesänge f. Mädchen. Ausgewählt u. bearb. (In 6 Hftn.) 2. u. 4. Hft. 6., verb. Aufl. gr. 8. Dresden, G. Kühtmann. n. 1. —
2. (47 S.) 901. n. — 40. — 4. (68 S.) 900. n. — 60.

— Deutsche Schulgesänge f. Mädchen. Ausgewählt u. bearb. (In 7 Heften.) Heft 5a u. 5b. gr. 8. Ebd. à — 80; erh. Pr. à 1. 20; geb. à 1. 60
5a f. den 3- u. 4-stimm. Chorgesang a capella. 5., verb. u. sehr verm. Aufl. (90 S.) 907.
5b enth. 2stimm. figurierte Gesänge a capella u. 2- bis 4stimm., event. m. Pianoforte-Begleitg. auszuführ. Lieder, Chöre usw., zur Ueberführg. in den Oratoriengesang der gemischt. Chorvereine, den Motettengesang der Kirche u. in den Sologesang des deutschen Hauses. 5., verb. u. verm. Aufl. (88 S.) 908.

Janson, Franz

JANSON, Fr.: Materialien zu e. künft. Gesetzb. f. d. Kurpfälz. Lande, u. z. Nachschlagen bey künft. Vorles. üb. das Kurpfälz. Privat-Recht; d. i. Kurpfälz. Verordn. nach d. Chronol. ges. 1r Th. v. 1196—1733. *Heidelberg*, Wiese. 792. 4.

Janson, Frz., († d. 15. Sept. 1816.) Uebersicht d. Theorie d. Rechte, des Processes u. d. juristischen Praxis. 8. Manh. 789. Schwan u. G. 3 ℛ

Janson, Georg Ludwig

Janson, Ludov., de graeci sermonis nominum deminutione et amplicatione flexorum forma atque usu. gr. 8. (96 S.) Leipzig 869, Teubner. *
Aus: Jahrbücher für classische Philologie, besonders abgedruckt.

Janson, Georg Ludw.: De Graeci sermonis deminutivis in ιοχος, ιοχη cadentibus et de iis quae inde propagantur. 19 S. – Thorn, Progr. 1856.

- De graeci sermonis paullopostfuturi forma atque usu. 14 S.
Rastenburg, Progr. 1844

Janson, Geo. Ludw., de Graeci sermonis paullo post futuri forma atque usu. gr. 8. (19 S.) Thorn 860, Lambeck. *

Janson, Ge. Lud. De medii generis futuris passive usurpatis. 27 S.
Thorn, Progr. 1848

Janson, Georg Ludw. De Graeci sermonis nominibus in ις deminativis. 17 S.
Thorn, Progr. 1851

Janson: De Graecorum verbis deponentibus vetustissimorum poetarum epicorum usu confirmatis. 15 S.– Thorn, Progr. 1868.

Janson. De Graeci sermonis vocibus in ιον trisyllabis. P. I. II. 20 S., 11 S. . . . .
Gumbinnen, Progr. 1839, 1840

Janson, Gust., im Dunkel. Erzählung. Übersetzung aus dem Schwed. v. A. Lütjohann. (248 S.) 8. Stockholm 910. Fröléen & Co. 3. —

Janson, Gust., das Ende e. Regiments. Dem Tode geweiht (Burenkrieg), s.: Sammlung Franckh.

— ad Familiares. Schlichte Gedichte. (89 S.) kl. 8. Bremen 904. G. Winter. n. 1. 60

— Die Insel. Erzählungen u. Skizzen v. den Stockholmer Schären. (Einzige berechtigte Übersetzg. aus d. Schwed. v. Margar. Bahnson. Einbandzeichng. v. Alb. Andresen.) (242 S.) 8. Leipzig 911. G. Merseburger. 3. —; geb. in Leinw. 4. —

— das Paradies, s.a.Union-Sammlung moderner Romane. 32. Bd.

Gustaf Janson. Das Paradies. Einzig autor. Übers. aus d. Schwed. von Francis Maro. *Stuttgart, Berlin, Leipzig: Union [1903].* (212 S.) 8° [J.]
— Union-Sammlung moderner Romane. 32. [04. 280

Worte zur Erbauung ... nach d. Vorschrift ... Friderichs V. an dem zum Gedächtnis der vor 100 Jahren eingeführten Erbsouverainetät auf d. 16. Oct. 1760 ... angesetztem Jubeltage ... verf. von Gustav Ludwig **Janson**. — Oldenburg (1760): Götjen. 28 S. 8° (4°)

Janson, Gustav O., aus Bremen: **Studien über die Legendendichtungen Konrads von Würzburg.** *Marburg 1902: R. Friedrich.* (64 S.) 8°
Marburg, Phil. Diss. v. [29. Juli] 1902

Janson, Gust. O., Studien üb. die Legendendichtungen Konrads v. Würzburg. Diss. gr. 8. (65 S.) Marburg 902. (Bremen, G. Winter.) n. 1. 50

Janson, H. F.

— compend. theologiae natur. 8maj. Kopenh. 778. Proft. 20 ℛ

— s. Fragen aus d. bibl. Geschichte.

Janson, H. J., Predigten vor dem dän. Hofe gehalten. gr. 8. Kopenh. 773. (Brummer). 16 ℛ

Janson, J. D., Freundesstimme an alle Diejenigen, die nicht leicht ein Buch zur Hand bekommen, u. doch üb. die jetzige Einrichtung unseres Staates gerne etwas lesen möchten. 8. (16 S.) Königsberg 848, Gräfe & Unzer. 1 ngr

Janson, J. L.: Das Veterinär-Institut zu Tokio. Mit 1 Taf. 4°
Aus: Mitteil. d. Deutschen Ges. für Natur- u. Völkerkunde Ostasiens. Bd 5, H. 49. [1892.]

Janson, Karl, das Königtum Günther's von Schwarzburg, s.a.Studien, historische.

Janson, K. Das Königthum Günthers v. Schwarzburg. I. Die Königswahl Günthers. (43) 8. Leipzig 1880.

Janson, Kristofer, Er und Sie. Marit Skjölte. Zwei norweg. Dorfgeschichten. Nach der 6. Aufl. der autoris. Kopenhagener Ausg. Deutsch von P. J. Willatzen. 8. (VIII, 316 S.) Bremen 886, Heinsius Nachf. *
geb. mit Goldschn. *

Janson, Kristofer, hat die Orthodoxie recht? Eine Reihe Untersuchgn. Einzig autoris. Übersetzg. aus dem Norweg. v. Ernst Brausewetter. 1.—3. Hft. gr. 8. Wiesbaden 893. H. Sadowsky. Subskr.-Pr. à n. 1. —; Einzelpr. à n. 1. 20
1. Ist die Bibel ein inspiriertes Buch oder nicht? (100 S.)
2. Von der Dreieinigkeitslehre u. der Gottheit Jesu. (S. 101—180.)
3. Von der Versöhnungsfeier. (S. 181—246.)

The religious Views of Björnson and Ibsen. Address delivered by Kristoffer **Janson**. Berlin-Schöneberg: Protest. Schriftenvertrieb 1910. 10 S. 8°
Aus: Report of the 5th Universal Congress for Free Christianity and Religious Freedom. Berlin 1910. [11. 3149

Janson, Kristofer, Wildrose, s.a.Collection Wild-West.

— **Wildrose.** Eine Erzählg. aus dem Indianeraufstande im J. 1862. Autoris. Übersetzg. v. Ernst Brausewetter. 8. (124 S.) Berlin 894. C. Georgi. — 60

Janson, Ludwig, s. Janson, Georg Ludwig

Janson, Otto, Liederbuch f. kathol. Schulen. Sonderausg. v. Hugo Löbmann's Liederbuch f. kathol. Schulen. Für preuß. Schulverhältnisse u. im Anschluß an das Lesebuch bearb. Mit e. Singschule. (XII, 159 S.) 8. Leipzig 909. X. Pflugmacher. Kart. nn — 75

Janson, Otto, Meeresforschung u. Meeresleben, s.a.Aus Natur u. Geisteswelt.

Meeresforschung und Meeresleben. Von Dr. Otto **Janson**. Mit 41 Fig. Leipzig: B. G. Teubner 1901. (IV, 146 S.) 8° [J.]
= **Natur**, Aus, u. Geisteswelt. Bdch. 30. [08. 18607 3

Meeresforschung und Meeresleben. Von Dr. Otto **Janson**. Mit 41 Fig. 2. Aufl. Leipzig: B. G. Teubner 1907. (IV, 148 S.) 8° [J.]
= **Natur**, Aus, u. Geisteswelt. Bdch. 30. [07. 7043

Janson, *Franz* Otto *Ferdinand* [aus Bremen]: Versuch einer Übersicht über die Rotatorien-Familie der Philodinaeen ... Marburg, Buchdr. O. Ehrhardt, 1893; 85 S., 5 Taf. 8.
Marburg, Phil. Fak., Inaug.-Diss. v. [10. Mai] 1893

Janson, Otto, Versuch e. Übersicht üb. die Rotatorien-Familie der Philodinaeen. Beilage zum XII. Bde. der Abhandlgn. des Naturwissenschaftl. Vereins zu Bremen. gr. 8. (81 S. m. 5 Taf.) Bremen 893. C. Ed. Müller. n. 1. 20

Janson, Philipp, Medizinalprakt.: Über Formanomalien der menschlichen Placenta. Erlangen 1910: Junge. 30 S. 8°
München, Med. Diss. v. 9. Dez. 1910, Ref. Döderlein
[Geb. 13. April 83 Frankfurt a. M.; Wohnort: Frankfurt; Staatsangeh.: Preußen; Vorbildung: Realgymn. Karlsruhe Reife Juli 03; Studium: Erlangen 5, Tübingen 2, Erlangen 1, München 3 S.; Coll. 9. Dez. 10; Approb. 15. Nov. 10.]
[U 11. 3651

Janson, Samuel : Flagellum Veneris, oder Abhandlung der Venus-Kranckheit, darinne derselben Ursprung, Zufälle und Methode solche ohne Salivation zu curiren tractiret, und die von dem Autore gut befundenen Medicamenta communiciret werden. (Flagellum Veneris, ofte verhael van Venus-plaege, of vuyle pokken... Dt.) 216 S., gbd.

Dreßden: Winckler 1703

JB 4.588

Janssen in der Westentasche, s.: Geschichtsfälscher, der kleine.

Die Hochseefischerei auf Häring in der Nordsee. (Von Janssen.) Glückstadt. 1893. Bei: Statut der Glückstädter Fischerei-Actiengesellschaft. 8°, in 4° gebunden.

Janssen, Kosten u. Erfolge der Bekämpfung der Granulose in der Prov. Ostpreussen, s.: Doepner.

Liberale Bauernpolitik. Von A. **Janssen**-Oldenburg. Berlin-Schöneberg: 'Hilfe' 1908. 139 S. 8° [11. 3793

Janssen, A., liberale Bauernpolitik. 1.—2. Tauf. (132 S.) 8. Berlin-Schöneberg 908. Verlag der „Hilfe". 1. —

Liberale Bauernpolitik von A. Janssen-Oldenburg. Berlin-Schöneberg: Hilfe 1908. 132 S. 8°
(Der Liberalismus u. die Berufsstände. [b.]) A 12. 3704

Liberale Bauernpolitik. Von A. Janssen-Oldenburg. Berlin-Schöneberg: Hilfe 1908. 143 S. 8°
(Der Liberalismus u. die Berufsstände [b.]) A 12. 3752

Janßen, A., hochdeutsche Sprachschule f. unsere plattdeutschen Kinder. Eine Sammlg. v. Aufgaben f. den Orthographie- u. Grammatikunterricht. 1. u. 2. Tl. Für die Schüler bearb. gr. 8. Varel 894. Bültmann & Gerriets Nachf. n. 1. —
1. (IV, 56 S.) n. — 40. — 2. (102 S.) n. — 60.

Jansſen, Adam, die Sagen Frankens. 1—4. Lfg. 8. (1. Bd. 338 S.) Würzburg 852, Kellner. (à n. ¼ ₰) n. 1 ₰

Janssen, Adam, fränkische Sagen, s.: Geschichten, altfränkische. II.

Janssen, Adolph, approb. Arzt aus Hamburg: Aus d. chirurg. Klinik zu Kiel. Unsere Plattfussbehandlung. *Kiel 1901: P. Peters.* (18 S.) 8°
Kiel, Med. Diss. v. [7. Dez.] 1901

Janssen, (Friedr. Ludw.) Albert (geb. Berlin 2. 3. 1857): Ein Fall von Lungensarcom mit grasgrünem Auswurf. Berlin (1870). (27 S.) 8°
Berlin, Med. Diss. v. 5. Nov. 1870

Janßen, August: Über Diazoreaktionen bei Haustieren. Hannover: Schaper 1910. 28 S. 8°
Gießen, Veterinär-Med. Diss. v. 24. Juni 1910, Ref. Garten
[Geb. 20. Dez. 83 Vechta; Wohnort: Osterkappeln; Staatsangeh.: Oldenburg; Vorbildung: Gymn. Vechta Reife Juli 04; Studium: Tierärztl. Hochschulen Hannover 4, München 1, Hannover 3 S.; Rig. 14. März 10.] [U 10. 1311

Janßen, Aug., Judenlieder. gr. 8. (8½ B.) Oldenburg 846, Schulze'sche Buchh. *

Janßen, Natur und Wirkungen der seit langen Jahren unverändert gebliebenen Grundsteuer im Herzogth. Oldenburg. Eine national-ökonom. Untersuchung. 1. und 2., verb. Aufl. gr. 8. (80 S.) Oldenburg 851, Schulze'sche Buchh. *

Janssen, C. W., holländische Kolonial-Politik in Ost-Indien, s. a. Zeit- u. Streit-Fragen, deutsche.

Janssen, C. W.: Holländische Kolonialpolitik in Ost-Indien. Eine Skizze. (Deutsche Zeit- und Streit-Fragen. Jahrg. 13. Heft 200.) Berlin 1884. 39 S. 8°.

Janssen, C. W., die holländische Kolonialwirthschaft in den Battaländern, s. a. Abhandlungen aus dem staatswissenschaftlichen Seminar zu Strassburg.

Janssen, C. W. [aus Amsterdam]: Die holländische Kolonialwirthschaft in den Battaländern.... Strassburg, Karl J. Trübner, 1886; XI + 119 S. u. 9 Taf. 8°.
Strassburg, Rechts u. Staatsw. Fak., Inaug.-Diss. v. 1886.

Janssen, Carl, s. Janssen, Karl

Janssen, E., die Pferde-Rassen der Gegenwart, 1884 u. 1885 gemalt. 20 Aquarell-Fcsms. à 65,5×83 cm. Wandsbeck 885. 886. Kunstanstalt (vorm. G. W. Seitz). 100. —; einzelne Blätter à 6. —; Mappe dazu n. 20. —; auch in 5 Lfgn. à 20. —

Janssen, Eduard [aus Erno-Ludwigs-Grode (Ostfriesland)]: Ueber Aethyl- und Propyl-p-Cymylketon und das Verhalten derselben bei der Oxydation mit uebermangansaurem Kalium. . . . Freiburg i. B., Buchdr. v. Chr. Ströcker, 1888; 39 + 1 S. 8°
Freiburg i. B., Phil. Fak., Inaug.-Diss. v. 1888

Janssen, F., und Th. Naveau, Zeichnenschule, s. Naveau, Th.

Janssen, F. Leonh., theologia moral. universa. 4. Col. 725.

Janssen, Frz., Hartmann v. Siebeneichen od.: Deutsche Treue, s.: Theater, kleines.

Janssen, Frz., Lieder. (76 S.) 8. Leipzig 907. Verlag f. Literatur, Kunst u. Musik. Kart. 1.50; geb. n 2. —

Janssen, F[riedrich]: Der sibirische Butterexport. Ein Beitr. z. Frage d. kommerziellen Wirkung d. Transsibir. Eisenbahn. Leipzig 1910: Hoffmann. 60 S. 8°
Jena, Phil. Diss. v. 15. Dez. 1910, Ref. Pierstorff
[Geb. 14. Mai 87 Wesel; Wohnort: Wesel; Staatsangeh.: Preußen; Vorbildung: Gymn. Wesel Reife O. 06; Studium: Greifswald 3, Berlin 1, Jena 3 S.; Rig. 31. Juli 09.] [U 11. 2471

Janssen, Frdr., der Deklamator im Krieger-Verein. Humoristische u. ernste Vorträge. gr. 16. (192 S.) Oldenburg 879. Bültmann & Gerriets. n. 1. —

Janßen, Geo., Naturphilosophie. (Umschlag: 2. Aufl.) (30 S.) 8. Jever (909). Sillenstede (Oldenburg), Selbstverlag. — 60

Der Ball van de Kuleköpp. Lokalschwank in 1 Akt von Heinr. Janssen. *Aachen: A. Jacobi & Cie 1901.* (36 S.) 8°

Der Duvvejäck. Schwank in 1 Act in Aachener Mundart von Heinr. Janssen. *Aachen: A. Jacobi & Co. 1893.* (36 S.) 8° 5

Janssen, Heinrich, Volontär-Arzt an der Dermatologischen Abteilung des Allerheiligen-Hospitals zu Breslau: Zwei Fälle von strichförmigen [!] Lichen ruber planus. Leipzig 1906: B. Georgi. (30 S.) 8°
Leipzig, Med. Fak., Ref. Hoffmann, Diss. v. 13. Okt. 1906
[Geb. 19. Okt. 74 Neubrandenburg; Wohnort: Breslau; Staatsangeh.: Preußen; Vorbildung: Gymn. Neubrandenburg Reife O. 95; Studium: Jura Heidelberg 1, Rostock 5, Med. Gießen 1, Greifswald 2, Breslau 1, Rostock 7 S.; Coll. 22. Okt. 06; Approb. 16. Juli 03]

Janssen, Heinr., der Ausfred. Schwank in 1 Akt u. in Aachener Mundart. 12. (40 S.) Aachen 897. A. Jacobi & Co. n. — 60

Moddere Jöngsje. Aachener Lokalschwank in 1 Akt von Heinr. Janssen ... Aachen: A. Jacobi & Cie 1904 (1907). (28 S.) 8°
— Volksbühne, Aachener. H. 10. [07. 6813] 9

De Kenger us gene Maat. Schwank mit Gesang in 1 Act in Aachener Mundart von Heinr. Janssen. *Aachen: A. Jacobi & Co. 1893.* (34 S.) 8° 5

Janssen, H., Comödianten-Lieder, s. Comödianten-Lieder.

Janssen, Heinr., de Nobbesche, s. a. Volksbühne, Aachener. 12.

De Nobbesche. Hochzeitsschwank in Aachener Mundart in 1 Aufz. von Heinr. Janssen. Aachen: A. Jacobi & Cie 1907. (28 S.) 8°
— Volksbühne, Aachener. H. 12. [07. 6814] 9

Janssen, Heinr., Öcher Platt, s.: Volksbühne, Aachener.

Der Poschwäck. Schwank m. Gesang in 2 Akten u. in Aachener Mundart. M. Benutzg v. Aachener Volksliedern u. bekannten Melodien v. Heinr. Janssen. *Aachen: A. Jacobi & C. (1897).* (50 S.) 1 Bd 8. [97. 4737]

Janssen, H., der Sängerkrech opne Schlengermaat. Achener Strassenscene m. Gesang. (Musik nach bekannten Melodien.) 12. (29 S.) Aachen 901. A. Jacobi & Co. n. — 60

Der Stadtcorporal von Aachen, oder: Et Baakauf. Localposse m. Gesang in 3 Akten v. Heinr. Janssen. Musik nach bekannten Melodien ... *Aachen: A. Jacobi & C. 1897.* (60 S.) 1 Bd 8. [98 3806 H.

Öcher Stökelcher. Vördreäg, Verzällselcher, än Ledchere. Gedichte in Aachener Mundart mit e. hochdeutschen Anh. von Heinr. Janssen. Mit d. Bildn. d. Verf. Aachen: A. Jacobi & Cie 1904. (VIII, 114 S.) 8° [F.] [04. 174

Et Stieuengelche. Schwank mit Gesang in 1 Akt in Aachener Mundart von Heinr. Janssen. *Aachen: A. Jacobi & Co. 1893.* (29 S.) 8° [... 5

— Verdragt üch!, s.: Volksbühne. Aachener.

Der jäcke Wälsch. Schwank mit Gesang in 1 Akt von H[einr.] Janssen. *Aachen: A. Jacobi & Cie 1902.* (44 S.) 8° [02 3137

Janssen, Heinr., wie das Kind beten lernt! Ein Büchlein f. Lehrerinnen, Lehrer, Mütter u. Erzieher. 12. (160 S.) Steyl 899. Missionsdruckerei. Geb. in Leinw. n. — 60

Janssen, Hermann [aus Langeoog]: Zur Kenntniss der Substituirbarkeit der Methylenwasserstoffatome im Benzylcyanid. ... Göttingen, Druck d. Dieterich'schen Univ.-Buchdr. (W. Fr. Kästner), 1888; 18 S. + 1 Bl. 8°

Göttingen, Phil. Fak., Inaug.-Diss. v. 29. Nov. 1888

Janssen, Herm., zur Kenntniss der Substituirbarkeit der Methylenwasserstoffatome im Benzylcyanid. Inaugural-Dissertation. gr. 8. (48 S.) Göttingen 888, (Vandenhoeck und Ruprecht's Verlag.) *

Janßen, Hinr., Dichtungen in Auswahl, s.: Pleitner, Emil, Hinrich Janßen.

— Das angenehme Hahn, ein Landgut Sr. Hochw. Hrn. Hans Heinr. v. Stöcken, Kgl. Dän. Etatsraths und Landvogts in Stadt- und Butjadingerlande. Bremen. 1744. P.

JANSSEN, HINR., Ode auf den kunstreich singenden Papagayen, Sr Hochwhlg. des kgl. Dännemarckischen Etats-Rahts und Landvoigts in Stadt- und Butjadinger Land Herren Hans Hinr. v. Stöcken in Bewunderung des unvergleichlichen Vogels entworffen. Oldenburg. 1736. 4. P. (M. 1 Nodeblad).

Janssen, Hugo, prakt. Arzt in Oldenburg: Aus d. chirurg. Institut d. Universität Marburg. Zwei Fälle von Ileus infolge von Darmeinklemmung durch das Meckel'sche Divertikel. *Marburg 1901: R. Friedrich.* (23 S.) 8°

Marburg, Med. Diss. v. 26. Aug. 1901

Janssen, J. C. F., über die Inseln und Gefahren an der Ost- und Nord-Ost-Küste von Australien auf dem Wege von Port Jackson durch die Torres-Straße. gr. 8. (IV und 26 S.) Hamburg 860, Salomon und Comp.

Janssen, J. F., s.a. Janssen, L. J. F.

Janssen, J. F., hist.-theolog. Denkmal der wunderrollen Wege Gottes an den großen Wässern in Jeverlande im J. 1717. b. Bremen. 722.

Janssen, Joachim Anton Rud.

— poet. Erzählungslese aus deutschen Dichtern. 2 Thle. 8. Hamb. 807. (Campe). 2 Rthl 16 gr

— poetische Erzählungslese aus deutschen Dichtern. 2 Theile. 8. Hamburg, Wettach. 807. (1r 1 Rthlr. 12 gr. 2r 1 Rthlr. 20 gr.)

— ausführl. Nachr. über d. sämmtl. evangel.-protestant. Kirchen u. Geistlichen d. freien u. Hansestadt Hamburg u. ihres Gebietes, so wie über deren Johanneum, Gymnasium, Bibliothek, u. die dabei angestellten Männer. Mit 1 Ansicht d. St. Peters-Hauptkirche. gr. 4. Hamb. 826. Perthes u. B. 6 Rthl

— neue deutsche Sprachlehre zum Gebrauch in Schulen. Mit e. Vorrede v. W. Klefecker. 8. Hamb. 808. Gundermann. 1 Rthl (Herold jun.) 20 gr

Janssen, Joach. Ant. Rud., Versuch e. Beantwortung zweier Fr.: 1) Was vernichtet d. meisten zur Aufklärung u. Verbess. d. Menschen gemachten Einrichtungen? 2) Wodurch werden jene Einrichtungen vor Verfall bewahrt, u. was giebt ihnen einen glückl. Erfolg? gr. 8. Hamb. 802. (Campe). 2 Rthl Schrbp. 2 Rthl 12 gr

Janssen, Joh.

Jesus meine Liebe. Kath. Gebetbuch enth. vorzugsweise Ablassgebete d. Kirche u. Gebete d. Heiligen. Von Pfarrer [Joh.] Janssen. 4. verb. Aufl. *Kevelaer: J. Thum [1901].* (494 S.) 8° [F.] [01. 9113 5

Paradies der Seele. Vollst. Gebet- u. Andachtsbuch. Auszug aus 'Jesus meine Liebe'. Von e. kath. Priester [Pfarrer Joh. Janssen]. *Kevelaer: J. Thum 1900.* (380 S.) 8° [F.] [01. 9114 5

Der Weg zu Gott. Gebet- u. Andachtsbuch f. kath. Christen. Auszug aus dem Gebetbuch Jesus meine Liebe. [Verf.: Pfarrer Joh. Janssen.] Ausz. in gröss. Dr. *Schärding: J. Pustet [1897].* (234 S.) 8° [F.] [01. 9115 5

— der Weg zu Gott. Gebet- u. Andachtsbuch f. kathol. Christen. [Aus: „Jesus meine Liebe".] 16. (234 S. m. Titelbild.) Ebd. 902. Geb. in Ldr. 1. 25

PHILALETHES (d. i. *Joh. Ant. Rudolph Janssen*), An das Hamburgische Publikum. O. J. (1803).

Weller, Lex. Ps. p. 429.

Janssen, Johannes

—— der Capuziner Franz Borgias, s. Broschüren, zeitgemäße.

Janssen, Joh., Don Bosko u. das Oratorium vom hl. Franz v. Sales. Lebensbild e. gottbegeisterten Erziehers der Gegenwart. 8. (106 S. m. 1 Portr.) Steyl 886. Missionsdruckerei. n. — 30

—— u. W. Lübke, s. Broschüren, Frankfurter zeitgemäße. N. F. 12. Bd. 1. Heft.

—— zur Genesis der ersten Theilung Polens. gr. 8. (VII und 186 S.) Freiburg im Br. 865, Herder'sche Verlagsh. *

Janssen, Joh., Geschichte des deutschen Volkes seit dem Ausgange des Mittelalters. Bd. 1—8. Freiburg i. Br. 1879—94. 8. . . . . (BBG.; B.; BC.)

Bd. 1. a. u. d. T.: Die allgemeinen Zustände des deutschen Volkes beim Ausgang des Mittelalters. 1.—16. Aufl. Freiburg i. Br. 1879—92. 8.

Bd. 2. a. u. d. T.: Zustände des deutschen Volkes seit dem Beginn der politisch-kirchlichen Revolution bis zum Ausgang der socialen Revolution v. 1525. 1.—16. Aufl. Freiburg i. Br. 1879—91. 8.

Bd. 3. a. u. d. T.: Allgemeine Zustände des deutschen Volkes seit dem Ausgang der socialen Revolution bis zum sog. Augsburger Religionsfrieden von 1555. 1.—16. Aufl. Ebenda 1881—92.

Bd. 4. a. u. d. T.: Allgemeine Zustände des deutschen Volkes seit dem sog. Augsburger Religionsfrieden v. J. 1555 bis zur Verkündigung der Concordienformel im J. 1580. 1.—14. Aufl. Freiburg i. Br. 18..—91.

Bd. 5. a. u. d. T.: Vorbereitung des 30j. Krieges. 1.—12. Aufl. Ebenda 1886. 8. — 13.—14. Aufl. besorgt von L. Pastor.

Bd. 6—8. a. u. d. T.: Culturzustände des deutschen Volkes seit dem Ausgang des Mittelalters bis zum Beginn des 30j. Krieges. Buch 1—4. 1—11. Aufl. besorgt von L. Pastor. Ebda 1888—1893. 8.

Janssen, Johs., Geschichte des deutschen Volkes seit dem Ausgang des Mittelalters. 1. Bd.: Deutschlands allgemeine Zustände beim Ausgang des Mittelalters. 1.—4. Aufl. 6 Lfgn. gr. 8. Freiburg i. Br., Herder'sche Verlagsh. [1.—5. Lfg. (S. 1—424.) 876,77. à 90 Pf.; 6. Lfg. (XVIII, S. 425—615.) 878. ℳ 2,10.] ℳ 6,60.; geb. ·

Janssen, Johs., Geschichte des deutschen Volkes seit dem Ausgang des Mittelalters. 1. Bd. 4—6. (Schluß-)Lfg. gr. 8. (XVIII u. S. 265—615.) Freiburg i/Br. 877. 78. Herder. 3. 90 (1. Bd. cplt.: 6. 60)

—— dass. — 1. Bd. 5. Aufl. gr. 8. (XL, 615 S.) Ebendas. 879. ℳ 6,60.; geb. *

—— dass. — 2. Bd.: Zustände des deutschen Volkes seit dem Beginn der politisch-kirchl. Revolution bis zum Anfang der socialen Revolution von 1525. gr. 8. (XXVII, 587 S.) Ebendas. 879. ℳ 6,30.; geb. *

—— Geschichte des deutschen Volkes seit dem Ausgang des Mittelalters. 1.—3. Bd. gr. 8. Ebendas. * geb. in Leinw. *

Inhalt:

Bd. 1. Deutschlands allgemeine Zustände beim Ausgang des Mittelalters. 6. Aufl. (XL, 620 S.) 880; 7. verb. Aufl. (XLI, 619 S.) 881. *ℳ 6,60.; geb. *ℳ 7,80.; 8. verb. und 9.—12. Aufl. XLIV, 628 S.) 882,83. *ℳ 6.; *ℳ 7,20.

" 2. Zustände des deutschen Volkes seit dem Beginn der politisch-kirchlichen Revolution bis zum Ausgang der socialen Revolution von 1525. 2.—6. verb. Abdr. (XXVIII, 587 S.) 879,80. *ℳ 6,30.; geb. *ℳ 7,60.; 7.—12. Aufl. (XXVIII, 592 S.) 882,83. *ℳ 6.; geb. *ℳ 7,20.

" 3. Allgemeine Zustände des deutschen Volkes seit dem Ausgang der socialen Revolution bis zum sogenannten Augsburger Religionsfrieden von 1555. 1.—6. Aufl. (XXXIX, 733 S.) 881,82. *ℳ 7,50.; geb. *ℳ 8,80.; 7. verb. und 8.—12. Aufl. (XXXIX, 753 S.) 882,83. *ℳ 7.; geb. *ℳ 8,40.

Vgl.: Broschüren, Frankfurter zeitgemäße.

— Geschichte d. deutschen Volkes seit dem Ausgang d. Mittelalters. 1—5. Bd. gr. 8. Ebend. n. 31. —; geb. n. 37. 40

1. Deutschlands allgemeine Zustände beim Ausgang d. Mittelalters. 12. Aufl. (XLIV, 628 S.) 883. n. 6. —; geb. n. 7. 20
2. Zustände d. deutschen Volkes seit dem Beginn der politisch-kirchlichen Revolution bis zum Ausgang der socialen Revolution v. 1525. 14. Aufl. (XXVIII, 592 S.) 886. n. 6. —; geb. n. 7. 20
3. Allgemeine Zustände d. deutschen Volkes seit dem Ausgang der socialen Revolution bis zum sogenannten Augsburger Religionsfrieden v. 1555. 12. Aufl. (XXXIX, 753 S.) 884. n. 7. —; geb. n. 8. 40
4. Allgemeine Zustände d. deutschen Volkes seit dem sogenannten Augsburger Religionsfrieden vom J. 1555 bis zur Verkündigung der Concordienformel im J. 1580. 12. Aufl. (XXXI, 515 S.) 885. n. 5. —; geb. n. 6. 20
5. Die politisch-kirchliche Revolution u. ihre Bekämpfung seit der Verkündigung der Concordienformel im J. 1580 bis zum Beginn d. 30jähr. Krieges im J. 1618. A. u. d. T.: Vorbereitung d. 30jähr. Krieges. 12. Aufl. (LXIII, 716 S.) 886. n. 7. —; geb. n. 8. 40

—— Geschichte des deutschen Volkes seit dem Ausgang des Mittelalters. 1.—6. Bd. gr. 8. Freiburg i. Br., Herder'sche Verlagsh. *ℳ 36.—.; geb. *

Inhalt:

Bd. 1. Die allgemeinen Zustände des deutschen Volkes beim Ausgang des Mittelalters. 13. verb. und 14. Aufl. (XLVII, 644 S.) 887. *ℳ 6.—.; geb. *ℳ 7.20.

" 2. Zustände des deutschen Volkes seit dem Beginn der politisch-kirchl. Revolution bis zum Ausgang der socialen Revolution von 1525. 13. verb. und 14. Aufl. (XXXI, 598 S.) 886. *ℳ 6.—.; geb. *ℳ 7.20.

" 3. Allgemeine Zustände des deutschen Volkes seit dem Ausgang der socialen Revolution bis zum sogenannten Augsburger Religionsfrieden von 1555. 13. verb. und 14. Aufl. (XLIV, 763 S.) 887. *ℳ 7.—.; geb. *ℳ 8.40.

" 4. Allgemeine Zustände des deutschen Volkes seit dem sogenannten Augsburger Religionsfrieden vom J. 1555 bis zur Verkündigung der Concordienformel im J. 1580. 1.—12. Aufl. (XXXI, 515 S.) 885. *ℳ 5.—.; geb. *ℳ 6.20.

" 5. Die politisch-kirchliche Revolution und ihre Bekämpfung seit der Verkündigung der Concordienformel im J. 1580 bis zum Beginn des 30jähr. Krieges im J. 1618. A. u. d. T.: Vorbereitung des 30jähr. Krieges. 1.—12. Aufl. (XLIII, 716 S.) 886. *ℳ 7.—.; geb. *ℳ 8.40.

" 6. Culturzustände des deutschen Volkes seit dem Ausgang des Mittelalters bis zum Beginn des dreißigjähr. Krieges. 1. und 2. Buch. 1.—12. Aufl. (XXXI, 521 S.) 888. *ℳ 5.—.; geb. *ℳ 6.20.

Vgl.: Bericht, kritischer. — Kraußold, M., Janssen's Geschichte. — Wider Joh. Janssen. — Zürich in der Periode 1519—1531.

Janssen, J., Geschichte des deutschen Volkes seit dem Ausgang des Mittelalters. 1.—4. u. 6. Bd. gr. 8. Freiburg i/Br., Herder. n. 29. —; geb. n. 35. 50 (1—6.: n. 36. —; geb. n. 43. 60)

1. Die allgemeinen Zustände d. deutschen Volkes beim Ausgang des Mittelalters. 15., verb. Aufl. (XLVIII, 671 S.) 890. n. 6. —; geb. n. 7. 20
2. Zustände d. deutschen Volkes seit dem Beginn der politisch-kirchlichen Revolution bis zum Ausgang der socialen Revolution von 1525. 15., verb. Aufl. (XXXII, 613 S.) 889. n. 6. —; geb. n. 7. 50
3. Allgemeine Zustände des deutschen Volkes seit dem Ausgang der socialen Revolution bis zum sogenannten Augsburger Religionsfrieden von 1555. 14., verb. Aufl. (XLIV, 763 S.) 887. n. 7. —; geb. n. 8. 40
4. Allgemeine Zustände d. deutschen Volkes seit d. sogenannten Augsburger Religionsfrieden vom J. 1555 bis zur Verkündigung der Concordienformel im Jahre 1580. 13., verb. Aufl. (XXXII, 536 S.) 890. n. 5. —; geb. n. 6. 20
6. Culturzustände des deutschen Volkes seit dem Ausgang des Mittelalters bis zum Beginn des 30jährigen Krieges. 1. u. 2. Buch. 12. Aufl. (XXXI, 522 S.) 888. n. 5. —; geb. n. 6. 20

Janssen, Johs., Geschichte des deutschen Volkes seit dem Ausgang des Mittelalters. 1.—8. Bd. gr. 8. Freiburg i/B., Herder. n. 49. —; geb. in Leinw. n. 59. 20; in Halbfrz. n.n. 65. —

1. Die allgemeinen Zustände des deutschen Volkes beim Ausgang des Mittelalters. 16. Aufl. Unveränd. Abdr. der 15., stark verm. Aufl. (XLVIII, 671 S.) 892. n. 6. —; geb. in Leinw. n. 7. 20; in Halbfrz. n.n. 8. —
2. Zustände d. deutschen Volkes seit dem Beginn der politisch-kirchlichen Revolution bis zum Ausgang der socialen Revolution v. 1525. 16. Aufl. Unveränd. Abdr. der 15., verb. Aufl. (XXXII, 613 S.) 891. n. 6. —; geb. in Leinw. n. 7. 20; in Halbfrz. n.n 8. —
3. — dasselbe seit dem Ausgang der socialen Revolution bis zum sogenannten Augsburger Religionsfrieden v. 1555. 15. u. 16. Aufl. Unveränd. Abdr. der 15., verm. Aufl. (XLIV, 792 S.) 891. 892. n. 7. —; geb. in Leinw. n. 8. 40; in Halbfrz. n.n. 9. —
4. — dasselbe seit dem sogenannten Augsburger Religionsfrieden v. J. 1555 bis zur Verkündigung der Concordienformel im J. 1580. 14. Aufl. Unveränd. Abdr. der 13., verb. Aufl. (XXXII, 536 S.) 891. n. 5. —; geb. in Leinw. n. 6. 20; in Halbfrz. n.n. 7. —
5. Die politisch-kirchliche Revolution u. ihre Bekämpfung seit der Verkündigung der Concordienformel im J. 1580 bis zum Beginne d. 30 jährigen Krieges. A. u. d. T.: Vorbereitung d. 30 jährigen Krieges. 13. u. 14., verb. Aufl., besorgt v. Ludw. Pastor. (XLVI, 754 S.) 893. n. 7. —; geb. in Leinw. n. 8. 40; in Halbfrz. n.n. 9. —
6. Culturzustände des deutschen Volkes seit dem Ausgang des Mittelalters bis zum Beginn des 30 jährigen Krieges. 1. u. 2. Buch. Kunst- u. Volkslitteratur bis zum Beginn des 30 jähr. Krieges. 13. u. 14., verb. u. verm. Aufl., besorgt v. Ludw. Pastor. (XXXVI, 546 S.) 893. n. 5. —; geb. in Leinw. n. 6. 20; in Halbfrz. n.n. 7. —
7. — dasselbe. 3. Buch. Schulen u. Universitäten. Wissenschaft u. Bildg. bis zum Beginn des 30 jähr. Krieges. Ergänzt u. hrsg. v. Ludw. Pastor. 1.—12. Aufl. (XLVII, 600 S.) 893. n. 6. —; geb. in Leinw. n. 7. 20; in Halbfrz. n.n. 8. —
8. — dasselbe. 4. Buch. Volkswirthschaftliche, gesellschaftl. u. religiös-sittl. Zustände. Hexenwesen u. Hexenverfolgg. bis zum Beginn des 30 jähr. Krieges. Ergänzt u. hrsg. v. Ludw. Pastor. 1.—12. Aufl. (LV, 719 S.) 894. n. 7. —; geb. in Leinw. n. 8. 40; in Halbfrz. n.n. 9. —

Janssen, Johs. Geschichte d. deutschen Volkes seit dem Ausgang d. Mittelalters. 1.—4. Bd. gr. 8. Freib. i. Br., Herder. * 24 — geb. in Leinw. * 29 —; geb. in Hlbfrz. ** 32 —

1. Deutschlands allgemeine Zustände beim Ausgang des Mittelalters. 15. stark verm. Aufl. (XLVIII, 671 S.) 890. * 6 —; geb. in Leinw. * 7 20; in Hlbfrz. ** 8 —.
2. Vom Beginn der politisch-kirchlichen Revolution bis zum Ausgang der socialen Revolution v. 1525. 16. unveränd. Abdr. d. 15. Aufl. (XXXII, 613 S.) 891. * 6 —; geb. in Leinw. * 7 20; in Hlbfrz. ** 8 —.
3. Die politisch-kirchliche Revolution der Fürsten u. der Städte u. ihre Folgen f. Volk u. Reich bis zum sogenannten Augsburger Religionsfrieden v. 1555. 15. verm. Aufl. (XLIV, 792 S.) 891. * 7 —; geb. in Leinw. * 8 40; in Hlbfrz. ** 9 —.
4. Die politisch-kirchliche Revolution seit dem sogenannten Augsburger Religionsfrieden vom J. 1555 bis zur Verkündigung der Concordienformel im J. 1580 u. ihre Bekämpfung während dieses Zeitraumes. 13. verb. u. 14. Aufl. (Unveränd. Abdr. der 13.) (XXXII, 536 S.) 891. * 5 —; geb. in Leinw. * 6 20; in Hlbfrz. ** 7 —.

5. u. 6. Bd. Ebd. 1886,88. * 12 —; geb. in Leinw. * 14 60; in Hlbfz. ** 16 —.

Janssen, Johs., Geschichte d. deutschen Volkes seit d. Ausgang d. Mittelalters. 1., 2. u. 4. Bd. gr. 8. Freiburg i/B., Herder. n. 18. —; geb. in Leinw. n. 21. 80; in Halbfrz. n.n. 24. —

1. Die allgem. Zustände d. deutschen Volkes beim Ausgang d. Mittelalters. 17. u. 18., vielfach verb. u. stark verm. Aufl., besorgt v. Ludw. Pastor. (LV, 792 S.) 897. n. 7. —; geb. n. 8. 40 u. n.n. 9. —
3. Zustände d. deutschen Volkes seit d. Beginn d. politisch-kirchl. Revolution bis z. Ausgang d. socialen Revolution v. 1525. 17. u. 18., verm. u. verb. Aufl., besorgt v. Ludw. Pastor. (XXXVI, 644 S.) 897. n. 6. —; geb. n. 7. 20 u. n.n. 8. —
4. Allgem. Zustände d. deutschen Volkes seit d. sogen. Augsburger Religionsfrieden v. J. 1555 bis z. Verkündigung d. Concordienformel im J. 1580. 15. u. 16., verb. Aufl., besorgt v. Ludw. Pastor. (XXXV, 500 S.) 896. n. 5. —; geb. n. 6. 20 u. n.n. 7. —

Janssen, Johs., Geschichte des deutschen Volkes seit dem Ausgang des Mittelalters. 3., 5. u. 6. Bd. gr. 8. Freiburg i/B., Herder. n. 21. 60; geb. in Leinw. n. 25. 80; in Halbfrz. n.n. 27. 60

3. Die politisch-kirchl. Revolution der Fürsten u. der Städte u. ihre Folgen für Volk u. Reich bis zum sogen. Augsburger Religionsfrieden v. 1555. A. u. d. T.: Allgemeine Zustände des deutschen Volkes seit dem Ausgang der soc. Revolution bis zum sogenannten Augsburger Religionsfrieden v. 1555. 17. u. 18., vielfach verm. u. verb. Aufl., besorgt v. Ludw. Pastor. (XLVIII, 831 S.) 899. n. 8. —; geb. in Leinw. n. 9. 40; in Halbfrz. n.n. 10. —
5. Die politisch-kirchl. Revolution u. ihre Bekämpfung seit der Verkündigung der Konkordienformel i. J. 1580 bis zum Beginne des 30jährigen Krieges im J. 1618. A. u. d. T.: Vorbereitung des 30jährigen Krieges. 15. u. 16., verb. Aufl., besorgt v. Ludw. Pastor. (XLVII, 778 S.) 902. n. 8. —; geb. in Leinw. n. 9. 40; in Halbfrz. n.n. 10. —
6. Kunst- u. Volkslitteratur bis zum Beginn des 30jährigen Krieges. A. u. d. T.: Kulturzustände des deutschen Volkes seit dem Ausgang des Mittelalters bis zum Beginn des 30jährigen Krieges. 1. u. 2. Buch. 15. u. 16. verb. u. verm. Aufl., besorgt v. Ludw. Pastor. (XXXVII, 560 S.) 901. n. 5. 60; geb. in Leinw. n. 7. —; in Halbfrz. n.n. 7. 60

Janssen, Johs., Geschichte des deutschen Volkes seit dem Ausgang des Mittelalters. 7. u. 8. Bd. gr. 8. Freiburg i/B., Herder. à n. 8. 60; geb. in Leinw. à n. 10. —; in Halbfrz. à n.n. 10. 60

7. Schulen u. Universitäten. Wissenschaft u. Bildg. bis zum Beginn des 30jähr. Krieges. A. u. d. T.: Kulturzustände des deutschen Volkes seit dem Ausgang des Mittelalters bis zum Beginn des 30jähr. Krieges. 3. Buch. Ergänzt u. hrsg. v. Ludw. Pastor. 13. u. 14., vielfach verb. u. verm. Aufl. (LIV, 766 S.) 904.
8. Volkswirtschaftliche, gesellschaftliche u. religiös-sittliche Zustände. Hexenwesen u. Hexenverfolgg. bis zum Beginn des 30jährigen Krieges. A. u. d. T.: Kulturzustände des deutschen Volkes seit dem Ausgang des Mittelalters bis zum Beginn des 30jährigen Krieges. 4. Buch. Ergänzt u. hrsg. v. Ludw. Pastor. 13. u. 14., vielfach verb. u. verm. Aufl. (LVI, 778 S.) 903.

Janssen, Johs., die Gnadenfrucht d. neuen Jerusalem. Zu Ehren des hl. Geistes. 16. (662 S. m. 1 Farbendr.) Steyl 893. Missionsdruckerei. n. — 90; geb. n. 1. 60 u. n. 2. —

—— goldener Gnadenschlüssel. Betrachtungen und Gebete zu Ehren des heil. Geistes. Für fromme Verehrer des heil. Geistes. 12. (XXII, 505 S.) Steyl 886, Missionsdruckerei. geb. *

Janssen, J., goldener Gnadenschlüssel. Betrachtungen u. Gebete zu Ehren d. hl. Geistes. 3., verb. Aufl. 16. (691 S. m. 1 Bild.) Steyl 889. Missionsdruckerei. n.n. — 90

Janssen, Joh., goldener Gnadenschlüssel. Betrachtgn. u. Gebete zu Ehren d. Hl. Geistes. 4., verb. Aufl. gr. 16. (56 u. 620 S. m. 1 Farbendr.) Steyl (892), Missionsdruckerei. n. 1. 20; geb. in Halbldr. n.n. 1. 90; m. Goldschn. n.n. 2. 20; in Ldr. n.n. 2. 70; m. Goldschn. n.n. 3. —

— goldener Gnadenschlüssel. Betrachtungen u. Gebete zu Ehren des Hl. Geistes. Für fromme Verehrer des Hl. Geistes. 5. Aufl. (653 S. m. farb. Titel u. 1 Farbdr.) 16. Ebd. 902. Geb. in Leinw. n. 1. 40

—— Gustav Adolf in Deutschland, s. Broschüren-Verein.

Janssen, J. Gustav Adolph in Deutschland. (32) 8. Frankfurt 1865. 0,30.

— das Herz Jesu, der liebevollste Führer zur göttlichen Gnadenquelle des Hl. Geistes. Ein Junibüchlein zu Ehren der wunderbaren göttl. Liebe. 4. Aufl. (384 S. m. 1 Farbdr.) 16. Ebd. 902. Geb. in Leinw. n. — 80

— Karl der Große, s. Broschüren, zeitgemäße.

— die Kirche und die Freiheit der Völker. Rede gehalten am 21. Septbr. 1863 auf der 15. Generalversammlung der katholischen Vereine Deutschlands zu Frankfurt a. M. Frankfurt a. M. 863. (Verlag für Kunst u. Wissensch.) gr. 8, (21 S.) 3 ngr.

—— an meine Kritiker. Nebst Ergänzungen und Erläuterungen zu den drei ersten Bänden meiner Geschichte des deutschen Volkes. 1.—12. Tausend. (XI, 227 S.) 1882,83. *ℳ 2,20.; geb. *ℳ 3,20.; 13.—16. Tausend. gr. 8. (XI, 227 S.) Freiburg i. Br. 883,84, Herder'sche Verlagsh. *

— an meine Kritiker. Nebst Ergänzgn. u. Erläutergn. zu den ersten 3 Bdn. meiner Geschichte d. deutschen Volkes. Neue Aufl. [17.—19. Tausend.] gr. 8. (XI, 227 S.) Ebd. 891. n. 2. 20; geb. n. 3. 20

— Böhmer's Leben, Briefe u. kleinere Schriften, s. Böhmer, J. F.

Janssen, Johs., Joh. Friedr. Böhmer's Leben und Anschauungen. Bearb. nach des Verf. größerem Werk: Joh. Friedr. Böhmer's Leben, Briefe und kleinere Schriften. gr. 8. (XII, 358 S. mit Portr. in Photogr. und Facs.) Freiburg im Br. 870, Herder'sche Verlagsh. *

Vgl.: Böhmer's, Joh. Friedr., Leben, Briefe und kleinere Schriften.

Janssen, Joh., S. V. D., Leben der gottsel. Anna Kath. Emmerich, stigmatisierte Augustinernonne. 8. (105 S. m. Abbildgn. u. 1 Bildnis.) Steyl 899. Missionsdruckerei. Geb. in Leinw. n. 1. 50

—— aus dem Leben eines kathol. Schulmannes und Gelehrten (Prof. Wadewer). gr. 8. (58 S.) Ebendas. 873. *

— Maiblume, zu Ehren der unbefleckten Braut des Hl. Geistes, des Gottes der schönen Liebe. Ein Maibüchlein f. das kathol. Volk. 5. verm. Aufl. (308 S. m. 1 Farbdr.) gr. 16. Ebd. 903. Geb. in Leinw. n. — 70

Das Papstum in der Geschichte. Ausschreiben des Hochwürdigsten Herrn Erzbischofs von Freiburg Hermann von Vicari zur 18. Säkularfeier des Martyrfestes des hl. Petrus am 29. Juni 1867. [Im Auftrage des Erzbischofs verfaßt von Johannes Janssen.] Frankf. a. M., Verlag f. Kunst u. Wiss. 1867, gr. 8°, 32 S., 30 Pf.

Zeitgem. Brosch. Bd. 3, Nr. 3. Eine warm u. begeistert geschriebene Skizze der Wirksamkeit u. der Verdienste des Papstums in der Geschichte. Vgl. Allg. Littztg 1867, S. 101, wo der Erzb. v. Freiburg irrtümlich als Verf. der Broschüre bezeichnet wird.

— das Papstthum in der Geschichte. Ausschreiben d. Hochwürdigsten Hrn. Erzbischofs v. Freiburg Herm. v. Vicari, in Hochdessem Auftrage verf. v. J. J. [Aus: „Zeitgemäße Broschüren".] gr. 8. (32 S.) Frankfurt a/M. 893. A. Foesser Nachf. n. — 30

— d. seeleneifrige Priester. Ein fruchtbarer Weinstock d. neuen Jerusalem. 31 Erwägungen üb. d. Seeleneifer. Anh.: I. Über d. jungfräul. Stand. II. Vorsätze d. hl. Leonardus. III. Accessus et recessus ad missam. 12. (230 S. m. Titelbild.) Ebd. 895. Geb. in Leinw. n.n. 1. 40; m. Goldschn. n.n. 1. 60

— der seeleneifrige Priester. Ein fruchtbarer Weinstock des neuen Jerusalem. 31 Erwäggn. üb. den Seeleneifer. Anh.: I. Ueber den jungfräul. Stand. II. Vorsätze des hl. Leonardus. III. Accessus et recessus ad missam. 2. Aufl. (230 S.) kl. 8. Ebd. 904.
Geb. in Leinw. n. 1. 40; m. Goldschn. n. 1. 60

Janssen, Johs., Frankfurt's Reichscorrespondenz nebst andern verwandten Aktenstücken von 1376—1519. 1. Bd. und 2. Bd. 1. Abthl. gr. 8. Freiburg im Br., Herder'sche Verlagsh. *

Inhalt:

Bd. 1. Aus der Zeit König Wenzels bis zum Tode König Albrechts II. 1376—1439. (XI und 819 S.) 863. * 3 Thlr.
„ 2. 1. Abthl. Aus der Zeit Kaiser Friedrichs III. bis zur Wahl König Maximilians I. 1440—1486. (445 S.) 866. * 1 Thlr. 20 Ngr.

— Frankfurt's Reichscorrespondenz nebst andern verwandten Aktenstücken von 1376—1519. 2. Bd. 1. Abthl. Aus der Zeit Kaiser Friedrichs III. bis zur Wahl König Maximilians I. 1440—1486. Freiburg i. Br. 868. Herder. gr. 8. (445 S.) n. 1 ₰ 20 ngr.

—— Frankfurt's Reichscorrespondenz nebst anderen verwandten Aktenstücken von 1376—1519. 2. Bd. 2. Abthl. Aus der Zeit Kaiser Maximilian's I. 1486—1519. gr. 8. (XL, S. 447—1001.) Freiburg im Br. 873, Herder'sche Verlagsh. *

1. Bd. und 2. Bd. 1. Abthl. Ebendas. 1863,66. * ℳ 14.

— Frankreich's Rheingelüste u. deutschkatholische Politik in früheren Jahrhunderten. Frankfurt a. M. 861. Hermann'sche Verlhdlg. gr. 8. (2 Bl., 72 S.) n. 10 ngr.

Janssen, Johs., Frankreichs Rheingelüste u. deutschfeindliche Politik in früheren Jahrhunderten. 2. Aufl. gr. 8. (VIII, 100 S.) Freiburg i/Br. 883. Herder. n. 1. 40

—— Rußland und Polen vor 100 Jahren, s. Broschüren-Verein.

Janssen, Dr. Joh., Prof. der Geschichte in Frankfurt am Main. Russland und Polen vor hundert Jahren.
28 S. 8. Frankfurt a. M. 1865.

— die gnadenreiche Salbung d. hl. Geistes in d. siebenfachen Weihe d. Priesters. E. Büchlein f. Weihekandidaten u. Priester. 12. (368 S. m. farb. Titelbild.) Ebd. 898.
Geb. n. 1. 50

—— das fünffache Scapulier. Eine kurze Belehrung über seine Entstehung, Vortheile und Verpflichtungen. Nebst einem Anhang der vorzüglichsten Ablaßgebete. 32. (100 S.) Steyl 885, Missionsdruckerei. *

—— Schiller als Historiker. gr. 8. (IX und 172 S.) Freiburg im Br. 863, Herder'sche Verlagsh.

—— Schiller als Historiker. 2. neu bearb. Aufl. gr. 8. (VIII, 221 S.) Ebendas. 879. *

— Seelenspeise f. Priester. 30 Betrachtgn. üb. den hl. Geist u. die hl. Sakramente f. die Tage von Christi Himmelfahrt bis zum Herz-Jesu-Feste. Nebst e. Anh. der nothwendigsten Gebete f. Priester. 2. Aufl. 12. (264 S. m. Titelbild.) Ebd. 893. n. 1. 20; geb. n. 1. 50

— Seelenspeise f. Priester. 30 Betrachtgn. üb. den hl. Geist u. die hl. Sakramente. Für die Tage von Christi Himmelfahrt bis zum Herz-Jesu Feste. Nebst e. Anh. der nothwendigsten Gebete f. Priester. 3. Aufl. (264 S. m. Titelbild.) kl. 8. Ebd. 898. Geb. in Leinw. n. 1. 40;
m. Goldschn. n. 1. 60

—— Friedrich Leopold Graf zu Stolberg. Größtentheils aus dem bisher noch ungedruckten Familiennachlaß dargestellt. 2 Bde. gr. 8. Ebendas. à Bd. * ℳ 6. *
geb. à Bd. * ℳ 7,50. *

Inhalt:

Bd. 1. Stolberg bis zu seiner Rückkehr zur katholischen Kirche. 1750—1800. (XXI, 509 S.) 877.
„ 2. Stolberg seit seiner Rückkehr zur katholischen Kirche. 1800—1819. Mit dem (phototyp.) Bildniß Stolberg's. (XX, 516 S.) 876.

— Friedrich Leopold Graf zu Stolberg. Sein Entwickelungsgang u. sein Wirken im Geiste der Kirche. Mit Stolberg's (Lichtdr.-)Bildniß. 1—3. Aufl. gr. 8. (XIV, 496 S.) Ebend. 882. n. 5. —

— Friedrich Leopold Graf zu Stolberg. Sein Entwicklungsgang u. sein Wirken im Geiste der Kirche. 4. Aufl., besorgt von Ludw. v. Pastor. (XVI, 512 S. m. Bildnis.) 8. Freiburg i/B. (910). Herder. 5.40; geb. in Leinw. 6. 60

— Tugendschule. Anleitung zur christl. Vollkommenheit. 1. Thl.: Das Noviziat oder der Weg zur Reinigg. gr. 8. (607 S. m. 1 Abbildg.) Ebd. 891. n. 3. —; geb. n. 4. —

— Tugendschule. Anleitung z. christl. Vollkommenheit. 2. u. 3. Tl. gr. 8. Ebd. 895. n. 3. 10; geb. in Leinw. m. Ldr.-Rücken n. 5. 50 (1—3.: n. 6. 10; geb. n. 9. 50)
2. Das gottgeweihte Leben od. d. Weg d. Erleuchtg. (526 S. m. Titelbild.) n. 1. 80; geb. n.n. 3. —
3. Die Übung d. Liebe od. d. Weg d. Vereinigung. (397 S. m. Titelbild.) n. 1. 30; geb. n.n. 2. 50

Janssen, Johs., aus dem deutschen Universitätsleben des 16. Jahrh., s. Broschüren, Frankfurter zeitgemäße.

Janssen, Joh., Aus dem deutschen Universitätsleben des 16. Jahrhunderts. Frankfurt a. M. 1866. 8.
I. t.: Frankf. zeitgem. Broschuren. Bd. 7. H. 12.

—— der ehrw. Pfarrer von Ars, Joh. Bapt. Maria Vianney, in seinem Leben und Wirken. Nebst einem Blüthenstrauß seiner geistvollsten Reden. 8. (231 S.) Steyl 885, Missionsdruckerei. *

— drei geschichtliche Vorträge. Karl der Große. Gustav Adolf in Deutschland. Rußland u. Polen vor hundert Jahren. 4. Aufl. gr. 8. (III, 133 S.) Ebd. 891. n. 1. 80;
geb. n. 2. 40

Janssen, Joh., Wibald v. Stablo und Corvey, (1098—1158), Abt, Staatsmann und Gelehrter. gr. 8. (VII und 295 S.) Münster 854, Coppenrathsche Buchh. *

Ianssen, Ioannes (geb. am 10 Apr. 1829 in Xanten): De Wibaldo abbate ... Bonnae, form. I. F. Carthausii 1853. VI, 68 S., 1 Bl. 8.
¶ Erschien 1854 in erw. deutscher Bearb. bei Coppenrath in Münster *u. d. T.*: Wibald von Stablo u. Corvey.
Bonn, Phil. Fak., Diss. v. 5 Aug. 1853

Janssen, Johs., ein zweites Wort an meine Kritiker. Nebst Ergänzungen und Erläuterungen zu den drei ersten Bänden meiner Geschichte des deutschen Volkes. 1.—8. Tausend. (VII, 145 S.) * ℳ 1,50.; geb. * ℳ 2,50.; 9.—12. Tausend. (VII, 144 S.) 1883. * ℳ 1,50.; geb. * ℳ 2,50.; 13.—16. Tausend. gr. 8. (VII, 143 S.) Ebendas. 884. *

— e. zweites Wort an m. Kritiker. Nebst Ergänzgn. u. Erläutergn. zu d. 3 ersten Bänden meiner Geschichte d. deutschen Volkes. Neue Aufl. (17. u. 18. Taus.), besorgt v. Ludw. Pastor. gr. 8. (VII, 146 S.) Ebd. 895.
n. 1. 50; geb. in Leinw. n. 2. 50

Janssen, Johs., S. V. D., die starke Ceder des Libanon od.: Der Priester in der Einsamkeit m. Gott. Ein Exercitienbüchlein. Zu Ehren des hl. Geistes hrsg. (II, 418 S. m. farb. Titelbild.) kl. 8. Steyl (896). Missionsdruckerei.
Geb. in Leinw. n. 1. 70; m. Goldschn. n. 2. —

Janssen, Johs., Zeit- und Lebensbilder. 1. Aufl. (XXI, 522 S.) 1875; 2. mehrfach umgearb. Aufl. (XXII, 521 S.) 1876; 3. verm. Aufl. gr. 8. (XXIV, 535 S.) Freiburg i. Br. 879, Herder'sche Verlagsh. * M 6.; geb.

— Zeit- u. Lebensbilder. gr. 8. (XXIII, 535 S.) Ebend. 879. n. 6. —

— Zeit u. Lebensbilder. 4. verm. Aufl. 2 Bde. 8. (XXIII, 104; XII, 380 S.) Freib. i. Br. 889, Herder. * 8 —; geb. * 9 40

[F.] Die allgemeinen Zustände des deutschen Volkes beim Ausgang des Mittelalters. Von Johannes Janssen. 17. u. 18., vielfach verb. u. stark verm. Aufl.; besorgt v. Ludw. Pastor. *Freiburg i. B.: Herder 1897.* (LV, 792 S.) 1 Bd 8.
= Janssen, J.: Geschichte d. dtsch. Volkes seit d. Ausgang d. Mittelalt. Bd 1. [97. 6636

[F.] Zustände des deutschen Volkes seit dem Beginn der politisch-kirchlichen Revolution bis z. Ausgang d. socialen Revolution v. 1525. Von Johannes Janssen. 17. u. 18., verm. u. verb. Aufl., besorgt v. Ludwig Pastor. *Freiburg i. B.: Herder 1897.* (XXXVI, 644 S.) 1 Bd 8.
= Janssen, J.: Geschichte d. dtsch. Volkes seit d. Ausgang d. Mittelalt. Bd 2. [97. 6636

Janssen, Joh. Frdr., s. Janssen, Johannes

Janssen, Josef

Janssen, Jos., systematische Anleitung zur schnellen u. gründlichen Selbsterlernung der negativen u. positiven Porträt-Retouche auf Grundlage der Anatomie u. Aesthetik für Anfänger, Vorgeschrittene u. Photographen. Mit 9 (in den Text gedr. Holzschn.-)Abbildgn. gr.8. (IV, 163 S.) Wien 878. Spielhagen & Schurich. n. 4.—

Janssen, Jos., die marianische Männer-Kongregation in Aachen. Festschrift zur Feier des goldenen Jubelfestes am 3. II. 1906. (95 S. m. 5 Taf.) gr. 8. Aachen 906. (I. Schweitzer.) n. — 90; geb. n. 1. 50

Janssen, Karl

Janssen, Carl, offener Brief an den Hrn. Seminar-Direktor rc. Dr. Daniel Schenkel, bezüglich dessen Werkes „die Reformatoren und die Reformation." Heidelberg 856. Bangel u. Schmitt. gr. 8. (12 S.) n. 2 ngr.

— die Zeitung „Deutschland," ihre Tendenzen und ihre zeitweilige Unterdrückung. Aachen 858. Hensen u. Co. gr. 8. (34 S.) 3 ngr.

JANSSEN, CAROL, De exanthemate scarlatinosa diss. inaug. Kiliae. 1836. 4. P.

Janssen, Carl, Grundriß zu Vorlesungen über die römische Rechtsgeschichte und die Institutionen des römischen Privatrechts. gr. 8. (100 S.) Aachen 858, (Hensen.)

— Kirche und Staat. 1. Bd. 1. und 2. Abthl. br. 8. (X und 402 S.) Frankfurt a. M. 857. 58. [Mainz, Kirchheim.] à Abthl. * 17 Ngr. *

— Monographieen über verschiedene Theile der Rechtswissenschaft. gr. 8. (V und 112 S.) Heidelberg 850, Bangel und Schmitt. *

— einige Worte zur Verständigung über das österreichische Ehegesetz vom 8. Octbr. 1856, namentlich hinsichtlich seines Standpunktes und seiner Bestimmungen über gemischte Ehen. gr. 8. (64 S.) Frankfurt a. M. 857. [Mainz, Kirchheim.] *

Janssen, Kurd, Gerichtsref. zu Ratingen: Über das Verhältnis der Besitzklage aus § 861 B.G.B. zu der Klage aus § 1007 B.G.B. *Borna-Leipzig 1904: R. Noske.* (IX, 56 S.) 8°
Leipzig, Jur. Diss. v. 1904

Janssen, L. I. F., Additamentum Inscriptionum Etruscarum Musei Lugduno-Batavi. 4maj. (1 B. u. 1 Taf.) Lugduni-Bat., S. et J. Luchtmans. (Lipsiae, T. O. Weigel.)
Vgl.: Inscriptiones Etruscae.

Janssen, L. J., Bedenken über die in der Berliner Akademie der Wissenschaften gegen die Echtheit der römischen Inschriften zu Nennig vorgetragene paläographische Kritik. gr. 8. (V, 80 S.) Trier 868, Lintz' Verlag.

— s. Bellany, Röschen.

Janssen, L. J. F., Beschreibung e. röm. Ziegels mit zwiefachem latein. Alphabet, ausgegraben in d. Nähe v. Nijmwegen. gr. 4. (2 B.) Leyden 841, S. u. J. Luchtmans. Thlr. *

— Nederlandsch-Romeinsche Daktyliotheek, of Verzameling der gegraveerde steenen van Romeinsche afkomst, in het koningrijk der Nederlanden gevonden, opgehelderd. II Supplement. Met 8 (lith.) Platen. gr. 8. (XVI u. 32 S.) Leiden 852, Brill. n. 2 ♃ 8 ngr

— s. Inscriptiones Etruscae Musei Lugd.-Batav.

— Musei Lugduno-Batavi inscriptiones graecae et latinae. Cum tabul. 33. 4. ibid. 842. 8⅝ ♃

— s. Leemans, Conr., animadversiones in Musei antiquarii Lugduno-Batav. etc.

Janssen, L. J. F., Drenthsche oudheden. Met (4) platen (in Fol. u. gr. Fol.) gr. 8. (VIII u. 192 S.) Utrecht 848, Kemink & zoon. n. 1⅔ ♃

Janssen, Lebrecht Theodor, Gerichtsrefer.: Die Erbfähigkeit des nichtrechtsfähigen Vereins. (Berlin [1909]: Blanke.) 40 S. 8°
Rostock, Jur. Diss. v. 20. Aug. 1909, Ref. Matthiaß
[Geb. 1. April 82 Prerow; Wohnort: Prerow; Staatsangeh.: Preußen; Vorbildung: Gymn. Greifswald Reife M. 01; Studium: Berlin 7 S.; Rig. 30. April 09.] [U 10. 3845

Janssen, Ludwig, approb. Arzt aus Dornum i. Ostfriesl.: Aus d. Kgl. chirurg. Klinik zu Kiel. Ein Fall von Aneurysma spurium der Carotis interna und Vena jugularis communis sinistra infolge Stichverletzung. *Kiel 1903: Schmidt & Klaunig.* (19 S.) 8°
Kiel, Med. Diss. v. [9. Juli] 1903

Janssen, Max, aus Crefeld, z. Z. Referendar am Landgericht in Düsseldorf: Die Haftung des Käufers für die vom Verkäufer auf die Kaufsache gemachten Verwendungen. *Rostock 1903: H. Winterberg.* (64 S.) 8°
Rostock, Jur. Diss. v. [25. Juni] 1903

Janssen, Metus, lustige Snacks u. wahre Vertellige. 12. (III, 96 S.) Braunschweig 902. J. H. Meyer. n. 1. —

Janssen, N. A., wahre Grundregeln des Gregorianischen oder Choralgesanges. Ein archäologisch-liturg. Lehrbuch des Gregorian. Kirchengesanges von J. C. B. Smeddinck. Lex.-8. (294 S.) Mainz 847, Schott's Söhne.

Janssen, Otto: Naturempfindung und Naturgefühl bei Barthold Heinrich Brockes. Bonn 1907: C. Georgi. (94 S.) 8°
Bonn, Phil. Fak., Ref. Litzmann, Diss. v. 29. April 1907
[Geb. 8. Juli 83 Düsseldorf; Wohnort: Düsseldorf; Staatsangeh.: Preußen; Vorbildung: Gymn. Düsseldorf Reife O. 03; Studium: Freiburg i. B. 1, Leipzig 1, Berlin 3, Bonn 3 S.; Rig. 28. Nov. 06.]

Janssen, Otto, das Wesen der Gesetzesbildung. Eine krit. Untersuchg. (IV, 279 S.) gr. 8. Halle 910. M. Niemeyer. 6.—

Janssen, P. A., Lehrbuch der Anstands- u. Tanz-Kunde. Enth.: Eine die gesellschaftlichen Regeln ziemlich umfassende Anstandslehre, die Commando's der gebräuchlichsten u. neuern Contretänze, als: Contredanse, Quadrille française, Quadrille à la cour, Les Lanciers, Tempête, Le Prince Impérial, eine leicht verständliche Walzer-Lehrmethode zum Selbstüben, u. eine Sammlung der beliebtesten neuesten, meist komischen Cotillontouren. 1. u. 2. Aufl. 12. (48 S.) Aachen 880. (Krefeld, Kramer & Baum.) n. 1.—

Janssen, Paul: Die Bewertung deutscher und ausländischer Weizenqualitäten unter besonderer Berücksichtigung ihres Backwertes. Zur Abwehr u. Richtigstellung der Irrtümer in Prof. Fischer „Zunftgemässen Mahl- u. Backversuchen". Berlin-Charlottenburg 1902.

Janssen, Paul, Gustav Merkel, königl. sächs. Hoforganist. Ein Bild seines Lebens und Wirkens. Mit einem Verzeichnisse seiner sämtl. Werke und der faks. ersten Seite der Orig.-Handschrift seines Weihnachtspastorales [op. 56]. gr. 8. (61 S. mit Merkels Portr.) Leipzig 886, Rieter-Biedermann. *

Janssen, Peter

Janssen, Pet., Betrachtungen über Gottes Heiligkeit u. Barmherzigkeit. 8. Duisb. Böttcher. 737.

— Betrachtungen üb. d. Reichthum der Güte Gottes. 8. Frft. Jäger. 732.

Janssen, *Johann* Peter *Theodor Moritz* [aus Düsseldorf]: Aus d. chirurg. Klinik zu Bonn. Über den centralen Knochenabscess ... Düsseldorf, gedr. bei A. Bagel, *1897;* 60 S. 8.
Bonn, Med. Fak., Inaug.-Diss. v. [24. Juni] 1897

Die Urogenitaltuberkulose. Von Dr. Peter Janssen. Leipzig: J. A. Barth 1910. 71 S. 8° [Umschlagt.]
(Sammlung klinischer Vorträge. N. F. Nr 611/613.) [11. 1596

Janssen, Radulphus, Michiganensis: Euangelium Johanneum ex paraphrasi Nonni Panopolitani restitutum apparatu critico apposito. *Halis Sax. 1902: (A. Pries, Lipsiae).* (39 S.) 8° ¶ [Erschien vollst. 1903 als: Texte u. Untersuchungen, N. F. Bd 8, H. 4.]
Halle, Phil. Diss. v. 1902

Janssen, R., das Johannes-Evangelium nach der Paraphrase des Nonnus Panopolitanus, s. a. Texte u. Untersuchungen zur Geschichte der altchristlichen Literatur. N. F. VIII. 4.

Janssen, Rudolf Léon: Über das Atomgewicht des Wismuts. Erlangen 1906: Junge & Sohn. (49 S.) 8°
Erlangen, Phil. Fak., Ref. Fischer, Diss. v. 10. Juni 1906
[Geb. 4. Aug. 78 Ville d'Avray b. Paris: Wohnort: München; Staatsangeh.: Preußen; Vorbildung: Dorotheenstädt. Real-Gymn. Berlin Reife M. 99; Studium: Berlin 6, Erlangen 5 S.; Rig. 8. März 05.]

Janssen, Rutgerus (geb. Goch 3. 3. 1811): De jodo. Berolini (1838). (32 S.) 8°
Berlin, Med. Diss. v. 2. Nov. 1838

Janssen, Theodor, appr. Arzt a. Landschaftspolder (Ostfriesland): Inwiefern wird das Auftreten von Lungenblutungen durch Witterungsverhältnisse beeinflusst? Marburg 1907 (Würzburg: H. Stürtz). (S. 290—308, 2 Taf.) 8° ¶ (Aus: „Beiträge zur Klinik der Tuberkulose" Bd 8, A. Stuber's Verlag, Würzburg.)
Marburg, Med. Fak., Ref. Brauer, Diss. v. 9. Okt. 1907
[Geb. 9. Jan. 82 Landschaftspolder; Wohnort: Davos (Graubünden); Staatsangeh.: Preußen; Vorbildung: Gymn. Aurich Reife O. 01; Studium: Marburg 4, Würzburg 1, Berlin 1, München 1, Marburg 5 S.; Coll. 27. Juni 07; Approb. 6. Juni 07.]

Janssen, Theodor *Heinrich Wilhelm* [aus Marienhafe '(Hannover)']: Ueber Muskelatrophien bei Gelenkaffectionen, speciell bei d. chron. Gelenkrheumatismus ... Berlin, Buchdr. v. G. Schade, *1894;* 30 S., 1 Bl. 8.
Berlin, Med. Fak., Inaug.-Diss. v. 20. Juli 1894

Jansßen, Th., Submissionswesen u. Tiefbaugewerbe. (IV, 40 S.) gr. 8. Berlin 909. C. Heymann. 1.—

Janssen, Toussaint, der heilige Ehestand mit besond. Rücksicht auf Erziehung und gemischte Ehen. Zehn Predigten. gr. 8. (VII und 226 S.) Mainz 860, Kirchheim.

Janssen, Vincent Franz

Janssen, V. Fr., Gesamtindex zu Kluge's etymologischem Wörterbuch, s. a. Kluge, Frdr.

Janssen, Vincent Fr. Gesamtindex zu Kluges etymologischem Wörterbuch der deutschen Sprache. gr. 8. (VII, 284 S.) Straßb. 890, Trübner Verlag. * 7 —

Janssen, Vincent Franz: Die Prosa in Shakesperes Dramen. I. T.: Anwendung. *Strassburg: K. J. Trübner 1897.* (VI, 105 S.) 8°
Giessen, Phil. Diss. v. 1897

Die Prosa in Shaksperes Dramen v. Vincent Franz Janssen. Tl 1. *Strassburg: K. J. Trübner 1897.* 8.
= Janssen, V. F.: Shakspere-Studien. [No] 1. Tl 1. [97. 778]

Janssen, Vincent Frz., Shakspere-Studien. I. Die Prosa in Shaksperes Dramen. I. Tl.: Anwendg. gr. 8. (X, 105 S.) Strassburg 897. K. J. Trübner, Verlag. n. 2. 50

Janssen, Wilhelm. Untersuchungen über Infektionswege und Vorkommen der Tuberkulose bei Kälbern, mit besonderer Berücksichtigung der färberischen Darstellung des Tuberkulosevirus in Ausstrichpräparaten nach Ziehl, Gram u. der Pikrinsäure-Alkoholmethode. Diss. Vet.-Med. Bern. 47 S. 8. Hannover, (W. Jürgens,) 1909.

Janssen, Wilhelm Xaver: Abhandlung von dem thierischen Fette. Aus d. Lat. übers. u. mit einigen Anm. vers. v. J. C. Jonas. Halle 1786. 136 S.

Janssen-Wachtendonk, J., „Aequa, der Wundertrank" od. „Die Dummen werden nicht alle", s.: Vereinstheater, neues.

Jansßen's Jahrbuch. Mit Beiträgen v. Wilh. Dittmer, Gust. Falke, Timm Kröger u. a., m. 6 Bild. v. Wilh. Dittmer u. Illustrationsproben v. Otto Speckter. (136 S.) kl. 8. Hamburg 908. A. Jansßen. 1.—

— dasselbe. Mit Beiträgen v. Waldem. Bonsels, Fr. v. Brestel, Gust. Falke u. a., m. 6 Bildern v. Thdr. Herrmann. (52 S.) kl. 8. Ebd. 910. —25

Janssens, A. J. M., Röschens erste Communion. Flämisches Volksgedicht. Ins Deutsche übers. v. Gust. Prell. 12. (40 S.) Düsseldorf 894. L. Schwann. —60

Janssens, J. H., hermeneutica sacra, seu introductio in omnes ac singulos libros sacros veteris et novi foederis. II Voll. gr. 8. Leodii 818. (Mainz, Müller). 4 ₰

Janssens, (J. H.,) Hermeneutica sacra, seu introductio in omnes ac singulos libros sacros veteris et novi foederis. 2 Voll. gr. 8. Leodii (Mainz, Müller.) 822.

Janssens, J. H., Histoire des Pays-Bas, depuis les tems anciens jusqu'à la création du Royaume des Pays-Bas en 1815 III Vol. gr. in-8. Bruxelles 840. (Aix-la-Chapelle, Kohnen.) n. 7 ₰

Janssens, Jos., die 7 Schmerzen Mariens. (In 7 farb. Bl.) 1. Bl. 72,5×53,5 cm. München (909). Gesellschaft f. christl. Kunst. In Umschlag, f. vollst.: Subskr.-Pr. 50.—; ab März 1910 60.—; 1. Bl. allein 10.—

Summa theologica ad modum commentarii in Aquinatis summam praesentis aevi studiis aptatam. Auctore Laurentio **Janssens** S. T. D. T. 1. *Friburgi Br.: Herder 1900.* 8° [03. 342

Tractatus de deo creatore et de angelis. Auctore Laurentio **Janssens.** ⟨I–Q XLIV–XLIX; LXV–LXXIV. QL–LXIV; CVI–CXIV.⟩ Friburgi Brisg.: Herder 1905. (XXXIV, 1048 S.) 8°
= **Janssens**: Summa theologica. T. 6. [05. 6604 6

Tractatus de Deo trino auctore Laurentio **Janssens**. ⟨I, Q. XXVII–XLIII.⟩ *Friburgi Br.: Herder 1900.* (XXIV, 899 S.) 8°
= **Janssens**: Summa theologica. T. 3. [03. 344

Tractatus de Deo uno auctore Laurentio **Janssens**. P. 1. 2. *Friburgi Br.: Herder 1900.* 2 Bde 8°
1. ⟨I, Q. I–XIII.⟩ 2. ⟨I, Q. XIV–XXVI.⟩
= **Janssens**: Summa theologica. T. 1. 2. [03. 343

Tractatus de Deo-homine sive de verbo incarnato auctore Laurentio **Janssens.** P. 1. 2. *Friburgi Br.: Herder 1901–02.* 2 Bde 8°
1. Christologia. ⟨III, Q. I–XXVI.⟩ 1901.
2. Mariologia. Soteriologia. ⟨III, Q. XVII–LIX.⟩ 1902.
= **Janssens**: Summa theologica. T. 4. 5. [03. 345

Jansson, Martin: Ueber die Wärmeleitungsfähigkeit des Schnees. Mitgeteilt am 13. März 1901 durch K. Angström. (Öfversigt af Kongl. Svenska Vetenskaps-Akademiens Förhandlingar. 1901. No. 3. p. 207—222.) Stockholm 1901. 16 S. 8°

Jansson, Wilh., zur Lage der arbeitnehmenden Gärtner in Deutschland. Auf Grund v. Erhebgn. des allgem. deutschen Gärtner-Vereins u. unter Benutzg. älteren Materials im Auftrage des Hauptvorstandes des A. D. G.-V. bearb. (52 S. m. 5 Tab.) gr. 8. Berlin 905. Verlagsbuchh. des allg. deutschen Gärtner-Vereins. n. — 75

Die Zustände im deutschen Fabrikwohnungswesen. Ergebnisse einer von d. Kommission z. Beseitigung d. Kost- u. Logiszwanges veranstalteten Erhebung. Bearb. von Wilhelm **Jansson.** Berlin: Generalkomm. d. Gwerkschaften Deutschlands 1910. 111 S. 8° [11. 445

Jansson, Wilh., die Zustände im deutschen Fabrikwohnungswesen. Ergebnisse e. v. der Kommission zur Beseitigg. des Kost- u. Logiszwanges veranstalteten Erhebg. (112 S.) gr. 8. Berlin 910. (Buchh. Vorwärts.) 3.—

Janssonius, Gerh., Specimen med. inaug., cont. observationes quasdam de nonnullis rebus, quae morbor., inprimis contagiosor. dispersum vel retardant, vel accelerant. 12. ... Groningae 833. (Bremen, Kaiser.)

Janssonius, H. H., s.: **Mikrographie des Holzes der auf Java vorkommenden Baumarten.**

Janszky, Adf., statistische Mittheilungen über die oesterr.-ungar. Werthpapiere. Nach authent. Quellen zusammengestellt. gr. 8. (XV, 212 S.) Wien 869, Hölder. *

Janta-Półczyński, Stanislaus von, Vol.-Assist. d. Kgl. 1. med. Univ.-Klinik Berlin: Ein Beitrag zur Behandlung der Rachendiphtherie. *Berlin (1903): G. Schade.* (38 S.) 8°
Berlin, Med. Diss. v. 7. Aug. 1903

Iantcke, I. Iac., s. Jantke, Johann Jakob

Janthe, Johann Jakob, s. Jantke.

Jautin et Montigni. Conte moral. p. l'auteur de l'histoire de Sadmer. 8. Chemnitz, Mauke. 805.

Jantke, Johann Christoph (Altdorf), De restrictiori usu juris Romani apud Germanos in materia de donationibus. Diss. jur. Altdorf (Joh. Georg Meyer) 10. I. 1764. 28 S. (6.30) 16651

Jantke, Johann Jakob

Jantke, Jo. Jac., Diss. de affectibus soporosis et vertigine. Altd. 4°. 1734

Janthe, Jo. Jac., De apoplexia. Alt. 4°. 1737

Jantke, Jh. Jak., († d. 22. März 1768.) delectus materiae medicae etc. 12. Altd. 709. 731. 749. et 8. 773. (Monath u. K. in Nürnb.) 6 gr.

Janthe, Jo. Jac., resp. J. F. **Behling,** De epilepsia. Altd. 4°. 1736

Janthe, Jo. Jac., De memoriae laesione. Altd. 4°. 1733

Jantke, Jo. J., Diss. de memoriae laesione. Altd. 4°. 1735

Jantke, Jo. J., Diss. de obauditione s. surditate. Altd. 4°. 1746

Jantke, Jo. J., De odoratu abolito. Altd. 4°. 1781

Johann Jakob Jantke

Io[annes] Iacobus Iantkius [Jantke]: De Sanguificatione. [Resp.:] Ioann[es] Christianus Selig. o.O. (1723:) Kohlesius. 28 S. 8°
Altdorf, Med. Disp. v. 26. Juni 1723

—, Diss. de tinnitu aurium ejusdemque speciebus. Altd. 4°. 1746

Janton, S., Sprach- und Aufgabenbüchlein für Volksschüler eingerichtet nach der neuen Lehrordnung für die deutschen Staaten der Pfalz. 4.—6. Aufl. 8. (VII, 72 S.) Kaiserslautern 871—73, Tascher. *

Janton, S., Sprach- und Aufgabenbüchlein für Volksschüler eingerichtet nach der neuen Lehrordnung für die deutschen Staaten der Pfalz. 7.—15. Aufl. 8. (VII, 72 S.) Kaiserslautern 874—78, Tascher. *

Janton, S., Sprach- und Aufgabenbüchlein für Volksschüler eingerichtet nach der neuen Lehrordnung für die deutschen Staaten der Pfalz. 16.—18. Aufl. 8. (VII, 72 S.) Kaiserslautern 879—81, Tascher. *

Jantsch, Frz., Cours-Tabelle zur Umrechnung der deutschen Reichswährung in österreichische Währung. Umfasst 1200 Course von 140 bis 200 Mark. 16. (20 S.) Reichenberg 877. Schöpfer. — 20; in Plakatformat gr. Fol. — 20

Jantsch, Gustav. **Untersuchungen über Koordinationsverbindungen. Diss. Phil. [II.] Univ. Zürich. [Mit Figuren.] 120 S. 8. Zürich; Druck Gebrüder Stiepel, Reichenberg, Böhmen, 1907.**

Jantsch, Heinr., ein Excommunicirter. Volksschauspiel in 5 Akten. Vollständige, neu revid. Ausg. 8. (78 S.) Nürnberg 874, Kunze.

—— dass. — s. a. Universal-Bibliothek.

Jantsch, H., der Herrgottsbruder, s. Theater-Repertoir, Wiener.

Jantsch, Heinr., Prinzessin Hirschkuh, s.: **Universal-Bibliothek.**

— **Kaiser Joseph II. u. d. Schusterstochter,** s.: **Universal-Bibliothek.**

Jantsch, Heinr. u. Alex. Calliano. Ferdinand Raimund, s. Universal-Bibliothek Nr. 2989.

— Schafhaxl (Le pied du mouton),
s. Universal - Bibliothek

Jantsch, Joh., Bitt' schön a Sträußerl! Lustige Dorfg'schichten für'n Abend. 12. (64 S.) Wien 897. (F. Schalk.) — 90

Jäntsch, H., Denkschrift zum Entwurf e. bürgerlichen Gesetzbuchs nebst 8 Anlagen, ergänzt durch Hinweise auf die Beschlüsse des Reichstages, sowie auf die Paragraphen des bürgerl. Gesetzbuchs u. seiner Nebengesetze. gr. 8. (XVI, 418 S.) Berlin 899. J. Guttentag. n. 5.—; geb. in Halbfrz. n.n. 6.50

Jäntsch, H., die anhaltische Gerichtsverfassung seit 1848. (16 S.) gr. 8. Jena 905. H. Pohle. n. — 50
Sonderabdruck aus: „Blätter f. Rechtspflege in Thüringen u. Anhalt".

Der Anhaltische Landtag. Von H. Jäntsch, Landrichter. *Dessau: C. Dünnhaupt 1902.* (75 S.) 8° [F.] [illegible]

Jäntsch, H., Das anhaltische Recht üb. Jagdpolizei u. Wildschaden. 8. (IV, 47 S.) Dessau, C. Dünnhaupt. 1901 Geb. in Leinw. 1. —

— das anhaltische Recht üb. Jagdpolizei u. Wildschaden. 2., durch Gesetz Nr. 1152 ergänzte Aufl. 8. (IV, 48 S.) Ebd. 902. Geb. in Leinw. n. 1. —

Das Anhaltische Recht über Jagdpolizei und Wildschaden. Von H[ugo] **Jäntsch**, Landrichter. 3. Aufl. Dessau: C. Dünnhaupt (1905). (48 S.) 8° [F.] [05. 3886

Jäntsch, H., das anhaltische Recht üb. Jagdpolizei u. Wildschaden. 4. Aufl. (IV, 54 S.) kl. 8. Dessau 907. Hofbuchdr. C. Dünnhaupt. Geb. 1.20

Jäntsch, H., d. kurzen Verjährungsfristen d. anhalt. Rechts. 12. (16 S.) Dessau 895. C. Dünnhaupt. n. — 20

Jäntsch, H. W. [Hrsg.], s. Vierteljahresschrift des Vereins Deutscher Zahnkünstler.

Jantscheff, Stephan, stud. jur. a. Zlataritza: Die Sachenhehlerei (Deutsches Reichsstrafgesetzbuch § 259). Borna-Leipzig 1908: R. Noske. (X, 97 S.) 8°
Leipzig, Jur. Fak., Diss. v. 23. Mai 1908
[Geb. 18. Aug. 80 Zlataritza b. Tirnovo (Bulgarien); Wohnort: Zlataritza; Staatsangeh.: Bulgarien; Vorbildung: Gymn. Ferdinand I Varna (Bulgarien) Reife Juni 00; Studium: Leipzig 12 S.; Rig. 31. Juli 07.]

Jantschge, Geo., der erste Gang. Ausgewählte Gedichte. 16. (64 S.) Leipzig 898. Literar. Anstalt A. Schulze. n. — 80; geb. in Leinw. n. 1.80

Jantschge, Geo., Liebe? Novellen u. Skizzen. (204 S.) 8. Wien 903. Literaturanstalt Austria. n. 2.50

Jantzen, Adolf

Jantzen, A., Handbuch für den Eisenbahn-, Dampfschiffahrt- und Telegraphen-Dienst im Kaiserth. Oesterreich, s.a. Handbuch.

Jantzen, Adf., und Leop. Kastner, Handbuch für den gesammten Eisenbahn-, Dampfschifffahrt- und Telegraphen-Dienst im Kaiserthume Oesterreich. Enthltd.: Die sämmtlichen Bestimmungen, Tarife und alle anderen hierauf bezüglichen Kundmachungen bis 1. Juli 1853. Zusammengestellt u. herausg. ꝛc. Wien 853. Braumüller. 4. (360 S.) n. 1 ₰. 20 ngr.

Jantzen, C. A., de paschate Christi σταυρωσίμῳ. Jen. 1721. 4.

Jantzen, C. A., de paschate Chr. una cum Judaeis comesto. I—II. Jen. 1724.

Jantzen, Carl Christian, s. Jantzen, Karl Christian

Jantzen, F[riedrich]: Die landwirtschaftlichen Arbeiterverhältnisse im Großherzogtum Mecklenburg-Schwerin. H. 1. Betriebsaufwand für den einzelnen Arbeiter. *Berlin 1904: Buchdr. 'Die Post'.* (113 S.) 8°
Rostock, Phil. Diss. v. [11. Nov.] 1903

Jantzen, Fritz *Arno Leopold* [Arzt aus Danzig]: Ein Fall von angeborener Atresie des Conus arteriosus sinister ohne Septumdefect ... Gotha, Druck v. F. A. Perthes, 1896; 22 S., 1 Bl. 8.
Leipzig, Med. Fak., Inaug.-Diss. v. 7. Juli 1896

Jantzen, Hans, a. Hamburg: Das niederländische Architekturbild. Halle a. S. 1908: C. A. Kaemmerer & Co. (151 S.) 8°
Halle, Phil. Fak., Ref. Goldschmidt, Diss. v. 10. Juli 1908
[Geb. 24. April 81 Hamburg; Wohnort: Hamburg; Staatsangeh.: Hamburg; Vorbildung: Gymn. Christianeum Altona Reife O. 02; Studium: Jura München 4, Philos. u. Kunstgesch. Berlin 4, Halle 3 S.; Rig. 1. Febr. 08.]

Jantzen, Hans, das niederländische Architekturbild. (IX, 188 S. m. 65 Taf. u. Titelbild.) Lex. 8. Leipzig 910. Klinkhardt & Biermann. 12.—; geb. 14.—; in Halbfrz. 16. —

Jantzen, Hans: Die Geschichte der Sondersteuer auf Kleinhandelsgroßbetriebe in Sachsen. Leipzig: Roßberg 1910. 93 S. 8° ¶ (Ersch. auch als Buch ebd.)
München, Staatswirtsch. Diss. v. 14. Juni 1910, Ref. Lotz
[Geb. 7. April 83 Niederlößnitz; Wohnort: Niederlößnitz; Staatsangeh.: Preußen u. Sachsen; Vorbildung: Annensch. Dresden Reife O. 04; Studium: Leipzig 1, München 6 S.; Rig. 14. Juni 10.] [U 10. 3449

Jantzen, Herm., Dichtungen aus mittelhochdeutscher Frühzeit, s.a. Sammlung Göschen.

Dichtungen aus mittelhochdeutscher Frühzeit. In Auswahl m. Einl. u. Wörterbuch hrsg. von Dr. Hermann Jantzen. 2., durchges. u. verm. Aufl. Leipzig: Göschen 1910. 154 S. 8°
(Sammlung Göschen. 137.) [illegible]

— s.: Frauenarbeiten, wissenschaftliche.

— Deutsche Gedichte f. die Oberstufe höherer Mädchenschulen, s.: Kippenberg, A.

Jantzen, Herm., Geschichte d. deutschen Streitgedichtes im Mittelalter, s.a. Abhandlungen, germanist.

Geschichte des deutschen Streitgedichtes im Mittelalter m. Berücks. ähnl. Erscheingn in and. Litteraturen. E. litterarhist. Untersuchg v. Hermann **Jantzen**. *Breslau: W. Koebner 1896.* [S. 1—40 erschien als Breslauer Diss. 1896.] (3 Bl., 98 S.) 1 Bd 8.
— Abhandlungen, Germanistische, begr. v. K. Weinhold. H. 13. [97. 806

— Grammatik der neuhochdeutschen Sprache, s.: Engelien, Aug.

Jantzen, (Hermann): (Schulrat) Karl Heinrich † (Nachruf). Königsberg 1908: Hartung. S. 58—62. 8°
Königsberg Pr., Königin Luise-S, HM m. RG-Kursen P 1908 [156]
[S 08. 210

— Deutsches Lesebuch f. höhere Mädchenschulen, s.: Kippenberg, A.

— Literaturdenkmäler des 14. u. 15. Jahrh., s.a. Sammlung Göschen.

Literaturdenkmäler des 14. und 15. Jahrhunderts. Ausgew. u. erl. von Dr. Hermann Jantzen. Leipzig: Göschen 1903. 151 S. 8°
(Sammlung Göschen. 181.) A12 11w11

— deutsche Literaturgeschichte in den Grundzügen ihrer Entwickelung, s.: Hillger's illustr. Volksbücher.

— Königin Luise. Zur Jahrhundertfeier ihres Todestages. Mit 2 Bildnissen, 10 Briefen u. 8 Gedichten. (63 S.) gr. 8. Königsberg 910. Gräfe & Unzer. — 60

— Die höhere Mädchen- u. Lehrerinnenbildung in Preußen. Die amtl. Bestimmgn., Lehrpläne, Prüfungsordngn. u. sonst. wicht. Erlasse, hrsg. (IV, 268 S.) gr. 8. Goslar 909. R. Danehl. 3.—; geb. 3.50

— Die Mädchenschulreform. Tatsachen u. Aussichten. Vortrag, geh. auf der 10. Hauptversammlg. des „Vereins der öffentl. höheren Mädchenschulen der Provv. Ostpreußen, Westpreußen u. Posen" zu Osterode, Ostpr., am 6. X. 1906. (46 S.) 8. Königsberg 906. Gräfe & Unzer. — 80

— s.: Meisterwerke englischer Dichtung.

Jantzen, Hermann: Die Neuordnung des Mädchenschulwesens. Königsberg 1909: Hartung. S. 3—23. 8°
Königsberg i. P., Königin Luise-S, st. HM m. RG-Kursen OP 1909 [157] [S 09. 221

Jantzen, Hermann, Direktor Dr.: Die städtischen Realgymnasialkurse für Mädchen. Königsberg 1907: Hartung. (S. 3—13.) 8°
Königsberg Pr., st. HM OP 1907

— s. Saxo Grammaticus, die ersten 9 Bücher der dänischen Geschichte.

— (Hrsg.), s. Schiller, Friedrich von: Festgabe aus Schillers Werken.

— Gotische Sprachdenkmäler, s.a. Sammlung Göschen.

Gotische Sprachdenkmäler mit Grammatik, Übers. u. Erl. von Dr. Hermann Jantzen. 3. Aufl. Leipzig: Göschen 1905. 133 S. 8°
(Sammlung Göschen. 79.) [11. 1437] II

Jantzen, J., Berechnung u. Konstruktion der Einspritz-Kondensatoren u. Luftpumpen. Lehrbuch f. Studierende des Maschinenbaues u. gleichzeitig e. Handbuch f. ausüb. Techniker u. Ingenieure. (IV, 113 S. m. 99 Abb.) Lex. 8. Hannover 908. Dr. M. Jänecke. Geb. in Leinw. 6. —

Jantzen, J. Verzeichniss sämmtlicher im Druck erschienener Werke des .... Dr. Louis Spohr. Cassel.

Jantzen, J. H. Ueber die Lesung der Alten in Schulen. 24 S.
Progr. Stettin 1825

Jantzen, Karl Christian

— — De majestate, vera scilicet ejus notione, et pendentibus inde affectionibus. Diss. juris naturalis. Präs. M. Rudolph Wedekind. Götting. (Hager) 26. XI. 1746. 32 S. (6.50) 16653
Gew.: Jodocus Edmund Frh. v. u. zu Weichs (Eltzumb), Leopold Frh. v. u. zu Weichs. — Widm. v. Präs.

Jantzen, Carl Christian (Hildesheim), Meditationum de natura sive tentaminis philosophiae theoreticae universalibus specim. II. Diss. philos. Präs. M. Ernst August Bertling. Götting. (Abraham Vandenhoeck) 15. XI. 1745. (S. 49—96.) (6.50) 16652

Jantzen, Klara, nach Jahren. Erzählung. (35 S.) kl. 8. Strassburg 907. J. Singer. 1. —

Jantzer, A., die ersten Patienten, s.a. Theater-Biblioth.

Die ersten Patienten. Posse in 1 Aufz. Von A. Jantzer. *Trier: Paulinus-Dr. 1900.* (11 S.) 8° [F.]
— Theater-Bibliothek. Bdch. 28. [00. 1303]

Jantzow, Karl

Jantzow, Carl, vollständige Anleitung zur Fabrikation der Liqueure, künstl. Champagners, Rums etc. Mit 15 Abbild. 8. (68 S. und 5 Stnt.) Quedlinburg 847, Basse.

Jantzon, E., die Destillation auf kaltem Wege, s.a. Destillirkunst, die.

E. Jantzon, Die Destillation auf kaltem Wege. Quedlinb. 1864.

31 Betrachtungen über das Leben des heil. Josef. Zeitgemässe Erwägungen f. d. Monat März nebst e. vollst. Gebetbuche. Von P. M[artin Alf.] Janu. *Münster i. W.: Alphonsus-Buchh. 1902.* (VIII, 332 S.) 8° [F.] [03. 1001]

Janu, Mart. Alf., St. Joseph, uns. Freund u. Führer. Zeitgemäße Erwäggn üb. d. Leben d. hl. Joseph, nebst vollst. Gebetbuche. 16. (XVI, 332 S. m. Titelbildern.) Münster 896. Alphonsus-Buchh. Geb. in Leinw. n. 1. —

Januar, der 29te 1819. Ein Wort vom Herzen. In scenischer Anordnung gedichtet von Th. Hell. 8. Dresden, Arnold. 819.

Der 16. Januar 1571. Nachtrag zur Geschichte der Familie von Gumppenberg. Würzburg 1870. 8.

Januar, Der 24., oder die Garnisonskirche zu Potsdam . . . Berl. 1833. V: *Zedlitz-Neukirch, Ernst Leop. Freih. von.* (GGr) (Nowack, Schles. Schriftst. Breslau 1836—43. IV, 175.)

Januar, Dem 12ten, 1780 als dem hohen Geburtsfeste Sr. Durchl. des Herrn Herzog Ferdinands von Braunschweig-Lüneburg etc. etc. Hochw. Gross-Meisters aller vereinigten Logen in Deutschland gewidmet von dem Frmr.-Br. K. »Dreimahl heilig sey uns dieses Fest! —« Magdeburg [1780]. V: *Klewitz, Johann Friedrich* (?). (Wolfstieg I, 759)

Januario, Jos. Aur. de: De jure feudali oratio in publico Neapolitano lyceo habita 1754. Ed. 2. Lipsiae 1756. Weidmann
[Andere Ausg.] 1777.

Januario, Jos. Aurel. de: Respublica jurisconsultorum. Ed. 2. Acc. Frid. Ottonis **Menckenii** ad autorem epistola. Lipsiae 1733.

Januarii Epitoma, s. Nepotiani.

Januarii Nepotiani epitome librorum Valerii Maximi edita ab A. Majo. Acced. excerpta e Jul. Paridis epitome eorund. librur. Ed. in Germau. prima. 12. Celle 831. Schulze. 12 gGr.

Januarius, Feuer! Feuer! Warnung an Hypothek-Gläubiger, so wie an alle bei Privat-Feuer-Versicherungs-Anstalten Versicherten. 8. Potsdam 846, Horwath'sche Buchh. 1/4 Thlr.

Januel, H[einrich]: Commentationes philologicae in Zenonem Veronensem, Gaudentium Brixiensem, Petrum Chrysologum Ravennatem. Stadtamhof [1906]: J. & K. Mayr. (32 S.) 8° ¶[— Progr. d. Alten Gymn. zu Regensburg 1905/06.] (Teil 1 erschien als Progr. des gleichen Gymn. 1904/05.)
München, Phil. Fak., Ref. Weyman, Diss. v. 17. Juli 1905
[Geb. 11. Mai 68 Hohenau, Niederbayern; Wohnort: Regensburg; Staatsangeh.: Bayern; Vorbildung: Gymn. Passau Reife Juli 88; Studium: München 8 S.; Rig. 17. Juli 05.]

Januel, H[einrich], Dr.: Commentationes philologicae in Zenonem Veronensem, Gaudentium Brixiensem, Petrum Chrysologum Ravennatem. P. 2. Stadtamhof (1906): J. & K. Mayr. (32 S.) 8° ¶(Forts. d. P-Beil. 1905.)
Regensburg, k. Altes G P 1906*

Janulaitis, Veronika, a. Littauen: Ueber die Tarsalfollikel beim Trachom. Berlin (1908): E. Ebering. (26 S.) 8°
Berlin, Med. Fak., Ref. v. Michel, Diss. v. 31. Juli 1908
[Geb. 18. Mai 84 Schawli (Rußl.); Wohnort: Schawli; Staatsangeh.: Rußland; Vorbildung: Gymn. Mitau Reife M. 03; Studium: Bern 3, Berlin 7 S.; Rig. 7. Juli 08.]

Janull, Sebastian, k. k. wirklicher Regierungsrath etc. Das österreichische **Criminal-Recht** nach seinen Gründen und seinem Geiste. I—IV. Th. 3. unveränderte Aufl. (4 Bde.) 8. Wien **1837**.

Janus

Janus, od. russische Papiere, eine Zeitschrift, s. Heldele.

— s. Mercur, Beiblatt.

Janus; eine Zeitschrift auf Ereignisse u. Thatsachen gegründet, auf d. J. 1800. 12 Stücke. gr. 8. Berl., Gädike. 4 Thlr.

Janus; eine Zeitschrift auf Ereignisse und Thatsachen gegründet. Weim. 1800. H: *Vulpius*, *Chn Aug.* (MGT) (Ky)

— eine monatliche Zeitschrift a. d. Jahr 1801. 8. Jena, Göpferdt.

— eine monatl. Zeitschrift auf d. J. 1801, (herausg. v. Chr. A. Vulpius). 8. (Jena, Schmid). 4 Thlr. Hdg. Pr. 2 Thlr.

Janus. Ruinen u. Blüthen bei Deutschlands Wiederauferstehung, herausg. von Herrmann Germanus f. das Jahr 1814. Alte u. neue Zeit. Mit Kupf. 16—36 Hft. gr. 8. Leipz. Joachim. 814.

— eine Zeitschrift für 1819. 4. Wien, Schaumburg u. C. 8 Thlr.

JANUS, oder Dresden, wie es aussicht. 72 Stücke (Januar 1830 und Folge). Vom 53. Stück an unter dem Titel: „Janus, oder Dresden und Leipzig in seinem öffentlichen und literarischen Treiben, vor- und rückwärts beschaut." (5 Mk. G. Priewe, 1895.)

JANUS, oder Dresden-Leipzig, wie es war und ist. Ein Scherz-, Toiletten- und Sonntagsblatt für Theater, Literatur, Geselligkeit und Lokalität. Hrsg. von Herm. Meynert u. Jul. Schütz. Jahrg. 1831. Leipzig, Hartmann. Gr. 8°. (3 Rthl.) (1 fl., 76 Nrn. in 3 Bdchn., Taussig, Prag, Cat. 5; jetzt theurer!)
Kayser III. 1835. p. 243.

Janus. Dresden. — Leipzig, wie es war u. ist. Ein Scherz-, Toiletten- u. Sonntagsbl. f. Theater, Lit., Geselligkeit u. Lokalität. Hrsg. v. H. Meynert u. K. Fr. Jul. Schütz. Jahrg. 1831. 104 Nrn. (½ B.) gr. 8. Leipzig, Hartmann.

Janus. Geschichte, Literatur u. Kunst. Hrsg. v. Fried. Heinr. Bothe. (1. Bd.) gr. 8. (15 B.) Zürich 837, Wirz-Widmer. (Leipzig, Volckmar.)

Janus. Jahrbücher deutscher Gesinnung, Bildung und That, hrsg. von V. A. Huber. 2 Bde. Berlin 1845. 832, 784 S. 8.

—— Jahrbücher deutscher Gesinnung, Bildung u. That. Hrsg. v. V. A. Huber. 1. u. 2. Jahrg. 1845 u. 1846. à 24 Hfte. gr. 8. Berlin, Besser, Verl. [1. Jahrg. * 8 Thlr., 2. Jahrg. * 6 Thlr.] *

—— dass. 3. Jahrg. 1847. 48 Hefte. Hrsg. v. Dems. gr. 8. (Berlin, Oehmigke'sche Buchh.; Halle, Mühlmann.) *

— Jahrbücher deutscher Gesinnung, Bildung u. That. Hrsg. v. V. A. Huber. 1847. 48 Hefte. gr. 8. (à 2 B.) Halle. (Berlin, Förstner.) n. 6 Thlr. — 4. Jahrg. 1848. 1 — 12. Hft. gr. 8. (426 S.) Berlin, Förstner in Comm. n. 1½ Thlr. (1. u. 2. Jahrg. zus. n. 5 Thlr.)

Janus. Zeitschrift für Geschichte und Literatur der Medicin in Verbindung mit A. Andreä, J. Bussemaker, D'Aremberg, L. Choulant ꝛc., herausg. von A. W. E. Th. Hensel. I. Bd. 1.—4. Heft. gr. 8. (Mit 1 lithogr. Tafel.) Breslau 846, Trewendt. à 1¼ Thlr.

— Zeitschrift für Geschichte u. Literatur der Medicin, hrsg. von A. W. E. Th. Henschel. II. u. III. Bd. à 4 Hfte. gr. 8. (II: VI u. 824 S. III: VI u. 836 S.) Breslau 847. 48, Trewendt (& Granier). à Bd. n. 4 Thlr. Einzelne Hfte. à 1¼ Thlr.

Janus. Central-Magazin für Geschichte und Literärgeschichte der Medicin, ärztl. Biographik, Epidemiographik, medicin. Geographie und Statistik. In Verbindung mit mehreren Gelehrten des In- und Auslandes hrsg. von H. Bretschneider, A. W. E. Th. Henschel, C. Fr. Heusinger und J. G. Thierfelder. 1. und 2. Bd. à 2 Hefte. gr. 8. Gotha, Müller. [1. (322 S. und 1 Stnt.) 851, 2. (IV und 344 S. und 1 Stnt.) 852. à Bd. * 2 Thlr.] *

Janus. Central-Magazin für Geschichte und Literärgeschichte der Medicin, ärztl. Biographik, Epidemiographik, medicin. Geographie und Statistik. In Verbindung mit mehreren Gelehrten des In- und Auslandes hrsg. von H. Bretschneider, A. W. E. Th. Henschel, C. Fr. Heusinger und J. G. Thierfelder. 2. Bd. 3. Heft. gr. 8. (S. 345—504.) Gotha 852, Müller.
1. Bd. und 2. Bd. 1. und 2. Heft. Ebendas. 1851—52. * 4 Thlr.

Janus. Central-Magazin für Geschichte und Literärgeschichte der Medicin, ärztliche Biographik, Epidemiographik, medicinische Geographie und Statistik. In Verbindung mit mehreren Gelehrten des In- u. Auslandes herausg. von H. Bretschneider, A. W. E. Th. Henschel, C. Fr. Heusinger, J. G. Thierfelder. Bd. II. Heft 4. Gotha 853. Müller. gr. 8. (2 Bl., S. 505—664. u. 1 lith. Taf.) 1 Thlr.

Janus: Jan.– Dec. 22, 1852.
Weekly, Jan. – Mar.; tri-weekly, April; weekly, Apr. – Dec. 1852. Edited by Karl Heinzen [during his absence on a lecture tour, in the Spring, Joseph Fickler, served as editor]. Published by W. Wagenitz out of friendship for Heinzen who again was in difficulties!
New York, NY

Janus. **Militär-Kalender für active und pension. k. k. Generäle, Stabs- dann Ober-Officiere, Auditore, Militär-Aerzte, Geistliche und Beamte 1873. 5. Jahrg. Von Carl Schierl, Ritter v. Moorburg. 16. (XXXII, 154 S. mit 1 Stnt. in qu. Fol.) Wien, Seidel und Sohn. geb. ***
Vgl.: Schierl, C.

Janus. Militär-Kalender für active und pensionirte k. k. Generäle, Stab- und Oberofficiere, Auditore und Militärärzte pro 1876 und 1877 (mit vollständigem Pensionistenschema). Hrsg. von C. Schierl Ritter v. Moosburg. 7. und 8. Jahrg. 16. (à ca. XXXII, 160 S. mit 1 Stnt.) Wien, Perles. geb. in Leder à Jahrg. *
— dass. — pro 1878. 9. Jahrg. Hrsg. von Friedr. Geisler v. Armingen. 16. (XXXII, 160 S. mit 1 Stnt.) Ebendas. geb. in Leder *
Nicht weiter erschienen.

—— Notiz-Kalender für das k. k. Heer und Sr. Maj. Kriegs-Marine 1875. Von Carl Schierl, Ritter v. Moorburg. 6. Jahrg. 16. (XXXII, 339 S.) Wien, Perles. geb. *

— Notiz-Kalender für das k. k. Heer und Sr. Maj. Kriegs-Marine, mit vollständ. Pensionisten-Schema pro 1876—1880. 7.–11. Jahrg. 16. (à ca. 193, 128 S.) Ebendas. geb. in Leinw. à Jahrg. * geb. in Leder à Jahrg. *

Janus. Wechselseitige Lebensversicherungsanstalt in Wien. Rechenschaftsbericht für 1875-92. 4° Wien 1876-93

— s. a. Unteroffiziers-Taschen-Kalender.

„Janus", Unterofficiers-Taschenkalender für das österr.-ungar. Heer 1888. 1. Jahrg. Auszug aus dem Univ.-Milit.-Taschenkalender „Austria" von O. J. Schmid. gr. 16. (136 S.) Wien, (Seidel und Sohn.) geb. **

„Janus", Unterofficiers-Taschen-Kalender für das k. u. k. österreichisch-ungarische Heer 1893. VI. Jahrgang 16. (184 S.) mit Notizblättern. Geb. Wien: Seidel 1892. —.60

„Janus", Unterofficiers-Taschenkalender für die bewaffnete Macht der österr. - ungar. Monarchie. 1894. 7. Jahrg. 16. (144 S. mit Notizblättern.) In Comm. Geb. * — 60
Wien: Seidel 1894.

„Janus." Unterofficiers - Taschenkalender für die bewaffnete Macht der österr. - ungar. Monarchie, 1895. 8. Jahrgang. 16. (160 S., mit Notizblättern.) In Comm. Geb. * —.60
Wien: Seidel 1894.

„Janus." Unterofficiers - Taschenkalender für die bewaffnete Macht der österr. - ungar. Monarchie, 1897. 10. Jahrgang. 16. (144 S., mit Notizblättern.) In Comm. Geb. * —.60
Wien: Seidel 1897.

„Janus." Unterofficiers - Taschenkalender für die bewaffnete Macht der österr.-ungar. Monarchie. 1898. XI. Jahrg. 16. (XXXII, 144 S. mit Notizblättern.) In Comm. In Leinwand gebunden Wien: Seidel 1897. * —.60

Janus, s. a. Militär-Taschen-Kalender.

„Janus" Militär-Taschenkalender für das k. u. k. österreichisch-ungarische Heer 1890. III. Jahrg. 16. (184 S. mit Notizblättern.) In Comm. Geb. Wien: Seidel 1889. * —.70

„Janus." Militär - Taschen - Kalender für die bewaffnete Macht der österr.-ungar. Monarchie. 1899. XII. Jahrg. 16. (XXXII, 128 S. mit Notizblättern.) In Comm. In Leinwand gebunden Wien: Seidel 1898. * —.60

Militär-Taschenkalender „Janus" für die bewaffnete Macht der österreichisch-ungarischen Monarchie 1900. XIII. Jahrgang. (Auszug aus dem Militär-Kalender „Austria".) Wien. In Comm. Seidel & Sohn. 8°. XXXII, 128 S. Geb. fl. —.60

Militär-Taschen-Kalender „Janus" für die bewaffnete Macht der österreichisch-ungarischen Monarchie 1901. XIV. Jahrgang. (Auszug aus dem Militär-Kalender „Austria"). Wien. In Comm. Seidel & Sohn. 16°. XXXII, 128 S. Geb. K 1.—

Janus. Archives internationales pour l'histoire de la médecine et pour la géographie médicale. Directeur: H. F. A. Peypers. 2e année. Juli 1897—Juni 1898. 6 Hfte. (à ca. 100 S. m. Taf.) gr. 8. Amsterdam. (Jena, G. Fischer.) n. 20. 40

— dasselbe. 3e année. Juli—Decbr. 1898. 3 Hfte. gr. 8. (330 S.) Haarlem. Ebd. n. 10. —

— **Archives internationales pour l'histoire de la médecine et la géographie médicale. Réd. en chef: H. F. A. Peypers. Réd.: Aoyama, A. Fernandez-Caro y Nouvilas, A. Calmette etc. 4.—7. année. 1899—1902. 12 livrs. gr. 8. (XVI, 678; XV, 656; XII, 684 u. XII, 672 S. m. Taf.) Haarlem. (Jena, G. Fischer.) à Jahrg. n. 20. —**

Janus. Archives internationales pour l'histoire de la médecine et la géographie médicale. Réd. en chef: A. W. Nieuwenhuis, E. C. van Leersum. Réd.: Aoyama, A. Fernandez-Caro y Nouvilas, A. Calmette u. a. 8.—11. année. 1903—1906. à 12 livrs. (8.—10: XIII, 672; XI, 648 u. X, 661 S. m. Taf.) gr. 8. Haarlem. (Jena, G. Fischer.) à Jhrg. n. 20. —
Chefred. 1903: H. F. A. Peypers, 1904 u. 1905: C. L. v. d. Burg.

Janus. Archives internationales pour l'histoire de la médecine et la géographie médicale. Réd. en chef: A. W. Nieuwenhuis, E. C. van Leersum. Réd.: Aoyama, A. Fernandez-Caro y Nouvilas, A. Calmette u. a. 12.—15. année. 1907—1910. à 12 livrs. (à ca. 64 S.) gr. 8. Haarlem, (Jena, G. Fischer). à Jahrg. 20. —

Janus. Blätter f. Litteraturfreunde. Monatschrift f. Litt. u. Kritik. (Bd 1), H. 1–8. [Mehr nicht erschienen.] *Jauer: O. Hellmann [1902].* (384 S.) 8° [Umschlagt. F.]
1. Grillparzerheft. 2. Ibsen-Heft. 3. Lenau-Heft.
4. Richard Dehmel-Heft. 5. Byron-Heft. 6. Martin Greif-Heft.
7. Strachwitz-Heft. 8. Ebner-Eschenbach-Heft. [03. 14605

— **Blätter f. Litteraturfreunde. Monatsschrift f. Litteratur u. Kritik. 1. Bd. Juli 1902—Juni 1903. 12 Hfte. gr. 8. (à ca. 48 S. m. Bildn.) Jauer, O. Hellmann. n. 6. —**

Janus. Studien u. Kritiken f. Freunde der Litteratur. Hrsg. v. Osk. Hellmann. (Neue [Titel-]Ausg.) (IV, 558 S. m. eingedr. Bildnissen u. Fksms.) gr. 8. Jauer [902. 903.] 904. O. Hellmann. n. 4. —
Fortsetzg., s.: Zeitstimmen.

Janus Arrabonensis Diss. de Jaurino. Vindobonae 1782. H: *Roka, Johann.* (ML) (Ky)

Jani Arrabonienais dissert. de Jaurino (a J. Roka). 8maj. Wien 782. Kurzbäck. 4 ℋ

Jani Arrabonsis noctes Atticae I—IV. Viennae 1779—80. H: *Róka, Joh.* (Pk I/261; III/235)

— Arrabonensis Nox Attica (h J. Roka). 8. Wien 782.

Janus a Costa: In Decretales Gregorii IX. Summaria et commentarii. *Par.* 676. 4. — *Neap.* u. *Leips.* 770. 4. (3 Thl.)

Janus Eremita [Pseud.], s.a.
Eremita, Janus [Pseud.],
Gretschel, Johann Christian [wirkl. Name]

Janus, Eremita, kl. satyr. Schriften, eine Fortsetzung, s. satyr. Blätter. 8. Lpz. Sommer. 804. Rthlr.

'**Jani Placidi a Ponte Albo.** vanitas geomantiae detecta oder Bedenken über die Punctirkunst. Jen. 703. 8.

Janus [Pseud.], s.a. Döllinger, Johann Josef Ignaz

Janus [Pseud.], s.a. Meynert, Hermann Günther

Janus, Blicke in Vergangenheit, Gegenwart u. Zukunft. Ein belletrist. Journal redig. u. hrsg. v. C. v. Renauld. 1. Jahrg. 1843. 12 Hfte. (à 4 B.) 4. Bayreuth 843. (Grau'sche Bh.)*

†Janus, (H. Meynert?) Charaktergemälde v. Dresden ꝛc., s. a. Charaktergemälde.

Janus, (psdn.), Charaktergemälde von Dresden, grau in grau; für Alle, welche d. Elbresidenz bewohnen, oder kennen zu lernen wünschen. 8. Pößneck 833. 1 ℛ 16 ℋ

Janus. Der Papst u. das Concil. Neue Bearbtg., s. Döllinger, J. v.

Janus, der Papst und das Concil. Eine weiter ausgeführte und mit dem Quellennachweis versehene Neubearbeitung der in der Augsburger allgemeinen Zeitung erschienenen Artikel: Das Concil und die Civiltà. 8. (XIX, 451 S.) Leipzig 869, Steinacker. [München, Oldenbourg.] (*ℳ 3.) *

—— dass. — Autorisirte russ. Uebersetzung von Wladim. Ladinski. 8. (VIII, 464 S.) Berlin 870, Behr's Buchh. *
Vgl.: Frohschammer, J. — Hergenröther, J.

Janus, Carl, s. Janus, Karl

— **Christian Friedr. Jacob** (Torgau), An et quatenus certitudo corporis delicti in processu criminali necessaria sit. Präs. D. Ferdin. August Hommel. Lpz. (Breitkopf) 24. X. 1737. 32 S. (6.50) 16657
Gew.: D. Christian Gottlieb Roitzsch (Leipzig), Philipp Friedrich Müller. — Widm. v. Präs.

— — Dasselbe. Ed. II. Lpz. (Jo. Christ. Langenheim) 1745. 40 S., nur mit Widm. v. Präs (6.20) 16658

Janus, Daniel Friedrich

Jani, D. F. Augusta Memoria Joannis Ducis et Electoris Saxoniae, Constantis cognomine, instaurata. 8. Lipsiae 1730.

Iani, D. F., de doctoribus umbraticis. 8. Vitb. Ludwig. 730.

— — (Schmideberg. Saxo), De Dracone legislatore Atheniensium. Diss. histor. et moral. Lpz. (Müller) 6. V. 1707. 20 S. (6.—) 16660
Gew.: M. Friedrich August Janus (Halle; Vater).

Janus, D.F.: De jurejurando per genium principis. - Lips. 1708.

Jani, D. F., Notitia vocum latinae linguae olim honestarum, nunc inhonestarum. Acc. eius pretium, quod grammaticae latinae statuitur. Dresd. 726. 8.

Jani, D. F., Philologisches Lexicon der reinen und zierlichen Latinität. Leipzig 730. 8. 1 rthlr. 16 gr.

— **Daniel Friedrich**, De regno Lydorum. Diatribe histor. Präs. M. Andreas Julius Dornmeyer. Halle (Christian Henckel) Nov. 1703. 20 Seiten. (6.—) 16659
Gew.: D. Chn. Friedr., Jac. Eug., M. Friedr. Aug. u. Caspar Paul Janus. — Widm. v. Präs.

Jani, Dn. Fr., philologisches Schullexikon. gr. 8. Halle... 2 eX. 753. Waisenh. B. 2 ℛ

— — (Conr.), Oratio solemnis de vitiis quibus schola impar in schola Torgensi d. 7. id. decembr. 1712 publ. habita cum sibi demandatum docendi munus auspicaretur. Lpz. (Andr. Mart. Schede). 22 S. (6.—) 16661

Janus, J. G., s. Janus, J. W.

Janus, J. W., de antiquitate canonum apostolicorum. Viteb. 1706. 4.

Janus, J. W., de barbarie medii aevi in contemtu S. S. conspicua. Viteb. 1712. 4.

Janus, J. G., de censu Romanorum primo. Viteb. 1715. 4; rep. in Ikenii thes. 2. p. 424 ss.

Janus, J. W., de die dominico Eusebii Alex. Lips. 1720. 4.

— oratio de die domin. Eusebii. 4. Lps. 731.

Janus, J. W., historia aerae christ. s. cycli Dionysiani. Viteb. 1718. 4.

Iani, I. G., iudicia eruditor. de origine Electorum. 8. Vitb. 739.

Janus, J. W., de Nicolaitis ex numero haereticorum delendis. Viteb. 1783. 4.

Janus, J. W., observatt. ad historiam auricularis confessionis. I–II. Viteb. 1715. 4.

— opuscula ad hist. et chronologiam pert. ed. Klotz. 8, maj. Halae, (Hahn in Hannover.) 769.

Janus, J. W., de duellorum origine et progressu. Viteb. 1717. 4.

Janus, J. W., de origine patriarcharum christianorum. I—II. Viteb. 1718. 4.

Janus, J. G., praes. Hampe, Principia innata. Lps. 4°.
1723

— antiquae et pervulg. de IV monarchiis sententiae. 8. Frft. Knoch. 728.

— rerum Dei verbum ecclesiae evang. assert. 8. Vitb. Knoch. 726.

Janus, Jo. Fr. Chr., Systema motuum microcosmicum, secundum principia psychologismi medici. 36 pp. Hal. 4°.
1748

Janus, Jo. Wilhelm

— — De jure decidendi controversias theologicas. Disp. theol. Präs. Georg Friedr. Schroeer. Wittenbg. (Gerdes) 21. VII. 1719. 42 S. (2.—) 16667

— — Lectori benevolo. Wittbg. (Samuel Creusig) 1719. 6 Bl. (2.—) 16668

— **M. Jo. Wilhelm,** Lemmata doctrinae poeticae. Präs. Jo. Wilh. Berger. 1703. Wittbg. (Schefler) 1739. 16 S. (4.—) 16664

— — De principum el. Saxoniae meritis in rem literariam, 31 magistrorum philosophiae renunciationi. Oratio academ. Wittbg. (Wwe. Gerdes) 29. IV. 1719. 10 Bl. mit Namen d. Mag. (4.50) 16666

— — De veritate historica disserit. Wittbg. (Kreusig) 19. II. 1714. 6 Bl. (3.—) 16665

Janus, Karl August

Janus, Carl August (Bautzen), Disquisitionem juridicam an possessio lassitica liberet a satisdatione. Diss. jur. Präs. D. Adam Ignaz Turin. Erfurt (Heinr. Rudolph Nonne) 22. X. 1771. 18 Seiten. (6.—) 16654

Janus, Kuno, Ref. a. D. in Eutin: Das Bienenrecht des Bürgerlichen Gesetzbuches ⟨§§ 961—964 B.G.B.⟩ nebst einem Anhang. Leipzig 1906: W. Wigand. (97 S.) 8°
Leipzig, Jur. Fak., Diss. v. 20. Febr. 1906
[Geb. 5. Sept. 72 Eutin; Wohnort: Eutin; Staatsangeh.: Oldenburg; Vorbildung: Gymn. Eutin Reife M. 94; Studium: Freiburg i. B. 3, Kiel 4, Rostock 1, Kiel 1 S.; Rig. 22. Dez. 03.]

Janus, Ludwig

Q. F. F. F. Q. S. Viro amplissimo illustrissimo doctissimo Friderico de Thiersch ..... de Gymnasiis Bavariae eorumque praeceptoribus optime merito post mandatos summos in philosophia honores XVIII. die Junii a. MDCCCLVIII. decem lustra egregia cum laude peracta laetis animis piisque votis gratulantur Gymnasii Ludoviciani Rector et Professores. — 1858. Ibid. — P. 3—5. Lat. Ode in 20 alt. Stroph. v. Dr. Konr. Wittmann, G. P. — P. 6—12. De auctoritate codicum Plinianorum scrips. Dr. Ludov. Janus, G. P. [S. Nr. 879.] — P. 13—18. Aliquot Pindari loci tractantur a Dr. Franc. Oelschlaeger, G. R. et P.
Progr. Schweinfurt.

Lectiones Plinianae. Scrips. Dr. Ludov. Janus, G. P. — Particula I. Inedita quaedam ad C. Plinii Secundi Naturalis Historiae finem in supplementum addenda continens. — Ibid. — S. 3–14.
Progr. Schweinfurt.

Lectionum Plinianarum particula II. Scrips. Dr. Ludov. Janus, G. P. — 1834. Noribergae, typis Fr. Campe. — S. 3—16. [S. Nr. 876].
Progr. Schweinfurt.

Janus, L., observationes aliquot criticae in C. Plinii Sec. naturalis historiae libros. 4maj. Münch. 830. (v. Cotta). 6 K

— **Ludwig** (Castellensis), Observationes aliquot criticae in C. Plinii Secundi naturalis historiae libros. München (Mich. Lindauer) 1830. 32 S. (6.—) 16669

Janus, L., Observationes aliquot criticae in C. Plinii Sec. naturalis histor. libros. 4 maj. (4 B.) Monachii 830, (Literar.-Artist. Anstalt.)

Academiae regiae Friderico-Alexandrinae solemnia secularia diebus XXIII. XXIV. XXV. m. Augusti celebranda piis votis nuncupatis gratulantur Gymnasii regii Ludoviciani Rector et Professores. — Insunt Ludovi Jani Symbolae ad Macrobii libros Saturnaliorum emendandos. — 1843. Ibid. — S. 3–16.
Progr. Schweinfurt.

Janus, Lud., Symbolae ad notitiam codd. atque emendat. epistolarum L. Annaei Senecae. 4maj. Suevofurti 839. (Wetzstein.) n. 1/6 ₰

Janus, Natalis, s.: Lieder u. Sprüche.

Janus, Paul [Referendar in Breslau]: **Der Erwerb des Eigentums am Wildergut** ... Breslau, Druck d. Bresl. Gen.-Buchdr., 1894; 1 Bl., 75 S., 1 Bl. 8.
Breslau, Jur. Fak., Inaug.-Diss. v. 11. Mai 1894

Janus, Paul, der Erwerb des Eigenthums am Wildergut. Diss. gr. 8, (75 S.) Breslau 894. (L. Köhler.) n. 1.–

JANUS, Richard (ps.?), Das käufliche Weib in alter und neuer Zeit. Eine sexuell-ethische Studie mit prakt. Vorschlägen zur Besserung eines schweren Uebels. Leipzig 1904. Gr. 8°. (Mk. 1,25.) (1 Mk. Adolf Weigel, 1908.)
„In packender Weise schildert der Autor die heutigen, in sanitärer Hinsicht durchaus ungenügenden Zustände des deutschen Bordellwesens, indem er vom Altertum ausgehend bis zu heutiger Zeit zwar die fortschreitenden Verbesserungen anerkennt, aber den Beweis führt, daß trotz alledem überaus große Mängel noch vorhanden sind, die im Interesse der beiden Geschlechter dringend einer Reform bedürfen." (So ein Berliner Händler.)

Janus, Rich., das käufliche Weib in alter u. neuer Zeit. Eine sexuell-eth. Studie m. prakt. Vorschlägen zur Besserg. e. schweren Uebels. (66 S.) 8. Leipzig 904. W. Röhmann Nachf. n. 1.25

Janus, Veremund, (psdn.), s. Beitrr. zur Geschichte d. Urverfassung Deutschlands.

Janusblicke in d. Zeit. gr. 8. Münch. 831. Finsterlin. 5 K

Janusch, A. Die ersten Elemente des russischen regulären Heeres. Für Soldat und Volk. Zum 200jährigen Jubiläum, 1683—1883. Mit dem Portrait des Kaisers Peter I. und des ersten russischen Soldaten Buchwostow, sowie mit Vignetten des Künstlers Panow. (In russischer Sprache.) 8. St. Petersburg **1883.**

Januschke, Hans Der Aetherdruck als einheitliche Naturkraft.
8 (68 S.). **Progr.** K. k. Staats-Oberr.-ch. *Teschen* 1893.
Auch in Xenia Austriaca VI. Abth. (1893).

Januschke, Hans, der Aetherdruck als einheitliche Naturkraft. Progr. gr. 8. (68 S. m. Fig.) Teschen 893. (K. Prochaska.) n. 1. 80

—: Über die culturelle Bedeutung der Realschule. Rede, gehalten am 15. Februar 1902, anläßlich des 30jährigen Bestandes der Anstalt als Oberrealschule. (Umschlagtitel: . . . Realschule.) S. 3—11. 8.
Progr. K. k. Staatsrealschule im II. Bezirke *Wien* 1902.

Januschke H.: Zur Behandlung der Physik im Mittelschulunterrichte. 6. Troppau R. 82. **Progr.**

—: Festvortrag [anläßlich des 50jähr. Bestandes der Schule]: Die soziale Entwicklung und die Realschule. S. 6—26. 8.
Progr. K. k. Staatsrealschule im II. Bezirke *Wien* 1906.

Januschke, Hans: Zum 50. Geburtstage der österreichischen Oberrealschule. Vortrag gehalten bei der Schulfeier am 2. März 1901. (Umschlagtitel: . . . schule.) S. 3—11. 8.
Progr. K. k. Staats-Oberrealschule *Teschen* 1901.

Januschke H.: Zur Geometrie der Punktreihen und Strahlenbüschel. 30. Troppau R. 78. **Progr.**

Januschke Hans: Geschichtliches über die Realschule. 47. Teschen R. 98
Progr.

Januschke, Hans. Die Gesetze d. Oberflächendruckes u. der Oberflächenspannung in elementarer Darstellung. gr. 8. (52 S.) Troppau 890, (Buchholz u. Diebel). * 2 —

Januschke, Hans: Professor Franz John, † *am 11. Juli 1896.* 8 (S. I—II). **Progr.** K. k. Staats-Oberrsch. *Teschen* 1896.

Januschke, Hans Über die Nothwendigkeit der Gesundheitspflege. 8 (S. 47—52). **Progr.** K. k. Staats-Oberrsch. *Teschen* 1891.

Januschke, Hans: Professor Ludwig Praetorius † *am 10. Februar 1900.* 8 (S. 24).
K.K. Staats. Oberrsch. Teschen 1900
Progr.

Das Princip der Erhaltung der Energie und seine Anwendung in der Naturlehre. E. Hilfsbuch f. d. höheren Unterr. v. Hans Januschke, k. k. Director . . . in Teschen. M. 95 Fig. im Text . . . *Leipzig: B. G. Teubner 1897.* (x, 455 S.) 1 Bd 8. [97. 4183

Januschke, Hans, das Princip der Erhaltung der Energie in der elementaren Elektricitätslehre. gr. 8. (VIII, 185 S.) Leipzig 887, Teubner. *

Januschke, H.: Das Princip der Erhaltung der Energie als Grundlage der elementaren Dynamik. 96 S. – Troppau, Progr. 1884.

Januschke, Hans, das Princip der Erhaltung der Energie als Grundlage der elementaren Dynamik. gr. 8. (98 S.) Troppau 884, Zenker. *

Januschke H.: Über das Spannungsgesetz der Gase und dessen Anwendung. 27. Troppau R. 76. **Progr.**

Januschke, Hans, die Stäbchenwanderung im Auge v. Abramis brama bei Lichtveränderungen, s. a. Exner, Sigm.

Januschke, H., Die Stäbchenwanderung im Auge von Abramisbrama bei Lichtveränderungen. [Aus: Sitzungsber. d. k. Akad. d. Wiss., math.-naturw. Klasse.] Gr.-8°. (12 S.) † K —.55
Wien: Hölder 1906.

— das Verhalten des Guanintapetums v. Abramis brama gegen Licht u. Dunkelheit, s.: Exner, Sigm.

Januschke, Hans

Zur Verwendung des Energie-Princips in der Optik. (Sep.-Abdruck aus dem Schulprogramme der Staats-Oberrealschule, aus dem Jahre 1886/87.) 8. (54 S.) 1.—
Troppau: Buchholz & Diebel 1890.

Troppau R.: Zusammenstellung u. Discussion der Beobachtungen über die Wetterverhältnisse in den Monaten Juni bis September d. J. 1876—80 incl. in Tr. 4 m. 1 Tafel v. H. Januschke 81.
Progr.

Januschowsky, Alexander Ohm-, s. Ohm-Januschowsky, Alexander

Januschowsky, Georg Ohm-, s. Ohm-Januschowsky, Georg

Die Janusgläubigen nach der vatikan. Entscheidung vom 18. Juli 1870. Dai. 1871. gr. 8°, 112 S., 90 Pf. (Heft 11.)

Der Tübinger Januskopf, oder Glauben u. Wissen des Herrn Dr. Johannes Kuhn. Nebst einigen vorläufigen Bemerkungen über Herrn Dr. Berlages Dogmatik. **Koblenz**, Bädeker, 1840, 8°.

Janusköpfe, politische, f. Preußen von ein. Preußen. gr. 8. (9¼ B.) Leipzig 845, C. H. Reclam sen. *

Januskowski: De adverbiis a verborum participiis et ab adiectivorum comparativis atque superlativis formatis. 10 S. – Bromberg, Progr. 1862.

Januskowski, De adverbiorum graecorum formatione. 24 S.
Bromberg, Progr. 1850

Janusz, W., dictionnaire complet français-polonais et polonais-français. D'après les meilleurs auteurs. Partie polonaise. A. u. d. T.: Dodkładny słownik francusko-polski i polsko-francuski etc. Oddział polsko-francuski. Léopol 854. Winiarz. 8. (2 Bl., 1296 S.) n. 3 *ɑ\̸*. 10 *ngr.*

Janusz, W., Dictionnaire complet français-polonais et polonais-français. Partie française. 2. édit., soigneusement revue et corrigée. 8. (772 S.) Lemberg 865, Winiarz.

Januszewska, Eugenia: Beitrag zur Differentialdiagnose zwischen Diphtherie- und Pseudodiphtheriebacillen. Bern 1899. 28 S. und 8 Tab. 8°.
Bern. Med. Diss. 1898/99.

Januszewski, Zdzisław: Über die Pflanzen- und die Boden-Analyse in ihrer Bedeutung für die Bestimmung der Bodenqualität . . . Leipzig, Druck v. Sellmann & Henne, 1895; 60 S. 8.
Leipzig, Phil. Fak., Inaug.-Diss. v. [10. Juni] 1895

Januszkiewicz, Hans v., s. Reinfels, Hans v.

Januszkiewicz-Reinfels, Hans von, s. Berlin, Das geistige

[J.] Fromme Lügen. Lustsp. in 1 Akt v. Hans v. (Januszkiewicz-) Reinfels. *Berlin: Kühling & Güttner [1892?].* (20 S.) 1 Bd 8.
= Album f. Liebhaber-Bühnen. No 282. [96. 5395

[F. u. Ant.] Hans von (Januszkiewicz-)Reinfels. Noblesse oblige. Schausp. in 1 Aufz. . . . *Berlin: Kritik 1897.* (43 S.) 1 Bd 8. [97. 8376

– (Hrsg.), s. Roman- und Novellenpost, Berliner.

Janvier, St., Geschichte ɪc., f. Geschichte.

Janvier, der gottselige Dupont u. die Verehrung d. heil. Antlitzes. Autoris. Uebersetzg. v. M. Hoffmann. 16. (XII, 120 S.) Aachen 885. A. Jacobi & Co. n. — 50

Janvier, der gottselige Dupont u. die Verehrung d. heil. Antlitzes. Autoris. Uebersetzg. v. M. Hoffmann. 2. Aufl. 16. (XII, 120 S.) Aachen 886. A. Jacobi & Co. n. — 50

—— Handbuch für die Bruderschaft vom heil. Antlitze, sammt Gebeten und den kleinen Tagzeiten vom allerheiligsten Namen Gottes. Autoris. Uebersetzung. 16. (XII, 204 S. mit 1 Holzschn.) Ebendas. 887. * 75 Pf.; geb.

Janvier, Abbé, Leben des hl. Petrus, des Apostelfürsten u. ersten Papstes. Mit Autoris. des Verf. übersetzt von einem Priester der Diöcese Trier. (Mit 25 eingedruckten Holzschn.-Illustr.) Einsiedeln, Benziger, 1879, gr. 8°, 325 S., 3,60 Mk.

—— Schwester Maria vom heil. Petrus und das Werk der Sühne. Geschichtl. Aufzeichnungen. Autoris. Übersetzung. 1.—3. durchgeseh. Aufl. 16. (XII, 95; XII, 96 S. mit 1 Holzschn.) Ebendas. 885—87. *

Janvier, M.

—— und Biston, der Brunnen-, Röhren-, Pumpen- u. Spritzenmeister auch Bleiarbeiter, s. Schauplatz d. Künste, 45. Bd.

Janvier, Dampfschiffe und Dampfmaschinen. [Deutsch von Schmidt, C. H.] Weimar 1842. 16°.

Janvier und M. D. Magnier, neues und vollständiges Handbuch der Uhrmacherkunst, s. Handbuch.

Janvier, die Construction u. Einrichtung d. Dampfschiffe, s. a. Schauplatz d. Künste, 98. Bd.

Janvier, M., über die zweckmäß. Construction u. Einrichtung der Dampfschiffe u. der auf denselben anwendbaren Dampfmaschinen ꝛc. Frei ins Deutsche übers. v. C. H. Schmidt. Mit 5 Tafeln. 8. Weimar 838. Voigt. 1 ₰ Vgl. Schauplatz der Künste u. Handwerke, 98r Bd.

Janvier: Über die zweckmäßigste Construction und Einrichtung der Dampfschiffe und der auf denselben anwendbaren Dampfma-chinen . . . Deutsch von Ch. H. Schmidt. 2. Aufl. Weimar 1842

Jany, J. C.

Jany, ..., feierl. Dankbetstunde wegen d. Einzuges in Paris, gehalten in d. Haupt- u. Pfarrkirche zu St. Michael in Strehlen, am 14. April 1814. 8. Bresl. 814. (Graß, B. u. Comp. (Leipz., Barth). 2 K

Jany, (J. C.) Predigt, gehalten Dom. Estomihi, d. 5. Febr. 1826, in d. Haupt- u. Pfarrkirche zu Strehlen. 8. Breslau, Max u. Comp.

Jany, Kurt

Jany, die Anfänge der alten Armee, s. a. Beiträge u. Forschungen, urkundliche, zur Geschichte des preußischen Heeres. II. 1.

Die Anfänge der alten Armee. Von Jany, Oberlt. im 3. Magdeb. Inf.-Reg. Nr. 66. *Berlin: E. S. Mittler & Sohn 1901.* 8° [F.]
= Beiträge, Urkundliche, u. Forschungen z. Gesch. d. Preuss. Heeres. H. 1. [01. 8630

Jany, die alte Armee v. 1655—1740, s. a. Beiträge u. Forschungen, urkundliche, zur Geschichte des preußischen Heeres. II. 7.

Die alte Armee von 1655 bis 1740. (Formation u. Stärke.) Von [Kurt] Jany, Hauptm. Berlin: E. S. Mittler & Sohn 1905. (VI, 159 S.) 8° [F.]
= Beiträge, Urkundl., u. Forschungen z. Gesch. d. Preuß. Heeres. H. 7. [05. 11313

Jany, die Armee Friedrichs des Großen, s.: Menzel, Abbh. v.

— Zum Friedrichstage. Das Treffen bei Burkersdorf am 21. VII. 1762, s. a. Militär-Wochenblatt. 1907. 3. Beiheft.

Zum Friedrichstage. Das Treffen bei Burkersdorf am 21. Juli 1762. Vortrag, geh. zu Berlin 1907 von [Kurt] Jany, Hauptm. Mit 1 Karte. Berlin: E. S. Mittler & Sohn 1907. (S. 77—91.) 8° [F.]
= Militär-Wochenblatt. 1907, Beih. 3, [1.] [07. 4585

— die Gefechtsausbildung der preuß. Infanterie v. 1806, s. a. Beiträge u. Forschungen, urkundliche, zur Geschichte des preuß. Heeres. II. 5.

Die Gefechtsausbildung der Preussischen Infanterie von 1806. Mit e. Auswahl von Gefechtsberichten. Von Jany, Oberlt. im 3. Magd. Inf.-Reg. Nr. 66. *Berlin: E. S. Mittler & Sohn 1903.* (149 S.) 8° [F.]
= Beiträge, Urkundliche, u. Forschungen z. Gesch. d. Preuss. Heeres. H. 5. [03. 3,89

— Hochkirch, s. a. Beiheft zum Militär-Wochenblatt. 1905. Hft. 8.

Hochkirch. Vortrag, geh. in d. Militär. Gesellsch. zu Berlin z. Feier d. Friedrichstages 1905 von [Kurt] Jany, Hauptm. (Mit 1 Karte.) Berlin: E. S. Mittler & Sohn 1905. (S. 99—114.) 8° [F.]
= Militär-Wochenblatt. 1905, Beih. 3, [1.] [05. 3451

— das Gaudische Journal des siebenjährigen Krieges, s. a. Beiträge u. Forschungen, urkundliche, zur Geschichte des preuß. Heeres. III. 8.

Das Gaudische Journal des Siebenjährigen Krieges. Feldzüge 1756 u. 1757. Von Jany, Oberlt. im 3. Magd. Inf.-Reg. Nr. 66. Mit 1 Titelbild. *Berlin: E. S. Mittler & Sohn 1901.* (64 S.) 8° [F.]
= Beiträge, Urkundliche, u. Forschungen z. Gesch. d. Preuss. Heeres. H. 3. [01. 4465

— der preuß. Kavalleriedienst vor 1806, s. a. Beiträge u. Forschungen, urkundliche, zur Geschichte des preuß. Heeres. II. 6.

Der Preußische Kavalleriedienst vor 1806. Von Jany, Hauptm. *Berlin: E. S. Mittler & Sohn 1904.* (100 S.) 8° [F.]
= Beiträge, Urkundliche, u. Forschungen z. Geschichte d. Preuß. Heeres. H. 6. [04. 1194

— die Dessauer Stammliste v. 1729, s. a. Beiträge u. Forschungen, urkundliche, zur Geschichte des preuß. Heeres. II. 8.

Die Dessauer Stammliste von 1729. Von [Kurt] Jany, Hauptm. Berlin: E. S. Mittler & Sohn 1905. (170 S.) 8° [F.]
= Beiträge, Urkundliche, u. Forschungen z. Gesch. d. Preuß. Heeres. H. 8. [06. 133

Jany. Das Treffen bei Burkersdorf am 21. Juli 1762. Berlin 1907. 8°. (Aus: Bh. z. M. W. B.)

Jany, Ludw., über Einwanderung des Cysticercus cellulosae in's menschliche Auge. Eine Entgegnung auf den in der Breslauer ärztl. Zeitschrift [Nr. 23] vom 10. Decbr. v. J. publicirten Vortrag des Hrn. Prof. Dr. Herm. Cohn: „Ueber fünf Extractionen von Cysticercen aus dem Augapfel". gr. 8. (23 S.) Breslau 882. (Berlin, Münnich.) *

—— 18. und 19. Jahresbericht 1882 und 1883 über die Wirksamkeit der Dr. J.'schen Augen-Klinik in Breslau, Freiburgerstrasse Nr. 9. gr. 8. (30; 24 S.) Breslau 883,84. (Wiesbaden, Bergmann.) à Jahrg. **

Jany, Ludovicus *(geb. Friedrichsgrätz bei Oppeln 5. 10. 1833)*: De partu faciali. Vratislaviae (1858). (35 S.) 8°
Breslau, Med. Diss. v. 13. Nov. 1858

Jans, Eugen, approb. Arzt aus Grigolienen (Ostpr.): **Casuistischer Beitrag zur Lehre von der Aphasie.** *Kiel 1903: H. Fiencke.* (17 S.) 8°
Kiel, Med. Diss. v. [21. März] 1903

Janz, Otto, der Sonnensteiger. (III, 252 S.) kl. 8. Berlin (909). H. Bermühler. 3.50; geb. n 4.50

Janz, Robert *Martin* [aus Graudenz]: Zur Casuistik der Perforations-Peritonitis. . . . Berlin, Buchdr. v. G. Schade, *1891*; 29 S., 1 Bl. 8°
Berlin, Med. Fak., Inaug.-Diss. v. 9. Mai 1891

Janz, Rud., was fehlt d. Handwerk? Zeitstudien. 4. Tauf. gr. 8. (14 S.) Darmstadt 898. K. Heß. — 30

Janzac, d. Herrn v., Gesch., od. d. glückl. Betrieger. 8. Lemgo, Meyer. 742.

Janzé, Mme la Vicomtesse A. de, geb. de Choiseul-Gouffier, Erinnerungen an Berryer. Uebers. v. Baronin v. Koenneritz, geb. v. Jordan. (227 S.) Dresden 1885. v. Grumbkow.

Janze. W., (Jauze?) Die vollst. Hufbeschlagkunst. Aus dem Französischen v. J. G. Müller. 3 Teile. Mit 110 Taf. Fol. Berlin 34. Mittler. M. 10.–

Janzen, (Conferenzleiter,) vierzehn Conferenzgesänge u. eine Jeremiade eines Filial-Schulmeisters. 12. Marienburg 845, Dormann. n. 1/12 ℛ

Janzen, Oscar: Über einige stetige Kurven, über Bogenlänge, linearen Inhalt und Flächeninhalt. Königsberg i. Pr. 1907: O. Kümmel. (70 S., 2 Taf.) 8°
Königsberg, Phil. Fak., Ref. Schoenflies-Meyer, Diss. v. 15. Jan. 1908
[Geb. 8. März 85 Campenau; Wohnort: Königsberg i. Pr.; Staatsangeh.: Preußen; Vorbildung: Gymn. Elbing Reife O. 04; Studium: Berlin 2, Freiburg i. B. 1, Königsberg 5 S.; Rig. 4. Dez. 07.]

Waarenprüfungsbuch für Apotheker. Nach d. Arzneib. f. d. Deutsche Reich, 3. Ausg. bearb. v. P. **Janzen,** Apotheker. *Berlin: J. Springer 1898.* (2 Bl., 172 S.) 1 Bd 8. 198. 6340

Janzen, Rudolf, aus Hamburg: **Über Diabetes insipidus,** (ein besonderer Fall). *Halle a. S. 1899: C. A. Kaemmerer & Co.* (25 S.) 8°
Halle, Med. Diss. v. 14. Jan. 1899

Janzen, Rudolf, appr. Tierarzt a. Campenau: **Aus d. pharmakol.** Institut zu Gießen. Die Resorption des Jodoforms bei Einspritzung von Jodoformöl. Gießen 1905: **v. Münchow.** (23 S.) 8°
Gießen, Med. Fak., Ref. Geppert, Diss. v. 6. Sept. 1905
[Geb. 19. Febr. 82 Campenau; Wohnort: Campenau; Staatsangeh.: Preußen; Vorbildung: Gymn. Elbing Reife O. 01; Studium: Tierärztl. Hochschulen: Berlin 4, München 1, Berlin 2 S.; Rig. 3. Aug. 05.]

Janzer, Ludwig

— u. **Burger,** Eisenbahn-Verkehrsordnung vom 23. XII. 1908, s.: Sammlung deutscher Gesetze.

Janzer, Ludw., das badische Enteignungsgesetz, m. Anmerkgn. hrsg. (XXII, 99 S.) kl. 8. Mannheim (909). J. Bensheimer's Verl. Geb. in Leinw. 2.70

Janzer, Rudolf [aus Ramstein b. Landstuhl (Rheinpfalz)]: **Die Ätiologie der Ulnarislähmungen** . . . Berlin, Buchdr. v. G. Schade, *1895*; 38 S., 1 Bl. 8.
Berlin, Med. Fak., Inaug.-Diss. v. 16. Nov. 1895

Janzon, E., Sånger af Catullus från Verona. 1889. 40 S.

Janzon, J . Le droit d'indemnité des rédacteurs en cas de renvoi. [Rapport présenté au] 8e Congrès international de la Presse, Berne, juillet 1902. 10 p. 8. [Berne, II. Jent.]

Janzow, C. L., Predigt, gehalten am Sonntage Invocavit 1886 über Matth. 4, 1—11. 8. (20 S.) St. Louis, Mo. 886. (Dresden, H. J. Naumann.) *

Jaep, G.

Jaep, Anmerkungen zu Prof. Dr. H. Saure's englischer Gedichtsammlung, unter Mitwirkg. des Hrsg. bearb. gr. 8. (IV, 64 S.) Berlin 899. F. A. Herbig. n. — 80

— Anmerkungen zu Prof. Dr. H. Saure's französischer Gedichtsammlung. gr. 8. (68 S.) Ebd. 899. n. — 80

Jaep, G., Britannia. Eine praktisch-theoret. Anleitung zum Uebersetzen in's Englische mit grammat. und synonymen Anmerkungen. 1. Bdchn. gr. 8. (VIII, 224 S.) Leipzig 878, Teubner.
— dass. — 2. Bdchn. [für die oberen Klassen]. gr. 8. (VI, 246 S.) Ebendas. 879.

Jaep, G., England. Practische Anleitung zum Uebersetzen aus dem Deutschen in's Englische mit grammat. und synonym. Anmerkungen. gr. 8. (XII und 359 S.) Berlin 861, Haude und Spener'sche Buchh. *

Jaep, G., England. Praktische Anleitung zum Uebersetzen aus dem Deutschen in's Englische mit grammat. u. synonym. Anmerkungen. 2., verb. Aufl. Berlin 867. Haude & Spener'sche Buchh. gr. 8. (XII, 243 S.) n. 24 ngr.

Jaep, G., England. Praktische Anleitung zum Uebersetzen aus dem Deutschen in's Engl. mit grammat. und synonym. Anmerkungen. 3. verb. Aufl. gr. 8. (VIII, 349 S.) Berlin 872, Haude und Spener'sche Buchh. *

— England. Praktische Anleitung zum Uebersetzen aus dem Deutschen in's Englische, mit grammat. und synonymen Anmerkungen. 4. verb. Aufl. gr. 8. (VII, 359 S.) [Berlin 877, Haude und Spener'sche Buchh.] Leipzig, Teubner. *
geb. *

Jaep, G., the english school-companion. A selection of sketches, tales, and poetry. Vol. I. 1. Edit. (VI und 223 S.) and 2. Edit. gr. 16. (VIII und 223 S.) Göttingen 854, Wigand. *

— die griechische Sphinx. Eine mytholog. Abhandlung. hoch 4. (31 S.) Göttingen 854, Wigand. *

Jaep, G. C., Quo anno et quibus diebus festis Aristophanis Lysistrata atque Thesmophoriazusae doctae sint. Pr. 1859. 102 S. 2.—

Jaep, Heinrich Christian

— — De effectu appellationis speciatim quoad alterius partis supplicationem sive leuterationem. Diss. jur. Götting. (Frid. Andr. Rosenbusch) 1. IX. 1781. 26 S. (6.50) 16590
Gew.: Heinrich Christian Jaep (Vater).

Jaep, Heinrich Christian (Göttingen), De jure conferendi beneficia ex jure devoluto. Theses dissertat. jur. Präs. Georg Ludw. Boehmer. Götting. (Jo. Christ. Lud. Schulz) 29. VII. 1748. 12 Seiten. (4.50) 16589

Japan [Sachl. OW]

Japan, Land u. Leute, s.: Miniatur-Bibliothek.

Japan. Eine Schilderung von dem Umfange, der Lage, Staatsverwaltung, Kriegsmacht dieses Reichs und von den Sitten, Gebräuchen, Religion, Künsten, Wissenschaften, Handel, Ackerbau seiner Bewohner . . Berlin, Verlag der Buchhandlung von J. G. Hasselberg [1831].
IV + 158 S.; 20 Taf. in kol. Kupferst. 8°
Die Abb. sind z. T. Kopien nach Breton.

Japan. Zolltarifgesetz nebst Zolltarif. Vom 14. IV. 1910. (Nach der amtl. Ausg. des Tarifentwurfs in engl. Sprache unter Berücksicht. der v. den gesetzgeb. Körperschaften beschlossenen Abändergn.) Bearb. im Reichsamt des Innern. (31 S.) Lex. 8. Berlin 910. E. S. Mittler & Sohn. — 60

— u. **China.** Monatsschrift. Hrsg.: Tora Kuroiwa. Red.: Shigenobu Oikawa. 1. Jahrg. Mai 1910—April 1911. 12 Nrn. (284 S. m. Abbildgn.) Lex. 8. Berlin-Schöneberg (Königsweg 14), Expedition. 7. —

— neuestes Gemälde von, u. den Japanern. Nach d. neuesten Reisen eines Krusenstern, Langsdorf u. Golowin. Nebst e. Abriß d. 2jähr. Gefangenschaft Golowins u. seiner Gefährten daselbst. 2 Bdchen, mit 15 Kpf. Pesth, 821. Hartleben. 1 ℛ (Vergl. Miniaturgemälde d. Länder- u. Völkerkunde.)

Das Kaiserreich **Japan** nach den besten vorhandenen Quellen geschildert von einem Vereine Gelehrter . . . Karlsruhe, Kunstverlag 1860.
III + 355 + 40 S.; 1 Karte u. 24 Taf. in Stahlst. 4°.
(Die Außer-Europäische Welt oder Jahrbuch des Wissenswürdigsten aus der Kunde fremder Länder und Völker . . . Bd. 2.)

— u. die **Vereinigten Staaten.** Ein Vergleich in polit. u. militär. Beziehg. (Frühjahr 1907.) (14 S.) gr. 8. Wien 907. C. W. Stern. — 50
Sonderabdruck aus: „Die militär. Welt".

Unser Vaterland **Japan.** Ein Quellenbuch, geschrieben von Japanern. (Hrsg.: Alfred Stead.) — Leipzig: Seemann 1904. XXVI, 736 S. 8°

Japan [Schlagw.]

Japan, s.a. Asien, Herrich.

— s. a.: China. Scobel.

— s.a. China, Villaw.

Japan, s.a. Generalkarten.

Japan, s.: Hand- u. Reisekarten. 54.

Japan. Hassenstein, B., Atlas von Japan. 7 Blatt 1 : 1,000,000 u. 1 Übersichtskarte 1 : 7,500,000. 2 Abtheilgn. Chromolith. gr. Fol. Gotha, J. Perthes. à Abthlg. n. 12. —
1. Abth. Blatt 1—4: Süd- u. Central-Japan. (Mit 4 S. Text.) 885.
2. Abth. Blatt 5—7: Nord-Nippon, Yesso u. Kurilen, u. Übersichtskarte. (Mit 2 S. Text.) 887.

— s.a. Korea.

— s.a. Kriegsschauplatzkarten.

Japan. Scobel, A., politische Karte v. Japan, Korea u. der Mandschurei. 51,5×76 cm. Farbdr. Bielefeld 904. Velhagen & Klasing. n. 1. —

Japaner, verhetzte. Von e. alten „Chinesen". (45 S.) gr. 8. Berlin 905. Charlottenburg, Deutscher Kolonial-Verlag. n. — 75

Japanese, der, s.a. (Arur.)

Japanese, der, oder der Teufels-Beschwörer, und Castruccio Castracani, od. d. seltene Unbekannte. Zwei historisch-romant. Erzählungen. (Vom Prior Arur.) Mit 1 Abbild. 8. Weimar 834. Gräbner; jetzt Hennings u. Hopf in Erfurt. 5/6 ℛ

Japanesen, die, in Berlin. Humoristische Scenen von Ra-Ta-Tschin. 8. (15 S.) Berlin 862. Lassar. 8. (15 S.) n. 2½ ngr.

Japanesen, kleine. (Ausgestanzt.) schmal 8. (6 S. m. Abbildgn.) Stuttgart 893. W. Nitzschke. — 35

Japanisch [für Deutsche]. Mit genauer Angabe d. Aussprache. Bonn: C. Georgi [1902]. (32 S.) 8° [Umschlagt.]
= Kuntze, Polyglott. [15.] [05. 8,6

Deutsche **Japan-Post.** Wochenztg f. d. Dtn in Japan. Hrsg.: A. Madlung. Jg. 1—5. 12. 13. Yokohama '02—14. 4°

Japel, Chr. Lor., († 1791.) Lesebuch zum Unterricht d. Landmanns. 16—46 Quart. 8. Halle 783, 84.

Japha, Sendschreiben an sämmtliche Aerzte über die Behandlung der oriental. Cholera. gr. 8. (15 S.) Hamburg 850, Perthes-Besser und Mauke. *

Japha, Alfred (Berlin), Ueber primären Lungenkrebs. Diss. med.-chir. Bln. (Gustav Schade [Otto Francke]) 30. VII. 1892. 32 S. mit Biogr. (5.—) 16671
Oppon.: Lohnstein, Marwitz, Zuelzer.

Die Säuglingsfürsorgestelle I der Stadt Berlin. Einrichtung, Betrieb, Ergebnisse. Von Dr. A[lfred] Japha u. (Priv.Doz.) Dr. H[ugo] Neumann. Berlin: S. Karger 1906. (80 S.) 4°(8°) [06. 13006

— **Anton** (Hamburg), Experimenta nonnulla de vi selenii in organismum animalem. Diss. med. Halle (Ploetz) 23. VI. 1841. 31 S. mit Biogr. (6.—) 16672
Gew.: H. M. Japha (Vater).

Japha, Arnold, prakt. Arzt: Aus d. Kgl. pathol.-anat. Universitäts-Institut zu Königsberg in Pr. **Fettgewebsnekrose** und Cholelithiasis. *Königsberg i. Pr. 1901: R. Leupold.* (43 S.) 8°
Königsberg, Med. Diss. v. 1. Aug. 1901

Japha, Arnold, Dr. med. et phil., Assist. am Zool. Inst.: Die Haare der Waltiere. Naumburg a. S. (1910): Lippert. 43 S., 3 Taf. 8° ¶ (Aus: Zool. Jahrbücher. Bd 31. Abt. f. Anat. 1911.)
Halle, Phil. Hab.-Schr. v. 1910 [U 11. 1931

Japha, Arnold, Dr. med., a. Königsberg i. Pr.: Aus d. Zoologischen Museum d. Universität zu Königsberg i. Pr. Über die Haut nord-atlantischer Furchenwale. Naumburg a. S. 1907: Lippert & Co. (40 S.) 8° ¶ (Aus: Zoologische Jahrbücher Bd 24. Abt. f. Anat. 1907.)
Königsberg, Phil. Fak., Ref. Braun, Diss. v. 25. Febr. 1907
[Geb. 12. Sept. 77 Königsberg i. Pr.; Wohnort: Königsberg; Staatsangeh.: Preußen; Vorbildung: Wilhelms-Gymn. Königsberg Reife O. 96; Studium: Freiburg i. B. 5, Königsberg 4 S.; Rig. 16. Dez. 06.]

Japha, Hirsch Mendel: De febre puerperali. Berolini (1811). (30 S.) 8°
Berlin, Med. Diss. v. 19. Okt. 1811

Johann August Japha

De Hydrorrhachia dehiscente. Berolini (1817:) Starck. 32 S. 8°
Berlin, Med. Diss. v. 4. Febr. 1817

Japha, Mart., kurze Uebersicht der englischen Grammatik in Regeln u. Beispielen. Ein Hilfsbuch für den Schul- u. Privatunterricht. 8. (VII, 152 S.) Köln 878. Du Mont-Schauberg. n. 2. —

— praktische Vorschule der englischen Conversation. Für den Schul- u. Selbstunterricht. gr. 8. (IV, 324 S.) Wolfenbüttel 879. Zwißler. n. 3. —

Japhé, Dorothea, aus Mitau (Russland): Ueber p-Anisoyl-Xanthen. Ueber einige Brasanderivate. Bern 1909. 42 S. 8°. [18. VI. 09]
Bern. Phil. Diss. 1909/10.

Japhé, Fanny, aus Mitau: Ueber die Gewöhnung an die Narkotika der Fettreihe. ⟨Aus dem pharmakologischen und medizinisch-chemischen Institute der Universität Bern. (Direktor Prof. Bürgi.)⟩ Berlin, Julius Springer. 1911. 8 S. 8°. [9. IX. 10.]
Bern. Med. Diss. 1910/11.

Japhé, Helene, aus Mitau (Rußland): Zur Kenntnis der 2-Styryl-Cumarone. Zürich, Gebr. Leemann & Co., 1911. 24 S. 8°. [20. II. 10.]
Bern. Phil. Diss. 1910/11.

Japhet, J. M., hebräische Fibel, Neubearbeitg., s.: Rosenthaler, J.

Japhet, J. M., Haggadah für Pesach. Mit Übersetzung, deutschem Commentar und musikal. Beilage. gr. 8. (VIII, 115 S.) Frankfurt a. M. 884, Kauffmann. cart. * geb. *

Japhet, J. M., Haggadah f. Pesach. Mit Übersetzg., deutschem Commentar u. musikal. Beilagen. 2., verb. Aufl. 8. (VIII, 113 u. IV S.) Frankfurt a/M. 891. Kauffmann. Kart. n. -- 70

— Haggadah f. Pesach. Mit Uebersetzg., deutschem Kommentar u. musikal. Beilagen. Neue Aufl. Durchgesehen u. verb. v. H. Schwab. (VIII, 113 u. IV S.) 8. Frankfurt a/M. (903). J. Kauffmann. Kart. n. — 70

Japhet, J., ס״ עוללים Hebräische Lesefibel. gr. 12. (1 B.) Kassel 839, Fischer. *

Japhet, J. M., hebräische Lesefibel. 2., verb. Aufl. 12. (24 S.) Kassel 852, J. G. Luckhardt. *

Japhet, J. M., hebräische Lesefibel. 3., verb. und verm. Aufl. 12. (24 S.) Cassel 857, J. G. Luckhardt. *

Japhet, J. M., hebräische Lesefibel. 5., verb. und verm. Aufl. 8. (24 S.) Cassel 865, J. G. Luckhardt. *

Japhet, J. M., hebräische Lesefibel. 6. Aufl. (24 S.) 1870. * 20 Pf., und 7. verb. und verm. Aufl. 8. (16 S.) Cassel und Leipzig 874, Luckhardt'sche Verlagsh. *

Japhet, J. M., hebräische Lesefibel. 8., verb. u. verm. Aufl. 8. (24 S.) Kassel 878. Grobel. n. — 25

—— hebräische Lesefibel. 9. verb. und verm. Aufl. 8. (32 S.) [Frankfurt a. M. 884, Grobel.] Plauen, Neupert's Verlag. *

Japhet, J. M., hebräische Lesefibel. 10. verb. und verm. Aufl. 8. (32 S.) Frankfurt a. M. 888, A. J. Hofmann. geb. *

— hebräische Lesefibel. 11., verm. Aufl. 8. (32 S.) Frankfurt a/M. 892. A. J. Hofmann. Geb. n. — 35

Japhet, J. M., hebräische Lesefibel. 12., verb. u. verm. Aufl. 8. (32 S.) Frankfurt a/M. 899. A. J. Hofmann. Geb. n. — 35

[Hebr.] Môre hak-kôrâ. [J.] Die Accente der heiligen Schrift ... von J. M. Japhet. (Hrsg.: H. Heinemann). *Frankfurt a. M.: J. Kauffmann 1896.* (1 Bl., XI, 184 S.) 1 Bd 8. [96. 2038

— Schirö Jeschurun. Gesänge für den israelitischen Gottesdienst. 2., verm. u. verb. Aufl. gr. 8. (XVI, 160 S.) Frankfurt a/M. 881. Kauffmann. n. 10. —

— hebräische Sprachlehre, mit prakt. Aufgaben zum Gebrauche beim Unterrichte in der hebr. Sprache. 2 Abthlgn. 8. Frankfurt a. M., Kauffmann. [1. Abthl. 1.—4. verb. Aufl. (IX, 104 S.) 860—78; 2. Abthl. 1. und 2. Aufl. (VI, 115 S.) 868,78.] geb. à Abthl. * *M.* 1,30. *

—— hebräische Sprachlehre mit praktischen Aufgaben. 1. Abtl. nebst einem Vorkursus und Vocabularium. 5. sehr verb. und verm. Aufl. gr. 8. (V, 133 S.) Frankfurt a. M. 885, Kauffmann. geb. **
2. Abtl. 2. Aufl. Ebendas. 1878. ** *M* 1.30.

— hebräische Sprachlehre m. praktischen Aufgaben. 1. Abtlg. nebst e. Vorkursus u. Vokabularium. 8. Aufl., hrsg. v. H. Schwab. (IV, 134 S) 8. Ebd. 903. Geb. n.n. 1. 30

Japhet, L., der Gerechte blühet auf wie die Palme, und wird groß wie die Zeder auf dem Libanon, und noch im hohen Alter saftig, frisch und fruchtreich sein. Eine Festpredigt zum 100. Geburtstage des Sir Moses Montefiore zu London [am Sabbat Noach, 6. Marcheschwan 5645], in der Synagoge zu Aschersleben den 25. Octbr. 1884 gehalten. gr. 8. (11 S.) Aschersleben 884, Siever. **

Japing, Eduard

Japing, E., Blech und Blechwaaren. Praktisches Handbuch für die gesammte Blechindustrie, Hüttenwerke, Constructions-Werkstätten, Maschinen- und Metallwaarenfabriken, sowie für den Unterricht an technischen und Fachschulen. 8°. (XX, 420 S. mit 125 Abbildungen.) (Chemisch-technische Bibliothek. Band 140.) Wien, Hartleben. fl. 3.—. 1886

—— die Darstellung des Eisens und der Eisenfabrikate. Handbuch für Hüttenleute und sonstige Eisenarbeiter, für Techniker, Händler mit Eisen und Metallwaaren, für Gewerbe- und Fachschulen &c. 8. (IV, 246 S. mit 73 eingedr. Holzschn.-Abbild.) Ebendas. 881.
2. Thl. erschien u. d. T.: Eisen u. Eisenwaren

Japing, Ed., Draht und Drahtwaaren. Praktisches Hilfs- und Handbuch für die gesammte Drahtindustrie, Eisen- und Metallwaarenhändler, Gewerbe- und Fachschulen. Mit besond. Rücksicht auf die Anforderungen der Elektrotechnik. 8. (IV, 448 S. mit 119 Abbild.) Wien 884, Hartleben's Verlag. * geb. *

Japing E. Draht und Drahtwaren. (Bibliothek. Chem.-techn. 113) Wien 1884

Japing, Ed., Eisen u. Eisenwaaren. Praktische Anleitung zur Kenntniß der Darstellungs-Methoden u. Eigenschaften von Eisen, Stahl u. Waaren aus beiden. 1. u. 2. Thl. 8. Wien 881. Hartleben. 9. 25
1. Die Darstellung des Eisens u. der Eisenfabrikate. Handbuch für Hüttenleute u. sonst. Eisenarbeiter, für Techniker, Händler m. Eisen u. Metallwaaren, für Gewerbe- u. Fachschulen &c. Mit 73 (eingedr. Holzschn.-) Abbildungen. (IV, 246 S.) 3. 25
2. Der praktische Eisen- u. Eisenwaarenkenner. Kaufmännisch-techn. Eisenwaarenkunde. Ein Handbuch für Händler mit Eisen- u. Stahlwaaren, Fabrikanten &c. Mit 98 (eingedr. Holzschn.-) Abbildungen. (VI, 564 S.) n. 6. —

—— Eisen und Eisenwaaren. Praktische Anleitung zur Kenntniß der Darstellungs-Methoden und Eigenschaften von Eisen, Stahl und Waaren aus beiden. 2. Thl.: Der praktische Eisen- und Eisenwaarenkenner. Kaufmännisch-techn. Eisenwaarenkunde. Ein Handbuch für Händler mit Eisen- und Stahlwaaren, Fabrikanten &c. 8. (VI, 564 S. mit 98 eingedr. Holzschn.-Abbild.) Wien 882, Hartleben's Verlag.

Japing, E., d. Elektricität, s.: Schwartze, Th.

Japing, Ed., die Elektrolyse, Galvanoplastik u. Reinmetallgewinnung, s.a. Bibliothek, elektrotechnische.

—— die Elektrolyse, Galvanoplastik und Reinmetallgewinnung. Mit besond. Rücksicht auf ihre Anwendung in der Praxis. 8. (XVI, 260 S. mit 46 eingedr. Abbild.) Wien 883, Hartleben's Verlag. ℳ 3.; geb.

Japing, E: Die Elektrolyse, Galvanoplastik und Reinmetallgewinnung. 2. Aufl. Leipzig . . . 1884

Japing, Eduard, u. J. Zacharias, die elektr. Kraftübertragung u. ihre Anwendung in der Praxis, s.a. Bibliothek, elektrotechn.

—— die elektrische Kraftübertragung und ihre Anwendung in der Praxis. Mit besond. Rücksicht auf die Fortleitung und Vertheilung des elektr. Stromes dargestellt. 1. und 2. Aufl. 8. (XVI, 239 S. mit 45 eingedr. Abbild.) Wien 883, Hartleben's Verlag. ℳ 3.; geb.

Japing, Eduard, Die elektrische Kraft-Uebertragung und ihre Anwendung in der Praxis. Nach dem Tode des Verfassers neu bearbeitet von J. Zacharias, Ingenieur. Mit 61 Abbildungen. Dritte Auflage. 8. (XIV, 232 S.) [Elektro-technische Bibliothek. Bd. II. Dritte Auflage] 1.65
Dasselbe. Geb. (nur fest) 2.20
Wien: A. Hartleben 1891.

Japing, E., Die elektrische Kraftübertragung und ihre Anwendung in der Praxis. 4. Aufl. [Elektrotechnische Bibliothek. Bd. 2.] 8°. (ill. XIV, 239 S.) 1905 K 3.30, geb. K 4.40
Wien: A. Hartleben 1905.

Japing, Eduard, Der praktische Eisen- und Eisenwaarenkenner. Kaufmännisch-techn. Eisenwaarenkunde. Ein Handbuch f. Händler mit Eisen- und Stahlwaaren, Fabrikanten, Ex- und Importeure, Agenten, Eisenbahn- und Baubehörden, Handels- und Gewerbeschulen &c. Mit 98 Abbild. 8. (XVI u. 568 S.) geh. (Chem.-techn. Bibliothek. Bd. XCVII.) 3 fl. 30 kr.

— Kupfer u. Messing, sowie alle technisch wichtigen Kupferlegirungen, ihre Darstellungsmethoden, Eigenschaften u. Weiterverarbeitg. zu Handelswaaren. Handbuch f. Hüttenleute u. Metallarbeiter, Metall- u. Metallwaarenhändler, f. polytechn., Gewerbe- u. Fachschulen. Mit 41 (eingedr.) Abbildgn. 8. (IV, 208 S.) Wien 883. Hartleben. n. 3. —; geb. n. 3. 80

Japing W, Baumaschinen. Leipzig 1884

Japsen, Johann Christian Ludwig

Japsen, J. C. L., der Herr ist nahe! Erndtepredigt gehalten am 16. p. Trin. 1855. gr. 8. (16 S.) Altona 855, Wendeborn'sche Buchh. **

⊙ Rede bei Enthüllung des Denkmals für die in den Jahren 1848—51 gefallenen Söhne der Gemeinde Elmshorn, gehalten am 16. September 1877 v. Propst [Johann Christian Ludwig] Japsen. (Elmshorn. 1877.) 8°.

Japy Frères, Beaucourt. Album von Schlosserarbeiten. gr 4° Beaucourt

Jaquemar, Hans, Aus der Berliner Stadtmission. Vortrag, gehalten in der reformirten Kirche zu Wien im März 1891. 8. (34 S.) In Comm. —.30
Wien: Carl Stock 1891

– (Hrsg.), s. Wandersport

Jaqueminot Victor, die Räuber im Himmelaya, s. A. v. Mauquenac. drei Jahre in d. Sklaverei.

Iaquemot, Ludovicus: *Observationes Criticae in Ionicam dialectum (Inscriptionibus Ionicis auxilio adhibitis). 28 S. 2° u. 2 Bl. 4°
Halle-Wittenberg, Phil. Diss. v. 19. Febr. 1872
Geb. [Genf 1. 8. 1844]

Jaequemyns, Eduard (Verrebroek / Ostflandern), Experimenta chemica de quibusdam venenis metallicis. Rector Deodat Sauveur. Lüttich (P. J. Collardin) 15. VII. 1830. 24 S. (5.50) 16591

Jaques, Heinr., Abhandlungen zur Reform der Gesetzgebung. I. Grundlagen der Preßgesetzgebung. gr. 8. (103 S.) Leipzig 874, Duncker und Humblot. *

Jaques, staatsrechtl. Abhdlg. üb. d. Wahlprüfung in d. modernen Staaten. Wien 885.

Jaques, Heinr., die freie Advocatur u. ihre legislative Organisation. Eine Abhandlung zur Reform der deutschen u. österreich. Gesetzgebung. Wien 868. Braumüller. gr. 8. (VIII, 236 S.) n. 1 ₰ 16 ngr.

—— über die Aufgabe der Vertheidigung in Strafsachen. Ein Vortrag. gr. 8. (27 S.) Wien 873, Manz. *

Jaques, Heinr., Beiträge zur Revision des österreichischen Strafrechts aus den hinterlassenen Papieren Jaques'. Red. u. hrsg. v. Adf. Lenz. gr. 8. (V, 284 S.) Wien 894. (Manz.) n. 3. 60

Jaques, Heinr., Denkschrift über die Stellung der Juden in Oesterreich. 4. verm. Aufl., nebst einer antikritisch-juridischen Einleitung. Wien 859. Gerold. Lex.-8. (CXXI, 51 S.) n. 24 ngr.

Jaques, Heinr., Eisenbahnpolitik und Eisenbahnrecht in Oesterreich. Ein Antrag, dem hohen Reichsrath unterbreitet. gr. 8. (31 S.) Wien 878, (Gerold's Sohn.) *

Jaques, Grundlagen d. Pressgesetzgebung. Lpzg. 874.

Jaques, Heinr., über die heutige innere Lage. — Unsere Justizverwaltung und Justizreform. Zwei Reden. gr. 8. (36 S.) Wien 888, Manz'sche Hof-Verlags- und Universitäts-Buchh. *

Jaques, Dr. Heinrich. Ueber unser Parlament. gr. 8. (34 S.) Wien. Typ. lit. art. Anstalt. 40 kr.

—— Oesterreichs äußere Politik in und nach dem Kriege. gr. 8. (62 S.) Ebendas. 870. *

Jaques, Heinr., die Rechtsverhältnisse der mit Zinsengarantie versehenen Eisenbahn-Actiengesellschaften und die österreichische Eisenbahnpolitik. Lex.-8. (XI und 100 S.) Wien 864, Gerold's Sohn. *

—, fünf Reden üb. Österreich u. Wien. Mit e. Anh.: Über Wahlprüfgn. gr. 8. (X, 69 S.) Leipzig 891. Duncker & Humblot. n. 1. 60

—— die Reform der Eisenbahn-Gesetzgebung, im Zusammenhang mit der heut. österreich. Finanzlage. Eine Denkschrift, den k. k. Ministerien für Handel und Volkswirthschaft und der Finanzen überreicht. Lex.-8. (IV und 43 S.) Wien 866, Gerold's Sohn. *

—— die Reform des österreichischen Gefälls-Strafgesetzes. Vortrag, gehalten in der III. General-Versammlung des österreich. Brauerbundes zu Wien am 1. Septbr. 1885. gr. 8. (19 S.) Ebendas. 885. *

— die durch die französischen Moratorien-Verfügungen hervorgerufenen Regreßfragen. Mit e. Anh., die Moratorien-Gesetze enth. [Aus „allg. österr. Gerichts-Zeitg."] gr. 8. (50 S.) Ebend. 872. n. 1. —

— Revision der Strafgesetzgebung in Deutschland u. Österreich. Ebd. 893.
Als vorbereitet angekündigt,. wird jedoch wegen Todes des Autors nicht erscheinen.

Jaques: Eine Studie über Handelskrisen, Bankkrisen und Discont. 22 S. 8°–Wien H., Progr. 1866

Jaques, Heinr., Alexis de Tocqueville. Ein Lebens- und Geistesbild. gr. 8. (VIII, 111 S.) Wien 876, Gerold's Sohn. *

— die Verfassung u. unsere dringendsten Aufgaben. Eine Denkschrift. Ebend. 861. gr. 8. (44 S.) n. 8 ngr.

Jaques, Dr. Heinrich. Verstärkung des Abgeordnetenhauses. Ein Gesetzvorschlag mit Motiven den beiden hohen Häusern des Reichsrathes ehrfurchtsvoll unterbreitet. 4. (11 S.) Wien, Gerold in Comm. 1869 60 kr.

—— Verwaltungsrath und Directorium der österr. Credit-Anstalt. Ein Wort der Verständigung. gr. 8. (28 S.) Wien, Typ. lit. art. Anstalt. 1861 40 kr.

—— die Wahlprüfung in den modernen Staaten und ein Wahlprüfungsgerichtshof für Oesterreich. Eine staatsrechtl. Abhandlung. gr. 8. (120 S.) Ebendas. 885. *

—— die Wuchergesetzgebung und das Civil- und Strafrecht. Eine Abhandlung zur Reform der Legislation überhaupt und der österreich. insbesondere. gr. 8. (IX und 146 S.) Wien 867, Gerold's Sohn. *

Jaques, Hermann

— Münchens Ende. Roman. (232 S.) gr. 8. Ebd. 903. n. 3. —; geb. n. 4. —

Jaques, Herm., aus den Gallerieen meiner Träume. 8. (65 S.) Dresden 901. C. Reißner. Kart. n. 2. —

— das süße Gift. Novellen. 8. (161 S.) Berlin-Charlottenburg (902). Verlag Continent. n. 2. —

Jaques, Herm., das Kreuz des Juden. Roman. (259 S.) 8. Dresden (904). C. Reißner. n. 3. —; geb. n. 4. —

— Norddeutschland. Roman. (259 S.) 8. Ebd. (906). n. 3. —

— Lieder der Décadence. 2. verm. Aufl. 8. (IV, 118 S.) Dresden 903. E. Pierson. n. 2. —; geb. n. 3. —
1. Aufl. (IV, 80 S.) Ebd. 900. n. 2. —; geb. n. 3. —.

Jaques, Jean, s. Soulié, Fr., neueste u. beste Romane, 20.—33. Bdchn.

Jaques, Jean, der Tanzmeister in der Westentasche. Eine Sammlung neuester und beliebtester Tanz-Ordnungen, Polonaise-, Contretanz-, Mazourka- rc. Touren, sowie der Quadrille à la Cour. Zum Selbstunterricht bearb. und zum Commando für Ball-Dirigenten eingerichtet. 5., sehr verm. Aufl. 32. (127 S.) Hamburg 860, B. S. Berendsohn.

Jaques, Jean, der Tanzmeister in der Westentasche. Eine Sammlung neuester u. beliebtester Tanz-Ordngn., Polonaise-, Contretanz-, Mazourka-, Polka- u. Cotillon-Touren, Quadrille à la cour rc. Ideen zu Masken-Scherzen. Zum Selbstunterricht bearb. u. zum Commando f. Ball-Dirigenten eingerichtet. 9. sehr verm. Aufl. 16. (128 S.) Hamburg 872. B. S. Berendsohn. 1. —

Jaques- D a l c r o z e , Emile

Jaques. Press-Stimmen über die überall mit sensationellem Erfolge aufgeführten Volks-Kinderlieder und Reigen von E[mile] Jaques-Dalcroze. [Mit 4 Tafeln.] 54 S. 8. Strassburg i. Els., Süddeutscher Musikverlag, [1903].

Jaques-Dalcroze, (E[mile]). L'Amour est volage! Paroles de Charles Fallot. Musique de J'-D'. Chant et Piano. [Titre illustré.] 7 p. 4. Paris-Neuchâtel-Leipzig, Sandoz, Jobin & Cie: [Edition] No 956, (1906). fr. 2. —
[Edition] No 955: *idem.* Chant seul. fr. — 85

Jaques-Dalcroze, E[mile]. Aria Aime-Moi, pour Soprano avec accompagnement d'Orchestre ou Piano. Noté d'après Michael Angelo Rossi 1620—1660. 7 p. 4. Paris, (Leipzig et) Neuchâtel, Sandoz, Jobin & Cie: [Edition] No 583, 1905. [fr. 2. 50]

Jaques-Dalcroze, E[mile]. 6 Bagatelles. pour piano. Op: 67. 13 p. 4. Paris, (Leipzig et) Neuchâtel, Sandoz, Jobin & Cie: [Edition] No 578, 1905. [fr. 3. —]

Jaques-Dalcroze, E[mile]. Le Bouvillon. Poésie de Eug(ène) Rambert. (Musique de) E. J'-D'. ⟨Mezzo-soprano ou Baryton.⟩ Op: 72a 3 p. 4. Paris, (Leipzig et) Neuchâtel, Sandoz, Jobin & Cie: [Edition] No 589, 1905. [fr. 1. 75]

Jaques-Dalcroze, E[mile]. Chanson d'Octobre. Poésie de Charles Bonifas. [Musique de] E. J'-D'. Op: 72b 7 p. 4. Paris, (Leipzig et) Neuchâtel, Sandoz, Jobin & Cie: [Edition] No 580, 1905. [fr. 2. —]

Jaques-Dalcroze, (E[mile]). Chansonnier J'-D', contenant: 130 chansons choisies parmi les volumes: Chansons romandes, Ch' populaires, Chez nous, Des chansons, Chansons de l'Alpe, Ch' religieuses, Enfantines, Les propos du père «David la Jeunesse», Les chansons du cœur qui vole, Ch' de route, etc. [Couverture illustrée.] II + 211 p. 8. Paris, (Leipzig &) Neuchâtel ⟨Suisse⟩, Sandoz, Jobin & Cie, [1905]. [fr. 2. 75]

Jaques-Dalcroze, E[mile]. Dix nouvelles chansons avec gestes. ⟨Etudes callisthéniques, pour jeunes filles.⟩ op. 60. Chant et piano. ([Avec couverture illustrée et Annexe:] Dix n' ch' avec g' ⟨Études c'⟩. Texte et Musique de E. J'-D'. Op. 60. Mise en scène. [Explication, avec figures et planches.]) II + 45 [+ *Annexe* 23 + 3] p. gr.-8. Paris-Leipzig-Neuchâtel, Sandoz, Jobin & Co: [Edition] No. 773, 1906. [fr. 5. —]

Jaques-Dalcroze, E[mile]. Mon pauvre Coeur. Poésie de Louis Duchosal. (Musique de) E. J'-D'. Op: 73b ⟨Mezzo-soprano ou Baryton.⟩ 7 p. 4. Paris, (Leipzig et) Neuchâtel, Sandoz, Jobin & Cie: [Edition] No 590, 1905. [fr. 2. 50]

Jaques-Dalcroze, E[mile]. Danse romande. pour piano à 4ms. Op: 68. 7 p. 4. Paris, (Leipzig et) Neuchâtel, Sandoz, Jobin & Cie: [Edition] No 579, 1905. [fr. 2. —]

Jaques-Dalcroze, E[mile]. A deux (Chanson avec gestes). Etude callisthénique. Chant et piano. (Texte et musique de) E. J'-D'. (Op. 87.) 3 p. 4. Paris, (Leipzig et) Neuchâtel, Sandoz, Jobin & Cie: [Edition] No 573, 1905. [fr. 2 —]

Jaques-Dalcroze, E[mile]. Les fillettes de Tanagra (Chanson avec gestes). Etude callisthénique. Chant et piano. (Texte et musique de) E. J'-D'. (Op. 88. — [Avec Annexe:] Les F' de T'. Mise en scène. [Explication, avec 2 figures].) 6 [+ *Annexe* 3] p. 4. Paris, (Leipzig et) Neuchâtel, Sandoz, Jobin & Cie: [Edition] No 572, 1905. [fr. 2. —]

Jaques-Dalcroze, E[mile]. Fleurs de Mai. 3 Chansons pour le mois de Marie. Op: 75. No 1. C'est le mois de Marie; No 2. Voici le printemps; No 3. O joli mois de Mai. (Texte et Musique de) E. J'-D'. 7 p. 4. Paris, (Leipzig et) Neuchâtel, Sandoz, Jobin & Cie: [Edition] No 585, 1905. [fr. 2. 50]

Dalcroze, Jaques, Rhythmische Gymnastik, m. Abb., T. 1, Bd. 1. Bd. 2: D. Rhythmik, Leipzig u. Lausanne 1906, 4°. 2 Bde.

(E.) Jaques-Dalcroze. Rhythmische Gymnastik. Bd 1. Neuchâtel Leipzig: Sandoz, Jobin & Cie [1907]. 4°(8°)
→ Jaques-Dalcroze, Methode. T. 1, Bd 1. [07. 2189

Jaques-Dalcroze, E[mile]. Hymne au Printemps pour Chœur mixte avec accompagnement de piano. Texte et Musique de E. J'-D' = Loblied an den Frühling für gemischten Chor mit Klavierbegleitung. Text und Musik von E. J'-D'. Partition. 7 p. 4. Paris-Leipzig-Neuchâtel ⟨Suisse⟩, Sandoz, Jobin & Cie: [Edition] No. 815, 1906. Partition fr. 2. —, Parties de chœur à —. 30

Jaques-Dalcroze, E[mile]. Kling-Klang. Chanson religieuse enfantine. ⟨A chanter pendant la quête.⟩ (Texte et musique de) E. J'-D'. Op: 83. 3 p. 4. Paris, (Leipzig et) Neuchâtel, Sandoz, Jobin & Cie: [Edition] N° 584, 1905. [fr. 1.75]

Jaques-Dalcroze, E[mile]. Lied pour un Mariage, avec accompagnement d'Orgue ou de Piano. Op: 76. 6 p. 4. Paris, (Leipzig et) Neuchâtel, Sandoz, Jobin & Cie: [Edition] N° 581, 1905. [fr. 2.—]

(**Jaques-Dalcroze, E[mile].**) 164 Marches Rythmiques pour une voix moyenne avec accompagnement de piano. ⟨Complément à la Méthode de Gymnastique Rythmique.⟩ 1er Volume ⟨84 Marches⟩. [Partition chant et piano.] 89 p. gr.-8. Paris-Leipzig-Neuchâtel, Sandoz, Jobin & Cie: [Edition] N° 780, (1906). [fr. 4. —]
Méthode Jaques-Dalcroze.
Ed. B mit französischem Titel (= 84 R[h]ythmische Märsche ...).

(**Jaques-Dalcroze, E[mile].**) 164 Rhythmische Märsche für eine mittlere Stimme mit Klavierbegleitung. ⟨Ergänzung zur Methode der rhythmischen Gymnastik.⟩ Band 1 ⟨84 Märsche⟩. [Partitur: Gesang und Klavier.] 89 S. gr.-8. Paris-Leipzig-Neuchâtel, Sandoz, Jobin & Cie: [Edition] No. 780, (1906). [fr. 4. —]
Methode J'-D' zur Entwicklung des Sinnes für Rhythmus und Tonart wie zur Ausbildung des Gehörs.
Ausg. A mit deutschem Titel (= 84 Marches Rythmiques ...).

Jaques-Dalcroze, E[mile]. Marches Rythmiques. Transcription ... = Rhythmische Märsche. Ausgabe.... [1er Volume: 84 Marches....] gr.-8. Paris-Leipzig-Neuchâtel ⟨Suisse⟩, Sandoz, Jobin & Cie: [Edition] No. ..., 1906.
Tr' pour flûte ⟨avec accompagnement de piano ad libitum⟩ par René Charrey = Ausg' für Flöte ⟨mit Klavierbegleitung ad libitum⟩ von R' Ch'. 27 p. [Edition] No. 805. [fr. 3. —] —
Tr' pour 2 flûtes ⟨avec acc' de p' ad l'⟩ par René Charrey = Ausg' für 2 Flöten ⟨mit Kl' ad l'⟩ von R' Ch'. 43 p. [Edition] No. 816. [fr 3. —] —
Tr' pour Violon par Aimé Kling = Ausg' für Violine von A' K'. 27 p. [Edition] No. 781. [fr. 2. 70]
Tr' pour Violoncelle par Adolphe Rehberg = Ausg' für Cello von A' R'. 27 p. [Edition] No. 817. [fr. 3. —]

Jaques-Dalcroze, (E.), Methode. I. Tl. (2 Bde.) Rhythmische Gymnastik. 1. Bd. (XIII, 298 S. m. Fig.) Lex. 8. Neuchâtel (908). Jobin & Co. 10. —

— dasselbe (ins Deutsche übertr. v. Paul Boepple). Übungsbuch f. Schüler. III. Tl. Tonleitern u. Tonarten. Phrasierung u. Nüancierg. 1. u. 2. Bdchn. (127 u. 80 S.) 8. Ebd. 907. 08. à 1. 20

Dalcroze, Jacques, Methode. I. Tl. (In 2 Bdn.) Rhythmische Gymnastik. 1. Bd. (XIII, 298 S. m. Abbildgn.) Lex. 8. Neuchâtel 906. (Strassburg, Süddeutscher Musikverlag.) 10. —

Jaques-Dalcroze, E[mile]. 6 Petites Pièces pour Piano ⟨Transcription simplifiée & abrégée de la «Sérénade»⟩ ⟨pour quatuor à cordes⟩ = 6 kleine Klavierstücke. Op. 59. [Titre illustré.] 13 p. 4. Paris, (Leipzig &) Neuchâtel, Sandoz, Jobin & Cie, 1905. [fr. 2. 50]

Jaques-Dalcroze, E[mile]. Prière Patriotique. Chant et piano. (Texte et Musique de) E. J'-D'. [Edition] N° 600: Mezzosoprano ou Baryton ⟨en ré⟩. 4 p. 4. Paris, (Leipzig et) Neuchâtel, Sandoz, Jobin & Cie. 1905. [fr. 1.75]
N° 602: Soprano ou Ténor ⟨en mi⟩.
N° 601: Alto ou Basse ⟨en do⟩.

Jaques-Dalcroze, E[mile]. Der Rhythmus als Erziehungsmittel für das Leben und die Kunst. Sechs Vorträge von E. J'-D', zur Begründung seiner Methode der rhythmischen Gymnastik. Deutsch hrg. von Paul Boepple. VI + 155 S. 8. Basel, Helbing & Lichtenhahn, 1907. [fr. 4. —]
(Der deutschen Bearbeitung lag die Übersetzung von Dr. [C] Bitzel, ... Genf, zu Grunde.)

Jaques-Dalcroze, Emile, Sancho. Oper in 4 Akten (8 Bilder). Text von R. Yve-Plessis. Ins Deutsche übertr. v. Fel. Vogt. Textbuch. 8. (80 S.) Strassburg (902). Süddeutscher Musikverlag. n. — 80

Jaques-Dalcroze, E[mile]. Dix Scènes d'Enfants. op. 54. Chant et piano. ([Avec couverture illustrée et Annexe:] Dix Sc' d'Enf'. Texte et Musique de E. J'-D'. Op. 54. Mise en scène. [Explication, avec figures et planches.]) II + 51 [+ *Annexe* 24 + 3] p. gr.-8. Paris-Leipzig-Neuchâtel, Sandoz, Jobin & Cie: [Edition] No. 772, 1906. [fr. 5. —]

Dalcrose, E. J.: Studium des Notenplanes. Deutsche Bearb. v. P. Boepple. Paris & Leipzig 1907. 44 S. 4° (Methode Jaques-Dalcroze. 2.)

Dalcrose, E. J.: Tonleitern und Tonarten, Phrasierung und Nüancierung. Deutsche Bearb. v. P. Boepple. Paris & Leipzig 1907—09. 3 Bde 4° (Methode Jaques-Dalcroze. 3.)

Jaques-Dalcroze, Emil, Vorschläge zur Reform des musikalischen Schulunterrichtes, dem Soloturner Kongress f. Musik-Unterricht vom 1. VII. 1905 vorgelegt. Hrsg. vom Verein schweizer. Tonkünstler. (77 S.) 8. Zürich (905). (Hug & Co.) n. — 40

Jaquet,* s. a. *Jacquet.

JAQUET, ADOLF. Ueber Aethyl- und Propyl-m-Xylylketon. Freiburg i. B., 1888

Jaquet, Alb., first aid to the injured for volunteer nurses in war and volunteers of the Red Cross Society. Translated by Frau Bettina v. Gutfeld. (71 S.) 8. Berlin 908. H. Steinitz. 1. 80

Jaquet, Albert: Zur Behandlung der dorso-posterioren Querlagen. *Berlin 1898: H. S. Hermann.* (29 S.) 8°
Berlin, Med. Diss. v. 4. Mai 1898

Jaquet, Alfred

Jaquet, A., der Alkohol als Genuss- u. Arzneimittel. Vortrag, geh. am 28. Jan. 1894. gr. 8. (31 S.) Basel 894. B. Schwabe. n. 1. —

Jaquet, Alfred. Arbeit und Erholung unserer Schuljugend. Referat (gehalten an der Hauptversammlung der freiw. Schulsynode von Basel-Stadt, Nov. 1905 [*d. i.* 22. Nov. 1904]). 28 S. 8. Basel, Friedrich Reinhardt, 1905.
s. auch Verhandlungen der Freiwilligen Schulsynode von Basel-Stadt 1904.

JAQUET, ALFRED. Beiträge zur Kenntniss des Blutfarbstoffes. Basel, 1889.

Jaquet, A[lfred]. Zur Erinnerung an Herrn Dr. Elias Haffter. [Mit Porträt-Tafel.] (Separatabdruck aus dem Correspondenzblatt für Schweizer Aerzte, 1909, Nr. 16.) II + 8 S. 8. Basel, Schweighauserische Buchdr. ⟨Benno Schwabe & Co.⟩, 1909.

Jaquet, A[lfred]. Zur Frage der sog. Verlangsamung des Stoffwechsels bei Fettsucht. Aus der medizinischen Klinik zu Basel. Separatabdruck aus dem Correspondenz-Blatt für Schweizer Aerzte, 1901, Nr. 5. 11 S. gr.-8. [Basel, Schweighauser.]

Jaquet, A[lfred]. Der respiratorische Gaswechsel. Separat-Abdruck aus «Ergebnisse der Physiologie». Jahrg. 2. 1902. IV S. + S. 457—573. 8. Wiesbaden, J. F. Bergmann, 1903.

Jaquet, A., Grundriss der Arzneiverordnungslehre m. besond. Berücksicht. der Arzneidispensierkunde f. Studierende u. selbstdispensierende Ärzte. gr. 8. (XI, 310 S.) Basel 902. B. Schwabe. n. 6.40

Jaquet, A., s.: Correspondenz-Blatt f. Schweizer Aerzte.

— s.: Medizinal-Kalender, schweizerischer.

Jaquet, A. Die Stellungnahme des Arztes zur Abstinenzfrage. Nach einer von der medizinisch-chirurg. Gesellschaft des Kantons Bern mit einem Preise bedachten Arbeit. In-8⁰. 67 S. Basel, Benno Schwabe. 1896 1 50

Jaquet, A[lfred], und Stähelin, R[udolf]. Stoffwechselversuch im Hochgebirge. Aus dem Laboratorium der medicinischen Klinik zu Basel. Separatabdruck aus dem Archiv f. experiment. Pathol(ogie) u. Pharmakol(ogie). Bd. 46. 1 S. + S. 274—312. 8. [Leipzig, F. C. W. Vogel, 1901.]

Jaquet, A., siehe: *Verhandl. d. Naturf. Ges.*

— über die physiologische Wirkung des Höhenklimas. Progr. (74 S.) Lex.-8. Basel 904. (Leipzig, K. Beck.) n. 2. 40

Jaquet, C. F., Anweisung z. Anfertigung d. einfachen u. doppelten Branntweine, der Liqueure u. Ratafia's auf kaltem Wege, vermittelst äther. Oele u. Extraktion, nebst e. kleinen Anleit. d. Destillirkunst, der Entfuselung d. rohen Spiritus mit u. ohne Destillirblase 2c., u. ein. Anh. höchst wicht. u. brauchb. Rezepte. gr. 12. (8 B. u. 2 Stnt.) Graudenz 841. (Berlin, Enslinsche Buchh.) *

— die allerneueste Geschwind-Essigfabrikation u. Erzielung des Essig-Sprits mit vortheilhaften Verbesserungen, nebst einer gründl. Anweisung, nicht nur allein die Wein- u. alle mögliche Arten Obst-, Beeren-, Wurzel- u. Getreide-Essige, sondern auch die allbeliebten französ. Tafel- u. Parfümerie-Essige im höchsten Grade stark u. gut zu bereiten, nebst einem Anhange, die Entfuselung des rohen Spiritus auf kaltem Wege u. mehrere sehr brauchbare Rezepte betr. Mit 1 Taf. Figuren. 12. Graudenz 841. Berlin, Enslin'sche Buchh. (Müller.) n. 1/2 ℛ︀

— Handbuch der Destillirkunst u. Liqueur-Fabrikation oder gründl. Anweisung zur Fabrikation der einfachen u. doppelten Branntweine, der Liqueure, Tropfen 2c., so wie zur Bereitung des Schwefel-Salpeters u. Essig-Aethers, des Hoffmann'schen Spiritus, des Rums 2c., nebst einer Anleit. zur Entfuselung des rohen Liqueurs 2c. u. einem Anh.: die durch Gährung erzeugten drei Arten Weine betr. 2c. Mit 2 Kupfertaf. gr. 8. Danzig 841, Gerhard. 1 1/2 ℛ︀

Jaquet, Firmin. Contribution à l'étude de la flore fribourgeoise. (N⁰) 2; — *et* (N⁰) 3: Les éléments méridionaux de la flore fribourgeoise. (Extrait du travail de M. John Briquet ... et adapté à la flore du canton de Fribourg); — *et* (N⁰) 4: Catalogue raisonné des Alchimilles fribourgeoises. II + 12 p. *et* II p. + p. 39—53 *et* II p. + p. 121—135. 8. Fribourg (Suisse), Fragnière Frères, 1901 *et* 1901 *et* 1902. [fr. 1. 80 *et* —. 80 *et* —. 80]

Mémoires de la Société fribourgeoise des Sciences naturelles.... Botanique. Vol. 1, Fasc. 1 *et* 3 *et* 5....

Jaquet, Firmin. Contribution à l'étude de la flore fribourgeoise. [N⁰] 5. II p. + p. 137—152. 8. Fribourg (Suisse), Fragnière Frères, 1903. fr. —. 80

Mémoires de la Société fribourgeoise des Sciences naturelles.... Botanique. Vol. 1. Fasc. 6....

Jaquet, Firmin. Contribution à l'étude de la flore fribourgeoise. [N⁰] 6. II p. + p. 153—163. 8. Fribourg (Suisse), Fragnière Frères, 1904. fr. —. 80

Mémoires de la Société fribourgeoise des Sciences naturelles.... Botanique. Vol. 1, Fasc. 7....

Jaquet, Firmin. Quelques plantes nouvelles, rares ou critiques du Canton de Fribourg. E. 8. Fribourg 1899.

Jaquet, Geo., Handbuch für Reisende auf Deutschlands Eisenbahnen und den Anschluß-Verbindungen vermittelst Post, Dampfschiffe und Stellwägen oder Beschreibung sämmtlicher Stationen und Anhaltstellen mit Angabe der Sehenswürdigkeiten, der vorzüglichsten Gasthöfe, Unterhaltungsplätze, Wein- und Kaffeehäuser. Nebst einem Verzeichniß des gesetzlichen Namens der verschiedenen Eisenbahnen Deutschlands, sowie ein Ortsregister. Nach eigener Anschauung und den besten Hülfsquellen bearb. 16. (XIV und 178 S. mit 1 lithogr. Karte der Eisenbahnen Deutschlands in Fol.) Augsburg 855, Jaquet's Verlag.

—— mein Stammbuch, oder Trost- und Kernsprüche des Lebens in 200 Stammbuchs-Aufsätzen und 42 Namen-Stammbuch-Verse (Akrosticha). 32. (68 S.) Augsburg 852, Jaquet's Verlag.

Jaquet, Geo., mein Stammbuch, oder Trost- und Kernsprüche des Lebens. Stammbuchs-Aufsätze und Namen-Stammbuch-Verse. (Akrosticha.) 2., verm. Aufl. 16. (80 S.) Augsburg 860, Jaquet.

Jaquet, Gustav

Jaquet, G., Graf Bismarck-Schönhausen, } s. a. Volksbücher, preußische.

Jaquet. Preussens Ministerpräsident Graf Bismarck-Schönhausen, d. unermüdliche Patriot. Sein Leben geschildert. Leipzig 867.

Jaquet, Gust., Briefsteller für das gesammte Geschäfts- und gesellige Leben. Ein reichhalt. Formular- und Musterbuch zur Abfassung von Briefen und geschäftl. Aufsätzen jeder Gattung; nebst prakt. Regeln über Rechtschreibung, Zeichensetzung und Styl der verschiedenen Arten von Briefen und Geschäfts-Aufsätzen. Als Anhang ein ausgewähltes Fremdwörterbuch für Zeitungsleser und Geschäftsleute jeder Art. 8. (192 S.) Berlin 878, Trowitzsch und Sohn. ℳ 1.; cart.

— die Flüchtlinge, s. Volksbücher, preußische

Jaquet, G., Friedrich der Erste, s. a. Volksbücher, preußische.

Jaquet, Gust. Friedrich der Erste, letzter Kurfürst von Brandenburg und erster König von Preussen. (108) 8. Mohrungen 1864. 0,60.

—— Geschichte von Westpreußen und Danzig, s. Volksbücher, preußische

Jaquet, Gust., die Heerführer des deutsch-französischen Krieges von 1870 und 1871, s. a. Volksbücher, deutsche preußische.

Jaquet, G. Die Heerführer und Helden des deutsch-französischen Krieges von 1870—1871. 2 Thle. (264) 18. Mohrungen 1872. 2,40

Jaquet, Gust., kindliche Wünsche. Eine Sammlung von Geburtstags-, Weihnachts- und Neujahrs-Gedichten für Lehrer, Kinder und Kinderfreunde. 12. (IV und 148 S.) Danzig 850, (Homann's Kunsthandl.) *

Jaquet, Julius, Straßburg-Königshofen: Aus d. pathologischen Institut zu Straßburg. Ein Fall von metastasierenden Amyloidtumoren (Lymphosarkom). Berlin 1906: G. Reimer. (21 S., 1 Taf.) 8° ¶ [Aus: Virchow's Archiv Bd 185.]
Straßburg, Med. Fak., Ref. v. Recklinghausen, Diss. v. 20. Aug. 1906
[Geb. 17. Febr. 79 Straßburg i. E. (Königshofen); Wohnort: Straßburg; Staatsangeh.: Elsaß-Lothringen; Vorbildung: Protest. Gymn. u. Haenlesches Institut Straßburg, Institut Fecht Karlsruhe, Gymn. Rastatt Reife M. 00; Studium: Straßburg 9 S.; Coll. 7. März 06; Approb. 21. Juni 05.]

Jaquet, Max

Jaquet, die Münzen- u. Medaillen-Sammlung in der Marienburg, s.: Bahrfeldt, Emil.

Jaquet, Max (Bearb.), s. Die Münzen- und Medaillen-Sammlung in der Marienburg.

Jaquet, R., P. Dominique (Cordelier). De l'enseignement du latin. (Aus dem 18. Jahresheft des schweizer. Gymnasiallehrer-Vereins.) Gr. in 8°, 36 S. Aarau, H. R. Sauerländer. 1886

Jaquin, Joseph Franz von, s.a. Jacquin

Jaquin, Nikolaus Joseph von, s.a. Jacquin

Jaquot, J. B., deutsche u. franz. Chrestomathie. Zum Gebrauche bei dem öffentl. u. Privat-Unterrichte für weiter vorgeschrittene bearbeitet. gr. 8. (Karlsruhe u. Freiburg 833. Gebr. Groos.) $1^1/_2$ ℳ

Jāqūt b. 'Abd Allāh al-Hamawī

— — Jacut's Moschtarik, das ist: Lexicon geographischer Homonyme ... herausgegeben von Ferdinand Wüstenfeld. Göttingen 1846.

— — Jacut's geographisches Wörterbuch ... herausgegeben von Ferdinand Wüstenfeld. Band I—VI. 6 voll. Leipzig 1866—1873.

Jara, Segundo (Kalvun), Araukanische Märchen u. Erzählgn. Mitgeteilt v. J. Ges. u. übers. v. Rud. Lenz. gr. 8. (71 S.) Valparaiso 896. (Leipzig, K. W. Hiersemann.) n. 2. 50

Jara-Tembicki, L. de. Schießtaktik der Infanterie. Mit Beil. u. Taf. Wien 1909. 163 S.

Jaraczewer, Martin, aus Breslau, geb. zu Ostrowo, Assessor bei dem Kgl. Amtsgericht zu Neumarkt in Schl.: Die Haftung für rechtsgeschäftliche Schulden eines nicht rechtsfähigen Vereins nach dem Bürgerlichen Gesetzbuch. Breslau 1905: Th. Schatzky. (32 S.) 8°
Erlangen, Jur. Fak., Diss. v. 10. Febr. 1905
[Geb. Ostrowo; Wohnort: Neumarkt i. Schl.; Staatsangeh.: Preußen; Rig. 10. Febr. 05.]

Jaraczewski, zur Geschichte der Hexenprocesse in Erfurt u. Umgegend. Ein Beitrag z. Culturgeschichte d. 17. Jahrh. Vortrag, geh. im Verein f. Geschichte u. Alterthumskunde in Erfurt. gr. 8. (28 S.) Erfurt 876. Villaret. n. — 80

Jaraczewskiéj, Elzbiety

Jaraczewskiéj, Krasinskich, powieści narodowe. 4 Bde. 8. ($77^1/_2$ B. u. d. Portr. d. Verfasserin.) Leipzig 845, Librairie étrangère.

Jaraczewsky. Beiträge z. Alexandersage. Vortrag, geh. im Museum zu Haigerloch. 8. (34 S.) Haigerloch 890. (Tüb., Fues.) * — 80

Jaraczewsky, Adph., die Geschichte der Juden in Erfurt, nebst Noten, Urkunden und Inschriften aufgefundener Leichensteine. Grösstentheils nach primären Quellen bearb. Mit einer (in Tondr. lithogr.) Abbild. der Erfurter Synagoge im J. 1357. gr. 8. (VIII, 120 S.) Erfurt 868, (Villaret.) *

—— Rede am allgemeinen Bettage, den 27. Juli 1870 gehalten zu Erfurt. gr. 8. (8 S.) Ebendas. 870. *

Járay, Karl, die Aufgaben des Betoneisenbaues. (Theoretische Lösg.) (65 S. m. 1 Taf. u. 2 Tab.) Lex. 8. Prag 907. J. G. Calve. 1 70

— s.: Blätter, technische.

Járay, Karl, zu den Fragen der einfachen, direkten u. ökonomischen Dimensionierung v. Betoneisenkonstruktionen u. der nutzbaren Plattenbreite bei Verbundplattenbalken. (45 S. m. 1 Taf.) Lex.-8. Prag 906. J. G. Calve. n. 1.—

— u. L. **Krombholz,** Leitfaden des Hochbaues unter Berücksicht. der Bauschäden, hrsg. v. Emil Burok. (VIII, 141 S. m. 168 Abbildgn. u. 1 Taf.) gr. 8. Halle 909. W. Knapp. 5. 40

Járay, K., Theorie der Aufgaben des Betoneisenbaues. Gr.-8°. (65 Seiten mit 1 Tafel) 1907 K 2.—
Prag: J. G. Calvé'sche k. u. k. Hofbuchhandl.

Jarbo, Peter John (London)
1. The Saviour rejoicing in his suffering. A sermon ... preached Apr. 10, 1857. [Aus: The Pulpit, Vol. 71, No 1, 899 (1857), S. 357-362.]
2. King Saul at En-Dor. A sermon ... preached Febr. 7, 1858. North Shields: Hall (1858) 8 S. 8°
[Zur Promotion eingereicht.]
Dr. phil. Giessen 5.2.1859. 26 Kriegsverlust.

Jarchau, Fr., vollständiges Lehrbuch der metrologischen Zuschneidekunst, s. Oppenheim, Ph., vollständiges Lehrbuch.

Iarchi, I. Iac., Comment. hebr. in Pentateuch. in libr. Iosuae, Iudicum, etc. in omn. Prophetas, Iob. et Psalmos usq. Cantic. Canticor. vers. a. I. F. Breithaupt. III Tomi. 4. Gothae. (Dieterich, Gött.) 710–14.

Jarchi, Sal., ausführl. Commentar üb. d. Pentateuch; aus d. Orig.-Texte zuerst in's Deutsche übers. u. mit Anmerkn. u. vollständ. Sach- u. Wort-Register versehen v. L. Haymann. 1. Bd., das erste Buch Mosis enthalt. Mit e. Vorr. d. Hrn. (T. C. W.) Augusti. gr. 8. (25 B.) Bonn 833, Habicht.

Ratgeber für Erfinder. Schrift z. Wahrung von Erfinder-Interessen hrsg. von Gustav Jarchoff. *Berlin: Selbstverl. [1901].* (X, 104 S.) 8° [Oi. 8455

Jarchov, H., Raumlehre, s.: Buttel, Paul.

Jarcke, Karl Ernst

— Bemerkk. über d. Lehre vom unvollständ. Beweis, in Bezug auf außerordentl. Strafen. (Aus d. N. Archiv d. C. R. Kr Bd. 14 Stck. besond. abgedr.) 8. Halle 825. Schwetschke u. S. 4 ℳ

Jarcke, (C. E.,) Commentatio de summis principiis juris rem de delictis eorumque poenis, inprimis de notione et fine poenarum, de natura et quantit., delict., atque de adplicat. legum poenalium. 4 maj. Gotting. 822, (Bonnae, Weber.)

Jarcke, Car. Ern.: Commentatio de summis principiis juris Romani in delictis eorumque poenis, inprimis de notione et fine poenarum, de natura et quantitate delictorum, atque de adplicatione legum poenalium. Gottingae 1832.

[Jarcke, Karl Ernst]: Ueber die austrägalgerichtliche Entscheidung der Streitigkeiten unter den Mitgliedern des Deutschen Bundes. Zur Beleuchtung der Schrift von Eichhorn: Betrachtungen über die Verfassung des Deutschen Bundes. Wien 1833

Jarcke, Carl Ernst: Ueb. die spätere Geschichte des deutschen Strafprocesses, mit Rücksicht auf Preussen. (Aus d. N. Archiv d. Crim.-R. 9r Bd. 1s abgedruckt.) *Halle*, Schwetschke u. Sohn. 826. 8. (4 Gr.)

(Jarcke, Carl Ernst.) Die Gräuelscenen zu Wildenspuch. Ein Beitrag zur Criminalpsychologie aus unserer Zeit. (Geschrieben im Sommer 1830.) 8. (München 1839.)
In: Vermischte Schriften von C. E. J. Band 2.

— Handbuch des gemeinen deutschen Strafrechts, mit Rücksicht auf die Bestimmung des preuß., österreich., baier. u. franz. Strafgesetzgebung. 1r Bd. gr. 8. Berlin 827, Dümmler.

Jarcke, Carl Ernst, Handbuch d. gemeinen deutschen Strafrechts, mit Rücksicht auf d. Bestimmungen d. preuß., österreich., baier. u. franz. Strafgesetzgebung. 2. u. 3. Bd. gr. 8. Berlin, Dümmler.
Bd. 2. Die Lehren v. d. Verbrechen geg. Gott u. d. Religion, d. Regenten u. dess. Familie, d. Verfassung u. d. äußere Sicherheit, d. öffentl. Frieden u. d. innere Ruhe u. Sicherheit d. Landes, enthalt. ($18\frac{1}{2}$ B.) 828. 1 Thlr. 12 Gr.
„ 3. Die Lehren v. d. Verbrechen geg. d. Keuschheit, Sitte u. Ehrbarkeit, d. Tödtung, d. Gefährdung d. Lebens u. d. Verletzung d. Gesundheit, enthalt. ($26\frac{1}{2}$ B.) 830. 1 Thlr. 20 Gr.
1. Bd. Ebendas. 1827. 1 Thlr. 16 Gr.

—— die Lehre v. d. Aufhebung d. Zurechnung durch unfreie Gemüthszustände. Zum Gebr. f. Richter u. Gerichtsärzte bearb. u. durch Beispiele erläut. gr. 8. (22 B.) Berlin 829, Dümmler.

—— Carl Ludw. Sand u. sein, an d. kaiserl.-russ. Staatsrath v. Kotzebue verübter Mord. Eine psycholog.-criminalist. Erörterung a. d. Geschichte uns. Zeit. (Neue, aus ungedruckten Quellen verm. Bearbeitung.) 8. ($24\frac{1}{4}$ B.) Berlin 831, Dümmler.

— s. Ztsch. Schmalz, d. Wissensch.

Jarcke, Carl Ernst, vermischte Schriften. 3 Bde. gr. 8. München 839, Literar.-artist. Anstalt. [1. ($24\frac{3}{4}$ B.) 2. (25 B.) à $1\frac{3}{4}$ Thlr., 3. ($40\frac{1}{4}$ B.) 3 Thlr.]

Jarcke, Carl Ernst, vermischte *(politische)* Schriften. 3 Bde. München 1839. 8°. Hfrzbde.
I: VIII—387 S. II: 2 Bll., 391 S. III: 2 Bll., 610 S.

Jarcke, Carl Ernst, vermischte Schriften. 4. Bd. A. u. d. T.: Prinzipienfragen. Politische Briefe an einen deutschen Edelmann nebst gesammelten Schriften. Mit einem (lithogr.) Portr. und Nekrolog des Verf. und einer Vorrede von einem Freunde. gr. 8. (XXIV und 551 S.) Paderborn 854, Schöningh.
1—3. Bd. München 1839, Literarisch-artistische Anstalt. 6 Thlr. 15 Ngr.

[Jarcke, Carl Ernst.] Studien und Skizzen zur Geschichte der Reformation. Ein Beitrag zur Würdigung derselben, aus dem politischen und socialen Gesichtspunkte. 1. [einziger] Band. 8. Schaffhausen 1846.

— Versuch e. Darstell. d. Censor. Strafrechts d. Römer. Beitrag z. Gesch. d. Criminalrechts. gr. 8. Bonn 824, Weber.

Jard, Frz., sämmtl. Predigten; aus d. Französ. v. J. J. Schatz. 5 Thle. 8. Augsb. 772. Veith. 2 fl 16 kr

Jardin, le, poëme. 8. Lps. 784.

Jardin botanique de Buitenzorg. Icones Bogorienses. I, II à 4 fascc. et vol. III 1. et 2me fasc. Lex. 8. Leiden, Buchh. u. Druckerei vorm. E. J. Brill.
à fasc. 17. —
I. (209, XIX, IX, 71 S. m. 100 Taf.) 897—901.
II. (XV, 328 S. m. 100 Taf.) 903—06.
III, 1. 2. (IV u. S. 1—124 m. 50 Taf.) 906. 07.

Jardin de St.-Pétersbourg, s. Fischer, F. E. L., et C. A. Meyer, Sertum Petropolitanum.

Jardine, young Mrs., s.: Collection of british authors.

Jardine, William

Jardine, Will., naturhistor. Bildersaal, s. Bildersaal.

Jardine, Will., naturgeschichtliches Cabinet des Thierreichs. I. Ornithologie. 1r Thl. Deutsch bearb. v. Aug. Diezmann. Mit d. Bildnisse u. d. Lebensbeschreib. des Aristoteles. Nebst 31 color. Abbildd. A. u. d. T.: Naturgeschichte der hühnerartigen Vögel. 1r Bd. Truthühner, Pfauen, Haushühner, Phasanen u. Perlhühner. 8. Pesth 836. Hartleben. 2 fl

— II. Säugethiere 1r Thl. A. u. d. T.: Naturgesch. d. katzenartigen Säugethiere: Löwen, Tiger, Leoparden, Jaguare, Luchse rc. Deutsch bearb. v. Dems. Mit d. Bildn. Cuvier's u. einer Würdigung seiner Verdienste u. Schriften. Nebst 36 color. Abbildd. u. 1 Vign. 8. Ebd. 836. 2 fl.

— III. Ornithologie. 2r Thl. Das Federwildpret. Deutsch bearb. v. Dems. Mit d. Bildn. u. der Würdigung des Stamford Raffles. Nebst 30 color. Abbildd. u. 1 color. Vign. 8. Ebd. 836. 2 fl

— dass. IV. Wiederkäuende Thiere. 1r Thl. Kameele, Hirsche, Rehe, Antilopen rc. Deutsch bearb. v. Dems. Mit d. Bildn. u. der Lebensbeschreib. Camper's. Mit 33 color. Abbildd. (u. 1 color. Titelvign.) 8. Ebd. 837. 2 fl

— dass. V. Ornithologie. 3r Thl. Die Colibris. Deutsch bearb. v. Dems. Mit d. Bildn. u. der Lebensbeschreib. Linné's. Mit 34 color. Abbildd. u. 1 (color.) Vign. 8. Ebd. 837. 2 fl

— dass. VI. Säugethiere. 3r Thl. Die Affen. Deutsch bearb. v. Dems. Mit d. Bildn. u. der Lebensbeschreib. Buffon's. Mit 30 color. Abbildd. u. 1 (color.) Vign. 8. Ebd. 837. 2 fl

— dass. VII. Ornithologie. 4r Thl. A. u. d. T.: Naturgeschichte der Tauben. Nach Prideaux-Selby. Deutsch bearb v. Friedr. Treitschke. Mit d. Bildn. u. d. Lebensbeschreib. Albrechts von Haller. Nebst 31 color. Abbildd. 8. Ebd. 839. 2 fl

— dass. VIII. Entomologie. 1r Thl. A. u. d. T.: Naturgesch. der europ. Schmetterlinge. 1r Thl. Tagfalter. Bearb. von Friedr. Treitschke. Mit d. Bildn. u. der Lebensbeschreib. der M. Merian. Nebst 34 color. Abbildd. u. 1 color. Vign. 8. Ebd. 840. $2\frac{1}{2}$ fl

Jardine, Sir William, naturgeschichtl. Cabinet des Thierreiches. IX. Entomologie. 2. Thl. — A. u. d. T.: Naturgeschichte der europ. Schmetterlinge. 2. Thl.: Schwärmer u. Spinner. Bearb. von Fr. Treitschke. Mit dem Bildnisse u. der Lebensbeschreibung Jo. Ochsenheimer's. Nebst 30 color. Abbild. u. 1 Vignette. 8. Pesth 841, Hartleben. (Leipzig, Frohberger.) In Leinw. cart. $2\frac{1}{2}$ fl

— dass. X. Ornithologie. 5. Thl. — A. u. d. T.: Naturgeschichte der Papageien. Nach Prideaux-Selby. Deutsch bearb. von Fr. Treitschke. Mit d. Bildn. u. d. Lebensbeschr. Le Vaillant's. Nebst 30 color. Abbild. u. 1 Vign. 8. Ebend. 842. In Leinw. oder in verziert. Umschlag cart. Jede Ausg. 2 ₰ (I—X: 21 ₰)

[Le bon **Jardinier.** Almanach, dt.] Taschenbuch des verständigen Gärtners. Aus d. Franz. übers. v. J. F. Lippold ... Nebst bedeutenden Zusätzen und Verbesserungen von den bekannten Kunst- und Handels-Gärtnern Gebrüder Baumann ... Bd 1. 2.
Stuttgart, Tübingen: J. G. Cotta 1824. XVI, LXXXVII, 1349 S., 31 Taf. (2 Bde.) 8°

Jardinier: Le Jardinier romand
v. Le Sillon romand.

Jardinière solitaire, ou Méthode de faire etc. 8. Hann. Helwing. 725.

Jardon, [Arnold], Dr.: Goethe der Begründer der litterarischen Einheit Deutschlands. Vortrag, geh. bei d. Gedenkfeier d. 150. Wiederkehr d. Geburtstages Goethes. *Bonn 1900: Hauptmann.* (S. 3—12.) 4°
Münstereifel, k. G, P 1900 (490)

Jardon, Arn., Grammatik der Aachener Mundart. [1. Tl.: Laut- u. Formenlehre.] gr. 8. (40 S.) Aachen 891. Cremer. n. 1. 50

Jardon, [Arnold], Dr.: Rede zum Schiller-Jubiläum. Neuss 1906: R. Noack. (S. 3—11.) 4° [F.]
Neuß, k. G P 1906 (571)

Jardon, [Arnold]: Vortrag gehalten bei der Feier des 100jährigen Todestages Friedrich Schillers am 9. Mai 1905. Ein Gedenkblatt für die Schüler. (Umschlagtitel: Rede zum Schiller-Jubiläum.) S. 3—11. 4. **Progr.** Kgl. Gymn. *Neuß* 1905 (statt 1906) (571).

Jardon, C., Arminius. Historisches Schauspiel in 3 Akten. (VIII, 71 S.) 8. Dresden (908). E. Pierson. 1. 50

Jardon, Cornelia: Die Frau und Bebels Utopien. — Minden: Bruns 1892. 44 S. 8°

Jardon, Maximil. (Joseph. Hubert.) (geb. Geldern 18. 4. 1829): De uteri gravidi haemorrhagiis. Berolini (1854). (29 S.) 8°
Berlin, Med. Diss. v. 30. März 1854

Jardon, Rudolf (geb. am 28 Dez. 1858 in Aachen): Ueber die primären malignen Tonsillengeschwülste ... Bonn, Univ.-Buchdr. v. C. Georgi 1883. 34 S., 1 Bl. 8.
Bonn, Med. Fak., Diss. v. 21 Juli 1883

Jargow, A. E.: „Anleitung zur Bestimmung des Ertrags und wahren Werths eines Landgutes in Mecklenburg", Rostock 1786.

Jargow, Cph. Fr., († d. 1. Mai 1802.), s. Verzeichniß Mecklenburg. Städte.

Jargow, Christoph Georg

Appendix Derer in der Privilegien-Lade zu Kiehl befindlichen Holsteinischen **Ritterschafft Privilegien.** wie solche von Wort zu Wort nach dem wahren Originali MSto lauten, nebst andern curieusen Holsteinischen Nachrichten zum Druck befördert v. Christoph Georg Jargow. o. O. 1725. Siehe in: Einleitung zu der Lehre von den Regalien. v. Christoph. Georg. Jargow. Rostock und Leipzig. 1726. 8°.

Jargow, Chr. Geo., († ...) Einleit. zu d. Lehre von Regalien u. majestät. Rechten eines Regenten u. sonderl. d. Kur- u. Fürsten des heil. röm. Reichs. 4. Rostock 726. 2e A. 757. (Bödner in Schwerin). 1 ₰ 12 ℊ

Jargow, C. G. Lehre von den Regalien der majestätischen Rechte eines Regenten. 4°. Rostock 1757.

JARGOW, Hans v. (ps.?), Nachtspiegel. Quedlinburg und Leipzig 1827. 8°.
1. Eduard Walter. 2. Demetrius. — Gmähle's Münchner Leihbibl.-Cat., no. 11,220.

v. **Jargow,** Hans, Nachtspiegel. Inhalt: 1) Eduard Walter; e. Erzählung neuerer Zeit. 2) Demetrius; e. Erzählung aus d. Geschichte Morea's, zu Ende d. 18n Jahrhund. Treu nach einzelnen Nachrr. gesammelt. 8. Quedlinb. 827. Basse. 1 ₰ 8 ℊ

Jarick, Joannes Carolus Fridericus (*geb. Lübbenau 7. 9. 1790*): De judiciis dei sive de ordaliis medii aevi. Vratislaviae (1820). (31 S.) 4°
Breslau, Jur. Diss. v. 21. Apr. 1820

Jariges, C. v., Bruchstücke einer Reise d. d. südl. Frankr., Spanien und Portugal im Jahr 1802. 8. Lpz. Gleditsch. 809.

v. **Jariges,** K. F., s. Shakspeare, König Lear. — Dess., die Irrungen. — Dess. Troiles u. Cressida.

Jarilow, Arsseni: Ein Beitrag zur Landwirtschaft in Sibirien unter bes. Berücks. d. Minussinschen Bezirks im Gouvernement Jenisseisk ... Leipzig, Druck v. Sellmann & Henne, 1896; 343 S. 8.
Leipzig, Phil. Fak., Inaug.-Diss. v. [25. März] 1896

Jarinelli, Arturo, die Beziehungen zwischen Spanien u. Deutschland in der Litteratur der beiden Länder. 1. Tl. Bis zum 18. Jahrh. Diss. gr. 8. (VII, 72 S.) Berlin 892. (A. Haack.) n. 2. —

Jarisch, A. H., s. Jarisch, Hieronymus Anton

Jarisch, Adolf

Jarisch, zur Anatomie u. Herkunft d. Oberhaut- u. Haarpigmentes beim Menschen u. den Säugethieren, s.: Beiträge zur Dermatologie u. Syphilis.

Jarisch, A., die Hautkrankheiten, s. a. Pathologie u. Therapie, specielle. XXIV. Bd.

Die Hautkrankheiten. Von Prof. Dr. A[dolf] **Jarisch** in Graz. Mit 60 Abb. (Hälfte 1. 2.) *Wien: A. Hölder 1900.* 2 Bde 4°(8°)
= Pathologie, Specielle, u. Therapie. Bd 24, Th. 1. [01. 8694

Die Hautkrankheiten. Von Prof. Dr. A[dolf] **Jarisch**. 2., verm. u. neubearb. Aufl. Mit 7 Abb. Bearb. von Prof. Dr. Rudolf Matzenauer. (In 2 Hälften.) Wien & Leipzig: A. Hölder 1908. (XI, 1110 S.) 8° [08. 5911

Jarisch, Adf., über die Coïncidenz von Erkrankungen der Haut und der grauen Achse des Rückenmarkes. Lex.-8. (15 S. mit 3 lithogr. Taf.) Wien 880, (Gerold's Sohn.) *
Aus: Sitzungsberichte der k. Akademie der Wissenschaften, besonders abgedruckt.

— Die *Pars membranacea septi ventriculorum* des Herzens (mit 1 Doppeltaf. und 3 Textfiguren). S. 120. III. 26 . . . .
Separatabdruck

— Die *Pars membranacea septi ventriculorum* im Herzen des Menschen (mit 2 Taf. und 2 Textfiguren). S. 121. III. 187 . . . .
Separatabdruck

— chemische Studien über Pemphigus. [Aus dem Laboratorium v. E. Ludwig.] [Aus: „Sitzungsber. d. k. Akad. d. Wiss."] Lex.-8. (138.) Ebend. 879. n.n. — 30

Jarisch, s.: Verhandlungen d. deutschen dermatolog. Gesellschaft.

Jarisch, Anton, s. Jarisch, Hieronymus Anton

Jarisch, F. W., kleiner Führer durch Reichenberg u. Umgebung u. auf der Gebirgsstrasse. 12. (52 S.) Reichenberg 882. Schöpfer in Comm. n. — 50

Jarisch, F. W., kleiner Führer durch Reichenberg und Umgebung und auf der Gebirgsstrasse. 12. (52 S.) Reichenberg 885, Fritsche. *

Jarisch, H. A., s. Jarisch, Hieronymus Anton

Jarisch, Hieronymus Anton

Jarisch, H. A., Biblische Altertümer zum bessern Verständnisse der heil. Schrift bearbeitet. Regensb., Manz, jetzt Verl.-Anst., 1849, 8°, 2 Mk.
Auch unter dem Titel: „Feierstunden". Zweites Bändchen.

Jarisch, Hieron. Ant., Andenken an die Schule. Fromme Erzählungen und nützliche Belehrungen verfaßt und gesammelt. (Prämienbibliothek. 8. Heft.) 8. (172 S. mit chromolithogr. Titel.) Wien 857, Mayer und Comp.
Vgl. im 12. Bde. 1. Abthl. S. 404 des Verf. „Prämienbibliothek".

Jarisch, Hier. Ant., Anfangsgründe für den Unterricht im Zeichnen nebst einer methodischen Anleitung für Lehrer u. Schüler der 4. Klasse der Hauptschulen entworfen. Mit 259 Fig. (auf 25 lith. Taf.). Wien 857. Mayer u. Co. gr. 8. (2 Bl., 27 S.) 18 ngr.

—— Anfangsgründe für den Unterricht im Zeichnen nebst einer method. Anleitung für Lehrer und Schüler der 4. Klasse der Hauptschulen. 2. Aufl. 1858. und 3., verm. Aufl. gr. 8. (VI und 26 S. mit mehr als 300 Fig. auf 52 lithogr. S.) Wien 860, Mayer und Comp. Thlr.

Jarisch, Ant., Anfangsgründe für den Unterricht im Zeichnen nebst einer method. Anleitung für Lehrer und Schüler der 4. Classe der Hauptschulen. 5., verm. Aufl. gr. 8. (VI und 17 S. mit 325 Fig. auf 57 Stnt., wovon 3 ill.) Wien 866, Mayer und Comp.
Dasselbe ist auch in ungar. Sprache in 3. Aufl. zu gleichem Preise erschienen.

Jarisch, Hieron. Ant., über die Aufhebung der Klöster. Ein Promemoria f. den Reichstag. 8. (12 S.) Wien 848, Gerold in Comm. 3 ngr.

— Blicke in das Leben der Thiere od. Forschungen üb. die Thierseele. gr. 16. (VI u. 184 S. m. Holzschn.) Wien 851. (Leipzig, Hübner.) 27 ngr.

— das tägliche Brod des katholischen Christen. Ein für jeden kathol. Christen unentbehrl. Lehr- u. Andachtsbuch. Mit Illustrat. 8. (496 S. m. 1 Stahlst.) Regensburg 850, Manz. 3/4 Rthl; mit 4 Lithochrom. 1 1/4 Rthl

—— Bůh moge radost a ſſſtj i žiwot můg. Modlitebnj knjžka pro djtky. Přeložil a ponĕkud doložil Fr. Balouch. 16. (176 S. mit eingedr. Holzschn.) Znaim 852, Fournier. *

Jarisch, Heinr. Ant., s. Charitas.

Jarisch, Heinr. Ant., die Familie Christmann, oder die Schönheiten der kathol. Kirche in ihren heil. Ceremonien. Ein Familiengemälde. 2. Aufl. 8. (288 S. mit 1 Stahlst.) Regensburg 876, Manz.
Bildet den 3. Bd. von: Feierstunden.

—— populäre polemische Dogmatik. Fünfzig Abende des Pfarrers von Kirchenfels zur Belehrung und Erbauung für Katholiken, Protestanten, Juden und Heiden des 19. Jahrhunderts. gr. 8. (XV und 116 S.) Wien 851(52.) (Leipzig, Hübner.)

Jarisch, Hieron. Ant., populäre polemische Dogmatik oder populäre Apologie in Gesprächsform. 51 Abende des Pfarrers v. Kirchenfels zur Belehrung u. Erbauung f. Katholiken, Protestanten, Juden u. Heiden des 19. Jahrh. 2., verb. Aufl. gr. 8. (XVI, 472 S.) Regensburg 880. Manz. 6. —

—— vollständiges Fastenbuch. Ein Andachtsbuch für die heil. Fastenzeit mit Lesestücken aus der heil. Schrift, Gebeten und Betrachtungen. gr. 12. (III und 858 S. mit 1 Stahlst.) Wien 859, Mayer und Comp.

— Feierstunden. Eine Sammlung nützlicher Gegenstände f. die reifere Jugend. 1. Bdchn. A. u. d. T.: Christliche Seelenlehre in Beispielen. 8. (168 S.) Regensburg 849, Manz. 1/2 Rthl
— dies. 2. Bdchn. A. u. d. T.: Biblische Alterthümer z. bessern Verständnisse der heiligen Schrift. 8. (252 S.) Ebd. 849. 2/3 Rthl
— dies. 3. Bdchn. A. u. d. T.: Die Familie Christmann, oder: Die Schönheiten der kathol. Kirche in ihren heil. Ceremonien. Ein Familiengemälde. 8. (292 S.) Ebd. 850. 3/4 Rthl
— dies. 4. Bdchn. A. u. d. T.: Populäre Naturlehre [Physik]. Mit 2 lith. Taf. (in qu. gr. 4.) 8. (327 S.) Ebd. 850. 5/6 Rthl (1—4: 2 3/4 Rthl)

Jarisch, Dr. H. Anton — Franziska oder das Mädchen wie es sein soll. Ein Geschenk für fromme und wohlgesittete Mädchen. Fromme Erzählungen und nützliche Belehrungen verfaßt und gesammelt von — —. Zweite, aufs neue durchgesehene Auflage. Mit Titelkupfer. Wien, 1856. Druck von Anton Schweiger. Verlag von Mayer und Komp. (160 S. 8.)

—— Frühpredigten für Stadt und Land über alle sonntägl. Evangelien und Episteln des Kirchenjahres. 1. Thl.: Predigten für die heil. Adventzeit. 2. Aufl. gr. 8. (IV und 140 S.) Wien 865, Mayer und Comp. *

Jarisch, Dr. Anton, Frühpredigten für Stadt und Land über alle sonntäglichen Evangelien und Episteln des Kirchenjahres. 2. Thl. Predigten für die heilige Weihnachtszeit. 2. Aufl. 8. (152 S.) 1868. Wien. Mayer's Verlags-Expedition. 1867 72 kr.

Jarisch, Dr. Anton, Frühpredigten für Stadt und Land über alle sonntäglichen Evangelien und Episteln des Kirchenjahres. 9. Theil. Schlußband. Predigten vom 19. bis incl. 24. Sonntag nach Pfingsten. (Die Predigt in Bildern, kathol. symbol. Kanzelreden für verschiedene Sonn- und Festtage des Kirchenjahres von Dr. Anton Jarisch. N. F. 15. Bdchn. der ganzen Sammlung 19. Bdchn.) 8. (167 S.) Wien, Mayer & Comp. 1865 72 kr.
(Die ersten 4 Bde. sind bei Manz in Regensburg erschienen.)

—— der treue Geleitsmann des christlichen Handwerksburschen. Ein Reisespiegel für Gesellen, welche wandern wollen, oder schon in der Fremde sind. 16. (VIII und 152 S.) Wien 851, Mayer und Comp.

—— die biblische Geschichte des alten und neuen Testamentes mit archäologischen Erklärungen. Ein Handbuch zum Gebrauche für Katecheten, Lehrer und Erzieher und zugleich ein Lesebuch für die Schuljugend in einfachster Sprache, mit Fragen zum Beantworten 2c., nebst den messian. Weissagungen. 1. Bd.: Altes Testament. 8. (X und 288 S.) Wien 853. (Leipzig, Hübner.)

Jarisch, Hier. Ant. *Dr., Weltpriester, k. k. Schulrath etc.* Die bibl. Geschichte des alten u. neuen Testaments mit archäol. Erklärungen. — Ein Handbuch zum Gebrauche für Katecheten, Lehrer u. Erzieher u. zugleich ein Lesebuch für die Schuljugend in einfachster Sprache mit Fragen zum Beantworten, in genauem geschichtlichen Zusammenhange und Zeitangabe, nebst den messianischen Weissagungen. Verfasst von —. 2 Bd. Neues Testament. *Wien* 1857. Verl. und Druck von *Leop. Sommer*. VI., 324 S. 8°. 40 kr.

—— Gott ist meine Freude, mein Glück, mein Leben. Ein Gebetbüchlein für Kinder. 1. Aufl. (144 S.) 851. und 4. Aufl. 16. (156 S. mit Holzschn.) Wien 854. (Leipzig, Hübner.)

— Gott ist meine Freude, mein Glück, mein Leben. Ein Gebetbüchlein für Kinder. 4. Aufl. Wien 854. Sommer. (F. Klemm.) 16. (156 S. mit Holzschn.) 6 ngr.

Jarisch, Dr. Anton — Gott ist meine Freude, mein Glück, mein Leben. Ein Gebetbüchlein für Kinder. Verfaßt von — —. Fünfte Auflage. Wien. Verlag, Druck und Papier von Leopold Sommer. (154 S. 8. Mit Holzschnitten.) 1856

Jarisch, Hieron. Ant., Gott ist meine Freude, mein Glück, mein Leben. Ein Gebetbüchlein für die Jugend. 6. Aufl. Mit Illustr. (in eingedr. Holzschn. u. 2 Chromolith.). 16. (256 S.) Regensburg 878. Manz. 1. —

—— Harfensaiten zu den „Heimathsklängen" oder der Dialekt der Deutschen in Böhmen. Systematisch dargestellt. Nebst einem Anh. 16. (IV, 84 S.) Wien 870, (Klemm.) geb. *

—— Harmonium. Gedichte. 16. (VI und 154 S. mit Portr. des Verf. in Stahlst.) Wien 860, Mayer und Comp.

—— Heimathsklänge, s. a. Heimathsklänge.

— Heimathsklänge. Eine Sammlung von Gedichten in der Mundart der Deutschen in Nordböhmen und Schlesien. Ebend. 853. (Ebend.) 16. (1 Bl., VIII, 100 S.) n. 16 ngr.

— Heimatsklänge. Eine Sammlung von Gedichten in der Mundart der Deutschen in Nordböhmen u. Schlesien. 2., bezüglich der Schreibart u. des Ausdruckes verb. u. stark verm. Aufl. Wien 864. Sommer. (F. Klemm.) 16. (VIII, 134 S.) n. 16 ngr.; geb. n. 1 ℛ

—— Heimathsklänge. Eine Sammlung von Gedichten in der Mundart der Deutschen in Nordböhmen und Schlesien. 3. verb. und verm. Aufl. 16. (VIII, 134 S.) Ebendas. 870. geb. *

Jarisch, Hier. Ant., Heimatsklänge, Gedichte in der Mundart d. Deutschen in verschied. Gegenden Nordböhmens u. d. Egerlandes, dann in Mähren, Schlesien u. Sachsen, verm. durch e. Anh. origin. Redensarten u. Wortbildgn. d. Volksdialektes im sogen. nordböhm. Niederlande. Verf. u. ges. v. J. 5. Aufl. gr. 16. (283 u. 3 S.) Warndorf 893. A. Opitz. n. — 80

Heimatsklänge. Gedichte in d. Mundart d. Deutschen in verschiedenen Gegenden Nordböhmens u. d. Egerlandes, dann in Mähren, Schlesien u. Sachsen ... Verf. u. gesammelt von Dr. Hier[onymus] Ant[on] Jarisch. 6. Aufl. Warnsdorf: Opitz 1910. 313, III S. 8°
(11. 3346

—— im Kreuze ist Heil. Ein Gebet- und Andachtsbuch. 12. (336 S. mit 1 Stahlst.) Graz 858. (Wien, Mayer und Comp.) * —
Feine Ausg. mit 5 Stahlst. und chromolithogr. Titel * —

Jarisch, Hieron. Ant., Carl und Marie, oder Spiegel der Wohlanständigkeit. Ein Prämienbuch für die Schule und das Leben, für kleine und große Kinder verfaßt. (Prämienbibliothek. 9. Heft.) 8. (160 S. mit lithogr. Titel.) Wien 860, Mayer und Comp. geb.
Vgl. im 12. Bde. 1. Abthl. S. 484 des Verz. „Prämienbibliothek".

—— vollständiges Charwochenbuch für jeden Tag in der heiligen Charwoche. Mit Gebeten, Gesängen, Psalmen und Ceremonien, welche von den Priestern während dieser heil. Woche gebetet und verrichtet werden. 12. (265 S. mit 1 Stahlst.) Wien 859, Mayer und Comp.

Jarisch, Hier. Ant., biblisch-patristische Concordanz. Eine Sammlung von Bibeltexten und Väterstellen über die Glaubens- und Sittenlehre der heil. kathol. Kirche aus den heil. Büchern des alten und neuen Testamentes (nach der Uebersetzung des Dr. J. F. Allioli) und den Werken der heil. Kirchenväter ꝛc. zur Meditation und zum prakt. Gebrauche für Prediger, Katecheten ꝛc., so wie zur Belehrung und Erbauung für fromme Laien, nebst einer Patrologie. gr. 8. (LXIX und 372 S.) Wien 854. (Leipzig, Hübner.) Thlr.

— die Lautir-Methode mit Angabe der naturgemäßen Lage der Sprachorgane u. mit Berücksichtigung der Buchstabier-Methode theoretisch u. praktisch durchgeführt. Wien 852. Sommer. (F. Klemm.) 8. (1 Bl.. 52 S.) n. 5 ngr.

—— die Lautir-Methode, mit Angabe der naturgemäßen Lage der Sprachorgane und mit Berücksichtigung der Buchstabier-Methode theoretisch und praktisch durchgeführt. 8. (52 S.) Wien 854. (Leipzig, Hübner.) *

Jarisch, Hier. Anton — Die Lautir-Methode mit Angabe der naturgemäßen Lage der Sprachorgane und mit Berücksichtigung der Buchstabir-Methode theoretisch und praktisch durchgeführt von —. 2. unveränderte Auflage. Wien, 1857. Druck und Verlag von Leop. Sommer. (52 S. 8.)

Jarisch, Dr. Anton —. Lernet lesen, schreiben und rechnen! Predigt am Feste des heil. Josefus Calasanctius ꝛc., gehalten von — — am Ordensfeste den 27. August 1854 in der Pfarrkirche Maria Treu in Wien. 8. (26 S.) Wien. Druck von J. B. Wallishausser. 1854.

— Lesebuch f. Taubstumme der niederen Institutsklassen u. für den Privatunterricht verfaßt. [Aus der Methode f. den Unterricht der Taubstummen in der Lautsprache.] 8. (93 S.) Regensburg 851, Manz. 1/8 ℛ

—— Liturgik. Erklärung der Gebräuche und Ceremonien der heil. kathol. Kirche. Schulbuch für Bürger- und Mittelschulen und Lesebuch für erwachsene kathol. Christen. gr. 8. (V, 219 S.) Wien 876, Braumüller. *

— Maiglöckchen, Mariä, der Jungfrau, Mutter, Königin, u. ihrer Kinder frommen Sinn gepflanzet u. zu Kronen gewunden. Eine Maiandacht in 31 kurzen Marienpredigten. Ebend. 860. gr. 12. (VII, 278 S. u. 1 Stahlst.) 22½ ngr.

— Marien-Rosen, der Himmelskönigin zu Ehren u. zur Freude u. Erbauung ihrer Kinder gepflanzt, u. dem Thaue der göttlichen Gnade empfohlen. Eine Maiandacht in 31 Betrachtungen, Gebeten u. Gesängen. Mit 1 Stahlst. Wien 858. Mayer u. Co. 12. (2 Bl., 396 S.) 22½ ngr.

—— Methode für den Unterricht der Taub-Stummen in der Laut-Sprache im Rechnen und in der Religion. Lex.-8. (208 S. und 12 Stnt., 9 lithogr. Bl. Erklärung und lithogr. Titel in Tondr.) Regensburg 851, Manz. *

Jarisch, Dr. Anton — Der Nebensgesell. Eine Spende dem katholischen Gesellenverein in Gratz, gewidmet von — —. Auf Kosten des Herrn Josef A. Kienreich. Gratz, Dr. von Josef A Kienreich. (15 S. 8.) (O. A. d. J.) 1857

Jarisch, Dr. H. Ant. — Prämienbibliothek. Eine Sammlung frommer, belehrender, unterhaltender Bücher, mit Erzählungen und Aufsätzen von den bewährtesten katholischen Jugendschriftstellern für unsere lieben Schulkinder ausgewählt. 1 — 5. Bändchen. 1. Bändchen, (für Schüler der unteren Klassen.) Ein Spiegel für gute Kinder, als Belohnung für Fleiß und gute Sitten. Fromme Erzählungen. (156 S.) 2. Bändchen, (für Schüler der unteren Klassen.) Der gute Schulkamerad. Als Belohnung für Fleiß und gute Sitten. (160 S.) 3. Bändchen, (für Schüler der mittleren Klassen.) Der Führer zur Tugend und Kenntniß. (160 S.) 4. Bändchen, (für Schüler der mittleren Klasse.) Tugend und Weisheit. (160 S.) 5. Bändchen, (für Schüler der oberen Klassen.) Saat fürs Leben. (192 S.) kl. 8. Wien. Verlag von Mayer und Komp. Druck von Anton Schweiger. 1853.

Jarisch, Dr. H. Anton —. Prämienbibliothek. Eine Sammlung frommer, belehrender, unterhaltender Bücher mit Erzählungen und Aufsätzen von den bewährtesten katholischen Jugendschriftstellern für unsere lieben Schulkinder ausgewählt von — —. 6. Bändchen. (Für Schüler der oberen Klassen.) Tugend und Kenntniß. Als Belohnung für Fleiß und gute Sitten. Eine Sammlung von lehrreichen Erzählungen verfaßt und gesammelt von — —. Mit Titelkupfer. 8. (192 S.) Wien. Druck von Anton Schweiger. Verlag von Mayer und Komp. 1854.

Jarisch, Dr. H. Anton —. Prämienbibliothek. Eine Sammlung frommer, belehrender, unterhaltender Bücher, mit Erzählungen und Aufsätzen von den bewährtesten katholischen Jugendschriftstellern für unsere lieben Schulkinder ausgewählt, von — —. 7. Bändchen. (Für Schülerinnen der unteren Klassen.) Franziska, oder das Mädchen wie es sein soll. Ein Geschenk für fromme und wohlgesittete Mädchen. Eine Sammlung von lehrreichen Erzählungen, verfaßt und gesammelt von — —. Mit Titelkupfer. Wien. 1855. Druck von Ant. Schweiger. Verlag von Mayer und Komp. (160 S. 8.) geh.

Jarisch, Hier. Ant., Prämienbibliothek. Eine Sammlung frommer, belehrender, unterhaltender Bücher, mit Erzählungen ꝛc. (2. aufl neue durchgeseh. Aufl.) (Jedes Bdchn. mit lith. Titel in Farbendr.) Wien 856, 57. Mayer u. Co. 8. 1 ₰. 24 ngr.

1. Bdchn.: Lohn für gute Kinder. 2. Aufl. (VI, 156 S.) 6 ngr.

2. Bdchn.: Frucht des Fleißes u. der guten Sitten. 2. Aufl. (160 S.) 6 ngr.

3. Bdchn.: Der Führer zur Tugend u. Kenntniß. 2. Aufl. (160 S.) 6 ngr.

4. Bdchn.: Tugendsamen für's Leben. 2. Aufl. (160 S.) 6 ngr.

5. Bdchn.: Der Geleitsmann für fleißige Schüler. 2. Aufl. (188 S.) 7½ ngr.

6. Bdchn.: Spiegel guter Sitten u. nützlicher Kenntnisse. 2. Aufl. (192 S.) 7¼ ngr.

7. Bdchn.: Franziska oder das Mädchen, wie es sein soll. Ein Geschenk für fromme und wohlgesittete Mädchen. 2. Aufl. (160 S.) 7½ ngr.

8. Bdchn.: Andenken an die Schule. Fromme Erzählungen und nützliche Belehrungen verfaßt u. gesammelt ꝛc. (172 S.) 7½ ngr.

— die Predigt in Bildern. Katholische symbol. Kanzelreden für verschiedene Sonn- u. Festtage d. Kirchenjahres. 1—4. Bdchn. 8. (1. Bd.: 162 S. 2. Bd.: 146 S. 3. Bd.: 136 S. 4. Bd.: 146 S.) Regensburg 850. 51, Manz. [illegible]

—— die Predigt in Bildern. Katholisch symbol. Kanzelreden für verschied. Sonn- und Festtage des Kirchenjahres. 5—8. Bdchn. oder Neue Folge. 1—4. Bdchn. 2. Aufl. gr. 8. Wien 858—60, Mayer und Comp. [5. Bdchn. (VIII und 170 S.) 6. (167 S.) 7. (164 S.) 8. (166 S.) à Bdchn. * 12 Ngr.] *

—— dass. — 9—16. Bdchn. oder Neue Folge 5—12. Bdchn. gr. 8. Ebendas. 857—61. [9. Bdchn. (VI und 222 S.) 10. (189 S.) 11. (VI und 140 S.) 12. (149 S.) 13. (172 S.) 14. (VII und 197 S.) 15. (180 S.) 16. (176 S.) à Bdchn. * 12 Ngr.] *

—— die Predigt in Bildern. Katholisch-symbol. Kanzelreden für verschied. Sonn- und Festtage des Kirchenjahres. 17.—19. Bdchn. oder Neue Folge 13.—15. Bdchn. gr. 8. Wien, Mayer und Comp. à Bdchn. * 12 Ngr. *

Inhalt:

Bdchn. 17. Frühpredigten für Stadt und Land über alle sonntägl. Evangelien und Episteln des Kirchenjahres. 7. Thl.: Predigten vom 7. bis incl. 12. Sonntag nach Pfingsten. (146 S.) 862.

" 18. —— dass. — 8. Thl.: Predigten vom 13. bis incl. 18. Sonntag nach Pfingsten. (176 S.) 864.

" 19. —— dass. — 9. Thl. (Schlußband.) Predigten vom 19. bis incl. 24. Sonntag nach Pfingsten. (167 S.) 865.

Jarisch, Dr. Anton. Die Predigt in Bildern. [illegible] Kanzelreden für verschiedene Sonn- und Festtage des Kirchenjahres. N. F. 16. Bdchn. Fastenpredigten. 8. [illegible] Wien, Mayer & Comp. [illegible] kr.

Inhalt: [illegible]

— — [illegible] 2. [illegible]

— — Dasselbe 19. Bändchen. [illegible] 12 kr.

Jarisch, Ant., die Predigt in Bildern ꝛc. Neue Folge. 17—19. Bdchn. Wien 869. Mayer & Co. gr. 8. Jedes Bdchn. n. 15 ngr.

— die Predigt in Bildern. Katholisch symbol. Kanzelreden. Neue Folge. 20. Bdchn. gr. 8. Wien 871. Mayer & Co. n. 1. 60
Katholische Kirchenfestpredigten. 3. Bd. Predigten auf die Feste der heil. Bekenner: Ambrosius, Augustinus, Martin ꝛc., nebst e. allgemeinen Predigt auf das Fest e. Bekenners u. e. Weiherede. (IV, 228 S.)

Jarisch, Dr. H. Anton —. Predigt zur jährlichen Patronats-Feier des Kranken-Institutes für Handlungs-Kommis in Wien ꝛc. Von — —. 8. (24 S.) Wien. Mechitharisten-Buchdruckerei. 1854.

— A rajztanitás alapvoralai öss zekötve a föelemi negyedik osztály tanitoi s tanonczai számára irt módszertani utmutatással. Munkája utan magyaritva Lonkay Antal. 259 rajzi dommal (auf 47 lith. S.) Ebend. 857. 8. (IV, 26 S.) 21 ngr.

Jarisch, Dr. H. Anton — Saat für's Leben. Eine Sammlung lehrreicher Erzählungen verfaßt und gesammelt von — —. Wien, 1856. Druck von Anton Schweiger. Verlag von Mayer und Kompagnie. (136 S. 8.)

—— christkatholische Schul-Katechesen zum Gebrauche für Katecheten, Lehrer und Erzieher verfaßt. Mit Zugrundelegung der vorgeschriebenen Katechismen, des regensburger Katechismus und des Petrus Canisius. 3 Bde. gr. 8. (1. Bd. 144 S.) Wien 860, Mayer und Comp.

Jarisch, Dr. Ant., christkatholische Schul-Katechesen zum Gebrauche für Katecheten, Lehrer und Erzieher. 3 Bde. 2. verb. Aufl. 8. (143, 148, 100 S.) Wien, Mayer & Komp. 1861 2 fl.

—— kleiner Sprachlehr-Katechismus. Ein Handbuch für Pfarrschullehrer. gr. 8. (IV und 96 S.) Gratz 857, Ferstl'sche Buchh. *

— eine Stunde bei Jesus. Gebete und Betrachtungen zur beständigen Anbetung des allerheil. Sakramentes des Altars, der vierzigstündigen Andacht u. für fromme Besucher desselben. Graz 858. Ferstl. 36. (108 S. u. 1 Stahlst.) n. 8 ngr.

— eine Stunde bei Jesus. Gebete und Betrachtungen zu beständ. Anbetung des allerheiligsten Sakramentes des Altares, der 40stünd. Andacht und für fromme Besucher desselben. 16. (108 S.) Graz 859, Ferstl'sche Buchh.

— eine Stunde bei Jesus. Gebete u. Betrachtungen zu beständ. Anbetg. d. allerheiligsten Sakramentes d. Altares, der 40 stünd. Andacht u. f. fromme Besucher desselben. 16. (108 S.) Graz 875. Ferstl. n. — 60

Jarisch, Dr. H. Anton —. Stunden der Andacht für Katholiken Verfaßt von — —. I. Band. 1—4. Heft. Wien. 1855. Druck von Anton Schweiger. Verlag von Mayer und Co. (VIII, S. 1—288. 8.) geh. Schluß des 1. Bandes.

Jarisch, Dr. H. Anton — Stunden der Andacht für Katholiken. Verfaßt von — —. 5. und 6. Heft (des II. Bandes 1. und 2. Heft). Wien. 1855. Druck von Anton Schweiger. Verlag von Mayer und Komp. (II. Band. S. 1—128. 8.)

Jarisch, Dr. H. Anton —. Stunden der Andacht für Katholiken. Verfaßt von — —. 7. Heft. (des 2. Bandes 3. Heft.) Wien. 1855. Druck von Ant. Schweiger. Verlag von Mayer u. Komp. (S. 129—176. 8.) (Vgl. 1095/1855.)

Jarisch, Dr. H. Anton —. Stunden der Andacht für Katholiken. Verfaßt von — —. Neuntes Heft. (III. Band, 1. Heft.) Wien. 1855. Druck von Anton Schweiger. Verlag von Mayer und Komp. (III. Band. S. 1—64. 8.) (Vergl. 1921, 1855.)

Jarisch, Dr. H. Anton — Stunden der Andacht für Katholiken. Verfaßt von — —. 10—12. Heft. (III. Band 2—4. Heft.) Wien, 1855. Druck von A. Schweiger. Verlag von Mayer und Kompag. (S. 65—254. 8.) Schluß des III. Bandes.

Jarisch, Dr. H. Anton — Stunden der Andacht für Katholiken. Verfaßt von — —. 13—16. Heft. (4ter Band. 1—4. Heft. Wien, 1856. Druck von Anton Schweiger. Verlag von Mayer und Komp. (4ter Band. 262 S. 8.) Schluß des 4ten Bandes.

— Stunden der Andacht für Katholiken. 2. (Titel-)Ausg. 8 Lfgn. oder 4 Bde. Lex.-8. Wien (855)58, Mayer und Comp. [1. Bd. (VIII und 288 S.) 2. (273 S.) 3. und 4. (517 S.)] à Lfg. 10 Ngr.

— Stunden der Andacht f. Katholiken. 1—4. Bd. 2., verb. u. verm. Aufl. gr. 8. (VIII, 370; 324; 334 u. 342 S.) Ebend. 877. 78. à 4. 20

— der Tag der Gottversöhnung. Ein kathol. Beicht- und Communion-Buch in Lehren, Betrachtungen und Gebeten für Christen, denen ihr Seelenheil am Herzen liegt. 8. (296 S. und 2 Stahlst.) Regensburg 849, Manz.

— die Thierseele, ihre Existenz und Eigenschaften bewiesen und dargestellt. gr. 8. (64 S.) Prag 870, Satow. [Kosmack und Neugebauer.] *

Jarisch, Dr. H. Anton — Tugend und Kenntniß. Eine Sammlung lehrreicher Erzählungen zur Nachahmung für die reifere Jugend, verfaßt und gesammelt von — —. Wien, 1856. Druck von A. Schweiger. Verlag von Mayer und Kompagnie. (156 S. 8.)

Jarisch, Hieron. Ant., Die Unfehlbarkeit des Papstes. Zur Belehrung, Aufklärung u. Beruhigung für Gelehrte u. Ungelehrte, für Katholiken u. Protestanten, Juden u. Liberale plakabel, plausibel u. acceptabel gemacht. Komotau (Wien, Klemm) 1870. gr. 8°. 32 S., 50 Pf.

— geistliches Vademecum für die k. k. Gensdarmen. Gratz 856. Ferstl. 32. (52 S.) n. 6 ngr.

— illustrirter katholischer Volkskalender, s. Volkskalender, illustrirter katholischer.

Jarisch, Dr. A. — Illustrirter katholischer Volkskalender für 1854. Zur Förderung katholischen Sinnes. Von — —. Zweite Auflage. Dritter Jahrgang. 8. (160 S.) Wien. Verlag und Druck von Leop. Sommer.

Jarisch, Dr. A. — Illustrirter katholischer Volkskalender für 1855. Zur Förderung katholischen Sinnes. Von — —. 4. Jahrgang 8. (VIII, 168 S.) Wien. Druck von L. Sommer. (Von diesem Kalender sind 5 Auflagen erschienen.)

Jarisch, Dr. H. A. — Illustrirter katholischer Volkskalender für das Schaltjahr 1856. Zur Förderung katholischen Sinnes. Von — —. Fünfter Jahrgang. Dritte Auflage. Wien. Verlag Druck u. Papier von Leopold Sommer. (160 S. 8.)

Jarisch, Dr. H. A. — Illustrirter katholischer Volkskalender für das Jahr 1857. Zur Förderung katholischen Sinnes. Von — —. 6ter Jahrgang. 3te Auflage. Wien. Verlag, Druck und Papier von Leopold Sommer. (131 S. 8.)

Jarisch, Dr. H. A. Illustrirter kathol. Volkskalender für das J. 1858. Zur Förderung katholischen Sinnes. Von — — 7. Jahrg. 2te Aufl. Verlag und Dr. von Leop. Sommer in Wien. (176 S. 8.) 3te unveränderte Aufl.

Jarisch, H. A., *Dr.*, *Weltpriester etc.* Illustrirter katholischer Volkskalender. Zur Förderung des katholischen Sinnes. Achter Jahrgang. *Wien.* Verl., Druck u. Pap. von *L. Sommer.* 176 S. 8°. 30 kr.

INHALT. Kalender. — Gedichte. — Erzählungen. — Wie ist die lauretanische Litanei entstanden und woher sie ihren Namen hat. — Anekdoten.

— Dr. H. A. Illustrirter katholischer Volkskalender für das Jahr 1862. Zur Förderung des katholischen Sinnes. 11. Jahrgang. 8. (XX. 176 S.) Wien, F. Klemm. 1861 54 kr.

Jarisch, Dr. H. A., Illustrirter katholischer Volkskalender für das Jahr 1863. Zur Förderung des katholischen Sinnes. 12. Jahrg. 8. (XVI. 176 S.) Wien, F. Klemm in Comm. 1862 54 kr.

— Derselbe. 2. Aufl. Ebdf. 54 kr.

Jarisch, Dr. H. A., Illustrirter katholischer Volkskalender für das Schaltjahr 1864. Zur Förderung des katholischen Sinnes. 13. Jahrg. Mit vielen Holzschnitten. 8. (XVI. 192 S.) Wien, F. Klemm. 54 kr. 1863

Jarisch, Dr. H. A., Illustrirter katholischer Volkskalender für das Jahr 1865. Zur Förderung katholischen Sinnes. 14. Jahrg. Mit vielen Holzschnitten. 8. (168 S.) Wien, Ferd. Klemm. 1864 54 kr.

Jarisch, Illustrirter katholischer Volkskalender für das Jahr 1866 Zur Förderung des katholischen Sinnes. 15. Jahrg. Mit vielen Holzschnitten. Wien, Ferd. Klemm's Sep.-Conto. 1865 54 kr.

— — Illustrirter katholischer Volkskalender für das Jahr 1867. Zur Förderung des katholischen Sinnes. 16. Jahrg. 8. (XVI u. 168 S.) Wien, Ferd. Klemm's Sep.-Conto. 1866 54 kr.

— — Illustrirter katholischer Volkskalender für das Jahr 1868. Zur Förderung des katholischen Sinnes. 17. Jahrg. 8. (176 S.) Wien. Ferd. Klemm's Sep. Conto. 1867 54 kr.

— — Dr. H. A., Illustrirter katholischer Volkskalender für das Jahr 1869. Zur Förderung des katholischen Sinnes. 18. Jahrgang. 8. (XVI u. 192 S.) Wien, Ferd. Klemm's Sep.-Conto. 1868 54 kr.

— — Illustrirter katholischer Volkskalender für das Jahr 1871. Zur Förderung des katholischen Sinnes. 20. Jahrgang. 8. (192 S.) Ebd. in Comm. 1870 54 kr

Jarisch, Dr. H. A., Illustrirter katholischer Volkskalender für das Jahr 1883. Zur Förderung des katholischen Sinnes. 32. Jahrg. 8. (168 S.) eleg. geb. 1 fl. 1882

Jarisch, Dr. H. A., Illustr. kathol. Volkskal. f. d. Schaltj. 1884. Zur Förderung des katholischen Sinnes. 33. Jahrg. 8. (160 S.) Wien, Moritz Perles. 54 kr., geb. 1 fl.

Jarisch, Dr. H. A., Illustr. kathol. Volkskalender f. das J. 1885. Zur Förderung des kathol. Sinnes. 34. Jahrg. 8. (160 S.) Wien, Moritz Perles. 54 kr., geb. 1 fl. 1884

— Dr. H. A., Illustr. kathol. Volkskalender f. d. J. 1886. Zur Förderung d. kathol. Sinnes. XXXV. Jahrg. (176 S.) Wien, Moritz Perles. 54 kr., geb. 1 fl. 1885

Jarisch', H. A., illustrierter katholischer Volkskalender f. d. J. 1891—1893. Zur Förderg. d. kathol. Sinnes. Von Jos. Maurer. 40.—42. Jahrg. 8. (XVI, 169; XVI, 165; XVI, 165 S.) Wien, Perles. à Jahrg. * 1 —; geb. * 2 —
Frühere Jahrgänge s. u. d. T.: Volkskalender, illustr. kathol.

Jarisch, Dr. H. A., Illustrirter katholischer Volkskalender für das Jahr 1894. Zur Förderung des katholischen Sinnes. Herausgegeben von Pfarrer Josef Maurer. 43. Jahrg. 1894. 8. (175 S.) —.50
Wien: Perles

Jarisch', H. A., illustr. katholischer Volkskalender f. d. J. 1895. Zur Förderg. des kathol. Sinnes. Von Jos. Maurer. 44. Jahrg. 8. (VI, XVI, 168 S.) Wien, M. Perles. n. 1. —; geb. n. 2. —

Jarisch', Dr. H. A., Illustrirter Katholischer Volkskalender für das Jahr 1896. Zur Förderung des katholischen Sinnes von Mathias Eisterer. 8. (169 S.) Wien: Perles 1895 —.50

Jarisch, Dr. H. A., Illustrirter katholischer Volkskalender. 1897. XLVI. Jahrgang. Mit vielen Original-Illustrationen. 8. (176 S.) —.50
Wien: Perles 1896

Jarisch, Dr. H. A., Illustrirter katholischer Volkskalender. 1898. XLVII. Jahrgang. Mit vielen Original-Illustrationen. 8. (175 S.) —.50
Wien: Perles 1897

— illustr. kathol. Volkskalender f. d. J. 1899. Zur Förderg. d. kathol. Lebens. Von Mathias Eisterer. 48. Jahrg. 8. (VI, XVI, 160 S.) Wien, M. Perles. n. 1. —; geb. n. 2. —

(F) Dr. H. A. Jarisch' Illustrirter Katholischer Volkskalender für das Jahr 1900. Zur Förderung des katholischen Lebens. Von Mathias Eisterer. XLIX Jahrgang. Wien. Perles. 8°. 176 S. fl. —.50, geb. fl. 1.—

537.059

(F) Dr. H. A. Jarisch' Illustrirter Katholischer Volkskalender für das Jahr 1901. Zur Förderung des katholischen Lebens. Von Mathias Eisterer. L. Jahrgang. Wien· Perles. 8°. 138 S. K 1.—
Fortsetzung, s. Dr. Jarisch' Volkskalender zur Förderung katholischen Lebens u. Sinnes.

(F) Dr. Jarisch' Volkskalender zur Förderung katholischen Lebens und Sinnes für das Jahr 1902. Herausgegeben von Karl Landsteiner. LI. Jahrgang. Wien. St. Norbertus. Gr.-8°. 233 S. mit 1 Tafel K —.80
Früher u.d.T.: Dr. Jarisch' Illustrierter katholischer Volkskalender.

Jarisch', Volkskalender zur Förderung katholischen Lebens u. Sinnes f. d. J. 1903. Hrsg. v. Karl Landsteiner. 52. Jahrg. 8. (236 S. m. Abb. u. 1 Bildnis.) Wien, St. Norbertus. n. —50

(F) Dr. Jarisch' Volkskalender zur Förderung katholischen Lebens und Sinnes für das Jahr 1906. Herausg. von Dr. Karl Landsteiner. 55. Jahrg. 8°. (ill, 240 S.) K —.60
Wien: St. Nobertus 1905

Jarisch', Volkskalender f. d. J. 1907. Hrsg. v. Karl Landsteiner. Mit Orig.-Zeichngn. v. Roller, Amateurphotographien v. Leop. Riedel, e. Preisrebus u. e. Notenbeilage. 56. Jahrg. (245 S.) 8. Wien, St. Norbertus. n. — 50

Jarisch', Volkskalender f. d. J. 1908. Hrsg. vom St. Josefs-Verein. (Umschlag: Hrsg. v. Rob. Klimsch.) Mit vielen Orig.-Bildern u. e. Preisrebus. 57. Jahrg. (236 S.) 8. Wien, St. Norbertus. — 50
erscheint nicht mehr.

— — Volksschulen-Kalender für das Jahr 1863 nebst einem Schematismus des [illegible]standes der Leitmeritzer Diözese. 1. Jahrg. gr. 8. (175 S.) [illegible] mit Schreibpapier durchschossen. 1862 72 kr.

Jarisch, Dr. M., Harmonium. Gedichte 16. (154 S. m. Portr. d. Verf. in Stahlst. Ebd. cart. 1860 1 fl. 20 kr.

Jaerisch, Manfred [aus Pless O/Schl.]: Aus d. Kgl. Augenklinik d. Univ. Greifswald. '(Director: Prof. Dr. Schirmer.)' Ein Fall von Dacryoadenitis tuberculosa ... Greifswald, Druck v. J. Abel, 1897; 27 S. 8.
Greifswald, Med. Fak., Inaug.-Diss. v. 2. März 1897

Jaerisch, Martin, aus Grabow i. Posen: Über Dupuytren'sche Fingerkontrakturen. *Halle a. S. 1898: C. A. Kaemmerer & Co.* (27 S.) 8°
Halle, Med. Diss. v. 14. Dez. 1898

Jaerisch, *Paul* [Dr.]: Zur Theorie der elastischen Kugelwellen mit Anwendung auf die Reflexion und Brechung des Lichts. Hamburg, gedr. bei Lütcke & Wulff, 1893; 1 Bl., 45 S. 4.
Hamburg, R am Eilbeckerwege, P 1893 (735)

Jaerisch, Paul, zur Theorie der elastischen Kugelwellen m. Anwendung auf die Reflexion u. Brechg. d. Lichtes. Progr. gr. 4. (45 S.) Hamburg 893. (Herold's Verl.) n.n. 2.50

Jaerisch, Paul *(geb. Rosen in Oberschles. 25. 3. 1853)*: Ueber die Transversalschwingungen eines elastischen, homogenen, endlichen Kreiscylinders und einer solchen Kugel. Breslau 1879. (38 S.) 8° *[Im Buchhandel 1879 bei Koebner in Breslau.]*
Breslau, Phil. Diss. v. 11. März 1879

Jarislowsky, Max *[geb. Hultschin in Oberschles. 1. 12. 1847]*: Thesen ... behufs Erlangung der medicinischen Doctorwürde. Breslau (1870). (1 Bl.) 2°
Breslau, Med. Thesen v. 1. Aug. 1870

Jaritz, Thomas. Über die größten Theils slavische Abstammung der Bewohner deutscher Länder. Villach, Hoffmann, 1853. 35 S.

Jaritz, Thomas. Schwanentöne an mein geliebtes Kärnthen. Villach, Hoffmann, 1853. Duodez. 47 S.

Jarius, Max, Ascochyta Pisi bei parasitischer u. saprophyter Ernährung, s.a. Bibliotheca botanica.

Ascochyta Pisi bei parasitischer und saprophyter Ernährung. Untersuchgn v. Dr. Max **Jarius**. M. 1 Taf. *Stuttgart: E. Nägele 1896*. (2 Bl., 21 S., 1 Taf.) 4.
— Bibliotheca botanica. H. 34. isc. 7319

Jarius, Wilh. Jos. v., Predigten auf alle Sonn- und Festtage des Jahres. Eine Auswahl aus den hinterlassenen Handschriften. Hrsg. von Vict. Hornyánsky. gr. 8. (VIII und 559 S.) Pest 859, (Osterlamm.) *

(Jarke): **Ueber die austrägalgerichtl. Entscheidung der Streitigkeiten unter den Mitgliedern d. deutschen Bundes. Zur Beleuchtung der Schrift v. K. F. Eichhorn: Betrachtungen üb. die Verf. d. deutschen Bundes u. s. w.** *Wien*, **Gerold. 833. gr. 8. (16 Gr.)**

Jarke, Frau Franziska, s.a. Rudorff, E.

Jarke, Franziska
Vergeltung. Roman. Von E. Rudolff [d.i. Franziska Jarke]. Berlin 1877.
In: Roman-Zeitung, Deutsche. Bd 2.

Jarke, Oscar *Louis Kuno* [app. Arzt aus Kiel]: Aus d. medicin. Poliklinik zu Kiel. Ein Fall von akuter symmetrischer Gehirnerweichung bei Keuchhusten ... Kiel, Druck v. P. Peters, 1895; 15 S. 8.
Kiel, Med. Fak., Inaug.-Diss. v. [4. Okt.] 1895

Jarl, Hakon,. Trauersp. v. A. Oehlenschläger. 8. Tübing. Cotta. 810. -

Jarmatz, Walter, a. Ribnitz: Über das 3-Antipyrin und seine Halogenderivate. Rostock 1906: C. Hinstorff. (49 S.) 8°
Rostock, Phil. Fak., Ref. Michaelis, Diss. v. 20. Jan. 1906
[Geb. 30. Juni 81 Ribnitz; Wohnort: Rostock; Staatsangeh.: Preußen; Vorbildung: Realgymn. Rostock Reife O. 01; Studium: Rostock 8, München 1 S.; Rig. 18. Jan. 06.]

Jarmeb, Beobachtungen einer Ruhr-Epidemie nebst Witterungsbeobachtungen. 8. Riga, Meinshausen. 798.

Jarmen [Schlagw.]

Jarmen, s.: Deutschland. Kürschner-Pelp.

Jarmer, Ernst: Gerichtsbarkeit über Fremde in Egypten. Greifswald 1909: Abel. 54 S. 8°
Greifswald, Jur. Diss. v. 17. Aug. 1909, Ref. Hubrich
[Geb. 14. Aug. 86 Lüben, Schlesien; Wohnort: Lüben; Staatsangeh.: Preußen; Vorbildung: Gymn. Johanneum Liegnitz Reife O. 05; Studium: Straßburg 1, Berlin 1, Bonn 1, Greifswald 3 S.; Rig. 20. Juli 09.] [U 10. 1522

Jarmersted, Alexander v.: Ueber das „Scillaïn." Leipzig, Druck von J. B. Hirschfeld, 1879. 8. II, 17 S.

Jarmulowsky, Harry, a. New-York: Aus d. Frauen-Klinik in Kiel. Zur Statistik der Sectio caesarea mit besonderer Berücksichtigung der Indicationen der conservativen Methode und der Porro-Operation. Kiel 1906: H. Fiencke. (37 S.) 8°
Kiel, Med. Fak., Ref. Werth, Diss. v. 15. Sept. 1906
[Geb. 10. Aug. 77 New-York; Wohnort: New-York; Staatsangeh.: Vereinigte Staaten; Vorbildung: New-York Grammar School 13 bis 91, City College bis 95; Studium: Columbia Univ. 6, Kiel 4 S.; Rig. 15. Aug. 06.]

Jarmuslewicz, Jh., neues System der Musik, oder neue auf bisher unbekannte Grundsätze beruhende Lehre von der Melodie, Harmonie u. den musikalischen Compositionen. gr. 4. Wien 843, Strauß Wwe. u. Sommer. 1 ẞ

Jarnatowski, Kasimir *Adalbert* [app. Arzt aus Posen]: **Reflexepilepsie** infolge von Gonitis tuberculosa nebst einigen analogen Fällen ... Posen, gedr. bei J. Leitgeber, 1897; 18 S., 1 Bl. 8.
Leipzig, Med. Fak., Inaug.-Diss. v. 10. Febr. 1897

Jarnatowski, Theod. (geb. Santomischel in Posen 9. 8. 1832): De nicotiana ejusque abusu. Berolini (1856). (37 S.) 8°
Berlin, Med. Diss. v. 3. Okt. 1856

Järnefelt, Arvid, innere Stimmen. Dichtgn. in Prosa. (III, 127 S.) 8. Schwerin 910. Stiller. 3. —

[Ant. u. Russ.] Titus (Jerusalems Zerstörer). Drama in 5 Akten von Arvid **Järnefelt**. Arvid Ernefelt. Tit (Razrušitel Ierusalima). Drama v 5 dějstvijach. Berlin: Ladyschnikow [1910]. 90 S. 8° [10. 13032

Jarník, H., Studie üb. die Komposition der Fierabrasdichtungen. (Fierabras, Destruction de Rome.) (VIII, 118 S.) gr. 8. Halle 908. M. Niemeyer. n. 2. 80

Jarnik Hartwig: Zum Pluralis Feminini im Dakorumänischen.
1900 PN 1345 Diss. Wien, Univ. 2250

Jarnik Johann: Der provenzalische Fierabras mit Berücksichtigung seiner französischen Zwecke. Uebersicht der Formenlehre des provenzalischen Fierabras.
1875 PN 39 Diss. Wien, Univ. 2212

Jarnik, J. Sprachliches aus rumänischen Volksmärchen. Wien, Unter-R. II. Bez., 1877. 29 S. Progr.

Jarnik, Johann Urban

Jarník, J. U., neuer vollständiger Index zu Diez' etymologischem Wörterbuche der romanischen Sprachen, m. Berücksicht. v. Scheler's Anhang zur 5. Ausg. gr. 8. (X, 382 S.) Heilbronn 889. [Gebr. Henninger.] Leipzig, Reisland. n. 8 —

Jarník, Joh. Urb., Index zu Diez' etymologischem Wörterbuch der romanischen Sprachen. gr. 8. (VIII, 237 S.) Berlin 878, Langenscheidt'sche Verlagsh. *

Jarník, Joh. Urb., zur albanischen Sprachenkunde. gr. 8. (51 S.) Leipzig 881, (Brockhaus' Sortiment und Antiq.) *

Jarnik, Urban

U. J. Kleine Sammlung solcher altslavischen Wörter, welche im heutigen windischen Dialecte noch kräftig fortleben. Zusammengetragen u. hg. v. U. J. Klgft., Gelb. 1822. 79 S. (Verf.: Urban Jarnik.)

Jarnik, Urban, Versuch ein. Etymologikons d. slavonischen Mundart in Inner-Oesterreich. Nach verlässlichen Quellen bearb. gr. 8. (24½ B.) Klagenfurt 832, F. v. Kleinmayr. Thlr.

Der Goldfisch. Operette in 3 Akten von Richard Jäger. Musik von Georg **Jarno**. Text d. Gesänge. Breslau: 'Allegro' (1907). 61 S. 8° (4°) [11. 3825

... Die schwarze Kaschka. Oper in 4 Aufz. Dichtg nach seiner Novelle gleichen Titels v. Victor Blüthgen. Mus. v. Georg **Jarno**. Vollst. Klavierausz. m. Text ... *Charlottenburg: A. Krebs [1898]*. (3 Bl., 143 S.) 1 Bd 4. [99. 1036

Der Richter von Zalamea. Oper in 4 Akten. Text frei nach Calderon von Victor Blüthgen. Musik von Georg Jarno. Klav.Ausz. mit Text. *Leipzig, Brüssel, London: A. Cranz & Co. [1900].* (190 S.) 4° 1750

Text der Gesänge zu Der zerbrochene Krug. Komische Oper in 3 Akten. Text nach d. gleichnamigen Kleist'schen Lustspiel von Heinrich Lee [d. i. Landsberger]. Musik von Georg Jarno. Stuttgart: **Feuchtinger [1902].** **66** S. 8° [03. 6409]

Järnsida, s.: Lögbók.

Jarochowski, Adalbert

Jarochowski, v., kurze Anleitg. z. Verwendg. d. polnischen Sprache in d. Seelsorge. gr. 8. (20 S.) Breslau 895. J. U. Kern's Verl. —30

— Leitfaden f. d. Unterricht in d. polnischen Sprache. (Schul-Ausg.) gr. 8. (VI, 128 S.) Ebd. 895. Geb. in Halbleinw. n. 1.80

— dasselbe. Ausg. A. M. e. Anh. v. Gesprächen f. Ärzte, Richter u. Offiziere. gr. 8. (VI, 148 S.) Ebd. 895. Geb. in Leinw. n. 2.—

— dasselbe. Ausg. B. M. e. kurzen Anleitg. z. Verwendg. d. poln. Sprache in d. Seelsorge. gr. 8. (VI, 128 u. 20 S.) Ebd. 895. Geb. in Leinw. u. geh. n. 2.—

Jarochowski, A. v., kurze Anleitung zur Verwendung der polnischen Sprache in der Seelsorge. 2. Aufl. (20 S.) 8. Breslau 904. J. U. Kern. n. —30
Sonderabdruck aus: „Leitfaden f. den Unterricht in der poln. Sprache."

Leitfaden für den Unterricht in der polnischen Sprache. Von Prof. A(dalbert) v. Jarochowski, Oberl. in Breslau. 2. Aufl. Breslau: J. U. Kern 1904. (VIII, 152 S.) 8° [F.] [05. 530]

Jarochowski, A. v., Leitfaden für den Unterricht in der polnischen Sprache. Ausg. A. Mit e. Anh. v. Gesprächen u f. Aerzte, Richter u. Offiziere (VI, 156 S.) 8. Breslau 904. J. U. Kern. Geb. in Leinw. n. 2.20

— dasselbe. Ausg. B. Mit e. kurzen Anleitg. zur Verwendg. der poln. Sprache in der Seelsorge. (VI, 144 S.) 8. Ebd. 904. Geb. in Leinw. n. 2.20

Jarochowski, Adalb. v. Zur Reform des französischen Unterrichts auf Gymnasien. 20 S. **Progr.** Matth. G. *Breslau* 1878.

Jarocki, F. P. v. Zubr oder der lithauische Auerochs. Hamburg. 1830. 8.

Jaroczynski, Siegfried [Kammergerichts-Referendar]: Zum Begriff **des** Retentionsrechts .... Berlin, Vereins-Buchdr.: Gebr. Cohn (1888); 2 Bl. + 52 S. 8°
Göttingen, Jur. Fak., Inaug. Diss. v. 9. Febr. 1888

Jarolim, Joh., zur Sanierung der Finanzen der österreich. Gemeinden. Mit besond. Berücksicht. Brünns u. Mährens. Vortrag, geh. am 13. I. 1908 im mähr. Gewerbevereine in Brünn. (40 S.) 8. Brünn 908. F. Irrgang. 1.—

Jarolimek, A.

Jarolimek A.: Über die Beziehung zwischen der Spannung und Temperatur gesättigter Wasserdämpfe und gesättigter Kohlensäuredämpfe. S. 86. II. 989 . . . . vgr.
Separatabdruck

Jarolimek, A., über die Gravitation. Lex.-8. (15 S.) Wien 883, (Gerold's Sohn.) **
Aus: Sitzungsberichte der k. Akademie der Wissenschaften, besonders abgedruckt.

Jarolimek, A., über den Widerstand d. Flüssigkeiten. (49 S. m. 12 Fig.) Lex. 8. Prag 908. (F. Řivnáč.) —60
Sonderabdr. a.: „Sitzungsber. d. böhm. Gesellsch. d. Wiss."

Von Leidenden und Befreiten. Dämmerstundenträume von Edmund Jaroljmek. Berlin-Leipzig: C. Wigand 1908. (172 S.) 8° [08. 12859]

Jarolimek, Egid., neuere Betriebsergebnisse mit E. Jarolimek's Gesteins-Drehbohrmaschinen. Vortrag, gehalten am 23. Febr. 1882 in der Fachversammlung der Berg- und Hüttenmänner im österr. Ingenieur- und Architekten-Verein. gr. 8. (35 S. mit 2 Tab. und 1 lithogr. Taf.) Wien 882, Manz'sche Hofverlagsh. *

Jarolimek, Egid., s. Erfahrungen im berg- und hüttenmänn. Maschinen-, Bau- und Aufbereitungswesen.

— **Gesteins-Drehbohrmaschine mit Differential-Schraubenvortrieb des Bohrers. gr. 8. (40 S. mit 1 lithogr. Taf.) Ebendas. 881.** *
Vorstehende zwei Schriften sind aus: Oesterreichische Zeitschrift für Berg- und Hüttenwesen, besonders abgedruckt.

Jarolimek, Egid. Bergmaschinentechnische Mittheilungen von der Weltausstellung in Paris im Jahre 1878. Wien, 1879.

— (Hrsg.), s. Rittinger, P. v.: Erfahrungen im berg- u. hüttenmännischen Maschinen-, Bau- und Aufbereitungswesen.

Jarosch, Carl, s. Jarosch, Karl

WALDAU, Alfred (d. i. *Josef Jarosch*), Böhmische Nationaltänze, Kulturstudie. 2 Thle. Prag 1859. 8°. (1 Mk. 20 Pfg. Adolf Weigel, c. 1905; 1 Mk. 60 Pfg. List & Francke, Lpz., 1910.)
Nicht in Weller's Lex. Ps.

Jarosch, Jos. Aug., theoretisch-praktische Anleitung zur Lautirmethode für den öffentl. Unterricht. Nach dem Grundsatze: „Unterrichte anschaulich." 8. (V und 50 S. mit 2 Taf. in Fol.) Olmütz **849**, (Hölzel.) *

Jarosch Joseph Aug. Elementarbuch nach dem Grundsatze der Anschauung in 2 Abth. 1. Abth.: Fibel zur Anordnung bei der Lautir N. Oester. Nominal-Methode kl. 8. (96 S.) Olmütz. Jos. Neugebauer 1852.

Jarosch, J. A. Topographisches Universal-Lexicon des österreichischen Kaiserstaates, enthaltend alle Städte, Märkte, Dörfer, Weiler, Einschichten, Gebirge, Seen und Flüsse etc. sämmtlicher Provinzen der österreichischen Monarchie. In alphabet. Ordnung nach den besten neuesten u. verlässlichsten Quellen bearbeitet. I. u. II. Hft. *Olmütz* 1857. In Commission von *Joh. Neugebauer's* Buchhandlung. Druck von *Ant. Halauska's* Univ.-Buchdr. S. 128 gr. 8°. Heft 30 kr.
Auf circa 16 Hefte, jedes zu 4 Bogen, angelegt.

Jarosch, J. A. Topographisches Universal-Lexicon des österreichischen Kaiserstaates etc. In alphab. Ordn. *Olmütz* 1858. Druck *A. Halauska's* Univ.-Buchdr. In Comm. v. *J. Neugebauer*. 3. u. 4. Hft. S. 129—256. Lex. 8°. Birnbaum — Chmeleschen. 1 Heft 30 kr.

Jarosch, J. A. Topographisches Universal-Lexicon des österreichischen Kaiserstaates etc. in alphab. Ordnung etc. *Olmütz* 1858. In Comm. v. *Joh. Neugebauer's* Buchh. 5. Heft. S. 257–320, Lex. 8°. Chmeleschen – Dézsánfalva. 30 kr.
Vergl. Nr. 2488 (Juni).

Jarosch, J. A. Topographisches Universal-Lexicon des österreichischen Kaiserstaates etc. In alphab. Ordnung, nach den besten, neuesten und verlässlichsten Quellen begründet von J. A. Jarosch, redigirt von J. Houška. *Olmütz* 1858. *J. Neugebauer* in Comm. 6. Hft. S. 321–384, Lex. 8°. Dezser — Einöderalpe. 30 kr.

Jarosch, Karl

Jarosch, Car. (Joseph.) (geb. Ujest in Schles. 16. 12. 1842): De intoxicatione saturnina chronica. Berolini (1865). (32 S.) 8°
Berlin, Med. Diss. v 26. Juli 1865

Jaroschy, Rud., ländliche Spaziergänge. 8. (III, 160 S.) Prag 900. (Administration des „Romanleser"). 2.—

Jaroschy Stephan, Dr.: Über die Bildung von Acylderivaten des Phenylhydrazins in wässeriger Lösung (mit 14 Textfiguren). S. 119. Hb. 767 . . . .
Separatabdruck

— Über isomere Ester der Trichlorisoxazylbenzoesäure. S. 121. Hb. 105 . . . . .
Separatabdruck

Jarosiewicz, Roman: Ueber das „Euchologium sinaiticum".
1885 PN 391 Diss. Wien, Univ. 2663.

Jarosiewicz Dr. R.: Über das Euchologium Sinaiticum. 38. Kolomea. 88. Progr.

Jaroslaw, der Steinberger erster Graf, ob. die Hochzeit ohne Braut. 8. Wien … K. Haas. 18 gr

Jaroslaw, Ritter, u. der schwarze Räuber. Ritter- u. Räubergeschichte vom Verf. des Rächers der heil. Vehme. 12. Leipzig 846, Museum. 1/2 ℔

Jaroslaw, Benno [aus Breslau]: Bestimmung der Löslichkeit von Jod in einigen organischen Flüssigkeiten … Berlin, A. W. Schade's Buchdr., 1895; 48 S., 1 Bl. 8.
Berlin, Phil. Fak., Inaug.-Diss. v. 30. Jan. 1895

Jaross, Konrad, aus Rawitsch: Aus d. chemischen Institut d. Universität Breslau. Ueber die Einwirkung von Aldehyden und von Carbonylchlorid auf Diamine. *Breslau 1901: H. Fleischmann.* (45 S.) 8°
Breslau, Phil. Diss. v. 10. Aug. 1901

Zehn Jahre Buchhaltung. Eine Bibliographie der während d. letzten Dezenniums auf d. Gebiete d. Buchhaltungswissenschaft in d. Ländern deutscher Zunge ersch. Schriften. Zsgest., z. T. besprochen u. in e. Schlagwort-Reg. vereinigt von Max v. **Járossy**. Linz 1910: Zentraldr. IX, 168 S. 8°
(Publikationen d. Export-Akademie. ⟨Handelslehrer-Seminar.⟩) (11. 1994

Járosy, Rud., ja, so sind sie!, s.: Universal-Bibliothek.

Jarosy, R., seine Ottilie, s. Universal-Bibliothek Nr. 1894;

Jarosy, R., im Schneegestöber, s.: Universal-Bibliothek.

Jarosz, Franc. Eduardus Felix (geb. Warschau 4. 10. 1799): Plantae novae Capenses. (Berolini 1821.) (24 S.) 8°
Berlin, Med. Diss. v. 29. Dez. 1821

JAROSZYNSKI, Witold von (Haraczkowka/Polen): De vomitu. 11.7.1873 - Urk; Chr 1873/74,14
Diss. Ingolst.-Landsh.-Mchn.

Jarotschin [Schlagw.]

— s. a.: Forstkarten. — Posen, Reg.-Bez.

Jarotschin. Baron, Paul, Spezial-Karte des Kreises Jarotschin. 1 : 100,000. 2. Aufl. 35×43 cm. Farbdr. Lissa (903). O. Eulitz. n. —50

Jarotschin. Karte des Kreises Jarotschin, Reg.-Bez. Posen. Hrsg. v. der kartogr. Abtheilg. der königl. preuss. Landesaufnahme. 1 : 100,000. 45,5×51 cm. Kpfrst. u. kolor. Berlin 894. (R. Eisenschmidt.) n.n. 2.—

Jarotschin. Schlabs, Paul, Spezialkarte d. Kreises Jarotschin. 1 : 125,000. 34×37 cm. Farbdr. Lissa 898. F. Ebbecke. n. —50

— — Wandkarte d. Kreises Jarotschin. Für d. Schul- u. Privatgebrauch. 1 : 40,000. 4 Blatt à 49,5×57 cm. Farbdr. Ebd. 898. n. 12.—; auf Leinw. m. Stäben n. 14.—

Jarotschin, Kreis. Spezialkarte des Kreises Jarotschin. Rev. v. den zuständ. Behörden. 3. Aufl. 1 : 100,000. 35,5×43 cm. Farbdr. Lissa 910. O. Eulitz. —50; auf Leinw. in Etui 1.—

v. **Jarotzky**, …, Antwort auf die Schrift: Freimüthige Aeußerungen über den sittlichen u. kirchlichen Zustand Oberschlesiens. 8. Ratibor 827. (Breslau, Max u. Comp.) 1/6 ℔

Jarotzky, v. über die Ausbildung unserer Infanterie. Berlin 1890. 28 S.

Jarotzky, Alex., der Idealismus als lebenerhaltendes Prinzip. Betrachtungen e. Arztes. (IV, 147 S.) Lex. 8. Wiesbaden 908. J. F. Bergmann. 3. 20

Jarotzky, B. G., Versicherung der Arbeiter. (In russ. Sprache.) 2 Bde. 8°. St. Petersburg 1895.

Die **Arbeitsanstalt** und ihre Stellung in **dem Vorentwurf** zu einem deutschen **Strafgesetzbuch**. Von H. v. **Jarotzky**, Dir. d. Rhein. Prov.-Arbeitsanst. Brauweiler. Brauweiler: Selbstverl.; Köln: Boisserée in Comm. 1910. 80 S. 8° A 12.26755

Jarotzky, Henricus de *(geb. Langendorf in Oberschles. 8.4.1827)*:
De uteri retroversione. Vratislaviae (1852). (35 S.) 8°
Breslau, Med. Diss. v. 16. Okt. 1852

Jarotzky, Th. v., s.: Loebell's, v., Jahresberichte üb. die Veränderungen u. Fortschritte im Militärwesen.

Jarres, Karl: Über die Art der Teilung des Miteigentums an gemeinschaftlichen Grenzmauern nach gemeinem Rechte mit Anhang Über die Behandlung dieses Rechtsverhältnisses im neuen deutschen bürgerlichen Gesetzbuche. *Berleburg i. W. 1898: W. Winckel.* (65 S.) 8°
Erlangen, Jur. Diss. v. Mai 1897

Jarres, Karl, das Gewerbegericht. Ein Leitfaden zu dem Gewerbegerichtsgesetz u. seinen Nebengesetzen f. Wähler u. Beisitzer. 8. (92 S.) Düsseldorf 902. L. Schwann. n. — 80; geb. n. 1. —

Jarrige, Pierre

§ — — Nachricht von den vielen Lastern, welche die Jesuiten in der Provinz Guienne begangen haben. (Aus d. Lat.) O. O. (Breslau, Gosohorsky) 1761. 8⁰. 18 Bogen. Rar! (1 fl. 30 xr. Theod. Ackermann, München, vor 1870.)

S. 54—96: Der Jesuiten Geilheit in ihren Classen; ihre Geilheit bei Besuchen, in ihren Häusern, in Kirchen, auf Reisen, auf dem Lande und in Nonnenklöstern.

Original (in München u. in Zürich, Stadtbibl.): Jesuita in ferali pegmate, ob nefanda crimina in provincia Gvienna perpetrata, cum judicio generali de hoc ordine. (Mit curios. Titelkpf.) Lugduni Batavor. 1665. 12⁰. (Auch in Carlsruhe: Dm 177.) (1½ Rthlr. Asher, Berlin, 1873.)

Pag. 68—143: Jesuitarum luxuria in classibus, libidines in visitationibus, in templis, in aedibus privatis, in itineribus &c.)

Jarrige, Nachr. von den Lastern der Jesuiten in Guienne. 8. Breslau, Meyer. 761.

Noblesse des francs-maçons, ou Institution de leur société avant le déluge universel & son renouvellement après le déluge. Poème par un prophane [d. i. Jarrigue]. Francfort s. l. M.: Raspe 1756. 110 S. 8⁰

Kl. 349. Selten. Kloss: Annalen d. ☐ z. Einigkeit. 1842 S. 28 gibt an: „Jarrigues".

Jarris, T. M., s. Geistergeschichten nach beglaubigten Quellen.

Jarrow, E., der Erwerbsbegründer in d. ertragreichsten mod. Spezialitäten f. Pharmaceuten, Droguisten, Fabrikanten rc. 12. (XV, 247 S.) Dresden 897. E. Krug. n. 6. —

Jarrow, E., Nervenkraft u. Nervenschwäche. Mannesschwäche u. Sterilität der Frauen. Auf Grund neuester Forschg. der Naturheilkunde zum ersten Male veröffentlicht. gr. 8. (68 S.) Weinböhla 900. E. Krug. n. 1. —

Jarry, die Holzbahnen als Stellvertreter d. Eisenbahnen mit allen ihren Vortheilen, keinem ihrer Nachtheile u. e. Ersparniss von ⅗; od. neues System d. Locomotion mit grossen Geschwindigkeiten u. wohlfeilen Preisen mittelst vervollkommn. Wagen u. Communicationsstrassen, die mit solidar. Pflasterstücken aus Hirnholz bedeckt u. mit granit. Asphalt d. Compagnie Pézerat überzogen sind. A. d. Franz. übers. v. Chr. H. Schmidt. gr. 8. (5½ B.) Weimar 839, Voigt.

Jarry de Mancy, Literatur-Charte (deutsche, griech., oriental., röm.), s. Literatur-Charte.

Jarry de Mancy, A. u. F. Denis, histor.-chronolog. Uebersicht d. spanischen Literatur in Europa u. Amerika, seit ihrem Ursprunge bis auf unsere Zeiten. Nach d. Französ. verm. u. berichtigt. Ein ill. Blatt in Imp.-Fol. Weimar, Industr.-Compt. 12 gr

du Jarrys de la Roche, C. Der deutsche Oberrhein währ. der Kriege seit dem westphäl. Frieden bis 1801. (13 B.) 8. Stuttgart und Tübingen 1842. 4,50.

Jars, Gabriel

— Kunst, wie in Holland Ziegel gestrichen u. mit Torf gebrannt werden, nebst Wynblad Anweis. zu Ziegelhütten; aus d. Französ., mit Kpf. gr. 4. Königsb. 768. Hartung. (C. F. Günther in Glogau). 1 rß

Jars, G.: „Metallurgische Reisen, zur Untersuchung und Beobachtung der vornehmsten Eisen-, Stahl-, Blech- und Steinkohlen-Werke in Deutschland, Schweden, Norwegen, England und Schottland, vom Jahre 1757—1769", aus dem Französischen, mit Anmerkungen begleitet von C. A. Gerhard, 4 Bände, Berlin 1777 bis 1785. — Vorh.: Com. Bibl. Hamburg.

Jars, Gabr., metallurg. Reisen z. Unters. d. Eisen-, Stahl-Blech- u. Kohlenwerke. 4 Bde. m. K. gr. 8. Berl. Himburg. 777—85. 1r u. 2r 2 Rthlr. 16 gr. 3r u. 4r 4 Rthlr.

Jars, Gabr., metallurg. Reisen zur Untersuchung d. Eisen-, Stahl-, Blech- u. Kohlenwerke in Deutschland, Schweden rc., vom J. 1759 bis 1769. Aus d. Französ., mit Anmerkk. von K. A. Gerhard. 4 Bde, mit Kpf. gr. 8. Berl. 777—85. (Reimer). 6 rß 16 gr

Jarsch, Jos. Edl., die Wasserleitungs-Röhren aus glasirter Steinzeugmasse, nach ihrem Werth, ihrer Verwendbarkeit und ihren Vorzügen, mit besond. Rücksicht auf die Erzeugnisse der k. k. landesbefugten Zabĕhlitzer Thonwaaren-Fabrik bei Königsaal nächst Prag. 8. (31 S.) Prag 865, Mercy's Verlag. *

Jaerschkerski, Ferd., Godfried der Bärtige, Herzog von Lothringen und Markgraf von Toscana. (1033—1069.) 1. Thl. Inaugural-Dissertation. gr. 8. (36 S. mit 1 Tab. in 4.) Göttingen 867. (Berlin, Calvary und Comp.) *

Järschky, G., neue deutsche Kurzschrift nebst Begründg., aufgest. f. den Schul- u. Selbstunterr. gr. 8. (36 u. 18 autogr. S.) Hamburg (Eppendorfer Baum 19, Ecke Lehmweg) 897. Selbstverl. n.n. 1. —

Järschky, Paulus (Theod. Ludov.) (geb. Deutmannsdorf in Schles. [illegible] 1819): De corporum animalium vegetabilibus parasitis affectorum habitu. Berolini (1844). (37 S.) 8°

Berlin. Med. Diss. v. 28. Mai 1844

Jaerschky, Paul, Körperpflege durch Gymnastik, Licht u. Luft, s. a. Bibliothek der Gesundheitspflege. 17. Bd.

Jaerschky, P.: Körperpflege durch Gymnastik, Licht und Luft. 2. verb. Aufl. Stuttgart 1906. 174 S. m. Abb.

Jaerschky, Paul, prakt. Arzt in Berlin: Training vom ärztlichen Standpunkte. *Leipzig 1902: B. Georgi.* (60 S.) 8°
Leipzig, Med. Diss. v. (11. Dez.) 1902

Jaruntowsky, Arth. v., d. geschloss. Heilanstalten f. Lungenkranke u. d. Behandlg. in denselben. gr. 8. (48 S.) Berlin 896. S. Karger. n. 1. —

Järvi, T. H., zur Morphologie der Vaginalorgane einiger Lycosoiden. (Festschrift f. Palmén. No. 6.) (36 S. m. 5 Taf.) Lex.-8. Helsingfors 906. (Berlin, R. Friedländer & Sohn.) n.n. 5. —

Jarvis, der Miß Charlotte, Geschichte, in Briefen. 8. Leipz. 774. (Brockhaus). 6 gr

Jarvis, der Miß Charlotte, Geschichte in Briefen, aus dem Engl. 8. Daselbst, 774. Feind. 8 ggl.

Jarvis, der Miß Charlotte, Geschichte in Briefen, aus d. Engl. 8. Leipzig, Gleditsch. 774.

Jarvis, T. M. Esq., Geistergeschichten, nach beglaubigten Quellen erzählt u. herausg. Aus d. Engl., mit e. Abhandl. d. Uebers. über Geistererscheinungen. 8. Leipz. 824. Baumgärtner. 8 gr

Jarwart, S. H.

Jarwart, S. H., Hauffs Lied: Treue Liebe, in sechs Umrissen. Lithogr. ½ gr. Fol. (7 Bl. u. 1 Blatt Musik.) Nürnberg 840, Fr. Napol. Campe.

Jarwart, S. H., Umrisse zu Uhland's Balladen u. Romanzen. 1s u. 2s Hft. (11 Blätter in Kupferstich.) ½ Fol. Nürnberg 834, 35. Schneider u. Weigel. Subscr.-Pr. (à ⅔ ℛ) 1⅓ ℛ

— dies. (17 Kpfr, wovon das erste farbig gedruckt ist u. 7 Bl. Text.) ½ Fol. Nürnberg 837. Bauer u. Raspe. n. 2¼ ℛ

Jarwart, Sixt., und Ed. Heinel, slavische Trachten im Bayreuther Lande. 9 (lithogr.) Blatt. gr. 8. Bayreuth 866, Giessel. 22½ Ngr.; einzelne Blatt à
Halb ill. * 1 Thlr. 10 Ngr.; einzelne Blatt à *
Fein ill. * 1 Thlr. 18 Ngr.; einzelne Blatt à *

JARZ, Antonius: De statu protoparentum ante lapsum respectu habito ad Lutheranae atque reformatae ecclesiae sodales. — (1842) 134 S. 8° (Handschr.) Diss. 63
Diss. Wien, Univ.

Jarz, Konrad

Jarz, Konr., Kaiser Friedrich III. u. Herzog Albrecht VI., s. Bibliothek, historische, f. die Jugend.

Jarz, Konr. Kaiser Friedrich III. und Herzog Albrecht VI. (VI. 150) 16. Wien 1877. 1,20.

Jarz, Konr., Geographie und Geschichte. Ihre didakt. Verbindung in den Oberclassen der Mittelschulen. Ergebnisse der Schulpraxis und die neuen Lehrpläne. gr. 8. (39 S.) Wien 885, Pichler's Wwe. und Sohn. *

Jarz, Konr. Die letzten Kämpfe um die mexikanische Kaiserkrone, s. Universal-Bibliothek Nr. 2600.

Kartenzeichnen u. Kartenskizzen, s. Lehrer-Bibliothek, kleine.

—— Schulrath Anton Krichenbauer. Eine biogr. Skizze. gr. 8. (9 S.) Znaim 884, Fournier und Haberler. *

— König Ladislaus Posthumus, s.a. Bibliothek, historische, für die Jugend.

Jarz, Konr. König Ladislaus Posthumus. (VI. 157) 8. Wien 1878. 1,30.

— Leitfaden der Geographie f. die Mittelschulen der österreichisch-ungarischen Monarchie, s.: Kozenn-Jarz.

Jarz, Konrad Die Mythologie im Kreise des erziehenden Unterrichtes. 8 (30 S.). Progr. I. deutsch. G. *Brünn* 1887.

— die Mythologie im Kreise des erziehenden Unterrichts. I. Die Mythologie der Aegypter. gr. 8. (38 S.) Znaim 888. Fournier & Haberler. n. — 80

Jarz, Konr., über die philosophische Propädeutik als geeignete Disciplin für die Concentration des gymnasialen Unterrichts. Lex.-8. (35 S.) Wien 882, Pichler's Wwe. und Sohn. *

— die Strömungen im nord-atlantischen Ocean mit besonderer Rücksicht des Golfstromes. Mit 4 (eingedr.) Holzschn. gr. 8. (V, 84 S.) Wien 877. Hölzel. n. 1. 60

Jarzitbuoch. Das j' Der kilchen und pfruond zu buchß. 1540. Hrg. von Nikolaus Senn.... (Komplete Ausg. mit Anhang.) 8. Chur 1873 (*Umschlag:* Buchs 1880).

Jarzymowski, Adalbert von, a. Ostrow (Österreich-Galizien): Über die Hartschaligkeit von Leguminosensamen und ihre Beseitigung. Halle a. S. 1905: C. A. Kaemmerer. (65 S.) 8°
Halle, Phil. Fak., Ref. Kühn, Diss. v. 8. Jan. 1906
[Geb. 15. März 82 Ostrow, Galizien; Wohnort: Wien; Staatsangeh.: Österreich; Vorbildung: Privatgymn. Bakowice bei Chyrów Reife Mai 00; Studium: Halle 8 S.; Rig. 29. Juni 05.]

BADEN b/Wien. — Jasander (ps.), Amusemens des eaux de Bade en Autriche. D. i. Angenehmer Zeitvertreib und Ergözlichkeiten (!) in dem Nieder-Oesterreichischen Baadner-Bad. Nebst Herrn Dr. Dietmanns Untersuchung von dessen Gebrauch und Missbrauch (Wien 1734). Alles mit artigen (z. Th. pikanten) Geschichten verfasset und mit Kupffern (nur Titelkpf.) gezieret von —. Nürnberg, verlegts Joh. Adam Schmidt 1747. 8°.
Höchst seltenes Buch! Heinsius' B.-Lex. hat die Jahrzahl „1744" (?). — Zuerst erwähnt im O. M. V. 1746, E 1 a, dann im M. M. V. 1747, D 1 a.

— — Einhundert zwey und dreyssig ausserlesene Historien und lustige Begebenheiten zur Ergözung melancholischer Gemüther zusammen getragen. Franckfurt u. Leipzig (Nürnberg, G. P. Monath) 1750. 8°.

* — — Der In fremden Ländern sich lang aufgehaltene, nunmehro aber wieder angelangte Teutsche Historien-Schreiber, welcher allerhand Curiositäten, Lustige u. Lesens-würdige Begebenheiten, für alle diejenigen, So Liebhaber der Novitäten seyn, mit sich gebracht. In Druck gegeben von JASANDER. Mit Titelkpf. (unsign.). Zu finden in Franckfurt u. Leipzig. 1728. 12°. (In Berlin: Yt 10711.)
3 Bll. Vorst. (incl. Tit. in Roth- u. Schwarzdruck), 258 S. (238 ist Druckf.). Enth. 133 Nrn. (137 ist Druckf.). — Zuerst gedr. ebd. 1720. 8°. Vieles in derben Reimen.

— — Dasselbe. Ibid. 1729. 8°. (10 Mk. Karl W. Hiersemann, Lpz., 1905.)

— — Dasselbe. Ibid. 1730. 8°.

JASANDER (ps.), Der betrogene Jude, in einer warhafftigen Begebenheit zweyer bekehrten christlichen Jüdinnen, der galanten Welt zur vergönnten Gemüthes-Ergötzung mit (4) saubern Kupfern (incl. Titelkpfrn.). aufgeführet. Halle 1727. 8°. (30 Mk. Jos. Baer & Co., Frf. a. M., 1911.)
Von grosser Seltenheit!
Bibl. Schadeloock. II. p. 321.

— — Dasselbe. Mit Kupf. Ebd. 1728. 8°.
Nicolai, cat. universalis.

— andächt. Pilgrim. 8. Nürnb. 740.

Jäsch, J. J., (Pfarrer), Predigten. 8. Basel 826.

Jasche, Christoph Friedrich

Jasche, Chr. Fr. Anleitung zur Gebirgskunde. 2. Ed. Auch unter dem Titel: Das Wissenswürdigste aus der Gebirgskunde in tabellarischer Form. Erfurt. 1816. Folio.

Jasche, C. F. Mineralogisch einfache Fossilien der Grafschaft Wernigerode. Wernigerode. 1852.

Jasche, Chrph. Friedr., die Gebirgsformationen in der Grafschaft Wernigerode am Harz, nebst Bemerkungen über die Steinkohlen-Formation in der Grafschaft Hohenstein. gr. 4. (VIII und 119 S. mit 5 Stnt. in gr. 4. und Fol.) Wernigerode 858. (Quedlinburg, Huch.) Thlr. *

Jasche, Chrph. Friedr., die Gebirgsformationen in der Grafschaft Wernigerode am Harz, nebst Bemerkungen über die Steinkohlenformation in der Grafschaft Hohenstein. 2. (Titel-) Aufl. gr. 4. (VI und 119 S. mit 5 Stnt. Abbild. in gr. 4. und Fol.) Nordhausen (858)63, Büchting.

Jasche, Cph. Fr., kleine mineralog. Schriften vermischten Inhalts. 1r Bd. 8. Sondersh. 817. (Voigt in Ilm.) 1 ₰ 12 ℊ

Jasche, Christph. Friedr., mineralog. Studien. gr. 8. (13½ B. u. 3 Stnt.) Quedlinburg 838, Basse.

C. F. JASCHE, Uebersicht der in der Grafschaft Wernigerode aufgefundenen mineralogisch einfachen Fossilien, nebst Angabe der Fundorte. Vortrag im wissenschaftlichen Vereine gehalten am 7. April 1852. Auf Kosten des Vereins gedruckt bei B. Angerstein in Wernigerode. 1852. 4°.

C. F. JASCHE, Uebersicht der Gebirgsformationen der Erde. Ilsenburg.*) 1843. 4°.

— d. Wissenswürdigste aus d. Gebirgskunde in tabellar. Form. gr. Fol. Büchenberg 811. 2e Aufl. (A. u. d. T.: Anleit. zur Gebirgskunde ꝛc.) Erf. 816. Keyser. 2 ₰ Schrbp. 2 ₰ 12 ℊ

Christoph Friedrich Jasche

Das Wissenswürdigste aus der Gebirgskunde in tabellarischer Form zsgest. von Christoph Friedrich Jasche. 2. Ausg. Erfurt: Keyser 1816. 69 S. 2°
[Nebent.:] Jasche: Anleitung zur Gebirgskunde.

Jasche, Johann Franz Christoph: De cupri origine, s. Verdries, Johann Melchior [Präs.]

Die Alten und wir Jungen. Ein 'Stimmungsvortrag' mit Begleitwort. R. Jasche-Hamburg. (Minden: C. Marowsky [1905].) (40 S.) 8° [F.]

— ein Beitrag aus der Praxis zum Kapitel „Kunst u. Schule". — Mit welchen Mitteln kann die Schule sich an der Bekämpfung des Alkoholismus beteiligen?, s. Abhandlungen, pädagogische. 83.

Ein Beitrag aus der Praxis zum Kapitel 'Kunst und Schule'. Mit welchen Mitteln kann d. Schule sich an d. Bekämpfung d. Alkoholismus beteiligen? Von R. Jasche in Lehe. Bielefeld: A. Helmich 1904. (22 S.) 8° [F.]
— Abhandlungen, Pädagogische. H. 83.

— Kunst dem Volke?, s. a. Sammlung pädagog. Vorträge. XIV.

Kunst dem Volke? Von R. Jasche. (Minden i. W.: C. Marowsky [1004].) (20 S.) 8°
— Sammlung pädagogischer Vorträge. Bd 14, H. 4.

Jaesche, Eman., das Grundgesetz der Wissenschaft. gr. 8. (XX, 445 S.) [Heidelberg 886, Weiss' Verlag.] Leipzig, G. Fock. *

Jaesche, Eman., d. Grundzüge e. allgem. Weltanschauung. gr. 8. (IV, 102 S.) Leipzig 897. O. Wigand. n. 2. —

Jaesche, Eman., die Hauptstufen der Weltgeschichte. gr. 8. (VIII, 183 S.) Leipzig 900. O. Wigand. 3. —

Jaesche, Eman., Seele u. Geist in streng wissenschaftlicher Auffassung. gr. 8. (VI, 119 S.) Leipzig 893. O. Wigand. n. 2. —

Jaesche, Eman., das räumliche Sehen. Mit 37 erläut. (eingedr.) Holzschn., 2 Steindr.-Taf. u. 1 Lichtdr.-Taf. Lex.-8. (VII, 130 S.) Stuttgart 879. Enke. n. 4. —

Jaesche, Eman., de telis epithelialibus in genere et de vasorum sanguiferorum parietibus in specie. Dissert. inaug. gr. 4. (30 S. m. 1 lith. Taf.) Dorpati 847. (Gläser.) ⅓ ₰

— Werden, Sein und Erscheinungsweise des Bewusstseins. gr. 8. (VII, 80 S.) Heidelberg 887, Weiss' Verlag. *

Jäsche, Gottlieb Benjamin [auch: Gottlob Benjamin]

— kurze Darstell. d. philosph. Religionslehre. 8. Dorpat 825.

Jäsche, Gli. Benj., Einleit. zu einer Architektonik d. Wissenschaften, nebst einer Skiagraphie u. allgemeinen Tafel d. gesammten Systems menschl. Wissenschaften ꝛc. 4. Dorpat 816. (Meinshausen in Riga). 12 ℊ

Jäsche, G. B., Einleitung zu einer Architektonik der Wissenschaften, nebst einer Skiagraphie und allgem. Tafel des gesammten Systems menschlicher Wissensch. ꝛc. 4 Riga, Meinshausen. 818.

— Geschichte u. Beschreib. d. Feierlichkeiten bei Eröffnung d. neuen Universität zu Dorpat in Liefland, d. 21. April 1802. 4. Dorpat (802.) (Leipz., Kummer). 12 ℊ

— Grundlinien zu einer Architektonik u. systemat. Universal-Encyklopädie d. Wissenschaften. 1r Bd. gr. 8. Dorpat 818. (Lpz., Kummer). 20 ℊ

Glo. Bj. Jäsche's Grundlinien d. Ethik od. philos. Sittenl.; zunächst z. Gebr. sr. Vorless. entworfen. *Dorp.*, akad. B. 824. gr 12° 1 ₰

— Grundlinien d. Ethik oder philosoph. Sittenlehre. gr. 12. Dorpat 824. (Cnobloch in Leipz.) 1 ₰ (Kummer in Leipz.) 18 ℊ

— Grundlinien d. Moralphilosophie oder d. philosoph. Rechts- u. Tugendlehre ꝛc. 8. Dorpat 804.

— s. Kant, Im.: Logik.

— s. Malmgren, S. M.: Gesichtspunkte.

— s. Naturalismus, Üb. reinen.

— Diss. de arctissimo omnium disciplin. inter se nexu. 8. Königsb. 800. Nicolovius. 3 ℊ

Glo. Benj. Jäsche: d. Pantheismus nach sn. verschied. Hauptformen, sm. Ursprunge u. Fortgange, sm. speculat. Werthe u. Gehalte; e. Beitr. z. Gesch. u. Krit. dieser Lehre in alter u. neuer Philosophie. *Berl.*, Reimer. 826-32. 3 Bde. gr 8° 4 ₰ 6 ℊ 3r Bd. auch m. d. besond. Tit.: Allheit u. Absolutheit, od. d. alte kosmotheist. Lehre des Ἓν καὶ πᾶν in ihren modernen idealist. Hauptformen u. Ausbildungsweisen. *Eb.* 832. gr 8° 1 ₰ 20 ℊ

— s. Stimme eines Arctikers.

Jäsche, Gottlieb Benjamin: Versuch eines faßlichen Grundrisses der Recht- und Pflichtenlehre, s. Maczewski, F. Gst.

— s. Versuch e. Grundrisses ...

Jäſche, J. F., Abhandl. über d. Frage: welche Arten von Aufklärung verdienen den Beifall des Staats nicht, u. laſſen ſich gegründete Einwürfe gegen d. Einſchränkung derſelben machen? 8. Bresl. 792. W. G. Korn. 2 gr

Jaſchem, ſonſt gen. Jmo, (Jh. Fr. v. Meyer), ſ. J. G. Hamann, Golgatha.

Jaschke, Carl, s. J a s c h k e , Karl

Jaschke, Franz. National-Kleidertrachten und Ansichten von Ungarn, Croatien, Slavonien, dem Banat, Siebenbürgen und der Bukowina. Nach der Natur gezeichnet und gestochen ... Wien. Gedruckt bey Anton Strauss ... 1821.
Kupfertit., Tit., 3 Bl., 15 – 14 S. 69 Taf. in kol. Kupferst. 2°.
Abb. 52

Jaschke, Joh., die Blechabwicklungen. Eine Sammlg. prakt. Methoden. (IV, 56 S. m. 187 Fig. im Text u. auf 3 Taf.) gr. 8. Berlin 909. J. Springer. 2. 80

Jaschke, Karl

Jaschke, Carl, stud. phil.: Spektrophotometrische Untersuchungen über den Einfluß der Beimischung von Metallsalzen zu Bogenlichtkohlen auf die Verteilung der sichtbaren Energie in den einzelnen Teilen des Spektrums ihrer Flammenbogen. *Breslau 1904: H. Fleischmann.* (30 S.) 8°
Breslau, Phil. Diss. v. 15. Jan. 1904

Jaschke, Robertus *(geb. Breslau 8. 2. 1830)*: De rebus in arboribus inclusis. Vratislaviae (1859). (44 S., 1 Taf.) 8°
Breslau, Phil. Diss. v. 16. Juli 1859

Jaeschke, A., de muliere Bethaniae Christum ungente. Lips. 1700. 4.

Jaeschke, Arnold *(geb. Korschau bei Strehlen in Schles. 4. 4. 1859)*: Ueber Laehmungen nach acuter Arsenikvergiftung. Breslau (1882). (35 S.) 8° *[Im Buchhandel 1882 bei Köhler in Breslau.]*
Breslau, Med. Diss. v. 2. Aug. 1882

Jaeschke, Arnold, über Lähmungen nach acuter Arsenikvergiftung. Inaugural-Dissertation. gr. 8. (36 S.) Breslau 882. (Köhler.) n. 1. —

Jäſchke, C., die preuß. Baupolizei-Geſetze, ſ. Baupolizei-Geſetze.

Jäſchke, C., die preuß. Bau-Polizei-Geſetze u. Verordnn. Mit beſond. Rückſicht der, f. d. Reſidenz Berlin u. d. Provinz Brandenburg beſteh., bau-polizeil. Beſtimmungen nach d. einzelnen Materien zuſammengeſt. u. hrsg. gr. 8. (12 B.) Berlin 840, Heymann.

Jäschke, C., die preuss. Bau-Polizeigesetze und Verordnungen. Neue verm. Ausgabe von Emmich. Berlin. 1850. 8. 1 Thlr.

Jäſchke, C., die Preußiſchen Bau-Polizei-Geſetze und Verordnungen. Ein Handbuch für Baumeiſter, Bauhandwerker, Polizei- u. Communal-Beamte u. Hauseigenthümer. Mit beſonderer Berückſichtigung der für die Reſidenz Berlin u. die Provinz Brandenburg beſtehenden baupolizeilichen Beſtimmungen ꝛc., gänzl. umgearb. u. bis auf die neueſte Zeit fortgeführt von Horwitz. Berlin 857. C. Heymann. gr. 8. (VIII, 192 S.) 24 ngr

Jäſchke, C., die preußiſchen Bau-Polizei-Geſetze und Verordnungen. Ein Handbuch für Baumeiſter, Bauhandwerker, Polizei- und Communal-Beamte und Hauseigenthümer. Mit beſond. Berückſichtigung der für die Reſidenz Berlin und die Provinz Brandenburg beſteh. baupolizeil. Beſtimmungen. Gänzlich umgearb. und bis auf die neueſte Zeit fortgeführt von Horwitz. 3. Aufl. 8. (VIII und 216 S.) Berlin 864, C. Heymann.

Jäſchke, C., die preußiſchen Bau-Polizei-Geſetze und Verordnungen alter und neuer Landestheile. Ein Handbuch für Baumeiſter, Bauhandwerker, Polizei- und Communal-Beamte und Hauseigenthümer. Mit beſond. Berückſicht. der für die Reſidenz Berlin und die Prov. Brandenburg beſtehenden baupolizeil. Beſtimmungen. 4., gänzlich umgearb. und bis auf die neueſte Zeit fortgeſ. Aufl. beſorgt von Benno Hilſe. 8. (VIII, 246 S.) Berlin 870, C. Heymann's Verlag. 3 —

Jäſchke, C., die preußiſchen Baupolizeigeſetze u. Verordnungen, mit beſonderer Berückſichtigung der in der Haupt- u. Reſidenzſtadt Berlin u. in der Provinz Brandenburg gelt. baupolizeil. Vorſchriften. 5., umgearb. u. bis auf die neueſte Zeit fortgeführte Aufl. v. F. Seydel. gr. 8. (XI, 338 S.) Berlin 882. C. Heymann's Verl. geb. n. 5. —

—— Gallerie merkwürd. Criminalfälle ꝛc., ſ. Gallerie.

— Gallerie merkwürdiger Criminalfälle, aus der neueſten, neueren u. älteren Zeit. Nach Thatſachen zuſammengeſtellt. gr. 8. Berlin 842, Hübenthal u. Comp. 1 ℛ︀

Jäschke, Carl, s. J ä s c h k e , Karl

Jaeschke, Emil, die Antike in der bild. Kunst der Renaissance. I. In der Florentiner Malerei des Quattrocento, s.: Zur Kunstgeschichte des Auslandes. III.

Jaeschke, Emil: Die Antike in der bildenden Kunst der Renaissance. 1. Die Antike in der Florentiner Malerei des Quattrocento. *Strassburg 1900: J. H. E. Heitz.* (40 S.) 4° (8°) ½ (Erschien vollst. u. erweitert als H. 3 von: 'Zur Kunstgeschichte d. Auslandes'.)
Breslau, Phil. Diss. v. 4. Aug. 1900

Die Antike in der bildenden Kunst der Renaissance ... Von Dr. Emil Jaeschke. 1. *Strassburg: J. H. E. Heitz 1900.* 4°(8°)
= Kunstgeschichte, Zur, d. Auslandes. H. 3. [00. 9980

— Bericht üb. das 2. Betriebsj. 1903/4 der Stadtbücherei Elberfeld. (7 S.) Lex.-8. Ebd. 904. n.n. — 50

Jaeſchke, Emil, Bericht üb. das 3.—5. Betriebsj. d. Stadtbücherei Elberfeld. Lex. 8. Elberfeld (A. Martini & Grüttefien). à 1. 40
3. Betriebsj. 1904/5. (7 S.) 905. — 4. Betriebsj. 1905/6. (8 S.) 906. — 5. Betriebsj. 1906/7, nebſt e. Überſicht üb. d. Leitgn. der Stadtbücherei 1902—1907. (7 S. m. 1 Taf.) 907.

Die Stadtbücherei Elberfeld, ihre Einrichtung und Verwaltung, zugl. Bericht über d. erste Betriebsjahr 1902/3. Aus Anlaß d. Dresdener Städteausstellung hrsg. von Dr. Emil Jaeschke. *Elberfeld 1903: Baedeker.* (30 S.) 4° [F.] [03. 7130 6

Jaeſchke, Emil, die Stadtbücherei Elberfeld, ihre Einrichtung u. Verwaltung, zugleich Bericht üb. das 1. Betriebsj. 1902/3. Aus Anlaß der Dresdener Städteausſtellg. hrsg. (30 S. m. Abbildgn.) Lex.-8. Elberfeld 903. (A. Martini & Grüttefien.) — 75; erhöht. Pr. n.n. 1. —

Jaeschke, Die Partei, s. Gegen d. Schundliteratur.

— Die Verbreitung guter Literatur, ſ.: Gegen die Schundliteratur.

— Volksbibliotheken (Bücher- u. Leſehallen), ihre Einrichtung u. Verwaltung, ſ. Sammlung Göſchen.

Volksbibliotheken (Bücher- u. Lesehallen), ihre Einrichtung u. Verwaltung von Dr. Emil Jaeschke, Stadtbibliothekar. Mit 7 Abb. Leipzig: G. J. Göschen 1907. (180 S.) 8° [F.]
(Sammlung Göschen. 332.) [07. 4191

Jäschke, Erich: Die lateinisch-romanischen Elemente in der schlesischen Mundart (Einleitung und Probe eines Wörterbuchs). Breslau: M. & H. Marcus 1908. (48 S.) 8° ¶ (Erscheint vollst. in: Wort u. Brauch, hrsg. v. Th. Siebs u. M. Hippe, H. 2.)
Breslau, Phil. Fak., Ref. Siebs, Diss. v. 29. Mai 1908
[Geb. 11. Okt. 83 Oels (Schlesien); Wohnort: Oels; Staatsangeh.: Preußen; Vorbildung: Gymn. Oels Reife O. 03; Studium: Breslau; Rig. 10. Juli 07.]

Jäschke, Erich, lateinisch-romanisches Fremdwörterbuch der schlesischen Mundart, s. a. Wort u. Brauch. II.

Lateinisch-romanisches Fremdwörterbuch der schlesischen Mundart von Dr. Erich **Jäschke**. Breslau: M. & H. Marcus 1908. (XVI, 159 S.) 8°
[Ein T. erschien als Inaug.-Diss. Breslau 1908.]
— **Wort** u. Brauch. H. 2. [08. 1899 2

Jaeschke, *Paul* Georg [pr. Arzt]: Zur Behandlung der Kniescheibenbrüche mittelst Naht ... Breslau, Schles. Volkszeitgs-Buchdr., 1896; 48 S. 8.
Breslau, Med. Fak., Inaug.-Diss. v. 27. Apr. 1896

Jaeschke, Geo., zur Behandlg. d. Kniescheibenbrüche mittelst Naht. Diss. gr. 8. (45 S.) Breslau 896. (Schletter.) n. 1. —

Jäschke, H. A., a tibetan-english dictionary, with special reference to the prevailing dialects. To which is added an english-tibetan vocabulary. gr. 8. (XXII, 671 S.) London 881. (Leipzig, Brockhaus' Sort.) geb. n.n. 30. —

Jäschke, H. A., Handwörterbuch der Tibetischen Sprache. 4. (XXVI, 671 autogr. S.) Gnadau 871, Unitäts-Buchhandlung. geb. *

Jäschke, H. A., s. Stow. D., System christl. Jugendbildung.

Jäschke, Karl

Jäschke, Carl, Führer durch die wichtigsten Partien des Eulengebirges. Im Auftrage des „Reichenbacher Eulengebirgs-Vereins" für den Touristengebrauch bearb. gr. 16. (IV, 56 S. mit 2 Karten: Wegkarte durch das Gebiet des Eulengebirges, gezeichnet von Heinr. Schulze, und Karte der nächsten Umgebung von Silberberg.) Langenbielau 888, (Stiebler.)

Jäschke, Max

Jäschke, M., das Meissnerland, s. a. Forschungen zur deutschen Landes- u. Volkskunde.

Jäschke, Max Friedrich [aus Niesky]: Das Meissnerland. — Erster Teil: Physiographie .... Marburg, *Druck v. Gebr. Kröner in Stuttgart*, 1888; 49 + 1 S. u. 1 Taf. 8°
Marburg, Phil. Fak., Inaug.-Diss. v. [21. Jul.] 1888

Jäschke, Max Friedrich, das Meissnerland. — Erster Teil: Physiographie. Diss. Marburg 1888. 8°. 49 S. mit einer Taf.
Sonder-Abdruck aus: Forschungen zur deutschen Landes- und Volkskunde, hrsg. von A. Kirchhoff. 3. Band 2. Heft. Stuttgart 1888, J. Engelhorn.

Jaschki, Johann Valerius (Rhenanus [= Rheinland]), Judicem in propria causa. Disp. jur. Präs. Heinrich Coccej. Heidelberg Juli 1683. 16 S. (6.—) 16673

— — Dasselbe. Heidelberg 1703. 16 S. (6.—) 16674

Jaschkowitz, Eduard. (geb. Guttentag in Schles. [13. 9.] 1833): De discisionis plexus lienalis efficacitate in lienem. Berolini (1857). (28 S.) 8°
Berlin, Med. Diss. v. 5. Aug. 1857

Jaschtschenko u. Kupffer, Krissas Abenteuer, s. a. Universal-Bibliothek f. die Jugend. Nr. 404. 405.

Krissas Abenteuer. Von **Jaschtschenko** u. Kupffer. Mit 4 Abb. von Walther Caspari. Stuttgart, Berlin, Leipzig: Union [1904]. (134 S.) 8°
(Universal-Bibliothek f. d. Jugend. 404–05.)

Jasek, Frz., Dienstesobliegenheiten des Waffenoffiziers u. des Waffenmeisters. (III, 118 S.) 8. Kiralyhida 909. (Wien, L. W. Seidel & Sohn.) nn 2. 50

Jäserich, Fr. Gotth., Selbstbiographie, entworf. in d. Frohnfeste zu Muskau in d. Oberlausitz. 8. Sorau, Langner. (Vergang in Lpzg.) 810.

Jashar. Fragmenta archetypa carminum hebraicorum in Masorethico veteris testamenti textu passim tessellata collegit, ordinavit, restituit, in unum corpus redegit, latine exhibuit, commentario instruxit Joh. Wilh. Donaldson. Editio II. aucta atque emendata. gr. 8. (XXVIII und 892 S.) London 860, Williams und Norgate. geb. *

Jasi [Schlagwort]

Jasi, s. **Europa, Generalkarte.**

Jasieńczyk, Dziesięć lat niewoli moskiewskiej, s. **Biblioteka pisarzy polskich.**

Jasiński, „das Naturheilverfahren u. d. Naturärzte". [Aus: „Wiener med. Wochenschr."] gr. 8. (22 S.) Wien 895. M. Perles. n. 1. —

Jasinski, Welches Heilverfahren liefert bei der chronischen Lungenschwindsucht die besten Resultate. Vortrag, gehalten 1879 auf der fünften Versammlung galiz. Aerzte. Nach dem Poln. frei bearb., mit Berichtigungen und Zusätzen versehen von Johs. Schultze. 8. (III, 32 S.) Breslau 880, (Buchh. der Schlesischen Presse.) *

Jasinski, J., der polnische Apotheker, s.: Cieszyński. T.

Jasiński, Łucyan: Beiträge zur Finanzgeschichte Polens im XVIII. Jahrhundert. Posen: St. Adalbert-Dr. u. Buchh. 1909. 248 S. 8° ¶ (Ersch. auch als Buch ebd.)
München, Staatswirtsch. Diss. v. 26. Juli 1909, Ref. Lotz
[Geb. 5. Dez. 81 Grätz i. P.; Wohnort: Lissa i. P.; Staatsangeh.: Preußen; Vorbildung: Gymn. Lissa Reife O. 03; Studium: Jura Breslau 3, Staatsw. München 7 S.; Rig. 26. Juli 09.] [U 10. 3450

Beiträge zur Finanzgeschichte Polens im XVIII. Jahrhundert. Von Dr. oec. publ. Ł. **Jasiński**. Posen: Księg. św. Wojciecha 1910. 248 S. 4°(8°) [10. 3437

Jasinski, Xaver. (geb. Posen 28. 10. 1833): De morborum pathogenia, verae diagnosis criterio, addita dyspnoeae analysi. Berolini (1859). (10 S.) 4°
Berlin, Med. Diss. v. 31. März 1859

Jasinsky, Wsewolod, Ventilationsverlust in Dampfturbinen m. teilweiser Beaufschlagung, s. a. Mitteilungen über Forschungsarbeiten auf dem Gebiete des Ingenieurwesens.

Jasinsky, Wsewolod: Ventilationsverlust in Dampfturbinen mit teilweiser Beaufschlagung. 1908. 64 S. 4⁰ ¶ Auch als: Mitteilungen über Forschungsarbeiten auf d. Gebiete d. Ingenieurwesens. H. 67. 1909; Ausz. in: Zeitschrift d. Vereines deutscher Ingenieure. Bd 53. 1909, Halbj. 1.
Dresden, Dr.-Ing.-Diss. v. 12. 2. 1908

Jasinsky W, Ventilationsverlust in Dampfturbinen mit teilweiser Beaufschlagung. (60 S) (Mitteilungen uber Forschungsarbeiten 67) 4° Berlin 1909

Jâska's Nirukta sammt den Nighan-tavas hrsg. von Rud. Roth. 1—3. Heft. Lex.-8. (LXXII und S. 1—458.) Göttingen 848, Dieterichsche Buchh. *

Jâska's Nirukta sammt den Nighan-tavas hrsg. von Rud. Roth. 1—3. Hft. (1 u. 2: LXXII u. 228 S. 3: 230 S.) Göttingen 848—52, Dieterich. (1.: n. 1 1/3 ℛ 2.: n. 1 2/3 ℛ 3.: n. 2 ℛ) n. 5 ℛ

Heimatlos. Von H. v. **Jaski**. Gütersloh: C. Bertelsmann [1907]. (16 S.) 8° [Umschlagt. J.]
— **Schneeflocken.** 59. 07. 14126

Jaski, H. v., auf d. Lebensreise, s. Schneeflocken. 54.

Auf der Lebensreise. Erzählung von H. v. **Jaski**. Gütersloh: C. Bertelsmann [1906]. (15 S.) 8° [Umschlagt. J.]
— **Schneeflocken.** 54. 06. 1330

Jaskiewitz, **Jo., Dissert. phys.-med. sist. pharmaca regni vegetabilis. 8maj. Wien 775. Trattner. 9 kr**

Jaskinia Beatusa, s. Bibliotheka katolika.

Jaskowski, Frdr., Aufsätze z. Wagner-Thema. Zur Einführg. hrsg. v. südwestdeutschen Vortragsverband. 3. (verm.) Aufl. der Programm-Broschüre „Vorträge v. J.“ (12 S.) 8. Frankfurt a/M. (910). (Bühl, Konkordia.) — 20

— Erdbebenunglück u. göttliche Gerechtigkeit. (24 S.) 8. Leipzig (909). (Bühl, Konkordia.) — 50

Jaskowski, Frdr., das Geheimnis des Menschenlebens philosophisch beleuchtet, s.: Miniatur-Bibliothek.

— Sicilianische Geheimnisse. Eine poet.-philosoph. Betrachtg. (aus Anlass) d. Erdbebens (im Dezbr. 1908). 1.—3. Taus. (64 S.) Lex. 8. Bühl 909. Konkordia. 1.50

Jaskowski, Friedr. Der heil. Rock v. Trier, gerichtet v. seinen eigenen Freunden. gr. 8. (100 S.) Saarbr. 891, Klingebeil. * 1 20
— dass. — 2. verm. Aufl., nebst e. Anh.: Verzeichniß der unzähl. Reliquien der Stadt Trier. gr. 8. (122 S.) Ebd. 891. * 1 50
Anh. allein (24 S.) * — 80

Jaskowski, Frdr., der Trierer Rock u. seine Patienten vom J. 1891, e. Antwort auf Bischof Korum's „Wunder u. göttl. Gnadenerweise“. gr. 8. (83 S.) Saarbrücken 894. C. Schmidtke. n. 1. 20

— Verlauf u. Fiasko d. Trierer Schauspiels i. J. 1891. gr. 8. (84 S.) Ebd. 891. * 1 80

— Volksbildung durch Wagnersche Kunst. Prakt. Vorschläge, theoret. Begründgn. (32 S.) 8. Ebd. 909. — 80

Jaskowski, F., Was ist Moral? Ein Versuch üb. Sklaven-Moral u. Herren-Moral u. aller Moral tiefere Wurzel im Geiste e. künstler. Idealismus. (35 S.) 8. Bühl, Konkordia. 1909 —. 80.

— wie denkt Rom üb. die Protestanten? Vortrag, geh. am 11. Mai 1891. 8. (14 S.) Ebd. 891. n. — 20

JASKULSKI, Kornel
(F) Über den Einfluss der socialen Bewegungen auf das moderne deutsche Drama. Populär-wissenschaftlicher Vortrag zu Gunsten der „Akademischen Lesehalle“ in Czernowitz, gehalten von Kornel Jaskulski. Czernowitz. 1899. Selbstverlag. [In Comm. Pardini.] * K —.60

Jaskulski, Kornel, Erziehung zum Kunstgenusse. Vortrag, geh. im Rathaussaale zu Czernowitz am 13. III. 1903. (43 S.) 8. Czernowitz 903. (H. Pardini.) n. — 40

Jaskulski, K., Der Symbolismus Böcklins. [Sonderabdruck aus dem Jahresberichte des k. k. I. Staatsgymnasiums in Czernowitz für das Schuljahr 1903/1909.] Gr.-8°. (35 S.) † * K —.60
Czernowitz: Pardini 1909.

Iaslinsky, institutiones logicae. 4. ibid. 765.

Jasmin u. Granatblüthen, gepflückt in Castiliens Gefilden. 3 Bde. 8. Erf. u. Gotha, Hennings. 3 ℛ

Jasmin u. Granatblüthen, gepflückt in Castiliens Gefilden u. meiner Charis in Deutschl. gewidmet. 3 Bdch. 8. Erfurt, Hennings. 807.

Jasmund [Schlagwort]

Jasmund. Müller, Gust., Wanderkarte v. Jasmund. 1 : 75,000. Mit 2 Specialkartons v. der Stubnitz u. Sassnitz. 1 : 25,000. Nach d. neuesten amtl. Aufnahmen bearb. Chromolith. qu. Fol. Greifswald 887. Bamberg. n. — 80

Jasmund. Müller, Gust., Wanderkarte v. Jasmund, 1 : 75,000, m. 2 Specialkartons v. der Stubnitz u. Sassnitz, 1 : 25,000, in 6 farb. Druck nach den neuesten amtl. Aufnahmen bearb. 2. Ausg. 38,5×41,5 cm. Greifswald 892. L. Bamberg. — 60

Jasmund. Müller, Gust., Wander-Karte f. Jasmund auf Rügen (Crampass-Sassnitz, Stubbenkammer, Lohme), in vierfachem Farbendr. Nach amtl. Quellen u. eigenen Erkundgn. bearb. 1 : 25,000. 53×50,5. cm. Stettin 905. A. Schuster. n. — 75; auf Leinw. n. 1. 25

Jasmund [Verfasser]

Jasmund, s. Jaßmund.

Jasmund [Hrsg.], s. Wochenblatt, Preußisches, zur Besprechung politischer Tagesfragen.

Jasmund, A. v., über Auswanderung mit besonderer Berücksichtigung der deutschen Auswanderung u. deren Ziele. Namentlich mit Bezugnahme auf die Vereinigten Staaten von Nord-Amerika als Auswanderungsziel sowie die Uebersiedelung dorthin mit besonderer Berücksichtigung Bremens als Einschiffungshafen. Berlin 867. (Berendt.) gr. 8. (30 S. mit 2 Uebersichtskarten aller Erdtheile u. der Vereinigten Staaten von Nord-Amerika auf 1 Steintaf. in gr. 4.) n. 6 ngr.

Jasmund, A. v., Ueber Auswanderung mit besonderer Berücksichtigung der deutschen Auswanderung und deren Ziele. Namentlich mit Bezugnahme auf die Vereinigten Staaten von Nordamerika als Auswanderungsziel etc. Berlin 1868.

v. Jasmund, A., Einiges zur Feststellung d. Bedeutung d. Worte u. Begriffe Congregationen u. Jesuitismus, in besond. Beziehung zu Frankreich u. Deutschland. gr. 8. Nürnb. 831. Riegel u. W. 9 gr

— Versuch, das Wirken d. Jesuiten in polit. u. staatsbürgerl. Hinsicht zu bestimmen u. den Begriff des Jesuitismus festzustellen ꝛc. gr. 8. Leipz. 829. Focke. 12 gr

Jasmund, Agavia v., billigste und zuverlässigste Verwerthung von Garten-, Feld- und Waldfrüchten zu Conserven und Fruchtweinen in Haus- und Landwirthschaft. Nach A. v. Jasmund's einfacher, neuer Methode und eingehenden langjähr. Erfahrungen hrsg. 2. verm. und verb. Aufl. Mit einem Vorwort von Lina Morgenstern. 8. (34 S.) Berlin 887, Verlag der Deutschen Hausfrauen-Zeitung. *

Jasmund, Agavia v., die Verwerthung und Conservirung von Garten-, Feld- und Waldfrüchten nach einer neuen, einfachen, zuverlässigen und billigen Methode, besonders für die Häuslichkeit berechnet. 8. (16 S.) Niesky 884, Hoberg.

Jasmund, J. v., Aktenstücke zur orientalischen Frage, s. a. Aktenstücke.

v. **Jasmund, J.** Aktenstücke zur oriental. Frage. Nebst chronolog. Übersicht. 3 Bde. (XC. 1254) 8. Berlin 1855—58. 16.00

v. **Jasmund,** Aktenstücke z. oriental. Frage. 3 Bde. Berlin 855—59.

[**Jasmund,** Iulius Helmut de]: *De rebus inter Slavos Germanosque Ludovico Germanico rege gestis. 99 Bl. 4° (2°)
Halle-Wittenberg, Phil. Diss. v. 21. Dez. 1849
Geb. [Wittenberg 20. 9. 1827]
Berliner philos. Preisschrift. — Schluss der pars 1 von Bl. XIXa an fehlt.

v. Jasmund, K. F. H., wie lehrt man auf eine leichte, schnelle u. durchaus nicht kostspielige Art dem Schützen zu treffen? Zum Gebrauch u. Unterricht für Jäger u. Soldaten geschrieben. 8. Neubrandenb. 813.

Die **Arbeiten** der Rheinstrom-Bauverwaltung 1851–1900. Denkschrift anl. d. 50jähr. Bestehens d. Rheinstrombauverwaltung u. Bericht über d. Verwendung der seit 1880 zur Regulirung d. Rheinstroms bewilligten ausserordentl. Geldmittel. Nach amtl. Materialien bearb. von R[obert] **Jasmund**, Reg.- u. Baurath. *(Halle a. S. 1900: Buchdr. d. Waisenh.)* (XI, 242 S.) 4° [01. 4866

Jasmund, R., die **Arbeiten** der Rheinstrom-Bauverwaltung 1851—1900. Denkschrift anlässlich d. 50jähr. Bestehens der Rheinstrombauverwaltg. u. Bericht üb. die Verwendung der seit 1880 zur Regulirg. des Rheinstroms bewilligten ausserordentl. Geldmittel. Nach amtl. Materialien bearb. gr. 4. (XI, 242 S. m. Abb.) Berlin 901. E. S. Mittler & Sohn. Kart. n. 11.—; geb. in Leinw. n.n. 12.50

Jasmund, R., das Buch der Fortschritte für Schlosser ꝛc., s. a. Schauplatz, neuer, der Künste und Handwerke. Bd. 267.

Jasmund, Rob., das Buch der Fortschritte für Schlosser, Grob- und Zeugschmiede, enthaltend eine interessante Zusammenstellung verbesserter Verfahrungsweisen beim Verstählen des Schmiedeeisens, sowie beim Schweißen des engl. Gußeisens; verbesserter Formen für Schmiedefeuer ꝛc., ferner eine genaue Angabe vorzügl. Methoden um Gegenstände von Eisen oder Stahl zu verzinnen, zu verzinken, zu verkupfern ꝛc. Mit 231 erläut. Abbild. 8. (XIII und 232 S. mit 12 Stnt. in qu. Fol.) Weimar 860, Voigt.

Jasmund R, das Buch der Fortschritte für Schlosser, Grobschmiede, Feilenhauer etc. 1. u 3. Auflage. (Schauplatz der Künste u Handwerke 267) Weimar 1860. 70

Denkschrift über die Ausführbarkeit einer weiteren Vertiefung des Rheins von Coblenz bis zur niederländischen Grenze. 1898. Bearb. im Auftr. d. Minist. d. öff. Arb. durch R[obert] **Jasmund**, Kgl. Baurat. (Halle a. S. [1907]: Waisenhaus.) (100 S.) 4° [07. 13038

Jasmund, R., die Gewässerkunde, s.: **Bubendey, J. F.**

— **die Regulirung der Rhone.** gr. Fol. (22 S. m. 12 Abb. u. 8 Taf.) Berlin 900. W. Ernst & Sohn. n. 5.— Sonderabdruck aus: „Zeitschr. f. Bauwesen".

Jasniewicz, Otto, a. Trzemientowo: Der Gottesbegriff und die Erkennbarkeit Gottes von Anselm von Canterbury bis zu René Descartes. Erlangen 1906: E. Th. Jacob. (VIII, 56 S.) 8°
Erlangen, Phil. Fak., Ref. Hensel, Diss. v. 6. Juli 1906
[Geb. 12. Aug. 67 Trzemientowo; Wohnort: Erlangen; Staatsangeh.: Preußen; Vorbildung: Gymn. Wongrowitz Reife O. 04; Studium: Berlin 5, Rostock 1, Erlangen 1 S.; Rig. 27. Juni 06.]

Jasnogrodsky, Lewi-Izko, aus Priluki, Russland: Aus der pathologisch-anatomischen Anstalt der Universität Basel (Vorsteher Prof. E. Kaufmann): Das Verhalten der Leber bei der Metastasierung des Karzinoms. Auf Grund von 1078 Fällen von Karzinom aus den Protokollen der pathologisch-anatomischen Anstalt Basel. Basel 1907. 22 S. 8°.
Basel. Med. Diss. 1906/1907.

Jasnogrodsky, Lewi-Izko. Das Verhalten der Leber bei der Metastasierung des Karzinoms Auf Grund von 1078 Fällen von Karzinom aus den Protokollen der pathologisch-anatomischen Anstalt Basel. Diss. Med. Basel. *Kopftitel:* Aus der path'-anat' A' der Universität Basel. ⟨Vorsteher Prof. E[duard] Kaufmann.⟩ 22 S. 8. Basel, Friedrich Reinhardt, 1907.

Hoch- und plattdeutsche Lieder und Gedichte von Julius **Jasomir.** Dresden & Leipzig: E. Pierson 1900. (V, 104 S.) 8° [F.] [07. 7024 B

— der Schauspieler. Dorfkomödie in 4 Aufzügen. 8. (144 S.) Leipzig 901. [R. Wöpke.] Berlin, L. W. Siedenburg. n. 2.—

Jason. Eine Zeitschrift vom Verf. des goldnen Kalbes, s. a. Benzel-Sternau.

Jason, eine Zeitschrift . . . Gotha 1808—11. H: *Benzel-Sternau, Carl Chn Ernst Graf.* (HS) (Ky) (MGT) (ErschDL) (AarK)

Jason, eine Zeitschrift, herausg. vom Verf. d. gold. Kalbes (Graf K. C. E. v. Benzel-Sternau). 1r—4r Jahrg. gr. 8. Gotha 808—11. Perthes. 20 ₰ Hbg. Pr. à J. 2 ₰ 8 ₰

Jason, Paul: Die Entwicklung der Einkommens-Verhältnisse in Grossbritannien auf Grund der Materialien der Einkommensteuer. Heidelberg 1905: K. Rössler. (VI, 61 S.) 8°
Heidelberg, Phil. Fak., Ref. Rathgen, Diss. v. 21. März 1905
[Geb. 23. Okt. 78 Niederschelden i. Westfalen; Staatsangeh.: Preußen; Vorbildung: Realgymn. Siegen Reife O. 98; Studium: Berlin 2, Göttingen 2, Heidelberg 4 S.; Rig. 31. Ja . 05.]

Jason P, die Entwicklung der Einkommens-Verhältnisse in Grossbritannien. (61 S) Heidelberg 1905

Jaspar, H. Vide: Soenens, A.

Jaspen v. Pirch, G. F., (Fr. Albr. Karl Gren), s. Betrachtr. über d. Gährung.

Jasper & Stuchly — Preis-Verzeichniß der k. k. a. priv. Fabrik landwirthschaftlichen Maschinen und Ackergeräthe von — — in Hütteldorf bei Wien. Buchdr. von Friedrich Manz in Wien. (16 S. 8.) (Mit vielen in den Text eingedruckten Maschinen-Figuren.

Jasper, des alten, Prophezeihungen, s. Prophezeihungen.

Jasper's sämmtliche Prophezeiungen. Gesammelt und hrsg. von W. W. 10., unveränd. Abdr. Mit einem Anh. einiger anderer Prophetenstimmen. 12. (23 S.) Dortmund 866, Krüger.

Jasper, das Vorkommen v. Erdöl im Unterelsaß. gr. 8. (33 S. m. 1 Karte.) Straßburg i/E. 890. Straßburger Druckerei u. Verlagsanstalt. n. 1. 50

Jasper, Christian Friedrich (Hrsg.), s. Actensammlung in Sachen ... Dr. Jasper.

Allerunterthänigster Klaglibell von Seiten des Advocaten Jasper in Schleswig, mandatario nomine der Erben des weil Gutsbesitzers Friedrich August Niemeyer zu Herberhausen, Kläger: wider die Intestaterben des weil Landsassen Heinrich Conrad Niemeyer auf Brodau, und Hesselburg, Beklagte: in puncto schuldiger Auskehrung des Fideicommissgutes Brodau. Conc. Christian Friedrich **Jasper**. Schleswig. 1826. Fol.

Klageschrift des Advocaten (Christian Friedrich) Jasper mandatorio nomine des Obergerichtsraths von Ahlefeldt als Fiduciars des von Ahlefeldt-Damper Fideicommisses, und des Obergerichtsraths Nissen als executoris testamenti des weil Johann Rudolph von Ahlefeldt, auf Saxdorff, Kläger; wider den Kammerjunker H. B. von Qualen,.als Besitzer des adeligen Gutes Damp, Beklagten; in puncto eines in Damp redicirten 'Fideicommisses von 50,000 Rthl. (80,000 Rbthl.) o. O. (1823.) Fol.

Supplic. Neumühlen, den 14. Mai 1818. An Seine Königliche Majestät. Der Landsasse J. J. Kühl zu Neumühlen, Erbherr zu Obbendorff und Schönhorst, bittet in seinen beiden Rechtssachen gegen die Herren Administratoren des Rantzau-Obbendorffer Fideicommisses,
in peto schuldiger Annahme gewisser Zinsen und Kosten, gegen Wiederablieferung der Güter Obbendorff und Schönhorst etc.
um Abänderung der von dem Königlichen Holsteinischen Landgerichte unter dem 14. April eröffneten Urtheile etc. Conc. Christian Friedrich **Jasper.**
Angeschlossen sind die vollständigen Prozess-Acten ... A. ... und B. — o. O. (1818.) Fol.

Rechtfertigung des Justizraths und Obersachwalters (Christian Friedrich) Jasper, in Schleswig, in Betreff der auf die Denunciation des Kammerherrn und Amtmanns von Scheel gegen ihn als Stempelpapierverwalter des Herzogthums Schleswig eingeleiteten Untersuchung. Schleswig. den 10. Oct. 1837. Conc. Christian Friedrich **Jasper.** (Als Manuscript vervielfältigt.) Flensburg. (1837.) Fol.

Allerunterthänigste Replik von Seiten etc. Conc. Christian Friedrich **Jasper**. ebd. 1827. Fol.

Sammlung der wichtigsten Actenstücke in Untersuchungssachen wider den Herrn Heinrich Grafen von Reventlou auf Falkenberg, betreffend die Verwunderung des nachher verstorbenen Zimmergesellen Carl Friedrich Traup aus Schleswig. Als Anlage seiner Vertheidigungsschrift (durch Christian Friedrich **Jasper**) von dem Grafen von Reventlou zum Druck befördert, (auch mit dem Umschlag-Titel: Sammlung der wichtigsten Actenstücke in der Traup'schen Untersuchungssache.) Schleswig. 1821. Fol.

Jasper, Christian Friedrich Emil

Jasper: Zur Lehre von der Zusammensetzung griechischer Nomina u. der Verwendung componierter Wörter in den Tragödien des Sophokles. 31 S.–Altona, Progr. 1868

Jasper, C. F. E., Des Aristophanes Urteil üb. d. 3 gross. Tragiker Athens. Pr. 1863. 15 S. 4°. 5.—

Jasper, Henr. (geb. Altendorf in Westf. 1816): De dislocatione placentae Berolini (1841). (29 S.) 8°
Berlin, Med. Diss. v. 16. Okt. 1841

Jasper, Joseph: Leibniz und die Scholastik. Eine historisch-kritische Abhandlung. *Münster i. W. 1898/99: Westf. Vereinsdruckerei.* (76 S.) 8°
Leipzig, Phil. Diss. v. [23. Mai] 899

Jasper, Carolus Fridericus: • Vita Augusti, Ducis Saxoniae, et ultimi administratoris archiepiscopatus Magdeburgici. 24 Bl. 4°
Halle-Wittenberg, Phil. Diss. v. [29. Aug. 1829]
Geb. [Magdeburg 27. 7. 1804]

Jasper, Lothar (geb. Wormsdorf in d. Prov. Sachs. 2. 4. 1850): Offne Wundbehandlung und antiseptischer Verband. Berlin (1873). (31 S.) 8°
Berlin, Med. Diss. v. 20. Dez. 1873

Jasper, O., Reiseskizzen aus den Vereinigten Staaten von Nordamerika mit besond. Berücksicht. der Eisenindustrie, s. Macco, H.

Jasper, Reinhard, Kammergerichts-Ref.: Die Haftpflicht des Frachtführers nach den Bestimmungen des neuen Handelsgesetzbuches vom 10. Mai 1897 unter Berücksichtigung der entsprechenden Bestimmungen des bürgerlichen Rechts. *Königsberg i. Pr. 1902: Hartung.* (VIII, 72 S.) 8°
Leipzig, Jur. Diss. v. 1902

Jaspers. Der Holbeinstisch auf der Stadtbibliothek zu Zürich; in 5 Radirungen mit erläuterndem Text von *S. Vögelin.* Gr. Fol. Wien, Verlag d. Gesellschaft für vervielfältig. Kunst. 18 70
1878

Jaspers, C., Lob des heiligen Vincenz v. Paul. 8 Gesänge zu Ehren des heiligen Vincenz. Beigefügt ist ein Lied zu Ehren des heiligen Franciscus v. Assisi u. eins zu Ehren der heiligen Elisabeth v. Thüringen. Für 3 gleiche [Männer- oder Frauen-]Stimmen componirt. Op. VIII. 16. (39 S.) Münster 882. Schöningh. n. — 50

Jaspers, Carl, s. Jaspers, Karl

Jaspers, Georg

Jaspers, G. Der Bauernhof, s. Thaer-Bibliothek.

Jaspers, G., der Bauernhof. Anleitung zur prakt. Anlage u. Einrichtg. seiner Baulichkeiten. 8. (V, 126 S. m. 21 eingedr. Abbildgn. u. 17 Taf.) Berlin 890. Parey. geb. n. 2. 50

Jaspers, G., landwirthschaftliche Buchführung f. die Steuererklärung zu der Schrift: „Wie schützt sich der Landwirth vor zu hoher Besteuerung?" gr. 4. (10 Bl.) Münster i/W. 892. H. Mitsdörffer. n. — 50; 20 Bl. n. 1. —; 40 Bl. n. 2. —

— Gründünger u. Kunstdünger. 12. (87 S.) Ebd. 893. 1.20

[F.] Gründünger und Kunstdünger. Von Georg **Jaspers**, Gen.-Sekr. des Westfäl. Bauernver. 2. nach d. neuesten Ergebnissen d. Wiss. u. Praxis umgearb. u. bedeutend erweit. Ausg. *Münster i. W.: H. Mitsdörffer 1896.* (1 Bl., 180 S., 1 Bl.) 1 Bd 8. [96. 7714

– unsere Lage. Ein Wort an die deutschen Landwirte. gr. 8. (83 S.) Dresden 892, G. Schönfeld's Verl. n. — 60

– Der Personalkredit des Ländlichen Kleingrundbesitzers in Westfalen, s. Winkelmann

– was der Landwirth v. dem neuen Einkommensteuer-Gesetz wissen muß. Eine kurze allgemein-verständl. Darlegg. der wichtigsten Bestimmgn. d. neuen Einkommensteuergesetzes vom 24. Juni 1891 unter besond. Berücksicht. landwirthschaftl. Verhältnisse. gr. 8. (32 S.) Münster i/W. 891. Theissing. — 30

– was der Landwirth v. dem Vermögenssteuergesetz wissen muß! 16. (86 S.) Münster i/W. 894. H. Mitsdörffer. n. — 50

– wie schützt sich der Landwirth vor zu hoher Besteuerung? Kurze Anweisg. f. die Ermittelg. d. Einkommens aus Grundvermögen. 12. (63 S. m. 8 Tab.) Münster i/W. 892. H. Mitsdörffer. n. — 60

Jaspers, Karl: Heimweh und Verbrechen. Leipzig: Vogel 1909. 116 S. 8° ¶(Aus: Archiv f. Kriminal-Anthropol. u. Kriminalistik. Bd 35, H. 1/2.)

Heidelberg, Med. Diss. v. 1909, Ref. Nissl

[Geb. 23. Febr. 83 Oldenburg; Wohnort: Oldenburg; Staatsangeh.: Oldenburg; Vorbildung: Gymn. Oldenburg Reife O. 01; Studium: Heidelberg 1, München 1, Berlin 1, Göttingen 6, Heidelberg 3 S.; Coll. 8. Dez. 08; Approb. 17. Febr. 09.] [U 09. 1958

Jaspers, Carl, missa brevis in honorem B. M. V. „consolatricis afflictorum." Vierstimmige Messe f. Sopran, Alt, Tenor u. Bass. Partitur u. Stimmen. Imp.-4. (11 S.) Münster 871, Russell. 1. 20; die Stimmen einzeln: à — 30

100 Jahre des Hauses **Jaspersen** in Kiel. (Kiel. 1906.) 8°.

Als Ms. gedr. Der Revers. Eine dramat. Skizze aus d. ärztl. Standesleben von Otto **Jaspersen**. Kiel 1909: Handorff. 20 S. 8° [11. 1109 8

Jasperson, Jh., († d. 15. Juni 1807.), s. 1) Olavius, ökonom. Reise. 2) Suhm, Gesch. v. Dänemark.

Jaspert, Franz, Medizinalprakt.: Ueber Multiplicität der Tumoren und Sarkomatose im Kindesalter. München 1908: Kastner & Callwey. 79 S. 8°

München, Med. Diss. v. 5. Mai 1909, Ref. v. Bollinger

[Geb. 16. Aug. 80 Soest i. W.; Wohnort: Soest; Staatsangeh.: Preußen; Vorbildung: Gymn. Soest Reife O. 00; Studium: Halle 1, Kiel 4, Leipzig 1, Freiburg i. B. 1, Kiel 1, Berlin 1, München 1 S.; Coll. 5. Mai 09; Approb. 31. Mai 08.] [U 09. 3343

Jaspis, Alb. Sigism., das Abba-Rufen der Kinder Gottes. Ein Gebetbuch, aus dem geistl. Nachlaß geordnet, ergänzt und hrsg. von Johs. Sigism. Jaspis. 8. (XII, 144 S.) Köln 887, Hassel. *ℳ 1.50.; geb. * geb. mit Goldschn. *

Jaspis, Alb. Siegm., Abschieds-Predigt, gehalt. am Sonnt. Miseric.-Dom. 1845 in den Kirchen zu Lichtenstein u. Rödlitz. 8. Dresden 845, Naumann. n. 2 ngr

Jaspis, Alb. Sgm., mein Abschiedswort an die evangel.-lutherische Gemeinde zu Elberfeld. Abschieds-Predigt, gehalten am 1. Sonnt. nach Ostern 1855. Nebst einer Beilage: Hinweisung auf Predigten während seiner hiesigen Amtsführung. Elberfeld, Hassel. gr. 8. (26 S.) 3 ngr

Jaspis, A. S., Bekenntnisse üb. mein Amtsleben, die ich heute Eurem Glaubensleben vorhalte. Predigt, am Gedenktage seiner 50jähr. Amtsführg. geh. am 12. Juli 1885 in der Schloßkirche zu Stettin. Nebst e. Uebersicht üb. gehaltene Charfreitagspredigten. gr. 8. (15 S.) Stettin 885. Brandner. n. — 20

Jaspis, A. S., die Belebung der Nachmittags-Gottesdienste in der evangelischen Kirche. Ein Liebeswort an jüngere Amtsbrüder. gr. 8. (28 S.) Berlin 871, Trowitzsch und Sohn. * — 50
Aus: Evangelische Kirchenzeitung, besonders abgedruckt.

– s. Bibel-Anekdoten. –

—— eine Bitte, das Bibellesen im Christenvolke zu fördern. Predigt über 2. Brief an Timotheus 3, 14—17, gehalten während der Berliner kirchl. Conferenzen bei der Jahres-Feier der preuß. Haupt-Bibelgesellschaft den 11. Octbr. 1871. Nebst einem Anh.: Winke über Förderung des Bibellesens. 8. (16 S.) Berlin 872, (Matthies.) — 15

Jaspis, A(lbert) S(iegm.), drei Bitten aus den Sterbeseufzern Davids. Rede über Psalm 89, 5—14 vor der Einweihung der neu gebauten Begräbniß-Kapelle der Familie v. Lopel zu Wieck, am 31. Juli 1859 gehalten. 8. (15 S.) Stettin 859, Graßmann's Verlag. **

Jaspis, A. S., ein Blick in das Amtsleben St. Pauli. Predigt, am Gedenktage seiner 25jährigen Amtswirksamkeit in der Provinz Pommern gehalten am 28. April 1880 in der Schloßkirche zu Stettin. 8. (14 S.) Stettin 880. (Berlin, deutsche evangelische Buch- u. Tractat-Gesellschaft.) n. — 30

Jaspis, (A. S.), ein Brief an die konfirmirte Jugend. 16. (16 S.) Stettin 865, (v. der Nahmer.) *

—— sieben Briefe über das Lesen der Bibel, gerichtet an eingesegnete Jünglinge und Jungfrauen, die Gottes Wort lieben; wie an evangel. Christen überhaupt. 1. Aufl. 1864. und 2., verm. Aufl. 8. (62 S.) Berlin 865, (Beck. — W. Schultze.) cart. *

– sieben Briefe üb. das Lesen der Bibel, gerichtet an eingesegnete Jünglinge u. Jungfrauen, die Gottes Wort lieben; wie an evangel. Christen überhaupt. 4. Aufl. 8 (64 S.) Berlin 882. Hauptverein f. christl. Erbauungsschriften. cart. — 40

—— daß uns die Gaben des heil. Geistes in dieser Zeit des Ernstes besonders nöthig seien. Eine Festpredigt für festlose Zeiten des bewegten J. 1849, gehalten am 1. Pfingsttage, den 27. Mai 1849, nach der Volksbewegung zu Elberfeld. gr. 8. (16 S.) Gütersloh 849, Bertelsmann. **

– daß uns das Wort Gottes am jüngsten Tage richten werde. Predigt über Joh. 12, 46—50. gehalten bei der Jahresfeier der Bibelgesellschaft zu Dresden den 17. Aug. 1842. gr. 8. Ebend. 842. n. 1/12 ℔

– daß wir als Diener der Gemeinde unsrer Gemeinschaft mit dem Haupte der Kirche uns lebendig bewußt bleiben müssen. Predigt, gehalten vor der Synode des Kreises Elberfeld am 22. Mai 1846. gr. 8. Ebend. 846. 1/12 ℔

—— Denkmal der Liebe. Predigten, erbaut aus den hinterlassenen noch ungedruckten Manuskripten von seinem Sohne Johs. Sigism. Jaspis. gr. 8. (VII, 155 S.) Gotha 888, F. A. Perthes. *

—— Erinnerung an den Tag der Confirmation, s. Erinnerung.

– Erinnerung an den Tag der Confirmation. 16—20. Aufl. Ster.-Ausg. Barmen 865—69. (Berlin, E. Beck.) 8. (42 S.) 1¼ ngr

—— Erinnerung an den Tag der Confirmation. Hrsg. von der Wupperthaler Traktatgesellschaft. 20.—26. Aufl. 1868—73. * 15 Pf.; 27. Aufl. 1874. * 20 Pf., und 28. Aufl. 16. (48 S.) Barmen 875, (Wiemann. — Leipzig, Langewiesche's Verlag.) * — 24

Jaspis, A. S., Erinnerung an den Tag der Confirmation. 29.—33. Aufl. [Ster.-Ausg.] Hrsg. von der Wupperthaler Traktat-Gesellschaft. 8. (48 S.) Barmen 876—79, Wiemann. *

—— Erinnerung an den Tag der Confirmation. Hrsg. von der Wupperthaler Traktat-Gesellschaft. 34. Aufl. (48 S.) 1880. 24 Pf.; 35.—38. Aufl. [Ster.-Ausg.] 8. (48 S.) Barmen 881—84, (Wiemann.) *

—— Erinnerung an den Tag der Confirmation. 39. und 40. Aufl. [Ster.-Ausg.] Hrsg. von der Wupperthaler Traktat-Gesellschaft. 8. (48 S.) Barmen 885,86, (Wiemann.) *

—— Erinnerung an den Tag d. Konfirmation. 44. Aufl. 12. (48 S. m. 1 Bild.) Barmen 891, Wupperthaler Tractat-Gesellschaft. * — 12

— **Erinnerung an den Tag der Konfirmation. 46. Aufl. 12. (48 S. m. Titelbild.) Barmen 894. Wupperthaler Traktat-Gesellschaft. n. — 12**

Jaspis, S., Erinnerung an den Tag der Konfirmation. 48. Aufl. (183.—192. Taus.) 12. (48 S. m. Titelbild.) Barmen (900). Wupperthaler Traktat-Gesellschaft. n. —15

— Erinnerungen an eine Zeit wo es trübe u. finster war; dargeboten in 14 Predigten aus den Leidensjahren 1846 u. 1847. 12. (XII u. 237 S.) Elberfeld 848, Hassel. n. 2/3 ℛ

—— Erinnerungen an eine Zeit, wo es trübe und finster war; dargeboten in 14 Predigten aus den Leidensjahren 1846 und 1847. 2. durch 16 Predigten verm. Ausg., hrsg. von Johs. Sigism. Jaspis. 8. (XXVIII, 371 S. mit 1 Bildniß des Verf.) Köln 888, Hassel. *

— das Evangelium von Petri Fischzug, ein Evangelium für bedrängte Arbeiter in unserer Mitte. Predigt, gehalten am 5. Trin.-Sonnt. 1845. gr. 8. Elberfeld 845, Hassel. 1/12 ℛ

—— das Evangelium von den zehn Jungfrauen in seiner Bedeutung am Tage der Todtenfeier. Predigt gehalten am Schluße des Kirchenjahres 1856, über Matth. 25, 1—13, zu Berlin. gr. 8. (16 S.) Berlin 857, Wiegandt und Grieben.

—— und H. D. Kleedehn, eine Fürsprache für unsere Nachmittags-Gottesdienste. Institutions-Rede nach Apostelgesch. 3, 1—6. — Uns ist bange, aber wir verzagen nicht. Predigt über 2. Cor. 4, 8 bei seinem Eintritt in das Diakonat an der Schloß- und Marienkirche zu Stettin. 8. (22 S.) Stettin 869, v. der Nahmer. * — 25

— das Gebot des Herrn, Buße und Vergebung in seinem Namen zu verkünden. Antritts-Predigt gehalten am allgem. Buß- u. Bettage 1855 zu Stettin. Stettin, Weiß. 8. (15 S.) nn. 2½ ngr.

—— Gedenke Herr an David und an alle seine Leiden! Predigt über Psalm 132, 1—5, gehalten in der Schloßkirche zu Stettin, am Abende des Geburtstages Sr. Maj. des Königs Friedrich Wilhelm IV. im J. 1859. gr. 8. (12 S.) Stettin 859, Nagel. *

—— das in unserer Zeit neuerwachte Glaubensleben, beleuchtet in einer Predigt über Luc. 12, 48—57, bei der Schlußfeier der in der Stadt-Synode Stralsund gehaltenen General-Kirchen- und Schulvisitation am 9. Juli 1856. [1. und 2. Aufl.] 8. (17 S.) Stettin 856, Weiß. **

—— Hülfs-Büchlein für den Unterricht in den biblischen Geschichten; in einer nach sechs Gesichtspunkten getroffenen Auswahl von Schriftstellen dazu; zugleich ein Ersatz für sogenannte bibl. Geschichtsbücher. 1. Aufl. (38 S.) 1852. * 5 Ngr., 2., verb. Aufl. 8. (31 S.) Elberfeld 856, Friderichs. **

— **sechs Himmelfahrtspredigten. Ein Gedenkblatt aus dem geistl. Nachlaß. Dargeboten v. seinem Sohne Johs. Siegm. Jaspis. gr. 8. (VII, 36 S.) Berlin 892. R. Gaertner. n. — 80**

Jaspis, Alb. Siegm., 7 Charfreitagspredigten. Blätter vom Lebensbaum auf Golgatha aus dem geistl. Nachlaß. Dargeboten v. seinem Sohne Johs. Siegm. Jaspis. gr. 8. (47 S.) Berlin 892. R. Gaertner. n. 1. —

Jaspis, Albert Sigism., der kleine Catechismus Luthers, aus sich selbst erklärt, wie aus der heil. Schrift, namentlich ihren Geschichten erläutert; zugleich ein Hülfsbüchlein, durch den Unterricht in der biblischen Geschichte die Unterweisung in der evangel. Heilslehre vorzubereiten. 8. (IV u. 108 S.) Elberfeld 850, Hassel. n. 4 ngr.

— der kleine Catechismus Luthers, aus sich selbst erklärt, wie aus der heil. Schrift, namentlich ihren Geschichten erläutert; zugleich ein Hülfsbüchlein, durch den Unterricht in der biblischen Geschichte die Unterweisung in der evangelischen Heilslehre vorzubereiten. Ausg. A. 3. Aufl. 853. — 4. Aufl. Elberfeld 854. Hassel. gr. 8. (116 S.) n. 4 ngr.

— — Ausg. B. Abgekürzte u. mit andern Beilagen verseh. Ausg. der vom Verf. in eben demselben Verlage erschienenen Catechismusbearbeitung. 2. Aufl. 854. — 3. Aufl. 855. — 4. Aufl. Ebend. 856. gr. 8. (112 S.) n. 4 ngr.

— — Ausg. C. Für die Provinz Pommern. Ebend. 856. gr. 8. (112 S.) n. 4 ngr.

—— Der kleine Katechismus Luthers, aus sich selbst erklärt, wie aus der heil. Schrift, namentlich ihren Geschichten erläutert. Ausg. B: Abgekürzte u. m. andern Beilagen versehene Ausg. der vom Verf. erschienenen Katechismusbearbeitg. 40. Aufl. 8. (112 S.) Köln 889, Hassel. * — 40; geb. * — 60

—— dass. — Ausg. C. Für die Prov. Pommern bearb. Ausg. d. vom Verf. erschienenen Katechismus. 60. Aufl. 8. (112 S.) Ebd. 889. * — 40; geb. * — 60

Ausg. A. Ebd. 1853. * — 40.

Jaspis, Alb. Sigism., der kleine Katechismus Luthers, aus sich selbst erklärt, wie aus der hl. Schrift, namentlich ihren Geschichten erläutert; zugleich e. Hilfs-Büchlein, durch den Unterricht in der bibl. Geschichte die Unterweisg. in der evangel. Heilslehre vorzubereiten. Ausg. A. 21. Aufl. (112 S. m. Bildnis.) 8. Köln 899. W. Hassel. n. — 40; Einbd. n.n.n. — 13

— dasselbe. Ausg. B. Abgekürzte u. m. andern Beilagen verseh. Ausg. der vom Verf. erschienenen Katechismusbearbeitg. 53. Aufl. (112 S. m. Bildnis.) 8. Ebd. 903. n. — 40; Einbd. n.n.n. — 13

— dasselbe. Ausg. C. Für die Prov. Pommern bearb. Ausg. des vom Verf. erschienenen Katechismus. 84. Aufl. (112 S. m. Bildnis.) 8. Ebd. 903. n. — 40; Einbd. n.n.n. — 13

—— drei Konfirmations-Reden. Das Vater Unser — eine Hinweisung auf unsern Lebensgang. Unser Abschied an einer schönen Stelle! Was heißt's: Sich dem Herrn verschreiben? Gehalten und mit einem Nachwort über seelsorger. Behandlung der Konfirmanden hrsg. gr. 8. (30 S.) Stettin 865, (v. der Nahmer.) *

— die Kraft der Verheißung: daß Könige die Pfleger u. Fürstinnen die Säugammen der Kirche sein sollen. Predigt gehalten am 29. Novbr. 1848, als am Tage d. Ehejubelfeier unsres Königspaares zu Elberfeld. gr. 8. (16 S.) Elberfeld 848, Hassel in Comm. 1/12 ℛ

—— die Kraft des Schriftworts, s. Bibel-Anekdoten.

—— Lebensbilder aus der früheren Vergangenheit der evangel.-luther. Gemeinde zu Elberfeld, zur Erbauung der Gemeinde-Jugend. 8. (IX und 94 S. mit 1 Stnt.) Elberfeld 852, Hassel.

— der Lehrer als Seelsorger unter seinen Kindern. Eine Bitte an Lehrer und Lehrerinnen der evangel. Kirche, zugleich an Pfarrer, Eltern und alle Freunde der lieben Jugend. 8. (IV und 44 S.) Köln 861, Hassel.

— Natur und Gnade in unserm Geistesleben. Zwei Predigten, gehalten den 25. und 27. Jan. 1852, beim Nachmittags- und Wochen-Gottesdienste der luther. Gemeinde zu Elberfeld. gr. 8. (24 S.) Elberfeld 852, Friderichs.

— Natur und Gnade in unserm Geistesleben. Zwei Predigten. 2. Aufl. 8. (24 S.) Stettin 857, Weiß.

— Plan für das religiöse Unterrichts-Gebiet in evangelischen Volksschulen. gr. 4. (16 S.) Stettin 856, (Graßmann's Verlag.) *

— Predigt über Brief Judä 20—25 gehalten vor der Versammlung des Hauptvereins der evangelischen Gustav-Adolph-Stiftung für die Provinz Pommern am 29. Juni 1865 in der St. Jacobi-Kirche zu Stettin. Stettin 865. Dannenberg & Dühr. gr. 8. (11 S.) n. 2½ ngr

— letzte Predigt. Gehalten am Totenfest 1885 in der Schloßkirche zu Stettin. 8. (14 S.) Stettin 886, [v. der Nahmer.] *

— Predigt über Psalm 119, Vers 96—98, gehalten zu Elberfeld am 50jähr. Jubiläumstage der Bergischen Bibel-Gesellschaft im Oktbr. 1864. gr. 8. (11 S.) Barmen 865, Langewiesche's Verlag. *
Aus: Jahresbericht der Bergischen Bibel-Gesellschaft, besonders abgedruckt.

— Predigten, s.: Schöner, Ch. H., Welt u. Reich Gottes. Zeit u. Ewigkeit.

Jaspis, A. S., schriftgemäße Predigtentwürfe, s. Predigtentwürfe.

— u. Zöckler, Reden zum Gedächtniß des verstorbenen Consist.-R. Prof. Dr. Vogt, gehalten am 20. Janr. 1869 in der Kirche St. Marien zu Greifswald. Greifswald 869. Bindewald. gr. 8. (14 S.) 3 ngr

— Sammlung von Sprüchen heiliger Schrift, für evangel. Schulen, zu jedem kirchl. Lehrbuche zu gebrauchen, mit dem Abdruck der wichtigeren Schriftstellen für schwächere Kinder. 8. (IV und 20 S.) Elberfeld 851, Hassel. *

— die Seelsorge unter Confirmanden. Eine Liebesmahnung an jüngere Amtsbrüder. Abdr. aus Nr. 47 der Evang. Kirchenzeitung, Jahrg. 1879 mit einem Vor- und Nachwort. gr. 8. (15 S.) Berlin 883, Hauptverein für christl. Erbauungsschriften.

— eine Stimme aus der Kirche vor und nach der Feier des allgem. preuß. Buß- und Bettags in dem denkwürd. J. 1848. Predigt, gehalten am Sonnt. Jubilate zu Elberfeld. gr. 8. (16 S.) Elberfeld 848, Hassel.

— Weihrede, s. Einweihungs-Feier ꝛc.

— aphoristische Winke für Ordinanden des evangelischen Predigtamtes über einzelne Seiten pfarramtlicher Thätigkeit. Mit einem Vorwort an Candidaten des Predigtamtes. 2. Aufl. 8. (16 S.) Köln 884, Hassel.

— s. Winke zu Betrachtungen der Geschichte des Todesleidens Jesu.

— Winke zu Betrachtungen der Geschichte d. Todesleidens unsers Herrn Jesu Christi nach dem Evangelium St. Matthäi u. St. Johannis f. die 6 Wochen der Passionszeit. 2. Aufl., m. Zusätzen. 8. (116 S.) Berlin 887. Hauptverein f. christl. Erbauungsschriften. cart. n. — 60

— Winke über die Versammlungen der confirmirten Jugend und die Einwirkung auf dieselbe. Ein Liebeswort an jüngere Amtsbrüder. 8. (24 S.) Berlin 870, (Beck.) — 30

— Winke üb. die Versammlungen der konfirmierten Jugend u. die Einwirkg. auf dieselbe. Ein Liebeswort an jüngere Amtsbrüder. (2. Aufl.) 8. (23 S.) Ebd. 887. — 30

— wofür wir dem Herrn d. Kirche am Grabe Luthers die Ehre geben müssen. Predigt geh. bei d. Gedächtnißfeier d. Todes Mart. Luthers am 18. Febr. 1846. gr. 8. (1 B.) Elberfeld, Hassel.

— ein väterliches Wort an die Candidaten des evangelischen Predigtamtes. 8. (11 S.) Berlin 875, Trowitzsch und Sohn. **
Aus: Evangelische Kirchen-Zeitung, besonders abgedruckt.

— vier Worte für Eure Zukunft! Confirmationsrede über Phil. 2, 12—16. am 11. März 1855 gehalten und mit zwei Beilagen, allen Confirmanden gewidmet. gr. 8. (16 S.) Elberfeld 855, Hassel.

— Zeiten der Trübsal — oft segenslos! Predigt über Jerem. 6, 26—30 gehalten inmitten einer sorgenbewegten Zeit des J. 1866, und als Mahnung der Seelsorge Leidenden und Erretteten dargeboten. gr. 8. (16 S.) Berlin 866, (Beck.) *

— u. M. Sander, evangel. Zeugnisse für die Enthaltsamkeits-Sache. Abgelegt bei der ersten kirchl. Feier des Elberfelder Enthaltsamkeits-Vereins am 28. Sept. 1845. gr. 8. Elberfeld 846, Bädeker. n. 2⅔ ngr

— evangel. Zeugnisse e. Sachsen, s. Zeugnisse.

— Zeugnisse vom Heile und Leben in Christo, in Predigten. 1. Heft. gr. 12. (VII und 115 S.) Elberfeld 855, Hassel.

Jaspis, August Sigismund (Nossen), De distinctione foetus animali et non animati. Diss. med. Präs. D. Ernst Heinrich Weber. Lpz. (Hirschfeld) 17. II. 1826. 31 S. (6.—) 16675
Gew.: Friedrich August Rueder (Oldenburg), August Sigismund Jaspis (Vater).

— **Christian Gottfried,** Commentatiuncula de Florentino ejusque eleganti doctrina ad leg. III. D. de justit. et jure, quam viro Andreae Florenti Rivino h. t. ill. academiae Vitembergensis rectori magnifico maecenati suo pie devenerando, quum academiae fasces in aede sacra 18. X. 1753 solemni ritu ac pompa deponeret. Chemnitz (Stoessel). 12 S. (5.—) 16676

Jaspis, Gottfried Siegmund

— s. Kritik d. neuen Liedersammlung ꝛc.

Jaspis, God. Sig., Versio latina Epistolarum etc., s. u. Epistolarum.

Jaspis, Gf. Siegm., († d. 16. Febr. 1823.) versio latina Epistolarum N. Test., perpet. adnotat. illustr. II Voll. 8maj. Leipz. 793—97. Ed. II. noviscuris emend. 8maj. ibid. 821. Weidmann. 3 ₰ 12 gr Schrbp. 4 ₰ Velinp. 6 ₰

Jaspis, Gottlieb Siegmund

(—). — Als die Wohledlen und Wohlgelahrten Herrn, Herr **Johann Gottlob Hofmann** (Leipzig), Herr **Carl August Lencke** (Auerbach i. V.), Herr **Johann Gottlob Terue** (Roitsch), Herr **Gottlieb Siegmund Jaspis** (Chemnitz) die höchste Würde der Weltweisheit auf der hohen Schule zu Leipzig den 20sten Hornung 1749 rühmlichst erhielten, wünschte denenselben das unter Seiner Hochwürdigen Magnificenz, Herrn D. Salomo Deyling, blühende Collegium Examinatorio-Disputatorium deswegen von Herzen Glück. Lpz. (Friedr. Gotthold Jacobäer). 2 Bl. (6.—) 15682

Jaspis, Hans Sigismund: Ueber das Erbrechen bei Ileus Halle a. S., Plötz'sche Buchdr., 1895; 37 S., 1 Bl. 8.
Halle, Med. Fak., Inaug.-Diss. v. 7. Aug. 1895

Jaspis, Joh. Sigm., **Beredsamkeit** u. guter Vortrag des Geistlichen. (V, 96 S.) 8. Leipzig (905). Krüger & Co. n. 1.20; geb. n. 1.60

Jaspis, Joh. Sigism., die sieben Bußpsalmen, aus sich selbst und der alttestamentl. Heilsgeschichte für bibelforschende Christen ausgelegt. 8. (56 S.) Berlin 885, Hauptverein für christl. Erbauungsschriften. cart.

— **Koran u. Bibel.** Ein komparativer Versuch. (VIII, 103 S.) gr. 8. Leipzig 905. G. Strübig. n. 1.20

—— die Weissagungen des Propheten Amos, aus der Zeitgeschichte Israels für bibelforschende Christen ausgelegt. 8. (VIII, 83 S.) Köln 887, Hassel. *ℳ 1.—; geb. * geb. mit Goldschn. *

Jaspis, Lebr. Siegm., **Altarrede** bei d. Confirmationsfeier am Palmsonntage 1830. gr. 8. (1¼ B.) Dresden 830, (Arnold.)

Jaspis, Lebr. Siegm, Andeutungen zu einer fruchtbaren Benutzung d. Abschnitte heiliger Schrift, welche im Jahr 1829 statt d. gewöhnl. Evangelien öffentl. erklärt werden sollen. 4 Hefte. 8. Meißen 829. Goedsche. 1 ℛ 6 gℊ

— Anleit. z. richtigen Erklär. u. fruchtbaren Benutzung der Bußtexte am 1n—3n allgem. Buß-, Bet- u. Fasttage d. 826n Jahres in Sachsen. 4. Leipz., Dürr.
(Jahrg. 819—25 (v. M. Emmerling) Ebd. haben gleichen Preis.)

— psycholog. u. moral. Bemerkk. während der mit d. Delinquenten Kaltofen gepflog. Unterredung. Nebst Beantwortung d. Fr.: Ist es recht, daß d. Geistlichen den Delinquenten zum Schaffot begleiten. 8. Leipz. 822. Märker. 9 gℊ

— Erklärung d. Texte, über welche im Königr. Sachsen im J. 1810 gepredigt wurde. 8. Leipz. 810.

— s. Ermahnungen e. Vaters.

— d. fromme Feier d. Abendmahls. Ein Erbauungsbuch für denkende Christen. Mit 1 Kpf. 8. Leipz. 825. 2e A. 832. Gnobloch. 18 gℊ

Jaspis, Lebrecht Siegm., die fromme Feier des Abendmahls. Ein Erbauungsbuch für denkende Christen. 3., verb. und verm. Aufl. gr. 16. (XVI und 229 S.) Leipzig 849, Arnoldische Buchh.

— **Leberecht Sigmund** (ad aedem Crucis Dresd. sacrorum minister.), **Brevis narratio de Friderici Augusti regis Saxoniae potentissimi ac serenissimi virtutibus atque meritis.** Dresden (Meinhold & S.) 15. IX. 1818. 36 S. (6.20) 16677

Jaspis, Lebr. Siegm., brevis narratio de Friderici Augusti, regis Saxon., virtutibus atque meritis, quam dixi XV. Sept. MDCCCXVIII. 8. Dresd. 818. Hilscher. 4 gℊ

—— Gallerie homiletischer Geistesproducte, s. Gallerie rc.

— Hodegetik, oder Anweis. für Theologen, welche sich zum christl. Lehramte würdig vorbereiten, u. in demselben segensreich wirken wollen. gr. 8. Dresd. 820. Walther. 2 ℛ 16 gℊ

— Imago Friederici Augusti, Saxon. patris d. V. Maji a. MDCCCXXVII. pie defuncti. gr. 8. Dresd. 827. Wagner. 9 gℊ

— s. Der 25. Juni 1530, oder kurze gedrängte Schilderung ...

(——) der 25. Juni 1830, s. Der.

Jaspis, Lebr. Siegm., kleiner Katechismus, s. Luther.

—— das rege Leben auf d. Gebiete d. Religionswissenschaft im protestant. Deutschland, in Winken u. Andeutungen f. Theologen u. alle Freunde d. Lichts u. d. Wahrheit gezeichnet, nebst e. Schlußworte üb. Consistorial-, Synodal- u. Presbyterialverfassung. gr. 8. (7 B.) Leipzig 832, Gnobloch.

— Mahnungen an Jünglinge, welche d. erste Feierstunde an Jesu Altare zu e. Weihestunde für ihr ganzes Leben machen wollen. gr. 8. Dresd. 825. Arnold. 5 gℊ

Jaspis, L. S. Umständliche Nachrichten von den bei Lützen vorgefallenen kriegerischen Ereignissen. Weißenfels 1813. 8°.

— Predigt zur Feier d. Rückkehr d. Königs. gr. 8. Dresd. 815. Walther. 3 gℊ

— Predigt am Reformationsfeste 1829 in d. Frauenkirche zu Dresden gehalten. gr. 8. Dresd. 829. Arnold. 2 gℊ

— Predigten, nebst angefügten Betrachtt. über die im Königreiche Sachsen auf 1826 vorgeschrieb. Texte, auch am Hausaltare religiös gebild. Familien zu gebrauchen. 16—18 Heft. A. u. d. T.: d. neuen Texte, welche 1826 im Königr. Sachsen öffentl. erklärt werden sollen; exeget. u. homilet. bearbeitet. 4 Hefte. gr. 8. Leipz. 825. Gnobloch. 2 gℊ 12 gℊ

— Predigten bei ausgezeichneten Amtsvorfällen, theils in Pobles bei Lützen, theils in Dresden gehalten. gr. 8. Dresden 817. Arnold. 12 gℊ

— Predigten im Sturme d. Zeit gehalten. gr. 8. Leipz. 808. Märker. 12 gℊ

— s. Predigtentwürfe, Schriftgemäße.

— Rede am Grabe eines Ermordeten. 8. Weißenf. 809. Fr. Bruder in Leipz. 4 gℊ

— Rede bei d. Confirmationsfeier. gr. 8. Dresd. 816. Arnold. 2 gℊ

Jaspis, Lebr. Siegm., Rede am Sylvesterabend 1831. .. Mittweida ... (Billig.) n. $^{1}/_{12}$ ℛ

— Rede am Sylvesterabend 1831 in d. Kreuzkirche zu Dresden gehalten, u. anstatt einer Handschrift für Freunde u. Zuhörer auf Verlangen zum Drucke gegeben. gr. 8. Dresd. 832. (Mittweyda, Billig.) 2 gℊ

— Rede bei d. Taufe einer Muhamedanerin, nebst histor. Bemerkk. über Muhamed u. seine Religion, so wie über d. christl. Secte d. Monophysiten. gr. 8. Dresd. 828. Arnold. 3 gr

— zwei Reden bei d. Confirmationsfeier 1825. gr. 8. Leipz. 827. Cnobloch. 3 gr

— von d. Rücksicht, die wir als Christen den Erscheinungen d. vielbewegten Zeit schuldig sind. Eine Predigt. gr. 8. Leipz. 830. Cnobloch. 2 gr

Lbr. Sgm. Jaspis: d. Schutzgeist edler Weiblichk.; e. Geschenk f. erwachs. Töchter. *Meiss.*, Goedsche. 836. 8° 18 gl

— die christliche Sittenlehre zunächst nach dem ersten Hauptstück des Luther. Katechismus, zugleich jedoch mit Hinsicht auf jedes andere Religionsbuch. Zum Gebrauch für Lehrer u. Erbauung suchende Christen. gr. 8. Dresden u. Leipzig 845, Arnold. n. 16 ngl

—— Stimmen aus d. Gottesreiche, an verschied. Marksteinen d. Lebens, od.: Reden u. geistl. Zusprüche bei Tauf=, Confirmations=, Trauungs= u. Beichthandlungen, Eidesleistungen — deren Ersterer mit einem glückl. Erfolge gekrönt wurde, u. deren Letzterer blos nach fremden, örtl. Gesetzen erfolgte, — an Begräbnißplätzen, bei d. Einweih. e. Schule, im Lager d. Militärs, nebst zwei Predigten am Sylvesterabend u. bei Uebernahme d. Stadtpredigerstelle gehalten. gr. 8. (12 B.) Leipzig 839, Cnobloch.

— d. neuen Texte erklärt u. mit Winken zu fruchtbaren Betrachtt. begleitet, zum Gebrauch für Prediger u. Schullehrer bei ihren katechet. Unterredungen rc. 8. Leipz. 808.

— Unterhaltungen auf d. Krankenlager. gr. 8. Dresd. 823. (Arnold). 1 ₰ 6 gr 2e A. gr. 8. Ebd. 831. 1 ₰ 8 gr

—— der Weg durch's Leben, od. Erfahrn. u. Rathschläge f. Jünglinge, welche sich als Künstler, Kaufleute u. Gewerbtreibende, von ihrem Austritte a. d. Schule an, bis z. Eintritt in d. eignen Hausstand, f. alle Verhältnisse d. Lebens würdig bilden, u. auf ihrem künft. Berufswege segensreich wirken wollen. 8. (16½ B.) Leipzig 829, Leich.

Lbr. Sgm. Jaspis: d. Weg durchs Leben od. Erfahrr. u. Rathschläge f. Jüngll., welche sich als Künstler, Kaufleute u. Gewerbtreibende v. ihrem Austr. a. d. Schule an bis z. Eintr. in d. eig. Hausstand f. alle Verhältnn. d. Lebens würdig bilden u. auf ihrem künft. Berufswege segensr. wirken wollen. *Lpz.*, Leich. B. 830. 8° 16 gl

Jaspis, Lebr. Siegm., der Weg durchs Leben od. Erfahrungen u. Rathschläge f. Jünglinge, welche sich als Künstler, Kaufleute u. Gewerbtreibende für alle Verhältnisse des Lebens würdig bilden u. auf ihrem künftigen Berufswege segensreich wirken wollen. 2., verm. u. verb. Aufl. 8. (17⅓ B.) Leipzig 844, Gebr. Reichenbach. Thlr. *

Jaspis, Lebrecht Siegm., der Weg durch's Leben oder Erfahrungen und Rathschläge für Jünglinge, welche sich als Künstler, Kaufleute und Gewerbtreibende, von ihrem Austritte aus der Schule an bis zum Eintritt in den eignen Hausstand, für alle Verhältnisse des Lebens würdig bilden und auf ihrem künftigen Berufswege segensreich wirken wollen. 2., verm. und verb. Aufl. 8. (VIII und 272 S. mit 1 Stahlst.) Wittenberg [Leipzig] 862, Reichenbach'sche Buchh. geb. mit Goldschn.

—— Winke u. Vorschläge, die Einrichtung deutscher Volksschulen betreff.; nebst e. Herzens=Ergießung üb. Töchterschulen. gr. 8. (4 B.) Dresden 831. (Leipzig, Fr. Fleischer.)

— s. Zeugnisse evangel. Wahrheit.

Jaspis, Reinhold Sigismund

— — (Deliciensis [= Delitzsch]), De arbitris. Diss. jur. Lpz. (Staritz) 20. IX. 1821. 32 S. (6.—) 16679
Gew.: Wilhelm Christoph Eisenhuth, Carl Bernhard Erttel.

— **Reinhold Sigismund** (Meissen), De indole jurisjurandi in judicio delati ejusque in Saxonia usu. Diss. jur. Präs. D. Christ. Friedrich Pohl. Lpz. (Sommer) 25. IX. 1786. 22 S. (6.—) 16678
Gew.: D. Aug. Frid. Sigismund Green.

Jäsrich, Fr. Gtlf., (Gold= u. Silberarbeiter), Selbstbiographie, entworfen in d. Frohnfeste zu Muskau, herausg. von Chr. Gli. Langner. 8. Sorau 810. 2e Aufl. 8. Görl. 812. (Anton in Halle). 10 gr

Jaesrich, Nina, Schatten. Novellen u. Skizzen. (V, 278 S.) 8. Dresden 909. E. Pierson. 2.50; geb. n 3.50

Jaesrich, Paul, der verborgene Gott. Eine Predigt zum Erdbeben in Italien üb. Jesajas 45, 15, geh. am 3. 1. 1909 (Sonntag nach Neujahr) in der evangel. Christuskirche zu Gries bei Bozen (Südtirol). (12 S.) 8. Berlin (909). Vaterländische Verlags- u. Kunstanstalt. nn —10

Jaeschke, *Carl Heinrich* Hugo [aus Schlesien]: Ueber das Verhalten von Azoverbindungen beim Erhitzen mit Anilin und p-Toluidin. . . . Greifswald, Druck v. J. Abel, 1891; 48 S. 8°
Greifswald, Phil. Fak., Inaug.-Diss. v. 12. Jan. 1891

Festschrift. 1834–1909. Der Lehrerverein zu Danzig. Bericht über d. ersten 75 Jahre s. Lebens u. Wirkens. Im Auftr. d. Ver. bearb. von Ernst Jasse. Danzig 1909: (Kafemann). 127 S. 8°
[Umschlagt:] Festschrift d. Lehrervereins zu Danzig über d. ersten 75 Jahre s. Lebens u. Wirken von E. Jasse.

Westpreuß. Prov. Lehrerverein. Verzeichnis der Schulorte der Provinz Westpreußen nebst Zahl d. Lehrerstellen u. d. Entfernungen vom Kreisort ... Bearb. im Auftr. d. Provinzialver.-Vorstandes von Ernst **Jasse**. Konitz: Vereinsverl. 1907. (95 S.) 8° [F.] [07. 1720]

— neuere Wärmekraftmaschin. Versuche u Erfahrungen. (108 S 1 T) 4° München 1905

Jassé, Rud., Leute v. heute aus d. Volk u. d. Gesellschaft. Schausp. in 3 Akten. 8. (72 S.) St. Petersburg 897. R. Jassé. n. 1.20

Jassens, Dom Laurent, der Streik. Schauspiel in 1 Aufzuge. Autoris. deutsche Ausg. von Philipp Prinz v. Arenberg. 12. (26 S.) Mainz 892. F. Kirchheim. — 50

Jasser-Reglement. (2. Aufl.) gr. 8. (4 S.) Bern 894. Goepper & Lehmann. n. — 30

Jässing, Alb., der Bahnhof auf Golgatha. Eine kleine Weltausstellung in Liedern. gr. 8. (V, 97 S.) Leipzig 869, Matthes. * 2 —

—— Lieder eines Zwanzigjährigen. 16. (VIII, 208 S. mit 1 Stahlst.) Ebendas. 870. geb. mit Goldschn. 8 —

— zur Reform der Bühne. gr. 8. (10 S.) Ebendas. 869. — 50

— Saitenklänge. Lyrische und epische Dichtungen. 16. (IV, 83 S.) Ebendas. 868. geb. mit Goldschn. * 2 —

— Vorgefühle. Neue lyrische Gedichte. gr. 16. (80 S.) Ebendas. 869. * 2 50

Jässing, Carl Fr., s. J ä s s i n g , Karl Fr.

Jaessing, Friedrich Gotthelf (Grossenhain), De morbis ex vitae genere. Disp. med. Präs. Anton Wilhelm Plaz. Lpz. (Langenheim) 25. II. 1774. 36 S. (6.50) 16592

Jässing, Karl Fr.

JÄSSING, C. Fr.: Promtuarium d. ältern u. neuern sächs. Gesetze, insoweit Erstere noch gegenwärtig von prakt. Nutzen sind, od. bes. histor. Interesse gewähren, zu Erleichter. d. ge- u. aussergerichtl. Rechtspflege, u. z. Nachtragen d. fernerhin erschein. Gesetze bestimmt u. eingerichtet. *Dresden*, (Fr. Fleischer in Leipzig.) 830. Fol. (1 Thl. 16 Gr.)

JÄSSING, C. Fr.: Alphabet. Promptuarium der ältern, neuern u. neuest. sächsischen Gesetze des Codex Augusteus, dessen 3 Fortsetzungen u. der amtlichen Sammlungen von 1818 bis mit 1838 zur Erleichterung der ge- u. aussergerichtl. Rechtspflege, u. zum Nachtrage der fernerhin erscheinenden Gesetze bestimmt u. eingerichtet. *Grimma*, Verlags-Comptoir. 829. gr. 4. (1 Thl. 8 Gr.)

— Steuer-Begnadigungen. Zusammenstellung d. neuesten Sächs. Gesetze üb. die bei Anbau v. Wüstungen rc. zugesicherten Begnadigungen an Steuern rc. 4. ... Dresden 831. (Leipzig, Fr. Fleischer.)

Jassinowsky, Alexander, Die Arteriennaht. Eine experimentell-chirurgische Studie. Diss. Dorpat. 8°. 102 pp.

Jassinowsky, A., die Arteriennaht. Eine experimentell-chirurg. Studie. Inaug.-Diss. gr. 8. (103 S.) Dorpat 889. (Karow.) n. 2.—

Jassinsky, J.: Ein M a n n der Gegenwart, s.a. M a l c o m e s' internationale russische Unterhaltungsbibliothek.

Jassinski, e. Mann d. Gegenwart. Erzählg. (In russ. Sprache.) 12. (84 S.) Stuttgart 895. C. Malcomes. n. — 50

Jassinsky, J.: Petersburger N e b e l, s.a. M a l c o m e s' internationale russische Unterhaltungsbibliothek.

— **Petersburger Nebel.** Roman. 3 Bdchn. (In russ. Sprache.) 12. (96, 94 u. 130 S.) Ebd. 895. à n. — 50

Jäsle, W. Das Englische nach seinen bildenden Elementen verglichen mit dem Französischen. Chemnitz, R., 1876. 26 S. 4. Progr.

Jaßmund, A. v., Einiges zur Feststellung d. Bedeutung d. Worte u. Begriffe Congregationen u. Jesuitismus, in besond. Beziehung zu Frankreich u. Deutschland. gr. 8. (5½ B.) Nürnberg 831, Riegel u. Wießner.

— Versuch, das Wirken d. Jesuiten in polit. u. staatsbürgerl. Hinsicht zu bestimmen u. d. Begriff d. Jesuitismus festzustellen, wie er sich in d. neuesten Zeit in Bezieh. auf d. Zeitgeist, d. Katholicismus u. d. menschl. Zusammenleben darstellt. gr. 8. (5½ B.) Leipzig 829, Focke.

JASSNIGER, Sigmund

Zinsen-Tabellen und Muster-Conto-Corrent für den Verkehr mit dem k. k. österr. und k. ung. Postsparcassenamte. Mit ausführlicher Erläuterung von Sigmund Jassniger. Geprüft und revidirt vom k. k. Postsparcassenamte Wien. Wien. 1900. Perles. Gr.-8°. K —.80

Jassnüger, Carl, s. J a s s n ü g e r , Karl

Jassnüger J. N.: Chymische Versuche u. Entdeckungen z. Ersparung einer grossen Menge Getreides, z. Erleichterung u. Erweiterung d. Viehzucht u. z. Verhüthung einer Hungersnoth. Wien 1805. 218 S. 1 Tvl.
(Om Kartofler og deres Anvendelse, S. 153 flg. om Kornsorterne).

Jaßnüger, J. N., chym. Vers. u. Entdeck. z. Erspar. einer groß. Menge Getreides, z. Erleicht. u. Erweit. d. Viehzucht und zur Verhüt. e. Hungersnoth. gr. 8. Wien Beck. 805.

Jassnüger, Karl

Jassnüger, Carl. Esquisse de la guerre de Hongrie en 1848 et 1849. Traduite de l'Almanach militaire autrichien. (Donation Liechtenstein.) kl. 8. Vienne 1850.

Jassoy, ..., (Dr. d. Rechte), s. Aphorismen über bürgerl. Gesetzgebung.

(Jassoy,) Welt u. Zeit, s. Welt rc.

JASSOY, Dr. (nicht ps.), Welt und Zeit oder kalte Aufschläge für die herrschenden Kopfkrankheiten. 6 Bde. Mit 1 humorist.-satyr. Kpfr. Germanien u. Heidelberg 1816—28. 8°. (7 Mk. 50 Pfg. L. M. Glogau Sohn, Hamburg, 1879:)
Satyr. Aufsätze über Schriftstellerei, Pressfreiheit, Volkstrachten, Erziehung d. Menschen etc. Interessantes Werk.

Jassoy, *Ernst Ferdinand* August [Apotheker aus Frankfurt a. M.]: Ueber Peucedanin, Oreoselon und Ostruthin. . . . Marburg, Buchdr. F. Sommering, 1880; 72 S., 1 Bl. 8°
Marburg, Phil. Fak., Inaug.-Diss. v. 19. Sept.) 1880

Unsere hugenottischen V o r f a h r e n und anderes. Ein Beitrag z. Stammesgeschichte d. Familie Jassoy. Nach Familienpapieren ... zsgest. durch Dr. August Jassoy. Als Ms. f. d. Familie gedr. Frankfurt am M. 1908: Knauer. 304 S. 8°

Jassoy, David, Metz: Dissertatio medica inauguralis de l e t h a r g o. Basel, med. Diss. 1703

Sermon d'action de graces, pour le retour de la paix, sur le texte prescrit par le Souverain, prononcé dans l'église françoise d'Offenbach, le dimanche Matin 10. d'Avril 1763 par E. Jassoy pasteur. à Offenbach 1763. 8.

Jassoy, H., s.: Entwürfe in d. Formen d. Mittelalters m. bes. Berücksicht. d. Backsteinbaues.

Jassoy, H.: E n t w ü r f e in den Formen des Mittelalter ..., s. V o l l m e r, J.

Jassoy, H., das Rathaus in Heilbronn a. N. Unter Mitwirkg. der Stadtverwaltg. veröffentlicht. 37 Taf. in Lichtdr. u. Lith. (VIII S. Text.) gr. Fol. Stuttgart (906). K. Wittwer. In Mappe n. 30. —

— das neue Rathaus in Stuttgart. Erbaut v. Architekten J. Vollmer u. H. Jassoy. (82 Taf. in Lichtdr. u. Lith. m. VII S. Text.) gr. Fol. Ebd. (906). In Mappe n. 45. —

Jassoy, H., s.: Studien, architektonische.

Jassoy, J., Diss. inaug. med. sistens tentamina quaedam cum aëre fixo in aegrotis institut. 4. Götting. 778. Dieterich. 2 gr.

Jassoy, Ludwig (Hanau) [Auctor]
Dissertatio inauguralis juridica sistens jus poenæmortis eiusque congruam adplicationem.
Giessae [30.] Mai 1792: Braun. 48 S. 4°
pro gradu doctoris utriusque juris rite obtinendo.

Jassoy, P. E.: Die Formverhältnisse und Gruppierungen der Gebirge, s. Leonhard, C.

[J.] Erlebnisse einer Hugenottenfamilie nach e. alten Ms. bearb. v. Wilhelm Jassoy. *Kiel: H. Eckardt 1896.* (54 S.) 1 Bd 8. [96. 339]

Jass-Reglement, enthaltend: Allgemeine Regeln – Der gewöhnliche oder Handjass – Der Schmausjass – Der Kreuzjass – Der Königsjass – Der Zugerjass. Neueste Bearbeitung. 7 S. 8. Basel, Koehler, 1907. [fr. –.50]

Jaster, Georg Fr.

Anonym: „Ohnvorgreiffliches Bedencken über Nachstehende Das Müntzwesen im teutschen Reich betreffende sieben Fragen: I. Ob und aus welchen überzeugenden Ursachen die Proportion von 1 Marck Gold gegen 14½ Marck Silber die richtige, ächte und verlässige seye? II. (bis VII.)", Frankfurt a. M. 1753. — Vorhanden: StB Nürnberg.

Jaster, Gg. Frdr.: „Avertissement, nebst des Hochlöbl.-Fränkischen Creises Müntz-Raths und General-Wardeins / Herr Johann Georg Metzgers, gründlicher Prüfung desselben: Die Probe Chur-Bayrischer Zwölf Kreutzer-Stücke mit der Jahr-Zahl 1752 betreffend", o. O. 1753. — Vorh.: StB Nürnberg.

Jaster, Gg. Frdr.: „Weiter ausgeführte Gedancken über den Leipziger Fuss, Wie die viele Hundert Jahre hindurch gedauerte gantz gefährliche und unheilbar geschienene Müntz-Kranckheit nach dem Regulativo Imperii ohne recitiren aus dem Grunde zu curiren und zu saluiren stehe?" Frankfurt und Leipzig 1751 (Knoch & Eslinger). — Vorh.: Bibl. des Kammergerichts Berlin — Jf. 78 — StB Nürnberg, Com. Bibl. Hamburg und Büch. der Industrie- und Handelskammer Leipzig.

— weiter ausgeführte Gedanken üb. den Leipz. Fuß. 4. Frankf. a. M. 751. Eßlinger. 2 gr.

Jaster, Gg. Frdr.: „Gedancken, Wie viel Gut- oder Böses mit dem durch den Druck gemein gemachten Bedencken könne ausgerichtet werden? Betreffend Die in Müntz-Wesen aufgeworfenen Sieben Fragen, Und den darauf neuerlich zu Franckfurt bis zu erfolgenden gemeinen Reichs-Schluß . . . . abgeredeten Müntz-Plan . . . .", Frankfurt und Leipzig 1753. — Dasselbe, gedruckt zu München im Jahre 1753. — Beide vorh.: StB Nürnberg.

Jaster, Gg. Friedr.: „Gespräch vom Müntzwesen im Römischen Reich, ejusdemque correctura et cura, zwischen einem Juristen und Müntz-Guardein", (Frankfurt a. M.) 1745. 4°. — Vorh.: Bibl. des Kammergerichts Berlin — Jf. 59 — StB Nürnberg und Com. Bibl. Hamburg.

— Gespr. v. Münzwesen im Röm. Reich rc. 4. Ebendas. 746.

Jaster, Geo. F., Münz- und Wechselanmerk. d. Grund d. Leipz. Fußes u. Gold und Silber betr. 4. Frkft. Eßlinger. 751.

Jaster, Gg. Frdr.: „Müntz- und Wechsel-Anmerckungen, Den Grund des Leipziger Fusses und Gold- und Silber-Preisses betreffend. Worauff Die Wohlfahrt aller Handlungen unter uns selbst und mit frembden Völckern und alles in der Welt beruhet . . . .", Mayntz 1751 (Gedruckt bei Joh. Leonh. Ockel). — Vorh.: StB Nürnberg, Com. Bibl. Hamburg, Büch. der Industrie- und Handelskammer Leipzig.

Jaster, Heinr. (geb. Schönlanke in Posen 16. 2. 1851): Ueber Aneurysmen der Herzklappen. Berlin (1873). (20 S.) 8°
Berlin, Med. Diss. v. 1. Aug. 1873

Die Choleraerkrankungen im Brahe- und Netzegebiet ⟨Regierungsbezirk Bromberg⟩ im Jahre 1905. Von Dr. [Heinrich] Jaster, Med.R. Mit 2 Taf. u. 5 Abb. Jena: G. Fischer 1906. (S. 105–154.) 8° [Umschlagt.]
Aus: Klinisches Jahrbuch. Bd 10. [07. 14011

Typhusepidemie in Bromberg und Vororten mit besond. Berücks. ihrer Entstehungsursache durch den Molkereibetrieb. Von Dr. [Heinrich] Jaster, Med.R. Mit 1 Pl. Jena: G. Fischer 1907. (S. 391–432.) 8°
Aus: Klinisches Jahrbuch. Bd 17. [07. 14012

Jaster, Martin [app. Arzt aus Zippnow (Westpreussen)]: Ueber primäres Lebercarcinom. . . . Würzburg, Anton Boegler'sche Buchdr., 1889; 36 S. 8°
Würzburg, Med. Fak., Inaug.-Diss. v. 1889

Beitrag zur Erforschung des wahren Wesens der Weltdinge von Wilhelm Jaster, Hamburg. *(Hamburg): Selbstverl. 1903.* (9 S.) 8° [03. 11165 11

Die Entstehung und Bewegung der Weltkörper sowie die Erforschung eines Perpetuum mobile von Wilhelm Jaster. *(Hamburg:) Selbstverl. 1899.* (16 S.) 8° [illegible]

Jastram, Heinr., die Fundamentallehre der evangelischen Volksschul-Pädagogik. 2. (Titel-)Aufl. gr. 8. (XVI, 526 S.) Hannover (872)76, Helwing'sche Verlagsh. *

—— deutsches evangelisches Gesangbuch für Schule und Haus. gr. 8. (IV, 176 S.) Leipzig 876, Teubner. *

Jastram, Heinr., zur Geschichte und Praxis des Realunterrichts in der Volksschule. gr. 8. (69 S.) Leipzig 875, Teubner.

Jastram, Heinr., Hannover, s. Diercke, C.

— Kaiser u. Reich. Lebensbilder u. Dichtungen aus der Geschichte der Jahre 1864 bis 1871 gesammelt. gr. 8. (48 S.) Wittenberg 874. Herrosé. n — 75

Jastram, Heinr., Katechismustabellen. Katechetische Dispositionen über Dr. Mart. Luthers kleinen Katechismus in Verbindung mit dem Hannoverschen Landeskatechismus von 1790 und mit Beispielen und Gesangversen. 12. (XXIV und 144 S.) Göttingen 866, Deuerlich'sche Buchh.

—— Lebensbilder und Skizzen aus der Culturgeschichte. gr. 8. (VIII, 443 S.) Ebendas. 875. *

—— Lehrplan für Volksschulen mit einem Lehrer. gr. 8. (95 S.) Hannover 871, Cruse's Buchh. * 1 20
—— dass. — 2. verb. und verm., nach den ministeriellen „Allgemeinen Bestimmungen" vom 15. Octbr. 1872 umgearb. Aufl. gr. 8. (IV, 111 S.) Ebendas. 873. [Hahn'sche Buchh.] * 1 60

— kleines Lern- u. Ubungsbuch f. deutsche Sprachlehre u. Rechtschreibung, nebst Wörterverzeichnis. gr. 8. (102 S.) Breslau 884. F. Hirt. n. — 80

Jastram, Heinr., deutsches Lese-, Lehr- und Sprachbuch für Schule und Haus. Im Anschluß an die vom Königl. Ober-Schulcollegium zu Hannover veranstaltete Anleitung zur deutschen Rechtschreibung. gr. 12. (XVI und 480 S.) Göttingen 865, Deuerlich'sche Buchh. *

—— deutsches Litteraturbuch für Schule und Haus. 1. Stufe: Poetischer Blumengarten für Schule und Haus. Zum Lesen und Deklamieren und als Ergänzungsheft zu dem Lese-, Lehr- und Sprachbuche. Mit einem Vorwort von Karl Seifart. gr. 8. (VI und 136 S.) Göttingen 866, Deuerlich'sche Buchh. *

— die preußischen Regulative u. die hannoverische Volksschule. Ein geschichtlich-krit. Vergleich. Hannover 870. Meyer. gr. 8. (170 S.) n. 15 ngr.

Jastram, Heinr., deutsche Sprachlehre. Ein Lern- u. Uebungsbuch zum Schulgebrauch. gr. 8. (VIII, 176 S.) Stade 877. Pockwitz. n. 1. —

—— Weltkunde, s. Hüttmann, J. F.

Jastram, Martin, Assistent am Kgl. hygienischen Institut der Universität: Aus der Breslauer medizinischen Klinik. (Prof. Dr. von Strümpell.) Über die Einwirkung der Röntgenstrahlen auf das Wachstum von Bakterien. Breslau 1905: Breslauer Genoss.-Buchdr. (44 S.) 8°

Breslau, Med. Fak., Ref. v. Strümpell, Diss. v. 20. Okt. 1905

[Geb. 18. Okt. 80 Semmerin b. Grabow, Mecklenb.-Schwerin; Wohnort: Breslau; Staatsangeh.: Mecklenburg-Schwerin: Vorbildung: Friedrich-Franz-Gymn. Parchim Reife O. 00; Studium: Kiel 2, Breslau 7 S.; Rig. 11. Okt. 05.]

Jastram, Wilh., Matten Bautz. Eine Dorfgeschichte aus der Elbmarsch. (294 S.) 8. Basel 911. F. Reinhardt. 3.—; geb. 4. —

— Lohmüllers Einziger. Eine Dorfgeschichte. (315 S.) 8. Ebd. 908. 3.—; geb. in Leinw. 4. —

— Holtorfer Doris u. and. Leute im Heidewinkel. Mit Buchschmuck v. C. Oppert. (316 S.) 8. Hamburg 907. G. Schloeßmann. 3.—; geb. in Leinw. 4. —

Jastrókoff, Grég., les amours couronnés. Nouvelettes. 8. (87 S.) Würzburg 875. Kressner. n. 1. 20

—— Intrigues et affaires d'amour près du trône. Esquisses historiques. 8. (199 S.) Ebendas. 878.

Jastrow, Alexander *(geb. Nakel in Pos. 29. 11. 1851)*: Klinisches über die Myome des Uterus. Breslau (1875). (19 S., 1 Taf.) 8°

Breslau, Med. Diss. v. 27. Juli 1875

Jastrow, Bernh., die Lieder des Erdenwanderers. 1. u. 2. Aufl. (VIII, 280 S.) kl. 8. Sonnenberg bei Wiesbaden 909. 910. Selbstverlag. 2.—; geb. m. Goldschn. 3. —

Jastrow, F[ritz]: Maschinelle Abwasserreiniger. 1908. 63 S. 8° ¶ Auch bei Heymann in Berlin.

Berlin, Dr.-Ing.-Diss. v. 27. 3. 1908

Jastrow, F., maschinelle Abwasserreiniger. (63 S. m. 22 Fig.) gr. 8. Berlin 908. C. Heymann. 2. —

Jastrow, Hermann

Jastrow, H., Formularbuch u. Notariatsrecht auf Grundlage des bürgerlichen Gesetzbuchs. Zum Gebrauch f. Richter, Notare, Rechtsanwälte u. Referendare. Im Anschluss an das C. F. Koch'sche Formularbuch bearb. 11. Aufl. 1. Thl.: Notariatsrecht. gr. 8. (252 S.) Berlin, J. Guttentag. 1900 5. —
— Dasselbe. 2. Thl.: Formularbuch. gr. 8. (XII, 598 S.) Ebd. 11. —

Jastrow, Herm., Formularbuch u. Notariatsrecht auf Grundlage des bürgerlichen Gesetzbuchs. Zum Gebrauch f. Richter, Notare, Rechtsanwälte u. Referendare. Im Anschluß an das C. F. Koch'sche Formularbuch bearb. 12. Aufl. (Unveränd. Abdr. der 11. Aufl.) 3 Thle. gr. 8. Berlin 900. J. Guttentag. n. 20.—; geb. in Halbfrz. n. 22.—
1. Notariatsrecht. (252 S.) n. 5. —
2. Formularbuch. (XIII, 598 S.) n. 11. —
3. Anh. zur 11. u. 12. Aufl. (XXII u. S. 599—793.) n. 4. —

Formularbuch und Notariatsrecht auf Grundlage des Bürgerlichen Gesetzbuchs. Zum Gebr. f. Richter, Notare, Rechtsanwälte u. Referendare. Im Anschluss an d. C. F. Koch'sche Formularbuch bearb. v. Hermann **Jastrow,** Amtsgerichtsr. 13. Aufl. *Berlin: J. Guttentag 1900.* (XXIII, 793 S.) 8° [F.] [00. 13231

Jastrow, Herm., Formularbuch u. Notariatsrecht. Im Anschluß an das C. F. Koch'sche Formularbuch bearb. 14. (nach dem B.G.B. 4.) Aufl. 2 Tle. in 1 Bde. gr. 8. Berlin 903. J. Guttentag. n. 27.—; geb. n.n. 29.—; 2. Tl. allein n. 15.—; geb. n.n. 17.—
1. Deutsch-preuß. Notariatsrecht. (XX, 432 S.) — 2. Formularbuch auf Grundlage des bürgerl. Gesetzbuchs. (XX, 572 S.)

Deutsch-Preußisches Notariatsrecht von Hermann **Jastrow,** Amtsger.R. in Berlin. 14. (nach d. B.G.B. 4.) Aufl. *Berlin: J. Guttentag 1903.* (XX, 572 S.) 8°
→ **Jastrow**: Formularbuch u. Notariatsrecht. T. 1. [03. 10905

Jastrow, Herm., Formularbuch u. Notariatsrecht. Im Anschluß an das C. F. Koch'sche Formularbuch bearb. 15. (nach dem BGB. 5.) Aufl. 2 Tle. gr. 8. Berlin 910. J. Guttentag. 32.—; geb. in Leinw. n 35. —
1. Deutsch-preuß. Notariatsrecht. (XXIV, 546 S.) 15.—; geb. 16. 50
2. Formularbuch. (XX, 648 S.) 17.—; geb. n 18. 50

Formularbuch von Hermann **Jastrow,** Amtsger.R. 15. (nach d. BGB. 5.) Aufl. Berlin: Guttentag 1910. XX, 648 S. 8°
(Jastrow: Formularbuch u. Notariatsrecht. T. 2.) [10. 17134

Jastrow, H., freiw. Gerichtsbarkt, s. Guttentags Samlg. Reichsges.

Jastrow, Herm. Die allgemeine Gerichtsordnung f. die preußischen Staaten. Thl. II u. III. Mit Ergänzungsgesetzen u. Erläutergn. hrsg. gr. 8. (XVI, 370 S.) Berl. 891, Guttentag. * 9 —; geb. ** 11 —
Ein Kommentar zum 1. Thl. (Prozeßordnung) ist nicht erschienen, da derselbe durch die Reichsjustizgesetze bis auf einzelne Vorschriften außer Kraft gesetzt wurde.

— Die Gesetze des Reiches u. Preußens üb. die freiwillige Gerichtsbarkeit, s.a. Guttentag's Sammlg. deutsch. Reichsgesetze.

Die **Gesetze** des Reiches und Preussens über die freiwillige Gerichtsbarkeit. Text-Ausg. mit Einl., Anm. u. Sachreg. von Hermann **Jastrow,** Amtsger.R. 2. erw. Aufl. *Berlin: J. Guttentag 1900.* (XXI, 406 S.) 8° [F.]
→ **Sammlung,** Guttentag'sche, Deutscher Reichsgesetze. No 46. [00. 671

Die **Gesetze** des Reiches und Preussens über die freiwillige Gerichtsbarkeit. Text-Ausg. mit Einl., Anm. u. Sachreg. von Hermann **Jastrow,** Amtsger.R. zu Berlin. 3. verm. Aufl. *Berlin: J. Guttentag 1902.* (XXIV, 418 S.) 8° [F.]
→ **Sammlung,** Guttentag'sche, Deutscher Reichsgesetze. No 46. [02. 6608

Die Gesetze des Reiches und Preußens über die freiwillige Gerichtsbarkeit. Text-Ausg. mit Einl., Anm. u. Sachreg. von Hermann **Jastrow,** Amtsger.R. zu Berlin. 4., verm. Aufl. Berlin: J. Guttentag 1906. (XXIV, 484 S.) 8° [F.]
→ **Sammlung,** Guttentag'sche, Deutscher Reichsgesetze. No 46. [06. 11988

— Handbuch f. amtsrichterliche Geschäfte. Zum prakt. Gebrauche f. Richter u. Rechtsanwälte. gr. 8. (XXVIII, 602 S.) Berlin 893. O. Liebmann. n. 11. 50; geb. in Halbfrz. n.n. 13. 50

Jastrow, Hermann [Hrsg.], s. Koch: Formularbuch und Notationsrecht ...

Deutsch-preußisches Notariatsrecht von Hermann Jastrow, Amtsger.R. 15. (nach d. BGB. 5.) Aufl. Berlin: Guttentag 1910. XXIV, 540 S. 8°
(Jastrow: Formularbuch u. Notariatsrecht. T. 1.) [10. 17133

[F.] Das Recht der Frau nach dem Bürgerlichen Gesetzbuch. Dargest. für d. Frauen v. Hermann Jastrow, Amtsgerichtsr. zu Berlin. 1. bis 3. Taus. *Berlin: O. Liebmann 1897.* (VIII, 213 S.) 1 Bd 8. [97. 2533

Das Recht der unehelichen Kinder. Text-Ausg. aller einschlägigen Bestimmungen d. BGB. mit Anm. u. Sachreg. Von Hermann Jastrow, Amtsger.R. zu Berlin. *Berlin: H. Spamer (1900).* (XVI, 199 S.) 8° [F.]
— Sammlung Kaufmännischer Fach- u. Lehrbücher. No 58. [00. 8365

– Das Recht der unehelichen Kinder, s.a. Guttentag's Sammlg. deutsch. Reichsgesetze.

Das Recht der unehelichen Kinder. Text-Ausg. aller einschlägigen Bestimmungen d. BGB. mit Anm. u. Sachreg. Von Hermann Jastrow, Amtsger.R. zu Berlin. *Berlin: J. Guttentag 1901.* (XVI, 199 S.) 8° [F.]
— Sammlung, Guttentag'sche, Deutscher Reichsgesetze. No 58. [01. 10050

—— Rechtsgrundsätze der Entscheidungen des Kammergerichts in Sachen der nichtstreitigen Gerichtsbarkeit. Systematisch geordnet und hrsg. [1. Thl.] u. Neue Folge. [1888—1891.] gr. 8. Ebd. [1. Thl. (XV, 419 S.) 889. * 9 —; N. F. (X, 180 S.) 892. * 3 —.] * 12 —

Jastrow, H., Rechtsgrundsätze der Entscheidungen d. Kammergerichts in Sachen der nichtstreitigen Gerichtsbarkeit. Systematisch geordnet u. hrsg. gr. 8. (XV, 419 S.) Berlin 889. Guttentag. n. 9. —

— Rechtsgrundsätze d. Entscheidgn. d. Kammergerichts in Sachen d. nichtstreit. Gerichtsbarkeit. In systemat. Ordng. u. m. Besprechgn. hrsg. 2. Aufl gr. 8. (XIV, 704 S.) Berlin 895. J. Guttentag. n. 16. —; geb. in Halbfrz. n.n. 17. —

— das Reichsgesetz üb. d. Angelegenheiten d. freiwill. Gerichtsbarkeit, s.a. Guttentag's Sammlung deutscher Reichsgesetze.

Jastrow H, das Reichsgesetz über die Angelegenheiten der freiwilligen Gerichtsbarkeit. Text-Ausgabe mit Anmerkungen. (253 S) 16° Berlin 1898

Jastrow, I[gnaz]. Alt-Basel. Eine deutsche Fabrik- und Handelsstadt in ihrer Geschichte und Geschichtschreibung. Von Dr. I. J. [Besprechung von:] Tr[augott] Geering, Handel und Industrie der Stadt Basel ... bis zum Ende des 17. Jahrhunderts .... Basel 1886 .... (SA.) 8. (Leipzig [1887].)

Kommunale Arbeitslosenversicherung. Denkschrift u. Materialsammlung vorgelegt dem Magistrat Charlottenburg von Dr. I[gnaz] Jastrow, Prof., u. Dr. W[alter] Badtke, Dir. d. Statist. Amts. Verm. Buchausg. Berlin: G. Reimer 1910. VIII, 228 S. 8° [10. 3658

Jastrow, J., s.: Arbeitsmarkt, der.

Verband märk. Arbeitsnachweise. Der öffentliche Arbeitsnachweis in der Mark Brandenburg. Im Auftr. d. Verbandes bearb. von Dr. I[gnaz] Jastrow, Privatd., Berlin. *Berlin: G. Reimer 1902.* (71 S.) 8° [F.] [02. 8080

Jastrow, J., s.: Bericht üb. die 1. Rektoratsperiode der Handelshochschule Berlin.

Jastrow, J., der Börsenstempel. Ein Wegweiser durch das Reichsstempelgesetz f. Bankiers, Kaufleute u. Privatkapitalisten. gr. 16. (88 S.) Leipzig 894. C. L. Hirschfeld. Kart. n. 1. —

Denkschrift betreffend die Verwendung städtischer Mittel für Zwecke der Arbeitslosenversicherung. Vorgelegt von Stadtrat Dr. I[gnaz] Jastrow. Charlottenburg: Magistrat (1909). 115 S. 4° [10. 491

Jastrow, J., Denkschrift betreffend die Verwendung städtischer Mittel für Zwecke der Arbeitslosenversicherung. Fol. Charlottenburg 1910.

Jastrow, J., das Dreiklassensystem. Die preuß. Wahlreform vom Standpunkte sozialer Politik. gr. 8. (IV, 157 S.) Berlin 894. Rosenbaum & Hart. n. 3. —

— drückt die Militärlast? Eine zeitgemäße Frage, besprochen v. J. J. gr. 8. (16 S.) Leipzig 893 C. L. Hirschfeld. n. — 50

Jastrow, Ignatz [Hrsg.], s.a. Einrichtung, Die von Arbeitsnachweisen ...

— d. Einrichtg. v. Arbeitsnachweisen u. Arbeitsnachweis-Verbänden. Verhandlgn. d. 1. deutschen Arbeitsnachweis-Konferenz (Karlsruhe, 13. IX. 1897). Auf Grund stenograph. Aufzeichngn. hrsg. M. 8 Beigaben (Formularen, Buchführungsblättern, Tabellen), Sachreg. 2c. gr. 8. (VIII, 165 S.) Berlin 898. H. S. Hermann. n. 4. —

— die Einrichtung v. Arbeitsnachweisen u. Arbeitsnachweis-Verbänden. Verhandlungen der 1. deutschen Arbeitsnachweis-Konferenz (Karlsruhe, 13. IX. 1897). Auf Grund stenograph. Aufzeichngn. hrsg. Mit 8 Beigaben (Formularen, Buchführungsblättern, Tabellen), Sachregister 2c. 2. unveränd. [Titel-]Aufl. gr. 8. (VIII, 165 S.) Ebd. [898.] 900. n. 4. —

Deutsche Geschichte im Zeitalter der Hohenstaufen ⟨1125-1273⟩. Von Dr. I[gnaz] Jastrow, Privatd., Berlin, u. Dr. G[eor]g Winter, Archivar zu Stettin. Bd 1. 2. (In 16 Lfgn.) *Stuttgart: J. G. Cotta 1897–1901.* 2 Bde 4°(8°) [F.]
1. ⟨1125–1190.⟩ 1897. 2. ⟨1190–1273.⟩ 1901.
— Bibliothek Deutscher Geschichte. [4.] [01. 11343

— — dasselbe, s.a. Bibliothek deutscher Geschichte.

Jastrow, J., Geschichte d. deutschen Einheitstraumes u. seiner Erfüllung, s.a. Verein, allgemeiner, f. deutsche Literatur.

Jastrow, Ign., Geschichte des deutschen Einheitstraumes und seiner Erfüllung. In den Grundlinien dargestellt. Berlin 1885. 8. . . . . (HC.)
—, — 2. Aufl. Ebda 1885. 8. . . . . (D.)

Jastrow, J., Geschichte d. deutschen Einheitstraumes u. seiner Erfüllung. In den Grundlinien dargestellt. Gekrönte Preisschrift d. allgemeinen Vereins f. deutsche Litteratur. 3., verm. Aufl. gr. 8. (VIII, 400 S.) Berlin 890. Allgemeiner Verein f. deutsche Litteratur. n. 6. —; geb. n. 7. —

— Geschichte d. deutschen Einheitstraumes u. seiner Erfüllung. In den Grundlinien dargestellt. Gekrönte Preisschrift d. Allgemeinen Vereins f. deutsche Litteratur. 4. Aufl. gr. 8. (VIII, 400 S.) Berlin 891. Allg. Verein f. deutsche Litteratur. n. 6. —; geb. n. 7. —

Jastrow, I.: Unser zukünftiges Gesetzbuch. [Berlin 1888.]
(Tägliche Rundschau Jg. 1888. Unterh.-Beil. zu Nr 253. 254. 257. 258. 261. 262. 269. 271.)

— s.: Gewerbegericht, das.

— s.: Gewerbe- u. Kaufmannsgericht, das.

— Handbuch zu Litteraturberichten. Im Anschluss an die „Jahresberichte der Geschichtswissenschaft" bearb. gr. 8. (VIII, 235 S.) Berlin 891. R. Gaertner. n. 8. —; geb. n.n. 9. 40

— s.: Handelshochschule, die, Berlin.

— s.: Jahresbericht üb. die Handelshochschule Berlin.

— s.: Jahresberichte d. Geschichtswissenschaft.

— das Interesse d. Kaufmannsstandes an dem „Bürgerlichen Gesetzbuch", s.a. Zeitfragen, volkswirthschaftliche.

Jastrow J, das Interesse des Kaufmannsstandes an dem Bürgerlichen Gesetzbuch. (Zeitfragen, Volkswirtschaftliche 87-88) Berlin 1889

Jastrow, I[gn.]: Das Interesse des Kaufmannsstandes an dem „Bürgerlichen Gesetzbuch". Berlin 1890.
(Volkswirthschaftl. Zeitfragen hrsg. v. d. Volkswirthschaftl. Gesellsch. in Berlin. H. 87. 88 = Jg. 11, H. 7. 8.)

Kaufmannsbildung und Hochschulbildung. Bürgertum u. Staatsverwaltung. 2 akad. Festreden geh. in d. Handelshochschule Berlin von d. Rektor Dr. I[gnaz] Jastrow. Berlin: G. Reimer 1907. (47 S.) 8°

—— Pufendorfs Lehre der Monstrosität der Reichsverfassung. Ein Beitrag zur Geschichte der deutschen Einheit. gr. 8. (74 S.) Berlin 882, (Mayer und Müller.)

—, —— § 1—7. Sep.-Abdr. aus: H. 2. der Untersuch. etc. Warmbrunn 1878. 8. Göttinger Diss. . . . . (D.)

— s.: Praxis, soziale.

Jastrow, J., das Problem der Arbeitslosen-Versicherung u. die Grundsätze des wirtschaftlichen Liberalismus, s.a. Zeitfragen, volkswirtschaftliche.

Das Problem der Arbeitslosen-Versicherung und die Grundsätze des wirtschaftlichen Liberalismus. Von Dr. I[gnaz] Jastrow, Prof. Berlin: Simion 1910. 27 S. 8°
(Volkswirtschaftliche Zeitfragen. H. 254.)

— üb. Reichstagsauflösg. u. Kolonialpolitik, s.: Schmoller, Gust.

— die Selbsteinschätzung u. die geistige Arbeit, s.a. Zeitfragen, volkswirthschaftliche.

Jastrow, I.: Die Selbsteinschätzung und die geistige Arbeit. E. Beitr. zur Erl. des Preußischen Einkommensteuer-Gesetzes vom 24. 6. 1891. Berlin 1891.

Jastrow J, d. Selbsteinschatzung u d. geistige Arbeit. (Ztfr. Volksw. 103) Berlin 1891

— „Sozialliberal". Ein Weckruf zu den Landtagswahlen. gr 8. (128 S.) Berlin 893. Rosenbaum & Hart. n. 2. —

Jastrow, Dr. J., Sozialliberal. Die Aufgaben des Liberalismus in Preussen. 2. Aufl. gr. 8°. Berlin, Rosenbaum u. Hart, 1893.

— dasselbe. Die Aufgaben des Liberalismus in Preußen. 2., verm. Aufl. gr. 8. (148 S.) Ebd. 894. n. 2. —

Jastrow, J., Sozialpolitik u. Verwaltungswissenschaft. Aufsätze u. Abhandlgn. 1. Bd. Arbeitsmarkt u. Arbeitsnachweis. Gewerbegerichte u. Einigungsämter. (XIV, 548 S.) gr. 8. Berlin, G. Reimer. 1902 10. —

[J.] Die Stellung der Privatdozenten. Von Dr. I[gnaz] Jastrow, Privatdoz. . . . an d. Univ. Berlin. *Berlin: Rosenbaum & Hart 1896.* (2 Bl., 60 S.) 1 Bd 8.

Jastrow, J., zur strafrechtlichen Stellung der Sclaven bei Deutschen und Angelsachsen, s.a. Untersuchungen zur deutschen Staats- und Rechtsgeschichte.

Jastrow, Ign., Zur strafrechtlichen Stellung der Sclaven bei Deutschen und Angelsachsen. Breslau 1878. 8.
A. u. d. T.: Unters. z. deut. St.- u. R.-Gesch. H. 1. . . . . (D.)

[J.] Preussisches Steuerbuch. E. Wegweiser durch die neuen Steuerges. f. jeden preuss. Staatsbürger v. Dr. I[gnaz] Jastrow, Privatdoc. an d. Univ. Berlin. *Leipzig: C. L. Hirschfeld 1894.* (VII, 268 S.) 1 Bd 8.

— kleines Urkundenbuch zur neueren Verfassungsgeschichte. Zunächst f. den Handgebrauch seiner Zuhörer zusammengestellt. 8. (VI, 132 S.) Berlin 889. Gaertner. cart. n. 1. 80

— s.a. Verhandlungen der „Besprechung üb. kommunale Anleihen".

Jastrow, J. Verhandlungen der Besprechung über kommunale Anleihen, Nürnberg, 12. Oct. 1899. 8°. Berlin, J. Reimer, 1899.

— die Volkszahl deutscher Städte zu Ende d. Mittelalters u. zu Beginn der Neuzeit, s.a. Untersuchungen, historische.

Jastrow, Ign., Die Volkszahl deutscher Städte zu Ende des Mittelalters. Überblick über Stand u. Mittel der Forschung. Berlin 1886. 8.
A. u. d. T.: Historische Untersuchungen. H. 1. . . . . (D.; BRG.; H.)

Jastrow, J. Die Volkszahl deutscher Städte zu Ende des Mittelalters und zu Beginn der Neuzeit. Berlin, R. Gaertner. (Darin: Basel, Bern, Genf, Schweiz, Winterthur, Zürich.)

Jastrow, J., über Welthandelsstrassen in der Geschichte des Abendlandes, s.a. Zeitfragen, volkswirthschaftliche.

Jastrow J, über Welthandelsstrassen in der Geschichte des Abendlandes. (Zeitfragen, Volkswirtschaftliche 63. 64) Berlin 1887

— wen sollen wir wählen? Ein Wort an alle freisinn. Wähler des Deutschen Reichs. gr. 8. (16 S.) Berlin 893. Rosenbaum & Hart. n. — 50

—— Wie mache ich meine „Selbsteinschätzung"? Ein Fingerzeig f. jeden preuß. Staatsbürger. 1.—5. Tausd. 8. (16 S.) Berl. SW., Kommandantenstr. 70, 891, M. Buelzer u. Comp. — 30

— wie mache ich meine „Selbsteinschätzung?" Ein Fingerzeig f. jeden preuß. Staatsbürger. 3. Aufl., verm. durch e. Anh.: „Wie reklamire ich?" gr. 8. (24 S.) Berlin 892. J. J. Heine's Verl. n. — 30

Das Gesetz vom 30. März 1903 betr. Kinderarbeit in gewerblichen Betrieben und die Mitwirkung der Lehrer und Lehrerinnen bei der Durchführung desselben. Vortrag... von Johannes Jastrow, Lehrer. Berlin: F. Zillessen [1905]. (36 S.) 8° [J.]

Jastrow, M., Israels Auserwählung. Zwei Predigten am 1. und 2. Tage des Wochenfestes (Schabuot) 5620 in der Synagoge zu Warschau gehalten. gr. 8. (24 S.) Berlin 860, Gerschel.

(Jastrow, Marcus): • De Abraham ben Meïr Aben Esrae principiis philosophiae. 68 S. 4° (2°)
Halle-Wittenberg, Phil. Diss. v. 19. Febr. 1856
Geb. Rogasen (Kr. Obornik, Posen) 5. 6. 1829. V.

Jastrow, Morris (Warschau) Abu Zakarijjâ Jaḥjâ ben Dawûd Ḥajjûǧ und seine zwei grammatischen Schriften über die Verben mit schwachen Buchstaben und die Verben mit Doppelbuchstaben. Diss. philos. Leipzig. Giessen (Wilh. Keller) 1885. 32 S. mit Biogr. (5.50) 16680

Jastrow, Morris, s.: Hayyûg, The weak and geminative verbs in Hebrew.

Jastrow, M., vier Jahrhunderte aus der Geschichte der Juden. Von der Zerstörung des ersten Tempels bis zur makkabäischen Tempelweihe. In 12 Vorlesungen. Heidelberg 865. Carlebach. gr. 8. (VI, 206 S.) n. 24 ngr.

Jastrow jr., Morris, die Religion Babyloniens u. Assyriens. Vom Verf. vollst. durchgeseh. u. durch Um- u. Überarbeitg. auf den neuesten Stand der Forschg. gebrachte deutsche Übersetzg. (In etwa 10 Lfgn.) 1. u. 2. Lfg. gr. 8. (V u. S. 1—144.) Giessen 902. J. Ricker. à n. 1.50

Jastrow jr., Morris, die Religion Babyloniens u. Assyriens. Vom Verf. rev. u. wesentlich erweit. Übersetzg. 3.—10. Lfg. (1. Bd. XI u. S. 145—552 u. 2. Bd. S. 1—224.) gr. 8. Giessen 903—906. A. Töpelmann. à n. 1.50 (1. Bd. kplt. n. 10.50; geb. in Halbfrz. n.n. 13.—)

Jastrow jr., Morris, d. Relig. Babyloniens u. Assyriens. Vom Verf. rev. u. wesentl. erweit. Übersetzg. 11.—15. Lfg. (2. Bd. S. 225—624.) gr. 8. Giessen 907—10. A. Töpelmann. à 1.50

— s.: Study-Series, Semitic.

Jastrowitz, Hermann, a. Berlin: Aus der chemischen Abteilung des physiologischen Institutes der Universität Leipzig. Ueber die Hemmung der Verdauung infolge der Bindung freier Salzsäure durch amphotere Aminokörper. Leipzig 1906: B. Georgi. (35 S.) 8°
Leipzig, Med. Fak., Ref. Boehm, Diss. v. 13. Juli 1906
[Geb. 4. Mai 82 Berlin; Wohnort: Leipzig; Staatsangeh.: Preußen; Vorbildung: Französ. Gymn. Berlin Reife O. 01; Studium: Heidelberg 1, Berlin 5, Leipzig 4 S.; Coll. 20. Juli 06.]

Jastrowitz, M., üb. die Behandlung der Schlaflosigkeit. [Aus: „Deutsche medicin. Wochenschr."] gr. 8. (47 S.) Leipzig 889. G. Thieme. n. 1.—

Jastrowitz, M., Beiträge zur Lehre von der Localisation im Gehirn, s. Leyden, E.

Jastrowitz, M., einiges üb. das Physiologische u. üb. die aussergewöhnlichen Handlungen im Liebesleben des Menschen. Vortrag, geb. am 22. VI. 1903 im Verein f. innere Medizin zu Berlin. (43 S.) gr. 8. Leipzig 904. G. Thieme. n. 1.—

Jastrowitz, Maurit. (geb. Löbau in Westpr. [20. 12. 1839]): De fistula vesico-vaginali. Berolini (1865). (32 S.) 8°
Berlin, Med. Diss. v. 12. Aug. 1865

Jastrzebowski, Alb., Carte climatologique de Varsovie comme point central de l'Europe, etc. Lith. u. col. Roy.-Fol. Varsovie ..., Spiess et Co. (Leipzig, Thomas.) n. 1 ₰

Jastrzembski, S., das russische Eisenbahnnetz und die wichtigsten Betriebs-Resultate der russischen Eisenbahnen. I. gr. 8. (50 S.) St. Petersburg 878, Röttger.
Aus: Russische Revue, besonders abgedruckt.

Jastrzemski, E., Kostenberechnungen f. Bauingenieure, s.: Osthoff, Geo.

Jastschenko, P., die neue Ansicht über Krankheiten und deren Behandlung. 3. veränd. und verm. Aufl. gr. 8. (VII, 68 S.) Moskau 885, Lang.

Jastschenko, P., über die Nerventhätigkeit u. den Stoffwechsel. 2., veränd. u. verm. Aufl. Lex.-8. (35 S.) Moskau 880. Lang. n. 1.—

Jasui Tschiuhei, [ein Yedoer Gelehrter], „Bemmo" oder des Irrthums Darlegung [eine Abhandlung gegen den Christenglauben]. Mit einem Vorwort von Schimadzu Saburo. Aus dem Japan. ins Engl. von John Harington Gubbins. Deutsch von Karl Friederici. gr. 8. (37 S.) Leipzig 878. O. Schulze. n. 1.50

Jasukowski, russische Gespräche, enthaltend d. nothwendigsten Redensarten, um sich gegen Russen verständlich zu machen. gr. 12. Berl. Kunst u. Ind. Comt. 813.

Jasukowski, ..., russische Gespräche, enthaltend die nothwendigsten Redensarten, um sich gegen Russen verständlich zu machen. gr. 12. Berl. 813. (Schlesinger). 8 ℊℊ

Jasykow, v., Versuch e. Theorie d. Militairgeographie. Uebers. v. J. Stackenberg. gr. 8. (9¼ B.) Berlin 839, Behr's Buchh.

Jasykow, v. Versuch einer Theorie der Militärgeographie. Berlin 1839. 144 S.

Jász-Berény [Schlagwort]

Jász-Berény, s. Europa. Liebenow.

Jaszlinsky, R. P. Andr., institutiones physicae. 8 maj. Ofen 751. Typograph. Soc. 1 ₰ 14 ℊℊ

IASZOWSKI, Blasius: De compositione et fine evangelii St. Matthaei. — (1885) 106 S. 4° (Handschr.) Diss. 364
Diss. Wien, Univ.

Jâtakam. Das Buch d. Erzählgn. aus früheren Existenzen Buddhas. Aus dem Pâli zum ersten Male vollständig ins Deutsche übers. v. Jul. Dutoit. 1. Lfg. (IV, 128 S.) 8. Leipzig 907. Lotus-Verlag. n. 4.—

Jâtakam. Das Buch der Erzählgn. aus früheren Existenzen Buddhas. Aus dem Pâli z. ersten Male vollständig ins Deutsche übers. v. Jul. Dutoit. 2.—14. Lfg. (1. Bd. S. 129—640; 2. Bd. III, 576 u. 3. Bd. S. 1—576.) Leipzig 907—10. Lotus-Verlag. à Lfg. 4.— (Bd. I u. II à 20.—; geb. à 22.—)

Jatâpatala, das. Lehrbuch des Jatâpâtha für die Rigveda, nebst dem Abschnitt der Prâtiçâkhyajyotsnâ über die Vikriti des Kramapâtha. Hrsg., übersetzt u. mit Anmerkgn. versehen von G. Thibaut. Leipzig 870. Brockhaus. gr. 8. (53 S.) n. 15 ngr.

Jatens [Schlagwort]

Jatens, s. Preussen, Messtischblätter.

Jatenstein, M. v., Kalina. s. Kalina.

Jaeth, Heinrich, approb. Arzt aus Wiesbaden: Ein Fall von Ruptur eines Aneurysma der Arteria basilaris. *Leipzig-Reudnitz 1903: A. Hoffmann.* (23 S.) 8°
München, Med. Diss. v. 1903

Jatho, Carl, s. J a t h o , Karl

Jatho, Geo., unser Gemeindegottesdienst, sein Verfall und Wiederaufbau. 2. Aufl. gr. 8. (55 S.) Frankfurt a. M. 886, (Wendel und Brechert.) *
Aus: Kirchlicher Anzeiger für die evangelisch-lutherischen Gemeinden des Konsistorial-Bezirks Frankfurt a. M., besonders abgedruckt.

Jatho, Geo. Friedr., Blicke in die Bedeutung des Mosaischen Cultus, zugleich ein Beitrag zum Verständniss des Hebräerbriefes. 8. (XIV, 103 S.) Hildesheim 876, Gerstenberg'sche Buchh.

—— Pauli Brief an die Galater nach seinem inneren Gedankengange erläutert. 8. (V und 80 S.) Hildesheim 856, Gerstenberg'sche Buchh.

Jatho, Geo. Friedr., Pauli Brief an die Philipper nach seinem inneren Gedankengange erläutert. 8. (VII und 84 S.) Hildesheim 857, Gerstenberg'sche Buchh. *–

Jatho, Geo. Frdr., Pauli Brief an die Römer nach seinem inneren Gedankengange erläutert. 2 Bdchn. Hildesheim 858, 59. Gerstenberg. 8. n. 1 ℛ 10 ngr.
Inhalt: 1. Bdchn.: Cap. 1—11. (VIII, 160 S.) n. 25 ngr. — 2. Bdchn.: Cap. 12—16. (94 S.) n. 15 ngr.

Jatho, Geo. Friedr., die Grundzüge der alttestamentlichen Chronologie in Uebereinstimmung mit den Zeitbestimmungen der Classiker. 8. (IV und 41 S. mit 1 Tab. in qu. Fol.) Hildesheim 856, Gerstenberg'sche Buchh.

Jatho, Heinrich, approb. Arzt aus Frankfurt a./M.: Ein Fall von Extragenitaler Folliculitis gonorrhoica. *München 1902: C. Wolf & Sohn.* (23 S.) 8°
München, Med. Diss. v. 1902

Jatho, Karl

Jatho, Carl, s.: Bundespredigten, evangelische.

Jatho, C., die Einigkeit im Geist. Festpredigt üb. Epheser 3, 20—4, 6, geh. bei der 5. Generalversammlung d. Evangel. Bundes in Kassel am Dienstag, den 29. Septbr. 1891. gr. 8. (13 S.) Leipzig 892. Buchh. d. Evangel. Bundes v. C. Braun. n. — 15

— Eröffnungspredigt, s.: Flugschriften d. Evangelischen Bundes.

Jatho, Carl, s.: Fragen, praktische, des mod. Christentums.

— Fröhlicher Glaube. Ein Andachtsbüchlein. (VII, 228 S.) 8. Köln 910. P. Neubner. 3.—; geb. in Leinw. 3. 60

Jatho, C., halte, was du hast, daß niemand deine Krone nehme! Fest-Predigt üb. Offenbarg. Joh. 3, 11, geh. bei d. Generalversammlg. d. rhein. Hauptvereins d. Evang. Bundes zu Düsseldorf am 26. Juni 1889. 8. (18 S.) Barmen 889. Klein. n. — 20

Jatho, C., s.: Hausandachten, meine.

Predigten von Carl Jatho, Pfarrer in Köln. Nach Stenogr. gedr. (2. &) 3. Aufl. *Köln: C. Roemke & Cie. 1904.* (491 S.) 8° [F.] [04. 1930

Predigten von Carl Jatho. Nach Stenogr. gedr. 5. Aufl. Köln: Roemke 1906. 491 S. 8° [11. 9934 4

— persönliche Religion. Predigten. Neue Folge, enth. die Predigten vom 16. XI. 1904 bis 19. XI. 1905. Nach Stenogrammen gedr. (548 S.) 8. Köln 905. P. Neubner. Geb. in Leinw. n. 5. —

Jatho, L., Grabrede, gehalten bei der feierlichen Beisetzung des verewigten General-Musikdirectors und Hof-Kapellmeisters Dr. Louis Spohr am 25. Octbr. 1859. gr. 8. (7 S.) Cassel 859, Bertram'sche Buchh. **

Jatho, Max, approb. Arzt aus Köln: Aus d. Pathol. Institut d. Universität Marburg. Über universelles Oedem beim Neugeborenen. *Marburg 1902: (A. Steren, Köln).* (51 S.) 8°
Marburg, Med. Diss. v. 23. Aug. 1902

Jatrochemie u. Electrohomöopathie od. d. Geheimmedizin d. Mittelalters u. die Geheimmedizin d. Neuzeit, v. Saturnus S∴ J∴ 14, s.: Abhandlungen, geheimwissenschaftl.

Jatsch, Jos., Frauenemanzipation u. Christentum, s. a. Volksaufklärung.

Jatsch, J., Frauenemanzipation und Christentum. (32 S.) 16. Warnsdorf '06, A. Opitz. —. 08.
„Volksaufklärung". Nr. 97.

Jatsch, J., Frauenemancipation u. Christentum. 16°. Warnsdorf, A. Opitz, 1907. (Volksaufklärung, Nr. 97.)

Jatsch, Jos., s.: Frühlehren, 300 kurze.

Jatsch, Jos., s.: Frühlehren, 294 kurze, auf alle Sonntage des Jahres.

– K a t h o l i z i s m u s u. Protestantismus in Bezug auf die zeitl. Wohlfahrt der Völker, s.a. V o l k s a u f k l ä r u n g .

— Der Seelsorger in seiner apologetischen Wirksamkeit, s. a. Seelsorger-Praxis.

Der Seelsorger in seiner apologetischen Wirksamkeit. Von Dr. Joseph Jatsch, Prof., Prag. Paderborn: F. Schöningh 1907. (139 S.) 8° [F.]
— Seelsorger-Praxis. 18. [06. 8307

Jatsch, Jos.: W a s verdanken die Deutschen dem Papstthume?, s.a. V o l k s a u f k l ä r u n g .

Jatsch, Jos., Was verdanken die Deutschen dem Papsttum? Warnsdorf, Opitz, 1899, 16°, 34 S. (Aus: Volksaufklärung ꝛc. Nr. 20.)

Jatta, A., Sylloge lichenum italicorum. gr. 8. (XXXIX, 623 S.) Trani 900. (Berlin, R. Friedländer & Sohn.) n.n. 10. 50

Jatta, Gius., i Cefalopodi viventi nel Golfo di Napoli, s. a. Fauna u. Flora des Golfes v. Neapel.

I cefalopodi viventi nel golfo di Napoli. '(Sistematica.)' Monografia di Giuseppe Jatta. C. 64 zincotip. n. testo ed 1 Atlante di 31 tav. Hrsg. v. d. zoolog. Station zu Neapel. (Testo.) *Berlin: R. Friedländer & Sohn 1896.* 4.
= Fauna u. Flora d. Golfes v. Neapel. Monogr. 23. [96. 3833

Jattkowski, Hermann De sermone in A. Persii Flacci et D. Iunii Iuvenalis satiris figurato. Pars prior. (Umschlagtitel: De . . . figurato.) 4 (XXIV S.). Progr. G. *Allenstein* 1886 (1).

Jättnig, Karl, Deutschland (nebst angrenzenden Ländern). Berlin, Jättnig's Kunst-Magazin, 1836. Kupferstich u. kolor. Imp.-Fol. (2⅔ ℛ) . . . . (RPA.)

Jättnig, C. Karte von Deutschland. 1 : 2 100 000. Berlin 1835. 1 Bl. c. K. Ff.

Jättnig, Karl, Historische Karte von den Erwerbungen u. Veränderungen des Königl. Preussischen Staats vom J. 1417 bis zum J. 1807. Gest. von Jättnig. o. O. 1808. Roy.-Fol.

Jättnig, C., und L. Kraatz, topographische Karte der Umgegend von Berlin. 1:90,000. Fol. Berlin 875, Imme. [Bichteler und Comp.] *M 2,50.; color. *

Jättnig, Carl, Plan von Berlin. Fol. Stahlst. (Mit 7 S. Text.) Berlin 848, D. Reimer. n. 1/2 ₰ — Fol. Kpfrst. (Mit 7 S. Text in 16.) Ebd. 850. In 16. Carton n. 1/2 ₰ Ohne Carton auf starkem Papier n. 14 ngr — Fol. Kpfrst. (Mit 5 S. Text u. 1 lith. Karte in 16.) Ebd. 852. n. 1/2 ₰

Jättnig, Carl, Plan von Berlin. (1. Ausg. 1852. und neue Ausg.) Kpfrst. Fol. (Mit 5 S. Text.) Berlin 853, D. Reimer. *

Jatzow, H., Bürgerliches Gesetzbuch, s.o. Planck, G.

Jatzow, B. G. B. Text-Ausg. m. ausführl. Sachregister. Berlin 897.

Jatzow, Sachregister zu dem Entwurf eines bürgerlichen Gesetzbuches, s.o. Entwurf eines bürgerlichen Gesetzbuches.

Jatzow, Sachregister zu dem Entwurfe e. bürgerl. Gesetzbuches für das Deutsche Reich u. den dazu herausgegebenen Motiven, nebst Inhalts-Uebersicht über die 5 Bde. der Motive. gr. 8. (LVII, 128 S.) Berlin 888. Guttentag. n. 3.—

Jatzow, ausführliches Wort- u. Sachregister, s.a. Gesetzbuch, bürgerliches, s. das Deutsche Reich.

[F.] Ausführliches Wort- und Sachregister zum Bürgerlichen Gesetzbuch nebst Einführgsges. bearb. v. **Jatzow**, Oberamtsrichter. *Berlin: J. Guttentag 1896.* (1 Bl., 150 S.) 1 Bd 8. [96. 7707]

— ausführl. Wort- u. Sachregister (einzeln ohne d. Gesetzb.) Berlin 897.

Jatzow, R. u. H. Lenz, Fische von Ost-Afrika, Madagaskar u. Aldabra. gr. 4. (85 S. m. 3 Taf.) Frankfurt a/M. 898. (M. Diesterweg). n. 6.—
Sonderabdruck aus: „Abhandlgn. der Senckenberg. naturforschenden Gesellschaft".

Jau, Ign., Krankenbuch. 8. Augsb. Wolf. 747.

Jaubenthou, Traité des maladies vénériennes. 12. Bern, Soc. Typ.

Prater, Le. Epitre aux Viennois par le comte *Jaubert*. S. l. et d. (Wien, ca. 1796). 4 ff. 8°. (8 Kr. Gilhofer & Ranschburg, 1912.)

Jaubert, C., Heinrich Heine. Erinnerungen aus den letzten 20 Jahren seines Lebens [1835—1855]. Autoris. Uebersetzung von Luise Welter. 8. (93 S.) Leipzig 884, Le Soudier.

Jaubert, Nicolas Antoine

Jaubert, ..., Abhandl. über Heilart der Fieber. Aus d. Französ. 8. Leipz. 800. Compt. f. Litt. 5 gr

JAUBERT Nicolas Antoine. Gekrönte Abhandlung über d. angemessene Heilart i. d. exanthematischen Fiebern. Wien 1781.

— — dass. 8. Wien, Camesina. 791.

— gekrönte Abhandl. über die Heilart in d. exanthemat. Fiebern. Aus d. Französ. 8. Wien 791. (Heubner). 3 gr

— gekrönte Abhl. über die Heilart in d. exanthemat. Fiebern, a. d. Frz. 8. Wien, Hörling. 791.

Jaubert, (P. Amad.,) Reise durch Armenien u. Persien im Jahre 1805 u. 806; aus d. Französ. v. G. W. Becker, mit 8 Abbildd. 8. Leipz. 822, Ind.-Compt.

— dass. s. Bibliothek d. Reisen 31r Bd.

— dass., eine andere Uebersetzung. gr. 8. Jena 822, Bran.

— notices d'un manuscript turc, en caractères Ouïgours. gr. in 8. Leipz. 825. (Barth). 16 gr

Jauch, Carl Gottfried, s. Jauch, Karl Gottfried

Jauch, Christine

Jauch Chr. u B Stein, Flora artefacta. Lehrmittel für den botanischen Unterricht, nach lebenden Pflanzen bearbeitet. (15 Modelle) Breslau 1885

Jauch, Christine, Flora artefacta. Ein Lehrmittel f. den botan. Unterricht, nach leb. Pflanzen gearb. u. hrsg. Unter wissenschaftl. Kontrolle v. B. Stein. Begleitwort zu den Modellen Nr. 1—100. gr. 8. (16 S.) Breslau 890. Priebatsch. n. —50; Modelle Nr. 1—100, 10 Serien, à Serie n.n. 22.—; Einzelmodelle zu verschiedenen Preisen.

Jauch, D. Siegmund Reinhard

— — In controversiis rerum corporalium unus ille casus §. Aequè 2. j. de actionibus ubi qui rem ab altero petitam possidet, nihilominus actoris partes in dominio probando obtinet ante annos aliquot peculiari enodatione ex L. pen. & ult. D. de public. in rem act. publicè propositus & post vindiciis assertus, nunc denuò contra D. Gottlieb Gerhard Titii JC. Lipsiensis iniquam oppugnationem & derisiones, in observationibus suis ad compendium Lauterbachianum, solidè defensus. Quâ occasione & viri cl. Wissenbachii contraria, ante praetermissa, diluuntur. Dresden (Jo. Mich. Funck) 1703. 16 S. (4.—) 16685

Jauch, Joh. Chrn. (B. L. Cultor), Die nach dem Regen scheinende Sonne, und auff das Weinen folgende Wonne, wollte bey dem Saull- u. Römerischen Hochzeits-Festin .... Anno 1721. den 20. October in Lüneburg ...., glückwünschend vorstellen .... —. (Druckerst.) Lüneburg, gedr. in der Sternischen Druckerey. Fol. 1 Bog. (In Schwerin, Reg.-Bibl.: 320 carm. nupt. & jubilac.)

Jauch, Johann Christoph, Ed. H. Elmenhorsts Geist-reiche Lieder, Lüneburg (1700) siehe Heinrich Elmenhorst.

Jauch, Joseph [aus Altdorf]: Zur Aetiologie der Parametritis.... Würzburg, Druck d. Bonitas-Bauer'schen Buchdr., 1889; 28 S. 8°
Würzburg, Med. Fak., Inaug.-Diss. v. 1889

Jauch, Karl Gottfried

Jauch, Carl Gottfried (Meissen), De inquisitione circumspecte et non facile decernenda. Diss. jur. Präs. Abraham Kaestner. Lpz. (Gabriel Trog) 21. IX. 1735. 7 Bl. (5.—) 16682
Gew.: Alexander v. Miltitz (Scharffenberg, Robschütz, Pohlentz), Gottlob Hieronymus v. Leipziger (Heyda).

Iauch, Sig. Reich., meditation. crit. de negationibus. 8. Amst. Waesberg. 728.

Jauchzet dem Herrn! Gesammelte Lieder von M. v. O. Schwerin i. M. 1899. V: *Oertzen, Margarete von.* (Berl 1917, S. 671)

Jauchzet d. Herrn! Gesammelte Lieder v. M. v. O. Mit 1 Titelbild v. M. v. Stuckrad. 8. (128 S.) Schwerin 899. F. Bahn. n. 1. 50; geb. n. 1. 80

Jaucker, Karl, s. Jauker, Karl

Jaucourt, Louis chev. de. Leibnitzens Leben, a. d. Franz. Leipz. 1760. Ü: *Teubern, Hans Ernst v.* (Kläbe, Neuestes Gel. Dresden. Leipz. 1796.)

Jaucourt, ..., Leibnitzens Leben; nach d. Französ. von H. E. v. Teubern. 8. Leipz. 760.

Jaudas, J. u. R. Klein, neueste Universal-Zuschneide-Lehre. Prakt. Lehrbuch f. Tapezierer, Dekorateure u. Fachschulen. Ein Wegweiser zur Herstellg. v. Dekorationen. 2. verb. Aufl. Mit e. Atlas v. 37 lith. Taf. in 4, bearb. v. Rud. Klein. gr. 8. (IV, 57 S.) Heidelberg 901. C. Winter. n. 10.—; geb. in Leinw. n. 12.—

Jaudt, Hermann, approb. Arzt aus Gräfenberg i. Oberfranken: Ueber die Beziehung von Angina zum Gelenkrheumatismus. *München 1902: C. Wolf & Sohn.* (20 S.) 8°
München, Med. Diss. v. 1902

JAUDT, Matthias (München): De lue veterum et recentium – (1832.) 23 S. 1.3.1832 – Urk; F 60
Diss. Ingolst.-Landsh.-Mchn.

Math. Jaudt de lue veterum et recentium diss. inaug. Monach. 1834. 8.

Jauer [Sachliches OW]

Jauer und Umgegend. Für Touristen hrsg. von d. Ortsgruppe Jauer d. Riesengebirgsvereins. (Jauer: [Hellmann 1906].) (12 S.) 8° [Kopft. J.] 1907.148

Jauer [Schlagwort]

— s. a.: Deutschland. Kürschner-Peip.

Jauer, Kreis, s. a. Kreiskarten.

Jauer, Kreis. Entfernungskarte, amtl., des Kreises Jauer (Reg.-Bez. Liegnitz.) Auf Grund amtl. Unterlagen angefertigt im Katasteramte zu Jauer, rev. im Katasterbureau der königl. Regierung zu Liegnitz. Hrsg. 1902. 1 : 75,000. 42×45,5 cm. Farbdr. Glogau, C. Flemming. 1. 50

Jauer. Haschke, G., Karte des Kreises Jauer. Nach d. Messtischblättern gezeichnet. 1 : 25,000. 98×128 cm. Farbdr. Jauer (903). O. Hellmann. Auf Leinw. m. Stäben n. 18.—

Jauer. Plan von Jauer (in Schlesien). 1 : 6250. Autogr. 36,5×46 cm. Jauer 891. P. Guercke. n. — 50

Jauffert, (L. E. F.,) les six jours de la création ou Leçons d'un Pere à son fils. 12. Mannh. 824. Löffler.

– Dasselbe, s.a. Jauffret, L. Fr.

Jauffret, Andr., Promptuarium morale seu Sancti Ignatii sententiae et effata, juxta materiarum ord. distrib., cum adjectis sacrae scripturae textibus. II Tomi. 12. (31⅝ B.) Metis 842. (Augustae Trev. Lintz.)

Jauffret, C. L. M., les merveilles du corps humain etc. 18. Strasb. König. 800.

Jauffret, C. L. M., die Wunder des menschl. Körpers, oder faßl. Begriffe der Anatomie f. die Jugend; nach d. Französ. von K. L. M. Müller. 8. Leipz. 799. Junius. 14 gr (Auch u. dem T.: Neue Elementarbibliothek.)

Jauffret, L. Fr.

Jauffret, L. F., l'art épistolaire ou dialogues sur la manière de bien écrire des lettres. 3 Vol. 12. Lpz. Grieshammer. 800.

— — le même. 3 Vol. 18. Strasbg. König. 799.

— f. Auswahl französ. Theaterstücke.

Jauffret, les charmes de l'enfance et les plais. de l'amour maternel av. la traduction allemande. 12. Vien. Camesina. 797. Rthlr.

— — les mêmes. II Vol. 18. Paris et Cassel, Tourneysen. Velinp.

— — les mêmes. II Vol. en 18. Strasbourg, Levrault. Velinp.

— — les mêmes en 18. Paris. (Sommer à Lpz.) 797.

— les charmes de l'enfance et les plais. de l'amour maternel av. la traduct. allem. 12. Wien 797. (Volcke). 18 gr

— Contes et autres morceaux p. instruire et amuser la jeunesse. 2 Vol. 8. Berl. Sander. 800.

— Dictionnaire étymologique de la langue franç. à l'usage de la jeunesse. II Vols. 18. Paris u. Strassb. 808 (Andrä in Leipz.) 1 ₰ 8 gr

— — Fables nouvelles. 2 Tomes av. fig. 12. Paris. (Hambourg, Herold.) 815.

Jauffret, Histoire impériale du procès de Louis XVI. ci-devant Roi des François. VIII Vol. 12. Paris. (Sommer à Lpz.) 793.

— Idyllen und Erzählungen. 2 Theile. 18. Hamburg, Schmidt.

— — dasselbe deutsch und franz. 4 Thle. 18. Ebend.

— les six jours de la Création. II P. 12. Mannh. Löffler. 800.

– Dasselbe, s.a. Jauffert, L. E. F.

— Jugendbothe, enth. moral. u. naturhist. Erzähl. Fabeln rc. a. d. Frz. gr. 8. Stuttg. Löflund. 803.

— größerer Katechismus der christkathol. Lehre. Zum Gebrauch in Kirchen u. Schulen, besond. für die Schüler der 3ten Klasse u. für Sonntagsschüler. 8. Tübingen 834. Fues. ⅓ ₰ — 2te verm. Aufl. 838. ½ ₰

— kleinerer Katechismus d. christkathol. Lehre. Leitfaden für die Schüler der 2ten Klassen. 8. Tübingen 834. Fues. 1/6 ₰ — 2e verb. Aufl. 8. Ebd. 834. 1/6 ₰ — 3e verm. Aufl. 838. 1/6 ₰

Jauffret, Kinderschauspiele. Französ. u. deutsch. 2 Thle. 8. Hamb. 803. (Campe). 2 ₰

— Kinderschauspiele, franz. u. deutsch. m. K. 2 Thle. 8. Hamb. Hoffmann. 803.

— Rolands u. s. Gefährten Reise um die Welt. e. Lesebuch für die Jugend. 4 Thle. m. K. 12. (Leipz. Hinrichs in Commission. 800. 801.

Jauffret, Louis François.

Reisen und Abentheuer Rolands und seiner Gefährten . . . a. d. Franz. Berlin 1800—3. Ü: *Reichard, Hnr. Aug. Ottocar.* (Ky)

— Reisen und Abentheuer Rolandos u. s. Gefährten, nach Robinson, für Kinder, a. d. Fr. 6 Hefte. 8. Berlin, Gädicke. 800-803. (à 12 gr.)

— — dies. ein Lesebuch für die Jugend, zur Erlernung geogr. und naturhist. Vorkenntn. a. d. Fr. 6 Bdch. 12. Bas. Flick. 803.

— die Reize des ersten Lebensalters u. d. Freude d. mütterlichen Liebe, frz. u. deutsch. 8. Wien, Camesina. 797.

Jauffret, L. Fr., Die Schöpfungstage oder Belehrungen eines Vaters an seinen Sohn über den Ursprung der Welt nach der Bibel. Enthaltend leichtfaßliche Erklärungen aus d. Naturgeschichte d. Mineralien, Pflanzen, Tiere u. des Menschen. Aus dem Französischen. Aachen, Jacobi, 1835, 12°, 200 S., 75 Pf.
Katholik 1835, Bd. 57, S. 109.

Jauffret, L. F., die Schöpfungstage, oder Belehrungen eines Vaters an seinen Sohn über den Ursprung d. Welt, nach der Bibel. Aus d. Franz. gr. 12. Aachen 835. Hensen u. C. 1/3 ₰

— zoolog. geogr. Spiel für die Jug. m. K. gr. 4. Strasb. König. 799.

— Théâtre de Famille. Durch Anmerkk. zum Schulgebrauche bearbeitet von J. M. Minner. 8. Frankf. a. M. 820. Andreä. 16 ℛ

— das Thiergärtchen. m. K. u. Laudch. Amst. Buder u. Sulpke. 810.

— les voyages de Rolando et de ses compagnons de fortune autour du monde etc. VI Tom. gr. 8. Stuttg. 802 —4. Löflund. 1 ₰ 18 ℛ

— les mêmes. Als geograph.-naturhistor. Lesebuch für angeh. Liebhaber d. französ. Sprache bearb. von J. H. Meynier. Vol. I.—III. 8. Coburg 803, 4. Sinner. 3 ₰ 8 ℛ

Jauffret, Pet., neue patent. Methode, welche jeden Ackerbauer d. ökonom. Verfertigung der Dünger, an allen Orten nach Willkühr in 12 Tagen, ohne Vieh, u. in steigenden Graden nach den verschiedenartigen Beschaffenheiten d. Bodens lehrt. A. d. Franz. übertr. v. Hilm. Heinr. Beißel. M. 1 Stnt. gr. 8. Magdeburg ..., [Baensch.] 3 Thlr., hrbgs. Pr.

Jauffret, Pet., neue patentirte Methode, welche jeden Ackerbauer die ökonomische Verfertigung der Dünger an allen Orten, nach Willkühr, in 12 Tagen, ohne Vieh, u. in steigenden Graden nach den verschiedenart. Beschaffenheiten des Bodens lehrt. Aus d. Franz. wörtlich übertr. v. Hilm. Heinr. Beißel. 2., unveränd. Abdruck. gr. 8. (6¼ B. u. 2 Stnt.) Prag 842. [Credner u. Kleinbub.] * 3 Thlr. Hrbges. Pr. *

Jaufmann, Josef, Assist. f. Physik an d. Zentralgewerbesch. München: Untersuchungen über den radioaktiven und elektrischen Zustand der Atmosphäre nach Beobachtungen an der K. B. meteorologischen Hochstation Zugspitze. 1908. 38 S. 4°
¶ Auch bei Buchholz in München; aus: Beobachtungen d. meteorolog. Stationen im Kgr. Bayern i. J. 1907. (Deutsches Meteorolog. Jahrbuch f. 1907. Jg. 29. Bayern.)
München, Dr.-Ing.-Diss. v. 16. 3. 1908

Jaufmann, Jos., Untersuchungen üb. den radioaktiven u. elektrischen Zustand der Atmosphäre nach Beobachtungen an der k. b. meteorolog. Hochstation Zugspitze. Diss. (38 S. m. Abbildgn.) 32,5×25 cm. München 908. (A. Buchholz.) nn 1. 50
Sonderabdruck aus: „Beobachtgn. d. meteorolog. Stationen im Königr. Bayern".

Jaufmann, Karl [Assist.]: Marcus Tullius Tiro. Dillingen, J. Keller'sche Buchdr., *1897*; 1 Bl., 69 S. 8.
Dillingen, k. humanist. G, P 1897*

Jauker, Karl

Jauker K.: Über die chronologische Behandlung des Stoffes in den epischen Gedichten Wolframs v. Eschenbach, in „Erec" und „Iwein" Hartmanns v. Aue und in „Tristan" G. v. Strassb. Zugleich ein Beitrag zur Chronologie der Titurelfragmente Wolframs. 30. Graz St.-R. 82. Progr.

Jauker K.: Zur Bestimmung des Kreises der Aufsatzformen im Elementarunterrichte. 20. Graz St.-R. 85.
Progr.

Jauker, Karl, zur Bestimmung des Kreises der Aufsatzformen im Elementar-Unterrichte. gr. 8. (22 S.) Wien 886, (Pichler's Wwe. und Sohn.) *

Jauker Karl, Ergänzungen zur deutschen Sprachlehre für österreichische Bürgerschulen nach den Bestimmungen des neuen Lehrplanes für Bürgerschulen vom 15. Juli 1907, Z. 2368. Wien 1909. Schulbücherverlag.

Jauker Karl: Zur Geschichte der beiden Anstalten. Statistik. Stand der Bibliotheken und Lehrmittelsammlungen. 55. Graz L. und Ln. B. A 96.
Progr.

— u. Heinr. Noë, deutsches Lesebuch für die oberen Klassen der Realschulen. 1. Thl. gr. 8. (VII, 232 S.) Wien 877. Graeser. n. 2. 40

— — dasselbe. 2. Thl. 1. u. 2. Abth. gr. 8. Ebend. 878. n. 5. 20
1. (VIII, 312 u. XIV S.) n. 2. 80
2. (IX—XII, S. 313—552 u. XV—XXX.) n. 2. 40

Jauker Karl und Noë Heinrich, Deutsches Lesebuch für die oberen Classen der Realschulen. In zwei Theilen.
I. Theil (für die fünfte Classe). 2. verbesserte Auflage. (Mit Berücksichtigung des Normal-Lehrplanes vom 15. April 1879.) Preis, gebunden 1 fl. 32 kr.
II. Theil (für die sechste und siebente Classe). 2. Ausgabe. Mit Berücksichtigung des Normal-Lehrplanes vom 15. April 1879.) Preis, gebunden 2 fl. 40 kr. Wien 1881. Karl Graeser.

— u. Heinr. Noë, deutsches Lesebuch f. die oberen Classen der Realschulen. [In 2 Thln.] 2. Thl. [Für die 6. u. 7. Classe.] 3. Aufl. [Mit Berücksicht. d. Normal-Lehrplanes vom 15. Apr. 1879.] gr. 8. (X, 697 S.) Wien 883. Graeser. cart. n. 4. 80

—— und Heinr. Noë, deutsches Lesebuch für die oberen Classen der Realschulen. 2 Thle. 8. Ebendas. [1. Thl. (Für die 5. Classe.) 3. durchgeseh. Aufl. (VIII, 312 S.) 887. geb. *ℳ 2.64.; 2. Thl. (Für die 6. und 7. Classe.) 4. Aufl. (X, 697 S.) 888. geb. *ℳ 4.80.] *

(F) Deutsches Lesebuch für die oberen Classen der Realschulen. Von Karl Jauker und Heinrich Noë. 1. Theil. (Für die fünfte Classe.) Mit hohem k. k. Ministerial-Erlass vom 8. Juni 1900, Z. 14.579, zum Lehrgebrauche an Realschulen zulässig erklärt. Wien. 1900. Manz. Gr.-8°. VI, 342 S. Geb. K 2.64

(F) Deutsches Lesebuch für die oberen Classen der Realschulen von Karl Jauker und Heinrich Noë. II. Theil. 5. umgearbeitete Auflage. Mit hohem k. k. Ministerial-Erlass vom 30. August 1899, Z. 23166, zum Lehrgebrauche an Realschulen zulässig erklärt. Wien. 1899. Manz. Gr.-8°. IV, 282 S. fl. —.90, geb. fl. 1.—

43.07

(F) Deutsches Lesebuch für die oberen Classen der Realschulen von Karl Jauker und Heinrich Noë. III. Theil. 5. umgearbeitete Auflage. Mit hohem k. k. Ministerial-Erlass vom 30. August 1899, Z. 23166, zum Lehrgebrauche an Realschulen zulässig erklärt. Wien. 1899. Manz. Gr.-8°. VI, 378 S. fl. 1.15, geb. fl. 1.30

Jaucker Karl und Noë Heinrich, Deutsches Lesebuch für die oberen Klassen der Realschulen. I. Teil. (Für die V. Klasse.) 6., inhaltlich unveränderte, somit gemäß Min.-Erl. vom 8. Juni 1900, Z. 14579, allgemein zulässige Auflage. Wien 1906. Manz'sche Verlagsbuchhandlung. Geb. K 2.44, geb. K 2.84.

Jauker Karl und Noë Heinrich, Deutsches Lesebuch für die oberen Klassen der Realschulen. II. Teil. Wien 1904. Manz'sche Verlagsbuchhandlung. Preis, geheftet 1 K 80 h, gebunden 2 K 20 h.

Jauker Karl und Noë Heinrich, Deutsches Lesebuch für die oberen Klassen der Realschulen. III. Teil. 6., inhaltlich unveränderte, demnach gemäß Min.-Erl. vom 3. August 1899, Z. 23166, allgemein zulässige Auflage. Wien 1906. Manz'sche Verlagsbuchhandlung. Brosch. K 2.30, geb. K 2.70.

—— —— mittelhochdeutsches Lesebuch für Oberrealschulen. gr. 8. (VIII, 98 S.) Ebendas. 878.

— — mittelhochdeutsches Lesebuch für Oberrealschulen. gr. 8. (VIII, 90 S.) Ebend. 878. n. 1. 60

Jauker Karl und Noë Heinrich, Mittelhochdeutsches Lesebuch für Oberrealschulen. 2., verbesserte und vermehrte Auflage. Wien 1881. Karl Graeser. Preis, gebunden 92 kr.

— — dasselbe. 2., verb. u. verm. Aufl. gr. 8. (IV, 144 S.) Ebend. 881. geb. n. 1. 84

Jauker, Karl, und Noë, Heinrich, Mittelhochdeutsches Lesebuch für Oberrealschulen. 3. Auflage. Wien 1894. Manz'sche Verlags-Buchhandlung. [Julius Klinkhardt & Comp.] (Min.-Erl. v. 26. September 1894, Z. 22156.) Gebunden —.92

Jauker Karl und Noë Heinrich, Mittelhochdeutsches Lesebuch für Oberrealschulen. Wien 1904. Manz'sche Verlagsbuchhandlung. Preis, geheftet 1 K 70 h, gebunden 2 K.

— — mittelhochdeutsches Lesebuch f. Oberrealschulen. 4., inhaltlich unveränd. Aufl. (IV, 145 S.) 8. Ebd. 905. Geb. n. 2. —

—— —— ausgewählte Lesestücke zum Gebrauche an der k. k. Militär-Ober-Realschule. 8. (68 S.) Ebendas. 882. cart. *

(F) Jauker, K., Methodik des deutschen Sprachunterrichtes an Volksschulen. Gr.-8°. (141 S.) geb. K 1.60
Wien: Schulbuchverlag 1909.

—— zur Methodik des Unterrichtes im deutschen Aufsatze. gr. 8. (142 S.) Wien 887, Graeser. *

Jauker Karl, Deutsche Sprachlehre für österreichische Bürgerschulen. 2., nach der neuen Rechtschreibung umgearbeitete Auflage. Wien 1906. K. k. Schulbücherverlag. Geb. K 1.—.

Jauker, Karl, Deutsche Sprachlehre für Lehrer- und Lehrerinnenbildungsanstalten. Wien 1904. K. k. Schulbücherverlag. Preis, broschiert 2 K 40 h, gebunden 2 K 80 h.

Jauker Karl, Deutsche Sprachlehre für Lehrer- und Lehrerinnenbildungsanstalten. 2., im wesentlichen unveränderte, somit nach Min.-Erl. vom 26. Februar 1904, Z. 6060, allgemein zulässige Auflage. Wien 1906. K. k. Schulbücherverlag. Brosch. K 2.40, geb. K 2.80.

Jauker, Karl, Deutsche Sprachlehre für Mädchen-Lyzeen. Wien 1902. K. k. Schulbücher-Verlag. Preis, geheftet 2 K 40 h, gebunden 2 K 80 h.

Jauker Karl, Deutsche Sprachlehre für Mädchenlyzeen. 2., im wesentlichen unveränderte, sonach gemäß Min.-Erl. vom 24. Juli 1902, Z. 23192, allgemein zulässige Auflage. Wien 1908. Schulbücherverlag. Geh. K 2.40, geb. K 2.80.

Jauker, Karl, das Herzogth. Steiermark, s. Länder, die, Oesterreich-Ungarns in Wort und Bild.

Jauker K.: Prof. Thonabaur E. M. †. 2. Waidhofen a/Th. 74. Progr.

Jauker K.: Das Verhältnis Walthers von der Vogelweide zu R. d. A. 22 Horn 75. Progr.

Jauker, Otto, historische Leitlinien. Mit 6 Kärtchen im Texte u. 5 Karten im Anh. (II, 59 S.) gr. 8. Wien 905. A. Pichler's Wwe & Sohn. n. 2. 40

Jaumann, Ant., s. *Cornelius Nepos.*

— s *Sallustii opera.*

De supinis linguae latinae. Scrips. Anton. Jaumann, G. P. — 1830. Ibid. — S. 3—32. Progr. München.

Jaumann, Ant., s. Testamentum novum graece.

Jaumann, Gustav

Jaumann, G., elektrostat. Ablenkg. der Kathodenstrahlen. (1. Mittheilg.) [Aus: „Sitzungsber. d. k. Akad. d. Wiss."] gr. 8. (16 S. m. 2 Fig.) Wien 896. (C. Gerold's Sohn.) n. —70

Gustav JAUMANN Einfluss rascher Potentialschwankungen auf den Entladungsvorgang
Prag, Phil. Diss. von 1889/90.

Jaumann, G., Einfluss rascher Potentialänderungen auf den Entladungsvorgang. [Mit 1 Taf. u. 15 Textfig.] Aus dem physikal. Institute der k. k. deutschen Universität zu Prag. [Aus: „Sitzungsber. d. k. Akad. d. Wiss."] Lex.-8. (41 S.) Wien 888. (Tempsky.) n. 1. 20

Jaumann, G., absolutes Elektrometer m. Kuppelsuspension. [Aus: „Sitzungsber. d. k. Akad. d. Wiss."] Lex.-8. (55 S. m. 1 Taf. u. 18 Textfig.) Wien 892. (F. Tempsky.) n. 1. 50

— entgegengekuppelte Fadenwagen zur absoluten Kraftmessung. [Mit 1 Holzschn.] Aus dem physikal. Institute der k. k. deutschen Universität in Prag. [Aus: „Sitzungsber. d. k. Akad. d. Wiss."] Lex.-8. (5 S.) Ebd. 888. n. —20

— die Glimmentladungen in Luft von normalem Druck. [Mit 1 Taf. u. 4 Textfig.] Aus dem physikal. Institute der k. k. deutschen Universität in Prag. [Aus: „Sitzungsber. d. k. Akad. d. Wiss."] Lex.-8. (40 S.) Ebd. 889. n. 1. —

Jaumann, G., die Grundlagen der Bewegungslehre, v. e. modernen Standpunkte aus dargestellt. (VI, 421 S. m. 124 Abbildgn.) gr. 8. Leipzig 905. J. A. Barth. n. 11. —; geb. in Leinw. n. 12. —

Jaumann, G., Inconstanz d. Funkenpotentials. [Aus: „Sitzungsber. d. k. Akad. d. Wiss."] Lex.-8. (30 S. m. 7 Fig.) Wien 895. (C. Gerold's Sohn.) n. — 90

— üb. d. Interferenz u. d. elektrostat. Ablenkung d. Kathodenstrahlen. [Aus: „Sitzungsber. d. k. Akad. d. Wiss."] gr. 8. (18 S. m. 8 Fig.) Ebd. 897. n. — 50

JAUMANN, G.
Interferenz der Kathodenstrahlen (I. Mittheilung) von G. Jaumann. (Mit 26 Textfiguren.) Aus den Sitzungsberichten der kaiserl. Akademie der Wissenschaften in Wien. Mathem.-naturw. Classe; Bd. CVII. Abth. II.a. October. 1898. Wien. 1898. In Comm. Gerold's Sohn. Gr.-8°. 98 S. fl. 1.10

Jaumann, C., Zur Kenntniss des Ablaufes der Lichtemission. Mit drei Textfiguren. Gr.-8. (10 S.) —.15
Wien: Tempsky 1894.

— Leitfaden der Physik f. Studierende, s.: Mach, E.

— longitudinales Licht. [Aus: „Sitzungsber. d. k. Akad. d. Wiss."] Lex.-8. (45 S. m. 1 Fig.) Ebd. 895. n. — 90

JAUMANN, G.
Rotirendes Magnetfähnchen von G. Jaumann. (Mit 1 Textfigur.) (Aus den Sitzungsberichten der kaiserl. Akademie der Wissenschaften in Wien. Mathem.-naturw. Classe; Bd. CVIII. Abth. II.a. December 1899.) [Wien. 1899. In Comm. Gerold's Sohn.] Gr.-8°. 6 S. fl. —.10

— Notiz üb. e. Methode zur Bestimmung der Lichtgeschwindigkeit. [Aus: „Sitzungsber. d. k. Akad. d. Wiss."] Lex.-8. (6 S. m. 4 Fig.) Wien 891. (F. Tempsky.) n. — 20

Jaumann, G., über einen Schutzring-Elektrometer mit continuirlicher Ablesung. [Mit 4 Holzschn.] [Aus dem physik. Institute der k. k. deutschen Universität in Prag.] [Aus: „Sitzungsberichte der k. Akad. der Wiss."] Lex.-8°. (8 S.) Wien, Gerold's Sohn. fl. —.12. 1887

Jaumann, G., Strahlungen in starken elektromagnetischen Feldern. (120 S.) gr. 8. Wien 907. (A. Hölder.) 3. 10

Jaumann, G., Strahlungen in starken elektromagnetischen Feldern. [Aus: Sitzungsber. d. k. Akad. d. Wissensch., mathem.-naturw. Klasse.] Gr.-8°. (120 S.) †

— Geschlossenes System physikalischer und chemischer Differentialgesetze. 1. Mitteilung. S. 120. IIa. 98 . . . . 3.75
Separatabdruck

— Elektromagnetische Theorie. (165 S.) gr. 8. Ebd. 908. 3. 80
Sonderabdr. aus: „Sitzungsber. d. k. Akad. d. Wiss."

Jaumann Gustav, Dr.: Theorie der Gravitation. S. 121. IIa. 95 . . . . K 2.50
Separatabdruck

JAUMANN, G.
Zur Theorie der Lösungen von G. Jaumann. (Mit 3 Textfiguren.) (Aus den Sitzungsberichten der kaiserl. Akademie der Wissenschaften in Wien. Mathem.-naturw. Classe; Bd. CIX. Abth. II.a. Mai 1900.) Wien. 1900. In Comm. Gerold's Sohn. Gr.-8°. 42 S. K —.90

— Versuch e. chemischen Theorie auf vergleichend-physikalischer Grundlage. [Aus: „Sitzungsber. d. k. Akad. d. Wiss."] Lex.-8. (44 S. m. 2 Textfig.) Ebd. 892. n. — 90

— elektromagnetische Vorgänge in bewegten Medien. (I. u. II. Mitteilg.) (50 S. m. 5 Fig. u. 54 S.) gr. 8. Wien 905. 906. (A. Hölder.) à n. 1. 50
Sonderabdrucke aus: „Sitzungsber. d. k. Akad. d. Wiss."

Leichtfassliche Vorlesungen über Elektrizität und Licht von Dr. G(ustav) Jaumann, Prof. in Brünn. Mit 188 Abb. *Leipzig: J. A. Barth 1902.* (XII, 375 S.) 8° [ot. nbs] 4

— über die Wärmeproduction in zähen Flüssigkeiten. gr. 8. (17 S.) Wien 902. (C. Gerold's Sohn.) n. — 40
Sonderabdruck aus: „Sitzungsber. d. k. Akad. d. Wiss."

Jaumann, J. von

Jaumann, v., Ausflug auf die obere Albe: Rottweil „ab aris"; Lupferberg „Lupodunum"; Conzenberg „Transitus Contiensis." Zweiter Nachtrag zu Colonia Sumlocenne. Lex.-8. (40 S.) Stuttgart 857, Ebner und Seubert.

Jaumann, v., neuere zu Rottenburg am Neckar aufgefundene römische Alterthümer. Ein Nachtrag zu Colonia Sumlocenne. Hrsg. vom k. würtemberg. Verein für Vaterlandskunde. gr. 8. (31 S. mit 14 Stnt.) Stuttgart 855, Ebner und Seubert. *

— — II. Nachtrag. 1857. 40 S. 1.-

Jaumann, v., Colonia Sumlocenne, Rottenburg a. N. unt. d. Römern. Mit Rücksicht auf d. Zehentland u. Germanien überhaupt. Ein antiquar.-topograph. Versuch. Hrsg. v. K. Württemberg. Verein f. Vaterlandskunde. gr. 8. (17 B. u. 28 Lithograph.) Stuttgart u. Tübingen 840, Cotta'scher Verl.

v. Jaumann. Colonia Sumlocenne. Rottenburg a./Neckar unter den Römern. M. Nachtrag. 2 Bde. (19 B.) 8. M. 42 Tfln. Stuttgart 1840. 55. 9,00.

Jaumann, v., größerer Katechismus d. christkathol. Lehre Zum Gebr. in Kirchen u. Schulen, besond. f. d. Schüler d. 3. Klasse, u. f. Sonntagsschüler. 8. (19¼ B.) Tübingen 834, Fues.

—— größerer Katechismus d. christkathol. Lehre. Zum Gebr. in Kirchen u. Schulen, besond. f. d. Schüler d. 3. Klasse, u. f. Sonntagsschüler. 2., mit Fragen verm. Aufl. 8. (19 B.) Tübingen 838, Fues.

Jaumann, v., kleinerer Katechismus d. christkathol. Lehre. Leitfaden f. d. Schüler d. 2. Klasse. 1., u. 2., verb. Aufl. (à 9¾ B.) 8. Tübingen 834, Fues. à Thlr.

—— kleinerer Katechismus d. christkathol. Lehre. Leitfaden f. d. Schüler d. 2. Klasse. 3., mit Fragen verm. Aufl. 8. (10¼ B.) Tübingen 838, Fues.

Jaumann, v., Reise nach London und Paris im J. 1850. 8. (IV und 217 S.) Heilbronn 851, Landherr.

Jaumann, R. A., s. Buch, das tolle.

Jaunay, L., und E. Maumené: Die Bereitung der künstlichen Weine, und die Champagner-Fabrikation nach den ganz neuen, höchst wichtigen Vervollkommnungen. Nebst einer praktischen Anweisung, alle Sorten moussirender Weine nach den neuesten verbesserten Methoden auf's Beste herzustellen. Mit Abb. Quedlinburg: Basse 1859. VII, 264 S., 5 Taf. -- 210*

Jaune: Le Jaune Suisse
. v. Le Jaune Suisse.

Jauner-Liste. Nach Angabe d. sich in Mannheim in Untersuchung befindenden Jauner u. Strohmer: S. Amende, A. Keller, P. Talmond, T. Lautenbach u. J. Stein. 8. (5 B.) Karlsruhe 827, Marx.

Jauner-Verordnung des Marggrafen (!) *Carl zu Baden* wider die Ausschweifungen des herumziehenden *Jauner- u. Diebs-Gesindels.* Karlsruhe 1736. Imp.-Fol. Einblattdruck. Cart.

Jaunez und Grouvelle, Handbuch über den Bau rc. der Dampfmaschinen, s. Schauplatz, neuer, der Künste rc. 150. Bd.

Jaunez u. Grouvelle, Handbuch üb. den Bau rc. der Dampfmaschinen, s.: Schauplatz, neuer, der Künste u. Handwerke, 158 u. 159. Bd.

Jaunžič, Lebr. A., slovenisches Sprach- und Lesebuch für die unteren Classen der Gymnasien u. Realschulen. 4. umgearb. Aufl. gr. 8. (IV u. 266 S.) Klagenfurt, Liegel. 1 fl. 50 kr.

Jaup, die Abstammung d. Gesammthauses Hessen v. Kaiser Karl d. Gr.; u. die Abstamm. aller jetzo regier. christl. Dynastieen, deren Häupter d. kgl. Ehren besitzen, von d. Landgrafen Ludwig V. v. Hessen-Darmstadt. — Zur Feier d. Verlobung Sr. Kaiserl. Hoheit d. Thronfolgers, Zesarewitsch u. Grossfürsten Alexander Nikolajewitsch v. Russland mit Ihrer Hoheit d. Grossherzgl. Prinzessin Marie v. Hessen u. bei Rhein. gr. Fol. (5 B.) Mainz 840, (v. Zabern.) Thlr. *

Jaup, Adolf [cand. med. aus Darmstadt]: Ein Beitrag zur Casuistik und Prognose der perforierenden Skleralwunden ... Freiburg i. B., F. Wagner'sche Buchdr., 1893; 40 S. 8.
Strassburg, Med. Fak., Inaug.-Diss. v. 1894

Jaup, Bernhard (Darmstadt)
Ueber Provocationen zu dinglichen Klagen.
Giessen: W. Keller 1850. 32 S. (in Δ mit „Thesen")
Habil. jur. 1850.

Jaup, Carl, s. Jaup, Karl

Jaup, Heinrich Karl

— üb. die Auflösung d. rhein. Bundes u. der schweizer. Vermittelungs-Akte. Versuch einer publicist. Erörterung der Folgen dieser Auflösung. gr. 8. Gießen 814. Heyer. 14 ℊ

— s. ferner: Germanien.

JAUP, H. K.: Comment. jur. publ. de religionis qualitate votorum viril. in comitiis imperii universal. *Giessen*, Heyer. 803. 4. (10 Gr.)

Jaup, (Dr.) der Staatsbote, s. Staatsbote.

Jaup, über den Werth des Schwurgerichts. Vortrag aus den Verhandlungen der Germanisten zu Lübeck im Herbst 1847. gr. 8. (41 S.) Darmstadt 848, Jonghaus'sche Hofbuchh.

Jaup, Helwig Bhd., († d. 27. Oct. 1806.) u. A. F. W. Crome, Journal für Staatskunde u. Politik. 1r Jahrg. in 4 Stücken. gr. 8. Frankf. a. M. 791. Hermann. 2 ℛ 16 ℊ Neues Journal für Staatskunde u. Politik. 2 Stcke. gr. 8. Gießen 793—95. Heyer. (à 16 ℊ) 1 ℛ 8 ℊ

Jaup, Helv. Bernh.: Principium de iurisdictione supremorum imperii tribunalium in caussis ecclesiasticis evangelicorum non magis, quam catholicorum. Gissae 1772.

Jaup, Helv. Bernhard (Jur. Prof. Publ. Ord.)
Summa capita commentationis juris publici Germanici de privilegiorum de non adpellando S. R. I. statibus concessorum effectu quoad querelas nullitatis querelas denegatae seu protractae justitiae, mandata de administranda justitia, et alia remedia.
Gissae 30. Dez. 1777: Braun. 32 S. 4°
pro obtinenda in utroque jure doctoris dignitate.

Jaup, Helvig Bernhard
Commentatio juris publici germanici de privilegiorum de non adpellando S. R. I. statibus concessorum effectu quoad querelas nullitatis, querelas denegatae seu protractae iustitiae, mandata de administranda iustitia, et ordinationes. Ed. 2.
Gissae: Joh. Jac. et Joh. Wilh. Braun. 1792. 40 S. 4°

Jaup, Helv. Bernh. [Präs.] u. Wilh. Jos. Schwarz (Aachen) [Auct. et Resp.]
Dissertatio inauguralis de valore et efficacia pactorum seu statutorum familiarum illustrium et nobilium intuitu tertii praecipue creditoris.
Gissae 3. Mai 1792: Jo. Jac. u. Jo. Wilh. Braun. 48 S. 4°
pro licentia summos in utroque jure honores consequendi.

Jaup, Karl

Jaup, Carl (Darmstadt)
Thesen, welche zur Erlangung der Würde eines Doctors beider Rechte den 14.4.1829 öffentlich vertheidigen wird: Carl Jaup aus Darmstadt.
Giessen: Lichtenberger 1829. 6 S. vorh. 26.

Jauregg, Julius R[r] Wagner v.
s. Wagner v. Jauregg. (10. 773)

Jaurès, Jean

Bruderzwist (Zum) in Frankreich. Zwei Reden von J. Jaurès et J. Guesde über die Taktik der Socialdemokratie, übers. von Südekum. 8°. Dresden, Sächs. Arbeiter-Zeitung, 1901.

Jaurès, Jean, Frankreich u. Deutschland. Eine Rede f. den Frieden. Uebers. v. Alb. Südekum. (36 S.) gr. 8. Würzburg 903. F. Freudenberger. n. — 60

Jaurès, Jean, aus Theorie u. Praxis. Socialistische Studien. Autoris. Uebersetzg. aus dem Franz., hrsg. v. Alb. Südekum. gr. 8. (268 S.) Berlin 902. Verlag der socialist. Monatshefte. 3. —; geb. n. 4. 50

— s. a. Zukunftsstaatsdebatten, die, im französ. Parlament.

Jaurès, [Jean]. *Vaillant.* u. [Eugène] *Clemenceau.* Die Zukunftsstaatsdebatten im französischen Parlament. Reden. Uebers. von Max *Quarck.* Frankfurt a. M. 1906. 8°.

Jaus, Jakob

Jaus, J., meine Heimreise aus d. Heidenland durchs Heilige Land. M. mehr. Bild. 8. (64 S.) Basel 896. Missionsbuchh. n. — 20

Jaus, J. Jak., der Stadtschreiber v. Kalikut u. sein Sohn. 2. Aufl. (52 S. m. Abbildgn.) 8. Basel 909. Basler Missionsbuchh. — 20

Jaus, Jacob. Weiss oder Rot? Lakschmi Bais Entscheidung. Von Jakob J', Missionar in Kalikut.... [Illustriert.] 48 S. 8: Basel, Missionsbuchh., 1904. (fr. —. 25)

— Weiß oder Rot? Lakschmi Bai am Scheideweg. 3. Aufl. (48 S. m. Abbildgn.) 8. Ebd. 909. — 20

Jauske, Joh. De rebus Corcyraeorum. p. I. 32 S.

Breslau, kath., Progr. 1849

Jauslin, Karl

— und G Roux, Album des historischen Zuges zur 400jährigen Jubelfeier der Schlacht bei Murten 1876. (40 T) qufol Bern 1877

Jauslin, K. Bilder aus der Schweizergeschichte. Lief. 1. 4 Blatt Lichtdruck. In-fol. Basel, E. Birkhäuser. 1884 5 —

Jauslin, Carl. Bilder aus der Schweizergeschichte von K' J'. Mit erläuterndem Text von Dr. Rud(olph) Hotz. 3. vermehrte Aufl. [Mit 1 Porträt.] 10 S. + 110 Tafeln + *Text* 93 S. quer-4. Basel, Emil Birkhäuser, 1908. [geb. fr. 20. —]

Jauslin, C., et G. Roux, quatrième centenaire de la bataille de Morat le 22 juin 1876. Album du cortège historique. Dessiné et point d'après les costumes originaux. 1. livr. qu. gr. Fol. (4 Chromolith.) Bern 877. Buri & Jeker. — Dalp. n. 8. 20

Jauslin, C., s. Festalbum f. d. 4. Säkularfeier d. Schlacht bei Murten ...

— siehe auch: *Jubelfeier.*

—— und G. Roux, 400jährige Jubelfeier der Schlacht bei Murten am 22. Juni 1876. Festalbum des histor. Zuges. Nach den Originalien und nach der Natur gezeichnet und gemalt. qu. gr. Fol. (40 Chromolithogr.) Bern 877, Dalp'sche Buchh. 3
Auch mit französ. Titel erschienen.

Jauslin, K., siehe: *Jugendthorheit.*

Jauslin, Karl, siehe: *Kalender.*

Jauslin, K. Der schweizerische Landsturm. Départ du Landsturm. Rothenthurm, Grauholz, Drachenried 1798. Gedenkblatt, colorirt. Roy.-fol. Bern und Biel, Albert Schüler u. Karl Lips. 4 —
1889

Jauslin, C. Murtenschlachtfeier. Fête de la bataille de Morat. 22 Juni 1876. Historischer Zug. Cortége historique. Nach den Originalkostümzeichnungen von *A. Bachelin* und *G. Roux* componirt und gezeichnet. Zusammenhängendes Album, circa 8 Meter lang. Herabgesetzter Preis — 50
1878

Jauslin, Karl, die Schweizergeschichte in Bildern. 1. Serie. Hrsg. von Müller-Landsmann. Text von W. Götz, Ammann und Müller-Landsmann. qu. Fol. (60 autotyp. Taf.) Lohwyl 887. (Bern, Köhler'sche Buchh.) cart. **

Jauslin. Siehe: *Schweizertrachten.*

[Jauslin, Karl.] Kostümirter Festzug, darstellend: Die schweizerischen Volkstrachten ... Feier zur Eröffnung des Schweizerischen Landesmuseums 25. Juni 1898.. Zurich [1898]. Gebr Fretz.
6 S.; 26 Taf. in Lith. 8°
Zeichner: K. Jauslin.

Jauslin, C., historischer Zug zur Murtenschlachtfeier am 22. Juni 1876. Nach den Orig.-Costümzeichngn. v. A. Bachelin u. G. Roux componirt u. gezeichnet. qu. Fol. (18 Holzschntaf.) Bern 876. Buri & Jeker. — Dalp. n. 2. 40

Jauß, Adf., Juda, s. Jugend- und Volksbibliothek, deutsche.

—— Wahrheit oder Täuschung? Drei populäre apologet. Vorträge über die Auferstehung Jesu mit Beziehung auf Renan, Strauß u. A. im Novbr. 1869 zu Stuttgart gehalten. gr. 16. (95 S.) Stuttgart 870, J. F. Steinkopf.

Jauss, August, approb. Tierarzt aus Stuttgart: Untersuchungen über innere Antisepsis durch Helmitol. ⟨Aus dem pharmakologischen Institut der Kgl. Tierärztlichen Hochschule zu Stuttgart. Vorstand: Prof. Uebele.⟩ 67 S. 8°. [16. VII. 08.]
Bern. Vet.-med. Diss. 1908/09

Jauss, August. Untersuchungen über innere Antisepsis durch Helmitol. Diss. Vet.-Med. Bern. II + 67 S. 8. Stuttgart, Gustav Christmann, 1908.

Jauss, G., s. Jausz, Georg

Jaussaud, Cholera u. ihre physikalisch-diätetische Behandlung, s.: Bücherei, freie medizinische. (Ducamp.)

Jaussin, ..., mémoires hist. pol. et milit. sur les princip. événemens arrivés dans l'Isle de Corse. II Vols. 12. Lausanne 760. Pott. 1 ℛ 16 gr

Jaust un Durtel oder de Kiärmissengank. Lustspiel in sauerländischer Mundart. Soest 1861. V: *Grimme, Friedrich Wilhelm.* (Brü II, 446) (Zeitschr. f. Büch. N. F. 15, 1923, S. 112)

Jaust un Durtel oder de Kiärmissengank. Lustspiel in sauerländischer Mundart vom Verf. der „Sprickeln u. Spöne." Soest 861. Nasse. 8. (94 S.) n. 9 ngr

Jausz, Georg

Jauß, Geo., Beschreibung des heil. Landes in geogr.-statist., archäolog. u. geschichtl. Beziehung. Ein Beitrag zur Kenntniß der Bibel für Schulen u. zum Privatgebrauche. Mit e. nach d. neuesten Hülfsmitteln u. Entdeckungen gearb. Karte von Palästina u. e. Plane v. dem ehemal. Jerusalem. gr. 8. Stuttgart 846, Belser. 3/4 ℛ

Jauß, Geo., Fibel. Vorzüglich nach der analythisch-synthet. Lesemethode unter Mitwirkung von M. Schranz hrsg. Für das erste Schuljahr. 2.—6. verb. Aufl. 8. (96 S. mit vielen Orig.-Bildern in eingedr. Holzschn.) Budapest 874—79, Aigner. cart. **

Jauß, Geo., Fibel. Vorzüglich nach der analytisch-synthet. Lesemethode unter Mitwirkung von M. Schranz hrsg. Für das erste Schuljahr. 7.—10. Aufl. 8. (96 S. mit vielen Orig.-Bildern in eingedr. Holzschn.) Budapest 880—83, Aigner. cart. **

Jaufs, G. Der ideale Gehalt der Poesie als bildendes Element. Oberschützen, ev. öffentl. Schulanstalten, 1868. 11 S. 4. Progr.

Jausz, G., Lehr- u. Lesebuch für Schüler an d. Vaterländischen Gewerbe- u. Fortbildungsschulen. 2., verb. Aufl. 8. (241 S.) Budapest 887. Lauffer. geb. n. 1. 50

—— deutsches Lesebuch für Volks- und Bürgerschulen in Ungarn. Unter Mitwirkung namhafter Schulmänner hrsg. 1. und 2. Thl. Mit zahlreichen Orig.-Illustr. in eingedr. Holzschn.) gr. 8. Ebendas. 874. [1. Thl. (VIII, 120 S.) * 66 Pf.; 2. Thl. (IV, 232 S.) ** ℳ 1,20.] **

— dasselbe, für Ungarn. Unter Mitwirkung namhafter Schulmänner hrsg. 1—3. Thl. Mit zahlr. Orig.-Illustr. (in eingedr. Holzschn.). gr. 8. Ebend. 875—77. geb. n. 4. 20
1. 2. Aufl. (VIII, 120 S.) n. — 80. — 2. 2. Aufl. (IV, 232 S.) n. — 80. — 3. (VIII, 448 S.) n. 2. —

—— deutsches Lesebuch für Volks- und Bürgerschulen. 3 Thle. Mit zahlreichen (eingedr. Holzschn.-)Illustr. 8. Ebendas. cart. **

Inhalt:
Thl. 1. Für das 2. Schuljahr. 4. umgearb. Aufl. (VII, 136 S.) 880. ** 80 Pf.
" 2. Für das 3. Schuljahr. (VI, 163 S.) 879. ** ℳ 1,10.
" 3. Für das 4. Schuljahr. 4. umgearb. Aufl. (VI, 204 S.) 879. ** ℳ 1,30.

—— deutsches Lesebuch für Volks- und Bürgerschulen. 4 Thle. Mit zahlreichen (eingedr. Holzschn.-)Illustr. 8. Ebendas. 880—83. [1. Thl. 5. und 6. Aufl. (146 S.) ** 80 Pf.; 2. Thl. 2. und 3. Aufl. (176 S.) ** ℳ 1,10.; 3. Thl. 5. und 6. Aufl. (224 S.) ** ℳ 1,30.; 4. Thl. (292 S.) ** ℳ 1,40.] cart. **

—— dass. — Für Ungarn. 8. (448 S. mit zahlreichen eingedr. Holzschn.-Illustr.) Ebendas. 880. cart. ** ℳ 1,80.; geb. **

Jaufs, G. Rousseau und Pestalozzi. Eine Studie aus der Geschichte der Pädagogik. Oberschützen, U. G., 1870. 30 S. 4. Progr.

Jausz, Geo., historisch-geographischer Schul-Atlas für Gymnasien, Realschulen und verwandte Lehr-Anstalten. 3 Abthlgn. Fol. Wien 874, Hölzel. *

Inhalt:
Abthl. 1. Die alte Welt. 1. und 2. Aufl. 1873. * ℳ 2,40., und 3. und 4. Aufl. (22 S. Text mit 10 Karten.) 874,75. * ℳ 2.
" 2. Das Mittelalter. (10 Karten.) 874. * ℳ 2.
" 3. Die neue und neueste Zeit. (12 Karten.) 875. * ℳ 2,40.

Jausz, Geo., historisch-geographischer Schul-Atlas für Gymnasien, Realschulen und verwandte Lehr-Anstalten. 3 Abthlgn. qu. gr. 4. Mit Erläuterungen in gr. 8. Wien, Hölzel. geb. in Lex.-8. *

Inhalt:
Abthl. 1. Die alte Welt. 4. Aufl. (10 lithogr. und color. Karten mit 22 S. Text.) 875. * ℳ 2.

Jausz, Geo., historisch-geographischer Schul-Atlas etc.
Abthl. 2. Das Mittelalter. 2. und 3. verb. Aufl. (10 lithogr. und color. Karten mit 16 S. Text.) 875,76. * ℳ 2,40.
" 3. Die neue und neueste Zeit. 2. Aufl. (12 lithogr. und color. Karten mit 16 S. Text.) 876. * ℳ 2,80.

Historisch-geographischer Schul-Atlas für Gymnasien, Realschulen und verwandte Lehr-Anstalten. Hrsg. von Georg Jausz. *Wien: E. Hölzel [1903].* (Getr. Pag.) 4°

Jauss: Ueber den Unterricht in der mathematischen Geographie. 15 S. – Oberschützen, Progr. 1867.

Jauz, K., üb. die Auflösung d. rheinischen Bundes u. der schweizerischen Vermittelungs-Akte. Versuch ein. publicistischen Erörterung d. Folgen dies. Auflösung. gr. 8. Gieß. Heyer. 814.

Jauze, W., die vollständ. Hufbeschlagkunst, od. Anweis., jede Gattung v. Arbeitsthieren zu beschlagen, ihre Hufkrankheiten zu verhüten, u. dieselben zweckmäßig zu behand. u. zu heilen. Ein f. Thierärzte, Stallmeister, Posthalter u. Landwirthe, so wie f. and. Besitzer v. Thieren, bei denen d. Hufbeschlag anwendbar ist, sehr nützl. Werk. A. d. Franz. übers. u. hrsg. v. J. G. Müller. 3 Thle. M. 110 lith. Taf. gr. 4. u. qu. gr. Fol.) gr. 8. (35 B.) Berlin 834, Mittler.

Jauze W.: Die vollständige Hufbeschlagkunst, od. Anweisung, jede Gattung v. Arbeitsthieren zu beschlagen, ihre Hufkrankheiten zu verhüten, u. dieselben zweckmässig zu behandeln u. zu heilen ... Aus d. Franz. übers. u. herausg. v. J. G. Müller. Berl. 1834. 554 S. — — 110 lith. Tafeln. S. St. o. A. (110 S. m. Fig.). 4°.

Java [Sachliches OW]

Java. Administrative Eintheilung und Verkehrswege; sowie

Java. Orographisch-physicalische Karte. Nach Junghuhn. 2,600,000. G. M. 1860.

— Kulturkarte. 2,600,000. G. M. 1866. 2 Bl.

Java [Schlagwort]

Java. Dornseiffen, J., Kaart van Java en Madoera. 1 : 950,000. Naar de nieuwste bronnen bewerkt. Farbendr. qu. Imp.-Fol. Amsterdam 890. Seyffardt. In Carton. n. 4. 25; auf Leinw. in Mappe n. 6. 40; m. Stäben n. 10. 20

Java. Dornseiffen, I., kaart van Java en Madoera. 1 : 950,000. Mit Karton: Batavia met der Havenwerken. 1 : 60,000. Naar de nieuwste bronnen bewerkt. 41×125 cm. 4 Blatt. Farbendr. Amsterdam 894. Seyffardt. n. 4. —; auf Leinw. in Leinw.-Karton n. 6. 40; m. Stäben n. 10. 20

Java [Verfasser]

Java, Melati v., die Amerikanerin. Roman. Autoris. Uebersetzg. v. J. Olandus. 8. (288 S.) Mainz 899. F. Kirchheim. n. 3. —; geb. in Leinw. n. 4. —

(F) Java, M. v., Die Amerikanerin. [Volksbücherei. Bd. 55.] 8°. (174 S.) geb. K 1.10
Graz: Styria 1908.

Java, M. van, Annunziata, s.: Unterhaltungs-Bibliothek.

Java, M. von, siehe: *Familien-Bibliothek.*

— Millane, s.: Roman- u. Novellen-Schatz. I. 15/16.

— das Schwert d. Damokles, s.: Familienfreund.

— eine einzige Tochter, s.: Unterhaltungs-Bibliothek.

Java, Melati v., der Wunderdoktor, s.: Familien-Bibliothek.

Javaansche Brieven, Berigten, Verslagen, Verzoekschriften, Beerischriften, Proclamatien, Publicaties, Contracten, Schuldbekentenissen, Quitantien, Processtukken, Pachtbrieven, en andere Soortgelyke Stukken; naar handschriften uitgegeven door T. Roorda. gr. 8. Amsterdam 845, Joh. Müller. n. 4 ℳ

— Wetten, namelyk de Narrùldà — Pradàtà, de Anggĕrà — Sadàsà, de Anggĕr Agĕng, de Anggĕr-Goenoeng, en de Anggĕr-Aroebiroe, uitgegeven door T. Roorda. gr. 8. Ebend. 844. n. 2 ℳ 6 nℊ

Java Herold: 1903 – 1918
Independent Republican weekly. Published in English and German, 1903 – 05. English edition: Java Herald, 1906 – 18. Circulation: 1908, 960; 1910, 960; 1916, 976. Edited & published by G. P. Vick & Carl F. Clement, 1903 – 06; edited by François Marin, & published by Carl F. Clement 1908 – 15; by Kate Clement, 1915 – 18
Java, SD

Javal, Emile

Javal, E., s.: Beiträge zur Psychologie u. Physiologie der Sinnesorgane.

Javal, Emile, der Blinde u. seine Welt. (Entre aveugles.) Ratschläge zum Nutzen f. Erblindete. Übers. v. J. Türkheim. (VIII, 160 S.) gr. 8. Hamburg 904. L. Voss. n. 2. 50; geb. in Leinw. n. 3. 50

— l'ophtalmométrie clinique. [Aus: „Beiträge zur Psychologie u. Physiologie der Sinnesorgane".] gr. 8. (11 S.) Hamburg 891. L. Voss. n. — 60

Die Physiologie des Lesens und Schreibens [Physiologie de la lecture et de l'écriture]. Von Emile **Javal**. Autor. Übers. nach d. 2. Aufl. d. Orig. nebst Anh. über deutsche Schrift u. Stenogr. von Dr. med. [Friedrich] Haass, Viersen. Mit 101 Fig. u. 1 Taf. Leipzig: W. Engelmann 1907. (XVII, 351 S.) 8° [07. 18095

Javart, Isabelle et Gertrude, ou les Sylphes supposés. 8. Dresd. 766. Walther. 4 ℊ

Javelle, E. Souvenir d'un alpiniste. Avec une notice biographique et littéraire par *E. Rambert.* 3me éd. In-16°. VI, 413 p. Lausanne, F. Payot. 3 50
1897

Javůrek

— Alois Kobliska. †. (b.) 2. ibd. 83. Progr.

— Nekrol. des Prof. Dr. Fr. Šohaj (b.) 5. ibd. 78. Progr.

Javůrek.: Fr. Velišský. P. Jeblička und Fr. Vaněk †. 8. Prag Ak. 84. Progr.

Jahresbericht, fünfter — über das k. k. katholische Staatsgymnasium zu Leutschau, veröffentlicht am Schlusse des Studienjahres 1856 von dem Direktor der Anstalt Anton Ed. Siegl. Leutschau, gedr. bei Joh. Werthmüller & Sohn. (32 S. 4.)
Inhalt: De Satira Romana ejusque auctoribus præcipuis brevis commentatio. Joannes Javurek. — Schulnachrichten.

Georg Heinrich Javandt

Georg Heinrich Jawandts [Javandt] Beobachtung einer Ruhrepidemie im Meiningischen im Monat Sept. u. Okt. 1791. Nebst e. Anh. Witterungsbeobachtungen. Riga: W.A.C. Müller 1794. 186 S. 8°

Jawandt, Geo. Hnr., Beobachtt. einer Ruhrepidemie im Meiningischen im J. 1791. 8. Riga 794. (Meinshausen). 10 ℊ

Jawandt, Georg Heinrich (Meiningen), Observationes (medic.) quaedam practicae. Götting. (Johann Christ. Dieterich) 29. X. 1787. 39 Seiten. (6.—) 16687
Gew.: Aug. Gottlieb Richter, Aug. Heinrich Ayrer.

Jawandt, Johannes Zacharias (Niedermuda-Darmst.)
Dissertatio inauguralis medica de secretione seminis eiusdemque refluxu in sanguinem.
Giessae Nov. 1749: Eber. Henr. Lammers u. Joh. Jac. Braun. 24 S. 4°
pro summis in medicina honoribus et privilegiis doctoralibus rite et solenniter consequendis.

Jawitz, W., Geschichte Israels, aus den Urquellen neu u. selbständig bearb. (In hebr. Sprache.) 6 Bde. (Berlin, M. Poppelauer.) 21. —
1.2. Von den Uranfang bis zum ende Sauls. (180 S. u. 10 Bl. Tab. in Lex. 8. u. 224 S.) gr. 8. Warschau 895. à 3. —
3. Von dem Regierungsantritte Manasse's bis zu den Zeiten Alexanders der Gr. (174 u. 58 S.) gr. 8. Wilna 898. 3. —
4. Von dem Anfange der macedonischen Oberherrschaft bis zum Verfall des hasmonäischen Königthums von 334 bis 48 vor der gew. Ztr. (230 u. 21 S.) gr. 8. Wilna 900. 3. —
5. Von dem Anfange der herodianischen Regierung bis zum Untergang des Staates. (IV, 200 S.) Lex. 8. Krakau 904. 3. —
6. Von dem Untergange des jüd. Staates bis zum Tode des Rabbi Jehuda II Nessiah. 2 Hefte. Subventioniert v. der jüd.-literar. Gesellschaft zu Frankfurt a./M. (XI, 349 S.) Lex. 8. Krakau 907. 6. —

— Kulturbild. Leben u. Treiben des Volkes Israel in vorsalomon. Zeit. Auszug aus dem hebr. Geschichtswerke Toldoth Israel. (II, 38 S.) 8. Berlin 909. (M. Poppelauer.) 1. —

JAWLOWSKY de Schalk, Lustige Gesellschaft oder Zeitverkürzung. O. J. 12°. (Weller, Lex. Ps.) Höchst selten!
War auch in einem Wiener Cat. (1774) verbotener Bücher.)

Jawornicky, Jh., der herzl. Abschiedskuß, oder: Wiederholung u. Befestigung des Unterrichts in d. Wahrheiten d. natürl. Religion. 8. Prag 819. (Haase Söhne). 6 ℊ

Jawornicky, J., der herzl. Abschiedskuß, oder: Wiederholung und Befestigung des Unterrichts in d. Wahrheiten d. naturl. Religion. 8. Prag, Krauß. 819.

— unterhalt. Anweis., den Kindern das böhm. u. deutsche Buchstabiren u. Lesen in kurzer Zeit beizubringen. 8. Prag 820. Haase Söhne. 3 ℊ

Jawornicky, Joh., häusl. Lehrstunden. Ein schnelles Mittel, durch prakt. Anweis. d. Anfängern d. Fortschreiten in d. teutschen Sprache ohne Hilfe d. Lehrers zu erleichtern. Mit besond. Rücksicht auf d. Umgangssprache, u. einigen wicht. Bemerkn. üb. d. böhm. Sprache. gr. 8. (7 B.) Prag 832, Haase Söhne.

— Německý mluwnjk, aneb malá grammatyka. A. u. d. T.: Kleine deutsche Sprachlehre. In böhmischer Sprache vorgetragen und für den Gebrauch der Lehrer zum Ertheilen des Unterrichts im regelmäß. Deutschsprechen. 3e verb. u. größtenth. umgearb. Aufl. gr. 8. Wien 839. Haase Söhne. $^1/_3$ ℳ

— s. J. Rautenkranz, Uebungen im Deutschsprechen.

— deutsche Rechtschreibung in böhm. Sprache vorgetragen u. für d. Gebrauch der Lehrer zum Unterr. im Deutschschreiben ꝛc. gr. 8. Prag 817. (Haase Söhne). 7 ℊ

— kleine Samml. deutscher u. böhmischer Lieder f. die liebe Schuljugend. gr. 8. Prag 817. (Haase Söhne). 4 ℊ

— — kleine deutsche Sprachlehre für Böhmen. gr. 8. Ebend. in Comm. 817.

Jawornicky, (Joh.) kleine deutsche Sprachlehre. In böhm. Sprache vorgetragen rc. 2e Aufl. gr. 8. Prag 821, Krauß.

— prakt. deutsche Sprachlehre, mit Erinnerungstafeln und Uebungsstücken, bestehend aus längern Perioden. Neue Ausg. der von Jos. Rautenkranz verfaßten Uebungen im Deutschsprechen, (cwičenj w mluwenj gazykem německým rc.) bearbeitet. A. u. d. T.: Uebungen im Deutschsprechen, oder prakt. deutsche Sprachlehre für Cechen rc. gr. 8. Prag 838. Haase S. 1/3 ₰

Jaworowicz, Anton [aus Posen]: Ein Fall von Carcinoma omenti majoris.... Greifswald, Druck v. Julius Abel, 1887; 28 S. 8°.
Greifswald, Med. Fak., Inaug.-Diss. v. 11. Jul. 1887.

Jaworowicz, Anton, ein Fall von Carcinoma omenti majoris. Diss. Greifswald 1887, Jul. Bindewald. 8°. 28 S.

Jaworowicz, Wladislaus [aus Posen]: Über die Hydrazinverbindungen einiger Amidobenzolsulfonsäuren.... Greifswald, Druck v. Julius Abel, 1887; 26 S. 8°.
Greifswald, Phil. Fak., Inaug.-Diss. v. 13. Mai 1887.

Jaworowicz, Wladislaus, über die Hydrazinverbindungen einiger Amidobenzolsulfonsäuren. Diss. Greifswald 1887, Jul. Bindewald. 8°. 26 S.

Jaworowski, Ant., über die Entwicklung des Rückengefässes und speciell der Musculatur bei Chironomus und einigen anderen Insecten. [Aus dem zoolog. Institute der Universität Czernowitz.] Lex.-8. (20 S. mit 5 lithogr. Taf.) Wien 879, (Gerold's Sohn.)
Aus: Sitzungsberichte der k. Akademie der Wissenschaften, besonders abgedruckt.

Jaworski, Aug., Gerechtigkeit, nicht bloß Liebe, die Grundlage der modernen Arbeiterbewegung, s.: Werner, Jul.

Jaworski, J. von: Apolysin, ein neues Antipyreticum, s. Nencki, L. von

Jaworski Julian: Die Geschichte vom Fürsten Peter von Murom und seiner Gattin Fewronia.
1903 PN 1642 Diss. Wien, Univ.

Jaworski, Leopold Carl [app. Arzt aus Sömmerda]: Über die verschiedenen Methoden des Nachweises von Zucker im menschlichn [sic!] Harn.... Erlangen, Druck d. Univ.-Buchdr. v. E. Th. Jacob, 1888; 16 S. 8°
Würzburg, Med. Fak., Inaug.-Diss. v. 1888

JAWORSKI, Paul (Rybnik/Schles.): Ueber operative Eingriffe bei Genu valgum mit besonderer Berücksichtigung der Arthrotomie nach Ogston.- München: Wolf 1884. 25 S.
21.7.1884 - Urk (Titel: De operationibus ad curandum genu valgum adhibendis.); Chr 1884/85,19
Diss. Ingolst.-Landsh.-Mchn.

Jaworski, Thaddaeus v., aus Posen: Jan Smolik. Seine Schriften u. Übersetzungen. Ein Beitrag zur Geschichte d. polnischen Litteratur an d. Wende d. 16. Jhs. *Gnesen 1903: J. B. Lange.* (87 S.) 8°
Berlin, Phil. Diss. v. 15. Aug. 1903

Jaworski, Walery

Jaworski, W., klinische Befunde bei Ulcus und Carcinoma ventriculi, sowie bei Magenblutungen, s. Korczinski, E.

—— über die Wirkung des Karlsbader Thermalwassers auf die Magendarmfunction. Klinisch-experimentelle Untersuchungen, nebst Grundlagen einer rationellen Karlsbader Trinkcur, basirt auf Versuche und Karlsbader Erfahrungen. Aus der medicin. Klinik des Hrn. Prof. Korczyński in Krakau. gr. 8. (96 S.) Leipzig 885, F. C. W. Vogel. *
Aus: Deutsches Archiv für klinische Medicin, besonders abgedruckt.

Jaworski, W., die Wirkung u. Verwendung der Speisen am Krankenbette, s.: Mattes-Jaworska, Emma, diätetische Küche.

Ueber rationelle Zusammensetzung und therapeutische Verwendung der Mineralheilwässer und der Heilbäder für Sommercuren. Von Dr. W[alery] Jaworski, Prof., Krakau. *Berlin: M. Boas & Co.* 1902. (25 S.) 8°
Aus: klinisch-therapeut. Wochenschrift. 1902, No 16. 17. und: Ztschr. f. d. gesammte Kohlensäure-Industrie. 1902, No 9-11. [illegible]

Jaworskij, J. L., Reise der russischen Gesandtschaft in Afghanistan u. Buchara in den J. 1878—79. Autoris. Ausg. Aus dem Russ. übers. u. m. e. Vorwort u. Anmerkgn. versehen v. Ed. Petri. 1. u. 2. Bd. Mit 2 Vollbildern u. 2 Karten. gr. 8. (XII, 427 u. VIII, 393 S.) Jena 885. Costenoble. à n. 8. —

Jaworskyj, Basil Ritter v., s.: Rundschau, ukrainische.

Jaworsky, Anton Peter (Gleiwitz/Ob.-Schles.), De tussis varietatibus quibusdam. Diss. med. Halle (Semmler) 30. XI. 1841. 34 S. mit Biogr. (M.: J. Schoedon.) (6.—) 16688
Gew.: Ferdinand Friedrich Jungnickel, Franz Anton Hoepstein.

Jawort, das. Lustspiel in 5 Akten v. F. Walther. 8. Göttingen, Dankwärts. 807.

Jawort, Das nächtliche, oder die Verlobung im Garten. Lustspiel in einem Aufz. O. O. 1799. V: *Lücke.* (Stockmayer, Das deutsche Soldatenstück. Weimar 1898. S. 116.)

— d. nächtliche; od. d. Verlobung im Garten. Schausp. von Lucke. 8. Neust. Wagner.

Jawurek, Joh. K., Satzlehre der deutschen Sprache mit auserlesenen, dazu gehörigen Aufgaben, nebst einem Anhange „einige Piecen aus der Weltgeschichte" für die erste Unter-Realschule. Nach den besten Quellen im Lichte der neu eingeführten Methode zusammengestellt und bearbeitet. 8. (102 S.) Königgrätz, Pospisil. 15 kr.
1869

Jawurek, Joh. K., erster Unterricht in der Geographie mit eingeschalteter böhm. Terminologie und einem Anh. der wichtigsten Städte aller Welttheile für die 1. Klasse der Unter-Realschulen und Unter-Gymnasien. Nach den besten Hilfsmitteln bearb. 8. (VIII und 119 S. mit 4 Stnt., wovon 2 ill. in 4., und mehreren eingedr. Holzschn.) Troppau 862, Kolck. * -

Jawurek, Josef, der Schutzengel katholischer Jugend. Morgen- und Abendgebete. 12. (190 S.) Prag 862, Styblo. *

Jaxa-Dembicki, Leo de, Schiesstaktik der Infanterie. (VII, 163 S. m. 1 Tab. u. 6 Taf.) gr. 8. Wien 909. L. W. Seidel & Sohn. 4. —

Jay, Antoine
s. Geib, Karl: Neue Biographie der Zeitgenossen, 1821.

Iay, Gab. Frz. le, Bibliotheca rhetorum, praecepta et exempla complectens. V pts. Ingolst. Krüll. 765 – 72.

— Bibliotheca rhetorum in subsidium eloquent. Studios. 8. Budae, Typ. 806.

— über die Literatur Frankreichs, s. Barente.

— orationes sacrae, 8. Ingolst. Krüll, 729.

Jay, Raoul, die Arbeitsräte in Frankreich, s. a. Schriften der Gesellschaft f. soziale Reform. 12. Hft.

Die Arbeitsräte in Frankreich. Von Prof. Raoul Jay. *Jena: G. Fischer 1903.* (S. 73–86.) 8°
= Schriften d. Gesellschaft f. Soziale Reform. H. 12, [2.] 9

Jay, Rudolf [aus Leipzig]: Ueber das Diamid (Hydrazin) und einige **Derivate** desselben. . . . Erlangen, Druck d. Univ.-Buchdr. v. E. Th. Jacob, 1888; 40 S. 8°
Erlangen, Phil. Fak., Inaug.-Diss. v. 1888

Frühlingsliebe von Reinhard Wogen. (Leicht übers. aus d. indischen Gitagowinda [Gitagovinda] des Dschajadeva [**Jayadeva**].) (Halle a. S.: J. Krause in Komm. [1906].) (143 S.) 8° 3

— Gita-govinda oder die Gesänge Jajadeva's [sic] eines altindischen Dichters. Aus dem Sanskrit ins Englische, aus diesem ins Deutsche übersetzt mit Erläuterungen von F. H. von Dalberg. Erfurt 1802.

— Gita-Govinda oder Krishna der Hirt, ein idyllisches Drama des Indischen Dichters Yayadeva [sic] metrisch bearbeitet von Adolph Wilhelm Riemschneider. Halle 1818.

— Gita Govinda Jayadevae poetae Indici drama Lyricum. Textum . . . recognovit, scholia selecta, annotationem criticam, interpretationem Latinam adiecit Christianus Lassen. Bonnae ad Rhenum 1836.

Zwei Kapitel der Kaçika [**Jayāditya**: Kaśikā]. Übers. u. mit e. Einl. versehen von Bruno Liebich. Breslau: Preuß & Jünger 1892. (XXXX, 80 S.) 8°

Jayne, Harry W. [Philadelphia, Pa.]: On phenylbutyrolactone and certain oxy-acids from the aromatic aldehydes. Wiesbaden, L. Schellenberg'sche Hof-Buchdruckerei, 1882. 8. 32 S.

Jaysius, Joh. Friedrich (Durlach-Baden), Praecedentiam. Diss. jur. Präs. Heinrich Cocceji. Heidelberg 3. I. 1681 (1700). 22 S. (6.20) 16689

— — Dasselbe. 1715. (6.20) 16690

JAZDZEWSKI, Ludwig Jos. Val. (Klein-Sokolniki): Zeno Veronensis episcopus. Commentatio patrologica.- Ratisbonae: Manz 1862. 109 S.
25.11.1861 - Urk (Titel: De S. Zenonis Veronensis vita et doctrina.); F 66
Diss. Ingolst.-Landsh.-Mchn.

Jaździewski, Ludov. Jos. Val., Zeno Veronensis episcopus. Commentatio patrologica. gr. 8. (109 S.) Regensburg 862, Manz.

Jazi [Schlagwort]

Jazi (Manzo), Hafen, s. Adriatisches Meer.

Jaźwiński, A., krótko zebrana metoda nauki chronologii i dziejów. Przełożył z francuzkiego i niektóre objaśnienia dodał S. Zaranski. gr. 8. (39 S.) Lemberg 849, Winiarz. Thlr. *

Ibach, s.: Assanierung, die, v. Cöln.

Ibach, Ernst, Ref. in Braunschweig: Die Werke der Literatur und der Tonkunst des Reichsgesetzes vom 19. Juni 1901. Braunschweig 1906: A. Limbach. (X, 79 S.) 8° [F.]
Leipzig, Jur. Fak., Diss. v. 7. April 1906
[Geb. 16. Mai 82 Braunschweig; Wohnort: Braunschweig; Staatsangeh.: Braunschweig; Vorbildung: Neues Gymn. Braunschweig Reife O. 00; Studium: Göttingen 4, Straßburg 1, Göttingen 1 S.; Rig. 29. Juli 03.]

Ibach, F., der Socialismus im Zeitalter der Reformation, s. a. Broschüren, Frankfurter zeitgemäße.

Ibach, d. Socialismus im Zeitalter d. Reformation. Frkft. 880.

Ibach, Frdr. Wilh., eine Schulverfassung, die allen Schulinteressenten gerecht wird. (64 S.) gr. 8. Braunschweig 905. H. Wollermann. n. — 60
Sonderabdruck aus: „Monatsbl. d. ev. Lehrerbundes".

Ibach, Friedr. Wilh., Eine Schulverfassung, die allen Schulinteressenten gerecht wird. Braunschweig u Leipzig 1905. 8°.
Aus: Monatsblatt d. Evangel. Lehrerbundes. Jg 33, 1904/05.

Ibach, Johann

Ibach, J., Abschieds-Worte an die Gemeinde Limburg am 26. Septbr. 1869. Limburg 869. Gläßer. 8. (20 S.) n. 2 ngr.

Ibach, J., der Dom von Limburg. Festschrift zu seiner im Sommer 1877 vollendeten großen Restauration. gr. 8. (65 S. mit 1 Photogr.) Limburg 877, Herz.

Ibach, J., der Kampf zwischen Papstthum u. Königthum von Gregor VII. bis Calixt II. Eine zeitgemäße histor. Studie. gr. 8. (VII, 260 S.) Frankfurt a/M. 884. Foesser Nachf. n. 3. —

Ibach, J., Der Kampf des modernen Staates gegen die Kirche u. sein Ziel. Beleuchtet in Briefen an einen preußischen Landtags-Abgeordneten. Frankfurt a. M., Hamacher, 1873, gr. 8°, 44 S., 50 Pf.

—— das bevorstehende Concil, s. Broschüren, zeitgemäße.

Ibach, Joh., das Leben der hl. Jungfrau Elisabeth v. Schönau, Ord. St. Benedicti, nebst d. schönsten ihrer Visionen. 8. (137 S.) Limburg 898. Limburger Vereinsdruckerei. n. 1. —

Ibach, Joh., die Person u. das Werk Jesu Christi. Fastenpredigten, geh. im Dome zu Limburg. gr. 8. (94 S.) Regensburg 894. Nationale Verlagsanstalt. 1. 20

—— Spiele nicht! Lieber lese ich in diesem schönen Bilderbuche. gr. 4. (10 Chromolithogr. mit Text.) Wesel 869, Düms. cart.

—— die geistige und materielle Unfruchtbarkeit des modernen Unglaubens. gr. 8. (24 S.) Münster 870, Russell's Verlag.
Aus: Zeitgemäße Broschüren, besonders abgedruckt.

Die Geschichte der Kirche Christi dem katholischen Volke dargestellt von Johannes Ibach, Dekan in Villmar. Mit 1 Titelb., 64 Ill. u. mehreren Vign. *Einsiedeln, Waldshut, Köln a. Rh.: Benzinger & Co. 1899.* (1019 S.) 8° [F.]

Ibach, Johannes. Ist Jesus Christus der Sohn Gottes? Ein ernstes Entweder – Oder für alle die sich Christen nennen. 133 S. 8. Einsiedeln *etc.*, Benziger & Co. A. G., 1905. [fr. 1. 50]

Rud. Ibach Sohn, Kgl. Hof-Planoforte-Fabrik, Barmen, Köln — (München 1885: Knorr & Hirth.) 48 S. 8° 38.

1794—1894. Das Haus Rud. Ibach Sohn, Barmen-Köln. Ein Rückblick beim Eintritt in das 2. Jh. seines Bestehens. [Mit Abb.] Barmen: [Selbstverl.] 1894. 130 S. 4°

1794—1894. Das Haus Rud. Ibach Sohn, Barmen, Köln. Ein Rückblick beim Eintritt in das 2. Jahrh. s. Bestehens. — Barmen 1894 (:Fischer & Wittig in Leipzig). 130 S. 4° 38.

Ibañez, Blasco, die Arena. Roman. (Autor. Übersetzg. von Julio Broutà.) (490 S.) 8. München 910. Süddeutsche Monatshefte. 3.50; geb. in Leinw. 4. 50

— Der Eindringling (el intruso). Ein Jesuitenroman. Deutsch v. Julio Broutà. (441 S.) 8. Berlin-Schöneberg 906. Berlin, E. Felber. 4.—; geb. n 5. —

Ibañez, C. Handhabung des Basismessungs-Apparates von General Ibañez. Bern 1881.

Ibáñez, Gabriel, aus Puebla (Mexiko): **Die Nomenklatur der Hirnwindungen.** *Berlin (1899: E. Ebering.* (35 S.) 8° Berlin, Med. Diss. v. 17. März 1899

Ibagnez de Echavarri, Bernardo. Jesuitisches Reich in Paraguay. A. d. Ital. Cöln [Hann.] 1774. Ü: *Klausing, Anton Ernst.* (BrMm) (Wr) (MGT) (Adel)

(**Ibanez,** Bernardo: Jesuitisches Reich in Paraguay. Durch Originaldocumente der Gesellschaft Jesu bewiesen von dem aus dem Jesuitenorden verstossenen Pater Ibagnez. Aus dem Italienischen übersetzt. Cöln 1774. (VI), 264 S. 8°. [M 3621

Ibaquez, jesuitisch. Reich in Paraguay durch Originaldokum. a. d. Ital. 8. Lpz. Fritsch. 774.

Ibagnez de Echavari, jesuitisches Reich in Paraguay durch Originaldokumente; aus d. Italien. (von A. E. Klausing). 8. (Leipz.) 774. (Hahn). 8 gr

— Dass. aus d. Italien. 8 Wien 783. (Heubner). 14 gr

Ibar, P., das neue Testament übersetzt und erklärt. (In 5 Thln.) 1.—3. Thl. und 4. Thl. 1. Hälfte. 8. Münster, Mitsdörffer. *

Inhalt:

Thl. 1. Evangelium nach Matthäus. (IV, 171 S.) 873. *ℳ 1,50.
" 2. Evangelium nach Markus und Lukas. (184 S.) 873. *ℳ 1,50.
" 3. Das Evangelium nach Johannes und die Apostelgeschichte. (261 S.) 874. *ℳ 2,25.
" 4. 1. Hälfte: Briefe an die Römer, Korinther und Galater. (249 S.) 874. *ℳ 1,80.

Ibeck, H. L., s. Ibbecken, H. L.

Ibbecken, H. L., der Abstand; e. Gaukelspiel. 8. Frankf. a. M. 775. Garve.

Ibbecken, H. L., English Chrestomathie, or miscellaneous pieces, sel. fr. the best engl. Writers. 8. Lemgo, Meyer. 786.

— Grundlehre von der Geschichte, von der Ausübung u. von den Rechten d. Handlung. 1r Thl. 8. Frankf. a. M., Garve.

Ibbeck, H. L.: Grundlehren d. Geschichte d. Ausüb. u. d. Rechte d. Handlung. *Hildesh.* 778. Th. I. 8.

Ibbecken, H. L. [Hrsg.], s. a. Handlungsakademie-Journal.

— Duisburgs Handlungsakademie-Journal. 1s Hft. 8. Duisb. 782.

— s. M. Scriblerus, Leben.

— s. Thompson.

Ibbeke, H. L., s. Ibbecken, H. L.

Ibbeken

— M. Georg Christian (Conr. d. Oldenb. Schule), De eruditione sola refellendis incredulis haudquaquam sufficiente pauca disserit et viro Christiano Weisio (in aede D. Nicol. p. m. conc.) doctoris theologi honores gratul. Lpz. (Bernh. Christ. Breitkopf) 9. II. 1741. 4 Bl. (5.—) 16692

Ibbeken, Gerh. Ant., s. Paradoxa des Predigers ꝛc.

* **PARADOXA** des Predigers zu Bergefeld. Menschenfreuden u. Menschenleiden betreffend. (Vf.: *Gerhard Anton Ibbeken.*) (Motto in griech. Sprache.) Aus dem Neuen Schleswigschen Journale besonders abgedr. Schleswig (Brnschw.) 1792. 8°. 120 S. (incl. 7 S. für Titel u. Vorr.). — Zweytes Bdchn. (Mit anderm griech. Motto auf d. Titel.) Braunschweig, 1794. In der Schulbuchhandlung. 8°. 105 S. (incl. 14 S. für Tit. u. Vorr. d. ungenannten Herausgebers). (Beide Theile auch im British Museum.) (2 Mk. 50 Pfg., Bdchn. 1 apart, v. Zahn & Jaensch, Dresden, 1906.)
Enthält besonders viel über das Vergnügen des Tanzes, ferner über Coquetterie, Eifersucht, thierische Sinnlichkeit etc. Anon.-Lex. III. p. 255 hat „1792—93" (nach Ersch, Meusel, Weller); Kayser hat „1782—94". (??)

Ibbeken, Heinrich

— üb. die Gefahr des Schnupfens. 8. Stettin 800. (Nicolai in Berl.) 8 gr

Ibbeken, Hnr., (Henry Obrian, gen. Ibbeken, † d. 28. Juli 1808.) Syllabus des ersten Cursus der Vorlesungen üb. die Chemie f. Landwirthe, Künstler. 8. Stettin 801. (Nicolai in Berl.) 9 gr Hbg. Pr. 3 gr

Ibbeken, H., Syllabus des erst. Curs. d. Vorles. über die Chemie f. Landwirthe, Künstler. 8. Stettin, Kaffke. 801.

— d. Syllabus des ersten Cursus der Vorlesungen üb. die Experimentalphysik. 8. Stettin 801. (Nicolai in Berl.) 3 gr

Ibbeken, Hermann Gerhard

Ibbeken, H. G., Abschiedspredigt, gehalt. zu Oldenburg am 2. Juni 1839. Nebst Anrede an d. Gemeine nach d. Altar-Gebete beim Anfange d. Gottesdienstes v. Kirchenrath Roth. gr. 8. (1¼ B.) Oldenburg, Schulze'sche Buchh.

Ibbeken, H. G., Abschiedspredigt, gehalten zu Oldenburg am 2. Juni 1839. Nebst Anrede an die Gemeine vom Kirchenrath Roth. gr. 8. Oldenburg 839. Schulze. 1/12 ₰

Ibbeken, Herm. Gerh., die Bergpredigt Jesu, wissenschaftlich-populär ausgelegt. gr. 8. (IV, 216 S.) [Metz 888, Lang.] Einbeck, Ibbeken. *

Ibbeken, Herm. Gerh. Die Bergpredigt Jesu, wissenschaftlich-populär ausgelegt. 2. (Titel-)Ausg. gr. 8. (VII, 216 S.) Einbeck 890, Ibbeken. * 3 50

Ibbeken, Herm. Gerh., Himmelreich oder Paradies. Ein Rückblick aus dem J. 1891. gr. 8. (44 S.) Einbeck 892. J. Ibbeken. n. — 60

Ibbeken, H. G., das Leben Jesu nach der Darstellung des Matthäus. Ein krit. Versuch. gr. 8. (95 S.) Oldenburg 866, Schulze'sche Buchh. *

Ibbeken, H. G., vom Unkraut unter dem Weizen. Eine Predigt aus Anlaß des in Bremen ausgebrochenen Glaubensstreites, gehalten am 9. Febr. in der Kirche zu Atens. gr. 8. (15 S.) Oldenburg 868, Schulze'sche Buchh.

Ibbeken's, Adreßbuch f. Schleswig-Holstein, Lauenburg u. Fürstent. Lübeck. 9., vollständig neu bearb. Aufl. (III, 1580 S.) gr. 8. Schleswig (908). J. Ibbeken.
Geb. in Leinw. 12.—; erm. Pr. 8. —

Ibbiken, H. L., s. 1) Geschichte des Hrn. v. Philidor. 2) Eremit, der.

Ibel, Joseph [med. vet. aus Kappel, Bayern]: Die mikroskopisch-anatomischen Veränderungen bei gelbem Galt (kontagiöse Galactophoritis) und bei der Hyperämie des Kuheuters, ferner bei der infektiösen Agalaktie der Ziege. — Ueber die Milchsekretion ausserhalb der normalen Laktationszeit, speziell bei drei neugeborenen Zicklein. (Mit 1 Tafel.) Berlin 1903. 30 S. 8°. [24. VII. 03.]
Bern. Vet.-med. Diss. 1903/1904.

Ibel, Josef. Die mikroskopisch-anatomischen Veränderungen bei gelbem Galt (kontagiöse Galactophoritis) und bei der Hyperämie des Kuheuters, ferner bei der infektiösen Agalaktie der Ziege. — Ueber die Milchsekretion ausserhalb der normalen Laktationszeit, speziell bei drei neugebornen Zicklein. Diss. Vet.-Med. Bern. [Mit 1 Tafel.] 30 S. 8. Berlin, L. Schumacher, 1903.

*Ibel, Thomas: Die Wage bei den Alten. 69 S., 1 S. ung., 25 Fig. 8.
Progr. Kgl. Luitpoldprogymn. *Forchheim* 1906.
Babylonien und Assyrien. Die Wage der Aegypter. Die Wage der Juden. Griechische Wagen. Die Wage der Römer. Die Wage Galilei's.

Ibel, Thomas: Die Wage im Altertum und Mittelalter. Erlangen 1908: Junge. 187 S. 8°
Erlangen, Phil. Diss. v. 20. Dez. 1908, Ref. Wiedemann
[Geb. 29. März 69 Nürnberg; Wohnort: Forchheim; Staatsangeh.: Bayern; Vorbildung: Gymn. Münnerstadt Reife 95; Studium: München 8 S.; Rig. 2. Nov. 06.] [U 09. 831

Ibele, Josef, a. Bodnegg in Württemberg: Über eine neue Klasse von Chinolinfarbstoffen. München 1905: V. Höfling. (32 S.) 8°
München, Phil. Fak., Ref. v. Baeyer, Diss. v. 3. März 1905
[Geb. 10. Jan. 77 Bodnegg, O.-A. Ravensburg; Wohnort: Bodnegg; Staatsangeh.: Württemberg; Vorbildung Gymn. Rottweil Reife Juli 97; Studium: München 15 S.; Rig. 3. März 05.]

Ibbell, Karl von

Ibell, Carl v., Daheim an der Lahn! Ernstes u. Heiteres. 8. (29 S.) Diez 902. Ph. H. Meckel. n. — 50

— Schloss Schaumburg bei Balduinstein a. d. Lahn u. Umgebung. Ein kleiner Führer f. Touristen u. Sommergäste m. Illustr. v. Wern. Dirks. 2. verm. u. verb. Aufl. 12. (36 S.) Ebd. (899). — 30

Ibell, Carolus Rudolph(us) ab: De taeniis in homine obviis. Halae (1839): Grunert. 30 S. 8°
Halle-Wittenberg, Med. Diss. v. 3. Mai 1839
Geb. Wiesbaden [31. 8.] 1814. V.

Ibell, M. v., Bad-Ems. 2. Aufl. gr. 8. (78 S.) Wiesbaden 888, Bergmann. * 1 20
Aus: Die Heilquellen des Taunus, besonders abgedruckt.

Ibell, M. v., Bad Ems, seine Quellen, sonst. Kurmittel u. d. hier zur Behandlg. komm. Krankheiten. 2. Aufl. 8. (VI, 80 S.) Bad Ems 896. A. Pfeffer. n. 1. —

— Ems-les-Bains, les sources minérales, les autres moyens de traitement et les maladies y traitées. 8. (VI, 67 S.) Ebd. 896. 1.50

Ibell, v., the thermal springs of Ems. 8. (III und 75 S.) Ems 853, Kirchberger. *

Ibels, Wilh., Skizzen aus d. Lebens-Wirklichkeit, Novellen u. Lieder. gr. 12. (5½ B.) Aachen 841, (Roschütz'sche Buchh.) *

Iben, Heinrich *Karl* [app. Arzt aus Wester-Ohrstedt]: Aus d. patholog. Institute zu Kiel. Über die Misbildungen der knöchernen Nasenscheidewand ... Kiel, Druck v. H. Fiencke, 1894; 22 S., 1 Bl. 8.
Kiel, Med. Fak., Inaug.-Diss. v. [11. Mai] 1894

Iben, Otto, Druckhöhen-Verlust in geschlossenen eisernen Rohrleitungen. Denkschrift des Verbandes deutscher Architekten- und Ingenieur-Vereine. Im Auftrage des Architekten- und Ingenieur-Vereins zu Hamburg bearb. gr. 8. (V, 89 S. mit 10 lithogr. Taf.) Hamburg 880, O. Meissner. *

Iben-Hamburg, Otto, tabellar. Zusammenstellg. d. Abgabebestimmungen, Wasserpreise, Bedingn. f. d. Herstellg. d. Hausleitgn., sow. d. ortspolizeil. Vorschriften f. d. Wasserversorgg. v. 137 Städten. Bearb. i. Auftr. d. Commission f. Wasserstatistik d. deutschen Vereins v. Gas- u. Wasserfachmännern (Thometzek-Bonn, Grohmann-Düsseldorf, Iben-Hamburg, Reese-Dortmund). 1895. gr. 4. (V, 381 S.) München, R. Oldenbourg. n. 20. —

Ibendorff, E., Unters. zur darsteller. Persönlichkeit des Polybios. Diss. 1930. 55 S. 2.—

Ibener, Erich, e. Fall v. Pero- u. Amelie, s. a. Abhandlungen, Münchener medicinische.

Ibener, Erich [cand. med. aus Grossenhain]: Aus d. patholog. Institut d. Univ. München. Ein Fall von Pero- und Amelie. . . . München, Verl. v. J. F. Lehmann, 1891; 22 S. 8°
München, Med. Fak., Inaug.-Diss. v. 1891

Ibenthal, Lorenz Jakob

— Erweis, daß d. Ursprung von d. Selbstlautern u. Tonzeichen in d. hebräischen Sprache des A. Test. göttlich, aus dem buchstäbl. Wortverstande des 2. B. Mosis im Kap. 15, 16. ausgeführt. 8. Hamb. 771.

— Erweis, daß d. Worte 1. Joh. 5, 7. 8. göttl. Ursprungs seyen ꝛc. 8. Hamb. 772. Reuß. 8 K

Ibenthal, Lor. Jac., heil. Reden, z. Befest. christl. Rel. 8. Hamb. Hoffmann. 750.

Ibenthal, Lor. Jak., Freigeborner v. Niß Hinrichsen, († ...) heil. Reden, zur Befestigung d. christl. Religion vom Worte Gottes aus heils. Lehre vorgetragen. 8. Hamb. 751. Hoffmann. 8 K

— heil. Reden über wicht. Wahrheit. 8. Hamburg, Reuß. 772.

Iber, F., A. Schilbe, W. Menkel, Handbuch für Lehrer, s. Schilbe, A.

Iber, F., Handbuch für Lehrer zur unterrichtlichen Behandlung biblischer Geschichten, s. Schilbe, A.

Iber, Geo., Christus ist mein Heil u. Leben. 5 Predigten. gr. 8. (IV, 36 S.) Mühlhausen i/Th. 891. Danner. n. — 50

Iber, G., Verteilungsplan des religiösen Unterrichtsstoffes in d. ein- bis dreiklass. Volksschule, nach einheitl. Gesichtspunkten ausgearb. gr. 8. (43 S.) Gera 897. Th. Hofmann. n. — 60

Iber, Geo., wer sagt denn ihr, daß des Menschen Sohn sei? 7 Predigten. gr. 8. (IV, 56 S.) Mühlhausen i/Th. 901. C. Albrecht. n. — 65

Wer sagt denn ihr, dass des Menschen Sohn sei? 7 Predigten von Georg Iber. *Mühlhausen i. Th.: G. Danner 1901.* (56 S.) 8° [F.] [01 31,8 3

Iber, H. [Hasso-Nassovus]: De dativi usu Tibulliano .... Marpurgi Cattorum, *form. descr. F. Wilisch, Schmalcaldensis,* 1888; 1 Bl. + 47 S. 8°
Marburg, Phil. Fak., Inaug.-Diss. v. [9. Febr.] 1888

Iber, H., de dativi usu Tibulliano. Diss. Marburg 1888, N. G. Elwertsche Univ.-Buchh. 8°. 47 S.

Iber, Henr., de Volcati Sedigiti canone. Dissertatio philologica. gr. 8. (48 S.) Münster 865, (Coppenrath'sche Buchh.) *

Iber, Heinrich [Oberl. Dr.]: Geschichte des Gymnasium Carolinum zu Osnabrück. Erster Teil. Osnabrück, Buchdr. v. A. Liesecke, 1889; S. 3—30; 4°
Osnabrück, k. G Carolinum, OP 1889 (302)

[F.] **Iber, Heinrich** [Oberl. Dr.]: Geschichte des Gymnasium Carolinum zu Osnabrück. Zweiter Teil. 1779—1890. (Forts. d. P-Beil. 1889.) Osnabrück, Buchdr. v. A. Liesecke, 1891; S. 3—25; 4°
Osnabrück, k. G Carolinum, OP 1891 (308)

Iber, Stillfried, wichtige Andeutungen über die Hauptmängel im österreichischen Heere. 8. (43 S.) Hamburg 862, Hoffmann und Campe.

Iberlag, Herm. v., die Gehörwerkzeuge der Mollusken in ihrer Bedeutung f. das natürliche System derselben. gr. 8. (33 S.) Erlangen 876. Besold. n. — 80

— zur Reform der Craniometrie. Mit 1 (lith.) Taf. [Aus: „Zeitschrift f. Ethnologie."] gr. 8. (49 S.) Berlin 873. Wiegandt, Hempel & Parey. n. 1. 50

— über das Wesen der Prognathie u. ihr Verhältniss zur Schädelbasis. gr. 4. (20 S.) Braunschweig 872. (Berlin, Friedlaender & Sohn.) n. 1. 20

Iberische Halbinsel [Schlagwort]

Iberische Halbinsel, s. Spanien.

Ibert, Fritz, allgem. Liederbuch f. d. Anhänger d. Einigungssystems Stolze-Schrey. 12. (106 S.) Schwerte 898. (Leipzig, J. H. Robolsky.) n.n. — 50

Ernst **Ibing**-Nehring: Die Erbbelastung (Novelle). Das sechste Gebot (Drama). 3. Aufl. *Essen-Ruhr: O. Schiefelbein [1904].* 107 S. 8° [Umschlagt. F.] [04 4515

Das sechste Gebot! Ein Drama aus d. oberbayr. Volksleben von Ernst **Ibing**-Nehring. 4. Aufl. [Dialekt-Ausg.] Essen (Ruhr): O. Schiefelbein [1904]. (30 S.) 8° [F.] [08. 8133 5

Ibing-Nehring, Ernst, der Zuchthaus-Toni! Ein Drama aus dem oberbayr. Volksleben. 8. (36 S.) Offenbach 900. J. Scherz. n. 1. 50

Geschichte des Rheinischen Train-Bataillons Nr. 8 in Ehrenbreitstein. Bearb. von [Karl] **Ibing**, Lt. Mit 3 Lichtdruckbild., 1 Uniformbilde u. 2 Marschkarten. Berlin: E. S. Mittler & Sohn 1905. (VI, 178 S.) 8° [F.] [05. 11234

Ibing, Wilh(elm), approb. Arzt aus Werden a. d. Ruhr: **Ein seltener Fall von Papilloma lymphangiomatosum nach Trauma.** *Würzburg 1901: A. Boegler.* (37 S.) 8°
Würzburg, Med. Diss. v. 1901

„Ibis", s.: Tierschutz-Zeitung, deutsche.

Ibischeff, Jean: Das Recht der provisorischen Gesetzgebung insonderheit nach bulgarischem Staatsrecht. Borna-Leipzig 1908: Noske. X, 90 S. 8°
Heidelberg, Jur. Diss. v. 1908, Ref. Jellinek
[Geb. 3. Dez. 83 Philippopel; Wohnort: Heidelberg; Staatsangeh.: Bulgarien; Vorbildung: Collège Saint-Augustin Philippopel Reife Juli 04; Studium: Bonn 8 S.; Rig. 5. Aug. 08.] [U 09. 1818

Ibl, V. Antike Stoffe im modernen Drama überhaupt und im böhmischen Drama insbesondere. (In böhm. Spr.) Pardubitz, R., 1889. 27 S. Progr.

IBLACKER, Michael (Tirschenreuth): De origine, antiquitate, virtutibus et usu aquarum martialium Wiesauensium.- Landishuti: Storno 1821. 24 S.
18.8.1821 - Pe 386; P 58
Diss. Ingolst.-Landsh.-Mchn.

IBLER, Franz: Die Verteilung der Siedlungen in den nördlichen Kalkalpen. — 1903. 56 S., 4 Tab. Diss. Graz. Univ.

Iblher, Geo., der Hohenpeißenberg (genannt der bayerische Rigi). Nach der 2. Aufl. von Chr. Ott neu bearb. und ergänzt. Mit einer Prospektkarte. 8. München 871, J. A. Finsterlin. *

Iblher, Geo., der Hohenpeißenberg [genannt der bayerische Rigi]. Nach einer Brochüre des früheren Pfarrers und meteorolog. Observators daselbst Christoph Ott wiederholt neu bearb. und mit zeitgemäßen Ergänzungen versehen. Mit einem Gebirgs-Panorama (Holzschntaf.) und 1 (lithogr.) Prospektkarte. 8. (VII, 64 S.) Weilheim 877. (München, J. A. Finsterlin.) *

Iblitz, Friedrich *Wilhelm Arnold* [aus Bonn]: Aus d. med. Klinik zu Bonn. Kommt Pupillendifferenz auch bei Leuten vor, welche nicht augen- oder nervenkrank sind? ... Bonn, Buchdr. J. Bach Wwe, 1893; 53 S. 8.
Bonn, Med. Fak., Inaug.-Diss. v. [12. Aug.] 1893

Ibn ʻAbd al-Ḥakam

ذكر فتح اندلسا — **Ibn Abd-el-Hakem's** history of the conquest of Spain. Now edited for the first time, translated from the Arabic, with critical and exegetical notes, and a historical introduction by John Harris Jones. Göttingen 858. Dieterich. gr. 8. (VII, 83, 30 S.) n. 24 ngr.

Ibn Abdolhakami libellus, s. Abdolhakami.

Ibn Abdolhakami libellus de historia Aegypti antiqua quem notis criticis exegeticisque illustratum una cum versione latina primum juris publici fecit Karle. 4maj. (VIII und 62 S.) Gottingae 856, libr. Dieterich. *

Ibn ʻAbd el-Hakem, s. Ibn ʻAbd al-Ḥakam

Ibn Abī Jaʻḳūb an-Nadīm

Ibn Abi Ja'kub an-Nadim. Das Mathematiker-Verzeichniss im Fihrist des Ibn Abi Ja'kub an-Nadim. Zum erstenmal vollständig übersetzt und m. Anmerkungen versehen von H. Suter. 1892.

Ibn Abī Uṣaybiʻah, Aḥmad ibn al-Qāsim

Ibn Abi Uṣaibi'a. Ibn Abi Useibia herausgegeben von August Müller. [2 Teile arabischer Text, 1 Teil Vorwort, Lesarten, Register etc.] [Beiliegend ein Verkaufs-Plān, 1 Bl. 4°.] 3 voll. Königsberg i. Pr. 1884. 4°.

— — Nachträgliche Verbesserungen zu Ibn Abi Useibia, herausgegeben von August Müller. Königsberg 1884.

Ibn Abi Useibia, hrsg. von Aug. Müller. 2 Thle. (Text und krit. Commentar.) gr. 8. (VIII, 727; LIV, 113 S.) Königsberg 884. (Leipzig, K. F. Köhler's Antiq.) *

Ibn Adhārī al-Marrākuschī

Ibn-Adhári (de Maroc), Histoire de l'Afrique et de l'Espagne, intitulée Al-Bayano 'l-Mogrib, et fragments de la chronique d'Arib (de Cordoue). Le tout publié pour la première fois, précédé d'une introduction et accompagné de notes et d'un glossaire, par R. P. A. Dozy. 2 Vols. gr. 8. (816 S.) Leyde 848—51, Brill. **

Ibn-Adhárí [de Maroc], Histoire de l'Afrique et de l'Espagne, intitulée Al-Bayano 'L-Mogrib, et fragments de la chronique d'Aréb [de Cordoue]. Le tout publié pour la première fois, précédé d'une introduction et accompagné de notes et d'un glossaire par R. P. A. Dozy. 2 volumes. gr. 8. (I: 119 S. u. Arab. Text 328 S. II: 48 S. u. Arab. Text 321 S.) Leyde 849—51. Brill. n. 9½ ₰

Ibn al-'Adīm, Kamāl al-Dīn 'Umar ibn Aḥmad

— — Historia Merdasidarum ex Halebensibus Cemaleddini annalibus excerpta ab Ioanne Iosepho Mueller. Bonnae o. J.

— — ... Regierung des Saahd-Aldaula zu Aleppo ... herausgegeben, übersetzt ... von G. W. Freytag. Bonn 1820.

Ibn Ağurrūm, s. Ibn Ājurrūm, Muḥammad ibn Muḥammad

Ibn Ājurrūm, Muḥammad ibn Muḥammad

— — Einleitung in das Studium der arabischen Grammatiker. Die Ajrūmiyyah des Muh'ammad bin Daûd. Arabischer Text mit Uebersetzung ... von Ernst Trumpp. München 1876.

Ibn 'Akīl, s. Ibn 'Aqīl, 'Abd Allāh ibn 'Abd al-Rahmān

Ibn-Aknin, Jos., Einleitung in den Talmud, ein Thl. der Abhandlung über Maasse und Gewichte im Pentateuch und Talmud, aus dem Arab. in's Hebräische übers., zum ersten Mal aus einer Handschrift edirt, nebst Seder Tenaim W'Amoraim, nach einer Handschrift von neuem edirt. Hrsg. vom Lehrercollegium des Seminars. gr. 8. (XVIII, 87 S.) Breslau 871, (Skutsch). *

Ibn al-Anbārī, 'Abd al-Raḥmān ibn Muḥammad

Ibn al Anbârî's Asrâr al 'Arabîya, hrsg. von Chrn. Friedr. Seybold. gr. 8. (VIII, 175 S.) Leiden 886, Brill. ** 5 —

— — Fünf Streitfragen der Baṣrenser und Kûfenser über die Abwandlung des Nomen aus Ibn el-Anbârî's Kitāb al-Inṣâf fî masā'il al-ḫilâf baina an-naḥwijīn al-baṣrijīn wa'l-kūfijīn ... herausgegeben und bearbeitet von Jaromir Košut. Wien 1878.

Ibn 'Aqīl, 'Abd Allāh ibn 'Abd al-Raḥmān

Ibn 'Akīl's Commentar zur Alfijja des Ibn Mâlik aus dem Arab. zum ersten Male übers. von F. Dieterici. gr. 8. (XXVIII und 408 S.) Berlin 852, Dümmler's Verlag. Thlr. *

Ibn al-Athīr, 'Izz al-Dīn

Ibn-el-Athiri, Chronicon quod perfectissimum inscribitur. Vol. XI., annos H. 527—583 cont., ad fidem cod. Upsaliensis, collatis passim Parisinis ed. Carol. Joh. Tornberg. 8maj. (VI und 376 S.) Upsaliae 851. Lipsiae, T. O. Weigel. *

Ibn-el-Athiri, Chronicon quod perfectissimum inscribitur. Vol. XII. idemque ultimum, annos H. 584—628 cont., ad fidem cod. Upsaliensis, collatis passim Parisinis ed. Car. Johs. Tornberg. 8maj. (VIII und 330 S.) Upsaliae 853. (Lipsiae, T. O. Weigel.) *

Ibn-El-Athiri chronicon quod perfectissimum inscribitur. Ad fidem codicum Berolinensis, musei Britannici et Parisinorum edidit Carol. Johs. Tornberg. Vol. I—XIII et Supplem. ad Vol. XI et XII. gr. 8. Leiden, Brill. ** 1

Inhalt:

Vol. I. Historiam anteislamicam continens. (535 S.) 867. ** ℳ 11,10.
» II. Primordia Islamismi et annos H. 1—20 continens. (III, 444 S.) 868. ** ℳ 10,50.
» III. Annos H. 21—59 continens. (III, 436 S.) 869. ** ℳ 10,50.
» IV. Annos H. 60—95 continens. (III, 470 S.) 870. ** ℳ 11,10.
» V. Annos H. 96—154 continens. (III, 472 S.) 871. ** ℳ 11,10.
» VI. Annos H. 155—227 continens. (III, 396 S.) 872. ** ℳ 10,50.
Vol. VII. Annos H. 228—294 continens. (IV, 385 S.) 865. ** ℳ 9.
» VIII. Annos H. 295—369 continens. (VI, 525 S.) 862. ** ℳ 9.
» IX. Annos H. 370—450 continens. (IV, 462 S.) 863. ** ℳ 9.
» X. Annos H. 451—527 continens. (IV, 491 S.) 864. ** ℳ 11,10.
» XI. Annos H. 527—583 continens. (IV, 378 S.) 851. ** ℳ 11,10.
» XII. Indemque ultimum, annos H. 584—628 continens. (III, 337 S.) 853. ** ℳ 11,10.
» XIII. Corrigenda et indices continens. Ed. Carol. Joh. Tornberg. Pars prior indicum. (LXXIII, 400 S.) 874. ** ℳ 11,10.
Supplementum variarum lectionum ad Vol. XI et XII. (87 S.) 872. ** ℳ 3,30.

Ibn-El-Athiri chronicon quod perfectissimum inscribitur. Ad fidem codicum Londinensium et Parisinorum ed. Carol. Johs. Tornberg. Vol. II—VI. XIII et XIV. gr. 8. Leiden, Brill. n.n. 80. 70; (I—V. VII—XII.: n.n. 118. 40)

II. Primordia Islamismi et annos H. 1—20 cont. (III, 444 S.) n.n. 10. 50
III. Annos H. 21—59 cont. (III, 436 S.) n.n. 10. 50
IV. Annos H. 60—95 cont. (III, 470 S.) n.n. 11. 10
V. Annos H. 96—154 cont. (III, 472 S.) n.n. 11. 10
VI. Annos 155—227. (396 S.) n.n. 10. 25
XIII. Corrigenda et indices continens. Pars prior indicum. (LXXIII, 400 S.) n.n. 11. 20
XIV. Indices continens. Pars posterior indicum. (S. 401—881) n.n. 11. 15

Ibn al-Athīr, Majd al-Dīn al-Mubārak ibn Muḥammad

Ibn al Aṯīr's '(Maǵd aldin al Mubârak)' Kunja-Wörterbuch betitelt Kitâb al muraṣṣa' hrsg. v. C. F. Seybold. *Weimar: E. Felber 1896.* (XVIII, 266 S.) 1 Bd 8.
— Studien, Semitistische. Heft 10/11. [96. 9131]

– Dass., s.a. Studien, Semitistische. 10/11.

Ibn Badrūn, 'Abd al-Malik ibn 'Abd Allāh

Ibn-Badroun, Commentaire historique sur le poème d'Ibn-Abdoun, publié pour la première fois, précédé d'une introduction et accomp. de notes, d'un glossaire et d'un index des noms propres, par R. P. A. Dozy. gr. 8. (450 S.) Leyde 848, Brill. **

Abd Allāh ibn Aḥmad, gen. Ibn al-Baiṭār

— — Elenchus Materiae Medicae Ibn Beitharis Malacensis. Specimen primum ... elucubravit ... Fridericus Reinholdus Dietz. [Diss.] Regimontii Prussorum 1833.

— — Grosse Zusammenstellung über die Kräfte der bekannten einfachen Heil- und Nahrungsmittel von Abu Mohammed Abdallah ben Ahmed aus Malaga bekannt unter dem Namen Ebu Baithar. Aus dem Arabischen übersezt von Joseph v. Sontheimer. Band I. II. 2 voll. Stuttgart 1840. 1842. 4°.

Ibn Baṭūṭa

— — Descriptio terrae Malabar. Ex Arabico Ebu Batutae itinerario edita ... per Henricum Apetz. Jenae 1819. 4°.

Ibn Challikan, s. Ibn Khallikān

Ibn Chasdai

Ibn Chisdai, s. Barlaam und Josaphat.

Ibn-Chisdai's, Prinz u. Derwisch בן המלך והנזיר od. die Makamen. Von W. A. Meisel. gr. 8. (XII u. 288 S.) Stettin 847, Effenbart's Erbinn. 1 ₰

Ibn Coteiba, s. I b n Q u t a y b a h , 'Abd Allāh ibn Muslim

Ibn al-Dayba', 'Abd al-Raḥmān ibn 'Alī

Ibn ad-Daiba'. Historia Iemanae, e codice manuscripto Arabico, cui titulus est: Bugjat al-mustafid fi ahbār madinat Zabid concinnata; quam ... edidit Carolus Theodorus Johannsen. Bonnae 1828.

Ibn Durayd, Muḥammad ibn al-Ḥasan

Ibn Doreid, s.a. **Abu Bekr Muhammed ben el-Hasan Ibn Doreid.**

— — Abu Bekr Muhammed ben el-Hasan Ibn Doreid's genealogisch-etymologisches Handbuch ... herausgegeben von Ferdinand Wüstenfeld. Göttingen 1854.

Ibn Ezra, Abraham ben Meīr

Ibn Esra, A., s.a. **Abraham Ibn Esra.**

— — Jesod Mora. Grundlage der Gottesverehrung, oder Untersuchungen über das mosaische Gesetz und die Grundprinzipien der israelitischen Religion. In einer paraphrastischen Verdeutschung von M. Creizenach. Frankfurt a. M., Leipzig 1840.

Ibn-Esra, Klinechosches. 12. (2 B.) Königsberg 845. (Leipzig, C. L. Fritzsche.) *

Ibn 'Ezra, Abraham, Mōznē leschōn haq-qōdesch. [Mit Kommentar von W. Heidenheim.] Offenbach 1791.

— — Reime und Gedichte. Heft I, II, III, IV Bd. II [so!] von David Rosin s. Jahresbericht des jüdisch-theologischen Seminars „Fraenckel'scher Stiftung" 1886. 1887. 1888. 1891. 1894. • 5 voll.

— — Sapha berura oder Die geläuterte Sprache ... Kritisch bearbeitet und mit einem Commentare nebst Einleitung versehen von Gabriel Lippmann. Fürth 1839.

— — Sēfer ham-mispār. Buch der Zahl, ein arithmetisches Werk, Text der Einleitung des A. ibn Esra mit deutscher Übersetzung und Anmerkungen. [Diss.] ... von Moritz Silberberg. Halle a. S. 1891.

Ibn Faḍlān, Aḥmad

Ibn Faḍlān Aḥmad. Ibn-Foszlan's und anderer Araber Berichte über die Russen älterer Zeit. Text und Übersetzung ... nebst drei Beilagen über sogenannte Russen-Stämme und Kiew, die Warenger und das Warenger-Meer, und das Land Wisu, ebenfalls nach arabischen Schriftstellern, von C. M. Frähn. St. Petersburg 1823. 4°.

Ibn-Foßlan's und anderer Araber, Berichte üb. d. Russen älterer Zeit. Text u. Uebersetzung mit krit.-philolog. Anmerkk., nebst 3 Beilagen über sogen. Russenstämme u. Kiew, die Warenger u. d. Warenger Meer, u. das Land Wisu, ebenfalls nach arab. Schriftstellern von C. M. Frähn. Mit 1 Steint. gr. 4. St. Petersb. 824, (Halle, Hemmerde u. S.)

— — Die aeltesten arabischen Nachrichten ueber die Wolga-Bulgharen, aus Ibn-Foszlan's Reiseberichte. Der Text kritisch berichtigt, mit treuer Uebersetzung begleitet ... von Ch. M. Fraehn. [Aus MAP., VI. Série, Tome I.] St. Petersburg 1832. 4°.

Ibn al-Faqīh al-Hamadhānī, Aḥmad ibn Muḥammad

Ibn al-Fakīh al-Hamadhānī, compendium libri Kitāb al-Boldān, s.: Bibliotheca geographorum arabicorum.

Ibn al-Fāriḍ, 'Umar ibn 'Alī

Ibn-ól-Fáridh's Táïjet, s.a. **Hohe Lied der Liebe, das arabische.**

(Ibnol-Fáridh.) Das arabische hohe Lied der Liebe, das ist Ibnol Fáridh's Táïjet in Text und Uebersetzung zum ersten Male zur ersten Sacular-Feier der k. k. Oriental. Akad. herausg. von Hammer-Purgstall. Wien 854. (Gerold.). 4. (XXIV, 27 Bl. arab. Text m. Titel u. Initiale in Golddruck, u. 70 S. Uebersetzung u. Anmerkungen.) n. 3 ₰. 10 ngr.

IBNOL Faridh's Taïjêt, das arabische hohe Lied der Liebe, in Text und Uebersetzung zum ersten male zur ersten Säcular-Feier der k. k. orientalischen Akademie hrsg. von Hammer-Purgstall. Wien, k. k. Hof- und Staatsdruckerei. 1854. 4°. Prachtdruck auf Velinp. mit Goldeinfassung u. Golddruck. (3½ Rthl.) (4 Mk. 50 Pfg. Ottomar Schönhuth, München, 1909.)

XXIV, 70 S. (Einleitg. u. Uebers.), 27 Bll. (Text). — Götting. gel. Anz. 1854. S. 1879; Heidelb. Jb. 1855, Nr. 5. S. 74 ff. (Weil); Bl. f. liter. Unterhaltg. 1855. Nr. 47. S. 864—66. (Goedeke VII, 770, 125.)

Ibn Foßlan, s. I b n F a ḍ l ā n , Aḥmad

Ibn Gabirol, Salomon ben Judah

Ibn Gabirol, Salomo. Das Buch Mibchar ha-Peninim aus dem Arabischen übersetzt. In einem correkten hebräischen Texte und mit dem erläuternden hebräischen Kommentar von A. Adam. Hamburg [1844].

Ibn Gajjat, Isaak ben Jehuda

Ibn Giat, R. Isaak, Hilchot Pesachim. Textum critico emendavit, commentario amplo instruxit Bernh. Zomber. Lex.-8. (52 S.) Berlin 864, Poppelauer. *

Ibn Gauzī, s. I b n al- J a w z ī , Abū al-Faraj 'Abd al-Raḥmān ibn 'Alī

Ibn Giat, s. I b n G a j j a t , Isaak ben Jehuda

Ibn Ginni, s. I b n J i n n ī , Abū al-Fatḥ 'Uthmān

Ibn Hajar, Gedichte, s. Geyer, R.

Ibn al-Haitham, s.a. A l h a z e n

Ibn al-Haitam, Die Kreisquadratur. Zum ersten Male nach den Manuskripten der königl. Bibliotheken in Berlin und des Vatikans herausgegeben und übersetzt von Heinrich Suter. Sonderabdruck aus der Zeitschrift für Mathematik und Physik ... herausgegeben von R. Mehmke und M. Cantor, aus dem 2. und 3. Hefte des 44. Jahrgangs. Leipzig 1899.

Ibn Haṭīb al-Dahša, Tuḥfa dawil-l-arab. Über Namen u. Nisben bei Bohārī, Muslim, Mālik. Hrsg. v. Traug. Mann. (V, 15 S., Bl. 17—33 u. 197 S.) gr. 8. Leiden 905. Buchh. u. Druckerei vorm. E. J. Brill. n.n. 7.50

Ibn Hishām, 'Abd al-Malik

Ibn Hishām. Das Leben Muhammeds. Hrsg. von F. Wüstenfeld. 8 Göttingen 1848. 49.

Ibn Hischam, Abd el-Malik. كتاب سيرة رسول الله

Ibn Hischâm, Abd el-Malik, das Leben Muhammed's nach Muhammed Ibn Ishâk überliefert. Aus den Handschriften zu Berlin, Leipzig, Gotha und Leyden hrsg. von Ferd. Wüstenfeld. 4 Abthlgn. Lex.-8. Göttingen, (Dieterich'sche Buchh.) [1. Abthl. (XVI und 384 S.) 857. * 3 Thlr., 2. (XXIV und 296 S.) 858. * 2 Thlr. 15 Ngr., 3. (VIII und 304 S.) 859. * 2 Thlr. 15 Ngr., 4. (CVI und 232 S.) 860. * 3 Thlr.] *

Ibn Hischam, Abd el-Malik, das Leben Mohammed's nach Mohammed Ibn Ishak bearb. Aus dem Arab. übers. von Gust. Weil. 2 Bde. gr. 8. (VI und 754 S.) Stuttgart 864, Metzler's Verlag. *

Ibn Hischâm, Abd el-Malik, das Leben Muhammed's nach Muhammed Ibn Ishâk bearb. Aus den Handschriften zu Berlin, Leipzig, Gotha u. Leyden hrsg. v. Ferd. Wüstenfeld. 2 Bde. (Anastatischer Neudr.) gr. 8. [Göttingen.] Leipzig (900). Dieterich. n. 80.—
1. Text. 2 Tle. (540 u. 480 S.) [859.] à n. 10.—
2. Einleitung, Anmerkungen u. Register. (LXXII, 266 S.) [860.] n. 10.—

Ibn Ja'īs, s. Ibn Ya'īsh

Ibn Jarchi, Abr., Sefer Ha-Manhig. Ueber die Rituale der span., provençal. und german. Synagogen, nach den ältesten Quellen kritisch zusammengestellt und beleuchtet. Zum 2. Mal gedr. gr. 8. (252 S.) Berlin 855, (Stargardt.) * Blnp. *

Ibn al-Jawzī, Abū al-Faraj 'Abd al-Raḥmān ibn 'Alī

Ibn Gauzī's Manāqib 'Omar Ibn 'Abd el 'Azīz. Besprochen u. im Auszuge mitgeteilt v. Carl Heinr. Becker. gr. 8. (VIII, 22 u. 168 S.) Berlin 900. S. Calvary & Co. n. 6.—

Ibn Jemin, s. Ibn Yamīn, Fakhr al-Dīn Mahmūd

Ibn Jinnī, Abū al-Fatḥ 'Uthmān

Ibn Ginnii de flexione libellus. Arabice nunc primum edit., in latinum sermonem transtulit, notis illustravit Gfr. Hoberg. gr. 8. (61 S.) Leipzig 885, (Brockhaus' Sortiment und Antiqu.) * 3 50

Ibn Ginnī's Kitāb al-Muġtaṣab, hrsg. v. Edg. Pröbster, s.a Studien, Leipziger, semitistische. I. 3.

Ibn Ginnī's (Abul-Fatḥ 'Uṯmān Ibn-'Abdallāh Ibn-Ġinnī al-Mauṣili) Kitāb al-muġtaṣab. Hrsg. u. mit e. Einl. u. Anm. versehen von Dr. Edgar Pröbster. Leipzig: J. C. Hinrichs 1904 (1905). (XXII, 64 S.) 8°
— Studien, Leipziger semitistische. 1, 3. [05. 4081

Ibn Jubayr, Muḥammad ibn Aḥmad

Ibn-Jubair (al-Kinani), — رحلة ابن جبير The travels of Ibn-Jubair. Edit. from a MS. in the university library of Leyden, by Will. Wright. gr. 8. (38 u. ٣٦٠ [360] S.) Leyden 852, Brill. n. n. 3⅓ ℳ

Ibn al-Ḳaisarānī, s. Ibn al-Qaysarānī, Muḥammad ibn Ṭāhir

Ibn Kaspi, s.: Josef Ibn Kaspi.

Ibn Khaldūn, Prolegomena. A selection by Duncan B. Macdonald, s.: Study-Series, Semitic, IV.

Ibn Khallikān

Ibn Challikani vitae illustrium virorum. E pluribus cod. Mnsptis. inter se collatis nunc prim. Arabice edid., variis lectionibus, indicibusque locupletiss. instr. Ferd. Wüstenfeld. Fasc. I—VII. quo cont. vitae 1—698. 4. Gottingae, Deuerlich. à * 1⅔ Thlr. *

Fasc. I.	quo cont. vitas	1—106.	(20 B.) 835.
- II.	— —	107—209.	(20½ B.) 836.
- III.	— —	210—313.	(19½ B.) 836.
- IV.	— —	314—432.	(17¾ B.) 837.
- V.	— —	433—530.	(16½ B.) 838.
- VI.	— —	531—617.	(18½ B.) 838.
- VII.	— —	618—698.	(18¾ B.) 839.

— id. — Additamentorum et variar. lection. collectio I. et II. Acced. tab. Palaestinae (Fol.) 4. (35¼ B.) Ibid. 837. *

Ibn Challikani vitae illustrium virorum. E pluribus codd. mss. inter se collatis nunc primum arabice ed., variis lectionibus indicibusque locupletissimis instruxit Ferd. Wüstenfeld. Fasc. VIII—XI., quo cont. vitae 699—852. 4. (576 S.) Gottingae 840—42, libr. Deuerlich. à Fasc. *

— id. — Fasc. XII., quo cont. vitae 853—865. 4. (96 S.) Ibid. 843. *

— id. — Fasc. XIII. et ultimus, quo continentur indices. 4. (101 S.) Ibid. 850. *
Fasc. I—VII et Additamenta. Ibid. 1835—39. * 11 Thlr. 20 Ngr.

Ibn Kutaiba, s. Ibn Qutaybah, 'Abd Allāh ibn Muslim

Ibn Maimūn, s. Maimonides

Ibn Mālik, Muḥammad ibn 'Abd Allāh

Ibn Mâlik, Alfijjah carmen didacticum grammaticum et in Alfijjam commentarius quem conscripsit Ibn 'Akil. Ex libris impressis orientalibus et manuscriptis ed. Fr. Dieterici. 4. (X und 454 S.) Lipsiae 851, W. Engelmann. *

— — Ibn Mâlik's Lâmiyat al af'âl mit Badraddîn's Commentar. Ein Lehrgedicht über die Formen der arabischen Verba und der davon abgeleiteten Nomina, übersetzt und mit kritischen Anmerkungen versehen von Kellgren. Auf Grund des handschriftlichen Nachlasses Kellgren's bearbeitet, mit Zusätzen vermehrt und unter Beigabe des arabischen Textes herausgegeben von W. Volck. [SA. aus MAP., VII° Série, Tome VII, No. 6.] St. Petersburg 1864. 2°.

— dass. — s.a Mémoires de l'académie imp. des sciences de St. Pétersbourg. 7. Série. Tome VII, Nr. 5.

Ibn Mâlik's Lâmîyat al af'âl mit Badraddîn's Commentar. Revid. Textausg. Von W. Volck. gr. 8. (VIII und 40 S.) Leipzig 866, (Voss.) *

Ibn Maymun, s. Maimonides

Ibn Munqidh, Usāmah ibn Murshīd, s. Usāmah ibn Murshīd ibn Munqidh

Die Alfije des Ibn Mu'ṭi. Nach d. Hs. von Berlin, Escorial und Leiden hrsg. von Dr. K. V. Zetterstéen, Privatdoc. ... Lund. *Leipzig: J. C. Hinrichs 1900.* (18, 70 S.) 8°.
[Nebent.:] [Arab.] Kitāb ad-durrat al-alfijat fi 'ilm al-'arabijat talif Zain ad-Din Abi-Zakarijā Jaḥjā Ibn 'Abd al-Mu'ṭi ... [00. 3846

Ibn Qāsim al-Ghazzī, Muḥammad

Ibn Qasim al-Ghazzî, Fatḥ al-Qarîb, la révélation de l'omniprésent. Commentaire sur le précis de jurisprudence musulmane d'Abou Chodjâ'. Texte arabe, publié et traduit par ordre du gouvernement néerlandais par L. W. C. van den Berg. gr. 8. (XVI, 742 S.) Leiden 895. Buchhandlg. u. Druckerei vorm. E. J. Brill. n.n. 18. 75

Ibn al-Qaysarānī, Muḥammad ibn Ṭāhir

Ibno 'l-Kaisarání (Abu'l-Fadhl Mohammed ibn Táhir al-Makdisí, vulgo dicto), Homonyma inter nomina relativa, quae cum apendice Abu Musae Ispahanensis e codd. Leyd. et Berolin. edidit P. de Jong. 8. (XIX und 231 S. mit 1 lithogr. Facs.) Leyden 865, Brill. * *]

Ġ(amāl-ad-Dīn Abūl-Ḥasan 'Alī) Ibn-al-Qifṭī's Ta'riḫ al-ḥukamā'. Auf Grund d. Vorarbeiten Aug. Müller's hrsg. von Prof. Dr. Julius Lippert. *Leipzig: Dieterich 1903.* (22, 496 S.) 4° [03. 7133

Ibn Qutaybah, 'Abd Allāh ibn Muslim

Ibn Kutaiba's Adab-al-kâtib. Nach mehreren Handschriften hrsg. v. Max Grünert. (Mit Unterstützg. der kaiserl. Akademie der Wissenschaften in Wien.) gr. 8. (X, 704 S.) Leiden 900. Buchh. u. Druckerei vorm. E. J. Brill. n. 20. —

— — ... An Extract from Ibn Kutaiba's 'Adab al-Kâtib [sic] with Translation and Notes ... by William O. Sproull. [Diss.] Leipsic 1877.

Ibn Coteiba's (,Abu Muhammed Abdallah Ben Musallem,) Handbuch der Geschichte. Aus den Handschriften der k. k. Hofbibliothek zu Wien, der herzogl. Bibliothek zu Gotha und der Universitätsbibliothek zu Leyden hrsg. von Ferd. Wüstenfeld. (Arab. Text.) hoch 4. (VIII und 366 S.) Göttingen 850, Vandenhoeck und Ruprecht.

Ibn Qotaiba, Liber poësis et poëtarum, quem ed. M. J. de Goeje. (LIII, 591 S.) gr. 8. Leiden 904. Buchh. u. Druckerei vorm. E. J. Brill. n.n. 20. —

Ibn Qutaiba's 'Ujûn al ahbâr, hrsg. v. Carl Brockelmann, s.a. Studien, semitistische. 18. Hft.

[Arab.] Kitab 'ujun al-ahbar talif Abi Muhammad 'Abdallah Ibn Muslim Ibn Qutaiba. *Berlin: E. Felber 1900.* 8°
[Nebent.:] Ibn Qutaiba's 'Ujûn al ahbâr. Nach d. Hs. zu Constantinopel u. St. Petersburg hrsg. von Carl Brockelmann. T. 1.
= Studien, Semitistische. H. 18. [Or. 4719]

Ibn Qutaiba's 'Ujûn al Ahbâr, hrsg. von Carl Brockelmann, s.a. Zeitschrift f. Assyriologie. 17. u. 19. Beiheft.

Ibn al-Qūṭīyah, Muḥammad ibn 'Umar

Ibn al-Qûṭiyya, Abû Bakr Muḥammad b. 'Umar b. 'Abd al-'Azîz, il libro dei verbi, pubblicato da Ignazio Guidi. gr. 8. (XV, 381 S.) Leiden 894. E. J. Brill. n.n. 12. —

Ibn Rushd, s.a. Averroës

— Abhandlung: „Über die Möglichkeit der Conjunktion" oder: „Über den materiellen Intellekt", in der hebraeischen Uebersetzung eines Anonymus ... herausgegeben, übersetzt, erläutert ... von Ludwig Hannes. Heft I. [Diss.] Halle a. S. 1892.

Ibn Rušd. Commentarius in Aristotelis de arte rhetorica libros tres Hebraice versus a Todroso Todrosi Arelatensi: Nunc primum ex codice bibliothecae senatoriae Lipsiensis ... edidit J. Goldenthal. Lipsiae 1842.

— — Philosophie und Theologie von Averroes. Herausgegeben von Marcus Joseph Müller. München 1859. 4°.

— — Philosophie und Theologie von Averroes. Aus dem Arabischen uebersetzt von Marcus Joseph Müller. München 1875. 4°.

Ibn Sa'd, Muḥammad

Ibn Saad, Biographien Muhammeds, seiner Gefährten u. der späteren Träger des Islams bis zum J. 230 der Flucht. Im Auftrage der königl. preuss. Akademie der Wissenschaften im Verein m. C. Brockelmann, J. Horovitz, J. Lippert u. a. hrsg. v. Eduard Sachau. I. Bd. 1. Tl.; III. Bd. 1. u. 2. Tl.; IV. Bd. I. Tl.; V. u. VIII. Bd. Lex.-8. Leiden, Buchh. u. Druckerei vorm. E. J. Brill. n.n. 56.50

I, 1. Biographie Muhammeds bis zur Flucht. Hrsg. v. Eug. Mittwoch. (XV, 50 u. VII, 161 S.) 905. n.n. 7. —
III, 1. Biographien der mekkanischen Kämpfer Muhammeds in der Schlacht bei Bedr. Hrsg. v. Eduard Sachau. (LXVI, 56 u. IV, 304 S.) 904 n.n. 10. 80
2. Biographien der medinischen Kämpfer Muhammeds in der Schlacht bei Bedr. Hrsg. v. Jos. Horovitz. (XXVII, 18 u. IX, 152 S.) 904. n.n. 5. 20
IV, 1. Biographien der Muhâgirûn u. Anṣâr, die nicht bei Bedr mitgefochten, sich aber früh bekehrt haben, alle nach Abissinien ausgewandert sind und dann an der Schlacht bei Ohod teilgenommen haben. Hrsg. v. Jul. Lippert. (XXXVII, 16 u. VII, 185 S.) 906. n.n. 6. 50
V. Biographien der Nachfolger in Medina, sowie der Gefährten u. der Nachfolger in dem übrigen Arabien. Hrsg. v. K. V. Zetterstéen. (LXXXVIII, 66 u. XXI, 412 S.) 905. n.n. 15. —
VIII. Biographien der Frauen. Hrsg. v. Carl Brockelmann. (XLVIII, 46 u. XVIII, 365 S.) 904. n.n. 12. —

Ibn Saad, Biographien Muhammeds, seiner Gefährten u. der späteren Träger des Islams bis zum J. 230 der Flucht. Im Auftrage der königl. preuss. Akademie d. Wissenschaften im Verein m. C. Brockelmann, J. Horovitz, J. Lippert u. a. hrsg. v. Eduard Sachau. II. Bd. 1. Tl. IV. Bd. 2. Tl. u. VI. Bd. Lex. 8. Leiden, Buchh. u. Druckerei vorm. E. J. Brill. nn 25. 70

II, 1. Die Feldzüge Muhammeds. Hrsg. von Jos. Horovitz. (XLIV, 42 u. 144 S.) 909. nn 7. —
IV, 2. Biographien der Genossen, die sich noch vor der Eroberung Mekka's bekehrten, dem letzten Termin, wo e. Islam noch freiwillig u. besonders verdienstlich war. Hrsg. v. Jul. Lippert. (CI, 103 S.) 908. nn 5. 20
VI. Biographien der Kufier. Hrsg. v. K. V. Zetterstéen. (LXXI, 59 u. 311 S.) 909. nn 13. 50
I, 1; III, 1. 2; IV, 1; V u. VIII. Ebd. 904—06. nn 56. 50

Ibn Sa'īd, 'Alī ibn Mūsā al-Maghribī

Ibn Sa'îd, Kitâb al-muġrib fî hulâ al-maġrib Buch IV. Geschichte der Ihsîden u. fusṭâṭensische Biographien. Textausg. nach der originalen einzig vorhandenen Handschrift zu Kairo u. deutsche Bearbeitg. m. Anmerkgn. u. Registern, nebst e. Auszug aus Al-Kindîs Ta'rîḫ Miçr. Von Knut L. Tallqvist. gr. 4. (132, 8 u. 182 S.) Leiden 899. Buchh. u. Buchdr. vorm. E. J. Brill. n.n. 17. —; Text (182 S.) einzeln n.n. 10. —

Ibn Sīnā, s.a. Avicenna

Ibn Sina, die Augenheilkunde. Aus dem Arab. übers. u. erläutert von J. Hirschberg u. J. Lippert. gr. 8. (VIII, 186 S.) Leipzig 902. Veit & Co. n. 7. —

Ibn Tibbon, Judah ben Saul

Jehuda Ibn Tibbon, Ermahnungsschreiben an seinen Sohn Samuel, des Moses Maimonides an seinen Sohn Abraham und Sprüche der Weisen. Aus Bodlejan. Handschriften zum erstenmal hrsg., mit einer deutschen Charakteristik und biograph. Skizze begleitet von M. Steinschneider. gr. 8. (XIV und 22 S.) Berlin 852, (Asher und Comp.) *

— — s. Jehuda hal-Levi.

Ibn al-Ṭiqṭaqā, Muḥammad ibn 'Alī

Ibn etthiqthaqa, Elfachri, s.a. Elfachri.

Ibn aṭ-Ṭiqṭaqâ. Elfachri. Geschichte der islamischen Reiche vom Anfang bis zum Ende des Chalifates von Ibn etthiqthaqa. Arabisch. Herausgegeben ... von W. Ahlwardt. Gotha 1860.

Ibn Ṭufayl, Muḥammad ibn 'Abd al-Malik

Ibn Tufail, das Erwachen d. Seele, s.: Weisheit, die, des Ostens.

Ibn al-Wardī, 'Umar

— — Aegyptus auctore Ibn al-Vardi ... edidit, vertit, notulisque illustravit Christianus Martinus Fraehn. Halae 1804.

Ibn el Vardi, *A και Ω* operis cosmographici, cap. I. de religionibus et oris. Ex cod. Upsaliensi edid. et latine vertit A Hylander, **Lectiones** nonnull. variet. colleg. et indicem geograph. adjec. S. Hylander, f. Hylander.

Ibn-el-Vardi, Fragmentum libri Margarita mirabilium, Prooemium. Caput II—V. continens. E Cod. Upsaliensi ed, latine vertit, variantes lectiones e Cod. Suchteleniano adjecit Car. Joh. Tornberg Pars I. Mit 1 ill. Steindr. 8maj. Upsaliae 835. (Hamb., Perthes, Besser et Mauke.) n. 2 2/3 ℔

Ibn-el-Vardi, Fragmentum libri Margarita mirabilium, Prooemium, Caput II. III. IV et V. cont. E Codice Upsaliensi edidit, latine vertit, variantes lectiones e Cod. Sucheleniano adjecit Car. Johannes Tornberg. Pars II. 8 maj. Upsaliae 839. (Holmiae, Bonnier.) 1½ ℔

Ya'ish ibn 'Alī, Abū al-Bakā, gen. Ibn Ya'ish

Ja'iš, Ibn., Commentar zu Zamachšari's Mufaṣṣal. Nach den Handschriften zu Leipzig, Oxford, Constantinopel und Cairo auf Kosten der deutschen morgenländ. Gesellschaft hrsg. von G. Jahn. 1.—4. Heft. gr. 4. Leipzig, (Brockhaus' Sortiment und Antiquarium.) [1. Heft. (S. 1—160.) 876; 2. Heft. (S. 161—320.) 877; 3. Heft. (S. 321—480.) 878; 4. Heft. (S. 481—640.) 878.] à Heft * ℳ 12. *

Ja'iš, Ibn, Commentar zu Zamachšari's Mufaṣṣal. Nach den Handschriften zu Leipzig, Oxford, Constantinopel und Cairo auf Kosten der deutschen morgenländ. Gesellschaft hrsg. von G. Jahn. 5. und 6. Heft. gr. 4. Leipzig, (Brockhaus' Sortiment und Antiq.) [5. Heft. (1. Bd. S. 641—800.) 880; 6. Heft. (16 S. und S. 801—910.) 882.] à Heft * ℳ 12. *
—— dass. — 2. Bd. 1. und 2. Heft. gr. 4. (S. 911—1230.) (Ebendas.) 883,81. à Heft * ℳ 12. *

Ja'iš, Ibn, Commentar zu Zamachšari's Mufaṣṣal. Nach den Handschriften zu Leipzig, Oxford, Constantinopel und Cairo auf Kosten der deutschen morgenländ. Gesellschaft hrsg. von G. Jahn. 2. Bd. 3. und 4. (Schluss-)Heft. gr. 4. Leipzig, (Brockhaus' Sortiment und Antiqu.) [3. Heft. (S. 321—480.) 885. * ℳ 12.—.; 4. Heft. (S. 481—589.) 886. * ℳ 9.—.] * 21 —
1. Bd. 6 Hefte, und 2. Bd. 1. und 2. Heft. (Ebendas.) 1876—84. * ℳ 96.—.

Ibn Yamīn, Fakhr al-Dīn Mahmūd

Ibn' Jemin's Bruchstücke. Aus dem Pers. von Ottokar Maria v. Schlechta-Wssehrd. Lex.-8. (191 S.) Wien 852. (Leipzig, Brockhaus.) *

Jemin's, Ibn, Bruchstücke, aus dem Persischen übertragen von Ottokar Schlechta-Wssehrd. 2. Aufl. 32. (VII, 180 S.) Wien 879, Manz'sche Hofbuchh. cart. * ℳ 2.; geb. mit Goldschn. *

Ibn Zaydūn, Aḥmad ibn 'Abd Allāh

Ibn Zaidūn Aḥmad b. 'Abd Allāh. Abi'l Walidi Ibn Zeiduni Risalet seu Epistolium. Arabice et Latine cum notulis edidit I. I. Reiske. Lipsiae 1755.

Ibo quo vertas oder Zaumkunst nach gewissen Regulen allerley Reith- und Gutschen-Pferde wohl zu zaumen. 2. Aufl. Frankf. 1737. V: *Spina ab Huga, Joh.* (Henzen, Vet. Schriften. Stendal 1781. S. 142.)

Ibo, s. a.: Bosch-Ibo, Ibo.

Ibo, Accorde. Gedichte u. Aphorismen. 12. (VII, 72 S. m. Zierleisten.) Augsburg (895). Lampart & Co. Geb. in Leinw. n. 3. —

— allerlei Bekannte aus Haus u. Hof, s.: Kocher, J.

— Bilderfreunde, s. Kocher, J.

— s.: Fahrt, e. lustige.

— Aus froher Jugendzeit, s. Kocher, J.

— Kinderlust, s. Kocher, J.

— Küchen-Poesie. Erprobte Kochrecepte in Versen. 2., verm. Aufl. 12. (66 S.) Augsburg (895). Lampart & Co. Geb. in Leinw. n. 2. —

— Lust u. Freud', s. Kocher, J.

— Nikolaus. Mit Verschen. gr. 4. (14 S. m. z. Tl. farb. Bild.) Nürnberg 897. Th. Stroefer. — 75

— humorist. Wegweiser in Versen durch Augsburg u. Umgebung. 12. (46 S. m. Abb.) Augsburg 897. (Gebr. Reichel.) n. — 50

Ibrahim. Scheik I. Johann Ludwig Burckhardt aus Basel (1784–1817). (Njbl.) s. [Hagenbach, Carl Rudolf].

Zustände im heutigen Persien, wie sie das Reisebuch ([Pers.] Sijāḥatnāma) **Ibrahim** Begs enthüllt. Aus d. Pers. übers. u. bearb. von Dr. Walter Schulz. Mit 1 Karte u. 84 Ill. *Leipzig: K. W. Hiersemann 1903.* (XIX, 332 S.) 8°

Ibrāhīm b. 'Abd ar-Raḥmān al-Ḥijārī al-Madanī. Reise des Sheikh Ibrâhîm el-Khijâri el-Medeni durch einen Theil Palästina's. [Arabisch und deutsch von] Friedrich Tuch. [Universitäts-Programm.] Leipzig 1850. 4°.

Ibrahim Effendi. Traité de Tactique ou Méthode artificielle pour l'ordonnance des troupes. [En turc.] Constantinople, l'an de l'hégire 1141 [1739] — Trad. du turc par Ch. Emer. de Rewiczki 8. Vienne 1759.

Ibrâhîm Efendi. Traicté de tactique, ou méthode artificielle pour l'ordonnance des troupes . . . Vienne 1769. C: *Rewicski, Carl Alex. Eman. Graf v.* (BrMm)

Ibrahim Effendi. Traité de la Tactique [des Turcs]. Trad. du Turc 8. Vienne, Francfort 1769.

Ibrâhîm Ibn Jakûb, Mischpâtîm. Ein samaritanisch-arab. Commentar zu Ex. 21—22, 15. Nach e. Berliner Handschrift hrsg. u. m. e. Einleitg. u. Anmerkgn. versehen v. M. Klumel. gr. 8. (13 u. XXXIV S.) Berlin 902. (M. Poppelauer.) 1. 80

Ibrāhīm Ibn-Muḥammad al-Baihaqi kitāb al-maḥasin val-masāvi. Hrsg. v. Dr. Friedrich Schwally, a. o. Professor zu Strassburg. T. 1. *Giessen: J. Ricker (A. Töpelmann) 1900.* 4°

[Arab.] Kitāb al-maḥāsin wa-'l-masāwi, taṣnīf aš-šaiḫ Ibrāhīm Ibn-Muḥammad al-Baihaqī. Waqafa 'alā ṭab'ihi Fridrik Šwāli. *(Giessen: J. Ricker 1900–1902.)* (XVI, 647 S.) 4°(8°)
[Nebent.:] Ibrāhīm Ibn-Muḥammad al-Baihaqi: Kitāb al-maḥasin val-masāvi. Hrsg. von Dr. Friedrich Schwally, Prof. zu Giessen.

Ibrāhīm ibn Muḥammad al-Baihaqī, Kitāb al-Māḥāsin val-Masāvi. Hrsg. v. Frdr. Schwally. Mit Unterstützung der königl. preuss. Akademie der Wissenschaften. 3 Tle. Lex.-8. (XVI, 647 S.) Giessen 900—902. J. Ricker. n. 36. —

Ibrahim, Dr. Jussuf Bey, a. Kairo: Aus der Kinderklinik zu Heidelberg. (Direktor Hofrat Prof. O. Vierordt.) Die angeborene Pylorusstenose im Säuglingsalter. Mit 1 Tafel und 1 Abbildung im Text. Berlin: S. Karger 1905. (120 S.) 4°(8°)
Heidelberg, Med. Fak., Hab.-Schrift v. 1904

Ibrahim, Jussuf Bey Murad, app. Arzt aus Cairo: Die physikalische Untersuchung der Milz nebst Beobachtungen über die Verschieblichkeit normaler und vergrößerter Milzen. *München 1902: Kastner & Lossen.* (119 S.) 8°
München, Med. Diss. v. 1902

Ibrahim, Mirza Mohammed, Grammatik der lebenden persischen Sprache. Aus dem Engl. übers., zum Theil umgearb. und mit Anmerkungen versehen von H. L. Fleischer. gr. 8. (XVIII und 276 S.) Leipzig 847, [Brockhaus.] *

Ibrahim-Hilmy, Prince, Inhaltsverzeichniss, s. Zeitschrift für ägyptische Sprache und Alterthumskunde.

Ibrügger, Christoph, Prof. Dr.: Ableitung einiger Eigenschaften der Kegelschnitte im Anschluß an die bei der Dreiecksberechnung vorkommenden Formeln. Mit e. Figurentaf. Festschrift 4. z. 50jähr. Jubelfeier d. Kgl. Friedrich-Wilhelms-Gymn. zu Greifenberg i. P. am 15. Oktober 1902. *Greifenberg i. P. (1902): C. Lemcke.* (15 S.) 8° [F.]
Greifenberg i. P., k. Friedrich-Wilhelms-G, OP 1903 (150)

Ibrügger. Christoph [aus Norden in Ostfriesland]: Über die Anziehung eines homogenen schiefen Kreiscylinders . . . . Magdeburg, Druck v. E. Baensch jun., 1886; 31 S. 4°.
Jena Phil. Fak., Inaug. Diss. v. 1886.

Ibrügger, Christoph, über die Anziehung eines homogenen schiefen Kreiscylinders. Diss. Jena 1886, G. Neuenhahn. 4°. 31 S.

Ibrügger, Christoph [Oberl. Dr.]: Ueber die Anziehung eines homogenen Kugelabschnitts. Greifenberg i. Pomm., gedr. bei C. Lemcke (1890); S. 1–10; 4°
Greifenberg in Pommern, Friedrich-Wilhelms-G, OP 1890

Ibrügger, Christoph [Dr.]: Zeichnungen für den stereometrischen Unterricht. Greifenberg i. P., gedr. bei C. Lemcke, *1897;* 23 S., 2 Taf. 8.
Greifenberg i. P., k. Friedrich-Wilhelms-G, OP 1897 (141)

Ibsen, Henrik, s.: Bahr, H.

— Essay üb. ihn, s.: Brahm, O.

— Lebensbild, s.: Jaeger, H.

— als psychologischer Sophist, s.: Schmitt, E. H.

[F.] John Gabriel Borkman. Schausp. in 4 Aufz. v. Henrik Ibsen. 7. u. 8. Taus. *Paris, Leipzig, München: A. Langen 1897.* (3 Bl., 175 S.) 1 Bd 8.
[98. 10397 Gr

[F.] John Gabriel Borkman. Schausp. in 4 Aufz. v. Henrik Ibsen. *Berlin: S. Fischer 1898.* (3 Bl., 175 S.) 1 Bd 8.
[98. 9973

— John Gabriel Borkman. Schauspiel in 4 Akten. (Text u. Einleitg. d. „Volksausg." von Ibsens sämtl. Werken.) (XV u. S. 389—479.) 8. Berlin 910. S. Fischer, Verl. 1.—; geb. 1.50.

Ibsen, Henrik, Brand. Ein dramatisches Gedicht. Deutsch von Julie Ruhkopf. 16. (VIII, 350 S.) Bremen 874, Kühtmann und Comp. *M 4.; geb. *

— dasselbe, s. a. Anthologie der nordgermanischen [skandinavischen], dramatischen Literatur in deutschen Uebertragungen. — Universal-Bibliothek.

—— dass. — Dramatisches Gedicht in 5 Acten. Aus dem Norwegischen in's Deutsche übertragen und bearb. von P. F. Siebold. gr. 8. (193 S.) Cassel 872, Kay. *

Ibsen, Henrik, Brand. Dramatisches Gedicht in 5 Akten. Nach dem Norweg. deutsch bearb. von Alfr. Frhrn. v. Wolzogen. [Den Bühnen gegenüber als Mscr. gedr.] 8. (IX, 223 S.) Wismar 877, Hinstorff'sche Hofbuchh. *

Ibsen, Henrik, Brand. Ein dramat. Gedicht. Deutsch v. Julie Ruhkopf. 2. Aufl. gr. 16. (350 S.) Norden 885. Fischer Nachf. n. 4.—

Brand. Ein dramatisches Gedicht von Henrik Ibsen. Berlin: S. Fischer 1910. XVI S., S. 245–419. 8°
Aus: Ibsen: Sämtliche Werke. Volksausg. Bd 2. [10. 6791

— Briefe. Hrsg. m. Einleitg. u. Anmerkgn. v. Jul. Elias u. Halvdan Koht. (Sonderausg. des 10. Bds. der sämtl. Werke.) (LXIV, 586 S.) 8. Ebd. 905. n. 5.—; geb. n.n. 6.—

— der Bund der Jugend, s. a. Bibliothek, nordische.

— der Bund der Jugend, s. a. Universal-Bibliothek.

—— der Bund der Jugend. Lustspiel in 5 Aufzügen. Nach dem Norweg. deutsch von Adf. Strodtmann. 8. (220 S.) Berlin 872, Gebr. Paetel. *

Der Bund der Jugend [De Unges Forbund]. Lustspiel in 5 Akten von Henrik Ibsen. Berlin: S. Fischer 1910. X, 138 S. 8°
Aus: Ibsen: Sämtliche Werke. Volksausg. Bd 3. [10. 6793

— Catilina. Drama in 3 Akten. Autor. Übersetzg. aus d. Norweg. v. Hugo Greinz. 8. (XVI, 136 S.) München 896. A. Langen. n. 1.50

Catilina. Drama in 3 Akten von Henrik Ibsen. Berlin: S. Fischer 1910. X S., S. 119–202. 8°
Aus: Ibsen: Sämtliche Werke. Volksausg. Bd 1. [10. 6793

— Klein Eyolf. Schauspiel in 3 Aufzügen. 8. (V, 96 S.) Ebd. 895. n. 1.50; geb. n. 2.50

— Klein Eyolf. Schauspiel in 3 Akten. (Neue Aufl.) gr. 8. (79 S.) Berlin 900. S. Fischer, Verl. n. 1.50; geb. n.n. 2.50

Klein Eyolf [Lille Eyolf]. Schauspiel in 3 Akten von Henrik Ibsen. Berlin: S. Fischer 1910. VIII S., S. 315–388. 8°
Aus: Ibsen: Sämtliche Werke. Volksausg. Bd 5. [10. 6804

—— das Fest auf Solhaug, s. a. Universal-Bibliothek Nr. 2375.

Das Fest auf Solhaug [Gildet på Solhaug]. Schauspiel in 3 Akten von Henrik Ibsen. Berlin: S. Fischer 1910. VII, S., S. 303–305. 8°
Aus: Ibsen: Sämtliche Werke. Volksausg. Bd 1. [10. 6…

—— Die Frau vom Meer, s. a. Bibliothek, nordische.

— die Frau vom Meer, s. a. Meyer's Volksbücher.

— s. a. Universal-Bibliothek Nr. 2560.

Die Frau vom Meere [Fruen fra Havet]. Schauspiel in 5 Akten von Henrik Ibsen. Berlin: S. Fischer 1910. XII, 108 S. 8°
Aus: Ibsen: Sämtliche Werke. Volksausg. Bd 5. [10. 6…

— Hedda Gabler, s. a. Library, the English.

— dasselbe, s. a. Bibliothek der Gesamt-Litteratur d. In- u. Auslandes.

— dasselbe, s. a. Bibliothek, nordische.

— dasselbe, s.a. Universal-Bibliothek

— Hedda Gabler. Schauspiel in 4 Akten. Deutsch v. Emma Klingenfeld. Einzige vom Verf. autoris. deutsche Ausg. (Neue Ausg.) 8. (111 S.) Ebd. 900. n. 1. —

— Hedda Gabler. Schauspiel in 4 Aufzügen. Deutsch v. Wilh. Lange. (Dramatische Werke.) (140 S.) 8. Berlin-Steglitz (906). E. Quehl. n. 1. 50; geb. n. 2. 50

Hedda Gabler. Schauspiel in 4 Akten von Henrik **Ibsen**. Berlin: S. Fischer 1910. XII S., S. 100–213 8°
Aus: Ibsen: Sämtliche Werke. Volksausg. Bd 5. [10. 6302

— Gedichte, s.a. Hesse's, Max, Volksbücherei.

— dasselbe, s.a. Universal-Bibliothek.

— Gedichte. In deutschen Nachbildgn. v. Herm. Neumann. 12. (VI, 89 S.) Wolfenbüttel 886. Zwißler. n. 1. 80; geb. n. 2. 50

Ibsen, Henrik. Gedichte. Berlin 1902. H: *Collin, Joseph.* (Berl)

— Gedichte. (Pantheon-Ausg. Übers. von Christian Morgenstern, Emma Klingenfeld u. Max Bamberger. Text nach der v. Julius Elias u. Paul Schenther besorgten Gesamtausg. Einleitung u. Erläutergn. v. J. Collin.) gr. 16. (XII, 172 S. m. Bildnis.) Ebd. (902). Geb. in Ldr. m. Goldschn. n. 2. 50

Gedichte von Henrik **Ibsen**. (Hrsg.: J[osef] Collin.) *Berlin: S. Fischer (1902).* (XII, 171 S.) 8°
(Pantheon-Ausg.) [03. 2419

Gedichte [Digte] von Henrik **Ibsen**. Berlin: S. Fischer 1910. XVI, 118 S. 8°
Aus: Ibsen: Sämtliche Werke. Volksausg. Bd 1. [10. 6794

— Gespenster, s.a. Bibliothek der Gesamt-Litteratur d. In- und Auslandes Nr. 446. — Bibliothek, nordische.

— Gespenster, s.a. Meyer's Volksbücher.

— Gespenster, s.a. Universal-Bibliothek

[A.] Gespenster. Familiendrama in 3 Aufz. v. Henrik **Ibsen**. Deutsch v. Wilhelm Lange. M. 1 Portr. *Berlin: H. Bermühler 1899.* (110 S., 1 Bl., 1 Portr.) 1 Bd 8.
= Ibsen, H.: Dramat. Werke. [Bd] 1. [99. 3090

— Gespenster. Ein Familiendrama in 3 Aufzügen. Deutsch v. Wilh. Lange. (Dramatische Werke.) (112 S.) 8. Berlin-Steglitz (906). E. Quehl. n. 1.50; geb. n. 2.50

Ibsen, Henrik, Gespenster. Ein Familiendrama in 3 Akten. (Text u. Einleitg. der „Volksausg." v. Ibsens sämtl. Werken.) (XV u. S. 97—179.) 8. Berlin 910. S. Fischer, Verl. —50; geb. 1. —

— Peer Gynt, s.a. Universal-Bibliothek.

— Peer Gynt. Ein dramatisches Gedicht. Uebersetzt von L. Passarge. 8. (XVI, 256 S.) Leipzig 881. Schlicke. n. 4. 80; geb. n. 6. —

— Peer Gynt. En dramatisk gedigt. In't plattdüts vertaald döör Bernh. Brons. 8. (X, 261 S.) Emden 899. W. Haynel. Geb. in Leinw. n. 5. —

Peer Gynt. Ein dramatisches Gedicht von Henrik **Ibsen**. Berlin: S. Fischer 1910. XV S., S. 421–590. 8°
Aus: Ibsen: Sämtliche Werke. Volksausg. Bd 2. [10. 6791

— Nordische Heerfahrt, s.a. Universal-Bibliothek Nr. 2633.

— nordische Heerfahrt. Trauerspiel in 4 Akten. Unter Mitwirkung von Emma Klingenfeld veranstaltete deutsche Orig.-Ausg. der Haermaendene paa Helgeland. br. 8. (VII, 128 S.) München 876, Th. Ackermann.

Die Helden auf Helgeland. (Nordische Heerfahrt.) [Haermaendene på Helgeland.] Schauspiel in 4 Akten von Henrik **Ibsen**. Berlin: S. Fischer 1910. VIII S., S. 307–435. 8°
Aus: Ibsen: Sämtliche Werke. Volksausg. Bd 1.

— die Herrin von Oestrot. Historisches Schauspiel in 5 Aufzügen. Unter Mitwirkung von Emma Klingenfeld veranstaltete deutsche Orig.-Ausg. der „Fru Ingerd til Oestrot". br. 8. (171 S.) München 877. Th. Ackermann. n. 2. —

Das Ibsenbuch. (Henrik) **Ibsen** in seinen Werken, Briefen, Reden und Aufsätzen. Hrsg. u. eingel. von Hans Landsberg. Mit 8 Abb. Berlin: S. Fischer 1907. (XV, 236 S.) 8° [07. 11617

— Frau Inger auf Östrot, s.a. Universal-Bibliothek. Nr. 2856.

— Frau Inger v. Oestrot. Drama in 5 Aufzügen Deutsch v. Wilh. Lange. (134 S.) 8. Ebd. (906). n. 1. 50; geb. in Leinw. n. 2. 50

Frau Inger auf Oestrot [Fru Inger til Østråt]. Schauspiel in 5 Akten von Henrik **Ibsen**. Berlin: S. Fischer 1910. VIII S., S. 203–304. 8°
Aus: Ibsen: Sämtliche Werke. Volksausg. Bd 1. [10. 6792

— Kaiser und Galiläer. Ein weltgeschichtl. Schauspiel in 2 Thln. [1. Thl.: Caesars Abfall. Schauspiel in 5 Akten. 2. Thl.: Kaiser Julian. Schauspiel in 5 Akten.] Deutsch von Paul Herrmann. 8. (XVII, 319 S. mit Lichtdr.-Bild des Verf.) Berlin 888, S. Fischer Verlag. 3 —
— dass. — s.a. Universal-Bibliothek Nr. 2368

Kaiser und Galiläer [Kejser og Galilæer]. Ein weltgeschichtl. Schauspiel in 2 Teilen von Henrik **Ibsen**. Berlin: S. Fischer 1910. XV S., S. 139–438. 8°
Aus: Ibsen: Sämtliche Werke. Volksausg. Bd 5. [10. 6794

— Kjærlihetens Komedie. Komedie i 3 Akter. In norweg. Rechtschreibg. liter. erläutert u. m. Wörterverzeichnis versehen. (128 S.) 8. Heidelberg 910. Carl Winter. Verl. 1.60

— die Komödie der Liebe, s.a. Bibliothek der Gesamt-Litteratur d. In- u. Auslandes.

— dasselbe, s.a. Bibliothek, nordische.

— dasselbe, s.a. Universal-Bibliothek.

[Ant. u. F.] Henrik **Ibsen**. Komödie der Liebe. Komöd. in 3 Akten. Deutsch v. M[arie] v. Borch. 2. Aufl. Einzige v. Vf. autoris. deutsche Ausg. *Berlin: S. Fischer (1897).* (127 S.) 1 Bd 8. [97. 8531

— Komödie der Liebe. Komödie in 3 Akten. (Text u. Einleitg. der „Volksausg." v. Ibsens sämtl. Werken.) (XI, 104 S.) 8. Berlin 910. S. Fischer, Verlag. —50; geb. 1. —

— die Kronprätendenten, s.a. Bibliothek, nordische.

— dasselbe, s.a. Universal-Bibliothek.

—— die Kronprätendenten. Historisches Schauspiel in 5 Akten. Nach dem Norweg. Deutsch von Adf. Strodtmann. 8. (218 S.) Ebendas. 872. *

Die Kronprätendenten [Kongs-Emnerne]. Historisches Schauspiel in 5 Akten von Henrik Ibsen. Berlin: S. Fischer 1910. XV S., S. 105–243. 8°
Aus: Ibsen: Sämtliche Werke. Volksausg. Bd 2. [10. 6790

— Die Meerfrau. Schauspiel in 5 Aufzügen. Deutsch v. Wilh. Lange. (Dramatische Werke.) (146 S.) 8. Berlin-Steglitz 907. [E. Quehl.] München, A. Langen. 1.50; geb. 2. 50

När vi døde vågner. En dram. epilog in 3 akter af Henrik Ibsen. 2. oplag. *Kobenhavn: Gyldendal; Berlin: S. Fischer 1899.* (202 S.) 8° [00. 4486

—— Nora od. Ein Puppenheim, s.a. Bibliothek der Gesamt-Litteratur. Bibliothek, nordische. — Meyer's Volksbücher Nr. 895. 96.

—— Nora, s.a. Universal-Bibliothek Nr. 1257.

— Nora. (Ein Puppenheim.) Schauspiel in 3 Aufzügen. Deutsch v. Wilh Lange. (Dramatische Werke.) (128 S. m. 1 Bildnis.) 8. Ebd. 907. 1.50; geb. 2. 50

– Ein Puppenheim, s.a. Bibliothek der Gesamt-Literatur d. In- u. Auslandes.

– ein Puppenheim, s.a. Bibliothek, nordische.

– ein Puppenheim (Nora), s.a. Meisterwerke, die, der deutschen Bühne. Nr. 18.

– dasselbe, s.: Meyer's Volksbücher.

— Ein Puppenheim. (Nora.) Schauspiel in 3 Akten. (Text u. Einleitg. der „Volksausg." v. Ibsens sämtl. Werken.) (XII, 96 S.) 8. Berlin 910. S. Fischer, Verl. —50; geb. 1. —

— Reaperantoj, s.: Esperanta biblioteko internacia.

– Rosmersholm, s.a. Bibliothek der Gesamt-Literatur d. In- u. Auslandes.

—— Rosmersholm, s.a. Bibliothek, nordische. — Meyer's Volksbücher Nr. 852 u. 853.

— dasselbe, s.a. Universal-Bibliothek.

— Rosmersholm. Schauspiel in 4 Akten. Deutsch von M. v. Borch. 8. (103 S.) Berlin 887. S. Fischer Verl. n. 1. —

— Rosmersholm. Schauspiel in 4 Aufzügen. Deutsch v. Wilh. Lange. (132 S.) 8. Berlin-Steglitz (906). E. Quehl. n. 1. 50; geb. n. 2. 50

— Rosmersholm. Schauspiel in 4 Akten. (Text u. Einleitg. der „Volksausg." v. Ibsens sämtl. Werken.) (XVI u. S. 421—521.) 8. Berlin 910. S. Fischer, Verl. —50; geb. 1. —

Henrik Ibsen. Efterladte Skrifter udg. af Halvdan Koht og Julius Elias. Bd 1–3. (In 30 H.) Kristiania & Kjøbenhavn: Gyldendal 1909. 8°
1. Digte 1847–96. Prosastykker 1841–98. Taler 1879–91. Ungdoms-Dramaer 1849–60. 2. Skuespil-Udkast 1864–79. 3. Skuespil-Udkast 1880–99. [11. 14390

— Baumeister Solness. Schauspiel in 3 Aufzügen. Deutsch v. Sigurd Ibsen. Einzige vom Verf. autoris. deutsche Ausg. 8. (III, 124 S.) Berlin 893. S. Fischer Verl. n. 1. 50

— dasselbe, s.a. Bibliothek moderner Dramen.

— dasselbe, s.a. Bibliothek der Gesamt-Litteratur d. In- u. Auslandes.

— dasselbe, s.a. Universal-Bibliothek.

— dasselbe. Schauspiel in 3 Aufzügen. Deutsch v. Wilh. Lange. (Dramatische Werke.) (128 S.) 8. Berlin-Steglitz (907). [E. Quehl.] München, A. Langen. 1.50; geb. 2. 50

Baumeister Solness [Bygmester Solness]. Schauspiel in 3 Akten von Henrik Ibsen. Berlin: S. Fischer 1910. XVI S., S. 215–313. 8°
Aus: Ibsen: Sämtliche Werke. Volksausg. Bd 5. [10. 6303

— d. Stützen d. Gesellschaft, s.a. Bibliothek d. Gesamtlitteratur d. In- u. Auslandes.

– Die Stützen der Gesellschaft, s.a. Bibliothek, Nordische.

—— dass. — s.a. Haus-Bibliothek.

— Stützen der Gesellschaft, s.a. Meyer's Volksbücher.

—— dass. — s.a. Universal-Bibliothek Nr. 958.

—— Stützen der Gesellschaft. Schauspiel in 4 Aufzügen. Unter Mitwirkung von Emma Klingenfeld veranstaltete deutsche Orig.-Ausg. der „Samfundets stötter". br. 8. (208 S.) München 878, Th. Ackermann. *

[F.] Die Stützen der Gesellschaft. Schausp. in 4 Aufz. v. Henrik Ibsen. Deutsch v. Helmine Fick. *Halle a. d. S.: O. Hendel (1897).* (4, 135 S., 1 Portr.) 1 Bd 8.
— Bibliothek d. Gesamtlitteratur d. In- u. Auslandes. No 1051. 1052. [97. 7960

— Die Stützen der Gesellschaft. Schauspiel in 4 Aufzügen. Deutsch v. Wilh. Lange. (Dramat. Werke.) (148 S.) 8. Ebd. (907). 1.50; geb. 2. 50

— dasselbe. Schauspiel in 4 Akten. (Text u. Einleitg. der „Volksausg." v. Ibsens sämtl. Werken.) (XII u. S. 439—553.) 8. Berlin 910. S. Fischer, Verl. —50; geb. 1. —

— ein Volksfeind, s.a. Bibliothek der Gesamt-Litteratur d. In- u. Auslandes.

—— Ein Volksfeind, s.a. Bibliothek, nordische.

— dasselbe, s.a. Meyer's Volksbücher.

—— ein Volksfeind, s.a. Universal-Bibliothek Nr. 1702.

— dasselbe. Schauspiel in 5 Aufzügen. Deutsch v. Wilh. Lange. (Dramatische Werke.) (158 S.) 8. Berlin-Steglitz (907). [E. Quehl.] München, A. Langen. 1.50; geb. 2. 50

Ein Volksfeind [En Folkefiende]. Schauspiel in 5 Akten von Henrik **Ibsen**. Berlin: S. Fischer 1910. IX S., S. 181–298. 8°
Aus: Ibsen: Sämtliche Werke. Volksausg. Bd 4. [10. 6275]

Wenn wir Toten erwachen. Ein dramat. Epilog in 3 Akten von **Henrik Ibsen**. *Berlin: S. Fischer 1900.* (90 S.) 8° [F.] [00. 10435]

Wenn wir Toten erwachen [Når vi døde vågner]. Ein dramat. Epilog in 3 Akten von Hendrik **Ibsen**. 14. Taus. Berlin: S. Fischer 1907. (78 S.) 8° [F.] [08. 8155]

— **Werke**, hrsg. v. J. Hoffory. 1.—3. Bd. gr. 8. Berlin 890. S. Fischer Verl. à n. 3. 50; geb. n. 4. 50
1. Moderne Dramen. I. Comödie der Liebe. Der Bund der Jugend. Die Stützen der Gesellschaft. (VI, 306 S.)
2. — dasselbe. II. Ein Puppenheim. Gespenster. Ein Volksfeind. (VI, 367 S.)
3. Wildente. Rosmersholm. Die Frau vom Meere. (343 S.)

— **Werke.** IV. 8. Berlin 894. S. Fischer Verl. n. 3. 50; geb. n. 4. 50
Moderne Dramen. IV. Hedda Gabler. Baumeister Solneß. Klein Eyolf. (111; III, 134 u. V, 96 S.)

Henrik Ibsens Werke. Meisterdramen. (Deutsch von Helmine Fick, J. Engeroff [u. a.]) Mit e. biogr. Einl. von Dr. Adalbert Silbermann. Mit 2 Bildn. (Bd 1. 2.) Berlin: Weichert [1909]. 8°
(1.) Buch 1–5. (Die Komödie d. Liebe. Die Stützen d. Gesellschaft. Ein Puppenheim. Gespenster. Ein Volksfeind.)
(2.) Buch 6–9. (Die Wildente. Rosmersholm. Hedda Gabler. Baumeister Solneß.) [10. 11904]

— **dramatische Werke**, hrsg. u. übers. v. Wilh. Lange. I u. II. (Volksausg.) 8. Berlin, H. Bermühler. à n. —30; bessere Ausg., m. Bildnis, à n. 1. 20; Luxus-Ausg., m. Bildnis à n. 3. —; geb. à n. 4. —
1. Gespenster. Familiendrama in 3 Aufzügen. (110 S.) 899.
2. Rosmersholm. Schauspiel in 4 Aufzügen. (122 S.) 899.

Henrik **Ibsen**. Dramatische Werke. Uebers. von Wilhelm Lange. [1.] (Berlin-Steglitz: E. Quehl [1906].) 8° [08. 13677]

— **Dramatische Werke.** Übers. v. Wilh. Lange. 8 Bde. (VI, 148, 128, 112; 158, 160, 182 u. 146, 140, 128 S. m. 8 Bildnissen.) 8. Berlin-Steglitz 907. [E. Quehl.] München, A. Langen. In Leinw. kart. 10. —

Ibsen, Henrik, gesammelte Werke. 3 Bde. gr. 16. (140, 274, 90, 106; 61, 169, 105, 99, 78; 154, 101, 91, 108 u. 69 S.) Leipzig 889. Ph. Reclam jun. geb. n. 4. 50

Ibsen's, Henrik, gesammelte Werke. 4. Bd. gr. 16. (95, 186, 99, 99 u. 92 S.) Leipzig 893. Ph. Reclam jun. Geb. in Leinw. n. 1. 50 (1—4.: n. 6. —)

Henrik **Ibsen**'s Gesammelte Werke. Bd 1–4. Leipzig: Reclam (1891–93). 8°
1. Gedichte. Kaiser u. Galiläer. Nora. Stützen d. Gesellschaft. (1891.)
2. Das Fest auf Solhaug. Brand. Ein Volksfeind. Der Bund d. Jugend. Gespenster. (1891.)
3. Peer Gynt. Die Frau vom Meer. Rosmersholm. Die Wildente. Nordische Heerfahrt. (1891.)
4. Die Komödie d. Liebe. Die Kronprätendenten. Hedda Gabler. Frau Inger auf Östrot. Baumeister Solnes. (1893.)

Henrik **Ibsens** Sämtliche Werke in deutscher Sprache. [Reihe 1]. Bd 1–10. Reihe 2, Bd 1–4. Berlin: S. Fischer 1898–1909. 8°
[Reihe 1.] Durchgesehen u. eingeleitet von Georg Brandes, Julius Elias, Paul Schlenther. Bd 1. 1903. 2. 1898. 3. (1898.) 4. (1901.) 5. (1899.) 6. (1900.) 7. (1901.) 8. (1902.) 9. (1900.) 10. (1904.)
Reihe 2. Nachgelassene Schriften in 4 Bden. Hrsg. von Julius Elias u. Halvdan Koht. Bd 1–4. 1909. [10. 2681 6]

Henrik Ibsens Sämtliche **Werke** in deutscher Sprache. Durchges. u. eingeleitet v. Georg Brandes, Julius Elias, Paul Schlenther. Vom Dichter autoris. (Bd 1–9.) *Berlin: S. Fischer 1898–1903.* 9 Bde 8° [F.]
1. [1.] Gedichte. Deutsch von Christian Morgenstern, Emma Klingenfeld, Max Bamberger. [2.] Nachtr. zu d. Gedichten. Deutsch von Ludwig Fulda, E. Klingenfeld, M. Bamberger. [3.] Prosaschriften. [4.] Reden. [5.] Catilina. Deutsch von Chr. Morgenstern. 1903.
2. [1.] Das Hünengrab. Deutsch von E. Klingenfeld. [2.] Die Herrin von Oestrot. Deutsch von E. Klingenfeld. [3.] Das Fest auf Solhaug. Deutsch von Chr. Morgenstern. [4.] Olaf Liljekrans. Deutsch von E. Klingenfeld. 1898.
3. [1.] Die Helden auf Helgeland (Nordische Heerfahrt). Deutsch von E. Klingenfeld. [2.] Komödie d. Liebe. Deutsch von Chr. Morgenstern. [3.] Die Kronprätendenten. Deutsch von Adolf Strodtmann. [1898.]
4. [1.] Brand. Deutsch von Morgenstern. [2.] Peer Gynt. Deutsch von Morgenstern. [1901.]
5. Kaiser u. Galiläer. Deutsch von Paul Hermann. [1899.]
6. [1.] Der Bund d. Jugend. Deutsch von Strodtmann. [2.] Die Stützen d. Gesellschaft. Deutsch von Klingenfeld. [3.] Ein Puppenheim. Deutsch von Marie v. Borch. [1900.]
7. [1.] Gespenster. [2.] Ein Volksfeind. [3.] Die Wildente. [1901.]
8. [1.] Rosmersholm. [2.] Die Frau vom Meere. [3.] Hedda Gabler. [4.] Baumeister Solneß. [1902.]
9. [1.] Klein Eyolf. [2.] John Gabriel Borkman. [3.] Wenn wir Toten erwachen. [1899.] [99. 9984]

Ibsen's, Henrik, sämtliche Werke in deutscher Sprache. Durchgesehen u. eingeleitet v. Geo. Brandes, Jul. Elias u. Paul Schlenther. Vom Dichter autoris. 1., 2. u. 10. Bd. 8. Berlin, S. Fischer, Verl. n. 14. —; geb. n.n. 17. —
1. Gedichte. Deutsch v. Christian Morgenstern, Emma Klingenfeld, Max Bamberger. Nachtrag zu den Gedichten. Deutsch v. Ludw. Fulda, Emma Klingenfeld, Max Bamberger. Prosaschriften. Reden. Catilina. Deutsch v. Christian Morgenstern. (LIX, 680 S. m. Bildnis.) 903. 5. —; geb. n.n. 6. —
2. Das Hünengrab. Deutsch v. Emma Klingenfeld. — Frau Inger auf Oestrot. Deutsch v. Emma Klingenfeld. — Das Fest auf Solhaug. Deutsch v. Christian Morgenstern. — Olaf Liljekrans. Deutsch v. Emma Klingenfeld. (Neue Aufl.) (XXIV, 322 S.) 904. n. 4. —; geb. n.n. 5. —
10. Briefe. Hrsg. m. Einleitg. u. Anmerkgn. v. Jul. Elias u. Halvdan Koht. (LXIV, 536 S.) (904.) n. 5. —; geb. n. 6. —; Subskr.-Pr. n. 3. 50; geb. n. 4. 50

— **Sämtliche Werke.** Volksausg. in 5 Bdn. Hrsg. von Jul. Elias u. Paul Schlenther. Einzige autoris. dtsch. Ausg. (CLXXXIII, 438; VII, 590; VII, 553; VII, 521 u. VII, 552 S.) 8. Berlin 907. S. Fischer, Verl. Geb. in Leinw. in Pappkasten 15. —

Henrik **Ibsen**. Sämtliche Werke. Volksausg. in 5 Bden. Hrsg. von Julius Elias u. Paul Schlenther. Einziger autor. deutsche Ausg. [Neue Aufl.] Bd 1–5. Berlin: S. Fischer 1908. 8°

— **Sämtliche Werke in deutscher Sprache.** 2. Reihe. Nachgelassene Schriften in 4 Bdn. Hrsg. von Jul. Elias u. Halvdan Koth. (XV, 428; V, 352; V, 326 u. VIII, 473 S.) 8. Ebd. 909. 24.—; geb. n 28. —

— die **Wildente**, s. a. Bibliothek der Gesamt-Litteratur d. In- u. Auslandes.

---- Die **Wildente**, s. a. Bibliothek, nordische. — Meyers Volksbücher.
Vgl.: Andreas-Salomé, Lou. H. I.'s Frauengestalten. — Jaeger, Henrik. — Schmitt, Eug. Heinr. H. J. als psycholog. Sophist. — Studien, kleine: Odinga, Thdr.

— dasselbe, s. a. Universal-Bibliothek.

— die **Wildente**. Schauspiel in 5 Akten. Deutsch von M. v. Borch. Einzige vom Verf. autoris. deutsche Ausg. 8. (127 S.) Berlin 888. S. Fischer Verl. n. 1. —

[Ant. u. F.] **Henrik Ibsen**. Die Wildente. Schausp. in 5 Akten. Deutsch v. M[arie] v. Borch. 4. Aufl. Einzige v. Vf. autoris. deutsche Ausg. *Berlin: S. Fischer (1897).* (2 Bl., 128 S.) 1 Bd 8. [97. 6582]

— **Die Wildente.** Schauspiel in 5 Aufzügen. Deutsch v. Wilh. Lange. (Dramat. Werke.) (160 S. m. 1 Taf.) 8. Ebd. (907). 1.50; geb. 2. 50

— **dasselbe.** Schauspiel in 5 Akten. (Text u. Einleitg. der „Volksausg." v. Ibsens sämtl. Werken.) (XII u. S. 299—420.) 8. Berlin 910. S. Fischer, Verl. —50;

Ibsen, J., anatomiske undersøgelser over ørets labyrinth. gr. 4. (XIV, 56 S. m. 6 Lith.) Kopenhagen 881. Hagerup. cart. n.n. 11. 25

I Buch. Ein Buchstabir- u. Lesebuch f. artige u. fleißige Kinder von 5—7 Jahren. Aus eigner Erfahrung u. nach den besten Hülfsmitteln bearb. v. ein. pract. Lehrer. 8. (3 B.) Osterode 845, Sorge.

Iburg [Schlagwort]

Iburg. s. Deutschland. Karte. (Abt. Preussen.)

Iburg, Kreis, s. Osnabrück, Reg.-Bez.

— s. Westfalen. Grundkarte.

Iburg [Verfasser]

Iburg, Caesar: Über Metrum und Sprache der Dichtungen Nicole de Margivals nebst einer kritischen Ausgabe des Ordre d'amour von Nicole und einer Untersuchung über den Verfasser des Gedichtes. Rostock 1911: (Junge, Erlangen). IX, 87 S. 8° ¶(Aus: Roman. Forschungen. Bd 31, H. 2.) Rostock, Phil. Diss. v. 23. Dez. 1910, Ref. Zenker

[Geb. 13. Aug. 88 Hamburg; Wohnort: Hamburg; Staatsangeh.: Hamburg; Vorbildung: Wilhelm-Gymn. Hamburg Reife O. 07; Studium: München 2, Leipzig 1, Rostock 3 S.; Rig. 21. Dez. 10.] [U 11. 4154

Iburg, Wilh. v., die Giftmischer. Erzählung. 8. (226 S.) Aachen 865, Cremer'sche Buchh.

Ibyci Rhegini carminum reliquiae. Quaestionum lyricar. libr. I. Scripsit Fr. Guilh. Schneidewin. Praefixa est epistola Car. Odofr. Muelleri. 8maj. (16 B.) Gottingae 833, Kuebler.

Ibyci Rhegini carminum reliquiae. Quaestionum lyric. lib. I. scr. F. W. Schneidewin. Praefixa est epistola C. Odofr. Muelleri. 1888. Recensio critica anonymi. S.-A. 1834. 58 S.

Icára, s. a Chys, Julienne van der.

[J. u. Ant.] Bibaçt v. Icära, Verfasserin v. Zal ... *Berlin: Vossische Buchh. [1896].* (44 S., 1 Bl.) 1 Bd 8.

— Zal. Gedichte. 8. (68 S. m. Bildn.) Ebd. 895. 1. 20; geb. 2. —

Icard, die Beharrlichkeit des Christen. Die beste Gabe an die katholische Jugend um in ihr die Früchte der ersten heiligen Kommunion zu sichern. Mit 1 Stahlst. Nach der 2. Aufl. des Originals bearb. 12. (VIII u. 280 S.) Köln 847, Bachem. n. 16 ngr.

Icard, die Beharrlichkeit des Christen. Die beste Gabe an die kathol. Jugend, um in ihr die Früchte der ersten h. Communion zu sichern. 2. Aufl. in neuer Uebersetzung von einem kathol. Pfarrer. 16. (VIII und 405 S. mit 1 Stahlst.) Köln 855, Bachem.

Iccander (Pseud.), s. a. C r e l l, Joh. Christian (wirkl. Name)

Iccander, sächs. Kern-Chronik. 8. Lpz. Dvf. 726.

— jetztleb. Ministerium in ganz Chursachs. rc. 8. Leipzig, 726—737.

Hol' der Kuckuck die Neujahrskarten! Posse in 1 Akt von Franz Iodrzejewski. *Paderborn: B. Kleine [1902].* (14 S.) 8° [J.] — Theater, Kleines. H. 323.

Ich; eine Geschichte in Fragmenten. Eisenach 1780. V: *Kotzebue, Aug. Frdr. Ferd. von.* (MGT) (Adel) »1781« (JL)

Ich eine Geschichte in Fragmenten zu Nutz und Frommen der mannbaren Jugend, ans Licht gebracht von mir selbst, 8. Eisenach, 781. Krumbhaar. 5 ggl.

Ich, eine Gesch. in Fragmenten, zu Nutz u. Frommen der mannbaren Jugend. 8. Eisenach, Wittekind. (Sommer in Leipz.) 781.

Ich, ein Selbstgespräch ... Zürich 1870. V: *Bernold, Frz Jos. Bened.* (Cat. d. Stadtbibl. Zürich. Zürich 1864—97.)

Unterhaltungsblatt des Grand Hotel 'de Rome' und 'du Nord' (Kopft. von No 10ff.: Ich begleite Dich. Moderne Wochenschrift f. Gesellschaft, Kunst u. Schönheit in deutscher, engl. u. franz. Sprache). Jg. 1. Berlin: (Hotel- u. Bäder-Zeitung [1906]). 4° [Umschlagt.]

Ich begleite Dich. Moderne Wochenschrift f. Gesellschaft, Kunst u. Schönheit in deutscher, engl. u. französ. Sprache. Red.: Rob. Klebinder. 1. Jahrg. März 1906—März 1907. 52 Nrn. (836 S. m. Abbildgn.) 4. Berlin, Hotel- u. Bäder-Zeitg. n. 10. —

Ich begleite Dich. Moderne Wochenschrift f. Gesellschaft, Kunst u. Schönheit in deutscher, engl. u. französ. Sprache. Red.: Rob. Klebinder. 2. Jahrg. März 1907—Febr. 1908. 52 Nrn. (à ca. 16 S. m. Abb.) 31×24 cm. Berlin, Hotel- u. Bäder-Zeitg. 9. 60

— bin bereit! Leben u. Sterben v. Immanuel Dammann. (Von Dammann.) 2. Aufl. (36 S. m. 8 Abbildgn.) 8. Neumünster (908). Vereinsbuchh. G. Ihloff & Co. nn — 30

Ich bin da! Empfundenes und Gedachtes über Gott, Freiheit und Unsterblichkeit. V: *Teuber, Harry.* (Berlzu 1919, I, 442)

ICH bin dein Gott. Nagybecskerek (Groß-Betschkerek) o. J.: Fr. Paul Pleitz. 4 S. - 130 mm

Ich bin der Herr, Dein Arzt. Zeitschrift z. Förderung d. Gebets- u. Glaubenslebens insbes. in d. Krankenheilung. Jg. 1–5, No 8. [Mehr nicht erschienen.] (Stettin: Peters & Herzog 1901–05.) 5 Bde 4° [J.]

— bin der Herr, Dein Arzt. Zeitschrift zur Förderg. des Gebets- u. Glaubenslebens, insbesondere in der Krankenheilung. Red.: Peters. 1. u. 2. Jahrg. 1901 u. 1902. à 12 Nrn. gr. 4. (à 8 S. m. Abbildgn.) Stettin, Christl. Buch- u. Kunsthandlg. à Jahrg. n. 2. —

— dasselbe. Zeitschrift zur Förderg. des Gebets- u. Glaubenslebens, insbesondere in der Krankenheilg. Red.: Peters. 3. u. 4. Jahrg. 1903 u. 1904. à 12 Nrn. (à ca. 8 S. m. Abbildgn.) gr. 4. Stettin, Christl. Buch- u. Kunsthandlg. à Jhrg. n. 2. —

— bin der Herr, dein Arzt. Trostworte, Gedichte v. einer Kranken f. Kranke. (78 S.) 8. Berlin 906. (Schriftenvertriebsanstalt.) Geb. n.n 1. 50

—— bin der schöne Meyer und werd' 'was vortragen. Eine Sammlung der besten humorist. Vorträge geeignet für heitere Gesellschaftskreise. 1. und 2. Aufl. 16. (IV, 88 S.) Naumburg 872, Regel.

Ich bin der schöne Meyer und werd' 'was vortragen. Eine Sammlung der besten humorist. Vorträge, geeignet für heitere Gesellschaftskreise. 3.—5. Aufl. gr. 16. (IV, 91 S.) Naumburg 875—77, Regel. *

„Ich bin der Weinstock, ihr die Reben" [Joh. 15, 1—8]. 1. und 2. Aufl. 8. (14 S.) Elberfeld 878, (Langewiesche's Buchh.) *

— bin der Weinstock, ihr die Reben." [Joh. 15, 1—8.] 3. Aufl. 8. (14 S.) Elberfeld 886. (Faßbender.) — 6

„— bin der Weinstock, ihr seid die Reben." (Joh. 15, 1—8.) 4. Aufl. 12. (14 S.) Elberfeld 896. R. Brockhaus (durch J. Faßbender). n. — 06

Ich bin der Weinstock, ihr seid die Reben'. (Joh. 15, 1–8.) 5. Aufl. *Elberfeld: R. Brockhaus 1903.* (14 S.) 8° [F.]
= [Schriften z. Erbauung d. Gläubigen.] No 207. [04. 14318

Ich bin die unbefleckte Empfängniß, oder Handbuch der Verehrer unserer lieben Frau v. Lourdes. Ein vollständ. Gebet- und Erbauungsbuch von P. Maria-Antonius. 16. (VIII, 198 S.) Aachen 886, A. Jacobi und Comp. * 60 Pf.; geb. * 1 —

Ich bin ein Christ. Selbstgespräche ... Frankfurt u. Leipzig 1774. V: *Hegelmaier, Thomas Gottfried.* (ML) »1775—76«. (Ky)

Ich bin ein Christ, Selbstgespräch von d. Verf. der Zeichen dieser Zeit (Th. Gf. Hegelmaier). 3 Thle. 8. Stuttg. 775, 76. Metzler). 2 ₰

Ich bin ein Landwirth, Will ein Landwirth sein! Breslau [1845]. V: *Gumpert.* (Kat. d. Druckschr. üb. Breslau. Breslau 1903. S. 406.)

Ich bin eine Dienerin des Herrn! Ein Unterrichts- und Gebetbuch für christl. Jungfrauen, besond. für solche, welche dem Dienstbotenstande angehören. Aus dem Engl. übers. von Jos. Maria Reiste. 12. (IV und 473 S. mit 4 Stnt.) Einsiedeln 866, Gebr. Benziger.

Ich bin eine Dienerin des Herrn! Ein Unterrichts- und Gebetbuch für christl. Jungfrauen. Aus dem Engl. übers. von Jos. Maria Reiste. 2. verb. Ausg. 18. (480 S. mit 4 Stnt.) Einsiedeln 872, Gebr. Benziger.

„Ich bin es!" oder: Jesu Stimme im Sturm. Aus dem Engl. 16. (66 S.) Hamburg 855, Oncken.

—— bin es! oder des Herrn Stimme im Sturm. 32. (99 S. mit Stahlst.) Reutlingen 862, Kurtz. geb. mit Goldschn. *

Ich bin es! oder des Herrn Stimme im Sturm. Mit Stahlst. Reutlingen 862. Kurtz. 32. (96 S.) n. 12 ngr.

Ich bin e Sächser, will e Sächser sein! Mit 6 Illustrationen. Berlin, A. Hofmann u. Comp. 1 Bl. Fol.
Flugblatt. Berlin, 1848/49.

Ich bin im Volk ein schlichter Lehrer. Mahnruf zur Friedensarbeit gerichtet an alle Jugendbildner. 4. Aufl. Wien 1910. V: *Demal, Ludwig.* (EB)

'Ich bin's' oder die Stimme Jesu im Sturm. (Mark. 6, 45–52. Nach d. Franz. von Th. G. Elberfeld: R. Brockhaus 1904. (23 S.) 8° [F.]
= [Schriften z. Erbauung d. Gläubigen.] No 201. [05. 3308

Ich bitt' um's Wort! Eine Stimme ohne Sitz. Sitzung der Zweiten Kammer vom 8. März 1849. In Commission bei L. Lassar. 1 Bl. Fol.
Flugblatt. Berlin, 8. März 1849.

— bitt' um's Wort. Heitere Tafelreden f. alle Festlichkeiten. Orig.-Beiträge v. J. Stettenheim, R. Schmidt-Cabanis, O. Justinus u. Anderen. 8. (VIII, 298 S.) Berlin 887. Neufeld & Henius. n. 4. —; geb. n. 5. —

— bitt' um's Wort! Heitere Tafelreden in Poesie u. Prosa f. alle Festlichkeiten. Orig.-Beiträge v. Jul. Stettenheim, Rich. Schmidt-Cabanis, Osc. Justinus u. a. (2. Aufl.) 8. (292 S.) Berlin 891. Neufeld & Henius. n. 4. —; geb. n. 5. —

— bitt' ums Wort! Heit. Tafelreden in Poesie u. Prosa f. alle Festlichkeiten. Orig.-Beiträge v. Jul. Stettenheim, Rich. Schmidt-Cabanis, Osc. Justinus, Ant. Ludwig u. a. D. gebild. Kreisen gewidmet. 4. Aufl. 8. (292 S.) Berlin 896. Neufeld & Henius. n. 4. —; geb. n. 5. —

— bitt' ums Wort! Heitere Tafelreden in Poesie u. Prosa f. alle Festlichkeiten. Orig.-Beiträge v. Jul. Stettenheim, Rich. Schmidt-Cabanis, Osc. Justinus, Ant. Ludwig u. a. Den gebildeten Kreisen gewidmet. 5. u. 6. Aufl. 8. (à 292 S.) Berlin (899. 901). Neufeld & Henius. 4. —

— bitt' ums Wort! Heitere Tafelreden in Poesie u. Prosa f. alle Festlichkeiten. Orig.-Beiträge v. Jul. Stettenheim, Rich. Schmidt-Cabanis, Osc. Justinus, Ant. Ludwig u. a. 7. u. 8. Aufl. (292 S.) 8. Berlin (903. 906). Neufeld & Henius. n. 4. —

Ich denke dein. 16. (32 S. m. 24 Farbdr.-Bildern.) Stuttgart 891. F. Loewe. Kart. 1. 20

Ich, der persönliche Charakter, der. gr. 16. (32 S.) Bremen 876, (Tannen.) *

Ich diene! [Unterz.:] H. Breslau o. J.: Nischkowsky. 2 Bl. 8°.
„In einer Zeit, wo üpp'ger Übermuth" ... 358.

„Ich erwachte!" Lebens-Zustände im Jenseits. Durch automat. Schreiben mitgeteilt. A. d. Engl. übers. v. J. Shaw Stewart. Einz. vom Verf. autor. deutsche Ausg. 12. (XII, 125 S.) Braunschweig 895. Berlin, C. A. Schwetschke & Sohn. n. 1. 50

Ich fraage darnach Wann Titt. Herr Christoff Sukke, Raths Kämmerer in Berlin, seine Tochter Jgf. Annen Katherinen, An Herrn Friderich Zorn, vornehmen Bürgern und Apothekern bey der Churfürstlich Brandenb. Haubt- und Residentz-Stadt auch Veste Berlin, nach vorhergegangener Werbung, und darauff erfolgter Zusage am 21. Tage des Weinmonats 1672 durch Priesterliche Hand vergiebet und zum Ehestande versetzet. [Köln an d. Spree.] V: *Peukker, Nicolaus.* (BGE I³, 280)

Ich u. meine Frau. 3 Erzähll. v. Laun, Lindau u. Schilling. 8. Dresd. 815. Arnold. 1 ℔ 6 gl

— führe Dich f. 20 Pfg. in u. um Berlin. Mit Plan v. Berlin u. 4 grossen Umgebungsplänen. Jahrg. 1909. Ausg. April. (35 S. m. Abbild.) 33,5×25 cm. Berlin (S. W., Friedrichstr. 207), Deutscher Verlag f. Verkehrswesen. —20

Ich gehe in die Loge. Separatabdruck aus Nr. 19 der »Alpina«. Bern 1881. V: *Wackernagel, Joh. Gfr.* (Tt)

Ich glaube an die hl. katholische Kirche, s. Volksbroschüre, kathol. Nr. 1.

(F) Ich glaube an die heilige katholische Kirche oder: welch ein Glück, ein Katholik zu sein. Eine Erwägung zur Stärkung des hl. katholischen Glaubens von einem Ordenspriester. Mit Imprimatur des hochw. Ordinariates Linz vom 25. April 1901. Linz-Urfahr. [1901.] Pressverein. 16°. 29 S. K —.07

Ich und meine Gläubiger. Roman ... Hirschberg 1809. 2. Aufl. 1823. V: *Schulze, Friedrich August.* (MGT)

Ich und meine Gläubiger v. Felix Wohlgemuth (Fr. Laun.) Wohlf. Ausg. 8. Hirschberg 823, Thomas.

Ich gratuliere! Glückwünsche u. Gratulationen f. Neujahr u. Weihnachten sow. f. Geburtstagsfeste. 8. (48 S.) Berlin 896. A. Weichert. — 25

— grüße Dich! Die schönsten Lieder der Liebe. 16. (48 S.) Styrum 891. A. Spaarmann. — 20

— hab' e. schönes Bilderbuch. (12 farb. Bilder [auf Pappe] m. Text in Versen v. Egon Hugo Strasburger.) gr. 8. Stuttgart (909). Loewe. Geb. 2. —

—— habe eine unsterbliche Seele. Ein Laien-Zeugnis wider den Unglauben im Gewande der Wissenschaft, zugleich als Mahnruf für die Gebildeten in der evangel. Kirche. gr. 8. (96 S.) Frankfurt a. O. 888, (Harnecker und Comp.) ** 1 80

„—— habe es". Eine wahre Geschichte. 32. (19 S.) Barmen 869, (Buchh. der evangelischen Gesellschaft.) *

—— dass. — 16. (16 S.) Barmen 874, (Wiemann.) *

— hab's am besten! 16. (15 S.) Dinglingen 897. (Frankfurt a/M., J. Schergens.) — 15

Ich heiße Theiß, oder d. Apfeldieb; Operette. 8. Regensb. 779. Montag u. W. 8 gl

Ich heisse Theiss, oder der Apfeldieb; eine Operette. Regensburg 1781. V: *Erdmann, Ludwig.* (MGT)

— helfe dir! spricht Jehova, s. a. Volksbücher, christliche.

Ich helfe dir! spricht Jehova. Trost u. Rat aus d. Heil. Schrift. Kattowitz: R. Urban-Kalenda 1906. (51 S.) 8° [F.]
= Volksbücher, Christliche. No 1. [07. 10485 2

Ich u. meines Ichs körperl. Irrleben, Thorheiten u. dumme Streiche, dargest. v. meinem Ich, d. Erfahbudrich F. Theriak, dermalen Provisor bey der neuen Kant-Fichte'schen Seelenapotheke. 8. Leipz. Weygand. 797.

Ich irre mich nie, oder der Räuberhauptmann, Lustspiel von C. Lebrün. 8. Mainz, Kupferberg. 820.

— kann nicht schweigen. 8. Hannov. 804. Hahn. 2 gl

— kann schneidern. Illustriertes Hausbuch der prakt. Schneiderei. Hrsg. v. Antonie Steimann, unter Mitarbeit v. Elsa Herzog, Käthe Krause, Erna Meyer, Marie Gerbrandt, Gertr. Schnabel. (XV, 464 S. m. Abbildgn.) gr. 8. Berlin 908. Ullstein & Co. Geb. in Leinw. 3. —

— klage an. Ein ernstes Mahnwort an alle liberalen Wähler v. e. deutschen Patrioten. (37 S.) 8. Dresden (907). E. Pierson. — 50

Ich klage an! Briefe aus preuß. Seminaren. Mit e. kurzen Vor- u. Nachw. von Emeritus. Kiel: Haase 1908. (32 S.) 8° [09. 8558 8

— liebe sie. Eine Auswahl der schönsten beliebtesten Opern-Arien, zum geselligen Vergnügen. Mit Kpf. 8. Bremen 809. Müller. 20 gl Schrbp. 1 ℔

Ich, Das liebe, und das bedrohte Vaterland. Wien 1813. V: *Enzenberg, Franz Graf.* (Wertheimer, Eduard von, Wien und das Kriegsjahr 1813. Wien 1893. S. 19.)

—— möchte gern Gott dienen. 64. (16 S.) Elberfeld 878, (Langewiesche's Buchh.) *

Ich muss Paris sehen oder acht Tage in dieser Weltstadt. Praktischer auf eigene Anschauung und Erfahrung begründeter Fremdenführer. 32. (27 S.) Wien 858, (Manz und Comp.) **

Ich muss Paris sehen, oder acht Tage in dieser Weltstadt. Praktischer, auf eigene Anschauung und Erfahrung begründeter Fremdenführer. *Wien* 1858. *Mechitharisten* Buchdr. 27 S., 16°. 12 kr.

— u. mein Nachbar. Scenen aus Paris. 2 Thle. 8. Merseb. 823. Sonntag. 2 ℔ 8 gl

— schneidere alles. Favorit-Sonder-Heft Nr. 1—9. Ebd. 4. 60
1. Ball- u. Gesellschafts-Kleidung. Red.: P. Gratz. (32 S. m. Abbildgn.) 32×24 cm. (908.) — 60
2. Die Favorit-Kleidung f. den Backfisch u. die junge Dame. (32 S. m. Abbildgn.) 32×23,5 cm. (909.) — 50
3. Bluse u. Jackenkleid m. besond. Berücksicht. d. Reise- u. Sportbekleidung. (32 S. m. Abbildgn.) 32×23,5 cm. (909.) — 50
4. Babykleidung, die, u. Kinder-Garderobe bis z. Backfisch-Alter. (32 S. m. Abbild.) 35,5×24 cm. (908.) — 50
5. Gesellschafts-Kleidung einschliessl. Hochzeitstoiletten. (32 S. m. Abbildgn.) 35,5×24 cm. (909.) — 50
6. Konfirmations- u. Schulkleidung. (32 S. m. Abbildgn.) 32×23,5 cm. (909.) — 50
7. Bluse, die, u. der Rock. (32 S. m. Abbildgn.) 32×23,5 cm. (910.) — 50
8. Alltags-Kleidung, die, m. Ratschlägen f. besonders starke u. schlanke Damen. (32 S. m. Abbild.) 33,5×24 cm. (910.) — 50
9. Ball- u. Gesellschafts-Toiletten. (32 S. m. Abbildgn.) 31,5×23,5 cm. (910.) — 50

— spiele nicht! Lieber lese ich in diesem schönen Bilderbuche. Wesel 869. Düms. gr. 4. (10 Chromolithogr. mit Text.) cart. 11 ngr

Ich suche e. idealen Menschen. Eine Art Selbstbiographie nebst e. Charakteristik der civilisirten Menschen. Von Otto Humanus. 8. (59 S.) Berlin 886. Edler. n.n. 1. 30

ICH und meine Sünden. Beichte eines armen Sunders. (Stellenw. pikanter Roman.) Neuburg u. Arnheim, im Reichs-Commissions- u. Industrie-Bureau. O. J. (Leipzig, Joachim, 1803). 8°.
152 SS. Dedic. unterz.: Karl Flor.

Ich und die evangel.-luther. Synode von Pennsylvanien. Ein freimüthiges Wort an alle Deutsche. gr. 8. Philadelphia 841. (Bremen, Heyse.) n. 1/4 rf

Ich u. mein Haus wir wollen dem Herrn dienen. Erhebung zu Gott in Gebeten u. Betrachtungen f. evang.-kathol. Christen. Hrsg. v. Joh s. de Marle. 1. Sammlung. 8. (335 S.) Schkeuditz 847, de Marle's Selbstverlag. 2/3 rf

Ich und mein Haus wollen dem Herrn dienen. Eine Aufforderung zur täglichen Haus-Andacht im Familienkreise. Nebst einem neuen Verzeichniss von ausgewählten Stellen der heiligen Schrift für jeden Tag des Jahres. Strassburg 1853. V: *Härter, F.* (zu)

Ich und mein Haus wollen dem Herrn dienen! Eine Aufforderung zur tägl. Haus-Andacht im Familienkreise. Nebst einem neuen Verzeichniß von ausgewählten Stellen der heil. Schrift für jeden Tag des Jahres. 12. (28 S.) Straßburg 853, Wwe. Berger-Levrault und Sohn.

Ich und mein Vetter, s.a. Schmidt, Wilhelm

Ich und mein Vetter, oder zwanzig Kapitel über geistliches Wesen und Unwesen. Erfurt 1798. V: *Schmidt, Wilhelm.* (MGT) (KY)

— u. mein Vetter, oder 20 Cap. über geistl. Wesen u. Unwesen, (v. Wlh. Schmidt). 8. Erf. 798. Keyser. 8 K

Ich weiß Bescheid in Berlin. Vollständ. systemat. Führer durch Groß-Berlin... Bearb. von hervorrag. Fachgelehrten. (Hrsg.: Walther Bloch-Wunschmann.) Ausg. [1.] 1908/09. Berlin: B. Behr 1908. 8° (08. 11,6)

— weiss Bescheid in Berlin. Illustrierter systemat. Führer durch Gross-Berlin f. Fremde u. Einheimische, f. Vergnügungs- u. Studienreisende. Bearb. v. hervorrag. Fachgelehrten. 2. Aufl. 1909/10. 21.—30. Taus. (XIV, 375 S. m. 2 farb. Plänen.) kl. 8. Berlin-Zehlendorf, B. Behr's Verl. 1.—; geb. 1. 50

Ich weiß, daß mein Erlöser lebet. Vier weiße Blumen mit Broncekreuz. Chromolithogr. 16. Leipzig 883, (Baldamus.)

— weiss Rat! Unentbehrliches Handbuch der Kunstgriffe u. Kniffe f. die hauptsächlichsten Schwierigkeiten der Damen-Schneiderei. (72 S. m. Abbildgn.) Lex. 8. Dresden (910). Internationale Schnittmanufaktur. 1. 50

— weiß, wie alt Du bist. Ein unterhalt. Spiel für Personen jedes Standes und Alters. 32. (7 Karten mit 1 S. Text.) Dresden 875, A. Wolf. In Futteral

Ich werde katholisch. Wer folgt mir, od. wer hält mich zurück? Bittende Frage im persönlichen wie im Interesse der Völker von einem Evangelischen. gr. 8. (133 S.) Leipzig 878. Roßberg in Comm. n. 2. —

— will dem Kaiser Rede stehen! 2. Tausend. gr. 8. (III, 115 S.) Berl. 891, [Zoberbier.] Bibliograph. Bureau. 1 —
Fortsetzung, s. Ripper, Paul. Ich will dem Kaiser Rede stehen!

— will dich segnen. Das Leben der Erzväter in Bildern u. Geschichten. (20 S.) gr. 8. Ebd. (906). — 15

Ich will die Hand wieder abhauen. Ja, ja, e. guter Mann. Ein guter Gedanke, s. Volksschriften des Arbeiterfreundes. 7.

— will es ihr heimgeben, s.: Kindertraktate.

Ich will ihm eine Gefährtin machen, die um ihn sei. (1. Moses 2. 18.) [Leipzig o. J.: Teichmann & Co.] 12 S. 8°. [Umschlagtit.] (Aufklärungsschriften des Freimbundes z. aufgeh. Sonne. 2.)
aus: So. 6 (1912/13) S. 55—59.

— will ihnen was erzählen. Schausp. von Inchbald. a. d. Engl. 8. Zittau. Schops. 792.

Ich will kein Patriot seyn. Wien 177? V: *Haslinger, Johann Adam von.* (MGT)

— will mit dir sein! Das Leben Moses in Bildern u. Geschichten. (20 S.) gr. 8. Konstanz (906). C. Hirsch. — 15

— will, sei rein! od. Beichtbüchlein f. christl. Kinder v. e. Priester der Erzdiözese Freiburg. 16. (71 S.) Sigmaringen 883. Freiburg i/Br., Herder. geb. n.n. — 20

— will spiegeln mich in jenen Tagen. Ein Kindheitsbuch zürcher. Dichter. (145 S.) kl. 8. Zürich 909. (C. Bachmann.) Geb. 2. 50

— will zu meinem Vater", s.a. Für Dich.

'Ich will zu meinem Vater.' Von M. v. O. *Berlin: Deutsche Ev. Buch- u. Tractat-Ges. 1897.* (31 S.) 8° [F.]
= Für Dich! No 10. (00. 9205)

— wollte es immer und — —", s.a. Für Dich.

'Ich wollte es immer und — —' *Berlin: Deutsche Ev. Buch- u. Tractat Ges. 1896.* (14 S.) 8° [F.]
= Für Dich! No 8. (00. 1213)

Ichak, Frida, aus dem Haushalte der Natur (Die Lehre v. der Energie), s.a. Hillger's. Herm.. illustr. Volksbücher.

Ichak F, aus dem Haushalte der Natur. Die Lehre von der Energie. (84 S) (Hillgers Volksbücher 86) Berlin (1907)

— Optik (Die Lehre vom Licht), s.: Hillger's, Herm., illustr. Volksbücher.

Ichenhaeuser, Eliza, d. Ausnahmestellung Deutschlands in Sachen d. Frauenstudiums. gr. 8. (47 S.) Berlin 896. H. Walther. n. — 80

Ichenhaeuser, Eliza: Die Ausnahmestellung Deutschlands in Sachen des Frauenstudiums. — Berlin: Walther 1897. 47 S. 8°

Ichenhaeuser, Eliza: Bilder vom Internationalen Frauen-Kongress 1904. Im Auftr. d. Berliner Lokal-Komitees red. (Hrsg. v. d. „Woche“.) — Berlin: Scherl (1904). 48 S. qu-8° [Umschlagt.:] Bilder v. internat. Frauen-Kongress. 1904.

Ichenhaeuser, Eliza: Die Dienstbotenfrage und ihre Reform. Vortrag, geh. im Berliner Frauenverein in Berlin u. im Rechtsschutzverein f. Frauen in Dresden. — Berlin: Walther 1900. 24 S. 8°

Ichenhaeuser, Eliza, zur Ehereform, s. a. Kultur u. Fortschritt.

Ichenhaeuser, Eliza: Zur Ehereform. — Gautzsch b. Leipzig: Dietrich 1909. 46 S. 8° (Kultur u. Fortschritt. 228-30.)

Ichenhaeuser, Eliza: Erwerbsmöglichkeiten für Frauen. Prakt. Ratgeber f. erwerbsuchende Frauen. Nebst Nachweis v. Wohlfahrtseinrichtungen. 2. Aufl. — Berlin: Ebhardt (1897). VI, 199 S. 8°

— Erwerbsmöglichkeiten f. Frauen. Prakt. Ratgeber f. erwerbsuch. Frauen in allen Angelegenheiten d. Vorbildg., d. Anstellg. u. d. sozialen Selbständigkeit. Nebst Nachweis v. Wohlfahrtseinrichtgn. 2. Aufl. gr. 8. (VI, 199 S.) Berlin 898. F. Ebhardt & Co. n. 2. 60; geb. 3. 50

— zur Frauenfrage. gr. 8. (V, 115 S.) Zittau 896. Leipzig, Pahl's Verl. n. 1. 20

— zur Frauenfrage. 1. u. 2. Folge. gr. 8. Berlin, C. Duncker. n. 3. 20
1. 2. [Titel-]Aufl. (III, 115 S.) (896.) 899. n. 1. 20
2. (V, 120 S.) 899. n. 2. —

— Das Frauenwahlrecht. — Berlin: Duncker [1906]. 55 S. 8°

Ichenhaeuser, Eliza: Die politische Gleichberechtigung der Frau. — Berlin: Duncker 1898. VIII, 88 S. 8°

Ichenhaeuser, Eliza: Die Journalistik als Frauenberuf. — Berlin u. Leipzig: Frauen-Rundschau [1905]. 38 S. 8°

— ⟨E. Rosevalle⟩: Der gegenwärtige Stand der Frauenfrage in allen Culturstaaten. Eine vergleichende Studie. — Leipzig: Rossberg 1894. 57 S. 8°

Ichenhäuser, Ernst: Über einige Disazofarbstoffe aus Phenol und Kresolen. [1905.] 40 S. 8°
München, Dr.-Ing.-Diss. v. 23. 12. 1905

Ichenhäuser, E: Über einige Disazofarbstoffe aus Phenol und Kresolen. Diss. München. Fürth i. B. (1905)

Ichenhaeuser, Justus: Ein Beitrag zur Übervölkerungsfrage .... Berlin, Neuwied, Heuser's Verl (Louis Heuser), 1888; 4 Bl. 4- - 4 S. 8° Tübingen, Staatsw. Fak., Inaug.-Diss. v. 1888

Ichenhaeuser, Just., e. Börsenkrisis. Ein Beitrag zur Geschichte der Krisen gr. 8. (20 S.) Zittau 893. Pahl. n. — 75

Ichenhaeuser, Börsenkrisis. Ein Beitrag zur Geschichte der Krisen. Zittau 894.

— finis argenti. Eine Beantwortg. d. Fragebogens der Silberenquete-Kommission gr. 8. (25 S.) Ebd. 894. n. — 75

Ichenhaeuser, J. Finis argenti. Eine Beantwortung des Fragebogens der Silberenquete-Kommission. Zittau 1894.

Reformarbeit an den Börsenauswüchsen von Dr. Justus **Ichenhaeuser**. Zittau: Pahl 1893. (46 S.) 8° (07. 7007 2

Ichenhaeuser, Just., s.: Volkswirt, der internationale.

Ichenhaeuser, Just., finanzielle Zeit- u. Streitfragen. gr. 8. (VII, 243 S.) Zittau 895. Leipzig, Pahl. n. 3. —

Ichenhäuser, Just. Finanzielle Zeit- und Streitfragen. gr. 8°. Zittau, Pahl, 1895.
(Enth.: Inländische Anlehen. — Ausländische Anlehen. — Notleidende Anlehen.)

Ichenhäuser, Just. Finanzielle Zeit- u. Streitfragen. gr. 8°. Zittau, Pahl, 1895.
Enth.: Eisenbahn und Post.

Ichenhaeuser, Just., s.: Zeitschrift f. das gesamte Aktienwesen.

Ichenhäuser, Menki, Medizinalpraktikant a. Fürth in Bayern: Aus d. kgl. u. gynäkol. Klinik in München (Prof. Dr. J. A. Amann). Beitrag zur Kasuistik der beiderseitigen Tubergravidität [!]. München 1907: Kastner & Callwey. (42 S.) 8°
München, Med. Fak., Ref. v. Winckel, Diss. v. 11. Jan. 1908
[Geb. 9. Juli 82 Fürth in Bayern; Wohnort: Fürth; Staatsangeh.: Bayern; Vorbildung: Gymn. Fürth Reife Juli 01; Studium: Erlangen 5, München 2, Berlin 1, München 2 S.; Coll. 11. Jan. 08; Approb. 23. Dez. 07.]

Ichnographia Chymiae fundamentalis ex specimine Stahliano ... Budingae 1722. V: *Carl, Joh. Samuel.* (EB)

Ichnographia Institutionum Justinian. Giss. 1706. V: *Hert, Johann Nicolaus.* (stri)

Ichok, Frida. Über die Ausnahmestellung der Wärme unter den Energieformen. Diss. Phil. [II.] Univ. Zürich. 45 S. 8. Berlin, Gustav Schade, 1906.

Ichon, Eduard, a. Bremen: Die Verhandlungen über die Anerkennung der preußischen Königswürde am Reichstage zu Regensburg (1701). Heidelberg 1907: J. Hörning. (64 S.) 8°
Heidelberg, Phil. Fak., Ref. Marcks, Diss. v. 26. Juli 1907
[Geb. 27. Dez. 79 Bremen; Wohnort: Bremen; Staatsangeh.: Bremen; Vorbildung: Gymn. Bremen Reife O. 00; Studium: Heidelberg 1, München 4, Berlin 1, München 2, Heidelberg 2 S.; Rig. 6. Mai 07.]

Ichon, Hermann, Referendar: Der Verlagsvertrag und die Licenz zur öffentlichen Aufführung. *Berlin 1900: W. Pilz.* (X, 48 S.) 8°
Freiburg i. B., Rechts- u. staatswiss. Diss. v. 1900

Ichthyol, das, 100 bewährte Receptformeln für dessen Gebrauch. 16. (26 S.) Hamburg 888. (Leipzig, Gracklauer.) — 30

Ichthyol, Das. 400 bewährte Receptformeln für dessen Gebrauch. Hrsg. von der Ichthyol-Gesellschaft (Cordes, Hermanni & Co.). 3. Aufl. Hamburg 1903

Ici Paris
v. Ici Paris.

Icilius Quintus, s. Guischardt.

Ick, J. B., Die Briefpost in der dänischen Monarchie. Eine Zusammenstellung der für Versendungen mit der Briefpost geltenden Taxen und reglementaren Bestimmungen, mit beigefügten Nachrichten in Betreff der Freimarken, der Baarzahlungen durch die Post und über die Briefsammlungsstellen. gr. 8. (VIII und 134 S.) Ploen 856. (Eutin, Völckers.) •

H. Icke u. K[arl] Martin. Die Silatgruppe, Brack- und Süsswasser-Bildungen der oberen Kreide von Borneo. Leiden: vorm. E. J. Brill 1906. (S. 106–144.) 8°
— Sammlungen d. Geol. Reichs-Museums in Leiden. Ser. 1. Bd 8, H. 2.

Icke, Pauly, approb. Arzt aus Flensburg: Ein Fremdkörper in den Atmungswegen. Nach einem Falle aus d. Anschar-Krankenhause zu Kiel. *Kiel 1898: P. Peters.* (11 S.) 8°
Kiel, Med. Diss. v. [17. Dez.] 1898

Ickelsamer, Valent., Teutsche Grammatica daraus einer von jm selbs mag lesen lernen mit allem dem, so zum Teutschen lesen vnnd desselben Orthographiam ... zu wissen gehört. Auch ettwas von der rechten art vnd Etymologie ... vnnd wie man die Teutschen wörter in jre silben taylen vnd zusamen Buchstaben soll. [Nürnberg 1537?]
—, — Herausg. von Kohler. Freiburg i. B. und Tübingen 1881. 8. . . . . (D.)

Ickelsamer's, Valentin, teutsche Grammatica. Hrsg. von **Kohler**. 2. u. 3. durchgeseh. Aufl. des Neudrucks. gr. 8. (XII, 48 S.) Freiburg i/Br. 881. Mohr. n. 1. —; feine Ausg. n. 1. 50; geb. n. 3. —

— Ein teutsche Grammatica. (1. Ausgabe) abgedruckt in Hnr. Fechner, 4 seltene Schriften. Berlin 1882.

— dasselbe,
— die rechte weis auffs kürtzist lesen zu lernen, } s.: Schriften, vier seltene, des 16. Jahrh.

Icken, s. *Iken*.

Ickenroth, C., kleine Geographie. Ein Wiederholungs- und Übungsbüchlein für die Hand der Schüler in Volksschulen. 8. (60 S.) Düsseldorf 882, Schwann'sche Verlagsh.

Ickert, Franz, Medizinalpraktikant in Leipzig: Aus d. med. Universitäts-Poliklinik zu Leipzig (Geheimrat Prof. Dr. Hoffmann). Zur Casuistik des Hydrocephalus congenitus. Leipzig 1907: H. Schneider. (63 S.) 8°
Leipzig, Med. Fak., Ref. Hoffmann, Diss. v. 25. Sept. 1907
[Geb. 7. April 83 Leipzig; Wohnort: Leipzig; Staatsangeh.: Sachsen; Vorbildung: Realgymn. Leipzig bis O. 02; Studium: Leipzig 10 S.; Coll. 9. Okt. 07; Approb. 21. Mai 07.]

Ickler, Carl, „Schlüsselblumen". Erzählungen. 12. (III, 93 S.) Hofgeismar 893. L. Käseberg. (Leipzig, F. Schneider.) n. — 75

Ickx, Pflichten des Menschen in ihrer praktischen Anwendung! Die 10 natürl. Gebote an dem Wege gesammelt. (79 S.) gr. 8. Bamberg (905). Handels-Druckerei u. Verlagsh. n. 1. —

Ickstadt, Johann Adam Freiherr von. Gründliche Abhandlungen von den Jagdrechten ... Nürnberg, Erlangen 1748—49. V (Vorrede): *Klett, Joh. Friedrich.* V (Entwurf): *Aufsess, Chph Ludw. Baron von.* (BrMm)

ICKSTATT, Joh. Adam Frhr. v.: Gründliche Abhandlungen von den Jagdrechten wie sich solche aus den allgemeinen, natürlichen, und besondern Statsrechten erweisen lassen. Mit einer Vorrede von dem verschiedenen Zustande der Jagden bey den Römern und Deutschen und einem Anhang von den neuesten mehrentheils ungedruckten Churmayntzischen, Churbayerischen, Erzherzoglich-Oesterreichischen, und andern Jagdordnungen. Nebst einem Entwurf von einer vortheilhaft eingerichteten Waldordnung begleitet und mit einem Register versehen. - Nürnberg 1749. 22 Bl., 428 S., 8 Bl. Reg., 172 S.

ICKSTADT, Jo. Andr.:) Gründl. Abhandl. von denen Reichs-, Collegial-, Deputat.- u. Kreistagen u. der denen dazu bevollmächt. Botschafften u. Abgesandten zustehenden Accis- u. Zollfreiheit u. s. w. 772. 4.

v. ICKSTADT, J. Adm.: Gründl. Abhandl. von d. Reichs-, Collegial-, Deputations- u. d. Kreis-Tagen. *Ulm*, Stettin. 772. 8. (8 Gr.)

— — — Dissertatio de differentiis juris naturalis, Romani, Germanici & Bavarici provincialis Maximilianei civilis circa successionem conjugum intestatam, testatam, & pactitiam tam unilateralem, quam bilateralem seu reciprocam. — Cum thesibus ex parte prima codicis Maximilianei Bavarici civilis ejusque animadversionibus depromptis. Präs. Benedict Schmidt. Ingolstadt 28. VII. 1761. Ing. & München (Joh. Franz Xav. Crätz & Thomas Summer, bibliop. Augustani). Druck: Ing. (Wwe. Maria Anna Schleigin). 72 Seiten. (6.50) 16700
Gew.: Johann Adam Frh. v. Ickstatt.

Ickstatt, Jo. Adam.: Dissertationes juris publici sex, . . . quas per modum commentarii luculentissimi ad § 52 art. 5. Pacis Westphal. Osnabr. publicae luci exposuit author. Norimbergae 1736.

Ickstadt, I. Adam de, dissertationes juris publ. 4. Krüb. 738.

ICKSTADT, J. A.: Elementa juris gentium *Wirzeb.* 740. 4.

ICKSTATT, Joh. Adam: Dissertatio de eo, quod iure naturali circa venationes iuris est. - Würzburg 1736

— s. J. H. v. Falkenstein, Geschichte rc.

— — Dissertatio II. de fundamentis atque historia exceptionum a jure majorum in conventibus imperii tam universalibus quam particularibus, quam in ordine ad intellectum §. 52. art. V. instr. pacis Westphalico-Osnab. penitius hauriendum ex actis publicis adornavit, atque publicae luci exposuit. Würzburg (Marcus Anton Engmann) 1736. 66 S., z. gr. Tl. dtsch. (7.—) 16697

Ickstatt, J. A. F. v. Grundsätze von dem Majestätsrecht der obristen Herrschaft . . . O. O. 1765. H: *Moser, Joh. Jacob.* (ML) (EngJ)

AB ICKSTATT, J. Adm.: Grundsätze v. d. Majestätsrechte d. obersten Herrschaft u. dessen Folgen, mit Anmerkk. darüber (v. J. Jac. MOSER.) *Stuttg.*, Metzler. 765. 4. (1 Gr.)

ICKSTADT, v.: De iure forestali, wobey von Aufstätt's Bedenken von Verbesserung der Waldungen. - Wirceburgi 1748

Ickstadt, J. A. de. Dissertationes de Jure regalium. 4°. Herbipoli 1736.

— — De jure statuum imperii expellendi, atque transplantandi subditos, diversam a territorii domino religionem amplectentes, quo, quae circa emigrationes religionis causa legibus imperii publicis constituta sunt, pleraque methodo mathematicis usitata demonstrat, simulque lectiones suas auspic. intimat. Specim. jur. publ. Imperii Romano-Germanici. Würzburg (Marcus Anton Engmann) 14. XI. 1735. 7 Bl., 70 S. (7.—) 16696
Genealog. Widm. an Nicolaus Jacob Grf. v. Hamilton (Dürnkrut/Österreich; Lichtenstein . ./ Böhmen).

ICKSTADT, Joa. Adm.: Vertheidigtes jus regium in ecclesiasticis des Herzogs in Baiern. *Ingolstadt*, (Mauz in *Landshut.*) 763. 4. (3 Gr.)

— vertheidigt. Ius regium in ecclesiasticis d. Herz. in Bayern. 4. Ingolst. Krüll. 763.

— aktenmäßig erwies. Lehenseigenschaft d. ehemal. Gräflich Wolfstein. Reichslehnbaren Herrschaft u. Schlösser Ober- u. Unter-Sulzburg, auf Pyrbaum rc. Fol. Ingolst. 764. (Krüll). 1 ₰ 8 ℊ

Ickstatt, des Reichsfreiherrn J. A. v., katholische Lobschrift auf den Protestantismus, s. Flugschriften des Evang. Bundes.

Des Reichsfreiherrn Wirkl. Geh. Rats Prof. Dr. jur. J(ohann) A(dam) v. Ickstatt katholische Lobschrift auf den Protestantismus. Verf. 1772 in München, neu hrsg. von Dr. K(arl) Walcker. *Leipzig: C. Braun 1900.* (IV, 52 S.) 8° [J.]
= Flugschriften d. Evangel. Bundes. 181/83. [00. III]

Ickstatt, Jo. Adam. LB. de: Opuscula juridica varii argumenti antea Wirceburgi seorsim ed., jam vero collecta. T. 1. Ingolstadii et Augustae Vind. 1747

— opuscula juridica varii argumenti, antea Wirceburgi seorsim edita, jam vero ob raritatem et virorum doctissimor. desiderium collecta. II Tom. 4 maj. Ingolst. 747—59. Krüll. 4 ₰

de ICKSTADT, Jo. Ad., (sub nomine M. C. JCTUS): Disquis. canon. publica de capitulorum metropolitanorum et cathedralium Archi- et Episcopatuum Germaniae origine, progressu et juribus, regimine praes. territoriali interimistico sede vacante ejusque usu et abusu. *Amst.*, (*Ulm*, Stettin.) 758. 4maj. (12 Gr.) — 764. 4.

— academ. Rede von d. Einflusse d. Nationalfleißes u. Arbeitsamkeit der Unterthanen in die Glückseligkeit d. Staaten. 4. München 770.

— academ. Rede von der stufenweisen Einrichtung d. niedern u. höhern Landschulen in Rücksicht auf die kurbaierischen Lande. 4. München 774.

Ickstatt, J. A. F. v. Rettung der Landeshoheit gegen den Missbrauch derer Kapitulationen . . . Frankf. 1765. V: *Moser, Johann Jacob.* (ML) (EngJ)

Ders.: Rettung der Landeshoheit gegen d. Missbrauch der Capitulationen, Landes-Verträge u. Reversalien, welche in des röm. Reichs Fürstenthümer hin u. her einreissen wollen. Aus d. Latein. ins Deutsche übers. u. mit Anmerkk. (v. J. Jac. MOSER.) *Frankfurt*, Schäfer. 765. 4. (8 Gr.)

— **Johann Adam,** Meditationes praeliminares de studio juris ordine atque methodo scientifica instituendo. Würzburg (Marcus Anton Engmann) 1731. 8 Bl., 224 S. (12.—) 16695

— — — Vindiciae juris Caesarei investiendi et juramenta fidelitatis de novo recipiendi a vasallis qui tempore interregni feuda sua a vicariis imperii recognoverunt ad illustrat. capitulat^is^. Caesareae art. XI. §. 5. 6. & 7. München & Ingolstadt (Joh. Franz Xav. Crätz) 1762. 48 S. (6.50) 16701

v. *Ickstadt*, Jh. Adm., († d. 17. Aug. 1776.) vindiciae juris caesarei investiendi. 4 maj. Ingolst. (Nürnb.) 762. Felsecker. 4 ℊ

— — **Frh. von,** Vindiciae territorialis potestatis adversus capitulationum, compactatorum et literarum reversalium abusus in Imperii R. G. principatibus passim inolescentes. München & Ingolstadt (Joh. Franz Xav. Crätz) 1759. 4 Bl. 96 S. 4 Bl. (7.—) 16698

AB ICKSTATT, J. Adm.: Vindiciae territorialis potestatis adversus capitulationum, compactorum et literarum reversalium abusus in J. R. G. principatibus passim inolescentes. *Monachii*, (Goethe in *Leipz.*) 759. 4. (8 Gr.)

— — — Dasselbe, dtsch. Rettung der Landes=Hoheit gegen den Mißbrauch derer Capitulationen, Landes=Verträge und Reversalien, welche in des heil. Römischen Reichs Fürstenthümern hin und her einreissen wollen. In das Teutsche übersetzt, und mit Anmerckungen versehen. Franckfurt am Mayn (Eßlinger) 1764. 139 S. (8.50) 16699

— **Peter von**, Jus majestaticum imperii eminentis cum suis consectariis methodo scientifica demonstrat simulque lectionum suarum juridicarum rationem exponit. München & Ingolstadt (Franz Xav. Crätz). 50 S. (6.50) 16702

Ickstatt, Petr. de: Ius maiestaticum imperii eminentis cum suis consectariis. Monachii et Ingolstadii 1765.

Icones Amphibiorum. Indicem systematicum addidit F. C. Kielsen. (42 Kpfrtaf. u. Text.) Lex.-8. Copenhag. 835. (Leipzig, Hermann.) 5/6 ₰

Icones anatomicae corporis humani, magnitudine naturali, secundum Cloquet. ed. L. Wagenfeld. „Syndesmologia“ tabb. X explicata. (Mit latein. u. deutschem Text). gr. Fol Berl. 827. Herbig. 2 ₰ 16 gl

—— Avium. Indicem systemat. add. Kielsen. Lex.-8. (108 Kpfrt. u. 10 Seit. Text.) Hafniae 835. (Lipsiae, Hermann.) *

— DCCCLVIII avium et quadrupedum, a M. Meriano aeri incisae. E. J. Jonstoni Theatr. universali omnium animalium. II Voll. Fol. Leipz., (W. Nauck). 18 ₰ c. fig. color. 36 ₰ (Vergl. *Jonstone.*)

— biblicae Vet. et N. Test. VI. pts. c. fig. 4. maj. Nrub. 705.

Icones Cimicum. — Abbildungen d. wanzenart. Insekten. 1. Lfg. gr. 4. (4 ill. Taf. Zinkst. u. 1/4 B. Text.) Nürnberg 833, Lechner.

— in dimidia philyra elegant. chart. aeri etc. III Fasc. Pressb., Belnay. (Fascicul. 24 effigies continens à 19 gl) 2 ₰ 9 gl

—— Mammalium. — Abbildungen d. Säugethiere. 1. Lfg. gr. 4. (6 ill. Taf. Zinkst. u. 1/4 B. Text.) Nürnberg 833, Lechner.

—— Mammalium. Indicem systemat. add. Kielsen. Lex.-8. (111 Kpfrt. u. 1/2 B. Text.) Hafniae 835. (Lipsiae, Hermann.) *

— ophthalmologicae etc. s. Weller.

— Piscium. Indicem systemat. add. F C. Kielsen. (48 Kpfertaf. u. Text.) Lex. 8. Copenhagen 835. (Leipzig, Hermann.) 5/6 ₰

Icones plantarum, s.: Link. H. F.

Icones plantarum, partes, colorem, magnitudinem . . . exhibentes . . . Hamb. 1777. V: *Giseke, Paul Dieterich & Andere.* (Ky) (ML) (Schr)

— plantarum partes, colorem, magnitudinem et habitum earum examussim exhibentes, adjectis nominibus Linnaeanis, (ed. P. D. Giseke et alii). Fasc. I. 4. Hamb. 777.

ICONES. Plantarum indigenarum et exoticarum - ad vivum coloratae oder Sammlung nach der Natur gemalter Abb. in- und ausländischer Pflanzen . . . Hohenleitner & Co., Wien-Leipzig 1788-1792. 6 Jhg. in 2 vol.

— plantar. indigenar. et exot. ad viv. color., oder Samml. nach d. Natur gemalter in- u. ausländ. Pflanzen nach Linné. 1r — 7r Jahrg. zu 6 Heften. gr. 8. Wien 789 — 792. Hochenleitner. 42 ₰

Icones plantarum medicinalium d. i. Abbildung von Arzneygewächsen. Nürnb. 1779—85. V: *Zorn, Joh.* (ML) (Ky) (Ludwig)

— plantarum medicinalium, d. i. Abbildd. von Arzneigewächsen. (Mit Text von Jh. Zorn.) 500 in 2 Heften u. 6s Hundert, oder Supplementband. gr. 8. Nürnb. 779 — 90. Bauer u. R. 10 ₰ ill. 48 ₰

Icones Plantaru msponte in China nascentium ex Biblioth. Braamina excerptae. Fol. Londini, Bohte. 821.

— plantarum rar. delin. et in aes inc. H. Schwegmann, ed. et descr. add. G. Voorhelm, Schneevogt, script. insp. S. J. van Geuns. No. 1 — 14. Fol. maj. Harlem u. Duisb 793—96. Bädeker. 30 ₰

—— Plantarum rarior. horti Reg. botan. Berolinensis. — Abbildungen selt. Pflanzen d. kgl. botan. Gartens in Berlin. Hrsg. v. H. F. Link, Fr. Klotzsch, Fr. Otto. 1. Jahrg. 4 Hfte. gr. 4. (8 1/4 B. Text u. 24 Abbild.) Berlin 840, Veit u. Comp. à H. * 1 Thlr., col. *

—— id. — Abbildungen seltener Pflanzen etc. Hrsg. v. denselb. 2. Jahrg. 1. u. 2. Hft. gr. 4. (à 2 B. Text u. 6 Abbild.) Berlin 842, Nicolaische Buchh. à H. * 1 Thl., col. *

Icones plantarum rariorum horti regii botanici Berolinensis. — Abbildungen seltener Pflanzen des kgl. botan. Gartens in Berlin. Hrsg. von H. F. Link, Fr. Klotzsch, Fr. Otto. 2. Jahrg. 3. u. 4. Hft. (4 B. Text u. 12 Taf. Abbild.) gr. 4. Berlin 844, Nicolaische Buchh. à * 1 Thlr. col. à *
Vgl. 9. Bd. 1. Abthl. S. 451.

— rerum naturalium, ou fig. enluminées d'hist. nat. du Nord par P. Ascanius. Cah. I.—V. av. 50 planches. Fol. Kopenh. 764 — 805. Schubothe. 25 ₰

— specierum rarior. in synopsi methodica fungorum descript. ed. a. Persoon. fasc. 1-3s. 4. Strasb. 803-805.

—— Vermium. Indicem systemat. add. Kielsen. Lex -8. (74 Kpfrt. u. 1/2 B. Text.) Hafniae 835. (Lipsiae, Hermann.) *

Iconius, Lubert Erwin (Wevelinghofen/Cöln), De fundata in territorio, et plurium locorum concurrente potestate. Disp. jur. civil. et gentium. Präs. Heinrich Coccej. Frankfurt a. O. Sept. 1684. Ed. II (Christoph Zeitler) 1696. 104 S. (8.—) 16703
Widm. v.: Präs., Georg Francus, Ern. Phil. Pagenstecher (Heidelberg).

— — Dasselbe. Wittbg. (Hake) 1739. 104 S. ohne Widm. (7.—) 16704

Iconodora, eine Bildergallerie nebst Deutungen als Taschenbuch f. . . . .
Hg.: K. L. M. Müller.
1806.
Leipzig.

Iconedora, e. Bildergallerie nebst Deutung. als Taschenb. f. 1806. ꝛc. v. K. L. M. Müller, m. K. mit u. ohne Kalender. 12. Lpz. Leo.

Iconographie, ou Vies des hommes illustr. du 17me siècle p. V*** av. les Portrait de van Dyk. II Vol. fol. 758.

Iconographie grecque, avec des notices chronologiques et histor. par T. Q. Visconti. III Voll. in 4. avec un atlas de 59 gr. planches in fol. atlant. Strassb. 811. (Treuttel u. W.) 97 ₰ 12 𝔤𝔯

Iconographie der Heiligen.

Beitrag zur Kunstgeschichte. Berlin 1834. V: *Radowitz, Jos. Maria Ernst v.* (Feil) (winer) (Th) (schmal) (ADB) »1835« (Ky)

Iconographie ornithologique. Nouveau Recueil général de planches peintes d'oiseaux, pour servir de suite et de complément aux planches enluminées de Buffon. Edit. in-Fol. et in-4. et aux planches coloriées de Temminck et Laugier de Chartrouse, mêmes formats, accomp. d'un texte raisonné, critique etc. par O. Des Murs. Figures dess. et peint. par Alph. Prévot. 19 Livr. Roy.-4. (31½ B. u. 54 ill. Stnt.) Paris 845—47, Klincksieck. à L. * 2 Thlr. 20 Ngr. Pracht-Ausg. in Fol. à

Iconographie ornithologique. Nouveau recueil général, de planches peintes d'oiseaux, pour servir de suite et de complément aux planches enluminées de Buffon. Edition in fol. et in 4. et aux planches coloriées de M. M. Temminck et Laugier de Chartrouse, mêmes formats. Accompagné d'un text raisonné, critique et descriptif, publié par O. Des Murs. 2—12. livrais. Imp. 4. (258 S. m. 66 lith. u. color. Taf.) Paris 847—49, Klincksieck. à n. 2⅔ ₰ In Folio à n. 4 ₰ (1—12: n. 32 ₰ In Fol. n. 48 ₰)

Iconographie historischer Personen der Vorzeit einschliesslich der Portraite der Päbste bis Pius IX. Photograph. Nachbildungen der unter Munifizenz S. M. Königs Ludwig I. von Bayern ausgeführten Originalzeichnungen von C. Biller. München (Art. Anst. von Bock.) Heft 1. 2. 3. 4 à 3 Blatt. Zusammen 12 Blätter in 1 Bd. 4°.

Iconographie romaine, tome 1. hommes illustres. Plus une planche et 12 Articles de supplément à l'iconographie grecque par E. Q. Visconti. 1 Vol. 4. de texte et un atlas de 17 planches. Fol. (Strasbourg et Paris, Treuttel et W. in Comm.) 818.

Iconologie, oder Ideen aus dem Gebiete der Leidenschaften u. Allegorien, bildlich dargestellt für Zeichner, Maler, Dichter, Gelehrte, Erzieher u. Freunde höherer Geschmacksbildung. Mit 225 Kpfrn. 4. Wien 807. Ant. Doll. Schweizer Velinp. 8 ₰

Icosameron, ou histoire d'Edouard et d'Elisabeth.

Leipzig 1798. V: *Casanova de Seingalt, Gian. Giac. Geron.* (Ky)

Icosameron, ou histoire d'Edouard et d'Elisabeth, qui passèrent quatre-vingt-un ans chez les Mégamicres habitans aborigènes du Protocosme dans l'intérieur de notre globe; trad. de l'anglois par Jaques Casanova. 5 Vol. 8. Leipz. Jacobäer. 798.

Icosameron, ou histoire d'Eduard et d'Elisabeth, (v. Jak. Casanova de S.) V Vols. 8. Leipz. 798. Jacobäer. (Aue in Altona). 4 ₰

Ida oder das Vehmgericht.

Ein historisches Schauspiel in fünf Akten. Pilsen u. Leipzig 1792. V: *Komareck, Joh. Nep.* (GGr)

— od. das Vehmgericht. Histor. Schausp. von Komareck. 8. Leipz. Kobler. 792.

Ida Schausp. in 4 Akten, von Hallbein. 8. Wien, Wallishausser. 807

Ida, ein Roman von Caroline, Bar. de la Motte Fouqué. 3 Theile. 8. Berlin, Schlesinger. 820.

Ida von Athen.

Nach dem Englischen [der Lady Morgan]. Magdeburg 1820. V: *Wedell, Leopold Marsch. von.* (Ky) (MGT)

Ida v. Athen; aus d. Engl. (d. Lady Morgan), v. Leop. Wedell, in 4 Büchern. 8. Magdeb. 820. Rubach. 2 ₰

— u. Claire. 2 Thle. 8. Bremen 808. Müller. 1 ₰ 16 𝔤𝔯

— und Claire, oder die Freundinnen aus den Ruinen, von Julie Berger. 2 Thle. Neue unveränd. Ausg. 8. Leipzig, Weygand. 820.

Ida von Duba.

Das Mädchen im Walde, eine romantische Geschichte. Altona 1805. V: *Albrecht, Johanna Sophie Dorothea geb. Baumer.* (JL) »1807« (Ky) S. a. Nr. 10447.

— v. Duba, das Mädchen im Walde, (v. Soph. Albrecht). 8. Altona 807. Bechtold. 1 ₰

Ida von Dueben, das Mädchen im Volke. Altona 1807. V: *Albrecht, Johanna Sophie Dorothea geb. Baumer.* (GGr) »Düba« (Schl) S. a. Nr. 10446.

— die Fürstenbraut, oder die Schauerburg im Banditenthale. 8. Leipzig, Central=Comt. 816.

— die Fürstenbraut, od. die Schauerburg im Banditenthale. 8. Leipz. 818. Centr.=Compt. 10 Gr.

Ida von Hardenstein. Erlangen 1818. V: *Fenkohl, CarlFrdr.* (MGT

— von Hartenstein, von E. Fr. Regiomontanus. Roman. 8. Erlangen, Palm'sche V. B. 818.

— v. d. Hülsenburg, od. Frauenhuld u. Treue ꝛc. v. Th. Wahrmann, s. Original=Romane, histor., herausgg. von G. F. Horvath. 7r Bd.

— von Koburg, oder das Verhängniß, v. Aug. Lafontaine. 8. Berlin, Sander. 816.

Ida v. Lilienthal. Eine Gesch. f. Mädchen v. 7 bis 12 Jahren. M. 12 ill. Kpfr. 2., verb. Aufl. 12. (6 B.) Zürich 828, Trachsler.

Ida May. Ein Lebensbild, s. Familien=Bibliothek, illustrirte.

Ida von Schwaben, Enkelin der Kaiserin Gisela. »Wien 1791«. V: *Heinse, Gottlob Heinrich.* (Oskar Rauthe-Berlin. Katalog Nr. 19, S. 17.)

Ida von Schwaben, Enkelin der Kaiserin Gisela. Leipz. 1792. V: *Heinse, Gottlob Heinrich.* (Ky) (MGT)

— von Schwaben, Enkelin d. Kaiserin Gisela, (von Gll. H. Heinse). 2 Thle. 8. Leipz. 792. Jacobäer). (Aue in Altona). 1 Thlr 8 Gr.

Ida von Tokenburg, s. Idda von Tokenburg

— v. Unspunnen, s. Unspunnen.

Ida von Unspunnen, eine schweizerische Sage aus dem 12. Jhdt. A. d. Franz. . . . Bern 1807. V: *Meister, Hnr.* (Cat. d. Stadtbibl. Zürich. Zürich 1864—97.)

Ida von Unspunnen, eine schweizerische Sage ... Aus dem Franz übers. von W. H. Bern 1807. V: *Meister, J. Heinrich.* Ü: *Huber, Wernhard* (?). (GGr XII, 53, 31) (Zeitschr. f. Büch. N. F. 15, 1923, S. 112)

VENUS-GROTTE, Die, oder die Kunst, Männer aus- und anzuziehen. Von Ida und Lottchen. Altona, Verlagsbureau (1863). 8°. Konfisziert.

Idaea oder männliche und weibliche Tugend . . . Wien 1792. V: *Nicolay, Ludwig Heinrich von.* (Ky) (EE)

Ida County Herold: 1894?—1897? Holstein, IA
Weekly. Circulation: 1896, 850. Edited & published by William Frommhold.

Idaka, od. männl. u. weibl. Tugend, (v. Ldw. Hnr. v. Nicolai). 8. Wien 792. Degen. 8 Gr.

IDALIE, die unglückliche Liebhaberinn. In drey Theilen. (1 vol.) (Mit curios. typogr Titel-Ornam.) Aus d. Französ. übers. Breslau, verlegts Wilh. Gottlieb Korn 1772. 8°.
236 fortlauf. pag. S. (incl. Tit.). Zahm.
Holländ. Uebersetzg.: Idalie, of de ongelukkige minnares. Naar het fransch, met plaaten. Amst. 1803. 8°.
(6 Sgr. Theod. Bertling, Leipzig, vor 1870.)

Idaline oder das Fest der Einkleidung in dem Kloster Heiligensee. Ein Roman. Elberfeld 1819. V: *Rauschenbusch, Ernst Aug.* (GGr) (Mitth. A. Rosenbaum.)

IDALINE, oder das Fest der Einkleidung in der Abtey zu Heiligensee. 1818. Bey Heinrich Büschler in Elberfeld. 8°.
456 S. (incl. Tit.). Einiges in Versen. — Zahm.

Idaline, od. das Fest d. Einkleidung. 8. Elberf. 818. Schönian. 2 Thlr

Idano (fondita quale germana Ilisto). Monatschrift zur Verbreitg. der Idosprache (Reform-Esperanto) in den Ländern deutscher Zunge. Schriftleiter: Hans Moiser. 3. Jahrg. 1910. 12 Hefte. (à 16 S. m. 1 Abb.) Lex. 8. Stuttgart, Franckh. 3.—
Vergl.: Ilisto, germana.

Idarwald [Schlagwort]

Idarwald, s. Nahethal.

Ida's Blumenkörbchen, Monatschrift f. Damen, herausg. (v. ... Meltzer u. Frd. Jul. Koch). 6 Stcke. Mit Kpf. 8. Berl. 792, 93. Morino. 2 Thlr

Ida und Otto liebstes Geschenk am Weihnachtsabend, bestehend in Erzählungen, Geschichten, Fabeln und Beyspielen der Tugend und des Fleißes. Mit 12 ill. Kupf. gr. 8. Nürnberg, Zeh. 820.

Ida u. Otto liebstes Geschenk am Weihnachtsabend; besteh. in herrl. Erzähln., Geschn., Fabeln u. Beispielen d. Tugend u. d. Fleißes z. Veredlung d. Herzens u. Bildung d. Verstandes. 2., durchgeh. verb. Aufl. M. 12 ill. Kpfrt. 12. (8 B.) Nürnberg 823, Zeh.

Idas und Marpissa als travestierte Decorations-Oper in 3 Aufzügen. Wien 1808. V: *Perinet, Joachim.* (BGE VIII³, 483)

Idas und Marpissa. Oper in 3 Aufz. v. Perinet. 8. Wien, Wallishausser. 808.

Idaszewski, Kasimir S[igismund]: Versuche über das elektrolytische Verhalten von Schwefelkupfer. 1905. 72 S. 8° ¶ Auch in: Zeitschrift f. Elektrochemie. Jg. 11.
Braunschweig, Dr.-Ing.-Diss. v. 25. 6. 1904

Idaszewski, Leo, approb. Arzt aus Pyszonca, Prov. Pos.: **Ueber einen Fall von kolossalem cystischen Tumor des Ovarium.** *Leipzig 1903: B. Georgi.* (37 S.) 8°
Leipzig, Med. Diss. v. (24. Sept.) 1903

Idda von Tokenburg. Eine rührende Geschichte aus dem Ende des 12. und Anfang des 13. Jahrhdts . . . Regensb. 1866. V: *Bauberger, Wilh.* (Ky)

Idda von Tokenburg. Eine rührende Geschichte aus dem Ende des 12. u. Anfang des 13. Jahrh. Zur Erbauung, Beherzigung u. Nachahmung in den Leiden u. Drangsalen des Lebens. Dem frommen deutschen Volke u. seiner reiferen Jugend neu erzählt. Von dem Verf. der Beatushöhle (Wilh. Bauberger). 1. u. 2. Aufl. Regensburg 866, 69. Manz. 8. (184 S. mit 1 Stahlst.) 11¼ ngr.

Ide

— s. a. **Iden.**

Ide, prakt. Atmungsgymnastik zum tägl. Gebrauche f. Jedermann, besonders f. Schulenbesucher, Stubenhocker, Berufsredner u. Sänger, Lungen- u. Herzschwache zum Selbstunterricht od. als Anleitung durch den Arzt, Lehrer od. Gymnasten. (19 S. m. Abbildgn.) 8. München (910). Verlag der ärztl. Rundschau. — 75

Ide, Ch., über die Einwirkung von Jodäthyl auf Anhydrobenzdiamidotoluol. Inaugural-Dissertation. gr. 8. (21 S. mit 1 Tab.) Hannover 881. (Göttingen, Vandenhoeck und Ruprecht's Verlag. *

Ide, M. Friedrich August, De usu attestatorum in defensione inquisiti. Diss. jur. Erfurt (Grosch) 19. XI. 1727. 28 S. (6.50) 16705

Ide, Gli. Hnr., († d. 21. Juni 1803.) epistola gratulatoria ad Jh. Christl. Mittenzwey, Prof. Graecae ling. Coburgensem. 4. Leipz. 703.

— s. Hederich, manuale scholasticum.

Ide, Heinr. Zur analytischen Behandlung der sphärischen Kegelschnitte. 28 S. u. 2 Taf. Progr. Realsch. Cassel 1877.

Ide, Joh., was ist Elektricität? Eine auf Grund einiger Erscheingn. der Physik u. Chemie versuchte Beantwortg. der Frage. gr. 8. (20 S.) Berlin 892. L. Simion. n. 1.—

Ide, Jh. Jos. Ant., († d. .. Oct. 1806.) Anfangsgründe der reinen Mathematik. 2 Thle. (I. Arithmetik. 16 gr. II. Geometrie. Mit 2 Kpf. 20 gr.) gr. 8. Berl. 804. (Duncker u. H.) 1 Rthlr 12 gr

— Diss. inaug. mathemat. de interpolatione serierum etc. 4. Braunschw. 801. Reichard. 4 gr

J. J. A. Ide System der Mechanik fester Körper. Berlin b. Fröhlich. gr. 8. 2 Theile. (3 Rthlr.)
1802

— System der reinen u. angewandten Mechanik. 2 Thle. Mit 6 Kpf. gr. 8. Berl. 802. (Duncker u. H.) 2 Rthlr

— Theorie der Bewegung der Weltkörper unseres Sonnensystems u. ihrer elliptischen Figur nach de la Place frei bearb. Mit einer Vorrede von Hofr. Kästner. gr. 8. Berl. 800. (Duncker u. H.)

Ide, Iustus (Helmuth. Theoph.) (geb. Penkun in Pomm. 1. 4. 1839): Nonnulla de partium efficacium quantitate, quae in medicinis continentur. Berolini (1862). (32 S.) 8°
Berlin, Med. Diss. v. 13. Mai 1862

— **Theophil Heinrich,** Disputatio anti-Blanchiniana sive contra Josephi Blanchini canonicarum scripturarum vulgatae latinae editionis vindicias. Präs. M. Johann Christian Mittenzwey (Cantor d. Nicolaischule). Lpz. (Langenheim) 18. VI. 1760. 40 S. (6.50) 16706

Ide, Willi, Referendar: Der **Begriff** des **'sonstigen Rechts'** im § 823 **Absatz** 1 des Bürgerlichen Gesetzbuches für das Deutsche Reich. *Greifswald 1900: J. Abel.* (50 S.) 8° [F.]
Greifswald, Jur. Diss. v. 1900

Idea. Ein Bild für edle Frauen . . . Görlitz 1811. V: *Gersdorf, Charlotte Eleonore Wilhelmine von.* (Ky) (Schl) (MGT)

Idea, ein Bild f. edle Frauen von e. ihrer Schwestern, (Wilhelm. v. Gersdorf). 3 Bdchn. 8. Görlitz 811. Anton in Halle. 1 Rthlr 8 gr

Idea bibliothecae Helveticae . . . Bernae 1782. V: *Walther, Gottlieb.* (Ky)

Idea bibliothecae Helveticae (a G. Walther); cura Ldw. Walthard edita. 8. Bern. 782.

IDea saCrae CongregatIonIs heLVeto-beneDICtInae .... S. Galli 1702 sq. [Müller, P. Mauritius].

Idea Sacrae Congregationis Helveto-Benedictinae . . . S. Galli 1702. V: *Müller, Moriz.* (AarK)

Idea dictionis et prudentiae M. T. Ciceronis . . . Tiguri 1720. V: *Hirzel, Joh. Hnr.* (Cat. d. Stadtbibl. Zürich. Zürich 1864—97.)

Idea et exercitia, Veri et pii sacerdotis, seu Vita R. D. Jacobi Merlo-Horstii . . . Coloniae 1645. V: *Crombach, Hermann.* (Barbier) (SO) (Jes)

Idea fidei fratrum oder kurzer Begriff der Christlichen Lehre in der Evangelischen Brüdergemeine. Barby 1779. V: *Spangenberg, August Gottlieb.* (ML)

Idea Globi terraquei . . . Graecii 1721. V: *Mitterdorffer, Sebastian.* (Jes)

Idea Juris diuini de eo, quod Theologorum est in conuincendo et refutando, illustrata . . . S. l. 1729. V: *Harenberg, Johann Christoph.* (Myl)

Idea juris divini, quod. theologor. est in convincendo et refutando. 8. 729.

— Iustinianea de lineis administrandae justitiae. 4. Cosmopol. 721.

Idea, Orthodoxophili, Pietismi. Francof. 1714. V: *Hennig, Carl Siegmund.* (OI.)

Idea philosophiae simulatae, non verae, in scientia juris et forensi. S. l. 1735. V: *Ludolf, Georg Melchior von.* (KGBerlin I, 19)

Idea Pietismi Oder Kurtzer Entwurff Von der Pietisten Ursprung, Lehr und Glauben ... Andere ... Aufl. Franckf. u. Leipz. 1714. V: *Neumeister, Erdmann.* (GGr)

— pietismi oder Entw. von den Pietisten. 8. Wittenberg. 714.

Idea professorum academiae Georgiae Augustae quae Gottingae est. [Gottingae 1737.] V: *Matthiae, Georg.* (Erman & Horn, Bibliogr. d. dtsch. Universitäten. 2. Leipz. u. Berl. 1904.)

Idea et summa antiqui sacri tertii Ordinis Divi Norberti. Passavii 1751. V: *Silbermann, Jos.* (?) (Goovaerts, Ecrivains de l'ordre de Prémontré. I. Bruxelles 1899.)

Idea, Vera, Theologiae cum Historia ecclesiastica sociatae ... Graecii 1731. V: *Gisbert, Jean.* (JES)

Ideal, das, ein Roman, von C. A. v. Gruber. 8. Penig, Dienemann. 804.
Velinpap.

Ideal einer stehend. Armee im Geiste der Zeit, v. A. W. v. L. Berlin. (Von rin Wien.) 808.

Ideal menschlicher Güte. Schausp. von Fischer. 8. Wismar, Bodner. 782.

Ideal eines Hirtenbriefes von dem Herrn Fürstbischoff von Freysingen bereits in seinem Sechs Monathlichen Entstehen, noch aber nicht aus verstopfter Quelle in seiner Existenze.
Titel einer Schrift, in der ein Hirtenbrief gegen die Illuminaten besprochen wird.
Zit. in: Historische Nachrichten der neuern Europäischen Begebenheiten. 2. Juli 1787. LXXIX. Stück.
Vgl. W. 42849 und Freimaurerzeitung (Neuwied) 1787 S. 460 usw.

Ideal eines Katechismus zur kritischen Bearbeitung u. method. Einleit e. vollendeten Katechismus. gr. 8. Ulm 800. Wohler. 12 gl

Ideal einer praktisch-ökonomischen Landes-Akademie für die königl. Preussischen Staaten. Berlin 1789. V: *Borowsky, Georg Heinrich.* (Ky) (EngOec) (MGT)

— e. prakt.-ökonom. Landes-Akademie f. die Preuß. Staaten, (v. G. H. Borowsky). 8. Berl. 789. (Stuhr; a. Petsch). 3 gl

Ideal eines Landwirthschaftsgehöftes. Für Baubeamten und Rittergutsbesitzer, welche auf ihren Feldmarken neue Landwirthschaftsgehöfte erbauen wollen. 1 lithogr. Blatt mit Abbildd. Fol. Liegnitz 833. Kuhlmey. n. 1/6 rf

Ideal, Das, unglücklicher Liebe oder Kleodon. Trauerspiel. Salzburg 1780. V: *Prinner, Ferdinand.* (Ky)

Ideal, das, unglücklicher Liebe, od. Kleodon. Trspl. (von Ferd. Prinner). 8. Salzb. 780. Mayr. 4 gl

— e. Literargeschichte; nebst e. Abriß e. Literargeschichte d. neuern Zeit; herausg. von J. A. Ortloff. gr. 8. Erlang. 800. (Heyder). 8 gl

Ideal und Moral. Eine Studie. Stuttg. [1893]. V: *Hintrager, Albert.* (Berl)

Ideal u. Moral. Eine Studie v. ***. Nebst Anh.: 50 eingelaufene Briefe auf das Zeitungs-Inserat: Welches Fräulein hat das höchste Ideal? gr. 8. (40 S.) Stuttgart 893. A. Hintrager. n. 1. —

Ideal, Des Ordens göttlich. Fest-Gesang zur freudigen Feier des 50jährigen goldenen Jubiläums der ger u. vollk. St. Joh.-Loge: Zum Wegweiser, im Or. Löwenberg, Achtungsvoll gewidmet von sämmtlichen Mitgliedern der Loge: Pythagoras zu den 3 Höhen in Liegnitz. Löwenberg den 7. Sept. 1845. Liegnitz 1845. V: *Kudrass, Carl Immanuel.* (wolfstieg I, 130)

l'Idéal parisien. Journal mensuel. Modèles artistiques et pratiques pour les couturières. Toilettes parisiennes et genre tailleur. Red.: Gust. Lyon. Jahrg. 1910. 12 Nrn. (à ca. 8 S. deutscher Text m. 8 farb. Taf. u. 1 Schnittmusterbog.) 43,5×33 cm. Berlin. (Leipzig, W. Opetz.) 16.—; halbj. 9.—; viertelj. 4.50; einz. Nrn. 1.50
Modèles parisiennes wurde hiermit vereinigt.

Ideal (Zum socialen). Studienplan eines Gestorbenen. 8°. Dresden, Dr. Alfr. Lehmann, 1888.

— zur gemeinnützigen platt- u. hochdeutschen Sprachlehre f. Schulen. 8. Würzb. 805. Stahel. 8 gl

- einer Stadtanlage. Für Baubeamten u. Rittergutsbesitzer, welche auf ihren Feldmarken Stadtanlagen gründen können u. wollen. 1 lithogr. Blatt mit 9 Ansichten rc. Fol. Liegnitz 833. Kuhlmey. n ¹/₆ ₰

IDEAL ... zur Vorbereitung eines Hof- und Weltmannes. o. V., Wien 1781 ... 1 vol. 14 S.

Ideal, das, der Weiblichkeit. Dessen Typus: Die Jungfrau Maria. Ein Betrachtungs- u. Erbauungsbuch zunächst für gebildete kathol. Frauen. Frei nach d. Französ. des Abbé de la Treiche. gr. 16. Stuttgart 845, Hallberger. 1 ₰

Ideal, das, der Weiblichkeit. Dessen Typus: Die Jungfrau Maria. Ein Betrachtungs- und Erbauungsbuch zunächst für gebildete kathol. Frauen. Frei nach dem Französ. des Abbé de la Treiche. Neue (Titel-)Ausg. 8. (IV und 302 S.) Stuttgart 848, Hallbergersche Vrlgsh.

Ideal und Wirklichkeit. Von Adolfine. Leipzig 1838. V: *Wagner, Christiane Sophie.* (BrVV)

Ideal-Buchhaltung für Haus- und Privatwirtschaft. (Mappe für Schulen & Spezialkurse, sowie für Privatunterricht.) Inhalt: Inventar, Journal, Kontobuch, Bilanztabelle. [4 Hefte.] [II + 8 S.] *u.* II + 7 Doppel-S. *u.* (II + 11 S.) *u.* [6 S.], *in Mappe* gr.-4. Aarau (Schweiz)-Leipzig-Stuttgart, Edward Erwin Meyer, [1908]. [fr. 2. —]

Ideale weiblicher Anmuth. Ein Album für jedes Alter, in höchst gelungenen Stahlstichen. (Die eleganteste Zimmerverzierung.) 16—93 Heft. (à 2 Blätter.) Lex.-8. Leipzig 838—40. Focke. (à n. ¹/₆ ₰) 1¹/₂ ₰

Ideale weiblicher Anmuth. Ein Album für jedes Alter. In höchst gelungenen Stahlst. (Die eleganteste Zimmerverzierung.) 10.—12. Hft. gr. 4. Leipzig 841, Focke. à n. ¹/₆ ₰

Die religiösen **Ideale** der modernen Theologie. 4 Vorträge, geh. in Frankfurt a.M. Frankfurt a.M. & Berlin: M. Diesterweg 1908. (88 S.) 8° [J.] 105 1324

Ideale, die religiösen, der modernen Theologie. (1. Unser Ideal persönl. Frömmigkeit v. H. Schuster. 2. Unser Verständnis der Bibel, v. W. Bornemann. 3. Unsere Beurteilg. des Dogmas, v. W. Veit. 4. Unser Ideal religiöser Gemeinschaft v. E. Foerster.) 2., verm. Aufl. (104 S.) 8. Frankfurt a/M. 909. M. Diesterweg. 1.60; geb. in Leinw. 2.40

1. Aufl. (III, 88 S.) Ebd. 908. 1.60.

— für alle Stände. II. 1. s. Vorbilder für alle Stände.

Ideale für alle Stände, oder Moral in Bildern. Aarau 1819. V: *Keller, Georg Victor.* (MGT) (Ky)

Ideale für alle Stände, oder Moral in Bildern. (von G. V. Keller). gr. 8. Aarau 819. Sauerländer. 2 ₰ 12 gr 2e wohlf. A. 824. 1 ₰ 8 gr 3e A., mit Kellers Namen. gr. 8. Ebd. 830. 1 ₰ Velinp. 1 ₰ 8 gr

Ideale für alle Stände. I. u. II. 1—3. (Hrsg. v. Joh. Carl St. Schmaltz.) 8. Leipzig, Schmaltz. Thlr. *

A. u. d. Ttln.:

I. Vorbilder f. alle Stände. — A. u. d. T.: Lebensbeschreibungen f. Gewerbtreibende. Insbesond. f. Sonntags-, Real- u. Gewerbschulen, gewerbl. Lese-Vereine, Bibliotheken u. alle Freunde d. Gewerbs- u. Volksbildung. 1. Schmid. — Gottlob Nathusius. — Jacquard. — John Cockerill. (6 B.) 836. * 8 Gr.

II. Lebensbeschreibungen u. Bilder aus d. Leben ausgezeichn. u. berühmt. Kaufleute u. Banquiers. 1—3. (Hft.) — A. u. d. Ttln.:

1. Die Familie Rothschild u. d. Fugger. Lebensgeschichte d. Gründer u. d. vorzügl. Glieder dies. Häuser. (4¹/₂ B.) 837. * 10 Gr.
2. Die Familie Frege in Leipzig, u. J. E. Gotzkowsky in Berlin. (4¹/₂ B.) 838. * 10 Gr.
3. J. E. Gotzkowsky in Berlin, (der deutsche Lafitte). — J. Lorenz v. Schüler in Augsburg. — Pury u. Pourtalès aus u. in Neufchatel. — Gruit van Steen in Hamburg. (4¹/₂ B.) 838. * 10 Gr.

Ideale, unsere. Ein Büchlein von der Freiheit. gr. 8. (57 S.) Bremen 867, Heyse. *

Ideal-Haushaltungsbuch der Schweizerfrau. [Mit Abbildungen.] [IV + 56 S.] 4. Zürich, Verlag des »Schweizer Frauenheim«, W. Coradi-Maag, [1905]. [fr. 1. —]

Idealismus, üb. den neuesten, d. Herren Schelling u. Hegel. 8. München 803. Lindauer. 12 gr

Idealist, der. Zeitschrift für die Damenwelt. Ein Organ zur geistigen Bildung der Frauen. Hrsg.: F. K. Ginzel. 1. Jahrg. März — Decbr. 1877. Fol. (Nr. 1. 2 B.) Wien, F. Beck in Comm. n. 12. —

Aus einem anarchischen Idealstaat. Erinner. e. Globetrotters. [Hrsg.] von U. *Schaefer.* Hannover [1907]. 8°. — Gb 377. —

Idee u. Beschreibung einer fortwährenden Bewegung od. eines sogenannten Perpetuum Mobile. Auf mechanische Principien begründet u. mit beigefügten Zeichnungen (auf 1 Steintaf.) u. Berechnungen erläutert für Liebhaber der Physik, v. einem Liebhaber derselben. 8. Quedlinburg 833. Basse. ¹/₃ ₰

Idee von einem Christlichen Dorfe. Zürich 1766. V: *Tobler, Johs.* (Cat. d. Stadtbibl. Zürich. Zürich 1864—97.)

— über die, u. die Einrichtung einer höhern Bürger- oder Realschule für Knaben u. einer höhern Mädchenschule, zunächst nach den Bedürfnissen d. Stadt Leipzig (v. Direkt. Vogel). 2e Aufl. gr. 8. Leipzig 839. Barth. ¹/₈ ₰

Die Idee d. Freiheit im Individuum im Staate u. in d. Kirche; m. Hins. auf d. geschichtl. Entwickl. d. Freih. in d. benannten Beziehh. wissensch. dargest. *Marb.*, Elwert. 834. gr 8° 1 ₰ 12 gr

Idee von einer am Bußtage versammelten Gemeine. [Zürich 1763?] V: *Tobler, Johs.* (Cat. d. Stadtbibl. Zürich. Zürich 1864—97.)

Idée générale d'une Collection complette d' Estampes . . . Leips. et Vienne 1770. V: *Heinecken, Carl Heinrich von.* (ML) (Ebert) »1771« (Ky) (BrMm)

Idée générale d'une collection complète d'Estampes. Avec une Dissertation sur l'origine de la Gravure et sur les premiers livres d'images. Leipzig und Wien 1771. 8°.

Idée générale d'une collect. compl. d'estampes (par K. H. de Heinecken) av. figures. gr. 8. Wien 771. Krauss. 3 ₰

— géogr. et hist. de la France. II Tom. 12. Paris. 747.

Idee der Gerechtigkeit, als Princip einer Gesetzgebung betrachtet. [Tübingen 1795.] V: *Erhard, Christian Daniel.* (MGT)

Idee, die, der Gleichberechtigung von J. P. (Eine Zeitfrage.) gr. 8. (67 S.) Agram, Suppan. 1861 66 kr.

Idee, Die, der Gleichberechtigung. Agram 1871. V: *Prauss, Joh.* (Mitth. d. Verlagsbuchh.)

Idee, die, des Göttlichen in der Wissenschaft und die sogenannte freie Wissenschaft oder Stiftung und Reformation der Universität Würzburg. Kritische Beleuchtung der von den Herren Proff. Dr. Hettinger u. Dr. Wegele in Würzburg zur Stiftungsfeier der Julius-Universität in den Jahren 1862 u. 1863 gehaltenen Festreden. (Abdr. aus dem „Pastoralblatt der Erzdiöcese Bamberg.") Bamberg 863. Buchner in Comm. gr. 8. (40 S.) n. 6 ngr.

—— zur Gründung einer Stiftung ꝛc., s. Türk, W. v.

Idee zur Gründung einer Stiftung für die zweckmässige Erziehung . . . verwaiseter Söhne armer, unbemittelter Bürger . . . Berlin 1830. V: *Türk, Carl Wilhelm Christian von.* (Ky)

Idee zur Gründung einer Stiftung für die zweckmäßige Erziehung u. Bildung verwaiseter Söhne armer, unbemitt. Bürger, Eigenthümer u. Gewerbtreibender ꝛc., (von W. v. Türk). 8. Berl. 830. Logier. 4 gr.

Idee sull' indole del piacere. 1774. Deutsch v. Meimars 1777. 8°. 1774

Idee, Die, ist es, welche begeistert und alles in allen wirkt. [Leipzig 1808.] V: *Strobach, Hnr. Aug. Glob.* (MGT)

Idee, Die, des Katholizismus im alten Testamente. [Mainz 1877.] V: *Schaefer, Bernhard.* (Gl)

— meine, von d. Genugthuung Jesu Christi. 8. Züllichau 780. Frommann in Jena. 3 gr.

Idee von einer Predigtbibel. [Halle 1781.] V: *Streithorst, Johann Werner.* (ML)

— einer Preßfreiheit u. Censurordnung. Den hohen Mitgliedern d. Bundestages vorgelegt. 8. Berl. 818. Wolff. 6 gr.

Idée, L', du Prince et de son Ministre . . . Francf. et Lips. 1760. V: *Moser, Frdr. Carl von.* (AarK)

— du prince et de son ministre tracées av. la liberté d'un patriote. 8. Frankf. 760. Esslinger. (Schäfer). 1 rß

Idee, Die, von Schiers und ihre bauliche und organisatorische Verwirklichung. Genf 1909. V: *Zimmerli, J.* (Berlzu 1919, I, 89)

Idee, Die, der Staatsverfassung in ihrer Anwendung auf Wirtembergs alte Landesverfassung . . . Frankf. a. M. 1815. V: *Wangenheim, Carl Aug. Freih. v.* (Heyd)

Idee, die, d. Staatsverfassung; mit besond. Rücksicht auf Würtembergs alte Verf. u. d. Entwurf zu ihrer Erneuerung. 8. Frankf. Körner. 815.

— la véritable, du Pape, qu'en donnent l'Ecriture et les saints Pères. 8. Augsb. M. Rieger. 783.

- - u. Versuch e. Uebungsmagazins, wie ein jeder Schullehrer auf dem Lande haben sollte. 8. Bresl. 802. J. F. Korn. 1 rß 16 gr.

— üb. die, des deutschen Volksfestes. 8. Frankf. a. M. 815. (Eichenberg). 3 gr.

Ideen zu einer Asiatischen Akademie. St. Petersburg 1811. V: *Uvarov, Sergej Semenovič Graf.* (Ky)

Ideen zu einer asiatischen Akademie, (v. Uwarow). 8. Petersb. 811. (Plüchart in Braunschw.) 18 gr.

Ideen, Allgemeine, über die . . . zu wünschende Ausbildung und Aufklärung . . . Leipzig 1790. V: *Lachmann, Carl Ludolph Friedrich.* (Ky) (MGT)

— allgem., üb. die jeder Menschenklasse Deutschlands zu wünschende Ausbildung u. Aufklärung, (v. K. L. F. Lachmann). 8. Leipz. 790. Barth. 9 gr.

Ideen z. Ameublement s. Magazin d. guten Geschm.

— f. Anfänger im Landschaftszeichnen, bestehend in Aquatinta gearb. schwarzen u. color. Landschaften. 16. 4. Leipz. Sommer. 815.

Ideen über die poetische Ansicht der Natur. [Weimar 1804.] V: *Lange, Adolph Gottlob.* (MGT)

Ideen zu einer physiognomischen Anthropologie. Leipzig 1791. V: *Grohmann, Johann Christian August.* (MGT) (ErGr) (schr) (Call) V: *Maass, Johann Gebhard Ehrenreich.* (MGT) (Ky)

— zu e. physiognom. Anthropologie, (v. J. G. E. Maaß). gr. 8. Leipz. 791.

Ideen üb. Anwend. d. gut. Geschmacks auf d. Kirch. d. Christ. 8. Lpz. Sommer. 796. Rthlr.

Ideen und Anzeigen, Vermischte. [Halberstadt 1800.] V: *Fischer, Gottlob Nathanael.* (ML)

— einige, veranlaßt durch d. Aufgabe: über die Behandlung der jüdischen Täuflinge. 8. Berl. 799. Nauck. 2 ℊ

Ideen über die Ausführbarkeit einer Tilgung der österreichischen Staatsschuld. Von einem ehemaligen Staatsdiener. Wien 861. Gerold. gr. 8. (32 S.) n. 8 ngr

Ideen über unsere Erasmische Aussprache des Altgriechischen. Wien 1818. V: *Neidlinger.* (Leipz. Litt. Ztg. 1818 Nr. 311.) (Wiener Jahrbb. d. Litt. Anz. I. 1818. 46.) (MGT) (ErschDL) (Gi) (Ky)

— über unsere Erasmische Aussprache des Altgriechischen, (v. ... Neidlinger). 8. Wien 818. (Rohrmann u. Schw.) 6 ℊ

Ideen über unsere Erasmische Aussprache des Altgriechischen. 8. Wien, Schalbacher. 818.

Ideen über Befestigungen. gr. 8. (IV, 71 S.) Berlin 888, Mittler und Sohn. * 1 50

— zur Begründung e. stehenden Armee u. deren zweckmäßige Benutzung in Friedenszeiten. 8. Dresd. 810. Arnold. 4 ℊ

Ideen zur Begründung einer großen stehenden Armee, u. deren zweckmäßigste Benutzung in Friedenszeiten. Dresden 1810. 23 S.

Ideen zu einer philosophischen Begründung der Heilwissenschaft. gr. 8. (IV und 172 S.) Braunschweig 847, Leibrock. –

— belehr., f. Pferdezeichner u. z. Vergnüg. f. Pferdeliebhaber. 18 m. ill. K. Fol. Lpz. Seeger. 799.

Ideen und Betrachtungen über die Eigenschaften der Musik. Neuer Abdruck. Hannover 1858. V: *Georg Kronprinz von Hannover.* (Priv.-Bibl. König v. Hannover. Hann. 1863.)

— u. Betrachtungen über die Eigenschaften der Musik. gr. 12. Hannover 839. Helwing'sche Hofbuchh. 1/4 ℛ

—— und Betrachtungen über die Eigenschaften der Musik. Unveränd. Abdr. 12. (60 S.) Hannover 858, Helwing'sche Hofbuchh. *

— u. Betrachtungen über Soldatenbekleidung u. Ausrüstung, mit besond. Berücksichtigung gegenwärtiger Verhältnisse u. Bedürfnisse, und mit Beziehung auf projektirte Reformen. Von einem Norddeutschen Officier. 8. Münster 841, Wundermann. 1/4 ℛ

Ideen zur Beurtheilung der Einführung der preussischen Hofkirchenagende aus dem sittlichen Gesichtspunkt. Leipzig 1824. V: *Kaehler, Ludwig August.* (CLZür Forts. II) (ADB)

Ideen z. Beurtheilung d. Einführung d. preuß. Hofkirchenagende, aus d. sittlichen Gesichtspunkte. gr. 8. Leipz. 824, Hartknoch.

Ideen über die Bildung eines freien germanischen Staatenbundes nebst einem Anhang über einen ähnlichen italienischen Bund ... Leipzig 1814. V: *Baumgärtner, Friedrich Gotthelf.* (Russell VI, 1, 275)

Ideen über die Bildung eines freien germanischen Staatenbundes ... Leipzig, Baumgärtner, 1814. (VI, 5919.) — Ersch II (1823), 2. Abschn., Nr. 255a (›1813‹) nennt *Wilh. Butté* als Verf. (DARP)

Anonym: „Ideen über die Bildung eines freien germanischen Staatenbundes, nebst einem Anhang über einen ähnlichen italischen Bund", Leipzig 1814 (Baumgärtner). — Vorh.: Preuß. Staatsbibliothek Berlin.

Ideen über die zweckmässige Bildung der Cameral-Staatsdiener. München 1809. V: *König, Carl Joseph.* (Ky)

Ideen üb. die zweckmäßige Bildung der Cameral-Staatsdiener, (von K. Jos. König). gr. 8. München 809. Giel; (Barth in Leipz.) 12 ℊ

Ideen aus Buckle, Geschichte der Civilisation. 8. (58 S.) Leipzig 868, C. F. Winter'sche Verlagsh. *

— zu einer Magna Charta f. die innern Verhältnisse d. deutschen Staaten. 8. Germanien. (Frankf. Gesell.) 814.

— zur Einführung eines allgemeinen deutschen Preßgesetzes. gr. 8. Berlin 845, Mittler. 6 ngl

—— zur Einigung und Einheit Deutschlands. gr. 8. (III und 79 S.) Berlin 860, Vogel und Comp. *

Ideen über Einquartierung, der Zürcherschen Bürgerschaft zur Beherzigung empfohlen. 8. [Zürich 1800.]

Ideen von Errichtung eines Bundesgerichts. [Frankfurt u. Aschaffenburg 1807.] V: *Stein, Franz Joseph Freih. von.* (MGT)

— über die Errichtung einer Sparkasse zur Beförderung der Ablösung bäuerlicher Lasten im Königreiche Sachsen. 8. Dresden u. Leipzig 834. Arnold. 1/4 ℛ

Ideen über die zweckmässigste Einrichtung von Gemälde-Gallerien und Cabinetten. Von einem Kunstfreunde. Prag 1845. 8°.

Ideen über die zweckmäßigste Einrichtung v. Gemälde-Gallerien u. Cabinetten. Von einem Kunstfreunde. gr. 8. Prag 846. (Ehrlich.) n. 1/6 ℛ

Ideen, Einige, über die Erziehung der Fürstensöhne . . . Stuttgart 1797. V: *Breyer, Carl Wilhelm Friedrich.* (BB) (MGT) (ErschDL) (Ky)

— üb. die Erziehung der Fürstensöhne, (von K. W. F. v. Breyer). 8. Stuttg. 797. Metzler. 5 gr

—- zur Erziehung der Menschen durch Gehorsam und Sparsamkeit zum Staatsbürgerthum. gr. 8. (16 S.) Leipzig 851(52,) Schren.

Ideen und Fingerzeige zur Organisation des deutschen Vaterlandes. [Gotha 1807.] V: *Vorherr, Joh. Michael Christian Gustav.* (MGT)

— üb. die Form u. den Inhalt e. Staatsverfassung der Schweiz; herausg. v. J. P. Genhart rc. 4. Zürich 800.

Ideen über die Frage: Ob Freudenmädchen vom Staate zu dulden sind? Hamm 1822. V: *Löst, Hnr. Wilh.* (Ky)

— üb. die Fr.: Ob Freudenmädchen v. Staate zu dulden sind? v. Dr. Walter (H. W. Löst). 8. Hamm 822. Schulz. 4 gr

Die **Ideen** der Freiheit, Gleichheit und Brüderlichkeit. (Mit besonderer Beziehung auf die sociale Frage.) [Unterz.:] A. E. [Schopfheim ca 1880: Uehlin.] 8 S. 8° [Kopftit.] (Arbeiten d. Kränzchens Eintracht im Wiesenthal, Schopfheim. 3.)
Tt. 2073 a.

— f. Gartenfr. s. a. Magazin d. g. Geschm.

Ideen f. Gartenfreunde. (Aus d. Magazin f. Freunde d. guten Geschmacks). 6 Hfte. 4. Leipzig, 1796 u. 97. Leo. (H. Fritzsche.) à 3. 15

— z. Garten-Meubles in ländl. Geschmack, d. sich jeder Gartenbesitzer ohne Kostenaufwand, auch z. Vergnügen selbst verfertigen kann. Mit 25 Kpf. 4. Leipzig, 1808. Baumgärtner. 1. 15

— aus dem Gebiete d. schön. Künste, s. C. A. Hirschmann.

— im Geiste des Herrnhuthismus, s. a. Brüningk, H. Fr. von.

Ideen im Geiste des wahren Herrnhuthianismus . . . Leipzig 1812. V: *Bruiningk, Hnr. Frdr. Freih. von.* (GGr)

— üb. Gemeinde: Ordnungen im Großherzogthum Baden. gr. 8. Heidelb. 819. Winter. 6 gr

— über Geographie, deren Bearbeitung, Verhältniß zu andern verwandten Wissenschaften und die Methode des Unterrichts in derselben. 8. Leipzig 820. Fr. Fleischer. 3/4 ₰

Ideen über Geographie, deren Bearbeitung . . . und die Methode des Unterrichts derselben . . . Leipzig 1821. V: *Wilhelmi, Heinrich.* (Ky)

— üb. Geographie, deren Bearbeitung, Verhältniß zu andern verwandten Wissenschaften u. die Methode des Unterrichts derselben. Nebst einem Anhange üb. den Nigerstrom, (v. Hnr. Wilhelmi). gr. 8. Leipz. 821. Köchly. 18 gr

Ideen eines Geschäftsmannes über Staatsbedürfnisse und Geldmangel. Weimar 1809. V: *Kabrun, Jac.* (Ky) (MGT)

— e. Geschäftsmannes üb. Staatsbedürfniß u. Geldmangel, (von J. Kabrun). 8. Leipz. 809. Reclam. 9 gr

— üb. die natürl. Geschichte der politischen Revolution. 8. Leipz. 802. Kummer. 18 gr

Ideen über den Geschichtsunterricht ... s. a. [Utzinger, Walther].

Ideen über den Geschichtsunterricht in unserer dreiklassigen Realschule. [Schaffhausen 1905.] V: *Utzinger, Walther.* (BBullSchw 7, 1907)

—— über d. Gesetzesentwurf, d. Gebühren d. Sachwalter d. Großhrzgth. S. Weimar-Eisenach betreff. gr. 8. (6 B.) Jena 832. (Weimar, Hoffmann.)

Ideen für die künftige Gesetzgebung, die Wünsche und gerechten Ansprüche der ungar. Protestanten betreffend. Eine Denkschrift von F. und F. 8. (III und 46 S.) Wien 850. (Leipzig, Hübner.) Thlr.

Ideen über Getreide-Magazine . . . Jena 1803. V: *Schultes, Joh. Hnr. Wilhelm.* (EngMt) (EngOec) »1830« (Ky)

— üb. Getreide-Magazine von W. S. (Jh. Hnr. Wlh. Schultes). gr. 8. Jena 803. Gabler. (Knobloch in Leipz.) 20 gr

— uber Getreide-Magazine v. W. S. (J. H. W. Schultes). gr. 8. Jena 830. ist d. Pr. 1 1/3 ₰ nicht 5/6 ₰ Vergl. Thl. III. S. 247.

—— zu einer neuen Gewerbeordnung, s. Zunftzwang.

Ideen über das politische Gleichgewicht von Europa mit besonderer Rücksicht auf die jetzigen Zeitverhältnisse. Leipz. 1814. V: *Baumgärtner, Friedrich Gotthelf.* (Russell VII, 1, 223)

Ideen über das politische Gleichgewicht von Europa. Leipzig, Baumgärtner, 1814. (II, 10487 und VI, 5917.) — Ersch II (1823), 2. Abschn., Nr. 742b (»1813«) nennt *Wilh. Butté* als Verf. (DARP)

Ideen über das politische Gleichgewicht von Europa ... Leipzig 1814. V: *Gentz, Friedrich von* [?]. (GGr)

— üb. das polit. Gleichgewicht von Europa, mit besonderer Rücksicht auf die jetz. Zeitverhältnisse. gr. 8. Leipz. Baumgärtner. 814.

Ideen über die reelle Grundlage eines nothwendigen Papiergeldes ... Regensburg 1806. V: *Plessen, Leop. Hartwig Freih. von.* (Mitth. Dr. A. Goldmann.)

Anonym: „Ideen über die reelle Grundlage eines nothwendigen Papiergeldes, auf Veranlassung der k. preussischen Verordnung vom 4. Februar 1806 (die Tresorscheine betreffend)", Regensburg 1806. — Vorh.: Com. Bibl. Hamburg.

— üb. die reelle Grundlage e. nothwendigen Papiergeldes ꝛc. 8. Regensb. 806. Montag u. W. 8 gr

Ideen zur Gründung lettischer Landmannsschulen. Mitau 1821. V: *Braunschweig, Johannes Daniel von.* (Ky) (R-N)

— zur Gründung lettischer Landmannsschulen, (v. J. D. Braunschweig). 8. Mitau 821.

— einige, üb. den Handel mit Staatspapieren in Baiern, dessen Ausdehnung in neuerer Zeit, u. seinen Einfluß auf die öffentliche Wohlfahrt. gr. 8. München 825. Lentner. 3 gr

Ideen über das Coburgische Hausgesetz. O. O. 1802. V: *Zerzog, Chn Wilhelm von.* (Ky) (MGT)

— üb. die Herzogl. S. Coburgisch-Saalfeldischen Hausgesetze der Nichtverbindlichkeit d. Regier.-Nachfolger, d. Schulden u. Veräußerungen der Reg.-Vorfahren anzuerkennen. gr. 8. Leipz. 802. Rabenhorst. 16 gr

— über Heiligkeit der Ehe, aus d. Nachlasse eines jüngst Verblichenen. gr. 8. Straßburg 836. (Treuttel u. Würtz.) 1/4 ℛ︎

— f. Herrsch. z. geschmackvoll. Kleid. d. Bedient. m. ill. K. Q. Fol. Lpz. Ind. Comt. 800.

Ideen, Heteroklitische, über die natürliche Begränzung der Europäischen Staaten ... Mannheim 1796. V: *Traiteur, Carl Theodor Edler von.* (Ky) (MGT)

— heteroklit., üb. die natürl. Begrenzung d. europ. Staaten, (v. K. T. v. Traiteur). 8. Manh. 796. Schwan u. G. 4 gr

—— die höchsten, über Kunst, s. Ekendahl, D. G. v.

—— über berittene Infanterie. Von L. gr. 8. (68 S.) Wien 870, (Seidel und Sohn.) *

Ideen zur Initiative für Schweizerische Bundesversicherung. Zürich 1892. V: *Widmer, C.* (EB)

Ideen zur Initiative für schweizer. Bundesversicherung. Gr. in-8°. 67 S. Zürich, Meyer & Zeller. 1 —

— zu einer Intuitionslehre in d. Heilkunde. Mit 26 Steintafeln. gr. 8. Nürnb. Stein. 811.

Ideen über Kavallerie-Verwendung und Bewaffnung im Sinne der neuen Infanterie-Taktik. Von einem österr. Kavallerie-Offizier. (23) 8. Olmütz 1873. 0,80.

—— über Kavallerie-Verwendung und Bewaffnung im Sinne der neuen Infanterie-Taktik von einem oesterreich. Kavallerie-Officier. gr. 8. (23 S.) Ebendas. 873. *

—— zu einer allgemeinen apostolischen Kirche Christi, mit specieller Betrachtung einiger Dogmen, zumal der römisch-kathol. Kirche, vor dem Lichte der Vernunft und der heil. Schrift. Dem deutschen Volke, den deutschen Fürsten, Regierungen und Theologen gewidmet von Philalethes. gr. 8. (VIII, 71 S.) Darmstadt 871, (Köhler.) *

— üb. die Constitution d. preuß. Monarchie. 8. Frankf. 815. Eichenberg. 6 gr

Ideen zur Construction und Reconstruction der psychischen Deflexe. Amberg 1808. V: *Walther, Joh. Adam.* (Call)

* Ideen f. Criminalgesetzgebung, mit krit. Hinsicht auf d. Entwurf eines neuen peinl. Gesetzbuchs f. Baiern. 2 Bde. 8. Regensb. Reitmayr. (Daisenberger.) 806. Riblr.

Ideen über das Laster der Selbstbefleckung ... Camburg 1798. V: *Kayser, Joh. Daniel.* (Call)

IDEEN über das Laſter der Selbſtbefleckung und Vorſchläge, wie demſelben Einhalt zu thun. Camburg 1798. 8°.

Ideen über Lebensgenuss für Glückliche ... Leipzig [Gera] 1795. V: *Niemeyer, Georg Friedrich.* (ErGr) (ErschDL) (Ky) (MGT) (GGr)

— über Lebensgenuß für Glückliche, v. Verf. des Greises an den Jüngling (G. F. Niemeyer). 8. Gera 795. Heinsius. 4 gr

—— über Lebens-Versicherungs-Anstalten u. ihre Mängel. Worte d. Trostes u. d. Beruhigung f. d. große Zahl derer, welche wegen zweifelhafter Gesundheit v. d. Theilnahme ausgeschlossen sind ꝛc. gr. 8. (2 B.) Braunschweig 831, G. C. E. Meyer.

— üb. zweckmäßige Leitung eines deutschen Hoftheaters, nebst einem Anhange. gr. 8. München 820. (Fleischmann). 3 gr

— — über zweckmäßige Leitung eines deutschen Hoftheaters, nebst einem Anhange. gr. 8. München, Fleischmann (in Com.) 821.

Ideen über Lösung der socialen Frage. gr. 8. (III und 95 S.) Berlin 866, Boettcher. *

— f. Mahler, Zeichner, Bildhauer ꝛc. 4. 18 Hft. Lpz. Müller. 799.

— — zu einer dem deutschen Nationalcharakter angemessenen Menschenbildung. 8. Gotha, Ettinger. 818.

—— für eine rationelle Militärorganisation in der Schweiz. Von einem schweizer. Artillerie-Offizier. gr. 8. (31 S.) Winterthur 860, (Steiner'sche Buchh.) *

—zu Möbeln in geschmackvollen Formen u. Verzierung. gr. 4. Leipz. 805. Leo. 5 ℛ

—zum Nachzeichnen. qu. 4. Bresl. 809. J. F. Korn. 12 gr

Ideen, die napoleonischen. Zeitgemäßer Auszug aus dem gleichnamigen Buche des jetzigen Kaisers der Franzosen. Als Beitrag zur „preuß. Neutralität." gr. 12. (29 S.) Quedlinburg 855, Franke. *

Ideen über die National-Interessen Bayerns. München 1829. V: *Hornthal, Franz Ludwig von.* (BMarsch 223)

—— für d. National-Interessen Bayern's. gr. 8. (4¼ B.) München 830, (Fleischmann.)

Ideen, Neue, über Bau und Betrieb der Bergbahnen. [Freiburg 1864.] V: *Schnyder, J.* (BSchwLk V, 9 h)

Ideen, neue, üb. d. Beschiffung d. Luft. gr. 8. (2½ B. u. 2 Stnt. qu. Fol.) Offenbach 833, Brede.

Ideen, neue, f. Spitzen. Orig.-Entwürfe f. die Praxis. 1. Serie. (20 Lichtdr.-Taf.) 45×34 cm. Wien 907. [F. Wolfrum & Co.] Plauen, Ch. Stoll. In Mappe 24. —

Ideen über die Nützlichkeit der in den königl. preussischen Rheinprovinzen bestehenden Handelsgerichte und über die in der Justizpflege von Handelssachen zu wünschenden Verbesserungen. Köln 1818.

Ideen zur Organisation eines Rheinischen Bundesgerichtes. [Prag u. Leipz. 1788.] V: *Stein, Franz Jos. Freih. v.* (MGT)

Ideen zu der Organisation der Teutschen Kirche ... Frankfurt 1814. V: *Kopp, Georg Ludwig Carl.* (MGT)

—zur Organisation der deutschen Kirche, ein Beitrag zum künftigen Concordat. gr. 8. Frankf. a. M. 815. Andreä. 8 gr

Ideen zur Organisation der deutsch-katholischen Kirche. Frankf. 1815. V: *Kolborn, Carl Jos. Hieron. von & Georg Ludwig Carl Kopp.* (Schmal) (Th)

—— über Organisation und Taktik der schweizerischen Infanterie. Eine Festschrift zur Versammlung der schweizer. Militärgesellschaft in Basel 1851. gr. 16. (XLVIII und 128 S. mit 2 Musikbeilagen und 1 Stnt. in Fol.) Basel 851, Schweighauser'sche Vrlgsb.

Ideen, Paedagogische, von Louise Gräfin v. K. Berlin 1793. V: *Brauneck, Louise von geb. v. Göppel früher Gräfin von Krockow.* (Schl) (Ky) (MGT) »1795« (Adel)

—pädagogische, (v. Louise Gräfin v. K. (Krockow). 8. Berl. 793. (Sander). 12 gr

Ideen zu einem Plane, nach welchem Kriegslasten ... am gleichförmigsten zu vertheilen wären. Dresden 1813—14. V: *Uechtritz, Frdr. Joh. Peter von.* (Ky)

— zu einem Plane, nach welchem Kriegslasten in einem Staate am gleichförmigsten zu vertheilen wären. (v. C. A. R. v. Uechtritz.) 8. Dresden, Arnold. 813.

— — dasselbe. 2s. 8. Ebend. 814.

Ideen über soziale Politik in Österreich. Von B. L. H. Agram 1862. V: *Hellenbach, Lazar Baron.* (EB) S. a. V, 5000.

Ideen über sociale Politik in Österreich. Agram 1862. V: *Prauss, Joh.* (Mitth. d. Verlagsbuchh.)

—— über sociale Politik in Oesterreich. Von B. L. H. 8. (VII und 124 S.) Agram 862, Jakić. [Galac.] *

Ideen über Politik, Völkerrecht und allgemeinen Frieden. Germanien [Hamb.] 1813. V: *Behrens, Siegfr. Joh. Gg.* (Bruun, Bibl. Danica. I, 1057.)

— üb. Politik, Völkerrecht u. allgemeinen Frieden. 8. Hamb. Perthes u. B. 813.

——, Reflexionen und Betrachtungen aus Schleiermachers Werken. Hrsg. von Ludw. v. Lancizolle. 8. (XII und 307 S.) Berlin 854, G. Reimer.

—— zu einer äußern Reform d. protestant. Gottesdienstes, vorzügl. zu Leipzig. 8. (1 B.) Leipzig 840, Schreck.

—— zur Reform des militärgerichtlichen Straf-Verfahrens. gr. 8. (30 S.) Olmütz 868, Hölzel. *

—— über organische Reformen der Polizeibehörden, mit besond. Rücksichtnahme auf Wien. gr. 8. (31 S.) Wien 865, Ueberreuter. *

Ideen über den Reinertrag der Grundgüter . . . Hamm 1821. V: *Rauendahl.* (Ky) (Engoec)

Anonym: „Ideen über den Reinertrag der Grundgüter; von einem practischen Finanzbeamten", Hamm 1821 (Schulz & W.).

—— über die französische Revolution und ihre weitere Entwicklung. Ein Blick auf die heutigen constitutionellen Zustände Österreichs von X. Y. Z. Lex.-8. (23 S.) Wien 867, Markgraf und Müller.

Ideen über die Schrift des Herrn Dr. Troxler . . . Luzern 1806. V: *Segesser*. (BSchwLk V, 8, 1)

Ideen aus den Skizzen eines Architekten . . . Leipzig 1812. V: *Schäffer, Carl.* (EngMt)

— aus d. Skizzenbüchern e. Architekten mit e. Landschaft in Aqua tinta v. Haldenwang u. 5 radirten Skizzen. gr. 4. Dresden 803. Gerlach. 3 Rthl. Mit ausgem. Kpf. 4 Rthl. 12 gr.

— zu einer guten Staatsverfassung rc. 8. Landsh. 802. (Weber in München). 12 gr.

— zu einer Staatsverfassung u. Regierung. 8. Kempten 802. Dannheimer. 10 gr.

— zu einer Staatsverfassung u. Regierung. 8. Kempt. Dannheimer. 804.

Ideen, Staatswirthschaftliche, in besonderer Hinsicht auf die neuen deutschen Zuckerbereitungen aus Runkelrüben. Tübingen 1800. V: *Fulda, Frdr. Carl.* (Ky)

— staatswirthschaftliche, in besond. Hinsicht auf d. neuen deutschen Zuckerbereitungen aus Runkelrüben, (von J. K. Fulda II.) 8. Tübing. 800. (Osiander). 8 gr.

Ideen zu einer leicht ausführbaren Steuerperäquation . . . Carlsruhe 1808. V: *Hofer, Joh. Bapt.* (Ky) (MGT)

— zu e. leicht ausführbaren Steuerperäquation in e. Staate, wie das Großherzogth. Baden, (v. J. B. Hofer). 8. Karlsr. 808. Müller; (a. Mohr in Heidelb.) 8 gr.

— zum Stricken. Magdeb. 812. v. Schütz. 4 gr.

— z. einem künst. sichern Studium des Menschen. 8. Halle, Hendel. 786.

— — über Theater, dessen Zweck und Einrichtung. 8. Berlin, Maurersche Buchhdl. 816.

Ideen, Unmassgebliche, zu einer Denkmünze auf die glückliche Genesung des Königs und der Königin . . . [Halberstadt 1797.] V: *Eichholz, Friedrich Wilhelm.* (ML)

— üb. Unricht. . v. Richtung u. der Folg. in d. Taktik. 8. Halle, Hendel. 794.

— zur sittl. Verbesserung der Universitäten, mit besond. Rücksicht auf die Universität Halle. 8. Berl. 804. (Reimer). 12 gr.

— über Verbesserung, welche bei d. schweren Cavallerie gemacht werden sollten rc. 8. Köthen 805. Aue. 20 gr.

Ideen über Verbesserungen, welche bei der sogenannten schweren Cavallerie gemacht werden sollten, um sie ihrer möglichen Vollkommenheit näher zu bringen. Von einem königl. preuss. Cürassier-Officier. 8. Cöthen 1803.

Einige Ideen über das Verhältnisz der Religion zur Sittlichkeit s.a. Francke, Georg Samuel. 1789.

Ideen, Einige, über das Verhältniss der Religion zur Sittlichkeit . . . Kiel 1789. V: *Franke, Georg Samuel.* (MGT)

Ideen über unser militärisches Verhältnis bei einem Kriege mit Russland . . . Wien 1870. V: *Salis-Samaden, Franz Carl Frh. v.* (KA)

—— über unser militärisches Verhältniss bei einem Kriege mit Russland. Von einem österreich. Officier. gr. 8. (III, 35 S.) Wien 870, Seidel und Sohn. *

— einige, über die Verhältnisse der Religion, in Briefen. gr. 8. Kiel ... (Hesse). 3 gr.

— üb. Versuch eines Uebungsmagazins. 8. Bresl. Korn d. ält. 802.

— f. die neue Volksrepräsentation im Königreich Preußen. 8. Quedlinb. Basse. 815.

Anonym: „Ideen über die neue Volksrepräsentation im Königreich Preussen", Quedlinburg 1816. — Vorh.: Preuß. Staatsbibl. Berlin.

Ideen über Volksschulen und Volksunterricht. Leipzig 1802. V: *Paufler, Christian Heinrich.* (Ky)

— üb. Volksschulen u. Volksunterricht, (von Chr. Hnr. Paufler). 8. Leipz. 802. Leo. 6 gr.

—— zu einer Volkswehr von einem vormaligen Offizier. gr. 16. (15 S.) Stuttgart 848; Sonnewald'sche Buchh.

Ideen und Vorschläge zur Hebung der Oekonomie des Zürcherischen Stadtwaisenhauses. Zürich 1836. V: *Irminger, Balth. Hnr.* (Cat. d. Stadtbibl. Zürich. Zürich 1864—97.)

Ideen und Vorschläge zu einem gemeinnützigen Lese-Institut. [Bern 1802.] V: *Höpfner, Joh. Georg Albrecht.* (MGT)

Ideen und Vorschläge zu einer, dem Geist der Zeit gemäßen, künftigen Staats-Verfassung in Teutschland. O. O. 1814. V: *Gaertner, Baron von, Geh. Rath.* (EB)

Ideen und Vorschläge zur Verbesserung der Landschulen . . . Leipz. 1803. V: *Simon, Chn Frdr. Liebegott.* (MGT) (Ky)

— u. Vorschläge zur Verbesserung der Landschulen durch Vermittelung der Prediger, (von Chr. Fr. L. Simon). 8. Leipz. 803. Steinacker. 6 K

Ideen, Einige, aus der wirklichen Welt über Verfassungswesen. Leipz. 1817. V: *Biedermann, F. Bernhard Fr.* (Ky) (MGT)

— — einige, aus der wirklichen Welt über Verfassungswesen. 1ste Lief. 8. Leipzig. Dyk. 817.

IDEEN und Wünsche eines Kosmopoliten. Germanien (Schumann in Zwickau). 1809. Gr. 8°. (1/3 Rthl.)
Zwei Auflagen von diesem Jahre. — Weller, fing. Druckorte.

— f. junge Zeichner zu Stammbuch-Gemälden u. z. Uebung im Landschaftzeichnen. 1e Samml. qu. 8. Leipz. 822, Taubert.

— f. Zeichner, Maler, Bildhauer, Gold- u. Silberarbeiter u. andere Professionisten. 3 Hefte. 4. Carlsruhe, Marx.

— zur Zimmerverzierung, f. Freunde des guten Geschmacks. gr. 4. Leipz. 805. Leo. 5 ℛ

— — f. a. Magazin d. g. Geschm.

Ideen über die augenblicklichen Zustände Deutschlands, und die Massregeln, welche sein Wohl am besten befördern dürften. Dem deutschen Parlament gewidmet von einem Hamburger Kaufmann. Hamburg 1848. V: *Tesdorph, Ad.* (wen S. 136)

— — über die augenblicklichen Zustände Deutschlands und die Maßregeln, welche sein Wohl am besten befördern dürften. Dem deutschen Parlament gewidmet von einem hamburger Kaufmann. gr. 8. (15 S.) Hamburg 848, (Kittler.)

Ideen-Album. Neueste und geschmackvolle Verzierungen für Künstler, Decorationsmaler, techn. Schulen etc. in Farbendr. 1. Heft. Fol. (8 Chromolithogr.) Stuttgart 863, Uhler. *

Ideen-Entwurf einer Heeres-Reorganisation. Von G. v. S. Leipzig 1896. 134 S.

Ideen-Magazin f. Architekten, s. a. Grohmann, Joh. Gfr.

Ideenmagazin für Architekten, Künstler u. Handwerker, die mit der Baukunst u. ihren Einzelnheiten zu thun haben, als Maurer, Zimmerleute ꝛc., herausgeg. von J. G. Grohmann. N. verm. Aufl. 1r Bd. 16—66 Heft, jedes mit 6 Kpf. gr. 4. Leipz. 832, 33. Baumgärtner. à 8 K 2 ℛ

Ideen-Magazin für Architekten, Künstler u. Handwerker ꝛc. Neue verm. Aufl. Herausg. v. J. G. Grohmann. 1r Bd. 76—120 Hft. u. 2r u. 3r Bd. à 12 Hfte. Jedes Hft. mit 6 Blatt. gr. 4. Leipzig 833—38, Baumgärtner. (à Hft. n. 1/3 ℛ) Alle 3 Bde. 12 ℛ — 4r Bd. 16—76 Hft. gr. 4. Ebd. 839, 40. à 1/3 ℛ

Ideen-Magazin für Architekten, Künstler u. Handwerker ꝛc. Herausgeg. von J. G. Grohmann. Neue verm. Aufl. 4. Bd. 8.—12. Hft. u. 5.—8. Bd. à 12 Hfte. gr. 4. Leipzig 841—45, Baumgärtner. à Hft. n. 1/3 ℛ

— — f. Buchbinder. Zusammenstellungen von Stempeln, Linien etc. aus der Gravieranstalt von A. Falckenberg et Comp. in Magdeburg. 1—9. Hft. Fol. (à 6 Blatt.) Magdeburg 843—46, Falckenberg et Comp. à Hft. *

Ideen-Magazin für Buchbinder. X—XII. Hft. qu. Imp. 4. (à 6 Blatt.) Magdeburg 847, Falckenberg & Co. à n. 1/3 ℛ (I—XII: n. 4 ℛ)

— für prakt. Geistliche. I. Jahrbüchlein eines Prediger-Vereins im Regierungsbezirk Merseburg. Herausg. von Ferd. Fiedler. gr. 8. Glogau 839 Flemming. 1/3 ℛ

—— für Gewerbsgenossen, von Lorenz, s. Sonntagsschule.

Ideenmagazin, homiletisches, s. a. Klefecker.

Homiletisches Ideenmagazin. Herausgeg. von BERNH. KLEFEKER. 1—8. Bd. Altona. 1803—19. (1. Bd. er 2. Aufl. 1823; 3. Bd. 2. Aufl. 1823; 2. Bd. Hamburg. 1—2. H. mglr. i K. B.).

Ideenmagazin für Humanität und Vaterlandsliebe. Hamburg 1821. H: *Brüning, Johann Valentin.* (schr)

—— kleines, für Conditoren und Zuckerbäcker. gr. 4. (4 S. und 3 Stnt.) Schwäbisch Hall 848, Haspel'sche Buchh. Mit ill. Stnt.

Ideenmagazin, Kleines, zur Verschönerung der Gärten und ländlichen Anlagen. Leipzig 1806—9. H: *Grohmann, Joh. Gfr. & Frdr. Ghelf Baumgärtner.* (Ky)

— kleines, zur Verschönerung der Gärten u. ländl. Anlagen, (herausg. von J. G. Grohmann u. F. G. Baumgärtner). 2 Bde. oder 12 Hefte. Mit Kpf. Fol. Leipz. 806—9. Baumgärtner. 24 ℛ Hbg. Pr. 16 ℛ

Ideenmagazin f. Liebhaber v. Gärten, englischen Anlagen u. f. Besitzer v. Landgütern . . . Unter der Aufsicht v. J. G. Grohmann herausg. (Bd. 1-4) — H. 1-48 (4 Vol.). Leipz. 1796-1805?
(Samling af sorte og kol. Tvl. m. tysk og fransk Forkl. — O. m. fransk Titelbl.: Recueil d'idées nouvelles . . . — De fleste Titelbl. mgl.).
— (Bd. 5, 12 No.s; 1 Vol.), m. Tit.: Neues Ideen-Magazin (etc.). Herausg. v. F. G. Baumgärtner. Sst. 1806-11. 4°.
(Do. do. do.).

— f. Liebhaber von Gärten, engl. Anlagen u. für Besitzer v. Landgütern, herausg. von J. G. Grohmann u. F. G. Baumgärtner. Mit Kpf. u. französ. u. deutschem Text. (Auch u. dem T.: Recueil d'Idées Nouvelles etc.) 5 Bde. oder 60 Hefte. Fol. Leipz. 779—806. Baumgärtner. 80 ℛ Hbg. Pr. 40 ℛ

Ideenmagazin f. Liebhaber v. Gärten, engl. Anlagen u. f. Besitzer v. Landgütern. Hrsg. v. J. G. Grohmann u. F. G. Baumgärtner. Mit französ. u. deutschem Text. 5 Bde od. 60 Hfte à 9—10 ill. u. schwarzen Kpf. (Vom 49. Hft an a. u. d. T.: neues grosses Ideenmagazin.) Fol. Ebend. 1799—1811. à Hft 1 10. — cplt. (40. —) 20. —

— für Maler, Zeichner, Bildhauer ꝛc. 16 Heft. 4. Leipz. 799. Müller. 1 ₰

—— neues, zur Verschönerung d. Gärten etc., s. Menzel, C. A.

Ideenmagazin, Neues, zur Verschönerung der Gärten. Berlin 1829. V: *Menzel, Carl Adolph.* (Ky)

— neues, zur Verschönerung der Gärten, (v. C. A. Menzel). 16 u. 26 Heft. gr. Fol. Berl. 829. Wittich. 4 ₰

Ideen-Magazin, neuestes, f. Geistliche aller Confessionen, f. Andachtsstunden f. Familien ꝛc.

Ideen-Magazin für Posamentierer, Fabrikanten von Kleiderbesats aller Art, Häkelarbeiten etc. 1 Heft. (10 [lithogr.] Blatt.) qu. Fol. Annaberg 859, Rudolph und Dieterici. *
Ist nicht fortgesetzt worden.

Ideenmarkt, ein neues Bilderbuch. Stuttgart (857.) (Gebr. Scheitlin.) 4. (12 color. Bl. m. Text.) 14 ngr

Idées sur la manière de rendre des voyages des jeunes gens utiles a leu propre culture. Wien 1796. V: *Giovanne (Giovane), Juliane Herzogin von geb. von Mudersbach.* (WBL 5/19) (Biblrort)

Idées, Mes, sur l'éducation du sexe, ou précis d'un plan d'éducation pour ma fille. Mannheim 1778. V: *Golovkin, Comte de.* (BrMm)

Idees, mes, sur l'Education du Sexe, ou précis d'un plan d'Education pour ma fille. 12. Mannheim, Schwan et C. 779.

Idées, les nouvelles, de la mode. Croquis dessinés d'après les premiers artistes français et anglais. 1. année 1884. 4 nrs. (à 8 color. Taf. u. 1 Modelltaf.) hoch 4. Wien 884. Sharfotter. 8. — ; einzelne Nrn. 2. 50

— quelques, de Passe-tems par 1-50. 8. Lps, Hartknoch. 793.

Idel, meine Amtsenthebung in Coblenz. gr. 8. (4 S.) Velbert 893. (Bonn, J. Schergens.) n. — 5

— Reformation an Haupt u. Gliedern. gr. 8. (31 S.) Velbert 894. (G. Sinnhofer & Sohn.) n.n. — 10

Idel, Karl

[F.] Falsche Propheten. Von Idel, Pastor a. D., Elberfeld … *Elberfeld: Selbstv.; Dr. v. J. H. Born 1897.* (15 S.) 1 Bd 8. [97. 3708

[F.] Das grosse Osterfest der Kinder Gottes. Von Karl Idel, Elberfeld … *Elberfeld: Selbstv.; Dr. v. J. H. Born 1897.* (32 S.) 1 Bd 8. [98. 806

Idel, Rich., hygienischer Hausfreund. Ein Ratgeber f. Jedermann. Volksverständliche Anleitung üb. Naturheilmethode, Pflanzenheilverfahren u. Heilmagnetismus zur Selbstbehandlg. in vorkomm. Krankheitsfällen. gr. 8. (225 S. m. Bildnis.) Kiel 902. (Leipzig, W. Besser.) Kart. n. 2. 50

Idel, Rudolf [aus Köln a/R.]: Aus d. patholog. Institute zu Würzburg. Ueber einen Fall von geheilter Lungentuberkulose und deren Beziehungen zur Pigmentinduration. Ein Beitrag zur Metschnikoff'schen Phagocytenlehre. . . . Würzburg, Druck d. Stahel'schen Buchdr., 1889; 66 S. + 1 Bl. 4°
Würzburg, Med. Fak., Inaug.-Diss. v. 1889

Idel, Wilh., Schloß Burg an der Wupper. Dichtungen. gr. 8. (16 S.) Elberfeld 894. Baedeker. n. — 25

Gestalten und Bilder. Dichtungen von Wilhelm Idel. *Berlin: Concordia 1900.* (142, II S.) 8° [F.] [01. 4343

Irmgard von Berg. Dramat. Gedicht von Wilhelm Idel. *Elberfeld: Baedeker 1903.* (103 S.) 8° [F.] [04. 4934 5

Irmgard von Berg. Dramat. Gedicht von Wilhelm Idel. 2., wohlfeile Ausg. Elberfeld: A. Martini & Grüttefien 1905. (103 S.) 8° [F.] [07. 6609

Idel, Wilhelm, Rekt.: Die neueste Schulreform und die Rektoratschulen. Leitsätze mit Anm. *Wermelskirchen 1902: W. Kenzler.* (S. 3—10.) 8° [F.] ¶ (Umarbeitung d. P-Beil. 1900: Schulreform u. Rektoratschule.)
Wermelskirchen, h. Stadt-S ⟨Rektorat-S⟩, P 1902**

Idel, Wilh., Welt u. Leben. Neue Gedichte. (126 S.) kl. 8. Elberfeld 908. A. Martini & Grüttefien. 2.—; geb. n 2. 75

Der Wiederaufbau des Bergfrieds von Schloss Burg. Gedicht von Wilhelm Idel. *Elberfeld: Baedeker 1899.* (2 Bl.) 8° [F.] [00. 1046 5

Idelberger, Heinrich Anton

Idelberger, H. A., die Entwicklung der kindlichen Sprache. (VIII, 87 S.) gr. 8. Berlin 904. Herm. Walther. n. 2. —

Idelberger, Heinrich Anton [aus Frankfurt a. M.]: Hauptprobleme der kindlichen Sprachentwicklung nach eigener Beobachtung behandelt. Berlin 1903. 87 + 1 S. 8°. [11. I. 04.]
Zürich. Phil. Diss. I. S. 1903/1904.

Idelberger, Heinrich Anton. Hauptprobleme der kindlichen Sprachentwicklung nach eigener Beobachtung behandelt. Diss. Phil. I. Univ. Zürich. VIII + 88 S. 8. Berlin, Hermann Walter, (1903).
Auch sep. im Buchh. ersch. u. d. T.: Die Entwicklung der kindlichen Sprache. Berlin, H' W', 1904. [M. 2. —]

Ideler, August Ferdinand (Delitzsch), De angina membranacea. Diss. med. Bln. (G. Hayn) 29. XI. 1823. 40 S. mit Literatur u. Biogr. (M.: J. Ch. H. Mahlo.) (6.50) 16707
Oppon.: C. Tourtual, E. Hesse, C. Hartmeyer. — Gew.: Christ. Wilh. Hufeland, Carl Friedr. Ideler.

Ideler, Carl ..., s. Ideler, Karl ...

Ideler, Christian Ludwig

Ideler, Ueber Eudoxus. 2 Teile. S.-A. 1828—1831. 28 u. 40 S. 4°.

Ideler, (Chrstn.) Ludw., Lehrbuch d. Chronologie. gr. 8. (33 B.) Berlin 831, Rücker.

Ideler, Ritter Ldw., (eigentl. Chr. Ldw.) Handbuch d. mathemat. u. techn. Chronologie. Aus d. Quellen bearbeit. 2 Bde. gr. 8. Berl. 825 — 26. Rücker. 6 ₰ 16 gr

Ideler, Ludw., Handbuch der mathematischen u. technischen Chronologie. Aus den Quellen bearb. 2. Aufl. 2 Bde. gr. 8. (VIII, 583 u. IV, 676 S.) Breslau 883. Koebner. n. 30. —

Ideler, Ludw. (Chrstn.), Handbuch d. engl. Sprache, s. a. Nolte, H.

— u. H. Nolte, Handbuch der engl. Sprache u. Literatur, Auswahl interessanter, chronolog. geordnet. Stücke aus klass., engl. Prosaisten u. Dichtern. Prosaischer Thl. gr. 8. Berl. 796. 2e Aufl. ... 3e Aufl. 811. 4e Aufl. 823. Nauck. 1 Rthlr. 12 Gr. (2r, oder) poet. Thl. 4e Aufl. 832. Ebd. 2 Rthlr.

— — dass. d. engl. Sprache, od. Auswahl aus d. engl. Classikern. 3te Aufl. poet. Thl. 8. Ebend. 811.

— u. H. Nolte, Handbuch der engl. Sprache u. Literatur, Auswahl, interessanter, chronol. geordneter Stücke aus klass. engl. Prosaisten u. Dichtern. Prosaischer Theil. 4e Aufl. gr. 8. 823, Nauck.

—— und H. Nolte, Handbuch d. Engl. Sprache u. Literatur, od. Auswahl interess., chronolog. geord. Stücke a. d. klass. Engl. Prosaisten u. Dichtern. Nebst Nachrichten v. d. Verfn. u. ihren Werken. (2.,) Poet. Thl. 4. Aufl. gr. 8. (46 B. u. gest. Ttl. mit Vign.) Berlin 832, Nauck.
(1.,) Prosaischer Thl. 4. Aufl. Ebendas. 1823. 1 Thlr. 12 Gr.

— u. H. Nolte, Handbuch der Englischen Sprache u. Literatur, oder Auswahl interess chronologisch geordneter Stücke aus den klassischen Englischen Prosaisten u. Dichtern. Nebst Nachrichten von den Verfassern u. ihren Werken. Prosaischer Theil. 5e Aufl. gr. 8. Berlin 836. Nauck. $1^1/_2$ Rthlr.

— dass. 3r Thl., die neueste Literatur umfassend, bearbeitet von J. Ideler. gr. 8. Ebd. 838. 2 Rthlr.

— — Handbuch der englischen Sprache u. Literatur, oder Auswahl interessanter chronologisch geordneter Stücke aus den klassischen engl. Prosaisten u. Dichtern. Nebst Nachrichten von den Verf. u. ihren Werken. 1. Thl. Die Prosaisten, von Bakon bis zum Schlusse des 18. Jahrh. 6. verb. u. verm. Aufl. gr. 8. Ebend. 844. 2 Rthlr.

Ideler, Ludw. (Christ.) und H. Nolte, Handbuch der englischen Sprache und Literatur oder Auswahl interessanter chronologisch geordneter Stücke aus den klass. engl. Prosaisten und Dichtern; nebst Nachrichten von den Verfassern und ihren Werken. 4. Thl., die neueste Literatur umfassend. A. u. d. T.: England's Dichter und Prosaisten der Neuzeit. Nach den Quellen bearb., mit erläuternden Anmerkungen und einer einleitenden Abhandlung über die heutige engl. Poesie versehen von D. Asher. gr. 8. (XX und 396 S.) Berlin 853, Nauck und Comp. Thlr. *

— dieselben, Handbuch der französ. Sprache u. Literatur od. Auswahl interess. Stücke aus den klass. französ. Prosaisten u. Dichtern. (1r) pros. Thl. gr. 8. Berl. 796. 8e Aufl. 826 (831). Nauck. 1 Rthlr. 6 Gr. (2r) poet. Thl. 798. 8e A. 826 (831). 1 Rthlr. 6 Gr. Beide Bände mit französ. Biographien auch unt. dem T.: manuel de la langue et de la littérature française etc. en prose et en vers. II Vols. Mit 4 Vign. gr. 8. Berl. 826. Nauck. 3 Rthlr. 8 Gr. Schrbp. 4 Rthlr. 12 Gr. Velinp. 5 Rthlr.

Ideler, L., u. H. Nolde, Handbuch d. franz. Sprache u. Literatur, od. Auswahl interess. Stücke aus den franz. Classikern. 4te Aufl. prosaischer Theil. 8. Berl. Nauck. 812.

Ideler, L., und H. Nolte, Handbuch der französisch. Sprache und Literatur. Prosaischer Theil. 5te Aufl. gr. 8. Berlin, Nauck. 818.

— — poet. Theil. 4te Aufl. gr. 8. Ebend. 819.

— dieselben, Handbuch d. franz. Sprache u. Literatur oder Auswahl interessanter Stücke, aus den klass. franz. Prosaisten u. Dichtern. 1r Thl. 7e Aufl. 2r Poet. Thl. 5e Aufl. gr. 8. Berl. 824, Nauck. à 1 Rthlr. 6 gr.

Ideler, (Chrstn.) Ludw., u. H. Nolte, Handb. d. Franz. Sprache u. Lit., od. Auswahl interess., chronolog. geord. Stücke a. d. klass. Franz. Prosaisten u. Dichtern, nebst Nachrichten v. d. Verfn. u. ihren Werken. 1., 3. u. 4. Thl. gr. 8. Berlin, Nauck. Thlr.
(Thl. 1.) Prosaischer Thl. 8. Aufl. (39 B. u. 2 Vign.) 831. 1 Thlr. 6 Gr.
- 3. Die Prosaiker d neueren u. neuesten Litteratur, bearb. v. J. Ideler, hrsg. v. L. Ideler. (Mit Tilvign.) (37 B.) 1 Thlr. 6 Gr.
- 4. Die Dichter d. neueren u. neuesten Litteratur, bearb. v. J. Ideler, hrsg. v. L. Ideler. (44 B. u. Tilvign.) 835. 1 Thlr. 6 Gr.
2. (poetischer) Thl. 5. Aufl. Ebendas. 1826. 1 Thlr. 6 Gr.

— —— Handbuch d. französ. Sprache u. Literatur, od. Auswahl interess., chronolog.-geordn. Stücke aus d. klass. französ. Prosaisten u. Dichtern, nebst Nachrichten von d. Verfass. u. ihren Werken. 4 Thle. gr. 8. Berlin, Naucksche Buchh. à $1^1/_4$ Thlr. Thlr.
Thl. 1. Die Prosaiker von Rabelais bis zum Ausbruche d. franz. Revolution. 9., gänzl. umgearb. Aufl. (33 B.) 838.
- 2. Die Dichter von Marot bis zum Ausbruche d. franz. Revolution. 6., verb. Aufl. ($41^1/_2$ B.) 837.
- 3. Die Prosaiker d. neueren u. neuesten Litteratur bearb. v. Jul. (Ludw.) Ideler, hrsg. v. L. Ideler. 2. Aufl. (40 B.) 836.
- 4. Die Dichter d. neueren u. neuesten Litteratur, bearb. v. Jul. (Ludw.) Ideler, hrsg. v. L. Ideler. 2. Aufl. ($37^1/_2$ B.) 842.

Ideler, Ldw., u. H. Nolte, Handbuch d. französ. Sprache u. Litteratur, oder Auswahl interessanter chronologisch geordneter Stücke aus den klass. französ. Prosaisten u. Dichtern, nebst Nachrichten von den Verf. u. ihren Werken. 4. Thl., enthalt. die Dichter der neueren u. neuesten Litteratur, bearb. von J. Ideler, herausgeg. von L. Ideler. 2. Aufl. gr. 8. Berlin 842, Nauck. $1^1/_4$ Rthlr. (1—4: $6^3/_4$ Rthlr.)

— - u. Nolte, Handbuch d. französ. Sprache u. Litteratur od. Auswahl interessanter chronolog. geordneter Stücke aus den klass. französ. Prosaisten u. Dichtern nebst Nachrichten v. den Verfassern u. ihren Werken. 3. Thl. enthalt. d. Prosaiker der neueren u. neuesten Litteratur bearb. v. J. Ideler, hrsg. v. L. Ideler. 3. Aufl., verm. u. verb. durch A. G. Heydemann. gr. 8. ($42^1/_2$ B.) Berlin 845, Nauck'sche Buchh.
1., 2. u. 4. Thl. Ebendas. 1838, 37, 42. à 1 Thlr. $7^1/_2$ Ngr.

Ideler, Ludw. (Chrst.) und H. Nolte, Handbuch der französischen Sprache und Litteratur oder Auswahl interessanter chronologisch geordneter Stücke aus den klass. französ. Prosaisten und Dichtern nebst Nachrichten von den Verf. und ihren Werken. 1. Thl., enth.: Die Prosaiker von Rabelais bis zum Ausbruche der französ. Revolution. 10. Aufl. 1850. und 11., umgearb. Aufl. gr. 8. (XII und 512 S.) Berlin 851(52.) Nauck'sche Buchh.

—— —— dass. — 3. Thl., enth.: Die Prosaiker der neueren und neuesten Litteratur bearb. von J. Ideler, hrsg. von L. Ideler. 4. Aufl., verm. und verb. durch A. G. Heydemann. gr. 8. (XV und 654 S.) Ebds. 851(52.)
2. und 4. Thl. Ebendas. 1837,42. à 1 Thlr. $7^1/_2$ Ngr.

—— —— dass. — 3. Thl. enthaltend die Prosaiker der neueren und neuesten Litteratur bearb. von J. Ideler, hrsg. von L. Ideler. 4. Aufl., verm. und verb. durch A. G. Heydemann. 5. Aufl., verm. und verb. durch Aug. Boltz. gr. 8. (XVI und 634 S.) Ebds. 854.

Ideler, Ludw. (Christ.) und H. Nolte, Handbuch der französischen Sprache und Literatur oder Auswahl interessanter, chronologisch geordneter Stücke aus den klassischen französ. Prosaisten und Dichtern, nebst Nachrichten von den Verfassern und ihren Werken. 2. Thl., welcher die Dichter von Marot bis zum Ausbruch der Revolution umfasst. 7., verb. Aufl. gr. 12. (XII und 654 S. mit in Stahl gest. Titel.) Berlin 856, Nauck'sche Buchh.

— — Schulausgabe. 1. Bd. 2. Cursus. Die Prosaiker der neueren u. neuesten Zeit von Dumouriez bis Capefigue. Ebend. 858. gr. 8. (VIII, 432 S.) n. 20 ngr.

— — 2. Bd. 1. Cursus. Die Dichter von Marot bis zum Ausbruche der Revolution. Ebend. 857. 8. (X, 534 S.) n. 20 Ngr.

Ideler, L., und H. Nolte, Handbuch der französischen Sprache und Literatur oder Auswahl interessanter chronologisch geordneter Stücke aus den klass. französ. Prosaisten und Dichtern nebst Nachrichten von den Verf. und ihren Werken. 3 Thle. gr. 8. Berlin 874, Nauck'sche Buchh. geb. à Thl. **M 3,75. **

Inhalt:

Thl. 1. Die Prosaiker von Rabelais bis zum Ausbruch der französ. Revolution. 14. Aufl. (512 S.)
» 2. Die Dichter von Marot bis zum Ausbruch der Revolution. 8. Aufl. (XII, 660 S.)
» 3. Die neuesten prosaischen Schriftsteller seit dem Ausbruche der Revolution. 6. Aufl. (XVI, 638 S.)

— Handbuch der italien. Sprache u. Literatur. 2 Thle. gr. 8. Berl. 800—802. 2e umgearb. Aufl. 820—22. Duncker u. H. (1r, od. pros. Thl. 1 Rthlr. 16 gr. 2r, od. poet. Thl. in 2 Bänden. 2 Rthlr. 16 gr.) 5 Rthlr. Fein Pap. 5 Rthlr. 16 gr.

— — Handbuch der ital. Sprache. Prosaischer Theil. 2te Aufl. gr. 8. Ebend. 820.

— Handbuch d. italien. Sprache. 2e Aufl. Pros. Theil ist Verl. v. Dunker u. H. in Berlin.

— s. Lacroix, Anleit. zur ebenen u. sphär. Trigonometrie.

Ideler, (L.,) et H. Nolte, manuel de la langue et de la literature française etc. en prose et en vers. 2 Voll. M. 4 Vign. gr. 8. Berl. 826, Nauck. Rthlr.

Ideler, Ldw., (eigentl. Chr. Ldw.) über die Reduction ägyptischer Data aus d. Zeiten der Ptolemäer. Eine in der K. Acad. d. W. gelesene Abhandlung. gr 4. Berlin Dümmler. 1/3 Rthlr.

— trigonometr. Tafeln, s. J. P. Hobert.

Ideler, Ueber den astronomischen Teil der fasti des Ovid. S.-A. 1822. 88 S. 4°.

Ideler, J. L. Ueber das Verhältniss des Copernicus zum Alterthum. 1811.

— Untersuchung üb. den Ursprung u. die Bedeutung der Sternnamen. gr. 8. Berl. 809. (Rücker). 2 Rthlr. 16 gr. Schrbp. 3 Rthlr. 8 gr. Holl. Pap. 4 Rthlr. Velinp. 4 Rthlr. 20 gr.

Ideler, C., Unters. üb. d. Urspr. u. d. Bedeut. d. Sternnamen, e. Beytr. z. Geschichte d. gestirnten Himmels. gr. 8. Berl. Weiß. 809. Rthlr.
Holländ. Pap.
Velinpap.

— histor. Untersuchungen üb. die astronom. Beobachtr. der Alten. gr. 8. Berl. 806. Rücker; (auch Taubert in Leipz.) 1 Rthlr. 8 gr.

• Ideler, C., historische Untersuchungen üb. die astron. Beobachtungen d. Alten. gr. 8. Leipz. Kranz. 806.

— — Über die Zeitrechnung von Chatâ und Igür. Berlin 1833.

— über die Zeitrechnung der Chinesen. Eine in d. Königl. Preuß. Academie d. Wissensch. am 16 Febr. 1837 gelesene u. nachmals weiter ausgeführte Abhandlung. gr. 4. Berlin 839. (Dümmler.) 2 Rthlr.

Ideler, Edm., Blicke in das nahende Ende unsers Zeitalters im Lichte der biblischen Weissagung. 8. (64 S.) Berlin 894. Deutsche Evangel. Buch- u. Tractat-Gesellschaft. n. — 60

Ideler, Gottlieb Fr.

Ideler, Gottl. Fr., Briefe üb. d. wirthschaftl. Baumzucht. 1. Thl. 8. Berlin, 1802. (Duncker u. Humblot.) 1. 15

Ideler, C. F., der Gartenfreund, e. Auszug a. Krünitz Encykl. m. K. 5 Bde. gr. 8. Berlin, Pauli. 795–805. (1r 3 Rthlr. 12 gr. 2r–5r à 2 Rthlr. 12 gr.)

— d. Gartenfreund od. Inbegriff d. Wesentlichsten aus allen Theilen d. Gartenkunst, in alphabet. Ordnung. (Ein Auszug aus Krünitz Encyclopädie). Mit e. Vorrede v. C. L. Willdenow. 5 Bde. Aalbeeren bis Oxys. Mit Kpf. gr. 8. Berlin, 1795—1805. (Reimer.) 18. 15

— d. wirthschaftl. Gärtnerei in Briefen; e. prakt. Handb. f. d. denkenden Landmann, f. Landgeistliche u. alle d. aus Neigung ihren Garten selbst u. ohne mündl. Unterricht, entfernt v. aller Künstelei, z. Vortheil ihres Hausstandes bestellen wollen. 2 Thle. 8. Berlin, 1798. Neue Ausg. 1822. Herbig. 2. —

— wirthschaftliche Gärtnerey. 2 Thle. 8. Berl. Schade. 799. (1r 1 Rthlr. 12 gr. 2r 1 Rthlr.)

— Plan z. Verbesserung d. Obstcultur in d. Churmark. 8. Berlin, 1800. (Duncker u. Humblot.) — 3¾

Ideler, Gust. Herm. Theod. (geb. Berlin 10. 5. 1840): De meningitide cerebrospinali epidemia. Berolini (1866). (32 S.) 8°
Berlin, Med. Diss. v. 9. März 1866

Ideler, (Theod. Guil.) Herm. (geb. Berlin 5. 6. 1819): De nonnullis phaenomenis videndi. Berolini (1843). (29 S.) 8°
Berlin, Med. Diss. v. 24. Juli 1843

Ideler, Hermann, prakt. Arzt aus Madlow (Kr. Cottbus): **Aus d. pharmakol. Institut zu Greifswald. Die Pharmakodynamik van Swietens. Auf Grund seines Commentars zu H. Boerhaaves Aphorismen zsgest.** *Greifswald 1902: H. Adler.* (120 S.) 8°
Greifswald, Med. Diss. v. 8. Febr. 1902

Ideler, H[ermann]: Eine kleine preussische Stadt zur Franzosenzeit. Stade 1906: A. Pockwitz. (36 S.) 4°
Stade, k. G OP 1906 (389)

Ideler, Julius Ludwig

— s. Aristoteles, Meteorologicum.

Ideler, Ldw., s. Cervantes Don Quixote.

— s. Einhard: Leben Karls d. Großen.

— Handbuch der engl. Sprache, 3. Teil, s. Ideler, Christian Ludwig

— Handbuch der franz. Sprache, 3. u. 4. Teil, s. Ideler, Christian Ludwig

— Handbuch der franz. Sprache

Ideler u. H. Nolte, Einleitungsband. — A. u. d. T.: Geschichte d. altfranz. National-Literatur v. d. ersten Anfängen bis auf Franz I. Nebst zahlreichen Sprachproben. Bearb. v. Jul. Ludw. Ideler. gr. 8. (39½ B.) Ebds. 842. *

—— Hermapion, sive rudimenta hieroglyphicae veterum Aegyptiorum literaturae. II Pts. Imp.-4. (53 B. u. 33 Stnt., z. Th. in qu. ½ gr. Fol. u. Imp.-Fol.) Lipsiae 841, Vogel. *

Ideler, Jul. Lud., Meteorologia veterum graecor. et romanor. Prolegomena ad novam Meteorologicor. Aristotelis editionem adornandam. 8 maj. (16½ B.) Berolini 832, (Nauck.)

— s. Müchler, J. G.: Lesebuch.

— Namen- u. Sach-Verzeichniß zu Carl Ritter's Erdkunde von Asien, s.a. Ritter, Karl, Erdkunde.

—— Namen- u. Sach-Verzeichniß zu Carl Ritter's Erdkunde v. Asien. 1. Bd. Ost-Asien. (Zu Bd. II—VI. d. ganzen Werkes. Mit Vorr. v. C. Ritter.) gr. 8. (27¼ B.) Berlin 841, Reimer. 2 Thlr., f. Pap.

– s. Ovid's Metamorphosen.

— s. Physici et Medici graeci minores.

Ideler, Julius Ludov. (geb. Berlin 3. 9. 1809): Prolegomenorum ad novam Meteorologicorum Aristotelis editionem adornandam quibus de meteorologia veterum Graecorum et Romanorum agitur particula. Berolini (1832). (31 S.) 8° * Vollst. ersch. u. d. T.: Meteorologia veterum Graecorum et Romanorum. Prolegomena. Berolini: In commiss. G. C. Nauckii 1832.
Berlin, Phil. Diss. v. 22. Febr. 1832

– s. Psalterium coptice.

Ideler, (Chrstn.) Ludw., Sage und Geschichte. Ein Sendschr. an d. Hrn. Prof. rc. von der Hagen. gr. 8. (2¾ B.) Berlin 830, Schultze.

—— die Sage von dem Schuss des Tell. Eine histor.-krit. Abhandl. br. 8. (7 B.) Berlin 836, Nauck'sche Buchh.

— Sagen u. Geschichten. Ein Sendschreiben an Prof. von der Hagen. gr. 8. Berlin 839. Schultze. ¼ ℛ

—— Untersuchungen üb. d. Hagel u. d. elektrischen Erscheinungen in uns. Atmosphäre. Nebst e. Anh. üb. d. Abnahme d. Wärmestoffs im Luftkreis. M. 1 Figt. gr. 8. (9½ B.) Leipzig 833, Vogel.

—— über d. Ursprung d. Feuerkugeln u. d. Nordlichts. gr. 8. (6½ B.) Berlin 832, Th. Enslin.

Ideler, (K. W.,) Anthropologie der Aerzte. gr. 8. Berlin 827, Enslin.

Ideler, Karl Friedrich Gottlieb

— Carl Friedrich Theophil (Delitzsch), De crisi in morbis. Commentat. med. Präs. D. Carl Christian Krause. Lpz. (Saalbach) 18. XII. 1789. 54 S. mit Widm. v. Präs. (6.50) 16708

Ideler, Kar(l) Fried(rich) Gottl(ieb): Liber singularis de crisi morborum. 189 S., gbd.

Thoruni: Vollmer 1794

JB 6.569

Ideler, Karl Fr. Gtl., liber de crisi morborum. 8. Thorunii 794. (Herold jun. in Hamb.) 14 ℛ

— — dass. deutsch. gr. 8. Bresl. W. G. Korn. 796.

— — dass. Umarbeit. und Verm. d. lat. Orig. gr. 8. Lpz. Linke. 796.

Karl Friedrich Gottlieb Ideler

[Karl Friedrich Gottlieb] Ideler [De Crisi morborum. Deutsch:] Über die Krisis der Krankheiten. Hrsg. von [Ernst Benjamin Gottlieb] Hebenstreit. Uebers. von e. prakticirenden Arzte in Breslau. Breslau: Korn 1796. 154 S. 8°

Ideler, Car. Ludov. Joan. (geb. Berlin 26. 2. 1830): De lipomatibus congenitis adjecta casus singularis descriptione. Berolini (1855). (15 S.) 4°
Berlin, Med. Diss. v. 7. Sept. 1855

Ideler, Car. Pistotheus Herm. (geb. Seidenberg in d. Lausitz 16. 5. 1842): De ligamentis sacrouterinis et pubouterinis. Berolini (1865). (32 S.) 8°
Berlin, Med. Diss. v. 12. Aug. 1865

Ideler, Karl Wilh., Biographieen Geisteskranker in ihrer psycholog. Entwickelung dargest. 6 Lfgn. Lex.-8. (15¼ B. u. 11 Stnt.) Berlin 841, Schroeder. à ⅓ Thlr.

Ideler, Carl Wilh., die allgemeine Diätetik f. Gebildete. Wissenschaftl. bearb. gr. 8. (28½ B.) Halle 846, Schwetschke u. Sohn.*

Ideler, Carl Wilh., die allgemeine Diätetik für Gebildete. Wissenschaftlich bearb. 2. (Titel-)Aufl. gr. 8. (XX und 436 S.) Halle 848. [Braunschweig,] Schwetschke und Sohn.

Ideler, Karl Wilhelm (Hrsg.):

s.: Dubois (d'Amiens), E.Fr(édéric): Über das Wesen und die gründliche Heilung der Hypochondrie und Hysterie. (Histoire philosophique de l'hypochondrie et de l'hystérie. Dt.) Eine von der Königlich medizinischen Gesellschaft zu Bordeaux gekrönte Preisschrift. Berlin: 1840

JB 4.552

— — (Berlin), De moxae efficacia in animi morborum medela. Diss. med. Bln. (Aug. Wilh. Schade) 6. VIII. 1831. 44 S. (6.—) 16710
Oppon.: J. F. Hecker, Troschel, J. Ideler.

Ideler, Car. Guil.: De moxae efficacia in animi morborum medela. Berolini (1831). (44 S.) 8°
Berlin. Med. Fak., Hab.-Schr. v. 6. Aug. 1831

Ideler, Karl Wilhelm: Grundriß der Seelenheilkunde. Th.1, 809 S., gbd.

Berlin: Enslin 1835

JB 4.538

— Grundriß der Seelenheilkunde. 2 Thle. gr. 8. Berlin 835, 37. Th. Enslin. 9½ ℛ

—— Grundriss d. Seelenheilkunde. 2 Thle. gr. 8. Berlin, Th. Enslin. [1. (51½ B.) 835. 4¼ Thlr., 2. (61½ B.) 838. 5 Thlr.]

Ideler, Carl Wilh., Handbuch der Diätetik für Freunde der Gesundheit und des langen Lebens. gr. 8. (IV und 251 S.) Berlin 855, Trowitzsch und Sohn. *

Ideler, Karl Wilh., Handbuch der Diätetik für Freunde der Gesundheit u. des langen Lebens. 855. — 3. Aufl. Berlin 858. Trowitzsch. 8. (IV, 251 S.) n. 20 ngr.

Ideler, C., s.: Irren-Anstalt, die städtische, zu Dalldorf.

Ideler, Karl Wilh., Langermann u. Stahl als Begründer der Seelenheilkunde dargestellt. gr. 8. Berlin 835. Th. Enslin. ½ ℛ (Aus dessen Seelenheilkunde 1r Thl. abgedr.)

—— Lehrbuch der gerichtlichen Psychologie. 4. (V und 848 S.) Berlin 857, Hayn.

Ideler, Karl Wilhelm (Übers.u.Comm.):

s.: Marc, C(harles) C(hrétien Henri): Die Geisteskrankheiten in Beziehung zur Rechtspflege. Ein Handbuch für Gerichts-Aerzte und Juristen. (De la Folie considérée dans ses rapports avec les questions judiciaires. Dt.) Bd 1 - 2. Berlin: 1843 - 1844

JB 5.358

Ideler, Car. Guil.: De amentiae occultae notione a Platnero proposita. Berolini 1854. (34 S.) 8°
Berlin, Med. Fak., Antrittsprogr. v. [31. Juli] 1854

— **Carl Wilhelm** (Bentiwschii/Mark), De principio nervorum activo- imponderabili. Diss. med. Bln. (Brueschck) 29. XII. 1820. 55 S. mit Biogr. (6.50) 16709
Oppon.: E. Cohen, E. Haseloff, Fr. Schlemm. — Gew.: Ludwig Ideler (Berlin).

—— Zur gerichtlichen Psychologie, s. Auswahl, neue, medicinisch-gerichtlicher Gutachten.

—— Versuch einer Theorie des religiösen Wahnsinns. Ein Beitrag zur Kritik der religiösen Wirren der Gegenwart. 1. Thl.: Die Erscheinungen des religiösen Wahnsinns. gr. 8. (XI und 557 S.) Halle 848. [Braunschweig,] Schwetschke und Sohn.

—— dass. — 2. Thl.: Die Entwickelung des religiösen Wahnsinns. gr. 8. (IV und 687 S.) Ebds. 850.

—— der Wahnsinn in seiner psycholog. und socialen Bedeutung erläut. durch Krankengeschichten. Ein Beitrag zur prakt. Philosophie. 1. Bd. gr. 8. (384 S.) Bremen 848, Schlodtmann.

—— der religiöse Wahnsinn, erläut. durch Krankengeschichten. Ein Beitrag zur Geschichte der religiösen Wirren der Gegenwart. gr. 8. (230 S.) Halle 847. [Braunschweig,] Schwetschke und Sohn. *

Ideler, Lucie (U. Derelli): Auferstehen, s. Volksbücher.

Ideler, Lucie (U. Derelli), aus den Bergen. Erzählung. 12. (48 S.) Goslar 894. E. Angerstein. n. — 40

— das Bild d. Kaisers, s.: Perlen.

Ideler, Lucie, die Bitte um Vergebung, s.: Blumen u. Sterne.

Ideler, Lucie, Blumen am Wege. Für die heranwachs., weibl. Jugend gesammelt. Mit e. Titelbild nach e. Original v. G. Schöbel. 8. (VIII, 173 S.) Berlin (899). H. J. Meidinger. Geb. in Leinw. n. 2. 50

— der Dank des Geretteten, s.: Blumen u. Sterne.

— denen, die Gott lieben, müssen alle Dinge zum Besten dienen, s.: Goldkörner.

– Ein Edelmann, s. Hausbibliothek.

– Ephen, s. Hausbibliothek.

– Gotthilf, s. Goldkörner.

– Die Hand d. Herrn. Der Invalide, s. Volksbücher.

– Aus der Heimat, s. Hausbibliothek.

— Die Heimat, s.: Volksbücher, neue.

— unter fremder Herrschaft. Eine wahre Geschichte. Nach Familienüberliefergn. f. junge Mädchen erzählt. Mit 4 Autotyp. nach Originalen v. Fritz Bergen. 8. (244 S.) Stuttgart (902). Levy & Müller. Geb. in Leinw. n. 4. 50

— der Kahnschiffer, s.: Goldkörner. 3.

– Die Kinder, s. Volksbücher.

– Liebet eure Feinde, s. Goldkörner.

— lustige Märchen, f. kleine u. große Kinder erzählt. (III, 149 S. m. 16 z. Tl. farb. Vollbildern.) 8. Stuttgart (905). Levy & Müller. Geb. n. 3. —

— neue Märchen. (Namen-Märchenbuch.) M. 7 Farbdr.-Bild. v. Fritz Bergen. 8. (46 S.) Stuttgart 895. Schwabacher. Kart. n. 1. 60
Mit Ausdruck der verschiedensten Vornamen auf dem Einband; jeder nicht vorrätige Namen wird gegen Aufschlag v. n. — 70 aufgedruckt.

— dasselbe, s. a. Stöber, Karl, ausgew. Erzählungen.

— neue Märchen. Neue Ster.-Ausg. 8. (96 S. m. 4 Farbdr.) Reutlingen (901). Enßlin & Laiblin. Geb. — 60

— neue Märchen. Neue Ster.-Ausg. (96 S.) kl. 8. Reutlingen (904). Enßlin & Laiblin. Kart. — 30; m. Stöber, ausgew. Erzählgn. in 1 Bd. geb. 1. 60

– Nur ein Wort, s. Volksbücher.

— s.: Perlen.

— neue Polterabend-Aufführungen f. Erwachsene u. Kinder. Orig.-Dichtgn. 12. (170 S.) Oranienburg 892. E. Freyhoff. n. 1. —

Ideler, L., neue Polterabendscherze für Stadt und Land in launigen Orig.-Dichtungen. 16. (80 S.) Berlin 883, Mode's Verlag.
—— dass. — Neue Folge. 16. (93 S.) Ebendas. 883.

—— Neue Polterabendscherze f. Stadt u. Land in launigen Orig.-Dichtungen. 2 Bdchn. 6. Aufl. 16. (80; 93 S.) Berl. 889, Mode's Verlag. à Bdchn. * — 50; * 1 —

— neue Polterabendscherze f. Stadt u. Land in laun. Orig.-Dichtungen. (1. Tl.) 9. Aufl. 16. (80 S.) Berlin 895. G. Mode's Verl. n. — 60

— dasselbe. Neue Folge. 9. Aufl. gr. 16. (93 S.) Ebd. 898. n. — 60

— neue Polterabendscherze für Stadt u. Land in launigen Orig.-Dichtungen. (1. Tl.) 12. Aufl. gr. 16. (80 S.) Berlin (902). G. Mode. n. — 60

— Um Recht u. Freiheit! Erzählung aus Bornholms Vergangenheit. (278 S.) 8. Lengerich (910). Bischof & Klein. 2.10; geb. in Leinw. 2. 60

– In Gottes Schutz, s. Goldkörner.

— Der letzte Traum. Erzählung aus dem poln. Aufstande in Preußen 1848. (195 S.) 8. Berlin (907). Schriftenvertriebsanstalt. Geb. in Leinw. 2. —

– Ritterliche Treue, s. Volksbücher.

— die Umkehr, s.: Blumen u. Sterne.

Ideler, Lucie, was ist der Frau nicht erlaubt, wenn sie liebt? Eine Entgegng. auf Käthe Sturmfels' Buch: „Was ist der Frau erlaubt, wenn sie liebt?" 1.—4. Aufl. (III, 115 S.) 8. Leipzig 908. 10. Modern-medizin. Verlag. 1.80

Ideler, Lucie (U. Derelli), verfemt u. errettet. Erzählg. f. d. reif. Jugend. M. e. Titelbild nach e. Aquarell v. Karl Storch. gr. 8. (III, VII, 163 S.) Berlin 898. H. J. Meidinger. Geb. in Leinw. n. 3. —

— versöhnt, s.: Immergrün.

— in der Wassermühle u. andere Erzählungen. (64 S.) kl. 8. Reutlingen (906). Enßlin & Laiblin. — 20; kart. — 25

— die Wege des Herrn, s.: Blumen u. Sterne.

— aus vergangener Zeit, s.: Goldkörner. 2.

Ideler, Ludwig, s.a. Ideler, Christian Ludwig

Ideler, Ludwig, s.a. Ideler, Julius Ludwig

Ideler, Ludw., die Erklärung der christlichen Lehrstücke für Confirmanden der evangelisch-unirten Kirche. 12. (51 S.) Berlin 853, J. A. Wohlgemuth.

—— die Lehrstücke der evangelisch-unirten Kirche im Zusammenhange. Ein Handbuch für den Confirmanden-Unterricht. 8. (IV und 119 S.) Berlin 853, J. A. Wohlgemuth.

Der Sozialismus und die Beamtenschaft. Von Paul **Ideler**. Berlin: Buchh. d. Nationallib. Partei 1910. 80 S. 8° [illegible]

Ideler, Rudolf: Zur Sprache Wielands. Sprachl. Untersuchungen im Anschl. an Wielands Übers. d. Briefe Ciceros. Torgau 1908: Dr. d. Torgauer Kreisbl. 120 S. 8°
Torgau, G OP 1908 (327) [S 08. 211

Ideler, Rud., zur Sprache Wielands. Sprachliche Untersuchgn. im Anschluss an Wielands Übersetzg. der Briefe Ciceros. (121 S.) 8. Berlin 908. Mayer & Müller. 2.40

Idelsohn, Benj. (geb. Keidany in Russl. 13. 9. 1852): Die pneumatische Therapie der Respirationskrankheiten. Berlin (1878). (36 S.) 8°
Berlin, Med. Diss. v. 16. Dez. 1878

Idelsohn, Josef: Genitalblutungen während der Schwangerschaft auf Grund des Materials der Münchener Frauenklinik aus den Jahren 1884—1907. München 1910: Kastner & Callwey. 48 S. 8°
München, Med. Diss. v. 5. Febr. 1910, Ref. Döderlein
[Geb. 15. Dez. 80 Wilna; Wohnort: Wilna; Staatsangeh.: Rußland; Vorbildung: I. Gymn. Wilna Reife Mai 00; Studium: Naturwiss. Petersburg 8, Med. Wien 5, München 1 S.; Rig. 5. Febr. 10.] [U 10. 3521

Idelson, Wladimir, a. Rußland: Beiträge zur Frage der Besteuerung der Versicherung, insbesondere in Deutschland. (Berlin 1905: G. Schade.) (59 S.) 8°
Berlin, Phil. Fak., Ref. Wagner, Sering, Diss. v. 5. Aug. 1905
[Geb. 30. Juni 81 Rostow a. Don (Rußland); Heimatsort: Taganrog; Staatsangeh.: Rußland; Vorbildung: Klassisches Gymn. Taganrog Reife Juli 99; Studium: Charkow 8, Berlin 3 S.; Rig. 24. Juli 05.]

Idem, s.: Dito u. Idem.

Iden

— s. a. **Ide.**

Iden, G.

Iden, ..., literar. Briefwechsel zweier Jugendfreunde, s.a. Briefwechsel, herausg. von Jördens. 2 Thle.

Iden, G., Litterarischer Briefwechsel zweier Jugendfreunde. Leipz. 818. 19. 2 Bände. 8. Jeder 1 rthlr. 8 gr.

Elementarkursus im Gesang während der ersten vier Schuljahre. Von G. **Iden**, Lehrer in Mühlheim a. Rh. *Breslau: M. Woywod 1901.* (51 S.) 8° [F.] [illegible] 2

Iden, Gustav Dietrich (Stade), De jure circa flumina. Diss. jur. Präs. D. Carl Friedrich Winkler. Kiel (Gottfr. Bartsch) 16. VIII. 1758. 56 S. (6.80) 16712
Gew.: Dietrich Basil v. Stade (Daudleck).

— **Just. Christian**, De jure silentii oder von dem Rechte des Stillschweigens. Tractat. jurid. Adjecto indice reali. Hannover (Johann Adolph Gercken) 1740. 44 S. (6.50) 61713

Identität. Das Wort e. deutschen freien Mannes. gr. 8. Jena 831. (Frommann). 8 gr

Identitätslehre, Die, des Naturalisten und die des Supranaturalisten im Gegensatz ... Bonn 1830. V: *Metger, Conr. Herm.* [?]. (Bachmann, J. E. W. Hengstenberg. Gütersloh 1876/1892.)

Identitätslehre, die, d. Naturalisten u. Supranaturalisten im Gegensatz. Von M. St. H. Hrsg. v. K. H. Sack. gr. 12. (3½ B.) Bonn 830, Weber.

Identitätsnachweis bei d. Ein- resp. Ausfuhr v. Getreide. Von d. Verein z. Wahrg. d. wirthschaftl. Interessen. Berlin 888.

Ideographie der Roller'schen Stenographie. E. kurrentschriftl. Alphabet durch das Vergrösserungsglas d. Stenographie gesehen. 1 Blatt in Autogr. qu. Fol. Berlin (896). (Leipzig, J. H. Robolsky.) n. — 50

Ideologie, positive, ein Beitrag zur neuesten Physiologie. (Aus d. Franz.) den im Sept. d. J. sich in Stuttgart versammelten Naturforschern gewidmet. gr. 8. Stuttgart 834. Löflund; jetzt Beck u. Fränkel. ¼ rℬ

Ideoplastik, die, d. Geistes. Die wichtigste Entdeckg. d. 19. Jahrh. v. Lucian. 8. (55 S.) Leipzig 894. O. Mutze. n. 1. —

Iderhoff, Hermann, bacc. jur. a. Leer in Ostfriesland: Stellung des Schuldners gegenüber dem letzten Erwerber einer mehrfach übertragenen Forderung nach gemeinem Rechte und Bürgerlichem Gesetzbuche. Borna-Leipzig 1908: R. Noske. (IX, 32 S.) 8°
Leipzig, Jur. Fak., Diss. v. 23. Jan. 1908
[Geb. 4. Mai 78 Leer; Wohnort: Leer; Staatsangeh.: Preußen; Vorbildung: Gymn. Leer Reife O. 97; Studium: München 1, Kiel 4, Leipzig 2, Berlin 2, Kiel 1, Berlin 5 S.; Rig. 22. Dez. 06.]

Idiczukh, Ernst, applicatorische Übungen im Schiesswesen bei d. Feld-Artillerie. M. 60 Fig. auf 9 Taf. gr. 8. (III, 120 S.) Wien 898. L. W. Seidel & Sohn. n. 4. —

Idinger, Alois

Idinger, A.: Turnbüchlein für Volks- und Bürgerschulen. Wien 1873. 62 S.

Idinger, Alois, das Turnen der ersten und zweiten Classe an Volks- und Bürgerschulen. 8. (32 S.) Wien 881, Sallmayer'sche Buchh. **

Idinger, Alois, Das Turnen der 1. und 2. Klasse an Volks- und Bürgerschulen, Wien 1882, 32 S., 8°.

Idinger, Alois, das Turnen der I. und II. Classe an Volksschulen. 2. verb. Aufl. 12. (32 S.) Wien 886, (Sallmayer'sche Buchh.) ** — 60

Idiotenanstalt, die, in St. Martin bei Klagenfurt. (Redaktionelle Beilage des kärntn. Gemeindeblattes v. Mitte Juni 1905.) (8 S.) gr. 8. Klagenfurt (905). (J. Heyn.) — 09

Idiotikon. **Proben aus dem für das schweizerdeutsche Idiotikon gesammelten Materiale.** 32 Stn. 4. Zürich, Druck v. J. Herzog. 1874

Idioticon Austriacum, das ist Mundart ... A—Z. 2. ... Aufl. ... Wien 1824. V: *Sonnleithner, Ignaz von.* (Mz)

Idioticon Austriacum, das ist: Mundart der Oesterreicher, oder Kern ächt österreich. Phrasen u. Redensarten. 2e verm. Aufl., mit besond. Rücksicht auf Wien. 8. Wien 824. Wimmer. 12 K

Idioticon, Salzburgisches. [Salzburg 1796.] V: *Moll, Carl Ehrenbert Freih. von.* (Mz)

Idiotikon schweizerisches. Wörterbuch der schweizerdeutschen Sprache. Bearbeitet von F. Staub und L. Tobler. Bd. 1—3. Frauenfeld 1881—95. 4. Nebst Fortsetzung soweit erschienen.

Idioticon. Schweizerisches Idiotikon. Wörterbuch der schweizerdeutschen Sprache. Gesammelt auf Veranstaltung der Antiquarischen Gesellschaft in Zürich unter Beihülfe aus allen Kreisen des Schweizervolkes. Hrg. mit Unterstützung des Bundes und der Kantone. Begonnen von Friedrich Staub und Ludwig Tobler. Band 4. Bearb. von A[lbert] Bachmann, R[udolf] Schoch, H[einrich] Bruppacher, E[duard] Schwyzer, E[duard] Hoffmann-Krayer. IV S. + 2038 Spalten. 4. Frauenfeld, J. Huber, 1901. [per Heft fr. 2. —; Band 4: fr. 26. —]

Idioticon. Schweizerisches Idiotikon. Wörterbuch der schweizerdeutschen Sprache. Gesammelt auf Veranstaltung der Antiquarischen Gesellschaft in Zürich unter Beihülfe aus allen Kreisen des Schweizervolkes. Hrg. mit Unterstützung des Bundes und der Kantone. Begonnen von Friedrich Staub und Ludwig Tobler. Band 5. Bearb. von A[lbert] Bachmann und H[einrich] Bruppacher, E[duard] Schwyzer, R[udolf] Schoch. IV S. + 1318 Sp. 4. Frauenfeld, Huber & Co., 1905. [per Heft fr. 2. —; Band 5: fr. 16. —]

(Heft 43 [Schluss] — 51: Band 5, Bogen 1 ...—81....) Sp. 1—1296. (1901—1904.)

(Heft 52: Band 5, Bogen 82—83; Band 6, Bogen 1—8....) Bd. 5, IV S. + Sp. 1297—1318 *und* Bd. 6, Sp. 1—128. (1905.)

Idioticon. Schweizerisches Idiotikon. Wörterbuch der schweizerdeutschen Sprache. Gesammelt auf Veranstaltung der Antiquarischen Gesellschaft in Zürich unter Beihülfe aus allen Kreisen des Schweizervolkes. Hrg. mit Unterstützung des Bundes und der Kantone. Begonnen von Friedrich Staub und Ludwig Tobler. Band 6. Bearb. von A[lbert] Bachmann und H[einrich] Bruppacher, E[duard] Schwyzer, H[ermann] Blattner, J[acob] Vetsch, J[ohann] U[lrich] Hubschmied. IV S. + 1938 Sp. 4. Frauenfeld, Huber & Co., (1905—)1909. [per Heft fr. 2. —; Band 6: geb. fr. 31. — u. 32. —]

(Heft 52 [Schluss]—63: Band 6, Bogen 1...—118....) Sp. 1—1888. (1905—1908.)

(Heft 64: Band 6, Bogen 119—122; Band 7, Bogen 1—6....) Bd. 6, IV S. + Sp. 1889—1938 *und* Bd. 7, Sp. 1—96. (1909.)

Idiotikon, schweizerisches. Wörterbuch der schweizerdeutschen Sprache. Gesammelt auf Veranstaltung der Antiq. Gesellschaft in Zürich unter Beihülfe aus allen Kreisen des Schweizervolkes. Hrsg. mit Unterstützung des Bundes und der Kantone. 1.—7. Heft. Bearb. von Friedr. Staub und Ludw. Tobler. 4. (1. Bd. XXXI, S. 1—1088.) Frauenfeld 880—84, Huber. à Heft *ℳ 2. *

Idiotikon, schweizerisches. Wörterbuch der schweizerdeutschen Sprache. Gesammelt auf Veranstaltung der antiquarischen Gesellschaft in Zürich unter Beihülfe aus allen Kreisen des Schweizervolkes. Herausgegeben mit Unterstützung des Bundes und der Kantone. I. Heft. Bearbeitet von Friedrich Staub und Ludwig Tobler. In-4°, XXX und 128 S. Frauenfeld. J. Huber. 2 — 1881

Idioticon. Schweizerisches Idiotikon. Wörterbuch der schweizer deutschen Sprache. Gesammelt auf Veranstaltung der Antiquarischen Gesellschaft in Zürich unter Beihülfe aus allen Kreisen des Schweizervolkes. Hrg. mit Unterstützung des Bundes und der Kantone. [Titel-Ausg. zu neuer Subskription.] Heft 1. Bearb. von Friedrich Staub und Ludwig Tobler. (Jetzige Redaktion: A[lbert] Bachmann, H[einrich] Bruppacher, E[duard] Schwyzer, F[elix] Balsiger.) XXXII + 128 Sp. 4. Frauenfeld, Huber & Co., [1904]. [per Heft fr. 2. —]

Neudruck: Titelblatt (Sp. I/IV) und Umschlag.

Idiotikon, schweizerisches. Wörterbuch der schweizerdeutschen Sprache. Gesammelt auf Veranstaltung der antiquarischen Gesellschaft in Zürich etc. Bearbeitet von *Fr. Staub* und *Ludw. Tobler.* II. Heft. In-4°, S. 129—287. Frauenfeld, J. Huber. 1882 2 —

Schweizerisches Idiotikon. Wörterbuch d. schweizerdeutschen Sprache. Bearbeitet von *Friedrich Staub* u. *Ludwig Tobler.* 3. Heft. In-8°. Frauenfeld, J. Huber. 1883 4 50

Idiotikon, schweizerisches. Wörterbuch der schweizerdeutschen Sprache. Gesammelt auf Veranstaltg. der Antiquar. Gesellschaft in Zürich unter Beihülfe aus allen Kreisen d. Schweizervolkes. 4—10. Hft. Bearb. v. Frdr. Staub u. Ludw. Tobler. 4. (1. Bd. Sp. 449—1344 u. 2. Bd. Sp. 1—208.) Frauenfeld 883—86. Huber. à n. 2. —

Idiotikon, schweizer. Wörterbuch der schweizerdeutschen Sprache, herausg. von F. Staub und L. Tobler. Heft 4. In-8°. Frauenf., Huber. 2 50 1883

Idiotikon, schweizerisches. Wörterbuch d. schweizerdeutschen Sprache. Bearbeitet von F. Staub u. L. Tobler. 5. Heft. In-4°. Frauenf., Huber. 2 50 1883

Idiotikon, schweizer. Wörterbuch der schweizerdeutschen Sprache. Bearb. v. F. Staub u. L. Tobler. 7. Hft. Gr. in-4⁰. Frauenf., Huber. 2 —
1883

Idiotikon, schweizerisches, bearbeitet von Fr. Staub und L. Tobler. 9. Heft. Frauenfeld, Huber.
1885

Idiotikon, schweizer. Wörterbuch der schweizerdeutschen Sprache. Bearbeitet von *F. Staub*, *L. Tobler* und *R. Schoch*. 10. Heft. Gr. in-4⁰. 2. Bd., Sp. 49—208. Frauenfeld, J. Huber. 2 —
1886

Idiotikon, schweizerisches. Wörterbuch der schweizerdeutschen Sprache. Gesammelt auf Veranstaltg. der Antiquar. Gesellschaft in Zürich unter Beihülfe aus allen Kreisen d. Schweizervolkes. Hrsg. m. Unterstützg. d. Bundes u. der Kantone. 11.—18. Hft. Bearb. v. F. Staub, L. Tobler, R. Schoch u. H. Bruppacher. 4. (2. Bd. Sp. 209—1488.) Frauenfeld 887—890. Huber. à Hft. n. 2. —

Idiotikon, schweizerisches. Wörterbuch d. schweizerdeutschen Sprache. Gesammelt auf Veranstaltung der Antiquarischen Gesellschaft in Zürich unter Beihülfe aus allen Kreisen d. Schweizervolkes. Herausgegeben mit Unterstützung des Bundes und der Kantone. Bearbeitet von *Fried. Staub, Ludwig Tobler* u. *Rud. Schoch*. 11. Heft. Gr. in-4⁰. Bd. II, Sp. 209—368. Frauenfeld, J. Huber. 1887 2 —

Idiotikon, schweizerisches. Wörterbuch der schweizerdeutschen Sprache. Gesammelt auf Veranstaltung der Antiquarischen Gesellschaft in Zürich unter Beihülfe aus allen Kreisen des Schweizervolkes. Herausgegeben mit Unterstützung des Bundes und der Kantone. Bearbeitet von *Friedr. Staub, Ludwig Tobler* u. *Rud. Schoch*. 12. Heft. Bd. II. Gr. in-4⁰, S. 369—528. Frauenfeld, J. Huber. 1887 2 —

Idiotikon, schweizerisches. Wörterbuch d. schweizerdeutschen Sprache. Gesammelt auf Veranstaltung der Antiquarischen Gesellschaft in Zürich unter Beihülfe aus allen Kreisen des Schweizervolkes. Herausgegeben mit Unterstützung des Bundes und der Kantone. Bearbeitet von *Fried. Staub, Ludwig Tobler* u. *Rud. Schoch*. 13. Heft. (II. Band. Heft 4.) Gr. in-4⁰, Sp. 529—688. Frauenfeld, J. Huber. 1888 2 —

Idiotikon, schweizerisches. Wörterbuch d. schweizerdeutschen Sprache. Gesammelt auf Veranstaltung der antiquarischen Gesellschaft in Zürich, unter Beihülfe aus allen Kreisen des Schweizervolkes. Herausgegeben mit Unterstützung des Bundes und der Kantone. XIV. Heft (des II. Bandes 5. Heft). Bearbeitet von *Fr. Staub, L. Tobler, R. Schoch* u. *H. Bruppacher*. In-4⁰, Sp. 689—848. Frauenfeld, J. Huber's Verlag. 2 —
1888

Idiotikon, schweizerisches. Wörterbuch d. schweizerdeutschen Sprache. Gesammelt auf Veranstaltung der Antiquar. Gesellschaft in Zürich, unter Beihülfe aus allen Kreisen des Schweizervolkes. Hrsg. mit Unterstützung des Bundes und der Kantone. XVII. Heft (des 2. Bandes 8. Heft). Bearb. von *F. Staub, L. Tobler, R. Schoch* und *H. Bruppacher*. In-4⁰. Sp. 1169—1328. Frauenfeld, J. Huber's Verlag. 1890 2 —

Idiotikon, Schweizerisches. Wörterbuch d. schweizerdeutschen Sprache. Gesammelt auf Veranstaltung der Antiquar. Gesellschaft in Zürich, unter Beihülfe aus allen Kreisen des Schweizervolkes. Hrsg. mit Unterstützung des Bundes und der Kantone. XVIII. Heft (des 2. Bandes 9. Heft). Bearb. von *F. Staub, L. Tobler, R. Schoch* und *H. Bruppacher*. In-4⁰. Sp. 1329—1488. Frauenfeld, J. Huber's Verlag. 1890 2 —

Idiotikon, schweizerisches. Wörterbuch der schweizerdeutschen Sprache. Gesammelt auf Veranstaltg. der Antiquar. Gesellschaft in Zürich unter Beihülfe aus allen Kreisen d. Schweizervolkes. Hrsg. m. Unterstützung d. Bundes u. der Kantone. 19. — 27. Hft. Bearb. v. Fr. Staub, L. Tobler, R. Schoch u. A. Bachmann. 4. (2. Bd. Sp. 1489—1840; 3. Bd. Sp. 1—1088.) Frauenfeld 891—893. J. Huber's Verl. à Hft. n. 2. —

Idiotikon, Schweizerisches. Wörterbuch d. schweizerdeutschen Sprache. Gesammelt auf Veranstaltung der Antiquar. Gesellschaft in Zürich, unter Beihülfe aus allen Kreisen des Schweizervolkes. Hrsg. mit Unterstützung des Bundes und der Kantone. XIX. Heft (des 2. Bandes 10. Heft). Bearb. von *F. Staub, L. Tobler, R. Schoch* und *H. Bruppacher*. In-4⁰. Sp. 1489—1648. Frauenfeld, J. Huber's Verlag. 1890 2 —

Idiotikon, Schweizerisches. Wörterbuch d. schweizerdeutschen Sprache. Gesammelt auf Veranstaltung der Antiquar. Gesellschaft in Zürich, unter Beihülfe aus allen Kreisen des Schweizervolkes. Hrsg. mit Unterstützung des Bundes und der Kantone. XX. Heft (des 2. Bandes 11. Heft). Bearb. von *F. Staub, L. Tobler* und *R. Schoch*. In-4⁰. Sp. 1649—1808. Frauenfeld, J. Huber's Verlag. 1891 2 —

Idiotikon, Schweizerisches. Wörterbuch der schweizer-deutschen Sprache. Gesammelt auf Veranstaltung der Antiquar. Gesellschaft in Zürich, unter Beihülfe aus allen Kreisen des Schweizervolkes. Hrsg. mit Unterstützung des Bundes und der Kantone. XXI. Heft (des 2. Bandes 12. Heft). Bearb. von *F. Staub, L. Tobler* und *R. Schoch*. In-4⁰. Sp. 1809—1840 u. 3. Bd., Sp. 1—128. Frauenfeld, J. Huber's Verlag, 1891. 2 —

Idiotikon, Schweizerisches. Wörterbuch der schweizer-deutschen Sprache. Gesammelt auf Veranstaltung der Antiquar. Gesellschaft in Zürich, unter Beihülfe aus allen Kreisen des Schweizervolkes. Hrsg. mit Unterstützung des Bundes und der Kantone. XXII. Heft (des III. Bdes. I. Heft). In-4°. Sp. 129—288. Bearb. von *F. Staub, L. Tobler* u. *R. Schoch*. Frauenfeld, J. Huber. 1892 2 —

Idiotikon, Schweizerisches. Wörterbuch der schweizerdeutschen Sprache. Gesammelt auf Veranstaltung der Antiquarischen Gesellschaft in Zürich unter Beihülfe aus allen Kreisen des Schweizervolkes. Herausgegeben mit Unterstützung des Bundes und der Kantone. XXIII. Heft (Band III, Bogen 19—28). Bearbeitet von *Fr. Staub, L. Tobler, R. Schoch* und *A. Bachmann*. 1892

Idiotikon, Schweizerisches. Wörterbuch der schweizer deutschen Sprache. Gesammelt auf Veranstaltung der Antiquarischen Gesellschaft in Zürich unter Beihülfe aus allen Kreisen des Schweizervolkes. XXIV. Heft (Bd. III. Bog. 29—38). Bearbeitet von *Fr. Staub, L. Tobler, R. Schoch* u. *A. Bachmann*. In-4°. 160 S. Frauenfeld, J. Huber's Verlag. 1893 2 —

Idiotikon, Schweizerisches. Wörterbuch der schweizerdeutschen Sprache. Gesammelt auf Veranstaltung der Antiquarischen Gesellschaft in Zürich unter Beihülfe aus allen Kreisen d. Schweizervolkes. Herausgegeben mit Unterstützung des Bundes u. der Kantone. XXV. Heft (Bd. III, Bog. 39—48). Bearbeitet von *Fr. Staub, L. Tobler, R. Schoch* und *A. Bachmann*. In-4°. 160 S. Frauenfeld, J. Huber's Verlag. 2 — 1893

Idiotikon, schweizerisches. Wörterbuch der schweizer-deutschen Sprache. Bearb. von *F. Staub, L. Tobler, R. Schoch* u. *A. Bachmann*. 26. Heft. Gr. in-4°. 3. Bd. Sp. 769—928. Frauenfeld, J. Huber. 1894 2 —

Idiotikon, schweizerisches, Wörterbuch der schweizerdeutschen Sprache. 27. Heft. Bearb. von *F. Staub, L. Tobler, R. Schoch* u. *A. Bachmann*. In-4°. 3 Bde. p. Sp. 929—1088. Frauenfeld, J. Huber. 1894 2 —

Idiotikon, schweizerisch. Wörterbuch d. schweizerdeutschen Sprache. Ges. auf Veranstaltg. d. Antiquar. Gesellschaft in Zürich unt. Beihülfe aus allen Kreisen d. Schweizervolkes. Hrsg. m. Unterstützg. d. Bundes u. d. Kantone. Begonnen v. Frdr. Staub u. Ludw. Tobler. 28.—37. Hft. Bearb. v. A. Bachmann, R. Schoch, H. Bruppacher u. E. Hoffmann-Krayer. 4. (3. Bd. Sp. 1089—1574 u. 4. Bd. Sp. 1—1104.) Frauenfeld 895—898. J. Huber. à Hft. n. 2. —

Idiotikon, schweizerisches. **Wörterbuch der schweizerdeutschen Sprache. 28. Heft. Bearb. von** *E. Staub, L. Tobler, R. Schoch* **u.** *A. Bachmann*. **In-4°. 3 Bd. Sp. 1089—1248. Frauenfeld, J. Huber.** 1895 2 —

Idiotikon, Schweizerisches. Wörterbuch d. schweizerdeutschen Sprache. Gesammelt auf Veranstaltung der Antiquarischen Gesellschaft in Zürich unter Beihülfe aus allen Kreisen des Schweizervolkes. Herausgegeben mit Unterstützung d. Bundes u. d. Kantone von *Fr. Staub, L. Tobler, R. Schoch, A. Bachmann* u. *H. Bruppacher*. XXIX. Heft. (Bd. III, Bog. 79—88). In-4°. S. 1249—1408. Frauenfeld, J. Hubers Verlag. 1895 2 —

Idiotikon, schweizerisches. Wörterbuch der schweizerdeutschen Sprache. Bearb. von *Fr. Staub, L. Tobler, R. Schoch, A. Bachmann* u. *H. Bruppacher*. 30. Heft. (III. Bd. Bogen 89—99 = Sp. 1409—1574.) In-4°. 165 S. Frauenfeld, J. Hubers Verlag. 1895 2 —

Idiotikon, Schweizerisches. Wörterbuch der schweizerdeutschen Sprache. Gesammelt auf Veranstaltung der Antiquarischen Gesellschaft in Zürich unter Beihülfe aus allen Kreisen des Schweizervolkes. Herausg. mit Unterstützung des Bundes und der Kantone von *Fr. Staub, R. Schoch, A. Bachmann* u. *H. Bruppacher*. 31. Heft. (Bd. IV, Bog. 1—9 = Spalte 1—144). In-4°. Frauenfeld, J. Hubers Verlag. 1896 2 —

Idiotikon, schweizerisches. Wörterbuch der schweizerdeutschen Sprache. Gesammelt auf Veranstaltung d. Antiquarischen Gesellschaft in Zürich unter Beihülfe aus allen Kreisen des Schweizervolkes. Herausg. mit Unterstützung des Bundes und der Kantone von *Fr. Staub, R. Schoch, A. Bachmann* u. *H. Bruppacher*. 32. Heft. (Bd. IV, Bog. 10—19). In-4°. 160 S. Frauenfeld, J. Hubers Verlag. 1896 2 —

Idiotikon, schweizerisches. Wörterbuch der schweizerdeutschen Sprache. Gesammelt auf Veranstaltung der Antiquarischen Gesellschaft in Zürich unter Beihülfe aus allen Kreisen des Schweizervolkes. Herausg. mit Unterstützung des Bundes u. der Kantone. Begonnen von *Fr. Staub* u. *L. Tobler*. 33. Heft. (Bd. IV. Bogen 20—29.) In-4°. Sp. 305—464. Frauenfeld, J. Hubers Verlag. 1897 2 —

Idiotikon, schweizerisches. Wörterbuch der schweizer-deutschen Sprache. Gesammelt auf Veranlassung der Antiquarischen Gesellschaft in Zürich unter Beihülfe aus allen Kreisen d. Schweizervolkes. **Herausg. mit Unterstützung des Bundes u. der Kantone. Begonnen von** *Fr. Staub* **u.** *L. Tobler*. **34. Heft. (Bd. IV, Bogen 30—39.) In-4°. Sp. 465—624. Frauenfeld, J. Hubers Verlag.** 1897 **2 —**

Idiotikon, Schweizerisches. Wörterbuch der schweizerdeutschen Sprache. Begonnen von *Fr. Staub* u. *L. Tobler*. XXXV. Heft. (Bd. IV. Bogen 40—49.) Gr. in-8°. Frauenfeld, J. Huber. 2 — 1897

Idiotikon, Schweizerisches. Wörterbuch der schweizerdeutschen Sprache. Begonnen von *Friedrich Staub* u. *Ludwig Tobler*. XXXVI. Heft. (Band IV. Bogen 50—69.) Lex. in-8°. Spalte 786 bis 943. Frauenfeld, J. Hubers Verlag. br. 2
1898

Idiotikon, Schweizerisches. Wörterbuch der schweizerdeutschen Sprache. Gesammelt auf Veranstaltung der Antiquarischen Gesellschaft in Zürich unter Beihülfe aus allen Kreisen des Schweizervolkes. Hrsg. mit Unterstützung des Bundes u. der Kantone. Begonnen von *Frdr. Staub* u. *Ludw. Tobler*, XXXVII. Heft (Bd. IV, Bg. 60—69.) Bearb. v. *A. Bachmann*, *R. Schoch*, *H. Bruppacher* u. *E. Hoffmann-Krayer*. Lex. 8°. Sp. 946—1103. Frauenfeld, J. Huber's Verlag. 2 —
1898

Idiotikon, schweizerisches. Wörterbuch der schweizerdeutschen Sprache. Gesammelt auf Veranstaltg. der Antiquar. Gesellschaft in Zürich unter Beihülfe aus allen Kreisen des Schweizervolkes. Hrsg. m. Unterstützg. des Bundes u. der Kantone. Begonnen von Frdr. Staub u. Ludw. Tobler. 38.—46. Hft. Bearb. von A. Bachmann u. R. Schoch, H. Bruppacher, E. Schwyzor. 4. (4. Bd. Sp. 1105—2038 u. 5. Bd. Sp. 1—496.) Frauenfeld 899—902. Huber & Co. à n. 2. —

Idiotikon, Schweizerisches. Wörterbuch der schweizerdeutschen Sprache. Gesammelt auf Veranstaltung der Antiquarischen Gesellschaft in Zürich unter Beihülfe aus allen Kreisen des Schweizervolkes. Herausgegeben mit Unterstützung des Bundes und der Kantone. Begonnen von *Friedrich Staub* u. *Ludwig Tobler*. XXXVIII. Heft. (Band IV. Bogen 70—79.) Bearbeitet von *A. Bachmann*, *R. Schoch*, *H. Bruppacher* und *E. Hoffmann-Krayer*. Lex. 8°. Spalte 1166—1263. Frauenfeld, J. Huber. 1899 2 --

Idiotikon, schweizer. Wörterbuch der schweizerdeutschen Sprache. Begonnen von *F. Staub* und *L. Tobler*. 39. Heft. Bearb. von *A. Bachmann*, *R. Schoch*, *H. Bruppacher*, *E. Hoffmann-Krayer* und *E. Schwyzer*. Lex.-8°. 4. Bd. Sp. 1266—1423. Frauenfeld. J. Huber. 2 —
1899

Idiotikon, Schweizer. Wörterbuch der schweizerdeutschen Sprache. Gesammelt auf Veranstaltung der Antiquarischen Gesellschaft in Zürich unter Beihülfe aus allen Kreisen des Schweizervolkes. Herausgegeben mit Unterstützung des Bundes und der Kantone. Begonnen von Friedrich Staub und Ludwig Tobler. XL. Heft. (Band IV, Bogen 90—99.) Bearb. von *A. Bachmann*, *R. Schoch*, *H. Bruppacher*, *E. Hoffmann-Krayer* und *E. Schwyzer*. Lexikon-8°. Spalte 1425—1584. Frauenfeld, J. Huber's Verlag. 1900 2 —

Idiotikon, Schweizerisches. Wörterbuch d. schweizerdeutschen Sprache. Gesammelt auf Veranstaltung der Antiquarischen Gesellschaft in Zürich, unter Beihülfe aus allen Kreisen des Schweizervolkes. Herausgegeben mit Unterstützung des Bundes u. der Kantone. Begonnen von *Friedrich Staub* u. *Ludwig Tobler*. XLI. Heft. (Band IV. Bogen 100—109). Bearb. v. *A. Bachmann*, *R. Schoch*, *H. Bruppacher* und *E. Schwyzer*. Lex.-8°. Spalte 1585—1744. Frauenfeld, J. Huber's Verlag.
1900 Brosch. 2

Idiotikon, Schweizerisches. Wörterbuch d. schweizerdeutschen Sprache. Gesammelt auf Veranstaltung der Antiquarischen Gesellschaft in Zürich unter Beihülfe aus allen Kreisen des Schweizervolkes. Herausgeg. mit Unterstützung des Bundes und der Kantone. Begonnen von *Friedrich Staub* und *Ludwig Tobler*. XLII. Heft. (Bd. IV. Bog. 110—119). Bearb. von *A. Bachmann*, *R. Schoch*, *H. Bruppacher* und *E. Schwyzer*. Lexikon 8°. Spalte 1745—1904. Frauenfeld, J. Huber's Verlag.
1901 Geheftet 2 —

Idioticon. Schweizerisches Idiotikon. Wörterbuch der schweizerdeutschen Sprache.... Heft 44. ⟨Band 5, Bogen 2—11.⟩... Spalten 17—176. 4. Frauenfeld, J. Huber, 1901. [per Heft fr. 2. —]

Idioticon. Schweizerisches Idiotikon. Wörterbuch der schweizerdeutschen Sprache.... Heft 45. ⟨Band 5. Bogen 12—21.⟩... II S. + Spalten 177—336. 4. Frauenfeld, J. Huber, 1902. [per Heft fr. 2. —]

Idioticon. Schweizerisches Idiotikon. Wörterbuch der schweizerdeutschen Sprache.... Heft 46. ⟨Band 5. Bogen 22—31.⟩... II S. + Spalten 337—496. 4. Frauenfeld, Huber & Co., 1902. [per Heft fr. 2. —]

Idiotikon, schweizerisches. Wörterbuch der schweizerdeutschen Sprache. Gesammelt auf Veranstaltg. der Antiquar. Gesellschaft in Zürich unter Beihülfe aus allen Kreisen des Schweizervolkes. Hrsg. m. Unterstützg. des Bundes u. der Kantone. Begonnen v. Frdr. Staub u. Ludw. Tobler. 47—56. Heft. Bearb v. A. Bachmann u. H. Bruppacher, E. Schwyzer, H. Blattner, J. Vetsch. (5. Bd. Sp. 497—1318 u. 6. Bd. Sp. 1—768.) 4. Frauenfeld 903—906. Huber & Co. à n. 2.—

Idioticon. Schweizerisches Idiotikon. Wörterbuch der schweizerdeutschen Sprache. ... Heft 47. ⟨Band 5. Bogen 32—41.⟩ II S. + Spalten 497—656. 4. Frauenfeld, Huber & Co., 1903. [per Heft fr. 2. —]

Idioticon. Schweizerisches Idiotikon. (Wörterbuch der schweizerdeutschen Sprache. ... Heft 47 a:) Verzeichniss der literarischen Quellen mit den dafür gebrauchten Abkürzungen. Sammt einem ergänzten Verzeichniss der abgekürzten Ortsbezeichnungen. (Bearb. von A[lbert] Bachmann und H[einrich] Bruppacher, E[duard] Schwyzer, F[elix] Balsiger.) IV + 66 S. 4. Frauenfeld, Huber & Co., 1903. [per Heft fr. 2. —]

Idioticon. Schweizerisches Idiotikon. Wörterbuch der schweizerdeutschen Sprache.... Heft 48: Band 5, Bogen 42—51.... II S. + Spalten 657—816. 4. Frauenfeld, Huber & Co., 1903. [per Heft fr. 2. —]

Idioticon. Schweizerisches Idiotikon. Wörterbuch der schweizerdeutschen Sprache.... Heft 49: Band 5, Bogen 52—61.... II S. + Spalten 817—976. 4. Frauenfeld, Huber & Co., 1904. [per Heft fr. 2. —]

Idioticon. Schweizerisches Idiotikon. Wörterbuch der schweizerdeutschen Sprache.... Heft 50: Band 5, Bogen 62—71.... II S. + Spalten 977—1136. 4. Frauenfeld, Huber & Co., 1904. [per Heft fr. 2. —]

Idioticon. Schweizerisches Idiotikon.... Heft 51: Band 5, Bogen 72—81.... II S. + Sp. 1137—1296. 4. Frauenfeld, Huber & Co., 1904. [per Heft fr. 2.—]

Idioticon. Schweizerisches Idiotikon.... Heft 53: Band 6, Bogen 9—18.... II S. + Sp. 129—288. 4. Frauenfeld, Huber & Co., 1905. [per Heft fr. 2.—]

Idioticon. Schweizerisches Idiotikon.... Heft 54: Band 6, Bogen 19—28.... II S. + Sp. 289—448. 4. Frauenfeld, Huber & Co., 1905. [per Heft fr. 2.—]

Idioticon. Schweizerisches Idiotikon.... Heft 55: Band 6, Bogen 29—38.... II S. + Sp. 449—608. 4. Frauenfeld, Huber & Co., 1906. [per Heft fr. 2.—]

Idioticon. Schweizerisches Idiotikon.... Heft 56: Band 6, Bogen 39—48.... II S. + Sp. 609—768. 4. Frauenfeld, Huber & Co., 1906. [per Heft fr. 2.—]

Idiotikon, schweizerisches. Wörterbuch der schweizerdeutschen Sprache. Gesammelt auf Veranstaltg. der antiquar. Gesellschaft in Zürich unter Beihülfe aus allen Kreisen des Schweizervolkes. Hrsg. m. Unterstützg. des Bundes u. der Kantone. Begonnen von Frdr. Staub u. Ludw. Tobler. 57.—67. Heft. Bearb. v. A. Bachmann, E. Schwyzer, H. Blattner, J. Vetsch, E. Wipf, E. Abegg. (VI. Bd. Sp. 769—1938 u. VII. Bd. Sp. 1—576.) Lex. 8. Frauenfeld 906—10. Huber & Co. à Heft 2. —

Idioticon. Schweizerisches Idiotikon.... Heft 57: Band 6, Bogen 49—58.... II S. + Sp. 769—928. 4. Frauenfeld, Huber & Co., 1906. [per Heft fr. 2.—]

Idioticon. Schweizerisches Idiotikon.... Heft 58: Band 6, Bogen 59—68.... II S. + Sp. 929—1088. 4. Frauenfeld, Huber & Co., 1907. [per Heft fr. 2.—]

Idioticon. Schweizerisches Idiotikon.... Heft 59 u. 60: Band 6, Bogen 69—78 ... u. 79—88.... *je* II S. + Sp. 1089—1408. 4. Frauenfeld, Huber & Co., 1907. [per Heft fr. 2.—]

Idioticon. Schweizerisches Idiotikon.... Heft 61: Band 6, Bogen 89—98.... II S. + Sp. 1409—1568. 4. Frauenfeld, Huber & Co., 1908. [per Heft fr. 2.—]

Idioticon. Schweizerisches Idiotikon.... Heft 63: Band 6, Bogen 109—118.... II S. + Sp. 1729—1888. 4. Frauenfeld, Huber & Co., 1908. [per Heft fr. 2.—] U3—Lesesaal

Idioticon. Schweizerisches Idiotikon.... Heft 65: Band 7, Bogen 7—16.... II S. + Sp. 97—256. 4. Frauenfeld, Huber & Co., 1909. [per Heft fr. 2.—]

Idioticon. Schweizerisches Idiotikon.... Heft 66: Band 7, Bogen 17—26.... II S. + Sp. 257—416. 4. Frauenfeld, Huber & Co., 1909. [per Heft fr. 2.—]

Idioticon. Schweizerisches Idiotikon.... Heft 67: Band 7, Bogen 27—36.... II S. + Sp. 417—576. 4. Frauenfeld, Huber & Co., 1910. [per Heft fr. 2.—]

Idioticon. Schweizerisches Idiotikon.... Heft 68: Band 7, Bogen 37—46.... IV S. + Sp. 577—736. 4. Frauenfeld, Huber & Co., 1910. [per Heft fr. 2.—]

Idioticon der deutschen Sprache in Lief- und Esthland ... Riga 1795. V: *Hupel, Aug. Wilh.* (ErschDL) (Mz) (Gi) (BrMm)

Idiotikon, studentikoses, oder allgemeine deutsche Burschensprache. Herausgeg. von einem bemoosten Haupte. 16. Jena 841, Hochhausen. n. 1/12 Thlr.

Idler, A., Melodieen des Gesangbuches der evangel.-protest. Kirche d. Großherzogth. Baden. Z. Gebrauche in Schulen f. 2 Kinderstimmen bearb. kl. 8. Karlsruhe 841, Groos. n. 1/8 Thlr.

— dass. für 3 Kinderstimmen bearb. kl. 8. Ebd. 841. n. 6¼ ngl

Idler, Christ., über die Obliegenheiten und Verrichtungen der Notare, Schultheißen, Rathsschreiber, Gemeinderäthe, Unterpfands-Behörden, Güterpfleger u. Concurs-Vertreter in Gantsachen, oder: umfassende prakt. Anweisung zu vorsichtiger und förmlicher Verfertigung der Gant-Inventarien, Schulden-Liquidationen, Gant-Rechnungen &c. 8. Mergentheim 840. Neue Buch- u. Kunsth. 1 Thlr.

Idler's, the, progress. Illustrated in the life of a young german nobleman. gr. 4. (38 S. mit eingedr. und ill. Holzschn.) Leipzig 859. (Mainz, Janitsch.)

Idmann, ..., recherches sur l'ancien peuple Finois, d'après les rapports de la langue Finoise av. la langue Grecque, ed. J. J. Oberlin. 8. Strassb. 778. Treuttel u. W. 15 gr

Idol, Ein. Sociales Drama. Berlin 1891. V: *Hartwig, Richard.* (Rothsch)

Idol. Ein Sociales Drama in 5 Akten. *** 8. (114 S.) Berl. 891, Kloß u. Comp. * 1 50

Idomeneus. Trauersp. des Herrn Crebillon. 8. Greifsw. (Mylius in Berlin.) 752.

Idomeneus, König v. Creta; e. heroische Oper, aus d. Italien. von D. v. Apell. 8. Cassel 805.

Idonie oder Das Kästchen mit der Chiffer. Eine Geschichte aus den Papieren eines Freimaurers. Th. 1. 2. Arnstadt & Rudolstadt: Langbein & Klüger 1804. 8°

1. 264 S. 1 Kupferst.; 2. 300 S.
Recens: Taschenbuch f. Frmr. 1805 S. 346 bis 349.
cf. °ALZ. 1806 No 135.
Kl. 3986, TB. 177.

Idonie, das Kästchen mit der Chiffer. 2 Bde. 8. Rudolst. 804. (Fr. Fleischer in Leipz.) 1 Thlr. 12 gr

Idris, ein heroisch-komisches Gedicht in fünf Gesängen. Leipzig 1768. V: *Wieland, Christoph Martin.* (EE) (Ky) (Mn) (BrMm) (GGr)

Idris, e. heroisch-kom. Gedicht in 5 Gesängen, (v. Chph. M. Wieland). 8. Leipz. 768.

al - Idrisi

— — Edrisii Africa. Curavit Joannes Melchior Hartmann. Editio altera. Gottingae 1796.

— — Idrisii Palaestina et Syria. Arabice ... edidit Ioannes Gildemeister. [Bonn] 1885.

— — Syria descripta a Scherifo el-Edrisio et Khalil ben-Schahin Dhaheri ... Arabice edidit, Latine vertit et notis illustravit Ern. Frid. Car. Rosenmüller. Lipsiae 1828.

I dschóu fu [Schlagwort]

I dschóu fu, s. Tschili.

Idsinga, S. H. van: Variorum iuris civilis liber singularis. Quo leges quaedam regiae, et decemvirales, tum Pandectarum, et Codicis, illustrantur, explicantur. Harlingae 1738.

Idstein [Schlagwort]

Idstein, s. Preussen. Messtischblätter.

Iduczukh, Ernst, k. und k. Generalmajor, Commandant der 2. Artillerie-Brigade. Applicatorische Uebungen im Schiesswesen bei der Feld-Artillerie. Mit 60 Fig. auf 9 Tafeln. 8. Wien 1898.

Iduna, s.a. Hammer.

Iduna, s.a.D. Schellenberg.

Iduna; ein Roman, herausg. v. A. Werden. 8. Penig Dienemann. 803. Velinpap.

— ein moral. Unterhaltungsbuch f. die weibl. Jugend von J. Glatz. 2 Bde. m. K. 8. Frankf. Willmanns. 807. Schreibp. m. K.

Iduna. Ein Taschenbuch für Freunde u. Freundinnen anspruchsloser vaterländ. Dichtung. Hg.: Mann Fr. Bauer Fallenstein.

(1813.) XXXI, 208 S. M. 3 Kpf. u. 5 Musikb. Berlin.

Iduna. Schriften deutscher Frauen gewidmet den Frauen ... Chemnitz 1820. H: *Tarnow, Fanny & Wilh. Christiane (Helmina) v. Chezy.* (schl) (GGr)

Iduna, Schriften deutscher Frauen, gewidmet den Frauen. Herausg. (von Helmina v. Chezy u. Fanny Tarnow). 1r Bd., 1s u. 2s Hft. gr. 8. ... 820. Kretschmar. 3 ₰ Hbg. Pr. 1 ₰ 12 ß

Iduna, eine Weihnachtsgabe deutscher Frauen ... Chemnitz 1820. H: *Tarnow, Fanny & Wilhelmine Christiane (Helmina) v. Chezy.* (schl) (Ky) (MGT)

Iduna; Taschenbuch, s.a. Fallenstein.

Iduna. Taschenbuch f. .... Edlen Frauen u. Mädchen gewidmet. 1821—1858. M. Kpf. Wien.

Iduna. Taschenbuch f. 1821—36. od. 1—16. Jahrg. (Jeder m. 7 Kpfr.) kl. 16. (à ca. 7—10 B.) Wien, Pfautsch. à

Iduna. Taschenbuch f. 1837—41. 17—21. Jahrg. (Jeder m. 7—8 Kpfrt.) 16. (à ca. 11 B.) Wien, [Pfautsch u. Comp.] à *

—— dass. (m. d. Zusatz:) Almanach f. d. Jahr 1842. 22. Jahrg. (M. 8 Kpfrn. u. 6 Mode-Bildern.) 16. (10³/₄ B. u. 4 Bl. weißes Pap.) Wien 841, Riedl's sel. Wwe. u. Sohn. *

Iduna. Taschenbuch für ... Edlen Frauen und Mädchen gewidmet. ([Hrsg. ab Jg. 20/1840: Johann Gabriel Seidl. — Mit Kupf. v.] C[arl] Kotterba.) Wien(, Leipzig): Friedr. Pfautsch [1839—1840]. 16°
[Kupfert.]
19/1839: 184 S., 1 Bl., 1 Titelkupf., 6 Kupfertaf.
20/1840: 174 S., 1 Bl., 1 Titelkupf., 6 Kupfertaf.

Iduna. Taschenbuch f. 1843—47. 23—27. Jahrg. Edlen Frauen u. Mädchen gewidmet. 16. Wien, Riedl's sel. Wwe. u. Sohn. [23. (14 B. u. 8 Kpfr.) 24. (12¹/₄ B. u. 7 Stahlst.) 25. (12¹/₈ B. u. 7 Stahlst.) 26. (12³/₈ B. u. 7 Stahlst.) à * 1 Thlr. 5 Ngr., 27. (12³/₈ B. u. 7 Stahlst.) * 1 Thlr. 4 Ngr.] Thlr. *
1—22. Jahrg. Ebendas. à J. * 1 Thlr.

Iduna, Taschenbuch für 1848—52. 28—32. Jahrg. 16. Wien 847—52, Lienhart. [Jahrg. 28. (192 S. und 7 Stahlst.) 29. (188 S. und 7 Stahlst.) 30. (192 S. und 7 Stahlst. 31. (... S.) 32. (XII und 191 S. mit Agende, 24 lithogr. S. mit 5 Stahlst. und lithogr. Titel in Golddr.) à Jahrg. * 1 Thlr. 4 Ngr.] *

Iduna, Taschenbuch für die J. 1853—57. 33—37. Jahrg. à Jahrg. mit 5 Stahlst. und lithogr. Titel. 16. Wien, Lienhart. [Jahrg. 33. (XII und 204 S.) 852., 34. (XIV und 216 S.) 853, 35. (XI und 212 S.) 854., 36. (XIV und 210 S.) 855., 37. (XIV und 193 S.) 856. à Jahrg. 1 Thlr.]

Iduna. Taschenbuch für das Jahr 1853. Wien, Ign. Lienhart. Leipzig, G. A. Liebeskind. 12.

Iduna. Taschenschenbuch für 1854. 8. (216 S. und 6 Bl. mit 5 Stahlstichen.) Wien bei Ign. Lienhart.

Iduna. Taschenbuch für 1855. kl. 8. (212 S. und 5 Abbildungen.) Wien. Druck von J. P. Sollinger's Witwe. Bei Ignaz Lienhart. Leipzig bei G. A. Liebeskind.

Iduna. Taschenbuch für das Jahr 1856. Sechs und dreißigster Jahrgang. Wien (o. A. d. J.) Druck von L. C. Zamarski. Bei Ignaz Lienhart. Leipzig bei G. A. Liebeskind. Mit 5 Stahlstichen: Das Bedenken. — Die Gäste. — Leontine. — Die Lauscherin. -- Die Sträußchenbinderin. (208 S. 8.)

Iduna. Taschenbuch für das Jahr 1857. 37. Jahrg. Wien. Druck von L. C. Zamarski. Bei Ignaz Lienhart. (192 S. 8. Mit 5 Stahlstichen.)

Iduna. Taschenbuch für 1854—58. (34—38. Jahrg.) Wien, Lienhart. 16. (34.: 7 Bl., 216 S.; 35.: 7 Bl., 212 S.; 36.: 7 Bl., 210 S.; 37.: 7 Bl., 193 S.; 38.: 7 Bl., 209 S.) Jeder Jahrg. mit 5 Stahlst. u. lith. Titel 1 ₰.; in Seide geb. 1 ₰. 6 ngr.

— Jugendzeitung f. Schule, Haus u. Welt. Nebst dem Beiblatte: Bragur f. Eltern, Lehrer u. Jugendfreunde. Herausg. v. J. G. Ziehnert. 1r—3r Jahrg. 1827—29. Mit lith. Abbildd. gr. 4. Meißen, Klinkicht. (à 6 ₰) 18 ₰ Hbg. Pr. 8 ₰

—— Eine Zeitschr. f. d. Jugend beiderlei Geschlechts, belehrenden, erheiternden u. geistbeleb. Inhalts. Hrsg. v. Amalia Schoppe, geb. Weise. 1—5. Jahrg. 1831—35. à 52 Nrn. (½ B.) Mit Kpfrn. u. Stnt. gr. 8. Altona, (Auc.) à

—— Eine Zeitschrift f. d. Jugend beiderlei Geschlechts, belehr., erheit. u. geistbeleb. Inhalts. 6—9. Jahrg. 1836—39. à 52 Nrn. (½ Bog.) Mit Kpfr.⸗ u. Steintfln. gr. 8. Altona, (Aur.) à *
6. u. 7. Jahrg., hrsg. v. Amal. Schoppe, 8. u. 9. J. fortgeführt v. Ed. Janinski.
1—5. Jahrg. 1831—35. Ebendas. à * 1 Thlr. 16 Gr.

Idunna. Herausg. von Elisabeth Grube, geb. Diez, und Catharina Diez. 1—3. Heft. Stuttgart 857, 58. Gebr. Scheitlin. 16. (VI, S. 1—208.) Jedes Heft 4 ngr

Iduna. Zeitschrift f. Dichtg. u. Kritik. Hrsg. v. der Freien deutschen Gesellschaft f. Literatur in Wien. Schriftleiter: Fritz Lemmermayer. 1. Jahrg. 1892. 10 Hfte. gr. 8. (à Hft. ca. 32 S.) Wien (Leipzig, Literar. Anstalt A. Schulze.) n. 8.—

Iduna. Weimarisches Taschenbuch … In Verbindung mit … hrsg. von Ernst Wachler. [Jg. 1] auf 1903. *Berlin: H. Costenoble 1903.* 8° [F.] 03 9716

Iduna. Weimarisches Taschenbuch auf 1903. In Verbindg. m. Adf. Bartels, Gust. Falke, Herm. Friedrichs u. a. hrsg. v. Ernst Wachler. gr. 8. (208 S. m. Fig.) Berlin, H. Costenoble. Geb. in Leinw. n. 2.—

Iduna. Zeitschrift der Gesellschaft f. deutsche Kultur. Hrsg. v. Ernst Wachler. 6. u. 7. Jahrg. Oktbr. 1903—Septbr. 1905. à 12 Hefte. (à ca. 24 S.) gr. 8. Weimar. (Leipzig, L. Fernau.) à Jhrg. n. 12.—
Erschien früher u. d. T.: Zeitschrift, deutsche, f. Politik u. Volkswirtschaft.

— dasselbe. Monatsschrift f. Volkstum u. Kunst, begründet, hrsg. u. red. v. Ernst Wachler. 8. u. 9. Jahrg. 1905 u. 1906. à 12 Hefte. (à ca. 48 S.) kl. 8. Ebd. à Jhrg. n. 12.—

Iduna. Zeitschrift d. Gesellsch. f. deutsche Kultur. Hrsg. von Ernst Wachler. Jg. 6. H. 1/2. (Weimar): Verl. d. Iduna (1903). 8° [F.]
Anf. s. u. d. T.: Der Kynast; Deutsche Zeitschrift. 05. 6165

Iduna. Zeitschrift d. Gesellsch. f. deutsche Kultur. Hrsg. von Ernst Wachler. Jg. 6–9, H. 1–4. [Mehr nicht erschienen.] (Weimar): Verl. d. Iduna (1903–06). 4 Bde 8°
6. Okt. 1903 bis Sept. 1904. 7. Okt. bis Dez. 1904. 8. 1905. 9. 1906.
Anf. s. u. d. T.: Der Kynast; Deutsche Zeitschrift.; Forts. mit d. Zeitschrift Hammer verschmolzen. 07. 4505

— u. Hermode, eine Alterthumszeitung, herausg. von F. D. Gräter. 1r Jahrg. u. 2r Jahrg., 1s u. 2s Quartal. 4. Bresl. 812 u. 13. (Graß, B. u. C.) 6 Thlr f. d. Jahr 1814—16. Herausg. von Fr. D. Gräter. gr. 4. Dünkelsbühl. (Central⸗Compt. in Leipz.) 8 Thlr

Iduna's Blumenkörbchen, e. Samml. unterhalt. Erzählungen, Geschichten, Mährchen u. Gedichte f. die leselust. Jugend. Mit 6 ill. Kpf. qu. 12. Nürnb. … 2e A. 826. Monath u. K. 1 Thlr 8 gr

Idus, F., s. Quitten, die.

Idyll, das; od. d. Sucht zu dichten. Lustsp. in 5 Akten nach Piron, v. Theod. Hell. 8. Leipz. Weigel. 806.

Idylle auf ihres ältern Bruders Hochzeit. Dresden 1808. V: *Oehme, Sophie Constanze Theodore geb. Breitkopf.* (GGr) (MGT) (Schl)

Idylle aus dem fürstlichen Phasanengarten bey Hanau. 1778. V: *Bergsträsser, Johann Andreas Benignus.* (MGT)

Idyllen von dem Verfasser des Daphnis. Zürich 1758. 1760. Leipz. 1760. Zürich 1765. Leipzig 1767. Zürich 1773. V: *Gessner, Salomon.* (GGr) (AarK) (Gleim-Uz, Briefw. Tüb. 1899. S. 485.) (ML)

Idyllen, nebst einem Anhang einiger Oden; a. d. Franz. Jena 1761. Ü: *Schmidt, Jacob Frdr.* (Ky)

— nebst e. Anhang einiger Oden; aus dem Französ. (v. Jak. Fr. Schmidt). 8. Jena 761. Gollner. 4 gr

IDYLLEN. (Vign.) Berlin u. Stralsund, bey Gottlieb Aug. Lange. 1766. 8°.
78 S. u. 1 Bl. Inh. (der 21 Nrn. in poet. Prosa, zahmer Natur).

Idyllen der Deutschen … Frankfurt 1774—75. H: *Schmidt, Clamer Eberhard Carl.* (BrMm) (EE) (GGr)

— d. Deutschen, aus gedruckten u. handschriftl. Originalien, (von Kl. Eb. K. Schmidt). 8. Frankf. u. Leipz. (Münster) 774. Perrenon. 8 gr

Idyllen u. ländliche Erzählungen, v. Mad. Petigny, geb. Levesque, s. im Alphabet Petigny.

Idyllen aus dem Kinderleben in Dorf und Stadt. qu. 4. (8 ill. Stnt. mit lithogr. und ill. Titel.) Stuttgart 862, Schmidt und Spring. cart.

Idyllen zweier Liebenden. 8. Bregenz, Brentano. 16 gr

Idyllen, neue, e. Schweizers. gr. 8. Basel 780. Serini. 10 gr

—— dies. 8. Basel, Hans d. S. 780.

— a. d. Theocrit. 12. Halberst. Groß. 771.

— d. Theocrit, Bion, Moschus und Koluth, v. Küttner. 8. Mietau, Hinz. 772.

— d. Theocrit, Bion und Moschus. a. d. Griech. 12. Berlin, Himburg. 775.

Idyllen, Die, Theokrit's, Moschus und Bion aus dem Griechischen übersetzt. Berlin 1757. Ü: *Lieberkühn, Chn. Glieb.* (ML) (GGr) (Ky) (DegG) (Hoff) Ü: *Lieberkühn, S. H.* (BrMm)

— d. Theocrit, Moschus und Bion. 8. Berl. Lange. 766.

Idyllen, zwei amerikanische. Elisabeth, von Henry Wadsworth Longfellow. Eingeschneit, von John Greenleaf Whittier. Uebersetzt von Karl Knortz. 16. (43 S.) Berlin 879. Bohne. n. — 75; geh. m. Goldsch. n. 1.—; geb. n. 2.—

Idyllion, sive Antithesis poetica ad parallela M. Lomeri Diaconi Augustani … Monachij 1700. V: *Mossu, François.* (Jes)

Idyllion. halievticvm. Illustr. ac. Rev. D. Joanni. Szili. de. Felsö-Szopor . . . dicatum. Jaurini 1777. V: *Balogh, Sándor.* (jes)

Idyllion, illustr. ac rev. dno Stephano Sztankovics . . . a clero Bacsiensi oblatum. Budae 1834. V: *Maximovics, Basil.* (rk)

Idyllische- aus einem Kriegslager *s.* L[öhnert], H[ermann].

Idzerda, W. H., s.: Photographie, die bildmässige.

Idzerda, W. H.: Die bildmäßige Photographie, s. Matthies, Fritz

Idzikowsky, Frz., Geschichte der Stadt Oppeln. gr. 8. (XV und 388 S. mit 4 Stnt. und 2 lithogr. Plänen in gr. 4., Fol. und gr. Fol.) Oppeln 863, (Clar's Buchh.) *

— Geschichte der Stadt und ehemaligen Herrschaft Rybnik in Oberschlesien. Mit 1 (lith.) Plane der Stadt und der nächsten Umgegend (in Fol.). Breslau 861. Maruschke & Berendt. gr. 8. (VIII, 200 S.) nn. 1 ₰

Idzikowski: Die Schul-Disciplin als Erziehungsmittel. 24 S. – Breslau, k. G., Progr. 1851.

Je länger, je lieber. Ein Denkmal der Freundschaft u. Liebe in 100 Stammbuchsaufsätzen, mit 12 Zeichnungen von P. J. B. 1s Heftchen. 16. Duisburg 835, Schmachtenberg. 5 *ℋ* — 2s Heftchen. 16. Ebd. 836. 1/4 ₰

JE länger, je lieber. Pikante Blumenlese für Verehrer u. Anbeter der Venus. (Gedichte.) Rom u. Paris, gedr. auf Kosten guter Freunde (c. 186*). 16⁰. 64 S. (2/3 Rthl. Ed. Fischhaber etc.)

1. Nannchen's Geständniss an Lottchen (über ihre Entjungferung durch den „schönen Maier", S. 3—23, in 7 zeil. Stroph.). 2. Die Sau-Glocke. Nach Schiller's „Lied von der Glocke" (S. 24—41). 3. Der Gang nach dem Schweinsstall. Nach Schiller's „Gang nach dem Eisenhammer" (S. 42 bis 53). 4. Theater-Zettel („A. u. seine Freundin". Drama in 1 Aufz. v. J. Schnabelburg. Musik v. Kapellm. Stinkbock.) 5. Aennchens u. Virginiens Leiden u. Freuden (S. 56—59, in 4 zeil. Str.). 6. Miscellen. 7. Die Brautnacht (S. 60—62, in 4 zeil. Str.). 8. Die Unschuldige (S. 62 bis 64, in 8 zeil. Str.).

JE länger, je lieber! Pikante Blumenlese f. Verehrer u. Anbeter der Venus. (Gedichte.) Paris. im XIX. Jahrhundert gedr. (c. 1890). Breit-12⁰. (5 Mk. eine böhmische Firma, 1901.)

171 S., 1 Bl. Inh. Erzählungen u. Schwänke im Kreise einer lockern Damen- u. Herren Gesellschaft, mit deren Randglossen: 1. Die Gesch. vom frechen Lieutenant. 2. Der gefoppte Breslauer Referendar. 3. Ein eklich angeführter Halberstädter. 4. Eine anmuthige Pastor-Geschichte. 5. Der Pfaffe als Okulator. 6. Der Pastor u. Josephs Mantel in Mecklenburg. 7. Der Prinz u. sein Sekretair. 8. Ein herrlicher Fürst auf dem Felde der Liebe. 9. Der Spediteur. 10. Der Kammerherr als Kammer-Virtuos. 11. Der Hauslehrer u. die Müllerin. — Dazu allerhand erot. Beiwerk. Das Opus ersch. auch m. d. Tit.: „Wahre Geschichten a. d Leben u. Treiben der heutigen feinen Welt."

Je näher dem Himmel, desto steiler die Berge! Eine Erzählung aus der Kreuzesschule von K. 12. (82 S.) Kropp 886, Buchhandlung „Eben-Ezer". * — 50

Jeaffreson, C. H., and O. Boensel, English dialogues with phonetic transcriptions. 12. (XXVII, 212 S.) Hamburg 891. [G. Fritzsche.] Leipzig, O. R. Reisland. n. 2. 50; geb. n. 3. —

Jeaffreson, C. H., and O. Boensel, English dialogues with phonetic transcriptions. 2., unchanged ed. 8. (XXVII, 212 S.) Leipzig (891). O. R. Reisland. Geb. in Leinw. n. 2. —

Jeaffreson, J. C., a book of doctors, s. Collection of British Authors.

Jeaffreson, J. C., the real Lord Byron, s.: Collection of British authors.

— durchs Leben überwunden. Roman. Aus dem Engl. von Marie Scott. 4 Bde. Autoris. Ausg. Leipzig 865. C. F. Günther. 8. (956 S.) n. 2 ₰ 20 ngr.

Jeaffreson, J. C., a woman in spite of herself, s.: Collection of brit. auth.

Jean et Margot. (12 S. m. 6 Farbdr.) 16. Stuttgart (903). G. Weise. n. — 10; 4. — 15

Jean Paul

—— Leben u. Charakteristik, s. Döring, (Joh. Mich.) Heinr.

--- Sein Leben u. seine Werke, s. Nerrlich, Paul.

Jean Paul Friedrich Richter. Ein biograph. Commentar zu dess. Werken v. Richa. Otto Spazier. Neue, wohlf. Ausg. in 1 Bd. 8. (65¼ B.) Leipzig 836, Otto Wigand. *

Jean Paul. Sein Leben und seine Werke sowie sein Aufenthalt und Heimgang in Bayreuth. Festgabe zur Feier des 100jährigen Geburtstagsjubiläums Jean Paul Friedrich Richters am 21. März 1863. Bayreuth 863. Giessel. 16. (31 S.) 2 ngr.

Jean Paul und seine Zeitgenossen, s. Nerrlich, P.

Jean, s.a. Jehan

Jehan, les mervelles de Rigomer, hrsg. v. Wendelin Foerster, s.a. Gesellschaft f. romanische Literatur. 19. Bd.

Les mervelles de Rigomer. Von Jehan [Jean]. Altfranz. Artusroman d. 13. Jhs. nach d. einzigen Aumale-Hs. in Chantilly z. 1. Mal hrsg. von Wendelin Foerster. Lfg. 1. Dresden: Gesellsch. f. roman. Lit. 1908. 8⁰
(Gesellschaft f. romanische Literatur. Bd. 19.)

Die Turiner Rigomer-Episode. König Artu's und Lanselots Abenteuer in der Male Gaudine und in Quintefuelle. (Verf.: Jehan [Jean].) Zum ersten Mal hrsg. (von E[dmund] Stengel.) (Zur Feier 25jähr. Bestehens dem Ver. f. neuere Sprachen in Hannover 1905 u. dem Akad.-Neuphilol. Ver. in Marburg ... dargebracht.) Greifswald: L. Bamberg 1905. (20 S.) 4⁰ 05. 5500 9

Jean de Crimée, Description des monastères Arméniens d'Haghbat et de Sanahin, s. Mémoires de l'académie imp. des sciences de St.-Pétersbourg. 7. Série. Tome VI, Nr. 6.

Jean qui rit [Pseud.], s.a. Schwarz, Armin

JEAN Qui Rit (ps.), Pariser Ausstellungs-Erinnerungen. Mit vielen Illustrationen. (c. 1900.) (Mk. 2—.)
Verboten vom L.-G. Wien, 21. X. 1901. § 516.

(F) Pariser Ausstellungs-Erinnerungen von Jean qui rit. Mit Zeichnungen geschmückt von G. Sieben und Anderen. Budapest. 1901. Grimm. 8⁰. 141 S. K 2.—

(F) Caviar-Kalender 1900. XIV. Jahrgang. Von Jean Qui Rit. Budapest. Grimm. 8⁰. 173 S. fl. 1.—

605

(F) Caviar-Kalender 1902 von Jean qui rit. XVI. Jahrgang. Budapest. [1901.] Grimm. 8⁰. 173 S. K 2.—

Jean qui rit (Hrsg.), s. Witz, Humor, Satyre.

Jean Charles [Pseud.], s.a. Braun von Braunthal, K. J.

Jean Charles [Pseud.], s.a. Charles, Jean [Pseud.]

Jean Charles, der Abenteurer oder hundert Leben in Einem. Aus dem Tagebuche eines hochgestellten Mannes. 3 Thle. 8. Leipzig 845, C. L. Fritzsche. 3 ℳ

† Jean Charles, (Braun v. Braunthal,) die Erbsünde. Roman. 2 Thle. 8. (449 S.) Leipzig 848, C. L. Fritzsche.

Jean-Charles. (Braun v. Braunthal), Napoleon II. s.a. Salon-Bibliothek. 24.–26. Lfg.

Jean Charles, [Braun v. Braunthal.] Napoleon II. Historischer Roman. 2 Thle. in 1 Bde. 8. (VII und 272 S.) Prag 860. [Hamburg, Richter.] *

Jean Charles (Braun v. Braunthal), Napoleon II. Histor. Roman. 2 Thle. in 1 Bde. 8. (272 S.) Prag. Kober. 1 fl. 60 kr.

— Donna Quixote, oder: Leben, Abenteuer u. Meinungen einer scharfsinnigen Edlen aus Jungdeutschland. Roman. 2 Bde. 8. Leipzig 844, Melzer. 3 ℳ

—— die Seherin von Venedig. Roman. 3 Thle. 8. ($38\frac{1}{2}$ B.) Dresden u. Leipzig 845, Arnoldische Buchh.

Jean Paul, s.a. Richter, Jean Paul Friedr.

— Auswahl aus des Teufels Papieren. Nebst einem nöthigen Aviso vom Juden Mendel. gr. 16. (VIII, 301 S.) Ebend. 879. geb. n. 1. 50

Jean Paul (Jean Paul Frdr. Richter), Doktor Katzenbergers Badereise, s.a. Handbibliothek, Cottasche.

— dass. — s.a. Bibliothek der deutschen Nationalliteratur des 18. und 19. Jahrh.

– dasselbe, s.a. Bücher, die, des deutschen Hauses.

– Dr. Katzenberger's Badereise, s.a. Universal-Bibliothek.

—— Dr. Katzenberger's Badereise nebst einer Auswahl verbesserter Werkchen. 3. Aufl. In 1 Bd. 16. (XVIII und 427 S. und des Verf. Bildn. in Stahlst.) Breslau 849, Max und Comp.

— Dr. Katzenberger's Badereise. Nebst einer Auswahl verbesserter Werkchen. 3 Bdchn. gr. 16. (248 S.) Ebendas. 879. geb. in 1 Bd. *

— Dr. Katzenbergers Badreise. Neu hrsg. v. Vict. Goldschmidt. (IV, 150 S.) Lex. 8. Leipzig 910. O. Wigand. Geb. in Leinw. 8. —

— dasselbe. Mit 5 Radiergn. v. Hanns Alex. Müller. (156 S. m. 5 Taf.) gr. 8. Leipzig 910. J. Zeidler. Geb. 6.50; handkolor. Vorzugs-Ausg. 20. —

— biographische Belustigungen unter der Gehirnschale einer Riesin. Eine Geistergeschichte. 1. Bdchn. gr. 16. (127 S.) Ebendas. 879. geb. *

Jean Paul, Blumen-, Frucht- und Dornenstücke; oder Ehestand, Tod und Hochzeit des Armen-Advokaten F. St. Siebenkäs, } s.a. National-Bibliothek sämmtl. deutscher Classiker.

— Blumen-, Frucht- u. Dornstücke, s.a. Universal-bibliothek.

—— Blumen-, Frucht- und Dornenstücke; oder Ehestand, Tod und Hochzeit des Armenadvokaten F. St. Siebenkäs. 2 Bde. 3. Aufl. 8. (392, VIII und 432 S.) Berlin 847, G. Reimer.

— Blumen-, Frucht- und Dornenstücke; oder Ehestand, Tod und Hochzeit des Armenadvokaten F. St. Siebenkäs. 4 Bdchn. gr. 16. (494 S.) Ebendas. 879. geb. in 1 Bd. *

– Briefe an Fr. H. Jacobi, s. Richter, Jean Paul Fr.

—— freundschaftl. Briefe, s. Dietmar.

—— Briefe an eine Jugendfreundin. Hrsg. von J. Fr. Täglichsbeck. gr. 16. (144 S.) Brandenburg 858, Müller. — geb. *

— Briefe und bevorstehender Lebenslauf. gr. 16. (144 S.) Ebendas. 879. geb. *

Jean Paul (Jean Paul Frdr. Richter), Briefwechsel m. seiner Frau u. Christian Otto. Hrsg. v. Paul Nerrlich. gr. 8. (XVI, 350 S.) Berlin 902. Weidmann. n. 7. —

– Briefwechsel mit Chr. Otto, s. Richter, Jean Paul Fr.

—— Briefwechsel mit Heinr. Voß, s. Briefwechsel.

— kleine Bücherschau. Gesammelte Vorreden und Rezensionen, nebst einer kleinen Nachschule zur ästhet. Vorschule. Mit Anmerkungen und erläut. Anhang. gr. 16. (VIII, 215 S.) Ebendas. 879. geb. *

— Dämmerungen für Deutschland. gr. 16. (111 S.) Ebendas. 879. geb. *

— größere Dichtungen, in anthologischer Bearbeitung von Otto Sievers. 1. Bdchn.: Jean Paul's Titan. Volksausg. gr. 16. (XII, 283 S.) Wolfenbüttel 878. Zwißler. n. 1. 80

— über die deutschen Doppelwörter; eine grammatische Untersuchung in 12 alten Briefen u. 12 neuen Postskripten. gr. 16. (XVI, 96 S.) Berlin 879. Hempel. geb. n. — 60

— Erzählungen, s. Siegfried's illustrirte Mädchenbücher.

— politische Fastenpredigten während Deutschlands Marterwoche. gr. 16. (128 S.) Ebend. 879. n. — 80

— Flegeljahre, s.a. Bibliothek der Gesamt-Litteratur d. In- u. Auslandes.

— dasselbe, s.a. Meyer's Volksbücher.

— Flegeljahre, s.a. Universal-Bibliothek.

† Jean Paul, (Jean Paul Friedr. Richter.) Flegeljahre. Eine Biographie. 2. Ausg. 2 Bde. gr. 8. (VIII und 640 S.) Berlin 849, G. Reimer. Thlr. *

—— Flegeljahre. Eine Biographie. 4 Bdchn. 12. (VIII, 424 S.) Berlin 884, Hempel. * geb. in 1 Bd. *

— Freiheits-Büchlein; oder dessen verbotene Zueignung an den regier. Herzog August von Sachsen-Gotha; dessen Briefwechsel mit ihm; — und die Abhandlung über die Preßfreiheit. gr. 16. (63 S.) Ebendas. 879. geb. *

— Friedens-Predigt an Deutschland. gr. 16. (40 S.) Ebend. 879. geb. n. — 50

- Gedenkbuch. Hrsg. v. d. Urenkelin d. Verf. Laura Kallenberg. Illustr. v. Ant. C. Baworowski. 12. (VII, 288 S. m. 12 Monatsbild.) Stuttgart 898. Greiner & Pfeiffer. Geb. in Leinw. n. 3. —

(——) Genius aus Jean Paul's Werken. Als Register zu dess. Gesammtausg., s. Bibliothek deutsch. Schönheiten, 3. Bd.

Jean Pauls Geist, oder Chrestomathie der vorzüglichsten Stellen aus seinen Schriften. Weimar und Leipzig 1801/16. IV. H: *Pölitz, Carl Heinr. Ludw.* Vgl. Katal. der Poelitzischen Bibl. Leipzig 1839. S. 9. (Briefl. Mitt. des H. Dr. Eduard Berend.) (DARP)

— Herbst-Blumine, oder gesammelte Werkchen aus Zeitschriften. 3 Bdchn. gr. 16. (480 S.) Ebendas. 879. geb. in 1 Bd. *

— Hesperus, s. National-Bibliothek sämmtl. deutscher Classiker.

Jean Paul, Hesperus, s. a. Universalbibliothek.

— Hesperus, oder 45 Hundsposttage. Eine Lebensbeschreibung. 4 Bdchn. gr. 16. (VIII, 652 S.) Ebend. 879. In 1 Bd. geb. n. 2. 25

— Das Idyll v. Kuhschnappel, s.: Hausbibliothek, hamburgische.

Jean Paul-Worte (Erziehung), ausgewählt v. Achim v. Winterfeld, s.: Dietrich's, F., Auswahl-Bibliothek.

— Immergrün u. andere kleine Dichtungen, s. Universal-Bibliothek.

—— über d. Immergrün uns. Gefühle. 4. Aufl. 16. (2 B.) Berlin 832, Th. Enslin.

—— über das Immergrün unserer Gefühle. 5. Aufl. 16. (30 S.) Berlin 847, Th. Enslin. *

Jean Paul (Friedr. Richter), über das Immergrün unserer Gefühle. Neuer Abdr. Berlin (855, 57, 58.) Th. Enslin. 16. (30 S.) n. 10 ngr.

- Der Jubelsenior, s.a. Universal-Bibliothek.

— der Jubelsenior. Ein Appendix. gr. 16. (132 S.) Ebend. 879. geb. n. 1. —

Jean Paul, das heimliche Klaglied der jetzigen Männer, eine Stadtgeschichte; — u. die wunderbare Gesellschaft in der Neujahrsnacht. gr. 16. (51 S.) Berlin 879. Hempel. geb n. — 50

— der Komet, s. a. Meyer's Volksbücher.

- Der Komet, s.a. Universal-Bibliothek.

— der Komet, oder Nikolaus Marggraf. Eine komische Geschichte. 3 Bdchn. gr. 16. (415 S.) Ebend. 879. In 1 Bd. geb. n. 2. 25

— Leben Fibel's, d. Verfassers der Bienrodischen Fibel. gr. 16. (174 S.) Ebend. 879. geb. n. 1. —

—— Leben des Quintus Fixlein, s. a. Bibliothek der Gesamt-Litteratur des In- und Auslandes.

- Leben des Quintus Fixlein, s.a. Universal-Bibliothek.

— Leben d. Quintus Fixlein, aus 15 Zettelkästen gezogen; nebst e. Mußtheil u. einigen Jus de tablette. gr. 16. (223 S.) Ebend. 879. geb n. 1. 25

Jean Paul's Leben, Geist aus seinen Werken, s. Bibliothek der deutschen Classiker.

—- Leben des vergnügten Schulmeisterleins Maria Wuz in Auenthal, s. a. Miniatur-Bibliothek classischer Dichterwerke.

- Leben des Schulmeisterlein Maria Wuz, s.a. Universal-Bibliothek.

— Leben des vergnügten Schulmeisterlein Maria Wuz in Auenthal. — Erinnergn. aus den schönsten Stunden f. die letzten. Zwei Idyllen. (87 S.) kl. 8. Leipzig 908. C. F. Amelang. Kart. 1. —

— Levana nebst pädagogischen Stücken aus seinen übrigen Werken u. dem Leben des vergnügten Schulmeisterleins Maria Wuz in Auental. hrsg. v. Karl Lange. s. a. Bibliothek pädagog. Klassiker.

- Levana, s.a. Universal-Bibliothek.

—— Levana od. Erziehlehre. Eine Zusammenstellung der schönsten u. wichtigsten Stellen. 1. Aufl. (2 B.) u. 2., verm. Aufl. gr. 16. (3¼ B.) Schaffhausen 843, Brodtmannsche Buchh.

—— Levana od. Erziehlehre. 3., aus d. literar. Nachlaß des Verf. verm. Aufl. gr. 8. (25 B.) Stuttgart 845, Cotta'sche Bh. 1

—— Levana oder Erziehlehre. 4., aus dem literar. Nachlaß des Verf. verm. Aufl. 8. (XXXII und 512 S.) Stuttgart 861, Cotta'sche Buchh. 1

— Levana oder Erziehlehre. 3 Bdchn. gr. 16. (XXIV, 336 S.) Berlin 879. Hempel. In 1 Bd. geb. n. 1. 25

Jean Paul (Jean Paul Frdr. Richter), Levana od. Erziehlehre. Bearb., erläutert u. pädagogisch gewürdigt v. Rzesnitzek. (251 S.) gr. 8. Leipzig 909. Dürr'sche Buchh. 2.60; geb. 3. 20

Jean Paul, Levana. Bearb. v. Rzesnitzek. Jetzt: Berlin, Union, Zweigniederlassung.

—— die unsichtbare Loge. Eine Lebensbeschreibung. 2 Thle. gr. 16. (XLVII, 392 S.) Ebendas. 879. geb. in 1 Bd. *

—— Museum. gr. 16. (152 S.) Ebendas. 879. geb. *

—— polit. Nachklänge. Wiedergedrucktes u. Neues. (Hrsg. v. Ernst Förster.) gr. 16. (9¼ B.) Heidelberg 832, Winter.

— Palingenesien. — Jean Paul's Fata u. Werke vor u. in Nürnberg. 2 Bdchn. gr. 16. (190 S.) Ebend. 879. In 1 Bd. geb. n. 1. 25

Jean Paul (Jean Paul Frdr. Richter), s.: Dichtung, deutsche.

—— s. Hausschatz, humoristischer.

Jean Paul (Jean Paul Frdr. Richter), bearb. v. Konr. Fischer, s.: Klassiker, die, d. Pädagogik.

— als Denker. Gedanken aus seinen Werken, hrsg. v. S. Friedlaender, s.: Fruchtschale, die.

—— der Pietist. Ein religiöser Zeitroman in 16 Trakten. In dess. Nachlaß vorgefunden. (Hrsg. v. C. Göhring.) 8. (18⅛ B.) Grimma 845, Verlags-Comptoir.

— grönländische Prozesse, oder satirische Skizzen. 2 Bdchn. gr. 16. (200 S.) Ebend. 879. In 1 Bd. geb. n. 1. 25

—— Des Feldpredigers Schmelzle Reise nach Flätz, s.a. Meyer's Volksbücher.

– Des Feldpredigers Schmelzle Reise nach Flätz, s.a. Universal-Bibliothek.

—— des Feldpredigers Schmelzle Reise nach Flätz, s.a. Universal-Bibliothek der Gabelsbergerschen Stenographie.

— des Feldpredigers Schmelzle Reise nach Flätz mit fortgehenden Noten; nebst der Beichte des Teufels bei einem Staatsmanne. gr. 16. (64 S.) Ebend. 879. geb. n. — 60

Jean Paul. Novellistische Schilderungen aus d. Jugend d. Dichters. Von Th. Oelckers. 2 Bde. 8. (29¾ B.) Leipzig 846, Otto Klemm. à

—— das Schönste u. Gediegenste aus seinen verschied. Schriften, s.a. (Richter, Jean Paul Fr.)

(——) das Schönste u. Gediegenste aus seinen verschied. Schriften u. Aufsätzen, nebst dess. Leben, Charakteristik u. Bildniß. Ausgewählt, gesammelt u. geordn. Mit e. Vorber. v. Conz. 11. u. 12. Bdchn. Hrsg. v. H. G. Rumsen. 16. (19½ u. 22½ B.) Leipzig 837, 38, E. Klein. à * ½ Thlr., fr. Pap. à * 1—10. Bdchn. (1. u. 2. neuer Abdr. 838, 41.) Ebendas. 1827—36. à * 18 Gr., fr. P. * 16 Gr.; 12 Bdchn. zus. * 5 Thlr., fr. P. * 6⅔ Thlr.

—— dass. 11. u. 12 Bdchn. 8. (19½ u. 22½ B.) Ebds. 837, 38. Schrbp. à * ⅓ Thlr., Vlnp. * 1—10. Bdchn. (1. u. 2. neuer Abdr. 838, 41.) Ebendas. 1827—36. à * 18 Gr., Vlnp. * 1 Thlr.; 12 Bdchn. zus. * 7 Thlr. 12 Gr., Vlnp. * 10 Thlr.

— Selina oder über die Unsterblichkeit der Seele. 2 Thle. gr. 16. (VIII, 232 S.) Ebend. 879. In 1 Bd. geb. n. 1. 25

—— Siebenkäs, s.a. Meyer's Volksbücher.

— **Siebenkäs.** Bearb. v. e. Enkel d. Dichters. 2 Bde. gr. 8. (XI, 239 u. VI, 208 S.) Stuttgart 891. Deutsche Verlags-Anstalt. n. 4. 50; geb. n. 5. 50

– Das Kampaner Thal, s.a. Universal-Bibliothek.

— das Kampaner Thal oder die Unsterblichkeit der Seele; nebst einer Erklärung der Holzschnitte unter den 10 Geboten des Katechismus. gr. 16. (144 S. m. eingedr. Holzschn.) Ebend. 879. geb. n. 1. —

— Titan in anthologischer Bearbeitung, s.a. Frauen-Bibliothek.

—— Titan, s.a. Wendt's Familien-Bibliothek.

— dasselbe u. komischer Anhang zum Titan, s.a. Universal-Bibliothek.

—— Titan. 2. Ausg. 3 Bde. 8. (70¾ B.) Berlin 846, G. Reimer.

— dasselbe, in anthologischer Bearbeitung v. Otto Sievers. gr. 16. (XII, 283 S.) Wolfenbüttel 878. Zwißler. n. 3. —; geb. n. 4. —

— Titan. 4 Bde. gr. 16. (VIII, 712 u. VII, 196 S.) Ebend. 879. In 1 Bd. geb. n. 3. 50

— Träume, s.: Statuen deutscher Kultur. VII.

—— Mars' und Phöbus' Thronwechsel im J. 1814. Eine scherzhafte Flugschrift. gr. 16. (32 S.) Ebendas. 879. geb. *

— Vorschule der Aesthetik, nebst einigen Vorlesungen in Leipzig über die Parteien der Zeit. Mit Anmerkungen u. erläut. Anh. gr. 16. (XV, 495 S.) Berlin 879. Hempel. n. 2. 50

—— Wahrheit aus meinem Leben, s. Wahrheit.

Jean Paul (Jean Paul Frdr. Richter), Werke in Einzelausgaben, s.: Hempel's Klassiker-Bibliothek.

— dasselbe, s.a. Klassiker-Bibliothek, goldene.

† Jean Paul's [Friedrich Eugen Richter] Werke, s.a. National-bibliothek sämmtlicher deutschen Classiker.

Jean Paul's [Richter] Werke, s.a. National-Litteratur, deutsche.

Jean Paul's Werke. Nebst einer Biographie von Rud. Gottschall. 60 Thle. gr. 16. (XLVII, 392; 223; VIII, 301; 127, 132; VIII, 652; 494; VIII, 712; VII, 196; VIII, 424; 248, 415; 51, 64, 174; 63; 40, 111, 32, 128, 144; 144, 200; 190; 152, 480; XXII, 461; XV, 495; VIII, 216; XVI, 96; XXIV, 336 u. VIII, 232 S.) Berlin 879. Hempel. In 13 Bde. geb. n. 30. —

— dasselbe. Auswahl. 31 Thle. (Thl. 1—31 der Gesammt-Ausg.) gr. 16. Berlin 879. Hempel. In 7 Bde. geb. n. 16. —

— **Werke.** Hrsg. v. Rud. Wustmann. Kritisch durchgeseh. u. erläuterte Ausg. 4 Bde. (34, 390; 501, 509 u. 431 S. m. Bildnis u. Fksm.) 8. Leipzig (908). Bibliograph. Institut. Geb. in Leinw. 8.—; in Saffian 12. —

— ausgew. Werke, s.a. Bibliothek, Cotta'sche, d. Weltlitteratur.

— Ausgewählte Werke, s.a. Bibliothek deutscher Klassiker.

† Jean Paul's (Jean Paul Friedr. Richter.) ausgewählte Werke. 16 Bde. 8. (... S.) Berlin 847—49, G. Reimer. *

—— ausgewählte Werke. 2. Ausg. 16 Bde. gr. 16. (1.—4. Bd. XVIII und 937 S., 5.—15. Bd. LXXII und 3161 S. und 16. Bd. VIII und 288 S.) Berlin 865, G. Reimer. à Bd. * 10 Ngr. *

† Jean Paul (Jean Paul Friedr. Richter,) sämmtliche Werke. 13. Lfg. (61—65. Bd.) — A. u. d. T.: Jean Paul Friedr. Richter. Ein biograph. Comment. zu dess. Werken, v. Rich. Otto Spazier, Neffen d. Dichters. 5 Bde. 1. Aufl. (65½ B.) Leipzig 833. 3 Thlr., Schrbp. 5 Thlr. Neue, unveränd. Ausg. 8. [Berlin 835, List.]
Vgl. (Richter, J. P. Fr.)

† Jean Paul, (Jean Paul Friedr. Richter,) sämmtl. Werke. 61—65. (letzt.) Bd. — A. u. d. T.: Jean Paul's literar. Nachlaß. 5 Bde. 8. (92⅝ B.) Berlin 836—38, Reimer. * 6⅙ Thlr., weiß Drckp. * 6⅚ Thlr., franz. Pap. * 8¼ Thlr., Vlnp. *
1—60. Bd. Ebendas. 1826—28. * 45 Thlr., fr. P. * 55 Thlr., Vlnp. * 68 Thlr. — Hrbgs. Pr. vollst. franz. Pap. * 24 Thlr., Vlnp. * 30 Thlr.

—— sämmtl. Werke. (2. Aufl. Hrsg. v. Ernst Förster.) 33 Bde. Mit R's. Portr. u. Facs. in Stahlst. 8. Berlin 840—42, Reimer. * 24 Thlr., Vlnp. *
Bd. 1. u. 2. Die unsichtbare Loge. Eine Lebensbeschreibung. 2 Thle. (19 u. 19 B.)
„ 3. Leben d. Quintus Fixlein, aus funfzehn Zettelkasten gezogen; nebst einem Mußtheil u. einigen Jus de tablette. (20 B.)
„ 4. Auswahl aus d. Teufels Papieren. Nebst ein. nöthigen Aviso v. Juden Mendel. (29 B.)
„ 5—8. Hesperus od. 45 Hundsposttage. Eine Lebensbeschreibung. 4 Heftlein. (18, 15, 15½ u. 11½ B.)
„ 9. Grönländische Prozesse od. satirische Skizzen. (17½ B.)
„ 10. Jean Paul's biograph. Belustigungen unter d. Gehirnschale e. Riesen. Eine Geistergesch. 1. Bdchn. (23 B.)
„ 11. u. 12. Blumen-, Frucht- u. Dornenstücke; od. Ehestand, Tod u. Hochzeit d. Armenadvokaten F. St. Siebenkäs. 4 Bdchn. (1. 2.: 21 B., 3. 4.: 23 B.)
„ 13. Das Kampaner Thal od. üb. d. Unsterblichkeit d. Seele, nebst ein. Erklär. d. Holzschnitte unt. d. 10 Geboten d. Katechismus. (25 B.)
„ 14. Palingenesien. 2 Bdchn. (17 B.)
„ 15. u. 16. Titan. 4 Bde. (1. 2.: 27 B. u. 3. 4.: 37⅛ B.)
„ 17. Komischer Anhang zum Titan. 2 Bdchn. (21¼ B.)
„ 18. u. 19. Vorschule d. Aesthetik, nebst einigen Vorles. in Leipzig üb. d. Parteien d. Zeit. 3 Abthln. Nebst: Kleine Bücherschau. 2 Bdchn. (25¾ u. 26½ B.)

† Jean Paul, (Jean Paul Friedr. Richter,) sämmtl. Werke etc.
Bd. 20. u. 21. Flegeljahre. Eine Biographie. 4 Bdchn. (1. 2.: 18 B., 3. 4.: 20⅛ B.)
„ 22. u. 23. Levana od. Erziehungslehre. 3 Bdchn. (1. 2.: 19⅛ B., 3.: 16 B.)
„ 24. Dr. Katzenbergers Badereise; nebst ein. Auswahl verbess. Werkchen. (22 B.)
„ 25. Friedenspredigt an Deutschland. — Dämmerungen f. Deutschland. — Mars u. Phöbus Thronwechsel. — Politische Fastenpredigten. (26 B.)
„ 26. Leben Fibel's, d. Verf. d. Bienrodischen Fibel. (21 B.)
„ 27. Museum. — Ueber d. deutschen Doppelwörter. (22¼ B.)
„ 28. Der Komet, od. Nikol. Marggraf. Eine kom. Gesch. 1. u. 2. Bdchn. (22 B.)
„ 29. Der Komet. Fortsetz. 3. Bdchn. — Briefe an Friedr. Heinr. Jakobi. (24 B.)
„ 30. u. 31. Herbst-Blumine, od. gesamm. Werkchen aus Zeitschriften. 3 Bdchn. (1. 2.: 19¼ B., 3.: 21 B.)
„ 32. Gesammelte Aufsätze u. Dichtungen. (26¼ B.)
„ 33. Selina, od. üb. d. Unsterblichkeit d. Seele. (21 B.)

† Jean Paul (Jean Paul Friedr. Richter), sämmtliche Werke. Supplement. 2 Thle. A. u. d. T.: Der Papierdrache. Jean Paul's letztes Werk. Aus des Dichters Nachlaß hrsg. von E. Förster. 2 Thle. 8. (35¾ B.) Frankfurt a. M. 845, Literar. Anstalt. *

Jean Paul's sämmtliche Werke. 3., verm. Aufl. (In 34 Bdn. oder 90 Lfgn.) 1—62. Lfg. gr. 16. Berlin 860—62, G. Reimer. [1. Bd. (X und 249 S.) 2. (VI und 263 S.) 3—10. (L und 1969 S.) 11. (VI und 277 S.) 12—16. (XXXVI und 1704 S.) 17. (X und 298 S.) 18—24. (XXXIV und 1988 S.) 25. (S. 1—128.)] à Lfg. * 4 Ngr. *

Jean Paul's sämmtliche Werke. 3., verm. Aufl. 63.—90. Lfg. gr. 16. (25. Bd. VIII und S. 129—350, 26.—30. Bd. XXXVI und 1464 S., 31. Bd. VII und 287 S. und 32.—34. Bd. XXII und 922 S.) Berlin 862,63, G. Reimer. à Lfg. * 4 Ngr. *
1.—62. Lfg. Ebendas. 1860—62. * 8 Thlr. 8 Ngr.

Jean Pierre [Pseud.], s. Schöpfel, Wolfgang Andreas

Jean Richard, musikalische Leiden. Schauspiel in 1 Aufzug. (Den Bühnen gegenüber Mscr.) Lex.-8. (60 S.) Leipzig 856, Matthes. *

JEAN (ps.), Geschlechtliches und Allzugeschlechtliches. Aphorismen von —. Künstlerisch geschmückt und ausgestattet. (190*.) (Mk. 25— = Kr. 30.)
Der anon. Prospekt besagt: „Die Auflage des Privatdruckes beträgt 600 Expll. Ein Neudruck wird nicht veranstaltet. Schluss der Subscription: 31. Dez. 1909." — Wirklich erschienen?

Jean, neue Idee v. der nächsten Ursache des Podagra u. der daraus folgenden Heilart; aus d. Engl. gr. 8. Bresl. 794. (J. F. Korn). 8 gr

Jean, Ferd., u. G. Mercier, Reagentien f. spez. chem. u. pharmazeut. Zwecke. Nach d. Namen d. Autoren geordnet. Autor. Übersetzg. aus d. Franz. v. P. Duden. 12. (99 Bl.) Weimar 897. C. Steinert. n. 2. 20

Jeancard, M.

Jeancard, Leben des heil. Alph. Maria v. Liguori, s. a. Liguori, sämmtliche Werke.

Jeancard, M., Leben des heil. Alphons Maria v. Liguori, Bischofs von St. Agatha de Goti und Stifters der Congregation des heiligsten Erlösers. Aus d. Franz. Mit 1 Stahlstich. 8. Regensburg 840, Montag u. Weiß. 1⅛ rf

Jean-Christ, L., Eleazar, s.: Theater-Bibliothek, Berliner.

Jean-Christ, L. (Frau Louise Jeanette Christ. Gutbier), Mara. Vom deutschen Stamm. Schauspiel in 5 Akten. 2. Ausg. (239 S.) 8. Berlin 904. Herm. Walther. n. 2. —

— ein Rasttag im Manöver. Lustspiel in 5 Akten. (I, 79 S.) gr. 8. Coburg (903). (E. Riemann.) n. 1. —

Jean-Christ, L., von deutschem Stamm. Wahrheit u. Dichtg. Volksschauspiel in 7 Bildern. gr. 8. (88 S.) Coburg (900). J. F. Albrecht. n. 1. —

Jeanes, Jac., praktische Erfahrungen im Gebiete der Homöopathie. Uebersetzt aus d. Engl. durch E. F. Rückert. gr. 8. (20¾ B.) Leipzig 842, Friedr. Fleischer.

Jeanjaquet, Jules, s.: Archiv, schweiz., f. Volkskunde.

— un document inédit du français dialectal de Fribourg au XVe siècle, s. a. Aus romanischen Sprachen u. Literaturen.

Jeanjaquet, Jules. Un document inédit du français dialectal de Fribourg au XVe siècle. Sonderabdruck aus: «Aus romanischen Sprachen und Literaturen» Festgabe für Heinrich Morf. II + 26 S. 8. Halle a. d. S., Max Niemeyer, 1905.

Jeanjaquet, Jules, de Neuchatel (Suisse): Recherches sur l'origine de la conjonction 'que' et des formes romanes équivalentes. Par. H. Welter, Leipz. G. Fock. Neuch. Attinger 1894. 1 Bl., 99 S., 2 Bl. 8°.
Zürich, Phil. Diss. [v. 15. Oct. 1894].

Jeanjaquet, Marc-A., Album lyrique de la France moderne, s. Borel, Eug.

(Jeanjean, Ant.,) Gebetbuch f. Katholiken, s. Gebetbuch für d. gewöhnl. Andachtsübungen etc.

Jeanjean, Ant., († ...) Gebete f. die gewöhnl. Andachtsübungen eines kathol. Christen. 12. Straßb. 804. 7e A. 821. Levrault. 15 gr

Jeanjean, Ant., Predigten. 2r—9r Bd. 2e durchaus verbess. Ausg. v. Dr. Räs u. Dr. Weis. gr. 8. Straßburg 832—37. Levrault. 8 β — 4r Bd. Sittenreden. 2e verb. Ausg. gr. 8. Ebd. 836. 1 β — 10r Bd. (2e verb. Aufl.) u. 11r Bd. (Geheimnißreden.) gr. 8. Ebd. 832. u. 836. 3 1/12 β — 12r Bd. (Geheimnißreden) u. 13r Bd. gr. 8. Ebd. 837. 2 1/12 β — (1r—11r Bd. 20 β 1 gr. Vgl. Thl. III. S. 248.)

— dass. wohlf. Ausg. gr. 8. Ebd. 837. 39 à 1 β

—— Predigten, 1—3., 8—10. Bd. gr. 8. Straßburg, Levrault. [1—3. Bd., 2., verb. Ausg. v. Räß u. Weiß. (71⅓ B., Bildn. d. Verf. u. 2 Vign.) 830—33. 3 Thlr., 8. (32 B. u. Vign.) 828. 2 Thlr. 2 Gr., 9. (34 B. u. Vign.) 830. 2 Thlr. 3 Gr., 10. (38¼ B.) 832. 2 Thlr. 6 Gr.]
4—7. Bd. Ebendas. 1818—22. 8 Thlr. 12 Gr.

Jeanjean, Ant., Predigten. 4—13. Bd. gr. 8. Straßburg 836—39, Levrault'sche Buchh. [4—10. 2., verb. Ausg. v. Räß u. Weis. (26½, 24½, 24½, 23¼, 24½, 33¾ u. 29 B.), 11. (31¾ B.), 12. (28 B.), 13. (24½ B.) à 1 Thlr.]
1—3. Bd. 2., verb. Aufl. Ebendas. 1830—33. à 1 Thlr.

Jeanjean, Ant., Predigten. 14. Bd.: Lobreden. gr. 12. (391 S.) Straßburg 866, (Wwe. Berger-Levrault und Sohn.) *

— (katholische) Predigten. 1r — 10r Bd. gr. 8. Straßb. 818—32. Levrault. 21 β 1 gr. 1r Bd., 2e wohlf. Aufl. herausg. von Räß u. Weiß. gr. 8. Ebd. 830. 1 β

Jeanjean, A., (katholische) Predigten. 1r bis 4r Bd. Sittenreden. gr. 8. Strasburg, Levrault. 818.

— — 5r Bd. Geheimnißreden von dem heil. Meßopfer. gr. 8. Ebend. 820.

— — 6r Band, enthaltend Geheimnißreden, Fortsetzung von dem heil. Meßopfer, und 17 Reden über die sieben Worte Jesu am Kreuz. 8. Ebend. 821.

Jeanjean, (A.,) Predigten. 7r Bd. Geheimnißreden: Charfreitag. Verehrung d. Kreuzes, Todangstbruderschaft. Mit 1 Vign. gr. 8. Straßb. 824, Levrault.

Jeanmaire, Alfred, appr. Arzt aus Kollnau: Über die histologischen Veränderungen der Lunge bei der verminösen Pneumonie der Katze und des Hasen. *Lahr 1900: M. Schauenburg.* (38 S.) 8°
Freiburg i. B., Med. Diss. v. 1900

Jeanmaire, Frédéric Louis: De effatis morientium. 14 S.– Basel, Jur.Diss.v. 28.Febr.1777.

Jeanmaire, Frédéric Louis: De testamentis per blanditias elicitis. 21 S.– Basel, Jur.Diss.v. 1.Mai 1770.

Jeannaraki, Anton (Hrsg.), s. Asmata

Jeannarakis, Antonios, neugriechische Grammatik nebst Lehrbuch der neugriechischen Volkssprache und einem methodischen Wörteranhang. gr. 8. (XXIV, 354 S. mit 1 lithogr. Schreibschrifttaf.) Hannover 877, Hahn'sche Buchh. *

—— Kretas Volkslieder nebst Distichen und Sprichwörtern. In der Ursprache mit Glossar hrsg. gr. 8. (IX, 386 S.) Leipzig 876, Brockhaus. *

Jeanne d'Arc, tragédie romanesque de F. Schiller, trad. de l'allemand, le texte en regard par J. B. Daulnoy. 8. Düsseldorf, Dänzer. 815.

Jeanne d'Arc, Trauerspiel in 5 Aufz. von F. G. Wetzel. Mit 1 Kupf. 8. Leipzig, Brockhaus. 817.

Jeanne de France. Nouvelle hist. par Mad. de Genlis, 2 Vol. 8. Bronsuic, Pluchart. 816.

Jeanne Marie, Elisenhof. Ein Roman aus der großen Welt. 8. Breslau 844, Kern. 1¾ β

Jeanne Marie, (von Gayette), Gedichte. 16. (VIII u. 240 S.) Leipzig 850, Thomas. n. 24 ngr; in Engl. Einb. mit Goldschn. n. 1 β

— Luigia Sanfelice oder die Revolution in Neapel. Historischer Roman. 3 Bde. 8. (235, 239 u. 214 S.) Ebd. 850. 3½ β

Jeanne Marie, s. Unterhaltungsschriften, lehrreiche.

JEANNEL, Dr. med. J., Die Prostitution in den grossen Städten im 19. Jahrhundert u. die Vernichtung der venerischen Krankheiten. Erörterung allgemeiner Fragen aus dem Gebiete der Hygiene, der öffentlichen Sittlichkeit u. der Legalität. Vorschlag internationaler prophylaktischer Massregeln, Hinweisung auf nothwendige Reformen im Sanitätsdienste u. Darstellung der Besprechung der in den bedeutendsten Städten Europas bestehenden Reglements, nebst einer Prostitution im Alterthume. Uebers. u. mit Zusätzen versehen von Frdr. Wilh. Müller. Erlangen, Enke, 1869. Gr. 8°. XIX—313 S. (2 Rthl.) (3 Mk. 80 Pfg. A. Bielefeld, vor 1885; 8 Mk. S. Calvary & Co., c. 1900; 4 Kr., Hfrz., Halm & Goldmann, 1907.)
Der *Anhang* handelt auch von der Prostitution, insbes. in Rom.
Orig.: De la prostitution dans les grandes villes au XIX. siècle et de l'extinction des maladies vénériennes; questions générales d'hygiène, de moralité publique et de l'égalité, mesures prophylactiques internationales, réformes à opérer dans le service sanitaire; discussion des règlements exécutés dans les principales villes de l'Europe. Ouvrage précédé de documents relatifs à la prostitution dans l'Antiquité. Avec figures. Paris 1868. 8°. (7 Mk. Bielefeld.) 2e édit. Ib. 1874. 8°. (6 Mk. S. Glogau & Sohn, Lpz., c. 1885.)

Jeanneret, C. W.

Jeanneret, J. W. Premiers exercices de lecture et de récitation. 9e éd. In-8°. 152 p. Zürich, Art. Institut Orell Füssli. 1892 — 1 —

— Secondes exercices de lectures et de récitation, avec leçons de choses. 12e éd. In-8°. 226 p. Ibd. 1892 — 1 20

— Premier livre de lecture du degré moyen, avec lectures historiques sur la Suisse romande. 10e éd. In-8°. 328 p. Ibd. 1892 — 1 50

Jeanneret, C.-W., manuel gradué de récitation française. Livret des 3mes primaires. (Enfants de 10 à 11 ans.) 4. éd. 8. (72 S.) La-Chaux-de-Fonds 891. (Zürich, Art. Institut Orell Füssli, Verl.) Kart. n. — 50

— dasselbe. Livret des 6mes primaires (enfants de 7 à 8 ans). 8. éd. 8. (48 S.) Ebd. 891. Kart. n. — 50

— dasselbe. Livret des 5mes primaires (2de année du degré inférieur: Enfants de 8 à 9 ans). 9. éd. 8. (40 S.) Ebd. 891. Kart. n. — 40

— dasselbe. Livret des 4mes classes. (Première année du degré moyen. — Enfants de 9 à 10 ans.) 8. éd. 8. (64 S.) Ebd. 891. Kart. n. — 50

— Manuel gradué de récitation française destiné à tous les degrés des écoles primaires:
Livret des 2mes primaires (enfants de 10—12 ans). 5e éd. In-8°. 56 p. Ibd. — 50
Livret des 3mes primaires (enfants de 10—11 ans). 4e éd. In-8°. 72 p. Ibd. — 50
Livret des 4mes primaires (enfants de 9—10 ans). 8e éd. In-8°. 64 p. Ibd. — 50
Livret des 5mes primaires (enfants de 8—9 ans). 9e éd. In-8°. 40 p. Ibd. — 40
Livret des 6mes primaires (enfants de 7—8 ans). 8e éd. In-8°. 48 p. Ibd. — 50
1892

Jeanneret, C. W. Manuel gradué de récitation française. Livret 5 des 2. et des 1. primaires. Enfants de 11 à 13 ans. 6. édit. 12. (88 S.) Zür. 892, Art. Institut Orell Füssli, Verlag. cart. — 70
Livret 1—4 noch nicht erschienen.

— La patrie. Secondes lectures illustrées du degré moyen et premières du degré supérieur des écoles primaires. 1er recueil. 5e éd. In-8°. 420 p. Ibd. 1892 1 80

— Petit vocabulaire avec premières leçons de choses et de grammaire. 9e éd. In-8°. 104 p. Zürich, Art. Institut Orell Füssli. 1892 — 70

Jeanneret, Dr. H., l'urée dans le diabète artificiel. 34 pp. in-8. Berne, Huber & Co. 1873 —. 80

Jeanneret, J. W., s. Jeanneret, C. W.

Jeanneret, Ludov. (geb. Chaux-de-Fonds 19. 7. 1834): De effectu Digitalis purpureae. Berolini (1858). (30 S.) 8°
Berlin, Med. Diss. v. 19. Apr. 1858

Jeanneret, Maurice, prakt. Arzt aus Biel: Beitrag zur pathologischen Anatomie der Extrauterin-Gravidität. [Mit 3 Tafeln.] Genf 1905. 24 S. 8°. [22. XII. 04.]
Genève. Thèse méd. 1904/1905.

Jeanneret, Theodore

Jeanneret, Th., médecin: Recherches expérimentales sur un nouveau procédé de gastrostomie. Berne 1907. 80 + 2 p. et quatre pl. 8°. [XII. 06.]
Bern. Med. Diss. 1907/08.

Jeanneret, Th[éodore]. Recherches expérimentales sur un nouveau procédé de gastrostomie. Thèse Méd. Berne. [Avec 4 planches.] 81 p. 8. Berne, Lierow & Cie, 1907.

Jeannette. Lustsp. in 3 A. v. Gotter. 8. Quedlinburg, Ernst. (a. Stage in Augsb.) 784.

— — dasselbe. gr. 8. Hamb. (Hahn in Hannov.) 795

Jeannette, das Kammermädchen, od. Geheimnisse der Salons, der Toilette, der Antichambre u. der Hütten der Armuth. Ein Genrebild unserer Zeit in der Manier von Eug. Sue. 2 Bde. od. 8 Hfte. gr. 16. (205 u. 287 S.) Meißen 847, Goedsche. (à Hft. 1/6 ₰) 1 1/3 ₰ – Neue (Titel-)Ausg. 2 Bde. (in 1 Bd.) Mit Jeannette's lith. u. color. Portrait. gr. 16. Ebd. 849 1 1/2 ₰

JEANETTE, das Kammermädchen, oder Geheimnisse des Salons, der Toilette, der Antichambre u. der Hütten der Armuth. Ein Genrebild unserer Zeit in der Manier von Eugen Sue. 2 Bde. Mit 1 color. Kpf. (Portr.). Meissen, Goedsche, 1849. 8°. (1 1/3 Rthl.) (6 Mk. S. Glogau & Co., Lpz., c. 1885; 2 Mk., geles. Expl., Frz. Teubner, Bonn, 1893.)
Ed. I. ibid. 1847. — Ziemlich zahm.

JEANNETTE, Prinzeßin von Curland und Sagan. Ein Gemälde von Fürstengröße u. Fürstenunglück. Hamburg, Gfr. Vollmer, 1801. 8°. Rar!
Vollmer's Mich.-Mess-Verlag 1800.

Jeannette Seconde, ou La nouvelle Paysanne Parvenue. Par M. G*** de La Bataille. Frankfort sur le Meyn 1759. V: *Gaillard de la Bataille.* (BrMm)

Jeannette seconde, ou la nouvelle paysanne parvenue, p. Mr. G**. de la Bataille. III Part. 8. Francf. 759.

Jeannettens Speculationen. 8. Wittenb. Kühn. 806.

Jeanettens Speculationen, od. das Mädchen wie es nicht seyn sollte. 8. Wittenb. 806. Kühne. (Leipz., Centr.:Cpt.) 18 ℊ

Jeanettens Speculationen, kleine Schilderungen in Althings Manier. 8. Gießen 807. (Ferber). 18 ℊ

Jeannot, oder: Wer den Schaden hat, darf für den Spott nicht sorgen. Lustsp. in 1 Aufz. von J. F. Jünger. Leipzig 1786. V: *Dorvigny, Louis,* »Les Battus payent l'amende« (1779). Vgl. Ersch II, 2 (1840), Nr. 4369a; GGr ³IV, I, 612, 8) (DARP)

— oder wer den Schaden hat, darf für den Spott nicht sorgen.— Com. in 1 Akt v. Jünger. 8. Lpz. Dyk.

Jeannot und Collin, eine Erzählung, aus dem Franz. des Voltaire, 8. Frankfurt und Leipzig, 780. 3 sgl.

Jeannot u. Collin. Schsp. in 3 A. a. d. Frz. d. Florian. 8. Zwickau, Schumann. 798.

Jeanrenaud, E[mile] Auguste, von Travers (Kt. Neuenburg): Ueber die Condensation von Phenylessigaldehyd mit Ammoniak und Acetessigäther. — Ueber die Einwirkung von Hydroxylamin auf Säureäther. Biel L. Heer-Bétrix Dr. 1889. 43 S. 8°.
Zürich, Phil. Diss. [v. 27. Juli 1888].

Jeanrenaud, Henriette, der Herzog von Bretagne, s. Universal-Bibliothek für die Jugend.

Jeanron, A., und Carl Blanc, die europäischen Malerschulen, s. Blanc, C., und A. Jeanron.

Jebb, Major, über Gefängnisse, s. Julius, N. H., Englands Mustergefängniß in Pentonville.

Jebb, R. C., Richard Bentley. Eine Biographie. Autoris. Übersetzg. v. E. Wöhler. gr. 8. (XII, 224 S.) Berlin 885. Gaertner. n. 4. —

Jebb, R. C., Homer, s.: Calvary's philologische u. archäologische Bibliothek.

Jebb, R. C., die Reden des Thukydides. Autoris. Übersetzung von J. Imelmann. gr. 8. (III, 65 S.) Berlin 883, W. Weber. *

Jebe, Matthias, Assistenzarzt a. Allg. Krankenh. Mannheim: Aus d. pathol. Inst. zu Erlangen. Ueber einen Fall von Echinococcus multilocularis bei gleichzeitigem Carcinoma recti. Mannheim 1908: Haas. 20 S. 8°
Erlangen, Med. Diss. v. 28. Juli 1908, Ref. Hauser
[Geb. 2. Jan. 78 Bredstedt; Wohnort: Mannheim; Staatsangeh.: Preußen; Vorbildung: Gymn. Hadersleben Reife M. 98; Studium: Kiel 1, Erlangen 10 S.; Coll. 24. Juli 07; Approb. 26. Juli 05.] [U 09. 773

Jebens, (Gutsbesitzer auf Kittnowo,) Anleitung zur Fabrikation u. zum Bau von Preß-Ziegeln. Mit 4 Steindrucktaf. 8. Graudenz 813, Röthe'sche Buchh. ⅓ ℳ

Jebens, J.: Entscheidungen d. königl. preußischen Oberverwaltungsgerichts.

Jebens, A. Wilhelm

Jebens, A. W., verwaltungsrechtliche Aufsätze in Anlehnung an die Rechtsprechung des preußischen Oberverwaltungsgerichts. gr. 8. (III, 469 S.) Berlin 899. C. Heymann's Verl. n. 8.—

Die Instruktion für die Stadt-Magisträte vom 25. Mai 1835 nach neuestem Recht. Von Dr. A. W[ilhelm] Jebens, Stadtrath zu Charlottenburg. *Berlin: C. Heymann 1901.* (80 S.) 8° [F.] [01. 11624

— die Instruktion f. die Stadt-Magisträte vom 25. V. 1835 nach neuestem Recht. 12. (80 S.) Ebd. 901. Geb. in Leinw. n. 1.—
Sonderabdruck aus: „Preuß. Verwaltungsblatt".

[F.] Die Stadtverordneten. E. Führer durch das bestehende Recht, zunächst durch d. Preuss. Städteordnug f. d. östl. Provinzen v. 30. Mai 1853. Von A. W. Jebens, Wirkl. Geh. Rath ... zu Charlottenburg. *Berlin: J. Springer 1899.* (XII, 201 S.) 1 Bd 8. [99. 1318

Die Stadtverordneten. Ein Führer durch d. bestehende Recht, zunächst durch d. Preuß. Städteordnung f. d. östl. Provinzen v. 30. Mai 1853. Von Dr. A. W[ilhelm] Jebens, Senats-Präs. a. D. 2., neubearb. Aufl. Berlin: J. Springer 1905. (VI, 370 S.) 8° [05. 9314

Jebens, J. Chr., freimüth. Bemerkungen, veranlaßt durch d. neuesten Mittheiln. d. Frh. v. Voght: „über Lupinendüngsaat u. Spörgelbau." Ein Versuch z. anschaul. Darstellung d. Nutzens, welchen die grüne Düngung wirklich gewährt, so wie d. Art u. Weise, wie selb. zweckdienlichst in Anwend. gebracht werden kann. 8. (5 B.) Altona 828, [Aue.]

Jebens, J. Chr., uneigennütz. Mittheilung e. beim Kartoffelbau gemachten neuen Entdeckung, die f. Landwirthe u. Kartoffelbranteweinbrenner, wie f. Naturforscher u. Pflanzenkenner gleich wichtig u. interessant ist. Nebst wiederholter Anempfehlung d. Fruchtwechsels u. d. halben Stallfütterung ꝛc. 8. (3 B.) Altona 828, [Aue.] Thlr.

—— unpartheiische Untersuchung üb. d. wirkl. Werth u. Nutzen d. grünen Düngung. Ein Nachtr. z. Vervollständigung d. freimüth. Bemerkn. üb. d. vorigjähr. Mittheiln. d. Frh. v. Voght: üb. Lupinen-Dungsaat u. Spörgelbau. Nebst einigen gelegentl. Anmerkn. v. e. älteren prakt. Landwirthe. 8. (6 B.) Helmstädt 829. (Altona, Aue.)

Jebens, Johann Fried. (Holstein), De auribus manantibus et ulceratis. Diss. med. Präs. D. Johann Heinrich Schulze. Halle (Johann Christian Hilliger) Juni 1743. 36 S. (6.80) 16715
Widm. v.: Präs., Ernst Anton Nicolai (dtsch.)

Ein Löffel Medizin. Bemerkungen über künstlerische Anatomie. Vortrag, geh. vor d. Literaria von Dr. Raimund Jebens. *Naumburg a. S. [1904]: H. Sieling.* (24 S.) 8° [F. u. Ant.] [04. 14516

Jebens, *Heinrich* Raimund [Arzt]: Über papillomatöse Tumoren in den ableitenden Harnwegen ... Berlin, gedr. bei J. Sittenfeld, 1894; 36 S., 1 Bl. 8.
Strassburg, Med. Fak., Inaug.-Diss. v. 1894

Jeber, G. L., resp. Curé, De nostalgia vulgo das Heimwehe. Wireeb. 4°. 1755

Jebsen wider Behrens. Ein Verwarnungs- und Verwahrungs-Schreiben an die Schleswig-Holsteiner. Glückstadt 1818. V: *Jebsen, Chph Heinrich.* (schles) (Bruun, Bibl. Danica. I, 176.)

⊙ Die Aehrenlese, oder Claus Harms Lutherthum und mein Heydenthum v. Christoph Heinrich Jebsen. Itzehoe. 1820. 8°.

Jebsen, Chph. H., die Aehrenlese, oder Claus Harms Lutherthum u. mein Heidenthum. 8. Itzehoe 820. jetzt Bünsow in Kiel. 1 ℳ

Jebsen, Chph. H., die Aehrenlese, oder Cl. Harms Lutherthum u. mein Heidenth. 8. Itzehoe 822. (Herold u. W. in Lüneb.) 4 ℳ

— offenes Schreiben an den Verfasser d. Wörtchens üb. den Religions-Unterricht in den gelehrten Schulen. 8. Schleswig 823. Koch. 2 ℳ

— Prgr. Was ist Freundschaft u. welchen Werth hat sie? Probe e. Uebersetzung von Cicero's Dialog über die Freundschaft. 8. Glückst. 818.

— wider Behrens. Ein Verwarnungs- u. Verwahrungs-Schreiben an die Schleswig-Holsteiner. 8. Glückst. 818.

Jebsen, Gustav, aus Bergen (Norwegen): Zur Kenntnis der Phenoxymucobrom- und Chlorsäure als aromatische Verbindungen. Zürich 1905. 90 S. 8°. [13. XI. 05.]
Zürich Phil. Diss. II. S. 1905/1906.

Jebsen, Gustav. Zur Kenntnis der Phenoxymucobrom- und Chlorsäure als aromatische Verbindungen. Diss. Phil. [II.] Univ. Zürich. [Mit 1 Figur.] 90 S. 8. Zürich (Bergen, John Griegs bogtr.,) 1905.

Was hat das Volk von Schleswig-Holstein Angesichts der drohenden Conferenzen zu thun? (Von H. Jebsen. Altona. 1864.) 8°.

IECHEL, Franciscus: De immunitatibus ecclesiasticis. — (1841) 88 S. 4° (Handschr.) Diss. 106
Diss. Wien, Univ.

Jechel, Peter, a. Coblenz-Lützel: Untersuchungen über das Spectrum von Strontium im Orangen und Roten. Coblenz 1907: Krabben. (28 S.) 8°
Bonn, Phil. Fak., Ref. Kayser, Diss. v. 9. Juli 1907
[Geb. 23. Jan. 84 Coblenz; Wohnort: Coblenz; Staatsangeh.: Preußen; Vorbildung: Kaiserin-Augusta-Gymn. Coblenz Reife O. 03; Studium: Bonn 8 S.; Rig. 8. Mai 07.]

Jecher, Edm. Festgruss des Kunstvereins Biel an seine Donatoren, Freunde und Mitglieder anlässlich der Eröffnung seines Heims im Zunfthause am 8. April 1900. 4°. 48 S. Biel, Ernst Kuhn. 1890 3

Jechiel Heilprin b. Salomo s. Heilprin.

Jechiel, Seder Hadorot. Chronologisch-bibliographisches Lexicon, enthltd. die Biografien aller hervorragenden israelit. frommen u. gelehrten Männer nebst Aufzählung der von ihnen verfassten Werke, von der Schöpfungs-Geschichte bis in die neuere Zeit. 2 Bde. (In hebr. Sprache.) Wien 865. Knöpflmacher & Sohn. gr. 8. (905 S.) n. 2 ₰ 20 ngr

Jechl, Johann H.

Jechl, J. H., die Depecorations-Theorie. Kritische Beleuchtung der von dem k. k. Prof. Herrn Dr. J. B. Lambl aufgestellten Depecorations-Theorie u. seiner diessfäll. Folgerungen. Vortrag geh. im landw. Club zu Prag am 30. März 1876. Lex.-8. (VII, 45 S.) Prag 876. Calve in Comm. n. 1. 20

Jechl, J. H., der böhmische Grossgrundbesitz. [Suppl. zu Jechl's statist. Nachweisungen über den land- und lehentäfl. Grundbesitz im Königr. Böhmen.] gr. 8. (XXXII, 148 S.) Prag 874, Calve'sche Universitäts-Buchh. * 5 —

—— statistische Nachweisungen über den land- und lehentäflichen Grundbesitz im Königr. Böhmen, nach den P. T. Herren Besitzern geordnetem Ausweise sämmtl. Besitzstände mit Angabe der Einlagswerte, Culturflächen etc., sowie einem Anh.: Böhmen's Fideicommiss-Besitz. Nach den neuesten Quellen bearb. gr. 8. (XXXII, 119 S.) Ebendas. 868. * 4 —
Velinpap. * 6 —

Jechl, Johann, Statistische Nachweisungen über den land- und lehentäflichen Grundbesitz im Königreiche Böhmen. gr. 8. (XXXII u. 119 S. Prag, Calve'sche U.-B. (O. Beyer.) 2 fl.

—— land- und volkswirthschaftliches Wochenblatt und Central-Intelligenzblatt für Land-, Forstwirthschaft und verwandte Zweige. Organ für Mittheilungen der k. k. patriot.-ökonom. Gesellschaft in Prag. 1. und 2. Jahrg. 1870 und 1871. à Jahrg. 52 Nrn. (à 1—2 Bog.) hoch 4. (Ebendas.)
à Jahrg. * 12 —

Jechl's land- und volkswirthschaftliches Wochenblatt und Central-Intelligenzblatt für Land-, Forstwirthschaft und verwandte Zweige. 52 Nrn. Hoch 4. (à 1½ Bgn.) Prag, Calve'sche U.-B. (O. Beyer). 6 fl. (Nur baar.)

Jecht, Richard

Jecht, R., fürstliche Besuche in Görlitz. Festschrift zur Enthüllg. d. Reiterstandbildes Sr. Maj. d. hochsel. Kaisers u. Königs Wilhelm I. am 18 Mai 1893. Verf. im Auftrage d. Magistrats zu Görlitz. br. Lex.-8. (137 S.) Görlitz 893. (P. W. Sattig.) n.n. 2. —

Jecht, Rich., s.: Codex diplomaticus Lusatiae superioris II.

Jecht, Rich., s.: Codex diplomaticus Lusatiae superioris. III.

Früh-Renaissance in Görlitz. Von Prof. Dr. [Richard] **Jecht.** [Görlitz: Selbstverl. nach 1907.] 13 Bl. 8° [Kopft.] 10. 3119

Geschichte von Bornstedt im Kreise Sangerhausen. Von Prof. Dr. Rich. **Jecht.** 1. Eisleben 1906: E. Schneider. 8° [F.] 06. 1161 3

— Die Grabsteine, Epitaphien u. Gedächtnisfahnen in der Görlitzer Klosterkirche. Der evangel. Gemeinde zu Görlitz zum 27. VI. 1910 am Tage der Einweihg. d. erneuten Klosterkirche gewidmet v. d. oberlausitz. Gesellschaft der Wissenschaften zu Görlitz. (29 S. m. 1 Taf.) gr. 8. Görlitz (910). (H. Tzschaschel.) — 80
Sonderabdr. a.: „Neues Laus. Magazin".

Ueber die in Görlitz vorhandenen Handschriften des Sachsenspiegels und verwandter Rechtsquellen von Prof. Dr. R[ichard] **Jecht.** Beigegeben sind 8 Taf. Abb. ... Görlitz: Selbstverl. d. Oberlaus. Ges. d. Wiss.; H. Tzaschel in Komm. 1906. (41 S.) 8° [F.]
Aus: Neues Laus. Magazin. Bd 82. 06. 11083 2

— Görlitzer Heimatkunde, s.: Stutzer, E.

— s.: Magazin, neues lausitzisches.

— urkundliche Nachrichten üb. Georg Emerich. Eine v. der oberlausitz. Gesellschaft der Wissenschaften gekrönte Preisschrift. [Aus: „Neues lausitz. Magazin".] gr. 8. (80 S. m. 5 Taf. u. 1 Bl. Erklärgn.) Görlitz 892. (H. Tzschaschel.) n. 2. —

Quellen zur Geschichte der Stadt Görlitz bis 1600. Im Auftr. d. Görlitzer Magistrats hrsg. von Prof. Dr. R[ichard] **Jecht.** Görlitz: Magistrat 1909. VII, 247 S. 8° 09. 6106

— Quellen zur Geschichte der Stadt Görlitz bis 1600. Im Auftrage des Görlitzer Magistrats hrsg. (VII, 248 S.) gr. 8. Görlitz 909. R. Worbs & Co. nn 3. —

Jecht, Rich., die Rufnamen der Schuljugend in der Stadt Görlitz. gr. 8. (8 S.) Görlitz 886, Tzschaschel. * — 20
Aus: Neues Lausitzer Magazin, besonders abgedruckt.

Jecht, R. [Dr]: Satzungen der Goerlitzer Boetcherinnung [sic!] aus dem 15. Jahrhunderte. Herausgegeben. *Görlitz* (1889); 12 S. 4°
Görlitz, st. G u. RG, Festschr. 1889 1890

— Die Schweden in Görlitz während der J. 1639, 1640 u. 1641. Mit der Belagerungskarte vom J. 1641. gr. 8. (73 S.) Görlitz 890, (Remer). * 2 50
aus: Neues lausitz. Magazin, besonders abgedruckt.

[F.] Jecht, Richard [Dr.]: Über das älteste Görlitzische Stadtbuch von 1305 ff. Görlitz, Druck d. Görlitzer Nachr. u. Anzeiger, 1891; 19 S. 4°
Görlitz, st. G u. RG, OP 1891 (183)

Jecht, Ricardus: De usu particulae ἤδη in Platonis dialogis qui feruntur. Halis Saxonum 1881: Schneider in Eisleben. 55 S. 8° [Umschlagt.]
Halle-Wittenberg, Phil. Diss. v. [23. Juni] 1881
Geb. Neuglück bei Eisleben 4. 9. 1858. V.
Verf. erlebte die Diplomerneuerung 1931 als Dr. jur. h. c., Professor, Ratsarchivar in Görlitz, vgl. Anh. Nr. 736.

Kurzer Wegweiser durch die Geschichte der Oberlausitzischen Gesellschaft der Wissenschaften zu Görlitz von 1779—1904. Als Festgabe z. 125. Stiftungsfeste dargereicht von d. Gesellschaftssekr. Prof. Dr. R[ichard] **Jecht.** *Görlitz: Görl. Nachr. u. Anzeiger 1904.* (42 S.) 8° [F.]
Aus: Neues Lausitzisches Magazin. Bd 80. 04. 6119

Jecht, Richard Welche Stellung nimmt der Dialog Parmenides zu der Ideenlehre des Plato ein? 21 S. Progr. G. *Görlitz* 1885.

—— welche Stellung nimmt der Dialog Parmenides zu der Ideenlehre Platos ein? 4. (21 S.) (Ebendas.) 885. * 1 —

—— Wörterbuch der Mansfelder Mundart. gr. 8. (VIII, 129 S.) Görlitz 888. (Eisleben, Winkler.) * 1 50

Jeck, Achilles. Die Tafel-, Wirtschafts-, Most- und Krautäpfel. Kultur, Handel und Export der Staaten Schweiz, Oesterreich ⟨Tirol, Steiermark, Böhmen⟩, Ungarn, Holland, Frankreich, Italien, Amerika mit Angabe der empfehlenswerten Sortennamen, Verladeplätze und amtlichen Verkaufsvermittlungsstellen. 67 S. 8. Zürich, Achilles Jeck, (1904). fr. 1. 25

Jeck, Achilles, die Tafel-, Wirtschafts-, Most- u. Krautäpfel. Kultur, Handel u. Export der Staaten Schweiz, Oesterreich (Tirol, Steiermark, Böhmen), Ungarn, Holland, Frankreich, Italien, Amerika, m. Angabe der empfehlenswerten Sortennamen, Verladeplätze u. amtl. Verkaufsvermittlungsstellen. (67 S.) 8. Zürich (904). (Aarau, E. Wirz.) n. 1. 25

Jecke, Rudolph Hermann: Beiträge zur Geometrie der Bewegung. Berlin 1909: Bertinetti. 42 S. 8°
Rostock, Phil. Diss. v. 2. Febr. 1909, Ref. Staude
[Geb. 24. Dez. 60 Kahla; Wohnort: Steglitz; Staatsangeh.: Sachsen-Altenburg; Vorbildung: Oberrealsch. d. Franckeschen Stiftungen Halle Reife O. 80; Studium: Jena 4, Leipzig 4 S.; Rig. 30. Jan. 09.] [U 09. 3751

Jeckel van Achtern [Pseud.], s. Lauremberg, Johann Wilhelm

Jeckel, F. J., s. Jekel.

Jeckel, F. J., Athlographie u. Paleographie, od. Schlachten- u. Städte-Schilderung. 1r Thl. m. schwarzen u. illum. Planen. gr. 4. Wien, Pichler. 813.

Jeckel. Die Schlachten der Alten vom ersten messenischen Kriege bis auf die Schlacht bei Actium. 2 B 4. Tübingen 1810–11. 30,00.

Jeckel, F. J. Die Schlachten der Alten vom ersten messenischen Krieg angefangen bis auf die Schlacht bei Actium. T. 1 (bis zur Schlacht am Hydaspes). Mit Pl. Tübingen 1811. 85 S.

Jeckel, Friedr. Wilh., Gedichte. 8. (VI und 194 S.) Hanau 847, (Edler'sche Buchh.)

Jeckel, Jul., das Vertretungsrecht der öffentlichen Agenten im civilgerichtlichen Verfahren. 8. (19 S.) Kronstadt 864, Haberl und Hedwig. *

Jeckel, W., s. Feuerwehrzeitung.

Jecklin, Constanz (Hrsg.), s. Acta, Die, des Tirolerkriegs.

Jecklin, C., u. F. Jecklin. Der Anteil Graubündens am Schwabenkrieg. Festschrift zur Calvenfeier. Im Auftr. des Comité's hrsg. Gr. 8°. VII, 246 S. m. 7 Taf. u. 1 Kte. Chur, Hitz'sche Buchhandlung. 1899 4 —

Jecklin, C., u. F. Jecklin, der Anteil Graubündens am Schwabenkrieg. Festschrift zur Calvenfeier (1499—1799—1899). Im Auftrag des Comite's hrsg. gr. 8. (VII, 246 S. m. 7 Taf. u. 1 Karte.) Davos 899. (Chur. Hitz Nachf.) n. 4. —

Jecklin. C[onstanz]. Chur vor hundert Jahren. (Ein Kultur-Bild.) Vortrag gehalten in der historisch-antiquarischen Gesellschaft Graubündens. Separatabdruck aus dem Jahresbericht der Gesellschaft. II + 44 S. 8. Chur, Sprecher & Valer, 1901.

Jecklin. C[onstanz]. Das Duell G(eorg) Jenatschs mit Oberst J(acob) von Ruinelli. 6 16 März 1627. [A.] 8. (Chur 1887.)

Jecklin, Constanz, Benedikt Fontana und die historische Kritik. Chur 1886. Progr.

Jecklin, Constanz, Benedict Fontana und die historische Kritik. 4. (34 S.) Chur 886, (Rich.) * — 80

Jecklin, C[onstanz]. Heinrich von Frauenberg, ein bündnerischer Minnesänger. ([Mit 2 Tafeln und einem Anhang:] Regesten zur Geschichte der Familie Fr'.) Separat-Abzug aus dem 36. Jahresbericht der histor.-antiquar. Gesellschaft Graubündens [Jahrg. 1906]. II + 27 S. 8. Chur, Sprecher & Valer, 1907.

— La maison suisse, s.: Hunziker. J.

Jecklin, C[onstanz]. Ständerat Peter Conradin von Planta. Sein Leben und seine Werke. [Mit Porträt-Tafel.] Separatabdruck aus dem 32. Jahresbericht der historisch-antiquarischen Gesellschaft Graubündens. II + 23 S. 8. Chur, Sprecher & Valer, 1903.

— Das Schweizerhaus, s.: Hunziker, J.

Jecklin, Constanz. Urkunden zur Staatsgeschichte Graubündens. Zusammengestellt von C. J.... 2 Hefte. 8.
Heft 1: Graubünden und die Schweiz. — Heft 2: Staatsverträge mit Frankreich.
Ausg. A. (20. u. 21. Jahresber. hist.-antiq. Ges. Graubünden. Chur 1891–1892.) P
Ausg. B [Sep. Ausg. von: 20. u. 21. Jahresber....] Ch. 1891–1892.

Jecklin, C. Urkunden zur Staatsgeschichte Graubündens, zusammengestellt von *C. J.* Heft 1: Graubünden u. die Schweiz. In-8°. 63 S. Chur (Hitz'sche Buchh.), 1891. 1 —

Jecklin. Urkunden zur Staatsgeschichte Graubündens. 2. Heft. Staatsverträge mit Frankreich.
*** XXI. Jahresbericht der hist. antiqu. Gesellschaft von Graubünden 1891–92. 1892

— Urkunden zur Verfassungsgeschichte Graubündens. 1–3. Hft. Als Fortsetzg. v. Mohr's Codex diplomaticus. 5. Bd. gr. 8. Chur, (Hitz). n. 4. 20
1. Zeit der Entstehung der einzelnen Bünde u. ihrer Verbindungen. [Bis zum Ende d. 15. Jahrh.] (72 S.) 883. n. 1. 60
2. Zeit der Reformation. [Bis zum Ende d. 16. Jahrh.] (S. 73–117.) 884. n. 1. 20
3. Bis zum J. 1814. Als Fortsetzg. v. Mohr's Codex diplomaticus V. Bd. (S. 119–193.) 886. n. 1. 60

Jecklin, C[onstanz]. Die ersten Volkszählungen in Graubünden. Separatabdruck aus der «Zeitschrift für schweizerische Statistik», Jahrg. 38, 1902. 9 S. 4. [Bern, Stämpfli & Cie.]

Jecklin, Dietrich, Die Burgen und Schlösser in „alt fry Rhätia". Mit Abbildungen. Quer-4. Glarus, J. Vogel. Circa 20 Lieferungen à 1. 80
1871

Jecklin, Dietr., die Burgen u. Schlösser in „alt fry Rätia", deren Abbildgn. u. kultur-histor. topograph Beschreibg. 1–4. Lfg. u. Suppl. zur 4. Lfg. (Serie I–III.) qu. 4. Chur 873. (Gsell.) n.n. 7. 50
1. (XIII u. S. 1–21 m. 6 Steintaf.) n.n. 1. 60. — 2. (S. 22–65 m. 7 Steintaf.) n.n. 1. 60. — 3. (S. 66–133 m. 7 Steintaf.) n.n. 1. 60. — 4. (S. 134–181 m. 7 Steintaf.) n.n. 1. 50. — 4. Supplement. (S. 182–215 u. 2 Steintaf.) n.n. 1. 20.

Jecklin, Dietr., die Burgen u. Schlösser in „alt fry Rätia", deren Abbildungen und kultur-historisch-topograph. Beschreibung. 3. Lieferung. Ste. 74—133. mit 5 lithogr. Taf. Abbild. u. 2 Wappentafeln. quer-fol. Chur, in Commiss. bei Pradella. 1872. 1. 80
Liefg. 1 u. 2 erschienen 1870 im Verlage von J. Vogel à Fr. 1. 80.

Jecklin, D., die Burgen und Schlösser in „alt fry Rätia", deren Abbildungen u. kultur-historisch-topograph. Beschreibung. 3. Serie. Lfg. 4. Ste. 134—181 in qu.-fol. Mit 3 Bildern u. 2 Wappentfln. Chur, Pradella. 1872 1. 50

Jäklin, Dietrich. Geschichte der Kirche St. Georg bei Räzüns und ihre Wandgemälde von Dietrich Jäklin. Chur und Winterthur, im Selbst-Verlage des Verfassers 1880. 31 S.; 34 Taf. 8°.

Jäklin, Dietr., Geschichte der Kirche St. Georg bei Räzüns und ihre Wandgemälde. qu. 8. (31 S. mit 24 Lichtdr.-Taf.) Chur 880, (Kellenberger'sche Buchh.) In Leinw.-Mappe *

Jeklin, Dietrich, Georg Wilhelm Röder, Professor an der bündnεr. Kantonsschule und nachheriger Schulinspektor in Hanau und Fulda. Ein biographisches Gedenkblatt mit wohlgetroffenem Portrait. 30 Stn. gr. 8. Chur, Selbstverlag des Verf. 1873

Jecklin, D., Volksthümliches aus Graubünden vgl. a. Volksthümliches.

— Volksthümliches aus Graubünden. gr. 8. (136 S.) Ebend. 874. n. 2. 25

Jecklin, D., Volksthümliches aus Graubünden. II. Theil. 192 Stn. 8. Chur, Jost & Albin. 3. — 1875

Jecklin, Dietr., Volksthümliches aus Graubünden. Nach authent. Quellen und Mittheilungen gesammelt und hrsg. 2. und 3. Thl. gr. 8. (VIII, 192; VI, 222 S.) Chur 876,78, (Kellenberger'sche Buchh.) à Thl. *M 3. *

Jäklin, Dietr. Wappen der Anno 1887 lebenden Bürgergeschlechter der Stadt Chur. zusammen getragen aus Wappenbüchern, älterer u. neuerer Zeit, sowie nach Sigillen u. Pettschaften in d. Sammlg. bündner. Wappen. Lex.-8. (17 chromolithogr. Taf. m. 21 S. Text.) Chur 890, (Rich). 6 —

Jecklin. Fritz. Die Amtsleute in den Bündnerischen Unterthanenlanden. Zusammengestellt von F. J.... (20. Jahresber. hist.-antiq. Ges. Graubünden.) 8. (Chur 1891.)

(Jecklin, Fritz.) Anstellung des Johann Locher als Priester der in der Pfarrkirche zu Maienfeld gestifteten Bruderschaft. 1463. ([Nebst] Regesten kirchlicher Urkunden des Maienfelder Stadtarchives, 1437—1520.) Separat-Abdruck aus dem «Anzeiger für Schweizerische Geschichte» 1905, Nr. 4. 4 S. 8. [Bern, K. J. Wyss.]

Jecklin, Fritz. Der Engadiner Aufruhr des Jahres 1565. [Mit 1 Abbildung.] 96 S. Chur, Sprecher & Valer, 1904.
(34. Jahresbericht der Historisch antiquar. Gesellschaft von Graubünden. Jahrg. 1904. Chur ... 1905. Beilagen: [1].)

Jecklin, Fritz, und Muoth, J[ohann] C[aspar]. Aufzeichnungen über Verwaltung der VIII Gerichte aus der Zeit der Grafen v. Montfort. ([Mit] ... Commentar...) Hrg. von F' J', Stadtarchivar. und J. C. M', Professor. IV + 94 S. 8. Chur, Sprecher & Valer, 1906.
Ausg. A: (35. Jahresbericht der Historisch-antiquarischen Gesellschaft von Graubünden. Jahrg. 1905. ... Beilagen: [1].)
Ausg. B, sep.

Jecklin, Fritz. Römische Ausgrabungen in der Custorei in Chur. Vortrag gehalten in der Eröffnungssitzung der historisch antiquarischen Gesellschaft Graubündens am 2. Dezember 1902. [Illustriert.] Separat-Abdruck aus dem «Anzeiger für schweizerische Altertumskunde» (Nr. 2/3, 1903/1904). 13 S. gr.-8. [Zürich, Gebr. Leemann & Co., 1903.]

Jecklin, F[ritz]. Bauern- und Wetterregeln aus dem Churer Schreibkalender vom Jahr 1708. [Mit Reproduction des Titelblattes desselben. — Sep.-Abdr. aus: Jahrbuch der «Neuen Bündner Zeitung» pro 1906.] II + 12 S. 8. Chur, Sprecher & Valer, 1905.

Jecklin, Fritz. Beitrag zur Münzgeschichte der Abtei Disentis, von F' von J'. Mit Abbildung. E. 8. Genève 1891.

(J[ecklin], F[ritz].) Ueber die Berufsbildung unter der Churer Zunftverfassung. [Sep.-Abdr. aus: Churer Gewerbekalender. Hrg. von Handwerker- und Gewerbe-Verein Chur. 3. Ausgabe. 1907.] 14 S. 8. Chur, Manatschal Ebner & Cie., 1906.

Jecklin, Fritz. Jörg Blaurock vom Hause Jacob († 1529). Ein Märtyrer der Wiedertaufer. Kirchengeschichtliche Skizze. 8.
Ausg. A. (21. Jahresber. hist.-antiq. Ges. Graubünden. Chur 1892.)
Ausg. B. [Sep.-Ausg. von. 21. Jahresber ...] Chur 1892

Jecklin. Fritz. Chur als Reichsstadt. [Mit 1 Tafel.] SA. 4. Neuchâtel 1895.

Jecklin, Fritz, s.a. Feuerwehrwesen, das Churer.

(Jecklin, Fritz, und Sprecher, Fl[orian].) Das Churer Feuerwehrwesen in älterer und neuerer Zeit. Mit einer Lichtdruck-Tafel. 38 S. 8. Chur, Sprecher & Valer, 1901.

Jecklin, Fritz. Historischer Führer durch Chur und Umgebung. Im Auftrage des Stadtrates zusammengestellt. [Illustriert.] 39 S. 8. Chur, Hermann Fiebig, 1909.

Jecklin, Fritz. Zur Geschichte unserer Glocken. [SA.] 8. [Chur 1898.]

Jecklin, Fritz v[on]. Geschichtliches über die Hofkellerei in Chur. [Separat-Abdruck aus: Bündner Tagblatt. Jahrg. 1902, No. 84-86, April 11.-13. — Illustriert.] [15 S.] 8. Chur, Aktien-Gesellschaft Bündner Tagblatt, 1902.

Jecklin, Fritz. Die Hofpfalzgrafen in der Schweiz. Von F' von J. [Mit 1 Tafel. A.] 8. [Zürich 1890.]

Jecklin, Fritz s. Jecklin, Constanz, und Jecklin, Fritz.

Jecklin, Fritz. Die Kanzlei-Akten der Regentschaft des Bistums Chur aus den Jahren 1499–1500. Hrg. von F' J'.... Als Fortsetzung von [Theodor von] Mohrs Codex diplomaticus: Band 7. [*Beilage z.* 28. Jahresber. hist.-antiq. Ges. Graubünden.] 8. Chur 1899.

— Dass., s.a. Kanzlei-Akten ...

Jecklin, Fritz. Das Kästchen von Scheid. Ein heraldisches Denkmal Curräticns aus dem XIV. Jahrhundert. Mit historischen Erläuterungen [und 2 Tafeln] hrg. von F' J'.... [SA., 8. Chur 1893.

Jecklin, Fr[itz]. Kultur- und Kunstgeschichtliches aus den Churer Ratsacten. SA. 8. [Zürich 1894.]

Jecklin, Fritz, s.a. Materialien zur Standes- u. Landesgeschichte Gem. III Bünde (Graubünden) 1464—1803.

Jecklin, Fritz. Materialien zur Standes- und Landesgeschichte Gem. III Bünde (Graubünden) 1464—1803. Mit Unterstützung von Bund, Kanton, Stadt Chur und Privaten hrg. von F' J'.... 2 Teile. 4. Basel, Basler Buch- und Antiquariatsh., 1907—1909. [je Subscr. fr. 8. —, im Buchh. 14. —]
Teil 1: Regesten. XII + 686 S. 1907.
Teil 2: Texte. IV + 571 S. 1909.

Jecklin, Fritz. Der Langobardisch-karolingische Münzfund bei Ilanz. (Mit sechs Tafeln, einer Karte und einem Situationsplan.) Sonderabdruck aus den Mitteilungen der Bayer. Numism. Gesellschaft, Jahrg. 25, 1906 und 1907. II + 56 S. 8. München, F. Straub, 1906.

Jecklin. Fritz. Der Münzfund von Schleins — Collectanea ad Rhaetiam numismaticam — Ein gefälschter Bluzger des Bisthums Chur, von F' von J'.... [Mit 3 Tafeln.] E. 8. Genève 1892.

Jecklin, Fritz. Organisation der Churer Gemeindeverwaltung vor dem Stadtbrande des Jahres 1464. ([Mit] Text-Beilagen: Aus dem 1. [und] 2. Heft der Ämterrechenbücher.) [Sep.-Abdr. aus: Jahrbuch der «Neuen Bündner Zeitung» pro 1907.] II + 54 S. 8. Chur, Sprecher & Valer, 1906.

Jecklin, Fritz: Erneuerte Churer Schützenordnung vom Jahr 1616. Festzeitung zum Bündner Kantonal-Schützenfest in Chur 1891. Chur, 1891.

Jecklin, Fritz. Das älteste Churer Steuerbuch vom Jahre 1481. Mit Erläuterungen hrg. von F' J'.... 8.
Ausg. A: S. 31—73 (43 S.). — 37. Jahresbericht der Historisch-antiquarischen Gesellschaft von Graubünden. Jahrg. 1907. Chur, Sprecher & Valer, 1908. (... Beilagen: [3].)
Ausg. B: [Sep.-Abdr. aus: 37. Jahresb'.... Mit Titel-Vignette.] II + 43 S. Chur, Sp' & V', 1908.

Jecklin, Fritz. Zwei Urkunden zur Frage des Vazerolerbundes. [Erörtert und hrg.] Von F' J'.... [Sep.-Abdr. aus der «Neuen Bündner Zeitung», Jahrg. 31, 1907.] 16 S. 8. [Chur, Sprecher & Valer.]

Jecklin, Fritz. Die Wormserzüge der Jahre 1486—1487. Ein Beitrag zur Geschichte des Veltlins. Gr. in-8° 128 S. Chur, Hitz'sche Buchh. 2 —
*** Sonder-Abdruck aus dem 26 Jahresberichte der histor.-antiquarischen Gesellschaft Graubündens.
1897

Jecklin, Fritz. Zinsbuch des Prämonstratenserklosters Churwalden vom Jahre 1513. Unter Beiziehung anderweitiger Quellen hrg. von F' J'.... 8.
Ausg. A: 93 S. — 38. Jahresbericht der Historisch-antiquarischen Gesellschaft von Graubünden. Jahrg. 1908. Chur, Victor Sprecher, 1909. (... Beilagen: [1].)
Ausg. B: [Sep.-Abdr. aus: 38. Jahresb'....] 93 S. Chur, V' Sp', 1909.

Jecklin, Johann Emil (Zwickau), De vinctura Seutini ejusque modificationibus. Diss. chir. Lpz. (C. W. Vollrath) 10. IV. 1852. 31 S. mit Biogr. (M.: H. Erlemann.) (6.—) 16716
Gew.: Armin Ludolph Unger.

Jecklin, Lucius [von Schiers, Graubünden]: **Historisch-kritische Untersuchung über die Theorie der hypergeometrischen Reihe bis zu den Entdeckungen von E. E. Kummer.** Schiers 1901. 87 S. 8°.
Bern. Phil. Diss. 1901/1902.

The Military Interpreter. Sammlung von engl. Übungsstücken mit Lösungen, z. Vorbereitung auf d. milit. Dolmetscherprüfung. Zum Selbstunterr. zsgest. von [Wilhelm] v. **Jecklin**, Oberlt. im Garde-Grenadier-Regt No 3. (II. 1.) Berlin: A. Barth 1904. 8° [23. Bogen]

Jeckstadt, Felix, prakt. Arzt: **Aus d. Kgl. Universitäts-Poliklinik f. Hautkranke in Königsberg i. Pr. Über den kulturellen Nachweis des Gonokokkus und seine diagnostische Bedeutung.** *Königsberg i. Pr. 1904: E. Rautenberg.* (43 S.) 8°
Königsberg, Med. Diss. v. 19. März 1904

Jéquier, G., fouilles à Dahchour, s.: Morgan, J. de.

Jedaja Penini s. Penini.

Jodamski, Rudolf: **Über O-Oxychlorphosphine und O-Chlorphosphine des Pseudocumenols.** *Rostock 1897: C. Hinstorff.* (40 S.) 8°
Rostock, Phil. Diss. v. [22. Juli] 1897

Jeddeloh, Otto zu, approb. Arzt aus Quernstedt im Grh. Oldenb.: **Aus d. pathol. Institute zu Kiel. Ueber knotige Tuberkulose des Herzens.** *Kiel 1900: P. Peters.* (17 S.) 8°
Kiel, Med. Diss. v. [14. Febr.] 1900

Jedele, Eugen: Die kirchenpolitischen **Anschauungen des** Ernst Ludwig von Gerlach. **Ansbach [1910]: Brügel.** IV, 114 S. 8° ¶ (Ersch. auch als **Buch b. Ragoczy,** Freiburg i. B.)
Tübingen, Phil. Diss. v. 3. Aug. 1910, Ref. **Busch**
[Geb. 23. Jan. 66 Ebingen; Wohnort: Freiburg i. B.; Staatsangeh.: Württemberg; Vorbildung: Ev.-Theol. Sem. Urach Reife M. 84; Studium: Tübingen 10, Freiburg i. B. 4 S.; Coll. 3. März 10.] [U 10. 4184

Jedele, Eug., die kirchenpolit. Anschaugn. des Ernst Ludwig v. Gerlach. Ein Beitrag zur Geschichte der religiösen u. polit. Ideen im 19. Jahrh. (IV, 115 S.) 8. Freiburg i/B. 910. G. Ragoczy. nn 1. 30

Jedem das Seine. Lstsp. in 1 A. v. Fr. Rochlitz. 8. Züllichau, Darnmann. 803.

Jedem das Seine. Original-Lustspiel in Versen und drei Aufzügen. Iserlohn 1832. V: *Bernstein, Caroline.* (GGr)

Jedem das Seine! Ein kurzes Wort über d. Niedergang d. Mittelstandes nebst einigen Vorschlägen z. Hebung dess. von G. T. *Görlitz 1899: H. Gretsel; (P. W. Sattig in Komm.).* (7 S.) 8° [n. 30/6 2]

Jedem Etwas! Illustrirte Familien-Zeitschrift. Red.: C. Jordans. 1. Jahrg. Octbr. 1890—Septbr. 1891. 52 Nrn. (2 B.) gr. 4. München, Verlag v. „Jedem Etwas". n. 4. —; einzelne Nrn. à — 10

Jedem Etwas. Illustrirte Familien-Zeitschrift. Hrsg.: O. Rentsch. Mit belletristischer Unterhaltungsbeilage: Das Deutsche Heim. 2. Jahrg. Oktbr. 1891 – Septbr. 1892. 52 Nrn. (2 Bog.) gr. 4. Berlin, J. Harrwitz Nachf. n. 5. —

Jedem sein Recht. (Suum cuique.) Ansprache an die Wähler des Königr. Hannover. Lex.-8. (7 S.) Celle 863, Schulze'sche Buchh. *

Jeder fege vor seiner Thür, s. a. Beaunoir, Alexandre Louis Bertrand Robineau dit de

Jeder fege vor seiner Thür . . . Wien 1783. V: *Beaunoir, Mdme de.* B: *Meyer, Frdr. Ldw. Wilh.* (Zeitschr. f. Büch. N. F. 15, S. 1923, S. 112)

Jeder fege vor seiner Thür . . . Wien 1783. V: *Meyer, Friedrich Ludwig Wilhelm.* (Ky) (MGT)

Jeder fege vor seiner Thüre. Lstspl. nach Jerome (v. F. L. W. Meyer). 8. Wien 783. Kurzböck. 2 ⅙

— fege vor seiner Thüre. Dramat. Sprichwort in 1 Akt, v. Schröder. 8. Hamb. Gundermann. 805.

Jeder ist sich selbst der Nächste. Erzählung für die Jugend. Nach dem Englischen. Leipzig 1851. V: *Volbeding, Johann Ernst.* (Br\V)

Jeder ist sich selbst der Nächste. Erzählung für die Jugend. Nach dem Engl. 8. (VI und 150 S.) Leipzig 851, Brockhaus.

Jeder sein eigener Kräuterarzt. Kurzgefasste Anleitg., f. jede Krankheit e. pass. heilkräft. Tee zusammenzustellen. Nach Paczkowski. (12 S.) gr. 8. Leipzig 904. E. Demme. — 25

Jeder sein eig. Professor od. alles menschl. Wissen im Auszug. Kurzgef. Encyclopädie v. Falstaff, Fakir. 3 Tle. in 1 Bd Aus der Fakir-Sprache übertr. Orig.-Ausg. 12. (104 S.) Ziegenhals 896. Wachtelkunzendorf, C. Thamm. n. 1. —

Jeder, S. Ch. M. [Pseud.], s. a. Schmieder, Karl Christoph

Jeder, S. Ch. M., Allotrien, zur Unterhaltung in Feierstunden. 8. Berl. 824. Cawitzel. 1 ₰ 4 gl

Für Jedermann. Uhlands Monatschrift für Fortschritte auf allen Gebieten von Industrie, Technik und Verkehrswesen 1905-07. 4° Leipzig 1905-07

Für Jedermann. Uhlands Monatschrift für Fortschritte auf allen Gebieten von Industrie, Technik und Verkehrswesen. 1908. 4° Leipzig 1908

Jedermann sein eigner Arzt. Eine Anweisung z. Abwendung u. Heilung d. Krankheiten durch einfache u. wohlfeile Mittel. Nach der Methode Raspail's vervollständigt von den D. D. Dubois u. Joubert. Deutsch von W. v. R. 16. Leipzig 845, Brockhaus u. Avenarius. 1/2 ₰

Jedermann, Friederike Henriette, s. Kühn, Friederike Henriette

Jedermann, Wilh. Friedr., Festgabe für Christenkinder. Eine Sammlung von Gebeten, Liedern, Bibel- und Denksprüchen. 32. (IV und 192 S.) Berlin 853, W. Schultze.

Jedermann's Blatt. Wochenblatt f. die deutsche Familie. Red.: H. Conitzer-Zerniko. 1. Jahrg. 1906. 52 Nrn. (à ca. 24 S. m. Abbildgn.) gr. 4. Hamburg, Jedermann's Blatt. n. 4. 80

Jedidja, eine religiöse Zeitschrift. s. Heinemann, J.

Jedidja, neue Folge, s. Archiv, allgem., des Judenthums.

Jedidja. Zeitschr. f. Religion, Moral, Pädagogik, Geschichte u. oriental. Lit. Hrsg. v. Jer. Heinemann. Jahrg. 1831 (od.) 8. u. 9. Bd. 4 Hfte. gr. 8. Leipzig, [Kayser.]
1—7. Bd. Berlin. Hrsgeb. 1817—22. à Bd. 2 Thlr.

Jedina, Carl Anton von, s. Jedina, Karl Anton von

Jedina, Frz. Xav., Kanzelvorträge f. d. kathol. Kirchenjahr. — Sonntagspredigten. 2 Thle. gr. 8. Prag, Haase Söhne. à 1 1/6 Thlr.
Thl. 1. Vom Advent bis Pfingsten. (16 1/4 B.) 839.
- 2. Sämmtliche Sonntage nach Pfingsten. (17 B.) 840.

Jedina, Fr. X., der Wallfahrtsort Heiligberg in Böhmen. Geschichtl. dargestellt in sein. Beginnen, Fortgang u. Bestande. Mit 1 Abbild. gr. 8. Prag 842, [Credner u. Kleinbub.] *

Jedina, Karl Anton von

Jedina, Carl Anton Ritter v., Rittm. und Auditor. Geschichte des k. k. österreichischen ersten Uhlanen-Regiments. kl. 8. Wien 1845.

Jedina, Leop. v., um Afrika. Skizzen v. der Reise Sr. Maj. Corvette „Helgoland" in den J. 1873—75. Mit 70 Illustr., 1 Karte u. mehreren Beilagen. 12 Lfgn. gr. 8. (384 S.) Wien 876. Hartleben. à — 60

Jedina, Leopold v., k. k. Linienschiffsfähnrich. Um Afrika. Skizzen von der Reise Sr. Majestät Corvette „Helgoland" in den Jahren 1873—1875. Mit 70 Illustrationen, 1 Karte und mehreren Beilagen. 8. Wien, Pest, Leipzig 1877.

Jedina, Leop. v. An Asiens Küsten u. Fürstenhöfen. Tagebuchblätter v. der Reise Sr. Maj. Schiffes „Fasana" u. üb. den Aufenthalt an asiat. Höfen in d. J. 1887, 1888 u. 1889. Mit 65 Voll- u. 197 Textbildern, z. Th. nach Orig.-Aufnahmen Sr. k. u. k. Hoh. d. Hrn. Erzherzogs Leopold Ferdinand, sowie v. E. Hermann u. M. Graf Bissingen-Nippenburg. Hierzu e. Karte u. mehrere Musikstücke. 31 Lfgn. 4. (XII, 732 S.) Wien 890,91, Hölzel.
à Lfg. * — 50; compl. * 15 —; geb. * 18 —

Jedina, Leopold von, An Asiens Küsten und Fürstenhöfen. Mit einer Karte, 70 Voll- und 170 Textbildern. (Complet in circa 50 Lieferungen.) 4. Lieferung 1. (S. 1—24) —.30
1890

Jedina, Leopold von, An Asiens Küsten und Fürstenhöfen. Mit einer Karte und 70 Voll- und 170 Textbildern. Lex.-8. Lieferung 2—3. (S. 25 bis 72) à —.30
1890

Jedina, Leopold von, An Asiens Küsten und Fürstenhöfen. Mit einer Karte und 70 Voll- und 170 Textbildern. Lex.-8. Lieferung 4. (S. 73 bis 96) à —.30
1890

Jedina, Leopold von, An Asiens Küsten und Fürstenhöfen. Mit einer Karte, 70 Voll- und 170 Textbildern. Lex.-8. Lieferung 5. (S. 97 bis 120) à —.30
1890

Jedina, Leopold von, An Asiens Küsten und Fürstenhöfen. Mit einer Karte, 70 Voll- und 170 Textbildern. Lex.-8. Lieferung 6. (S. 121 bis 144) à —.30
1890

Jedina, Leopold von, An Asiens Küsten und Fürstenhöfen. Mit einer Karte, 70 Voll- und 170 Textbildern. Lex.-8. Lieferung 7. (S. 145 bis 168) à —.30
1890

Jedina, Leopold von, An Asiens Küsten und Fürstenhöfen. Mit einer Karte, 70 Voll- und 170 Textbildern. Lex.-8. Lieferung 8. (S. 169 bis 192) à —.30
1890

Jedina, Leopold von, An Asiens Küsten und Fürstenhöfen. Mit einer Karte, 70 Voll- und 170 Textbildern. Lex.-8. Lieferung 9. (S. 193 bis 216) à —.30
1890

Jedina, Leopold von, An Asiens Küsten und Fürstenhöfen. Mit einer Karte, 70 Voll- und 170 Textbildern. Lex.-8. Lieferung 11. (S. 241 bis 264) à —.30
1890

Jedina, Leopold von, An Asiens Küsten und Fürstenhöfen. Mit einer Karte, 70 Voll- und 170 Textbildern. Lex. 8. Lieferung 12. (S. 265 bis 288) à —.30
1890

Jedina, Leopold von, An Asiens Küsten und Fürstenhöfen. Mit einer Karte, 70 Voll- und 170 Textbildern. Lex.-8. Liefrg. 13—14. (S. 289 bis 336) à —.30
1890

Jedina, Leopold von, An Asiens Küsten und Fürstenhöfen. Mit einer Karte, 70 Voll- und 170 Textbildern. Lex.-8. Lieferung 15. (S. 337 bis 360) à —.30
1890

Jedina, Leopold von, An Asiens Küsten und Fürstenhöfen. Mit einer Karte, 70 Voll- und 170 Textbildern. Lex.-8. Lieferung 16. (S. 361 bis 384) à —.30
1890

Jedina, Leopold von, An Asiens Küsten und Fürstenhöfen. Mit einer Karte, 70 Voll- und 170 Textbildern. Lex.-8. Lieferung 17. (S. 385 bis 408) à —.30
1890

Jedina, Leopold von, An Asiens Küsten und Fürstenhöfen. Mit einer Karte, 70 Voll- und 170 Textbildern. Lex.-8. Lieferung 18. (S. 409 bis 432) à —.30
1890

Jedina, Leopold von, An Asiens Küsten und Fürstenhöfen. Mit einer Karte, 70 Voll- und 197 Textbildern. Lex.-8. Lieferung 20—21. (S. 457—504) à —.30
1891

Jedina, Leopold von, An Asiens Küsten und Fürstenhöfen. Mit einer Karte, 70 Voll- und 197 Textbildern. Lex.-8. Liefrg. 22. (S. 505 bis 528) à —.30
1891

Jedina, Leopold von, An Asiens Küsten und Fürstenhöfen. Mit einer Karte, 70 Voll- und 197 Textbildern. Lex.-8. Liefrg. 23. (S. 529 bis 552) à —.30
1891

Jedina, Leopold von, An Asiens Küsten und Fürstenhöfen. Mit einer Karte, 70 Voll- und 197 Textbildern. Lex.-8. Liefrg. 24. (S. 553 bis 576) à —.30
1891

Jedina, Leopold von, An Asiens Küsten und Fürstenhöfen. Mit einer Karte, 70 Voll- und 197 Textbildern. Lex.-8. Liefrg. 25. (S. 577 bis 600) à —.30
1891

Jedina, Leopold von, An Asiens Küsten und Fürstenhöfen. Mit einer Karte, 70 Voll- und 170 Textbildern. Lex.-8. Liefrg. 26. (S. 601 bis 624) à —.30
1891

Jedina, Leopold von, An Asiens Küsten und Fürstenhöfen. Mit einer Karte, 70 Voll- und 170 Textbildern. Lex.-8. Liefrg. 27. (S. 627 bis 648) à —.30
1891

Jedina, Leopold von, An Asiens Küsten und Fürstenhöfen. Mit einer Karte, 70 Voll- und 170 Textbildern. Lex.-8. Liefrg. 28. (S. 651 bis 672) à —.30
1891

Jedina, Leopold von, An Asiens Küsten und Fürstenhöfen. Mit einer Karte, 70 Voll- und 170 Textbildern. Lex.-8. Liefrg. 29. (S. 673 bis 696) à —.30
1891

Jedina, Leopold von, An Asiens Küsten und Fürstenhöfen. Mit einer Karte, 70 Voll- und 170 Textbildern. Lex.-8. Liefrg. 30. (S. 697 bis 720) à —.30
1891

Jedina, Leopold von, An Asiens Küsten und Fürstenhöfen. Mit einer Karte, 70 Voll- und 197 Textbildern. Lex.-8. Liefrg. 31. (S. 721 bis 732, Vorwort und Register XII S.) à —.30
1891

Jedina, R. Ritter v., die österreichisch-ungarische Flotte, s.: Heere u. Flotten, die, der Gegenwart. IV.

Jedina, R. von: Das Heer von Österreich-Ungarn. s. Kählig

Jedina, R. Ritter v. Österreich-Ungarn. Die Flotte. Berlin 1899. 4°.

Jedithan, R. H. Die Bücher der Geschichte der Kinder von Preussen und der Kinder von Sachsen, als sie wider einander kriegeten in dem Lande zu Sachsen, und von der grossen Schlacht bei Kesselsdorf. 8. Amsterdam 1747.

Jedlička, Heinr., das österreich. Personalsteuergesetz, s.: Mann, Ott.

Jedlička, Jos., Leitfaden zum leichten und schnellen Erlernen der böhmischen Sprache für Schule und Haus. 2 Thle. in 1 Bde. 8. (VI, 57; 49 S. mit 2 Stnt.) Prag 869, Kober. * 1 —

Jedlička, Jos., der Ortsschulrath u. der Volksschulleiter. Bearb. auf Grund der Schul- u. Unterrichtsordng. f. allgemeine Volksschulen vom 20. Aug. 1870 u. der f. das Königr. Böhmen gegebenen Landesgesetze. Ein Rathgeber u. Leitfaden f. Mitglieder d. Ortsschulrathes, sowie f. Lehrer u. Lehramtscandidaten. gr. 8. (VI, 92 S.) Prag 876. Mercy. n. 1. 60

Jedlicka, Karl, aus St. Gallen: Ueber die Einwirkung von Aethylendiamin auf Nitrophenole, deren Aether und corresp. Halogenverbindungen und über einige Derivate des p-Isobutylphenol's. Uster-Zür. A. Diggelmann Dr. 1891. 68 S. 8°.
Zürich, Phil. Diss. [v. 24. Nov. 1890].

Jedlička, R., zur operativen Behandlung des chronischen Magengeschwürs u. dessen Begleiterscheinungen. (114 S. m. 5 Taf. u. 2 Bl. Erklärgn.) Lex.-8. Prag 904. Bursik & Kohout. n. 3. —
Sonderabdruck aus: „Ueber das Ulcus ventriculi".

Jedlička, Rudolf

Jedlička, R., G. Kratzenstein u. W. Scheffer, die topograph. Anatomie der ob. Extremitäten (Ellbogengelenk, Hand- u. Schultergelenk), s. a. Fortschritte auf d. Gebiete der Röntgenstrahlen.

Die topographische Anatomie des Ellbogengelenkes von Dr. R[udolf] Jedlička. Mit 8 Taf. *Hamburg: L. Gräfe & Sillem 1900.* (15 S.) 4°
— Atlas d. normalen u. pathol. Anat. in typischen Röntgenbildern. [4, 1]
— Fortschritte auf d. Geb. d. Röntgenstrahlen. Erg.H. 4,[1]. [00. 8885

Jedlicska, Joh., die Entstehung der Welt. Eine krit. Beleuchtg. der Angaben des Alten Testamentes gegenüber der Wissenschaft. (L, 889 S. m. 20 Abbildgn.) gr. 8. Wien 903. Stettin, H. Peters. n. 6. —

— dasselbe. (Neue [Titel-]Ausg.) (L, 889 S. m. 20 Abbildgn.) gr. 8. Göttingen [903] 905. [Stettin, H. Peters.] Berlin, J. Singer & Co. n. 4. —; geb. n. 6. —

— die zweite Entstehung der Welt, das angebliche Paradies u. die angebliche Sintflut. (IV, 460 S.) gr. 8. Wien 903. Leipzig, A. Hasert & Co. n. 4. 50

— enthüllte Geheimnisse des Alten Testaments üb. den angeblichen Turmbau zu Babel u. die Beschneidung. (Neue [Titel-]Ausg. v.: „Der angebl. Turmbau zu Babel".) (373 S. m. 3 Abbildgn.) gr. 8. Leipzig [903] 906. A. Hasert & Co. n. 4. —

— der angebliche Turmbau zu Babel, die Erlebnisse der Familie Abrahams u. die Beschneidung. (373 S.) gr. 8. Wien 903. Leipzig, A. Hasert & Co. n. 4. —

Jedliczka, Frdr., Musik u. Leben. Aphorismen u. Sentenzen. (71 S.) 8. Laibach 908. J. v. Kleinmayr & F. Bamberg. 1. —

— Ein Schurkenstreich. Schausp. in 3 Aufzügen. (120 S.) 8. Ebd. 909. 3. —

Jedlika, Karl, s. Jedlicka, Karl

Jedlitschka, Hans J., der praktische Schildermaler. Neue farb. Entwürfe im modernen Stil. I. u. II. Serie. Je 32 Taf. Orig.-Entwürfe. Fol. Wien (905). F. Wolfrum & Co. In Mappe à n. 40 —

Jedlitschka, Hans J., der prakt. Schildermaler. Neue farb. Entwürfe im modernen Stil. III. Serie. 32 Taf. Orig.-Entwürfe. 2 Lfgn. (à 16 Taf.) 45×34 cm. Wien 907. F. Wolfrum & Co. In Mappe à Lfg. 20. —

Jedlitschka, Wilh., erster Unterricht im Englischen, s.: Munde, Carl.

Jedrzejewski, Alfons, Tante Malchens erste Liebe, s. a. Vereinstheater, neues.

Tante Malchens erste Liebe. Schwank in 1 Akt ⟨2 Bild.⟩ von Alfons Jedrzojewski. *Essen (Ruhr): Fredebeul & Koenen 1902.* (43 S.) 8° [F.]
— Vereinstheater, Neues. No 45. [03. 4580 5

Jedrzejewski, Alfons, der verwechselte Schwiegersohn, s. a. Theater, kleines. 351. Hft.

Der verwechselte Schwiegersohn. Schwank in 1 Akt von Alfons Jedrzejewski. Paderborn: B. Kleine [1904]. (28 S.) 8° [F.]
— Theater, Kleines. H. 351. [03. 13644

— die Wahrheit, s. a. Vereins-Theater, neues.

Die Wahrheit. Eine Komödie in 1 Akt von Alfons Jedrzojowski. *Essen (Ruhr): Fredebeul & Koenen 1902.* (45 S.) 8° [F.]
— Vereinstheater, Neues. No 49. [03. 4584 5

— das Wiedersehen, s. a. Theater, kleines. 350. Heft.

Das Wiedersehen. Schauspiel in 1 Akt von Alfons Jedrzejewski. Paderborn: B. Kleine [1904]. (23 S.) 8° [F.]
— Theater, Kleines. H. 350. [03. 13643

Nette Freier oder: Die erste Liebe ist die beste! Schwank in 1 Akt von Franz Jedrzejowski. *Minden i. W.: W. Köhler [1897].* (17 S.) 8° [F.]
— Theater-Bibliothek, Köhlers, f. Vereine. [8.] [01. 9621

Jedrzejewski, Frz., nette Freier od.: Die erste Liebe ist die beste! Schwank in 1 Akt. 8. (17 S.) Minden (898). W. Köhler. — 75

Größenwahn! Drama in 3 Akten von Franz Jedrzejowski. *Laurahütte-Siemianowitz O. S.: F. Buschka [1903].* (102 S.) 8° [F.] [03. 13167

Jedrzejewski, Frz., der gnädige Herr bin ich! Lustspiel in 1 Act (2 Bildern). 3. Aufl. (19 S.) Berlin (897). M. Böhm. 1, 50

[F.] Der gnädige Herr bin ich! Lustspiel in 1 Act (2 Bildern) v. Franz Jedrzejowski ... 3. Aufl. *Berlin: M. Böhm [1898?].* (19 S.) 1 Bd 8. [98. 8374

Jedrzejewski, Frz., Größenwahn! Drama in 3 Akten. (102 S.) gr. 8. Laurahütte-Siemianowitz (903). (F. Paulus.) n. 1. —

— hol' der Kuckuck die Neujahrskarten, s. a. Theater, kleines.

Hol' der Kuckuck die Neujahrskarten! Posse in 1 Akt von Franz Jedrzejewski [vielm. Jedrzojowski] *Paderborn: B. Kleine [1902].* (14 S.) 8° [F.]
— Theater, Kleines. H. 323. [04. 8070

Justinus und Theobald Kerner u. d. Kernerhaus in Weinsberg. Von Franz Jedrzejewski. Leipzig: Verl. f. Lit., Kunst u. Musik 1910. 115 S. 8°
(Beiträge z. Literaturgeschichte. Hrsg.: Rudolf Eichler. H. 70.) [10. 13386

[F.] Bei Justinus Kerner in Weinsberg. Genrebild in 1 Akt v. Franz Jedrzejowski ... *Berlin: M. Böhm [1898?].* (16 S.) 1 Bd 8. [98. 8307

Jedrzejewski, Frz., Isabella Klappenmayer od. Unterschrift verpflichtet, s.: Theater, kleines.

— Segen der Mission, s. a. Vereinstheater, neues.

Segen der Mission. Genrebild in 1 Akt von Franz Jedrzejewski. *Essen (Ruhr): Fredebeul & Koenen 1902.* (20 S.) 8° [F.]
— Vereinstheater, Neues. No 42. [03. 5196 5

Jedrzejewski, Frz. Ein Veilchenstrauß. Skizzen. 12. (VIII, 79 S.) Bielef. 892, Helmich. * 1 25; geb. * 2 —

— wir brauchen keine Schwiegermama! Posse in e. Akt. 8. (11 S.) Minden (898). W. Köhler — 75

Wir brauchen keine Schwiegermama! Posse in 1 Akt von Franz Jedrzejowski. *Minden i. W.: W. Köhler [1899].* (11 S.) 8° [F.]
— Theater-Bibliothek, Köhlers, f. Vereine. [12.] [00. 9405

— Zwillinge, die nicht da sind!, s.: Vereinstheater, neues.

Jedwabnick, Adolf, a. Schirwindt: Über Trennungsneurome. Freiburg i. B.: Hammerschlag & Kahle 1909. 34 S. 8°
Freiburg i. B., Med. Diss. v. 1910, Ref. Kraske
[Geb. 3. Febr. 86 Wladislawow, Rußland; Wohnort: Freiburg i. B.; Staatsangeh.: Preußen; Vorbildung: Gymn. Tilsit Reife O. 04; Studium: München 1, Berlin 8, Freiburg i. B. 2 S.; Coll. 21. Mai 09.] [U 10. 976

Jedwabno [Schlagwort]

Jedwabno, s. Geologische Karten. Preussen 104.

Jedzink, Paul, Priester d. Diöz. Ermland: Einzelwirtschaft, Gesellschaftsbildung und Religionsübung in ihren wechselseitigen Beziehungen. Breslau: Goerlich & Coch 1907. (86 S.) 8°
Breslau, Kath.-theol. Fak., Ref. Laemmer, Diss. v. 26. Juli 1907
[Geb. 1. Nov. 80 Braunsberg, Ostpr.; Wohnort: Braunsberg; Staatsangeh.: Preußen; Vorbildung: Gymn. Braunsberg Reife O. 99; Studium: Braunsberg 6, Breslau 4 S.; Rig. 16. Juli 07.]

Einzelwirtschaft, Gesellschaftsbildung u. Religionsübung in ihren wechselseitigen Beziehungen. Von Dr. Paul **Jedzink**, Priester. Breslau: Goerlich & Coch 1908. (80 S.) 8° [F.] [08. 3944

Jeep, die Seeräuber-Insel. Eine Erzählung für die Jugend. 16. (69 S. mit 1 ill. Stnt. in Tondr.) Leipzig 867, Kunze. cart. *

Jeep, Alb., die Loreley. Lyrisches Epos. 16. (VII und 358 S.) Basel 863, Riehm. *
geb. mit Goldschn. *

Jeep, C., De Oedipi regis fabulae argumento et compositione. Pr. 1884. 14 S. 4°. 1.—

Jeep, Christian Carl Friedrich (Holzminden. Collcge III d. Wolfenbütteler Gymnas.), De somno eique cognatis numinibus part. I. Diss. philos. Götting. Okt. 1831. Wolfenbüttel (Bindseil). 51 S. mit Biogr. (M.: C. S. Seidensticker.) (6.50) 16717

Jeep, Ernst, Chasot. Eine krit. Studie üb. d. Schlachten b. Mollwitz u. Hohenfriedberg. 8. (47 S.) Berlin 895. Liebel. n. 1. —

Jeep, Ernst, Eulenspiegel. [Aus: „Mitteilgn. d. deutschen Sprachver."] gr. 8. (22 S.) Berlin 895. (C. Regenhardt.) n. — 50

— Karoline v. Günderode. Mittheilgn. üb. ihr Leben u. Dichten. gr. 8. (51 S.) Wolfenbüttel 895. J. Zwißler. n. — 75

Macbeth. Von Dr. Ernst Jeep. Nowawes 1907: Freudenberg. 8 S. 8° A 12. 2314

Jeep, Ernst [aus Wolfenbüttel]: Hans Friedrich von Schönberg, der Verfasser des Schildbürgerbuches und des Grillenvertreibers. Erster Teil. . . . **Wolfenbüttel,** 1890; 2 Bl. + 96 S. 8°
Ph. Göttingen, Phil. Fak., Inaug.-Diss. v. 6. Nov. 1889

Jeep, E., Hans Friedrich von Schönberg, der Verfasser des Schildbürgerbuches und des Grillenvertreibers. Eine lit. Untersuchung über das Schildbürgerbuch und seine Fortsetzungen. 1890, Wolfenbüttel, Zwissler, XIV, 145 S. Auch als Diss. Göttingen. Teildruck. S. 1—96.

Jeep, Ernst. Hans Friedrich v. Schönberg, der Verf. d. Schildbürgerbuches u. d. Grillenvertreibers. Eine litterar. Untersuchg. üb. das Schildbürgerbuch u. seine Fortsetzgn. gr. 8. (XIV, 148 S.) Wolfenbüttel, 890, Zwißler. * 3 —

[J.] Centrale Volksbibliothek. Vortr. geh. im Wittenbergplatz-Bezirksver. u. im Ver. d. Stadtbez. zu Charlottenburg v. Dr. **Ernst Jeep,** Assist. d. Kgl. Bibl. zu Berlin. *Charlottenburg: Commr. (u. Dr.) r. R. Münch 1896.* (22 S.) 1 Bd 8. [96. 9154

Jeep, Herm., Gerson, Wiclefus, Hussus inter se et cum reformatoribus comparati. Commentatio. gr. 4. (87 S.) Göttingen 857, Dieterich'sche Buchh. *

Jeep, J.

— Kritische Bemerkungen zu Justin. Pr. 1858. 12 S. 4°.

— Kritische Bemerkungen zu Ciceros Reden. Pr. 1862. 12 S. 4°.

Jeep, J., De emendandis Justini historiis Philippicis. Pr. 1855. 30 S. 4°.

— De locis nonnullis philosophicorum Ciceronis librorum emendandis. Pr. 1868. 18 S. 4°.

Jeep, J., Aliquot loci ex orationibus Ciceronis in usum scholarum editis. Pr. 1860. 15 S. 4° 1.20

— De locis quibusdam Tusculanarum disputationum quaestiones criticae. Pr. 1865. 22 S. 4°. 1.—

— Quaest. crit. ad emendationem Claudiani panegyricorum spectantes. Diss. 1869. 45 S. 1.50

Jeep, J. W. L., Emendationes Velleianae. Pr. 1839. 16 S. 4°.

Jeep, J. W., De Q. Curtii Rufi historiarum fragmentis. Gel. 1833. 39 S. 4°. 1.25

— Horatii loci duo e tertia primi libri satira tractati. Pr. 1841. 17 S. 4°.

— J. W. L., Loci aliquot Sophoclei. Pr. 1843. 16 S. 4°. 1.—

Jeep, J. W. L., Tres loci Horatiani. Pr. 1867. (1847.) 18 S. 4°.

— Ratione elisionum Horatianarum explicata emendatur locus Horatii et Congi. Pr. 1844. 17 S. 4°. 2.—

Jeep, J. W. L., De usu ablativi comparativi apud Ciceronem, Caesarem, alios ejusdem aetatis scriptores. Pr. 1845. 24 S. 4°.

Jeep, Ludw., „alias", s.: Festschrift, z. 70. Geburtstage Oskar Schade dargebracht.

Jeep, Ludw., de Claudiani codice Veronae nuper reperto, s.a. Philologos Germaniae Lipsiae congregatos salutant scholae Thomanae magistri.

— De Claudiani cod. Veronae nuper reperto. Gel. 1872. 12 S. 4°.

Jeep, L., Die Excerpta Monacensia des Claudianus. S. A. s. a. 7 S.

Jeep, Ludw., zur Geschichte der Lehre v. den Redetheilen bei den lateinischen Grammatikern. gr. 8. (XVII, 316 S.) Leipzig 893. B. G. Teubner. n. 8. —

Jeep, L., Aurelii Victoris de Caesaribus historia e l'epitome de Caesaribus. S.-A. 1873. 16 S. 1.—

Jeep, L., Jahresbericht üb. d. römischen Epiker nach Vergilius v. 1883—1889. S.-A. 1890. 28 S. —.80
— — v. 1890—1893 u. 1888—1893 Nachtrag. S.-A. 1895. 48 S. 1.—

Jeep, Ludovicus, ord. phil. h. t. decanus: **Lectiones cursorias,** quas ... Johannes Abromeit Phil. Dr. 'Die Bastardierung im Pflanzenreiche' ad docendi facultatem rite impetrandam die XXVIII. Februarii ... habebit, indicit. *Regimonti Bor. 1899 [vielm. 1900]: Hartung.* (1 Bl.) 4°

Jeep, Ludov., Quaestiones criticae ad emendationem Claudiani panegyricorum spectantes. Dissertatio philologica. gr. 8. (45 S.) Numburgi 869. (Berlin, Calvary und Comp.) * 1 60

—— Quellenuntersuchungen zu den griechischen Kirchenhistorikern. gr. 8. (128 S.) Leipzig 884, Teubner. *
Aus: Jahrbuch für classische Philologie, besonders abgedruckt.

Jeep, L., Gli studii classici in Italia. Gel. 1874. 28 S.

— zur Überlieferg. d. Philostorgios, s.: Texte u. Untersuchungen zur Geschichte d. altchristl. Literatur.

Jeep, Wilh., d. Anfertigung d. Kitt- u. Klebemittel f. d. verschied. Gegenstände z. Gebr. f. Maschinenfabrikanten, Gießereien, chem. Fabriken ꝛc. 4., vollst. veränd. Aufl. v. Thons Kittkunst. gr. 8. (VII, 184 S.) Weimar 895. Leipzig, B. F. Voigt. 2. 50

Jeep, W.: Der Asphalt, s.a. Schauplatz, Neuer, der Künste und Handwerke. Bd. 154.

Jeep W, der Asphalt und seine Anwendung in der Technik. 1. u 2. Auflage von E Nöthling. (298 S) (Schaupl. d. K. 154) Weimar 1867, Leipzig 1899

— der Asphalt u. s. Anwendg. in d. Technik. Gewinng., Herstellg. u. Verwendg. d. natürl. u. künstl. Asphalte. 2., völlig neu bearb. Aufl., hrsg. v. Ernst Nöthling. gr. 8. (XII, 298 S. m. 30 Abb.) Leipzig 899. B. F. Voigt. 6. —

— der Bau der Feuerungsanlagen, s.a. Taschen-Bibliothek, deutsche bautechnische.

Jeep, W: Der Bau der Feuerungsanlagen. H. 1—5. Leipzig 1876 (1 Bd)

Jeep, W., der Bau der Pumpen und Spritzen, s. Uhland's technische Bibliothek.

Jeep, W., Der Bau der Pumpen u. Spritzen. Mit 157 Holzschn. u. 38 col. Tfln. Leipzig 1871. Text 8°. Atlas q. Fol.

Jeep, W., der Bau der Pumpen u. Spritzen. 2., neu bearb. Aufl. gr. 8. (X, 388 S. m. Holzschn.) Mit e. Atlas v. 35 photolith. Taf. in qu. Fol. Leipzig 891. Mendelssohn. geh. u. cart. n. 11. —

Jeep, W., Bauhandwerker-Taschenbuch. Geschmückt mit 33 (eingedr.) Holzschn. gr. 16. (V, 91 S.) Leipzig 876, Scholtze. geb. *

Jeep, W. Bauhandwerker-Taschenbuch. Leipzig, 1877.

Jeep, W., die Bau-Maschinen, s.a. Taschenbibliothek, deutsche bautechnische.

Jeep, W: Baumaschinen. H. 1—8. Leipzig 1882—1883. (2 Bde)

Jeep, W, die Baumaschinen. (Taschenbücher, Bautechnische 19) Leipzig 1884

– Die Baumechanik, s.a. Taschenbibliothek, Deutsche bautechnische.

Jeep, W: Die Baumechanik. H. 1—5. Berlin 1876

Jeep W, die Baumechanik. (Taschenb. Bautechn. 1) Leipzig 1876

— Bau-Rathgeber. Ein Hand- und Nachschlagebuch für Maurer- und Zimmermeister, Bauunternehmer, Bautechniker, Bauhandwerker, Bauherren, Fabrikanten ꝛc. Unter Mitwirkung von Fachmännern. 12 Lfgn. gr. 8. (576 S. mit über 1200 eingedr. Holzschn.-Fig. und vielen Tab.) Glogau 883, Flemming. à Lfg. 70 Pf. geb.

— Bau-Rathgeber. Tabellen u. Regeln aus der Mathematik u. Mechanik, Baumaschinen, Baumaterialien, Gründungen, Maurer- u. Zimmerer-Konstruktionen, Dachdecker-, Bautischler- u. Schlosser-Arbeiten, Anlage der Gebäude, Taxation der Gebäude, Wege- u. Brücken-Bau, Berechng. d. Honorars f. architekton. Arbeiten. gr. 8. (VII, 576 S.) Berlin 888. Claesen & Co. n. 8. 40

– Die Bauschlosserei, s.a. Taschenbibliothek, Deutsche bautechnische.

Jeep W, die Bauschlosserei. (Taschenbücher, Bautechnische 7) Leipzig 1876

– Beschreibung und Zeichnungen der praktisch bewährten Backöfen, s. Schauplatz, Neuer, der Künste und Handwerke.

– Bogenkonstruktionen, s. Taschenbibliothek, Deutsche bautechnische.

— einfache Buchhaltung f. baugewerbl. Geschäfte. Zum Gebrauche f. Bauhandwerker u. techn. Lehranst. Nebst e. Anh.: Ueb. Arbeiterversicherungskassen. 8., verb. Aufl. gr. 8. (VI, 202 S.) Ebd. 898. 3. —

Jeep, W., leichte und praktische Buchführung für baugewerbliche Geschäfte. Zum Gebrauche für Bauhandwerker, als: der Maurer- und Steinmetz-, Zimmermeister, Dachdecker, Tischler ꝛc., ferner der Baugewerke- und anderer techn. Schulen, sowie für Ziegelei- und Steinbruchbesitzer, Kalkbrennereien, Baumaterialien-Handlungen ꝛc. 2. Aufl. von Montags baugewerbl. Buchführung, vollständig neu bearb. gr. 8. (VI, 192 S.) Weimar 885, B. F. Voigt. 3 —

— neuere Dampf-Kessel-Anlagen, s.a. Taschenbibliothek, maschinen-technische.

Jeep W, neuere Dampfkesselanlagen. Leipzig 1877

— die Eindeckung der Dächer, s. Schauplatz, neuer, der Künste und Handwerke.

— Die Eindeckung der Dächer, s. Schauplatz der Künste und Handwerke Bd. 61.

— die Eindeckung der Dächer m. weichen u. harten Materialien, namentlich m. Steinen, Pappe u. Metall. Eine Anleitg. zur Anfertigg. der verschiedenen Dacheindeckgn 8. Aufl. v. Matthaeys „vollkommenen Dachdecker“, in vollständ. Neubearbeitg. hrsg. Mit e. Atlas v. 12 (lith.) Foliotaf., enth. 214 Fig. 8. (XIV, 164 S.) Weimar 885. B. F. Voigt. 4. 50

Jeep, W., die Eindeckung der Dächer m. weichen u. harten Materialien, namentlich m. Steinen, Pappe u. Metall. Eine Anleitg. zur Anfertigg. der verschiedenen Dacheindeckgn. f. Schiefer- u. Ziegeldecker, Klempner, Architekten, Baumeister, Bauhandwerker u. Bauunternehmer. 4. (Titel-)Aufl. Mit e. Atlas v. 12 (lith.) Foliotaf., enth. 214 Fig. 8. (XIV, 164 S.) Weimar 892. B. F. Voigt. 4. 50

— die Einrichtung und der Bau der Backöfen, s. Schauplatz, neuer, der Künste und Handwerke.

— die Einrichtung u. der Bau der Backöfen. Ein Handbuch für Bau- u. Maurermeister, Bäcker u. alle diejenigen, welche sich mit dem Bau u. Betriebe der Backöfen u. Bäckereien befassen. 2., sehr verm. Aufl. Mit einem Atlas von 15 (lith. Fol.-)Taf., enth. 158 Abbildgn. 8. (XII, 165 S.) Weimar 883. B. F. Voigt. 5. —

– Die Festigkeit der Materialien, s.a. Schauplatz der Künste.

Jeep W. die Festigkeit der Materialien. (Schaupl. der Künste 156) Weimar 1861

— Die Feuerungsanlagen. (Taschenbücher, Bautechnische 4) Leipzig 1878

Jeep's Feuerungsanlagen. Ein Hilfsbuch f. Studierende u. Baugewerkschüler, Architekten u. Baugewerksmeister, Fabrikbesitzer u. Gewerbetreibende, Bauunternehmer u. Hausbesitzer, sowie f. Hausmeister u. Verwaltungsbeamte. In 2. Aufl. völlig umgearbeitet v. E. Wustandt. (VIII, 568 S. m. 1145 Abbildgn.) Lex.-8. Leipzig 905. C. Scholtze. n. 16. —; geb. n. 18. —

Jeep W. die kalorische Maschine. (Schaupl.d.K. 145) Weimar 1861

– Die kalorische Maschine, s.a. Schauplatz der Künste.

—— das graphische Rechnen und die Graphostatik in ihrer Anwendung auf Baukonstruktionen. Zum Gebrauche für Baugewerksmeister, Baugewerkschulen etc. bearb. gr. 8. (VIII, 178 S. mit 1 Atlas von 35 Foliotaf.) Weimar 887, B. F. Voigt. 9 —

—— Das graphische Rechnen u. die Graphostatik in ihrer Anwendung auf Baukonstruktionen. Zum Gebrauche f. Baugewerksmeister, Baugewerksschulen etc. bearb. Mit e. Atlas v. 35 Foliotaf. 2. (Titel-)Aufl. gr. 8. (VIII, 178 S.) Weimar 892, Voigt. 5 —

Jeep, W., Rechnenfibel oder des Kindes erstes Rechnenbuch zum Haus- und Schulgebrauch. 8. (71 S.) Leipzig 850, Thomas.

—— die Verwendung des Eisens beim Hochbau. 6 Lfgn. gr. 8. (X, 628 S. mit über 800 eingedr. Holzschn. und 14 lithogr. Taf.) Leipzig 876, Teubner. à Lfg. * ℳ 2,80. *

—— dass. — Ein Handbuch zum Gebrauch beim Entwerfen von Eisenconstructionen für Bau- und Maschinen-Ingenieure, Maurer- und Zimmermeister, Fabrikanten und techn. Lehranstalten. 2. wohlf. (Titel-)Ausg. gr. 8. (X, 628 S. mit 805 in den Text gedr. Holzschn. und 14 lithogr. Taf.) Ebendas. 879.

—— die Wasserhebe-Maschinen, s. Taschen-Bibliothek, deutsche bautechnische.

Jeep, W: Die Wasserhebe-Maschinen. H. 1. Die Kolbenpumpen. Leipzig 1876

Jeep, William (Wilhelm)

Jeep, Wilh., Do you know English? Unterricht im Englischen in 52 Lektionen zum Selbstunterricht und zur Wiederholung und Fortbildung für Schüler sowie zum Zweck der Vertheilung des grammat. Stoffes und als Grundlage eines prakt. und bildenden Unterrichts für angehende Lehrer. 8. (VIII, 148 S.) Leipzig 870, Brandstetter. * 1

Jeep, William, a practical english grammar; with exercises under each rule: being a new and easy method of acquiring the knowledge of the english language for the use of schools and private students. — Praktischer Lehrgang zur schnellen und leichten Erlernung der englischen Sprache nach Ahn's Lehrmethode des Französischen mit Angabe der Aussprache durch Bezifferung der Wörter und besond. Rücksicht auf das german. Element. 2 Thle. gr. 8. Leipzig 854, Thomas. [1. (XIV und 179 S.) 15 Ngr., 2. (XII und 211 S.) 18 Ngr.]

—— dass. — 1. Thl. 2., verb. Aufl. gr. 8. (XVI und 191 S.) Ebds. 855.

—— Key to (his) practical english grammar. 1. and 2. part. For the use of young teacher's and private students. gr. 8. (IV und 115 S.) Leipzig 856, Thomas. *

Jeep, Wilh., praktischer Lehrgang zur schnellen und leichten Erlernung der englischen Sprache nach Ahn's Lehrgang des Französischen mit Angabe der Aussprache durch Bezifferung der Wörter u. besonderer Rücksicht auf das germanische Element für Schulen u. zum Selbstunterrichte. 1. Thl. A. u. d. T.: A practical English grammar; with exercises under each rule: being a new and easy method of acquiring the knowledge of the English language for the use of schools etc. 1. part. 854. (XIV, 179 S.) 15 ngr. — 2. verb. Aufl. Leipzig 855. Thomas. gr. 8. (XVI, 191 S.) 18 ngr.

— — 2. Thl. Ebend. 854. gr. 8. (XII, 211 S.) 18 ngr.

—— praktischer Lehrgang zur schnellen und leichten Erlernung der deutschen Sprache mit Angabe der Aussprache und besond. Rücksicht auf das angelsächs. Element für Schulen und zum Selbstunterrichte. 1. Thl. A. u. d. T.: A practical german grammar with exercises under each rule: being a new and easy method of acquiring the knowledge of the german language for the use of schools and private students. 1. Part. gr. 8. (X und 118 S.) Leipzig 856, Fr. Fleischer.

Jeep, Wilh., praktischer Lehrgang zur schnellen und leichten Erlernung der englischen Sprache nach Ahn's Lehrgang des Französischen mit Angabe der Aussprache durch Bezifferung der Wörter und besond. Rücksicht auf das german. Element für Schulen und zum Privatunterrichte. 1. Thl. 3., verb. Aufl. gr. 8. (XVI und 221 S.) Leipzig 861, Thomas.

Jeep, Wilh., praktischer Lehrgang zur schnellen und leichten Erlernung der englischen Sprache mit Angabe der Aussprache durch Bezifferung der Wörter und besond. Rücksicht auf das german. Element für Schulen und zum Privatunterrichte. 1. Thl. 4., verb. Aufl. 8. (X und 229 S.) Leipzig 867, Thomas.

Jeetze [Schlagwort]

Jeetze, s. Preussen. Messtischblätter.

Jeetze-Pilgramshain, H. v., die Schlacht v. Striegau-Hohenfriedeberg, kurz dargestellt aus Anlaß der 150jähr. Gedenkfeier. 8. (IV, 9 S.) Striegau (895). (Ph. Tschörner.) n. — 20

Jefferies, Dav., Abhandl. der Demanten u. Perlen rc.; aus dem Engl. u. Französ. 8. Danzig 756. Knoch. 16 ℊℊ

Jefferies, Rich., die Geschichte meines Herzens. Aus dem Engl. v. Hedw. Jahn. (XXIV, 164 S.) 8. Jena 906. E. Diederichs n. 3. —; geb. n. 4. —

— The life of the fields, hrsg. von A. W. Sturm, s.: Library, English. 37.

Jefferiss, Robert Rubens (London)
On aneurism. Inaug. Diss.
[lt. Dekanatsbuch nur handschriftlich eingesandt.]
Dr. med. Giessen 8.4.1842.

Jefferson Banner: 1885? 1902?
Democratic weekly. Published in English and German, 1885 91; thereafter in a German edition of the English language JEFFERSON BANNER.
Title varies: JEFFERSON COUNTY WÄCHTER, 1898 - 1902. Circulation: 1895, 500; 1900, 500. Edited & published by O. F. Roessler, 1885--97; published by Banner Printing Co., 1898 1902.
Jefferson, WI

Jefferson City Demokrat: June 1853--? Jefferson City, MO
Edited & published by A. Meyer & Co.

Jefferson City Post: 1894?--1912? Jefferson City, MO
Republican weekly. Circulation: 1900, 1212; 1910, 1250. Edited & published by Joseph Sailer, 1894--1912.

Jefferson County Journal: 1888?-- 1918?
Democratic weekly. Circulation: 1900, 1300; 1910, 1560; 1915, 1296.
Edited & published by Albert Goerz, 1888?--1896; edited by Albert Goerz, 1897 1911; published by Jefferson Printing Co., 1897--1906; by Banner Printing Co., 1907 18.
Jefferson, WI

Jefferson County Union: Mar. 17, 1870 - June 1917.

Weekly. According to Ayer, the publishers of the English language JEFFERSON COUNTY UNION (Mar. 17, 1870 - to date) printed a German edition, 1870 - 87; an edition in English and German, 1888 - 1914; and, a "Home Edition" with German supplement, 1915 - 16. Sub-title of English edition: A Republican Paper also especially devoted to dairy interests, being the official organ of the Wisconsin Dairy Association. Place of publication varies: Lake Mills, Wis., 1870 - May 1873. Folio, in varying sizes, each issue 8 - 16 pages.
Circulation: 1890, 1500; 1900, 886; 1905, 500 (est.); 1910, 362.
Edited & published by D. Hoard, 1870 - 94, edited by W. D. Hoard & H. L. Hoard, & published by W. D. Hoard & Co., 1895 - 1912; edited & published by W. D. Hoard & Sons, 1913 - 16.
Fort Atkinson, WI

Jefferson Demokrat von Schuylkill County: Aug. 9, 1855 - 1918?

Democratic weekly; supported Tilden. Absorbed SCHUYLKILL DEMOKRAT. Title varies: 1) JEFFERSON DEMOKRAT VON SCHUYLKILL COUNTY, 1855 - ?; 2) SCHUYLKILL DEMOKRAT UND FREIE PRESSE; 3) JEFFERSON DEMOKRAT. Circulation: 1870, 1000 (est.); 1885, 2232; 1893, 2350; 1905, 2250; 1910, 1000. Edited & published by H. J. Hendler & J. W. Schrader, 1855? - 1870; edited by J. W. Schrader, & published by H. J. Hendler & Co., 1871 - 73, edited & published by J. W. Schrader, 1874 - 91; by J. F. Wetter, 1892 - 1918.
Pottsville, PA

Der Jefferson Parish Wächter: Nov. 20, 1859 - 1860? New Orleans, LA
Edited & published by the Rev. Ludwig. P. Heintz.

Jefferson, Charles E., Amerika gegen die Rüstungen, s.: Carnegie, Andrew.

Jefferson, Hogg, zweihundert u. neun Tage, od. Tagebuch eines Reisenden auf dem Festlande. Aus d. Engl. 1r Thl. 8. Stuttg. 828. Löflund. 1 ₰ 12 gr

Jefferson, Thdr., Handbuch des Parlamentarrechts, oder Darstellung der Verhandlungsweise u. des Geschäftsganges beim englischen Parlament u. beim Congreß der vereinigten Staaten von Nordamerika. Aus dem Engl. übers. mit Anmerkk. von L. von Henning. 8. Berl. 819. Dümmler. 1 ₰ 6 gr

Jefferson's, Thom., Selbstbiographie, mit einem darauf bezüglichen Anhange. Mit (lithogr.) Bildniß von Jefferson. Nach dem Engl. bearb. von Wilh. Rapp. Lex.-8. (104 S.) Philadelphia 853, (Schäfer und Koradi.) *

Jeffersonian: 1846. New Berlin, PA

Jeffersonian und Telegraph: July 29, 1831 - Mar. 15, 1833.
Weekly. Published in English and German. Edited & published by Aaron F. Cox.
Easton, PA

Jeffery, Jeffery C. Aus den Papieren e. Wanderers, s. Engelhorn's allgemeine Romanbibliothek.

Jefferys, John, Engl. Sprachlehre f. Anfänger. In's Deutsche übertr. v. Ernst Heinr. Seele. gr. 12. (1¼ B.) Dresden 833, Walther.

Des gewesenen Englischen Gross-Cantzlers George Lord **Jeffries** kurtz verfaster Lebens-Lauff . . . Aussgefertiget nach dem zu London und Amsterdam gedruckten Exemplar. o. O. u. J. 4° k.

***Jegel, August**: Tätigkeit der Landstände in Ansbach-Bayreuth 1534--1541. 50 S. 8.
Progr. K. Bayer. Realgymn. u. Reformschule *Nürnberg* 1910.

Tätigkeit der Landstände in Ansbach-Bayreuth 1534–1541. Von August **Jegel**. Nürnberg 1910: Bieling-Dietz. 50 S. 8° [Umschlagt.] [11. 3003

Jegel, Aug., Tätigkeit der Landstände in Ansbach-Bayreuth 1534—1541. (50 S.) 8. Nürnberg 910. (J. L. Schrag.) 1.—

Jeger, Franz, Eugenia u. Amynt. Trspl. 8. Bamb. 778. Göbhardt. (Wesché in Frankf.) 3 gr

Jegerl, O., die „Herren" Buben, s.: Pomerhanz, Karl.

— Struwwelpeter f. große Kinder, s.: Schreiber's humoristische Bibliothek. Nr. 8.

Jegerlehner, J[ohann]. Aroleid. Aus dem Leben eines Bergpfarrers. [Mit illustriertem Umschlag.] 264 S. 8. Bern, A. Francke, 1909. [fr. 4.—, geb. 5.—] N 7577

Jegerlehner, J[ohann]. Aroleid. Aus dem Leben eines Bergpfarrers. 2. und 3. Tausend. [Umschlag illustriert.] 264 S. 8. Bern, A. Francke, 1910. [fr. 4.—, geb. 5.—]

Jegerlehner, Joh[ann]. Die Politischen Beziehungen Venedigs mit Zürich und Bern im XVII. Jahrhundert. [Mit 1 Karte.] Diss. Phil. Bern. 8. Bern 1897.

— An den Gletscherbächen. Erzählgn. Umschlagzeichnung v. Hans Beat Wieland. 1.—4. Taus. (336 S.) 8. Ebd. 911. 4.—; geb. 5. —

Jegerlehner, J[ohann]. Am Herdfeuer der Sennen. Neue Märchen und Sagen aus dem Wallis. Aus dem Volksmunde gesammelt von Dr. J. J. Illustriert von Hannah Egger. 1.—2. Tausend. IV + 256 S. 8. Bern, A. Francke, 1908. [geb. fr. 4.—]

— Sagen aus dem Unterwallis, s.a. Schriften d. schweizer. Gesellschaft f. Volkskunde. 6.

Sagen aus dem Unterwallis. Unter Mitw. von Walliser Sagenfreunden gesammelt aus d. Volksmunde von J[oh.] **Jegerlehner**. Basel: Schweiz. Gesellsch. f. Volkskunde 1909. IX, 193 S. 8°
(Schriften d. Schweizerischen Gesellschaft f. Volkskunde. 6.) 10,765

Jegerlehner, J., das Unglück am Sustenpass im J. 1899, s.: Bähler, A., der Sustenpass.

Jegerlehner, J[ohann]. Das Val d'Anniviers (Eivischtal), nebst einem Streifzug ins Val d'Hérens (Evolena). Führer durch Landschaft, Geschichte, Volk und Sage eines Walliser Hochtales. Mit einer Photogravure und fünf Zeichnungen nach E(dm[ond]) Bille [wovon 4 Tafeln], 49 Illustrationen nach Naturaufnahmen und zwei graphischen Darstellungen von Prof. Dr. C[arl] Schröter. VIII + 104 S. 8. Bern, A. Francke, 1904. [cart. fr. 3.80, geb. 4.—]

Jegerlehner, J., was die Sennen erzählen. Märchen u. Sagen aus dem Wallis. Aus dem Volksmunde gesammelt. 1. u. 2. unveränd. Aufl. (à VIII, 221 S.) 8. Bern 907. A. Francke. Kart. n. 2.80

Jegge. Emil. Heimatkunde der Gemeinde Eiken. Hrg. im Jahre der Sisselbachkorrektion 1895. 8. Frick 1895.

Jeggle, Caspar Max, approb. Arzt aus Bruck b. München: **Aus d. chirurg. Poliklinik. Vorstand: Prof. Dr. Klaussner.** Ueber die **Wirkung** des Chelidonium majus bei Carcinom. *(Bruck b. München) 1898 [vielm. 1901]: (A. Sighart).* (33 S.) 8° [Umschlagt.]
München, Med. Diss. v. 1901

Jegher, s. Boos - Jegher.

Jegher, A., Bericht über die Frage der Betheiligung der Arbeiter u. Angestellten in den Regiewerkstätten des Militärdepartements an dem Betriebsergebnisse. 8°. Zürich 1892.

Jegher, A., üb. Beschaffg. u. Verwendg. motor. Kraft f. Kleinindustrie u. Gewerbe, s.a. **Zeitfragen, gewerbliche.**

Jeghor, A., Ueber Beschaffung und Verwendung motorischer Kraft für Kleinindustrie und Gewerbe. Referat. Gewerbliche Zeitfragen, Heft 15. gr. 8°. Bern 1896.

Ueber Beschaffung und Verwendung motorischer Kraft für Kleinindustrie und Gewerbe. Referat ... v. A. Jegher, Ingen. *Zürich: Schweizer. Gewerbever. 1896.* (17 S.) 1 Bd 8.(4.)
= Zeitfragen, Gewerbliche. H. 15. (96. 7310

Jegierek, Johann, das Heimatsrecht, dann das Aufenthalts-, beziehungsweise Abschaffungsrecht, die Armen-Versorgungspflicht u. der Verpflegs-, Transports- u. Beerdigungskosten-Ersatz in Oesterreich. (Oesterr. Gesetze. Einzelausgaben, Heft 10.) 8°. (V, 148 S.) Wien, Perles. fl. 1.—. Abst

Jegierek, Joh., Handbuch enthaltend die Gesetze, dann Erkenntnisse und Erlässe der obersten Instanzen und des k. k. Verwaltungsgerichtshofes betreffend die Jagdbarkeit, den hierauf Bezug habenden Vogelfang, das Jagdaufsichtspersonale, die Wildschäden- und Process- (Commissions- und Vertretungs-) Kosten, dann das Fischereirecht in Oesterreich. 8. (79 S.) Wien 885, Perles. *M 1.—; geb. *

—— Handbuch, enthaltend die Gesetze und Normal-Erlässe, dann die Entscheidungen des k. k. Ministeriums des Innern und die Erkenntnisse des k. k. Verwaltungsgerichtshofes betreffend das Propinationsrecht, den Ausschank, Verschleiss und Handel mit propinations- und nichtpropinationspflicht. geist. Getränken, dann die Uebertretungen der diesbezügl. Propinations- und Gewerbsvorschriften, ferner die Abgaben und Gemeinde-Umlagen (Auflagen, Zuschläge) von geist. Getränken im Königreich Galizien und Grossherzogth. Krakau, dann im Herzogth. Bukowina. 8. (VIII, 130 S.) Ebendas. 885. *M 1.80.; geb. *

JEGLIC, Antonius: De hexaemero biblico. — (1876) 98 S. 4° (Handschr.) Diss. 321
Diss. Wien, Univ.

Jeglicher, ein, sei gesinnet, wie Jesus Christus auch war. Vier Kreuze aus Holzstämmen mit Blumen. Chromolithogr. 16. Leipzig 883, (Baldamus.) *

Jeglinsky, R. [Hrsg.], s. Zeitung für Strassen- und Brückenbau.

Jeglinsky, Walter, Referendar in Breslau: Die rechtliche Natur und der regelmäßige Wirkungskreis des Testamentsvollstreckers nach Bürgerlichem Recht, unter Berücksichtigung der geschichtlichen Entwicklung. Breslau 1907: Grosser & Co. (VIII, 80 S.) 8° [A.]
Leipzig, Jur. Fak., Diss. v. 19. März 1907
[Geb. 30. Okt. 82 Breslau; Wohnort: Breslau; Staatsangeh.: Preußen; Vorbildung: Johannis-Gymn. Breslau Reife O. 02; Studium: Breslau 2, Freiburg i. B. 1, Breslau 3 S.; Rig. 21. Nov. 05.]

Jegorow, J., Aus den Mysterien des russischen Nihilismus. gr. 8°. Leipzig 1885.

Jegorowitsch, Leon, der Liebe Ernst u. Scherz. Gedichte. 12. (80 S.) Riga 896. (Jonck & Poliewsky.) n. 2.—

Jehan le Marchant, s. Dunker, Carl.

Jehan, s.a. Jean

Jehan de Condet, Gedichte, s. Bibliothek des litterarischen Vereins in Stuttgart LIV.

Jehan von Journi, s. Bibliothek des litterarischen Vereins in Stuttgart CXX.

Die Vengeance Alixandre von **Jehan le Nevelon.** (Hrsg.: [Oskar] Schultz-Gora.) *(Berlin [1902]: E. Ebering.)* (101 S.) 8°
Frau Rittergutsbes Schultz-Gora z. 28. Sept 1902.

JEHART, Anton: Über die Dauer der öffentlichen Tätigkeit Christi. — (1907) X, 83 Bl. 4° (Handschr.) Diss. 814
Diss. Wien, Univ.

[Hebr.] Sêfer minḥat ḳenâôt ašer kâtab R. **Jehiêl** B[en] R. Šemûêl iš Pisa ... hôṣêtiw lâ-ôr ... âni Dâwid ... Kaufmann. Berlin: Bi-defûs šel S. H. Itskowski 658. [A. T.:] [Ant.] Minchat Kenaoth von Jechiel b. Samuel aus Pisa '(1539)' ... m. Anm. hrsg. u. biogr. eingel. v. Prof. Dr. David Kaufmann. Berlin: Dr. v. H. Itzkowski 1898. XVIII, 118 S. 8°
= Sefârim haj-jôṣâim lâ-ôr 'al jedê ḥebrat Meḳiṣê Nirdâmim. Šenat 14.

Jehl, Paul, aus Strassburg i. E.: Ueber die sechs stereoisomeren **Phenylparaconsäuren.** *Strassburg i. E. 1901: C. & J. Goeller.* (59 S.) 8°
Strassburg, Math.-naturw. Diss. v. 1901

Jehle's Moment-Bierpreis-Berechner. (48 S.) schmal Lex.-8. Biberach (908). (Leipzig, Eisenschmidt & Schulze.) n. 2.—

JEHLE, Bernhard (Wettenhausen): De angina membranacea.- Augustae Vindelicorum: Volkhard 1831. 31 S.
6.12.1830 - Urk; P 59
Diss. Ingolst.-Landsh.-Mchn.

JEHLE, Bernhard (Albertskirch/Württ.): De hygromate praepatellari. (Titel nach der Urkunde)
5.5.1865 - Urk; Chr 1864/65,21
Diss. Ingolst.-Landsh.-Mchn.

Jehle, Ernst, die Diskontierung v. Buchfordergn. auf genossenschaftl. Grundlage. Vortrag, geh. am 28. VIII. 1910. (16 S.) kl. 8. Stuttgart (910). M. Kielmann. —40

— Die Novelle zur Zivilprozeßordnung, dem Gerichtsverfassungsgesetz u. den Kostengesetzen. Vortrag, geh. f. die Bureaubeamten der Rechtsanwälte im Auftrag des Stuttgarter Anwaltsvereins. März 1910. (39 S.) gr. 8. Stuttgart 910. W. Kohlhammer. —50

— Scheckgesetz v. 11. III. 1908, nebst d. Verordnungen üb. d. Post- u. Sparkassenverkehr, sowie d. gesetzl. Bestimmgn. üb. d. Scheckstempel, i. d. Sammlung deutscher Reichs- u. Landesgesetze m. Erläutergn.

Jehle, Ernst, Scheckgesetz vom 11. März 1908 nebst d. Verordn. üb. d. Post- u. Sparkassenscheckverkehr, sowie d. gesetzl. Bestimm. üb. d. Scheckstempel. Hrsg mit Anmerk., 5 Anl., sowie e. ausführl. Sachreg. Leipzig 1909. 8°.
(Sammlung deutscher Reichs- u. Landesgesetze m. Erl.)

Eine kritische Studie über die geplante Erhöhung der sachlichen Zuständigkeit der Amtsgerichte und die beabsichtigten Änderungen des amtsgerichtlichen Verfahrens hrsg. u. verf. von Ernst **Jehle** in Mitarb. mit Otto Wölz. Berlin, Stuttgart, Leipzig: W. Kohlhammer 1907. (36 S.) 8° (08. 5013 11

Jehle, Eugen, Referendar: Die Vollmacht und die Willensmängel des Vollmachtgebers. Reutlingen: Schauwecker 1908. 116 S. 8°
Tübingen, Jur. Diss. v. 1908, Ref. v. Rümelin
[Geb. 7. Dez. 84 Mühlen, O.-A. Horb; Wohnort: Tübingen, Staatsangeh.: Württemberg; Vorbildung: Gymn. Reutlingen Reife 03; Studium: Tübingen 3, Berlin 1, Leipzig 2, Tübingen 3 S.; Rig. 6. Nov. 08.] [U 09. 3909

Jehle, Friedrich

Jehle, Fr., Adventsegen. Predigt. (16 S.) 8. Stuttgart 907. Buchh. der ev. Gesellschaft. —20

Jehle, Frdr., Antrittspredigt — m. Lebenslauf —, in d. Friedenskirche zu Stuttgart den 10. X. 1897 geh. 8. (16 S.) Stuttgart 897. Buchh. d. Evang. Gesellschaft. n. —20

Jehle, die Erkenntnis Gottes u. Jesu Christi. Bibelkurs üb. Evangelium Johannes 17, 3. 1. u. 2. Tl. 8. Stuttgart, Buchh. der ev. Gesellschaft. à n. 1. —; geb. in Leinw. à n. 1. 20

1. Wichtigkeit u. Quellen der christl. Erkenntnis. (228 S.) 901.
2. Die Erkenntnis Gottes. (208 S.) 902.

— Kleiner Liederschatz, s.: König, Chrph.

Jehle, Frdr., das Schriftzeugnis v. Christi Person u. Werk. (288 S.) 8. Stuttgart 904. Buchh. der ev. Gesellschaft. Geb. in Leinw. n. 1. 50

— s.: Stimmen d. Trostes am Grabe e. Kindes.

Jehle, Friedr. Mart., die Lutheranität der Probebibel. 8. (80 S.) Ludwigsburg 886, Neubert. *

Aus: Theologische Studien aus Württemberg, besonders abgedruckt.

Jehle, Josef G.

Jehle, J., praktischer Führer durch die deutsche Arbeiterversicherung. (VI, 230 S.) 8. Altenburg 906. St. Geibel. Geb. in Leinw. n. 3. —

Jehle, Jos. G., praktischer Führer zur Vorbereitung f. die Prüfung zum Stadt- u. Marktschreiberdienst. (In 10 Lfgn.) 1.—6. Lfg. gr. 8. (S. 1—160.) München 901. M. Poessl. Für vollständig n. 7. 50

Jehle, J. G., die rechtliche Stellung der bayerischen Volksschullehrer, deren Dienst-, Gehalts- u. Pensionsverhältnisse nach dem Schulbedarfsgesetze vom 28. VII. 1902. (X, 261 S.) gr. 8. München 903. R. Oldenbourg. Geb. in Halbleinw. n. 3. —

— wie schützt sich der Arbeiter bei Krankheiten, Unfällen, Invalidität u. im Alter gegen Noth u. der Arbeitgeber gegen die aus der Sozialgesetzgebung entspringende Haft- u. Schadensersatzpflicht? gr. 8. (III, 40 S.) München 902. (Grunewald-Berlin, Verlag der Arbeiter-Versorgg.) n.n. — 30

Jehle, Ludw., die lordotische Albuminurie (orthostatische Albuminurie), ihr Wesen u. ihre Therapie. (Aus der Universitäts-Kinderklinik in Wien. Vorstand: Escherich.) (III, 114 S. m. 6 Abbild. u. 1 Taf.) gr. 8. Wien 909. F. Deuticke. 4. —

Jehle, Ludw. Ein Beitrag zur Trinkwasserfrage. Die Trinkwasser-Verhältnisse u. der Boden der Stadt Prerau. gr. 8. (V, 86 S. m. 5 Karten u. 1 graph. Darstellg.) Olmütz 890, Hölzel. * 2 —

Jehle, Ludw., die Gesundheitsverhältnisse in den Gewerbebetrieben, s.a. Volksschriften der österr. Gesellschaft f. Gesundheitspflege, Nr. 10.

JEHLE, Ludwig

Die Gesundheits-Verhältnisse in den Gewerbebetrieben. Vortrag, gehalten in der österreichischen Gesellschaft für Gesundheitspflege am 1'. November 1898, vom kais. Rath Ludwig Jehle. Separatabdruck aus der Monatsschrift für Gesundheitspflege. [Volksschriften der österreichischen Gesellschaft für Gesundheitspflege. Nr. 10.] Wien. 1899. In Comm. Perles. 16°. 32 S. mit einer Tabelle. fl. —.10

Jehle, Otto, Justizreferendär: Der rechtswidrige Vermögensvorteil bei Erpressung und Betrug. Reutlingen 1905: G. Schauwecker. (88 S.) 8°

Tübingen, Jur. Fak., Ref. Beling, Diss. v. 11. Mai 1905

[Geb. 18. Sept. 81 Mühlen O./A. Horb; Wohnort: Wannweil; Staatsangeh.: Württemberg; Vorbildung: Gymn. Reutlingen Reife 99; Studium: Tübingen 5, Berlin 1, Leipzig 2 S.; Anrechnung der Justizdienstprüfung.]

Jehlemile, l'esprit des gens du monde, s. L'Esprit des gens du monde.

Jehle's Moment-Bierpreis-Berechner, s. Jehle

Jehlička, Pavel, nauka o nerostech. Návod k snadnějšímu učení se počátkům nerostopisu a geologie. Se 60 vyobrazeními. Prag 863. Kober. gr. 8. (VIII, 167 S.) n. 18 *ngr.*

— svět v obrazích. Orbis pictus. Sešit 1—8. Ebend. 864. gr. 4. (S. 1—144 u. 32 color. Kpfrtaf.) Jedes Heft n. 13 *ngr.*

JEHLICSKA, Franz: Contractus conductionis operariorum attentis circumstantiis nostri aevi illustretur et quid iustitia et aequitas in eo faciendo et servando exigat exponatur. — (1904) VI, 127 S. 8° (Handschr.) Diss. 956

Diss. Wien, Univ.

Jehlitschka, Henry, türkische Konversations-Grammatik. M. e. Anh. v. Schrifttaf. in türk. Kursivschrift, nebst Anleitg. gr. 8. (VIII, 420 S.) Heidelberg 895. J. Groos. Geb. in Leinw. n. 8. —

— dasselbe. Schlüssel. 8. (123 S.) Ebd. 897. Kart. n. 3. —

Methode Gaspey-Otto-Sauer. Türkische Konversations-Grammatik von Henry **Jehlitschka**, Vice-Konsul. Mit e. Anh. von Schrifttaf. nebst Anl. [u.] Schlüssel. Heidelberg: J. Groos 1895–97. 2 Bde 8° [07. 12354

Jehly, Joh. Handbuch f. den katholischen Pfarrconcurs od. Katechismus der katholischen Theologie. 2. Ausg. 8. (XVI, 587 S.) Regensb. 889, Verlagsanstalt. 4 20

Jehly, Johs., Katechismus der katholischen Theologie. 8. (XVI, 587 S.) Regensburg 875, Manz.

Jehly, Johs., theologisches Repetitorium, zunächst als Vorbereitung auf den Pfarrkonkurs. Vormals „Katechismus der kathol. Theologie", neubearb. v. Const. Joh. Vidmar. (XII, 648 S.) gr. 8. Regensburg 905. Verlagsanstalt vorm. G. J. Manz. n. 6. 80; geb. in Halbfrz. n. 9. —

Jehn, C., Ausbildg. d. Apothekerlehrlings, s.: Schlickum, O.

Jehn, C., Ausbildg. des jung. Pharmazeuten, s.: Schlickum.

Kommentar zum Arzneibuch für das Deutsche Reich ⟨Pharmacopoea Germanica Ed. IV.⟩ Mit Zugrundelegung d. amtl. Textes sowie e. Anleitung z. Massanalyse. Im Anschl. an d. Schlickumschen Kommentar bearb. von Dr. C. Jehn, Apoth. in Geseke, u. Dr. E. Crato, Apoth. in Frankf. a. M. (In 9 Lfgn.) *Leipzig: E. Günther (1900–)1901.* (VIII, 769 S.) 8° [01. 95

— Tabellar. Repetitorium der Chemie u. Pharmakognosie. 9. (verb. u. verm.) Aufl. gr. 8. (121 S.) Leipzig 899. E. Günther. n. 2. —

Jehn, Franz Carl (Geseke/Westf.), De neurosium convulsivarum pathologia. Diss. med. Bln. (Nietack) 29. XII. 1832. 40 S. mit Biogr. (M.: Ch. Stratmann.) (6.20) 16720

Oppon.: C. Holzscuher, Th. Schilgen, J. Weihe. — Gew.: Joh. Wilh. u. Carl Jehn.

Jehn, Georg, a. Marburg: Untersuchungen über die m-Toluidinsulfosäure. Marburg 1904: J. A. Koch. (36 S.) 8°

Marburg, Phil. Fak., Ref. Zincke, Diss. v. 30. Sept. 1904

[Geb. 17. Juni 79 Hadamar; Wohnort: Alten bei Dessau; Staatsangeh.: Preußen; Vorbildung: Gymn. Marburg Reife O. 98; Studium: Marburg 12 S.; Rig. 11. Mai 04.]

Jehn, Gottfried (geb. am 20 Apr. 1846 in Beckum bei Hamm Westf.): Ueber den Einfluss der pathologischen Veränderungen des Foetuskörpers auf den Geburtsvorgang ... Bonn, Druck v. J. F. Carthaus [1871]. 68 S., 1 Bl. 8.
Bonn, Med. Fak., nachträgl. erschienene Diss. v. 28 Juli 1870

Jehn, Walther, Referendar: Der Zeitpunkt der landesfürstlichen Gesetzeswillensbindung nach sächsischem Verfassungsrecht, verglichen mit dem preußischen. Borna-Leipzig 1910: Noske. VI, 31 S. 8°
Leipzig, Jur. Diss. v. 25. Juni 1910
[Geb. 9. Okt. 83 Geithain; Wohnort: Elsterberg i. S.; Staatsangeh.: Sachsen; Vorbildung: Fürstensch. Grimma Reife O. 04; Studium: Leipzig 2, Greifswald 1, Leipzig 5 S.; Rig. 12. Febr. 08.] [U 10. 2749

Jehn, Wilhelm, Medicinalprakt.: Aus d. chir. Klinik u. Poliklinik d. Univ. zu Marburg. Beiträge zur Parabiose. Marburg 1909: (Schumacher, Berlin). 21 S. 8° ¶(Aus: Zeitschr. f. exper. Pathol. u. Therapie. Bd 6, H. 1.).
Marburg, Med. Diss. v. 27. Mai 1909, Ref. Friedrich
[Geb. 26. Okt. 85 Hadamar; Wohnort: Marburg; Staatsangeh.: Preußen; Vorbildung: Gymn. Marburg Reife O. 03; Studium: Marburg 10 S.; Coll. 30. Jan. 09; Approb. 15. Mai 09.] [U 09. 3137

Jehne, Lebr. Hnr. Sam., († d. 18. März 1794.) Anweis. in der hochdeutschen Sprache, für die Jugend in Niederdeutschland. 8. Altona 790. Kave. 16 gr.

— Vom seligmachenden Glauben. Eine Predigt am ersten Sonnt. nach Ostern über Joh. 20. 19—31 in der lutherischen Hauptkirche zu Altona gehalten. Altona. 1791. P. (U. B.).

— De resurrectione carnis interpretatio capitis XV epistolae prioris ad Corinthios. Altonae. 1788. 4.

— griechische Sprachlehre, z. Gebrauch d. Königl. Christianeums zu Altona. 8. Hamb. 780. 2e Aufl. 790. (Campe). 18 gr.

JEHNE, LEBRECHT HEINR. SAM., Griechische Sprachlehre zum Gebrauch des kgl. Christianeums zu Altona aufgesetzt. Hamburg (Altona). 1782. — 2. verb. und verm. Aufl. Sm. St. 1791 (ad finem Berlin 1790).

— hebräische Sprachlehre. 8. Altona 790. Hammerich. 1 Rthl.

Jehnichen

— **s. a. Jaenichen, Jenichen.**

Jehnichen, Carl Gottfried, s. J e h n i c h e n , Karl Gottfried

— **Johann Gottfried** (Herzberg/Saxo), De petenda rerum quas libri n. t. continent, e libris v. t. apocryphis illustratione. Diss. theol. exeget. Präs. Franz Volkmar Reinhard. Wittbg. (Jo. Tzschidrich) Okt. 1787. 24 S. mit Widm. v. Präs. (6.20) 16722

Jehnichen, Karl Gottfried

J e h n i c h e n, C. G., de consilio, quod Jesus in oratione, quae dicitur montana, secutus est. Viteb. 1788. 4.

Jehnichen, Carl Gottfried, De fide Homeri historica. Disp. histor.-philol. Tl. I. Präs. Johann Matthias Schroeckh. Wittbg. (Jo. Christoph Tzschidrich's Wwe.) 14. VII. 1786. 16 Seiten. (4.50) 16721
Tl. II s. Kohlschuetter, C. Ch.

J e h n i c h e n, C. G., Diss. de ingenio graecae linguae philosophico. Viteb. 787. 4.

Handbuch für Installateure elektrischer Starkstromanlagen von Max **Jehnke**, Elektrotechn. *Berlin: L. Marcus 1903.* (XV, 160 S., 48 Taf.) 8° [04.183]

Jehnrich, K. [Bearb.], s. K a h l e , Adolf: Vollständiger Stempelsteuer-Tarif.

Jehova. Ein kathol. Gebetbuch, s.: B i g g e l, J. A.

Jehova; e. Messiade. 8. Dessau 783. Gelehrten-B. 12 gr.

— einzige sichere Quelle unserer Freude, unsers Trostes, unserer Seligkeit. Eine Erbauungsschrift, Mit 1 Titelkpf. N. Aufl. gr. 8. Hamb. 819. (Aue in Altona). 10 gr.

– Dasselbe, s.a. J e h o v a h

Jehova's gesammelte Werke. Eine krit. Untersuchg. des jüdisch-christl. Religionsgebäudes auf Grund der Bibelforschg. v. Saladin (W. Stewart Roß). Deutsch v. W. Thunderstruck. Unter Mitwirkg. v. Gylfaginning. gr. 8. (XV, 348 S.) Zürich (897). (V, Pestalozzistr. 18.) Wolfg. Schaumburg. n. 2.—; erhöht. Pr. postfrei 4.—

Jehova's gesammelte Werke. Eine krit. Untersuchg. des jüdisch-christl. Religionsgebäudes auf Grund der Bibelforschg. v. Saladin. (W. Stewart Ross.) Deutsch von Wolfg. Schaumburg. 2. rev. Aufl. (XII, 296 S.) Lex.-8. Zürich (904). W. Schaumburg. n. 3.—

Jehovablumen. Eine Sammlung poetischer und prosaischer Versuche ... Leipzig 1819. V: *Zeschau, Hnr. Siegmund von.* (MGT)

J e h o v a b l u m e n, eine Sammlung poetischer und prosaischer Versuche, von Wilibald. (H. S. v. Zeschau.) 1ster Kranz. 12. Leipzig, Leo. 819.

Jehovablumen. Blüthen der Hausandacht u. Verklärung des häusl. Lebens f. christl. Frauen. 16. (XVIII u. 369 S. m. lithochrom. Titel u. 1 Stahlst.) Grimma 850, Verlags-Compt. In Engl. Einb. n. 1 Rthl.; m. Goldschn. n. 1½ Rthl.

J e h o v a h; erste einzige Quelle unsrer Freude, Trostes u. Seligkeit. gr. 8. Hamb. Gundermann. (Leipz. Cnobloch.) 815.

– Dasselbe, s.a. J e h o v a

J e h r i n g, J. C., Hist. v. d. Begebenh. d. Mennonisten. 8. Halle. Guth. 725.

Jehrisch, Adolf

Jehrisch: Beiträge zur Kenntniß der Darstellungsweise der alten, vornehmlich römischen Dichter. Erste Abth. 17 S. – Progr. Görlitz 1856.

Jehrisch, Adolf. Ein Blick in das Laboratorium eines Lehrers, der mehrere Jahre mit dem ersten lateinischen Unterrichte betraut gewesen. Ueber die 1. und 2. lateinische Declination und 1. lateinische Conjugation. 82 S.

Görlitz, Progr. 1856

Jehuda, ist es dem Israeliten, nach jüd. Gesetzen, wohl erlaubt, einen falschen Eid zu leisten, wenn die Gesetzrolle, die er in seiner Hand hält, nicht correct ist? gr. 8. (1 B.) (Hannover 836, Helwing'sche Hofbuchh.) •

[Hebr.] Sêfer haš-šeṭārôt le-hā-rab ... Jehûda B[en] R. Barzilai hab-Barṣelônî ... jāṣā lā-ôr ... mêêt Selomo Zalman Ḥajjim Halberstam. Berlin ... 659 l. p. k. [A. T.:] [Ant.] Sepher Haschetaroth. Dokumentenbuch von R. Jehuda ben Barzilai aus Barcelona. Nach d. einz. Hs. in Oxford '(Cat. Neubauer No 890)' z. erst. Male hrsg. u. erl. v. S. J. Halberstam. Berlin: Druck v. H. Itzkowski 1898. 3 Bl. 152 S. 8°
= Sefārim haj-jôṣāim lā-ôr 'al jedê ḥebrat Meḳiṣê Nirdāmim. Šenat 14.

Jehuda ben Salomon al-Charisi, s.a. Harizius, Juda

Charisi, zehn Makamen aus dem Tachkemoni, s. Kaempf, S. I., nichtandalusische Poesie andalusischer Dichter.

— ben Salomo al-Charisi, Tachkemoni, s.o. Tachkemoni.

Jehuda ben Salomo al-Charisi genannt Alchofni, „Tachkemoni," Mekamen, oder Divan. Nach genauer Durchsicht und möglichst correcter Läuterung des Textes und der Punctation, hrsg. von M. E. Stern. gr. 8. (144 S.) Wien 854, (Greß' Verlag.)

Jehuda Halmey, s. Liedersammlung.

Jehuda ibn Tibbon s. Ibn Tibbon, Jehuda.

Jehuda Lebh, die Auferstehung d. Todten aus d. Gesetz Mose bewiesen; aus d. Rabbin. übersetzt u. mit e. Vorrede begleitet von O. G. Tychsen. 8. Bützow 766.

Jehuda Ha Levi, Liber Cusari sen de fidei judaicae veritate disputatio. Ex Arabico vertit in hebraicum sermonem Jehuda ben Tibbon commentarium adjecit Isr. Samoscz. (In hebr. Sprache.) gr. 8. (XII und 434 S.) Berlin 860, Adolf und Comp. **

— — Divan des Castiliers Abu'l-Hassan Juda ha-Levi. Von Abraham Geiger. Nebst Biographie und Anmerkungen. Breslau 1851.

Jehuda ha-Levi, R., das Buch Kusari, nach dem hebr. Texte des Jehuda Ibn Tibbon hrsg. v. Dav. Cassel, s.a. Lamm's bibliotheca iudaica. Nr. 9.

Jehuda ha-Levi, ספר הכוזרי Das Buch Kusari, nach dem hebräischen Texte des Jehuda Ibn-Tibbon hrsg., übers. und mit einem Commentar, so wie mit einer allgem. Einleitung versehen von Dav. Cassel. 4. (XXXV und 439 S.) Leipzig 853, Colditz. Thlr.

Jehuda ha-Levi, das Buch Kusari, nach dem hebr. Text des Jehuda Ibn-Tibbon hrsg., übers. und mit einem Commentar, sowie mit einer allgemeinen Einleitung versehen von Dav. Cassel. 2. verb. Aufl. 4 Lfgn. gr. 8. (IV, 140 S.) Leipzig 868,69, Fr. Voigt. [Kaufmann.] (à Lfg. *ℳ 2,25.; compl. *ℳ 9.) * 4 50

[illegible] hal-Lêwi. Das Buch al-Chazarî des Abû-l-Ḥasan Jehuda Hallewi im arabischen Urtext sowie in der hebräischen Übersetzung des Jehuda ibn Tibbon herausgegeben von Hartwig Hirschfeld. Leipzig 1887.

Jeideles, J., observata quaed. medica. 8 maj. Prag 783. Schönfeld. 3 gr.

Jeidels, Otto, die Methoden der Arbeiterentlöhnung in der rhein.-westfäl. Eisenindustrie, s.a. Untersuchungen üb. die Entlöhnungsmethoden in der deutschen Eisen- u. Maschinenindustrie. 6. Heft.

Die Methoden der Arbeiterentlöhnung in der rheinisch-westfälischen Eisenindustrie. Von Dr. Otto Jeidels. Berlin: L. Simion Nf. 1907. (332 S.) 8°
= Untersuchungen über d. Entlöhnungsmethoden in d. deutschen Eisen- u. Maschinenindustrie. H. 6. 07. 3844

Jeidels, Otto, das Verhältnis der deutschen Grossbanken zur Industrie, s.a. Forschungen, staats- u. sozialwissenschaftliche.

Jeidels, Otto, a. Frankfurt a. M.: Das Verhältnis der deutschen Großbanken zur Industrie mit besonderer Berücksichtigung der Eisenindustrie. Abschn. 2: Die Entwicklung der Großbanken. (Altenburg 1905: Piererscher Hofbuchdr.) (VI, 34 S.) 8° ¶ (Ersch. vollst. in Staats- u. Sozialwissensch. Forschungen, Bd 24.)
Berlin, Phil. Fak., Ref. Sering, Schmoller, Diss. v. 4. März 1905
[Geb. 13. März 82 Frankfurt a. M.; Heimatsort: Köln; Staatsangeh.: Preußen; Vorbildung: Lessing-Gymn. Frankfurt a. M. Reife O. 00; Studium: Bonn 2, Berlin 3, Köln Handelshochsch. 1, Berlin 2 S.; Rig. 24. Nov. 04.]

Das Verhältnis der deutschen Großbanken zur Industrie mit besond. Berücks. d. Eisenindustrie. Von Dr. Otto Jeidels. Leipzig: Duncker & Humblot 1905. (XII, 271 S.) 8°
= Forschungen, Staats- u. sozialwissenschaftliche. Bd 24, H. 2. 05. 10003

Jeiler, Ignatius, Betrachtungen, Gebete und Gesänge zum Gebrauche bei den Abend-Andachten des vierzigstündigen Gebetes. gr. 16. (108 S.) Münster 878, Nasse'sche Verlagsh. *

Jeiler, Ignatius, O. F. M., die selige Kreszentia Höß v. Kaufbeuren. In ihrem Leben u. ihren Tugenden gezeichnet. 7. verb. Aufl. v. Beda Kleinschmidt. (XII, 372 S. m. 1 Bildnis.) 8. Dülmen (909). A. Laumann. 1. 75 geb. 3. —

Jeiler, Ign., Leben der ehrwürdigen Klosterfrau Maria Crescentia Höß von Kaufbeuren aus dem 3. Orden des heil. Franziskus nach den Akten ihrer Seligsprechung und anderen zuverlässigen Quellen bearb. 8. (XIII, 466 S.) Dülmen 874, Laumann'sche Verlagsh. * 3 —

Jeiler, Ignatius, Leben der ehrw. Klosterfrau Maria Crescentia Höß v. Kaufbeuren aus dem 3. Orden d. hl. Franciscus. Nach den Acten ihrer Seligsprechg. u. anderen zuverläss. Quellen bearb. 3. Aufl. 8. (XI, 408 S.) Dülmen 885. Laumann. n. 2. 40; geb. n. 4. —

Jeiler, Ign., Leben der ehrw. Klosterfrau Maria Crescentia Höß v. Kaufbeuren aus dem 3. Orden des hl. Franciscus, nach den Akten ihrer Seligsprechg. u. andern zuverläss. Quellen bearb. 4., verb. Aufl. 8. (XV, 479 S. m. Bildnis u. 1 Taf.) Dülmen 893. A. Laumann. 2. 40

Leben der seligen Klosterfrau Maria Crescentia Höss von Kaufbeuren aus d. 3. Orden d. hl. Franziskus, nach d. Akten ihrer Seligsprechung u. and. zuverläss. Quellen bearb. von P. Ignatius Jeiler O. FF. Min. 5. verb. Aufl. *Dülmen: A. Laumann 1900.* (VIII, 412 S.) 8° [F.] 00. 4009

Leben der seligen Klosterfrau Maria Crescentia Höss von Kaufbeuren aus dem dritten Orden des heil. Franziskus, nach d. Akten ihrer Seligsprechung u. and. Quellen bearb. von P. Ignatius Jeiler, O. FF. Min. 6. verb. Aufl. *Dülmen: A. Laumann 1901.* (VIII, 416 S.) 8° [F.] 01. 4713

Jeiler, Ignatius, Das Lehramt der kathol. Kirche. Soest, Nasse, 1870, 8°, 40 u. 32 S., 40 Pf. (Broschüren-Cyklus f. d. kath. Deutschl. Jahrg. 1870, Nr. 5 u. 7.)

— Normalbuch für die Brüder u. Schwestern des 3. Ordens des heil. Franciscus. Neue, gänzlich umgearb. Aufl. 12. (IV, 314 S. m. 1 Steintaf.) Warendorf 881. Schnell. n. 1. —; geb. n. 1. 30

— Normalbuch f. die Brüder u. Schwestern d. 3. Ordens d. h. Franciscus. 7. Aufl. 12. (318 S. m. 1 Steintaf.) Warendorf 883. Schnell. n. 1. —; geb. n. 1.30

— Normalbuch f. die in der Welt lebenden Brüder u. Schwestern vom 3. Orden d. heil. Franziskus. 11. nach den neuesten Verordngn. d. heil. Vaters Leo XIII. umgearb. Aufl. 12. (VIII, 346 S. m. lith. Portr., resp. 1 Stahlst.) Ebend. 886. — Dülmen, Laumann. n. 1. —; geb. n. 1. 50; Ausg. in grobem Druck. (VIII, 381 S.) 884. n. 1. 20; geb. n. 1. 60

Jeiler, J., Normalbuch f. die in der Welt lebenden Brüder u. Schwestern vom 3. Orden d. hl. Franziskus. Nach den neuesten Verordngn. d. hl. Vaters Leo XIII. bearb. u. hrsg. v. e. Priester d. Franziskaner-Ordens der sächs. Provinz vom hl. Kreuze. 12., verb. Aufl. 12. (IV, 528 S. m. 1 Stahlst.) Dülmen 888. Laumann. n. 1. —; geb. n. 1. 50

Jeiler, Ign. Normalbuch f. die in der Welt lebenden Brüder und Schwestern vom 3. Orden d. hl. Franciscus. Nach den neuesten Verordngn. d. hl. Vaters Leo XIII. bearb. 13.—15. Aufl. 12. (IV, 540 S. m. 1 Stahlst.) Dülmen 889—91, Laumann. * 1 —; geb. * 1 50
Auszug daraus u. d. T.:

— Normalbuch f. die in der Welt lebenden Brüder u. Schwestern vom 3. Orden des hl. Franciscus. Seit Neuregelg. des Ordens bearb. u. hrsg. v. e. andern Priester derselben Ordensprovinz. 17. Aufl. 12. (IV, 547 S. m. 1 Stahlst.) Ebd. 893 n. 1. —; geb. n. 1. 50

[F.] Normalbuch für die in der Welt lebenden Brüder und Schwestern vom dritten Orden des heil. Franciscus. Von P. Ignatius Jeiler, Priester d. Francisc.-Ordens d. Sächs. Provinz vom heil. Kreuze. Seit Neuregelg d. Ordens (a. d. Umschl.: Nach d. neuesten Verordngn d. hl. Vaters Leo XIII.) bearb. u. hrsg. v. e. andern Priester derselben Ordensprovinz. 18. nach d. neuesten Verordngn verb. Aufl. ... *Dülmen i. W.: A. Laumann 1895.* (IV, 539 S., 1 Taf.) 1 Bd 8. [96. 1056

— Normalbuch f. die in der Welt lebenden Brüder u. Schwestern v. 3. Orden d. hl. Franciscus. Seit Neuregelung d. Ordens bearb. u. hrsg. v. e. and. Priester ders. Ordensprovinz. 20., durch die neuesten Erlasse u. Ablaßbewilliggn. verm. Aufl. 12. (VII, 549 S. m. 1 Stahlst.) Dülmen 898. A. Laumann. Geb. n. 1. 50

Normalbuch für die in der Welt lebenden Brüder und Schwestern vom dritten Orden des heiligen Franciscus. Von P. Ignatius Jeiler. Seit Neuregelung d. Ordens bearb. u. hrsg. v. e. and. Priester ders. Ordensprov. 21. durch d. neuesten Erlasse u. Ablassbewilligungen verm. Aufl. *Dülmen: A. Laumann 1900.* (XII, 549 S.) 8° [F.] [01. 4230

Normalbuch für die in der Welt lebenden Brüder und Schwestern vom dritten Orden des heiligen Franciscus. Von P. Ignatius Jeiler vom Orden d. Minderbrüder d. Sächs. Prov. Seit Neuregelung d. Ordens bearb. u. hrsg. von e. andern Priester ders. Ordensprov. 22., verm. Aufl. *Dülmen: A. Laumann 1901.* (V, 552 S.) 8° [F.] [02. 4714

Normalbuch für die in der Welt lebenden Brüder und Schwestern vom dritten Orden des heiligen Franciscus. Von P. Ignatius Jeiler vom Orden d. Minderbrüder d. Sächs. Prov. Seit Neuregelung d. 3. Ordens bearb u. hrsg. von e. andern Priester ders. Ordensprov. 23. verm. Aufl. ⟨Vollst. Ausg. 2.⟩ *Dülmen: A. Laumann 1902.* (VIII, 624 S.) 8° [F.] [03. 4379

Normalbuch für die in der Welt lebenden Brüder und Schwestern vom dritten Orden des heiligen Franciscus. Von P. Ignatius Jeiler vom Orden d. Minderbrüder d. Sächs. Prov. Seit Neuregelung d. 3. Ordens bearb. u. hrsg. von e. andern Priester ders. Ordensprov. 24. verb. Aufl. *Dülmen: A. Laumann 1902.* (VIII, 560 S.) 8° [F.] [03. 4380

Normalbuch für die in der Welt lebenden Brüder und Schwestern vom dritten Orden des heiligen Franziskus. Von P. Ignatius Jeiler. 25. Aufl. Vollst. Ausg. I. Dülmen: A. Laumann 1905. (VIII, 564 S.) 8° [F.] [06. 18806

Normalbuch für die in der Welt lebenden Brüder und Schwestern vom dritten Orden des heiligen Franziskus. Von P. Ignatius Jeiler. 26. Aufl. Vollst. Ausg. II. Dülmen: A. Laumann 1905. (VIII, 632 S.) 8° [F.] [06. 18807

— Normalbuch f. die in der Welt lebenden Brüder u. Schwestern v. 3. Orden des hl. Franziskus. 27. Aufl. (83.—87. Taus.) Vollst. Ausg. I. (VIII, 564 S. m. 1 Stahlst.) kl. 8. Ebd. Geb. in Leinw. 1. 50

— das kleine Normalbuch. Auszug aus dem Normalbuch f. die in der Welt leb. Mitglieder vom 3. Orden d. hl. Franziskus. 16. (VIII, 248 S. m. 1 Stahlst.) Ebend. 885. n. — 50; geb. n. — 75

— Das kleine Normalbuch. 2. verb. Aufl. 16. (VIII, 368 S. mit 1 Stahlst.) Ebd. 891. * — 40; geb. in Leinw. * — 75

— das kleine Normalbuch. Auszug aus dem Normalbuch f. die in der Welt leb. Mitglieder vom 3. Orden des hl. Franciscus. Bearb. v. e. andern Priester des Franciscaner-Ordens der sächs. Provinz vom hl. Kreuze. 3., neu durchgeseh. Aufl. 16. (VIII, 368 S. m. 1 Stahlst.) Ebd. 894. — 75; geb. in Leinw. n. 1. —

— Pius IX. Ein kurzes Lebensbild. 16. (24 S.) Dülmen 876, Laumann'sche Verlagsh.

— die selige Mutter Francisca Schervier, Stifterin der Genossenschaft der Armenschwestern vom hl. Franciscus, dargestellt in ihrem Leben u. Wirken. gr. 8. (XXIII, 580 S. m. Bildnis.) Freiburg i/B. 893. Herder. n. 4. —; geb. in Halbfrz. n. 5. 50

[F.] Die gottselige Mutter Francisca Schervier, Stifterin d. Genossensch. d. Armenschwestern v. hl. Franciscus, dargest. in ihrem Leben u. Wirken v. P. Ignatius Jeiler, O. S. Fr., Dr. d. Th. ... M. d. Bildn. der Seligen. 2. verb. Aufl. ... *Freiburg i. B.: Herder 1897.* (XXI, 574 S., 1 Portr.) 1 Bd 8. [97. 1790

Jeiler, Josef: Die Siegelkammer der Bischöfe von Münster. Münster 1906: Regensberg. (54 S.) 8°
Münster, Phil. Fak., Ref. Meister, Diss. v. 25. Juli 1906
[Geb. 20. Juni 80 Havixbeck, Kr. Münster; Wohnort: Münster; Staatsangeh.: Preußen; Vorbildung: Paulin.-Gymn. Münster Reife O. 02; Studium: Münster 1, Halle 1, Bonn 2, Münster 3 S.; Rig. 27. April 06.]

Jeimke, Johannes *Martin Ludwig* [aus Dedeleben]: Zur Pathologie und Therapie der Nierenstrumen m. Veröffentlichg e. durch Operation geheilten Falles ... Greifswald, Druck v. J. Abel, 1892; 31 S. 8.
Greifswald, Med. Fak., Inaug.-Diss. v. 2. Juli 1892

Harburg: **Lied.** Gesungen am Einweihungs-Feste in der Loge Ernst August zum goldenen Anker im Or. von Harburg. [Unterz.:] Ad[olf] **v. Jeinsen.** [Harburg 1858.] 2 Bl. 8° [Umschlagtit.] Ohne Noten: „Dem Maurer ist's gelungen, ..." 193.

Jeiteles Teutonicus. Harfenklänge aus d. vermauschelten Deutschland von *Marr* dem Zweiten. In-8°, 4 Bog. Mit 20 Illustr. von L. Bechstein. Bern, Rud. Costenoble. 1879 2 —

Jeiteles Teutonicus. Harfenklänge aus dem vermauschelten Deutschland. Von *Marr dem Zweiten* (Myrmidon Zero). 3. Aufl. Mit Illustrationen von L. Bechstein. In-8°. Bern, Rud. Costenoble. 1843 2 —

Jeiteles, B. J.: „Tabellen zur Berechnung sowohl des feinen Gehalts, als des Betrags in Banco Mark von Gold und Silber", 2 Teile, Hamburg 1833. — Vorh.: Com. Bibl. Hamburg.

Jeiteles, Berthold

— Über β-Benzoylpikolinsäure und β-Phenylpyridylketon. S. 105. IIb. 501 . . . . . . vgr.
Separatabdruck

Jeiteles, Berthold: Über ein Cyanid und eine Karbonsäure des Isochinolins
Phil. Diss., Prag 1893/94

— Über die Destillation von o-Kresol mit Bleioxyd. S. 105. IIb. 8 . . . . vgr.
Separatabdruck

— Notiz über das Verhalten von phenylsalizylsaurem Kalzium bei der trockenen Destillation. S. 105. IIb. 16 . . . . vgr.
Separatabdruck

— Zur Kenntnis der β-Benzoylpikolinsäure. S. 110. IIb. 765 . . . . vgr.
Separatabdruck

Jeiteles, J., zehn Jahre nach dem Handelsvertrage. Volkswirthschaftliche Studien. gr. 8. (384 S.) Wien 864, Typographisch-literarisch-artistische Anstalt. *

—— zur Reform der volks- und staatswirthschaftlichen Zustände in Oesterreich. I. 2. Aufl. gr. 8. (97 S.) Wien 862, Förster und Bartelmus. *

—— dass. — II. gr. 8. (52 S.) Ebendas. 862. *

Jeiteles, Israel, die Kultusgemeinde der Israeliten in Wien mit Benützung des statist. Volkszählungsoperates vom J. 1869. 8. (VII, 179 S.) Wien 873, Rosner. * 4 —

Jeiteles, Seligmann (Prag), De tabe dorsali, adnexa historia morbi clinica. Diss. med. Rector Max. Millauer, Director Ignaz v. Nadherny, Decan Franz Alex Wünsch. Prag (M. I. Landau) Mai 1834. 68 S. (6.50) 16723

Jeitelles, Ludwig Heinrich, s. Jeitteles, Ludwig Heinrich

Jeitner, Frau Emilie, u. Heinr. Müller, Kochbuch f. den „kleinen Mann". Ein Kochbuch f. den bescheid. Haushalt m. viel. Ratschlägen f. die Küche. 8. (48 S.) Leipzig (900). Kühnel. — 85

Jeitteles, A. [Hrsg.], s. Zeitung, Brünner.

Justus Frey [d. i. Andreas Ludw. Jeitteles], ein verschollener österreichischer Dichter. Von dessen Sohne (Adalbert Jeitteles). *Leipzig: G. H. Meyer 1898.* (VII, 104 S.) 8° [... 6.91]

Jeitteles, Adalb., Grundzüge einer Reform der österreichischen Staats-Bibliotheken. gr. 8. (21 S.) Graz 872, Leuschner und Lubensky. * — 75

—— s. Hahn's, K. A., althochdeutsche Grammatik.

Jeitteles, Adb., s. Handschriften, altdeutsche, aus Oesterreich.

—— mitteldeutsche Predigten. gr. 8. (20 S.) Wien 873, Gerold's Sohn. * — 50
Aus: Germania, besonders abgedruckt.

Jeitteles, Adb., die Sanct-Pauler Predigten und Hr. Ant. Schönbach. Abwehr einer Recension über das Werk „Altdeutsche Predigten aus dem Benedictiner-Stifte St. Paul in Kärnten". Zugleich ein Beitrag zur literar. Kritik unserer Tage. gr. 8. (XII, 149 S.) Innsbruck 881, Wagner'sche Universitäts-Buchh. *

Jeitteles, Adalb.: Neuhochdeutsche Wortbildung. 69 S. 8°. – Troppau OR., Progr. 1858.

Jeitteles, Adalb., neuhochdeutsche Wortbildung. Auf Grundlage der histor. Grammatik für weitere Kreise bearb. gr. 8. (XVI und 157 S.) Wien 865, Braumüller. *

Jeitteles, Al., moderne Walpurgisnacht. (Gedicht.) 12. (35 S.) Brünn 848, Winiker's Buchh.

Jeitteles, Aloys u. Ign., Siona, encyklopäd. Wochenblatt für Israeliten. 1r Jahrg. Juli — Dec. 1819. Wien, Gerold.

Jeitteles, Andreas Ludwig

Jeitteles, A. L., s. Al. Mich. Mayer, anatom. Beschreibung ꝛc.

Gesammelte Dichtungen von Justus Frey [d. i. Andreas Ludwig Jeitteles]. Hrsg. von seinem Sohne (Adalbert Jeitteles). Mit d. Bilde d. Dichters. *Prag: J. G. Calve 1899.* (XL, 415 S.) 8° [ℌ.]
— Bibliothek Deutscher Schriftsteller aus Böhmen. Bd 10. [... 4.87]

Jeitteles, Andr. Ludw., Elemente d. Anthropophysiologie, aus dem Standpunkte d. fortgeschritt. Wissenschaft zunächst f. angeh. Wundärzte d. österr. Kaiserstaates bearb. I. od. allgem. Thl. — A. u. d. T.: Die Lehre von d. Natur d. Menschen im gesunden Zustande, allgem. Thl. (2 Lfgn.) gr. 8. (10¼ u. 11½ B.) Olmütz 836, 38. (Wien, Gerold's Vrlgh.) à * ⅔ Thlr. *

Jeitteles, Andr. Ludw., Giebt es eine Knochensyphilis? Oder sind die in der Syphilis auftretenden Knochenleiden Produkte des Quecksilbergebrauchs? Ein historisch-krit. Exkurs. gr. 4. (70 S.) Olmütz 862. Grosse. *

Jeitteles, Hermann (Prag)
Systema, omnes arithmetices partes complectens.
Diss. phil. Giessen 15.6.1828.
(Hat. lt. Promot.-Akten handschriftlich vorgelegen, liegt nicht mehr bei.)

Jeitteles, Ig., kritische Bemerkungen über die Abhandlung des Prof. Rosas: „Die Quellen des heutigen ärztlichen Mißbehagens." gr. 8. Wien 842, Mayer u. Comp. u. ⅙ ₰

Jeitteles, Ign., kritische Bemerkungen üb. die Abhandlung d. Prof. Rosas: „Die Quellen des heutigen ärztlichen Mißbehagens." gr. 8. (1½ B.) Wien 843, Mayer u. Comp. *

Jeitteles, Ign., ästhetisches Lexikon. Ein alphabet. Handb. z. Theorie d. Philosophie d. Schönen u. d. schönen Künste. Nebst Erklär. d. Kunstausdrücke aller ästhet. Zweige, als: Poesie, Poetik, Rhetorik, Musik, Plastik, Graphik, Architektur, Malerei, Theater ꝛc. 2 Bde. gr. 8. Wien, [Gerold's Vrlgh.] [1. A—K. (27¾ B.) 835. * 2 Thlr., 2. L—Z. (34 B.) 837. * 2½ Thlr.] *

Jeitteles, Ign., ästhetisches Lexicon. Ein alphabet. Handbuch zur Theorie der Philosophie des Schönen u. der schönen Künste. Nebst Erklärung der Kunstausdrücke aller ästhetischen Zweige rc. 2 Bde. gr. 8. Wien 835, 37. Gerold; auch Braumüller u. Seidel. 2⅓ Thlr.

— dass. in monatlichen Lieferungen. .. Ebd. 840. Ebendies. à Lfrg. 5/12 Thlr.

— eine Reise nach Rom. Mit einer biograph. Skizze v. Aug. Lewald u. dem Bilde des Verf. Siegen u. Wiesbaden 844, Friedrich's Buchh. 1 Thlr.

Jeitteles, Ign., eine Reise nach Rom. Mit einer biograph. Skizze desselben von Aug. Lewald. 2. (Titel-)Ausg. 8. (XXXI und und 294 S. mit lithogr. Portr.) Wiesbaden 854, Friedrich's Vrlgsh.

Jeitteles, Ign. und Aloys, Siona, rc. s. Siona.

Jeitteles, L., sonst Ign., Siona, s. Jeitteles, Alois.

Jeitteles, Ludwig Heinrich

Jeitteles, L. H. Die vorgeschichtlichen Alterthümer der Stadt Olmütz und ihrer Umgebung. 1870.

Jeitteles, H.: Kleine Beiträge zur Geologie und physikal. Geographie der Umgebung von Troppau. 17 S. 8° – Troppau OR., Progr. 1858.

Jeitteles, Ludw. Heinr., Bericht über das Erdbeben am 15. Jänner 1858 in den Karpathen und Sudeten. Lex.-8. (84 S. mit 1 chromolithogr. Karte in Fol.) Wien 859, (Gerold's Sohn.) * *
Aus: Sitzungsberichte der k. Akademie der Wissenschaften, Jahrg. 1859, besonders abgedruckt.

Jeitteles: Ueber Erdbeben und die Beobachtung der dabei vorkommenden Erscheinungen. Nach Robert Mallet deutsch bearbeitet. – Kaschau, Progr. 1860

Jeitteles: Die Fische der March bei Olmütz. I.II. 59 S. 8°. – Olmütz, Progr. 1863,64.

Jeitteles, L. H. Zur Geschichte des Haushuhns. 1873.

Jeitteles: Über einige seltene und wenig bekannte Säugethiere des südöstlichen Deutschlands. 36 S. 8°. – St. Poelten, Progr. 1867.

Jeitteles, L. H., die Stammväter unserer Hunde-Rassen. Nach einem am 12. Jänner 1876 im Vereine zur Verbreitung naturwissenschaftl. Kenntnisse in Wien gehaltenen Vortrage erweitert. 8. (68 S. mit eingedr. Holzschn.) Wien 877, Wallishausser'sche Buchh. *

Jeitteles, L. H., Der naturgeschichtliche Unterricht in der Volksschule. (Separat-Abdr. aus dem „Oesterr. Schulboten".) 8. (11 S.) Wien 876, Pichler's Wwe. und Sohn. *

Jeitteles, L. H., der naturgeschichtliche Unterricht in der Volksschule. 2. Aufl. gr. 8. (16 S.) Wien 883. Bermann & Altmann n. — 40

Versuch einer Geschichte der Erdbeben in den Karpathen- und Sudeten-Ländern bis zu Ende des achtzehnten Jahrhunderts. (Aus der Zeitschrift der deutsch. geolog. Gesellsch.) Berlin. 1860. 8.

Jeitteles, R. B., die Kuhpockenimpfung. Eine Predigt. 8. Lpz. 805. (Taubert). 3 Gr.

Jeitteles, Richard, Feldfortification. s.: Militär-Bibliothek.

Jeitteles, Is., († d. 23. Nov. 1852), medizinische Erfahrungen aus meiner fünfzigjähr. Praxis. gr. 8. (47 S.) Brünn 851, Nitsch & Grosse, 7 ngr

Jeitter, Carl Friedrich, s. Jeitter, Karl Friedrich

JEITTER, Johann Melchior: Anleitung zur Taxation und Eintheilung der Laubwaldungen. - Stuttgart, Leipzig 1794. 58 S., 4 Tab., 1 Kt.

– Dasselbe, s.a. Anleitung.

Jeitter, Joh. Melchior: „Anleitung zur Taxation und Eintheilung der Laubwaldungen", Stuttgart 1794 (W. Nauck in Leipzig).

JEITTER, Johann Melchior: Aufmunterung zum Anbau und zur Erhaltung der Salweide für Forst- und Landwirthe. - Stuttgart 1798. 46 S.

— Aufmunterung zum Anbau u. Erhaltung der Saalweide rc. 8. Stuttg. 798. Ebrhard. (Sattler). 3 Gr.

JEITTER, Johann Melchior: Entwurf einer systematischen Belehrung in der theoretischen und praktischen Forst- und Jagdkunde nicht nur zunächst für kgl. württ. Revierförster, Forstwarthe und Waldschützen, desgl. Forst-Candidaten, die sich der Dienstprüfung unterwerfen wollen, sondern auch für Forst- und Jagdmänner in ganz Deutschland. - Stuttgart 1830. 172 S., 1 Abb.

Jeitter, Joh. Melch., Entwurf e. systemat. Belehrung in d. theoret. u. prakt. Forst- u. Jagdkunde, nicht nur zunächst f. K. Würtemb. Revierförster, Forstwarthe u. Waldschützen, desgl. Forst-Candidaten, die sich d. Dienstprüfung unterwerfen wollen, sond. auch f. Forst- u. Jagdmänner in ganz Deutschland. gr. 8. (13 B., 1¼ B. Tab. u. 1 Stndr. gr. 4.) Stuttgart 830, Neff.

Jeitter, J. M.: „Entwurf einer systematischen Belehrung in der theoretischen und praktischen Forst- und Jagdkunde, nicht nur zunächst für die Königl. Württembergischen Revierförster, Forstwarte, Waldschützer, desgl. Forstkandidaten, die sich der Dienstprüfung unterwerfen wollen, sondern auch für Forst- und Jagdmänner in ganz Deutschland", Stuttgart 1830 (Rest).

JEITTER, Johann Melchior: Examinations-Fragen aus der Forstwissenschaft zur Selbstprüfung der Forstkandidaten. - Stuttgart 1820. 32 S.

Jeitter, Jh. Mch., Examinations-Fragen aus der Forst-Wissenschaft, zur Selbstprüfung der Forst-Candidaten, als Anhang zu dem Forst-Handbuch. gr. 8. Stuttg. 820. Löflund. 4 Gr.

Jeitter, Jh. Mch., Forstkatechismus f. Lehrlinge, Forstdiener rc. 3 Bde. (1r Bd. Auch u. dem T.: Handbuch v. der angewandten Forstwissenschaft. Mit 4 Kpf. 1 Thlr. 20 Gr. 2r Bd. Handb. der reinen Forstwissenschaft. 1 Thlr. 12 Gr. 3r Bd. Handbuch üb. die Dienstpflichten der obern u. untern Forstdiener. 1 Thlr. 20 Gr.) gr. 8. Tübing. 805 u. 6. (Osiander). 5 Thlr. 20 Gr. 4r Bd. Auch u. dem T.: Jagdkatechismus f. Lehrlinge der Jagdwissenschaft, Jäger, Forst- u. Jagddiener, auch alle Liebhaber des Jagdwesens. gr. 8. Ulm 816. Neue Aufl. 829. Mit 27 Steindrucktaf. Stettin. 1 Thlr. 12 Gr.

JEITTER, Johann Melchior: Forstkatechismus für Lehrlinge, Forstdiener und Liebhaber der Forstwissenschaft - Tübingen 1805 u. 1806. 3 Bd. - Bd. I: Von der angewandten Forstwissenschaft oder den nöthigen Hülfswissenschaften, besonders der Forsttechnologie. 1805 XIV, 389 S. (a.u.d.T.: Handbuch von der angewandten Forstwissenschaft) - Bd. II: Die reine Forstwissenschaft. 1806. XIV, 342 S. (a.u.d.T.: Handbuch der reinen Forstwissenschaft) - Bd. III: Von der höheren Forstwissenschaft, oder den forstlichen Amtsgeschäften der obern und niedern Forstdiener eines Staates, besonders Würtembergs. 1806. XIV, 317 S. (a.u.d.T.: Handbuch über die Dienstpflichten der obern und untern Forstdiener eines Staats)

Jeitter, J. M., Forstkatechismus. 4r Bd.
Auch unter dem Titel:
Jagdkatechismus für Lehrlinge der Jagdwissenschaft, Jäger, Forst- und Jagddiener, auch alle Liebhaber des Jagdwesens. gr. 8. Ulm, Stettinische Buchhandlung. 816.

JEITTER, Johann Melchior: Systematisches Handbuch der theoretischen und praktischen Forstwirthschaft. - Tübingen 1789. 350 S., m. Taf.

Jeitter, Jh. Mich.: „Systematisches Handbuch der theoretischen und practischen Forstwissenschaft", 2 Bände, Tübingen 1789 (v. Cotta).

Jeitter J. M.: Jagdkatechismus ... Ulm 1816. 463 S. (=: Forstkatechismus Bd. 4).
— — Beilage: Abbildungen d. jagdbaren Thiere, Jagdhunde u. Jagdgeräthschaften. Sst. 1829. 27 Tvl. Fol.

– s. Vorschläge u. Bemerkungen v. Klagen üb. Gegenstände aus d. Forstwissenschaft.

JEITTER, Johann Melchior: Versuch eines Handbuchs der Forstwissenschaft zum Unterricht der niedern Forstschulen. In catechetischer Form. - Stuttgart 1820. 2 Bd. - Bd. 1: XXI, 403 S., 12 Tab. - Bd. 2: S. 409-669, 6 Tab.

— Versuch eines Handbuchs der Forstwissenschaft, zum Unterricht der niedern Forstschulen. In katechet. Form verfaßt. 2 Bde., mit 18 Tabb. gr. 8. Stuttg. 820. Löflund. 4 ℳ 6 ℊ

JEITTER, J. M.: Die forst- und landwirthschaftliche Wasserbaukunde in ihrem ganzen Umfange. - Ein leicht fassliches Handbuch für Forst- und Landwirthe, Forst- und Kameralbeamte, Ortsvorsteher u. s. w. - Stuttgart 1832. 101 S., 2 Taf., Tab.

—— die forst- u. landwirthschaftl. Wasserbaukunde in ihrem ganzen Umfange. Ein leichtfaßl. Handb. f. Forst- u. Landwirthe, Forst- u. Kameralbeamte, Ortsvorsteher rc. M. 2 Stnt. (qu. Fol.) breit 8. (7 B.) Stuttgart 332, Scheible.

Jeitter, Karl Friedrich

Jeitter, Carl Friedr. v., Handbuch üb. die Behandlung d. Geschäfte der freiwilligen Gerichtsbarkeit im Königr. Württemberg. Nebst e. Anh. über die allgem. Grundsätze des Kassen- u. Rechnungswesens, m. besond. Beziehung auf Pflegrechnungen. 2., verb., mit Formularen u. Beispielen verm. Aufl. 2 Bde. gr. 8. Tübingen, Osiandersche Buchh. [1. (41¾ B.) 844. 2 Thlr. 20 Ngr., 2. (56 B. u. 3 Tab.) 45. 3 Thlr.]

Jeitter, Karl Friedr., Lehrbuch üb. d. Behandl. d. Geschäfte d. freiwill. Gerichtsbarkeit in Württemberg; nebst e. Anh. üb. d. allgem. Grundsätze d. Kassen- u. Rechnungswesen, mit besond. Beziehung auf Pflegrechnungen. 2 Bde. gr. 8. (56 B. u. 2 Tab. gr. 4.) Tübingen 833, Osiander.

Jeitter, die königl. württembergische Strafanstalt für jugendliche Verbrecher in Schwäbisch Hall, s. Gerichtssaal, der.

Jek, Erlebnisse e. Ueberschwemmten in einem Elbdorfe bei Dresden während der September-Hochflut 1890. Unmittelbare wahrheitsgetreue Aufzeichng. f. sich u. Andere. gr. 8. (32 S.) Dresden 890. v. Zahn & Jaensch. n. — 40

Jekel, Franz Joseph, Doctor der Rechte etc. Athlographie und Poleographie oder Schlachten- und Städte-Schilderung. Mit 15 Plänen. 1. Schlacht bei Kulm 1813. 2. Schlacht bei Gross-Beeren 1813. 3. Bayonne. 4. Dresden. 5. Schlacht bei Dennewitz 1813. 6. Schlacht bei Leipzig 1813. 7. Perpignan. 8. Danzig. 9. Schlacht bei Jauer 1813. 10. Mainz. 11. Metz. 12. Treffen bei Plagwitz 1813. 13. Dublin. 14. Oxford. 15. Venedig. 4. Wien 1813—1814.

—Athlographie u. Paläographie, oder Schlachten- u. Städteerklärung. 1r Thl. Mit Plänen. gr. 4. Wien 813. Pichler. 6 ℳ 10 ℊ

— Darstellung d. Staatsveränderung Polens v. d. Gründung bis auf die neuesten Zeiten mit Einschluss d. Constitution d. 3ten Mai 1781. 8. Wien, Gerold.

— Darstellung der Staatsveränderung Polens, v. der Gründung bis auf die neuesten Zeiten, mit Einschluß d. Constitution des 3. Mai 1781. 1r Thl. 8. Wien 791. Gerold. 8 ℊ

de **Jekel**, Frz. Jos.: Dissertt. juridicae 1) de successione ab intestato tam secundum praescripta juris Polonici, Magdeburgici et Culmensis, quam sec. normam success. novo Codice civ. stabilitam. 2) de usufructu advitalitio, conjugi superstiti in bonis a defuncto marito relictis competente. Ed. II. cum 35 fig. *Viennae*, Pichler. 801. 8. (1 Thl.)

Jekel, **Frz. Jos., (†d. 14. Nov. 1814.) dissertationes juridicae: I. de successione ab intest. tam secund. praescripta juris Polonici, quam Magdeburgici et Culmensis. II. de usufructu advitalitio, conjugi superstiti inbonis a defuncto marito relictis competente. Ed. II. c. 35 fig. 8. Wien 803. (Pichler). 1 ℳ**

— die Schlachten d. Alten. m. K. 1r Thl. gr. 4. Tübing. Cotta. 810.

Jekel, Franz Joseph. Die Schlachten der Alten, vom ersten messenischen Kriege angefangen, bis auf die Schlacht bei Actium. Mit Kupfern und Plänen. 1. Theil. 4. Tübingen 1811.

— Pohlens Staatsveränderung und letzte Verfassung, m Vignetten, 4 Thle. gr. 8. Wien, Pichler. Postpap.

— — dess. 5r 6r. Bd. unt. d. Tit.: Handlungsgeschichte v. Pohlen. 2 Bde. gr. 8. Wien, Geistinger.

— Polens Staatsveränderung u. letzte Verfassung. 4 Thle. Mit 2 Vign. gr. 8. Wien 803—8. Pichler. 2 ℳ 16 ℊ Postp. 3 ℳ 12 ℊ 5r u. 6r Bd. Auch u. dem T.: Geschichte u. Darstellung des Polnischen Handels. 2 Bde. gr. 8. Wien 809, 10. Geistinger. 1 ℳ 16 ℊ

v. Jekel, Fr. J. Pohlens Staatsveränderungen v. d. Gründung bis auf die neuesten Zeiten. 6 Bde. 8. Wien 1803. 13,00.

— Galiziens Straßen- u. Brückenbau, nach d. Systeme d. Hrn. J. Gros entworfen. Mit 2 Pl. 8. Wien 809. Geistinger. 20 ℊ

Jekel, J. H., Grundzüge der Erziehung und des Unterrichts, s. Grundzüge.

Jekel, Nikol., Onkel Franz am Stammtisch. Anekdoten, Witze u. Weana G'spaß, nacherzählt. Nr. 1 u. 2. (29 u. 27 S.) 16. Wien (I, Wallfischgasse 6) (910). N. Jekel „Nummer-Verlag". à — 50

— Ziffern-Schlüssel „Nummer". Einfachster, natürl. Weg, sich ohne weiteres mit Angehörigen fremdsprachl. Völker schriftlich od. mündlich zu verständigen, ohne vorher e. neue Sprache lernen zu müssen. Deutsche Ausg. (76 S.) kl. 8. Ebd. (909). 1.—; engl. Ausg. (78 S.) 1.—; franz. Ausg. (76 S.) 1.—

Jekelfalussy, Dr. Josef v., Ministerialrath und Director des königl. ung. stat. Landes-Bureaus. Bevölkerung der Länder der h. Stephans-Krone sammt Nachweisung des Gebietes, der Gebäude und Hausthiere. Mit Benützung der Ergebnisse der im Jahre 1890 vollzogenen Volkszählung und anderer amtlichen Daten. 8. Budapest 1892.

Jekelfalussy, Jos. v., Bevölkerung der Länder der h. Stephans-Krone, sammt Nachweisung d. Gebietes, der Gebäude u. Hausthiere. Mit Benützg. der Ergebnisse der im J. 1890 vollzogenen Volkszählg. u. anderer ämtl. Daten. 12. (47 S.) Budapest 893. (Wien, Manz.) In Leinw. kart. n. 1. —

Jekelfalussy, Jos. v., Namens- und Wohnungs-Verzeichniss der Gewerbe- und Handeltreibenden Ungarns, auf Grund der zuletzt amtl. erhobenen gewerbestatist. Daten unter Aufsicht des königl. ungar. statist. Landes-Bureaus verfasst. 1., und 2. verm. Ausg. 2 Thle. Lex.-8. (VIII, 1597; LXXXVI, 1564 S.) Budapest 885,87. (Wien, Szelinski.) * geb. *

Orts Lexikon der Länder der ungarischen Krone. Im Auftrage Sr. Excellenz des königl. ungar. Handelsministers verfasst von Dr. Josef von **Jekelfalussy**, königl. ungar. Sectionsrath etc. Herausgegeben vom königl. ungar. statistischen Landesbureau. (In ungarischer und deutscher Sprache.) 4. Budapest 1892.

verfasst von Dr. Josef von Jekelfalussy, Direktor des kön. ung. statistischen Centralamtes (In deutscher und ungarischer Sprache.) gr. 8 Budapest 1898.

(2. Ausgabe der vorstehenden) gr. 8 Budapest 1899

Jekelfalussy, Jos. v., s.a. **Staat**, der tausendjährige, ungarische, u. sein **Volk**.

Jekelfalussy Jv, der tausendjähr. Ungar. Staat und sein Volk. (757 S) Budapest 1896

Jekeli, Hermann: Bericht über die Schulreise nach Budapest, Fiume, Venedig, Triest, S. Canzian, Adelsberger Grotte. S. 29 bis 43. 4. Progr. Ev. Gymn. A. B. *Medgyes (Mediasch)* 1907.

Jekeli, Hermann: Ziel und Stoff des Religionsunterrichts auf dem Obergymnasium im Lichte neuerer Reformvorschläge und Lehrplanentwürfe. 44 S. 4. Ev. Gymn. A. B. *Medgyes (Mediasch)* 1909. Progr

Jekeli, Johann

Jekeli, H.: Die Entwicklung des siebenbürgisch-sächsischen höheren Schulwesens von den Anfängen bis zur Gegenwart. Mediasch 1910. 184 S.

Jekeli, Joh.: Die Gesetze der Tragödie, nachgewiesen an Shakespeare's „Macbeth". 46 S. 4° -- Mediasch ev.G. Progr. 1873.

Die Bevölkerungs- und Berufsstatistik des ehemaligen Königsbodens. Von August **Jekelius**. Hermannstadt: Michaelis in Komm. 1908. 311 S. 8°
Aus: Siebenbürgisch-Deutsches Tageblatt. 1909. 6910

Jekelius, Aug., In Dolman u. Ampel, s.a Zeidner's, H., sächsische Volks- u. Jugendbibliothek. 6. Bdchn.

(F) **Jekelius**, A., In Dolman und Ampel. Ein sächsisches Lehrer- und Predigerleben. [Zeidners Volks- und Jugendbibliothek. Bd. 6.] 8°. (96 S.) K —.80
Kronstadt: Zeidner 1906.

— f.: Volkskalender, deutscher.

Jekelius, Jos. Joh., Pestbeulen. Ein Dutzend Dutzendgeschichten aus dem gleichberecht. Zusammenleben Israels m. Teut. Nebst e. Anh.: Ein Satyrspiel nach den Tragödien. (128 S.) 8. Kronstadt 902. (Wien, Administration des „Kikeriki".) n. 1. —

Jeklin s. Jecklin.

Jeker, Kramer, Theiler. Der schweizer. Bienenvater. Praktische Anleitung zur Bienenzucht. 3. Aufl. Mit 131 Illustr. Gr. in-8°. XXXII, 293 S. Aarau, H. R. Sauerlaender. 1891 8 80

Jekyll, Gertrude, Wald u. Garten. Praktische u. krit. Anmerkgn. u. Gedanken e. arbeit. Amateurs. Mit 71 Illustr. nach Photogr. der Verf. Einzige berecht. Uebersetzg. nach der 10. Aufl. des Originals von Getr. v. Sanden. (XV, 252 S.) gr. 8. Leipzig 907. J. Baedeker. n. 8. —; geb. n. 10. —

Jekyll, Gertrude, Wald u. Garten. Prakt. u. krit. Anmerkgn. u. Gedanken e. arbeit. Amateurs. Mit 71 Illustr. nach Photogr. der Verf. Einzige berecht. Übersetzg. nach der 10. Aufl. d. Originals von Gertr. v. Sanden. 2. [Titel-] Aufl. (XV, 252 S.) gr. 8. Leipzig [907] (909). F. Brandstetter. 8.—; geb. 10. —

Jelaffke & Seliger: Preisliste über Heu- und Getreide-Rechen. Ratibor (1897?)

Das kleine Je länger je lieber. Ist ein kurzer Anhang zur aufgehenden Lilie. Lancaster: Ehrenfried, 1816. MWA, PHi

Jelden, Hajo, approb. Arzt aus Holtland i. Ostfriesl.: Aus d. pathol. Institute zu Kiel. Ueber **Taenienmisbildungen**. *Kiel 1900: P. Peters.* (11 S.) 8°
Kiel, Med. Diss. v. [4. Juli] 1900

Jele, Alb. Die Tiroler Glasmalerei 1877-81. (S.-A. a. d. „Mitth. d. K. K. Oesterreich. Museums".) Wien 1882. 8.

Jélegyházy, August, die neuen Waaren-Usancen der Budapester Waaren- und Effekten-Börse. (Allgemeine und besondere Bestimmungen.) Anhang: Die auf das Schieds-Gericht bezügl. Gesetze und Verfahren vor dem Schieds-Gericht. 2. verb. Aufl. 8. (VIII, 270 S.) Budapest 886, Pallas, A.-G. *

Jelem, Jos., vom Leithastrande. Lieder u. Gedichte. (III, 388 S.) 8. Wr.-Neustadt 907. (Reichenhall, H. Bühler.) 3.50; geb. 4. 75

Jelem, J., Seume, f. Volks- und Jugend-Bibliothek.

— Wanderungen durch Nieder-Oesterreich, s. Volks- und Jugend- Bibliothek, Österreichische.

Jelem, J., Der politische Bezirk Wiener Neustadt. Ein Beitrag zur Heimatkunde. Ueber Wunsch der Bezirks-Lehrer-Conferenz und des Bezirks-Lehrer-Vereines zusammengestellt. 8. (52 S.) geh. 1 fl.
Wien: Pichler 1882.

JELEN, Anton: Das Verhältnis zwischen der wicliffischen und hussitischen Häresie. — (1907) XII, 214 Bl. 4° (Handschr.) Diss. 967
Diss. Wien, Univ.

Jeleni, Ludwig

— s. a. Kosiarski, Ldw.

Jeleni, (Kossarski,) Ldw., Anekdoten u. Charakterzüge aus dem Leben Friedrich II., Königs v. Preußen. Mit (4) Kupf. gr. 8. Berlin 841, Recht. n. 5/6 ℛ

— Gallerie der vaterländ. Helden. 1. Hft. — A. u. d. T.: Leben u. Thaten des alten Dessauers. (Fürst Leopold von Anhalt-Dessau. Mit der Abbild. seines Denkmals auf dem Wilhelms-Platze in Berlin.) gr. 8. Ebend. 841. n. 1/4 ℛ

— dass. (2. Hft.) A. u. d. T.: Leben u. Thaten des General-Feldmarschalls Jakob v. Keith. Mit d. Abbild. seines Denkmals auf dem Wilhelmsplatze in Berlin. gr. 8. Berlin 841, Hübenthal u. Comp. à 1/4 ℛ

— dass. (3. Hft.): Leben u. Thaten d. General-Feldmarschalls Kurt Christoph v. Schwerin. (Mit der Abbild. seines Denkmals.) gr. 8. Ebend. 841. 1/4 ℛ

— dass. (4. Hft.): Leben u. Thaten des Generals der Kavallerie Friedrich Wilhelm v. Seydlitz. (Mit der Abbild. seines Denkmals.) gr. 8. Ebend. 840, 41. 1/4 ℛ

— dass. (5. Hft.): Leben u. Thaten des Generals Hans Karl v. Winterfeldt. (Mit der Abbild. seines Denkmals.) gr. 8. Ebend. 840, 41. 1/4 ℛ

— dass. (6. u. 7. Hft.): Hans Joachim v. Ziethen. (Mit 2 Abbild.) gr. 8. Ebend. 841. 1/2 ℛ

—– Leben u. Thaten Gustav Adolph's, Königs v. Schweden. Nebst e. Uebersicht d. ganzen 30jähr. Krieges. gr. 8. (36 B. u. 6 Federzeichn.) Berlin 841, Hübenthal u. Comp.

— Leben u. Thaten Gustav Adolph's, Königs von Schweden. (Nebst einer Uebersicht des ganzen 30jähr. Krieges.) 1. Heft. (Mit Bildniß.) gr. 8. Berlin 841, Recht. n. 1/4 ℛ

Jeleni, L. (Kossarski) Leben und Thaten des Fürsten Leopold von Anhalt-Dessau, des alten Dessauers. 8. Berlin 1841.

Jeleny, (Ludw. Kossarski). Leben und Thaten des General-Feldmarschalls Jakob v. Keith. (5 B.) 8. Berlin 1841. 0,75.

Jeleny (Ludw. Kossarski). Leben und Thaten des General-Feldmarschalls Kurt Christoph v. Schwerin. (6 B.) 8. Berlin 1841. 0,75.

Jeleni (Kossarski, Ludw.). Leben und Thaten des Generals der Kavallerie Friedrich Wilhelm v. Seydlitz. (6 B.) 8. Berlin 1841. 0,75.

Jeleni (Kossarski, Ludw.). Leben und Thaten des Generals Hans Karl v. Winterfeld. (6 B.) 8. Berlin 1841. 0,75.

Jeleny (Kossarski, Ludw.). Hans Joachim v. Ziethen. (12 B.) 8. Berlin 1841. 1,50.

Jelenko, Isidor, u. Iglno Brechl, Priorität-Wechsel. Ein Beitrag zur Kreditreform. (43 S.) 8. Triest 906. F. H. Schimpff. n.n. 1.—; italien. Ausg. (40 S.) 1.—

Jelensperger, D., die Harmonie im Anfange d. 19. Jahrh. u. d. Art sie zu erlernen. A. d. Franz. übertr. v. A. F. Häser. gr. 4. (22¼ B.) Leipzig 833, Breitkopf u. Härtel.

Jelensperger, J., s. A. F. Häser, Chorgesangschule ꝛc.

Jelensperger, J., die Harmonie im Anfange des 19. Jahrhunderts u. die Art sie zu erlernen. Aus d. Franz. übertragen von A. F. Häser. gr. 4. Leipzig 833. Breitkopf u. Härtel. 2½ ℛ

Jelensperger, Paul [de Mulhouse (Alsace)]: Nouvelles conditions de la décomposition des diazos pour la formation des dérivés indazoliques. Bâle 1898. 86 S. 8°.
Basel. Phil. Diss. 1897/98.

Jeleny, Ludwig, s. Jeleni, Ludwig

Jelgersma, D. G., De fide et auctoritate Dionis Cassii Cocceiani. 1879. 78 S.

Jelić, Lukas

Jelić, L., das älteste karthograph. Denkmal üb. d. röm. Prov. Dalmatien, s. Mitteilungen, wissensch., aus Bosnien u. der Hercegovina. VII.

JELIĆ, L.
Das älteste kartographische Denkmal über die römische Provinz Dalmatien. Von Prof. Dr. L. Jelić. (Mit 5 Tafeln und 1 Abbildung im Texte.) (Separat-Abdruck aus „Wissenschaftliche Mittheilungen aus Bosnien und der Hercegovina", VII. Bd. 1900.) Wien. 1900. In Comm. Gerold's Sohn. Lex.-8°. 48 S. K 3.—

Jelić, Lucas, s.: Fontes historici liturgiae glagolito-romanae a XIII ad XIX saeculum.

Jelić, L., Bulić e S. Rutar, guida di Spalato e Salona. Con 25 tavole. Versione dal croato. 8. (VI, 280 S.) Zara 894. (Internationale Buchh. [H. v. Schönfeld].) Geb. in Leinw. n.n. 7. —

Jelihovsky, Vera Petrovna, Rosenelfchen od. der Hexenzauber. (77 S. m. Abbildgn.) 8. Berlin (906). P. Raatz. Geb. in Leinw. n. 2. —

Jelinek, s.a. Jellinek

Jelinek A. E.: Beitrag zur elementaren Behandlung der Brechung des Lichtes. 3. Pilsen 75. Progr.

Jelinek A.: Beitrag zur elementaren Behandlung der Lehre vom physischen Pendel. 14. Pilsen 75. Progr.

Jelinek, A.: Beitrag zur Cubatur des Kegels. (9 S.) – Pilsen, Progr. 1882.

Jelinek A.: Neue Methode, die von Curven begrenzten Flächen behufs Quadrirens in Elemente zu zerlegen. 2 Pilsen 75. Progr.

Jelinek A.: Trigonometrisch-stereom. Übungsmaterial für die Octava. 33. Pilsen 85. Progr.

Jelinek, A., trigonometrisch-stereometrisches Übungsmaterial f. die Octava. gr. 8. (33 S.) Wien 886. (Pichler's Wwe. & Sohn.) n. — 70

Jelinek, A. E.: Untersuchungen über die Intersektion eines getheilten und ungetheilten Hyperboloides mit einem geraden kreisförmigen Kegel. Zs. 24 S. 8° – Pilsen, d. OG., Progr. 1871, 1872.

Jelinek, Adolf, s. Jellinek, Adolf

Jelinek, Alois. Darstellungen leichter dem Sachunterrichte entnommener Gegenstände f. den Kinder-Garten, die I. u. II. Classe der Volks-Schule [1. u. 2. Schulj.], sowie f. Privat-Unterricht. 8. (11 lithogr. Taf.) Wien 889, (Bermann u. Altmann). ** — 80

Jelinek, Alois, Katechismus der Mathematik für Lehrer- u. Lehrerinnen-Bildungsanstalten, sowie zum Selbst- u. Privat-Unterricht. 12. (V, 186 S. mit 10 autogr. Taf.) Wien 880. Bermann & Altmann. n. 2. 60

— dasselbe. 2. Thl. 12. (III, 164 S. mit 6 autogr. Taf.) Ebend. 881. n. 2. 20

— Lehrgang für den Zeichenunterricht an Volks- u. Bürgerschulen. Einfache Darstellungen leichter dem Sachunterrichte entnommener Gegenstände. Blätter für den Zeichen-Unterricht auf der Unterstufe der Volksschule, sowie zum Gebrauche im Kindergarten. Mit Rücksicht auf die stigmograph. Uebungen, sowie für den Uebergang vom stigmographischen zum freien Zeichnen. qu. gr. 4. (44 Steintaf.) Wien 878. Pichler's Wwe. & Sohn. In Mappe. 2. 50; Text dazu. gr. 8. (54 S.) — 60

— dasselbe. Blätter für den Unterricht auf der Mittelstufe der Volksschule. qu. gr. 4. (64 Steintaf.) Ebend. 878. In Mappe. 3. 50

— dasselbe. Blätter für das Zeichnen der Vorderansichten technischer Objecte nach dem Maasstabe. Entsprechend den einfachen Darstellungen leichter dem Sachunterrichte entnommener Gegenstände für die Oberstufe der Volksschule zusammengestellt. qu. gr. 4. (26 Steintaf.) Ebend. 878. In Mappe. 2. —

—— Methodisch geordneter Lehrstoff f. den Zeichenunterricht in d. 3.—5. Cl. d. Volks-Schule. 3.—5. Schulj. 8. Ebd. 890. ** 1 40
3. Schulj. (3 lithogr. Tab. m. 1 Bl. Text.) ** — 30.
4. Schulj. Mit Berücksicht. d. 5. Schulj. fünfklassiger Volksschulen in Nieder-Oesterreich. (6 lithogr. Tab. m. 3 S. Text.) ** — 44.
5. Schulj. Mit Berücksicht. d. 6. Schulj. sechsklassiger Volksschulen. (11 lithogr. Tab. m. 5 S. Text.) ** — 76.

—— dass. — Anhang. 7. u. 8. Schulj. 8. (8 lithogr. Tab. m. 2 S. Text.) Ebd. 890. ** — 70

Jelinek, Alois, Leitfaden für den methodischen Unterricht im perspectivischen Zeichnen nach der Anschauung. 2. Auflage. Wien 1890. Bermann und Altmann. (Min.-Erl. 22. März 1891. Z. 22875 ex 1890) 1.—

Jelinek, Alois, Methodik d. Freihandzeichnens, s.: Lehrbuch der speziellen Methodik. IX. Bd.

Jelinek, prof. Alois, Obrazy snadných předmětů z oboru věcného učení pro školu mateřskou, pro I. a II. třídu školy obecné (1. a 2. školní rok), jakož i pro soukromé vyučování. 14 tabulek. (Bilder aus der Sachlehre für Mutterschulen, für die I. u. II. Volksschule und zum Privatunterricht.) 8. —.40
Wien: Eder Nachfolger 1894.

Jelinek, Ant., Anti-Phylloxerin, k. k. österreich. patentirtes Mittel gegen die Reblaus. gr. 8. (6 S. mit 1 Holzschntaf.) Wien 875, (Gerold's Sohn.) *

Jelinek, Břetislav, Materialien zur Vorgeschichte u. Volkskunde Böhmens. 1. Thl. [Aus: „Mittheilgn. d. anthropolog. Gesellsch."] Imp.-4. (36 S. m. 77 Illustr.) Wien 891. (A. Hölder.) n. 8. 60

Jelinek, Břetislav, über Schutz- und Wehrbauten aus der vorgeschichtlichen und älteren geschichtlichen Zeit, mit besond. Rücksicht auf Böhmen. gr. 8. (IV, 159 S.) Prag 885, (Řivnáč.) *

Jelinek, Carl, s. Jelinek, Karl

Jelinek, Emil, die Amerikareise des „Wiener Männergesang-Vereines" in der Doppelschrauben-Lustjacht „Oceana" der Hamburg-Amerika-Linie vom 21. IV.—28. V. 1907. (143 S. m. 1 Taf.) Lex. 8. Wien 907. (W. Frick.) 3. —

Jelinek, Emil, eine Nordlandreise mit dem Doppelschrauben-Postdampfer „Fürst Bismarck" der Hamburg-Amerika-Linie. (48 S. m. 1 Taf.) Lex.-8. Wien (I/1, Seitenstettengasse 5) 905. Selbstverlag. n. 1. —

Jelinek Dr. F.: Geschichte Gabriel Bethlens, Fürsten von Siebenbürgen, bearbeitet nach Böjthy, Gebhardi und Horváth. 34. Olmütz R. 78. Progr.

Jelinek, F.: Die Politik Spartas in den Perserkriegen. 34 S. 4°.– Pancova OR., Progr. 1871.

Jelinek, Franz: Deutsches Lesebuch ...,
s.a. Lesebuch, Deutsches.

Jelinek, Dr. Franz, Pollak, Dr. Valentin und Streinz, Dr. Franz, Deutsches Lesebuch für österreichische Gymnasien. VI. Band. 2., umgearbeitete Auflage. Wien 1910. K. k. Schulbücherverlag. Geb. K 3.20, geb. K 3.50. (Min.-Erl. vom 24. August 1910, Z. 34875.)

Jelinek, Dr. Franz, Pollak, Dr. Valentin, Streinz, Dr. Franz, Deutsches Lesebuch für österreichische Mittelschulen. IV. Band. Wien 1909. Schulbücherverlag. Geh. K 2.60, geb. K 3.—.

Jelinek, Dr. Franz, Pollak, Dr. Valentin und Streinz, Dr. Franz, Deutsches Lesebuch für österreichische Realgymnasien. VI. Band. 2, umgearbeitete Auflage. Wien 1910. K. k. Schulbücherverlag. Geh. K 3.20, geb. K 3.50. (Min.-Erl. vom 19. September 1910, Z. 39720.)

Jelinek, Dr. Franz, Pollak, Dr. Valentin und Streinz, Dr. Franz. Deutsches Lesebuch für österreichische Realschulen. I. Band. Wien 1910. Schulbücherverlag. Geh. K 1.80, geb. K 2.10.

Jelinek, Dr. Franz, Pollak, Dr. Valentin, und Streinz, Dr. Franz, Deutsches Lesebuch für österreichische Realschulen. II. Band. Wien 1910. Schulbücherverlag. Geh. K 2.20, geb. K 2.50.

Jelinek, Dr. Franz, Pollak, Dr. Valentin und Streinz, Dr. Franz, Deutsches Lesebuch für österreichische Realschulen. III. Band. Wien 1910. K. k. Schulbücherverlag. Geh. K 2.40, geb. K 2.80.

Jelinek, Dr. Franz, Pollak, Dr. Valentin, und Streinz, Dr. Franz, Deutsches Lesebuch für österreichische Realschulen. IV. Band. Wien 1910. Schulbücherverlag. Geh. K 2.60, geb. K 3.—.

Jelinek, Dr. Franz, Pollak, Dr. Valentin und Streinz, Dr. Franz, Deutsches Lesebuch für österreichische Realschulen. VI. Band. Wien 1910. K. k. Schulbücherverlag. Geh. K 3.20, geb. K 3.50.

Jelinek Franz: Die Sprache der Wenzelsbibel in ihrem Verhältnis zur Sprache der Kanzlei der Luxemburger und der des nördlichen Böhmen im 14. Jahrhundert. Diss Wien, Univ.
D: Selbstverlag. 1889.
1889 PN 581

Die Sprache der Wenzelsbibel in ihrem Verhältnis zu der Sprache der wichtigsten deutschen Literatur- und Rechtsdenkmäler aus Böhmen und Mähren im XIV. Jahrh. und der kaiserl. Kanzlei der Luxemburger. E. Beitr. z. Geschichte d. neuhochdeutschen Schriftsprache v. Dr. Franz Jelinek. (SA. a. d. 38. u. 39. Jahresbericht der k. k. Oberrealschule in Görz). *Görz: Hilarianische Druckerei 1898.* (110 S.) 1 Bd 8. [illegible]

Jelinek, Franz Homerische Untersuchungen, I. Theil. (Die Widersprüche im II. Theile der Odyssee. Versuch einer Herstellung der Verwandlungsodyssee.) 8 (S. 3—50).
Progr. K. k. Staatsg. im II. Bezirke *Wien* 1895.

Jelinek, Frz., homerische Untersuchgn. I. D. Widersprüche im II. Theile d. Odyssee. Versuch e. Herstellg. d. Verwandlungsodyssee. Progr. gr. 8. (50 S.) Wien 895. A. Hölder. n. 1.—

Jelinek Heinrich: Tennysons Lincolnshire Dialektdichtungen.
H. 1908 PN 2470 **Diss.**Wien, Univ.

Jelinek, Hugo, über Verdampfapparate u. Verdampfstationen. 1. Abth. [Aus: „Ztschr. für Zuckerindustrie in Böhmen".] gr. 8. (61 S. mit 3 Steintaf.) Prag 882. (Rziwnatz.) n. 3.—

Jelinek, Hugo, üb. Verdampfapparate u. Verdampfstationen. II. Abth. gr. 8. (47 S.) Prag 883. Řivnáč. n. 1. 70 (I. u. II.: n. 4. 70)

Jelinek, Hugo, über Verdampfapparate und Verdampfstationen in Zuckerfabriken. gr. 8. (IV, 142 S. mit eingedr. Fig. und 11 Taf.) Prag 886, (Řivnáč.) *
2. Sep.-Abdr. aus: Zeitschrift für Zuckerindustrie in Böhmen. — 1. Sep.-Abdr. (Ebendas.) 882,83. *ℳ 4.70.

Jelinek, J. W., die Reform der Obstbaumzucht und das Geheimniss der neuen Obstbaumveredlung. gr. 8. (68 S.) Prag 873, (Calve'sche Universitäts-Buchh.) Verklebt. * 8 —

JELINEK, Joseph: Condemnatio magistri Joannis Hus in concilio Constantiensi historice enarretur. — (1890) 147 S. 4° (Handschr.) Diss. 479
Diss. Wien, Univ.

Jelinek, Julius: Verirrte französische **Briefe** aus dem (deutsch-französischen) Kriege von 1870/71 (abgedr. u. mit erläut. Bemerkungen versehen). *Breslau (1902): Bresl. Genossenschafts-Buchdr.* (S. 3–18.) 4°
Breslau, st. ev. G zu St. Maria-Magdalena, OP 1902 (196)

Jelinek, Julius: Das Englische auf dem Gymnasium. Breslau, Druck v. Grass, Barth & C., *1894;* 3–18 S. 4.
Breslau, st. ev. G zu St. Maria-Magdalena, OP 1894 (177)

Jelinek, Julius: Eine Studienreise in Frankreich. Breslau 1905: Genossenschafts-Buchdr. (S. 3—19.) 4°
Breslau, st. evang. G zu St. Maria-Magdalena OP 1905 (213)

Jelinek, Karl

(S.) Jelinek, Dr. C., Ueber die täglichen Aenderungen der Temperatur nach den Beobachtungen der meteorologischen Stationen in Oesterreich: s. a. Denkschriften.

Jelinek, K., über die täglichen Aenderungen der Temperatur nach den Beobachtungen der meteorologischen Stationen in Oesterreich. [Aus: Denkschriften der k. Akad. der Wiss.] Wien 867. (Gerold's Sohn.) gr. 4. (40 S.) n. 20 ngr.

Jelinek, Carl, Anleitung zur Anstellung meteorologischer Beobachtungen und Sammlung von Hilfstafeln mit besond. Rücksicht auf die meteorolog. Stationen in Oesterreich und Ungarn. hoch 4. (VI, 193 S. mit eingedr. Holzschn.) Wien 869, (Braumüller.) * 4 —

Jelinek, Carl, **Anleitung zur Anstellung meteorologischer Beobachtungen u. Sammlung v. Hilfstafeln. 2. umgearb. u. verm. Ausg.** Lex.-8. (XIV, 201 S.) Wien 876. Leipzig, Engelmann in Comm. n. 3. —

Jelinek's [Carl] Anleitung zur Ausführung meteorologischer Beobachtungen, nebst einer Sammlung von Hilfstafeln. Neu hrsg. und umgearb. von J. Hann. 2 Hefte. Mit eingedr. Fig.) Lex.-8. Wien 884. (Leipzig, Engelmann.)
Inhalt:
Heft 1. Anleitung zur Ausführung meteorologischer Beobachtungen an Stationen zweiter und dritter Ordnung. Hrsg. von der Direction der k. k. Central-Anstalt für Meteorologie und Erdmagnetismus. (S. 1—80) *ℳ 1,20.
» 2. Beschreibung einiger empfehlenswerther meteorologischer Instrumente, welche nicht zur gewöhnl. Ausrüstung einer meteorolog. Station gehören, nebst einer Sammlung von meteorolog. und physikal. Tafeln. (VI, S. 81—185.) *ℳ 1,80.

Jelinek's, C., Anleitung zur Ausführung meteorologischer **Beobachtungen, nebst e.** Sammlg. v. Hilfstafeln. (In 2 Thln.) 4., umgearb. Aufl. Hrsg. v. der Direction der k. k. Central-Anstalt f. Meteorologie u. Erdmagnetismus. 1. Thl. Anleitung zur Ausführg. meteorolog. Beobachtgn. an Stationen II. u. III. Ordng. Lex.-8. (73 S.) Wien 893. (Leipzig, W. Engelmann.) n. 1. 20

Jelinek's Anleitung z. Ausführung meteorolog. Beobachtgn., nebst e. Sammlg. v. Hilfstafeln. (In 2 Thln.) Hrsg. v. d. Direktion d. k. k. Central-Anstalt für Meteorologie u. Erdmagnetismus 2. Thl. Lex.-8. Wien 895. (Leipzig, W. Engelmann) n. 2 40
Beschreibg. ein. meteorolog. Instrumente u. Sammlung von Hilfstafeln. 4., gänzlich umgearb. Aufl. (VII, XX, 101 S. m. Fig.)

Jelinek's, Laur., Anleitung zur Ausführung meteorologischer **Beobachtungen nebst e. Sammlg. von Hilfstafeln. (In 2 Tln.) 5. umgearb. Aufl. Hrsg. von der Direktion der k. k. Zentralanstalt f. Meteorologie u. Geodynamik. 1. Tl. Anleitung zur Ausführg. meteorolog. Beobachtungen an Stationen I. bis IV. Ordng. Mit 4 Wolkentaf. u. 37 Fig. im Texte. (IX, 127 S. m. Tab.) Lex.-8. Wien 905. (Leipzig, W. Engelmann.)** n. 2.—

Jelinek's, Laur., Anleitung zur Ausführung meteorologischer **Beobachtungen nebst e. Sammlung v. Hilfstafeln. (In 2 Tln.) 5., umgearb. Aufl. Hrsg. v. der Direktion d. k. k. Zentralanstalt f. Meteorologie u. Geodynamik. 2. Tl. Sammlung v. Hilfstafeln. (VII, 94 S.)** Lex. 8. Wien 910. Leipzig, W. Engelmann. nn 4. —
1. Tl. Ebd. 905. n 2.—.

— Beitrag zur Theorie der krummen Linien. S. 3. 19 . . . . vgr.
Separatabdruck

Jelinek, C[arl], Beiträge zur Construction selbstregistrirender meteorologischer Apparate. [Mit 9 Tafeln.] (Beilage zum Nov. Heft 1850 des V. Bd. der Sitzber. der Kais. Akad. der Wissensch.) [Wien.]

—— und **C. Fritsch, s. Beobachtungen, magnet.** und meteorolog., zu **Prag.**

—— und K. Kreil, magnet. und meteorologische Beobachtungen, s. Beobachtungen.

Jelinek, Carl: Beschreibung einiger meteorologischer Instrumente und Sammlung von Hilfstafeln. Herausgegeben von der Direction der k. k. Central-Anstalt für Meteorologie und Erdmagnetismus. Vierte gänzlich umgearbeitete Auflage. (Jelinek's Anleitung zur Ausführung meteorologischer Beobachtungen nebst einer Sammlung von Hilfstafeln. In zwei Theilen. Th. 2.) Wien 1895. XX, 101 S. 8°.
[B 3663

Jelinek Karl, Dr.: Elemente des von de Vico am 20. Februar 1846 entdeckten Kometen. S. 1. 393 . . . . vgr.
Separatabdruck

—— über den jährlichen Gang der Temperatur zu Klagenfurt, Triest und Arvavàralja. Lex.-8. (39 S. mit 1 lithogr. Taf. in qu. Fol.) Wien 870, (Gerold's Sohn.) ** — 90
Aus: Sitzungsberichte der k. Akademie der Wissenschaften, besonders abgedruckt.

Jelinek, K., über den jährlichen Gang der Temperatur und des Luftdruckes in Österreich und an einigen benachbarten Stationen. gr. 4. (78 S. mit 2 Stnt. in Fol.) Wien 866, (Gerold's Sohn.) *
Aus: Denkschriften der k. Akademie der Wissenschaften, besonders abgedruckt.

Jelinek, C., über den täglichen Gang der vorzüglichsten meteorologischen Elemente aus den stündl. Beobachtungen der prager Sternwarte abgeleitet. Fol. (70 S. mit 6 Stnt.) Wien 850, (Braumüller.) *
Aus: Denkschriften der k. Akademie der Wissenschaften, besonders abgedruckt.

Jelinek, Karl, Heimathskunde zur Würdigung und genaueren Kenntniß des Kronlandes Böhmen. Geschichtlich-geographischer Leitfaden für Schule und Haus unter Leitung des Herrn Ferd. Bachmann bearb. 3., ganz umgearb. Aufl. 8. (122 S. mit 1 oro-hydrographischen Karte von Böhmen.) Prag 865, [Reichenecker.] *

Hygrometer Beobachtungen, Fünfzehnjährige, an der k. k. Sternwarte zu Wien. (1829—1833, 1836—1845.) Reducirt von Dr. C. Jelinek. (Lithographirt) (1 Hft.) Fol. (Wien 1846?)

—— s.o Jahrbücher der k. k. Central-Anstalt für Meteorologie.

— — u.: Carl Fritsch, Jahrbücher der k. k. Central-Anstalt für Meteorologie und Erdmagnetismus. N. F. II. Bd Jahrg. 1865. Der ganzen Reihe X. Band. 4. (IV u. 208 S.) Wien, Braumüller in Comm. 3 fl.

Jelinek, C., das ständisch-polytechnische Institut zu Prag, s.a Institut, das ständisch-polytechnische, zu Prag.

Jelinek, Dr. Karl. öffentl. ord. Professor der Mathematik am polytech. Institute. Das ständisch-polytechnische Institut zu Prag. Programm zur fünfzigjährigen Erinnerungsfeier an die Eröffnung des Institutes am 10. November 1856. Im Auftrage des Lehrkörpers redigirt von — —. (Der Ertrag ist zur Gründung eines Reisestipendiums für Techniker gewidmet.) Prag, 1856. Hofbuchdr. von Gottl. Haase Söhne. (VIII. 367 S. 8.)

Kreil, Carl, Klimatologie von Böhmen. Nach dem Tode des Verfassers mit Unterstützung der kais. Akad. der Wissensch. in Wien herausg. von Carl Jelinek. Wien 1865.

— über die Constanten der Aneroide u. üb. Aneroide m. Höhenscalen. [Aus: „Sitzungsber. d. k. Akad. d. Wiss."] Lex.-8. (55 S.) Wien 875. (Gerold's Sohn.) n. — 80

— über die Leistungen eines an der k. k. Central-anstalt für Meteorologie u. E. befindlichen registrirenden Thermometer von Hipp. [Aus den Sitzungsber. der k. Akad. der Wiss.] Wien 870. (Gerold's Sohn.) Lex.-8. (13 S.) 3 ngr

— Mittheilung über einige in den letzten Jahren beobachtete Staubfälle. [Aus den Sitzungsber. der k. Akad. der Wiss.] Ebend. 866. Lex.-8. (5 S.) 1½ ngr

Jelinek, Dr. C., Mittheilungen über einige in den letzten Jahren beobachtete Staubfälle. (Sonder-Abdr a. d. Sitzungsber. d. k. Akad. d. Wiss.) gr. 8. (5 S.) Wien, Gerold in Comm. 5 kr.

— Psychrometer-Tafeln f. das hunderttheilige Therometer nach den v. Heinr. Wild berechneten Taf. bearb. gr. 4. (80 S.) Wien 871. (Leipzig, Engelmann.) n. 4. 60

—— Psychrometer-Tafeln für das 100theilige Thermometer. Nach Dr. H. Wild's Tafeln bearb. 2. Aufl. gr. 4. (89 S.) Wien 876. (Leipzig, Engelmann.) *

Jelinek, C., Psychrometer-Tafeln f. das hunderttheilige Thermometer, nach H. Wild's Tafeln bearb. 3., erweit. u. m. e. ausführl. Einleitg. verseh. Aufl. gr. 4. (102 S.) Leipzig 887. Engelmann. n. 3. —

— Psychrometer-Tafeln f. das 100teilige Thermometer, nach H. Wild's Tafeln bearb. 4., erweit. Aufl. gr. 4. (105 S.) Ebd. 894. n. 3. --

— Psychrometer-Tafeln, erweitert u. vermehrt v. J. Hann, neu hrsg. u. m. Hygrometer-Tafeln versehen v. J. M. Pernter. 5. erweit. Aufl. (XIII, 108 S.) gr. 4. Leipzig 903. W. Engelmann. n. 5. —

—— über die Reduction der Barometerstände bei Gefässbarometern mit veränderlichem Niveau. Lex.-8. (8 S. mit eingedr. Holzschn.) Wien 868, (Gerold's Sohn.) * — 20
Aus: Sitzungsberichte der k. Akademie der Wissenschaften, besonders abgedruckt.

Jelinek, C., Dr., Resultate fünfzehnjähriger an der k. k. Sternwarte zu Wien angestellter Hygrometer Beobachtungen, zusammengestellt von (Aus den Annal. der k. k. Sternw. in Wien besond. abgedr. 1846.)

— über die Stürme des November u. December 1866. [Aus den Sitzungsber. der k. Akad. der Wiss.] Ebend. 867. Lex.-8. (32 S. mit 4 chromolithogr. Taff. in gr. 4.) n. 20 ngr

—- über die mittlere Temperatur zu Wien, nach 90jähr. Beobachtungen, und über die Rückfälle der Kälte im Mai. Lex.-8. (83 S.) Wien 867, (Gerold's Sohn.) *
aus: Sitzungsberichte der k. Akademie der Wissenschaften, besonders abgedruckt.

Jelinek Karl, Dr.: Die Temperaturverhältnisse der Jahre [illegible] des österreichischen Beobachtungsnetzes durch [illegible] Wien 1869. 4° 8

—— die Temperatur-Verhältnisse der J. 1848—1863 an den Stationen des oesterreichischen Beobachtungsnetzes durch fünftägige Mittel dargestellt. gr. 4. (146 S. mit 2 lithogr. Taf. in qu. Fol.) (Ebendas.) 869. * 8 —

— Theorie der Pendelabweichung. S. II. 11. 31 . . . . [illegible]
Separatabdruck

—— über die jährliche Vertheilung der Gewittertage nach den Beobachtungen an den meteorologischen Stationen in Oesterreich und Ungarn. Lex.-8. (9 S.) (Ebendas.) 870. — 30

—— normale fünftägige Wärmemittel für 88 Stationen, bezogen auf den 20jähr. Zeitraum von 1848—1867. Lex.-8. (43 S.) (Ebendas.) 869. * — 60
aus: Sitzungsberichte der k. Akademie der Wissenschaften, besonders abgedruckt.

— Normale fünftägige Wärmemittel für 80 Stationen in Österreich, bezogen auf den Zeitraum 1848–1865. S. 56. II. 1S . . . . (?)
Separatabdruck

Jelinek, Konrad: Charles Tennyson Turners Leben und Werke. Borna-Leipzig 1909: Noske. 160 S. 8°
Leipzig, Phil. Diss. v. 4. Dez. 1909, Ref. Wülker, Birch-Hirschfeld
[Geb. 6. Okt. 80 Johanngeorgenstadt; Wohnort: Oberfrohna; Staatsangeh.: Sachsen; Vorbildung: Realgymn. Zittau Reife O. 03; Studium: Leipzig 13 S.; Rig. 26. Okt. 09.] [U 10. 3166

Jelinek, Laur., Logarithmische Tafeln f. Gymnasien u. Realschulen. 8. Aufl. Samınt Anleitg. gr. 8. (IV, 167 S.) Wien 897. A. Pichler's Wwe. & Sohn. Geb. in Leinw. n. 1. 60

Jelinek, Laur., logarithmische Tafeln f. Gymnasien u. Realschulen. 4. Aufl. Sammt Anleitg. gr. 8. (IV, 157 S.) Wien 900. A. Pichler's Wwe. & Sohn. Geb. in Leinw. n. 1. 50

— logarithmische Tafeln für Gymnasien u. Realschulen. 6. Aufl. (IV, 157 S.) 8. Wien 905. A. Pichler's Wwe. & Sohn. Geb. n. 1. 50

Jelinek, L., Logarithmische Tafeln für Gymnasien und Realschulen. 7. Aufl. Gr.-8°. (157 S.) K 1.20, geb. K 1.50
1908

— Logarithmische Tafeln f. Gymnasien u. Realschnlen. 8. Aufl. (IV, 157 S.) 8. Wien 910. A. Pichler's Wwe. & Sohn. Geb. 1. 50

Jelinek, Laurenz, Mathematische Tafeln für technische Anstalten, insbesondere für höhere Gewerbeschulen. I. Theil: Tafeln. II. Theil: Einrichtung und Gebrauch der Tafeln. Wien 1893. Verlag von A. Pichler's Witwe und Sohn. (Min.-Erl. v. 4. Juni 1893, Z. 11011.) Beide Theile, broschirt 1.20, cartonnirt 1.30

Jelinek, Laurenz, Mathematische Tafeln für technische Anstalten, besonders für höhere Gewerbeschulen. 2. Auflage. Wien 1897. A. Pichler's Witwe & Sohn.

Jelinek, Laur., mathematische Tafeln f. techn. Anstalten, bes. f. höh. Gewerbeschulen. 2. Aufl. gr. 8. (223 S.) Wien 898. A. Pichler's Wwe. & Sohn. Geb. in Leinw. n. 2. 60

— mathematische Tafeln für technische Anstalten, besonders f. höh. Gewerbeschulen. 3. Aufl. Nach der neuen Rechtschreibg. bericht., sonst im wesentlichen unveränd. Abdr. der 2. Aufl. gr. 8. (223 S.) Ebd. 902. Geb. in Leinw. n. 2. 60

Jelínek, Laurenz, Mathematische Tafeln für technische Anstalten, besonders für höhere Gewerbeschulen. 3. Auflage. Wien 1902 A. Pichler's Witwe & Sohn. Preis, gebunden 2 K 60 h.

Jelinek Laur., Mathematische Tafeln für technische Anstalten, besonders für höhere Gewerbeschulen. 4. Aufl. 4., unveränderte, somit zufolge Min.-Erl. vom 21. Oktober 1902, Z. 32960, zulässige Aufl. ge. Wien 1907. A. Pichlers Witwe und Sohn. Mit Text geb. K 2.60.

— Mathematische Tafeln f. technische Anstalten, besond. f. höhere Gewerbeschulen. 5. Aufl. Unveränd. Abdr. der 3. Aufl. (223 S.) 8. Ebd. 910. Geb. in Leinw. u. geh. 2. 60

Jelinek, Laurenz, Kleine mathematische Tafeln für Gewerbeschulen. Wien 1894. Verlag von A. Pichler's Witwe und Sohn. (Min.-Erl. v. 11. November 1894, Z. 25235.) Ein cart. Ex. —.50

— kleine mathematische Tafeln f. Gewerbeschulen. 2. Aufl. (121 S.) 12. Ebd. 903. Kart. n. 1.—

Jelinek, Ludw., des Juden Fluch. Ein histor. Schauspiel in 5 Akten u. 1 Vorspiel. (108 S.) 8. Zdolbunow (906). (Berlin S., Sebastianstr. 73, Kroll's Buchdr.) 3. —

Jelinek, Ludw., kritische Geschichte der modernen Philosophie u. Begründung der Nothwendigkeit der Schaffung e. neuen „Philosophie der Zukunft". (III, 68 S.) 8. Zdolbunow (per Warschau) (908). Selbstverlag.

Jelinek, Ludw., Madonna Sistina. Eine Monographie. gr. 8. (VIII, 116 S.) Dresden 899. (H. Floessel.) n. 5. —

Madonna Sistina. E. Monographie v. Dr. Ludwig Jelinek. *Dresden: Commr. v. H. Floessel: ([Dr. v.] Ramm & Seemann in Leipzig) 1899.* (VIII, 116 S.) 1 Bd 8. 100 6408

— die Monographie Madonna Sistina u. die Kritik. gr. 8. (VI, 26 S.) Ebd. 899. n. 1. —

— Elementare Metaphysik. Ein Separatabdr. e. Abschnittes aus e. grösseren handschriftl. Werke des Verf. (58 S.) 8. Zdolbunow (per Warschau) (908). Selbstverlag. nn 1. —

Jelinek, Ludwig: Uffo Horns dramatischer Nachlass. Prag, Phil. Diss. von 1908/1909

Jelinek, Louis, s. Jellinek, Louis

Jelinek, P. C., die Auflösung der neueren numerischen Gleichungen mit besond. Rücksicht auf die imaginären Wurzeln nach einer neuen Methode dargestellt. hoch 4. (IV und 38 S.) Leipzig 865, O. Wigand.

Jelinek, S., u. C. Löffler, Anthologie. (VI, 90 S.) 8. Dresden (908). E. Pierson. 1.50; geb. n 2. 50

Jelinek, S: Universal-Rostschutzpräparat Anticorrosivum. Rehau i. Bayern 1904

Jelínek, Vavř., professor při vyšší reálné a odborné škole pro strojnictví ve Víd. Novém Městě, Logarithmické tabulky pro gymnasia a školy reálné. K tomu: „Návod, jak užívati logarithmických tabulek". (Logarithmen für Gymnasien und Realschulen.) 8. (132 S., Anleitung IV u. 133—154 S.) Geb. —.75
Wien: Pichler 1893.

Jelínek, Vavř., Mathematicke tabulky pro technické ústavy zvláště pro vyšší školy průmyslové. I. Theil. Tafeln. II. Theil. Einrichtung und Gebrauch der Tafeln. Wien 1893. Verlag von A. Pichler's Witwe und Sohn. (Min.-Erl. v. 18. September 1893, Z. 18295.) Beide Theile, broch. 1.20, cart. 1.30

Methodisch-praktische Anleitung für den deutschen Sprachunterricht auf der Unterstufe der zweisprachigen Volksschule. Im Anschl. an d. Neubearb. v. Fibel u. Leseb. f. d. Unterstufe der Ausg. E von Ferd. Hirts deutschen Lesebüchern. Bearb. von A[nton] Jelitto, Hauptlehrer in Zazella, u. P. Odelga, Taubstummenlehrer in Ratibor. *Breslau: F. Hirt 1899.* (75 S.) 8° [F.]

Methodisch-praktische Anleitung für den deutschen Sprachunterricht auf der Unterstufe der zweisprachigen Volksschule. Im Anschl. an d. Neubearbeitung von Fibel u. Lesebuch f. d. Unterstufe d. Ausg. E. von F. Hirts deutschen Lesebüchern. Bearb. von A[nton] Jelitto u. P. Odelga. 2., durchges. Aufl. *Breslau: F. Hirt 1900.* (80 S.) 8° [F.] 101.1760

Jelitto, A., Erläuterungen zu der Mittel- u. Oberstufe v. Ferd. Hirt's deutschem Lesebuche, s.: Feist, F.

Geschichte der oberschlesischen Landwirtschaft von A[nton] Jelitto. Mit 44 Ill.... Berlin, Breslau, Kattowitz: Phönix-Verl. [1910]. VIII, 141 S. 8° 11. 996 2

Jelitto, A[nton]: Geschichte der oberschlesischen Landwirtschaft. Mit 44 Ill. u. e. Original-Umschlagzeichn. von Richard *Knötel*. Berlin, Breslau, Kattowitz (1910). 8°

Schlesiens Heimsuchung. Bilder aus d. Tagen d. Überschwemmung. Hrsg. von A[nton] Jelitto, Hauptl. a. D. *Königshütte O.-S.: F. Plochs Nachf. [1903].* (69 S.) 8° [Umschlagt. J. u. Ant.]

— s.: Lehrer-Kalender, allgem. deutscher.

Jelitto, A., s.: Lehrer-Kalender, oberschlesischer.

— s.: Volksschule, die zweisprachige.

Jelitto, A., wie ich meine kleinen Utraquisten deutsch sprechen lehre. Leitfaden f. Erteilg. d. ersten deutschen Sprachunterrichts in fremdsprach. Schulen. 2., verm. Aufl. gr. 8. (VIII, 87 S. m. 1 Taf.) Gleiwitz 892. P. Raschdorff. n. — 50

[J.] Wie ich meine kleinen Utraquisten deutsch sprechen lehre. Leitf. f. d. ersten deutschen Sprachunterr. in fremdsprachigen Schulen. Von A[nton] Jelitto, Lehrer in Zuzella O.-S. 3. verb. Aufl. *Gross-Strehlitz: A. Wilpert (1896).* (61 S.) 1 Bd 8.

— wie ich meine kleinen Utraquisten deutsch sprechen lehre. Leitfaden f. den ersten deutschen Unterricht in zweisprach. Schulen. 4., verb. Aufl. gr. 8. (60 S.) Groß-Strehlitz 899. A. Wilpert n. — 75

Jelkmann, F. Über den feineren Bau von Strongylus pulmonalis apri Ebel. M. 2 Taf. In-8°. 29 S. Basel (Georg & Co.). These. 1895

Jelky, Gesch. d. H. Andreas, ein. geb. Ungar. 8. Wien, Mösle. 776.

Jella, s. Morlaken.

Jella, oder das Morlachische Mädchen. 2 Bde. 8. Leipz. ... (Rauck). 1 ₰ 12 gr

Jella oder das Morlachische Mädchen . . . Leipzig 1797. V: *Wynne, Justine Comtesse des Ursins et de Rosemberg.* Ü: *Bürde, Samuel Gottlieb.* (JL)

Jella oder das Morlachische Mädchen, 2 Theil, 8. 797. (Leipzig Sommer in Komm.) 1 Rthl. 15 sgl.

Jellachich — B. v. — h. Oesterreichs erste Heerführer: . . . . ., Radetzky und Windischgrätz. Neueste authentische Skizze ihres Lebens und Wirkens, besonders in neuester Zeit. Gesammelt und zusammengestellt im November 1848. (Donation Liechtenstein.) 8. Wien 1848.

Jelačić, J. G. F. Freiherr v. Eine Stunde der Erinnerung. Erste Abth. 8. Agram 1825.

Jellačić, Jos. v., Gedichte. gr. 8. (IV und 182 S. mit 5 Stahlst. und eingedr. Holzschn.) Wien 851, (Braumüller.) **

Jellacsichiade. Heldengedicht in vier Gesängen. Pesth 1849. V: *Grimm, Vincenz.* (KU) (Pk)

Jellacsichiade. Heldengedicht in 5 Gesängen. 16. (72 S.) Leipzig 850, Keil & Co. n. 7 ngl

Jellenta, Cezary, s.: Flaum, Franz.

Jellet, John Hewitt

Jellett, J. H. Die Grundlagen der Variationsrechnung. Deutsch von Schnuse. Braunschweig 1860.

Jellett, J. H., die Grundlehren der Variationsrechnung. Frei bearb. von C. H. Schnuse. gr. 8. Braunschweig 859, Leibrock. [1. Hälfte. (240 S.) 2. (210 S.)]

Jellet, J. H., Die Grundlehren der Variationsrechnung. Frei bearb. von Dr. H. Schnuse. Braunschweig 1860. 8°.

Jellett, John H., die Theorie der Reibung. Deutsch bearb. v. J. Lüroth u. A. Schepp. Mit vielen Fig. im Text. gr. 8. (X, 238 S.) Leipzig 890. Teubner. n. 6. —

Jellet, J. H., A treatise on the theory of Friction. Dublin, London 1872. 8°.

Jellet, J. H., chemisch-optische Untersuchungen, s. a. Ostwald's, Wilh., Klassiker der exakten Wissenschaften.

Chemisch-optische Untersuchungen [Researches in chemical optics]. Von J[ohn] H[ewitt] Jellett. Übers. von L. Frank. Hrsg. von W[alter] Nernst. Mit 6 Fig. Leipzig: W. Engelmann 1908. (83 S.) 8°
— Klassiker, Ostwald's, d. exakten Wissenschaften. No 163.

Jellinegg Bruno: David von Augsburg Dessen deutsche Schriften, auf ihre Echtheit untersucht und auf Grund der Handschriften verbessert. 88. 87. St. Paul 04. 05.
Progr.

Jellinek, s.a. Jelinek

Jellinek, Adph., Auswahl kabbalistischer Mystik. I. Heft. Zum Theil nach Handschriften zu Paris und Hamburg, nebst histor. Untersuchungen und Charakteristiken hrsg. gr. 8. (VI und 87 S.) Leipzig 853, Colditz.

Jellinek, Adph., Beiträge zur Geschichte der Kabbala. 1 u. 2. Hft. gr. 8. (1: VI u. 80 S. 2: VIII u. 100 S.) Leipzig 852, C. L. Fritzsche. (1: n. 12 ngl 2: n. 18 ngl) n. 1 ₰

—— Bet ha-Midrasch, s. Bet ha-Midrasch.

Jellinek, Ad., Bezélem Elohim. Fünf Reden über die israelitische Menschenlehre und Weltanschauung. [= Gott, Welt und Mensch nach der Lehre des Judenthums 2. Abtheilung.] Wien 1871.

Jellinek, Adf., die kleine israelitische Bibel unserer Zeit. Predigt gehalten am 27. April 1861. gr. 8. (14 S.) Wien 861, (Herzfeld und Bauer.) *

Jellinek, Ad., Bibliographie der Nominal-, Verbal- und Real-Indices zum babylon. und jerusalem. Talmud, zur Midrasch- und Sohar-Literatur und der alphabet. geordneten Hagadasammlungen, nebst Zusätzen zu den früheren Bibliographien und handschriftl. Mittheilungen. (In hebr. Sprache.) gr. 8. (36 S.) Wien 881, [D. Löwy.] Pollák. *

Jellinek, Adph., über das Buch der Jubiläen und das Noah-Buch. (Aus dem 3. Thl. des „Bet ha-Midrasch" abgedr.) Leipzig 855. (C. L. Fritzsche.) 12. (VI, 14 S.) n. 5 ngl

—— die Bürgschaft. Kohelet, Sohn David's. Zwei Kanzel-Vorträge gehalten am 30. Dec. 1848 und am 6. Oct. 1849. gr. 8. (24 S.) Leipzig 850, C. L. Fritzsche. *

—— Einleitung in die Thora. 5 Reden. gr. 8. (XI und 72 S.) Wien 866, Herzfeld und Bauer. *

—— Elischa ben Abuja, genannt Acher. Zur Erklärung und Kritik der Gutzkow'schen Tragödie: „Uriel Acosta." 8. (14 S.) Leipzig 847, Hunger. *

Jellinek, Ad., zur Feier des 50jährigen Jubiläums des israelitischen Tempels in der innern Stadt Wien. Zwei Reden am 26. März [1. Nisan 5636] und 9. April [1. Tag des Passahfestes 1876] gehalten. gr. 8. (24 S.) Wien 876, [Brüder Winter.] Löwy. *

—— Abraham Firkowitsch, das religiöse Oberhaupt der Karäer. Ein Gedenkblatt. (In hebr. Sprache.) gr. 8. (IV, 15 S.) Ebendas. 875. *

Jellinek, Dr. Ad., Franzosen über Juden. Wien, M. Gottlieb, 1880. Kl. 8°. Beibd.
1 Bl., XXVI—36 S.

— Franzosen über Juden. 8. (XXVI, 36 S.) Wien 881. Gottlieb. n. — 80

—— das Friedenswerk. Rede gehalten am 25. Febr. 1860. 8. (8 S.) Wien 860, Knöpfmacher und Söhne.

—— Gedächtnissrede auf den verewigten Herrn Salomon Munk, Prof. am Collége de France. Am 17. Febr. 1867 im Bet ha-Midrasch gehalten. gr. 8. (16 S.) Wien 867, Herzfeld und Bauer. *

—— Gedächtnißrede auf die im letzten Kriege gefallenen Soldaten israelitischer Religion, am 15. Novbr. 1866 gehalten. gr. 8. (15 S.) Wien 867, Herzfeld und Bauer. *

Jellinek, Ad., Gedenkrede auf Hrn. Josef Ritter v. Wertheimer, am 25. März 1887 im israelitischen Bethause der innern Stadt Wien gehalten. gr. 8. (12 S.) Wien 887, (Lippe.) *

—— Zur Geschichte der Kreuzzüge. Nach handschriftl. hebr. Quellen hrsg. gr. 8. (VII und 25 S.) Leipzig 854, (Hunger. — Berlin, Stargardt.) **

—— das Gesetz Gottes außer der Thora. 5 Reden nebst einer Rede über die Cholera. gr. 8. (III und 83 S.) Wien 867, Herzfeld und Bauer.

—— Glaubenseinheit und Glaubensfreiheit. Predigt, gehalten am Hüttenfeste 5622 (19. Septbr. 1861). gr. 8. (13 S.) Wien 861, Herzfeld und Bauer. *

—— Gott, Welt und Mensch nach der Lehre des Judenthums. In Reden dargestellt. 1. und 2. Abthl. br. 8. Wien, Hölder.
à Abthl. *M 1,20. * 2 40
Velinausg. à Abthl. *M 1,60. * 3 20
geb. à Abthl. *M 2,60. * 5 20

Inhalt:
Abthl. 1. Schma Jisraël! Fünf Reden über das israelitische Gottesbekenntniß. (III, 75 S.) 869.
" 2. Bezëlem Elohim. Fünf Reden über die israelitische Menschenlehre und Weltanschauung. (84 S.) 871.

—— das Gotteshaus unser Richter und unser Aufseher. Rede am 1. Jahrestag der Tempelweihe. 8. (15 S.) Leipzig 856, Leiner. *

— drei Gräber. Kanzel-Vortrag, am 6. Jan. 1849 in der Leipzig-Berliner Synagoge gehalten. gr. 8. (16 S.) Leipzig 849, C. L. Fritzsche. n. 3 ngr

—— hagadische Hermeneutik mit Midrasch-Commentar. Bibliographisch dargestellt nebst Midrasch-Fragmenten. (In hebr. Sprache.) gr. 8. (36 S.) Ebendas. 878. *

—— ich schlafe, mein Herz aber ist wach! Festrede zur Erinnerung an den verewigten Pred. Herrn J. N. Mannheimer, am 1. Tage des Passah-Festes 5625 im Tempel in der Stadt gehalten. gr. 8. (15 S.) Wien 865, Herzfeld und Bauer. *

—— Jericho. Ein Bild von Israel's Freiheit. Rede, zur Feier der Grundrechte, am Passahfeste (8. April 1849) in der leipziger Gemeinde-Synagoge gehalten. gr. 8. (16 S.) Leipzig 849, C. L. Fritzsche. *

— s. Jolowicz, H., Sach- u. Namenregister zu De Rossi's „hist. Wörterbuch d. jüd. Schriftsteller." —

—— das Judenthum unserer Zeit. Predigt, gehalten am Hüttenfeste 5620 (2. Oktbr. 1860). gr. 8. (15 S.) Wien 861, Herzfeld und Bauer.

Jellinek, Adph., Kanzel-Vorträge in der leipzig-berliner Synagoge gehalten. 1. Lfg. gr. 8. (40 S.) Leipzig 847, C. L. Fritzsche. Thlr. *

—— zwei Kanzel-Vorträge in der Synagoge zu Ungarisch-Brod gehalten. Nebst einem Anhange über „Pirke Abot" und „Midrasch Jona". gr. 8. (40 S.) Leipzig 847, C. L. Fritzsche. *

— zwei Kanzel-Vorträge in der Synagoge zu Ungarisch-Brod gehalten. Nebst e. Anhange über „Pirke Abot" u. „Midrasch Jona." gr. 8. (40 S.) Ebd. 851. n. 6 ngr

—— Commentarien zu Esther, Ruth und den Klageliedern, s. Commentarien.

— die erste Confirmationsfeier in der Leipzig-Berliner Synagoge am 2. Tage des Wochenfestes 5607. (22. Mai 1847.) gr. 8. (32 S.) Ebd. 847. n. 1/6 ngr

Jellinek, Ad., Kontres Ha-Maskir. Bibliographie üb. die Namen der Juden, alphabetisch geordnet, nebst e. Anh. üb. die Glossen zum Talmud v. Bezalel Aschkenasi. (In hebr. Sprache.) II. Aufl. gr. 8. (VII, 40 S.) Wien 893. Ch. D. Lippe. n. 1. —

—— aus der Wiener israelitischen Cultusgemeinde 5624. Sieben Zeit-Predigten. 8. (III und 90 S.) Wien 864, Herzfeld und Bauer. *

— s. a. Lichtstrahlen.
Vgl.: Back, Samuel. Elischa ben Abuja Acher. — Weissmann. Arth. S

— Lichtstrahlen aus den Reden A. J.'s, gesammelt u. geordnet v. Adf. Kurrein. Mit Jellinek's Portr. u. Fcsm. 12. (X, 218 S.) Wien 891. Bermann & Altmann. n. 2. —; geb. n. 3. —; m. Goldschn. n. 3. 50

—— die jüdische Literatur über die 613 Gesetze des Pentateuchs, bibliographisch dargestellt nebst einem krit. Anhang. (In hebr. Sprache.) gr. 8. (48 S.) Ebendas. 878. *

— Märtyrer- u. Memorbuch. Verzeichniss der Märtyrergemeinden aus den Jahren 1096 u. 1349, das alte Memorbuch der Deutzer Gemeinde von 1581 bis 1784, nebst Auszügen aus dem neuen von 1786 bis 1816. Nach Handschriften zu Deutz, Coblenz, Düsseldorf u. Versailles hrsg. (In hebr. Sprache.) gr. 8. (VII, 73 S.) Ebend. 881. n. 1. 60

— Mate Aharon! Fünf Reden üb. das israelit. Glaubensbekenntniss. Hebräisch übers. v. S. Gelbhaus. gr. 8. (34 S.) Krakau 891. (Wien, Ch. D. Lippe.) n. 1. —

Jellinek, Adolf [Hrsg.], s. Menachem de Lonsano: Ma'arich.

Jellinek, Adolf [Hrsg.], s. Midrasch Ele Eskerá ...

Jellinek, Adolf [Hrsg.], s. Mose ben Nachman: Dissertation über die Vorzüge der Masaischen Lehre.

—— Moses ben Schem-Tob de Leon und sein Verhältniß zum Sohar. Eine historisch-krit. Untersuchung über die Entstehung des Sohar. gr. 8. (53 S.) Leipzig 851, Hunger.

—— Salomon Munk, Professor am Collège de France. Vortrag, im Wiener Bet ha-Midrasch am 21. Jan. 1865 gehalten. gr. 8. (24 S.) Wien 865, Herzfeld und Bauer. *

—— das Mutterherz. Predigt am 2. Tage des Hüttenfestes 5615 (1854) gehalten. gr. 8. (14 S.) Leipzig 856, Leiner.

—— Nachträge zu meinem Sefat Chachamim. Inhalt: 1) Lexikalisches. 2) Sitten der Perser, Meder und Araber. 3) Lewi ben Sisi. 4) Statistische Uebersicht. 1. Heft. 8. (16 S.) Leipzig 847, C. L. Fritzsche. *

—— Nofet Zufim. R. Jehuda Messer Leon's Rhetorik, nach Aristoteles, Cicero und Quintilian, mit besond. Beziehung auf die Heilige Schrift. Zur Feier des 70. Geburtstages (17. October 1863) Sr. Ehrwürden des Predigers Herrn Isaak Noa Mannheimer hrsg. nebst Regeln zur Erklärung der Hagada. Lex.-8. (207 S.) Wien 863, Gerold's Sohn.*

Jellinek, Adolf [Hrsg.], s. Norsi, Jedidja Salomo: Einleitung ...

—— das 40. Passahfest unter der Regierung Sr. Majestät Franz Josef I. Rede, am 1. Tage des Passahfestes im israelitischen Tempel der inneren Stadt Wien gehalten. gr. 8. (16 S.) Ebendas. 888. *

—— Philosophie und Kabbala, s. Philosophie und Kabbala.

—— Predigten. 1.—4. Lfg. gr. 8. (1. Thl. III und 264 S., 2. Thl. III und 284 S.) Wien 862,63, Gerold's Sohn. à Lfg. * 20 Ngr. *

—— dass. — 5. und 6. Lfg. gr. 8. (3. Thl. IV und 343 S.) Wien 866, Herzfeld und Bauer. à Lfg. * 20 Ngr. *

Jellinek, Adf., die Psyche des Weibes. Vortrag im Saale des akadem. Gymnasiums in Wien gehalten. gr. 8. (23 S.) Wien 872, Hölder. *

[Hebr. u. Ant.] Qonṭrēs ha-Ramba"m. Biurim, ḥiddušim ū-pērūšim haggāhōt we-haššagōt ʿal Mišnē tōrā. Äsafti ani Aharon J'lljn'q [Adolf Jellinek]. Hōṣāā 2 be-hōsafa. Wien: Ch. D. Lippe 1893 (47 S.) 8°
[Bibliographie der Komm. zu Maimonides Mišne tōrā. 2. verm. Aufl.] [08. 13419

—— Rede zur Einweihung des israelitischen Tempels in Iglau, am 9. Septbr. 1863 (25. Elul 5623) gehalten. gr. 8. (16 S.) Wien 863, (Herzfeld und Bauer.) *

—— Rede bei der Gedächtnißfeier für den verewigten Prediger Herrn Isak Noa Mannheimer, am 26. März 1865 im Tempel in der Leopoldstadt gehalten. gr. 8. (24 S.) Wien 865, Herzfeld und Bauer. *

—— Reden bei verschiedenen Gelegenheiten. 1. Thl. gr. 8. (VI, 169 S.) Wien 874, Brüder Winter. *

— die letzten Reden, geh. an den Freitagsabenden des abgelaufenen Winters im Tempel der Seitenstettengasse in Wien. Von D. Löwy. [Aus: „Neuzeit".] gr. 8. (53 S. m. Bildnis.) Ebd. 894. n. — 80

—— zwei Reden zur Schlußsteinlegung und zur Einweihung des neuen israel. Tempels in Wien. 8. (15 S.) Wien 860, Knöpflmacher und Söhne.

— s. Sabbathblatt.

Jellinek, Adolf [Hrsg.], s. Samuel ben Meir: Kommentar zu Kohelet und dem hohen Liede.

Jellinek, Adf., der halbe Schekel. Predigt, gehalten am 25. Jänner 1860. gr. 8. (12 S.) Wien 861, (Herzfeld und Bauer.) *

—— Schir ha-Schirim. Predigt, gehalten am 7. Tage des Pesach-Festes 5621 (1. April 1861). gr. 8. (15 S.) Wien 861, (Herzfeld und Bauer.) *

—— eine alte Schutzrede für die Proselyten. Rede am Sabbat Schlach lecha 1869 gehalten. gr. 8. (28 S.) Wien 871, Herzfeld und Bauer. [Brüder Winter.] *

—— die Segnungen der Religion besonders in kriegerischen Zeiten. Rede am ersten Tage des Hüttenfestes 1870 gehalten. gr. 8. (14 S.) Ebendas. 871. *
Vorstehende zwei Schriften sind aus: Zeitstimmen, besonders abgedruckt.

Jellinek, Dr. Ad., Der jüdische Stamm. Ethnographische Studien. (Studien und Skizzen. Von Dr. Ad. Jellinek. 1. Band.) 8. (VIII u. 224 S.) Wien, Herzfeld & Bauer. 1 fl. 20 kr.
1868

—— der jüdische Stamm in nichtjüdischen Sprichwörtern. 1. Serie. gr. 8. (43 S.) Wien 881, Selbstverlag des Verfassers. *
Vergriffen.

Jellinek, Dr. Ad., Der jüdische Stamm in nichtjüdischen Sprichwörtern. 1. Serie. gr. 8. (43 S.) geh. 60 kr. nur baar.
Wien: Löwy 1881.

—— dass. — 2. Serie: Spanische, ungar. und kleindeutsche Sprichwörter. gr. 8. (V, 98 S.) Wien 882, Bermann und Altmann. *

—— der jüdische Stamm in nichtjüdischen Sprichwörtern. 3. Serie: Französische, italienische, rumänische und slavische Sprichwörter. gr. 8. (V, 76 S.) Wien 885, Bermann und Altmann. **

Jellinek, Dr. Ad, Der jüdische Stamm in nichtjüdischen Sprichwörtern. I. Serie. Französ., polnische, deutsche Sprichwörter. 2. verm. u. verbess. Aufl. 8. (42 S.) Wien, Bermann & Altmann. 75 kr. 1886

—— Studien und Skizzen. 1. Thl.: Der jüdische Stamm. Ethnographische Studie. 8. (VIII, 224 S.) Ebendas. 869. *

— die drei Symbole d. Passah-Festes. Rede am 1. Tage d. Passah-Festes 1870 geh. [Aus „Zeitstimmen."] gr. 8. (12 S.) Ebend. 870. n. — 40

—— der Talmud. 2 Reden am Hüttenfeste 5625 (am 16. und 22. Octbr. 1864) gehalten. gr. 8. (33 S.) Wien 865, Herzfeld und Bauer. *

— der Talmudjude. Reden. 1. u. 2. Rede. 8. Wien 882. D. Löwy. à n. — 40
1. Womit beginnt u. womit schließt der Talmud? (14 S.)
2. Die Lebensfülle d. Talmud. Den 18. Novbr., Sabbat Waieze, geh. (14 S.)

— Thomas von Aquino in der jüdischen Literatur. Leipzig 853. Colditz. 8. (17 S. u. „Die VI. und VII. Frage aus den „Quaestiones disputatae de anima" von Thomas v. Aquino. Nach der hebr. Uebersetz. des „Ali ben Josef Xabillo." 32 S.) n 10 ngr.

Jellinek, Ad., die Todtenfeier an den 3 jüdischen Hauptfesten. 1. Hft. 8. (½ B.) Leipzig 846, C. L. Fritzsche. *

— Traurede bei der Vermählung seines Bruders am 22. Oktbr. 1849 zu Ungarisch-Brod gehalten. gr. 8. (15 S.) Ebd. 849. n. 1/12 ₰

—— im Vaterhause Lord Beaconsfield's. gr. 8. (34 S.) Wien 881, Bermann und Altmann. *

—— die Vorarbeiten zur Gründung des Gottesreiches. Rede zur Erinnerung an Alex. v. Humboldt am ersten Tage des Hüttenfestes 1869 gehalten. gr. 8. (12 S.) Ebendas. 870. *
Vorstehende zwei Schriften sind aus: Zeitstimmen, besonders abgedruckt.

— das Waisenkind. Rede. gr. 8. (12 S.) Wien 874, Brüder Winter. *
Aus: Reden bei verschiedenen Gelegenheiten, besonders abgedruckt.

— über den eingetretenen Wendepunkt im religiösen Völkerleben. Rede an Schemini Azeret 1870 gehalten. gr. 8. (16 S.) Wien 871, Herzfeld und Bauer. [Brüder Winter.] *
Aus: Zeitstimmen, besonders abgedruckt.

— Wirke im Kleinen! Zeitpredigt am Sabbat ha-Chodesch 5616 (5. April 1856) gehalten. gr. 8. (14 S.) Leipzig 856, Leiner. *

Jellinek, Dr. Ad., Aus der Zeit. Tagesfragen und Tagesbegebenheiten. II. Serie. 8°. (140 S.) Wien, Hartleben. In Comm. Nur baar fl. 1.—.
158

— Zeitstimmen. Reden. I. Ebend. 870. gr. 8. (III, 96 S.) n. 20 ngr.

— Zeitstimmen. Reden. II. 8. (III, 110 S.) Ebend. 871. à n. 2. —

Jellinek, Alois, s. Jelinek, Alois

Jellinek, Arth., das Staatsrecht der österreichisch-ungarischen Monarchie, s.: Ulbrich, J.

Jellinek, Arth. L., s.: Bibliographie, internationale, der Kunstwissenschaft.

— s.: Bibliographie der vergleich. Literaturgeschichte.

Jellinek, Arthur L. Bibl d vergleichenden Lit-gesch. Berl, 1903.

Jellinek Arthur: Das Motiv vom heimkehrenden Gatten in der deutschen Dichtung.
H. 1903 PN 1557 Diss. Wien, Univ.

Jellinek, Camilla, s. Jellinek, Kamilla

Jellinek G.: Zur Kenntnis des Clausschen Dichinolins. S. 94. II. 173 . . . . ngr.
Separatabdruck

Jellinek, Geo. (Hrsg.), s. Abhandlungen, Staats-u. völkerrechtliche.

Adam in der Staatslehre. Vortrag geh. von Georg Jellinek. *Heidelberg: G. Koester 1893.* (28 S.) 8°
Aus: Neue Heidelberger Jahrbücher. Jg. 3. [03. 6.00 6

— Der Anteil der ersten Kammern an der Finanzgesetzgebg., s.: Abhandlungen, staatsrechtliche, Festgabe f. Paul Laband.

— s.: Archiv f. öffentliches Recht.

Jellinek, Geo., die socialethische Bedeutung von Recht, Unrecht u. Strafe. gr. 8. (IV, 131 S.) Wien 878. Hölder. n. 2. 80

— Die sozialethische Bedeutung v. Recht, Unrecht u. Strafe. 2., durchgeseh. Aufl. (IV, 139 S.) gr. 8. Berlin 908. O. Häring. 3.—

— die Beziehungen Goethe's zu Spinoza. Vortrag, gehalten im Vereine der Literaturfreunde zu Wien. gr. 8. (28 S.) Ebend. 878. n. — 80

Jellinek, Geo., die Erklärung der Menschen- u. Bürgerrechte, s.a. Abhandlungen, staats- u. völkerrechtliche, I, 3.

Jellinek, Dr. Geo., Die Erklärung der Menschen- und Bürgerrechte. Ein Beitrag zur modernen Verfassungsgeschichte. (Staats- u. völkerrechtliche Abhandlg., Bd. 1, Heft 3.) gr. 8°. Leipzig 1895.

Die Erklärung der Menschen- und Bürgerrechte. Ein Beitrag z. modernen Verfassungsgeschichte. Von Georg Jellinek. 2., erw. Aufl. Leipzig: Duncker & Humblot 1904. (XI, 65 S.) 8°
— Abhandlungen, Staats- u. völkerrechtliche. Bd 1, H. 3. [07. 7967 11

Jellinek, G., Finanzgesetzgebung, s. Abhandlungen, staatsrechtliche. Festgabe Laband.

Jellinek, Georg, dz. Prorektor der Universität Heidelberg: Großherzog Friedrich I von Baden, Rector magnificentissimus der Ruperto-Carola. Heidelberg 1907: C. Winter. (40 S.) 8°
Heidelberg, Rede zur Gedächtnisfeier Friedrich I von Baden 1907

Jellinek, Geo., Gesetz und Verordnung. Staatsrechtl. Untersuchungen auf rechtsgeschichtl. und rechtsvergleichender Grundlage. gr. 8. (XV, 412 S.) Freiburg i. Br. 887, Mohr *

Gesetze und Verordnungen für die Universität Heidelberg. Hrsg. von Georg Jellinek. Heidelberg: C. Winter 1908. (VIII, 141 S.) 8° [F.] [08. 10..

Jellinek, G., Ein Gesetzentwurf betr. die Verantwortlichkeit des Reichskanzlers u. seiner Stellvertreter nebst Begründung. (15 S.) gr. 8. Heidelberg, C. Winter, Verl. —. 50.

— Ein Gesetzentwurf betr. die Verantwortlichkeit des Reichskanzlers u. seiner Stellvertreter nebst Begründung. (15 S.) gr. 8. Ebd. 909. — 50

— s.: Handbuch des öffentlichen Rechts der Gegenwart.

Jellinek, Georg, Dr. jur. et phil., Geh. Hofrat und o. ö. Professor des Staatsrechts, des Völkerrechts und der Politik, d. Zt. Prorektor d. Großh. Badischen Univ. Heidelberg: Der Kampf des alten mit dem neuen Recht. Heidelberg 1907: J. Hörning. (66 S.) 4° (Enthält außerdem: Chronik der Universität für 1906/07 und Preisverteilung.)
Heidelberg, Rede zur Feier des Geburtsfestes des höchstseligen Großherzogs Karl Friedrich am 22. Nov. 1907.

Der Kampf des alten mit dem neuen Recht. Prorektoratsrede von Georg Jellinek. Heidelberg: C. Winter 1907. (63 S.) 8° [F.] [08. 406

Jellinek, Geo., die Lehre von den Staatenverbindungen. gr. 8. (VIII, 319 S.) Wien 882, Hölder. *

Georg Meyer. Worte d. Erinnerung gesprochen b. d. Trauerfeier 1900 in d. Aula zu Heidelberg von Georg Jellinek. Heidelberg 1900: J. Hörning. (14 S.) 8° [F.] [06. 18356 11

Jellinek, Ge.: Die rechtliche Natur der Staatenverträge. E. Beitr. zur jur. Construction des Völkerrechts. Wien 1880.

— die rechtliche Natur der Staatenverträge. Ein Beitrag zur juristischen Construction des Völkerrechts. gr. 8. (IV, 66 S.) Ebend. 880. n. 2. —

Jellinek, Geo., Oesterreich-Ungarn u. Rumänien in der Donaufrage. Eine völkerrechtl. Untersuchg. gr. 8. (III, 54 S.) Wien 884. Hölder. n. 2. —

— das Pluralwahlrecht u. seine Wirkungen, s.: Zeit- u. Streitfragen, neue. II, 5.

Das Pluralwahlrecht und seine Wirkungen. Vortrag geh. zu Dresden 1905 von Georg **Jellinek**, Prof., Heidelberg. Dresden: v. Zahn & Jaensch 1905. (48 S.) 8° [F.]
— Zeit- u. Streitfragen, Neue, hrsg. von d. Gehestiftung. Jg. 2, H. 5. [05.9166

Jellinek, G., s. Recht.

Das Recht der Minoritäten. Vortrag geh. in d. jurist. Gesellschaft zu Wien. Von Dr. Georg **Jellinek**, o. ö. Prof. . . . an d. Univ. Heidelberg. *Wien: A. Hölder 1898.* (2 Bl., 43 S.) 1 Bd 8. [98. 7105

— Öffentl Recht, s. Handbuch.

— s. Recht, das öffentliche, der Gegenwart.

Jellinek, Georg. Paul *Laband* [u.] Robert *Piloty*: Das öffentliche Recht der Gegenwart. *[Mit Sondertit.]* *[Wird fortges.]*

Jellinek, Georg, Paul *Laband* [u.] Rob. *Piloty*. Das öffentliche Recht der Gegenwart. In Verbind. m. e. grossen Anzahl hervorrag. Schriftsteller d. In- u. Auslandes hrsg. Bd 1—11 [nebst] Jahrbuch d. öffentl. Rechts, Bd 1—3. Tübingen 1907—1910. 8°. *[Mit Sondertit.]*

— das Recht des modernen Staates. 1. Bd. Allgemeine Staatslehre. gr. 8. (XXIX, 726 S.) Berlin 900. O. Häring. n. 16. —

— das Recht des modernen Staates. 1. Bd. Allgemeine Staatslehre. 2., durchgeseh. u. verm. Aufl. (XXXII, 797 S.) gr. 8. Berlin 905. O. Häring. n. 16. —; geb. n. 18. —

— Regierung u. Parlament in Deutschland, s. Vorträge der Gehe-Stiftung zu Dresden. I.

— Regierung u. Parlament in Deutschland, s. Vorträge der Gehe-Stiftung zu Dresden.

— über Staatsfragmente, s. Festgabe zur Feier des 70. Geburtstages d. Grossherzogs Friedrich v. Baden.

— über Staatsfragmente. Heidelberg 896.

Allgemeine Staatslehre von Georg **Jellinek**. *Berlin: O. Häring 1900.* (XXX, 726 S.) 8°
— **Jellinek**: Das Recht d. modernen Staates. Bd 1. [00. 9418 3

Allgemeine Staatslehre. Von Georg **Jellinek**. 2., durchges. u. verm. Aufl. Berlin: O. Häring 1905. (XXXI, 797 S.) 8°
— **Jellinek**: Das Recht d. modernen Staates. Bd 1. [05. 10725 9

— die Staatsrechtslehre u. ihre Vertreter, s.: Professoren, Heidelberger, aus dem 19. Jahrh.

— System der subjektiven öffentlichen Rechte. gr. 8. (XIV, 348 S.) Freiburg i/B. 892. J. C. B. Mohr. n. 8. —

— System der subjektiven öffentlichen Rechte. 2., durchgeseh. u. verm. Aufl. (XII, 366 S.) gr. 8. Tübingen 905. J. C. B. Mohr. n. 7. 60; geb. n.n. 9. —

Verfassungsänderung und Verfassungswandlung. Eine staatsrechtl.-polit. Abhandlung von Dr. Georg **Jellinek**, (Prof.). Berlin: O. Häring 1906. (VI, 80 S.) 8° [06. 10403 9

— Dr. Georg, Ein Verfassungsgerichtshof f. Oesterr. gr. 8. (70 S.) Wien, Alfr. Hölder. 1 fl. 20 kr.

1885

— — u. Dr. Jos. Plivsic, d. rechtl. Verhältn. Kroatiens z. Ungarn, m. e. Anhange: die ungar.-kroat. Ausgleichgesetze. (Sep.-Abdr.) 8. (96 S.) Wien, *Albert A. Wenedict. 70 kr.

1885

— das parlamentar. Wahlrecht, s.: Meyer, Geo.

Jellinek, Geo., die Weltanschauungen Leibnitz' und Schopenhauer's ihre Gründe und ihre Berechtigung. Eine Studie über Optimismus und Pessimismus. Inaugural-Dissertation. gr. 8. (III, 82 S.) Wien 872, Hölder. *

Jellinek, Hermann

(Jellinek, Dr. H., Herausgeber des Sprechsaals für Politik und Hauptmitarbeiter an der allg. österreich. Zeitung), Ansprache an die Leipziger, Berliner und Schwaben! Arnold Ruge, Bruno Bauer, Strauß, müssen für die constituirende Versammlung in Frankfurt gewählt werden. (Wien, L. Sommer. Leipzig, E. O. Weller.) 8 S. 8°.

Jellinek, H., Ueber die Bedeutung der letzten 12 Jahre in Deutschland. 1847.

-- Vide: Denunciations-Sistem (Das).

Jellinek, H. Krit. Geschichte d. Wiener Revolution v. 13. März bis z. constituir. Reichstag. (256.) 8. Wien 1848.

-- Die gegenwärtige Krisis der Hegelschen Philosophie. 1847.

—— Uriel Acosta's Leben und Lehre. Ein Beitrag zur Kenntniß seiner Moral, wie zur Berichtigung der Gutzkow'schen Fiktionen über Acosta, und zur Charakteristik der damal. Juden. 8. (VIII und 44 S.) Zerbst 847, Kummer'sche Buchh.

Jellinek, Herm., (den 10. Nov. 1848 standrechtlich erschossen), kritisch-philosophische Schriften. 8. (113 S.) Leipzig 849, Weller. n. 16 ngl

— die Täuschungen der aufgeklärten Juden u. ihre Fähigkeit zur Emancipation mit Bezug auf die von der Preuß. Regierung dem Verein. Landtage üb. die Juden gemachten Propositionen. gr. 8. (46 S.) Zerbst 847, Kummer. 6¼ ngl

— das Verhältniß der luther. Kirche zu den reformator. Bestrebungen Nicolaus Crell's u. Christian's I., in seinen Wirkungen auf die neuesten Ereignisse. Nebst e. Abdr. d. Visitationsartikel. 8. (40 S.) Leipzig 847, Weller. ¼ ß

—— die religiösen, socialen und literar. Zustände der Gegenwart, in ihren prakt. Folgen untersucht. 1. Thl.: Die religiösen Zustände der Gegenwart, oder: Kritik der Religion der Liebe. gr. 8. (XXXII und 299 S.) Zerbst 847, Kummer'sche Buchh.

Kunstkaufleute. Roman aus d. Berliner Theater- u. Journalistenwelt von Josef **Jellinek**. Berlin: H. Walther 1907. (456 S.) 8° [F.] [07. 17005

Die Theatergründung. Komödie in 5 Akten von Josef **Jellinek**. Berlin: Entsch 1907. 103 S. 8° [10. 16527

Jellinek, Kamilla

Jellinek, Camilla, die weibliche Bedienung im Gast- u. Schankwirtschaftsgewerbe. s. Kultur u. Fortschritt.

Jellinek, Kamilla: Die weibliche Bedienung im Gast- und Schankwirtschaftsgewerbe. 3. u. 4. Taus. — Gautzsch b. Leipzig: Dietrich 1909. 14 S. 8° [Umschlagt.] (Kultur u. Fortschritt. 221.)

— Entwurf e. Petition betr. das Verbot weiblicher Bedienung in Gast- u. Schankwirtschaften, s.a. Kultur u. Fortschritt.

— Entwurf einer Petition betreffend das Verbot weiblicher Bedienung in Gast- und Schankwirtschaften. 2. Taus. — Gautzsch b. Leipzig: Dietrich 1909. 17 S. 8° [Umschlagt.] (Kultur u. Fortschritt. 261.)

Jellinek, Camilla: Petition des Bundes deutscher Frauenvereine zur Reform des Strafgesetzbuches und der Strafprozeßordnung. Als Anh.: Gegenüberstellung d. geltenden Gesetzesparagraphen u. der v. Bund deutscher Frauenvereine erbetenen Aenderungen. Nach d. Beschlüssen d. Generalversammlung zu Breslau im Auftr. d. Rechtskommission ausgearb. (Mannheim & Leipzig: Bensheimer 1909.) 80 S. 8°

— Petition deutscher Frauen betr. das Verbot weiblicher Bedienung in Gast- u. Schankwirtschaften, s.a. Kultur u. Fortschritt.

— Petition deutscher Frauen betreffend das Verbot weiblicher Bedienung in Gast- und Schankwirtschaften. Definitive Fassung. Zugleich Kritik der gegnerischen Argumente. — Gautzsch b. Leipzig: Dietrich 1910. 30 S. 8° (Kultur u. Fortschritt. 292/93.)

Jellinek, Camilla: Die Strafrechtsreform und die §§ 218 u. 219 St.G.B. — Heidelberg: Winter 1909. 18 S. 8°

— Die Strafrechtsreform u. die §§ 218 u. 219 St.G.B. (18 S.) gr. 8. Heidelberg 909. C. Winter, Verl. — 40
Sonderabdruck aus: „Monatsschr. f. Kriminalpsychol."

Jellinek, Karl, a. Wien: Über Zersetzungsgeschwindigkeit von Stickoxyd und Abhängigkeit derselben von der Temperatur. Göttingen 1906 (Leipzig: Metzger & Wittig). (52 S.) 8° ¶(Aus: Zeitschrift f. anorgan. Chemie Bd 49.)
Göttingen, Phil. Fak., Ref. Dolezalek, Diss. v. 27. Juni 1906
[Geb. 5. Nov. 82 Wien; Wohnort: Berlin; Staatsangeh.: Österreich; Vorbildung: K. K. Staatsgymn. VI Wien Juli 01; Studium: Wien 2, Göttingen 5 S.; Rig. 29. Juni 05.]

Entwicklung des Eisenbahn-Tarifwesens in Ungarn v. 1846 bis 1896. Im Auftr. der Dir. d. Kgl. Ungar. Staatseisenbahnen vf. v. Louis **Jellinek,** Insp. d. Kgl. Ungar. Staatseisenb. u. Josef Gonda, Tarifreferent d. Kgl. Ungar. Staatseisenb. In 2 Bdn. Bd 1. *Budapest:* [aufgekl.] *A. Hölder 1897.* 8. [97. 4042

Jellinek, Max Herm., Beiträge zur Erklärung der germanischen Flexion. gr. 8. (IV, 137 S.) Berlin 891. Speyer & Peters. n. 2.80

Jellinek, Max Herm., s.: Friedrich v. Schwaben, aus der Stuttgarter Handschrift hrsg.

Jellinek, M. H., ein Kapitel aus d. Geschichte d. deutschen Grammatik, s.: Abhandlungen zur german. Philologie.

Jellinek, M. H., die Sage v. Hero u. Leander in der Dichtung. gr. 8. (V, 92 S.) Berlin 890. Speyer & Peters. n. 3. —

Jellinek Max Hermann: Die Sprache der Fragmenta Theotisca und der Monseer Glossen.
II. 1889 PN 560 Dis.A. n. Univ.

Jellinek, Mor., die niedrigen Getreidepreise. Volkswirthschaftliche Studie über Mängel und Besserungsmittel im Betrieb der ungar. Landwirthschaft und in den damit zusammenhängenden Handels- und Industriezweigen. gr. 8. (59 S.) Wien 865, Hartleben's Verlag.

Jellinek, Osk., das Burgtheater eines Zwanzigjährigen. (V, 72 S.) 8. Wien 907. C. Konegen. 1.25

Jellinek, Samuel

Jellinek, S., medizinische Anwendungen der Elektrizität, s.a. Schwachstromtechnik, die, in Einzeldarstellungen. III.

Medizinische Anwendungen der Elektrizität. Von Dr. S[amuel] **Jellinek.** Mit 140 Abb. München & Berlin: Oldenbourg 1906. XIX, 458 S. 8°
(Die Schwachstromtechnik in Einzeldarstellungen. Bd 3.) [09. 1771

Jellinek, S., Atlas der Elektropathologie. 230 meist farb. Abbildgn. auf 96 Taf. u. 16 Textfig. (XI, 92 S.) Lex. 8. Wien 909. Urban & Schwarzenberg. 35.—; geb. in Halbfrz. n 40. —

Elektropathologie. Die Erkrankungen durch Blitzschlag u. elektr. Starkstrom in klin. u. forens. Darstellung. Von Dr. S. **Jellinek,** Assist. in Wien. Mit 72 Abb. u. 4 Taf. *Stuttgart: F. Enke 1903.* (VI, 245 S.) 8° [03. 14606

Jellinek, S: Elektropathologie. Die Erkrankungen durch Blitzschlag und elektrischen Starkstrom in klinischer und forensischer Darstellung. Stuttgart 1903

— elektrischer Starkstrom u. Herzfunktion. (8 S.) gr. 4. Wien (906). (A. Hölder). n. — 30

— über elektrische Starkstromwirkungen an Tauben u. Fischen. (8 S.) gr. 8. Ebd. 906. n. — 30
2 Sonderabdrucke aus: „Sitzungsber. d. k. Akad. d. Wiss."

Jellinek, Walter, Rechtspraktikant in Heidelberg: **Der fehlerhafte Staatsakt und seine Wirkungen.** Leipzig 1908: J. B. Hirschfeld. (VIII, 119 S.) 8° [Erscheint vollst. b. J. C. B. Mohr (Paul Siebeck), Tübingen.]
Straßburg, Rechts- u. staatswiss. Fak., Ref. Laband, Diss. v. 21. Mai 1908
[Geb. 12. Juli 85 Wien; Wohnort: Heidelberg; Staatsangeh.: Baden; Vorbildung: Gymn. Heidelberg Reife 03; Studium: Heidelberg 4, Freiburg i. B. 2, Berlin 1 S.]

Der fehlerhafte Staatsakt und seine Wirkungen. Eine verwaltungs- u. prozessrechtl. Studie von Walter **Jellinek**. Tübingen: J. C. B. Mohr 1908. (XII, 201 S.) 8°
Ein T. erschien als Inaug.-Diss Strassburg [08. 14:10

Jellinek-Mercedes Raoul: La Rochefoucauld, Vauvenargues und Duclos als Moralphilosophen.
M. 1908 PN 2492 **Diss.** Wien, Univ.

Jellinghaus, die Bau- u. Kunstdenkmäler des Kreises Herford, s.: Ludorff, A.

Jellinghaus, Aug., der Großhandel des Zollvereins und seine Lähmung durch die Zollordnung. (Abdruck aus der Woenigerschen Monatsschr.: „Der Preuß. Staatsbürger.") gr. 8. (16 S.) Potsdam 817, Stuhr. 1/12 ℛ

Jellinghaus, Carl, s. Jellinghaus, Karl

Jellinghaus, G., auslegende Erläuterungen zum Römerbrief f. gläubige Bibelforscher. Ein Beitrag z. bibl. Erlösungs-, Rechtfertigungs-, Wiedergeburts- u. Heiligungs-Lehre. gr. 8. (216 S.) Neumünster (899). (Vereinsbuchh. G. Ahloff & Co.) n. 1. 50: kart. n. 2. —; geb. n. 2.50

Jellinghaus, Herm. Arminius u. Siegfried. gr. 8. (38 S.) Kiel 891, Lipsius u. Tischer. 1 –

Jellinghaus, H., Arminius und Siegfried. Kiol u. Leipzig 1891. 8. . . . . (H.)

Jellinghaus, Herm., niederdeutsche Bauernkomödien des 17. Jahrh., s.a. Bibliothek des litterarischen Vereins in Stuttgart, Bd. 147.

Jellinghaus, Herm., Niederdeutsche Bauernkomödien des siebzehnten Jahrhunderts. Tübingen (Litt. Verein, Nr. 147) 1880. 8°.

Jellinghaus, Herm., zur Einteilung der niederdeutschen Mundarten. Ein Versuch. gr. 8. (XVI, 84 S.) Kiel 881, Lipsius und Tischer.

Jellinghaus, H., Zur Einteilung der niederdeutschen Mundarten. Ein Versuch. Kiel 1881. 8.
Enthalt: »Literatur«. . . . . (H.)

Jellinghaus, Herm., die Flexionen der ravensbergisch-westfälischen Mundart. Inauguraldissertation. gr. 8. (S. 71—102 von „Die Laute u. Flexionen der rav.-westfälischen Mundart".) Nordeu 877. (Jena, Deistung.) n. 1. 20

Jellinghaus, Herm., Geschichte der mittelniederdeutschen Literatur. 2. verb. u. verm. Aufl. gr. 8. (III, 56 S.) Strassburg 902. K. J. Trübner. n. 1. 50
Sonderabdruck aus: „Paul's Grundr. d. german. Philologie".

— westfälische Grammatik. Die Laute u. Flexionen der Ravensbergischen Mundart, mit einem Wörterbuche. gr. 8. (VIII, 156 S.) Norden 877. Fischer Nachf. n. 4. —

— westfälische Grammatik. Die Laute u. Flexionen der Ravensberg. Mundart, m. e. Wörterbuche. 2. Ausg. gr. 8. (VIII, 156 S.) Norden 885. Fischer Nachf. n. 4. —

Jellinghaus, *Hermann* [Rekt. Dr.]: Kanon der zu lernenden Gesänge und Gedichte. Segeberg, Druck v. C. H. Wäser, 1892; 10—11 S. 4.
Segeberg, RPG '(Wilhelms-S)', P 1892 (295)

Jellinghaus, H., Ossians Lebensanschauung, s.a. Sammlung gemeinverständlicher Vorträge u. Schriften aus dem Gebiet der Theologie u. Religionsgeschichte, 39.

Ossians Lebensanschauung. Von Dr. H[ermann] **Jellinghaus**, Osnabrück. (Vortrag geh. 1903 in d. Theol. Gesellsch. in Osnabrück.) Tübingen & Leipzig: J. C. B. Mohr 1904. (61 S.) 8°
Sammlung gemeinverständl. Vorträge u. Schriften aus d. Geb. d. Theol. u. Religionsgeschichte. 39. [04. 9604

Jellinghaus, Herm., holsteinische Ortsnamen. (S. 203—327.) Segeberg (899). J. F. Meier. n. 1. 80
Sonderabdr. a.: „Zeitschr. d. Gesellsch. f. schlesw.-holst. Gesch."

Die westfälischen Ortsnamen nach ihren Grundwörtern v. H[ermann] **Jellinghaus**. *Kiel & Leipzig: Lipsius & Tischer 1896.* (VIII, 163 S.) 1 Bd S. [96. 1659

Die westfälischen Ortsnamen nach ihren Grundwörtern von H[ermann] **Jellinghaus**. 2. verm. Ausg. *Kiel & Leipzig: Lipsius & Tischer 1902.* (VIII, 189 S.) 8° [02. 3871 8

Jellinghaus, H. Die „Proverbia communia" mittelniederdeutsch. Nach einer Handschrift der Kieler Universitätsbibliothek. 21 S.
Progr. OR. *Kiel* 1880.

— s. **Sidrach, das Buch.**

Jellinghaus, (Hermann), Dir. Dr.: **Verzeichnis der Lehrer, welche in den 32 Jahren des Bestehens der Wilhelmsschule an derselben angestellt gewesen sind.** *Segeberg 1901: C. H. Wäser.* (S. 5—6.) 4°
Segeberg, R ⟨Wilhelms-S⟩, P 1901 (322)

Jellinghaus, *Hermann* [Dir. Dr.]: **Verzeichnis der Schüler, welche die Wilhelmsschule seit ihrer Gründung im Jahre 1869 besucht haben.** Segeberg, Druck v. C. H. Wäser, 1895; 10—17 S. 4.
Segeberg, RPG '(Wilhelms-S)', P 1895 (297)

Jellinghaus, Hermann: Die niederländischen Volksmundarten, s. Forschungen. Bd. V.

Ueber die Ortsnamen zwischen Unterelbe und Unterweser. Vortrag auf der Hauptversammlung der "Männer vom Morgenstern" am 2. Juli 1899 in Otterndorf v. Hermann Friedrich **Jellinghaus**. Separat-Abdruck aus: Jahres-Bericht der Männer vom Morgenstern. Heimatbund an Elb- und Wesermündung. H. 3. o. O. (1899.) • 8°

Jellinghaus, Johanna, Leitfaden der deutschen Geschichte für evangel. Schulen, vorzugsweise für Mädchenschulen. Meisenheim 870. Krull. 8. (120 S.) n. 10 ngr.

Jellinghaus, Karl

Jellinghaus, Carl [aus Halle a. d. S.]: Beitrag zum Capitel der Dysmenorrhoe ... Berlin, Buchdr. v. G. Schade, *1891;* 41 S., 1 Bl. 8.
Berlin, Med. Fak., Inaug.-Diss. v. 14. Nov. 1891

Jellinghaus, Paul, Tennysons Drama Harold, s.a. Beiträge, Münstersche, zur englischen Literaturgeschichte. III.

Jellinghaus, Paul, Kand. d. höh. Lehramts a. Rädnitz ⟨Kr. Crossen a. O.⟩: **Tennysons Drama „Harold". Eine Quellenuntersuchung.** Borna-Leipzig 1905: R. Noske. (IX, 83 S.) 8° [J.]
Münster, Phil. Fak., Ref. Jiriczek, Diss. v. 29. Juli 1905
[Geb. 12. Okt. 76 Rädnitz, Kr. Crossen a. O.; Wohnort: Münster i. W.; Staatsangeh.: Preußen; Vorbildung: Realgymn. Berlin Reife O. 99; Studium: Berlin 6, Münster 3 S.; Rig. 23. Juni 05.]

Jellinghaus, Paul, Tennysons Drama „Harold". Eine Quellenuntersuchg. (Diss.) (IX, 83 S.) 8. Berlin (905). Thormann & Goetsch. n. 2. —

Tennysons Drama Harold. Eine Quellenuntersuchung von Dr. phil. Paul **Jellinghaus**. Münster (Westf.): H. Schöningh 1907. (72 S.) 8°
Erschien als Inaug.-Diss. Münster 1905.
— **Beiträge**, Münstersche, z. engl. Literaturgeschichte. 3. 108. 9037

Jellinghaus, Theodor (Voerdae/Mark/Westfal.), De blennorrhoeis acutis. Diss. med.-chir. Bln. (Nietack) 23. IX. 1835. 32 S. mit Biogr. (M.: F. Hasenclever.) (6.30) 16724
Oppon.: C. L. Reese, J. Proebsting, H. Cueppers.

Jellinghaus, Th. Der erste Brief des Johannes. Für gläubige Bibelforscher aus allen Ständen ausgelegt. In-8°. 147 S. Basel, C. F. Spittler. 1 50
1890

Jellinghaus, Thdr., der erste Brief des Johannes. Für gläub. Bibelforscher aus allen Ständen ausgelegt. 2. durchgeseh. Aufl. 8. (140 S.) Basel 898. Kober. 1. 20; geb. in Leinw. n. 2. —

Jellinghaus, Thdr., der Brief Pauli an die Römer, s. a. Auslegung des Neuen Testamentes f. gläubige Bibelleser. 6. Tl.

Der Brief Pauli an die Römer. Ausgelegt von Th(eodor) Jellinghaus. P. em. *Berlin: Thormann & Goetsch 1903.* (X, 323 S.) 8° [F.]
= **Auslegung** d. Neuen Testamentes f. gläubige Bibelleser. T. 6. 04 3[illegible]

Jellinghaus, Thdr., das völlige, gegenwärtige Heil durch Christum. 2 Bde. gr. 8. Berlin 880. 81. Brochnow jun. à n. 3. —
1. Rechtfertigung allein durch Christum. gr. 8. (XII, 264 S.)
2. Heiligung allein durch Christum. (VI, 295 S.)

Jellinghaus, Thdr., das völlige, gegenwärtige Heil durch Christum. 2. durchgeseh. Aufl. gr. 8. (XVIII, 678 S.) Basel 886, Spittler. *

Jellinghaus, Thdr., das völlige, gegenwärtige Heil durch Christum. 3., durchgeseh. Aufl. gr. 8. (XVIII, 695 S.) Basel 891. Jaeger & Kober. n. 4. 80

Jellinghaus, Th. Das völlige, gegenwärtige Heil durch Christum. 3. Aufl. Gr. in-8°. XVIII, 695 S. Basel, C. F. Spittler. 6 —; gebd. 7 50
1891

Jellinghaus, Thdr., das völlige, gegenwärt. Heil durch Christum. 4., durchgeseh. u. verm. Aufl. gr. 8. (XXII, 760 S.) Basel 898. Kober. n. 4. 80; geb. in Halbfrz. n. 6. —

Das völlige, gegenwärtige Heil durch Christum. Von Theodor **Jellinghaus**. Pastor em. 5. durchges. u. verm. Aufl. *Berlin: Thormann & Goetsch 1903.* (XXVI, 758 S.) 8° [F.] 04. 3735

— die Heiligungskraft des Blutes Jesu. Rede bei den Oktober-Versammlungen zu Gernsbach 1878. 2. Aufl. 8. (16 S.) Gernsbach 882. Christlicher Colportage-Verein. n. — 4

— die Heiligungskraft des Blutes Jesu. Rede bei d. Oktober-Versammlgn. zu Gernsbach 1878. 5. durchgeseh. Aufl. 12. (16 S.) Gernsbach 899. Lichtenthal, Christl. Kolportage-Verein. n. — 04

Jellinghaus, Th., die deutsche Kohlsmission. 8. (16 S.) Berlin 878, Buchh. des Missions- und Frauen-Kranken-Vereins.

—— die wahre Liebe und Menschenachtung eine sichere Bewahrung vor Unkeuschheitssünden. 12. (8 S.) Mühlheim a. R. 887, Buchh. des evangel. Vereinshauses.

—— dass. 2. Aufl. 16. (8 S.) Ebendas. 888.

Jellinghaus, Th., Die wahre Liebe u. Menschenachtung, eine sichere Bewahrung vor Unkeuschheitssünden. (16 S.) Hamburg 1895. Schriftenniederlage d. Ver. j. Männer.

— Sieg u. Leben in der Glaubenshingabe an den im Worte gegenwärtigen völligen Erlöser. 2. Aufl. gr. 8. (50 S.) Neumünster 899. Vereinsbuchh. G. Ihloff & Co. — 35

Jellinghausen, Bernh. Heinr. (Lub.), De executione in cadavere delinquentis. Von Bestraffung des Missethäters nach seinem Tode. Disp. jur. Präs. Johann Klein. Rostock (Joh. (Weppling) 2. XII. 1699. 44 S. (7.—) 16725

— — Dasselbe. 56 S. (6.80) **16726**

— — Dasselbe. Güstrow (Joh. Michael Rudiger) 1705. 21 Bl. (6.80) **16727**

— — Dasselbe. Wittbg. (Hake) 1738. 54 Seiten. (6.80) **16728**

Jellmann, H., Hilfstabellen f. die Buchführung der Rindviehkontrolle. (32 S.) 41,5×29 cm. Leipzig (909). F. Hugershoff. Geb. 7. 50

Jelmoli, Hans, Franz Curti, s. a. Neujahrsblatt, 97., der allgemeinen Musik-Gesellschaft in Zürich.

Franz Curti. (Verf.: Hans **Jelmoli**.) Zürich (& Leipzig: Hug in Komm. 1909). 30 S. 4°
(Neujahrsblatt d. Allgem. Musikgesellschaft in Zürich. 97.) 10. 3413

Jelmoli, Hans. Studien und Landschaften. [Mit Noten.] VIII + 78 S. 8. Zürich, Schulthess & Co., 1906. [geb. fr. 2. 40]

— **sein Vermächtnis**, s. a. **Scribe, Eugène.**

Jelmoli, Hans. Sein Vermächtnis. Lyrische Komödie in einem Aufzuge. Dichtung von Eugène Scribe und Mélesville, Deutsch von H' J'. Musik von H' J'. [Vollständiges Regiebuch.] II + 59 S. 8. Zürich, Schulthess & Co., 1904. [M. 2. —]

Jelmoli, Hans. Sein Vermächtnis ⟨La femme de M. Adolphe⟩. Lyrische Komödie in einem Aufzuge. (Dichtung) von Eugène Scribe u. Mélesville. Deutsch von H' J'. Musik von H' J'. Vollständiger Klavierauszug mit deutsch/franz. Text und dem gesammten Dialog. II + 101 S. 4. Leipzig und Zürich..., Komm. Gebrüder Hug & Co., (1904).
Kl' M. 10. — [fr. 18. 50], Regiebuch 2. —, Text der Gesänge —. 80
(= La Femme de M. Adolphe. Paroles par MM. E' Scribe ... et Mélesville. Musique de H' J'.)

Jelmüller, M., Rede von d. Würde d. Priesterthums, als die erhabenste u. schrecklichste Würde. 8. Münch. 788. Lentner. 2 K

Jeločnik Viktor. Über das Glykol aus Isovaleraldehyd und Isobutyraldehyd. S. 112. Hb. 3[illegible] . . . . vgr.
Separatabdruck

Jeloneck, J.

Jeloneck Beleuchtung des Satzes: Nicht für die Schule, sondern für das Leben soll man lernen. 11 S. . . . . . .
Leobschütz, P 1828

Jeloneck, J. Festgesang. Zur Vorfeier des Geburtstags Sr. Maj. 2. Aug. 4 S.
Leobschütz, Progr. 1828

— Ein lat. und deutsches Gedicht, dem Fürst-Erzbischof von Olmütz Maximilian Joseph gewidmet von den Schülern des Gymnasiums. 3 S. . . . .
Leobschütz, Progr. 1841

Jełowicki, Alex., O towarzystwie wzajemnéj pomocy. Rzecz ogłoszona w r. 1833. Wydanie 2. 32. (63 S.) Leipzig 866, Kasprowicz. *

Jelpke, J. W.

— — Dione, ein Schäfer-Trauerspiel. Berlin und Leipzig 1759. 8°. 99 S. (9 Mk. Hugo Streisand, Berlin, 1908.)
Beides rar!

JELPKE, J. W., Ein Schäferspiel ohne Liebe. (1 Aufz. von 9 Auftritten.) Braunschweig 1747. 4°. 24 S.
Goedeke IV, 80, 46.

Der Gottesdienst. Von Dr. [Julius] Jelski, Pred., Berlin. Berlin: M. Poppelauer 1906. (12 S.) 8° [J.] [o8. 7733

Das Wesen des Judenthums. Von Dr. [Julius] Jelski, Pred. in Berlin. *(Berlin): M. Poppelauer 1902.* (23 S.) 8° [J.] [o3. 00987

Jelski-Goldin, Israel [aus Lodz '(Russ.-Polen)']: Die innere Einrichtung des grossen Synedrions zu Jerusalem und ihre Fortsetzung im späteren palästinensischen Lehrhause bis zur Zeit des R. Jehuda ha-Nasi. E. Beitr. z. Verständn. u. z. Würdigg d. ältesten talmud. Quellen ... Breslau, Schles. Buchdr., Kunst- u. Verl.-Anst. v. S. Schottlaender, *1894*; 99 S. 8.
Leipzig, Phil. Fak., Inaug.-Diss. v. [30. Mai] 1894

Jelski, Israel, die innere Einrichtung des grossen Synedrions zu Jerusalem u. ihre Fortsetzung im späteren palästinensischen Lehrhause bis zur Zeit des R. Jehuda ha-Nasi. Ein Beitrag zum Verständnisse u. zur Würdigg. der ältesten talmud. Quellen. gr. 8. (99 S.) Breslau 894. (W. Koebner.) n. 2.—

Jeltsch, Max, der Gesangunterricht in der Volksschule, wie er sein muss, um die Kinder zu sinngemässem Vortrage und zum Singen nach Noten zu bringen. gr. 8. (71 S.) Breslau 878, Köhler. *

Jeltsch, Max, die Methodik des Gesang-Unterrichts in der Volksschule. 8. (III, 46 S.) Eckernförde 886, Heldt. *
cart. *

Jeltsch, (Aemilius) Theodorus *(geb. Baumgarten bei Bolkenhain 8.3.1843)*: De Apuleji Floridis. Vratislaviae (1868). (34 S.) 8°
Breslau, Phil. Diss. v. 28. Jan. 1868

Jeltschinsky, Wilh., radicale Heilung der Syphilis vermittelst Kuhpockenvaccination, gegründet auf physiolog. Data und bestätigt durch klinische Beobachtungen. Uebersetzt aus dem Russ. Lex.-8. (X und 89 S.) Leipzig 860, C. F. Winter'sche Verlagsh. *

Jelussig, O., organische Bestimmungen für das k. und k. Heerwesen, s. Hilleprandt, A. v.

Jemand, W. (Pseud.), s. a. Devrient, Wilhelm

Jemand, W., diabol. Dichtungen. 16. (3½ B.) Iserlohn 833, Langewiesche.

—— der ewige Jude. Didact. Tragödie. 8. (10½ B.) Iserlohn 831, Langewiesche.

— s. Lies mich! Eine Samml. v. Novellen.

Jemehr, (Jh. Tim. Hermes), Verheimlichung u. Eil (od. Geschichte Lottchens u. ihres Nachbars). 2 Bde. 8. Leipz. 802. (Nauck). 3 ♯ 16 gr

Jemgumer Closter, Friedrich Gottlob von (Schwäb. Hall), Principia generalia de fidejussore ex fidejussione in caussis tam civilibus, quam criminalibus vel plane non, vel etiam principaliter obligato, sistens. Diss. jur. Präs. Jo. Ludwig Schmid. Jena (Marggraf) 17. IV. 1762. 36 S. (6.—) 16731
Widm. v.: Präs., Jacob Raue, Tobias v. Wachter, Stephan v. Schelhass.

Jemgumer Closter, Jo. Lorenz von

— — De clausula salutari libellorum. Diss. jur. Präs. Jo. Samuel Stryk. Halle (Chr. Henckel) 8. VI. 1701. 64 S. mit Widm. v. Präs. (7.—) 16734

— — Dasselbe. Von der Anruffung des Wild=Richterlichen Amts in denen Klage=Schreiben. Halle (Hendel) 1738. (7.—) 16735

JEMILLER, Peter (Augsburg): De iritide.- Augsburg: Volkhart 1849. 16 S.
21.8.1849 - Urk; P 67
Diss. Ingolst.-Landsh.-Mchn.

Jemin, Ibn, s. Ibn Yamīn, Fakhr al-Dīn Mahmūd

Jemina, Jh. Bapt., Betrachtt. über die Wirkung des Petechialcontagiums, entnommen aus Leichenöffnungen (unter A. F. Marcus Aufsicht). gr. 8. Bamb. 815. (Wesche in Frkf.) 6 gr

Jen Libanon. Berlin 1773. V: *Wessely, Hartwich.* (MGT)

Jena [Sachliches OW]

— seine 7 Wunder u. sonst. Denkwürdigkeiten. (Von Hugo Hahn.) br. 8. (46 S. m. 1 Panorama.) Jena 895. (D. Rassmann.) n.n. 1. 50

Jena, Das in dem Jahre 1743 Blühende, Darinnen Von dem Ursprung der Stadt, Stiftung der Universität und was sonsten zu dieser gehörig ... vollständig erzehlet wird. Jena [1743]. V: *Mylius, Joh. Chph.* (Erman & Horn, Bibliogr. d. dtsch. Universitäten. 2. Leipz. u. Berl. 1904.) (ADB 15, 49) (Kat. d. Bibl. Schnitzer-München 1902. S. 180.)

Jena, d. i. J. 1743. blühende, n. d. Zus. a. d. J. 1744. 8. Jena, Margraf. 743. 44.

Jena bis jubilans sive jubilaeum duplex primum Anno 1617. celebratum, secundum ... hoc ipso currente Anno 1717 ... continuatum ... [Jenae] 1717. V: *Grinsius, Nicolaus.* (Erman & Horn, Bibliogr. d. dtsch. Universitäten. 2. Leipz. u. Berl. 1904.)

Jena (Führer), s.: Miniatür-Bibliothek.

Jena oder Köpenick? (Berlin: Lustige Blätter [1906].) (9 Bl.) 4° [Umschlagt.] (Specialausgabe d. Lustigen Blätter.) [08. 5017

Jena oder Sedan? Ein Wort z. Abwehr. 9. bis 11. Taus. *Berlin: E. S. Mittler & Sohn 1904.* (16 S.) 8° [F.] [04. 5847

Jena salve! [Vimariae 1858.] V: *Reisig, August.* (Erman u. Horn, Bibliogr. d. dtsch. Universitäten. 2. Leipz. u. Berl. 1904.)

Jena u. die Umgegend. Fol. Lith. Jena 849, Noten-Leihanstalt. 9 ngl

Jena und Umgegend in 28 in Kpfr. gest. Ansichten. Festgabe zum 300jähr. Jubelfeste der Universität Jena am 15., 16. und 17. August 1858. qu. 8. Jena 858, Doebereiner. *

Jena als Universität u. Stadt. Hrsg. vom Verein zur Förderg. des Fremdenverkehrs. 2. teilweise umgearb. Aufl. (65 S. m. Abbildgn.) 8. Jena (904). (G. Fischer.) Nicht im Handel.

Jena als Universität u. Stadt im Sommer 1910. Hrsg. vom Verein zur Förderung des Fremdenverkehrs. 8. Aufl. (54 S. m. Abbildgn.) 8. Jena 910. (G. Fischer.) — 30

— **u. Weimar.** Ein Almanach des Verlags Eugen Diederichs in Jena 1908. (175 S. m. Abbildgn., Taf. u. 1 Fksm.) 8. Jena, E. Diederichs. Kart. 1.—; Liebhaberausg., geb. in Perg. 3. —

Jena und Weimar. Von alter und neuer Zeit. Jena: E. Diederichs 1908. (175 S.) 8° [08 13,72

Jena in Wort u. Bild. Eine Sammlung v. Ansichten, Liedern u. Aussprüchen ernsten u. heit. Inhalts. 3., bedeutend verm. Aufl. qu. gr. 8. (103 S.) Jena (897). Frommann'sche Hofbuchh. Geb. in Leinw. n. 2. 50; Salon-Ausg. 3. 25

Jena in Wort und Bild. Eine Samml. von Ansichten, Liedern u. Aussprüchen ernsten u. heiteren Inhalts. 2. unveränd. Aufl. *Jena: Frommann [1902].* (78 S.) quer-8° [02 8106

— in Wort u. Bild. 5. u. 6. verm. Aufl. Mit Buchschmuck v. Dora Polster. (105 S.) qu. kl. 8. Jena (901. 906. Frommann'sche Hofbuchh. Kart. n. 3. —

Jena [Schlagwort]

Jena, s.a. Deutschland. Karte (Abt. Preussen).

— s. a. Preussen. Messtischblätter.

Jena, Schlachtfeld v., s.a. Apolda.

— s. a.: Thüringen. Gräf.

Jena. Bosse, Paul, Karte der Umgebung von Jena. 1 : 50,000. 25,5×25,5 cm. Farbdr. Weimar 900. (L. Thelemann.) n. — 60

Jena. Hunger, Max, Plan v. Jena u. Wenigenjena. 1 : 10,000. 4. Aufl. 29,5×36,5 cm. Farbdr. Mit Text. (4 S.) kl. 8. Jena (906). Döbereiner Nachf. n. — 40

Jena. Karte der Umgebung von Jena. 1 : 100,000. 29,5 × 27 cm. Farbendr. Jena 895. Frommann's Sort. n. — 50; auf Leinw. n. — 80

— **Plan der grossherzl. sächs. Residenz- u. Universitätsstadt Jena u. Wenigen-Jena. Beilage zum Dr. Leonhardt'schen Führer. 27 × 35 cm. Farbdr. Jena 898. Doebereiner Nachf. — 30**

— **Plan, neuester,** v. Jena u. Wenigen-Jena. 2. Aufl. 27×35 cm. Farbdr. Jena (900). Döbereiner Nachf. — 40

Jena — Prospect und Grundriss der Stadt und Universität — nebst der herumliegenden angenehmen Gegend und denen ruinirten Bergschlössern etc. Nurnberg bey denen Homänn. Erben. 1766. 1 : 65,000. Der Grundriss der Stadt in einem ungefähr sechsmal grosseren Verhaltniss.

— **Spezial-Karte** f. die weitere Umgegend v. Jena. Mittleres Saaletal m. Nebentälern. 1 : 150,000. 41×30 cm. Farbdr. Ebd. (903). n. — 60

— **Umgebungs-Karte,** neueste, von Jena. 2. Aufl. 34×32 cm. Farbdr. Ebd. (900). — 40

— **Wegekarte** f. die nächste Umgebung v. Jena (zum Dr. Leonhardt'schen Führer gehörig). Gezeichn. v. P. Hornbogen. 34 × 32 cm. Farbdr. Ebd. 898. — 30

— **Wegekarte** für die nächste Umgebung von Jena. (Umschlag: Neueste Umgebungs-Karte.) 2. Aufl. 1 : 37,000. 31,5×30 cm. Farbdr. Ebd. (903). n. — 40

Jena [Verfasser]

Jena, Albert: Kurzer Vierteljahresbericht über die Fortschritte der Zuckerfabrikation, s. Märker, M.

Jena, Carl ..., s. Jena, Karl ...

Jena, Chlodwig von, Referendar in Nettelbeck: Die Wirkung der confusio auf obligatorische Rechtsverhältnisse nach römisch-gemeinem Recht und dem Recht des Bürgerlichen Gesetzbuches. Borna-Leipzig 1907: R. Noske. (VIII, 59 S.) 8° [F.]

Leipzig, Jur. Fak., Diss. v. 29. Juli 1907

[Geb. 8. Sept. 83 Saarbrucken; Wohnort: Nettelbeck b. Putlitz; Staatsangeh.: Preußen; Vorbildung: Ritterakad. Brandenburg a. H. Reife O. 02; Studium: Grenoble 1, Heidelberg 3, Marburg 2 S.; Rig. 27 Juli 05.]

Jena, Cph. Wlh. Fürchteg., († d. 20. Juni 1821.) die Bildung der christl. Jugend, oder prakt. Bearbeitung der Moral, nach einem dazu entworfenen vollständigen Auszuge aus Reinhards Moralsystem. Ein Handbuch f. Prediger, Jugendlehrer u. angehende Theologen rc. gr. 8. Quedlinb. 819. Ernst. 2 ℛ 8 ℊ Wohlf. Ausg. 823. 1 ℛ 18 ℊ

— für die Religion Jesu. In Reden über die Feier des 3ten Jahrhunderts der Kirchenverbesserung, u. in Hymnen u. Liedern. 8. Halle 817. Gebauer. 18 ℊ

General v. Goeben im Feldzuge 1866 gegen Hannover und die süddeutschen Staaten und meine Erlebnisse in diesem Feldzuge als Generalstabsoffizier der Division Goeben. Von Eduard v. Jena, Gen.Lt. z. D. Mit 2 Operationskarten. *Berlin: R. Eisenschmidt 1904.* (111 S.) 8° [F.] [04. 4...

Jena, Karl

Jena, Carl, a. Prosigk in Anhalt: Ueber Verbindungen, welche Vanadinsäure und tellurige Säure enthalten. Gießen 1907: v. Münchow. (29 S.) 8°

Gießen, Phil. Fak., Ref. Naumann, Diss. v. 19. Juli 1907

[Geb. 1. Mai 81 Prosigk (Anhalt); Wohnort: Gießen; Staatsangeh.: Anhalt; Vorbildung: Ludwigs-Gymn. Cöthen Reife M. 00; Studium: Leipzig 4, Halle 1, München 8 S.; Rig. 7. Mai 07.]

Erinnerungen an einen Heimgegangenen. Briefe des, vor den Duppeler Schanzen gefallenen Major (Carl Gottfried) von **Jena** während des schleswig-holsteinischen Feldzuges an seine Familie. Berlin. 1864. 8°.

Erinnerungen an einen Heimgegangenen. Briefe des vor den Duppeler Schanzen gefallenen Major (Carl Gottfried) von **Jena** während des schleswig-holsteinischen Feldzuges an seine Familie. 3. Aufl. Berlin. 1865. 8°

Jena-Cöthen, v., Holzfütterung u. Reisigfütterung, s.: Ramann, E.

Jenamy, G., triennium ultimum Filii Dei conversantis in carne. Graec. 1781. 12.

Jenchen, Dr. A., üb. die Vereinigung der beiden protestant. Kirchen. 8. Bresl. 819. Holäufer. 4 gr

Jenchen, D. A., über die Vereinigung der beyden protest. Kirchen. 8. Breslau. Holäufer. 820.

Jenchen, August Ephraim

— Predigten m. wiederhol. Catechisat. üb. d. Evang. 2 Thle. gr. 8. Lpz. J. C. W. Vogel. 798.

— kurze prakt. Predigten, mit wiederhol. Katechisation über die Evangelien. 2 Thle. gr. 8. Leipz. 798. W. Vogel. 2 Thlr.

Jenchen, Aug. Ephr., († d. 19. Nov. 1806.) Versuch prakt. Katechisationen üb. das allgem. Lehrbuch f. die Preuß. Staaten. 8. Brandenb. 795. 2e Aufl. 797. (Hessenland in Magdeb.) 8 gr

Jenchen, A. E., Vers. pract. Catechisationen üb. d. allgem. Lehrb. f. d. preuß. Staaten. 8. Brandenb. (Hessenland in Magdb.) 797.

— christliche Volksmoral. 8. Brandenb. (Hessenland in Magdb.) 801.

— christliche Volksmoral. 8. Brandenb. 802. (Lauffer in Leipz.) 12 gr

— kl. Wörterbuch, oder Erklärung solcher Wörter, die v. dem gemeinen Mann gar nicht, od. unrichtig verstanden werden. gr. 8. Leipz. 798. (W. Vogel). 4 gr

Jencke, Joh. Friedr., freie Gaben, s. Gaben, freie.

Jenckel, *Friedrich Ludwig* Adolf [app. Arzt aus Lüneburg]: Aus d. Kgl. Augenklinik zu Kiel. Ein Fall von Luxatio lentis mit acutem Glaucom ... Kiel, Druck v. P. Peters, 1897; 19 S. 8.
Kiel, Med. Fak., Inaug.-Diss. v. [10. Febr.] 1897

Jenckel, Julius August [Red.], s. Mercur.

Jenckel, Ludolf [aus Lüneburg]: Ueber Basen der Fenchonreihe ... Göttingen, Druck d. Dieterich'schen Univ.-Buchdr., 1892; 37 S. 8.
Göttingen, Phil. Fak., Inaug.-Diss. v. [9. Aug.] 1892

Jenckel, Ludf., üb. Basen der Fenchonreihe. Diss. gr. 8. (37 S.) Göttingen 892. (Vandenhoeck & Ruprecht.) n. – 80

Jencken, F., Bemerkungen üb. d. Cholera morbus. gr. 8. (3½ B.) Hamburg (831), Nestler u. Melle.

Jencquel, Daniel (Hamburg), De nuptiis sine consensu parentum contractis. Diss. jur. Strassburg (Melchior Pauschinger) 3. VIII. 1744. 80 S. (7.—) 16736

Jencž, s. Jentsch

Jende, P., üb. die Einführung der Volkswirthschaftslehre in dem öffentlichen Volksschul-Unterricht, s. a. Zeit- u. Streitfragen, deutsche.

Jende P, über die Einführung der Volkswirtschaftslehre in dem öffentlichen Volksschulunterricht. (Zeit- und Streitfragen, Deutsche, Neue Folge 57) Hamburg 1889

Jende, P., Jugendtypen, s. a. Zeit- und Streitfragen, deutsche.

Jende P, Jugendtypen. Ein ernstes Wort für Eltern und Erzieher. (Zeit- und Streitfragen N F 26) Hamburg 1887

— Jugendtypen. Ein ernstes Wort im Plaudertone für Eltern u. Erzieher. (30 S.) Ebd. 1888.

Jende, P., Schul- u. Volkswirthschaft, s. a. Zeit- u. Streit-Fragen, deutsche.

Jende, P., Schule und Volkswirtschaft. (40 S.) Ebd. 1885. Verlagsanstalt u. Druckerei.

Jende P. Schule und Volkwirtschaft. (Zeit- und Streitfragen, Deutsche 223) Berlin 1886

Jéndi [Schlagwort]

Jéndi, s. Kolonialkarten.

Jendrássik, A. E., anatomische Untersuchungen über den Bau der Thymusdrüse. Mit 1 lith. Taf. (Aus d. Sitzungsberichten d. k. Akad. d. W.) Wien 856. (Gerold.) gr. 8. (41 S.) u. 8 ngr.

Jendrássik, A. E., anatomische Untersuchungen über den Bau der Thymusdrüse. Lex.-8. (41 S. mit 1 Stnt.) Wien 857, (Gerold's Sohn.)
Aus: Sitzungsberichte der k. Akademie der Wissenschaften, Jahrg. 1856, besonders abgedruckt.

Jendrassik, E., über Neurasthenie, s. a. Sammlung klinischer Vorträge Nr. 426.27.

Über Neurasthenie. Von E. **Jendrassik**, Budapest. Leipzig: Breitkopf & Härtel 1906. (56 S.) 8° [Umschlagt.]
— Sammlung klinischer Vorträge. No 426/427.

Jendreyczyk, Ernst

Das Amt der Tischler zu Heide. Zum 300jähr. Jubiläum. Von E. **Jendreyczyk.** Leipzig 1908: J. Klinkhardt. (55 S.) 8° [Umschlagt. J.]

Die Apotheke zu Meldorf v. Ernst **Jendreyczyk.** (Meldorf. 1907.) 8°

Die ältesten Apotheken in Norderdithmarschen von E. **Jendreyczyk**. Wesselburen: Groth 1910. 32 S. 8°

Beiträge zur Geschichte des Medizinal- und Zunftwesens in Köslin. Von E. **Jendreyczyk**. Köslin 1900: Hendeß. 97 S. 8°

Jendreyczyk, E. Zur Geschichte der Rheinfelder Apotheken. II + 32 S. 8. Kiel, (Steinau a. O., Buchdr. Franz Wolf,) 1907.

Jendritza, Albertus *(in d. Vita:* Adalbertus) *(geb. Proskau in Schles. 3. 2. 1815):* De hominis generatione. Vratislaviae (1841). (24 S.) 8°
Breslau, Med. Diss. v. 13. Jan. 1841

JENDRITZA, Arthur (Danzig): Statistik der in den Jahren 1874-1880 auf der II. medizinischen Abtheilung des Münchener allgemeinen Krankenhauses beobachteten Masern- und Scharlachfälle.- Strassburg: Schultz 1882. 29 S.
31.12.1880 - Urk (Titel: De morbillorum et scarlatinae morbis in sectione II med. nosocomii urbis Monacensis per annos 1874-80 observatis.); Chr 1880/81,14
Diss.Ingolst.-Landsh.-Mchn.

Jendrtzok, C., Lehr- und Aufgabenbuch der Buchstabenrechnung und Algebra. Zum Gebrauche an Seminaren und für den Selbstunterricht bearb. gr. 8. (VIII, 245 S.) [Ober-Glogau 886.] Breslau, Handel. *

Jene, Reisen d. ganz Europa, von Petersb. b. Malta ꝛc. 3 Thle. 8. Wien, Camesina. 790.

Jenecke, J. F. C., de haemorrhoidibus. 4. Götting. 791. Kruse. 5 𝒦

Jenenser, Der; ein komischer (freier Studenten-) Roman voller Abentheuer und Schwänke. Hamburg, o. J. (c. 1800). 8°. 352 S. Rar! (5 Mk. Taussig, 1904.)

Jenenser, der, kom. Roman voller Abentheuer ꝛc. 8. Hamb. 805. (Herold jun.) 1 ℛ 8 𝒦

Jenenser, d., kom. Roman voller Abenteuer u. Schwänke. 8. Hamburg, Vollmer. 805.

Jenetzky, F. W., deutsches Lesebuch, s.: Dietlein, Rud.

Jenewein, A. Rud., Alt-Innsbrucker Hanswurst-Spiele. Nachträge zum „Höttinger Peterlspiel". (201 S.) 8. Innsbruck 905. Wagner. n. 2. —; geb. in Leinw. n. 3. —

Jenewein, A. Rud., s. a. Peterlspiel, das Höttinger.

Das Höttinger Peterlspiel. Ein Beitrag z. Charakteristik d. Volkstums in Tirol. Hrsg. von A. Rudolf Jenewein. *Innsbruck: Wagner 1903.* (122 S.) 8° [F.] 109. 190

Jenewein, Fel., die Pest. Ein Cyklus von 6 Bildern. Einleitung v. Karel B. Mádl. Imp.-Fol. (VIII S. Text.) Prag 901. B. Kočí. In Leinw.-Mappe 50. —

v. Jeney, ..., die Partheigänger, oder Kunst d. kleinen Krieg zu führen. gr. 8. Stuttg. 765. (Metzler). 16 𝒦 N. Aufl. Aus d. Französ. mit Anmerk., nebst e. Anh. u. Planen. gr. 8. Wien 785. Trattner. 21 𝒦

Jeney, v., die Parteygänger, od. Kunst d. kl. Krieg zu führen, v. Nicolai. gr. 8. Sutt. Metzler. 778.

Jeney, v. Der Parthengänger oder die Kunst den kleinen Krieg zu führen. A. d. Französ. Mit Pl. Wien 1785. 131 S.

Jenez, K. A., Selenska a jeje wobydlerjo. 2. Dziel. Pozczinki, waschnja a pschiwjera pohanskich Selenczanow, ziwenje jich prjenecho mißionary Hanßa Egedy a skutkowanje hernhutskich bratrow sa dalische rospschesczeranje kschesziizanskeje wjery w Selenskej. Po starschich a najnowischlich zortach spißat. Bautzen 853. (Schmaler.) 12. (168 S.) 6 ngr.

Jenich

— s. a. Jaenich.

Jenich, Christian Sigismund (Petersh./Laus.), Dissertatio de tempore, quo populi annum auspicari solent. Präs. Jo. Christoph Wencel (Director d. Zittauer Gymnas.). Zittau (Michael Hartmann) 19. III. 1716. 10 Bl. (6.20) 16737

Jenichen

— s. a. Jaenichen, Jehnichen.

(v. Jenichen.) Zur Erinnerung an den am 14. Oktober 1855 aus dem Leben geschiedenen General-Lieutenant a. D. Ludwig von Jenichen. 8. Berlin 1855. 0,30.

Jenichen, C.G., Diss. de fide Homeri historica. Witt. 787. 2 B. 4.

Jenichen, C. S., de tempore, quo populi annum auspicari solent. Zittav. 1716. 4.

Jenichen, Carl Siegfried, s. Jenichen, Karl Siegfried

Jenichen, D. G., s. ... Lünig, Schreiben von hohen Potentaten ꝛc.

Jenichen, Ed., Harfe u. Rauchwerk. Geistliche Poesien. 8. Cottbus 841, Meyer. n. 1/6 ℛ

Jenichen, Ed., Harfe u. Räucherwerk. Geistliche Poesien. 2. Ausg. 8. (88 S.) Hamburg 880. Jenichen. — 50

Jenichen, Gottlob Aug.: Diplomatische und rechtliche Abhandlung von dem Recht der ersten Bitte einer römischen Kayserin. Giessen 1757.

Jenichen, Glo. Aug., diplomat.- rechtl. Abhandlung von dem Recht d. ersten Bitte einer Römischen Kaiserin. 4. Marb. 757. Krieger. 4 𝒦

Jenichen, Gottlob Aug.: Historische und rechtliche Abhandlung von Begräbniß-Mahlzeiten und denen auf solche verwendete Unkosten. Leipzig 1747.

Jenichen, Gottlob Aug.: Abhandlung von denen Reichs-Dörffern u. Reichs-freyen Leuten. [Leipzig] 1768.

Jenichen, Gottl. Aug., Abhandlung von denen Wittwen-Cassen, deren Ursprung, Beförderung, Verwaltung, Recht. 8°. Lipsiae, Braun, 1733.

— — Dissertatiuncula de C. Afrania ad L. I. §. 5. de postuland. et Valerium Maximum L. VIII. C. III. §. 2. — Ad virum Sigismund Frider. Dresig (Conrector d. Thomasschule) congratul. Lpz. (Langenheim) 1734. 16 S. (5.50) 16753

Jenichen, Gottlob August. Besondere Anmerckungen von denen Durch die Teutschen Gesetze gar sehr eingeschrenckten, Verlöbniß-Mahlzeiten und Hochzeitlichen Gastmaelen. Jena und Leipzig, verlegts Joh. Rudolph Crökers 1746.
Tit., 11 Bl., 160 S. 8°.

— — Singularia de Callistrato, ICto. Lpz. (Jo. Christian Langenheim) 1742. 16 S. (2.—) 16756
Gew.: Friedrich Balthasar Hübler.

— — Clericum nepotem exulem successionis in geradam aviae maternae. Lpz. (Jo. Christian Langenheim) 8. VI. 1730. 38 S. (6.80) 16745
Gew.: Michael Heinrich Gribner, Gottlob Friedrich Jenichen.

— — Conjecturae de testamenti ad pias causas origine. — Ad virum Christoph Haymann (Franckenberg). Lpz. (Langenheim) 1734. 16 S. (5.—) 16752

— — De necessario tutorum seu curatorum in sponsalibus minorum consensu. Specim. juris German. Lpz. (Jo. Christian Langenheim) 1740. 52 S., tlws. dtsch. (6.80) 16755
Gew.: Johann Jacob Mascov.

Jenichen, Gottlob Aug.: Paradoxon jur. de necessario tutorum in sponsalibus minorum contrahendis consensu praesertim in Saxonia electorali. Lipsiae (1730).

— — De necessario tutorum in sponsalibus minorum contrahendis consensu praesertim in Saxonia electorali. Paradoxon juridicum. Lpz. (Jo. Christian Langenheim) 15. X. 1730. 16 Seiten. (5.—) 16746

— Gottlieb August (Leipzig), De contrariis feudi. Annotationes juris feudalis ad lucubrationes J. R. exercit. XV. Präs. D. Bartholomäus Leonhard Svendendörffer. Lpz. (Christian Scholvin) 13. X. 1701. 12 Bl. (6.20) 16740

— — Dasselbe. Lpz. (Schede). (6.20) 16741

Jenichen, Glo. Aug., († d. 1. April 1759.) elogium divis manibus J. R. Engavii consecratum. 4. Jena 755. Melchior. (Cnobloch in Leipz.) 6 gr.

— — Elogium divis manibus Jo. Rudolphi Engauii. Jena (Jo. Friedrich Schill) 1755. 36 S. mit Schriftenverz. u. Biogr. E.'s. (M.: B. E. Nagel.) (8.50) 16762
Gew.: Christian Gottlieb Buder.

— Gottlob August (Leipzig), De feudo inofficiose quaesito. Diss. jur. Präs. D. Jo. Gottfr. Bauer. Lpz. (Immanuel Titius) 1727. 44 S. (6.50) 16743
Gew.: Johann Franz Born (Wildenborn, Schoenau, Goltsch, Sellerhausen).

— — De fiscis viduarum. Von Wittben=Kasten. Diss. jur. Lpz. (Joh. Christoph Brandenburger) Juni 1703. 52 S. (6.80) 16742
Gew.: D. Jo. Franz Born.

Jenichen, Gottlob Aug.: Rechtliche Gedancken von der Ungültigkeit eines sowohl in Ansehung des Willens als auch derer äusserl. Solennitäten unvollkommenen Testaments zu milden Sachen. Franckfurt u. Leipzig 1749.

— — Gedancken vom Sonnen=Lehen. Zum Andencken der Stieglitzischen Doctor = Jubel = Feyer dem Drucke überlassen. Giessen (Johann Philipp Krieger) 1749. 23 S. (6.80) 16757
Gew.: Christian Ludwig Stieglitz.

— — De Prisco Javoleno ICto incomparabili et praecipuo saeculi sui ornamento dissertatio. Lpz. (Jo. Christian Langenheim) 1734. 36 S. (6.50) 16754

Jenichen, Gottl. Aug.: Indices generales et observationes selectae in Aug. de Leyser meditationum ... volumina 11. Francken-thalii 1781.

Jenichen, Gottlob August [Bearb.], s. L i p e n, Martin: Bibliotheca realis juridis.

Jenichen, Gottlob August [Bearb.], s. L ü n i n g, Johann Christ.: Bibliotheca deductionum.

Jenichen, Gottlob August [Bearb.], s. L ü n i n g, Johann Christ.: Neueröffnetes Europäisches Staats-Titular-Buch.

Jenichen, Gottlob August [Hrsg.], s. M a i a n s i u s, Gregor: Epistolae.

— Nachr. von dem Leben und Schriften der jetzleb. Rechtsgelehrten in Deutschland. 8. Lpz. 739.

— s. a. A. L e y s e r, meditat. ad Pandect.

— observat. in L e y s e r. ad Pandect. 4. Wolfenb. 748.

— — Observationes de patrinis eorumque origine, numero et sexu disputationibus in selectiora institutionum Justinianearum capita. Giessen (Jo. Chr. Schroeder) Febr. 1757. 31 S. (6.20) 16764

— — Dasselbe. Item de S. Pancratio urbis et ecclesiae primariae Giessensis numine tutelari prolus. acad. Ed. II. Lpz. (Jo. Christian Langenheim) 1758. 55 S. (6.80) 16765
s. a. Nr. 16763.

— — Observationes selectae de columbariis. — Praemissae orationi aditiali qua D. Gerard Andreas Müller (Ulm), anat. chirurg. et botan. p. p. o. designatus munus sibi clement. demandatum solemniter et more majorum auspicabitur. Giessen (Eberh. Heinr. Lammers) 23. IX. 1751. 31 S. mit Biogr. M.'s. (M.: S. E. Meybusch.) (7.—) 16760

Jenichen, Gottlob Aug.: Observationes selectae criminales de tabaco. Ed. 2. Giessae 1756.

Jenichen, Gottl. Aug. [Präs.] u. Chrn. Jak. de Zwierlein (Wetzlar) [Auct. et Resp.]
Observationes selectae ex jure Germanico et S.R.I. publico de excusationibus tutorum et curatorum.
Giessae 20. März 1755: Jo. Chrph. Schröder. LVI S. 4°

— — De S. Pancratio urbis et ecclesiae primariae Giessensis numine tutelari. Prolusio acad. recitationibus in jus ecclesiasticum habendis praemissa. Giessen (Jo. Chr. Schroeder) 1757. 16 S. (4.50) 16763
s. a. Nr. 16765.

— — u. Christian Gottlieb Gabriel (Weissenfels), De spuriis advocatorum privilegiis. Lpz. (Langenheim) 20. III. 1733. 24 S. (6.20) 16750
Gew.: Gottlob Hieronymus v. Leipziger (Helda).

— — Dasselbe. Von denen wiederrechtlichen Freyheiten derer Advocaten. Ohne Widm. (6.20) 16751

– s. Schubhard, G.: Commentatio de austraegis.

— — **Oratio de secta compendiariorum et perfectionistrarum jurisprudentiae perquam fatali in inauguratione binorum consultiss. virorum publ. recitata.** Giessen (Eberh. Heinr. Lammers) 31. VIII. 1752. 16 S. (3.—) 16761
Gew.: Chr. Jacob Zwirlin (I. I. F.). — Betr.: Phil. Jac. Rasor (Worms), Georg David Büsser (Wetzlar).

— — u. **Immam. Ernst Hahn** (Dresd.), **Specimen bibliothecae eruditorum longaevorum.** Diss. publ. Lpz. (Titius) März 1730. 40 S. (6.50) 16744
Gew.: Heinrich v. Bünau (Dahlen, Domsen, Gollniz).

— — **Commentatio de efficaci mulierum testimonio in codicillis tum Romano tum Germanico jure.** — Viro Jo. Heinrich Mylius dicata. Lpz. (Langenheim) 1731. 24 S. (5.50) 16747

— — Dasselbe. Ed. II. Lpz. (Langenheim) 1734. 32 S. ohne Widm. an M. (5.50) 16748
Gew.: Augustin Leyser.

— — Dasselbe. Von der Gültigkeit des Zeugnisses der Weiber in Codicillen. Ohne Widm. (5.50) 16749

Jenichen, Glo. Aug.: Thesaurus jur. feudalis cont. optima atque selectiss. opuscula, quibus jus feudale explicatur, etc. ab editore ornatus, — auctus atque locupletatus. III. Tom. *Francof.*, Kettembeil. 750—54. 4. (12 Thl.)

— thesaurus juris feudalis, cont. optima atque electissima opuscula, quibus jus feudale explicatur etc. III Tml. 4. Frankf. 750—55. Hermann. 12 ℛ

— — **una cum universo senatu academico solennem legum praelectionem proximis kalendis Julii more majorum, priscoque ritu instituendam indicit simulque academiae civis ad sedulam earum auditionem serio monet et cohortatur.** Giessen (E. H. Lammers) 1751. 12 S. (3.—) 16759

— — (Rector), **Dissertatio de usu hodierno parium curiae in feudis Germaniae provincialibus.** — Riviniano jubilaeo doctorali sacra. Frankf. u. Leipzig (Hector Alexander Saturn) 1751. 46 S., tlws. dtsch. (6.80) 16758
Gew.: Jo. Florenz Rivinus (Neumuckershausen).

Jenichen, Gottl. Friedr. (Präs.), s. Bohn, Jo. Gottlieb: De fundamentis officiorum erga patriam.

Jenichen, Gottlob Fried. (Präs.), s. Hercklitz, Valentin Gottfried: De cultu heroinarum sago vel toga illustrium.

Jenichen, Gottl. Frdr. Programma de Ottone Divite. fol. Lipsiae 1732.

— **Gottlob Friedrich,** Rectorem acad. magn. proceres utriusque reipublicae grav. juxta cum civium academicorum cujusuis prd. corona ad aud. orationem qua demandatam sibi auctoritate publica professionem moralium et politices ordinariam . . . invitat. Lpz. (Titius) 20. VII. 1712. 8 S. (2.—) 16766

Zu der öffentlichen Feyer und Versammlung, bey welcher an den Allerdurchlauchtigsten, Grossmächtigsten König, Churfürsten und Herrn, Herrn Friedrich Augustus, König in Pohlen, . . . wegen Ihrer Majest. hohen Geburts-Fests so instehenden 12. May dieses ietztlaufenden 1730. Jahres höchstfeyerlich wird begangen werden, im Nahmen der Deutschen Gesellschafft . . . der Hochwohlgebohrne Carl Heinrich Freyherr von Schrr Thoss, eben den 12. May in der Kirche zu St. Paul einen allerunterthänigsten Glückwunsch öffentlich abzulegen entschlossen, wird hiermit gebührend eingeladen von I. GOTTLOB FRIEDRICH JENICHEN, . . . Aus dem Lateinischen ins Deutsche übersetzt. Leipzig s. a. Druckts Bernhard Christoph Breitkopf. fol.

Jenichen, J. G., de petenda rerum, quas libri N. T. continent, e libris V. T. aporryphis illustratione. Viteb. 1786. 4.

Jenichen, Karl Siegfried

Jenichen, Carl Sigfrid (Lübben/Lausitz), **De minuenda mortium subitarum formidine.** Diss. med. Präs. Georg August Langguth. Wittbg. (Carl Christian Dürr) 26. I. 1770. 20 Seiten. (6.—) 16738
Gew.: Christian Wilhelm Carl v. Stutterheim (Ogros, Bollschwiz).

Jenichen, P., de ordinandis precum formulis. Thorun. 1720. 4.

Jenichen, Rudolf, Dipl. Chemiker aus Dresden. **Einwirkung von p-Toluolsulfinsäure auf einige aromatische Diazoverbindungen.** *Dresden 1900: Lehmann* (35 S.) 8°
Rostock, Phil. Diss. v. [20. Juli] 1900

— **Theodor Gottfried** (Leipzig), **De interpretatione juramenti praestiti, secundum intentionem ejus cui juratur non suscipienda.** Diss. jur. Präs. D. Friedrich Gottlieb Zoller. Lpz. (Breitkopf) 9. III. 1745. 24 S. (6.50) 16767
Gew.: Heinrich Grf. v. Brühl (Forst, Pfoerten, Groschwiz . . .), Johann Christian Frh. v. Hennicke (Widerau, Marschwitz).

Jenicke

— s. a. **Jaenicke.**

Jenicke, E., Observationes in Isaeum. Gel. 1838. 88 S. 4°.

Jenicke, Ed., symbolae criticae in Lycurgi Leocrateam. Recentiorum editionum ratione habita. 8. (1⅓ B.) Lipsiae 843. (Melzer.)

— f. Repertorium d. klaſſ. Philologie!

Jenicke, Eduard, Viro Godofredo Hermanno praesidi suo diem natalem a. d. 4. cal. decembres a. 1838 congratulantur societas graeca et regium seminarium philologicum. — **Insunt observationes in Isaeum.** Lpz. (C. P. Melzer). 33 S. (5.50) 16768
Gratul.: J. Klitzsch, J. Eltz, N. Engel, Th. Doehner, G. Thomas, H. Wimmer, J. Siebelis, E. Kerst, C. Hermann, W. Wulff, C. Heiland, L. Stephani, T. Ziller.

Jenicke, Hildegard Obrist-
s. Obrist-Jenicke. Ito. pr 7

v. *Jenisch*, Frhrr. Bernh., († d. 22. Febr. 1807.), s. 1) *Commentatio* de fatis ling. 2) *Historia* prior. reg. Persarum. 3) *Meninski*, Lexicon.

Jenisch (C.). Untersuchungen ueber die Bestandtheile der Hirse, Panicum miliaceum, L. Tueb. 1834. 8°.

Jenisch, Carl, s. Jenisch, Karl

Jenisch, Christian Justus Jacob (Osterode), Quatenus a prorogata per conventionem jurisdictione recedere liceat sive ad L. 18. D. jurisdictione. Diss. jur. Götting. (Barmeier) 1797. 38 Seiten. (5.50) 16769
Gew.: Justus Heinrich Jenisch (Vater).

Jenisch, Daniel (Bearb.), s. Aristoteles: Die Ethik in 10 Büchern.

– s. Aeschylos: Agamemnon.

Jenisch, D. (Bearb.), s. Aeschylus.

– s. Barthelemy: Reise.

BELEUCHTUNGEN des weise-närrischen und närrisch-weisen Menschengeschlechts. Quicquit (!) agunt homines. Nebst vielen (7) Kupfern (unsign.), vorstellend die Thier-Redoute in Menschen-Maske. (Vf.: *Daniel Jenisch*, geb. 1762, ertränkte sich 1804 zu Berlin in der Spree.) Berlin, 1802. Im Verlag der Königl. accad. Kunst- und Buchhandlung. 8°. (8 Mk. J. Taussig, Prag, 1904.)
Wenig bekannt! XXVIII (incl. gestoch. Tit.), 1 Bl. Druckf., X, 374 S., 1 Bl.

– s. Borussia.

– s. Campbell: Philosophie.

Jenisch, Dan., († d. 9. Febr. 1804.) Charakter-Gemälde d. Nationen u. Staaten, s. unten Geist.

Jenisch, (D.,) Charakter-Gemälde der Nationen u. Staaten Europens. 8, Berlin 800, (Nauck.)

– Denkschrift auf Friedrich II. &c. gr. 8. Berl. 801. Akadem. Buchh. 16 gr.

Jenisch, D., Denkschrift auf Friedrich den Zweiten mit besonderer Hinsicht auf seine Einwirkung in die Kultur u. Aufklärung des 18. Jahrh. (Ein Nachtrag zu dem Werk: Geist u. Charakter des 18. Jahrh.) Berlin 1801. 8.

– üb. d. hervorstechenst. Eigenthümlichk. v. W. Meisters Lehrj. 8. Berl. (Gräff in Lpz.) 797.

– über d. hervorstechendst. Eigenthümlichk. v. W. Meisters Lehrjahren. 8. Berl. 797. (Wienbrack in Leipz.) 16 gr.

Jenisch, Dn., s. Erzählungen, romantisch-scherzhafte.

– –, Romantisch-scherzhafte (von *Dan. Jenisch*, Prediger an der Marienkirche in Berlin). 3 Bdchn., Berlin 1792. 8°.
Aeusserst selten! (S. auch Frauenlob, Fritz.)

– Geist und Charakter d. 18n Jahrhunderts, politisch, moralisch, ästhetisch u. wissenschaftlich betrachtet. 3 Thle. gr. 8. Berl. 799 – 801. (Nauck). (a. Recht). 4 Rthlr 20 gr (1r Thl. A. u. d. T.: Kultur- u. Charaktergeschichte des 18n Jahrh. 1 Rthlr 12 gr 2r Thl. A. u. d. T.: Charaktergemälde d. Nationen u. Staaten Europas. 1 Rthlr 16 gr Hbg. Pr. 21 gr 3r Thl. A. u. d. T.: Kulturgeschichte des 18ten Jahrhunderts. 1 Rthlr 16 gr Hbg. Pr. 21 gr

– s. Fischer, K. G.: Predigten.

* **FRAUENLOB**, Fritz (d. i. *Dan. Jenisch*, Prediger in Berlin), Geist und Sitten der Vorzeit in komischen Erzählungen. Berlin, Matzdorff, 1792. 8°. (3 Mk. Scheible; jetzt theurer!)
– – Dasselbe. Ebd. 1798. 8°.

– über Gottesverehrung u. kirchl. Reformen, in besond. Hinsicht auf die v. Friedrich Wilhelm III. d. Oberconsistorio abgeford. Vorschläge zur Beförderung e. ächt religiösen Volksinnes. 8. Berl. 803. (Kummer in Leipz.) 20 gr N. A. 8. Berl. 816. Oehmigke. 20 gr

– üb. Grund u. Werth der Entdeckung Kants in d. Metaphysik, Moral u. Aesthetik. gr. 8. Berl. 795. Wieweg in Braunschw. 1 Rthlr 12 gr

Dn. **Jenisch** üb. d. Grund u. Werth d. Entdeckungen Kant's in d. Metaphysik, Moral u. Aesthetik. *Berl.*, Vieweg. 796. gr8° 1 Rthlr 12 gr

– s. Harris: Handbuch.

– Inschriften, deutsch u. latein., auf Berlins öffentl. Kunstdenkmäler. gr. 8. Berl. 801. Dunker u. H. 6 gr

Jenisch, Dan., Critik d. dogmat. ideal. u. hyperidulist. Religion und Moral-Systems. gr. 8. Leipzig, Rein. 804.

– Kulturgeschichte d. 18. Jahrh., s. oben Geist.

– Kulturgeschichte d. 18. Jahrh. gr. 8. Berl. 801, (Nauck.)

DIOGENES LATERNE (von *Daniel Jenisch*, Prediger in Berlin, geb. 1762, † [durch Selbstmord] 1804). Mit Titelkupfer (Schnorr v. K[arolsfeld], inv., Fr. Bolt sc. 1799.). Leipzig 1799, bei Wilhelm Rein. Breit-12°. (In Rostock, Landesbibl.) (30 Mk., schönes unbeschn. Expl. im Orig.-Umschl., Max Perl's Berliner Octob.-Auct. 1907, no. 391; 40 Mk. Adolf Weigel, 1907.)
Fehlt bei Goedeke. Gestoch. Tit., VIII–379 S., 1 S. Druckf. – I. (S. 1–110.) Das achtzehnte Jahrhundert: eine Satyre. (In Versen.) II. (S. 111–172.) Wünsche an das neunzehnte Jahrhundert: eine satyrisch-sentimentalische Apostrophe. (In Versen.) III. (S. 173–244.) Definizion des Menschen, als eines Thieres, welches sehr klug seyn kann, es immer seyn will, und es nie oder höchst selten ist. IV. (S. 245–280.) Falken-Blicke in die aller-neuste teutsche Litteratur. V. (S. 281–82.) Göthen's (so!) Xenie auf sich selbst, an den Verfasser der ästhetischen Versuche über Herrmann und Dorothea VI. (S. 283–85.) Apostrophe an Lichtenberg wegen eines von ihm noch nicht erklärten Hogarthischen Kupferstichs. VII. (S. 287–308.) Lavaters Selbstbetrachtungen bey dem Tode des antilavaterianischen Lichtenbergs, mit besonderer Beziehung auf die „Aussichten in die Ewigkeit," ein Fragment aus seinem berühmten Tagebuche über sich selbst. VIII. (S. 309–326.) Nachricht von der Aufführung der Falkischen Trauer-Kantate, in den beyden litterarischen Klubs zu Berlin. IX. (S. 327–340.) Sonderbares Versehen des zeitigen Sekretairs einer Königlich-teutschen Gesellschaft: eine philosophisch-kritische Abhandlung. X. (S. 341–358.) Die Lausiade des zeitigen Volontair-Hofdichters Seiner Königlichen Majestät von Engeland, Peter Pindar genannt. XI. (S. 359–379.) Allgemeiner satyrischer Reichsanzeiger, in welchem mancherley politische, litterarische, moralische und ökonomische Anfragen, Rügen, Warnungen und Anzeigen zur Kunde des wißbegierigen Publikums gebracht werden, ein Noth- und Hülfszettelchen für allerley allerneuste Gebrechen des Jahrhunderts.

– Diis Manibus Josephi II. e. lapidar. Inschrift nach der deutschen Uebersetzung von G. St. Fischer. gr. 8. Berl. 791. (Vieweg in Braunschw.) 6 gr

– s. Mendelsohn, M.: Skizze.

– üb. Menschenbildung und Geistesentwickelung in Rücksicht d. alten und neuern Schriftst. 8. Berlin. (Friedrich in Lpz.) 789.

– üb. Menschenbildung u. Geistesentwickelung in Rücksicht d. alten u. neuern Schriftsteller. 8. Berl. 789. (Friedrich in Libau). 4 gr

– s. Moritz: Über d. Styl.

– Obelisk an der Grenzscheide d. 18n u. 19n Jahrh. gr. 8. Berl. 801. Akad. Buchh. (Nauck). 16 gr Hbg. Pr. 9 gr

— Obelisk an der Gränzscheide des 18. u. 19. Jahrh. Eine Lapidarschrift. gr. 8. Berl. 801. (Nauck.)

Jenisch, D. Obelisk an die Grenzscheide des 18. und 19. Jahrhunderts. Eine Lapidarschrift. Berlin 1801. 220 S. 8.

— ästhet.-kritische Parallele d. beiden größten Redner d. Alterthums. gr. 8. Berlin, Quien. 801.

— ästhetisch-kritische Parallele d. beiden großen Redner des Alterthums, Demosthenes u. Cicero; aus d. Griech. u. Latein. gr. 8. Berl. 801. (Rücker). (a. Taubert in Lpz.) 1 ₰

* Jenisch, ästhetisch-kritische Parallele d. beiden größten Redner d. Alterthums, Demosthenes u. Cicero. gr. 8. Berl. Rücker. 810.

– s. Preisschrift über d. Vortheile.

Eb. kleine philosoph. Schriften; m. e. Skizze s. Lebens u. Charakters, v. Dn. Jenisch (h. v. J. G. Müchler). *Berl.*, Vieweg. 789. 8° 16 *gl*

– s. Schriftsteller.

— sollte Religion den Menschen entbehrlich werden? ein Schreiben an J. J. Spalding. gr. 8. Berlin. (Gräff in Lpz.) 797.

— sollte Religion den Menschen entbehrlich werden? ein Schreiben v. J. J. Spalding. gr. 8. Berl. 797. (Wienbrack in Leipz.) 1 ₰

— Theorie d. Lebensbeschreibb.; nebst e. Biographie Karls des Großen. 8. Berl. 802. Dunker u. H. 1 ₰ 4 *K* Hbg. Pr. 16 *K*

— Threnodie a. d. franz. Revolution. gr. 8. Leipzig, Rein. 794.

— universalhist. Ueberblick d. Entwickelung d. Menschengeschlechts. 2 Thle. gr. 8. Berlin, Voß. 801. (1r 1 Rthlr. 16 gr. 2r 3 Rthlr. 8 gr.)

— philos. krit. Vergl. und Würdigung v. 14 ält. u. neuern Sprachen Europens. Preisschrift. gr. 8. Berl. Maurer. 796.

Schreibpap.

Jenisch, D., Vorlesungen über die Meisterwerke der griechischen Poësie. Berl. 802. 2 Thle. 8. 3 rthl. 16 gr.

— Vorlesungen über die Meisterwerke d. griech. Poesie, mit besond. Hinsicht auf d. poet. Meisterwerke d. neuen Europ. Literatur. 2 Thle. gr. 8. Berl. 803, 4. Voß. 3 ₰ 16 *K*

— einige Worte zum Andenken d. Oberconsistorialraths Gedicke. 8. Berl. 803. Dieterici. (Mittler). 4 *K*

Jenisch Guido: Über ein neues Indulin[illegible] . . . . vgr.
Separatabdruck

— **Johann Barthold** (Osterode), De doctarum lucubrationum noxis. Disp. med. Präs. Georg Gottlob Richter. Götting. (Jo. Christ. Ludolph Schulz) 6. IX. 1755. 28 S. (6.50) 16770
Gew.: August Wilhelm Frh. v. Schwichelt (Flachsstoeckheim, Klein-Ilsede).

Jenisch, Just. H., Erörterung zweyer Schriftsteller. 8. Hamb. (Gleditsch, Lpz.) 760.

Jenisch, Karl

Jenisch, Carl [aus Stuttgart. Assist. am chem. Laborat. d. Kgl. Akad. d. Wiss. zu München]: Beiträge zur Kenntniss der Acetondicarbonsäure ... München, Münchner Handelsdr. & Verlagsanst. M. Poessl, 1892; 1 Bl., 28 S. 8.
München, Phil. Fak., Inaug.-Diss. v. [12. Dez.] 1891

JENISCH, Mariellus: De veritate miraculi. — (1843) 162 S. 8° (Handschr.)
Diss. Wien, Univ. Diss. 123

Nekrolog des in den ewigen Osten eingegangenen Br. Wunsch gesprochen in der von der Loge zur siegenden Wahrheit [in Berlin] zu seinem Gedächtniss abgehaltenen Trauer-Loge am 16. Juni 1864 von [Otto Emil Leop.] **Jenisch.** Berlin [1864]: Fickert. 4 Bl. 4° [Umschlagtit.] 25.

Jenisch P, Haustelegraphie. (233 S) Berlin (1896)

Haustelegraphie. E. gemeinverständl. Anleitg z. Bau v. elektr. Haus-Telegraphen-, Telephon- u. Blitzableiter-Anlagen. Von P. Jenisch, Ingen. M. 312 Abb. im Text. *Berlin: M. Rockenstein (1897).* (VII, 233 S.) 1 Bd 8. (97. 3703

Haustelegraphie. Eine gemeinverständl. Anleitung z. Bau von elektr. Haus-Telegraphen-, Telephon-, Blitzableiter- u. Sprachrohr-Anlagen. Von P[aul] Jenisch, Ing. Mit 315 Abb. 2. verb. u. verm. Aufl. *Berlin: M. Rockenstein (1900).* (IX, 236 S.) 8° (01. 11605

Jenisch, P., Haustelegraphie. Eine gemeinverständl. Anleitg. zum Bau v. elektr. Haus-Telegraphen-, Telephon-, Blitzableiter- u. Sprachrohr-Anlagen. 2. verb. u. verm. Aufl. gr. 8. (IX, 236 S. m. 315 Abbildgn.) Berlin (901). M. Rockenstein. n. 4.—; geb. in Leinw. n. 4.50

Jenisch, Paul, Handbuch f. alle galvanosteg. u. galvanoplast. Arbeiten m. besond. Berücksicht. f. die Praxis. Anleitg. zur Ausführg. aller galvan. Niederschläge, sowie der dazu erforderl. Vor- u. Nacharbeiten m. 89 in den Text gedr. Abbildgn. u. sehr ausführl. Schlagwortregister am Schluss. (IV, 239 S.) gr. 8. Leipzig 905. Hachmeister & Thal. n. 3.60; geb. in Leinw. n. 4.50

Jenisch, Reinhold, Dr. jur., Arzt: Zur forensischen Beurteilung des Alkoholismus. Leipzig 1908: B. Georgi. (44 S.) 8°
Leipzig, Med. Fak., Ref. Flechsig, Diss. v. 23. Jan. 1908
[Geb. 17. März 72 Sensburg (Ostpr.); Wohnort: Berlin; Staatsangeh.: Preußen; Vorbildung: Domgymn. Verden Reife M. 92; Studium: Jura Königsberg 3, Freiburg i. B. 1, Leipzig 1, Straßburg 3, Greifswald 1, Med. Jena 1, Berlin 9 S.; Coll. 30. Jan. 08; Approb. 15. Mai 06.]

Jenke, Christian Gottlieb (Bunzlau/Schles.), De ratione decidendi controversias circa portionem statutariam conjugum. Diss. jur. Präs. Johann Samuel Friedrich Boehmer. Halle (Joh. Friedrich Grunert) April 1749. 24 S. (6.50) 16773
Gew.: Carl Friedrich v. Beneckendorff (Sarawentza, Gr.- u. Kl.-Bresa), Johann Theodor v. Arnold (Born . . .). — Widm. v. Präs.

Jenke, Fritz, die volkswirtschaftliche Bedeutung des künstlichen Indigo, s. a. Abhandlungen, volkswirtschaftliche, der badischen Hochschulen. X, 2. Erg.-Heft.

Jenke, Fritz: Die volkswirtschaftliche Bedeutung des künstlichen Indigo. Von Dr. –.
Karlsruhe i. B.: Braun 1909. 103 S. 8°
(Volkswirtschaftl. Abhandlungen d. Badischen Hochschulen. Bd 10, Erg. H. 2.)

Jenkel, Ludolf. Ueber Basen der Fenchonreihe. Göttingen, 1892.

Jenken, W. Th., der Führer zum Himmel. Gebete u. Betrachtungen für kathol. Christen. Mit 5 Stahlst. 16. (450 S.) Wien 849, Grottendiek. 1 ℳ

Jenken, W. Th., der Führer zum Himmel. Gebete und Betrachtungen für kathol. Christen. Mit großem Drucke. 32. (448 S. mit 5 Stahlst.) Wien 860, Grottendiek. Thlr.

Jenkin, Chrs., Jupiter's daughters, s.: Collection of brit. authors.

Jenkin, C., two french marriages, — once and again, — within an ace. } s. Collection of brit. authors.

Jenkin, Fleeming, Elektricität u. Magnetismus. Mit besonderer Bewilligung des Autors ins Deutsche übertragen von Frz. Exner. Mit in den Text eingedr. Holzst. gr. 8. (XVIII, 404 S.) Braunschweig 880. Vieweg & Sohn. n. 9. —

Jenkin, F: Electricity and magnetism. 8. ed. London 1876

Jenkin, M., Therese, s.: Weber's moderne Bibliothek.

Jenkins, Edw., Ginx's Baby; Lord Bantam, s. Collection of British Authors.

Jenkins, E., Ginx Jüngster. Seine Geburt u. seine anderen Mißgeschicke. Aus dem Engl. übers. v. Wilh. Nobbe. (XI, 230 S.) kl. 8. Minden 907. J. C. C. Bruns. 2.50; geb. 3. 50

Jenkins, Jacobus Travis, Bristolensis: Theses ... pro summis in philosophia honoribus rite capessendis ... *Kilius Hols. 1901: H. Fiencke.* (2 Bl.) 4°
Kiel, Phil. Thes. v. 10. Aug. 1901

Jenkins, James Travis, aus Bristol: Aus d. zool. Institut d. Universität Kiel. Altersbestimmung durch Otolithen bei den Clupeiden. *Kiel 1902: Schmidt & Klaunig.* (45 S.) 4°
¶ (Aus: Wissensch. Meeresuntersuch., Bd 6, Abth. Kiel.)
Kiel, Phil. Diss. v. [10. Aug.] 1901 *)

Jenkins, T. Atkinson, s.: Eructavit.

Jenkins, Walter Herbert [aus Neath. Grossbrittanien [!]]: Zur Kenntniss des α-Phenylbutylamins und des α-Phenylbutyl-Benzylamins ... Göttingen, Druck d. Dieterich'schen Univ.-Buchdr., 1893; 37 S., 1 Bl. 8.
Göttingen, Phil. Fak., Inaug.-Diss. v. [7. Nov.] 1893

Jenkins, Walt. Herbert, zur Kenntnis des α-Phenylbutylamins u. des α-Phenylbutyl-Benzylamins. Diss. gr. 8. (38 S.) Göttingen 893. (Vandenhoeck & Ruprecht.) n. — 80

Jenkinson, E., die homöopathische Heilung der häufigsten Magenleiden. Nebst Abhandlungen über homöop. Diätetik u. die richtige Anwendung d. homöop. Mittel. Aus d. Engl. v. C. S. 16. Nordhausen 837. Fürst. 1/3 ℳ

Jenkner, Friedrich: Zum 2. Dezember 1908. Festgedicht, vorgetragen bei der Kaiserjubiläums-Feier der k. k. Staatsrealschule in Teschen. S. 3—4. 8. Progr. K. k. Staats-Oberrealschule *Teschen* 1909.

Jenkner, Friedrich: Festrede anlässlich des fünfzigjährigen Regierungsjubiläums Sr. Majestät des Kaisers Franz Joseph I., gehalten am 2. December 1898. (Umschlagtitel: F., gehalten bei der Schulfeier anlässlich d. f. Regierung Seiner M. d. K.) 8 (S. 3—5). Progr. K. k. Staats-Oberrsch. *Teschen* 1899.

Jenkner, Friedrich: Zur Jahrhundertfeier der österreichischen Volkshymne. Schulrede, gehalten am 13. Februar 1897. (Umschlagtitel: ... Schulrede.) 8 (S. 3—6). Progr. K. k. Staats-Oberrsch. *Teschen* 1897.

Jenkner, Friedrich: Prolog, gesprochen bei der Schulfeier anlässlich des 25jährigen Bestandes der k. k. Staats-Oberrealschule (Umschlagtitel: Staatsrealschule) in Teschen. 8 (S. III—IV).
Progr.

Jenkner Friedrich: Prolog, gesprochen bei der Schulfeier anlässlich des 25jährigen Bestandes der k. k. St. R. in Teschen. Teschen R. 98.
Progr.

Jenkner, Friedrich Rede zur Grillparzer-Feier. 8 (S. 44—46). Progr. K. k. Staats-Oberrsch. *Teschen* 1891.

Jenkner, Hans, die wichtigsten Ereignisse der Geschichte in 170 Jahreszahlen. Zum Schulgebrauch zusammengestellt. 12. (34 S.) Bielefeld 892. Velhagen & Klasing. Kart. n. — 35

Die wichtigsten Ereignisse der Staaten- u. Kulturgeschichte in 170 Jahreszahlen. Zum Schulgebr. zsgest. von Prof. Dr. Hans Jenkner, Berlin. 2., verm. u. verb. Aufl. *Bielefeld & Leipzig: Velhagen & Klasing 1901.* (IV, 46 S.) 8° [01. 9307

Jenkner, Hans [Dr.]: Die Himmelskunde als Lehrgegenstand für die oberste Klasse der Mädchenschulen. Berlin, R. Gaertner, 1895; 38 S. 4.
Berlin. Luisen-S, OP 1895**

— Leitfaden f. den Geschichts-Unterricht, s.: Schmelzer, A.

[J.] Leitfaden der Himmelskunde. F. d. Schulgebr. insbes. an höheren Mädchenschulen, sowie f. d. Selbstunterr. zsgest. v. Dr. Hans Jenkner, Oberl. ... zu Berlin. Mit 18 Fig. u. 1 Sternkt. d. nördl. Himmels. *Berlin: R. Gaertner 1896.* (IV, 76 S., 1 Kt.) 1 Bd 8. [96. 3180

Rätsel aus Erd- und Himmelskunde von Dr. Hans Jenkner, Prof. zu Berlin. Mit e. Begleitwort von Geh. Reg. R. Dr. Alfred Kirchhoff, Halle. Berlin: Vaterländ. Verl.- u. Kunstanst. 1903. (59, 0 S.) 8° [J.] [03. 6909

— dasselbe. Neue Folge. (VII, 71 S.) 8. Berlin 906. L. Oehmigke's Verl. Geb. n. 1. —

Jenkner, Hans, Rätsel aus Erd- u. Himmelskunde. Mit Begleitworten v. Alfr. Kirchhoff u. beigefügten Lösgn. 2., wesentlich verm. u. verb. Aufl. (VII, 159 u. 12 S.) gr. 8. Berlin (910). L. Oehmigke's Verl. 3.—; geb. 4. —

Jenkner, Hans: Ueber die Wahl König Wenzels. Halle (1873): Plötz. 58 S. 8°
Halle-Wittenberg, Phil. Diss. v. 31. Juli 1873
Geb. Dornfeld (Galizien) 2. 10. 1845. V.
Im Buchhandel Berlin: Weber 1873.

Jenkner, Hans, über die Wahl Königs Wenzels. Dissertation. gr. 8. (58 S.) Berlin 873, Weber. *

Jenkner, Joh. Glieb., Entwurf der Stilistik nach philosophischen Grundsätzen. 16. (IV und 104 S.) Leipzig 865, Kollmann. *

—— die Grundsätze der Reformation im Lichte unserer Zeit, als Leitfaden zum Unterrichte der Konfirmanden mit 8 reformator. Festliedern. 2., wesentlich verb. Aufl. 16. (IX und 119 S.) Leipzig 865, Kollmann.

Jenkner, Joh. Glieb., die Grundsätze der Reformation im Lichte unserer Zeit oder die Religion der Humanität als Leitfaden zum Unterrichte der Konfirmanden. 3., durch einen Anh. sehr verm. und verb. Aufl. 16. (IX, 128 S.) Leipzig 872, Kollmann.

Jenko Josef: Kaiser Konstantin der Große
II. 1010 PN 3032 Diss. Wien, Univ.

Jenks, E., s. Schirrmeister, G., Das bürgerl. Recht Englands.

Jenks, J. W., Henry C. Carey als Nationalökonom, s.a.Sammlung national-ökonomischer u. statistischer Abhandlungen d. staatswissenschaftlichen Seminars zu Halle a. d. S.

Jenks, J(eremias) W(hipple): Henry C. Carey als Nationalökonom. Halle a/S 1885: (Pätz in Naumburg). 78 S. 8°
Halle-Wittenberg, Phil. Diss. v. [13. Juli] 1885
Geb. Saint Clair (Michigan: U. S. A.) 2. 9. 1856. V.
Ersch. vollst. im Buchhandel Jena: Fischer 1885. VIII, 167 S. (Sammlung nationalökonomischer u. statistischer Abhandlungen. Bd 4. H. 1.)

Jenks J W. H C Carey als Nationalökonom. (Slg nationalök. Abh. IV, 1) Jena 1885

Jenne, Frz., Reisen von St. Petersburg bis Malta, u. von der Donau bis in den Quadalquivir, durch e. Theil von Asien u. einige Städte in Amerika; nach d. Archipel, d. europ. Türkei, Moldau, Wallachei, Siebenbürgen, Slavonien u. v. Marseille nach Sevilla, üb. Alikante, Murcia rc. 3 Thle. 8. Wien 790. (Heubner). 3 ℔

Jenne, Heinr., das landwirtschaftliche Unterrichtswesen in Bayern, s.: Wirtschafts- u. Verwaltungsstudien m. besond. Berücksicht. Bayerns. XXVI.

Jenne, Heinrich, a. Spandau: Das landwirtschaftliche Unterrichtswesen in Bayern. Spandau 1905: Hopf. (286 S. 8°
Würzburg, Jur. Fak., Ref. Schanz, Diss. v. 20. Okt. 1905
[Geb. 10. April 78 Leipzig; Wohnort: Spandau; Staatsangeh.: Preußen; Vorbildung: Gymn. Spandau Reife O. 97; Studium: Leipzig 2, Berlin 1, Würzburg 4 S.; Rig. 16. Mai 05.]

Das landwirtschaftliche Unterrichtswesen in Bayern. Von Dr. Heinrich Jenne. Leipzig: A. Deichert 1906. (286 S.) 8° [F.]
— Wirtschafts- u. Verwaltungsstudien mit bes. Berücks. Bayerns. 26.
[05. 1906]

Jenner's, B. F. L. v., Biographie, s.: Fischer, K. L. F. v.

Jenner, Edward J. Entdecker der Schutzblattern. Njbl. Zürich 1881 S. 4. [Rahn-Meyer, Hans Conrad].

Jenner, Eduard, Entdecker der Schutzblattern. Zürich 1881. V: *Rahn-Meyer, Conrad.* (Cat. d. Stadtbibl. Zürich Zürich 1864—97.)

Jenner, Behandlung des lateinischen Unterrichts auf Real- resp. höheren Bürgerschulen. Neuwied 866. (Heuser.) 4. (11 S.) 7½ ngr.

Jenner, Carl Gustav, s. Jenner, Karl Gustav

Jenner, Ed., die Münzen der Schweiz mit Angabe jedes einzelnen Jahrganges und deren Varianten. gr. 8. (VIII, 152 S.) Bern 879, (Jenni's Verlag.)

Die Münzen der Schweiz mit Angabe jedes einzelnen Jahrganges und deren Varianten. Hrsg. von Ed. Jenner, Konservator am hist. Mus. in Bern. 2. verm. u. verb. Ausg. *Bern 1901: Büchler & Co.* (VI, 182 S.) 8°
[03. 1901 7]

Edward Jenner
1749 - 1823

Eduard Jenners [Jenner: Further Observations on the variolae vaccinae or cow pox. Deutsch:] Fortgesetzte Beobachtungen über die Kuhpocken. Mit einigen Anm. aus d. Engl. übers. von G[eorg] F[riedrich] Ballhorn. Hannover: Ritscher 1800. 112 S. 8°

Jenner, Edward: Disquisitio de caussis et effectibus variolarum vaccinarum. (An Inquiry into the causes and effects of the variolae vaccinae... Lat.) Ex Anglico in Latinum conversa ab Luigi Careno . 70 S., gbd., 4 Taf.

Vindobonae: Camesina 1799

JB 5.161

— disquisit. de causis et effectibus variolarum; ex Anglico in Lat. conversa ab A. Careno. Cum (IV) fig. col. 4maj. Vienn. 800. (Heubner). 1 ℔ 16 ℊ

— Disquisit. de causis et effectibus variolar. vaccinar. c. fig. col. 4. maj. Viennae, Camesina. 801.

— contin. disquisitionis et observ. in variolas vaccin. ex angl. in lat. convers. ab a Careno, c. fig. col. 4. maj. ibid. 800.

— contin. disquisitionis et observ. in variolas vaccin. ex Angl. in Lat. conversa ab A. Careno. Cum fig. col. 4maj. Vienn. 801. (Heubner). 18 ℊ

Jenner, Ed., Untersuch über d. Ursachen u. Wirkungen d. Kuhpocken. 2 Hfte. A. d. Engl. v. G. F. Ballhorn. Mit 1 K. gr. 8. Hannov. 799. Hahn. 20 ℊ

Jenner, F., französische Absichten und deutsche Erfolge im J. 1870. Vortrag im wissenschaftl. Vereine gehalten. gr. 8. (25 S.) Neuwied 871, Heuser's Verlag.

Jugenderinnerungen eines alten Schleswig-Holsteiners v. Friedrich Jenner. Neuwied, Leipzig. 1890. 8°.

[F.] Jugend-Erinnerungen eines alten Schleswig-Holsteiners. Von Dr. Fr. Jenner. *Neuwied & Leipzig: Heuser 1898.* (58 S.) 1 Bd 8.

JENNER, FRIEDR. BERNH., De cauterio actuali. Diss. inaug. Kiliae. 1821. P.

Jenner, Gottlieb v. [1765 –1831]. Denkwürdigkeiten meines Lebens. Hrsg. und mit Anmerkungen versehen von Eug. v. Jenner-Pigott. gr. 8. (VIII, 272 S.) Bern 887, Wyss. *

Johannes Brahms als Mensch, Lehrer und Künstler. Studien u. Erlebnisse von Gustav Jenner. Marburg i. H.: N. G. Elwert 1905. (78 S.) 8°
Aus: Die Musik. 1903, H. 15. 17.

— Kunst u. Künste, s.: Oeser, Herm.

Jenner, Herm., Bilder aus der deutschen Geschichte. Für die Jugend. Mit Illustr. v. G. Bleibtreu, W. Camphausen, A. Rethel, G. Richter u. andern deutschen Meistern. gr. 8. (X, 224 S.) Stuttgart 894. Süddeutsches Verlags-Institut. Geb. in Leinw. n. 3. —

Erinnerungen an den 13. April 1849 v. Hermann Jenner. Wissenschaftliche Beilage der Leipziger Zeitung. Nr. 43. Leipzig. 1899. 4°.

Jenner, Herm., zur Geschichte des 6. königl. sächs. Infanterie-Regiments Nr. 105 vom 9. März 1867 bis zum 15. Juni 1871. Nach amtl. Quellen im Auftrage des Regiments verf. gr. 8. (135 S. m. lith. Karten.) Straßburg 877. Schultz & Co. 3. —

Jenner, Herm., vor 50 Jahren. Zur Erinnerung an die Schlacht bei Idstedt u. jene Zeit. Aus dem Tagebuch e. Mitkämpfers. 8. (103 S.) Schleswig 901. J. Bergas Verlag. n. 1. 50

Jenner, Karl [pr. Arzt]: Aus d. patholog. Institut d. Univ. Breslau. Über Stauungs-Ikterus infolge primären Krebses der ductus hepatici ... Breslau, Druck d. Bresl. Gen.-Buchdr., 1892; 32 S., 1 Bl. 8.
Breslau, Med. Fak., Inaug.-Diss. v. 4. Juni 1892

Jenner, Karl, üb. Stauungs-Ikterus infolge primären Krebses der ductus hepatici. Diss. gr. 8. (32 S.) Breslau 892. (L. Koehler.) n. 1. —

Jenner, Carl Gustav (Breslau), De dolorum ad partum hyperdynamia. Diss. med.-obstet. Breslau (Aug. Brehmer & Minuth) 1. II. 1834. 55 S. mit Biogr. (M.: J. Hansen.) (6.50) 16774
Gew.: J. G. Betschler.

Jenner, Theodor: Beiträge zur Kenntnis cyklischer Di- und Tricarbonylverbindungen mit einem Anhange: Über Trennung organischer Säuren. München 1909: Hölling. 51 S. 8°
München, Phil. Diss. v. 4. März 1909, Ref. Hofmann
[Geb. 20. Nov. 81 Emsleben; Wohnort: München; Staatsangeh.: Preußen; Vorbildung: Realgymn. Goslar Reife M. 02; Studium: Hannover Techn. Hochsch. 1, Berlin 1, Heidelberg 1, München 2, Heidelberg 1, München 8 S.; Rig. 4. März 09.] [U 09. 3410

JENNER, Wilhelm (Schoenstau): De mali hysterici aetiologia. (Titel nach der Urkunde)
29.7.1872 – Urk.: Chr 1871/72,21
Diss. Ingolst.-Landsh.-Mchn.

Jenner, Wilh., e. Fall v. Neuralgia phrenica. [Aus: „Allg. med. Centralzeitg."] gr. 8. (3 S.) Berlin 896. O. Coblentz. n. 1. —

Jennequin, Pet., S. J., d. Freund d. armen Seelen, s.: Binet, Steph.

Jenneval; ou le Barnevelt françois. Drame p. Mercier. 8. Paris, Varrentrapp. (a. Schweighäus. à Bas.) 774.

— oder der franz. Barnevelt. Schsp. v. Mercier. 8. Frankfurt, Varrentrapp. 770.

Jenney, s. Jeney.

Jenni, Alois

Jenni, A., Beiträge zum Verständniss der Schriften d. Lucian. 27 Stn. 4. Frauenfeld, J. Hubers Buchdruckerei. Beigabe zum Programm der thurg. Kantonsschule. J. 75/76. 1876

Jenni, Alois, Kritische Mitteilungen zu Euripides, I. Hekabe. Frauenfeld 1865.
Progr.

Jenni, Friedrich, von Ennenda, Kt. Glarus: Beobachtungen über die Körperwärme in Krankheiten. Zür. Zürcher u. Furrer Dr. 1860. 2 Bl., 85 S., 1 Bl. 8°.
Zürich, Med. Diss. v. 10. März 1860.

Jenni, J. J., Erfahrungen über die Wirkungen der eingeathmeten Schwefeläther-dämpfe im menschlichen Organismus. gr. 8. (74 S.) Zürich 847, Schulthess. 11 ngr

Jennicke, Arno, über die Temperaturen bei Meningitis basilaris. Inaugural-Dissertation. gr. 8. (28 S. mit 6 Stnt.) Jena 877, (Neuenhahn.)

Jennie of „the Prince's", s. Collection of British Authors.

Jenning, Albert

Jenning, A., dictionnaire universel pour la traduction des menus en français, anglais et allemand, s.: Duchamp, H.

Jenning, Alb., allgem. Wörterbuch f. Übersetzung der Speisekarten, s.: Duchamp, Henry.

Jenning, Hellmuth, de metamorphosibus L. Apuleji tum de Apuleji episodiis tum de iis locis, qui e Lucio Patrensi videntur translati esse. Disputatio praemio ornata. gr. 4. (IV, 19 S.) Lipsiae 871. (Berlin, Calvary und Comp.) *

Jenning's Patent-Permutations-Schloss. 4 Bl Zeichnungen gr 4°.

Jennings, Hargrave

°Die Rosenkreuzer. Ihre Gebräuche und Mysterien. Von H. Jennings. Übers. von A. v. d. Linden. Zwei Bde. Mit ca 300 Ill. u. 12 Taf. Mit ausführlichem Namen- und Sachregister. Bd 1. 2. Berlin: Barsdorf 1902. 8°
1. VI, 224 S.; 2. IV, 247 S.

H[erbert] S[pencer] **Jennings**, Prof. Das Verhalten der niederen Organismen unter natürlichen und experimentellen Bedingungen. Autor. deutsche Übers. von Ernst Mangold. Mit 144 Fig. Leipzig & Berlin: Teubner 1910. XIII, 578 S. 8° [10. 7187

Jennino's Landscape annual. for 1838. — A. u. d. T.: Ansichten v. Spanien, Arragonien, Valencia u. Marocco. (4. Thl.) — Aragonien, Valencia u. Marocco. gr. 8. (7¼ B. u. 21 Stahlst.) Berlin 838, [Asher u. Comp.] *
1—3. Thl., vgl. Ansichten v. Spanien.

Jennino's Landscape Annual, or Tourist in Spain. For 1837 and 1838. Biscay and the Castile's. — Spain und Marocco. A. u. d. T.: Ansichten von Spanien. (3r u. 4r Thl.) Madrid und seine Umgebungen. — Arragonien, Valencia u. Marocco. Jeder Thl. mit 21 Stahlstichen nach Roberts. gr. 8. London u. Petersburg 838. Asher. n. 10 ßf (1—4. n. 20 ßf — 1r u. 2r Thl. stehen unter Ansichten.)

Jennison, Francis H., die Herstellung v. Farblacken aus künstl. Farbstoffen. Autoris. Uebersetzung aus d. Engl. v. Rob. Rübencamp. gr. 8. (IV, 164 S. m. 16 Farbtaf.) Dresden (901). Steinkopff & Springer. n. 10. —; geb. in Leinw. n. 12. —

v. Jennison-Wallvort, Gräfin, s. Karten-Almanach.

JENNY, Miss. Ein tragisches Nachspiel, nebst drey kleinen Gedichten. Berlin bey Himburg 1771. 8°.
Paul Neubner, Cöln, 1892. (Beibd.)

Jenny, oder die Uneigennützigkeit; ein Drama in zween Aufzügen a. d. Franz. 2. Aufl. Prag 1777. Ü: *Rupp, Victoria geb. Raudnitzky*. (KY) (MGT) »Jenny, Miss« (schl)

Jenny, oder d. Uneigennützigkeit; e. Drama in 2 Aufz., aus d. Französ. (v. Viktoria Rupp). 8. Prag ... 2e A. 777.

Jenny. Von der Verfasserin von »Clementine«. Leipzig 1843. V: *Lewald-Stahr, Fanny.* (BRVV)

Jenny. Von der Verfasserin v. „Clementine." 2 Thle. gr. 12. Leipzig 843, Brockhaus. 3½ ℳ

Jenny, der Miß, Gesch., a. d. Franz. 4 Thle. 8. Leipzig, Weidmann. 770.

Jenny, die kleine. 64. (16 S.) Elberfeld 878. (Langewiesche.) n. — 12

Jenny die arme Waise. Eine Erzählung von der Verfasserin des armen Martin. gr. 16. (79 S. und 2 ill. Stnt.) Stuttgart 850, Schreiber und Schill.

Jenny, der Weise und Atheist. Leipzig 1783. V: *Dalléra, Joh. Ant. Franz.* (KY) (MGT)

Jenny, der Weise u. Atheist (v. J. A. F. Dalléra). 8. Leipz. 783. Barth. 7 gr.

Jenny, Pfarrer, neue Blumenlese für das kindliche Alter. 8. Stuttgart 839. Balz. 1/6 ℳ

Jenny, ..., (Pfarrer,) die Hoffnung des Christen über den Gräbern, oder Sammlung der zartesten Blüthen über Tod, Unsterblichkeit u. Wiedersehen, aus allen Zeiten, Völkern u. Religionen. 8. Gmünd 841, Dillenius. 1/3 ℳ

Jenny, e. dunkler Punkt in unsern Wohnräumen, s.: Sammlung populärwissenschaftlicher Vorträge u. Abhandlungen.

Jenny, Alb., Gedichte. (III, 23 S.) 12. Dresden 903. E. Pierson. n. — 75; geb. n. 1. 75

Jenny, Adolf. Die schweizerische Baumwollindustrie. Sonderabdruck aus dem Handwörterbuch der Schweiz. Volkswirtschaft, Sozialpolitik und Verwaltung.... Band 3. 101 S. 8. Bern, Scheitlin, Spring & Cie., 1909.

Jenny, Alexander: Ueber Isomerien bei Kobalttetramminen nebst einem Anhang: Versuche zur Darstellung von Metallammoniakverbindungen der sulfarsenigen Säure. *München 1903: Kastner & Lossen.* (43 S.) 8°
München, Phil. Diss. v. 1902

Jenny, Aug., Das Ellipsoid. Basel, Realgymnasium 1877.
Progr.

Jenny, Aug., das Ellipsoid elementar bearb. gr. 8. (32 S. mit 2 Stnt.) Basel 877, Schweighauserische Verlagsb. *

Jenny, Aug., Das Fernrohr. Basel, Realgymnasium 1867.
Progr.

Jenny, Ernst, schweizer Bilderbuch, s. a. Barth, Thdr.

JENNY, E. *Schweizer Bilderbuch.* Allerlei aus dem Vaterlande für Kleine und Große. Von THEODOR BARTH, Text von Ernst Jenny. Basel–Zürich [c. 1910]. Mit 16 farbigen Tafeln. Gr.-4°. Farb. Illustr. Or.-Karton mit Leinenrücken. — Vorzüglich illustriertes, gesuchtes Buch. ★ 1. Ausg. 20.—

Jenny, Fridolin

Das Birsthal. E. Beitr. z. Kenntn. d. Thalbildg im Faltengebirge. Von Dr. Fr. Jenny. M. 1 Ktnsk. u. 1 Profiltaf. *Basel: [B. Schwabe]; Buchdr. E. Birkhäuser 1897.* (31 S., 2 Taf.) 1 Bd 4. [97. 6637

Jenny, F., siehe: *Excursionskarte.*

Jenny, Fr[idolin]. Ueber Löss und lössähnliche Bildungen in der Schweiz. Diss. Phil. Bern. [Mit 1 Tafel.] SA. 8. Bern 1889.

Jenny, Fritz, stud. iur.: Ist der Papst Subjekt des Völkerrechts? Borna-Leipzig 1910: Noske. IX, 67 S. 8°
Leipzig, Jur. Diss. v. 19. Febr. 1910
[Geb. 16. Okt. 83 Basel; Wohnort: Basel; Staatsangeh.: Schweiz; Vorbildung: Gymn. Basel Reife O. 01; Studium: Basel 4, Leipzig 1, Basel 3, Leipzig 4 S.; Rig. 19. Febr. 10.] [U 10. 2750

Jenny, G. Das Gesellenschiessen zu St. Gallen 1527. 8°. 36 S. St. Gallen. 1899
*** Nicht im Buchhandel.

Jenny, Gustav [aus St. Gallen]: Miltons Verlornes Paradies in der deutschen Literatur des 18. Jahrhunderts. . . . St. Gallen, Zollikofer'sche Buchdr., 1890; 97 + 1 S. + 1 Bl. 8°
Leipzig, Phil. Fak., Inaug.-Diss. v. 20. Mai 1890

Jenny, G., Milton's verlornes Paradies in der deutschen Literatur d. 18. Jahrh. Inaug.-Diss. gr. 8. (99 S.) St. Gallen 890. (Leipzig, Gräfe.) n. 1. 60

Jenny, H. Beiträge zur Lehre vom Carcinom. Histolog. Untersuchung des disseminierten, durch Impfung in die Bauchhöhle erzeugten Peritoneal-carcinoms der Ratte. Mit 2 Taf. In-8°. 51 S. Zürich. These. 1896

Jenny, H., die Geburt und Kindheit Jesu in 8 (lithogr.) Farbendr.-Bildern nach Originalzeichnungen. Mit erläut. Text. 4. (16 S.) Hamburg 875, Koch. cart. *
Ohne Text in Umschlag * 80 Pf.; cart. *

Jenny, H., s. a. Scheffel's Ekkehard in zwölf Orig.-Illustrationen.

Jenny, H., Scheffels Ekkehard in 12 Orig.-Compositionen. Photogr. Reproduction in unveränderl. Lichtdr. (Heliogravüre-Imitation). M. Erläutergn. u. e. Lebensgeschichte d. Dichters v. Herm. Pilz. gr. 4. (VI, 50 S.) Hamburg 898. Rudolphi Nachf.
Geb. in Leinw. m. Goldschn. n. 9. —.

Jenny, Hans [prakt. Arzt aus Uetendorf]: Aus dem Institut für medicin. Chemie und Pharmakologie der Universität Bern. Über die Beeinflussung der Jodkaliumausscheidung durch Diuretica nebst Untersuchungen über die Ausscheidung bei Nephritikern. Bern 1904. 31 + 1 S. [1. VI. 04.]
Bern. Med. Diss. 1903/1904.

Jenny, Hans. Über die Beeinflussung der Jodkaliumausscheidung durch Diuretica nebst Untersuchungen über die Ausscheidung bei Nephritikern. Diss. Med. Bern. *Kopftitel:* Aus dem Institut für medicin. Chemie und Pharmakologie der Universität Bern. II + 32 S. 8. Bern, Lack & Grunau, 1904.

Jenny, H., siehe a. *Calanda-Pan.*

Jenny, Hans, Calanda-Panorama, 2808 M. Aufgenommen im Auftrag der Section Rhätia S.A.C. 20,5×279 cm. Lith. Zürich (900). (Chur, Hitz Nachf.) n. 2. —

Jenny, Heinrich. Historischer Festzug in Winterthur den 22. Juni 1864. Erinnerungsfeier des 22. Juni 1264. Arrangirt & gezeichnet von Heinrich Jenny. Winterthur, bei J. Wurster Randegger & Cie [1864]. [Umschlagtit.]
8 Taf. in Lithogr. 8°.

Jenny, Hein[rich] Ernst. Die Alpendichtung der deutschen Schweiz. Ein literar-historischer Versuch von Dr. Heinr. E' J' (**Umschlag:* Dr. E' J')…. VIII + 173 S. 8. Bern, Gustav Grunau, 1905. [fr. 3. —, geb. 3. 50]

Jenny, E[rnst]. Ueber Fels und Firn. Von Dr. E. J' S. A. C., Zofingen. [Sep.-Abdr. aus dem «Zofinger Tagblatt» Jahrg. 32, 1904, N°. 65—72.] II + 16 S. 8. Zofingen, Joh. Fehlmann, 1904.

Jenny, E(rnst). Ueber Fels und Firn, von Dr. E. J', S. A. C. Zofingen. ([Neue Folge, Heft 1:] A. In den Bündneralpen. [Sep.-Abdr. aus dem «Zofinger Tagblatt», Jahrg. 33, 1905, N° 70—79.] II + II + 21 S. 8. Zofingen, Joh. Fehlmann. [fr. —. 50]

Jenny, [Heinrich] E[rnst]. Ueber Fels und Firn. [Neue Folge, Heft 2:] Wetterhorn, Jungfrau, Finsteraarhorn und Mönch. Von Dr. E. Jenny. S. A. C. [Sep.-Abdr. aus dem «Zofinger Tagblatt», Jahrg. 34, 1906. N° 146—160.] II + 44 S. 8. Zofingen, Joh. Fehlmann, 1906.

Jenny, Heinrich Ernst [aus Basel]: Haller als Philosoph. Ein Versuch. Basel 1902. 107 S. 8°.
Bern. Phil. Diss. 1901/1902.

Jenny, Heinrich Ernst. (Albrecht von) Haller als Philosoph. Ein Versuch. IV + 107 S. 8. Basel, Basler Druck- und Verlags-Anstalt, 1902.
Ausg. A: Diss. Phil. Bern.
Ausg. B: [fr. 2. 50]

Jenny, Ernst [aus Basel]: Goethes altdeutsche Lektüre. Basel 1900. 79 S. 8°.
Basel. Phil. Diss. 1899/1900.

Jenny, Heinr. Ernst, Goethes altdeutsche Lektüre. Diss. gr. 8. (79 S.) Basel 900. (Helbing & Lichtenhahn). n.n. 1.50

Geschichte der schweizerischen Literatur. Von Ernst [d. i. Henri-Ernest] **Jenny** u. Virgile Rossel. Bd 1. 2. Bern: Francke [usw.] 1910. 8° [11. 3255

Jenny, Hermann, med. pract. aus Ennenda, Kt. Glarus. z. Z. Assistenzarzt am Kantonsspital St. Gallen: Aus dem Privatlaboratorium des Privatdocenten Dr. Hanau in Zürich. Beiträge zur Lehre vom Carcinom. Histologische Untersuchung des disseminirten durch Impfung in die Bauchhöhle erzeugten Peritonealcarcinoms der Ratte. Mit 2 Tafeln. (S. A. aus: Archiv f. klinische Chirurgie, Bd 51 (S. 269—315). Berl. L. Schumacher Dr. 1895. 51 S., 2 Taf. 8°.
Zürich. Med. Diss. [v. 8. Nov. 1895].

Jenny, Karl

Jenny, K., Festigkeits-Versuche und die dabei verwendeten Maschinen und Apparate an der k. k. technischen Hochschule in Wien. 1. Abthl.: Drahtmaterialien, Eisenbleche, Schmied-, Walzeisen- und Stahlbleche enth. gr. 4. (130 S. mit 6 lithogr. Taf. in qu. Fol. und 17 in den Text eingedr. Holzschn.) Wien 878, Gerold's Sohn.

JENNY, Karl: Untersuchungen über die Festigkeit der Hölzer aus den Ländern der ungarischen Krone. H. 1 veröff. anlässl. d. Wiener Weltausstellung von 1873. - Buda-Pest 1873. 43 S.

Jenny, Leonhard, von Ennenda: Die Aufsicht des Bundes über die Kantone dargestellt auf Grund der Bundesverfassung und des Bundesgesetzes über die Organisation der Bundesrechtspflege. Zürich 1905. 112 S. 8°. [28. XII. 05.]
Zürich. Jur. Diss. 1905/1906.

Jenny, Leonhard. Die Aufsicht des Bundes über die Kantone, dargestellt auf Grund der Bundesverfassung und des Bundesgesetzes über die Organisation der Bundesrechtspflege. 122 S. 8. Zürich, Schulthess & Co.
Ausg. A: Diss. Rechtsw. Univ. Zürich... von L' J' von Ennenda. 1905.
Ausg. B: Von Dr. jur. L' J'. 1906. [fr. 2. 50]

Jenny, Leonhard. Die Verwaltungsrechtspflege in der Schweizerischen Eidgenossenschaft. Teilweise erschienen in Reichesbergs Handwörterbuch der Schweiz. Volkswirtschaft, Sozialpolitik und Verwaltung [Band 3]. VIII + 71 S. 8. Glarus, Komm. J. Baeschlin, 1910. [fr. 1. 50]

Jenny, Oscar Hugo, aus Wenslingen (Baselland): Das englische Hülfskassenwesen in neuester Zeit. Eine Studie über die freiwillige Arbeiterversicherung. Bern 1905. VIII + 78 + 2 S. 4°. S.-A. a. d. Zeitschr. f. schweizer. Statistik. Jahrg. 1905. Lief. 7. [30. VI. 05.]
Basel. Phil. Diss. 1905/1906.

Jenny, Oscar Hugo. Das englische Hülfskassenwesen in neuester Zeit. Eine Studie über die freiwillige Arbeiterversicherung. Diss. Phil. Basel ... von Oskar H' J'.... (Separatabdruck aus der «Zeitschrift für schweizerische Statistik». Liefg. 7, Jahrg. [41 Band VIII + 77 + *Vita* 1 S. 4. Bern, Stämpfli & Cie., 1905.

(Jenny, O[scar] H[ugo].) Die im Jahre 1909 im Kanton Basel-Stadt erstellten Neubauten. 23 S. 8. Basel. Komm. C. F. Lendorff, 1910. [fr. —. 50]
Mitteilungen des Statistischen Amtes des Kantons Basel-Stadt. No. 19.

Jenny, Rudolph E. v. Handbuch für Reisende in dem österreichischen Kaiserstaate, mit mehreren Hauptrouten der angränzenden Länder. (2 Bde.) 8. Wien 1822—1823.

— — Durchaus umgearb. und verm. 2. Auflage von Adolf Schmidl. (4 Bde.) 8. Wien 1834—1836.

v. Jenny, Edler Rud., Handbuch f. Reisende in d. österr. Kaiserstaate mit mehreren Hauptrouten der angrenzenden Länder. 2 Abthlgn. gr. 8. Wien 823. Ant. Doll. 4 ℛ

Rudolf von Jenny's Handbuch für Reisende in dem österreichischen Kaiserstaate. Reisehandbuch durch das Königreich Böhmen, Mähren, Schlesien, Galizien, die Bukowina und nach Jassy. Wien: Gerold 1833; 2. Aufl. (von Adolf Schmidl): Wien: Gerold 1836.

Jenny, Rud. v., Handbuch f. Reisende in d. österr. Kaiserstaate. Durchaus umgearb. u. verm., 2. Aufl. v. Ad. Schmidl. 1. u. 2. Bd. gr. 12. Wien, Gerold.
Bd. 1. Reisehandbuch durch d. Erzhrzgth. Oesterr. mit Salzburg, Obersteyermark u. Tirol. (21⅚ B.) 834. 1 Thlr. 12 Gr.
„ 2. Reisehandb. durch d. Königr. Ungarn mit d. Nebenländern u. Dalmatien, nach Serbien, Bukarest u. Constantinopel. Von Ad. Schmidl. (25½ B.) 835. 1 Thlr. 20 Gr.

v. Jenny, Rud., Handbuch für Reisende in dem österreich. Kaiserstaate. Durchaus umgearb. u. verm. 2e Aufl. v. Ad. Schmidl. 1r Bd. A. u. d. T.: Reisehandbuch durch das Erzherzogthum Oesterreich mit Salzburg, Obersteyermark u. Tirol. gr. 12. Güns 834. Reichard. (Wien, Gerold.) 1½ ℛ — 2r Bd. 2e Aufl. A. u. d. T.: Reisehandbuch durch das Königreich Ungarn mit den Nebenländern u. Dalmatien, nach Serbien, Bukarest u. Constantinopel. Von Dems. gr. 12. Wien 835. Gerold. 1⅚ ℛ — 3r Bd. 2e verm. Aufl. Von Dems. A. u. d. T.: Reisehandbuch durch das Königreich Böhmen, Mähren, Schlesien, Galizien, die Bukowina u. nach Jassy. gr. 12. Ebd. 836. 1 ℛ — 4r Bd. A. u. d. T.: Reisehandbuch durch das Herzogthum Steyermark, Illyrien, Venedig und die Lombardei. Von Dems. Mit 1 Tabelle. gr. 12. Ebd. 836. 1 ℛ (1r—4r Bd. 5⅓ ℛ)

—— geograph.-statist.-topograph. Handwörterbuch v. Großbritannien u. Irland, z. Kenntniß d. Natur- u. Kunstmerkwürdigkeiten dieser Länder, f. Geschäftsleute, Naturfreunde u. Reisende. Nach d. neuesten u. besten Quellen bearb., u. mit e. vollständ. Meilenzeiger versehen. gr. 8. (44¼ B.) Wien 827, Heubner.

[Ps.] Rud(olf) Chr(istof) **Jenny.** Fünf Dekorierte. Epos in 7 Gesängen. Auch e. Erinnerg an d. deutsch-französ. Krieg. M. 7 Bildern v. Karl Krattner ... *Leipzig & Zürich: Th. Schröter 1896.* (4 Bl., 67 S., 7 Taf.) 1 Bd 8. [96. 499]

— die Künstlerkneipe. Ein Blick in's Künstlerleben in 1 Act. 8. (27 S.) Leipzig 897. Literar. Anstalt, A. Schulze. n. — 60

— Noth kennt kein Gebot. Volksstück in 3 Acten. 8. (75 S.) Ebd. 897. n. 1. 50

Jenny, Rud. Chrf., Oswald v. Wolkenstein, der letzte Minnesänger. Dramatisches Gedicht in 5 Acten. 8. (V, 103 S.) Prag 891. J. G. Calve. n. 3. —

Jenny, Rud. Christoph, auf steinigen Wegen. Ein Lebensgang. I. Aus der Kindheit Tagen. (V, 106 S. m. Bildnis.) 8. Leipzig (907). G. Wigand. Kart. 1. 60

— ein Weihnachtsmärlein. Volksstück in 4 Acten nach e. Idee d. Kunstmalers Karl Krattner. Musik v. Fidelio Finke. 8. (77 S.) Ebd. 897. n. 1. 50

Die römische Begräbnisstätte von Brigantium. Östlicher Theil. Von Dr. S. Jenny, Kais. Rath u. Conservator. Hrsg. von d. K. K. Central-Commission z. Erforsch. u. Erhaltung d. Kunst- u. histor. Denkmale. Mit 8 Taf. u. zahlr. Text-Ill. Wien 1898: Hof- u. Staatsdr. 20 S. 4° (u. 1898) 11

Jenny, S., Poetovio. Hrsg. v. d. k. k. Central-Commission f. Erhaltg. u. Erforschg. d. Kunst- u. histor. Denkmale. M. 10 Beilagen. [Aus: „Mittheilgn. d. k. k. Central-Commission f. Erforschg. u. Erhaltg. d. Kunst- u. histor. Denkmale".] gr. 4. (III, 22 S. m. 30 Fig.) Wien 896. (W. Braumüller.) n.n. 8. -

Jenny, S., bauliche Ueberreste von Brigantium, s. Douglaß, J. S., die Römer in Vorarlberg.

Jenny, Sam., Untersuchungen des Gespinnstes der Saturnia spini (Schwarzdornspinner.) Lex.-8. (12 S.) Wien 858, (Gerold's Sohn.) *
Aus: Sitzungsberichte der k. Akademie der Wissenschaften, Jahrg. 1858, besonders abgedruckt.

Jenny, Wilh., über den Beginn des Turnunterrichtes in der Schule u. die Auswahl des Uebungsstoffes für die ersten Schuljahre, s.: Niggeler, J.

Jenny, Wilhelm, Bericht über die Tätigkeit des Basler Turnlehrer-Vereins während d. ersten 25 J. s. Best., Basel 1884, 35 S., 8°.

Jenny, Wilh., Buch der Reigen. Eine Sammlg. v. Tanzreigen, Aufzügen m. Gesang, Liederreigen u. Kanonreigen zum Gebrauch beim Schulturnen, m. Einleitungen u. einem Anhange zur Geschichte des Reigens. Mit zahlreichen Musikbeigaben u. 272 (eingedr.) Holzschn. 2 Abthlgn. gr. 8. (VIII, 298 S.) Hof 879. 80. Grau & Co. à n. 3. —

Jenny, W., Buch der Reigen. Eine Sammlg. v. Tanzreigen, Aufzügen m. Gesang, Liederreigen u. Kanonreigen zum Gebrauche beim Schulturnen, m. Einleitgn. u. e. Anh. zur Geschichte d. Reigens hrsg. Mit zahlr. Musikbeigaben u. 272 Holzschn. 2., verb. Aufl. gr. 8. (VIII, 296 S.) Hof 890. Lion. n. 6. —; geb. n. 7. 50

Jenny, Wilh., Buch der Reigen. Eine Sammlg. v. Tanzreigen, Aufzügen m. Gesang, Lieder- u. Kanonreigen zum Gebrauche beim Schulturnen, nebst Anleitg. zur unterrichtl. Behandlg. derselben. Mit zahlreich. Musikbeigaben u. 324 Fig. 3. verm. u. verb. Aufl., besorgt von J. Bollinger-Auer u. A. Rietmann. (XI, 384 S.) 8. Hof 907. R. Lion. Geb. in Leinw. n. 7. 50

Jenny, Wilh. Die Grenzen zwischen Knaben- und Mädchenturnen. Vortrag, gehalt. in der Jahresversammlung des schweizer. Turnlehrervereins. Basel, H. Richter. 1879 1 —

— die Grenzen zwischen Knaben- und Mädchenturnen. Vortrag, gehalten an der Jahresversammlung des schweizer. Turnlehrervereins, den 29. Septbr. 1878 in Zofingen. gr. 8. (31 S.) Basel 879, Schweighauserische Verlagsh. *

Jenny, Wilhelm, Liedersammlung aus dem „Buch d. Reigen" v. W. Jenny, f. d. Schulgebrauch zsgest., Hof, 48 S., 8°.

— Liedersammlung aus dem Buch der Reigen. Für den Schulgebrauch zusammengestellt. gr. 8. (48 S.) Hof 880. Grau & Co. n. — 40

Jenny, W., Das Mädchenturnen i. d. Volksschulen. Vortrag. (54 S.) Basel 1882. Schwabe.

— das Mädchenturnen in der allgemeinen Volksschule. Vortrag, geh. an der Jahresversammlung des schweiz. Turnlehrervereins den 2. Oktober 1881 in Biel. gr. 8. (54 S.) Basel 882. Schweighauser. n. 1. —

Jenny, W., über die Nothwendigkeit der Leibesübungen an Mädchenschulen. Vortrag gehalten im Basler Lehrerverein. 8. (31 S.) Basel 862, Meyri. *

Jenny, Wilhelm, Schwungseilübungen, E. Beitr. zu e. Leitfaden f. d. Mädchenturnen, m. Abb.
1. u. 2. Aufl., Leipzig u. Hof 1873 u. 1882, 46 S. u. 52 S., 4°. 2 Bde.

— Schwungseilübungen. Ein Beitrag zu einem Leitfaden für das Mädchenturnen. Zugleich eine Ergänzung zu d. Verf. „Buch der Reigen". 2. Aufl. gr. 8. (IV, 52 S. m. 23 eingedr. Holzschn.) Hof 882. Grau & Co. à n. 1. —

Jenny, Wilhelm, Tanzreigen, E. Beitr. zu e. Leitfaden f. d. Mädchenturnen, m. Abb. (Beilage z. Dtsch. Turnztg.), Leipzig 1871, 14 S., 2°.

Jenny, W., Tanzreigen. Ein Beitrag zu einem Leitfaden für das Mädchenturnen. [Beilage zur Deutschen Turnzeitung.] gr. 4. (56 Sp.) Leipzig 872, Keil.

— das Wesen der Frei- u. Ordnungsübungen m. besond. Berücksicht. auf die körperl. Entwicklung u. Kräftigung der Jugend. Vortrag. gr. 8. (20 S.) Basel 878. Schweighauser. n. — 60

Jenny-Hörler, August

Jenny-Hörler, A., Ueber Witwenkassen. 8°. Basel 1874.

Jenny-Hörler, Aug. Ueber Wittwenkassen. Eine Anleitung zur rationellen Bestimmung der Wittwengehalte. Bearbeitet und mit nöthigen Tabellen versehen. In-8°, 30 S. Basel, H. Georg. 1885 1 50

Jenny-Kunz, A., Revision des aargauischen Brandversicherungswesens vom 20. Dezbr. 1865. gr. 4. (46 S.) Aarau 887, Sauerländer's Verlag.

Statuten der Fremden- und Krankenkassa der in der Fabrik der Herren Jenny & Schindler in Hard in Arbeit stehenden Drucker und Formstecher. Bregenz, 1856. Gedruckt bei J. N. Teutsch. (16 S. 8.)

Jenny-Trümpy, Adolf. Handel und Industrie des Kantons Glarus. Geschichtlich dargestellt ven A' J'-T'. Separatabdruck aus Heft ... des Historischen Jahrbuchs [des K' Gl']. 2 Teile. 8.
(Teil 1.) Sep' aus Heft 33.... 126 S. Glarus, Aktienbuchdr. Gl', 1898. Teil 2. Sep' aus Heft 34.... 710 S. Gl', D. Hefti, 1900 (*Umschlag: 1902*). — *Mit 4 S. hsr. Berichtigungen und Ergänzungen des Verf.*

JENNY'S Geschichte, von ihr selbst verfaßt. 4 Thle. Leipzig 1764. 8°. 1 Alph. 6 Bog.
Cat. Meissner II.

Jenosef, oder: Der kathol. Künstler. Frei nach dem Französ. Von Ludewig. Wien 854. Grund. 12. (3 Bl., 178 S. u. 1 Lithogr.) 10 ngr.

Jenrich, A., s.: Sammlung v. Kirchenliedern.

Album der Zöglinge der Klosterschule Roßleben von 1854 bis 1904. Nebst Nachträgen z. Album v. J. 1854. Zsgest. von Dr. Karl Jenrich, Oberl. an d. Klosterschule. *Kloster Roßleben: Selbstverl. d. Klosterschule 1904.* (210 S.) 4°(8°) [04.0993

Jenrich, (Karl): Zur Geschichte der Klosterschule. Rossleben 1910: Sauer. XLI S. 4°
Roßleben, Kloster-S P 1910 (344) [S 10. 203

Jenrich, Carolus: Die Mundart des Münchener Brut. Halis Saxonum 1881: Karras. 36 S. 8°
Halle-Wittenberg, Phil. Diss. v. 16. Apr. 1881
Geb. Halberstadt 16.3.1856. V.
Verf. erlebte die Diplomerneuerung 1931 als Studienrat a. D., Professor in Kloster Roßleben u. d. U., vgl. Anh. Nr. 733.

Jenrich, [Karl]: Zur französischen Schullektüre am Gymnasium. *Görlitz 1898: Görl. Nachr. u. Anzeiger.* (1 3 S.) 4° [F. u. Ant.]
Rossleben, Kloster-S. P 1898 (257)

Jenrich, P.: Zur Theorie des electrischen Pendels. 8°
Rostock; Diss. 1874

Jenrich, Paul Beiträge zur Methodik des mathematischen Unterrichts mit Berücksichtigung der Determinantenfrage. 41 S.
Progr. Rg. *Magdeburg* 1882

Alt-Trotha. Ein Beitrag z. Heimatskunde. Von Wilhelm Jenrich, Diakonus in Halle-Trotha. *Halle a. S.: C. A. Kaemmerer & Co. 1902.* (120 S.) 8° [F.] [03.3340 3

Die Kinderheil- und Pflegestätte zu Halle a. S. Festschrift zu ihrem elfjähr. Bestehen u. z. Einweihungsfeier d. Erweiterungsbaues von Dr. Wilhelm Jenrich, Pfarrer. Halle a. S.: Waisenhaus 1907. (18 S.) 4°(8°) [F.] [07. 9868

Jenrich, Wilhelm: Der Pluralis fractus im Hebräischen. Ein Rudiment ursemitischer Bildung. Halle a. S. 1885: Waisenhaus. 34 S. 8°
Halle-Wittenberg, Phil. Diss. v. 17. Juli 1885
Geb. Hohendodeleben (Kr. Wanzleben) 9.6.1860. V.

Jens, Cl. A., Gedichte. (V, 176 S.) 8. Berlin 903. F. Wunder. n. 2.50; geb. n. 4.—

Jensii, J., Purae et impurae latinitatis collectanea. Acc. Tanaq. Fabri de ratione studiorum epistola, et Is. Valckenaeri disp. de vera ratione informandae pueritiae ad elegantiam et castitatem latini sermonis. Roterod. 720. 8. Lips. 728. 8. 4 gr.

Jens, Joannes. Purae et impurae Latinitatis collectanea . . . Lipsiae 1728. H: *Kapp, Joh. Erhard.* (BrMm)

Jens, Johann, De successibus puri pique duelli a mense Julio ad Novembrem anni 1702 a foederatis Belgicae populis eorumque sociis in reges Hispaniarum & Galliarum suscepti oratio habita Dordraci die 10. XII. 1702. Dordrecht (Bram) 1703. 5 Bl., 49 S. (6.80) 16775
Gew.: Johann Herzog Marlborugh (Blandfort), Godard Athlon Graf zu Agrim.

Jens, Ludw., Gesetze des Deutschen Reiches u. des Hamburgischen Staates, zur Vorbereitg. auf die Prüfg. f. d. unteren Verwaltungsdienst u. zum Gebrauche f. Beamte zusammengestellt. 8. (IV, 176 S.) Hamburg 899. O. Meißner's Verl. 1.50

Jens, L., Gesetze des Deutschen Reiches u. des Hamburgischen Staates, zur Vorbereitg. auf die Prüfg. f. den unteren Verwaltungsdienst u. zum Gebrauche f. Beamte zusammengestellt. Nachträge: Enth. die Gehaltsordng. vom 30. III. 1900 u. die Prüfungsordng. f. Bureau-Assistenten vom 19. XII. 1900. 8. (26 S.) Hamburg, O. Meissner's Verl. *A9c A* —. 30.

Jens, Ludw., Gesetze des Deutschen Reiches u. des Hamburgischen Staates, zur Vorbereitg. auf die Prüfg. f. den unteren Verwaltungsdienst u. die Assistentenprüfung sowie zum Gebrauche f. Beamte zusammengestellt. 2. Aufl. (VIII, 264 S.) kl. 8. Hamburg 904. O. Meißner's Verl. 2.—

Jens, Ludw., Gesetze des Deutschen Reiches u. des Hamburgischen Staates, zur Vorbereitg. auf die Prüfg. f. den unteren Verwaltungsdienst u. die Assistentenprüfg. sowie zum Gebrauche f. Beamte zusammengestellt u. erläutert. 3. Aufl. (VIII, 316 S.) kl. 8. Hamburg 909. O. Meißner's Verl. 2.50; geb. 3.—

Jochen Lichtwark un ick an'n Rhein. En plattdütsche spassige Reisbericht. Vermengt mit 'ne ernstliche Lewsgeschicht. Vertellt von Ludwig Jens. Schwerin: E. Herberger 1908. (VIII, 204 S.) 8° [F.] [08. 16459

JENS, Otto (Brackede): Die Percussion der Milz.- München: Schreiber 1883. 20 S.
23.7.1883 - Urk (Titel: De lienis percussione.); Chr 1883/84,12
Diss. Ingolst.-Landsh.-Mchn.

Jensch. Beiträge zur Lexikographie des Altfranzösischen. Magdeburg, Gew.- u. Handelssch., 1858. 34 S. 4.
Progr.

Jensch, Edm., das Cadmium, s. Vorkommen, s. Darstellg. u. Verwendg., s. a. Sammlung chem. u. chemisch-techn. Vorträge.

Jensch (Edmund). Das Cadmium, sein Vorkommen, seine Darstellung und Verwendung. Stuttgart 1898. 8.

Jensch, Franz, Referendar am Königl. Amtsgericht zu Mittelwalde: Die rechtsgeschichtliche Entwicklung der Landgemeinden und Gutsbezirke in den östlichen Provinzen der preussischen Monarchie bis 1800. Breslau: M. & H. Marcus 1907. (VIII, 73 S.) 8°
Breslau, Jur. Fak., Ref. Brie-Dahn, Diss. v. 4. März 1907
[Geb. 16. Okt. 81 Breslau; Wohnort: Mittelwalde; Staatsangeh.: Preußen; Vorbildung: Kgl. St. Matthiasgymn. Breslau Reife O. 03; Studium: Breslau 6 S.; Rig. 27. Juni 06.]

Jensch, H., the learner's first book. Nach dem gleichnamigen Werke J. Tibbins f. Deutsche bearb. 16. (5½ B.) Arnsberg 845, Ritter. Thlr. *

Jensch, H., the learner's first book. Nach dem gleichnam. Werke J. Tibbins für Deutsche bearb. 2., von neuem durchgeseh. Aufl. gr. 16. (VI und 81 S.) Arnsberg 854, Ritter.

Leitfaden zur gründlichen Erlernung der vereinfachten deutschen Stenographie '(Einiggssystem Stolze-Schrey)'. F. Vereins- u. Privatkurse sowie z. Selbstunterr. bearb. v. H. Jensch, gepr. Lehrer d. Stenogr., u. W[ilhelm] Hackmann, Lehrer. *Düsseldorf: L. Schwann (1898).* (VI, 66 S.) 1 Bd 8. [98. 10398

Leitfaden zur gründlichen Erlernung der Vereinfachten deutschen Stenographie (Einigungssystem Stolze-Schrey). Für Vereins- u. Privatkurse sowie z. Selbstunterr. bearb. von H. Jensch u. W[ilh.] Hackmann. 2. verb. Aufl. *Düsseldorf: L. Schwann 1900.* (VI, 74 S.) 8° [01. 8016

Jensch, H., u. W. Hackmann, Leitfaden z. gründl. Erlerng. d. vereinfachten deutsch. Stenographie (Einigungssystem Stolze-Schrey). Für Vereins- u. Privatkurse sowie z. Selbstunterricht bearb. 8. Aufl. 8. (VI, 74 S.) Düsseldorf (902). L. Schwann. n. 1. —

Jensch, H., u. W. Hackmann, Leitfaden zur gründlichen Erlernung der vereinfachten deutschen Stenographie (Einigungssystem Stolze-Schrey). Für Vereins- u. Privatkurse sowie zum Selbstunterricht bearb. 7. Aufl. (VI, 74 S.) 8. Düsseldorf (907). L. Schwann. 1. —

Jensch, Otto: Zur Spruchdichtung des Erasmus Alberus. (Die Praecepta morum.) Magdeburg 1906: E. Baensch jun. (28 S.) 4°
Magdeburg, st. König Wilhelms-G OP 1906 (297)

Jensch, Otto: Zur Spruchdichtung des Erasmus Alberus. (Die Praecepta morum). 28 S. 4.
Progr. (Städt.) König Wilhelms-Gymn. *Magdeburg* 1906 (297).
I. Die alten Drucke. II. Der Inhalt. III. Die Sprache u. die metrische Form. IV. Die Quellen der Pr. m.

Jensch, W. Shakespeare's Macbeth. Magdeburg, R., 1871. 16 S. 4 Progr.

Jensch, Wilhelm Das Darstellungsvermögen der Musik. (Ein Beitrag zur Ästhetik der Tonkunst.) 4 (11 S.). Rg. *Magdeburg* 1888 (250).
Progr.

Jensch, Guilelmus: • Res Francorum inde ab antiquissimis temporibus usque ad initia Clodovei pertinentes. 72 S. 4°
Halle-Wittenberg, Phil. Diss. v. 11. Okt. 1855
Geb. [Magdeburg 1. 3. 1821]

Was soll der Privatmann und die Frau wissen? Kurzer prakt. Ratgeber in Grundbuch-, Vormundschafts-, Nachlaß-, Testamentssachen ... u. e. Anh. bearb. von Hermann Jenschewitz, Amtsger.Sekr. Königsberg i. Pr.: Selbstverl. (1907). (VII, 87 S.) 8° [ß.] [ur. 14348 10]

Jenseits, das, oder die Hoffnung der Christen. Ein Erbauungsbuch. gr. 16. (VIII und 219 S.) Gießen 858, Ferber'sche Universitäts-Buchh. •

— das. Eine Rechtfertigg. d. christl. Glaubens vom Standpunkte der Wissenschaft u. der Vernunft. Ein Weckruf den Zweiflern, e. Trostwort den Betrübten. Allgemein verständlich dargestellt v. e. Bekehrten. gr. 8. (59 S.) Berlin 891, Struppe & Winckler. n. 1. —

Jenseits, das. 8. (48 S.) Leipzig 894. M. Spohr. n. 1. —

Jenseits des Oceans. Beiträge zur Kunde amerikan. Lebens. 1—10. (Bd.) 8. Dresden, Kuntze.
Inhalt:
Bd. 1. Ruxton, G. F., Leben im fernen Westen. Aus dem Engl. von M. B. Lindau. (338 S.) 852. 22½ Ngr.
" 2. Byam, Geo., Wanderungen durch Chile und Peru. Aus dem Engl. von M. B. Lindau. (VI und 275 S. mit 3 lithogr. Abbild. in Tondr.) 852. 22½ Ngr.
" 3. —— wildes Leben im Innern von Central-Amerika. Aus dem Engl. von M. B. Lindau. (VIII und 208 S. mit 1 lithogr. Ansicht in Tondr.) 852. 1 Thlr.
" 4., 5. Mason, R. G., mexikanische Bilder. Aus dem Engl. von M. B. Lindau. 2 Thle. (XII und 444 S.) 853. 1 Thlr. 10 Ngr.

Jenseits des Oceans. Beiträge zur Kunde amerikanischen Lebens. 4—10. Bd. Dresden 853—55. Kuntze. 8. 5 *n*ℬ. 2½ *ngr.*
4. 5. Bd.: Mexikanische Bilder von R. G. Mason. Aus d. Engl. von M. B. Lindau. 2 Thle. (VIII, 239; IV, 205 S.) 1 *n*ℬ. 10 *ngr.*
6. 7. Bd.: Eroberer und Sklaven der Neuen Welt. Geschichte der Einführung der Sklaverei in Amerika. 2 Thle. (VII, 244; 2 Bl., 275 S.) 1 *n*ℬ. 15 *ngr.*
8. Bd.: Die Mormonen im Thale des großen Salzsee's, nach persönlicher Beobachtung geschildert von J. W. Gunnison. Deutsch von M. B. Lindau. (X, 247 S.) 22½ *ngr.*
9. 10. Bd.: Romantik der Naturgeschichte oder wildes Land und wilde Jäger. Von C. G. Webber. Aus dem Engl. von M. B. Lindau. 2 Bde. (3 Bl., 296; 3 Bl., 282 S.) 1 *n*ℬ. 15 *ngr.*

Jenseits der Vogesen. Neue Bilder aus dem französ. Soldatenleben vom Verfasser der Gallicae res. gr. 8. (VII, 104 S.) Leipzig 888 E. H. Mayer. n. 2. —

Jenseits d. Weltmeeres. Zwei Erzählgn., d. Amerikan. d. Mrs. Stuart-Phelps nacherz. von A. v. S. 8. (III, 135 S.) Gotha 897. F. A. Perthes. n. 1. 60; geb. n. 2. 60

Jensen, Adolf. Zürich [1895]. V: *Niggli, Arnold.* (Cat. d. Stadtbibl. Zürich Zürich 1864—97.)

Pastor Chr(istian) Jensen in Breklum und die von ihm gegründete Doppel-Anstalt Predigerseminar u. Brüderanstalt (in Breklum). (Breklum [um 1908] : Sonntagsblatt für's Haus.) 23 S. 8°

[Deckelt.:] Marine-Bilder. ([Gezeichnet v.] A. Jensen.) *Berlin: Finkenrath & Grasnick [1898].* (2 Taf.) 1 Bd quer-8. [98. 10700]

Jensen, Adolf, s. a. Aus Briefen Adolf Jensen's.

Aus Briefen Adolf Jensen's. Mit einem Vorworte des Empfängers. [P. Kuczynski.] Berlin 1879.

Jensen, Adf., u. Wilh. Lamszus, unser Schulaufsatz e. verkappter Schundliterat. Ein Versuch zur Neugründg. des deutschen Schulaufsatzes f. Volksschule u. Gymnasium. (195 S.) 8. Hamburg 910. A. Janssen. geb. 2. —

Jensen, Andreas [aus Flensburg '(Schlesw.-Holst.)']: Beiträge zur Kenntnis des Oxalessigesters ... Würzburg, Becker's Univ.-Buchdr., 1892; 34 S. 8.
Würzburg, Phil. Fak., Inaug.-Diss. v. 1892

Jensen, Arth., syntactische Studien zu Robert Garnier. gr. 8. (58 S.) Kiel 885. Lipsius & Tischer. n. 1. 60

Jensen, A. Syntaktische Studien zu Robert Garnier. Diss. Kiel 1885. 58 S.

Jensen, Boy, Gesühnt u. andere Skizzen. (64 S.) 12. 8. Kiel (905). R. Cordes. Kart. n. 1. 20

Gesühnt und andere Skizzen v. Boy Jensen. Kiel. [1906.] 8°.

(JENSEN, [BOYE]), Leitfaden beim Unterricht in der Religionsgeschichte. Ein Geschenk für die Cremper Jugend. Glückstadt. 1827. P.

— Mythologie der Griechen und Römer. Itzehoe. 1827.

Jensen, B., Mythologie d. Griechen u. Römer. 8. Hamb. 828. Hofmann u. Campe. 12 gr

Jensen, C., die Moose des Sarekgebietes, s.: Arnell, H. W.

— Musci Asiae borealis. Beschreibung der v. den schwed. Expeditionen nach Sibirien in d. J. 1875 u. 1876 gesammelten Moose m. Berücksicht. aller früh. bryolog. Angaben f. das russ. Nord-Asien. III. Tl. Torfmoose. (18 S.) 31,5×25,5 cm. Uppsala 909. Berlin, R. Friedländer & Sohn. nn 1. —
Sonderabdr. aus: „Kungl. svenska vetenskapsakademiens handlingar".

Jensen, C. [Red.] s. Zeitung, Hannoversche land- u. forstwirtschaftliche.

Jensen, C. O., s. Jensen, Karl Oluf

Jensen, Carl, s. Jensen, Karl

Jensen, Chr., u. H. Sieveking, Anwendungen des Mikrophonprinzips. (64 S.) Lex.-8. Hamburg 906. (L. Gräfe & Sillem.) n. 2. —
Sonderabdruck aus: „Jahrb. d. hamburg. wiss. Anstalten"

Jensen, Chr(istian): Assist. am physikal. Universitätsinstitut zu Kiel: Beiträge zur Photometrie des Himmels. *Kiel 1898: (Vollbehr & Riepen).* (106 S.) 8°
Kiel, Phil. Diss. v. [17. Dez.] 1898

Jensen, Chrn., tägliche Andachten od. tägl. Manna. Rev. u. verm. unter Mitwirkg. von Bahnsen-Bülderup, Schnackenberg-Bremerhaven, Beck-Orslev. gr. 8. (VII, 603 S. m. 2 Abbildgn.) Brecklum 894. (Christl. Buchh.) Geb. in Halbleinw. n. 2. 20; besser geb. n. 2. 50; in Halbfrz. n. 3. —; m. Goldschn. n. 4. —

Bestrebungen zur Erhaltung des nordfriesischen Volkstums im 19. Jahrhundert. Ein Beitrag z. Geschichte d. Nordfriesen. Von Christian Jensen. Schleswig: Selbstverl. 1909. 24 S. 8° [09. 17615 7

Jensen, Christianus, Dr. phil.: De Menandri codice Cairensi. Lectiones novae et coniectanea. Bonnae 1910: Georgi. S. 539—577. 8° ¶(Aus: Rhein. Museum f. Philol. N. F. Bd 65.)
Marburg, Phil. Hab.-Schr. v. 1910 [U 11. 3518
(Nicht für den Austausch)

— denk an deine Seele! Eine Predigt und eine Erzählung. 8. (12 S.) Ebendas. 887. * — 10

Vom Dünenstrand der Nordsee und vom Wattenmeer. Von Christian Jensen. Mit 50 Ill. u. Karten. *Schleswig: J. Ibbeken [1900].* (151 S.) 4° [F.] [00. 10610

Vom Dünenstrand der Nordsee und vom Wattenmeer. Von Christian Jensen. Mit 50 Ill. u. Karten. Schleswig: J. Ibbeken [1907]. (151 S.) 4°(8°) [F.] [08. 4981 8

Jensen, Chr., Erinnerungsblätter an den früh entschlafenen Missionsinspector Pastor Höber. 1. u. 2. Aufl. 8. (58 S.) Brecklum 879. Christl. Buchh. n. — 50; geb. n. 1. —

Jensen, Chr., die kirchliche Fürsorge für die Auswanderer nach Amerika. Synodal-Vortrag. 8. (14 S.) Brecklum 883, Christl. Buchhandlung. *

Grabhügel und Hünengräber der nordfriesischen Inseln in der Sage. Von Christian Jensen, [Lehrer], Schleswig. Schleswig: Selbstverl. 1910. 20 S. 8° [10. 16930 8

Jensen, Christian, Grabhügel u. Hünengräber d. nordfriesischen Inseln in d. Sage. (20 S.) 8. Schleswig 910. (Altona, Schlüter.) — 50

Die Neue Hauspostille. Ein Denkmal dem Einen Namen, der über alle Namen ist. Unter Mitwirkung mehrerer Geistlichen, hrgg. v. Christian Jensen. Brecklum. (1888.) 8°.

Jensen, Chrn., die neue Hauspostille. Ein Denkmal dem Einen Namen, der über alle Namen ist. Unter Mitwirkg. mehrerer Geistlichen hrsg. gr. 8. (1007 S.) Brecklum 889. Christl. Buchhandlg. n. 2. —; geb. n. 3. — u. n. 3. 50; auf stärkerem Pap. n. 3. —; geb. n. 4. 50; n. 5. 50; n. 7. —; n. 10. — u n. 15. —

— dasselbe. 2. Aufl. gr. 8. (1003 S. m. 1 Bild.) Ebd. 890. n. 2. —; geb. in Halbldr. n. 2. 80; m. Titel n. 3. —; in Halbfrz. n.n. 3. 50; m. Goldschn. n.n. 5. —

— die neue Hauspostille. Ein Denkmal dem Einen Namen, der üb. alle Namen ist. Unter Mitwirkg. mehrerer Geistlichen hrsg. 3. Aufl. gr. 8. (1003 S.) Ebd. 892. n. 2. —; geb. in Halbldr. n. 3. —; m. Titel n. 3. 20; in Halbfrzbd. n. 4. —; in eleg. Halbfrz m. Goldschn. n. 6. —

Jensen, Christian, die neue Hauspostille. Ein Denkmal dem Einen Namen, der üb. alle Namen ist. Unter Mitwirkg. mehrerer Geistlichen hrsg. 4. Aufl. (968 S.) gr. 8. Brecklum 906. Christl. Buchh. n. 2. —; geb. in Leinw. n. 3. 20; in Halbfrz. n. 4. —; m. Goldschn. n. 6 —

Jesus, Synderes Frelser. Fortællinger om Jesu Hjælp. Samlede af Christian Jensen. Bd. 1. 2. Opl. Breklum. 1892. Bd. 2. ebd. 1884. 8°

— Jesus, der Sünder Heiland. Gesammelte Erzählungen von Jesu Hülfe. 8. (XV, 176 S.) Ebendas. 879. cart. * geb. ** ℳ 1,50.; mit Goldschn. *

— Jesus, der Sünder Heiland. Erzählungen von Jesu Arbeit und Hülfe. 1. und 2. Bd. 8. Ebendas. [1. Bd. 2.—4. Aufl. (191 S.) 880—82; 2. Bd. 1. Aufl. (175 S.); 2. Aufl. (183 S.) 882.)] cart. à Bd. *ℳ 1. * geb. à Bd. **ℳ 1,50. ** geb. mit Goldschn. à Bd. *ℳ 2. *

[F.] Jesus. der Sünder Heiland. Erzählgn v. Jesu Hülfe (II: Arbeit u. Hülfe: III f.: mächtiger Hülfe u. Herrlichkt). Gesammelt v. Christian Jensen, Pastor in Breklum. Bd I—IV. *Breklum: Verl. d. 'Sonntagsbl. für's Haus' (IV: Missionsverlagsbuchh. Jensen & Hinrichsen) 18(85)—95.* 4 Bde 8.
I. 3. Aufl. 1888. (182 S.) II. 3. Aufl. 1891. (182 S.)
III. 2. Aufl. (1885.) (173 S.) IV. 1895. (174 S.) 96. 2400

Jensen, Chrn., Jesus, der Sünder Heiland. Erzählungen von Jesu mächtiger Hülfe und Herrlichkeit. 3. Bd. 8. (176 S.) Breklum 885, Christl. Buchhandlung. *ℳ 1.—.; geb. ** 1 50 geb. mit Goldschn. * 2 —
1. und 2. Bd. Ebendas. 1880—82. à *ℳ 1.—., *ℳ 1.50., *ℳ 2.—.

Jensen, Chrn., Jesus, der Sünder Heiland. Erzählgn. v. Jesu mächt. Hülfe u. Herrlichkeit. 4. Bd. 12. (174 S.) Brecklum 895. (Christl. Buchh.) n. 1. —; geb. n.n. 1. 50; m. Goldschn. n. 2. —

Kleiner Kalender für Schleswig-Holstein, Lauenburg, Lübeck und Hamburg v. Christian Jensen in Breklum. Breklum. 1885. 8°.

— Neuer Kalender, s. Kähler, Ernst

— Johann Theodor van der Kemps Leben. Ein Vortrag. gr. 8. (16 S.) Ebendas. 887. * — 10

— Für Leidtragende und Solche, die daran denken, daß sie sterben sollen. Drei Leichenreden. 8. (23 S.) Ebendas. 879.

Jensen, Christianus, Frisius: Philodemi ΠΕΡΙ ΟΙΚΟΝΟΜΙΑΣ qui dicitur libellus. Lipsiae 1906: B. G. Teubner. (36 S.) 8°
¶ (Praefatio Editionis ... quae mox in aedibus B. G. Teubneri ... prodibit.)
Kiel, Phil. Fak., Ref. Sudhaus, Diss. v. 20. Okt. 1906
[Geb. 20 Juli 83 Archsum auf Sylt; Wohnort: Archsum; Staatsangeh.: Preußen; Vorbildung: Domgymn. Schleswig Reife O. 03; Studium: Marburg 2, Kiel 1, Marburg 1, Kiel 4 S.; Rig. 20. Jan. 06.]

Jensen, Christian (Hrsg.), s. M i s s i o n s n a c h r i c h t e n über Frauen-Mission in der Heidenwelt.

Nordfriesland und das Sprachgebiet der Friesen v. Christian Jensen. Sonderabdruck aus der Zeitschrift „Himmel und Erde", hrsg. v. P. Schwahn Jg. 22. H. 5. Leipzig. (1910.) 4°

[Vf. u. Ant.] Ein Notschrei über die Universitäten der heutigen Zeit. E. Appell an d. christl. Volk. Von Pastor Christian Jensen, Dr of Div. in Breklum. *Breklum: Jensen & Hinrichsen; im Buchhandel durch d. Christl. Buchhandlung [1893].* (Tl 1 u. 2 erschienen früher im 'Sonntagsblatt fürs Haus'.) (1 Bl., 120 S.) 1 Bd 8. [96. 1884

— Gust. Quade u. Joh. Biernatzki, d. Ostseebäder, Mecklenburg u. Schleswig-Holstein. s.a. Wanderungen durch deutsche Gaue.

Die Ostseebäder, Mecklenburg und Schleswig-Holstein. Von Christian Jensen, Gustav Quade und Johannes Biernatzki. Aus [illegible] Prachtwerk „Das ist des Deutschen Vaterland". Berlin, [illegible], Leipzig. (1897.) Fol.

— Predigt, gehalten am Einweihungstage der Missionsanstalt von Breklum den 10. Apr. 1877. gr. 16. (14 S.) Ebendas. 877. *

— eine Predigt, gehalten auf dem Feste der inneren und äußeren Mission in Uetersen. [1.—4. Abzug.] gr. 16. (15 S.) Ebendas. 877. *

— en fire Maaneders Reise til Amerika. 12. (168 S. m. Abb.) Ebd. 896. 1. —

[Vf. u. Ant.] Eine viermonatliche Reise nach Amerika. Von Pastor Christian Jensen, Dr of Div. in Breklum. *Breklum: Jensen & Hinrichsen* 18[illegible]. (IV, [illegible] S.) 1 Bd 8. [96. 1893

— Sagen u. Erzählungen d. Sylter Friesen, s.: Hansen, C. P.

Schleswig und Umgebung. Ein Führer nebst Plan der Stadt und des Gehölzes v. Christian Jensen. [1. Aufl.] Schleswig. o. J. 8°

— Schleswig u. Umgebung. Ein Führer nebst Plan der Stadt u. des Gehölzes. 12. (56 S.) Ebd. (900). n. — 50

Jensen, Christian, Schleswig u. Umgebung. Ein Führer nebst Plan der Stadt u. des Gehölzes. 2. Aufl. (III, 51 S. m. Abbildgn. u. 7 Ansichtskarten.) 8. Schleswig (905). J. Ibbeken. n. — 50

— Schleswig u. Umgebung. Ein Führer nebst Plan d. Stadt u. d. Gehölzes. 3. Aufl. (IV, 56 S. m. 7 Taf.) kl. 8. Schleswig (909). J. Ibbeken. — 50

Jensen, Christian [Hrsg.], s. S o n n t a g s b l a t t , Schleswig-Holsteinisches.

Jensen, Christian. Die nordfriesischen Inseln Sylt, Föhr, Amrum und die Halligen vormals und jetzt. Mit besonderer Berücksichtigung der Sitten und Gebräuche der Bewohner bearbeitet von Christian Jensen. Hamburg: Verlagsanstalt und Druckerei Actien-Gesellschaft 1891
[illegible]

— die nordfriesischen Inseln Sylt, Föhr, Amrum u. die Halligen vormals u. jetzt. Mit besond. Berücksicht. der Sitten u. Gebräuche der Bewohner. Mit 61 Abbildgn., 1 Karte u. 7 farb. Trachtentaf. 2. [Titel-]Aufl. gr. 8. (VIII, 392 S.) Hamburg [891.] 899. Verlagsanstalt u. Druckerei. n. 8. —; geb. in Leinw. n. 10. —

—— die Turm-Predigt, gehalten am 7. Dezbr. 1886. 8. (16 S.) Ebendas. 887. * — 10

Jensen, Chrn. (H.), Der Unglaube in den gebildeten Ständen, s. Schnadenberg, J.

Jensen, Christian [Hrsg.], s. Fredens V e i .

— um die Wende des Jahrhunderts (1900). Ein Denkmal zu Ehren des Namens Jesus. Unter Mitwirkg. mehrerer Geistlichen hrsg. gr. 8. (1006 S.) Breklum 900. Christl. Buchh. n. 3. —; geb. in Leinw. n. 4. —; in Halbldr. n. 5. —; in Halbfrz. n. 6. —; m. Goldschn. n. 7. —; eleg. geb. m. Goldschn. n. 12. —

— 4 Zeitpredigten. Geh. am 1., 2., 3. u. 4. Sonntage nach Trinitatis in der Kirche zu Breklum. gr. 8. (37 S.) Ebd. 890. n. — 20

Jensen, Cornelius, s. J e n s e n , Kornelius

Jensen, E., neun Novellen. 8. (V, 170 S.) Dresden 897. E. Pierson. n. 2. 00; geb. n. 3. 50

Briefe eines alten Pioniers aus Minnesota's Urwalde. Verf.: E. F. Jensen. (St. Paul.) 1901. 8°

Jensen, Emil, deutsche Sprachlehre, s.: Schmarje, Johs.

Jensen, Friedrich Christoph, s. A b i l g a a r d , P. C.: Anleitung.

Dem Herrn Etatsrath Jensen, unserm geliebtesten Lehrer, bei der bevorstehenden Trennung. [Abschiedsgedicht der Schüler auf Friedrich Christoph Jensen, Prof. d. Rechtswiss., bei seiner Ernennung zum Etatsrat in Kopenhagen, 21. März 1802.] — Kiel (1802: Mohr). 1 Bl. 4°

Jensen, Friedrich Christoph (Kiel), De criteriis veritatis partem generaliorem ad praescriptum constitutionis Fridericianae. Präs. Andreas Weber. Kiel (Mich. Friedr. Bartsch) Febr. 1774. 31 S. (6.50) 16776

— — De libera bona avita alienandi facultate in Holsatia per speculum Saxonicum non restricta libellus academicus. Kiel (Mich. Friedr. Bartsch) 15. IV. 1778. 84 S. (7.—) 16777

Jensen, Ritter Fr. Cph., († d. 25. März 1827.) Diss. inaug. de libera bona vita alienandi facultate in Holsatia per speculum Saxon. non restricta. 4. Hamb. 779. Bohn. 5 K

Die Geschichte der Maurerei, ein Beweis göttlicher Vorsehung. [Rede bei der Einweihung des Logengebäudes der Loge Louise zur gekrönten Freundschaft in Kiel am 6. Juli 1785 von Friedr. Christoph Jensen.]

Sehr selten. Im Archiv der □ Zur Weltkugel in Lübeck befindet sich ein gedr. Exemplar. Hs. in der Biblioth. der □ Alma an der Ostsee in Kiel.

Die Geschichte der Maurerey ein Beweis göttlicher Vorsehung. Rede am Tage der Einweihung des neuen Versamlungs-Hauses der ehrw. Loge Louise zur gekrönten Freundschaft in Kiel dem 6ten Julius 1785, gehalten von [Friedr. Christoph] J[ensen] B[r.] R[edner]. Kiel [1785]. 12 S. 8⁰

Sehr selten. Nach diesem Titel ist Nr 5772 zu berichtigen. In der Hauptsache Rückblick auf die Gesch. der Frmrei in Kiel.

s.a. Kann man den Prof Fichte ...

(-) Kann man Fichte mit Recht beschuldigen, dasz er den Gott der Christen läugne? beantwortet durch eine für den gesunden Menschenverstand faszliche Darstellung seines Systems von einem Nichtphilosophen. Kiel. 1799.

[illegible] Jensen. [illegible]

JENSEN, F. Cp.: De patria Roman. potestate pro *Gebauero* advers. *Robertum*, V. C. *Schwer.*, Bödner. 784. 8. (6 Gr.)

— De patria Romanorum potestate pro D. Gebauero advers. Robertum v. Cl. diss. Sverini, Bützow et Wismariae. 1784.

s.a. Privilegia d. Schleswig-Holstein Ritterschaft.

JENSEN, F. C., u. HEGEWISCH, Dt. Hm.: Privilegien d. Schleswig-Holstein. Ritterschaft, v. den in d. Privilegienlade befindl. Originalen genau abgeschrieben u. m. denselb. verglichen. *Kiel*, gedr. b. Mohr. (*Altona*, Kaven.) 797. 8. (2 Thl. 20 Gr.)

— und Hegewisch, Privilegien d. Schleswig-Holsteinischen Ritterschaft. m. K. Lpz. Sommer. 797.

v. Jensen, G. F., 1. 1) H. C. Andersen, nur ein Geiger. Dtsch. Mährchen u. Erzählungen. 2) H. N. Clausen, populäre Vorträge. 3) Dupin, Baron Karl u. Tscherning, Geometrie. 4) N. Hoyen, üb. Thorwaldsen. 5) Lundblad, Gesch. Karl XII. 6) J. M. Thiele, Thorwaldsen.

Jensen, Gust., Einführg. in d. geistliche Amt. gr. 8. (VII, 134 S.) Leipzig 895. A. Jansen. n. 1. 50; geb. n. 2. —

— üb. d. alten Kirchentonarten, s.: Cherubini, L., Theorie d. Kontrapunktes.

Jensen H.: Anweisung z. vortheilhaften Behandlung d. Bienen überhaupt, m. besond. Rücks. auf die Marschländer ... Friedrichsstadt 1812. (10) 182 S.

Jensen H.: Ueber die Bekämpfung d. Mosaikkrankheit d. Tabakpflanze 1905. [Rostr. Saml.].

— Hinweisung zur vortheilhaftesten Behandlung d. Bienen überhaupt, nebst beygefügten einfachen Belehrungen über die Bienenprodukte. 8. Augustenburg 819.

Jensen H.: Versuche üb. Bakterienkrankheiten bei Kartoffeln (Jena 1900). (8) S. (Sartr.). P.

Beleuchtung des Aufsatzes des Herrn O. ... L. G. Adv. Lock, betitelt „Ständisches“, in Nr. 4 des „Itzehoer Wochenblatts“ v. H. C. Jensen. Flensburg. 1844. 8⁰

Jensen, H. C., über Handel und Gewerbe. Ein Wort an meine Mitbürger, zunächst an unsere Abgeordneten. gr. 8. Altona 845, Hammerich. ... ℳ

Ein Wort an das V... der ... Bremer v. H. C. Jensen. Flensburg. 1844. 8⁰

Ein paar W... Schleswig-Ho... H. C. Jensen ... 25. März 1847 ...

Jensen, H. J., kleine, jedoch vollständige u. faßl. dänische Sprachlehre, od. Kunst, die dän. Sprache in 2 Monaten zu lernen. 8. Hamb. Vollmer. 814.

Jensen, Hans, a. Struvenhütten, Kr. Segeberg: Die Verbalflexion im Ayenbite of Inwyt. Kiel 1908: H. Fiencke. (65 S.) 8°

Kiel, Phil. Fak., Ref. Holthausen, Diss. v. 31. Juli 1908

[Geb. 28. Aug 84 Struvenhütten (Schleswig-Holstein); Wohnort: Reihwisch b. Itzehoe (Schleswig-Holstein); Staatsangeh.: Preußen; Vorbildung: Gymn Flensburg Reife O. 05; Studium: München 1, Berlin 3, Kiel 2 S.; Rig. 23. Mai 08.]

Jensen, Hans Nikolai Andreas: Angeln. Zunächst für die Angler historisch beschrieben. Von Flensburg. 1844. 8⁰

Jensen, H. N. A., schleswig-holsteinische Kirchengeschichte. Nach hinterlassenen Handschriften überarb. und hrsg. von A. L. J. Michelsen. 1. und 2. Bd. gr. 8. (XXIV, 334; IV, 361 S.) Kiel 873,74, Homann. à Bd. ... ℳ 6. —

Jensen, H. N. A., schleswig-holsteinische Kirchengeschichte. Nach hinterlassenen Handschriften überarb. u. hrsg von A. L. J. Michelsen. 3. u. 4. Bd. gr. 8. (VI, 344 u. VI, 352 S.) Kiel 877. 79. Homann. à n. 6. —

— dasselbe. Namen- u. Sachregister, bearb. von Johs. Claussen. gr. 8. (24 S.) Ebend. 881. n. 80 (cplt. m. Reg.: n. 24. 80)

Nachrichten über das Geltinger Kirchenw... Documenten. Zunächst für die ... Gemeine ... in Druck gegeben v. Hans Nicolai Andreas Jensen. Flensburg. 1842. 8⁰.

Jensen, H. N. A., Versuch einer Statistik des Herzogthums Schleswig. 1. Liefg., enthalt. den allgemeinen Theil u. die Propsteien, Hadersleben, Apenrade mit Lügumkloster, u. Sonderburg. gr. 8. Flensburg 840. (Hamburg, Nestler u. Melle.) $2^{1}/_{2}$ ℳ

Jensen, H. N. A., Versuch einer kirchl. Statistik d. Herzogth. Schleswig. 2—4. Lfg. gr. 8. Flensburg 842. (Hamburg, Nestler u. Melle.)
1. Lfg. Ebendas. 1840. 2 Thlr. 15 Ngr.

Versuch einer kirchlichen Statistik des Herzogthums Schleswig. v. Hans Nikolai Andreas Jensen. 8°.
Lief. 1. enthaltend den allgemeinen Theil und die Propsteien Hadersleben, Apenrade mit Lügumkloster, und Sonderburg. Flensburg. 1840.
Lief. 2. enthaltend die Propsteien Tondern, Husum mit Bredstedt, und Eiderstedt. Mit 1 Karte des alten Nordstrandes. ebd. 1841.
Lief. 3. enthaltend die Propsteien Flensburg, Gottorf, und Hütten. ebd. 1841.
Lief. 4. enthaltend Femern, die unmittelbar unter dem Schleswigschen Generalsuperintendenten, so wie die unter den Bischöfen von Ripen und von Alsen stehenden Kirchen, nebst Zusätzen und Registern. ebd. 1842.

Jensen, Hennig, Pastor Dahlberg, s. a. Kürschner's, Jos., Bücherschatz.

Pastor Dahlberg. Roman von Hennig Jonson. Ins Deutsche übers. von Mathilde Mann. Mit Ill. von M. Leteli. *Berlin, Eisenach, Leipzig: H. Hillger [1899].* (128 S.) [F.]
— Bücherschatz, Kürschner's. No 158. [illegible]

Jensen, Henning, der Kaplan. Roman. Rechtmäßige Uebersetzg. aus dem Dän. 8. (335 S.) Leipzig 893. Dresden, E. Reißner. n. 4. —; geb. 5. —

Jensen, Hj., Vegetationsbilder aus Mittel- u. Ost-Java, s. : Büsgen, M.

Jensen, J., die Humanität im Lichte des Christenthums als einzig wahres Princip des Unterrichts u. der Erziehung durch die Volksschule. Ein Conferenz-Vortrag, gehalten auf der schlesw.-holst. Lehrerversammlg. in Oldesloe vom 27—29. Juli 1869. Altona 869. (Lehmkuhl & Co.) gr. 8. (16 S.) n. 3 ngr

Jensen, J., s. Jens, Johannes

Jensen, Predigt bei dem 50jährigen Amtsjubiläum d. Hrn. Senior Dr. Rehhoff, geh. zu St. Michaelis in Hamburg, den 14. Jan. 1877. gr. 8. (12 S.) Hamburg 877. Nolte. n. — 30

Jensen, Predigt gehalten am Jahresfeste des hamburgischen Hauptvereins der Gustav-Adolf-Stiftung, den 5. Novbr. 1868 in der St. Petri-Kirche. gr. 8. (24 S.) Hamburg 869, Nolte. *

Jensen, J., christliche Religionslehre für den Unterricht der gereifteren Jugend. Nach pädagog. Grundsätzen und auf bibl. Grundlage bearb.; zugleich denkenden Lesern aller Stände zur Belehrung und Erbauung gewidmet. 5 Tle. gr. 8. Flensburg 886—88, Westphalen. * 11 —
Inhalt:
Tl. 1. Der Glaube an Gott als Schöpfer und Herrn der Welt und Vater der Menschen. (VIII, 139 S.) *ℳ 2.—.
" 2. Die Pflichten der Menschen als Kinder Gottes und als Brüder und Schwestern unter einander. (III, 224 S.) *ℳ 2.80.
" 3. Der Glaube an das göttliche Werk der Erlösung. (IV, 183 S.) *ℳ 2.40.
" 4. Der Glaube an das göttliche Werk der Heiligung, des Aufbaues und der Vollendung des Reiches Gottes. (IV, 130 S.) *ℳ 1.80.
" 5. Förderung des christlichen Lebens durch rechten Gebrauch der Gnadenmittel: Gebet, Taufe und Abendmahl. (V, 116 S.) *ℳ 2.—.

Jensen, J. F., († ...), s. Repertorium od. systemat. Verzeichniß rc. von Koch u. Jensen.

Jensen, J. L., die Kartoffelkrankheit kann besiegt werden durch eine einfach und leicht auszuführende Kulturmethode. Nachgewiesen durch Versuche und entsprechende Untersuchungen. Mit Genehmigung des Verf. nach dem Orig.-Mscr. in das Deutsche übertragen durch H. Bay. gr. 8. (79 S.) Leipzig 882, H. Voigt.; *

Zur Reform des Religionsunterrichts in der Volksschule. Zwei Aufsätze v. Jens Jensen. Flensburg. 1888. 8°

Jensen, J., das Weltprinzip der Freiheit. Beitrag zur Lösung des Problems der menschlichen Freiheit. gr. 8. (32 S.) Garding 881. Lühr & Dircks in Comm. n. — 40

Jensen, Ingeborg Hammer-
s. Hammer-Jensen. [illegible]

Jensen, Joh[ann] Frid[rich]: Magistratum academicum ... [Glückwunsch zur Rektoratswahl auf Philipp Friedrich Hane, Prof. d. Theol., 10. April 1737.] — Kilonii (1737): Bartsch. 1 Bl. 2°

(Jensen, J[ohann] F[riedrich]): Trost-Brief ... [Trostbrief auf Friederich Rantzau, Geheimer Raht, † 8. Febr. 1723, beerdigt am 6. April 1723.] — Kiel (1723): Reuther. 6 Bl. 4° (2°)

— Johann Friedr. (Holstein), De tripudio solis paschali. Diss. philos. Präs. M. Hieronymus Christoph Lauterbach (Lüneburg). Helmstedt (Georg Wolfgang Hamm) 3. IV. 1706. 20 Bl. (6.50) 16778

Himmerlandsgeschichten [Himmerlandsfolk. Historier] von Johannes V. Jensen. 2. Aufl. (Berechtigte Übertr. aus d. Dän. von Mens.) Berlin: S. Fischer 1908. (236 S.) 8° [F.] [illegible]

Mythen und Jagden. Von Johannes V. Jensen. (Deutsch von Julia Koppel.) Berlin: S. Fischer 1910. 240 S. 8° [illegible]

— Exotische Novellen. (Autoris. Übertragg. aus dem Dän. v. Julia Koppel.) (228 S.) kl. 8. Ebd. 909. 3.—; geb. n 4. —

Exotische Novellen von Johannes V. Jensen. (Autor. Übertr. aus d. Dän. von Julia Koppel.) 3. Taus. Berlin: S. Fischer 1909. 220 S 8° [illegible]

Madame d'Ora. Roman von Johannes V. Jensen. (Berecht. Übertr. aus d. Dän. von Mathilde Mann.) Berlin: S. Fischer 1907. (284 S.) 8° [F.] [illegible] 11

— Madame d'Ora. Roman. (Berechtigte Übertragg. aus d. Dän. v. Mathilde Mann.) 1.—4. Taus. (284 S.) 8. Ebd. 907. 3.50; geb. n 4.50

— Das Rad. Roman. (Autoris. Übertragg.. aus d. Dän. v. Mens.) 1. u. 2. Aufl. (360 S.) 8. Ebd. 908. 4.—; geb. n 5. —

Das Rad [Hjulet]. Roman von Johannes V. Jensen. (Autor. Übertr. aus d. Dän. von Mens.) Berlin: S. Fischer 1908. (360 S.) 8° [F.] [illegible]

Das Rad [Hjulet]. Roman von Johannes V. Jensen. (Autor. Übertr. aus d. Dän. von Mens.) 4. Aufl. Berlin: S. Fischer 1908. 300 S. 8° [illegible] 11

Jensen, Johs. V., „Die Welt ist tief ...“ Novellen. (Autoris. Übertragg. aus d. Dän. v. Julia Koppel.) 1.—4. Taus. (260 S.) kl. 8. Berlin 907—10. S. Fischer, Verlag. 2.50; geb. n 3.50; in Lederbd. 4.50

Johannes V. **Jensen**. Die neue Welt [Den ny Verden]. Essays. (Autor. Übertr. aus d. Dän. von Julia Koppel.) Berlin: S. Fischer 1908. (205 S.) 8°
[08. 1547]

Johannes V. Jensen. Die neue Welt [Den ny Verden]. Essays. (Autor. Übertr. aus d. Dän. von Julia Koppel. 2. Taus.) Berlin: S. Fischer [1908]. 205 S. 8°
[09. 8191 I I]

Jensen, Jul., Descriptio monstri cum ligamentis amnioticis. Dissertatio inauguralis medica. gr. 4. (20 S. mit 1 Stnt.) Kiel 866, (Schwers'sche Buchh.) *

Jensen, Jul., die Furchen und Windungen der menschlichen Grosshirn-Hemisphären. gr. 8. (46 S. mit 1 lithogr. Taf. in qu. 4.) Berlin 871, G. Reimer.
Aus: Zeitschrift für Psychiatrie, besonders abgedruckt.

Jensen, Jul., Träumen und Denken, s.a. **Sammlung gemeinverständl. wissenschaftl. Vorträge.**

Jensen J, Träumen und Denken. (Slg wissenschaftl. Vorträge 134) Berlin 1871

Jensen, J., Thun u. Handeln, s.a. **Sammlung gemeinverständlicher wissenschaftlicher Vorträge.**

Jensen J, Thun und Handeln. (Samml. wissenschaftlicher Vorträge 304) Berlin 1878

Gutachtlicher Bericht über die Errichtung von Irren-Kolonien in der Provinz Preussen. Erstattet auf Grund der von ihnen im Herbst 1877 im Auftrage des Provinzial-Ausschusses zur Besichtigung solcher Kolonien ausgeführten Reise durch die Directoren der Provinzial-Irren-Anstalten zu Allenberg und Schwetz [Julius Friedrich Wilhelm] **Jensen** u. **Wendt.** (Allenberg und Schwetz. 1878.) Fol. m.

Wie ein Christ sich recht verhält gegen seinen Landesherrn. Predigt v. **Karl Jensen.** Sonderburg. 1846. 8°

Jensen, Carl. Zirkel-Zeichnen, zum Gebrauch an höheren Schulen u. gehobenen Volksschulen hrsg. qu. gr. 8. (5 Steintaf. m. 6 S. Text.) Barmbek 890, Fenkhausen. * — 80

Jensen, Karl Oluf

— Die Aetiologie d. Druse. [Leipz. 1888]. (28) S. 1 Tvl. (Særtr.). P.

Jensen C. O.: Die Aetiologie d. Nesselfiebers u. d. diffusen Hautnekrose d. Schweines. [Leipz. 1892]. (28) S. (Særtr.). P.

Jensen C. O.: Ueber die Bedeutung d. Schmidt'schen Jodkaliumbehandlung d. Gebärparese beim Rinde. Berichte dänischer Thierärzte bearb. v. —. (Jena 1899). 8 S. (Særtr.). P.

Jensen C. O.: Ueber Botryomykose . . . [Leipz. 1892]. (12) S. (Særtr.). P.

Jensen C. O.: Druse. Wiesb. 1897. (15) S. (Særtr.). P.

Jensen, C. O., Grundriss der Milchkunde u. Milchhygiene. (VII, 228 S. m. 22 Abbildgn.) gr. 8. Stuttgart 903. F. Enke. n. 4. 80; geb. in Leinw. n. 5. 80

Jensen C. O.: Eine bisher nur wenig beachtete Infectionsweise d. Pferdestaupe. [Leipz. 1894]. (12) S. (Særtr.). P.

Jensen C. O.: Ueber eine der Rinderseuche ähnliche Kälberkrankheit. [Stuttg. 1891]. 11 S. (Særtr.). P.

Jensen C. O.: Über die Kälberruhr u. deren Aetiologie. [Stuttg. 1893]. 28 S. (Særtr.). P.

— Zur Kenntniss der Actinomykose. [Stuttg. 1893]. 13 S. (Særtr.). P.

— Zur Kenntniss d. Rothlaufbacillus. [Leipz. 1893]. (5) S. (Særtr.). P.

Jensen C. O.: Die v. Nekrosebacillus (*Bacillus necroseos*) hervorgerufenen Krankheiten. (Wiesb. 1897). (8) S. (Særtr.). P.
— — (Jena 1903). (14) S. Fig. (Særtr.). P.

Jensen C. O.: Mastitis bei Tieren. (Wiesb.) [1899]. (22) S. (Særtr.). P.

· Malignes Oedem. (Jena 1903). (18) S. Fig. (Særtr.). P.

— Ueber malignes Oedem beim Pferde. [Leipz. 1888]. (15) S. 1 Tvl. (Særtr.). P.

Jensen C. O.: Pyämie bei der Brustseuche — eine Druseinfection. [Stuttg. 1891]. 11 S. (Særtr.). P.

Jensen C. O.: Schweinepest u. Schweineseuche. (Wiesb. 1897). (32) S. (Særtr.). P.

Jensen C. O.: Tuberculose beim Hund u. bei der Katze. Leipz. 1891. (30) S. (Særtr.). P.

Jensen, Cornelius: Auswahl und Behandlung des physikalischen Lehrstoffs in der Obertertia. Gollnow 1910: Voigt. 13 S. 4°
Gollnow, st. RPG i. E. OP 1910 (218) [S 10. 204

Jensen, Kr. Sandfeld, die vorromanischen Volkssprachen der romanischen Länder, s.: **Windisch, E.**

Jensen, L., Kirchen- und Schulbilder aus London. gr. 8. (21 S.) Oldenburg 852, Schmidt. Thlr.
Aus: Oldenburg. Schulblatt, besonders abgedruckt.

Jensen, Ludw., über den Stricker als Bispel-Dichter, seine Sprache und seine Technik unter Berücksicht. des „Karl" und „Amis". Als Einleitung zu einer Ausgabe kleinerer Strickerscher Gedichte. gr. 8. (112 S.) Marburg 886, Elwert's Verlag. * 2 —

Jensen, M. Eine Frühlingsgabe an das deutsche Volk. Pinneberg 1885.

Jensen, M. C.: Warum ich katholisch geworden bin? s.a. Flugschriften, Katholische, z. Wehr u. Lehr'.

Warum ich katholisch geworden bin? Offener Brief d. früh. luth. Pastors M. C. **Jensen** an seine Freunde in d. dänischen Landeskirche. Deutsch von G. Ferbers. *Berlin: Germania (1893).* (40 S.) 8° [F.]
= **Flugschriften.** Kathol., z. Wehr u. Lehr. No 101. [09. 1357]

— Wer hat Recht, s.a. Flugschriften, Katholische, z. Wehr u. Lehr'.

[F.] Wer hat Recht? Aphorismen in Briefform über die grössten Fragen unserer Zeit v. M. C. **Jensen**, früher Pfarrer v. Fjelsted u. Harndrup auf Fyen. *Berlin: Germania (1896).* (50 S.) 1 Bd 8.
= **Flugschriften,** Kathol., z. Wehr u. Lehr. No 109. [98. 10613]

Jensen, Maina, in der Residenz zu Kleinhausen. Eine Novelle. (111 S.) 8. Leipzig 907. F. W. Grunow. n. 1. 50

Plantens Ernæring af **Mads Jensen.** Uddrag af Foredrag fra 1902 og 1903 om Brugen af Godning. Haderslev. (1904.) 8°.

Jensen, Nicolai: Aus dem pathologischen Institute zu Kiel. Ueber einen Fall von Gallenstein ausserhalb der Gallenblase. *Kiel 1897: P. Peters.* (17 S.) 8°
Kiel, Med. Diss. v. [20. Jan.] 1898

Jensen, O[le]. Dr: Der Englische **Peterspfennig** und die Lehenssteuer aus England und Irland an den Papststuhl im Mittelalter. *Heidelberg: Heidelb. Verlagsanst. u. Druckerei 1903.* (IV, 107 S.) 8°
Rostock, Phil. Diss. v. [21. Juli] 1902

Jensen, O., der englische Peterspfennig u. die Lehenssteuer aus England u. Irland an den Papststuhl im Mittelalter. (IV, 107 S.) gr. 8. Heidelberg 903. Heidelberger Verlagsanstalt u. Druckerei. n. 2. 40

Jensen, Olaf S., die Structur der Samenfäden. gr. 8. (38 S. mit 1 lithogr. Taf.) Bergen 879. (Berlin, Friedländer und Sohn.)

Jensen, O. S., Die Struktur der Samenfäden. S.-A. Mit Taf. 4°. (38 S.) Berlin 79. Friedländer & S. M. 1.50

Jensen, Orla, s.a. Orla-Jensen

Jensen, Orla, et Plattner, Ernst. De l'action du chauffage sur le lait de vache (Contribution à la question de l'allaitement artificiel), par le Dr O' J', Chef de l'Etablissement fédéral d'essais pour l'industrie laitière avec la collaboration du Dr Ernest P', Assistant. Tirage spécial de l'Annuaire agricole de la Suisse. 1905. 19 p. 8. [Berne, K.-J. Wyss.]

Jensen, Orla, Über die Bedeutung der Schmidt'schen Jodkaliumbehandlung der Gebärprozesse beim Rinde. S.-A. a. d. Z. f. Th. Jena 99. Fischer.

u. **Plattner E.**: Beitrag z. Käseanalyse. (Bern) 1906. 16 S. (Særtr.). 4°.

Ueber den Einfluss d. Erhitzens auf die Kuhmilch. Unter Mitwirk. v. E. Plattner. Bern 1905. 16 S. (Særtr.). 4°.

Jensen, Orla, die Hauptlinien des natürl. Bakteriensystems nebst e. Übersicht der Gärungsphänome. (42 S. m. 1 Fig.) gr. 8. Jena 909. G. Fischer. 1. —
Sonderabdr. aus: „Centralbl. f. Bakteriol., Parasitenkde. u. Infektionskrankh."

[Særtryk]. 4°.
(Ueber die Einwirkung proteolytischer Enzyme auf die Käsereifung. (1901). 5 S. — De l'action de quelques diastases protéolytiques s. la maturation du fromage. 1901. 6 S. — Ueber den Einfluss d. Fettgehalts d. Milch auf die Emmentalerkäse. Ueber den Einfluss d. Nachwärmens auf die Emmentalerkäse. 1906. 8 S. — Ueber den Einfluss d. Salzens auf die im Emmentalerkäse stattfindende Lochbildung. 1906. 2 S. — Ueber die im Emmentalerkäse stattfindende Milchsäuregärung. 1906. 25 S.).

Herzog Friedrich von Schleswig-Holstein und Fürst Bismarck [illegible] Leipzig. 1896. 8°.
Abgedruckt aus Deutsche Revue. [illegible] 21. Okt. 1896.

Jensen, Otto: Anschauliche Mathematik. Ein Wort gegen die Mathematikfurcht. Mit 12, zum Teil mehrfarb. Fig. Berlin 1910: Hayn. 20 S. 4°
Berlin, k. Elisabeth-S OP 1910 [15] [S 10. 205

Jensen P. Boysen: Ueber Steinkorrosion an den Ufern von Furesö. Leipz. 1909. (11) S. Fig. (Særtr.). 4°.
(Mitteilungen aus dem biologischen Susswasserlaboratorium Frederiksdal. 3).

Jensen, P. Th., wie soll ich dich empfangen? Predigt, geh. am 1. Adventssonntag, d. 28. XI. 1909 in Niesky. (13 S.) 8. Herrnhut 910. Missionsbuchh. — 15

Jensen P. V.: Ledetraad i Mejeridriften. Flensb. 1877. 47 S. P.

Jensen, Paul [aus München]: Ueber den Geotropismus niederer Organismen ... (Aus: Arch. f. d. ges. Phys., Bd. 53.) Bonn, E. Strauss, 1892; 56 S. 8.
Jena, Med. Fak., Inaug.-Diss. v. [Dez.] 1892

Jensen, Paul [Dr. med., Assist. am physiol. Inst. zu Halle]: **Über den galvanischen Schwindel ... (Aus: Arch. f. d. ges. Physiol., Bd. 64.) Bonn, E. Strauss, 1896; 1 Bl., 41 S. 8.**
Halle, Med. Fak., Hab.-Schr. v. [27. Juli] 1896

Organische Zweckmäßigkeit, Entwicklung und Vererbung vom Standpunkte der Physiologie. Von Dr. Paul **Jensen**, Prof., Breslau. Mit 5 Fig. Jena: G. Fischer 1907. (XII, 251 S.) 8° [07. 180]

Jensen, Peter, aus Rosendahl bei Husum: **Schleiermachers Auffassung vom Wesen der Religion und ihr Wert gegenüber dem modernen, besonders dem naturwissenschaftlich-geschichtlichen Denken.** Husum 1905: D. Bollmann. (100 S.) 8°
Erlangen, Phil. Fak., Ref. Hensel, Diss. v. 22. Febr. 1905
[Geb. 8. Okt. 80 Rosendahl b. Husum; Staatsangeh.: **Preußen; Vorbildung:** Gymn. Husum Reife O. 01; Studium: Heidelberg 1, **Berlin 3, Erlangen 1,** Kiel 1 S.; Rig. 22. Febr. 05.]

Jensen, P., das Gilgamesch-Epos in der Weltliteratur. 1. Bd.: Die Ursprünge der alttestamentl. Patriarchen-, Propheten- u. Befreier-Sage u. der neutestamentl. Jesus-Sage. Mit 8 Abbildgn. im Text u. 3 Uebersichtskarten. (XVIII, 1030 S.) gr. 8. Strassburg 906. K. J. Trübner. n. 40. —

— Hat der Jesus d. Evangelien wirklich gelebt? Eine Antwort an Prof. Dr. Jülicher. 1.—3. Taus. (32 S.) gr. 8. Frankfurt a/M. 910. Neuer Frankft. Verl. — 50

Hittiter und Armenier v. P[eter] **Jensen.** M. 10 lithogr. Schrifttaf. u. 1 Uebersichtskt. *Strassburg: K. J. Trübner 1898.* (XXVI, 255 S., 10 Taf., 1 Kt.) 1 Bd 8. [98. 4465

Jensen, Petrus [illegible] De incantamentis nonnullis [illegible] Keilschriftforschung I. 1884
Berlin, Phil. Diss. v. 15. Dez. 1884

Jensen, P., die Kosmologie der Babylonier. Studien u. Materialien. Mit e. mytholog. Anhang u. 3 Karten. gr. 8. (XVI, 546 S.) Strassburg 890. Trübner, Verl. n.n. 40. —

Jensen, Peter: Moses, Jesus, Paulus, drei Varianten des babylonischen Gottmenschen Gilgamesch. Eine Anklage wider die Theologen, e. Appell auch an die Laien von P[eter] Jensen, Prof. Frankfurt a. M.: Neuer Frankf. Verl. 1909. 63 S. 8°

Jensen, Peter: Moses, Jesus, Paulus, drei Varianten des babylonischen Gottmenschen Gilgamesch. Eine Anklage wider d. Theologen, e. Appell auch an d. Laien von P[eter] Jensen. Prof. 2., wesentl. verm. Aufl. Frankfurt a. M.: Neuer Frankf. Verlag 1909. 64 S. 8°

Moses, Jesus, Paulus. Drei Varianten d. babyl. Gottmenschen Gilgamesch. Eine Anklage u. e. Appell von P[eter] **Jensen,** Prof. 3. abermals bereicherte Aufl. Frankfurt a. M.: Neuer Frankf. Verl. 1910. 64 S. 8° [10. 1334] 4

Jensen, P., assyrisch-babylonische Mythen u. Epen, s. a. Bibliothek, keilinschriftliche. VI.

Assyrisch-babylonische Mythen und Epen von P[eter] **Jensen.** (In 2 Hälften.) *Berlin: Reuther & Reichard 1900(—01).* (XXII, 588 S.) 8°
= Bibliothek. Keilinschriftliche. Bd 6.

Jensen, Pt. Fried., De dyserythria s. alienata colorum perceptione in hominibus nonnullis obvia. Diss. inaug. Kiliae. 1839. P.

Jensen, S. H., über die ökonomische Verwaltung der Stadt Kiel. Als Entwurf eines Commissionalberichts verfaßt. Als Manuscript gedruckt. Mit 7 (8) Tabellen. gr. 8. Eutin u. Kiel 838. Schwers'sche Buchh. u. Eutin. 1 ℳ

Jensen, S., s. Tabellen, wonach die Silberbarren ꝛc.

Dringender Antrag des Abgeordneten Landvogts [Schwenn Hans] Jensen, betreffend die Rechte der Landesversammlung. Vorgelegt in der 9. Sitzung am 1. September 1848 zu Kiel. 1 Blatt! Darunter ein Theil des Sitzungsprotocolls geschrieben v. Carl Lorentzen. Fol.

JENSEN, [SCHWEN HANS], Ueber die oeconomische Verwaltung der Stadt Kiel. Als Entwurf eines Commissionalberichts verfaszt. Als Manuscript gedruckt. Mit 7 Tabellen. Eutin und Kiel. 1838.

Jensen's, Severin und Andr., Meubeljournal. (1.) Jahrg. 1883/84. 6 Hefte. qu. Fol. (à Heft 3 autogr. Taf. mit 1 Bl. Text.) Kopenhagen, Hoest und Sohn. *

Jensen, Thit, mystische Novellen aus Island. Nach mündl. Ueberliefergn. erzählt. Einzig autoris. Uebersetzg. v. Elsb. Fasoli-Rohr. 1. u. 2. Taus. (211 S. m. Bildnis.) 8. Bern 909. A. Francke. 3.—; geb. n 4.—

Jensen, Thomas Hoyer

— Anleitung z. dän. Sprache, oder Aufgaben zum Uebersetzen ins Dänische. 1r Thl. A. u. d. T.: kleine, jedoch faßliche u. vollständ. dänische Sprachlehre, oder d. Kunst, d. dän. Sprache in 2 Monaten zu erlernen. 8. Hamburg 814. (Herold jun.) 6 Gr.

JENSEN, THOM. HÖYER, s. Belehrungen und Tröstungen wegen der Cholera. 1831.

Jensen, Thom. Hoyer, Gesch. d. neuesten Weltbegebenheiten v. 1806 bis zum Frieden in Amiens ꝛc., s. Millots Universalhistorie. 13r Bd.

— dänisches Lesebuch zum Gebrauch in Schleswig-Holstein. Volksschulen. 8. Hadersleben 814. 7 Gr. 2e Aufl. Schlesw. 829. Taubstummen-Inst. 10 Gr.

Jensen, Thom. Hoyer, Dänisches Lesebuch z. Gebr. in Schleswig-Holstein. Volksschulen. 2. Aufl. 8. (8 B.) Schleswig 829, Taubstummen-Inst. (Leipzig, Hermann u. Langbein.)

Jensen, Thom. Hoyer. Mittel, den Werth des dänischen Papiergeldes zu erhöhen. 8°. Altenburg u. Flensburg 1813. (Herold jun.) (A. u. d. T.: Das Reichsbankgeld und das neue Geldwesen in den dänischen Staaten.)

Jensen, W. Glieb. Mart. Choralbuch, s.: Reinhard, Ernst Thdr.

Jensen, Wilh., Diana Abnoba. Eine Schwarzwaldgeschichte v. der Baar. 2 Bde. gr. 8. (179 u. 189 S. m. Vignetten.) Leipzig 890. Reißner. n. 6.—; geb. n. 7.—

Jensen, Wilhelm

Jenseits der Alpen. Novellen.
Dresden, Leipzig: Reißner 1895. 410 S. 8°

Jensen, Wilh., Asphodil. Ein Roman. 2 Bde. 8. (262 u. 249 S.) Weimar 894. E. Felber. n. 8.—; in 1 Leinwbd. n. 9.—

Jensen, Wilh., Asphodil. Ein Roman. (2. [Titel-]Aufl.) 2 Tle. in 1 Bde. (262 u. 249 S.) 8. Leipzig [894] (905). B. Elischer Nachf. n. 5.—; geb. in Leinw. n. 6.—

— Astaroth. Mentha. Zwei Novellen aus dem deutschen Mittelalter. 8. (241 S.) Breslau 893. Schles. Verlags-Anstalt. n. 4.—; geb. n. 5.—

Jensen, Wilh., Astaroth. — Mentha. Zwei Novellen aus d. deutschen Mittelalter. (Neue [Titel-] Ausg. 8. (241 S.) Breslau (893) 898. Schles. Buchdruckerei ꝛc. n. 2 —

— das Asylrecht. Roman. 2 Bde. 8. (336 u. 306 S.) Stuttgart 888. Deutsche Verlags-Anstalt. n. 8.—

— dasselbe. 2 Tle. in 1 Bd. (Billige Ausg.) 8. (336 u. 308 S.) Ebd. 890. n. 1.50; geb. n. 1.75

Jensen, Wilh., Aufräumen! 16. (67 S.) Flensburg 872, Exped. der Norddeutschen Zeitung. *

—— Augen der Seele. 16. (102 S.) Berlin 886, Gebr. Paetel. * 1 50
geb. * 2 50

[J.] Der Hohenstaufer Ausgang. Gesch. u. Dichtg v. Wilhelm Jensen.
Dresden & Leipzig: C. Reissner 1896. (4 Bl., 488 S., 1 Tab.) 1 Bd 8. (94. 4930

— der Hohenstaufer Ausgang. Geschichte u. Dichtung. 2. Aufl. gr. 8. (V, 453 S. m. 1 Stammtaf.) Ebd. 902. n. 6.—; geb. n. 7.—

—— am Ausgang des Reiches. Ein Roman. 2 Bde. 8. (404; 419 S.) Leipzig 886, Elischer Nachf. * 12 —
geb. * 15 —

— am Ausgang des Reiches. Ein Roman. 3. (durchgeseh.) Aufl. (481 S.) gr. 8. Ebd. (903). n. 6.—; geb. in Leinw. n. 7.—

Jensen, Wilh., am Ausgang d. Reiches. Roman. 4. Aufl. (481 S.) 8. Leipzig (910). B. Elischer Nachf. 5.—; geb. in Leinw. 6.—

— aus den Banden, s. a. Eckstein's Reisebibliothek.

Jensen, Wilh., aus den Banden. Novelle. 8. (121 S.) Leipzig (902). Bibliograph. Anstalt, A. Schumann. 1.—

— aus den Banden. Novelle. (121 S.) 8. Berlin (903). Globus Verlag. n. —80

Jensen, Wilh., Barthenia. Roman. 3 Bde. 8. (301; 327; 330 S.) Berlin 877, Janke. *

— d. Bild im Wasser. Roman. gr. 8. (435 S.) Dresden 898. C. Reißner. n. 7.—; geb. n. 8.—

—— Bohemund. Philinnion. Zwei Erzählungen. 8. (78 S.) Berlin 879, [Freyh.] Teschner und Rosenhauer. *

Chiemgau-Novellen v. Wilhelm Jensen. Weimar. 1895 8°

— Chiemgau-Novellen. 2. Aufl. 8. (III, 327 S.) Weimar 897. E. Felber. n. 5. —; geb. in Leinw. n. 6. —

—— Dido. Tragödie in 5 Aufzügen. gr. 8. (III, 100 S.) Berlin 870, F. Duncker. [Stuttgart, Krabbe.] *

— Doppelleben. Ein Roman in 2 Büchern. 2 Tle. gr. 8. (278 u. 278 S.) Leipzig 890. Reißner. n. 10. —; geb. in 1 Bd. n. 11. —

—— Eddystone. 8. (V, 176 S.) Berlin 872, Gebr. Paetel. * geb. mit Goldschn. *

— Eddystone. 2. Aufl. 8. (200 S.) Berlin 894. Gebr. Paetel. n. 4. —; geb. in Leinw. n. 5. 50

Die Einführung der Reformation in Rendsburg v. Wilhelm Jensen. Sonderabdruck aus dem „Rendsburger Wochenblatt ‹Tageblatt›". Jg. 1907 u. 1908. Fol., geb. in Quer-4°

— vor der Elbmündung. Novelle. (III, 331 S.) 8. Dresden 905. C. Reißner. n. 4. —; geb. n. 5. —

— Vor der Elbemündung. Novelle. 2. Aufl. (III, 351 S.) 8. Dresden 907. C. Reißner. 4. —; geb. 5. —

— die Erbin von Helmstede, s. a. Universal-Bibliothek.

Jensen, Wilhelm

Die Erbin von Helmstede. Roman. Dresden, Wien: Hauschild 1895. 394 S. 8°

— die Erbin v. Helmstede. Roman. 8. (394 S.) Dresden 895. Verlag d. Universum. n. 6. —; geb. in Leinw. n. 7. —

—— das Erbtheil des Blutes. Erzählung. 1. Aufl. 1869, und 2. Aufl. 8. (III, 279 S.) Berlin 871, Exped. des Sonntagsblattes. *

—— die braune Erica, s. a. Paetel's Miniatur-Ausgaben-Collection.

—— die braune Erika. Novelle. 1. Aufl. 1868. M 1,50.; geb. M 2,70., und 2. Aufl. 16. (96 S.) Berlin 874, Gebr. Paetel. geb. mit Goldschn. (M 2,70.)

— die braune Erika. Novelle. 2. Aufl. 16. (96 S.) Berlin 874. Gebr. Paetel. geb. m. Goldschn. 2. 70

—— die braune Erica. Novelle. 3. Aufl. 16. (94 S.) Berlin 878, Gebr. Paetel. geb. mit Goldschn. *

— die braune Erica. Novelle. 5. Aufl. 16. (112 S.) Berlin 892. Gebr. Paetel. Geb in Leinw. m. Goldschn. n. 3. —

— die braune Erica. Novelle. 6. Aufl. 12. (112 S.) Berlin 898. Gebr. Paetel. Geb. in Leinw. m. Goldschn. 3. —

— die braune Erica. Novelle. 7. Aufl. (112 S.) 12. Berlin 903. Gebr. Paetel. n. 2. —; geb. in Leinw. m. Goldschn. n. 3. —

— Die braune Erika. Novelle. 8. Aufl. (112 S.) kl. 8. Berlin 907. Gebr. Paetel. 2. —

— dasselbe. (In stenogr. Schrift, System Stolze-Schrey.) (80 S.) kl. 8. Berlin 907. Frz. Schulze. Geb. in Leinw. 1. 25

Jensen, Wilhelm, Heinrich Seidel und Julius Stinde, Norddeutsche Erzähler. Novellen. Alt-Florentinische Tage — Die silberne Verlobung — Martinhagen. — 8. (325 S.) 2.40, geb. 2.88
Wien: Verlag der Bücherfreunde 1893.

— humorist. Erzählungen. (In stenograph. Schrift, enth. Reuter's Bibliothek f. Gabelsberger-Stenographen Bd. 61 u. 62.) 8. (31 u. 64 S.) Dresden 897. W. Reuter. Geb. in Leinw. n. 2. 10

— auf der Feuerstätte. Roman. 3 Bde. 8. (232, 232 u. 223 S.) Leipzig 893. Dresden, C. Reißner. n. 12. —; geb. n. 18. 50

—— Flut und Ebbe. Ein Roman. 2 Bde. 8. (294; 299 S.) Mitau 877, Behre's Verlag. *

— Flut u. Ebbe. Ein Roman. 2 Bde. 8. (294 u. 299 S.) Hamburg 881. Gebr. Behre. n. 10. —

— Flut u. Ebbe. Ein Roman. 2 Bde. 8. (294 u. 299 S.) Hamburg 881. Riga, C. J. Sichmann. 10. —; erm. Pr. n. 3. —

—— Fragmente. Roman. 2 Bde. 8. (300; 331 S.) Breslau 878, Schottländer. *

—— in der Fremde. Roman in 2 Büchern. 1.—3. durchges. Aufl. 8. (438 S.) Leipzig 887, Elischer Nachf. * 6 — geb. * 7 —

— in der Fremde. Roman in 2 Büchern. 4., durchgeseh. Aufl. gr. 8. (375 S.) Leipzig (901). B. Elischer Nachf. n. 5. —; geb. in Leinw. n. 6. —

— König Friedrich. Ein geschichtl. Roman. 3 Bde. (749 S.) 8. Berlin 908. Gebr. Paetel. 10. —; geb. in Leinw. 13. —

König Friedrich. Eine geschichtl. Roman. Von Wilhelm Jensen. 2. Aufl. Bd 1–3. Berlin: Gebr. Paetel 1908. 3 Bde 8° [F.] [08. 13614]

— Ein Frühlingsnachmittag. Auf d. Brücke, s. a. Kürschner's Bücherschatz.

Jensen, Wilh., ein Frühlingsnachmittag. Erzählg. 4. Aufl. 12. (114 S. m. Abb.) Berlin 895. Leipzig, G. Müller-Mann. n. 1. —

Ein Frühlingsnachmittag. Erzählg v. Wilhelm Jensen. 4. Aufl. *Berlin: R. Eckstein Nachf. [1896].* (114 S.) 1 Bd 8. [97. 475]

Ein Frühlingsnachmittag. Auf der Brücke. Erzählungen von Wilhelm Jensen. Mit Ill. von E. Zimmer. Berlin, Leipzig: Hillger [1908]. 78 S. 8°
(Kürschners Bücherschatz. Nr 610.) [09. 6610]

(Kürschners Bücherschatz. Nr. 640.)
Ein Frühlingsnachmittag. Auf der Brücke. Erzählungen v. Wilhelm **Jensen.** Mit Ill. v. E. Zimmer. Berlin. Leipzig. 1909 8°

— Frühlingsstürme. Neue Novellen. 2 Bde. 8. (201 u. 275 S.) Berlin 880. Eckstein Nachf. n. 10. —

Jensen, Wilh., im Frühlingswald. Eine Schachpartie, s.: Hesse's, Max, Volksbücherei.

— im Frühlingswald, s. Novellen, moderne.

[J.] Auf der Ganerbenburg. E. tragikom. Hist. v. Wilhelm Jensen. *Weimar: E. Felber;* (aufgekl.: *Oxford: Williams & Norgate) 1896.* (2 Bl., 317 S.) 1 Bd 8. [98. 11570

— Tamms Garten. Roman. (257 S.) 8. Leipzig 905. [E. Volz.] P. List. n. 3. —; geb. n.n. 4. —

— Tamms Garten. Roman. 2. [Titel-]Aufl. (257 S.) 8. Leipzig [905](907). P. List. 3.—; geb. 4. —

— Gäste auf Hohenaschau. Roman. (323 S.) gr. 8. Dresden (904). C. Reißner. n. 4. —; geb. n. 5. —

—— Gedichte. 8. (VIII, 200 S.) Stuttgart 869, (Kröner.) *

—— dass. — Neue Ausg. gr. 16. (VIII, 200 S.) Berlin 872, Gebr. Paetel. geb. mit Goldschn. *

— die Geschichte d. Erstlingswerks, s.: Franzos, Karl Emil.

—— der Gesell des Meisters Matthias. Aus den Kloster-Annalen der Neuzeit. Novelle. 8. (XXVII, 155 S.) Flensburg 870, Exped. der Norddeutschen Zeitung.

— In majorem Dei gloriam. Ein Gedächtnißbuch aus d. 17. Jhrh. (474 S.) 8. Ebd. 905. n. 6. —; geb. n. 7. —

— Götz u. Gisela, s.a. Roman-Bibliothek der Deutschen Illustrirten Zeitung.

— Götz u. Gisela. 2. Aufl. (428 S.) 8. Leipzig (908). B. Elischer Nachf. 5.—; geb. 6. —

— Gradiva. Ein pompejan. Phantasiestück. (151 S.) gr. 8. Ebd. 903. n. 2. —; geb. n. 3. —

Jensen, Wilh., Valenzia Gradonigo, s.: Reiselectüre.

— über der Heide, s.a. Volksbücher d. deutsch. Dichter-Gedächtnis-Stiftung.

(Volksbücher der Deutschen Dichter-Gedächtnis-Stiftung. II. 12.)
Wilhelm **Jensen:** Über der Heide. Hamburg-Großborstel. 1907 8°

—— die Heiligen von Amoltern. Novelle. 8. (304 S.) Leipzig 886, Elischer Nachf. *M 5.—; geb. * 6 —

— ein Heilmittel. Novelle. (Unterwegs u. Daheim.) schmal 8. (128 S.) Breslau 898. Schles. Buchdruckerei rc. n. — 75; geb. n. 1. —

[F.] Ein Heilmittel. Novelle v. Wilhelm Jensen. *Breslau: S. Schottlaender [1898].* (128 S.) 1 Bd 8. (4.)
(Unterwegs und Daheim.) [98. 6453

— Heimath. Roman. 8. (301 S.) Dresden 901. C. Reißner. n. 4. 50; geb. n. 5. 50

— Heimath. Roman. 2. Aufl. (308 S.) 8. Ebd. 906. n. 4. —; geb. n. 5. —

— späte Heimkehr, s.a. Familien-Bücherschatz.

— späte Heimkehr, s.a. Vogler, Phpp., die alte Mühle.

— späte Heimkehr. Novelle. 2. Aufl. 16. (96 S.) Berlin 877. Paetel. geb. m. Goldschn. n. 3. —

— Heimkunft. Roman. 2 Bde. 8. (276 u. 224 S.) Leipzig 894. Dresden, C. Reißner. n. 8. —; in 1 Bd. geb. n. 9. —

— Holzwegtraum. Ein Sommernachtsgedicht. 16. (97 S.) Stuttgart 878. Deutsche Verlags-Anstalt. n. 3. —; geb. m. Goldschn. n. 5. —

—— Holzwegtraum. Ein Sommernachtsgedicht. 16. (97 S.) Stuttgart 879, Hallberger. * geb. mit Goldschn. *

— Holzwegtraum. Ein Sommernachtsgedicht. 2., durchgeseh. Aufl. 16. (96 S.) Berlin 893. Weimar, E. Felber. n. 2. —; geb. in Leinw. m. Goldschn. n. 3. —

— Hunnenblut, s.: Reclam's Novellen-Bibliothek.

— Hunnenblut, s.: Reclam's Unterhaltungs-Bibliothek.

—— Hunnenblut, s. Universal-Bibliothek Nr. 3000.

—— nach hundert Jahren. Ein Roman aus neuester Zeit. 4 Bde. 8. (160; 187; 208; 184 S.) Schwerin 873, Hildebrand. *

Nach hundert Jahren. Ein Roman aus neuester Zeit v. Wilhelm **Jensen.** Bd. 1–4. Schwerin i. M. 1874. 8°.

—— Jahreszeiten. Ein Roman. 2 Bde. 8. (311; 277 S.) Lpz. 889, Elischer Nachf. [: 10 —] : 8 —; geb. [: 13 —] : 10 —

— im 18. Jahrhundert. (Der goldene Vogel. — Eine Soiree des ancien régime.) 2 Novellen. 8. (207 S.) Leipzig (902). B. Elischer Nachf. n. 3. —; geb. n. 4. —

—— Aus dem 16. Jahrhundert. Culturhistorische Novellen. hoch 4. (374 S. mit eingedr. Holzschn. und Holzschntaf.) Bielefeld 877, Velhagen und Klasing. * geb. in Leinw. * M 25.; in Leder **

— Aus d. 16. Jahrhundert. Culturhistorische Novellen. 2. Aufl. (367 S.) 8. Leipzig (907). B. Elischer Nachf. 6.—; geb. in Leinw. 7. —

—— die Insel. Ein episches Gedicht. gr. 16. (261 S.) Berlin 874, Janke.

— die Insel. Ein episches Gedicht. 2. Aufl. gr. 16. (261 S.) Berlin 878. Janke. n. 2. —

Iris und Genziane. Die persianischen Hauser v. Wilhelm **Jensen.** Berlin. o. J. 8°

— **Iris u. Genziane. (Unterwegs u. Daheim.) schmal 8. (152 S.) Breslau 899. Schles. Buchdruckerei 2c. n. —75; geb. n. 1.—**

Iris und Genziane. Von Wilhelm Jensen. *Breslau: S. Schottlaender [1899].* (152 S.) 8° [F.]
— Unterwegs und Daheim. [6, 10].

— **Iris u. Genziane. Die persianischen Häuser. (Neue Aufl.) (163 S.) 8. Berlin (910). S. Schottlaenders schles. Verlagsanstalt.** 4.—; geb. n 5.—

Juana von Castilien. Tragoedie in 5 Aufzugen v. Wilhelm Jensen. Berlin. 1871. 8°.

—— **Juana von Castilien.** Tragödie in 5 Aufzügen. gr. 8. (205 S.) Berlin 872, Gebr. Paetel *

—— **die Juden von Cölln.** Novelle aus dem deutschen Mittelalter. 8. (XI, 220 S.) Flensburg 869, Exped. der Norddeutschen Zeitung.

[F.] Die Juden zu Köln. Novelle a. d. deutschen Mittelalter v. Wilhelm **Jensen.** 2. durchges. Aufl. *Berlin: S. Cronbach 1897.* (XV, 278 S.) 1 Bd 8.

— **Um den Kaiserstuhl.** Ein Roman aus dem 30jähr. Kriege. 2 Bde. 8. (814; 398 S.) Berlin 878, Habel. *

—— **der Kampf für's Reich.** Tragödie in 5 Aufzügen. 8. (II, 127 S.) Freiburg i. Br. 884, Kiepert und v. Bolschwing.

— **Karin von Schweden.** Novelle. 8. (234 S.) Berlin 878, Gebr. Paetel. *M 4.; geb. *

—— **Karin von Schweden.** Novelle. 2. Aufl. 8. (239 S.) Berlin 882, Gebr. Paetel. *M 4.; geb. *

—— **Karin von Schweden.** Novelle. 3. Aufl. 8. (239 S.) Berlin 886, Gebr. Paetel. *M 4.—; geb. ** 5 50

— **Karin v. Schweden. Novelle. 4. Aufl. 8. (239 S.) Berlin 889. Gebr. Paetel.** n. 4.—; geb. n n. 5. 50

— **Karin v. Schweden.** Novelle. 5. u. 6. Aufl. 8. (239 S.) Berlin 892. 894. Gebr. Paetel. n. 4.—; geb. in Leinw. n. 5. 50

[F.] Karin von Schweden. Novelle v. Wilhelm Jensen. 7. Aufl. *Berlin: Gebr. Paetel 1896.* (239 S.) 1 Bd 8.

— **Karin v. Schweden.** Novelle. 9. Aufl. 8. (239 S.) Berlin 899. Gebr. Paetel. n. 4.—;

— **Karin v. Schweden. Novelle. 10.—13. Aufl. 8. (à 239 S.) Berlin 900—903. Gebr. Paetel 903.** n. 4.—; geb. in Leinw. n. 5.—

— **Karin v. Schweden. Novelle. 14.—18. Aufl. (à 239 S.) 8. Berlin 903—906. Gebr. Paetel.** n. 4.—; geb. in Leinw. n. 5.—

— **Karin v. Schweden.** Novelle. 19. u. 20. Aufl. (239 S.) 8. Berlin 907. Gebr. Paetel. 4.—; geb. in Leinw. 5.—

— dasselbe. Histor. Novelle. In vereinfachter deutsch. Stenographie (System Stolze-Schrey). (176 S.) 8. Berlin (909). Frz. Schulze. Geb. in Leinw. 3.—

— **die Katze.** Ein Roman. 2 Thle in 1 Bd. 8. (397 S.) Dresden 895. C. Reißner. n. 6.—; geb. n. 7.—

— **die Kinder vom Oedacker.** Ein Roman. 2 Bde. 8. (297 u. 362 S.) Leipzig 890. Elischer Nachf. n. 10.—; geb. n. 13.—

Jensen, Wilh., deutsches Land und Volk zu beiden Seiten des Oceans. Geschichte und Gegenwart. Zum Privat- und Schulgebrauch geschildert. Lex.-8. (XVIII und 302 S. mit 1 chromolithogr. Karte von Deutschland in qu. 4.) Stuttgart 867, Schmidt und Spring.

Die Fränkische Leuchte. Roman von Wilhelm Jensen. *Dresden & Leipzig: C. Reissner 1901.* (507 S.) 8° [F.]

Jensen, Wilh., die Liebe der Stuarts, s. Reiselectüre.

—— **Lieder aus dem J. 1870.** 16. (50 S.) Berlin 870, Lipperheide.

—— **Lieder aus Frankreich** [aus dem J. 1870]. 2. verm. Aufl. 16. (XIV, 128 S.) Berlin 873, Gebr. Paetel. cart. *

— unter der Linde, s.: Verein f. Verbreitung guter Schriften, Basel.

— **Luv u. lee.** Roman. 2 Bde. 8. (288 u. 255 S.) Ebd. 897. n. 8.—; in 1 Leinwbd. n. 9.—

— **Luv u. lee.** Roman. 2 Tle in 1 Bde. 2. [Titel-]Aufl. (288 u. 255 S.) 8. Leipzig [897] (904). B. Elischer Nachf. n. 6.—; geb. in Leinw. n. 7.—

— **Luv u. lee.** Roman. 3. Aufl. (462 S.) 8. Leipzig (908). B. Elischer Nachf. 5.—; geb. in Leinw. 6.—

—— Lycaena Silene, s. Novellenschatz, neuer deutscher.

— Lycaena Silene, s. a. Reuter's Bibliothek f. Gabelsberger Stenographen.

Jensen, Wilhelm
Lycaena Silene. Berlin 1885.
In: Novellenschatz, Neuer deutscher. Bd 9.

Deutsche Männer. Geschichtl. Roman aus d. Jahre 1809 von Wilhelm **Jensen.** Ein Ehrenblatt z. 100jähr. Gedächtnis. Leipzig, Berlin, München, Paris: Grethlein [1900]. 265 S. 8°

— **vor drei Menschenaltern.** Ein Roman aus dem holstein. Land. (V, 453 S.) 8. Dresden 904. C. Reißner. n. 6.—; geb. n. 7.—

—— **Metamorphosen.** Roman. 8. (379 S.) Breslau 883, Schottländer. *M 3.; geb. *

Metamorphosen. Roman v. Wilhelm **Jensen.** 2. Aufl. Breslau 1884. 8°

— **Metamorphosen. Roman. 3. Aufl. (379 S.) 8. Berlin 907. S. Schottlaender's schles. Verlags-Anstalt.** 3.—

Mettengespinnst. Eine Novelle von Wilhelm Jensen. *Berlin: O. v. Huth [1902].* (182 S.) 8° [F.] [03. 974

— Mettengespinnst. Eine Novelle. 2. Aufl. (III, 212 S.) 8. München 903. E. Koch. n. 3. —; geb. n. 4. —

—— Minatka. Ein Roman aus dem dreißigjährigen Kriege. 2 Bde. gr. 8. (298; 296 S.) Braunschweig 871, Westermann. *

— um meines Lebens Mittag. (1872.) Terzinen. 2., durchgeseh. Aufl. 8. (71 S.) Weimar 897. E. Felber. n. 2. —; geb. n. 3. —

— um meines Lebenstages Mittag. [Nel mezzo del cammin di nostra vita.] Terzinen. gr. 16. (75 S.) Berlin 875. Stilke. n. 2. —; geb. n. 3. —

Mutterrecht. Im Talgang d. Kaiserstuhls. Eine Novelle von Wilhelm Jensen. *Berlin: C. A. Schwetschke & Sohn [1903].* (251 S.) 8° [F.] [04. 4156

[F.] Wilhelm Jensen. Der Nachbar. Novelle. *Berlin: Romanwelt 1897.* (2 Bl., 160 S.) 1 Bd 8. [98. 11007

— der Nachbar. Novelle. 8. (160 S.) Berlin 897. Vita, Deutsches Verlagshaus. n 2. —; geb. n. 3. —

— Die Nachfahren. Ein geschichtl. Roman. (542 S.) 8. Ebd. (909). 6.—; geb. in Leinw. 7. —

Nacht- und Tagesspuk. 2 Sommernovellen von Wilhelm Jensen. *Dresden & Leipzig: C. Reissner 1900.* (367 S.) 8° [F.] [03. 1394

—— die Namenlosen. Roman. 3 Bde. 8. (172; 201; 156 S.) Schwerin 873, Hildebrand. *

— die Namenlosen. Roman. 2. Aufl. 8. (359 S.) Leipzig 893. Dresden, C. Reißner. n. 4.—; geb. n. 5.—

— Nirwana. Drei Bücher aus der Geschichte Frankreichs. Roman. 2. (Titel-)Aufl. 4 Bde. 8. (302, 306, 354 u. 265 S.) Breslau (1877) 880. Schottländer. n. 18. —

— Nirwana. Ein Buch aus der Geschichte Frankreichs. 3., neu durchgeseh. Aufl. 2 Bde. 8. (VIII, 545 u. 558 S.) Berlin 901. [E. Felber.] Leipzig, B. Elischer Nachf. n. 10. —; geb. n. 12. —

—— Nordlicht. Novellen-Cyclus. 3 Bde. 8. Berlin 872, Gebr. Paetel. *
geb. mit Goldschn. **

Inhalt:
Bd. 1. Karin von Schweden. (VII, 201 S.)
" 2. Posthuma. — Magister Timotheus. (V, 199 S.)
" 3. Herbstwinden. — Namenlos. (V, 185 S.)

— Nordsee u. Hochland. 2 Novellen. (IV, 400 S.) 8. Leipzig (906). B. Elischer Nachf. n. 6. —; geb. in Leinw. n. 7. —

—— Novellen. [Späte Heimkehr. — Aus Lübecks alten Tagen. — Westwardhome.] gr. 16. (III, 442 S.) Schleswig 868, Schulbuchh. [Berlin, Gebr. Paetel.] (M 4,50.) geb.

—— Lübecker Novellen. [Späte Heimkehr. — Aus Lübecks alten Tagen.] gr. 16. (III, 205 S.) [Ebendas.] 868. geb. mit Goldschn. (M 2,25.)

—— neue Novellen. gr. 8. (III, 328 S.) Stuttgart 869, Kröner.

—— Nymphäa. Novelle. 16. (128 S.) Stuttgart 874, Simon. geb. mit Goldschn. *

—— Nymphäa. Novelle. 2. Aufl. gr. 16. (128 S.) [Stuttgart 877.] Herzberg a. H., Simon. geb. mit Goldschn. *

— Nymphäa. Novelle. 2. Aufl. 16. (128 S.) Herzberg a/H. 881. Simon. geb. n. 1. —

— Nymphäa. Novelle. 2. Aufl. 12. (128 S.) Ebd. 891. n. 1. —

— Brandenburg'scher Pavillon hoch! Eine Geschichte aus Kurbrandenburgs Kolonialzeit. 8. (213 S. m. 6 Abb.) Berlin 902. [E. Felber.] Leipzig, B. Elischer Nachf. 2. 50; geb. in Leinw. n. 3. 40

Jensen, Wilh., im Pfarrdorf. Erzählung. 1. Aufl. 1868, und 2. Aufl. 16. (128 S.) Berlin 875, Gebr. Paetel. 1 50
geb. mit Goldschn. 3 —

—— das Pfarrhaus von Ellernbrook. Ein Roman. 2 Bde. 8. (267; 294 S.) Stuttgart 879, Hallberger. *
geb. *

— das Pfarrhaus von Ellernbrook. Ein Roman. 2. (Titel-)Aufl. 2 Bde. 8. (267 u. 294 S.) Stuttgart 880. Deutsche Verlags-Anstalt. n. 10. —

—— das Pfarrhaus von Ellernbrook. Ein Roman. 2. (Titel-) Aufl. 2 Bde. 8. (267; 293 S.) Stuttgart 881, [Hallberger.] Deutsche Verlags-Anstalt. *

—— die Pfeifer vom Dusenbach. Eine romantische Erzählung aus dem Elsaß. 2 Bde. 8. (VII, 244; 224 S.) Leipzig 884, [Schlicke.] Elischer. *M 10.; geb. *

— die Pfeifer vom Dusenbach. Eine Geschichte aus dem Elsaß. 4., neu durchgeseh. Aufl. gr. 8. (VIII, 396 S.) Leipzig (900). B. Elischer Nachf. n. 5. —; geb. n. 6.—

— Die Pfeifer vom Dusenbach. Eine Geschichte aus d. Elsaß. 6. u. 7. Aufl. (VIII, 396 S.) 8. Ebd. (907. 10.) 5.—; geb. in Leinw. 6. —

Die Pfeifer vom Dusenbach. Eine Geschichte aus d. Elsass von Wilhelm Jensen. (Was so 'ne Zeitung Segen bringt! Novellette von Marie Luise Gräfin Wengersky.) Berlin: Schrey 1910. 384 S. 8° (Stenographische Roman-Bibliothek. Bd 8.) [11. 14738

— Wilhelm Raabe, s. a. Essays, moderne, zur Kunst u. Litteratur.

Wilhelm Raabe von Wilhelm Jensen. *Berlin: Gose & Tetzlaff 1901.* (30 S.) 8° [F.]
— Essays, Moderne, z. Kunst u. Litteratur. H. 10. [02. 605

— vom römischen Reich deutscher Nation. Roman aus dem 18. Jahrhundert. 3 Bde. Mit dem (Holzschn.-)Portr. Friedrich's des Großen. 8. (247, 234 u. 254 S.) Berlin 882. Janke. n. 12. —

— die Rosen von Hildesheim. Ein Roman aus d. Stauferzeit. 2 Bde. 8. (219 u. 252 S.) Berlin 900. [E. Felber.] Leipzig, B. Elischer Nachf. n. 8. —; geb. n. 9. —

— die Rosen v. Hildesheim. Ein Roman aus der Stauferzeit. 2. Aufl. (404 S.) 8. Ebd. (906). n. 5. —; geb. in Leinw. n. 6. —

Jensen, Wilh., Runensteine. Ein Roman. 1.—3., durchgeseh. Aufl. 8. (428 S.) Leipzig 888. 889. Elischer Nachf. n. 6. —; geb. n. 7. —

— Runensteine. Ein Roman. 4. Aufl. (372 S.) 8. Ebd. (904). n. 5. —; geb. in Leinw. n. 6. —

— das Buch Ruth, s.: Reiselectüre.

— Sanct-Elmsfeuer. Novellen. 8. (300 S.) Leipzig 889. Reißner. n. 4. 50; geb. n. 5. 50

Die Schatzsucher. Eine Begebenheit aus d. Jahre 1848 von Wilhelm Jensen. *Leipzig: C. Reissner 1893.* (442 S.) 8° [F.] [illegible]

— der Schleier der Maja. Roman. gr. 8. (540 S.) Dresden 902. C. Reißner. n. 7. —; geb. n. 8. —

— eine Schuld. Roman. 8. (390 S.) Leipzig 901. Ph. Reclam jun. n. 6. —; geb. n. 7. —

Jensen, Wilhelm [Hrsg.], s. Schwarck, Johann: Geschichte ...

— der Schwarzwald. Mit Illustr. v. Wilh. Hasemann, Emil Lugo, Max Roman, Wilh. Volz, Karl Eyth u. A. 14 Lfgn. hoch 4. (XI, 276 u. Allgem. Thl. 106 S.) Berlin 890. Neuther. à n. 1. 50 (cplt. geb.: n. 25. —)

— der Schwarzwald. Mit Illustr. v. Wilh. Hasemann, Emil Lugo, Max Roman, Wilh. Volz, Karl Eyth. 2., verb. Aufl. gr. 4. (XI, 106 u. 274 S. m. z. Tl. farb. Text- u. 22 Vollbildern.) Berlin 892. Reuther & Reichard. Geb. in Leinw. m. Goldschn. n. 20. —; auch in 16 Lfgn. à n. 1. —

Jensen, Wilh., durch den Schwarzwald. Dem Prachtwerk „Der Schwarzwald" entnommen u. neu bearb. 12. (IV, 437 S.) Ebd. 900. Geb. in Leinw. n. 8. —

Jensen, Wilhelm. Der Schwarzwald. Mit Illustrationen in Holzschnitt von Wilhelm Hasemann, Emil Lugo, Max Roman [u. a.]. 3. ergänzte Aufl. Leipzig. C. F. Amelang 1901
VII + 372 S. m. zahlr. Abb., 10 Taf. 4°.
1. Aufl. 1890.

— durch den Schwarzwald. Dem Prachtwerk „Der Schwarzwald" entnommen. 2. Aufl. (IV, 437 S.) 8. Leipzig 903. C. F. Amelang. n. 2.50; geb. in Leinw. n. 3.—

— Der Schwarzwald. Mit Illustr. in Holzschn. v. Wilh. Hasemann, Emil Lugo, Max Roman, Wilh. Volz, Karl Eyth u. 10 Vollbildern in Lichtdr. 3., ergänzte Aufl. Neue Volksausg. (VIII, 374 S.) Lex. 8. Leipzig 910. C. F. Amelang. Geb. in Halbleinw. 10. —

— aus See u. Sand. Roman. 2 Thle. in 1 Bd. gr. 8. (à 247 S.) Dresden 897. C. Reißner. n. 7. —; geb. n. 8. —

— die Sehnsucht. 3 Novellen. 8. (III, 180 S.) Dresden 899. C. Reißner. n. 2. —; geb. n. 3. —

Der Herr Senator. Novelle. gr. 8. (144 S.) Lpz. 890, Elischer Nachf. * 3 —; geb. * 4 —

— ein Skizzenbuch. [Mit e. (Lichtdr.-)Bildniß d. Verf.] 8. (263 S.) Freiburg i/Br. 884. Kiepert. n. 5. —; geb. in Leinw. n. 6. —; in Halbfrz. n. 6. 50

— ein Skizzenbuch. 2. Aufl. 8. (263 S. mit Portr. und Facs.) Freiburg i. Br. 888, Kiepert. 5 —

— ein Skizzenbuch. 2. [Titel-] Aufl. 8. (III, 263 S. m. Bildn. u. 1 Fksm.) Leipzig (884) 897. E. Avenarius. 5. —; geb. in Leinw. 6. —

— Sommergeschichten. 2 Bde. 8. [Leipzig 877, E. J. Günther.] Berlin, Nicolai'sche Buchh. *

Inhalt:
Bd. 1. Hans und Hanne. (311 S.)
„ 2. Sanbita. — Im Riesengebirg. (265 S.)

— eine Sommermondnacht. Novelle. 12. (280 S.) Dresden 898. C. Reißner. n. 3. —; geb. n. 4. —

— unter heißerer Sonne. Novelle. 8. (239 S.) Braunschweig 869, Westermann. * 3 50

— unter heißerer Sonne. Novelle. 2., durchgeseh. Aufl. (207 S.) 8. Braunschweig 903. G. Westermann. n. 3. —; geb. n. 4. —

— Sonne und Schatten. Roman. 2 Bde. 8. (264; 269 S.) Berlin 873, Gebr. Paetel. (*M 8,40.) * 8 —

Jensen, Wilh., Sonne u. Schatten. Roman. 2. Aufl. (353 S.) 8. Berlin 909. Gebr. Paetel. 6.—; geb. in Leinw. 7. —

— drei Sonnen. 3 Bde. 8. Schwerin 873, Hildebrand. * 10 50

Inhalt:
Bd. 1. Pyramus und Thisbe. (195 S.)
„ 2. Auf der Universität. (226 S.)
„ 3. Letzter Frühling. (193 S.)

Drei Sonnen v. Wilhelm Jensen. 2. Schwerin i. M. 1873. 8°
Auch u. d. T.:
Auf der Universität v. Wilhelm Jensen. ebd. 1873. 8°

Drei Sonnen. Von Wilhelm Jensen. Neue wohlf. Ausg. 1–3. *Leipzig: C. Reissner 1893.* 3 Bde 8° [F.]
1 = Pyramus u. Thisbe. 2 = Auf d. Universität.
3 = Letzter Frühling. [illegible] 11

— Drei Sonnen. Neue wohlf. Ausg. (VI, 140; 176 u. 150 S.) 8. Dresden 909. C. Reißner. 5.—; geb. 6. —

— Nach Sonnenuntergang. Roman in 2 Büchern. 8. (304; 260 S.) Berlin 879, [Frey.] Teschner und Rosenhauer. *

— Nach Sonnenuntergang. Ein Roman. 2. u. 3. Taus. 2 Bücher. (224 u. 280 S.) 8. Berlin (907). Gose & Tetzlaff. 8. —; geb. 10. —

— vor Sonnenwende. 12. (131 S.) Breslau 881, Schottländer. *M 2.; geb. *

— vom alten Stamm. Roman. 3 Bde. 8. (215, 238 u. 282 S.) Berlin 884. Janke. n. 12. —

— Stimmen des Lebens. Gedichte. 8. (XII, 155 S.) Dresden 881, Ehlermann. *M 3.; geb. *

— der Tag v. Stralsund, s. a. Hesse's, Max, Volksbücherei.

Der Tag von Stralsund. Ein Bild aus der Hansezeit v. Wilhelm Jensen. Leipzig. o. J. 8°

— alt-florentinische Tage, s. a. Erzähler, norddeutsche.

Jensen, Wilhelm
Alt-florentinische Tage. Skizze. Berlin 1893.
In: Erzähler, Norddeutsche.

— das Tagebuch aus Grönland. Roman. 3 Bde. 8. (208, 210 u. 204 S.) Ebend. 885. n. 12. —

Das Tagebuch aus Grönland. Roman v. Wilhelm Jensen. Bd. 1—3. Berlin. 1885. 8°

— zwei Tagebücher. (Zum Mitnehmen in die Sommerfrische.) 8. (III, 165 S.) Leipzig 891. B. Elischer Nachf. n. 3. —; geb. n. 4. —

— aus den Tagen der Hansa. Drei Novellen. [Dietwald Wernerkin. (14. Jahrh.) — Osmund Werneking. (15. Jahrh.) — Dietwald Werneken. (16. Jahrh.)] 3 Bde. 8. (251, 240 u. 291 S.) Freiburg i/Br. 885. Kiepert. n. 12. —; geb. n. 16. —

— aus den Tagen der Hansa. Drei Novellen. [Dietwald Wernerkin. (14. Jahrh.) — Osmund Werneking. (15. Jahrh.) — Dietwald Werneken. (16. Jahrh.)] 3 Bde. 2. Aufl. 8. (241; 240; 291 S.) Ebd. 888. n. 12. —; geb. n. 16. —

— aus den Tagen d. Hansa. Drei Novellen. 3 Bde. 2. [Titel-] Aufl. 8. Leipzig (885) 897. E. Avenarius. à 4. —
1. Dietwald Wernerkin. (14. Jahrh.) (251 S.)
2. Osmund Werneking. (15. Jahrh.) (240 S.)
3. Dietwald Werneken. (16. Jahrh.) (291 S.)

— aus den Tagen der Hansa. I. Dietwald Wernerkin. Historische Erzählg. aus dem 14. Jahr.h 3., durchgeseh. Aufl. 8. (221 S.) Leipzig 902. E. Avenarius. n. 2. —; geb. n. 3. —

— aus den Tagen der Hansa. 2. u. 3. (Schluß-)Bd. 3., durchgeseh. Aufl. 8. Leipzig, E. Avenarius. à n. 2. —; geb. in Leinw. à n. 3. —
2. Osmund Werneking. Histor. Erzählung aus dem 15. Jahrh (212 S.) 904.
3. Dietwald Werneken. Histor. Erzählung aus dem 16. Jahrh (256 S.) 904.

— Aus d. Tagen d. Hansa. 3 Bde. 4., durchgeseh. [Titel-] Aufl. 8. Leipzig 908. E. Avenarius. à 2. —; geb. à 3. —
1. Dietwald Wernerkin. Historische Erzählg. aus d. 14. Jahrh. (122 S.) [902.]
2. Osmund Werneking. Historische Erzählg. aus d. 15. Jahrh. (215 S.) [904.]
3. Dietwald Werneken. Historische Erzählung aus d. 16. Jahrh. (260 S.) [904.]

—— Aus Lübeck's alten Tagen. Novelle. 2. Aufl. 16. (119 S.) Berlin 878, Gebr. Paetel. geb. mit Goldschn. *
Die 1. Aufl. erschien 1868 u. d. T.: Lübecker Novellen. Vgl. XV. Bd. 1. Abtl. S. 536.

— unter der Tarnkappe. Ein schleswig-holstein. Roman aus den J. 1848—1850. 2 Bde. (273 u. 324 S.) 8. Dresden 906. C. Reißner. n. 7. —; geb. n. 9. —

— der Teufel in Schiltach. Roman. 8. (372 S.) Berlin 883. Janke. n. 2. —

— Magister Thimotheus, s.a. Volksbücher, Wiesbad.

—— Magister Timotheus. Novelle. 16. (66 S.) Schleswig 866, Schulbuchh. cart.

—— Magister Timotheus. Novelle. 2. Aufl. 16. (68 S.) Berlin 882, Gebr. Paetel. geb. mit Goldschn. *

— ein Ton, s.a. Eckstein's Reisebibliothek.

Ein Ton. Novelle v. Wilhelm Jensen. Leipzig. o. J. 8°

—— Trimborn & Co. Eine Weihnachts- und Sylvester-Erzählung. gr. 16. (212 S.) Berlin 872, Gebr. Paetel. 2 — geb. mit Goldschn. * 3 —

— Übermächte. Zwei Novellen. 8. (III, 234 S.) Berlin 892. Weimar, E. Felber. n. 4. —; geb. in Leinw. n. 5. —

— Der Ulmenkrug, s.a. Novellen, deutsche. 3. Bd.

(Deutsche Novellen. Bd. 3.)
Wilhelm Jensen: Der Ulmenkrug. Ein Schattenspiel. Dresden. 1909. (1908.) 8°

— aus meiner Vaterstadt. Die Persianischen Häuser. 8. (265 S.) Breslau 889. Schlesische Verlags-Anstalt. n. 4. 50; geb. n. 5. 50

—— aus schwerer Vergangenheit. Ein Geschichten-Cyklus. 1. und 2. Aufl. 8. (VIII, 387 S.) Leipzig 888, Elischer Nachf. *ℳ 6.—.; geb. * 7 —

— aus schwerer Vergangenheit. Ein Geschichten-Cyklus. 2 Bde. (3., durchgeseh. Aufl.) 8. Leipzig (901). B. Elischer Nachf. à n. 2. 50; in 1 Leinw.-Bd. n. 6. —
1. (Unter frommem Schutz. — Auf der Lateinschule. — An der See.) (VIII, 179 S.)
2. (Ueber die Halde. — Um e. Menschenalter später.) (178 S.)

— Aus schwerer Vergangenheit. Ein Geschichten-Cyklus. 4. Aufl. (382 S.) 8. Leipzig (907). B. Elischer Nachf. 5.—; geb. in Leinw. 6. —

— die Vivisektion, ihre Gegner u. Herr Richard Wagner. 1—3. Aufl. gr. 8. (84 S.) Stuttgart 881. Levy & Müller. n. — 75

— vom Morgen zum Abend. Ausgew. Gedichte. 8. (IX, 450 S. m. Bildn.) Weimar 897. E. Felber. n. 5. —; geb. in Leinw. n. 6. —

— Vom Morgen zum Abend. Ausgewählte Gedichte. 2., veränd. u. verm. Aufl. (XI, 428 S. m. Bildnis.) 8. Leipzig (907). B. Elischer Nachf. 5.—; geb. in Leinw. 6.—

— im Vorherbst. Gedichte. 8. (162 S. m. 1 Nachbildg. der Handschrift d. Verf.) Ebd. 889. n. 3. —; geb. n. 4. 50

— im Vorherbst. Gedichte. 2. Aufl. 8. (VI, 162 S.) Ebd. 900. Geb. in Leinw. m. Goldschn. n. 4. —

Im Vorherbst. Gedichte v. Wilhelm Jensen. 2. Aufl. Leipzig. 1902. 8°

Jensen, Wilh., Monika Waldvogel, s.: Eckstein's Reisebibliothek.

— jenseits d. Wassers. Roman. 2 Bde. 8. (201 u. 217 S.) Leipzig 892. Dresden, C. Reißner. n. 8. —; in 1 Bd. geb. n. 9. —

— vom Wegrand. Kleine Bilder. 8. (IV, 264 S.) Berlin 893. Weimar, E. Felber. n. 4. 50; geb. in Leinw. m. Goldschn. n. 6. —

— vier Weihnachtserzählungen. 8. (185 S.) Ebd. 888. n. 3. —; geb. m. Goldschn. n. 5. —

—— vier Weihnachtserzählungen. 8. (198 S. mit 1 Titelbilde von Emil Lug.) Ebendas. 888. * 3 —
Prachtausg. in Originaleinband * 5 —

Vier Weihnachtserzählungen v. Wilhelm Jensen. Leipzig. 1888. 8°

— eine Weihnachtsfahrt, s.: Reuter's Bibliothek f. Gabelsberger-Stenographen.

— versunkene Welten. Historischer Roman. 2 Bde. 8. (297 u. 283 S.) Breslau 882. Schottländer. n. 9. —; geb. n. 11. —

— versunkene Welten. Histor. Roman. 2. Aufl. 2 Bde. 8. (297 u. 283 S.) Breslau 896. Schles. Buchdruckerei etc. n. 9. —; geb. n. 11. —

[J.] Versunkene Welten. Histor. Roman v. Wilhelm Jensen. 2. Aufl. Bd 1. 2. *Breslau: S. Schottlaender 1896.* 2 Bde 8.
1. (2 Bl., 297 S.) 2. (2 Bl., 283 S.) [96. 693]

Um die Wende des Jahrhunderts. ⟨1780–1806.⟩ Roman von Wilhelm Jensen. Bd 1. 2. *Dresden & Leipzig: C. Reissner 1899.* 2 Bde 8° [J.] [99. 1990]

— Westwardhome, s.a. Hesse's, Max, Volksbücherei.

— Westwardhome. Novelle. Ebend. 866. gr. 16. (234 S.) 22½ ngr.

—— Westwardhome. Novelle. gr. 16. (234 S.) Schleswig 868, Schulbuchh. [Berlin, Gebr. Paetel.]
geb. mit Goldschn. (ℳ 2,25.) 3 —

—— Westwardhome. Novelle. 2. Aufl. 16. (240 S.) Berlin 882, Gebr. Paetel. geb. mit Goldschn. *

Westwardhome. Novelle v. Wilhelm Jensen. Mit 1 Bildnis des Dichters und einer Einleitung v. Hans Landsberg. Leipzig. 1908.| 8°

— in Wettolsheim. Ein dramat. Gedicht. 8. (48 S.) Freiburg i/B. 884. Kiepert. cart. n. 1. 50

—— über die Wolken. Roman. 1. und 2. Aufl. 8. (329 S.) Leipzig 882,84, Bergmann. *ℳ 6.; geb. *

— über die Wolken. 3., neu durchgeseh. Aufl. gr. 8. (356 S.) Ebd. 890. n. 4. —; geb. n. 5. —

Die Wunder auf Schloss Gottorp. Ein Gedächtnisblatt aus dem vorigen Jahrhundert von Wilh. Jensen. Weimar: Felber 1893. 256 S. 8°

°[Dasselbe.] 2. Aufl. Ebendas. 1897. 256 S. 8°
cf. Denkwürdigkeiten des Landgrafen Carl von Hessen-Kassel 1866.
TB. 433. Erzählt das Treiben des rätselhaften Abenteurers Saint-Germain am Hofe des phantastischen Generalgrossmeisters, Landgrafen Karl v. Hessen, auf Schloss Gottorp bei Schleswig.

—— aus stiller Zeit. Novellen. 4 Bde. 8. Berlin, Gebr. Paetel. à Bd. *ℳ 4. *
Inhalt:
Bd. 1. Unter den Schatten. Lycaena Silene. (305 S.) 881.
" 2. Verblichene Schrift. Ein Traum. (272 S.) 882.
" 3. Jugendträume. Der Ulmenkrug. Ein Schattenspiel. (287 S.) 884.
" 4. Der Wille des Herzens. Von der Ackerscholle. (275 S.) 885.

— aus stiller Zeit. Novellen. 1. Bd. 8. Ebd. 896. n. 3. —; geb. in Leinw. n. 4. —
Unter den Schatten. – Lycaena Silene. 2., durchgeseh. Aufl. (307 S.)

Im Zwing und Bann. Roman von Wilhelm Jensen. Bd 1. 2. *Dresden & Leipzig: E. Pierson 1893.* 2 Bde 8° [J.] [93. 1734]

— im Zwing u. Bann. Roman. 2. Aufl. (571 S.) 8. Dresden 905. E. Pierson. n. 4. —; geb. n. 5. —

(B)—Im Zwing u. Bann. 905. Jetzt: Berlin, Verlag Berlin-Wien.

Jensen, Johannes Siim-, aus Kopenhagen: Beiträge zur botanischen und pharmacognostischen Kenntnis von Hyoscyamus niger L. *Marburg 1900: (Oehler, Heilbronn).* (86 S.) 4° ¶ (Erschien mit Taf. als: Bibliotheca botanica, H. 51.)
Marburg, Phil. Diss. v. [22. März] 1901

Jensen, Otto, Gedichte. 8. (112 u. III S.) Dresden 898. E. Pierson. n. 2. —; geb. n. 3. —

Jensen, Otto, mathemat. Lehr- u. Uebungsgang f. höhere Mädchenschulen usw., s.: Walther, F.

Jensen, Otto, a. Hangelsberg: Die Ursache der Widersprüche im Schopenhauerschen System ⟨Schopenhauers Philosophie als Kunst⟩. Rostock 1906: Adlers Erben. (32 S.) 8° [J.]
Rostock, Phil. Fak., Ref. Erhardt, Diss. v. 4. Aug. 1906
[Geb. 30. Jan. 69 Hangelsberg b. Fürstenwalde; Wohnort: Berlin; Staatsangeh.: Preußen; Vorbildung: Friedrichs-Werder-Gymn. Berlin Reife O. 01; Studium: Berlin 8 S.; Rig. 1. Aug. 06.]

v. Jenssen, Major, s. Andersen, H. C., Mährchen u. Erzählungen.

Jenssen, Miß. Andreas Legdore, s. Missionsschriften, neue.

1870—1871. Erinnerungen aus dem Feldzuge gegen Frankreich. Aufgezeichnet v. Aug. Theod. Jenssen. Nebst Anhang: Erlebnisse aus dem Manövergelände im Jahre 1869 als Einjährig-Freiwilliger. Rothenkrug ⟨Nordschleswig⟩. o. J. 8°

Jenssen, Christian

Jenssen, Chr. und *B. Felber.* Die Bedeutung der Lebensversicherung für die ländliche Bevölkerung. 1885.

Die ländliche und kleinstädtische Fortbildungsschule im Deutschen Reiche . . . mit Betonung schleswig-holsteinischer Verhältnisse dargestellt v. Christian Jenssen. Kiel. 1873. 8°

Jenssen, Chrn., zur Geschichte d. landwirthschaftlichen Zeitschriften Deutschlands von der Mitte des vorigen Jahrhunderts bis auf die Gegenwart. [Aus: „Landwirthschaftl. Jahrbb."] Lex.-8. (118 S.) Berlin 889. Parey. n. 3. —

Jenssen, Chrn. Des Landwirt's Haus- u. Lesebuch. gr. 8. (XIII, 784 S.) Berl. 892, Parey. cart. 8 —

Jenssen, Chrn., des Landwirt's Haus- u. Lesebuch. Wohlfeile [Titel-] Ausg. gr. 8. (XIII, 784 S.) Berlin (892) 898. P. Parey. n. 3. —

Jenssen, Chrn., s.a. Hefte, landwirthschaftliche.

Jenssen, Chrn., landwirthschaftliche Hefte f. den norddeutschen Landwirth zunächst in Schleswig-Holstein. In Verbindg. m. Freunden u. in zwangloser Folge hrsg. 1. Hft. Die Prüfg. unserer gewöhnl. Feldsämereien u. die Controle d. landwirthschaftl. Staatmarktes, besonders in Schleswig-Holstein. 8. (64 S.) Kiel 876. Universitäts-Buchh. n. — 40

Jenssen, Christian [Hrsg.], s. Landwirth, Der norddeutsche.

— Praktischer Leitfaden durch d. Invaliditäts- u. Alters-Versicherungs-Gesetz vom 22. Juni 1889. Zum Gebrauch für Gemeindebehörden, Arbeitgeber u. Versicherte in Stadt u. Land. 1. u. 2. verb. Aufl. gr. 8. (VIII, 95 S.) Hannov. 890,91, Meyer. 1 —

Jenssen, Christian [Red.], s. Vereinsblatt des schleswig-holstein. Zentralvereins für Bienenzucht.

Jenssen, Erich, aus Loitz: **Die Operationen der completen Dammrisse nach Sänger im Anschluss an 32 in der Greifswalder Universitäts-Frauenklinik danach operierte Fälle.** *Greifswald 1899: J. Abel.* (32 S.) 8°
Greifswald, Med. Diss. v. 6. März 1899

Jenssen, Ernst [aus Loitz (Prov. Pommern)]: **Beiträge zur krystallographischen Kenntniss organischer Verbindungen....** (Aus: Zeitschr. f. Krystallographie XVII. Bd. 3. H.) Leipzig, Wilhelm Engelmann, 1889; 80 S. + 1 Bl. 8°
Greifswald, Phil. Fak., Inaug.-Diss. v. 23. Dez. 1889

Jenssen, Friedrich, approb. Arzt: **Aus d. chirurg. Abt. d. Freimaurer-Krankenhauses in Hamburg. (Oberarzt: Dr. Grisson.) Zur Behandlung der Varicen an den untern Extremitäten.** *Kiel 1900: H. Fiencke.* (34 S.) 8°
Kiel, Med. Diss. v. 15. Aug. 1900

-- f.: Burschen'raus!

Jensen, Frdr., Dampfwagenschnurren. Humoristisches Passagiergut für Eisenbahnreisende. 1—3. Hft. gr. 16. (à 44 S.) Leipzig 848, Naumburg. (à n. 1/6 ℳ) n. 1/2 ℳ

Jenssen, Fritz. Ueber die Derivate der Paranitrotoluolsulfosäure. Greifswald, 1873.

Jenssen, Georg Friedrich von (Übers.), s. Grundlage bei dem pract. Unterricht in der Waffenlehre ...

Jenssen-Tusch, Georg Friedrich von

v. [illegible]

v. Jenssen-Tusch, G. F., zur Lebens- u. Regierungs-Geschichte Christians VIII., Königs v. Dänemark, Herzogs v. Schleswig, Holstein u. Lauenburg. Nach H. P. Giessing's dän. Vorlagen unter Hinblick auf die gegenwärt. Verhältnisse der Herzogth. Schleswig-Holstein umgearb. u. erweitert. Mit dem (lith.) Bilde d. Königs. 2 Lfgn. gr. 8. (VIII u. 418 S.) Altona 852, Lehmkuhl & Co. n. 2 ℳ

Jenssen-Tusch, G. F. v., zur Regierungsgeschichte Friedrich VI. Königs von Dänemark, Herzogs von Schleswig, Holstein und Lauenburg. Nach den dänischen Vorlagen von H. P. Giessing umgearb. 2 Thle. gr. 8. Kiel, Schröder und Comp. [1. (VI und 360 S.) 851. * 2 Thlr., 2. (VII und 543 S.) 852. * 2 Thlr. 15 Ngr.] *

—— der Sundzoll und das Auftreten Nordamerikas wider Dänemark. Meist nach dem Dän. gr. 8. (XII und 79 S.) Frankfurt a. M. 856, Brönner.

Jenssen-Tusch, G. F. v., die Verschwörung gegen die Königin Caroline Mathilde von Dänemark, geb. Prinzessin von Großbritannien und Irland, und die Grafen Struensee und Brandt. Nach bisher. ungedr. Originalakten und nach L. J. Flamand in selbstständ. Bearbeitung. gr. 8. (XI und 458 S.) Jena 864, Costenoble.

Jenssen-Tusch, G. F. v., Die Verschwörung gegen die Königin Caroline Mathilde von Dänemark und die Grafen Struensee und Brandt. Nach Originalakten von J. L. Flamand. Leipzig 1864. 8°. (2 Mk. Derselbe; 4 Kr. Gilhofer & Ranschburg, 1908.)

Jenssen, Georg Friedr. v., s. Schleswig-Holsteinische Zoll-Tarif, der. 1839.

Jenstein, Johanns v., Erzbischofs von Prag, Hymnen, zum erstenmal hrsg. von Guido Maria Dreves. 8. (135 S. mit 1 Lichtdr.-Bild.) Prag 886, Cyrillo-Method'sche Buchh. * 1 80

Jent, A., die schweizerische Militär-Organisation. Nach dem Bundesgesetze vom 13. Novbr. 1874 und mit Berücksicht. der seither durch die h. Bundesversammlung beschlossenen Abänderungen bearb. Mit alphabet. Registern über allgemeine und die einzelnen Waffengattungen speziell berührenden Bestimmungen. 1.–3. Aufl. 8. (V, 49 S.) Bern 881, Jent und Reinert. *

(Jent, H[ermann].) Paritätische Arbeitsnachweise [im schweizerischen Buchdruckgewerbe]. 8 S. 8. ([Bern, H. Jent,] 1906.)

Ienta, C., (Regiom. 1647. 4.) Nethenus, M., (Herborn. 1676. 4.)

Jents, Karl [Pseud.]
s. Stein, Karl [Wirkl. Name]

Jentsch, die Bedeutung der Thierschutzvereine. Ein Vortrag, gehalten in der Deliberationsversammlung des Thierschutzvereins am 9. Novbr. 1878. [Auf Wunsch der Versammlung veröffentlicht.] gr. 8. (16 S.) Riga 879, (Kymmel.) *

Jentsch, s.: Einweihung, die, der Lutherkirche zu Leipzig.

— s.: Gedenkblätter der Grundsteinlegungs- u. Einweihungsfeier f. die neue Peterskirche in Leipzig.

Jentsch, Predigt, s. Missionsfeier in der St. Petri-Kirche zu Riga.

Jentsch, und A. Grüllich, Reden bei der Eröffnung des Seminars zu Löbau am 23. März 1873. gr. 8. (15 S.) Plauen 873, Neupert. — 30

—— die Reformbestrebungen des Pfarrers Mersy und seiner Freunde, s. Bilder aus der Geschichte der katholischen Reformbewegung des 18. und 19. Jahrhunderts.

[Jentsch, J. J.] 1. Wilhelm Schenchzer (1803–1865). Eine biographische Skizze. [Von Jentsch. Mit 2 Tafeln.] – 2. Uebersicht der Sammlungen der Künstlergesellschaft. [Von Verwalter Jacob Hess.] Njbl. Künstlerges. Zürich 1867. 4. [Zürich.]

Jentsch, A.

—— Ueber die Bodenbeschaffenheit des Kreises Pillkallen. (Separat-Abdr. aus Schnaubert's statist. Beschreibg. d. Kreises Pillkallen.) Pillkallen 1889. 4.

—— Der Frühlingseinzug des Jahres 1893. Nach den phänologischen Beobachtungen des Preuss. Botan. Vereins der Prov. Brandenburg. (Festschrift.) Königsberg i. Pr. 1894. 4. Mit 1 Karte.

—— Führer durch die Geologischen Sammlungen des Provinzialmuseums der Physikalisch-ökonomischen Gesellschaft zu Königsberg. Königsberg i. Pr. 1892. 8.

—— Geologie der Dünen. (S.-Abdr. aus: Handbuch des Deutschen Dünenbaues. Herausgegeben von P. Gerhardt.) Berlin 1900. 8. Mit 63 Abbildungen.

Jentsch, A., Luther, fürs Volk in dramat. Bildern dargestellt. 2. Aufl. (VIII, 64 S.) 8. Primkenau 908. (Berlin, G. Nauck.) p 1.20

— Naeman, Feldhauptmann v. Syrien. Dramatische Darstellg. (16 S.) 8. Ebd. 908. p —50

Jentsch, A., Wege u. Ziele der inneren Mission. Eine Sammlung v. Thesen fachmänn. Vorträge. gr. 8. (XVI, 342 S.) Leipzig 902. A. Deichert Nachf. n. 3.60

Jentsch, Alexander: Regimen Sanitatis von Heinrich von Loufenberg, ein mittelhochdeutsches Gedicht untersucht und erläutert. Strassburg 1908: Goeller. 114 S. 8°
Straßburg, Phil. Diss. v. 23. Mai 1908, Ref. Martin
[Geb. 14. Sept. 82 St. Johann a. S.; Staatsangeh.: Preußen; Vorbildung: Oberrealsch. Straßburg Reife M. 04; Studium: Straßburg 9 S.] [U 09. 3835

Jentsch, Ant., österreichisch-ungarische Rinderrassenkarte, s. a. Archiv f. Land- u. Forstwirtschaft. 46.

Jentsch, Anton: Österreichisch-ungarische Rinderrassenkarte. (Übersicht über die in Österreich-Ungarn anerkannten Zuchtrichtungen.) Von Anton Jentsch, Landwirtschaftslehrer. Wien: Gerold in Komm. 1909. 16 S., 1 Kt. 8°
(Archiv f. Land- u. Forstwirtschaft. 46.)

Jentsch, *Marco* Bernhard [pr. Zahnarzt aus Bautzen]: Beitrag zur Entwicklung und Struktur der Selachierzähne ... Leipzig-R., Druck v. O. Schmidt, 1897; 38 S., 1 Bl., 2 Taf. 8.
Leipzig, Phil. Fak., Inaug.-Diss. v. [20. Apr.] 1897

Jentsch, C., Gegensätze in der Sittenlehre. I. Personalethik und Socialethik. Vortrag, gehalten in Gleiwitz, den 28. Febr. 1880. gr. 8. (38 S.) Neisse 880, Graveur's Verlag. *

Jentsch, Carl ..., s. Jentsch, Karl ...

Jentsch, E., s. Lombroso, Ursachen.

Jentsch, E. F., de locatione spirituum. Viteb. 714. 4.

Jentsch, Emil, Erinnerungen nach dem Tagebuche eines Zwanzigers aus dem Main-Feldzuge 1866. gr. 8. (V, 257 S.) Rathenow 899. M. Babenzien. n. 3.— kart. n. 3.50

Jentsch, Ernst, zum Andenken an Paul Julius Möbius. (28 S.) gr. 8. Halle 907. C. Marhold. —75

Jentsch, Ernst, die Laune, s. a. Grenzfragen des Nerven- u. Seelenlebens. 15.

Die Laune. Eine ärztlich-psychol. Studie von Dr. Ernst Jentsch. *Wiesbaden: J. F. Bergmann 1902.* (60 S.) 8°
— Grenzfragen d. Nerven- u. Seelenlebens. H. 15. [02 7717

Jentsch, Ernst, Musik u. Nerven. I. Naturgeschichte des Tonsinns, s. a. Grenzfragen des Nerven- u. Seelenlebens. 29. Hft.

Musik und Nerven. Von Dr. Ernst Jentsch. 1. *Wiesbaden: J. F. Bergmann 1904.* 8°
— Grenzfragen d. Nerven- u. Seelenlebens. 29. [04. 10910

Jentsch, Ernst [aus Breslau]: Über Zitterbewegungen und deren Simulation ... Bonn, Univ.-Buchdr. v. C. Georgi, 1893; 31 S. 8.
Bonn, Med. Fak., Inaug.-Diss. v. [18.] Juli 1893

Jentsch, F., practische Anleitung für den Vormund bezw. Pfleger zur Anfertigung von Rechnungen über die Verwaltung des Mündelvermögens, mit vorangehender Zusammenstellung der wesentl., auf die Verwaltung des Mündelvermögens und Rechnungslegung bezügl. Vorschriften der Vormundschafts-Ordnung vom 5. Juli 1875, durch Beispiele erläutert. gr. 8. (III, 72 S.) Forst i. L. 878, Höne. *

Jentsch, Felix, Kammergerichts-Ref. aus Guben: Die Hemmung der Verjährung nach gemeinem Rechte und dem Rechte des Bürgerlichen Gesetzbuchs für das Deutsche Reich. *Greifswald 1903: J. Abel.* (46 S.) 8°
Greifswald, Jur. Diss. v. [8. Dez.] 1903

Jentsch, Fritz

JENTSCH, Friedrich: Die Arbeiterverhältnisse in der Forstwirtschaft des Staates. - Berlin 1882. VIII, 103 S., 2 Beil. - Diss. Univ. Göttingen, Phil. Fak. 1881

Jentsch, Fr., die Arbeiterverhältnisse in der Forstwirthschaft des Staates. gr. 8. (VIII, 103 S.) Berlin 882. Springer. n. 2.—

Jentsch, Fr., der deutsche Eichenschälwald u. seine Zukunft. gr. 8. (VII, 272 S.) Berlin 899. J. Springer. n. 6.—

Forstwirtschaftliche und forstbotanische Expedition nach Kamerun und Togo. Von Dr. [Fritz] Jentsch, Prof., u. Dr. [Moritz] Busgen, Prof. Mit 19 Abb. u. 2 Kt. (Berlin: Tropenpflanzer 1909.) IV S., S. 180–310. 8°
(Der Tropenpflanzer. Beihefte. Bd 10, Nr 4/5.) [10 1101

Jentsch, F., Richard Coeur de Lion, s. a. Studien, englische. 16. Bd.

Jentsch, Fritz [aus Görlitz]: Die mittelenglische romanze Richard Coeur de Lion und ihre quellen. I. ... (Ersch. vollst. in: Kölbings Engl. studien Bd. XV.) Leipzig, O. R. Reisland, 1890; 38 S., 1 Bl. 8°
Breslau, Phil. Fak., Inaug.-Diss. v. 9. Dez. 1890

Untersuchungen über die Verhältnisse des deutschen Eichenschälwaldbetriebes. Ausgeführt im Auftr. d. Vereins Deutscher Gerber von Dr. Fr[itz] Jentsch, Prof. Berlin, Frankfurt a. M.: Kampfmeyer 1906. (XII, 364 S.) 8° [07. 3694

Jentsch, G., die Berechnung der Dampfmaschinen mittelst praktisch eingerichteter Tabellen, welche ohne Anwendung algebraischer Rechnungen die effektive Leistung, den Dampfverbrauch und den vortheilhaftesten Expansionsgrad doppeltwirkender Dampfmaschinen leicht bestimmen lassen. Zum Gebrauche für Maschinenkonstrukteure, Fabriksbesitzer, Maschinenleiter etc. nach Beobachtungsresultaten bearb. hoch 4. (XII und 160 S. mit 10 Tab. in hoch und gr. 4.) Leipzig 867, (Gebhardt und Reisland.) *

— Georg Achaz Gotthold (Gera), Indicationem mutantem fluida ad mentem veterum. Diss. med. Präs. D. Johann Ernst Hebenstreit. Lpz. (Langenheim) 16. I. 1750. 40 S. (6.30) 16780

Jentsch, H. A., Eins im Herrn. Predigten u. Reden. gr. 8. (VIII, 227 S.) Großenhain 898. H. Starke. n. 2.—; geb. in Leinw. n. 2.50

Jentsch, H. A., unser Glaube ist der Sieg, der die Welt überwunden hat. Predigt zur Eröffnung der Kirchen- u. Pastoral-Conferenz zu Meißen am 27. Juni 1882. gr. 8. (19 S.) Leipzig 882. Teubner. n. — 40

Jentsch, Heinr., „der Herr unser Hirte". Abschiedspredigt üb. Psalm 23, geh. in der Kirche zu Willau am Sonntage Cantate, den 11. Mai 1884. gr. 8. (16 S.) Zwickau 884. Werner. —25

Jentsch, Hugo Die Sammlungen der Anstalt. I. Vorgeschichtliche Altertümer aus dem gubener Kreise. Erster Teil. 24 S. Die prähistorischen Altertümer aus dem Stadt- und Landkreise Guben. Zweiter Teil. 27 S. u. Taf. **Progr.** *Guben* 1883. 1885.

Jentsch, Hugo Die prähistorischen Altertümer der Gymnasialsammlung zu Guben. Dritter Teil. (Umschlagtitel: Die Sammlungen der Anstalt. I. Vorgeschichtliche Altertümer.) 4 (28 S., 1 Taf.). Vierter Teil. (Umschlagtitel: Die Sammlungen der Anstalt. I. Vorgeschichtliche Altertümer.) 4 (22 S., 1 Taf.). **Progr.** G., Rg. u. Vorsch. *Guben* 1886 (77). 1889 (77).

[Ant. u. F.] **Jentsch,** *Hugo* [Oberl. Prof. Dr.]: Die prähistorischen Altertümer der Gymnasialsammlung zu Guben. Tl 5. (Umschlagt.: Die Sammlungen der Anstalt: 1. Vorgeschichtl. Altertümer. Tl 5 '(Schluss)'.) (Forts. d. P-Beil. 1883. 85. 86. 89.) Guben, Druck v. A. Koenig, *1892;* 1—24 S., 1 Taf. 4.
Guben, G, RG u. VS, OP 1892 (79)

Jentsch, Hugo, die prähistorischen Altertümer aus dem Stadt- u. Landkreise Guben. Ein Beitrag zur Urgeschichte der Niederlausitz. 5 Abtlgn. in 1 Bde. gr. 4. (24, 27, 28, 22 u. 24 S. m. 5 lith. Taf.) Guben 892. (A. Koenig.) n. 4.—

Jentsch, Hugo, de Aristotele Ciceronis in rhetorica auctore quaestionum pars I. et pars II. 4. Guben 874,75. (Berlin, Calvary und Comp.) à Pars *ℳ 1,20. * 2 40

Jentsch, (Aemil. Maur.) Hugo (geb. Luckau 20. 9. 1840): Aristotelis ex arte rhetorica quaeritur quid habeat Cicero. Berolini (1866) (58 S.) 8°
Berlin, Phil. Diss. v. 2. Aug. 1866

HUGO JENTSCH. Kirchliche Erinnerungen aus der vorreformatorischen Zeit Gubens. Das Todtenbuch des St. Michaels- oder Schusteraltars der Stadtkirche. Guben 1901. Albert Koenig. 8°.

Jentsch, Hugo, Johann Franck v. Guben. Quellenmäßige Beiträge zu der Geschichte seines Lebens u. seiner Dichtungen. Zur Feier seines 200jähr. Todestages. [Aus: „Neues Lausitz. Magazin".] gr. 8. (58 S.) Guben 877. König. n. 1. —

Jentsch, Hugo, Prof. Dr.: Geschichte des Gymnasiums zu Guben. T. 1. Bis zum Jahre 1708. Guben 1907: A. Koenig. (50 S.) 4°
Guben, G u. R P 1907 (86)

Jentsch, Hugo: Geschichte des Gymnasiums zu Guben. T. 2. 1708—1772. Guben (1908): Koenig. S. 51—98. 4° ¶ [Forts. d. P-Beil. 1907.]
Guben, G u. R P 1908 (90) [S 08. 212

Jentsch, Hugo: Geschichte des Gymnasiums zu Guben. T. 3. 1773—1833. Guben (1912): Koenig. S. 99—186. 4° ¶ (Forts. d. P-Beil. 1907. 08.) [Nachträgl. erschienen u. geliefert.]
Guben, G P 1910 (90) [S 11. 215

Jentsch, Hugo, d. Gräberfeld bei Sadersdorf im Kreise Guben u. d. jüngste Germanenzeit d. Niederlausitz. [Aus: „Niederlausitzer Mitteilgn."] gr. 8. (142 S. m. 78 Abb. u. 4 Taf.) Guben 896. (E. Berger.) n. 2. —

Jentsch, J. G., die vorzüglichen u. schönsten Prospecte u. Aussichten von Sachsen. 3 Hefte. gr. Fol. Meißen 790. (Goedsche). 30 ₰

— **Johann Christoph** (Bitterfeld), De fine logices an in communicatione veritatis consistat. Präs. M. Martin Cnobloch. Wittbg. (Johann Ludolph Fincel) 1714. 16 S. (6.—) 16781
Gew.: (v. Präs.): Christoph Jentsch (Spoeren, Quez).

— **Johann Sigismund** (Schwartzenberg), Dissertat. de pacti successorii effectis. Präs. D. Heinr. Gottfr. Bauer. Lpz. (Langenheim) 5. X. 1771. 12 Seiten. (5.—) 16782
Gew.: Friedrich Ludwig Grf. v. Solms u. Tecklenburg (Munzenberg, Wildenfels . . .).

Dobroty, Dźiwy ha Seudy Bože na israelskimi Dźjećimi. Historiske Podendźenja Židow, geografiske Wopisanje jich wótzneho Kraja Kanaana a wossebite Podawki jich hlówneho Mjesta Jerusalema wot najstarscheho hacž do najnowischeho Čassa. Se Stawisnow hromadusestajane wot K. A. JENCŽA. (Wohlthaten, Wunder und Gerichte Gottes über die Kinder Israel. Historische Begegnisse der Juden, geographische Beschreibung ihres Vaterlandes Kanaan und besondere Ereignisse ihrer Hauptstadt Jerusalem von der ältesten bis in die neueste Zeit. Aus der Geschichte zusammengestellt von K. A. JENTSCH.) ib. 1849. —

Selenska a jeje wobydlerjo. Prjeni dźjel. Strasche pucźowanja w półnócnych morjach wokolo Selenskeje, geografiske a pschirodopisne wopisanje tuteho symneho kraja, a spomnećahódne podawki Selenskeje wot najstarscheho čassa ssem. Po starschich a najnowischich źórłach spissał K. A. JENCŽ. (Grönland und seine Bewohner. Theil 1. Gefahrvolle Reisen im nördlichen Eismeere um Grönland herum, geographische und naturgeschichtliche Beschreibung dieses kalten Landes, und merkwürdige Begebenheiten Grönlands von der ältesten Zeit an. Nach älteren und neuesten Quellen verfasst von K. A. JENTSCH.) ib. 1850. —

Selenska a jeje wobydlerjo. Druhi dźjel. Pocźinki, waschnja a pschiwjera póhanskich Selencźanow, źiwenje jich prjencho missionara Hansa Egedy a skutkowanje hernhutskich bratrow za dalische rospscheszjeranje kschesćijanskeje wjery w Selenskej. Po starschich a najnowischich źórłach spissał K. A. JENCŽ. (Grönland und seine Bewohner. Theil 2. Tugenden, Sitten und Aberglaube der heidnischen Grönländer, das Leben ihres ersten Missionars Hans Egede und die Wirksamkeit der Herrnhuter Brüder für weitere Ausbreitung des christlichen Glaubens in Grönland. Nach älteren und neuesten Quellen verfasst von K. A. JENTSCH.) ib. 1853. —

Jencž, C. A., Selenska a jeje wobydlerjo. 2. Dziel. Pozcžinki, waschnja a pschiwjera pohanskich Selenczanow, žiwenje jich prjencho mišionary Hanša Egedy a skutkowanje hernhutskich bratrow sa dalische rospschesźjeranje kschesźijanskeje wjery w Selenskej. Po starschich a najnowischich žórlach spišał. 12. (168 S.) Bautzen 853, (Schmaler.)

Jentsch, Karl

Jentsch, Carl, die Agrarkrisis. Besteht e. solche, u. worin besteht sie? 8. (VIII, 175 S.) Leipzig 899. F. W. Grunow. n. 2. 50

Jentsch, Carl, Betrachtungen e. Laien üb. unsere Strafrechtspflege. [Aus: „Grenzboten".] 8. (113 S.) Leipzig 894. F. W. Grunow. n. 1. —

Jentsch, Carl, Christentum u. Kirche in Vergangenheit, Gegenwart u. Zukunft. (VII, 736 S.) gr. 8. Leipzig 909. E. Haberland. 10.—; geb. 11. —

Jentsch, K. Das ganze Deutschland muss es sein! Gr. in-8°. 12 S. Born, A. Siebert. 1895 — 75
*** Aus schweizer Blätter für Wirtschafts- und Socialpolitik.

Jentsch, Carl. Geschichtsphilosophische Gedanken. Ein Leitfaden durch die Widersprüche d. Lebens. 8. (VIII, 467 S.) Lpz. 892, Grunow. geb. in Leinw. * 4 50; in Hlbfrz. * 6 —

Geschichtsphilosophische Gedanken. Ein Leitfaden durch d. Widersprüche des Lebens von Carl **Jentsch**. 2. Aufl. *Leipzig: F. W. Grunow 1903.* (VIII, 467 S.) 8° [F.] [[illegible] 11

Jentsch, Carl, Grundbegriffe u. Grundsätze der Volkswirtschaft. E. populäre Volkswirtschaftslehre. 8. (VIII, 446 S.) Leipzig 895. F. W. Grunow. Geb. in Leinw. n. 2. 50

Jentsch, Grundbegriffe u. Grundsätze der Volkswirtschaft. Populäre Volkswirtschaftslehre. Leipzig 896.

Grundbegriffe und Grundsätze der Volkswirtschaft. Eine populäre Volkswirtschaftslehre von Carl **Jentsch**. 2., verb. u. verm. Aufl. Leipzig: F. W. Grunow 1906. (XII, 539 S.) 8° [F.] [illegible]

Hellenentum und Christentum. Von Carl **Jentsch**. *Leipzig: F. W. Grunow 1903.* (VIII, 301 S.) 8° [F.] [illegible]

Jentsch, Karl, s. a. Jahrbuch, illustr., der Weltgeschichte.

Jentsch, Carl. Illustrirtes Jahrbuch der Weltgeschichte. Von Karl Jentsch. Jahrg. 1: Das Jahr 1900. IV + 176 S. gr.-8. Teschen-Leipzig-Wien, Karl Prochaska. (M. 1.—)
Darin S. 137—140: Die Schweiz. [Mit 1 Porträt.]

Jentsch, Karl,
Weder Kommunismus noch Kapitalismus. Ein Vorschlag zur Lösung der europ. Frage. 8°. Leipzig, Grunow, 1893.
(Vide auch: Kommunismus [Weder] noch Kapitalismus.)

— weder Kommunismus noch Kapitalismus. Ein Vorschlag zur Lösung der europ. Frage. 8. (XI, 458 S.) Ebd. 893. Geb. in Leinw. n. 4. 50

— Friedrich List, s. a. Geisteshelden. 41. Bd.

Jentsch, Carl. Friedrich List. Von Karl Jentsch. Mit Bildnis und Facsimile. (2. Tausend.) VIII + 216 S. 8. Berlin, Ernst Hofmann & Co., 1901. (br. M. 3.60, Leinenbd. M. 4.80, Hfzbd. M. 5.70)

Geisteshelden (Führende Geister). Eine Sammlung von Biographieen. Band 41.

Darin S. 37f. über List als Flüchtling in der Schweiz, *insbes.* in Basel, 1823.

— Die Partei, s. Gesellschaft, die. 30. Bd.

Die Partei. Von Carl Jentsch. Frankfurt a. M.: Rütten & Loening (1908). 123 S. 8°
(Die Gesellschaft. Bd 30.)

— Rodbertus. gr. 8. (259 S.) Stuttgart 899. F. Frommann. n. 3. —; geb. n. 3. 80

JENTSCH, Karl

(F) Sexualethetik Sexualjustiz Sexualpolizei von Karl Jentsch. Erweiterter Sonderabdruck aus der Wochenschrift „Die Zeit". Wien. 1900. Verlag „Die Zeit". 8°. V, 95 S. fl. 1.—

Jentsch, Karl, Adam Smith, s. a. Geisteshelden. 49. Bd.

Adam Smith. Von Karl Jentsch. Mit Bildn. Berlin: E. Hofmann & Co. 1905. (X, 289 S.) 8° [F.]
[Umschlagt.:] K. Jentsch: Adam Smith Leben u. Lehre.
— Geisteshelden. Bd 49.

[F.] Sozialauslese. Kritische Glossen v. Carl Jentsch. *Leipzig: F. W. Grunow 1898.* (VIII, 235 S.) 1 Bd 8.

Drei Spaziergänge eines Laien ins klassische Altertum von Carl Jentsch. *Leipzig. F. W. Grunow 1900.* (VIII, 372 S.) 8° [F.]

Wandlungen. Lebenserinnerungen von Carl Jentsch. T. [1.] 2. Leipzig: Grunow 1896–1905. 8°
Aus: Grenzboten. 1894–1905.

[F.] Wandlungen. Lebenserinnerungen v. Carl Jentsch. *Leipzig: J. W. Grunow 1896.* (SA. aus d. Grenzboten 1894.) (VI S., 1 Bl., 400 S.) 1 Bd 8.

Jentsch, Carl. Wandlungen. Lebenserinnerungen von C. J. Teil 2. VIII + 424 S. 8. Leipzig, Fr. Wilh. Grunow, 1905. [M. 4. —, geb. 5.]

Darin S. 68–84 Konstanz, den St. Gotthard *etc. betr.; S. 246–318:* [Carl] Hilty und der Sinn des Christentums; *S. 314–373:* Friedrich Nietzsche und Ibsen.

[Teil 1:] VIII + 408 S. Leipzig... 1896. [M. 4. –]

— wird das Elend siegen? Offenes Sendschreiben an den Hrn. Landgerichtspräsid. Leopold v. Kunowski. Zur Antwort auf dessen bei Velhagen & Klasing erschienene Schrift: „Wird die Socialdemokratie siegen?" gr. 8. (VI, 49 S.) Schweidnitz 891. (Leipzig, E. Baldamus.) n. 1. —

— neue Ziele, neue Wege. [Aus: „Grenzboten".] 8. (128 S.) Ebd. 894. n. 1. —

Die Zukunft des deutschen Volkes von Carl Jentsch. Berlin-Schöneberg: E. Felber 1905. (VIII, 188 S.) 8° [F.]

Die Zukunft des deutschen Volkes von Carl Jentsch. 2. Taus. Berlin-Schöneberg: E. Felber 1905. (VIII, 188 S.) 8° [F.]

Jentsch, Karl Adolf Ferdinand

Jentsch, K. Ad. Fd., Anzugspredigt bei der Gemeine zu Groß- u. Neu-Schönau. Gehalt. am 8. Sonnt. nach Trinit. 1799. 8. Zittau 799. Schöps. 2 gr.

Jentsch, Karl Ad. Ferd., Erbauungsbuch für Gefangene. 8. (17½ B.) Grimma 842, Verlags-Comptoir.

Jentsch, C. A. F., d. Freude d. sächs. Volks am Jubelfeste seines Königs. Eine Predigt. gr. 8. Zittau, Schöps. 818. -

— des evangel. Christen Glaube, Wandel u. Hoffnung, in Aussprüchen d. heil. Schrift u. kurzen Sätzen dargestellt u. erläut. 8. Zittau 818. 2e A. 822. 3e A. 828. Schöps. 3 gr.

Jentsch, Karl Ad. Fd., des evangel. Christen Glaube, Wandel u. Hoffnung, in Aussprüchen der heil. Schrift u. kurzen Sätzen dargestellt u. erläutert. 4. verb. Aufl. 8. Zittau 841, Schöpsische Buchh. ⅛ ℛ

— d. christl. Obrigkeit in ihrer hohen Würde. Weihepredigt bei d. Verpflichtung u. Einweisung d. neuen Stadtraths u. Stadtgerichts zu Zittau am 4. Sonntage n. Trinit. 1832 in d. Hauptkirche daselbst gehalten u. zum Gedächtniß dieser merkwürdigen Begebenheit mit einigen geschichtl. Nachrichten in den Druck gegeben. gr. 8. Zittau 832. Schöps. baar 2 gr. (Zum Besten d. Abgebrannten in Hainichen).

Jentsch, Carl Adf. Ferd., der Papst wie er wurde, war und ist. Eine Volksschrift zum Nutzen und Frommen Aller, die das Licht mehr lieben als die Finsterniß. 1. Ausg. 1847. 18 Ngr. und 3., wohlf. Ausg. 8. (IX und 343 S.) Leipzig 850, Helbig.

—— wohin sollen wir gehen? Predigt bei der allgem. Lehrerconferenz der Ephorie Penig am 3. Juli 1850 zu Penig gehalten. gr. 8. (14 S.) Leipzig 850, Dörffling und Franke.

Jentsch, Carl Aug., Geschichte der Lausitzer Predigergesellschaft zu Leipzig und Verzeichniss aller ihrer Mitglieder vom J. 1716–1866. gr. 4. (112 S. mit 1 Kpfrt.) Bautzen 867, (Schmaler und Pech.)

Jentsch, M., Grundriß der Geschichte d. Preuß. Staates. Zum besond. Gebrauche mittlerer u. oberer Klassen der Gymnasien u. Realschulen. gr. 8. Duisburg 841, Schmachtenberg. ⅓ ℛ

Jentsch, M. Ueber die Nothwendigkeit und Zweckmäßigkeit der Staatseinrichtungen des Augustus. 15 S. . . . .
Duisburg, Progr. 1834

Jentsch, Paulus (Ern. Eugen) ...
De prosopalgia. Berolini ...
Berlin, Med. Diss. v. 24. März 18..

Jentsch, Otto

Jentsch, O., Handbuch zur Vorbereitung auf die Prüfungen der Postbeamten bezw. der Telegraphenbeamten in der Telegraphie, s.: Noebels, J.

Jentsch, O., Handbuch zur Vorbereitg. auf die Prüfung der Postbeamten in der Telegraphie, s.: Noebels, J.

Jentsch, Otto [Hrsg.], s. Jentsch Reklame-Briefe.

— Telegraphie u. Telephonie, s. Noebels, J.

Telegraphie und Telephonie ohne Draht. Von Otto Jentsch, Ober-Postinsp. Mit 150 Fig. Berlin: J. Springer 1904. (VIII, 214 S.) 8°

Jentsch, Otto, unter dem Zeichen des Verkehrs, s.: Naturwissenschaft u. Technik. 2. Bd.

Jentsch, Robert B., s. Jentzsch, Robert B.

Jentsch, Rudolf [app. Arzt aus Brehna]: Ueber Drucknekrose bei protrahierten Geburten ... Halle a. S., Hofbuchdr. v. C. A. Kaemmerer & C., 1892; 34 S., 2 Bl. 8.
Halle, Med. Fak., Inaug.-Diss. v. 16. Juli 1892

— **Salomo** (Eybenstock), De jure avocandi vasallos exteris militantes, speciatim ordinibus imperii vi territorii vindicato. Diss. jur. Präs. Justus Georg Chladen. Wittbg. (Johann Gottfried Schlomach) Sept. 1731. 36 S. mit Widm. v. Präs (6.50) 16783

Jentscher, Karl, Komotau u. Umgebg. Hrsg vom Erzgebirgsverein Komotau. 16. (IV, 43 S. m. 9 farb. Abb. u. 1 Karte.) Kometau 895. J. Mandl. n — 60

Jentsch Reklame-Briefe. Selbstunterrichts-Briefe über d. gesamte Reklame, Plakat-, Ausstellungs-, Offerten-, Adressen-, Zeitungswesen u. über bewährte Verkaufsmethoden. Jg. [1], Brief 1. Hrsg.: Otto Jentsch. Berlin: O. Jentsch 1907. 4°

Jentschura, Anita, Glaube u. Liebe, s.: Weber's moderne Bibliothek.

Jenty, Charles Nicholas: Abbildung der Gebähr-Mutter aus einer schwangern Frau mit der zur Geburt reifen Frucht.

s.o Jenty, Ch.N.: Demonstratio uteri praegnantis mulieris cum foetu ad partum maturi. - Abbildung der Gebähr-Mutter aus einer schwangern Frau mit der zur Geburt reifen Frucht. (The Demonstration of a pregnant uterus... Lat.u.Dt.) Translata a - übers.von Kasimir Christoph Schmidel. Nürnberg: 1791

JB 6.303

Jenty, Karl Nik., Abbildung d. Gebärmutter, mit d. z. Geburt reif. Frucht in natürl. Größe. Mit K. gr. Fol. Nürnb. 761. Campe. 4 ℔ — Dass. aus d. Engl. ins Latein. übers. v. K. C. Schmidel, mit Kpf. v. Jh. Mch. Seligmann. fol. max. ibid. 761.

Charles Nicolas Jenty

[The Demonstration of a pregnant uterus. Lat. u. deutsch:] Demonstratio uteri praegnantis mulieris cum foetu ad partum maturi in tab. 6,... cum explicatione cura et autio Caroli Nicolai Jenty. Ad ex. Londinense transl. Casimiro Christophoro Schmidel, in aes incisa et recusa Iohanne Michaele Seligmanno [Seligmann]. Abbildung der Gebähr- Mutter aus einer schwangern Frau mit der zur Geburt reifen Frucht... Nürnberg 1761: Felßecker. 15 S., 6 Taf. gr. 2°

Jenty, Charles Nicholas: Demonstratio uteri praegnantis mulieris cum foetu ad partum maturi. - Abbildung der Gebähr-Mutter aus einer schwangern Frau mit der zur Geburt reifen Frucht. (The Demonstration of a pregnant uterus... Lat.u.Dt.) Translata a - übers.von Kasimir Christoph Schmidel. 16 S., gbd., Abb.

Nürnberg: typ.Felßecker 1791

JB 6.303

Jentys, Stefan

Jentys, über den Einfluss hoher Sauerstoffpressungen auf das Wachsthum der Pflanzen, s.o Untersuchungen aus dem botanischen Institut zu Tübingen.

Jentys, Stefan: Über den Einfluss hoher Sauerstoffpressungen auf das Wachsthum der Pflanzen .... (Aus: „Untersuchungen a. d. bot. Inst. zu Tübingen" Bd. II. H. 3) Leipzig, Wilhelm Engelmann, 1888; 1 Bl. | S. 419—464. 8°
Tübingen, Naturw. Fak., Inaug.-Diss. v. 1888

Jentzen, Ed.

Jentzen, E., Baumechanik mit besond. Rücksicht auf die Berechnung der Träger und Stützen aus Holz und Eisen zum prakt. Gebrauch für Bauhandwerker und Unterrichtszwecke. 8. (II, 52 S. mit 16 Tab. und 87 Fig.) Hamburg 886, [Nestler und Melles Verlag.] Dresden, Kühtmann. cart. * 3 60

Jentzen, E., Baumechanik m. besond Rücksicht auf die Berechnung der Träger u. Stützen aus Holz u. Eisen zum praktischen Gebrauch f. Bauhandwerker u. Unterrichtszwecke. Mit 16 Tab. u. 87 Fig. 8. (IV, 52 S.) Dresden 891. J Kühtmann. n. 3. 40

— Elemente der Trigonometrie zum praktischen Gebrauch f. Unterrichtszwecke an mittleren technischen Lehranstalten. gr. 8. (53 S. m. 36 Fig.) Ebd. 891. n. 1. —

Jentzen, Ed., Elemente d. Trigonometrie z. prakt. Gebrauch f. Unterrichtszwecke an mittl. techn. Lehranst. 2. Aufl. gr. 8. (55 S. m. 36 Fig.) Dresden 897. G. Kühtmann. n. 1. —; geb. n. 1. 20

Jentzen, Ed., Elemente der Trigonometrie zum prakt. Gebrauch f. Unterrichtszwecke an mittleren techn. Lehranstalten. 3., verb. Aufl. gr. 8. (63 S. m. 41 Fig.) Dresden (901). G. Kühtmann. n. 1. 60; geb. n. 1. 80

Jentzen, Ed., Flächen- u. Körper-Berechnungen, nebst vielen Beispielen, zum prakt. Gebrauch f. Bautechniker. Mit 116 Fig. gr. 8. (VIII, 107 S.) Weimar 886. B. F. Voigt. 2. 25

Flächen- u. Körperberechnungen nebst vielen Beispielen z. prakt. Gebrauch f. Bau- u. Maschinen-Techniker. 2., verb. Aufl. gr. 8. (VIII, 110 S. m. 116 Fig.) Weimar 897. Leipzig, B. F. Voigt. 2. 25

Jentzen, E., Flächen- u. Körperberechngn. nebst zahlr. Beispielen zum prakt. Gebrauche f. Bau- u. Maschinentechniker. 3. erweit. u. verb. Aufl., hrsg. v. F. Hartmann. Mit 125 Textabbildgn. u. Tabellen. (VI, 97 S.) gr. 8. Leipzig 907. B. F. Voigt. 2. 50

— darstell. Geometrie f. techn. Lehranst. u. Handwerkerschulen. 2., wesentl. verb. u. verm. Aufl. M. 22 lith. Taf. in 4. gr. 8. (VIII, 36 S.) Rostock 896. Schöneberg-Berlin, W. Weither. In Mappe n. 5. —

Jentzen, Leitfaden der darstellenden Geometrie für Realschulen und technische Lehranstalten mit mittleren und höheren Zielen. 1. Thl.: Orthogonale Projectionslehre. 8. (64 S. mit 17 lithogr. Taf. Abbild. in gr. 4.) Rostock 883, Hinstorff'sche Hofbuchh. In Mappe *

— Stein-Berechner, s.: Gerstenbergk, Heinr. v.

— Professor Reuleaux' Urteil üb. die Leistungen unserer deutschen Industrie auf der Weltausstellung zu Philadelphia u. Chicago, kritisch beleuchtet. Lex.-8. (24 S. m. 2 Fig.) Ebd. 894. n. — 80

Jentzen E, Reuleaux Urteil über die deutsche Industrie auf der Weltausstellung zu Philadelphia und Chicago kritisch beleuchtet. Dresden 1894

Jentzen, Franz Georg

Jentzen, F. G., de indole ac ratione orationis montanae dissertatio. 8. Lübeck 819. von Rohden. 3 ℳ

Jentzen, F. G., Liber differentiarum linguae latinae. — A. u. d. T.: Samml. d. sinnverwandten Wörter d. latein. Sprache; (1100 Nrn. umfass.). Ein Hülfsb. f. d. mittl. u. höhern Classen d. Gelehrtenschulen. gr. 8. (19 B.) Altona 831, Hammerich.

JENTZEN, F[RANZ] G[EORG], Liber differentiarum linguæ latinæ. In usum juventutis literarum studiosæ ipsis MC muneris. Altonæ. 1831. (O. m. T. Sammlung der sinnverwandten Wörter der lateinischen Sprache. Ein Hülfsbuch für die mittlern und höhern Classen der Gelehrtenschulen. Sm. St. o. A.).

— über des M. Tullius Cicero vierte philippische Rede. Nebst e. Anhange kritischer Bemerkungen. 8. Lübeck 820. v. Rohden. 2 ℳ

Jentzen, Louise, Collection of english poems. — Sammlung von engl. Gedichten. 12. (8½ B.) Hamburg 844, Nestler u. Melle.

Jentzen, Louise, Erinnerungs-Blätter. 8. (IV und 400 S.) Hamburg 858, Perthes-Besser und Mauke. *
cart. * 1 Thlr. 6 Ngr.; geb. *

Jentzen, Louise, Erinnerungs-Blätter. Hamburg 858. Perthes-Besser u. Mauke. 8. (2 Bl. u. 197 Notizbl.)
n. 1 ℳ. 4 ngr.

Jentzer, A., et M. Bourcart. Gymnastique gynécologique et traitement manuel des maladies de l'utérus et de ses annexes (méthode de Thure-Brandt). Avec 90 grav. origin. Gr. in-8°. 162 p. Genève, Bâle, Lyon, H. Georg. 1891 5 —
Pour l'Étranger 6 —

Die Heilgymnastik in der Gynaekologie und die mechanische Behandlung von Erkrankungen des Uterus und seiner Adnexe (Gymnastique gynécologique et traitement manuel des maladies de l'utérus et de ses annexes) nach Thure Brandt von Prof. Dr. A. Jentzer u. M. Bourcat. Deutsch bearb. von Dr. Max Dolega. Mit e. Einführung von Prof. Dr. Max Sänger. Mit 75 Abb. Leipzig: J. A. Barth 1895. x, 144 S. 8°

Jentzsch, Albin: Über ein Einwirkungsproduct von Kohlenoxychlorid auf Diamidoazobenzol und einige Derivate desselben .... Dresden, Druck v. B. G. Teubner, 1888; 29 S. + 1 Bl. 8°
Jena, Phil. Fak., Inaug.-Diss. v. 1888

Jentzsch, Albin, über ein Einwirkungsproduct von Kohlenoxychlorid auf Diamidoazobenzol und einige Derivate derselben. Diss. Jena 1888, G. Neuenhahn. 8°. 29 S.

Jentzsch, Alfr., das Alter der samländischen Braunkohlenformation u. der Senftenberger Tertiärflora. (S. 58—61.) Lex. 8. Berlin (N. 4, Invalidenstr. 44) 908. Vertriebsstelle der kgl. geolog. Landesanstalt. nn — 30
Sonderabdr. aus: „Jahrb. d. preuss. geol. Landesanstalt".

Jentzsch, Alfr., kurze Begleitworte zur Höhenschichtenkarte v. Ost- u. Westpreussen. [Aus: „Schriften d. physik.-ökonom. Gesellsch. in Königsberg".] gr. 4. (4 S.) Königsberg i/Pr. 892. W. Koch. n. — 20

Jentzsch, Alfr., Beiträge zur Kenntniss der Bernsteinformation. I. [Aus: „Schriften d. physik.-ökonom. Gesellsch. zu Königsberg".] gr. 4. (8 S. m. 2 lith. u. color. Taf.) Königsberg 877. (Koch.) n. 1. 20

— Bericht üb. die geologische Abteilung d. Provinzial-Museums der physikalisch-ökonomischen Gesellschaft, bei Gelegenheit der Feier d. 100jähr. Bestehens der Gesellschaft 1890 erstattet. [Aus: „Schriften d. phys.-ökonom. Ges. zu Königsberg".] gr. 4. (S. 105 – 145.) Ebd. 891. n. 1. 50

Jentzsch (A.), Bericht über die geologische Abtheilung des Prov.-Mus. der Phys.-Oek. Ges. zu Königsberg. Königsberg 1891. 4.

— Bericht über die geologische Durchforschung der Prov. Preussen im Jahre 1876. [Aus: „Schriften d. physik.-ökonom. Gesellsch. zu Königsberg".] gr. 4. (62 S. m. eingedr. Holzschn. u. 1 Steintaf.) Ebend. 877. n. 2. 50

— dasselbe, im Jahre 1877, mit eingehender Berücksichtigung des gesammten norddeutschen Flachlandes bearb. gr. 4. (73 S.) Ebend. 878. n. 3. —

Jentzsch, Alfr., Bericht über die geologische Durchforschung des norddeutschen Flachlandes, insbesondere Ost- und Westpreussens in den J. 1878, 1879, 1880. 1. Thl.: Allgemeines, physikal. Geographie und alluviale Bildungen. Mit 1 (lithogr.) Karte des Weichseldeltas. gr. 4. (78 S.) Königsberg 881. (Berlin, Friedländer und Sohn.) *
Aus: Schriften der physikalisch-ökonom. Gesellschaft zu Königsberg, besonders abgedruckt.

— Bericht üb. die Verwaltung d. geologischen Provinzialmuseums im J. 1891. [Aus: „Schriften d. phys.-ökonom. Gesellsch. in Königsberg".] gr. 4. (8 S.) Ebd. 892. n. — 30

— Bericht üb. die Verwaltung des Provinzialmuseums im J. 1892. [Aus: „Schriften d. phys.-ökonom. Gesellsch."] gr. 4. (15 S. m. 4 Taf.) Ebd. 893. n. 1. 80

Jentzsch, Alfr., Bericht üb. d. Verwaltg. d. ostpreussischen Prov.-Museums der physikalisch-ökonom. Gesellschaft in d. J. 1893—1895, nebst Beiträgen zur Geologie u. Urgeschichte Ost- u. Westpreussens. [Aus: „Schriften d. phys.-ökonom. Gesellsch."] gr. 4. (90 S. m. 64 Abb. im Text u. auf 4 Taf.) Königsberg 896. (W. Koch.) n. 4. —

— Bericht üb. die Verwaltung u. Vermehrung der archäologischen Sammlungen d. Provinzial-Museums in den J. 1890 u. 1891. [Aus: „Schriften d. phys.-ökonom. Gesellsch."] gr. 4. (S. 26—38 m. Abbildgn. u. 1 Taf.) Königsberg i/Pr. 893. W. Koch. n. — 80

Jentzsch, A., Die Braunkohlenformation in den Provinzen Posen, Westpreußen und Ostpreußen. Halle a. S., 1907. 9 S.

—— über einige diluviale und alluviale Diatomeenschichten Norddeutschlands, s. Cleve, P. T.

Kurze Erläuterungen zur Geologischen Übersichtskarte der Gegend von Scharnikau ⟨Prov. Posen⟩ bearb. von A[lfred] Jentzsch. Hrsg. von d. Kgl. Preuß. Geol. Landesanstalt. Berlin: Geol. Landesanst. 1910. 71 S. 8° [Umschlagt.]

Jentzsch, A., s.: Flora v. Ost- u. Westpreussen.

Jentzsch, Alfr., über die neueren Fortschritte der Geologie Westpreussens. gr. 8. (25 S.) Leipzig 888, Engelmann. — 60
Aus: Schriften der naturforschenden Gesellschaft zu Danzig, N. F., Bd. VII, Heft 1, besonders abgedruckt.

Jentzsch, Alfr., der Frühlingseinzug d. J. 1893. Nach den phänolog. Beobachtgn. des preuss. botan. Vereins u. des botan. Vereins der Prov. Brandenburg zusammengestellt. Mit 1 Karte. Festschrift zur Jubelfeier des 350jähr. Bestehens der königl. Albertus-Universität, überreicht v. der physikalisch-ökonom. Gesellschaft zu Königsberg i/Pr. gr. 4. (III, 23 S.) Königsberg i/Pr. 894. W. Koch. n. 1. 50

——— Führer durch die geologischen Sammlungen des Provinzial-Museums der Physikalisch-Oekonomischen Gesellschaft zu Königsberg. Königsberg 1892. 8.

— Führer durch die geologischen Sammlungen d. Provinzialmuseums der physikalisch-ökonomischen Gesellschaft zu Königsberg. Mit 75 Textabbildgn. u. 2 Tab., enth. e. Uebersicht der Geologie Ost- u. Westpreussens. gr. 8. (104 S.) Ebd. 892. n. 2. —

—— Gedächtnissrede auf Oswald Heer, gehalten in der Sitzung der physikalisch-ökonom. Gesellschaft zu Königsberg i. Pr. am 4. Jan. 1884. gr. 4. (26 S.) Königsberg 884. (Berlin, Friedländer und Sohn.) *
Aus: Schriften der physikalisch-ökonom. Gesellschaft zu Königsberg, besonders abgedruckt.

Jentzsch, A. Gedächtnissfeier auf Oswald Heer. In-4°. Berlin. R. Friedländer & Sohn. 1 35
1893

Jentzsch, Alfr. Gedächtnissrede auf Osw. Heer, geh. in d. Sitzg. d. physik.-ökon. Ges. zu Königsberg. S.-A. In-4°, 26 S. Königsberg. 1893

— Generalregister, s.: Publikationen der physikalisch-ökonom. Gesellschaft zu Königsberg in Pr.

—— s. Generalregister zu den Publikationen der physikalisch-ökonomischen Gesellschaft zu Königsberg i. Pr.
Die Publikationen erschienen u. d. T.: Schriften etc.

Jentzsch, Alfr., Handbuch des deutschen Dünenbaues, s.: Gerhardt, Paul.

— über Kugelsandsteine als charakteristische Diluvialgeschiebe. [Aus: „Jahrb. d. k. preuss. geolog. Landesanstalt f. 1881".] Lex.-8. (12 S. m. 1 Steintaf.) Berlin 882. (Friedländer & Sohn.) n. 1. 50

—— die Lagerung der diluvialen Nordseefauna bei Marienwerder. Lex.-8. (24 S. mit 1 chromolithogr. Profiltaf.) (Ebendas.) 882. *
aus: Jahrbuch der k. preuss. geolog. Landesanstalt für 1881, besonders abgedruckt.

Jentzsch, Alfr., die geologische und mineralogische Literatur des Königr. Sachsen und der angrenzenden Ländertheile von 1835—1873 systematisch zusammengestellt. (Geolog. Landesuntersuchung des Königr. Sachsen.) Lex.-8. (XVIII, 132 S.) Leipzig 874, (Engelmann.) * 4 50

— die Moore der Provinz Preussen. 2., durchgesch. u. verm. Abdr. eines in der 5. Sitzung der Central-Moor-Commission zu Berlin am 13. Decbr. 1877 erstatteten Berichtes. [Aus: „Schriften d. physik.-ökonom. Gesellsch."] gr. 4. (41 S. m. 2 Steintaf.) Königsberg 878. Koch. n. 2. —

— Nachweis der beachtenswerten u. zu schütz. Bäume, Sträucher u. erratischen Blöcke in der Prov. Ostpreussen, s. Beiträge zur Naturkunde Preussens. VIII.

Nachweis der beachtenswerten und zu schützenden Bäume, Sträucher und erratischen Blöcke in der Provinz Ostpreussen. Auf Grund der v. Landeshauptmann d. Prov. Ostpreussen versandten Fragebogen bearb. von Dr. Alfred Jentzsch, Prof. *Königsberg i. Pr. 1900: E. Rautenberg.* (IX, 150 S.) 4°(8°)
— Beiträge z. Naturkunde Preussens. 8. [01. 3?9 10

—— das Relief der Provinz Preussen. Begleitworte zur Höhenschichtenkarte. gr. 4. (6 S. mit 1 chromolithogr. Karte.) (Ebendas.) 877. *
aus: Schriften der physikalisch-ökonom. Gesellschaft zu Königsberg, besonders abgedruckt.

— Samenpflanzen, s.: Abromeit, J.

—— über einige tertiäre Säugethierreste aus Ost- und Westpreussen. gr. 4. (5 S. mit 1 Stnt.) Königsberg 882. (Berlin, Friedländer und Sohn.) *
Aus: Schriften der physikalisch-ökonom. Gesellschaft zu Königsberg, besonders abgedruckt.

Jentzsch, Alfr., u. Alfr. Forker, ein geplagter Schulmeister, s.: Lustspiele. Nr. 16.

Jentzsch, A[lfred]: Geologische Übersichtskarte der Gegend von Scharnikau (Prov. Posen). [Nebst] Kurze Erl. Berlin 1910. 8° $34^1/_2 \times 34^1/_2$ cm

, Geologische, der Gegend von Scharnikau (Provinz Posen). Bearb. von A. Jentzsch. 1:100000 m. Erl.

Jentzsch, Alfr., der Untergrund des norddeutschen Flachlandes. Kurze Begleitworte zur Uebersichtskarte. gr. 4. (9 S. mit 1 chromolithogr. Karte.) Königsberg 881. (Berlin, Friedländer und Sohn.) *
Aus: Schriften der physikalisch-ökonom. Gesellschaft zu Königsberg, besonders abgedruckt.

Jentzsch, Alfred: Der vordiluviale Untergrund des nordost-deutschen Flachlandes. Erläuterungen zu einer Uebersichtskarte. ([S.-A.] Jahrbuch der Königlich Preussischen Geologischen Landesanstalt für 1899. S. 266–285.) Berlin 1900. 20 S., 1 Krt. 8°.

Jentzsch, Alfred: Der tiefere Untergrund Königsbergs mit Beziehung auf die Wasserversorgung der Stadt. ([S.-A.] Jahrbuch der Königlich Preussischen Geologischen Landesanstalt für 1899.) Berlin 1900. 172 S., 10 Tf. 8°.

——— Die Zusammensetzung des altpreussischen Bodens. (Festschr. der Physikal.-ökonom. Gesellsch. in Königsberg i. Pr. zur Feier d. Eröffn. ihres Prov.-Mus. 1879.) Königsberg 1879. 4.

— die Zusammensetzung des altpreussischen Bodens. gr. 4. (60 S.) Ebend. 879. n. 2. 40

Jentzsch, Felix, a. Königsberg i. Pr.: Über die Elektronen-Emission von glühenden Metalloxyden. (Berlin-Wilmersdorf: C. Arnold 1908.) (46 S.) 8°
Berlin, Phil. Fak., Ref. Wehnelt, Diss. v. 10. Juni 1908
[Geb. 14. Sept. 82 Königsberg i. Pr.; Wohnort: Berlin; Staatsangeh.: Preußen; Vorbildung: Prinz-Heinrich-Gymn. Schöneberg Reife O. 02; Studium: Berlin Techn. Hochsch. 3, Univ. 8 S.; Rig. 7. Mai 08.]

Jentzsch, Frz., Dienet einander! 1. Petri 4, 10. Bericht, am Jahresfest der deutschen evangel. Buch- und Tractat-Gesellschaft gehalten am Sonntage Exaudi, den 21. Mai 1882, Abends 6 Uhr, in der Marienkirche zu Berlin. 8. (8 S.) Berlin 882, Deutsche evangel. Buch- und Tractat-Gesellschaft. *

—— Gedächtnisrede für den am 25. Febr. in Bad Boll heimgegangenen Pfarrer Christoph Blumhardt, gehalten am Sonntag Palmarum, den 21. März 1880 in der Friedenskapelle zu Berlin. gr. 8. (11 S.) Ebendas. 880.

—— das Kaffee-, Thee- und Speisehaus in Berlin N. Chausseestraße 75 und 76 N. in seiner sanitären und humanen, in seiner socialen und christl. Bedeutung, als eine Advents- und Weihnachtsgabe zunächst dem kleinen Freundeskreise dargereicht. gr. 8. (16 S.) Ebendas. 879.

— Das Kaffee-, Thee- und Speise-Haus in Berlin N., Chausseestr. 75/76 in seiner sanitären und humanen, in seiner soz. u. christl. Bedeutung. (16 S.) Ebd. 1879. Deutsch-ev. Buchh. u. Traktat-Gesellschaft.

[F.] Lebensbilder aus China. Schildergn v. Land u. Leuten v. Franz Jentzsch, weil. Prediger ... in Shangai in China. *Berlin: Deutsche Ev. Buch- & Tractat-Ges. 1895.* (IV, 91 S.) 1 Bd 8. [96. 3:5]

Jentzsch, Frz., Lieder zum Gebrauch bei Gebetsversammlungen zusammengestellt. 16. (40 S.) Berlin 881. Deutsche evangel. Buch- u. Tractat-Gesellschaft. n. — 20

—— Lieder zum Gebrauch bei religiösen Versammlungen zusammengestellt. 2. Aufl. (40 S.) 1881; 3. Aufl. 12. (67 S.) Ebendas. 882.

Jentzsch, F., Aus der Berliner Stadtmission. (22 S.) Berlin 1878. Chun.

— aus der Berliner Stadt-Mission. 2. Aufl. 16. (22 S.) Berlin 878. Chun. n. — 10

Jentzsch, Frz., das Berliner Waisenkind. 12. (20 S.) Berlin 885, Deutsche Evangel. Buch- und Tractat-Gesellschaft. — 15

Jentzsch, Frz., das Berliner Waisenkind. 3. Aufl. 12. (20 S.) Berlin 893. Deutsche evangel. Buch- u. Tractat-Gesellschaft. — 6

Jentzsch, Gustav, s. Jenzsch, Gustav

Jentzsch, H. J., Bilder aus dem Frauen- u. Familienleben in aussereuropäischen Ländern. (96 S.) Zwickau 1865. Döhner.

— populäre Vorträge über Dinge aus dem alltäglichen Leben. Ebend. 869. 8. (148 S.) n. 5 ngr.

Jentzsch, H. Th.: Theorie der Astroiden einer neuen Classe von Curven. 1860. 8°
Greifswald, Diss. von 1860

Jentzsch, H., geometrische und mechanische Theorie der Astroiden. Eine mathemat. Monographie. Lex.-8. (VII und 240 S. mit 5 Stnt. in qu. Fol.) Greifswald 863, Koch's Verlag.

Jentzsch, Hans G., ein neuer Totentanz in 18 Bildern. (18 Bl.) 4. Stuttgart (904) J. H. W. Dietz Nachf. In Mappe n. 2. 50

Jentzsch, Heinr. Jul., Aufgaben zum Kopf- und Tafelrechnen für Stadt- und Landschulen, methodisch geordnet und mit Regeln und Erläuterungen versehen. Die gemeine und Decimalbruchrechnung. 8. (48 S.) Haynichen 859, Barchewitz.

—— Facitbuch dazu. 8. (16 S.) Ebendas. 859. *

Jentzsch, Heinr. Jul., Aufgaben für den Unterricht in der deutschen Sprache mit besond. Benutzung des Lesebuches, Lebensbilder I—III. 1.—3. Stufe. gr. 8. (32 S.) Leipzig 872, Klinkhardt. * — 50

Jentzsch, Hermann: Die Haftung des Nicht Benefizialerben für Vermächtnisse nach gemeinem Recht. . . . Göttingen, Druck d. Univ.-Buchdr. v. W. Fr. Kästner. 1890. 48 S. 8°
Göttingen, Jur. Fak., Inaug. Diss. v. 19. Jul. 1890

Jentzsch, Herm. Die Haftung d. Nicht-Benefizialerben für Vermächtnisse nach gemeinem Recht. Diss. gr. 8. (48 S.) Gött. 890. (Vandenhoeck u. Ruprecht). * 1 20

Jentzsch, J., kleines Experimentierbuch. Sammlung physikal. Experimente, Kunststückchen oder Spiele. Ohne besondere Apparate. Zur belehrenden u. unterhaltenden Selbstbeschäftigung für Kinder von 10 bis 14 Jahren. Mit in den Text gedr. Illustr. in Holzschn. 16. (VIII, 96 S.) Leipzig 881. Oehmigke. cart. n. 1. —

Jentzsch, J., kleines Experimentierbuch. Sammlung leicht ausführbarer physikal. u. chem. Experimente. Zur belehr. u. unterhalt. Selbstbeschäftigung f. Kinder von 10 bis 14 Jahren. Mit in den Text gedr. Holzschn. 2. Aufl. Neu bearb. v. Rich. Schulze. 8. (VIII, 120 S.) Leipzig 899. A. Oehmigke. Geb. 1. 20

Jentzsch, Jul., populäre Vorträge über Dinge aus dem alltäglichen Leben. 8. (148 S.) Zwickau 869, (Döhner.) * — 45

Jentzsch, Karl: Über Fettembolie. *Halle a. S. 1898: C. A. Kaemmerer & C.* (54 S.) 8°
Halle, Med. Diss. v. 13. Aug. 1898

Jentzsch, Robert B. Ist „Kaisertreu" Wahrheitstreu? Eine Studie über das Buch „Die principiellen Eigenschaften der automatischen Feuerwaffen". Mit Textfiguren 8 Wien 1902

Jentsch, Rob. B., Ist „Kaisertreu" wahrheitstreu? Eine Studie üb. das Buch: „Die principiellen Eigenschaften der automat. Feuerwaffen". gr. 8. (VI, 87 S. m. Abbildgn.) Wien 902. (L. W. Seidel & Sohn.) n. 3. —

Jenull, Seb.: Comm. üb. d. 1. Th. d. vaterländ. Strafgesetzb. *Grätz*, Ferstl. 815. 8.

Jenull, Seb.: D. Oesterreich. Criminalrecht nach sn. Gründen u. sm. Geiste dargest. *Grätz*, Ferstl. 4 Thle. 807—14. gr. 8. 2. A. 1. Th. 820. (1 Thl. 16 Gr.)

Jenull, Sebast., d. österreich. Criminalrecht nach seinen Gründen u. seinem Geiste dargestellt. 2 Thle. 8. Grätz 808—14. (1r Thl. 2e A. 820. 2 ₰) Ferstl. 7 ₰

Jenull, Sebast., das Oesterreich. Criminal-Recht nach seinen Gründen u. seinem Geiste dargestellt. 1r Thl. 3e u. 2r—4r Thl. 2e unveränd. Aufl. Mit Tabellen. gr. 8. Wien 837. Gerold. 5⅓ ₰

Jenyngs, Soame, Betracht. über d. untrügl. Gewißheit d. christlichen Religion. A. d. Engl. 8. Wien 781. Kraus. 10 ℔

— über d. innere Klarheit d. christl. Religion. A. d. Engl. v. J. K. Vollborth. 8. Göttingen 776. Vandenhöck u. R. 5 ℔

Jenzen, Carl, Illa v. der Recknitz. Charakterbilder aus dem letzten Decennium. Wahrhaftigen Erlebnissen nacherzählt. 8. (201 S.) Leipzig 887, Zangenberg und Himly. * 2 —

Der Codex epistolaris des Erzbischofs von Prag Johann v. Jenzenstein. Mit krit. u. erl. Bemerkungen hrsg. von J[ohann] Loserth. Wien: Gerold in Comm. 1877. 136 S. 8°
Aus: Archiv f. österr. Geschichte. Bd 55.
(Beiträge z. Geschichte d. husitischen Bewegung. 1.) [illegible]

Jenzer, J. J., Heimathkunde des Amtes Schwarzenburg. 1. Geschichtlicher Theil. gr. 8. (VIII, 209 S. mit 3 Illustr. auf 3 Holzschntaf.) Bern 869, (Dalp'sche Buchh.) ** 1 60

Jenzer, Rudolf, Apotheker in Interlaken: Pharmakognostische Untersuchungen über Pilocarpus pennatifolius Lemaire und Erythroxylon Coca Lamarck mit besonderer Berücksichtigung ihrer Alkaloide. Zürich, Orell Füßli. 1910. 80 S. und drei Tafeln. 8°. [22. VI. 10.]
Bern. Phil. Diss. 1910 11.

Jenzig, Ludo, Adam als Erzieher. gr. 16. (136 S.) Stuttgart 894. R. Lutz. n. 1. 60

— Pädagogik der That. gr. 8. (32 S.) Stuttgart 894. R. Lutz. n. — 50

Jenzsch, Gustav

Jenzsch, G. Amygdalophyr, ein Felsit-Gestein mit Weissigit, einem neuen Minerale in Blasenräumen. (Aus Leonhard und Bronn's Jahrbuche.) Stuttgart. 1853. 8.

Jenzsch, Gust., Beiträge zur Kenntniss einiger Phonolithe des böhmischen Mittelgebirges. Mit besond. Berücksicht. des Baues dieses Gebirges. Eine litholog. Abhandlung. gr. 8. (III und 44 S.) Berlin 856, Hertz. *
Aus: Zeitschrift der deutschen geolog. Gesellschaft, Jahrg. 1856, besonders abgedruckt.

Jenzsch G, über eine mikroskopische Flora und Fauna kristallinischer Massengesteine (Eruptivgesteine). Leipzig 1868

Jenzsch, Gust., über eine mikroskopische Flora und Fauna krystallinischer Massengesteine [Eruptivgesteine]. gr. 8. (31 S.) Leipzig 869, Engelmann. — 60

Jenzsch. Ueber die felsitischen Gemengtheile der rothen und jüngeren grauen Gneisse. Leipzig, 1864.

—— über die am Quarze vorkommenden Gesetze regelmässiger Verwachsung mit gekreuzten Hauptaxen. gr. 8. (36 S. mit 1 Holzschntaf.) Erfurt 870, Villaret. * 1 —

—— die amorphe Kieselerde, amorphe Kieselsäure vom specifischen Gewichte 2,6. gr. 8. (13 S.) Erfurt 866, Villaret. * — 50

Jenzsch, Gustav: Methode zum genauen Abbilden der Erdoberfläche oder das mathematisch begründete Relief-Zeichnen in Beziehung zur Lehmann'schen sowie einigen andern jetzt gebräuchlichen topographischen Zeichnen-Methoden. ([S.-A.] Allgemeine Deutsche Naturhistorische Zeitung.) Dresden 1856. 11 S., 1 Krt. 8°.

Nachträge zur Abhandlung „Amygdalophyr, ein Felsit-Gestein" (Aus Leonhard und Bronn's Jahrbuche.) Stuttgart. 1854. 8.

Jenzsch, Gust., Studien über die Structur einiger krystallisirten Mineralien. 1. und 2. Abhandl. gr. 8. (22 S. mit eingedr. Holzschn.) Erfurt 861, Villaret. *

Jenzsch, Studien über die Structur einiger krystallisirter Mineralien. (Nachtrag zur 1. Abhandlung: Turmalin.) gr. 8. (6 S. mit eingedr. Holzschn.) Erfurt 865, Villaret. *
Vgl. XIII. Bd. 1. Abthl. S. 509.

—— zur Theorie des Quarzes mit besond. Berücksicht. der Circularpolarisation. (Publication der königl. preuss. Akademie gemeinnütz. Wissenschaften.) gr. 8. (16 S. nebst 3 Stnt. und 18 in den Text gedr. Fig. in Holzschn.) Erfurt 861, Villaret. *

—— die Verbreitung des Melaphyr und Sanidin-Quarzporphyr in dem im J. 1858 in Abbau stehenden Theile des Steinkohlenbassins von Zwickau im Königr. Sachsen, nebst Andeutungen über die sogenannte zwickauer Hauptverwerfung. gr. 8. (51 S. mit 1 chromolithogr. geolog. Karte in Fol. und 1 lithogr. Profiltaf. in qu. gr. Fol.) Berlin 858, Hertz. *
Aus: Zeitschrift der deutschen geolog. Gesellschaft, Jahrg. 1858, besonders abgedruckt.

Jeografi a do poczatkowego użycia po szkolach miejskich i wiejskich ułożona przez J. A. 8. (3½ B.) Ostrowie 840. (Breslau, Fr. Aderholz.) *

Jeografia do początkowego użycia szkołach miejskich i wiejskich ułożona przez J. A. 8. (50 S.) Ostrowie 817. (Breslau, Fr. Aderholz.)

Jephet ben 'Alī, des Karäers, Commentar zum Buche Rûth, zum 1. Male nach 3 Mss. ediert, m. Einleitg. u. Anmerkgn. versehen v. Naḥum Schorstein. (XVIII u. XXXII S.) gr. 8. Berlin 903. M. Poppelauer. n. 2. —

Jephet ben 'Ali [illegible], d. Commentar zu d. Proverbien. Zum 1. Male nach mehr. Handschriften edirt, m. e. Einleitg. u. Anmerkgn. versehen von Israel Günzig. gr. 8. (51 u. XXXII S.) Krakau 898. (Frankfurt a/M., J. Kauffmann. — Berlin, M. Poppelauer.) n. 2. —

Jepheti Ben Eli Karaitae in proverbiorum Salomonis caput XXX commentarius, quem nunc primum arabice edidit in latinum convertit, adnotationibus illustravit Zacharias Auerbach. gr. 8. (47 S.) Bonn 866, Cohen und Sohn. *

Jephson, A. J. Mounteney, u. Henry M. Stanley, Emin Pascha u. die Meuterei in Aequatoria. Neunmonatlicher Aufenthalt u. Gefangenschaft in der letzten der Sudan-Provinzen. Autoris. deutsche Ausg. Aus dem Engl. von H. v. Wobeser. Mit 46 Abbildgn., e. Fcsm.-Taf. u. e. Karte. gr. 8. (XXIII, 462 S.) Leipzig 890. Brockhaus. n. 9. —; geb. n. 10. —; auch in 18 Lfgn. à n. — 50

Jephson, A. J. M., u. Henry M. Stanley, Emin Pascha u. die Meuterei in Aequatoria. Neunmonatlicher Aufenthalt u. Gefangenschaft in den letzten der Sudan-Provinzen. Autoris. deutsche Ausg. Aus dem Engl. von H. v. Wobeser. Mit 46 Abbildgn., e. Fcsm.-Taf. u. e. Karte. 2. Aufl. gr. 8. (XXIII, 462 S.) Leipzig 891. F. A. Brockhaus. n. 9. —; geb. n. 10. —; auch in 18 Lfgn. à n. — 50

Jephson, Alex., Abhandl. vom Sabbath d. Christen. A. d. Engl. mit e. Vorr. v. J. E. Rambach l. 8. Rostock 763. Koppe. (Stiller). 12 gr

— über d. innere Klarheit d. christl. Religion. A. d. Engl. v. J. R. Wolborth. 8. Göttingen 776. Vandenhöck u. R. 5 gr

Jephson, O. H. J., the St. Gothard railway. qu. hoch 4. (29 S. m. eingedr. Abbildgn. u. 16 Lichtdr.-Taf.) Zürich 890. Orell Füssli Verl. geb. n. 20. —

Jephtha's, die Tochter, Trauerspiel von C. Robert. 8. Tübingen, Cotta. 820.

Jephte Ductus Hebraeorum . . . [Salisb. 1713.] V: *Hager, Edmund.* (HR)

Jephte Ductus Hebraeorum. [Salisb. 1713.] V: *Weiss, Th.* (MARGR) Vgl. II, 10553.

Jephte, die Tochter; e. Trspl. in 5 Aufz. 8. Münch. 796. Lentner. 5 gr

Jepkens, Alb., kirchliche Gesänge für den mehrstimmigen Männerchor. gr. 4. (94 S.) Cöln und Neuss 867, Schwann'sche Verlagsh. *

Jepkens, Alb., kirchliche Gesänge für den mehrstimmigen Männerchor. 2., sehr verm. Aufl. gr. 4. (99 S.) Köln und Neuss 874, Schwann's Verlag. * 4 50

Jepkens, Alb., kirchliche Gesänge für den mehrstimmigen Männerchor. 3., sehr verm. Aufl., besorgt von P. Piel. hoch-4. (IV, 102 S.) Düsseldorf 879. Schwann. n. 3. —

Jepkens, Alb., kirchl. Gesänge f. den mehrstimmigen Männerchor. Neu bearb. u. bedeutend vermehrt v. P. Piel. 19. Aufl. (II, 145 S.) Lex. 8. Düsseldorf 910. L. Schwann. 3.—; geb. in Halbleinw. n 3. 50

Jepkens, Alb., Liederbuch für katholische Elementarschulen. 1. Heft. 8. (92 S.) Köln und Neuß 856, Schwann'sche Vrlgsh. *

Jepkens, Alb., Liederbuch für die oberen Klassen der Elementar-Knaben- und Mädchenschulen, sowie auch zum Gebrauche an höheren Bildungs-Anstalten. 8. Aufl. (68 S.) 1875. 30 Pf.; 9. und 10. sehr verm. Aufl. (VI, 102 S.) 1875; 11. sehr verm. Aufl. Neue Ausg. 8. (104 S.) Düsseldorf 878, Schwann. cart. *

—— Liederbuch für die oberen Klassen der Elementar-Knaben- und Mädchenschulen, sowie auch zum Gebrauche an höheren Bildungs-Anstalten. 12.—16. Aufl. 8. (IV, 104 S.) Ebendas. 880—84. cart. *

Jepkens, A., Liederbuch f. d. oberen Klassen der Elementar-Knaben- u. Mädchenschulen, sowie auch zum Gebrauche an höheren Bildungs-Anstalten. 17. Aufl. [Neue Ausg.] 8. (IV, 104 S.) Düsseldorf 890. Schwann. cart. n. — 60

Jepkens, Alb., Liederbuch f. die oberen Klassen der Elementar-Knaben- u. Mädchenschulen, sowie auch zum Gebrauche an höheren Bildungs-Anstalten. 18. Aufl. (Neue Ausg.) 8. (IV, 104 S.) Düsseldorf 891. L. Schwann. Kart. n.n. — 60

Liederbuch für die oberen Klassen der Elementar-Knaben- und Mädchenschulen, sowie auch z. Gebr. an höh. Bildungs-Anst. Von Albert **Jepkens**. 20. Aufl. (N. Ausg.) *Düsseldorf: L. Schwann 1900.* (102 S.) 8° [?] 101 6035 B

Jepkens, Alb., Liederbuch für die oberen Klassen der katholischen Elementarschulen. 8. (IV und 56 S.) Köln und Neuß 861, Schwann'sche Verlagsh. *.

—— Liederbuch für die oberen Klassen der katholischen Elementarschulen, sowie für die unteren Klassen der Gymnasien, Real- und Bürgerschulen. 2.—4. Aufl. 8. (64 S.) Cöln und Neuß 863—67, Schwann'sche Verlagsh. *

—— Liederbuch für die oberen Klassen der katholischen Elementarschulen, sowie für die unteren Klassen der Gymnasien, Real- und Bürgerschulen. 5. und 6. Aufl. 1870,73. * 25 Pf., und 7. Aufl. 8. (64 S.) Ebendas. 874. * — 30

Jepkens, Alb., Liederbuch für die oberen Klassen der katholischen Elementarschulen, sowie für die unteren Klassen der Gymnasien, Real- und Bürgerschulen. 12. Aufl. 8. (64 S.) Düsseldorf 881, Schwann'sche Verlagsh.

Jepkens, Alb., Liederbuch für die oberen Klassen der katholischen Elementarschulen, sowie für die unteren Klassen der Gymnasien, Real- und Bürgerschulen. 13.—15. Aufl. 8. (64 S.) Düsseldorf 882,83, Schwann'sche Verlagsh. * — 30

— Liederbuch für die unteren und mittleren Klassen der katholischen Elementarschulen. 2. Aufl. Ebend. 862. 8. (IV, 56 S.) n. 2½ ngr

— Liederbuch für die unteren u. mittleren Klassen der katholischen Elementarschulen. 3. Aufl. Ebend. 867. 8. (IV, 60 S.) n. 2½ ngr

—— dass. — für die unteren und mittleren Klassen der kathol. Elementarschulen. 4. und 5. Aufl. 1870,73. * 25 Pf.; und 6. Aufl. 8. (60 S.) Ebendas. 874. * — 30

— Liederbuch für die unteren u. mittleren Klassen der kathol. Elementarschulen. 6. Aufl. 8. (60 S.) Ebend. 874. n. — 30

—— Liederbuch für die unteren und mittleren Klassen kathol. Volksschulen. 7. Aufl. 8. (64 S.) Ebendas. 878.

—— Liederbuch für die unteren und mittleren Klassen katholischer Volksschulen. 8. und 9. Aufl. 8. (IV, 60 S.) Ebendas. 881,83.

—— die neue Orgel in der katholischen Pfarrkirche zu Kempen am Niederrhein. Erbaut vom Orgelbaumstr. Fr. W. Sonreck. Gutachtlicher Bericht mit geschichtl. Anmerkungen und Erläuterungen der neuesten Erfindungen auf dem Gebiete der Orgelbaukunst. Nebst einer Abhandlung über die Pneumatik der Regulatoren von Fr. W. Sonreck. gr. 8. (40 S.) Köln 876, DuMont-Schauberg'sche Buchh. *

Jeppe, August [app. Arzt aus Stadtoldendorf (Braunschweig)]: Ueber Albuminurie bei Angina tonsillaris. . . . Würzburg, Becker's Univ.-Buchdr., 1890; 21 S. 8°
Würzburg, Med. Fak., Inaug.-Diss. v. 1890

Jeppe, C. Friedrich Wilhelm

Jeppe, C. F. W., Bericht über die Ausstellung der Wollvließe, Wollproben, Wollfabrikate rc. während der 6. Versammlung deutscher Land- u. Forstwirthe zu Stuttgart, mit Tabellen rc., als Commentar zu der Stuttgarter Wollproben-Charte. Mit Anmerk. gr. 8. Rostock 843. (Leopold.) n. ⅔ ℛ

— ders. während der 7. Versammlung rc. zu Altenburg 1844. Lex.-8. Altenburg 844. (Rostock, Leopold.) n. ⅔ ℛ

— ders. während der 8. Versammlung zu München. Lex.-8. München 845. (Ebend.) n. ⅓ ℛ

— ders. während der 9. Versammlung zu Breslau. Lex.-8. Breslau 846. (Ebend.) n. ⅓ ℛ

— ders. während der 10. Versammlung zu Gratz. Lex.-8. Gratz 847. (Ebend.) n. ⅓ ℛ

—— Bericht-Erstattung üb. die 6. Versammlung deutscher Land- u. Forstwirthe zu Stuttgart an den mecklenb. patriot. Verein. Ein Resumé. 8. (7⅞ B.) Rostock 843, Oeberg. (Leipzig, Klinkhardt.) *—

—— dass. Bericht üb. die 7. Versamml. deutscher Land- u. Forstwirthe zu Altenburg, mit Tabellen üb. Vließgewicht, Vließwerth rc., als Kommentar zu der altenburger Wollprobenkarte. Lex.-8. (4¾ B.) Altenburg 844. (Rostock, Leopold.) *

—— dass. Bericht üb. d. 8. Versammlung teutscher Land- u. Forstwirthe in München. M. Tabellen üb. Vließgewicht, Vließwerth rc. als Kommentar zu der münchener Wollprobenkarte. Lex.-8. (3 B.) München 845. (Rostock, Leopold.) *

—— dass. Bericht üb. d. 9. Versammlung rc. zu Breslau. Als Kommentar zu der breslauer Wollprobenkarte. Lex.-8. (2¾ B.) Breslau 846. (Rostock, Leopold.) *

—— dass. Bericht üb. d. 10. Versammlung rc. zu Gratz 1846. Als Kommentar zu der gratzer Wollprobenkarte. Lex.-8. (3¼ B. u. 1 Tab.) Gratz 847. (Rostock, Leopold.) *

— Grasbüchlein od. Samml. von 12 getrockneten Futter- u. Graspflanzen nebst Saamen rc. Auszug aus d. Herbarium vivum. Ebd. n. ½ ℛ

Jeppe, C. F. W., Herbarium vivum v. 50 d. vorzüglichsten, so wie einiger schädl. Futterkräuter u. Gräser, nebst deren reifen Saamen; mit Bemerkn. üb. Kennzeichen, Boden, Aussaat u. Benutzung d. nützl., so wie Vertilg. d. schädl. (Text.) 1. Aufl. (9½ B.) Hamburg 826. 16 Gr., 2. Aufl. ..., 3., verm. A. (9½ B.) 4. Rostock 835, (Oeberg u. Comp.)
Ein Exemplar d. Herbarii selbst u. der dazu gehörigen Saamen-Kapsel. Ebendas. 3 Thlr. 8 Gr.

Jeppe, C. F. W., Herbarium vivum von 50 d. vorzügl., sowie einiger schädlicher Futterkräuter u. Gräser, nebst deren reifen Saamen, mit Bemerkk. über Kennzeichen, Boden, Aussaat u. Benutzung d. nützlichern, sowie Vertilgung der schädlichen. (Text). gr. 4. Hamb. 826. (Rostock, Oeberg). 16 gr Das Herbarium mit dazu gehörig. Saamenkapseln. 3 ℛ 8 gr

Jeppe, (Kaufm.) C. F. W., Herbarium vivum der vorzüglichsten, sowie einiger schädlichen Futterkräuter u. Gräser, nebst deren reifen Saamen; mit Bemerkungen üb. Kennzeichen, Boden, Aussaat u. Benutzung der nützlichen, sowie Vertilgung der schädlichen. 2e Aufl. 4. Rostock 836. (Oeberg.) n. ⅚ ℛ — Das Herbarium mit den Saamenkapseln n. 3⅓ ℛ

Jeppe, C. Friedr. Wilh., die Cultur der Weiden sowie deren Futterkräuter und Gräser. gr. 8. (VI und 126 S.) Rostock 848, (Leopold.) Thlr. *

— Terminologie der Schafzucht und Wollkunde oder die Kenntniß der Wolle aller Länder und ihrer Eigenschaften. Bearb. nach den Commissions-Entwürfen zu Breslau und Gratz, und mit statistischen Bemerkungen über Schafzucht, Wollproduction und Wollhandel versehen. gr. 8. (240 S. und 1 Stnt. in 4.) Rostock 817, Leopold. *

— Wollproben-Charte, oder Samml. von 150 Proben Wolle, mit erläut. Anmerkk. zweier Mitglieder d. Mecklenburg. Patriot. Vereins über Wollerzeugung, Wollwerth u. Wollhandel. (Text.) gr. 4. Rostock 830. (Oeberg). 1 ℛ︀ Velinp. 1 ℛ︀ 3 gℊ die Wollproben selbst 1 Expl. 24 ℛ︀

Jeppe, Friedrich

Jeppe, F. Karte der Witwatersrand Goldfelder (Transvaal). Nach Troyés Karte. 1:500000. Gotha 1888. 1 Bl. c. A. Ff.

Jeppe, F., die transvaalsche oder süd-afrikanische Republik, s.a. Mittheilungen aus J. Perthes' geograph. Anstalt.

Jeppe, Die Transwaal'sche oder Süd-Afrikanische Republik.

s.a. Petermann, A. Mittheilungen aus Justus Perthes geogr. Anstalt.

Jeppe, Friedrich: Die Transvaal'sche oder Süd-Afrikanische Republik. Nebst einem Anhang: Dr. Wangemann's Reise in Süd-Afrika. 1866–67. Mit einer Originalkarte der Transvaal'schen Republik etc. Gotha 1868. IV, 24 S.
= Ergänzungsheft zu Petermann's Geographischen Mittheilungen. No. 24. 8°.

Jeppe, J. Ph. O., Rekrutirungsgesetze für d. Großherzogthum Mecklenburg-Schwerin, enthaltend d. Rekrutirungsreglement v. 15. Oct. 1820, in Zusammenstellung mit allen bis zum März 1824 erschienenen rc. Verfügungen u. mit Bemerkk. nach d. Interpretationen u. Entscheidungen d. Distrikts-Behörden. 4. Schwerin 824.

Jeppel, Carl Friedrich: Kant's ontologische Beweisversuche für das Dasein Gottes in ihrem systematischen Zusammenhange dargestellt und gewürdigt. Halle 1883: (Bagel in Düsseldorf). 88 S. 8°
Halle-Wittenberg. Phil. Diss. v. 17. Apr. 1883
Geb. Krefeld 7. 1. 1860. V.

Jepson, W. Lehrbuch der Hebammenkunst. gr. 8. Rostock, Stiller. 810.

— üb. d. Schwangerschaft außer d. Gebärmutter rc. gr. 8. Ebend. 863.

Joptiška od kněze *****. Pokračování k románu: Proklatec aneb: Církev a nový věk. Z francouzského jazyka přeložil V. Bambas. Seš. 1—8. Prag 864. Steinhauser. 8. (1. Bd.: XXXI, 400 S.; 2. Bd.: S. 1—80.) n. 1 ℛ︀ 16 ngr.

Jéquier, G., s.: Catalogue des monuments et inscriptions de l'Égypte antique.

— Fouilles à Dahchour, s.: Morgan, J. de.

Jeřabek, Leben und Tod des Joh. Hus, } s. Volksbücher aus
— Leben und Tod des Joh. Zizka, } alter und neuer Zeit.

Jeřábek, Anton, Základové měřictví pro nižší třídy gymnasií. 4. verbesserte Auflage. Prag und Wien 1893. F. Tempsky. (Min.-Erl. v. 13. Juni 1893, Z. 12204.) Geheftet 1 K 20 h
Gebunden 1 K 70 h

Jeřábek, Jos., Handbuch üb. Gebüren u. deren Verrechnung zur Geschäfts-Führung bei den Unterabtheilungen des k. u. k. Heeres in der Mobilität u. im Kriege. (Durchgesehen vom k. u. k. Reichs-Kriegs-Ministerium.) gr. 16. (XLIII, 413 S.) Wien 894 (L. W. Seidel & Sohn.) Geb. in Leinw. n. 4. —

Dr. L[ubomír] Jeřábek. Der alte Prager Judenfriedhof. Übers. von A. Major u. Dr. Sp[iridion] Wukadinović. Mit Beiträgen von Dr. I[sidor] Pollak. *Prag: B. Kočí 1903.* (47 S.) 4° (04. 9439)

Jeřábek, L., der alte Prager Judenfriedhof. Uebers. v. A. Major u. Sp. Wukadinović. Mit Beiträgen v. J. Pollak. (49 S. m. 22 [1 farb.] Taf.) 4. Prag (904). B. Kočí n. 4. 25

Jerábek, W., zur Schattenkonstruktion des Plückerschen Konoids. (18 S. m. 2 Fig.) Lex. 8. Prag 910. (F. Řivnáč.) -- 30
Sonderabdr. aus: „Sitzungsber. d. böhm. Ges. d. Wiss."

Jeram, Jos., ein Blick in die protestantische Schule. Ein offenes Sendschreiben an Hrn. Staatsminister v. Lutz, zugleich ein Wort zur Aufklärung für Katholiken und Protestanten. 8. (76 S.) Amberg 879, Habbel.

Jerdan, David Smiles: I. Ueber die direkte Vereinigung des Kohlenstoffs mit Wasserstoff. II. Ueber einige Kondensationen mit Acetondicarbonsäureester. *Heidelberg 1898: J. Hörning.* (41 S.) 8°
Heidelberg, Naturw.-math. Diss. v. [1. Febr.] 1898

Jeré Franz: Quibus ex fontibus Plato doctrinam suam, quae est de immortalitate animi eiusque post mortem sorte desumpserit.
H. 1910 PN 2968 Diss. Wien, Univ.

Jeremejew, P. W., russische Caledonit- und Linarit-Krystalle, s. Mémoires de l'Académie impériale des sciences de St.-Pétersbourg.

Jeremejew (P. W.), Russische Caledonit- und Linarit-Krystalle. St. Petersburg 1888. 4.

JEREMIA'S (sol), Des schwäbischen, sechs Klaglieder über das (!) Bedrängniß unserer Zeiten. (Typogr. Ornam. u. Zierleiste.) O. O. 1792. 8° 83 S. (incl. Titel). Unbekanntes Curiosum. (7 Mk. A. Buchholz, München, 1908.)
Ultramontane Kampfschrift in 6 zum Theil derb-drolligen Gedichten (durchweg 7zeil. Strophen) gegen die durch Voltaire und die franzos. Umwalzung beförderte Aufklärung.
1. Der starke geistige Dummkopf, und unglaubige Lasterbalg.
2. Beweiseführung, und Widerlegungsart der Aufklarer.
3. Der gläubige Weise.
4. Wenn's so in Frankreich (!) geht, was ist in Deutschland (!) zu erwarten.
5. Der königliche Wunsch.
6. Erinnerung an alle Fürsten über die heutige Aufklärung, und Empörung in den Ländern.
(7.) Nachtrag, oder endliche Aussicht der Aufklarung Deutschlandes.
Sehr derb u. sarkastisch. — Der Pseud. fehlt bei Weller

Jeremias, d. Schwäbischen, 6 Klagelieder über d. Bedrängn. rc. 8. Augsb. 792. Wolling. 4 gℊ

(Jeremiade eines Zopf- und Spiessbürgers der Stadt Zürich im Jahr 1813–15) s. Kriegslied. Herrn Major Keppert beliebtes K' bei Besetzung der Stadt Stein... 1.8.

Jeremias, s. Henne.

Jeremias, Der Griechische, in Moskwa 1589. St. Petersburg 1840. V: *Adelung, Friedrich.* (BHBD IX, 282)

— Klagstimme, gegen e. falsche Beschuldigung, nebst fr. Rechtfertigung v. d. beheiligten Publikum (v.B.Strasser). 8.Landsh.802.

Jeremias ein Prediger der Gerechtigkeit. Frankfurt u. Basel 1739. V: *Zinzendorf und Pottendorf, Nicolaus Ludwig Graf von.* (ML) (OL) »ein Prophet der Gerechtigkeit . . . zum zweyten Mahl wieder aufgelegt. Büdingen 1741.« (BrMm)

Jeremias, e. Prediger d. Gerechtigkeit, allen redlichen Predigern zum Exempel. 8. Büding. Iversen. 741.

Jeremias Reibebanz; e. Geschichte. 8. Leipz. 796. (W. Rauck). 1 ₰ 4 gr

Jeremias im letzten Viertel des achtzehnten Jahrhundertes. Erstes Klagelied. o. O. u. J. 15 S. 8⁰
Selten. Verlangt im Namen Christi Vertilgung der „Höllenrotte" der Maurer.

Jeremiae, patriarch. Constant., dogmata et mysteria. Edit. Cyprii II Tomi. 4maj. Lips. 758. Breitkopf. 2 ₰

Jeremias der Farcenschreiber [Pseud.],
s. Schulz, Friedrich August

Jeremias Propheta

— s. G. Adam Horrer.

Jeremiae liber, s. Liber Jeremiae.

Jeremia, das Buch. Uebersetzt von Bernh. Duhm, s. Bücher, die poetischen u. prophetischen, des Alten Testaments. III.

Das Buch **Jeremia**. Uebers. von D. Bernhard Duhm, Prof. zu Basel. *Tübingen & Leipzig: J. C. B. Mohr 1903.* (XXXIV, 153 S.) 8° [F.]
— **Bücher**, Die poetischen u. prophetischen, d. Alten Test. 3.

Das Buch **Jeremia**[s propheta] erkl. von D. Carl Heinrich Cornill, Prof., Breslau. Leipzig: Ch. H. Tauchnitz 1905. (LII, 535 S.) 8°

Das Buch **Jeremia**. In d. Versmassen d. Urschrift übers. von D. Bernhard Duhm. Tübingen: Mohr 1907. XXXIV, 153 S. 8°

Das Buch **Jeremia** [propheta] übers. u. erkl. von D. F[riedr.] Giesebrecht, Prof. in Königsberg. 2. völlig umgearb. Aufl. Mit 1 Abb. Göttingen: Vandenhoeck & Ruprecht 1907. (XLI, 259 S.) 8°
— **Handkommentar** z. Alten Testament. Abt. 3. Bd 2, T. 1. 10

Jeremias, Elegien von Wecker. 8. Gießen, Tasché und Müller. 809.

Jeremias. Die Elegien . . . übersetzt. Giessen 1810. V: *Welcker, Friedrich Gottlieb.* (MGT)

— Elegieen, übers. u. mit Anmerkk. versehen v. F. G. Welker. 8. Gießen 811. (Ferber). 8 gr

Ieremias, vates, e versione Iudaeor. Alexandr. ac reliq. interpr. graecor. Notis crit. illustr. G. L. Spohn. 8. maj. Lps. Breitkopf. 794.

Ieremias vates e versione Iudaeor. Alexander ac reliquorum interpretum graecor. emendatus notisq. crit. illustr. a G. L. Spohn. Vol. I. N. A. u. Vol. II. post. obit. pater ed. F. A. G. Spohn. 8 maj. Lips. 824. Barth.

Jérémie. Trad. sur le texte original, accomp. de notes explicat. histor. et critiques, par J. G. Dahler. gr. 8. Strasbourg 825. Ed. II. 830. Heitz. (Kaisers Buchh. in Leipz.) 1 ₰ 8 gr

Der Prophet **Jeremia**[s] übers. u. ausgel. von D. C[onrad] v. Orelli, Prof. 3., neu durchgearb. Aufl. München: C. H. Beck 1905. (VIII, 215 S.) 8° [F.]
— **Kommentar**, Kurzgefaßter, zu d. heil. Schriften Alten u. Neuen Testamentes. A. Abt. 4, Hälfte 2. 11

— Klagegesänge, übers., s. Gh. Gf. Sirnensee.

— Klagegesänge, übers. v. J. G. Börmel. Mit e. Vorrede v. J. G. v. Herder. 8. Weimar 781. Hoffmann. 6 gr

— Klagegesänge aufs Neue übers. v. J. K. Vollborth. 8. Celle 795. Schulze. 12 gr

— Klagegesänge, übers. u. mit Anmerkk. begl. v. J. Löwe u. A. Wolfssohn. 8. Berl. 790. Maurers B. 8 gr

— — aufs n. übers. v. J. C. Vollberth. 8. Celle, Schulze. 795.

Jeremias, Klaglieder, in teutsche Liederform übertr. von A. Hebel, s. Hebel.

(Jeremias, Klagelieder. Hebr.), s. Kinoth.

— Klagelieder verdeutscht v. Frz. Xav. Riedel. 8. Wien 761.

— Klagelieder; nebst zwei Trostliedern Micha u. Habacuc, in gebund. Rede v. J. M. Stoll. 8. Hildburgh. 762.

— Klagelieder, hebräisch nach der Machsor-Ausgabe zu Prag vom Jahre 1782. 8. Leipzig ... Fritsche. $^{1}/_{4}$ ₰

— Klagelieder aus d. Hebräisch. metrisch übers. von Geo. Riegler. 8. Erlang. 814. (Palm). 5 gr

Jeremias, die Klaglieder d. Propheten, a. d. Hebr. treu ins Deutsche übers. u. mit d. LXX u. d. Vulgata verglichen, nebst krit. Anmerkn. v. F. W. Goldwitzer. Lex.-8. ($4\frac{1}{2}$ B.) Sulzbach 828, v. Seidel.

Goldwitzer, F. W., Die Klagelieder des Propheten Jeremias, aus dem Hebräischen treu ins Deutsche übersezt und mit der LXX und der Vulgata verglichen, nebst kritischen Anmerkungen. Sulzbach. v. Seidel, gr. 8°, $4\frac{1}{2}$ Bogen. Ermäß. Preis 50 Pf.
Katholik 1829, Nr. 32, S. 115.

—— Klaglieder. Neu übers. u. erläut. v. K. W. Wiedenfeld. gr. 8. (8 B.) Elberfeld 830, Schönian.

Jeremias, des Propheten, Klagelieder. In freier metrischer Uebersetzung, nebst erläut. Anmerkk. von Karl Jos. Koch. 8. Mainz 835. Kupferberg. $^{1}/_{4}$ ₰

Die Klagelieder des **Jeremias** übers. u. erkl. von D. Dr. Max Löhr. 2. umgearb. Aufl. Göttingen: Vandenhoeck & Ruprecht 1906 (1907). XVI, 32 S. 8°
(Handkommentar z. Alten Testament. Abt. 3. Bd 2, T. 2) 4

— die Klagelieder u. Baruch; aus d. Hebräischen u. Griech. übers. u. erklärt v. T. A. Dereser. gr. 8. Frankf. a. M. 809. Varrentrapp. 1 ₰ 4 gr

— Lamentatio, a IV vocibus ordinariis, cantus sacri cultoribus et studiosis dicata. 8maj. Argentinae 829. Le Roux. (Mainz, Müller). 20 gr.

Jeremiae, Prophetae, lamentationes, c. formulis cantus ordinarii ad usum Ord. Praemonstr. 4maj. Virdun. (Frankf. a. M., Wesche). 8 gr.

Kong Christian, ein Schleswig-Holsteinischer Gesang in plattdeutscher Mundart. Zum Gedächtniss des glorreichen Siegs bei Eckernförde am 5. April 1849 von **Jeremias**. Kiel. o. J. 2 Bl. 8°. Bei: Der Kampf bei Eckernförde etc. 8°.

Jeremias, Alfr., das Alter der babylonischen Astronomie, s.a. Im Kampfe um den alten Orient. III.

Das Alter der babylonischen Astronomie. Von Alfred **Jeremias**. Leipzig: J. C. Hinrichs 1908. (64 S.) 8°
— Kampfe, Im, um d. alten Orient. 3. [08. 12:85

Babylonisches im Neuen Testament. Von Dr. Alfred **Jeremias**, Pfarrer zu Leipzig. Leipzig: J. C. Hinrichs 1905. (132 S.) 8° [05. 11:4

— Der Einfluß Babyloniens auf das Verständnis des alten Testaments. s.a. Zeit- u. Streitfragen, biblische. IV, 2.

Jeremias, Alfred: Der Einfluss Babyloniens auf das Verständnis des Alten Testamentes von Lic. Dr. Alfred Jeremias, Leipzig. 2. Taus. Gr. Lichterfelde-Berlin: Runge 1908. 32 S. 8°
(Biblische Zeit- u. Streitfragen. Ser. 4. H.2.)

Der Einfluss Babyloniens auf das Verständnis des Alten Testamentes von Lic. Dr. Alfred **Jeremias**. 4. Taus. Gr. Lichterfelde-Berlin: Runge 1908 (32 S.) 8°
(Biblische Zeit- u. Streitfragen. Ser. 4. H. 2.) [09. 18185 II

— das ew'ge Licht geht da herein! Festpredigt, zum 50. Jahresfeste d. student. Missionsvereins zu Halle a. d. Saale geh. am III. Adventssonntage 1892 in der Laurentiuskirche. gr. 8. (14 S.) Leipzig 892. Fr. Richter. n. — 30

Jeremias, Alfr., Fürchtet Gott — Ehret d. König! Festbetrachtg. zur Feier d. 70. Geburtstages u. d. 25jähr. Regierungsjubiläums d. Königs Albert v. Sachsen, geh. am Sonntage Misericordias Domini 1898 in d. Lutherkirche zu Leipzig. gr. 8. (11 S.) Leipzig 898. H. G. Wallmann. n. — 25

Jeremias, Alfr., Hölle u. Paradies bei den Babyloniern, s.a. Orient, der alte. I. 3.

Hölle und Paradies bei den Babyloniern von Dr. Alfred **Jeremias**. *Leipzig: J. C. Hinrichs 1900.* (32 S.) 8° [J.]
— Orient, Der alte. Jg. 1, H. 3. [00. 9737

Jeremias, Alfred: Hölle und Paradies bei den Babyloniern von Dr. Alfred Jeremias, Pfarrer. 2., verb. u. erw. Aufl. mit 10 Abb. Unter Berücks. d. bibl. Parallelen u. mit Verzeichnis d. Bibelstellen. Leipzig: Hinrichs 1903. 43 S. 8°
(Der alte Orient. Jg. 1, H. 3.)

Jeremias, Alfred (Markersdorf b. Chemnitz), Die Höllenfahrt der Istar. Eine altbabylonische Beschwörungslegende. Diss. philos. Leipzig. München (F. Straub) 1886. 44 S. mit Biogr. (5.—) 16786

Jeremias, Alfred, die Höllenfahrt der Istar. Eine altbabylonische Beschwörungslegende. Diss. Leipzig 1886, Gustav Fock. 8°. 43 S.

Jeremias, Alfr., im Glauben klar! — In Liebe wahr! In Hoffnung fröhlich immerdar! Festpredigt, bei dem 49. Jahresfest des Dresdner Hauptvereins der Gustav-Adolf-Stiftg. am 12. Juli 1893 in Seifhennersdorf geh. gr. 8. (15 S.) Dresden 893. Expedition d. Sächs. Gustav-Adolf-Boten, F. Sturm & Co. n. — 20

Jeremias, Alfr., Izdubar-Nimrod. Eine altbabylon. Heldensage. Nach den Keilschriftfragmenten dargestellt. gr. 8. (VIII, 73 S. m. 3 autograph. Keilschrift-Taf. u. Abbildgn. im Text.) Leipzig 891. B. G. Teubner. n. 2. 80

Im Kampfe um Babel und Bibel. Ein Wort zur Verständigung und Abwehr von Dr. Alfred **Jeremias**, Pfarrer zu Leipzig. *Leipzig: J. C. Hinrichs 1903.* (38 S.) 8° [03. 973

— im Kampfe um Babel u. Bibel. Ein Wort zur Verständigg. u. Abwehr. 2. unveränd. Aufl. (38 S.) gr. 8. Leipzig 903. J. C. Hinrichs' Verl. n. — 50

Im Kampfe um Babel und Bibel. Ein Wort z. Verstaudigung [!] u. Abwehr von Dr. Alfred **Jeremias**, Pfarrer, Leipzig. 3. erw. Aufl. *Leipzig: J. C. Hinrichs 1903.* (44 S.) 8° [03. 13780 8

Im Kampfe um Babel und Bibel. Ein Wort z. Verständigung u. Abwehr von Dr. Alfred **Jeremias**, Pfarrer. 4., abermals erw. Aufl. Mit e. Vorw.: 'Offenbarung im alten Testament' als Erwiderung auf Friedrich Delitzsch's Vorwort 'Zur Klärung' in d. neuen Aufl. von Babel u. Bibel 2. Leipzig: J. C. Hinrichs 1903. (52 S.) 8° [07. 14014

Jeremias, Alfred [Hrsg.], s. Kampfe. — Im Kampfe um den alten Orient.

— vom reichen Manne u. armen Lazarus der menschlichen Gesellschaft. Predigt, den 7. Juni 1893 zu Frankfurt a/M. geh. 8. (16 S.) Karlsruhe 893. Evangel. Schriftenverein. n. — 20

— Die Panbabylonisten, der alte Orient u. die ägyptische Religion, s.a. Im Kampfe um den alten Orient. I.

Die Panbabylonisten, Der Alte Orient und die Aegyptische Religion. Von Alfred **Jeremias**. Mit 6 Abb. Leipzig: J. C. Hinrichs 1907. (65 S.) 8°
— **Kampfe**, Im, um d. Alten Orient. 1. [07. 7085

— Stoffdarbietungen f. den Religionsunterricht, s.: Scheffig, Paul.

Monotheistische Strömungen innerhalb der Babylonischen Religion. Auf Grund e. Vortrages, geh. auf d. internat. Kongreß f. Religionsgesch. zu Basel 1904 von Dr. Alfred **Jeremias**, Pfarrer zu Leipzig. *Leipzig: J. C. Hinrichs 1904.* (48 S.) 8° [04. 16182

Das Alte Testament im Lichte des alten Orients. Handbuch z. biblisch-orient. Altertumskunde von Dr. Alfred **Jeremias**, Pfarrer zu Leipzig. Mit 145 Abb. u. 2 Karten. *Leipzig: J. C. Hinrichs 1904.* (XIII, 383 S.) 8° [04. 18

Das alte Testament im Lichte des alten Orients. Handbuch z. bibl.-oriental. Altertumskunde von Lic. Dr. Alfred **Jeremias**, Privatd. Mit 216 Abb. u. 2 Karten. 2. neu bearb. Aufl. (In 2 Abt.) Leipzig: J. C. Hinrichs 1906. (XVI, 624 S.) 8° [07. 1469

Jeremias, Alfr., die babylonisch-assyrischen Vorstellungen vom Leben nach dem Tode. Nach den Quellen mit Berücksicht. der alttestamentl. Parallelen dargestellt. gr. 8. (V, 126 S.) Leipzig 887, Hinrichs'sche Buchh., Verlag. * 6 —

— das Walten der Liebe in der Gemeinde. Predigt üb. Apostelgeschichte 6, 1—7, geh. am 6. Sonntage nach Trinitatis in der Lutherkirche zu Leipzig. gr. 8. (16 S.) Leipzig 891. (J. C. Hinrichs' Verl.) n. — 20

Jeremias, Emil, aus Eibau: Das obere **Neissegebiet.** Eine oro-, hydro- u. anthropogeogr. Skizze. *Leipzig-R. 1900: O. Schmidt.* (63 S.) 8°
Leipzig, Phil. Diss. v. [13. Juli] 1900

Jeremias, Frdr., s.: Regenbogen-Bibel, die.

Jeremias, Friedrich *Theodor:* Tyrus bis zur Zeit Nebukadnezar's. Geschichtl. Skizze m. bes. Berücks. d. keilschriftl. Quellen. Leipzig. Druck v. B. G. Teubner, 1891; 2 Bl., 48 S., 1 Bl. 8.
Leipzig, Phil. Fak., Inaug.-Diss. v. [8. Okt.] 1891

Jeremias, Gotthelf, s. Bitzius, Albert.

— **Johann Ehrenreich** (Torgau), De literis promotorialibus Caesarum. Präs. Ernst Martin Chladen. Wittbg. (Schlomach) 28. X. 1751. 39 Seiten. (6.50) 16787
Gew.: Johann Friedrich v. Schoenberg (Berthelsdorf). — Widm. v. Präs.

Jeremias, Johs., s.: Bücherschatz, christlicher.

Jeremias, Johannes: Die Cultustafel von Sippar. Nach dem im Londoner Inschriftenwerke veröffentlichten Texte (VR 60. 61) umgeschrieben, übersetzt und erklärt . . . (Aus: Beitr. z. Assyriologie, hrsg. v. F. Delitzsch u. P. Haupt.) Leipzig, Druck v. August Pries (1889); 2 Bl. + 32 S. + 1 Bl. 8°
Leipzig, Phil. Fak., Inaug.-Diss. v. 10. Okt. 1889

Moses und Hammurabi von Dr. Johannes **Jeremias**, Pfarrer in Gottleuba. Mit 1 Abb. *Leipzig: J. C. Hinrichs 1903.* (47 S.) 8°

— **Moses u. Hammurabi.** 2., verb. u. verm. Aufl. (4 u. 5. Taus.) (64 S. m. 1 Abbildg.) 8. Leipzig 903. J. C. Hinrichs' Verlag. n. 1. —; kart. n. 1. 50
1. Aufl. (47 S.) 903. n. — 70: kart. n. 1. 10.

Jeremias, Johs., dreißig Tage im Orient. Reiseerinnerungen. [Aus: „Leipziger Ztg."] Hrsg. auf Wunsch der Oriental. Gesellschaft zu Leipzig. 8. (86 S.) Leipzig 894. J. D. Wünsch. 1. 50

— Wehr u. Waffen im Streite um den Gottesglauben. (44 S.) 8. Leipzig 908. A. Deichert Nachf. — 80

JEREMIAS, Joseph (ps.), Hugo Raynald, oder das späte Glück. Histor.-romant. Erzählung aus den Zeiten der lombardischen Kriege in den Jahren 1162—76. Weimar, Karl Gräbner, 1832. 8°. 10 Bog.

— Reynald Hugo oder das späte Glück. 8. Weimar 832. jetzt Hennings u. Hopf in Erfurt. 5/6 ₰

—— sonderbare Schicksale d. Sängers Joseph Gradweg. Ein curioser Roman. 8. (15¾ B.) Weimar 832, Gräbner.

— — Sonderbare Schicksale des Sängers Joseph Gradweg. Ein curioser Roman. An's Licht gefördert von *Joseph Jeremias*. Ebd. 1832. 8°. (3 Mk. E. Frensdorff, 1904.)
Komischer, seiner Zeit als anstössig befundener Theater-Roman. IV—248 SS. — A. G. Schmidt, Gallerie etc.

Jeremias, Karl, pract. Arzt aus Posen: **Casuistische Beiträge** zur spinalen Hemiplegie nebst Untersuchungen über das Vorkommen von Sensibilitätsstörungen bei multipler Herdsclerose. ⟨Aus d. Breslauer Universitäts-Poliklinik für Nervenkranke, ⟨Prof. Wernicke⟩. *(Posen 1898: Merzbach.)* (30 S.) 8°
Breslau, Med. Diss. v. 10. Dez. 1898

Jeremias, Karl, neuere Bestrebgn. auf dem Gebiet der Psychiatrie. (16 S.) 8. Leipzig 909. B. Konegen. 1. —
Sonderabdruck aus: „Reichs-Medizinal-Anzeiger".

Jeremias Gotthelf-Kalender. (Abreiss-Kal.). Bern, K. J. Wyss. 1890 1 60

Jeremias Gotthelf - Abreiss - Kalender. 1892. Bern, K. J. Wyss. 1891 1 60

Ieremievicz-Dubau, Nik., Carte de cetire pentru anul II și III al școalelor primare. Wien. K. k. Schulbücher-Verlag. (Min.-Erl. v. 2. Oct. 1894, Z. 21324.) In Halbleineneinband 70 h
1894

Jeremis, Jochen, Leben, Reisen, Meinungen, Grillen etc. 8. Berl. 781. Rottmann. 1 ₰ 12 gr

Jereslaw, Bruno, a. Kempen ⟨Posen⟩: Indikationen zur künstlichen Unterbrechung der Schwangerschaft. Emmendingen: Druck- u. Verlags-Ges. vorm. Dölter 1908. (42 S.) 8°
Freiburg i. B., Med. Fak., Ref. Krönig, Diss. v. 1908
[Geb. 24. Okt. 79 Kempen; Wohnort: Freiburg i. B.; Staatsangeh.: Preußen; Vorbildung: Gymn. Ostrowo Reife O. 01; Studium: Breslau 7, Freiburg i. B. 5 S.; Coll. 28. Juni 07.]

Jeremias, ..., (Jh. Jak. Jantke) kurzer, doch gründl. Beweis, daß d. Mißbrauch d. Kaffeetranks, so ad morbus exanthematicus, als fluxum sanguinis haemorrhoidalem besonders disponire. Alt. 762.

Jerger, B., u. K. König, Raumlehre m. geometr. Zeichnen f. Volksschulen. Nach den Bestimmgn. d. württembg. Lehrplans im Auftrag des Unterstützungsvereins kath. Lehrer bearb. Lehrerausg. (X, 167 S. m. 13 Taf.) 8. Horb (909). P. Christian. Geb. nn 4. —

Jergen, Joh., prakt. Farbenbuch d. gesammten Färberei auf Wolle u. Baumwolle f. Fabrikanten u. Färber jed. Klasse. Enthält d. Färberei auf Schaafwolle, in 4 Abthln. Nebst e. Anh. d. vollständ. Baumwollen-Färberei in 23 Artikeln d. neuesten Methode, mit e. kl. Beilage (4.). 8. (11¼ B.) Leipzig 833, Rein.

Jergen, Jh., Handbuch der gesammten prakt. Schön-Färberei auf Schaf- u. Baumwolle. 2e, mit der vollständ. Seidenfärberei sowie mit den neuesten u. besten Methoden in allen drei Branchen verm. u. mit Anmerkk. verseh. Aufl. von Herm. Schrader. 8. Leipzig 837. Rein. 1 ₰

Jergitsch, Ferdinand. Uebungs-Vorschriften für die kärnt. Verbandfeuerwehren. Klgft., Leon, (1876), 36 S. — 2. verm. u. verb. Aufl. Klgft., v. Kleinmayr, 1878. 40 S.

Jerichow [Schlagwort]

— s. a.: **Magdeburg,** Reg.-Bez.

Jerichow. Bomsdorff's, Th. v., Karte des Kreises Jerichow I. 1 : 150,000. Neue Ausg. 1896. 42 × 50 cm. Farbendr. Magdeburg 896. A. Rathke. n. 1. —

Jerichow. Schmidt, W., Karte des Kreises Jerichow I zur Heimatkunde. 1 : 100,000. 25 × 31 cm. Lith. u. kolor. Ferchels 894. (Rathenow, A. Haase.) n.n. — 25

— — dasselbe des Kreises Jerichow II zur Heimatkunde. 1 : 100,000. 32,5 × 25 cm. Lith. u. kolor. Ebd. 894. n.n. — 25

— — Wandkarte der Kreise Jerichow I u. II f. den Unterricht in der Heimatkunde. 1 : 100,000. 106 × 65,5 cm. Lith. u. kolor. Ebd. 894. Auf Leinw. m. Stäben. n. 5. —

Jericho [Verfasser]

Jericho, Christian Friedrich (Resp.): Diss. theol. exhib. Demonstrationem extra ecclesiam non dari salutem, s.a. Baumgarten, Siegm. Jakob

Jericho, Christian Friedrich (Wettin/Magdeburg). Demonstrationem extra ecclesiam non dari salutem. Diss. theol. Präs. Sigism. Jacob Baumgarten. Dez. 1742. Halle (Johann Christian Hilliger) 1749. 46 S. (6.50) 16788
Widm. v.: Präs., M. Georg Friedrich Meier.

— **Johann Gottfried** (Zeitz), De febre traumatica. Diss. med.-chir. Jena (Goepferdt) 15. VI. 1805. 32 S. (4.50) 16789
Gew.: I. M. Plautaz, I. C. E. Gruenhag (beide Nordhausen).

Iericho, Carolus Selmarus: De osteopalinklasi. Cum tabula lithographica. Halae (1833): Baentsch. 43 S., 1 Taf. 8°
Halle-Wittenberg, Med. Diss. v. 6. Aug. 1833
Geb. Nordhausen 10. 11. 1810. V.

Jeřička, Adolf Gustav, s.a. Jèrika, Adolf Gustav

Jeřička, Adf. Gust., „aus der Praxis". Gesammelte Artikel aus dem prakt. Theile der Bierbrauerei. 12 Hefte. gr. 8. (à Heft. ca. 36 S.) Interlaken 885. (Waldsee, Liebel.) * 5 —

Jericke, Richard

— s.a. Jagd-Album.

Jericke, Rich., Jagd-Album in 28 losen Blättern (in Holzschn.) nach d. berühmtesten Jagdmalern. Zusammengest. u. hrsg. v. J. Fol. (1 Bl. Text.) Leipzig 895. (Th. Thomas.) In Leinw.-Mappe n. 12. 50

Jerie, Gottl., Maschinenelemente, s.a. Uhland's Handbuch f. den praktischen Maschinen-Konstrukteur. 1. 1.

Maschinenelemente. Bearb. von Ingen. Gottl. D. Jerie, Oberl., Mittweida. Mit 1196 Abb. u. 12 Taf. Berlin: W. & S. Loewenthal (1906). (VII, 246 S.) 4°
= Handbuch, Uhland's, f. d. prakt. Maschinen-Konstrukteur. 2. Aufl. Bd 1, T. 1.

Jerie, Gottl. D.: Pumpen, Gebläse und Pressen. Handbuch z. Berechnung, Konstruktion u. Ausführung derselben. Bearb. von Ing. Gottl. D. Jerie, Oberl. Mit 767 Abb. u. 13. Taf. Berlin: Loewenthal [1910]. S. 231–402. 4°
(Uhland's Handbuch f. d. prakt. Maschinenkonstrukteur. 2. Aufl. Bd. 1, T. 2, Abt. 3.)

— **Skizzen zu den Vorträgen über Gas-, Benzin-, Petroleum- u. Spiritusmotoren, sowie Wassersäulen, Heissluft- u. Kleindampfmaschinen. 5. Aufl. (22 Taf.) 33,5×48,5 cm. Nebst Text. (IV S.) gr. 4. Mittweida 903. (Polytechn. Buchh.) Kart., in gr. 4. n. 7. 50**

Jerie, G., Skizzen zu den Vorträgen üb. Gas-, Benzin-, Petroleum- u. Spiritusmotoren, sowie Wassersäulen, Heissluft- u. Kleindampfmaschinen. 6. Aufl. (22 Taf.) 33×48,5 cm. Nebst Text. (IV S.) 33×25,5 cm. Mittweida 908. (Polytechn. Buchh.) Kart. 7. 60

Jerie, Glob., Skizzen zu den Vorträgen üb. Kleinmotoren. 2. Aufl. qu. Fol. (12 Taf.) Mittweida 894. Polytechn. Buchh. (R. Schulze). n. 5. —

Jerie, G., Skizzen zu den Vorträgen üb. Kleinmotoren. 4. Aufl. Fol. (14 Taf.) Mittweida 898. (Polytechn. Buchh.) n. 5. 75

Jèrika, Adolf Gustav, s.a. Jeřička, Adolf Gustav

Jèrika, A. G. Aus der Praxis. Gesammelte Artikel aus dem praktischen Theile der Bierbrauerei. Heft 1—9. (Wird fortgesetzt!) In-8°. Thun, Christen. 1893 à — 60

Bischof Andreas von Jerin, Kaiser Rudolphs II. Gesandter in Polen 1589—90. Urkundlich nach Akten des K. K. Haus-Hof- u. Staats-Archivs zu Wien bearb. von Constantin v. Jerin-Gesess, Landrat, Neisse. *Neisse 1900: F. Bär.* (102 S.) 8°

Jerisch: Ein Blick in das Laboratorium eines Lehrers, der mehrere Jahre mit dem ersten lateinischen Unterrichte betraut gewesen. Über die 1.u.2.lat.Declination u. 1. lat.Coniugation. 82 S. Görlitz, Progr. 1856.

Jerke, Max, Assist. am Vet.-Institut d. Universität: Zur Kenntnis der Oxyuren des Pferdes. Mit 1 Taf. u. 4 Fig. im Text. *Jena: G. Fischer 1901.* (64 S.) 8° ¶[Aus: Jen. Ztschr. f. Naturw., Bd 35.]
Jena, Phil. Diss. v. (5. Mai) 1900

Jerma, F., Erlebtes u. Erdachtes. Humoresken u. Erzählungen aus dem Badeleben. gr. 16. (311 S.) Stuttgart 879. Rupfer in Comm. 3. --

Jermak, der Eroberer von Sibirien. Ein historisches Fragment. 12.

Jerman, Ludw., dem Friedensfürsten Heil! Festspiel in 1 Acte. Aufgeführt im Reichenberger Stadttheater am 30. Septbr. 1891, als dem Vorabende der Anwesenheit Sr. Maj. d. Kaisers Franz Josef in Reichenberg. gr. 8. (15 S.) Reichenberg 891. J. Fritsche. n. — 60

Jermans, Joseph [aus Wilna in Russland]: Ueber Hydrastis Canadensis .... Berlin, Buchdr. v. Gustav Schade (Otto Francke) (1886); 31 + 1 S. 8°.
Berlin, Med. Fak., Inaug.-Diss. v. 7. Okt. 1886.

Jermans, Joseph, über Hydrastis Canadensis. Diss. Berlin 1886, Mayer & Müller. 8°. 31 S.

Jermulowicz, Stefan: Aus der Königlichen Universitäts-Frauenklinik zu Breslau. Direktor: Geh. Medizinalrat Prof. Dr. Küstner. Beitrag zur Diagnose und Therapie der sogen. retroperitonealen Tumoren. Sosnowice 1907: Jermulowicz & Bergmann. (33 S.) 8°
Breslau, Med. Fak., Ref. Küstner, Diss. v. 22. Juli 1907
[Geb. 11. Aug. 84 Sosnowice (Russ.-Pol.); Wohnort: Sosnowice; Staatsangeh.: Rußland; Vorbildung: Gymn. Czenstochau (Russ.-Pol.) Reife Sommer 03; Studium: Warschau 5, Krakau 1, Breslau 4 S.; Rig. 19. Juli 07.]

JERMY, Carolus: De votis Naziraeorum in V. T. — (1905) X, 92 Bl. 4° (Handschr.) Diss. 805
Diss. Wien, Univ.

Jerns, Ludwig, Rechtsprakt.: Der Leistungsort bei Zug-um Zugleistung. Speyer 1911: Jäger. 85 S. 8°
Erlangen, Jur. Diss. v. 16. Dez. 1910, Ref. Binder
[Geb. 4. Nov. 86 Speyer; Wohnort: Speyer; Staatsangeh.: Bayern; Vorbildung: Gymn. Speyer Reife 05; Studium: München 2, Würzburg 1, Heidelberg 2, Leipzig 1, Erlangen 2 S.; Rig. 28. Febr. 11.] [U 11. 821

Jernsalimsky N., physiolog. Wirkg. d. Chinins 1875. 1.20

Jernstadt, Karl, calligraphisches Magazin. qu. ½ Fol. Rostock 836. (Leipzig, Wunder.) 2⅓ ng

Jernstedt, Carl, calligraphisches Magazin. qu. ½ Fol. (16 lith. Bl.) Rostock 836. (Leipzig, Hartung.)

Jernstedt, W., Observationes Antiphonteae. S.-A. 1878. 29 S.

Jernstrup, Zacharias [Pseud.], s. Gerstenberg, Heinrich Wilhelm v.

Jeroboam. Tragoedia . . . [Aug. Vind. et Ingolst. 1760.] V: *Neumayr, Franz.* (Jes)

Jeroch, Willi, a. Berlin: [1.] Versuche zur Darstellung von Edelmetallfluoriden. [2.] Ueber die hydrolytische Spaltung von Schwefelstickstoff. [3.] Beitrag zur jodometrischen Bestimmung der schwefligen Säure in alkalischer Lösung. (Berlin 1906: E. Ebering.) (54 S.) 8°
Berlin, Phil. Fak., Ref. Gabriel, Diss. v. 11. Aug. 1906
[Geb. 19. Dez. 81 Berlin; Wohnort: Berlin; Staatsangeh.: Preußen; Vorbildung: Friedr.-Werdersche Oberrealsch. Berlin Reife M. 00; Studium: Berlin 8, Danzig T.H. 2 S.; Rig. 30. Juli 06.]

Jerochin, Michael, aus Ekaterinodar (Rußl.): Zur Therapie der Haematocele retrouterina. *Berlin 1902: G. Pöllner.* (35 S.) 8°
Berlin, Med. Diss. v. 15. Aug. 1902

Jerofeieff, M., und P. Latschinoff, der Meteorit von Nowo-Urei. gr. 8. (34 S. mit 3 eingedr. Fig. und 3 Lichtdr.-Taf.) St. Petersburg 888, (Eggers und Comp.) * 6 —
Aus: Verhandlungen der russischen kaiserl. mineralogischen Gesellschaft, besonders abgedruckt.

Jerold, Paul Pry, s. Theatre, the modern english comic.

Jérolim, Jean: Das Dezimal-System und Rechnen für Eisenbahnbeamte, Werkstatt-Arbeiter und zum Gebrauch an Handwerker-Fortbildungsschulen, leicht verständlicher Weise und planmässig zum Selbstunterricht zusammengestellt und bearbeitet.
Luxemburg: Fr. Bourg-Bourger 1897. – 80 S. 8°

Jérolim, J., das Dezimal-System u. Rechnen f. Eisenbahnbeamte, Werkstatt-Arbeiter u. z. Gebr. an Handwerker-Fortbildungsschulen, in leicht verständl. Weise u. planmäß. z. Selbstunterr. zusammengest. u. bearb. 8. (80 S.) Luxemburg 897. (L. Schamburger.) n. — 60

Jérolim, Jean: Dies Buch fehlt dir! Ein Wegweiser zum Wohlstand und Familienglück, oder Fragen und Antworten über die Hilfsvereine, zusammengestellt und in leicht verständlicher Weise beantwortet von einem Freund und Verbreiter der Hilfsvereine.
Luxemburg: Fr. Bourg-Bourger. o. J. [1897]. – 40 S. 8°

Jérolim, Jean: Der Handwerker. Fachzeitschrift und Anzeigeblatt für das gesammte luxemb. Gewerbe. Gratisbeilage zur Ettelbrücker Zeitung [ab Nr. 16 vom 11. April 1896: Organ des allgemeinen luxemburger Handwerker-Unterstützungs-Verein]. Ettelbrück: W. Schmitt. 52 Nummern vom 14.12.1895 bis 19.12.1896. Zus. 208 S. 4°

Jerôme, König, und seine Familie im Exil. Briefe und Aufzeichnungen . . . Leipzig 1870. H: *Treusch von Buttlar, Henriette geb. von Bosse.* (BrVV)

Jerome, das Kind d. Liebe; e. Vermächtniß, f. Ehelustige, frey nach d. Franz. d. Pigault le Brün. 4 Bde. 8. Leipz. Joachim. 805.

Jerome, Ambr., Lebensgeschichte des sel. Andreas Bobola, Priesters der Gesellschaft Jesu, gemartert für den Glauben von den Schismatikern im J. 1657. Aus dem Französ. von einem Pfarrer aus der Diöcese Trier. gr. 8. (XII und 236 S. mit 1 Stahlst.) Regensburg 855, Manz.

Jerome, G.G., Beitrr. zur französ. Sprachlehre über d. Zeitwörter. 8. Gotha 793. Ettinger. 12 K

— f. A. L. v. Schlözer, Ludwig Ernst, Herzog v. Br.

Jérôme, Josef, Referendar: Nacherbschaft und Ersatzerbschaft. Borna-Leipzig 1910: Noske. VIII, 93 S. 8°
Erlangen, Jur. Diss. v. 28. Juli 1910, Ref. Binder
[Geb. 21. Nov. 84 Grendelbruch; Wohnort: Straßburg; Staatsangeh.: Elsaß-Lothringen; Vorbildung: Gymn. Straßburg Reife 04; Studium: Straßburg 7 S.; Rig. 7. Juni 10.] [U 10. 707

Jeromé, K. Ch. Jos., († d. 10. März 1829.) statistisches Jahrbuch d. Provinz Rheinhessen auf d. J. 1824, 25. 8. Mainz 824, 25.

Jerome, Jerome Klapka

Jerome, Jerome K., the angel and the author — and others, s.a. Collection of British authors.

The Angel and the author – and others. By Jerome K[lapka] Jerome. Copyright ed. Leipzig: Tauchnitz 1908. 270 S. 8°
(Collection of British authors. Tauchnitz Ed. Vol. 4061.) [11. 8707

Jerome, Jerome K., Diary of a pilgrimage, s.a. Reformbibliothek, neusprachliche, 17. Bd.

Jerome, Jerome K., diary of a pilgrimage [and six essays], s.: Collection of British authors.

Diary of a pilgrimage and six essays. By Jerome K[lapka] Jerome. Copyright ed. Leipzig: Tauchnitz 1892. 280 S. 8°
(Collection of British authors. Tauchnitz Ed. Vol. 2830.) [11. 7898

— Fact and fiction, edited by Kurt Schladebach, s.a. Schulbibliothek französischer u. englischer Prosaschriften. II. 42.

Jerome K(lapka) Jerome, Fact and fiction. Sketches, tales and a play in prose. Ed. with explanatory notes by Dr. Kurt Schladebach. [Nebst] Wörterbuch. Berlin: Weidmann 1904. 2 Bde 8°
— Schulbibliothek franz. u. engl. Prosaschriften aus d. neueren Zeit. Abt. 2, Bdch. 42. [07. 749

Jerome, Jerome K., d. müßigen Gedanken e. Müßigen, s.a. Universal-Bibliothek.

— müßige Gedanken e. Müßigen. Deutsch nach der 182. Aufl. des engl. Originals v. Jul. Kaulen. Einzige autoris. deutsche Ausg. 1.—8. Aufl. 12. (VII, 200 S.) Halle 893. 894. H. Gesenius. n. 2. —; geb. n. 2. 50

Jerome, Jerome K., müßige Gedanken eines Müßigen. Deutsch nach der 182. Aufl. des engl. Originals v. Jul. Kaulen. 4. Aufl. (Einzig autoris. deutsche Ausg.) 8. (VII, 200 S.) Halle 900. H. Gesenius. n. 1. —; geb. n. 1. 50

— Miß Hobbs, s.: Universal-Bibliothek.

— Idle ideas in 1905, s.a. Collection of British authors.

Idle Ideas in 1905. By Jerome K[lapka] Jerome. Copyright ed. Leipzig: Tauchnitz 1905. 272 S. 8°
(Collection of British authors. Tauchnitz Ed. Vol. 3825.) [11. 8613

John Ingerfield u. andere Erzählungen von Jerome K(lapka) Jerome. Autor. Übers. von Johanna M[arie] Lankau. *Halle: H. Gesenius 1902.* (103 S.) 8° [F.] [03. 16018

— John Ingerfield u. andere Erzählungen. Autoris. Übersetzg. v. Johanna M. Lankau. 1. u. 2. Aufl. 8. (à VI, 103 S.) Ebd. (902). n. 1. —

— dasselbe. 3. Aufl. 8. (VI, 103 S. m. 9 Bildern.) Ebd. (902). Geb. in Leinw. n. 1. 50

— Paul Kelver, s.a. Collection of British authors.

Paul Kelver. A novel. By Jerome K[lapka] Jerome. Copyright ed. In 2 vol. Vol. 1. 2. Leipzig: Tauchnitz 1902. 8°
(Collection of British authors. Tauchnitz Ed. Vol. 3610/11.) [11. 8465

— three men in a boat, hrsg. v. Karl Horst, s.: Authors, English.

— Thre men in a boat, s.a. Library, the English. 48.

— dasselbe, hrsg. v. Heinr. Schmitz, s.: Perthes' Schulausgaben englischer u. französischer Schriftsteller. Nr. 21.

— drei Mann in e. Boot (vom Hunde ganz zu schweigen), s.a. Roman-Gallerie f. Salon u. Reise.

— dasselbe, hrsg. v. K. Horst u. G. F. Whitaker, s.a. Velhagen & Klasing's Sammlung französ. u. engl. Schulausgaben. Nr. 8.

Three men in a boat. ⟨To say nothing of the dog.⟩ By Jerome K(lapka) **Jerome.** Mit Anm. z. Schulgebr. hrsg. von Dr. Karl Horst, Oberl. zu Strassburg i. E. Mit 1 Karte u. 7 Abb. [Text.] *Bielefeld & Leipzig: Velhagen & Klasing 1902.* 8°
— Sammlung, Velhagen & Klasings, franz. u. engl. Schulausgaben. English authors. Lfg 82 B. [02. 10513

Three men in a boat. ⟨To say nothing of the dog.⟩ By Jerome K(lapka) **Jerome.** Mit Anm. [— Anhang] z. Schulgebr. hrsg. von Dr. Karl Horst, Oberl. zu Straßburg i. E. Mit 1 Karte u. 7 Abb. [Nebst] Wörterbuch. *Bielefeld & Leipzig: Velhagen & Klasing 1903.* 3 Bde 8°
— Sammlung, Velhagen & Klasings, franz. u. engl. Schulausgaben. English authors. Lfg 82 B. [03. 13496

Three men in a boat ⟨to say nothing of the dog⟩. By Jerome K[lapka] **Jerome.** Abridged Ed. for Schools. With Pref. and Ann. by Dr. K[arl] Horst, Dir., Bischweiler, and G. F. Whitaker. With a Map and 7 ill. [Nebst] Appendix. *Bielefeld & Leipzig: Velhagen & Klasing 1904.* 2 Bde 8°
— Sammlung, Velhagen & Klasings, franz. u. engl. Schulausgaben. Reform-Ausgaben. No 8. [04. 10000

— drei Mann in e. Boot (vom Hunde ganz zu schweigen). Autoris. Uebersetzung v. A. u. M. Springer. 3. Aufl. 7.—12. Taus. (279 S.) 8. Leipzig (906). A. Schumann's Verl. n. 2. —; geb. n. 3. —

— three men on the bummel, s.a. Collection of British authors.

Three Men on the Bummel. By Jerome K[lapka] Jerome. Copyright ed. Leipzig: Tauchnitz 1900. 278 S. 8°
(Collection of British authors. Tauchnitz Ed. Vol. 3428.) [11. 8328

Jerome K(lapka) **Jerome.** Three men on the bummel. Zum Schulgebrauch ausgewählt u. mit Anm. u. einem Wörterbuch versehen von Dr. Fritz Kriete, Oberl. *Halle: H. Gesenius 1901.* (70, 45 S.) 8° [01. 7376

Drei Männer auf dem Bummel [Three men on the Bummel]. Von Jerome K[lapka] Jerome. Autor. Übers. aus d. Engl. von Emil Hein. Breslau: Schles. Verl.-Anst. 1905. (406 S.) 8° [F.]
(Collektion Schottlaender.) [05. 10007

— novel notes, s.a. Collection of British authors.

Novel Notes. By Jerome K[lapka] Jerome. Copyright ed. Leipzig: Tauchnitz 1894. 279 S. 8°
(Collection of British authors. Tauchnitz Ed. Vol. 2967.) [11. 7995

— The passing of the third floor back and other stories, s.a. Collection of British authors.

The Passing of the third floor back, and other stories. By Jerome K[lapka] Jerome. Copyright ed. Leipzig: Tauchnitz 1907. 346 S. 8°
(Collection of British authors. Tauchnitz Ed. Vol. 3973.) [11. 8723

— e. Pilgerfahrt nach Oberammergau, nebst sechs Plaudereien. Deutsch v. Jul. Kaulen. 12. (VI, 359 S.) Bremen 895. C. Schünemann. 3. —; geb. in Leinw. n. 4. —

— Roman-Studien, s.: Engelhorn's allgem. Roman-Bibliothek.

— Sketches in Lavender blue and green, s.a. Collection of British authors.

Sketches in lavender, blue and green. By Jerome K[lapka] Jerome. Copyright ed. Leipzig: Tauchnitz 1897. 279 S. 8°
(Collection of British authors. Tauchnitz Ed. Vol. 3216.) [11. 8179

— bunte Skizzen, s.: Universal-Bibliothek.

— Stage-Land and on the stage — and off, s.: Library, the English.

— Teatable talk and the observations of Henry, s.a. Collection of British authors.

Tea-Table Talk, and The observations of Henry. By Jerome K[lapka] **Jerome.** Copyright ed. Leipzig: Tauchnitz 1903. 262 S. 8°
(Collection of British authors. Tauchnitz Ed. Vol. 3697.) [11. 8328

— They and I, s.a. Collection of British authors.

They and I. By Jerome K[lapka] Jerome. Copyright ed. Leipzig: Tauchnitz 1909. 295 S. 8°
(Collection of British authors. Tauchnitz Ed. Vol. 4147.) [11. 886

— the idle thoughts of an idle fellow, s.: Collection of British authors.

Jerome, K. Jerome, the second thoughts of an idle Fellow, s.a. Collection of British authors.

The second Thoughts of an idle fellow. By Jerome K[lapka] Jerome. Copyright ed. Leipzig: Tauchnitz 1898. 278 S. 8°
(Collection of British authors. Tauchnitz Ed. Vol. 3320.) [11. 8047

— Tommy and Co., s.a. Collection of British authors.

Tommy and Co. By Jerome K[lapka] **Jerome.** Copyright ed. Leipzig: Tauchnitz 1904. 287 S. 8°
(Collection of British authors. Tauchnitz Ed. Vol. 3762.) [11. 8374

Wenn man müssigen Gedanken nachhängt. Von Jerome K[lapka] **Jerome.** ⟨The second Thoughts of an idle fellow.⟩ Übers. von Dr. G. Goldstein. Nikolassee: Harrwitz [1910]. 212 S. 8° [10. 11778

Jerôme Bonaparte, Mad. (Elisab. Patterson), Briefe, s.a. Napoleon I.

Jerôme Bonaparte, Madame (Elisab. Patterson), Briefe. Deutsch v. Henry Perl. gr. 8. (XVI, 124 S. m. 3 eingedr. Bildnissen u. 1 Bildnistaf.) Leipzig 900. H. Schmidt & C. Günther. n. 2. 60

Jeromiade. Gegenstück zur Bonapartiade. Cassel 1813. 8°. 27 S. (2 Mk. Ferd. Schöningh, Osnabrück, 1905; jetzt theurer!) Selten!

Jeromiade, Seitenstück zu Bonapartiade. 8. Leipz. 814. (Fr. Fleischer). 4 gr

Jeromiade, Die, in sieben Gesängen und einer Apotheose. [Braunschweig] 1814. V: *Scheller, Carl Friedrich Arend.* (GGr) (Ky)

— die, in 4 Gesängen u. 1 Apotheose, (angebl. v. Karl Fr. A. Scheller.) 8. Pathopoli 814. (Leipz., Knobloch). 1 Thlr 8 gr

Jeromin, Andr., freimüthige Betrachtung über verschied. Staaten Europens, ihre Kultur, Religion d. kathol. u. protestant. Gegenden Deutschlands ꝛc. 8. Würzb. 805.

— charakterist. Schilderung eines Frankfurter Gelehrten. 8. Mainz 801.

Jerosch, Gustav [pr. Arzt]: Experimentelle Untersuchungen über die desinficierenden Wirkungen von Höllensteinlösungen. ... Königsberg i. Pr., Druck v. M. Liedtke, 1889; 23 S. + 2 Bl. 8°
Königsberg, Med. Fak., Inaug.-Diss. v. 26. Jun. 1889

Jerosch, Marie Ch[arlotte]. Geschichte und Herkunft der Schweizerischen Alpenflora. Eine Übersicht über den gegenwärtigen Stand der Frage. (Arbeit aus dem botanischen Museum des eidgenössischen Polytechnikums in Zürich.) [Mit 2 Tabellen.] VI + 253 S. 8. Leipzig, Wilhelm Engelmann, 1903. [M. 8.—]

Jerosch, Marie, Ch[arlotte], aus Königsberg i. Pr.: Die Querstörungen im mittleren Teil des Säntisgebirges. [Mit 11 Textfiguren und 5 photographischen Tafeln.] Bern 1904. VIII + 144 S. 8°. S.-A. a. d. Beitr. z. geolog. Karte der Schweiz Lfg. 16. N. F. [12. I. 05.]
Zürich. Phil. Diss. II. S. 1904/1905.

Jerosch, Marie Ch[arlotte]. Die Querstörungen im mittleren Teil des Säntisgebirges. ‹Mit 11 Textfiguren und 5 photographischen Tafeln.› Diss. Phil. [II.] Univ. Zürich. Abschnitt C aus Liefg. 16, Neue Folge der «Beiträge zur geolog. Karte der Schweiz», Teil 1. VIII S. + S. 123—267. 4. Bern, Stämpfli & Cie., 1904.

Jerosch, Walther, prakt. Arzt aus Ostpreussen: Zur Casuistik der Nieren-Echinokokken. Ein Fall von vereitertem und durch Nephrectomie geheiltem Nieren-Echinokokkus. *Greifswald 1899: J. Abel.* (30 S.) 8°
Greifswald, Med. Diss. v. 30. Jan. 1899

Jeroschin, Nicol. v., Deutschordenschronik, s. Beiträge zur geschichte der mitteldeutschen sprache und litteratur von Frz. Pfeiffer.

Jeroschin, Nicol. v., Kronike von Pruzinlant. Hrsg. von Ernst Strehlke. gr. Lex.-8. (IV und 836 S.) Leipzig 861, Hirzel. *
Aus: Scriptores rerum prussicarum, besonders abgedruckt.

Jerovšek A.: Die römischen Katakomben. Skizze. 50. Marburg R. 02.
Progr.

Jerovsek, A., Die antik-heidnische Sklaverei u. d. Christentum. Pr. 1903. 30 S, 1.25

Jerovšek, Franz: Kako dokazuje John Loke v. l. knjigi (cap. II et. (!) III.) svojega spisa „an essay on the human understanding", da ni prirojenih idej. 8 (37 S.).
Progr. K. k. Staats-G. *Marburg* 1896.
Wie zeigt J. L. im ersten Buche (cap. II u. III) seiner Schrift „an . . . understanding", dafs es keine angeborne Ideen gebe.

Jerovšek, Franz: Nekoliko potopisnih spominov iz Plejstovske soteske. S. 38—64, 1 Abb. 8.
In: Zur Erinnerung an die Feier des 150 jährigen Bestandes der Anstalt. K. k. Staats-Gymn. *Marburg a. D.* 1908.
Einige Reiseerinnerungen aus dem Pleistotale.
Progr.

Jerrer, Georg Ludwig [Pseud.], s. a. Meynier, Johann Heinrich

Jerrer, Geo. Ldw., histor. Bilderbuch für die denkende Jugend, auch wohl für Erwachsene. Mit 24 Stahlstichen. gr. 8. Nürnberg 835. Campe. 2 ₰

— neue Bildergeographie für d. Jugend ꝛc. Mit 20 Kpf. gr. 8. Nürnb. 818. 2 ₰ 2e A. 819. 3 ₰ 3e A. 821. 4e A. 828. Campe. 3 ₰

Jerrer, G. L. *Neue Bilder-Geographie* für die Jugend. Nach der Congreß-Acte vom Jahre 1815, den letzten Friedensschlüssen und den neuesten Verträgen bearbeitet von D. Georg Ludwig Jerrer. 2. verb. Aufl. Nürnberg, Friedrich Campe, 1819, VIII, 622 S. 1 Bl., Frontispiz und 18 Kupfertafeln. 8°. Schöner Halbldrbd. d. Z. mit rotem Rsch. 40.—
Berichte aus allen Teilen der Welt mit ganz vorzüglichen Kupfern, welche Volksszenen darstellen (Feste, Tänze, Karnevals, Jahrmärkte etc.), von G. GEISSLER, VOLTZ, NUSSBIEGEL, FLEISCHMANN u. a. gestochen. Gutes Ex.

— neue Bildergeographie f. d. Jugend ꝛc. M. 20 K. 3e Aufl. gr. 8. Nürnb. 821, Campe.

Jerrer, G. L., Erzählungen aus der Bibel für die Jugend. 2 Thle. M. K. gr. 8. Nürnberg, Campe, 819. Rthlr.

Jerrer, (Geo. Ludw.,) Erzählungen aus d. Bibel f. d. Jugend. 2 Thle. 2e Aufl. M. K. gr. 8. Nürnb. 822, Campe.

Jerrer, Geo. Ludw., (J. H. Meynier.) Erzählungen aus d. Bibel für d. Jugend. 2 Thle. Mit Kpf. gr. 8. Nürnb. 819. Campe. 2 ₰ 2e Aufl. 821. 3e A. besorgt von V. C. Veillodter. 2 Thle. Mit (16) Kpf. Ebd. 830. 2 ₰

Jerrer, Geo. Ludw., Erzählungen a. d. Bibel f. d. Jugend. 3., verb. Aufl. besorgt v. V. C. Veillodter. 2 Thle. M. (16) Kpfr. gr. 8. (20¼ B.) Nürnberg 831, Campe.

Jerrer, Geo. Ludw., Erzählungen aus der Bibel für die Jugend. Hrsg. von Valent. Carl Veillodter. 4. (Titel-)Aufl. 2 Thle. (Altes Testament. — Neues Testament.) gr. 8. (XIV und 317 S. mit 12 Stahlst.) Nürnberg 852, Lotzbeck.

— Erzähll. aus d. Gesch. d. Europ. Völker, von Carl d. Großen bis auf unsre Zeiten. 3 Thle. gr. 8. Lpz. 827, Brockhaus.

—— interessante Erzählungen a. d. wirkl. Welt. Zur Unterhalt. f. wißbegier. Söhne u. Töchter. 2 Thle. Neue, verm. Aufl. M. 7 ill. Kpfr. 8. (26½ B) Leipzig 831, Cnobloch.

—— interessante Erzählungen aus d. wirkl. Welt. Zur Unterhalt. f. wißbegier. Söhne u. Töchter. 2 Thle. Neue verm. Aufl. 8. (26½ B. u. 7 ill. Kpfrt.) Leipzig 837, Cnobloch.

— Erziehung u. Unterricht; ein Hand- u. Hülfsbuch f. Väter, Mütter, Erzieher u. Lehrer. 8. Nürnb. 822, Campe.

Jerrer u. Am. Schoppe. *Die Gefahren des Meeres* oder Abentheuer unglücklicher Seefahrer. Zur angenehmen Unterhaltung der Jugend herausgegeben von G. L. Jerrer und A. Schoppe geb. Weise. Mit 6 [hand]colorirten Kupfern. Leipzig. C. Cnoblauch [c. 1830]. VI, 466 S. 8°. Or.-Karton. 65.—
Aus verschiedensten Reiseberichten zusammengestellte Erzählungen. Ganz hervorragende Kupfer mit szenischen u. dekorativen Umrahmungen, welch letztere nicht koloriert sind. Trotz einigen Fleckchen sehr gutes Ex. in frischem Einband. ★★

—— und A. Schoppe, geb. Weise, die Gefahren d. Meeres, od. Abentheuer unglückl. Seefahrer. Zur angeneh. Unterhalt. d. Jugend. M. 6 col. Kpfr. gr. 12. (19½ B.) Leipzig 831, Cnobloch.

— Gemälde aus d. neuesten Völkergeschichte, von d. französ. Revolution bis auf unsere Zeiten, für d. Jugend. 2 Thle. 8. Leipz. 824. E. Fleischer. 3 ₰ 8 gr Hbg. Pr. 2 ₰

—— neue Geographie f. d. Jugend. 4., viel verb. Aufl. besorgt v. Karl Friedr. Vollrath Hoffmann. gr. 8. (37¼ B.) Nürnberg 831, Campe.

— Gesch. d. Deutschen für d. Jugend. 2 Thle. Mit Kpf. gr. 8. Nürnb. 820. 4 ₰ 16 gr 2e A. 823. Campe. 4 ₰

— Gesch. d. Deutschen f. d. Jugend. 2 Thle. mit Kupf. 2e A. gr. 8. Nürnb. 823. Campe.

— wissenschaftl. Hausbedarf für d. Jugend, oder kleine Handbibliothek derjenigen Kenntnisse, welche jeder gebildete Mensch wissen muß. 21 Bändchen in 1 Bde. 2e A. Mit 16 Kpft. 16. Nürnb. 828. Campe. 4 ₰ 3e A. Mit 14 Kpft. 831. 4 ₰ (NB. erschien 1871, ohne Jerrers Namen.)

—— wissenschaftl. Hausbedarf f. d. Jugend, od. kl. Handbibliothek derjen. Kenntnisse, welche jed. gebild. Mensch wissen muß. 21 Bdchn. in Einem Bde. 3., mit vielen Kpfrn. verm. Aufl. 12. (37 B. u. 14 z. Thl. ill. Kpfrt.) Nürnberg 831, Campe.

(Jerrer, Georg Ludwig.) Helvetien oder die Schweiz. [Mit 1 Tafel. A.] 8. (Nürnberg 1819.)

— Deutschlands berühmte Männer in einer Reihe histor. Gemälde, zur Ermunterung d. reifern Jugend dargestellt. 2 Thle. Mit 10 Kupfert. gr. 8. Lpz. 826. Cnobloch.

— Deutschlands berühmte Männer in einer Reihe histor. Gemälde zur Ermunterung u. Bildung der reifern Jugend dargestellt. 2 Thle. 2e verb. u. verm. Aufl. Mit 10 Kpfrn. gr. 8. Leipzig 835. Cnobloch. 3²/₃ ₰

— Naturgeschichte für d. Jugend. Mit 120 in Kpf. gestoch. Abbildd. gr. 8. Nürnb. 818. 3 ₰ 2e A. 820. 3e A. 825. 4e A. 833. (832). Campe. 3 ₰

— — Naturgeschichte für die Jugend. Mit 12 in Kupf. gestochenen Abbildungen. 2te Aufl. gr. 8. Ebend. 820.

— Naturgesch. f. d. Jugend. 3e Aufl. Mit 120 ill. Abbildd. gr. 8. Nürnb. 825. Campe.

Jerrer. *Naturgeschichte* für die Jugend Mit 120 in Kupfer gestochenen Abbildungen. 4. verbess. Aufl. Nürnberg, Fr. Campe, 1833. IV, 668 S., handkolor. Titelkupfer und 12 gefalt. Tafeln mit kolor. Figuren. 8°. Orhldr. m. Rückenvergold. u. rotem Schildchen. Besonders hübsch illustr. — Gut erhalten. 35.—

— neue Samml. unterh. u. belehrender Reisebeschreibung. f. d. erwachsene Jugend in zweckmäßigen Auszügen. 1r Bd. mit ill. Kupf. 8. Nürnb. 823. Campe.

— d. Weltgeschichte für Kinder. 2 Thle. Mit Kpf. gr. 8. Nürnb. ... 2e A. 821. 3e A. 824. 4e A. 828. Campe. 4 ₰

— — die Weltgeschichte für Kinder. Mit vielen Kupf. 2 Thle. 2te Aufl. Ebend. 821.

— d. Weltgeschichte f. Kinder. 2 Thle. 3e Aufl. mit vielen K. gr. 8. Nürnb. 824. Campe.

—— die Weltgeschichte f. Kinder. 4., verm. u. verb. Aufl. (79½ B.) 832., 5., durchaus bericht. u. bis z. neuesten Zeit fortges. A. Mit neuen Stahlst. v. Heideloff u. Dalbon 2 Thle. gr. 8. (75½ B. u. viele Kpfr.- u. Stahlt.) Nürnberg 833, Campe. à

Jerrmann, Ed., unpolitische Bilder aus St. Petersburg. Skizzen, nach dem Leben gezeichnet. gr. 8. (X und 282 S.) Berlin 851, Allgemeine deutsche Verlags-Anstalt. *

— Caligula, histor. Schauspiel in 5 Aufz., s. A. Dumas.

Jerrmann, Ed., die Jüdin von Toledo. Histor. Novelle aus d. 9. Jahrh. 8. Hamburg 841, Hoffmann u. Campe. 1½ ₰

Jerrmann, Ed., Paris. Fragmente aus seinem Theater-Leben. 8. (16½ B.) München 833, Jaquet.

— Reue u. Bekenntnisse. Ein Karnevals-Sendschreiben an den Ex-Kompagnie-Chirurg des Welt- u. Staatsboten u. Champion des Kölner Karnevals Hrn. Dr. B. Rave. gr. 12. Manheim 836. Hoff. ⅓ ₰

—— das Wespennest, od. d. cölner Carneval. Fragmente aus meinem Theater-Leben. Humorist.-satyr. geschildert. gr. 12. (11½ B.) Leipzig 835. [Berlin, Klemann.]

Jerrmann, Ludw., die Gunterscale. Vollständ. Erklärung der Gunterlinien und Nachweis ihrer Entstehung, nebst zahlreichen Beispielen für den prakt. Gebrauch. gr. 8. (VII, 98 S. mit 16 Text-Abbild. und 3 lithog. Taf.) Hamburg 888, Eckardt und Meßtorff. * 4 —

Jerrmann, Ludw., aus dem Leben eines Seemannes. Schilderungen von Land und Leuten jenseit des Oceans. 2 Bde. 8. (VI und 370 S.) Berlin 863, Allgemeine deutsche Verlags-Anstalt

—— dass. — Für die reifere Jugend. 8. (VII und 370 S.) Ebendas. 864. cart.

Jerrmann, Ludw., Reise durch das Flussgebiet des Rio Ipané, m. 1 Orig.-Kartenskizze. gr. 8. (22 S.) Hamburg 899. L. Friederichsen & Co. n. 1.60
Sonderabdr. aus: „Mitth. d. geogr. Gesellsch. in Hamburg".

Jerrmann, Ludw., d. Unterlauf d. Igatimi u. d. Gran Salto Guayrá d. Alto Paraná. Mit 2 Orig.-Kartenskizzen. [Aus: „Mitteilgn. d. geograph. Gesellsch. in Hamburg".] gr. 8. (28 S.) Hamburg 898. L. Friederichsen & Co. n. 3. —

Jerrold, Douglas

— Arm u. Reich, siehe: Bibliothek, Europäische, 344—346. Bd.

— Arm u. Reich oder die Geschichte v. St. James u. St. Giles. Ins Deutsche übertr. v. A. Kretzschmar. Mit 3 Illustr. 3 Bde. 8. (308. 290 u. 291 S.) Grimma 847, Verlags-Comptoir. 2 ₰ 19½ ngr

Jerrold, Douglas, Bubbles of the Day, s. Theatre, English.

Jerrold, Douglas, Bubbles of the day, s. Theater, neues britisches, von Herrmann.

—— eine Chronik von Kleefeld, nebst einigen Nachrichten von dem Einsiedler von Sattheim. (Aus dem Engl.) 8. (180 S. mit dem Bildniß des Einsiedlers.) Leipzig 847, [Brockhaus.]

Jerrold, Douglas, Doves in a cage. A Comedy, s. Theatre the British. No. 18.

— die Folgen einer Laune, s.: Lese-Cabinet, belletristisches, 22. Bd. Neue Folge, 109 u. 110 Lfg.

—— Frau Kaudel's Gardinenpredigten, s. Universal-Bibliothek.

Jerrold, Douglas, Madame Kaudel's Gardinenpredigten. Nach der neuesten verm. und verb. Originalausg. deutsch von Ludw. Stern. 16. (334 S.) Leipzig 857, O. Wigand. geb. *
geb. mit Goldschn. *

Jerrold, Douglas, Madame Kaudel's Gardinenpredigten. Bearb. von Friedr. Gerstäcker. 3. Aufl. 4. (XVII und 148 S. mit 1 Holzschntaf. und Illustr. in eingedr. Holzschn. von Ludw. Loeffler.) Leipzig 864, O. Wigand. cart.

—— Madame Kaudel's Gardinenpredigten. Bearb. von Friedr. Gerstäcker. Mit 3 Vignetten (in Holzschn.) von Ludw. Löffler. 4. Aufl. 16. (XV, 349 S.) Leipzig 869, O. Wigand. cart. * 2 50
geb. * M 3.; mit Goldschn. * 3 60
—— dass. — Mit Illustr. (in eingedr. Holzschn. und auf 1 Holzschntaf.) von Ludw. Löffler. 5. Aufl. 4. (XVII, 148 S.) Ebendas. 869. geb. * 8 40

Jerrold, Douglas, Madame Kaudel's Gardinenpredigten. Bearb. von Friedr. Gerstäcker. Mit Illustr. (in eingedr. Holzschn.) von Ludw. Löffler. 7. Aufl. gr. 8. (XIV, 208 S.) Leipzig 872, O. Wigand. 3 60

geb. * *M* 4,50.; geb. mit Goldschn. * 5 —

Jerrold, Douglas, Madame Kaudel's Gardinenpredigten. Bearb. von Frdr. Gerstäcker. Mit (Holzschn.-)Illustr. von Ludw. Löffler. 8. Aufl. 4. (XVII, 147 S.) Leipzig 879. O. Wigand. geb. n. 6. —

Jerrold, Douglas, Gardinenpredigten der Frau Margaretha Kaudel. gr. 16. (122 S.) Leipzig 870, Dyk'sche Buchh. * — 30

— der Geldmann, siehe: Bibliothek, Europäische, 323 u. 324. Bd.

Jerrold, Douglas, the history of St. Giles and St. James, siehe: Collection of British authors, vol. 224. 225.

— eine Laune u. ihre Folgen, s.: Bibliothek, Europäische, 141—143. Bd.

—– Männer von Charakter, s. Bibliothek der besten Werke des 18. und 19. Jahrh.

— Men of character, s.: Collection of British authors, vol. 228. 229.

—– Paul Pry, s. Rauch's English Readings.

—– Paul Pry, s. Theatre, the modern English comic.

— Retired from business, s.: Theatre, the modern English comic. Serie IV. Vol. 4. 5.

—– St. Cupid, s. Theatre, modern English comic.

— the Schoofellows. A Comedy, s. Theatre british modern. Vol. III.

— black-eyed Susan, s.: Theatre, english.

Jerrold, Douglas, Time, works, wonders, s. Theatre the modern english. III. No. 10. 11.

—– a whim and its consequences, s. Collection of British authors.

Jerschke, Erich, Referendar: Die Putativnotwehr. Breslau: Schletter 1911. 47 S. 8° ¶(Auch als: Strafrechtl. Abhandlungen. H. 124.)

Straßburg, Rechts- u. staatswiss. Diss. v. 21. Juli 1910, Ref. Mayer

[Geb. 4. Okt. 83 Straßburg; Wohnort: Straßburg; Staatsangeh.: Elsaß-Lothringen; Vorbildung: Gymn. Lahr Reife Juli 04; Studium: Straßburg 7 S.] [U 11. 4204

Jerschke, Kurt [Referendar in Strassburg]: Der Liquidator der offenen Handelsgesellschaft ... Strassburg, Strassb. Druckerei u. Verlagsanst., 1895; 90 S. 8.

Erlangen, Jur. Fak., Inaug.-Diss. v. 1895

Jerschke, Marie, ein Buch ohne Titel. (XII, 147 S.) 8. Straßburg 904. L. Beust. n. 2. 40; geb. in Leinw. n. 3. —

Jerschke, Osc., Fest-Prolog zur Feier d. 25jährigen Jubiläum's d. 2. Niederschles. Inf.-Regts. Nr. 47 zu Strassburg am 4. Juli 1885. gr. 8. (7 S.) Strassburg 885. (Bensheimer's Sort.) — 30

Jerschke, Osk., Frei!, s.: Holz, Arno.

Jerschke, Osk., Gaudeamus!, s.: Holz, Arno.

— Traumulus, s.: Holz, Arno.

Jerschke, Osc., deutsche Weisen, s.: Holz, A.

Jerschow, Pet., das Zauberpferd. Ein sibir. Märchen, in deutschen Versen erzählt v. Greg. Glasenapp. 8. (88 S.) Dresden 900. E. Pierson. n. —75; geb. n. 1.75

de Jerschow, Wladimir. (geb. Moskau 21. 7. 1841): Quatenus competat interdictum uti possidetis in servitutibus praediorum. Berolini (1865). (70 S.) 8°

Berlin, Jur. Diss. v. 18. Okt. 1865

Jersin, J. Dion, Glaubensweg zum ewigen Leben u. Glaubenskampf u. Sieg in geistlicher Anfecht. 8. Kopenh. 7½.

Jerta, (Henriette Fröhlich), Virginia, od. die Colonie von Kentucky. 2 Thle. 8. Berl. 819. Rücker. 1 ℛ 16 𝔤𝔤

Jerusalem [Sachliches OW]

Jerusalem. Histor. Gemälde von den Schicksalen der heil. Stadt, seit ihrer Gründung bis auf unsere Tage. A. d. Franz. v. Jul. Röttinger. 8. (14 B. u. 1 Stahlst.) Regensburg 844, Manz.

Jerusalem, historisches Gemälde von den Schicksalen der hl. Stadt seit ihrer Gründung bis auf unsere Tage. Aus dem Französischen von J. Roettinger. Mit 1 Stahlstich. Regensburg, Manz, jetzt Verl Anst., 1844, 8°, 1.75 Mk.

Jerusalem. Gegenwärtiges und Vergangenes . . . 2. Aufl. Berlin 1870. V: *Wartensleben*, *Alexander Graf v.* (Ky) (UB Tüb F, Nachtr. 2)

Jerusalem. Gegenwärtiges und Vergangenes von A. G(raf) W(artensleben). 2. umgearb., illustr. Aufl. Mit 15 (chromolithogr.) Ansichten, 3 (chromolithogr.) Karten und 1 grossen (chromolithogr.) Ansicht von Jerusalem aus der Vogelschau (in qu. Fol.). 4. (XI, 228 S.) Berlin 870, Scheller. * 9 —

Jerusalem. Jahrbuch zur Beförderung einer wissenschaftlich genauen Kenntniss des jetzigen u. des alten Palästinas. Hrsg. unter Mitwirkung von Fachmännern im heiligen Lande u. ausserhalb desselben von A. M. Luncz. 1. Jahrg., 5640/1 = 1881. gr. 8. (VI, 196 u. IV, 262 S.) Wien, (D. Löwy). n. 7. 20

Jerusalem. Jahrbuch zur Beförderung einer wissenschaftlich genauen Kenntniss des jetzigen und des alten Palästinas. Hrsg. unter Mitwirkung von Fachmännern im heil. Lande und ausserhalb desselben von A. M. Luncz. 1. Jahrg. 5640/1 = 1881. gr. 8. (VI, 196; IV, 262 S.) Wien, (Pollák.)

Nicht weiter erschienen.

Jerusalem. Jahrbuch zur Beförderung einer wissenschaftlich genauen Kenntniss des jetzigen und des alten Palästinas. Herausgegeben ... von A. M. Luncz. Jahrgang I. II. 2 voll. Wien 1882. Jerusalem 1887.

Jerusalem. Jahrbuch zur Beförderg. e. wissenschaftlich genauen Kenntniss d. jetz. u. d. alten Palästinas. Hrsg. unter Mitwirkg. v. Fachmännern im heil. Lande u. ausserhalb desselben v. A. M. Lunos. III. Jahrg. 5649 = 1889. (In deutscher u. hebr. Sprache.) 8. (XII, 349 S.) Jerusalem 889. (Frankfurt a/M., Kauffmann.) n. n. 5. —

Jerusalem. Jahrbuch zur Beförderg. e. wissenschaftlich genauen Kenntniss des jetz. u. des alten Palästinas. Hrsg. unter Mitwirkg. v. Fachmännern im hl. Lande u. ausserhalb desselben v. A. M. Luncz. IV. Jahrg. 5652 — 1892. (In deutscher u. hebr. Sprache.) 8. (VI, 104 u. VIII, 236 S.) Jerusalem 892. (Frankfurt a/M., J. Kauffmann.) n.n. 5. —

Jerusalem. Rundblick vom Turme d. Erlöserkirche. (Grosso Ausg.) Leporelloformat. 35×318 cm. Photogr. Mit Text. hoch 4. (1 Blatt.) Leipzig 898. B. Hentschel. In Mappe n. 20. —; kleine Ausg. 21×122 cm. Photogr. Mit Text. gr. 8. (3 S.) In Mappe n. 10. —

Jerusalem. Literarische Revue. Hrsg. u. Red.: J. Kreppel. (In hebr. Sprache.) Jahrg. 1900. 6 Hfte. 8. (à ca. 32 S.) Krakau (Grodgasse 62), J. Kreppel. n. 2. —

Jerusalem, das befreyte. große Oper in 5 Aufz. Aus d. Franz. des Baour-Lormian von J. N. von Seyfried. 8. Wien. Wallishauser. 815.

Jerusalem, Friedrich Wilhelm. An seinem Begräbnisstage . . . O. O. 1789. V: *Curio, Joh. Carl Dan.* (schr)

Jerusalem und das hl. Grab nebst einer kurzen Beschreibung der merkwürdigen Orte und Denkmäler im hl. Lande. München, 1839.

Jerusalem, himmlisches, od. Gebetbuch, enth. Morgen-, Abend-, Meß-, Vesper-, Beicht- u. Communiongebete. Mit Kpf. 8. Prag ... (Brünn, Gastl.) 10 K Dass. im mittl. Druck. Ebd. 5 K

—– das himmlische. Das Leben der Seligen im Himmel gewürdigt der innigsten Gemeinschaft mit dem Heiland, zum himml. Hochzeitsmahl zugezogen und bekleidet mit dem herrl. verklärten Auferstehungsleibe. [Nach Mayfart neu bearb.] gr. 8. (IV, 36 S. mit 1 Titelbild in Holzschn.) Berlin 880, Deutsche evangel. Buch- und Tractat-Gesellschaft. cart. ⁴

— das himmlische. Das Leben der Seligen im Himmel gewürdigt der innigsten Gemeinschaft m. dem Heiland, zum himml. Hochzeitsmahl zugezogen u. bekleidet m. dem herrl. verklärten Auferstehungsleibe. [Nach Mayfart neu bearb.] 2. Aufl. 8. (IV, 44 S.) Berlin 890. Deutsche evangel. Buch- u. Tractat-Gesellschaft. cart. n. — 40

—– das himmlische, in schwacher Vorstellung poetisch geschildert. 5. Aufl. 16. (23 S.) Elberfeld 873, Buchh. der evangelischen Gesellschaft. — 15

Jerusalem, das himmlische, in schwacher Vorstellung poetisch geschildert. 8. Aufl. 12. (23 S.) Elberfeld 885, Buchh. der Evangel. Gesellschaft. ** — 10

— das himmlische, in schwacher Vorstellung poetisch geschildert. 9. Aufl. 32. (24 S.) Elberfeld 889. Buchhandlg. der Evangel. Gesellschaft. n. — 10

Jerusalem, Heilig, u. dessen himmlische Lehre, s. a. **E. Swedenborg.**

Jerusalem, Heilig, u. dess. himml. Lehre. Nach Kunden a. d. Himmel. A. d. latein. Urschrift v. L. Hofacker. gr. 12. (5 B.) Tübingen 830, Zu-Guttenberg. 8 Gr., fein Pap.

Jerusalem, Kleines Geist- und Weltliche, Oder Jenaisches Ehren-Gedächtnis, Wobey die vornehmsten und berühmtesten Lehrer aller Facultäten dieser Weltberühmten Universität . . . berühret werden . . . Jena [1710]. V: *Ansorge, Johann Georg.* (Erman & Horn, Bibliogr. d. dtsch. Universitäten. 2. Leipz. u. Berl. 1904.)

Jerusalem und der Mensch der Sünde. Düsseldorf 1850. V: *Darby, Joh. Nelson.* (zu)

Jerusalem u. der Mensch der Sünde. gr. 8. (72 S.) Düsseldorf 850, Buddeus in Comm. 4 ngl

— das neue, oder die Zukunft der christlichen Kirche. Nebst den gemeinsamen Grund- u. Glaubenssätzen der christl. Kirche des 19. Jahrh. Von Einem aus der Schaar der neuen Jünger. 8. Darmstadt 845, Leske. 1/12 ß

Neue Jerusalem, Das. Milwaukee. 1885.

Jerusalem, Das neue, ein jüdischer Roman. Stuttg. 1905. V: *Hauser, Otto.* (Adolf Bartels, Feinde Ringsum. München 1926. S. 7)

Jerusalem, das neue. Ein jüd. Roman. 1. u. 2. Aufl. (à 410 S.) 8. Stuttgart 905. A. Bonz & Co. n. 4. 50; geb. in Leinw. n. 5. 60

Jerusalem, (d. Stadt), nebst deren Beschreibung. In Kpf. gest. 8. Halle, Waisenhaus-B. 2 K

Jerusalem zur Zeit Christi. Nach den Gesichten der gottseligen Anna Katharina Emmerich. Nebst Plan der Stadt Jerusalem in gegenwärtiger Zeit. 2 Blatt, Fol., München (Franz), 1864, 90 Pf.

Jerusalem. Jerusalem zur Zeit d. Lebens Jesu Christi. Großer topograph. Plan v. Jerusalem, wie die Stadt unter d. Römerherrschaft z. Zeit Jesu Christi bestand. 4. Aufl. 30 × 49,5 cm. Holzschn. Mit Erklärg. 12. (2 S.) Preßburg 895. G. Heckenast's Nachf. — 60

Jerusalem [Schlagwort]

— s. a.: **Palästina, Riess, R.**

Jerusalem. Kuemmel, Aug., Karte der Materialien zur Topographie des alten Jerusalem. Hrsg. vom deutschen Verein zur Erforschg. Palästinas. 1 : 2500. 2 Blatt. 54,5×72,5 bezw. 49×72,5 cm. Farbdr. Nebst Begleittext. (XVI, 198 S.) gr. 8. Halle 906. (Leipzig, Haupt & Hammon). n.n. 18. —

Ⓑ **Jerusalem.** Kümmel, Aug., Karte d. Materialien zur Topographie d. alten Jerusalem. 906. (KDL. 34). Jetzt: Leipzig, J. C. Hinrichs' Verl.

— — Karte der weiteren Umgebung v. Jerusalem. Auf Grundlage der Karte des engl. Palestine Exploration Fund gezeichnet, ergänzt u. berichtigt v. S., red. v. I. Benzinger. 1 : 63,360. Hrsg. vom deutsch. Verein zur Erforschg. Palästinas. 57 × 43 cm. Farbdr. Nebst Namenliste u. Erläutergn. Bearb. v. C. Schick u. I. Benzinger. [Aus: „Ztschr. d. deutsch. Palästina-Vereins“.] gr. 8. (76 S.) Ebd. 897. n. 3. 60

— Schick, Conr., Karte der näheren Umgebung von Jerusalem. [Aus: „Ztschr. d. deutschen Palästina-Vereins“.] 1 : 10,000. 45,5 × 39 cm. Farbendr. Mit Erklärgn. am Fusse. Leipzig 896. (K. Baedeker.) n.n. 1. 75

Jerusalem [Verfasser]

— u. Liertz, d. Gebührenordnung f. Notare. Vom 25. Juni 1895. Für d. Praxis erläutert. gr. 8. (VIII, 168 S.) Berlin 895. Siemenroth & Troschel. n. 3. —; geb. in Leinw. n. 4. —

Jerusalem, preuß. Gerichtskostengesetz, s.: Liertz.

Jerusalem, Edmund: Die T e i n a h m e Oesterreichs am ersten nordischen Kriege bis zu den Verträgen von Wehlau und Bromberg 1655–1657.
D: Jahresbericht der k. k. Staatsoberrealschule in Wien, XV. 1903 PN 1623 868

Jerusalem, Else, der hl. Skarabäus. Roman. 1.—22. Aufl. (686 S.) 8. Berlin 909—11. S. Fischer, Verl. 6. —

Jerusalem, Ernst, über die aristotelischen Einheiten im Drama. Ein Beitrag zur Poetik. gr. 8. (163 S.) Leipzig 885, (Fock.) * 3 60

Jerusalem, E., Ueb. die aristotel. Einheiten im Drama. Diss. 1885. 168 S.

Jerusalem, Franz, Referendar: Die rechtliche Stellung der französischen Kolonien und ihre Verfassung mit Berücksichtigung des englischen und deutschen Rechtes. Düsseldorf 1907: L. Schwann. (104 S.) 8° ¶ (Erscheint vollst. in: 'Abhandlungen aus dem Staats-, Verwaltungs- u. Völkerrecht'.)
Bonn, Jur. Fak., Ref. Zorn, Diss. v. 29. Mai 1907
[Geb. 21. Juni 83 Uerdingen a. Rh.; Wohnort: Düsseldorf; Staatsangeh.: Preußen; Vorbildung: Gymn. Essen, Düsseldorf Reife O. 02; Studium: Heidelberg 3, Bonn 3 S.; Rig. 26. Febr. 07.]

Jerusalem, Frz. W., Grundsätze des französ. Kolonialrechts. (XIII, 182 S.) gr. 8. Berlin 909. J. Guttentag. 4. —

Jerusalem, Georg: Über morphotropische Beziehungen bei Pikrinsäurederivaten. – 1909.
Diss. Wien, TH

Jerusalem, Herm., das Gesetz üb. Kleinbahnen u. Privatanschlußbahnen vom 28. Juli 1892, nebst der Ausführungsanweisung zu diesem Gesetze vom 22. Aug. 1892, erläutert. gr. 8. (102 S.) Berlin 892. J. Guttentag. n. 2. —

Jerusalem, Hermann, Referendar in Cöln: Die Haftpflicht der Aufsichtspersonen nach § 832 des Bürgerlichen Gesetzbuches für das Deutsche Reich. *Borna-Leipzig 1903: R. Noske.* (VIII, 53 S.) 8°
Leipzig, Jur. Diss. v. 1903

Jerusalem, H., Die Haftpflicht der Aufsichtspersonen nach § 832 des bürgerlichen Gesetzbuches f. das Deutsche Reich. Diss. (IX, 53 S.) gr. 8. Borna '03. Leipzig, Buchh. G. Fock. 1. 50.

* JERUSALEM, Joh. Frdr. Wilh. (1709—89), Beantwortung der Frage, ob die Ehe mit der Schwester Tochter nach den göttlichen Gesetzen zuläßig sey .... (Braunschweig 1754). 8°.

Jerusalem, Jh. Fr. Wlh., Beantwortung d. Frage: ob d. Ehe mit d. Schwester Tochter nach d. göttlichen Gesetzen zulässig sey? 8. Braunschw. 755. Mit Anmerkk. erläutert v. Jh. Fr. Gühling. 8. Chemn. 755. (Andrä in Leipz.) 6 gr.

JERUSALEM, J. F. W.: Beantw. d. Frage: ob d. Ehe m. d. Schwester-Tochter — zulässig sey? *Braunschw.*, 755. n. m. Anm. v. J. F. GÜHLING. *Chemn.*, Stössel. 755. 8. (6 Gr.)

— Betrachtt. über d. vornehmsten Wahrheiten d. Religion. 2 Thle. gr. 8. Braunschw. 768—79. N. A. 785. Schulbuchh. 2 Thlr 20 gr. Dass. 8. 2 Thle. Ebd. 776. 1 Thlr 8 gr.

— — dass. gr. 8. 2 Thle. Ebend. 776. (I. 1 Rthlr. II. 1r 2r à 6 gr. II. 3r 8 gr. II. 4r 1 Rthlr.)

— — 3r 4r Thl. od. fortgesetzte Betrachtungen, ist d. nachgel. Schriften 1r 2r.

— Betrachtungen über die vornehmsten Wahrheiten der Religion. 2 Bde. 8. Ebend. 785.

Jerusalem, Jh. Fr. Wlh., († d. 2. Sept. 1789.) Briefe über d mosaische Religion u. Philosophie. gr. 8. Braunschw. 762. 2e A. 773. 3e A. 783. Schulbuchh. 6 gr.

— Briefe üb. d. mosaische Schr. und Philosophie. gr. 8. Braunschw. Schulbchhdl. 773.

— Briefwechsel zwischen ihm u. Meyer, s. Jh. Frz. Fr. A. Meyer.

— Entw. v. d. Charakter und Leben d. Prinzen Wilh. Adolph v. Braunschw. m. K. gr. 4. Berl. Himburg. 771.

— Entwurf v. d. Charakter u. Leben des Prinzen Wilhelm Adolph v. Braunschweig. Mit Kpf. gr. 4. Berl. 771. Himburg. 22 gr.

— Glaubensbekenntniß d. Pr. Max. Jul. Leopold v. Braunschweig. gr. 8. Braunschw. 787. Schulbuchh. 4 gr.

— von d. Kirchenvereinigung; e. Bedenken. 8. Nürnb. 772. Felsecker. 4 gr.

— zwei Landtagspredigten. gr. 8. Braunschw. 770. Schulbuchhandl. 4 gr.

— Leben d. Prinzen Albrecht Heinrich v. Braunschw. gr. 8. Braunschweig. Schröder.

— Leben des Prinzen Albrecht Heinrich von Braunschweig. gr. 8. Braunschw. 761. 2e A. 774. Schulbuchh. 6 gr.

— Lehre von d. moralischen Religion Gottes über d. Welt, oder d. Geschichte v. Falle. gr. 8. Braunschw. 780. Schulbuchh. 6 gr.

Nachricht von dem Collegio Carolino in Braunschweig. 1765. [Verf.: Johann Friedrich Wilhelm Jerusalem.] 31 S. 8°
¶ Abgedr. in: Jerusalem: Nachgelassene Schriften. Th. 2. Braunschweig 1793. S. 71 ff.

Vorläuffige Nachricht von dem Collegio Carolino zu Braunschweig (dat. 17. April 1745). [Verf. nach Eschenburg. S. 14: **Johann Friedrich Wilhelm Jerusalem.**] — 2. [unveränd.] Ausg. — 3. Ausg. [Mit geringfügigen Änderungen.] Je 16 S. 8⁰

Jerusalem, Johann Friedrich Wilhelm. Recueil de six Discours prononcées en Allemand ... Leipz. 1748. Ü: *Manteuffel, Ernst Christoph Graf.* (JL)

Jerusalem, I. F. W., Recueil de six Discours prononcés en allem. trad. etc. 8. Lpz. Dyk. 748.

— Samml. einiger Predigten, vor d. Durchlaucht. Herzog zu Braunschweig-Lüneburg-Wolfenbüttel gehalten. 2 Thle. gr. 8. Braunschw. 745. 53. N. A. 756. 57. N. A. 788. 89. Schulbuchh. 1 ₰ 16 ₰

— nachgelassene Schriften. 2 Thle. (oder fortgesetzte Betracht. über d. vornehmst. Wahrheiten d. christl. Religion. 3r, 4r Thl. Herausg. v. sr. Tochter. ll. 8. Braunschw. 792, 93. Schulbuchh. (1r Thl. 21 ₰ 2r Thl. 1 ₰) 1 ₰ 21 ₰ Dies. gr. 8. Braunschw. 792, 93. Schulbuchh. (à 1 ₰ 18 ₰) 3 ₰ 12 ₰

— s. Sprache u. Litt., über die deutsche.

— Vorbereitung derer, d. sich dem Predigtamte widmen. 8. Hamb. 760.

Jerusalem, Karl Wilh., philosophische Aufsätze, s. d. Litteraturdenkmale, deutsche, des 18. u. 19. Jahrh.

K. W. **Jerusalem's** philos. Aufsätze, h. v. Ghld. Ephr. **Lessing.** *Brschw.*, Waisenh. B. 776. 8⁰ 8 *gl*

Philosophische Aufsätze von Karl Wilhelm Jerusalem (1776). Mit G(otth.) E(phr.) Lessings Vorrede u. Zusätzen neu hrsg. von Paul Beer. *Berlin: B. Behr 1900.* (XIII, 63 S.) 8°
— Litteraturdenkmale, Deutsche, d. 18. u. 19. Jahrh. No 89/90.

Jerusalem, Ludwig (Leipzig), De reconventione. Diss. jur. Lpz. (Wilh. Vogel, S.) 6. IV. 1837. 40 S. (6.—) 16791

Jerusalem, Pet., das Evangelium des Weibes. (III, 27 S.) 8. Dresden 903. E. Pierson. n. 1.—; geb. n. 2.— Aus dem Handel gezogen.

— **Gedichte** (62 S.) kl. 8. Leipzig 905. Insel-Verlag. n. 2.—; geb. n. 2.50

Jerusalem, Pet., erstorbene Schatten. 8. (64 S.) Dresden 901. E. Pierson. n. 1.50

Jerusalem, Peter: Das Weingesetz vom 7. April 1909 und die zukünftige Weinbereitung bezw. Verbesserung. Mit besonderer Rücksicht auf Saar und Mosel. Mit Tab. für erforderliche Zusätze. Von einem alten 'Weinpröbler' [d. i. Peter Jerusalem]. Trier: Trierer Dr. Ges. in Komm. 1909. 36 S. -- 38*.121*

Jerusalem, Wilh., Alexander des Großen Leben und Thaten, s. Jugendbibliothek.

Jerusalem, Dr. Wilhelm, Alexander d. Grossen Leben u. Thaten. 8. (78 S. m. 1 Titelbild.) Wien, F. Tempsky. Geb. 40 kr.

Die Aufgaben des Mittelschullehrers. Ein Vortrag von Prof. Dr. Wilhelm **Jerusalem.** *Wien & Leipzig: W. Braumüller 1903.* (64 S.) 8°

Kants Bedeutung für die Gegenwart. Gedenkrede z. 12. Febr. 1904 von Prof. Dr. Wilh. **Jerusalem.** *Wien & Leipzig: W. Braumüller 1904.* (50 S.) 8°

Der Bildungswerth des altsprachlichen Unterrichtes und die Forderungen der Gegenwart. Vortrag, geh. im Ver. 'Mittelschule' zu Wien 1902 von Prof. Dr. Wilhelm **Jerusalem.** *Wien: A. Hölder 1903.* (35 S.) 8°
Aus: Österr. Mittelschule. Jg. 16, H. 4.

Jerusalem, Wilhelm Laura Bridgmann. Erziehung einer Taubstumm-Blinden. Eine psychologische Studie. 8 (S. 3—46).
Progr. Staatsg. im VIII. Bezirk *Wien* 1890.

Jerusalem, Wilh., Laura Bridgman. Erziehung e. Taubstumm-Blinden. gr. 8. (77 S.) Wien 890. Pichler's Wwe. & Sohn. n. 1.50

Jerusalem, Wilh., Laura Bridgman. Erziehung e. Taubstumm-Blinden. Eine psycholog. Studie. 2. unveränd. (Titel-)Abdr. gr. 8. (77 S.) Wien 891. A. Pichler's Wwe. & Sohn. n. 1.50

Jerusalem, Wilh., Einleitung in die Philosophie. 8. (VIII, 189 S.) Wien 899. W. Braumüller. n. 3.—; geb. in Leinw. n. 4.—

Einleitung in die Philosophie. Von Prof. Dr. Wilhelm **Jerusalem.** 2. verm. u. verb. Aufl. *Wien & Leipzig: W. Braumüller 1903.* (XVI, 226 S.) 8°

Einleitung in die Philosophie. Von Prof. Dr. Wilhelm **Jerusalem.** 3. Aufl. Wien & Leipzig: W. Braumüller 1906. (XVII, 249 S.) 8°

Einleitung in die Philosophie. Von Wilhelm **Jerusalem.** 4., verb. Aufl. Wien & Leipzig: Braumüller 1909. XIV, 277 S. 8°

Gedanken und Denker. Gesammelte Aufsätze von Prof. Dr. Wilhelm **Jerusalem.** Wien & Leipzig: W. Braumüller 1905. (VIII, 292 S.) 8°

Jerusalem, Wilhelm: Das Haus der Piaristen. Zum 16. November 1901. (Umschlagtitel: ... Piaristen.) S. V—IX. 8.
In: Festschrift zur Feier des zweihundertjährigen Bestandes des k. k. Staatsgymn. im VIII. Bezirke *Wien* 1901.
Progr.

Der kritische Idealismus und die reine Logik. Ein Ruf im Streite von Prof. Dr. Wilh. **Jerusalem.** Wien & Leipzig: W. Braumüller 1905. (XII, 226 S.) 8°

Jerusalem, Prof. Wilhelm, Lehrbuch der empirischen Psychologie für Gymnasien und höhere Lehranstalten. 2. Auflage. 8. (160 S.) 1.20
Wien: Pichler 1890.

Jerusalem, Dr. Wilhelm, Lehrbuch der Psychologie. 3., vollständig umgearbeitete Auflage des Lehrbuches der empirischen Psychologie. Mit 20 Abbildungen im Texte. Wien und Leipzig. W. Braumüller. Preis, geheftet 3 K 40 h, gebunden 4 K.

— **Lehrbuch der Psychologie. 3., vollständig umgearb. Aufl. des Lehrbuchs der empir. Psychologie.** gr. 8. (V, 213 S. m. 20 Abb.) Ebd. 902. Geb. in Leinw. n. 3.60

Lehrbuch der Psychologie von Prof. Dr. Wilhelm **Jerusalem.** Mit 20 Abb. 4. Aufl. Wien & Leipzig: Braumüller 1907. XII, 213 S. 8°

— **Lehrbuch der empirischen Psychologie f. Gymnasien u. höhere Lehranstalten, sowie zur Selbstbelehrg.** gr. 8. (160 S.) Ebd. 888. n. 1.60

—— Lehrbuch der empirischen Psychologie für Gymnasien u. höhere Lehranstalten, sowie zur Selbstbelehrung. 2. Aufl. gr. 8. (III, 160 S.) Wien 890, Pichler's Wwe. u. Sohn. * 2 40

— Unsere Mittelschule. Ein Wort zur Reformfrage. (38 S.) 8. Ebd. 907. — 80

Jerusalem, W., d. Psychologie im Dienste d. Grammatik u. Interpretation. Vortrag, geh. im Vereine „Mittelschule" am 14. Decbr. 1895. [Aus: „Österr. Mittelschule".] gr. 8. (23 S.) Wien 896. A. Hölder. n. — 56

Jerusalem, Wilh. Zur Reform des Unterrichts in der philosophischen Propädeutik. 32 S. 8. Progr. *Nikolsburg* 1885

—— zur Reform des Unterrichtes in der philosophischen Propädeutik. gr. 8. (32 S.) Nikolsburg 885. (Wien, Pichler's Wwe. und Sohn.) * — 80

— die Urtheilsfunction. E. psycholog. u. erkenntniskrit. Untersuchg. gr. 8. (XIV, 269 S.) Wien 895. W. Braumüller. n. 6. —

Jerusalem, W., Wege und Ziele der Ästhetik. [Sonderabdruck aus des Verfassers „Einleitung in die Philosophie". 3. Aufl.] 8°. (39 S.) K 1.—
Wien: Pichler 1906.

— Grillparzers Welt- u. Lebens-Anschauungen. Festrede zur Grillparzer-Feier, geh. im wissenschaftl. Club am 12. Jan. 1891. gr. 8. (21 S.) Wien 891. Eisenstein & Co. n. — 60

— s.: Wochenschrift, philosophische.

Jerusalem-Fahrt, die, des Grafen Philipp v. Katzenellenbogen im J. 1433. [Aus: „Grazer Volksblatt".] 12. (30 S.) Graz 895. Styria. n. — 20

Jerusalem-Kotanyi, Else

— Gebt uns die Wahrheit! Ein Beitrag zu unserer Erziehg. zur Ehe. 8. (84 S.) Ebd. 902. n. 2. —

Jerusalem-Kotányi, Else: Gebt uns die Wahrheit! Ein Beitrag zu unserer Erziehung zur Ehe. 2. Aufl. — Berlin, Leipzig: Seemann [1902]. 84 S. 8°
1. Aufl. 1902.

Jerusalem-Kotányi, Else, Komödie der Sinne. 12. (219 S.) Leipzig 902. H. Seemann Nachf. n. 2. 50; geb. n. 3. 50

Jerusalemer-Franzl, s. Land, das heilige.

(F) Jerusalemer Franzl, Das heilige Land. Wie's dort ausschaut und was die Leute machen. Gr.-8°. (152 S.) K 1.—
Graz: Styria 1907.

Jerusalem- und Sinaipilger, Ein, aus Zürich im 15. Jahrhundert, der Predigermönch Fel. Schmid... Zürich 1899. V: *Furrer, Conr.* (Zuwachsverz. d. Bibliotheken in Zürich 1898 ff.) (Berl)

Jerusalemsgenossenschaft, die, in Württemberg und die evangelische Kirche. Von einem Aeltesten der würtemberg. Landeskirche. gr. 8. (12 S.) Nördlingen 862, (Beck'sche Buchh.) *

Jerusalimsky, Nicol., über die physiologische Wirkung des Chinin. gr. 8. (IV, 89 S.) Berlin 875, Hirschwald. *

Jeruschalmi, Tanchum s. Tanchum.

Jervas, der lahme Bergwerksjunge; aus d. Engl. übers. von A. Schilling. 8. Hildburgh. 819. Kesselring. 22 gr

Jervis, Jervis-White, die gezogene Muskete. Eine prakt. Abhandlung über das gezogene, neuerlich im brit. Dienst eingeführte Enfield-Pritchett-Gewehr. Aus dem Engl. Mit Abbildungen. gr. 8. (VII und 72 S. mit 1 Stnt. in Fol.) Darmstadt 855, (Diehl.) *

Jervis, J. W. Die gezogene Muskete. (Enfield-Pritchett Gewehr). Aus d. Engl. Darmstadt 1855. 8°. (Orig. 1854.)

Jervois. Küsten-Vertheidigung u. die Anwendung von Eisen in der Befestigungskunst. Mit Taf. A. d. Engl. übs. von Billerbeck. Berlin 1869. 38 S.

Jerwitz, Wilh. (H.), des Landwehrmannes Abschied, s. Wallner's allgemeine Schaubühne.

Moderne Anstands-Lehre über den Umgang in der Gesellschaft. Von Wilhelm Jerwitz, Dir. d. 'Akad. f. Tanzkunst'. *Erfurt: F. Bartholomäus [1896].* VI S., 1 Bl., 123 S.) 1 Bd 8. [96. 1933]

Jerwitz, Wilh., Blüthenstaub. Dichtungen in Prosa. gr. 16. (64 S.) Dresden 873, Burdach. * 1 —

Jerwitz, Wilh., zum Frieden. Ueber die persönl. Unsterblichkeit. 16. (77 S.) Dresden 885. Warnatz & Lehmann. n. 1. —

—— Fromm und fröhlich. Dichtungen. 16. (VII, 79 S.) Ebendas. 869. geb. * 1 50

Jerwitz, Wilh., Handbuch der Mimik. Ein Beitrag zur körperlichen Beredtsamkeit. Mit einem Anhang erläut. Abbildg. (8 Stnt.). gr. 8. (VIII, 56 S.) Erfurt 879, Bartholomäus.

Jerwitz, Wilh., dramatische Kleinigkeiten. (Das Aufführungsrecht wird vorbehalten.) 16. (V und 253 S.) Dresden 865, Burdach. *

Jerwitz, Wilh., Leyer u. Schwert. Festspiel in 3 Bildern. Musik von K. M. v. Weber. 16. (24 S.) Dresden 891. Warnatz & Lehmann. n. — 50

—— Lieb und Leid. Dichtungen. Illustrirt von demselben. 12. (XI und 111 S. mit eingedr. Holzschn.) Dresden 868, Burdach. *

— Pantomimen u. Tanz-Divertissements, s.: Wallner, Edm., Universum d. Witzes.

— Quadrillen-Wegweiser. Eine Sammlg. der beiden Quadrillen Française u. Lanciers, auch Contre u. Quadrille à la cour genannt, wie sie verschieden in größeren deutschen Städten getanzt u. kommandiert werden. Entwurf zu e. deutschen Kommando d. Contre-Tanz u. der Quadrille Lanciers. gr. 16. (III, 112 S.) Erfurt 886. Bartholomäus. n. 1. —

—— Quadrillen-Wegweiser. Eine Sammlung der beiden Quadrillen Française und Lanciers, auch Contre und Quadrille à la cour genannt, wie sie verschieden in größeren deutschen Städten getanzt und kommandiert werden. Entwurf zu einem deutschen Kommando des Contre-Tanz und der Quadrille Lanciers. gr. 16. (III, 112 S.) Erfurt 888, Bartholomäus. *

[J. u. Ant.] Wilhelm Jorwitz. Quadrillen-Wegweiser. E. Sammlg d. beiden Quadrillen Française u. Lanciers ..., wie sie verschieden in grösseren deutschen Städten getanzt u. kommandiert werden. Entwurf zu e. deutschen Kommando d. Contre-Tanz u. d. Quadrille Lanciers. *Erfurt: F. Bartholomäus [1891?].* (2 Bl., 112 S.) 1 Bd 8. [94. 505

JERWITZ, Wilh., Der kleine Tanzmeister als Retter in der Noth. Zur Erinnerung des Erlernten. Dresden, H. Burdach, 1874. 16°.
Bartholomäus p. 13.

—— der kleine Tanzmeister als Retter in der Noth. Zur Erinnerung des Erlernten. 16. (72 S.) Ebendas. 874. — 75

— der kleine Tanzmeister als Retter in der Noth. Zur Erinnerung des Gelernten. 2. Aufl. 16. (72 S.) Dresden 879. Burdach. n. — 75

— zum Trost. Worte üb. das Fortleben der Seele. 2. Aufl. 16. (56 S.) Ebend. 884. n. 1. —

Jerwitz, Wilh., dresd'ner Vogelwiesen-Buch. Illustrirter großdeutscher National-Kladderadatsch auf die höhere Bummelwoche von anno 61. gr. 16. (31 S. mit eingedr. Holzschn.) Dresden 861, Klemm's Verlag.

— — — — Vogelwiesen-Jux in Wort und Bild (43 Illustr.). Dresden 1865. 8°.

Jerwitz, Wilh., Wie bewege ich mich in der Gesellschaft? Anleitung, sich durch feines Benehmen in der Familie, in der Gesellschaft u. im öffentl. Leben beliebt zu machen. (Neue [Titel-]Ausg. v.: „J., moderne Anstandslehre.") 8. (VI, 123 S.) Erfurt [896.] (901). F. Bartholomäus. 1. 50

Jerwitz, Willy: Über die Einwirkung von secundären Aminen auf Silicium-Zinn- und Bleitetrachlorid. *Leipzig 1897: M. Hoffmann.* (34 S.) 8°
Rostock, Phil. Diss. v. [30. Okt.] 1897

Jerxheim [Schlagwort]

Jerxheim, s. Preussen. Messtischblätter.

Jerxsen, Karl Anmerkungen zu Horazens Brief an die Pisonen. 16 S. **Progr.** Päd. *Magdeburg* 1882.

Jerxsen, K., Anmerkungen zu Horazens Brief an die Pisonen. Pr. 1882. 41 S. 4°. 3.—

Jerxsen, Carl [Dr.]: Bemerkungen zu Horazens Epistel an die Pisonen '(Forts.)'. (Th. 1 in: Jahrb. d. Pädagog. z. Kloster U. L. Fr. in Magdeburg 1882 = P-Beil. 1882.) Verden, H. Söhl's Buchdr., 1892; 16 S. 4.
Verden, k. Dom-G, OP 1892 (317)

Ierxsênus [Ierxsen], Carolus: • De Prolegomenon Ad Vergili Georgicon libros Quattuor Speciminibus duobus Dissertatio. 39 Bl. 4° (2°)
Halle-Wittenberg, Phil. Diss. v. 21. Dez. 1872
Geb. [Oschersleben b. Halberstadt 12. 6. 1847]
Tit. vom Referenten Keil geändert u. im Diplom: Quaestionum de Vergilii georgicis capita duo.

Jerv u. Bätelv. Sast. v. J. W. v. ötbe. 8. Lpz. Göschen. 790.

Jerzabek, Ant., Samariterbuch f. d. Angehörigen d. bewaffneten Macht, s. a. Publikationen, militär-ärztliche. 60.

Jerzabek, A.: Samariterbuch für die Angehörigen der bewaffneten Macht. 8°. (ill. VII, 210 S.) Wien: Šafář 1903

— das Verbandpäckchen u. seine Abwendung auf dem Schlachtfelde, s. a. Publikationen, militärärztl. 59.

Jerzabek, A.: Das Verbandpäckchen und seine Anwendung auf dem Schlachtfelde. [Militärärztliche Publicationen, Nr. 59] 8°. (ill. 20 S.) Wien: Šafář 1902

Jerzabek, Ant., Wandtafeln f. den Unterricht im Sanitätshilfsdienste, s. a. Publikationen, militär-ärztliche. Nr. 76.

Jerzabek, A., Wandtafeln für den Unterricht im Sanitätshilfsdienste. [Militärärztliche Publicationen. Nr. 76.] Fol. (12 Tafeln mit erklärendem Texte) K 5.—
Wien: Šafář 1903.

Jerzykiewicz, B., Botanik für die unteren und mittleren Klassen höherer Lehranstalten. gr. 8. (VI, 206 S. mit 145 in den Text eingedr. Holzschn.) Posen 874, Jolowicz. * 2 25

Jerzykiewicz, B., Botanik f. höhere Lehranstalten. Mit 162 in den Text eingedr. Holzschn. 2. Aufl. gr. 8. (IV, 258 S.) Posen 885. Leitgeber & Co. n. 2. 75

Jerzykowski, A., grammatyka niemiecka do szkólnego i prywatnego użycia Polakow. Napisana. gr. 8. (152 S.) Pleschen 847, Putiatycki. *

Jerzykowski, Anton

Jerzykowski, A., De formis verborum, quae a scriptoribus Romanorum explicantur enuntiationibus secundariis, in quibus coniunctivi reliquorum temporum positi sunt pro coniunctivis futuri primi aut exacti. Pr. 1875. 13 S. 4°. 1.—

Jerzykowski, A., Interpretatio prooemii historiae Thucydideae. Pr. 1862. 12 S. 4°. 1.50

Jerzykowski Commentatio de quinque locis historiae Thucydideae. 13 S. [I, 1. 28. II, 78. III. 37. III, 107.] . .
Ostrowo, Progr. 1850

Jerzykowski, Antonius *(geb. Posen 31. 5. 1819)*: Octavo historiae Thucydideae libro extremam manum non accessisse demonstratur. Vratislaviae (1842). (40 S.) 8°
Breslau, Phil. Diss. v. 18. März 1842

Jerzykowski, Ant., Zadania do tłomaczenia z łacińskiejo na polskie i z polskiego na łacińskie wyjęte z autorów klasycznych. Część I. zawierająca przykłady na regularne formy dla seksty. 8. (IV und 126 S.) Lissa 853, (Günther.) *

Jerzykowski, Stanislaus *(geb. Ostrowo in Pos. [23. 9. 1847])*: Beiträge zur Kenntniss der Nierenkrebse. Breslau (1871). (30 S.) 8° *[Im Buchhandel 1871 bei Maruschke & Berendt in Breslau]*
Breslau, Med. Diss. v. 14. Aug. 1871

Jerzykowski, Stanisl., Beiträge zur Kenntniss der Nierenkrebse. Inaugural-Dissertation. gr. 8. (32 S.) Breslau 872, (Maruschke und Berendt.) * — 80

Jerzykowski, Zbigniew, a. Posen: Die Zuchterfolge des schwarzbunten Niederungsrindes in der Provinz Posen. Posen 1907: „Dziennik Poznański." (88 S.) 8°
Breslau, Phil. Fak., Ref. Holdefleiss, Diss. v. 23. Dez. 1907
[Geb. 13. Mai 81 Posen; Wohnort: Posen; Staatsangeh.: Preußen; Vorbildung: Berger-Gymn. Posen Reife O. 03; Studium: München 3, Breslau 4 S.; Rig. 23. Nov. 07.]

Jesabel u. Athalia. 2 Trauersp. v. Hubemann. 8. Rostock, Bödner. 753.

Jesaias Propheta, s. Isaias

Jésaka, Seijiro, prakt. Arzt a. Niigata (Japan): Ein Fall von primärem, papillärem, hyalinem Fibrom des Herzens. (2 Abb.) München 1905: Kastner & Callwey. (37 S.) 8°
München, Med. Fak., Ref. v. Bollinger, Diss. v. 12. Juli 1905
[Geb. 20. Mai 66 Mitsuke Niigataken, Japan; Wohnort: Niigata; Staatsangeh.: Japan; Vorbildung: Niigatagakko (Gymn. Niigata) Reife Juli 83; Studium: Chiba med. Akad. 10, München 2 S.; Rig. 6. Juli 05.]

[Hebr.] La-jošarim teḥillā, širim u-mizmorim. Be jom meleat 25 šana le Jehuda hak-kohēn Munq. [F.] Festgottesdienst z. Feier d. 25jahr. Amtsjubiläums d. Herrn Provinzialrabbiners Dr. Leo Munk, in d. Synagoge zu Marburg am 8. Dec. 1901. *Mainz (1901): J. Wirth.* (11 S.) 8°
[illegible] 4

Jesch, Kurt, Referendar in Dresden: Die Aussteuer nach dem Deutschen Bürgerlichen Gesetzbuch. Riesa 1905: Langer & Winterlich. (VIII, 63 S.) 8° [F.]
Leipzig, Jur. Fak., Diss. v. 28. Apr. 1905
[Geb. 12. Nov. 77 Marienberg i. S.; Wohnort: Dresden; Staatsangeh.: Sachsen; Vorbildung: Dreikönigsch. Dresden Reife O. 97, Erg.-Prüf. Kreuzgymn. Dresden M. 98; Studium: Leipzig 8, Tübingen 1 S.; Rig. 5. Febr. 02.]

Jesch, Paul Rudolf, bacc. iur., Referendar: Die Pflichten des Spediteurs. Leipzig 1910: Schmidt. 67 S. 8°
Leipzig, Jur. Diss. v. 21. Febr. 1910
[Geb. 4. Febr. 80 Dreyskau; Wohnort: Dresden; Staatsangeh.: Sachsen; Vorbildung: Fürstensch. Grimma Reife O. 01; Studium: Leipzig 8 S.; Rig. 27. Juni 05.] [U 10. 2751

Jeschar, Ludw., Deutschland geschildert von seinen Dichtern. Eine vaterländ. Blumenlese für die reifere Jugend. gr. 12. (XII u. 340 S.) Leipzig 848, Serig. n. 2/3 ℛ︎ — Neue, mit einem 2. Thl. verm. Aufl. 12. (XVI u. 440 S.) Ebd. 850. 5/6 ℛ︎

Jeschar, Ludw., Wegweiser zur Kenntniß der Erde u. besonders Europas, mit beigefügter Aussprache der Städtenamen fremder Länder u. den nötigen Wort- u. Sacherklärungen. Ein Hülfsb. f. Landschullehrer beim Unterrichte. Mit e. gezeichneten Globus als Titelkpfr. 8. Leipz. 838. Schreiber's Erben. 7/24 ℛ︎

Jescheck, Fr[iedrich], a. Croischwitz: Untersuchungen über Dioxydiphenylmethane. Greifswald 1906: H. Adler. (55 S.) 8°
Greifswald, Phil. Fak., Ref. Auwers, Diss. v. 4. Mai 1906
[Geb. 2. Jan. 75 Rosenthal b. Breslau; Wohnort: Croischwitz b. Schweidnitz; Staatsangeh.: Preußen; Vorbildung: Elisabeth-Gymn. Breslau Reife O. 96; Studium: Charlottenburg T.H. 10, Greifswald 7 S.; Rig. 10. März 06.]

Jescheck, Johann Sarkander

— **Collectio mille sexcentorum et ultra principiorum et axiomatum pro omni genere et statu huminum concinnata.** 4maj. Brünn u. Olmütz 807.

Jescheck, **Jh. Sarkander, Encomium in S. Joan. Nepomucenum, Canon. Pragensem, ob sacramentalis confessionis secretum invicta constantia servatum Martyrem.** 4. Prag (802.)

— **Gespräch zwischen e. Pfarrer u. einem Pfarrkinde von d. sakramental. Beichte.** 8. Brünn u. Olmütz (805.)

— **Versuch über d. Einwirkung d. christl. Religion auf d. Staaten, u. über d. daraus fließenden Verhältnisse d. Religionsdiener u. ihrer Behandlung.** Mit e. Rede von d. Einflusse d. kathol. Priesterthums auf d. Religion, auf d. Staat u. auf d. Throne. 8. Brünn 807.

Jeschek, Joh., Versuch über die Einwirkung der christlichen Religion auf die Staaten und über die daraus fließenden Verhältnisse der Religionsdiener und ihrer Behandlung. Brünn, 1808. 8°.

Jeschek, Paul, der humorist. Gesellschafter. Nr. 1 u. 2. (à 16 S.) 8. Berlin (907). (Leipzig, E. Grude.) à — 10

Jeschek's, Paul, Original-Volks-Humoristika. 1. Hft. 3. Aufl. u. 2.—12. Heft. (15, 15, 14, 15, 14, 14, 15, 15, 14, 14, 13 u. 15 S.) 8. Pankow b. Berlin (905. 906). (Leipzig, E. Grude.) à — 10

— **Original-Volks-Humoristika.** 13.—25. Heft. (13, 13, 15, 15, 14, 15, 15, 15, 15, 15, 15, 15 u. 15 S.) 8. Leipzig 907—10. (E. Grude.) à — 10

— **Spezial-Humoristika.** Urkomische Orig.-Vorträge, nach bekannten Melodien vorzutragen. 1. Heft. (8 S.) 8. Berlin (906). (Leipzig, E. Grude.) — 10

Jeschinsky, Louis: Ueber die Reposition spontaner Luxationen des Hüftgelenks nebst einem Falle von mit Glück reponirter luxatio femoris ischiadica spontanea in Folge von acutem Gelenkrheumatismus entstanden. Halle (1869): Plötz. 30 S. 8°
Halle-Wittenberg, Med. Diss. v. 9. Okt. 1869
Geb. Magdeburg 26. 1. 1844. V.

Jeschke, Frz., praktisches Handbuch für Conditoren, Pfefferküchler, Bäcker etc. enth. das Ganze der Conditorei in 600 Recepten zu Bonbons, Conserven, überzogenen Sachen etc. Auf Grund 40jähr. Geschäftserfahrung hrsg. 8. (XVI und 166 S.) Quedlinburg 866, Ernst'sche Buchh.

Jeschke, Frz., praktisches Handbuch f. Conditoren, Pfefferküchler, Bäcker, Gastwirte, Restaurateure, Hausfrauen u. Köchinnen, enth. das Ganze der Conditorei in 600 Rezepten zu Bonbons, Conserven, überzogene Sachen, Torten u. Tafel-Aufsätzen, Theebäckereien, Mandelbäckereien, Kuchenbäckereien, Schaumsachen, Gefrornem, Crêmes, Pasteten, allerlei Getränken u. s. w. Auf Grund 40jähr. Geschäftserfahrg. hrsg. 2., sehr verb. Aufl. 8. (XVI, 187 S.) Halberstadt 894. Ernst. 2. —

Jeschke, Frz., die Konditorei u. Feinbäckerei. Ein prakt. Hand- u. Hilfsbuch f. Konditoren, Feinbäcker, Hausfrauen, Köchinnen etc., enth. 650 leicht faßl. Anweisgn. zur Herstellg. v. Thee-, Dessert- u. Tafelgebäck, Kuchen, Torten, Tafelaufsätzen, Makronen u. Marzipan, Hefe- u. Schmalzgebäck, Honigkuchen, Pfeffernüssen u. Weihnachtskonfekten, Glasuren, Eis, Crêmes, Pasteten, Gelées u. Marmeladen, eingemachten Früchten, Bonbons etc. 3. verm. u. verb. Aufl. des Buches „Der prakt. Konditor". Bearb. u. m. vielen neuen u. wertvollen Rezepten versehen v. Frz. Dobritz. 8. (XIII, 216 S.) Leipzig (901). Ernst. 2. —

Jeschke, F., die Konditorei u. Feinbäckerei in Beruf u. Haus. Ein prakt. Hand- u. Hilfsbuch f. angeh. Konditoren, Feinbäcker, Bäcker, f. Hotels, Restaurants, Pensionate u. den bürgerl. Haushalt. 650 erprobte Anweisgn. zur Herstellg. v. Tee-, Dessert- u. Tafelgebäck, v. Kuchen, Torten, Tafelaufsätzen, Makronen u. Marzipan, v. Hefe- u. Schmalzgebäck, Honigkuchen, Pfeffernüssen u. Weihnachts-Konfekten, Glasuren, Eis, Cremes, Pasteten, Gelees, Marmeladen, eingemacht. Früchten, Bonbons usw. 4. Aufl., bearb. u. m. vielen neuen u. wertvollen Rezepten versehen v. Frz. Dobritz. (XIII, 216 S.) 8. Leipzig (907). Ernst. 2. —

Jeschke, J., Der Silber- und Bleibergbau zu Přibram (Böhmen). Zur Feier der im Adalbert-Schacht erreichten Saigerteufe von 1000 Meter. Hrsg. von der K. K. Bergdirektion zu Přibram. Wien, 1875. 84 S. mit 3 Taf.

Jeschke, Konrad [pr. Arzt]: Aus d. anatom. Institut zu Königsberg i. Pr. No. 12. Über den Sulcus praecondyloideus des Hinterhauptbeins ... Königsberg i. Pr., Druck v. M. Liedtke, 1894: 2 Bl., 21 S., 2 Bl., 1 Taf. 8.
Königsberg, Med. Fak., Inaug.-Diss. v. 31. Juli 1894

Jeschke, Konr., üb. den Sulcus praecondyloideus des Hinterhauptbeines. Diss. gr. 8. (21 S. m. 1 Taf.) Königsberg 894. (W. Koch.) n. 1. —

Jeschke, Kurt [Gerichtsref.]: Ueber die Aenderungen der bisherigen Landgemeindeverfassung durch die Landgemeindeordnung für die sieben östlich. Provinzen Preussens vom 3. Juli 1891 ... Berlin, Druck v. W. Baensch, *1897*; VIII, 47 S. 8.
Göttingen, Jur. Fak., Inaug.-Diss. v. [1. Febr.] 1897

Jeschkengebirge [Schlagwort]

— s. a.: Lausitzer Gebirge.

Jeschkengebirge, s. a. Riesengebirge.

Jeschkengebirge. Adolph, Gust., u. Adph. Bengler, Wegekarte vom Jeschken- u. Isergebirge m. den angrenzenden Teilen des Lausitzer- u. Riesen-Gebirges. Vom Oybin bis zur Schneekoppe. Farbige Wegebezeichngn. Hrsg. im Auftrage d. deutschen Gebirgsvereines f. Gablonz u. Umgebg. (Deutschböhmen). 1:100,000. 40×78 cm. Farbdr. Mit alphabet. Namenverzeichnis. (24 S.) kl. 8. Gablonz (907). H. Rössler. 1. –

Jeschkengebirge. Bengler, Gust. Adph., u. Adph. Bengler, Wegekarte vom Jeschken- u. Isergebirge (m. farbiger Wegebezeichnung). 1:100,000. 35×52 cm. Lith. Gablonz (905). (H. Rössler.) n.n. — 35

— Straube, Jul., Touristen-Karte vom Jeschken- u. Isergebirge. Im Auftrage d. dtschn. Gebirgsvereines f. d. Jeschken- u. Iser-Gebirge, auf Grund österreich. u. preuss. Generalstabskarten u. eigener Aufnahmen, unter Mitwirkg. v. Jos. Matouschek, entworfen u. gezeichnet. 1:80,000. 61×77 cm. Farbdr. Reichenberg, P. Sollors' Nachf. 1.—; auf Leinw. 3. —

Jeschken- u. Isergebirge. Straube's, Jul., Touristen-Karte vom Jeschken- u. Isergebirge. Im Auftrage des deutschen Gebirgsvereines für d. Jeschken- u. Isergebirge, auf Grund österr. u. preuss. Generalstabskarten u. eigener Aufnahmen unter Mitwirkg. v. Jos. Matouschek entworfen u. gezeichnet. 1 : 80,000. 61,5× 79,5 cm. Farbdr. Reichenberg (900). P. Sollors. Auf Leinw. n. 3. —

— — farbige Wegekarte v. Jeschken-, Riesen- u. Isergebirge m. der verschiedenfarbigen Bezeichnung d. farbig markierten Wege. Offizielle Karte. Im Auftrage des deutschen u. österreich. Riesen-Gebirgs-Vereins gezeichnet u. hrsg. 1:150,000. 4. Aufl. 27,5× 45,5 cm. Farbdr. Mit: Alphabetisches Namensverzeichnis. (11 S.) 17×9 cm. Berlin (909). J. Straube. — 30

— Straube, Jul., offizielle Wegekarte vom Jeschken-, Riesen- u. Isergebirge (Zittau-Reichenberg-Jeschken-Schneekoppe) m. d. verschiedenfarbigen Bezeichnung der farbig markierten Wege. Im Auftrage des dtsch. Gebirgsverein für das Jeschken- u. Isergebirge gezeichnet u. hrsg. 1 : 150,000. Ausg. B. 27,5×45,5 cm. Farbdr. Nebst alphabet. Namens-Verzeichnis. (10 S.) kl. 8. Berlin (905). J. Straube. n. — 30

Jeschke, Elisabeth [med. prakt. aus Linz, Oberoesterreich]: Aus der medizinischen Universitäts-Klinik in Zürich. Direktor: Prof. Dr. H. Eichhorst. Ueber Magenbauchdeckenfisteln bei Magenkrebs. Mit einer Tafel. Linz [1903.] 35 S. 8°.
Zürich. Med. Diss. 1902/1903.

Jeschko, Elisabeth. Ueber Magenbauchdeckenfisteln bei Magenkrebs. Diss. Med. [Univ.] Zürich. *Kopftitel:* Aus der medizinischen Universitäts-Klinik in Zürich. Direktor: Prof. Dr. H[ermann] Eichhorst. — [Mit 1 Tafel.] 35 S. 8. Linz, O.-ö. Buchdr.- u. Verlagsgesellschaft, [1903].

Jeschko, Elisab., über Magenbauchdeckenfisteln bei Magenkrebs. Diss. (35 S. m. 1 Taf.) gr. 8. Linz (904). (Ob.-öst. Buchdruckerei- u. Verlagsgesellschaft.) n. 1.20

Jeschonnek, Friedr., de nominibus quae graeci pecudibus domesticis indiderunt. Dissertatio inauguralis. gr. 8. (65 S.) Königsberg 885, (Koch.) *

Jeschor, Eug., die Impotenz. Anleitung zu deren radikaler Heilung. 8. (12 S.) Berlin (896). (Berolina-Versand-Buchh.) — 60

Jeschurem, s. A. Wolfssohn.

Jeschurun. Taschenbuch f. Schilderungen u. Anklänge aus d. Leben d. Juden. Auf d. J. 5601 israelit. Zeitrechn. Hrsg. v. Carl Maien u. Siegm. Frankenberg. 16. (28½ B. u. Dr. G. Rießer's Bildn.) Leipzig 841, Fort. *

Jeschurun. Ein Monatsblatt zur Förderung jüdischen Geistes und jüdischen Lebens in Haus, Gemeinde und Schule, hrsg. von Samson Raph. Hirsch. 1. und 2. Jahrg. 5615 und 5616. (Octbr. 1854 — Octbr. 1856.) à 12 Hefte. (à 3 – 4 Bog.) Mit 24 Beiblättern. (¼ Bog.) gr. 8. Frankfurt a. M. 856, Expedition. (Jäger'sche Buchh.) à Jahrg. *

Jeschurun. Ein Monatsblatt zur Förderung jüdischen Geistes und jüdischen Lebens, in Haus, Gemeinde und Schule, hrsg. von Samson Raph. Hirsch. 3.—9. Jahrg. 5617—5623. (1857 —1863.) à 12 Hefte. (à 3 Bog.) Mit Beiblättern. gr. 8. Frankfurt a. M., (Jäger'sche Buchh.) à Jahrg. *

—— dass. — 10.—13. Jahrg. 5624—5627. (1864—67.) à Jahrg. 12 Hefte. (à 2—2½ Bog.) gr. 8. Ebenda; à Jahrg. *

— Zeitschrift zur Förderg. jüd. Geistes u. jüd. Lebens in Haus, Gemeinde u. Schule, hersg. von Samson Raph. Hirsch. 14. u. 15. Jahrg. à 4 Hefte (à ca 98 S.). Ebend. à Jahrg. n. 2 [illegible]

Jeschurun. Wochenschrift zur Förderg. jüd. Geistes u. jüd. Lebens in Haus, Gemeinde u. Schule. Begründet v Samson Raphael Hirsch. Hrsg. unter Mitwirkg. d. Begründers u. bewährter Genossen v. Isaac Hirsch. 16 19. Jahrg. Neue Folge. 1—4. Jahrg. 1883—1886 à 52 Nrn. (2 B.) gr. 4. Hannover, Hirsch' Selbstverl à Jahrg. n 10

—— dass. — 20. und 21. Jahrg. Neue Folge 5. und 6. Jahrg. 1887 und 1888. à Jahrg. 52 Nrn. (à Nr. 2 Bog.) gr. 4. Hannover, Herschelstr. 5, Expedition. à Jahrg. *
Ist von 1889 ab mit „Der Israelit" vereinigt [illegible] Israelit und Jeschurun. Redact.: Lehmann, Mainz.

Jeschurun. Deutsche Abtheilung. 1. Heft, 1. und 2. Lief. und 2. Heft. *Lemberg* 1856 u. 1857. Gedruckt bei *Michael Poremba*. 78 S. u. 115 S. 8°.
INHALT. Nachgelassene Schriften Abraham Kohns. Herausgegeben von *Joseph Kobak*. **I. Heft.** 78 S. 8°. 1856. Enthält die Biographie Abraham Kohn's von seinem Sohn *Jacob Kohn*, und gottesdienstliche Vorträge über die zwei ersten der 10 Gebote. **II. Heft.** 145 S. 8°. 1857. Gottesdienstliche Vorträge über die andern acht der 10 Gebote.

Jeschurun. Zeitschrift für die Wissenschaft des Judenthums. Gesammelt und hrsg. von Jos. Kobak. Deutsche Abthl. 1857. 1. Heft. gr. 8. (44 S.) Lemberg. (Leipzig, Hunger) **

—— dass. — Hebräische Abthl. 1. Jahrg. 3 Hefte. gr. 8. (252 S. mit Beilage 15 S.) Lemberg 856. 57. (Leipzig, Hunger.) [1. und 2. Heft à ** 12 Ngr., 3. Heft ** 20 Ngr.] **

Jeschurun. יתי עתי מכתב ישרון ספר Zeitschrift für die Wissenschaft des Judenthums, gesammelt und herausgegeben von *Joseph Kobak*, als verantwortlichem Redakteur. Hebräische Abtheilung. *Lemberg* 1856. Gedruckt bei *Michael F. Poremba*. Heft I., II. 1856. 32 und 64 S. 8°.

INHALT. **I. Heft.** Geometrische Erklärung über die Zahlen 1—10 von *Eben Esra*. — Schriften *Restel*. a. Freundschaftsbriefe. b. Gedicht über den Tod eines Weisen. — Brief von Prupt Duran an Rabbi Maier Karkas, eine Abhandlung über menschlichen Verstand. — Vortrag über die Ideen v. Kant und Fichte. — Erklärungen einiger Stellen des Talmud Jeruschalmi. — **II. Heft.** Vorrede zur Uebersetzung des Buches Sefer Hamizwoth von Maimonides aus dem Arabischen ins Hebräische. — Anmerkungen zum Buche (Sefer hajochsin) von Rabbi Hirsch aus Berlin. — Erklärungen einiger Synonimen. — Erklärungen einiger Stellen des Midrasch von *Sal. Baber*. — Anmerkungen zu den Erklärungen von *J. Kobak*. — Abhandlung über die freie Wahl des Menschen und die Vorsehung Gottes von *L. E. Igel*. Ueber die Opferschlacht nach der Zerstörung Jerusalems v. *S. L. Rappoport*, Rabbiner in Prag. — Erklärungen zweier Stellen des Talmud Jeruschalmi von *Kaszenellnsohn*. — Erklärungen einiger Stellen des Jalkof durch *Chaim Josef Pollak* und *Maier Simon*.

—— dass. — Deutsche Abthl. Jahrg. 1858. 4 Hefte. gr. 8. Ebendas. **

Jeschurun. Zeitschrift für die Wissenschaft des Judenthums. Gesammelt und herausg. von Jos. Kobak, als verantw. Red. *Lemberg* 1857—58. *Mich. F. Poremba*. Deutsche Abtheil. Jhrg. II., Heft 1. u. 2. 70 S., 8°.
Erscheint in Quartalhftn. u. kostet jährl. 1 fl. 30 kr.

INHALT. **1. Heft.** Ueber die Opfer des alten Testamentes. (Forts.) Von Dr. *L. Lewysohn* in Worms (p. 1, 35). — Literarische Correspondenz. Von Dr. *B. Beer* in Dresden. (p. 17). — R. Jehuda Leon da Modena über den Zweck der Weltschöpfung. Von *David Oppenheim*, Rabbiner zu Gr. Beeskerek (p. 19). — Analekten: I. Dr. B. Beer. II. Dawid Oppenheim. III. Dr. L. Lewysohn in Worms. IV. Kobak. — Recensionen und Anzeigen. (Jüdische Literaturbriefe, besprochen von *J. L. M.* in Lemberg). (p. 29). — Bibliographisches (p. 32). — **2. Heft.** Ueber einige Werke des Mos. Rieti. Von *Leop. Dukes* (p. 59). — Kritische Bemerkungen der Rabbinen über die Vulgata. Von *D. Oppenheim*, Rabb. zu Gr. Beeskerek (p. 60). — Analekten: I. Leopold Dukes II. Dr. Carmoly III. Joach. Jos. Pollak (p. 67). — Bibliographisches (p. 69).

Jeschurun. ישרון Zeitschrift für die Wissenschaft des Judenthums. Gesammelt u. herausgegeben von Joseph Kobak als verantwortlichem Redakteur. *Lemberg* 1857—58. Gedruckt bei *Mich. F. Poremba*. 40 S. 8°. II. Jahrg. Hebräische Abtheilung.

—— dass. — 3. Jahrg. 1859. Deutsche und hebräische Abthl. gr. 8. (Hebr. Abthl. 95 S.) Breslau. Leipzig, Hunger. **

—— Zeitschrift für die Wissenschaft des Judenthums. Redact.: Jos. Kobak. 4. Jahrg. 5624. Deutsche und hebräische Abthl. à 4 Hefte. 8. (414 S.) Fürth 864. (Leipzig, Leiner.) *

—— Zeitschrift für die Wissenschaft des Judenthums. Redact.: Jos. Kobak. 5.—7. Jahrg. [5631—5633]. 8. (VIII, 144 S.) Breslau 869—71, Skutsch. à Jahrg. * 3 —
—— dass. — Deutsche Abthl. Jahrg. 5632. [Bd. VIII.] 4 Hefte. 8. (à ca. Heft 40 S.) Ebendas. 871. * 3 —

Jeschurun. Zeitschrift für die Wissenschaft des Judenthums. Redact.: Jos. Kobak. 9. Jahrg. [5633]. Deutsche Abthl. 4 Hefte. 8. (à Heft 64 S.) Bamberg 876, (Schmidt'sche Buchh.) *

—— Ein Monatsblatt für und über Israel im Verein mit Freunden Israels hrsg. von Klee. 1. und 2. Jahrg. 1859 und 1860. à Jahrg. 12 Hefte. (à 1—2 Bog.) gr. 8. Berlin, Schlawitz. à Jahrg. * 15 Ngr. *

Jeschurun. Ein Monatsblatt für und über Israel im Verein mit Freunden Israels hrsg. von Klee. 3. Jahrg. 1861. 12 Hefte. (à 1—2 Bog.) gr. 8. Berlin, [Beck.] Thlr. *

Jeschurun. Israelitisches Gemeinde- u. Familien-Journal. Hrsg.: A. Levin. 1. Jahrg. Oktbr. 1892—Septbr. 1893. 52 Nrn. (à ca. 2 Bog.) gr. 4. Königsberg i/Pr., E. Moser. n. 8. —

Jeschurun. Organ f. die geist. u. sozialen Interessen des Judenthums. Red.: Koenigsberger. 1. Jahrg. 1901. 52 Nrn. gr. 8. (à ca. 32 S.) Pleschen, Rabbiner Dr. Königsberger. n.n. 8. —

Jeselsohn, Max: Zur Auslegung des Paragraphen 216 R.-St.-G.-B. [*Mannheim*] *1896: Mannh. Vereinsdr.* (53 S.) 8° [J.]
Erlangen, Jur. Diss. v. [März] 1896

Jesenko: Geschah die Erstürmung Roms unter dem Herzog Karl von Bourbon mit oder ohne Vorwissen Kaisers Karl V. 38 S. 8°–Goerz, Progr. 1864

Jeserich, *Johann Heinrich* Bruno [app. Arzt aus Berlin]: Über Aortenaneurysmen ... München, Druck v. Gebr. Haertl, *1894*; 31 S. 8.
Leipzig, Med. Fak., Inaug.-Diss. v. 5. Juni 1894

Die preußischen Provinzen. Ein Beitr. z. Verwaltgs- u. Verfassgsreform. Von Kurt **Jeserich**. — Berlin-Friedenau: Deutscher Kommunal-Verl. 1931. XV, 292 S. 8°
(Schriftenreihe d. Kommunalwiss. Instituts an der Univ. Berlin Bd. 6.)

Jeserich, Paul

Jeserich P, die Mikrophotographie. Berlin 1880

Jeserich, Paul, die Mikrophotographie auf Bromsilbergelatine bei natürlichem und künstlichem Lichte unter ganz besond. Berücksicht. des Kalklichtes. gr. 8. (XIV, 246 S. mit 60 Holzschn. und 4 Taf. in Lichtdr.) Berlin 888, Springer. geb.

Jeßlanu, Isidor, Wird der Mensch nach dem Tode leben? Durch den Occultismus erbrachte Beweise f. die Unsterblichkeit u. f. die Fortdauer der persönl. Individualität nach dem Tode. gr. 8. (XXV, 864 S.) Jena (900). Berlin, H. Costenoble. n. 10.—

Jesina, Jos., Románi čib oder die Zigeuner-Sprache [Grammatik, Wörterbuch, Chrestomathie]. 3. verm. Aufl. [1. deutsche Ausg.] gr. 8. (VI, 240 S.) Leipzig 886, List und Francke. *

Jesinger Alois: Quellenuntersuchung zu Tiecks „Alla Moddin".
II. 1909 PN 2805 Diss. Wien, Univ.

Tabelle der Prozentualen Spannungsverluste bei Gleich-, Ein- u. Dreiphasenwechselstrom f. d. Querschnitte 1,5÷150 qmm berechnet von Fritz **Jesinghaus**, Ingen. Berlin: J. Springer 1906. (11 S.) 8° [06. 11686

Flammenblitze. Gedichte v. Walter **Jesinghaus**. *Erfurt: Moos 1897.* (8 Bl., 112 S.) 1 Bd 8. [98. 3149 II

Flammenblitze. Gedichte v. Walter **Jesinghaus**. 2. Aufl. *Leipzig, Erfurt & Zürich: E. Moos 1898.* (8 Bl., 112 S.) 1 Bd 8. [98. 2930

Jesinghaus, Walt., Flammenblitze. Gedichte. 2. Aufl. 16. (XVI, 112 S.) Erfurt 898. Bonn, E. Moos. n. 1. —; geb. n. 2. —

— quo tendimus? Ein Wort an Theologen u. andere Studierende, s.: Cyklus academischer Broschüren.

Jesinghaus, Walt., Scherz u. Ernst meiner Jugend. Gedichte. 8. (VIII, 104 S.) Marburg 898. O. Ehrhardt. Geb. in Leinw. n. 2. —

[F.] Sehnsuchtsklänge. Gedichte v. Walter Jesinghaus. *Leipzig, Erfurt, Zürich: E. Moos 1897.* (4 Bl., 132 S.) 1 Bd 8. [97. 2290

Jesinghaus, Walt., Nietzsches Stellung zu Weib, Liebe u. Ehe. (104 S. m. 4 Bildnissen u. 4 S. in Fksm.) kl. 8. Leipzig (907). F. Rothbarth. 1.50; geb. n 2. 50

— Streben u. Arbeiten auf d. deutschen Hochschulen, } s.: Cyklus academ. Broschüren.
— unsere Universitätsprofessoren, }

Jesinghaus, Walter, aus Barmen: Der innere Zusammenhang der Gedanken vom Übermenschen bei Nietzsche. *Bonn 1901: C. Georgi.* (51 S.) 8°
Bonn, Phil. Diss. v. 10. Aug. 1901

Jesionek, Alb., casuistischer Beitrag zur Lehre vom Fungus durae matris, s.a. Abhandlungen, Münchener medicinische.

Jesionek, Albert [app. Arzt aus Lindau]: Casuistischer Beitrag zur Lehre vom Fungus durae matris ... München, J. F. Lehmann, 1894; 1 Bl., 20 S., 1 Taf. 8.
München, Med. Fak., Inaug.-Diss. v. 1894

Jesionek, Alb., s.: Ergebnisse, praktische, auf dem Gebiete der Haut- u. Geschlechtskrankheiten.

— Lichtbiologie, s.a. Wissenschaft, die. 32. Heft.

Lichtbiologie. Die experimentellen Grundlagen d. modernen Lichtbehandlung zsgest. von Dr. Albert Jesionek, Prof. Braunschweig: Vieweg 1910. VIII, 177 S. 8°
(Die Wissenschaft. H. 32.) [09. 17630

Jesionek, Albert, Dr., Assist. an d. dermatol. Klinik: Aus d. K. dermatol. Klinik u. d. pathol. Institut d. Universität München. Zur Pathologie der secundär-luetischen Erkrankung der Lymphdrüsen. *München 1901: E. Mühlthaler.* (82 S.) 8°
München, Med. Hab.-Schr. v. 1901

Jesionek, Hieron., französische Formenlehre in Tabellen. gr. 8. (40 S.) Lindau 870, Ludwig. 1 —
—— dass. — 2. Aufl. Lex.-8. (35 S.) Augsburg 874, Rieger'sche Buchh. cart. * 1 20

Jesionek, Hieronim, französische Formenlehre in Tabellen. 3. Aufl. Lex.-8. (36 S.) Augsburg 881. Rieger. cart. n. 1. 20; französ. Conjugationsheft dazu. 4. (8 B.) n. — 20; 15 Bog. cart. n. — 70

Jesionek, Hieronim, französische Formenlehre in Tabellen. 4. Aufl. Lex.-8. (36 S.) Augsburg 892. M. Rieger. Kart. n. 1. 20

—— und Jules Magnenat, französisches Lesebuch aus der Geschichte des Alterthums. 2 Bde. gr. 8. Ebendas. 871. * 5 30
Inhalt:
Bd. 1. Darstellungen aus der Mythologie und den Heroensagen. (X, 270 S.) *ℳ. 2,50.
» 2. Darstellungen aus der griechischen und römischen Geschichte. (VIII, 261 S.) *ℳ. 2,80.

Jeske, Ernst, zweistimmige Choräle f. den Gebrauch an Torgauer Schulen. gr. 8. (6 S.) Torgau 892. F. Jacob. — 15

Jeske, Franz, Referendar: Die Ergänzung des Pflichtteils wegen Schenkungen nach dem Bürgerlichen Gesetzbuche unter Berücksichtigung des gemeinen Rechts. *Greifswald 1901: J. Abel.* (58 S.) 8°
Greifswald, Jur. Diss. v. [6. Aug.] 1901

Jeske, Georg: Die Kunst Hartmanns von Aue als Epiker, verglichen mit der seiner Nachahmer. Greifswald 1909: Kunike. 123 S. 8°
Greifswald, Phil. Diss. v. 18. Juni 1909, Ref. Stosch
[Geb. 15. Okt. 84 Dittersbach i. Schl.; Wohnort: Stralsund; Staatsangeh.: Preußen; Vorbildung: Realgymn. Stralsund Reife O. 04; Studium: Greifswald 4, Berlin 2, Greifswald 4 S.; Rig. 13. März 09.] [U 09. 1530

Jeske-Choinski, Thdr., eine Sonne im Erlöschen. Histor. Roman aus d. Zeit d. röm. Kaisers Marc Aurel u. s. Kämpfe m. d. Germanen. Genehm. Uebertragg. aus d. Poln. v. J. Glinkiewicz. 2 Bde. 8. (398 u. 256 S.) Köln 898. J. P. Bachem. n. 6. —; geb. n. 9. —

[F.] Eine Sonne im Erlöschen. Histor. Roman aus d. Zeit d. röm. Kaisers Marc Aurel u. seiner Kämpfe m. d. Germanen. Von Theodor Jeske-Choiński. Genehmigte Uebertragg a. d. Poln. v. J. Glinkiewicz. 2. Aufl. Bd 1. 2. *Köln a. Rh.: J. P. Bachem [1899].* 2 Bde 8.
1. (2 Bl., 398 S.) 2. (2 Bl., 256 S.) [99. 4434

Eine Sonne im Erlöschen. Hist. Roman aus d. Zeit d. röm. Kaisers Marc Aurel. Von Theodor Jeske-Choiński. Genehm. Uebertr. aus d. Polnischen von Józef Glinkiewicz. 3. Aufl. *Köln: J. P. Bachem [1903].* (606 S.) 8° [F.] [04. 14187 6

Eine Sonne im Erlöschen. Hist. Roman aus d. Zeit d. röm. Kaisers Marc Aurel. Von Theodor Jeske-Choiński. Genehm. Übertr. aus d. Poln. von Józef Glinkiewicz. 4. Aufl. Köln: J. P. Bachem [1904]. (606 S.) 8° [F.] [04. 136

Jeslè, Franz Xav(er) (Ed.):

s.: Swieten, Gerard Freiherr van: Oratio de morte dubia. Viennae: 1778

JB 5.261

Jesnizer

—. s. a. Jesnitzer.

Jesnizer, Johann Carl (Zwickau), Quaestio juris controv. an detur depositum irregulare. Präs. D. Fried. Gottlieb Zoller. Lpz. (Langenheim) 10. II. 1775. 18 S. (5.—) 16793
Gew.: Christian Ludwig v. Hagedorn.

— — (Leipzig), Quaestionem utrum emphyteuta ante motam actionem privatoriam offerendo canonem moram purgare possit? Diss. jur. Lpz. (Loeper) 15. IV. 1777. 30 S. (6.20) 16794
Gew.: Christian Gotthelf Frh. v. Gutschmidt (Kleinwoelmersdorf).

(— —). — Ordinarius senior et rel. doct. facult. jurid Lipsiensis summos in jure honores viro

Johann Carl Jesnizer (Zwickau). — Rhapsodiae supplementa. Lpz. (Langenheim) 19. IV. 1777. 15 S. mit Biogr. (M.: J. E. Ehemann.) (5.50) 16795

Jesora, Hch., neue Kunstschmiede-Arbeiten. Entwürfe f. Geländer, Füllungsgitter, Tore, Einfriedigg. etc. (31 Taf. u. Titelbl.) 41×31 cm. Dresden (909). G. Kühtmann. In Mappe 18. —

Johann Jesper's Neuvermehrtes Rechenbuch nach Preussischer Münze. Königsb. 8. 2 Alph. 7 Bog.
1709

Jespersen, Otto

Jespersen, O., the articulations of speech sounds represented by means of analphabetic symbols. gr. 8. (II, 94 S.) Marburg 889. Elwert's Verl. n. 2. 80

Jespersen, Otto, spoken English, s.: **True, E. Th.**

Jespersen, Otto, Ergänzungsheft zu Spoken English 8. (III, 61 S. m. 1 Abbildg.) Leipzig 899. O. R. Reisland. n. — 80; kart. n. 1. —

Jespersen, Otto, a modern English grammar on historical principles. s.a. **Bibliothek, germanische. I, 9.**

A modern English grammar. On hist. principles by Otto **Jespersen.** P. 1. Heidelberg: Winter 1909. 8°
(Germanische Bibliothek. Abt 1, Reihe 1, Bd 9.) [09. 10928 2

Jespersen, Otto, Growth and structure of the English language. (IV, 260 S.) 8. Leipzig 905. B. G. Teubner. Geb. in Leinw. n. 3 —

Otto **Jespersen.** Phonetische Grundfragen. Mit 2 Fig. *Leipzig & Berlin: B. G. Teubner 1904.* (185 S.) 8° [04. 1930

Otto **Jespersen.** Lehrbuch der Phonetik (Fonetik, en systematisk fremstilling af læren om sproglyd). Autor. Übers. von Hermann Davidsen. Mit 2 Taf. *Leipzig & Berlin: B. G. Teubner 1904.* (IV, 254 S.) 8° [04. 1930

— John Hart's pronunciation of English (1569 and 1570), s.a. **Forschungen, anglistische.**

John Hart's Pronunciation of English (1569 and 1570). By Otto **Jespersen.** Heidelberg: C. Winter 1907. (IV, 123 S.) 8°
— **Forschungen.** Anglistische. H. 22. [07. 17677

— Der neue Sprachunterricht, s. XVIII. Bd. 2. Abthl. S. 661, Studien, englische. 10. Bd. 3. Heft.

— s.: Weltsprache u. Wissenschaft.

Jess, Adolf: Aus der Univ.-Augenklin. zu Göttingen. Ein Fall von Sarkom der Chorioidea in frühem Kindesalter. Mit 1 Taf. Leipzig: W. Engelmann 1908. 13 S. 8° ¶(Aus: v. Graefe's Archiv f. Ophthalmol. Bd 69, H. 2.)
Göttingen, Med. Diss. v. 16. Jan. 1909, Ref. v. Hippel
[Geb. 7. März 83 Bordesholm; Wohnort: Bremerhaven; Staatsangeh.: Preußen; Vorbildung: Gymn. Marburg Reife O. 02: Studium: Tübingen 1, Marburg 5, Göttingen 4, Berlin 1 S.; Coll. 15. Juli 08; Approb. 21. Dez. 08.] [U 09. 1310

Jess, Carl, s. Jess, Karl

Jeß, Ernst, approb. Arzt aus Leipzig: Ein Beitrag zur Lehre vom induzierten Irresein. *Kiel 1903: Schmidt & Klaunig.* (17 S.) 8°
Kiel, Med. Diss. v. [21 März] 1903

Jess, Friedrich v.: Die Schlacht von Idstedt fasslich dargestellt nach vorhandenen Quellen und eigener Erinnerung von einem Kampfgenossen [d. i.: Friedrich v. Jess]. Mit einem Anhang: Die Todtenfeier und die Weihe des Denkmals auf dem Schlachtfelde am 25. Juli 1869. Schleswig. 1869. 8°

Jess, Hartwig, August Friedrich Ernst Langbein u. seine Verserzähl., s.a. **Forschungen zur neueren Litteraturgeschichte. XXI.**

Jess, Hartwig: August Friedrich Ernst Langbein und seine Verserzählungen. *Berlin: A. Duncker 1902.* (IV, 65 S.) 8° ¶[Erschien vollst. 1902 als: Forschungen zur neueren Litteraturgesch., 21.]
Leipzig, Phil. Diss. v. [1. Mai] 1902

August Friedrich Ernst Langbein und seine Verserzählungen. Von Hartwig **Jess.** *Berlin: A. Duncker 1902.* (VIII, 181 S.) 8°
= Forschungen z. neueren Litteraturgeschichte. 21. [02. 9313

Jess, Karl

Jess, Carl, appr. Arzt a. Lügumgaard: Aus dem Pathologischen Institute zu Kiel. Über Gastritis flegmonosa bei Magenkrebs. Kiel 1906: Schmidt & Klaunig. (20 S.) 8°
Kiel, Med. Fak., Ref. Heller, Diss. v. 24. Sept. 1906
[Geb. 23. Dez. 80 Lügumgaard; Wohnort: Lügumgaard; Staatsangeh.: Preußen; Vorbildung: Gymn. Husum Reife O. 01; Studium: Heidelberg 1, München 1, Kiel 8 S.; Coll. 5. Mai 06; Approb. 17. März 06.]

Jess, Paul

Jess, Der Bazillus der Hundestaupe (Febris cat. epizoot. canum). S.-A. a. d. C. f. B. Jena 99. Fischer.

Jess, Paul: Beiträge zur vergleichenden Anatomie der Haut der Haussäugetiere. Mit Taf. Leipzig 1896. 58 S.
Basel, Phil. Diss. v. 1896.
Aus: Internat. Monatsschrift für Anat. u. Phys. Bd 13.

Kompendium der Bacteriologie und Blutserumtherapie für Tierärzte u. Studierende von Dr. Paul **Jess,** Tierarzt. *Berlin: R. Schoetz 1901.* (X, 102 S.) 8° [01. 1850

Kompendium der Bakteriologie und Blutserumtherapie für Tierärzte und Studierende von Dr. Paul **Jeß,** Kreistierarzt. 2., rev. u. verm. Aufl. Mit 20 Mikrophotogr. u. 8 Abb. *Berlin: R. Schoetz 1903.* (X, 142 S.) 8° [04. 0005

Jess, Rudolf *Carl Ernst* [app. Arzt aus Itzehoe]: Aus d. Kgl. Augenklinik zu Kiel. Morbiditäts-Statistik der Königlichen Universitäts-Augenklinik zu Kiel vom Jahre 1872 bis zum Jahre 1896 ... Kiel, Druck v. L. Handorff, 1897; 18 S., 1 Bl., 1 Taf. 8.
Kiel, Med. Fak., Inaug.-Diss. v. [20. März] 1897

Jeß, Thdr., Bekenntnißkirche oder Landeskirche? Vortrag auf der schleswig-holstein. kirchl. Conferenz zu Preetz am 20. Juli 1871 gehalten. gr. 8. (44 S.) Kiel 871, Schwers'sche Buchh. — 75

Jeß, Thdr., zur Erinnerung an die Konfirmation. 8. (40 S.) Kiel 893. Lipsius & Tischer. n. — 60

Jeß, Thdr., üb. den christlichen Glauben. Vorträge. 8. (VIII, 107 S.) Freiburg i/B. 892. J. C. B. Mohr. n. 2. —

Jess, Th., s. Kirchen- u. Schulblatt für d. Herzogth. Schleswig, Holstein etc.

Jess, Theodor [Hrsg.], s. Kirchen- und Schulblatt, Schleswig-Holsteinisches.

Jeß, Thdr., über die Neuordnung der Gemeinde. Ein Beitrag zur Kritik des Kieler Entwurfs einer evangel. Gemeindeordnung. gr. 8. (48 S.) Itzehoe 865, Nusser.

Jeß, Th., Predigt, bei der Einweihung der St. Jakobi-Kirche in Kiel am 8. Juni gehalten. gr. 8. (11 S.) Kiel 886, Lipsius und Tischer. *

—— nicht Priesterherrschaft, sondern Gemeinderecht. Zur Beleuchtung der von Herrn Baron v. Meurer zu Krummendiek veröffentl. „Warnung". gr. 8. (20 S.) Itzehoe 868, Nusser. * — 40

—— die Unionsfrage und die schleswig-holsteinische Landeskirche. Drei Aufsätze. gr. 8. (VI, 116 S.) Kiel 870, Schwers'sche Buchh. * 1 80

—— zur kirchlichen Verfassungsfrage. Reisestudien. gr. 8. (VII, 143 S.) Itzehoe 868, Nusser. * 1 50

Zur Erinnerung an die am 2. Mai 1890 in Gegenwart Ihrer Königlichen Hoheiten des Prinzen und der Frau Prinzessin Heinrich von Preussen und Ihrer Königlichen Hoheit der Frau Erbprinzessin von Sachsen-Meiningen, Prinzessin von Preussen vollzogene Einweihung des Kaiser Wilhelm I. Stiftes in Kiel. (Durch [Theodor Wilhelm] Jess.) Kiel. 1890. 8°.

Jeß, Thdr. Wilh. Worte d. Erinnerung, s. Mau, H.

Jesse, Gottfried [pr. Arzt aus Westernkotten. (Westfalen)]: Die Bedeutung des Abganges von Kindspech während der Geburt. . . . Marburg, Univ.-Buchdr. (R. Friedrich), 1888; 2 Bl. + 87 + 1 S. 8°
Marburg, Med. Fak., Inaug.-Diss. v. [29. Dez.] 1888

Jesse, J. E. K. Chr., d. Schachspiel. Ein episch. Lehrgedicht, s. a. Vida.

Jesse, J. E. K. Chr., das Schachspiel. Ein episches Lehrgedicht. Uebers. nach Vida. Mit e. Vorw. v. Schläger. (A. d. „Gemeinnütz. Blättern" abgedr.) 8. (3 B.) Hannover 830, (Hellwing.)

JESSE, CAROL(US): Maria, eine zärtliche Mutter der Gnad . . . an dem hohen Festtage der Heimsuchung Mariae Pressburg (1763): Druck. Landerer. (16 f.) - 4°

Jesse, O. Untersuchungen über die sogenannten leuchtenden Wolken. Berlin 1890.

Jesse, O., die mitteleuropäische Zeit. Ein Wort an die Stadt- u. Landbewohner u. die Schulen, zur Erläuterg. der am 1. Apr. 1893 in das bürgerl. Leben einzuführ. neuen Zeitrechng. gr. 8. (5 S. m. 1 farb. Karte.) Berlin 893. D. Reimer. n. — 60

Jesse, Richard: Die **Fische** Mecklenburgs. *Waren 1903: C. Quandt.* (S. 1—34.) 4°
Waren, st. G, OP 1903 (750)

Jesse, R., das v. Maltzan'sche naturhistorische Museum f. Mecklenburg in Waren. gr. 8. (43 S.) Güstrow (902). (Opitz & Co.) n. — 50
Sonderabdruck aus: „Archiv d. Vereins d. Freunde d. Naturgesch. in Mecklenburg".

Jesse, W. v: Rentirt der Dampfpflug? (Wien 1881)

Jessel, Henry R., aus Buffalo, N. Y.: Ein **Beitrag** zur Kenntnis der Purinkörper. *Berlin (1900): E. Ebering.* (47 S.) 8°
Berlin, Phil. Diss. v. 4. Aug. 1900

Jessel, K.: Die Insel Fehmarn, s. Voss, Johannes

Jessel, Louis, Glasmalerei u. Kunst-Verglasung, unter Mitwirkg. v. bedeut. Malern u. Architecten. 60 Quart-Taf. m. Text. 6 Lfgn. gr. 4. Berlin 884 - 86. (Claesen & Co.) à n. 7. 50 (cplt. in Mappe: n. 45. —)

Glasmalerei und Kunst-Verglasung v. Louis **Jessel**. Unter Mitwirkg v. bedeut. Malern u. Architekten. 60 Taf. 2. Aufl. *Berlin: B. Hessling [1896].* (4 Bl., 60 Taf.) 1 Bd 2. [98. 1334

Jessel, Otto, a. Crivitz: Die induktive Methode bei Eduard v. Hartmann. Hamburg 1907: Hartung & Co. (70 S.) 8° [J.]
Kiel, Phil. Fak., Ref. Martius, Diss. v. 12. Jan. 1907
[Geb. 4. Apr. 76 Crivitz in Mecklenburg-Schwerin; Wohnort: Hamburg; Staatsangeh.: Hamburg; Vorbildung: Wilhelms-Gymn. Hamburg Reife M. 00; Studium: Berlin 2, Kiel 6 S.; Rig. 15. Dez. 06.]

Jessel, Rob. (geb. Leobschütz Febr. 1819): De spasmorum natura et causis. Berolini (1841). (28 S.) 8°
Berlin, Med. Diss. v 6. Aug. 1841

Jessel, S.: Warum gibt es so wenige Componistinnen? Vortrag . . . geh. . . . in d. Ortsgruppe d. Allg. Deutschen Frauenvereins zu Frankfurt a. M. — Frankfurt a. M. 1898: Horstmann. 14 S. 8°

Jessen [Sachliches OW]

Luise Jessen. Gedenkblatt gewidmet v. Berliner Verein f. Ferien-Kolonien. (Berlin: Berl. f. Ferienkolonien 1909.) 22 S. 8°

Jessen [Schlagwort]

Jessen, Kr. Schweinitz, s. Preussen. Messtischblätter.

Jessen, Kr. Spremberg, s. Preussen. Messtischblätter.

Jessen [Verfasser]

Denkschrift, betreffend die Unterstützung von Lokal-Eisenbahnen in der Provinz Schleswig-Holstein aus provinzialständischen Fonds. [Verf.: (Jessen).] (Kiel. 1883.) 4° [Kopf

†Jessen [Ludwig von Osten], s. Golenischtschew-Kutusow.

Jessen, über climatische Kuren. gr. 8. (48 S.) Berlin 881. G. Reimer. n. — 80

Jessen, A. Chr.

—— s. Ambros, Jos.

Jessen, A. Chr., Astern, — bunte Blätter, — Blüthenkranz, — Knospen, } s.: Heller, S.

Jessen, A. Chr. (Hrsg.), s. Centralblatt für pädagogische Literatur.

Jessen, A. Chr., geborgene Garben. Gedanken u. Erinnergn. e. deutschen Lehrers. I. Bd. (VII, 368 S.) 8. Leipzig 907. E. Wunderlich. n. 3. —; geb. n. 3. 80

—— Lesebuch für die oberen Classen [beziehungsweise Abthlgn.] der Landschulen. 1.—4. Aufl. gr. 8. (IV, 336 S. mit eingedr. Holzschn.) Ebendas. 871—75. *

—— Lesebuch für Landschulen. 1. und 2. Thl. gr. 8. Wien 874, Pichler's Wwe. und Sohn. *
Inhalt:
Thl. 1. Unterstufe. (109 S. mit eingedr. Holzschn.) * 60 Pf.
" 2. Mittelschule. (194 S. mit eingedr. Holzschn.) * M 1,10.

— Lesebuch f. Volks- u. Bürgerschulen, s.: Binstorfer, M.

—— Liederborn. Ein- und mehrstimm. Lieder, gesammelt, geordnet und zum Gebrauche für Volks- und Bürgerschulen und für gesell. Kreise hrsg. 4 Hefte. 16. Wien 870—74, Pichler's Wwe. und Sohn. *

Inhalt:

Heft 1. Frühling. 1.—19. Ster.-Aufl. (32 S.) 20 Pf.
" 2. Sommer. 1.—9. Ster.-Aufl. (48 S.) 30 Pf.
" 3. Herbst. 1.—11. Ster.-Aufl. (32 S.) 20 Pf.
" 4. Winter. 1.—8. Ster.-Aufl. (32 S.) 20 Pf.

—— Liederborn. Ein- und mehrstimmige Lieder, gesammelt, geordnet und zum Gebrauche für Volks- und Bürgerschulen und für gesellige Kreise hrsg. 4 Hefte. gr. 16. Wien 875—78, Pichler's Wwe. und Sohn.

Inhalt:

Heft 1. Frühling. 20.—31. Aufl. (32 S.) 16 Pf.
" 2. Sommer. 10.—33. Aufl. (48 S.) 24 Pf.
" 3. Herbst. 12.—37. Aufl. (32 S.) 16 Pf.
" 4. Winter. 9.—37. Aufl. (32 S.) 16 Pf.

Jessen, A. Chr., Liederborn. Ein- und zweistimmige Lieder gesammelt, geordnet und zum Gebrauche für Volks- und Bürgerschulen herausgegeben. 1. Heft. 60. Auflage. Inh.: Frühling. kl. 8. (32 S.) geh. 8 kr.
— — 2. Heft. 39. Auflage. Inh.: Sommer. kl. 8. (48 S.) geh. 12 kr.
Wien: Pichler 1882.

Jessen, A. Chr., Liederborn. Ein- und zweistimm. Lieder, gesammelt, geordnet und zum Gebrauche für Volks- und Bürgerschulen hrsg. 4 Hefte in 1 Bd. Ster.-Ausg. 8. Wien 888, Pichler's Wwe. und Sohn. cart. *

Inhalt:

Heft 1. Frühling. (32 S.)
" 2. Sommer. (48 S.)
" 3. Herbst. (32 S.)
" 4. Winter. (32 S.)

Jessen, A. Chr., Liederborn. Ein- u. zweistimm. Lieder, gesammelt, geordnet u. zum Gebrauche f. allgemeine Volksschulen hrsg. 4 Hfte. Neue Ster.-Ausg. 16. Wien 890. Pichler's Wwe. & Sohn. n. — 72; in 1 Bd. cart. n. — 90
1. 3. 4. (à III. 32 S.) à n. — 16. — 2. (III, 48 S.) n. — 24.

Jessen, A. Chr., Liederborn. Ein- u. zweistimm. Lieder, gesammelt, geordn. u. z. Gebr. f. allgem. Volksschulen hrsg. Ster.-Ausg. 4 Hfte. 12. Wien 896. A. Pichler's Wwe. & Sohn. n. — 72; in 1 Bd. kart. n. — 90

1. 46. Aufl. (III, 32 S.) n. — 16
2. 29. Aufl. (III, 48 S.) n. — 24
3. 32. Aufl. (III, 32 S.) n. — 16
4. 30. Aufl. (III, 32 S.) n. — 16

Jessen, A. Chr., Liederborn. Ein- und zweistimmige Lieder für allgemeine Volksschulen. (Frühling, Sommer, Herbst und Winter. 12. (32, 48, 32 und 32 S) Geb. * —.45
Wien: Pichler 1897.

— dasselbe. Ster.-Ausg. 1898. Nach d. neuen Orthographie verb., sonst unveränd. Abdr. (4 Hfte. in 1 Bd.) 12. (32, 48, 32 u. 32 S.) Ebd. 898. Kart. n. — 90

—— kleiner Liederborn. Ein- und mehrstimm. Lieder, gesammelt, geordnet und zum Gebrauche für Volks- und Bürgerschulen und für gesell. Kreise hrsg. 1.—5. Aufl. 16. (60 S.) Ebendas. 871—74.

—— kleiner Liederborn. Ein- und zweistimm. Lieder, gesammelt, geordnet und zum Gebrauche für Volks- und Bürgerschulen hrsg. 6.—16. Aufl. 12. (56 S.) Ebendas. 880—82.

—— kleiner Liederborn. Ein- und zweistimm. Lieder, gesammelt, geordnet und zum Gebrauche für Volks- und Bürgerschulen hrsg. 17.—23. Aufl. 12. (56 S.) Ebendas. 885—88. **

— kleiner Liederborn. Ein- u. zweistimm. Lieder, gesammelt, geordnet u. zum Gebrauche f. allgemeine Volksschulen hrsg. 24. Aufl. 16. (56 S.) Ebd. 890. n. — 30

Kleiner Liederborn. Ein- und zweistimmige Lieder. Gesammelt, geordnet und zum Gebrauche für allgemeine Volksschulen herausgegeben von A. Chr. Jessen. 26. Auflage. (Mit hohem k. k. Ministerial-Erlass zulässig erklärt.) Nach der neuen Orthographie verbesserter. sonst unveränderter Abdruck der mit hohem k. k. Ministerial-Erlass vom 10. Mai 1879, Z. 6379, zulässig erklärten 15. Auflage. Wien. 1901. Pichler's W. & S. 8°. 56 S. K —.30

—— Liederbuch für österreichische Volks- und Bürgerschulen, s. Vogl, A.

—— pädagogische Skizzen. gr. 8. (III, 155 S.) Ebendas. 870. *

— pädagogische Skizzen. Neue Folge. gr. 8. (III, 148 S.) Ebend. 874. (h) n. 2. —

—— pädagogische Skizzen. 3. Bd. gr. 8. (163 S.) Wien 876, Pichler's Wwe. und Sohn.
1. und 2. Bd. Ebendas. 1871.74. à ℳ 2.

Jessen, A. Chr., s.a. Volks- u. Jugend-Bibliothek.

— Volks- u. Jugendbibliothek. 8., 43. u. 116.—120. Bdchn. 12. (Mit je 1 Titelbild.) Wien, A. Pichler's Wwe. & Sohn. Kart. à — 70

8. Rübezahl. Märlein f. Klein u. Groß. Von Ludw. Bowitsch. 5. Aufl. (II, 67 S.) (902.)
43. Die bauende Thierwelt. Beschreibung der wichtigeren Thierbaue nach fremden u. eigenen Beobachtungen. 1. Abth.: Wohnungen u. Baue der Säugethiere u. Vögel. Von Frdr. K. Knauer. Mit 27 Abbildgn. 2. Aufl. (VI, 74 S.) (901.)
116. Allerlei Schwank. Heitere Erzählgn., Schwänke, Märchen, Fabeln u. Gedichte f. die Jugend u. das Volk. Von Jos. Oertler. 3. Bdchn. (78 S.) (899.)
117. Deutsche Volksbücher. Für die Jugend bearb. Von Ferd. Frank. 2. Bdchn. Die Haimonskinder. Herzog Ernst. (104 S.) (899.)
118. Walters Lehr- u. Wanderjahre. Eine Erzählg. f. die Jugend. Von Adf. Brunnlechner. (VI, 76 S.) (899.)
119. Wahr u. treu. Eine Erzählg. Von Joh. Mach. (78 S.) (899.)
120. Garnhändler u. Fabrikant. 2 Lebensbilder f. Knaben über 12 Jahre. Von Ferd. Thomas. (IX, 83 S.) (899.)

— Volks- u. Jugendbibliothek. 5. 31. u. 33. Bdchn. 12. Wien, A. Pichler's Wwe. & Sohn. Kart. à — 70

5. Bärwelf. Die älteste deutsche Heldensage. Der reiferen Jugend erzählt. Von F. L. Kobány i. 3. Aufl. (II, 80 S. m. Titelbild.) (903.)
31. Kaiser Josef II. Von Frz. Frisch. 2. Aufl. (III, 88 S. m. Titelbild.) (903.)
33. Lehr- u. Wanderjahre. Eine Erzählg. aus dem Handwerkerleben für die Jugend u. fürs Volk. Von Rob. Niedergesäß. 5. Aufl. (II, 92 S. m. Titelbild.) (903.)

— österr. Volks- u. Jugendbibliothek. Nr. 7, 46 u. 93 - 115. 12. (Mit je 1 Titelbild.) Ebd. Kart. à — 70

7. Zur Geschichte d. Culturpflanzen. Von Ign. Lutzmayer. 3. Aufl. (77 S. m. Abb. u. Titelbild.) 896.
46. D. schönsten Sagen d. griech. Alterthums. Erzählt v. Herm. Mehl. 2. Aufl. (IV, 57 S. m. Titelbild.) 896.
93. D. Erbrichter v. Liebengrund. Erzählgn. aus d. Volksleben f. d. Jugend u. d. Volk v. Jos. Steigl. 3. Thl. (102 S.) 894.
94. Tinleu. E. Erzählg. aus d. Zeit d. Kuruzzenkrieges. Von Johs. Wille. (61 S.) 894.
95. D. Schatzgräber. Eine Erzählg. f. die Jugend. Von Ctl. Staudigl. (53 S.) 894.
96. In sturmbewegter Zeit. E. Erzählg. a. d. deutsch-französ. Kriege 1870—71 f. die reifere Jugend v. F. Czekansky. (94 S.) 894.
97. Alpenwandergn. Von Joh. Sima. (50 S.) 894.
98. Hanna. E. Erzählg. v. Joh. Mach. (60 S.) 894.
99. Durch Fessan nach d. Lande d. räuber. Felsen-Tubu. Aus d. Reiseerlebnissen d. berühmten Afrikaforschers Gust. Nachtigal f. d. Jugend bearb. v. Heinr. Schullg. (62 S.) 894.
100. Der Ulmenhof. E. Erzählg. Von F. Czekansky. (102 S.) 894.
101. Treue Freundschaft. Erzählg. f. d. Jugend u. f. d. Volk v. Jos. Steigl. (III, 93 S.) 896.
102. Rosen u. Dornen. Erzählgn. v. B. Schlegel. (II, 73 S.) 896.
103. Durch eigene Kraft. Lebensbild e. österreich. Bildhauers (Vincenz Pilz). Der Jugend erzählt von J. Oertler. (49 S.) 896.
104. In d. Dachstube. Eine Erzählg. f. d. Jugend. Von Ferd. Frank. (92 S.) 896.
105. Hans. Erzählg. f. meine jungen Freunde v. Joh. Mach. (53 S.) 896.
106. Unterwegs. Kleine Erzählgn. Von Hans Fraungruber. (67 S.) 896.

107. 111. Allerlei Schwank. Heitere Erzählgn., Schwänke, Märchen, Fabeln, f. die Jugend u. das Volk. Von Jos. Gertler. 1. u. 2. Bdchn. (70 u. 111, 79 S.) 896.
108. Verschollen. Erzählg. von J. Müller. (80 S.) 897.
109. D. Savoyardenbrüder. Für die Jugend bearb. Von Alois Andreas u. Peter Scholz. (74 S.) 897.
110. Am Wege gepflückt. Neue Erzählgn. Von V. Schlegel. (94 S.) 896.
112. Deutsche Volksbücher. Für d. Jugend bearb. Von Ferd. Frank. 1. Bdchn. Der gehörnte Siegfried. Der arme Heinrich. Die Schildbürger. (93 S.) 897.
113. Getrennt-Vereint. E. Erzählg. f. d. Jugend. Von Wenzel Böhm. (112 S.) 897.
114. Blumen u. Blüten. Erzählgn. f. d. Jugend. Von Osc. Staudigl. (93 S.) 897.
115. Aus d. Wandermappe. Erzählgn. u. Gedichte. Von Hans Fraungruber. (86 S.) 897.

v. Jessen, Alexander: Ueber die Landwirthschaft im mittleren Rußland vor und nach der Aufhebung der Leibeigenschaft unter besonderer Berücksichtigung des Gouvernements Kursk .... Leipzig (Druck v. G. Reusche) 1887; 2 Bl. + 68 S. 8°.
Leipzig, Phil. Fak., Inaug.-Diss. v. 11. Aug. 1887.

Jessen, Alex v., über die Landwirthschaft im mittleren Rußland vor und nach der Aufhebung der Leibeigenschaft unter besond. Berücksicht. des Gouvernements Kursk. Inaugural-Dissertation. gr. 8. (68 S.) Leipzig 887, (Fock.) *

Jessen, Amalie, die bürgerliche Küche für alle Tage des Jahres. Ein zuverläss. u. leichtfaßl. Lehrbuch der Kochkunst. (XVI, 325 S.) 8. Dresden 906. M. Seyfert. Geb. n. 3. 50

Ⓑ Jessen, Amalie, d. bürgerl. Küche. 906. Jetzt: Hamburg, H. Bandholdt. Erm. Pr. geb. 3. —

Jessen C.: Über Ausgaben und Handschriften der medizinisch-naturhistorischen Werke der heiligen Hildegard: 1. Über Anzahl und Titel der Schriften. 2. *Hildegardis liber simplicis medicinae*. S. 15. 1.57 .... ver.
Separatabdruck

Jessen, C., Handbuch der pharmaceutischen Botanik, von Dr. Otto Berg. Zweite nach einem erweiterten Plane vollständig umgearbeitete Auflage. I. Bd. Botanik. Berlin 1848. Auch unter dem Titel: Botanik von Dr. Otto Berg etc. Zweite neu bearbeitete Auflage der pharmaceutischen Botanik.

— Referat über „Handbuch der pharmaceutischen Botanik" von Dr. Otto Berg. 1851

Jessen, C., Ueb. den religiösen Standpunkt des Euripides. II. Pr. 1849. 14 S. 4°.

Jessen, Carl ..., s. Jessen, Karl ...

Jessen, Chr., († d. 12. April 1812.) Confirmationsrede. 4. Schlesw. 779. Christiani. 2 ß

— Gelegenheitsreden. gr. 8. Schlesw. 784. (Hammerich in Alt.) 8 ß

Jessen, Christian

Jessen, Chr., Vorgeschichte der Haderslebener lateinischen Schule, zugleich ein Beitrag zur Geschichte des Collegiatstifts in Hadersleben. gr. 4. (33 S.) Hadersleben 867. (Kiel, Schwers'sche Buchh.) *

Markblomster af Anna [Christiane Jessen]. 1.—2. Deel. Flensborg. 1852. 8°.

JESSEN, DETL. WILLERS, Diss. inaug. sistens nonnulla ad theoriam abscessus metastatici. Kiliæ. 1835. 4. P.

Jessen, E., Über einige Hauptpunkte der germanischen Mythologie. Autorisirte Übersetzung von Minna Riess. Gardelegen 1882. 8. .... 0.

[F.] Die Hauptströmungen des Religiösen Lebens der Jetztzeit in Dänemark. Dargest. v. E. A. F. Jessen, Pastor in Rapstedt. *Gütersloh: C. Bertelsmann 1895.* (VI S., 1 Bl., 170 S.) 1 Bd 8.

Denkschrift für die Errichtung eines zahnärztlichen Instituts an der Kaiser-Wilhelms-Universität Strassburg, zugleich 9. Jahresbericht d. Poliklinik f. Zahnkrankheiten f. d. J. 1901/02. Von Ernst Jessen. *Berlin: E. Simonis [1902].* (32 S.) 8°
(Odontologische Blätter).

Jessen, Ernst, Lehrbuch der Zahnheilkunde f. Ärzte u. Studierende. gr. 8. (XI, 152 S. m. 134 Holzschn.) Wien 890. Deuticke. n. 4. —

Jessen, Ernst, Lehrbuch d. prakt. Zahnheilkunde f. Aerzte u. Studirende. 2., verm. u. verb. Aufl. gr. 8. (XVIII, 237 S. m. 189 Holzschn.) Wien 899. F. Deuticke. n. 6. —

Jessen, Ernst, Merkbüchlein f. Zahnpflege, s. a. Flugschriften der Zentralstelle f. Volkswohlfahrt. I.

Jessen, Merkbüchlein für Zahnpflege. Berlin 1909. 8°.
(Flugschriften d. Zentralstelle f. Volkswohlfahrt. H. 1.)

Jessen, die Notwendigkeit zahnärztl. Schulung f. den prakt. Arzt u. seine Einführung in die mod. Zahnheilkunde, s.: Abhandlungen, Würzburger, aus dem Gesamtgebiet der prakt. Medizin. II. 12.

Jessen, Ernst, gesunde u. kranke Zähne. Nach der Natur gemalt v. E. Kretz. 80×100,5 cm. (Mit farb. Abbildgn.) Strassburg 904. L. Beust. n. 10. —; m. Stäben n. 10. 60

— u. Bruno Stehle, gesunde u. kranke Zähne. Wandtafel f. Schulen. 96×81 cm. Farbdr. Strassburg (908). L. Beust. Mit Leinw.-Rand u. Stäben 6. —; engl. u. schwed. Ausg. à 6. —

— die Zähne u. ihre Pflege. Plakat (m. Abbildgn.) 66×80 cm. Straßburg (902.) J. H. E. Heitz. n. 1. 50

— Zahnhygiene in Schule u. Haus. Eine Ergänzg. u. Erläuterg. der Wandtafel „Die Zähne u. ihre Pflege" m. 12 Abbildgn. u. 2 Taf. 1.—2. Taus. (47 S.) gr. 8. Ebd. 903. n. 2. 40

Zahnhygiene in Schule und Heer von Privatd. Dr. [Ernst] Jessen, Stabsarzt Dr. [Otto] Loos u. Zahnarzt Schlaeger. *Straßburg: J. H. E. Heitz 1904.* (206 S.) 2°(4°) [F.]

Jessen u. Stehle, kleine Zahnkunde f. Schule u. Haus. Zugleich e. Handreichg. zu der Schulwandtafel: Gesunde u. kranke Zähne. (V, 64 S. m. Abb.) 8. Strassburg 909. L. Beust. Geb. in Leinw. 1. 40

Zahnpflege im Kindesalter von Prof. Dr. Ernst Jessen, Dir. in Strassburg. Leipzig & Berlin: B. G. Teubner 1906. (16 S.) 8°

Die Zahnpflege in der Schule vom Standpunkt des Arztes, des Schulmannes und des Verwaltungsbeamten von Prof. Dr. med. Ernst Jessen, Th. Motz, Kreisschulinsp., u. Reg.-Ass. Dominicus. Mit Abb. u. Taf. Straßburg i. E.: L. Beust 1905. (VIII, 67 S.) 8°

Jessen, F., u. Th. Lüning, Hülfstafeln zur schnellen Berechnung v. Deviations-Tabellen f. den Regelkompass eiserner Schiffe. 4. (XXIV, 164 S.) Flensburg 884. (Meyer.) geb. n. 9. —

Jessen, F., Indikationen u. Kontraindikationen des Hochgebirges, s.: Abhandlungen, Würzburger, aus dem Gesamtgebiet der praktischen Medizin. VI. 12.

Jessen, Franz von [Hrsg.], s. Kopenhagen. Die Hauptstadt Dänemarks.

Soziale Krankenpflege in Krankenhäusern. Von Dr. F[riedrich] Jessen, Oberarzt in Hamburg. Mit 14 Abb. *Jena: G. Fischer 1904.* (VIII, 478 S.) 4°(8°)
— Handbuch d. sozialen Medizin. Bd 4, [1.]

— dasselbe, s.a. Handbuch der sozialen Medizin. 4. Bd.

Jessen, F., Luftuntersuchgn. in Hamburger Arbeiterwohnungen, s.a. Festschrift zur Feier d. 80jähr. Stiftungsfestes d. ärztl. Vereins zu Hamburg.

Jessen, F.
Luftuntersuchungen in Hamburger Arbeiterwohnungen. Leipzig, 1896. 8vo.

Jessen, F[riedrich]. Lungenschwindsucht und Nervensystem, von Dr. F. J'... in Davos. Mit einer Abbildung im Text. IV + 112 S. 8. Jena, Gustav Fischer, 1905. [M. 2. —]

Jessen, F[riedrich]. Über Radioaktivität in der Davoser Luft. Separatabdruck aus Heft 2 der Annalen der Schweiz. Balneologischen Gesellschaft. S. 7—9. 8. Aarau, H. R. Sauerländer & Co., [1906].

Jessen, Friedrich [aus Altona]: Ein Fall von Tracheobronchostenosis luetica .... Würzburg, k. Universitätsdr. v. H. Stürtz, 1887; 23 + 1 S. 8°
Würzburg, Med. Fak., Inaug.-Diss. v. 1887

Jessen, Fritz, Referendar: Das Sparkassenbuch und die Uebertragung des Sparkassen-Guthabens. Strassburg: Beust 1908. 47 S. 8°
Würzburg, Jur. Diss. v. 21. Sept. 1908, Ref. v. Burckhard
[Geb. 21. Aug. 86 Straßburg; Wohnort: Straßburg; Staatsangeh.: Elsaß-Lothringen; Vorbildung: Gymn. Straßburg Reife Juli 04; Studium: Tübingen 3, Straßburg 3, Edinburg 1 S.; Rig. 23. Juli 08.] [U 09. 4057

H. Jessen: Helgolander. Kolor. Lithogr. Hamburg. o. J. Fol.
—— Helgoländerin. Kolor. Lithogr. ebd. o. J. 4°, geb. in Fol.

Jessen, H., Schriftformen. (2 S. auf Karton.) 8. Kiel (1905). (R. Cordes.) n.n. — 05

Jessen, H., Schriftformen u. Schreibregeln f. d. Schulunterricht Entwickelt a. d. Elementen. 4. (4 S. m. 1 Abb.) Kiel 898. E. Marquardsen n. — 10; ohne Schreibregeln (2 S.) — 03; auf Kartonpap. — 05

Jessen, H., Deutsche Schulfibel, s.: Lucks, J. H.

— kurzer Weg zur Erlernung der Rundschrift. (4 S.) 8. Ebd. (905.) n.n. — 25

Kurzer Weg zur Erlernung der Rundschrift, bearb. v. H. Jessen. Kiel. [1906.] 8°

Jessen, H. K., Gottfried Keller, s.: Vortrags-Entwürfe, hrsg. vom deutschnationalen Handlungsgehilfen-Verband in Hamburg.

Jessen, Hans, Beitrag zur Entwicklungsgeschichte der Epithelialkrebse. Inaugural-Dissertation. gr. 8. (33 S.) Dorpat 883, (Karow.) *

Jessen, Hans, J. H. Thomson, nebst Proben seiner Dichtkunst. 8. Copenh. 783. Brummer. 4 g/

Jessen, Heinrich, a. Riga in Livland (Rußland): Über einige neue Derivate der α-Truxillsäure und über ihren Vergleich mit der β-γ-Diphenyladipinsäure. (Berlin 1906: G. Schade.) (53 S.) 8°
Berlin, Phil. Fak., Ref. Gabriel, Diss. v. 28. Juli 1906
[Geb. 29. Jan. 82 Riga; Wohnort: Riga; Staatsangeh.: Rußland; Vorbildung: Oberrealsch. Riga Juni 00; Studium: Charlottenburg T.H. 4, Berlin 5 S.; Rig. 5. Juli 06.]

Jessen, Heinr., s.: Rundschau, pädagogische.

(Jessen, H[einrich].) (Trachten aus Alt-Hamburg.) [Hamburg.] (Verlag von B. S. Berendsohn) o. J.
20 Taf. in kol. Lithogr. 8°.
35 Taf. dem vorigen Werk entnommen.

Jessen, [J.], grammatischer Leitfaden der englischen Sprache. 8. (22 S.) Leipzig 879, Sigismund und Volkening. *

Jessen, J., über das Wesen, die Ansteckungsfähigkeit der Lungenseuche, sowie über die gesetzlich vorgeschriebenen und sonstigen öffentlichen Maaßregeln gegen dieselbe. Eine medicinisch-polizeil. Abhandlung. gr. 8. (87 S.) Glückstadt 857. (Hamburg, Würger.) *

Jessen, J. C.

—— die Sonn- und Festtagsevangelien des evangelisch-lutherischen Kirchenjahrs. Für Kirche, Schule und Haus ausgelegt in Predigten. 1. Bd.: Weihnachts- und Osterkreis. 1. Heft. gr. 8. (80 S.) Heiligenhafen 861. Lübeck, v. Rohden'sche Buchh. *

Jessen, J. C., die Sonn- und Festtagsevangelien des evangelisch-lutherischen Kirchenjahres. Für Kirche, Schule und Haus ausgelegt in Predigten. 1. Bd. Weihnachts- und Osterkreis. 2.—7. Heft. gr. 8. (X und S. 81—526.) Heiligenhafen 862,63. Lübeck, v. Rohden'sche Buchh. à Lfg. * 7½ Ngr. *
1. Lfg. Ebendas. 1861. * 7½ Ngr.

Jessen, Jarno, s.: Byron's, Lord, Briefe.

— Die Kaiserin Friedrich, s.a. Kultur, die.

Die Kaiserin Friedrich von Jarno Jessen. Mit 10 Vollbild. u. 1 Faks. Berlin: Bard, Marquardt & Co. (1907). (72 S.) 8°
— Kultur, Die. Bd 14. [07. 4960

Jessen, Jarno. Anton Graff. (Aus Anlass der bei Schulte in Berlin stattfindenden Kollektivausstellung.) [Mit 7 Porträts.] 4.
In: Nordwest. (Jahrg. 1.) Heft 7. [1910.] (Berlin.) Wolf Wertheim. M. —. 20. S. 199—202.

Jessen, Jarno, William Hogarth, s.a. Kunst, die. 12. Bd.

William Hogarth von Jarno Jessen. Mit 1 Photograv. u. 9 Vollbildern. *Berlin: J. Bard [1903].* (69 S.) 8°
— Kunst, Die. Bd 12. [03. ...

— Präraffaelismus, s.a. Kunst, die. 45. Bd.

Präraffaelismus von Jarno Jessen. Mit 1 Heliogr., 14 Vollbild. u. Buchschmuck von W. Crane. (Berlin): Bard, Marquardt & Co. [1906]. (65 S.) 8°
— Kunst, Die. Bd 45. [06. ...

— Rossetti, s.a. Künstler-Monographien. 77.

Jessen J. Rossetti. (95 S) (Künstler-Monographien. 77) Bielefeld 1905

Jessen, Jarno, George Frederick Watts, s.a. Künstlerbuch, das. VII.

George Frederick Watts von Jarro Jessen. *Berlin & Leipzig: Schuster & Loeffler 1901.* (104 S.) 8°
— Meissner, Franz Herm.: Das Künstlerbuch. Bd 7. [01. 1272]

Jessen, Jes, Coldenbuettelensis: Quaestiunculae criticae et exegeticae. *Kiliae 1901: P. Peters.* (34 S.) 8°
Kiel, Phil. Diss. v. 10. [Aug.] 1901

Jessen, J., Quaestiunculae criticae et exegeticae. Diss. 1901. 34 S.
Ueb. Thucydides, Plato, Xenophon, Euripides.

Neue Curiositäten-Sammlung. Gesammlet u. hrgg. v. J * * * [d. i.: Johann Jessen]. Flensburg. 1780. 8°.

Jessen, Johann *Christian* [app. Arzt aus Bredstedt]: Aus d. Laboratorium d. pharmakognost. Sammlung in Kiel. Über Papaverin und Kryptopin. ... Kiel, Druck v. A. F. Jensen, 1891; 17 S., 1 Bl. 8°
Kiel, Med. Fak., Inaug.-Diss. v. [28. Apr.] 1891

Jessen, Joh., üb. Papaverin u. Kryptopin. Diss. gr. 8. (17 S.) Kiel 891. (Unevkow & v. Gellhorn.) n. — 80

Jessen, Johan Christian: Die Empfindungen der Ehrfurcht. Liebe und Dankbarkeit ... [Trauergedicht auf Christian Ernst Lundius, Consistorial-Rath, † 29. Jan. 1767.] — Flensburg 1767: Serringhausen. 2 Bl. 2°

Jessen, Johann Christian Martin

Jessen, Gesch. u. Kritik d. Schul- u. Unterrichtswesens in Schlesw.-Holstein. Hamburg 860.

Jessen, J. C., Grundzüge zur Geschichte und Kritik des Schul- und Unterrichtswesens der Herzogth. Schleswig und Holstein, vom christl. wissenschaftl. Standpunkte. gr. 8. (XI und 420 S.) Hamburg 860, [Nolte.] *

Jessen, J. C., welche Hindernisse stehen der weitern Verbreitung der wechselseitigen Schuleinrichtung entgegen, u. wie sind dieselben zweckmäßig zu beseitigen? Beantwortet. gr. 8. Schleswig 840. Bruhn. 1/3 ₰

Jessen, Jul. Apollonius von Tyana u. sein Biograph Philostratus. 36 S. Progr. Joh. Gel. *Hamburg* 1885.

Jessen, Jul., Apollonius v. Tyana und sein Biograph Philostratus. gr. 4. (36 S.) Hamburg 885, Herold'sche Buchh. **

Jessen, Julius De elocutione Philonis Alexandrini. 8 (S. 1—12). In: H. Sauppe natalem octoges. celebranti congratulatur Progr. G. Johanneum *Hamburg* 1889. Nicht im Tauschverkehr.

Jessen, J., de elocutione Philonis Alexandri. — G. Loithaeuser, der Gigantenfries von Pergamon u. die Laokoongruppe. Lex.-8. (IV, 37 S.) Hamburg 889. (Herold's Verl.) n. 2.—

Jessen, J., Gesammtregister des Textes zu Curtius, E., u. J. A. Kaupert, Karten v. Attika, s.: **Anhang**: Karten u. Pläne.

— Zu Lucrez' Leben und Dichtung. S.-A. 1869. 9 S.

Jessen, J.: Über Lukrez und sein Verhältnis zu Catull und Späteren. 20 S.– Kiel, Progr. 1872.

Jessen, J., Quaestiones Lucretianae. Diss. 1868. 40 S.

Jessen, Karl

Jessen, K., u. M. **Girndt**, Leitfaden der Baustofflehre, s.a. Unterricht, der, an Baugewerkschulen. 1.

Leitfaden der Baustofflehre für Baugewerkschulen von K[arl] **Jessen**, Dir., u. Prof. M[artin] Girndt, Magdeburg. Mit 36 Fig. Leipzig & Berlin: B. G. Teubner 1905. (III, 84 S.) 8°
— **Unterricht**, Der, an Baugewerkschulen. 1. [o8. 1038

Leitfaden der Baustofflehre für Baugewerkschulen und verwandte bautechnische Fachschulen von K[arl] **Jessen**, Reg.R., u. Prof. M[artin] Girndt. 2. verm. Aufl. Mit 70 Fig. Leipzig & Berlin: B. G. Teubner 1907. (V, 110 S.) 8°
— **Unterricht**, Der, an Baugewerkschulen. 1. [o8. 3033

Jessen, Carl, einsichtige Liebe und Geistesbildung die Grundgesetze des Christenthums. Aus dem Urtext des Evangeliums nachgewiesen. Lex.-8. (28 S.) Berlin 888, R. Schaeffer. *

—— der lebenden Wesen Ursprung und Fortdauer nach Glauben und Wissen aller Zeiten, sowie nach eigenen Forschungen. gr. 8. (VII, 344 S. mit 2 Taf. Abbild.) Berlin 885, [Abenheim.] Lüstenöder. [*ℳ 7.—] *

Jessen, Karl Detlev, Heinses Stellung zur bildenden Kunst u. ihrer Ästhetik, s.a. Palaestra.

Jessen, Karl Detlev, aus Winnemark i. Schlesw.-Holst.: **Heinses Stellung zur bildenden Kunst und ihrer Ästhetik. T. 1. Bis Italien.** *Berlin: Mayer & Müller 1901.* (45 S.) 8° ¶(Erscheint vollst. als: Palaestra, H. 21.)
Berlin. Phil. Diss. v. 10. Juli 1901

Heinses Stellung zur bildenden Kunst und ihrer Ästhetik. Zugl. e. Beitrag z. Quellenkunde d. Ardinghello. Von Dr. Karl Detlev **Jessen**. *Berlin: Mayer & Müller 1901.* (XVIII, 225 S.) 8°
— Palaestra. 21. [o2. o[illegible] 10

Jessen, Karl Friedrich Wilhelm

Jessen, Karl F. W., Botanik der Gegenwart und Vorzeit in culturhistorischer Entwickelung. Ein Beitrag zur Geschichte der abendländischen Völker. Leipzig 864. Brockhaus. gr. 8. (XXII, 495 S.) n. 2 ₰ 15 ngr

Jessen, Carl F. W., deutsche Excursions-Flora. Die Pflanzen des deutschen Reichs und Deutsch-Oesterreichs nördlich der Alpen mit Einschluss der Nutzpflanzen und Zierhölzer tabellarisch und geographisch bearb. Mit 34 (eingedr.) Orig.-Holzschn., 320 verschiedene Zeichnungen enth., geschn. von Ad. Closs, Stuttgart. gr. 16. (IX, 32 und 711 S.) Hannover 879, Cohen's Verlag. *ℳ 9,50.; geb. *

—— Deutschlands Gräser und Getreidearten zu leichter Erkenntniss nach dem Wuchse, den Blättern, Blüthen und Früchten zusammengestellt und für die Land- und Forstwirthschaft nach Vorkommen und Nutzen ausführlich beschrieben. Lex.-8. (XII und 300 S. mit 208 eingedr. Holzschn.) Leipzig 863, T. O. Weigel. *

Jessen, C. F. W., üb. d. Lebensdauer d. Gewächse. Eine gekrönte Preisschrift. gr. 4. (Breslau u.) Bonn, 1855. Weber. 2. 20

Jessen, C. F. W., über die Lebensdauer der Gewächse. Eine gekrönte Preisschrift. (Für die kaiserl. Leopold.-Carol. Akademie der Naturforscher.) gr. 4. (VI und 182 S.) Bonn 855, Weber. Thlr. *

Jessen, Car. Frdr. Guil., Prasiolae generis Algarum monographia. Dissertatio inaug. botanica. 4maj. (20 S. und 2 Stnt.) Kiliae 848, Libr. academica. *

— die deutschen **Volksnamen** der Pflanzen, s.: Pritzel, G.

Jessen, Carl, was heißt Botanik? Ein Vortrag gehalten zu Greifswald den 15. Decbr. 1860. gr. 8. (26 S.) Leipzig 861, T. O. Weigel.

Jessen, Karl Ludwig Joachim Tycho

Jessen, über die Anwendung von Klinkerstraßen in den Marschdistricten der Herzogthümer Holstein u. Schleswig. Mit einem Anhange u. 3 (lith.) Figurentaf. (in Fol.) Kiel 856. (Itzehoe, Nusser.) gr. 8. (1 Bl., 75 S.) n. 16 ngr.

Erinnerungen an ... den vormals schleswig-holsteinischen Regierungsrath Arnold Gotthold **Engel**. geschrieben zum 20. Nov. 1899 (v. Louise Jessen, geb. Engel). Als Manuscript gedruckt. (Berlin. 1899.) 8°.

Jessen, Markus

Jessen, M., Entwurf einer allgem. Vorlesung d. Erziehungsschulen ꝛc., s. a. Schriften der Holstein.-patriot. Gesellschaft. 2r Bd.

(**Jessen M.**): Entwurf einer allgemeinen Verfassung d. öffentlichen Erziehungsschulen in Städten. Gekr. Preisschr. Altona 1818. 335 S. (= Schriften d. schleswig-holstein. patriot. Gesellschaft. Bd. 2 H. 1/2). 731.

Jessen, [Otto] (geb. Kiel 8. 1. 1849): Zur Aetiologie und neuesten Geschichte der Febris recurrens. Berlin [o. J.] (32 S.) 8°
Berlin, Med. Diss.
nachgeliefert v. dem am 19. Juli 1870 auf Grund gedruckter Thesen promov. Verf.

Gutachten betreffend die von Einem Hochehrwürdigen Ministerium durch ein vom 29. December v. J. datirtes Schreiben beantragte Verlegung des Sonntagsunterrichts der Allgemeinen Gewerbeschule. (Von **Otto Jessen.**) Als Manuscript für die Lehrer der Allgemeinen Gewerbeschule gedruckt. Hamburg. 1878. 8°.

Jessen, Otto [Hamburgensis]: Prolegomena in catalogum Argonautarum. . . . Berolini, typ. expr. Gustavus Schade (Otto Francke) (1889): 48 S. + 1 Bl. 8°
Berlin, Phil. Fak., Inaug.-Diss. v. 9. März 1889

JESSEN, PAUL CONR. (autor), Diss. inaug. med. de siti. Jenæ. 1751. 4. P. [Præs. Georg. Erh. Hamborger]. (M. Progr.).

Jessen, Peter

Jessen P.: [»Mindre Afhandlinger om Kvægpesten og dens Indpodning«. 10 P. i 1 Vol. 1852-72].
(Ueber die gänzliche Ausrottung d. Rinderpest. Dorpat 1852. 36 S. — Ueber die patholog. Erscheinungen auf der Mundschleimhaut in der geimpften Rinderpest u. deren Werth f. die Diagnose derselben. (Veter.-Progr.). Sat. 1857. 24 S. — 1. Bericht üb. die Impfungen d. Rinderpest in dem Impfinstitute auf dem Gute Karlowka d. Poltawaschen Gouvernement. Sst. 1858. 37 S. — Einige Worte z. Beleuchtung d. Aufsatzes: Üb. pestartige Rinderkrankheiten v. A. Witowsky. Sst. 1862. 15 S — Die Rinderpest u. ihre Impfung, in den Gouvernements Cherson u. Orenburg. Sst. 1863. 56 S. — Die Rinderpestfrage im Orenburgischen Gouvernement. St. Petersb. 1864. 15 S. (Særtr.). — Die Rinderpestfrage d. Gegenwart in ihrer Bedeutung für Westeuropa. Berl. 1865. 28 S. — Vorschläge z. Erforschung d. Rinderpest auf internationalem Wege. [Wien 1868]. 9 S. (Særtr.). — Ueber die neuesten Fortschritte in Bezug auf die Massregeln z. Tilgung d. Rinderpest in Russland. [Augsb. 1870]. 8 S. (Særtr.). — Die Rinderpest in einer Heerde v. Steppenvieh auf dem Gute Schloss-Neuhausen 1871. Dorpat 1872. 24 S.).

Jessen, Peter, über die gänzliche Ausrottung der Rinderpest. gr. 8. (36 S.) Dorpat 852, (Glaeser's Verlag.) *

Jessen P, Dänische Ausstellung Kunstgewerbe u Baukunst in Berlin 1910,11. (46 S)
Berlin 1910

Jessen, Peter, die erste Ausstellung von Pferden aus Gesammtrussland. In Moscau, im Septbr. 1866. Nach authent. Quellen. Lex.-8. (27 S.) Dorpat 867, Gläser's Verlag. *

Jessen, P., italienische Barock- u. Rococo-Decken, s. a. Vorbilder-Hefte aus dem kgl. Kunstgewerbe-Museum zu Berlin.

Vorbilderhefte aus dem Kunstgewerbemuseum zu Berlin. Heft 16: Italienische Barock- u Rokoko-Decken. Herausg. von P Jessen. (12 T) fol [VS] Berlin 1893

Jessen, Peter, erster Bericht über die Impfungen der Rinderpest in dem Impfinstitute auf dem Gute Karlowka, im Poltawaschen Gouvernement. Lex.-8. (37 S. mit 2 Stnt. in Fol. und qu. gr. Fol.) Dorpat 858, (Glaeser's Verlag.) *

— Beitrag z. Geschichte d. Rinderpest. I-V. (1 Vol.). (Dorpat 1873-75). (38) S. 4°.
(Beilagen z. »Baltischen Wochenschrift«).

Jessen P. das Buch als Kunstwerk. (31 S) Berlin 1900

Jessen, Peter (Arnold) (geb. Altona 11. 7. 1858): Die Darstellung des Weltgerichts im Mittelalter. Berlin (1882). (24 S.) 4° * Vollst. ersch. Berlin: Weidmann 1883.
Berlin, Phil. Diss. v. 23. Dez. 1882

Jessen, P., die Darstellung d. Weltgerichts bis auf Michelangelo. Eine kunsthistor. Untersuchg. Mit 8 Taf. in Lichtdr. gr. 4. (III, 68 S.) Berlin 883. Weidmann. n. 10. —

— farbige Entwürfe f. decorative Malereien aus der Zeit des Rococo. In Farbenlichtdr. nachgebildet v. Alb. Frisch nach Orig.-Zeichngn. aus der Bibliothek des königl. Kunstgewerbe-Museums zu Berlin, hrsg. v. P. J. gr. Fol. (12 Taf m. 1 Bl. Text.) Berlin 894. (G. Siemens.) Leipzig, Baumgärtner. In Mappe. n. 25.—

—— über die pathologischen Erscheinungen auf der Mundschleimhaut in der geimpften Rinderpest und deren Werth für die Diagnose derselben. gr. 8. (24 S.) Dorpat 857, (Glaeser's Verlag.) *

Jessen, P., zur Frage üb. die Reinheit der Race des Orlow'schen Träberpferdes. Aus den Russ. übers. gr. 8. (142 S.) Wien 873. Braumüller. 2. -

Jessen, P[eter]: Zur Frage: Von der Selbstentwickelung der Rinderpest in den Steppenheerden, auch ausserhalb ihrer Heimath. (Dorpat 1871.) 22 S. 4°

Königl. Museen. Berlin. Kunstgewerbe-Museum. Führer durch die Sonderausstellung Buntpapiere, Mai–Juni Juli 1907. (Verf.: Peter **Jessen.**) ([Berlin: Kgl. Museen] 1907.) (20 S.) 8° [07. 8973

Jessen P, Führer durch die Sonderausstellung: die Buchkunst der alten Meister Berlin 1906/07. (29 S) Berlin 1906

Jessen P, Führer d. d. Sonderausstell. Grabsteinkunst Berlin 1908. (16 S) Berlin 1908

Kgl. Museen. Berlin. Kunstgewerbe-Mus. Führer durch die Sonderausstellung die Kunst im Buchdruck Nov. Dez. 1898. (Vf.: Peter **Jessen.**) *Berlin: (Buchh. O. v. Holten) 1898.* (23 S.) 1 Bd 8. [98. 11008

Kgl. Museen. Berlin. Kunstgewerbe-Museum. Führer für d. Sonderausstellung Die Kunst im neueren Buchdruck. Dez. 1904–Jan. 1905. (Verf.: Peter **Jessen.**) Berlin 1904: (Büxenstein). 30 S. 8° [05. 10320 7

Königl. Museen. Berlin. Kunstgewerbe-Museum. Führer für die Sonderausstellung 'Die Kunst im neueren Buchdruck'. Dezember 1904–Januar 1905. (Verf.: Peter **Jessen.**) 2. Aufl. Berlin 1904: (W. Büxenstein). (31 S.) 8° [08. 14036 11

Jessen P, Führer durch die Sonderausstellung: Die Kunst auf dem Lande. Berlin 1905. (28 S) Berlin 1905

Kgl. Kunstgewerbe-Museum. Führer durch die Sonderausstellung alte und neue Posamenten Mai-August 1900. (Verf.: Peter **Jessen.**) Berlin 1900: v. Holten. 15 S. 8° [10. 2110

Jessen, P., Gartenanlagen u. Gartendecorationen, nach alten Vorbildern hrsg. gr. Fol. (34 Lichtdr.-Taf. m. III, 6 S. Text.) Berlin 892. E. Wasmuth. In Mappe n. 25. –

-- Ueber den Gebrauch d. arabischen Messers z. Ausschneiden d. Hufe für den Beschlag u. um ihm die normale Form zu erhalten, u. einige Abänderungen dieses Instrumentes. [Wien 1868]. 11 S. 1 Tvl. (Særtr.). P.

Jessen, P., das Asyl Hornheim, die Behörden und das Publikum. gr. 8. (VII und 123 S.) Kiel 862, Homann. *

Jessen P.: Neu zusammengestellter Hufbeschlagkasten. St. Petersb. 1857. 8 S. 1 Tvl. (Særtr.). P.

—— neu zusammengestellter Hufbeschlagkasten. gr. 8. (8 S. mit 1 Stnt. Abbild. in gr. 4.) St. Petersburg 858. (Dorpat, Glaeser's Verlag.) *
Aus: Mittheilungen der kaiserl. freien ökonom. Gesellschaft, besonders abgedruckt.

—— die nothwendigsten Huf- und Klaueneisen, und die Hauptregeln beim Hufbeschlage. Als Erläuterung zu der von dem stellvertretenden Lehrschmied Carl Friedr. Arndt angefertigten Sammlung von Muster-Hufeisen. 8. (38 S. mit 3 Stnt. in qu. gr. 4.) Dorpat 853, (Glaeser's Verlag.) *

[Jessen P.]: Kann u. muss etwas geschehen, damit der sogenannte Milzbrand . . . nicht wieder ähnliche Verheerungen anrichte, wie das in diesem Jahre in den Ostseeprovinzen der Fall gewesen ist? Dorpat 1868. 27 S. P.
(= Mittheil." d. kaiserl. livländ. gemeinnütz. u. oeconom. Societät. 1868. Nr. 4).

— s.: Katalog der Ornamentstich-Sammlung des Kunstgewerbe-Museums der königl. Museen zu Berlin.

Jessen, P., d. deutsche Kunstgewerbe u. d. Zeichenunterricht. Vortrag, geh. auf d. 8. Wanderversammlg. d. Verbandes deutscher Gewerbeschulmänner Pfingsten 1896. [Aus: „Zeitschr. f. gewerbl. Unterr."] 8. (23 S.) Leipzig 897. Seemann & Co. n. — 40

Jessen, P., Mittheilungen aus dem Veterinairfache. gr. 8. (VIII und 76 S.) Dorpat 849, Gläser's Verlag.

Jessen, P., s.: Normallehrgang f. den Papparbeits-Unterricht.

— das Ornament des Rococo u. seine Vorstufen. 120 Taf. nach Zeichngn. v. Frz. Paukert, Ad. Lackner, M. Bertram u. a. Mit erläut. Text v. J. Imp.-4. (24 S.) Leipzig 894. E. A. Seemann. Geb. in Leinw. 21. —

—— Physiologie des menschlichen Denkens. gr. 8. (VII, 370 S.) Hannover 872, Cohen und Risch. *

Jessen, Peter [Hrsg.], s. Raupach, M.: Bericht aus dem Impfinstitut zu Karlowka ...

[Jessen P.]: Reisefrüchte I-III (1 H.). (Dorpat 1872). 12 S. 1 Tvl. (Særtr.). P.

Jessen, P., die Rinderpest. Mit besond. Bezieh. auf Russland dargest. 8. (14 B.) Berlin 834, Dümmler.

—— die Rinderpest und ihre Impfung in den Gouvernements Cherson und Orenburg. gr. 8. (56 S.) Dorpat 863, Gläser's Verlag. *

—— die Rinderpestfrage der Gegenwart und ihre Bedeutung für Westeuropa. 8. (VIII und 28 S.) Berlin 865, Peiser.

[Umschlagt.:] Die Schülerwerkstätten als Erziehungsmittel f. Handwerk, Industrie u. Kunst. Vortr., geh. v. Dr. P[eter] Jessen, Dir. am Kgl. Kunstgewerbe-Mus. *Berlin: Commv. d. Gsellius'schen Buchh.; (Dr. v. Schapke & Anders) 1897.* (11 S.) 1 Bd 8. [97-1905

(Jessen, P.): Ueber die Thierschutzbestrebungen der Neuzeit, und die Beziehung des Veterinairmediciners zu denselben. (Festrede.) (Dorpat 1864.) 12 Sp. 4⁰

Jessen: Die Tuberkulose d. Rindes. Festrede. (Dorpat 1873). 20 S. P.

Jessen, P[eter]: Vorschläge zur Erforschung der Rinderpest auf internationalem Wege.
Aus: Vierteljahresschrift fur Veterinarkunde Bd 30. H. 1. [1868.]

Jessen, P[eter]: Populäre Vorträge über Krankheiten, die von den Hausthieren auf den Menschen übergehen können. 1—3. Dorpat 1869—70.
1. 2. D. Hundswuth.
3. Wurm u. Rotz.
Aus: Mitteilungen d. Kais. Livländischen gemeinnützigen u. oekonomischen Societat. 1869, No 2.

Jessen, P., Versuch einer wissenschaftlichen Begründung der Psychologie. gr. 8. (VIII und 716 S.) Berlin 855, Veit und Comp. *

— Versuch einer wissenschaftlichen Begründung der Psychologie. Berlin 855. (Leipzig) Veit u. Co. gr. 8. (VIII, 516 S.) n. 3 ₰. 25 ngr.

Jessen, P[eter]: Ueber die Verwerthung der Impfung zur Tilgung und allmähligen Ausrottung der Rinderpest als Seuche in den Steppen Chersons. Petersburg 1864. 19 S.
Aus: Mittheilungen d. Kaiserl. freien ökonom. Gesellschaft.

Jessen, P[eter]: Wie steht es mit der Frage über den Nutzen der Rinderpestimpfung in den Steppengebieten Russlands? Petersburg 1864. 15 S.
Aus: Mittheilungen d. Kaiserl. freien ökonom. Gesellschaft.

—— einige Worte zur Beleuchtung des Aufsatzes: „Ueber pestartige Rinderkrankheiten, von Alois Witowsky in Cäslau." gr. 8. (15 S.) Dorpat 862, (Gläser's Verlag.) k

⊙ Ueber die Beziehung der chronologischen Bestimmungen im Lucas 1. 2 und 3. Von Peter Heinrich Jessen. Kiel. 1847. 4°. Gymn.-Progr.

Probe deutscher Geschichtstafeln v. Peter Heinrich Jessen. Glückstadt. 1854. 4⁰. Gymn.-Progr.

Zu Platons Protagoras (v. Peter Heinrich Jessen). Glueckstadt. 1863. 4⁰. Gymn.-Progr.

Quaestiuncula Tulliana (v. Peter Heinrich Jessen). Glueckstadt. 1858. 4⁰. Gymn.-Progr.

Jessen, P. H., Quaestiunculae Tullianae. Pr. 1858. 28 S. 4°.

Jessen, P. H., Quaestiunculae Tullianae. Pr. 1871. 12 S. 4°. 1.50

Jessen: Quaestiunculae Tullianae. 10 S. — Hadersleben, Progr. 1871.

Die Haderslebener lateinische Schule im letzten Kampf zwischen Dänisch und Deutsch v. Peter Heinrich Jessen. Hadersleben. 1865. 4⁰. Gymn.-Progr.

Einige Worte an die Eltern unserer Schüler (v. Peter Heinrich Jessen). Glückstadt. 1860. 4⁰. Gymn.-Progr.

Zu der öffentlichen Classenprüfung der Schüler ... ladet ein Peter Heinrich Jessen. (1862.) Glückstadt. 1862. 4⁰

Jessen, Peter Willers

P.. W.. Jessen's Beitrr. z. Erkenntn. d. psych. Lebens im gesunden u. kranken Zustande. 1r Bd. (Darstell. u. weit. Entwickl. d. Bell. Entdeckungen im Gebiete d. Nervensystems, nebst Untersuchh. üb. d. Kräfte d. psych. Lebens u. d. Functt. d. menschl. Geistes.) *Schlesw.*, Taubst.-Inst. 831. 8° 2 ℔

Jessen, P. W., Beitrr. zur Erkenntniß des psychischen Lebens im gesunden u. kranken Zustande. 1r Bd. (Darstell. u. weitere Entwickelung d. Bellschen Entdeckungen im Gebiete d. Nervensystems, nebst Untersuchung über die Kräfte d. psychischen Lebens u. d. Functionen des menschl. Geistes.) 8. Schlesw. 831. (Lpz., Cnobloch). 2 ℔

— Beiträge zur Lehre von der Zurechnungsfähigkeit. (Aus d. Archiv f. medic. Erfahrungen besonders abgedruckt). Berlin. 1832.

— Gutachten über einen zweifelhaften Gemüthszustand nebst allgemeinen Betrachtungen über fixe Ideen. Aus dem Archiv f. med. Erfahrungen besonders abgedruckt. Berlin. 1836.

JESSEN, P[T.] W[ILLERS], Introductio in commentationem de Digitalis purpureæ viribus usuque medico. Diss. inaug. Kiliæ. 1820. 4.

Jessen, P. W., s. Zeitschrift für rc. Heilung krankhafter Seelenzustände.

Jessen, W., u. Otto Schmidt, Feldmessen u. Nivelliren, als Handbuch für Feldmesser- u. Forst-Eleven, insbesondere für Bauhandwerker u. als Lehrbuch für Bau-Gewerkschulen bearb. Mit vielen (eingedr.) Holzschn. u. 1 (lith.) Taf. gr. 8. (III, 134 S.) Wittenberg 870. Berlin, Th. Hofmann. n. 2. —

Das Bad Borby-Eckernförde. Ostseebad am Eckernförder Meerbusen [v. Willers Jessen]. Eckernförde. 1897. 8°.
Auf dem Umschlag: Das Bad Eckernförde-Borby.
—— ebd. [1901.] 8°.
—— ebd. [1905.] 8°.

Jessen, Willers, die Brandstiftungen in Affecten und Geistesstörungen. Ein Beitrag zur gerichtl. Medicin für Juristen und Aerzte. gr. 8. (XII und 387 S.) Kiel 860, Homann. *

Jessen, Willers, der Ehrentag v. Eckernförde. Eine Festschrift zum 5. IV. 1899. Mit e. Plan der Schanzen, sowie e. Anzahl Illustr. Lex.-8. (VIII, 80 S.) Eckernförde 899. C. Heldt. n. 1. 50

Jessen, Willers, Führer f. Eckernförde u. Umgeg., Kiel, Flensburg, Schleswig, Kappeln u. s. w. Hrsg. v. Verein z. Hebg. d. Fremdenverkehrs in Eckernförde-Borby 12. (II, 75 S. m. Abb. u. 1 Karte.) Eckernförde 898. C. Heldt. n. 1. —

—— Geisteskrankheit als Ehescheidungsgrund. Mit Rücksicht auf die Verhandlungen des Hauses der Abgeordneten in Preußen. gr. 8. (58 S.) Kiel 857, [Homann.] *

Die Grabgewölbe in der St. Nikolaikirche zu Eckernförde v. Willers Jessen. Eckernförde. [1907.] 1 Bl. Fol., geb. in 4°
Besonders abgedruckt aus: Eckernförder Zeitung. Nr. 277 u. 278 zu 27. u. 28. Nov. 1907.

Jessen, Willers, s.: Quellen zur Geschichte des Bist. Schleswig.

Jessen, Willers, approb. Arzt aus Pinneberg i. Holst.: Ueber das Verhalten der Eigenwärme des menschlichen Körpers bei Magen- und Darmblutungen. *Kiel 1901: P. Peters.* (50 S.) 8°
Kiel, Med. Diss. v. [7. Mai] 1901

Jessen, Willers, über Zurechnungsfähigkeit. Denkschrift zum Entwurfe eines Strafgesetzbuches für den norddeutschen Bund. Abschnitt IV. § 46 und 47. gr. 8. (IV, 26 S.) Kiel 870, Schwers'sche Buchh.

[F.] Jessenberger, Heinrich [Rechtspraktikant aus Würzburg]: Systematische Bearbeitung der Eingetragenen Genossenschaften mit der unbeschränkten Haftung ... Würzburg, Verlagsdr., 1897; 2 Bl., 145 S. 8.
Erlangen, Jur. Fak., Inaug.-Diss. v. 1897

[F.] Die Eingetragenen Genossenschaften nach dem Reichsgesetze v. 1. Mai 1889 u. d. Novelle v. 12. Aug. 1896. Systemat. bearb. v. Heinrich Jessenberger, Rechtsanw. *Würzburg: Gnad & C. 1897.* (VIII, 750 S.) 1 Bd 8. [97. 5548]

Zeitschrift für gewerblichen Unterricht. Jg. 19. Nr. 9. Jessen-Nummer. Leipzig. 1904. 4°.

Jessensky, M. Dan. (Thuroczio/Ung.), Viro domino Christiano Pescheckio (Zittau) amico suo s. p. d. eumque ad castigationem justo iniquioris de Ungaris judicii, peramice invitat. Dresden (Joh. Heinrich Schwenck) März 1708. 4 Bl. (3.50) 16800

Jessenwanger, J. N., Diss. sistens morbum hypochondriacum et hystericum. 19 pp. Anglipoli. 4°.
1778

Jesser, Frz., die Beziehungen zwischen Heimarbeit u. Boden. s. a. Beiträge zur deutsch-böhmischen Volkskunde. VII.

Jesser, Franz: Die Beziehung zwischen Heimatarbeit und Boden. Prag, Phil. Diss. von 1903/1904

Die Beziehungen zwischen Heimarbeit und Boden. Dargest. an d. Siedlungen d. Heimarbeiter d. Bezirkes d. Handels- u. Gewerbekammer Reichenberg ‹ausschließl. d. Bezirke Teplitz u. Dux›. Eine wirtschaftsgeogr. Studie von Franz Jesser. Mit 20 Karten als Beilagen u. 3 Textkarten. Prag: J. G. Calve 1907. (VI, 135 S.) 8° [F.]
— Beiträge z. deutsch-böhmischen Volkskunde. Bd 7. [07. 7039]

— Die Landwirtschaft im österreichischen Gesetzentwurfe betreffend die Socialversicherung. Eine statistische Studie. Conférence internat. de la Haye (Assur. soc.), 1910.

Jesser, Frz., Verzeichnis empfehlenswerter Bücher f. Volks- u. Haus-Bibliotheken. (VI, 93 S.) gr. 8. Prag 904. (J. G. Calve.) n. 2. —
Erweiterter Sonderabdruck aus: „Deutsche Arbeit".

Jesser, Ignaz (Čechus Aurinovessensis), De tympanite intestinali adnexa historia morbi clinica. Diss. med. Rector Maximilian Millauer, Director Ignaz Nadherny, Decan Franz Al. Wünsch. Prag (Johann Host. Pospjšil) 8. II. 1834. 122 S. mit Literatur. (7.—) 16801
Krankengeschichte des August Küpferling.

Jesser, Mor., Lehrbuch der mathematischen Geographie für den 2. Jahrg. der k. k. Neustädter Militär-Akademie. Mit 119 in den Text aufgenommenen Holzschn. Wien 868. Seidel & Sohn. gr. 8. (VIII, 257 S. mit eingedr. Holzschn.) In engl. Einb. n. 1 ₰ 10 ngr

Jesser, Moriz, Kurzgefasste Lehre von den Kegelschnittslinien auf elementarem Wege. Für die k. k. Truppen-Divisions-Schulen. Mit 50 in den Text eingedruckten Holzschnitten. gr. 8. (II u. 63 S.) Wien, Seidel & Sohn. 80 kr.

— kurzgefasste Lehre von den Kegelschnittslinien auf elementarem Wege. Für die k. k. Truppen-Divisions-Schulen. Mit 50 in den Text eingedr. Holzschn. Ebend. 869. gr. 8. (VI. 63 S.) n. 8 ngr

Jesser Paul: Ueber Friedrich Schlegels Trauerspiel „Alarcos" und das Vorkommen des Alarcos-Stoffes im deutschen Drama vor Schlegel.
H. 1905 PN 1920 Diss W. [illegible] Univ.

Jesser, Will., s. Eisenbahnen u. Dampfwagen. über.

Jessien, A., Diplomatarium des Klosters Arensbök, s. Urkundensammlung der schleswig-holstein-lauenburg. Gesellschaft für vaterländ. Geschichte.

Jessien, Ad., de authentia epistolae Judae. Commentatio critica. 8maj. Lips. 821. Barth. 15 gl

Jessien, Adam, offener Protest gegen die Einführung ein. bindenden Kirchenagende. gr. 8. (6 B.) Kiel 844. [Naeck.]

Jessika's erstes Gebet. — Jessika's Mutter. Aus dem Engl. 16. (128 S.) Hamburg 870, W. Oncken. cart. *

Jessika's erstes Gebet. Aus dem Englischen. Hrsgb. vom schweizer. Sonntagsschulverein. Mit 9 Illustrationen. 31 Stn. 12. Bern, in Commission bei Mann & Bäschlin. 1871 —. 60

Jessika's erstes Gebet. Eine Erzählung für Kinder. Aus dem Engl. übersetzt von A. v. G. 2. Aufl. 16. (III, 80 S.) Frankfurt a. M. 871, Heyder und Zimmer. geb. *

Jessin, Adam, die Offenbarung Johannes', übersetzt und ausgelegt. gr. 8. (235 S.) Kiel 864, Schröder und Comp. *

Jessing, J., der kleine Martyrer. Der Gastwirth, s. Jugendbibliothek, dramatisch-deklamatorische.

Jessing, J.: S c h e m a t i s m u s . . . ,
s. B o n e n k a m p , W.

Jessing, Jos., die versuchte Ausrottung der katholischen Religion in England durch die Staatsgewalt unter Heinrich VIII. und seinen Nachfolgern. Dem Protestanten William Cobbett nacherzählt. 8. (IV, 155 S.) Freiburg i. Br. 874, Herder'sche Verlagsh.

Jessler, Rich., die Weife, Verpackungsart, Numerirung und das Gewicht der Leinengarne in England, Frankreich, Belgien, Oesterreich und dem Zollvereine, mit tabellar. Vergleiche der Maasse und Gewichte dieser Länder, für Webereien, Spinnereien, sowie Ex- und Importeure von Garnen zusammengestellt. Fol. (Tab. in Imp.-Fol. mit 1 Stnt. in gr. Fol.) Wien 871, Lehmann und Wentzel. *

Jessner, Sam.: Die A c n e (Acne vulgaris, Acne rosacea etc.) und ihre Behandlung. [Von] Dr. –. Würzburg: A. Stuber 1899. (37 S.) 8⁰
= Jessner: Dermatologische Vorträge f. Praktiker. H. 2.

Jessner, S., die Aufgaben der öffentlichen Gesundheitspflege bei der Verhütung der venerischen Krankheiten. [Aus: „Fortschritte der öffentl. Gesundheitspflege".] gr. 8. (S. 225—247.) Frankfurt a/M. 893. Jaeger's Verl. n. 1. —

Dr. (S[amuel]) Jessner, (Königsberg i. P.) Bartflechten und Flechten im Barte. *Würzburg: A. Stuber 1903.* (39 S.) 8°
— Jessner: Dermatolog. Vorträge f. Praktiker. H. 10. [03. 16188

Dr. (S[amuel]) Jessner, (Königsberg i. P.) Die ambulante Behandlung d. Unterschenkelgeschwüre. 2. Aufl. *Würzburg: A. Stuber 1903.* (53 S.) 8°
— Jessner: Dermatolog. Vorträge f. Praktiker. H. 7. [03. 16185

Dr. (S[amuel]) Jessner. Die innere Behandlung von Hautleiden. *Würzburg: A. Stuber 1901.* (48 S.) 8°
— Jessner: Dermatolog. Vorträge f. Praktiker. H. 5. [03. 16183

Jessner. Neuere Behandlungsmethoden v. Hautkrankheiten, s. Klinik, Berliner.

Dr. (S[amuel]) Jessner. Die kosmetische u. therapeutische Bedeutung der Seife. *Würzburg: A. Stuber 1901.* (57 S.) 8°
— Jessner: Dermatolog. Vorträge f. Praktiker. H. 6. [03. 16184

Diagnose und Therapie des Ekzems. Von Dr. S[amuel] Jessner, Königsberg i. Pr. T. 1. 2. Würzburg: A. Stuber 1905 (1906). 2 Bde 8°
1: Diagnose. 1905. 2: Therapie. 1905 (1906).
— Jessner: Dermatolog. Vorträge f. Praktiker. H. 14. 16. [07. 15889

Diagnose und Therapie der Gonorrhoe beim Manne. Von Dr. S[amuel] Jessner, Königsberg i. Pr. Würzburg: A. Stuber 1909. (164 S.) 8°
— Jessner: Dermatolog. Vorträge f. Praktiker. H. 19 u. 20. [08. 14309

— Haut-Anomalieen bei inneren Krankheiten. Klinische Vorträge f. Aerzte u. Studirende. gr. 8. (XII, 116 S.) Berlin 893. A. Hirschwald. n. 3. —

Die Hautleiden kleiner Kinder. Von Dr. S[amuel] Jessner, Königsberg i. P. *Würzburg: A. Stuber 1903.* (64 S.) 8°
— Jessner: Dermatolog. Vorträge f. Praktiker. H. 9. [03. 16187

Kokkogene Hautleiden. (Furunkel, Erysipel etc.) Von Dr. S[amuel] Jessner, Königsberg i. Pr. Würzburg: A. Stuber 1907. (102 S.) 8°
— Jessner: Dermatolog. Vorträge f. Praktiker. H. 18. [07. 7030

Kosmetische Hautleiden. Von Dr. S[am.] Jessner, Königsberg i. Pr. Würzburg: A. Stuber 1907. (127 S.) 8°
— Jessner: Dermatolog. Vorträge f. Praktiker. H. 17. [06. 14708

Dr. (S[amuel]) Jessner, (Königsberg i. P.) Dermatologische Heilmittel. (Pharmacopoea dermatologica.) *Würzburg: A. Stuber 1902.* (95 S.) 8°
— Jessner: Dermatolog. Vorträge f. Praktiker. H. 8. [03. 16186

Hauttuberkulose (Lupus vulgaris etc.) einschliesslich Tuberkulide und Lupus erythematodes. Von Dr. S[amuel] Jessner. Würzburg: Kabitzsch 1909. 70 S. 8°
(Jessner: Dermatolog. Vorträge f. Praktiker. H. 21.) [09. 10887

— Compendium der Hautkrankheiten einschliesslich der Syphilide u. e. kurzen Cosmetik. Für Studirende u. Ärzte. 8. (XV, 288 S.) Königsberg 893. F. Beyer. Geb. in Leinw. n. 5. 60

Jessner, S., Kompendium der Hautkrankheiten einschliesslich der Syphilide u. e. kurzen Kosmetik. Für Studierende u. Ärzte. 2. vollst. umgearb. u. sehr erweit. Aufl. gr. 8. (XV, 318 S.) Königsberg 900. F. Beyer. Geb. in Leinw. n. 6. —

Jessner, S., Kompendium der Hautkrankheiten einschliesslich der Syphilide u. e. kurzen Kosmetik. Für Studierende u. Ärzte. 3. sehr verm. Aufl. (XV, 322 S.) 8. Würzburg, 906. A. Stuber's Verl. Geb. in Leinw. n. 7. —

— therapeutische Neuigkeiten auf dem Gebiete der Hautkrankheiten u. Syphilis. Kritische Besprechung. 12. (IV, 131 S.) Berlin 894. Fischer's medicin. Buchh. n. 2. —

Jessner, d. Pathologie d. Lepra, s. a Klinik, Berliner.

Die Pathologie der Lepra. In Kürze dargest. v. Dr. [Sam.] **Jessner**, Königsberg i. Pr. *Berlin: Fischer 1897.* (44 S.) 8.
— **Klinik,** Berliner. H. 109. [97. 3204

Dr. (S[amuel]) **Jessner.** (Königsberg i. P.) Pathologie und Therapie des Hautjuckens. 2. verb. Aufl. T. 1. 2. *Würzburg: A. Stuber 1902–03.* 2 Bde 8°
1. Allgem. Pathologie u. Therapie. Pruritus simplex. 1902.
2. Spezielle Pathologie u. Therapie. 1903.
— **Jessner**: Dermatolog. Vorträge f. Praktiker. H. 3. 4. [03. 16180

Salben und Pasten mit besond. Berücks. des Mitin. Anh.: Rezeptformeln. Von Dr. [Samuel] **Jessner.** Würzburg: A. Stuber 1905. (37 S.) 8°
— **Jessner**: Dermatolog. Vorträge f. Praktiker. H. 15. [05. 3887

Die Schuppenflechte ⟨Psoriasis vulgaris⟩ und ihre Behandlung. Von Dr. S[amuel] **Jeßnor**, Königsberg i. Pr. *Würzburg: A. Stuber 1904.* (30 S.) 8°
— **Jeßner:** Dermatologische Vorträge f. Praktiker. H. 13. [04. 16346

Die Syphilide ⟨Syphilis d. Haut u. Schleimhaut⟩. Von Dr. S[amuel] **Jessner**, Königsberg i. P. T. 1. 2. Würzburg: A. Stuber 1904. 2 Bde 8°
1: Diagnose. 2: Therapie.
— **Jessner**: Dermatolog. Vorträge f. Praktiker. H. 11. 12. [07. 15888

Des Haarschwunds Ursachen und Behandlung. [Von] Dr. [Sam.] Jessnor. *Würzburg: A. Stuber 1899* (31 S.) 8°
Jessner: Dermatologische Vorträge f. Praktiker. H. 1. [illegible]

— ein dermatologisches System auf pathologisch-anatomischer (Hebra'scher) Basis, s.: Monatshefte f. praktische Dermatologie.
— dasselbe, s.: Studien, dermatologische.

Dr. [Samuel] **Jessners** Dermatologische Vorträge für Praktiker. H. 1–18. Würzburg: A. Stuber 1899–1907. 18 Bde 8°
1 — Des Haarschwunds Ursachen u. Behandlung. 1899.
2 — Die Acne ⟨Acne vulgaris, Acne rosacea etc.⟩ u. ihre Behandlung. 1899.
3. 4. — Pathologie u. Therapie d. Hautjuckens. 2. verb. Aufl. T. 1 1902. 2. 1903.
5 — Die innere Behandlung von Hautleiden. 1901.
6 — Die kosmet. u. therapeut. Bedeutung d. Seife. 1901.
7 — Die ambulante Behandlung d. Unterschenkelgeschwüre. 2. Aufl. 1903.
8 — Dermatolog. Heilmittel ⟨Pharmacopoea dermatolog.⟩. 1902.
9 — Die Hautleiden kleiner Kinder. 1903.
10 — Bartflechten u. Flechten im Barte. 1903.
11. 12. — Die Syphilide ⟨Syphilis d. Haut u. Schleimhaut⟩. 1904. T. 1: Diagnose. 2: Therapie.
13 — Die Schuppenflechte ⟨Psoriasis vulgaris⟩ u. ihre Behandlung. 1904.
14. 16 — Diagnose u. Therapie d. Ekzems. 1905 (1906). T. 1: Diagnose. 2: Therapie.
15 — Salben u. Pasten mit besond. Berücks. d. Mitin. Anh.: Rezeptformeln. 1905.
17 — Kosmetische Hautleiden. 1907.
18 — Kokkogene Hautleiden. ⟨Furunkel, Erysipel etc.⟩ 1907. [07. 15887

— dermatologische Vorträge f. Praktiker. 1.—9. Hft. gr. 8. Würzburg, A. Stuber's Verl. n. 8. 85
1. Des Haarschwunds Ursachen u. Behandlung. 1.—3. Aufl. (51 S.) 900—902. n. — 80
2. Die Akne (Akne vulgaris, Akne rosacea etc.) u. ihre Behandlung. 2. verb. Aufl. (36 S.) 902. n. — 60
3. Pathologie u. Therapie des Hautjuckens. 1. Tl.: Allgemeine Pathologie u. Therapie. Pruritus simplex. 2. verb. Aufl. (61 S.) 902. n. — 90
4. Dasselbe. 2. Tl.: Spezielle Pathologie u. Therapie. (Urticaria. Prurigo Hebrae. Scabies, Pediculosis etc.) (68 S.) 900. n. 1. —
5. Die innere Behandlung der Hautleiden. (48 S.) 901. n. — 75
6. Die kosmetische u. therapeutische Bedeutung der Seife. (57 S.) 901. n. — 90
7. Die ambulante Behandlung der Unterschenkelgeschwüre. (53 S.) 901. n. — 80
8. Dermatologische Heilmittel. (Pharmacopoea dermatologica.) (95 S.) 902. n. 1. 50
9. Die Hautleiden kleiner Kinder. (64 S.) 903. n. — 90

— dermatologische Vorträge f. Praktiker. 1. u. 4.—17. Heft. 8. Ebd. n. 15. 15
1. Des Haarschwunds Ursachen u. Behandlung. 4. u. 5. Aufl. (à 52 S.) 904. 907. n. — 80
4. Pathologie u. Therapie des Hautjuckens. II. Tl.: Spezielle Pathologie u. Therapie. (Urticaria. Prurigo Hebrae. Scabies. Pediculosis etc.) 2., verb. Aufl. (64 S.) 903. n. 1. —
5. Die innere Behandlung v. Hautleiden. 2. (verb.) Aufl. (48 S.) 904. n. — 75
6. Die kosmetische u. therapeutische Bedeutung der Seife. 2. verb. Aufl. (58 S.) 906. n. — 90
7. Die ambulante Behandlung der Unterschenkelgeschwüre. 2. Aufl. (53 S.) 903. n. — 80
8. Dermatologische Heilmittel. (Pharmacopoea dermatologica.) 2. verb. Aufl. (96 S.) 905. n. 1. 50
9. Die Hautleiden kleiner Kinder. 2. Aufl. (64 S.) 904. n. — 90
10. Bartflechten u. Flechten im Barte. (69 S.) 908. n. — 60
11. Die Syphilide (Syphilis der Haut u. Schleimhaut). I. Tl.: Diagnose. (74 S.) 904. n. 1. 20
12. Dasselbe. II. Tl.: Therapie. (72 S.) 904. n. 1. 20
13. Die Schuppenflechte (Psoriasis vulgaris) u. ihre Behandlung. (39 S.) 904. n. — 60
14. Diagnose u. Therapie des Ekzems. I. Tl.: Diagnose. (50 S.) 905. n. — 80
15. Salben u. Pasten m. besond. Berücksicht. des Mitin. Anh.: Rezeptformeln. (37 S.) 905. n. — 60
16. Diagnose u. Therapie des Ekzems. II. Tl. Therapie. (96 S.) 905. n. 1. 50
17. Kosmetische Hautleiden. (127 S.) 907. n. 2. —; geb. in Leinw. n. 2. 50

— dasselbe. Gesamtausg. 2 Bde. 8. Ebd. 908. 13. —; geb. n 16. —
1. (Vortrag 1—10.) (XVI, 573 S.) 9.—; geb. n 10.50; erm. Pr. 6.50; geb. 8. —. — 2. (Vortrag 11—18.) (XV, 598 S.) 9.50; geb. n 11.—; erm. Pr. 6.50; geb. 8. —

Jessner's, S., dermatologische Vorträge f. Praktiker. 1.—5., 7.—14. u. 16.—21. Heft. 8. Würzburg, C. Kabitzsch. 22. 45
1. Des Haarschwunds Ursachen u. Behandlung. 6. Aufl. (52 S.) 910. — 90
2. Die Akne (Akne vulgaris, Akne rosacea etc.) u. ihre Behandlung. 3. verb. Aufl. (36 S.) 907. — 70
3. 4. Juckende Hautleiden. 3. verb. Aufl. (122 S.) 907. 2. —
5. Die innere Behandlung v. Hautleiden. 3. Aufl. (49 S.) 910. — 85
7. Die ambulante Behandlung der Unterschenkelgeschwüre. 3. u. 4. Aufl. (52 S.) 907. 10. — 90
8. Dermatologische Heilmittel. (Pharmacopoea dermatologica.) 3. verb. Aufl. (96 S.) 910. 1. 60
9. Die Hautleiden kleiner Kinder. 3. Aufl. (64 S.) 910. 1. —
10. Bartflechten u. Flechten im Barte. 2. Aufl. (39 S.) 907. — 70
11. 12. Diagnose u. Therapie der Syphilide (Syphilis d. Haut u. Schleimhaut). 2. Aufl. (146 S.) 909. 2. 50
13. Die Schuppenflechte (Psoriasis vulgaris) u. ihre Behandlung. 2. Aufl. (39 S.) 908. — 70
14. 16. Diagnose u. Therapie des Ekzems. 2 Tle. in 1 Bde. 2. Aufl. (50 u. 96 S.) 909. 2. 50
17. Kosmetische Hautleiden. 2. Aufl. (127 S.) 908. 2. —; geb. in Leinw. n 2. 50
18. Kokkogene Hautleiden. (Furunkel, Erysipel etc.) (102 S.) 907. 1. 60
19. 20. Diagnose u. Therapie der Gonorrhoe beim Manne. (164 S.) 909. 3. —
21. Hauttuberkulose (Lupus vulgaris etc.) einschliesslich Tuberkulide u. Lupus erythematodes. (76 S.) 909. 1. 30

Jessnitz [Schlagwort]

Jessnitz, s. Preussen. Messtischblätter.

Jessnitz [Verfasser]

Jeßnitz, W., Centifolien. Hundert auserlesene Vorträge ernsten und launigen Inhalts. 2. vielfach verb. Aufl. 8. (207 S.) Crefeld 881. (Berlin, Berggold.)

Jessnitzer

— s. a. **Jesnizer.**

Jessnitzer, Alfred, a. Erfurt: Die Einheitlichkeit der Person des Bezogenen und des Zahlungsortes bei einem gezogenen Wechsel. Leipzig 1904: Poeschel & Trepte. (55 S.) 8°
Leipzig, Jur. Fak., Diss. v. 14. Jan. 1905
[Geb. 8. Mai 77 Erfurt; Wohnort: Erfurt; Staatsangeh.: Preußen; Vorbildung: Gymn. Erfurt Reife O. 98; Studium: Leipzig 7 S.; Rig. 14. Jan. 05.]

Jessnitzer, Eugen, prakt. Arzt aus Schraplau, Bez. Halle a. S.: Ueber die erweiterte abdominale **Totalexstirpation bei** Uteruscarcinom nach Wertheim. *Leipzig 1903: B. Georgi.* (54 S.) 8
Leipzig, Med. Diss. v. (3. Dez.) 1903

Jessnitzer, Gustav (Schkeuditz), De lupo. Diss. med. Halle (Waisenhaus) 8. VIII. 1856. 31 S. mit Biogr. (M.: W. Freudel.) (6.—) 16802
Oppon.: Heinr. Bekel, Emil Siegert. — Gew.: E. Blasius.

Jessup, Henry Harris

— Kamil Abdul Messiah El Aietany, s.d. Hefte zum christl. Orient.

Jessup, H. H., Kamil Abdul Messiah El Aietany. Ein Lebensbild. Übers. von F. v. Velsen. (Lebensbeschreibgn. bekehrter Muhammedaner.) (69 S.) gr. 8. Großlichterfelde-West 907. Potsdam, Deutsche Orient-Mission. — 50

Jessup, Henry Harris: Kamil Abdul el Aietany: Ein Lebensbild von Rev. –. 2. Aufl. Übers. von Pastor F. v. Velsen. Potsdam: Deutsche Orient-Mission 1909. 99 S. 8°
(Hefte z. Christl. Orient. Ser. 2. H. 3.)

Jestel, Waldemar, Referendar am Amtsger. Canth, geb. in Breslau: Die historische und dogmatische **Begründung eines be**sonderen Handelsrechts neben dem bürgerlichen Recht in dem Gesamtkreise der europäischen Civilisation. Th. 1: Für Italien und Deutschland. *Breslau 1900: A. Stenzel.* (69, VIII S.) 8° ¶ (T. 2—5 erscheint in: Zeitschrift f. d. gesamte Handelsrecht.)
Breslau, Jur. Diss. v. 1. Aug. 1900

Jester, Chr., Redeübungen. 4. Königsb. 763.

Jester, Chr., die Wünsche; e. Lstspl. 4. Königsb. 765.

JESTER, Friedrich Ernst: Anleitung zur Kenntnis und zweckmäßigen Zugutemachung der Nutzhölzer. - Königsberg 1815 u. 1816. 3 Bd. - Bd. 1: 1815. XIV, 137 S., 1 Taf. - Bd. 2: 1816. VI, 286 S., 2 Taf. - Bd. 3: 1816. VI, 156 S., 6 Taf.

Jester, Fr. Er., der Dorfprediger; Schspl. nach Wackefield. 8. Königsb. 792. Nicolovius. 12 gGr.

— s. Duell, das.

— Freemann, oder wie wird das ablaufen? Schspl. in 4 A. 8. Königsb. 790. Unzer. 6 gGr.

— s. o. Freund d. Schooßhündchen.

— d. Freund d. Schooßhündchens, e. Neujahrsgeschenk für Damen, auf d. Jahr 1797. m. color. K. Ebend.

— —, Der, der Schooßhündchen. Ein Neujahrs-Geschenk für Damen auf das Jahr 1797 (von *Friedr. Ernst Jester*). Mit 12 sauber color. Hundebildern von Ramberg u. 1 Hunde-Stammtafel. Königsberg. 16°. (1 1/3 Rthl.) Selten! (3 Mk. Rudolph Haupt, Halle a. S., 1905.)
Anon.-Lex. II. p. 124 (nach Meusel). Kayser hat „1796".

JESTER, F. E.: Über die kleine Jagd, zum Gebrauche angehender Jagdliebhaber. - Königsberg 1793-1808. 8 Tl. in 3 Bd. - 2. Aufl. ebd. 1816. - 3. Aufl. Leipzig 1848. 2 Bd. - Bd. 1; XVI, 394 S. - Bd. 2: XVI, 356 S., 1 Holzschn., 1 Abb. hrsg. v. C. H. E. Frhr. v. Berg. - 4. Aufl. ebd. 1859. 2 Bd. - 5. Aufl. ebd. 1884. 822 S., 242 Abb., 11 Taf. vollst. umgearb. v. O. v. Riesenthal

Jester, Fr. Er., (†d. 14. Apr. 1822.) üb. d. kl. Jagd. 8 Thle. 8. Königsb. 793—808. N. A. 817. Nicolovius. 3 Rthlr. 16 gGr. N. A. 4 Thle. Mit 3 Kpf. 8. Leipz. 823. Brockhaus. 5 Rthlr. Hbg. Pr. 3 Rthlr.

Jester, F. E., über die kl. Jagd. 8 Thle. 8. Königsberg, Nicolovius. 793–808. (1r 6 gr. 2r bis 4r à 10 gr. 5r 12 gr. 6r 16 gr. 7r u. 8r à 12 gr.) Rthlr.
Schreibpap. (1r 8 gr. 2r–4r à 12 gr. 5r 14 gr. 6r 18 gr. 7r und 8r à 14 gr.)

Jester, F. E., über die kleine Jagd zum Gebrauch angehender Jagdliebhaber. 4 Thle. Neue verbesserte und beträchtlich vermehrte Auflage. Mit Kupfern. gr. 8. Königsberg, Universitäts-Buchhandl. 817.

Jester, F. E., die kleine Jagd. Zum Gebrauch angehender Jäger und Jagdliebhaber. 4. (Titel-)Aufl. Bearb. und hrsg. von C. H. E. Frhr. v. Berg. Mit Lithogr. und (eingedr.) Holzschn. 2 Bde. oder 6 Lfgn. gr. 8. Leipzig (848)59, Brockhaus. [1. Bd. (XVI und 894 S.) 2. (XVI und 356 S. mit 2 Stnt.)] à Lfg. * 10 Ngr. *

Jester, F. E., die kleine Jagd. Für Jäger und Jagdliebhaber. 5. Aufl., vollständig umgearb. von O. v. Riesenthal. Mit 242 in den Text gedr. Abbild. und 11 Separatbildern. 12 Lfgn. gr. 8. (X, 822 S.) Leipzig 884, Brockhaus. à Lfg. M 1. *
geb. *

— s. Indianerin, die.

— s. Narren, vier.

— der Wunder-Igel; e. kom. Operette in 1 A. 8. Königsb. 793.

Jester, Kurt [pr. Arzt]: Eine Frucht mit Hirnbruch, Bauchbruch und amniotischen Verwachsungen ... M. Abbildg. Königsberg i. Pr., Druck v. M. Liedtke, 1892; 27 S., 2 Bl., 1 Taf. 8.
Königsberg, Med. Fak., Inaug.-Diss. v. 20. Jan. 1892

Jester, Kurt, e. Frucht m. Hirnbruch, Bauchbruch u. amniotischen Verwachsungen. Diss. gr. 8. (27 S. m. 1 Taf.) Königsberg i/Pr. 892. (W. Koch.) n. 1.—

Jester, Kurt, die Ursachen u. die Verhütung der hohen Säuglings-Sterblichkeit u. die Ernährung u. Pflege des Säuglings. Ein volkstüml. Vortrag. (III, 76 S.) 8. Würzburg 909. C. Kabitzsch. 1.50

Jester, Paul, über d. allgemeinste Sache d. Menschen. 8. Berl. 827. Oehmigke. 1 Rthlr.

Jester, Sigism. Christoph, Commentatio de poena **bigamiae a conjuge malitiose** deserto commissae. **Oder:** Von der **Strafe** der Vielweiberey eines **böslich verlassenen Ehegattens.** Königsberg, Neudruck, 1752. 36 S. (6.30) 16803

Jester, Theodor Er.

— Abhl. von der Vierbrüdersäule in d. capernschen Heyde. 8. Königsb. Hartung. 785.

— histor. Abhandl. u. Nachr. von d. Vierbrüdersäule in d. capernschen Heyde. 8. Königsb. 785. Hartung. 1 Rthlr. 12 gGr.

Jester, Thdr. Er., prakt. Abhandll. aus d. Civilbaukunst. gr. 8. Königsb. 784. Unzer. 1 Rthlr.

Jester, Theod. E., prakt. Abhandl. a. d. Civilbaukunst. gr. 8. Königsb. Unzer. 804.

Jesu Briefwechsel m. Abgarus, s.: Sammlung neuer theosophischer Schriften.

Jesu wahres Christentum. Von e. Jüdin (N. Dorée). Verf. v. „Gelta“, od. „Der Czar u. die Sängerin“. (125 S.) 12. Berlin 903. S. Calvary & Co. Geb. n.n. 1. —

Jesu Christi (1824, 1826: sacra) natalitia (1822, 1826: pie celebranda) academiae Fridericianae Hulensis et Vitebergensis (1824, 1826: cum Vitebergensi) consociatae civibus indicunt (1824, 1826: indicit) prorector et senatus (1824, 1826: cum cancellario, directore et senatu). Inest ... (bzw. Praemissa est ...) Halae: Renger (1822)—[1826]. 3 Bde 8° (4°) Umfang 30—46 S.

Jesu dein Herz. Eine Novenna. Gratz 1836. V: *Stöger, Johann Nepomuk.* »dein treues Herz . . . Gratz 1836. V: *Stöger, Joh. Nep.*« (SO) (Jes)

Jesu, dein Herz! Eine kleine Novenne z. Feier d. heiligsten Herz Jesu Festes. 16. (1 B.) Grätz 836, Ferstl'sche Buchh.

—— dein treues Herz, eine Quelle d. Seligkeit. Eine Novenne M. 1 Kpfr. 12. Grätz 837, Kienreich.

Jesu, erhöre uns! Katholisches Gebetbuch für fromme Seelen. Mit besonderer Rücksicht auf die Jugend bearb. Von einem Priester der Diözese Trier. Sarlouis 853. Stein. 32. (256 S. u. 1 Chalkotypie.) 3 ngr; mit 1 Stahlst. u. lith. Titel in Farbendr. 7½ ngr

Jesu Christi, unsers Herrn, Kinderbuch, oder merkwürd. histor. Beschreibung von Joachim und Anna, deren Geschlecht aus welchem sie geboren. Item von ihrer Tochter, der Jungfrau Maria und von der Geburt und Auferziehung Christi. 8. (44 S.) Reutlingen 865, Baur.

Jesu Christi, des Herrn, Kinderbuch, oder Historie von Joachim und Anna, sowie deren Tochter Jungfrau Maria, den Großeltern und Eltern unseres Herrn, sowie von dessen Geburt und Auferziehung, seiner Flucht, seiner Rückkehr und seiner großen Wunderwerke zu Jerusalem. gr. 16. (48 S.) Reutlingen 870, Enßlin und Laiblin.

Jesu Christi, d. Herrn, Kinder-Buch. Geschichte der heil. Geburt, Kindheit u. Jugend Jesu Christi. Mit e. kurzen Beschreibg. v. Nazareth u. Bethlehem u. einigen Liedern. Ster.-Ausg. 12. (48 S.) Reutlingen 887. Enßlin & Laiblin. — 15

Jesu Liebe kann erretten! Erzählungen f. Jung u. Alt v. M. v. O. 1.—4. Aufl. (85 S. m. 4 Vollbild.) 8. Schwerin 908—11. F. Bahn. — 90; geb. 1. —

Jesu mein Heil. Ratschläge und Gebete für Männer. 3. Aufl. Freiburg 1874. V: *Pesch, Tilmann.* (SO)

— meine Liebe! Ein vollständ. Gebet- u. Erbauungsbuch für Katholiken. kl. 16. Arnsberg 836. (Ritter.) ¼ ngr

Jesu, meine Liebe! Ein vollständ. Gebet- und Erbauungsbuch für Katholiken von einem kathol. Priester der Diözese Paderborn. 4., verb. und verm. Aufl. 16. (VIII, 248 S. mit 1 Stahlst.) Werl 873, Stein.

Jesu Sinn. Von dem Verf. der Schriften: „Er ist treu, der — verheißen hat,“ ꝛc. (Galvanotyp-Ausg.) 32. (130 S.) Barmen 864. (Berlin, Beck.) * 4 Ngr.; geb. mit Goldschn. *

—— Sinn. 32. (130 S.) Barmen 870, (Klein.) *

—— dass. — Von dem Verf. der Schriften: „Er ist treu, der — verheißen hat,“ „Der Bogen in den Wolken“, und „Worte Jesu an die Müden“. [Galvanotyp-Ausg.] 1872. * 50 Pf., und Neue Ausg. 82. (130 S.) Barmen 875, (Wiemann.)
geb. mit Goldschn.

Jesu Sinn. Von dem Verf. von: „Er ist treu, der — verheißen hat“ ꝛc. (Galv.-Ausg.) Hrsg. v. der Wupperthaler Traktat-Gesellschaft. 24. (129 S.) Barmen 875. Wiemann. — 60; geb. m. Goldschn. 1. 20

Jesu Sinn. Vom Verf. der Schriften: „Er ist treu, der verheißen hat“, „Der Bogen in den Wolken“, „Worte Jesu an die Müden“ u. a. (Nach Macduffs Schriften bearb.) 8. Aufl. (44.—48. Taus.) gr. 16. (128 S.) Barmen (897). Wupperthaler Traktat-Gesellschaft. n. — 30; geb. n. — 60; m. Goldschn. n. — 75

Jesu Universal-Religion. Ein Seitenstück zu d. Hrn. Frz. Volkm. Reinhard's Schrift: Versuch über d. Plan, welchen d. Stifter d. christl. Religion zum Besten d. Menschheit entwarf, (v. J. Linde.) 8. Lpz. 811. Weidmann. 16 ggr Schrbp. 20 ggr

a Jesu, s. Friederici a Jesu.

v. Jesu, Therese, s. Therese, auch Thomas.

Jesua

— der entlarvte, an d. Wanderer im Thale Josaphat. 8. Leipz. 797. (Brockhaus). 4 ggr

Jesua, Joab, an den Wanderer im Thale Josaphat. 8. Leipz. 795. Beer. 6 ggr

Išô'dâdh's [**Jesu'dad**] Kommentar zum Buche Hiob ([Syr.] Nuhhara de Bêt-Mauthê). T. 1. Text u. Übers. von Johannes Schliebitz, Dr. phil. Gießen: A. Töpelmann 1907. 8°
— **Zeitschrift** f. d. alttestamentl. Wissenschaft. Beih. 11. [07. 49]

Jesuit, der, s. a. Bibliothek kathol. Novellen.

Jesuit, Der. Eine wahre Geschichte. Aus dem Engl. übersetzt. Berlin 1800. Ü: *Bothe, Friedrich Heinrich.* (Russell XVI, I, 2, 1857)

— der, e. wahre Geschichte; aus d. Engl. übers. 2 Bde. 8. Berl. 800. Nicolai. 2 ₰ 8 ggr

Jesuit, der. Roman von dem Abbé *** Verf. des „Verfluchten“ und der „Nonne“. Deutsch von A. Dietzmann. Autoris. Uebersetzung. 8. (IV und 530 S.) Leipzig 865, Steinacker Separat-Conto.

—— dass. — Aus dem Französ. übertragen von Th. List. 2 Bde. gr. 8. (524 S.) Berlin 865, Humburg und Comp.

—— dass. — Deutsch von C. Homburg. 2 Thle. gr. 16. (638 S.) Stuttgart 865, C. Ebner.

Jesuit, Der alte, und sein Schüler . . . A. d. Franz. . . . Leipz. 1826. V: *Becker, Gottfried Wilhelm.* (KY) (MGT)

Jesuit, d. alte, u. sein Schüler, oder Katechismus d. echten Jesuitenlehre. Aus d. Französ. von *r. (G. W. Becker.) gr. 12. Leipz. 826. Fest. 18 ggr

* **JESUIT**, Der, in seiner Blöße, oder die entdeckten Geheimnisse des Jesuiter-Ordens, aus d. Französ. übersetzt. Mit Titelkpf. (Püschel sc.). Paris (Lübeck in Bayreuth) 1763. Kl. 8⁰. Tit., 1 Bl. Vorr., 154 S. (In Berlin: Ci 5697; auch in Zürich.)

— der, in sr. Blöße, oder d. Geheimnisse des Jesuitenordens. 8. Lübeck 774. Riemann u. C. 6 gl

* **JESUIT**, Der entlarvte, Bestehend aus drey, Zwischen einem Evangelischen Lehrer u. geistlichem Studenten gehaltenen Gesprächen Vom Greuel des Pabstthums, Darinnen Die schändlichen Intriquen (!) der boßhafftigen Jesuiten aufrichtig offenbahret, die Betrügereyen gezeiget, Und alle, Dem heil. Worte GOttes zuwider lauffende Lehren gründlich verworffen werden. Von *J. L. S.* Gedruckt im Jahre 1725. 4⁰. (In Berlin: Ci 15, no. 6.)
32 S. Die letzten 4 Seiten in Versen.

Jesuit, der erste, in Deutschland, Petrus Faber, s.: Flugschriften, katholische, zur Wehr u. Lehr'.

Der Jesuit und der Freimaurer oder Die ungleichen Brüder. Eine Erzählung für's Volk vom Verf. des „Der Stich in's Wespennest", Die Schwarz-Wildpret-Jagd" &c. Mainz: Kupferberg 1872. IV, 185 S. 8⁰

°[Dasselbe.] Eine Erzählung aus der Zeit des letzten Krieges. 2. Ausg. Ebendas. 1891. IV, 185 S. 8⁰
cf. BN. 3 (1872—1873) S. 318—320 (J. P. Vaillant).
TB. 369. Will dem katholischen Volke darlegen, dass der Kampf der Frmr gegen die Jesuiten nichts anderes sei als der Kampf des Widerchristentums gegen die christliche Religion.

JESUIT, Der geheime. Mit Titelvignette. Berlin und Leipzig, o. J. (Wien, Mösle, 1791). 8⁰. (1 Mk. 20 Pfg. R. Levi, Stuttgart, 1898.)
Jahrzahl nennt Weller.

— der, kommt! Ein Weckruf an das deutsche Volk. Von e. Freunde der Wahrheit. gr. 8. (38 S.) Stuttgart 892. Jos. Roth. n. — 30

— dasselbe. 2. u. 3., verb. Aufl. gr. 8. (39 S.) Ebd. 892. n. — 30

JESUIT, Der, in guter Laune. Ein getreues Charaktergemälde in Hogarth's Manier und Stil. Mit Titelkpfr. Mohilaw (Wien, Mösle) 1785. 8⁰. 259 S. Höchst selten! (In Wien. Stadtbibl.: Secr. A. 26.)
Bibl. Bülov. II. Abth. 4. p. 147; Weller, fing. Druckorte.

Jesuit, Der, vor dem Richterstuhle des Herrn Johann Jacob Moser . . . **Berlin u. Frankf. [Augsburg] 1774. V:** ***Merz, Alois.*** (ML) (Wr) (Holz) (Jes) (BB) (Ky)

— der, vor dem Richterstuhl des Hrn. J. J. Moser, (v. Al. Merz). 8. Berl. u. Frankf. (Augsb.) 774.

— ein, f. jeden Tag. Aus d. Französ. gr. 12. Leipz. 828. Rein. 10 gl

— der, u. der Teufel. Wien ... Wucherer. 3 gl

Jesuit, der, auf dem Thron, oder das neue Felsenburg, ein komisch-politisch-satyrischer Roman, mit Kupf. 8. Berlin, (Görlitz) 794. (Hermsdorf) 1 Rthl.

— der, auf dem Throne. 8. Görlitz 794. Anton in Halle. 1 ₰

Jésuite, le, par l'abbé *** auteur du Maudit et de La religieuse. 6 Vols. 16. (891 S) Frankfurt a. M. 865. (Naumburg, Pätz.)

Jesuiten, die, s.: Flugschriften, katholische, zur Wehr u. Lehr'.

— — die, eine Zeitschrift. 16 Heft. s. Vorschriften, geheime, des Jesuitenordens im 1sten Supplement d. B. L.

— —, Die. Ihre vorzüglichsten Grundsätze, Zwecke und Thaten von Entstehung des Ordens 1540—1845. Leipzig, Fol. (3 Mk. Paul Graupe, Berlin, 1911.)
Steindruck. Ein Jesuit, mit Dolch und Kelch in den Händen, auf der Erdkugel stehend, den Teufel und Schlangen zu Füßen. Mit Aufzählung der den Jesuiten vorgeworfenen Greuel und Grundsätze.

Jesuiten, die, . Schsp. v. Hagemeister. 8. Berl. Bordeaux. 787.

Jesuiten, Die. Schauspiel in fünf Acten. Berlin 1797. V: *Hagemeister, Johann Gottfried Lucas.* (GGr) (BrMm) (MGT)

Jesuiten, die, eine Arabeske v. Gustav Stello. 8. Jena, Stahl. 801.

Jesuiten, Die. Eine Arabeske. Jena 1802. V: *Salchow, Johann Chn.* (GGr)

Jesuiten, Die. Ein Rückblick auf ihre ehemalige Existenz und erfolgte Aufhebung . . . A. d. Franz. [des Vuiller]. Karlsr. 1815. Ü: *Keller-Schleidheim, Franz de Paula Ign. Jos. Freih. v.* (Ky) (MGT)

— die, ein Rückblick auf ihre ehemal. Existenz u. erfolgte Aufhebung in philosophisch-polit. u. religiöser Beziehung. Aus dem Französ. (v. ... Keller.) 8. Karlsr. 815.

Jesuiten, Die, von einem Jesuiten. **A. d. Franz. von J. Al. Amann. Augsburg 1844. V:** *Cahour, Arsène.* (Ky) (Th)

Jesuiten, von einem Jesuiten. (A. Cahour.) Aus d. Franz. v. J. Alan Ammann. 2 Thle. Prüfung der Texte. — Prüfung geschichtl. Thatsachen. gr. 8. (8½ B. u. 17½ B.) Augsburg 844, Kollmann'sche Buchh.

— die. Beiträge z. Geschichte ihres Wirkens aus Urkunden, die älter als die Jesuiten sind. Nebst e. Gutachten der franz. Bischöfe über d. Gesellschaft Jesu in Frankreich. 8. (4 B.) Augsburg 844. (Kreuzer u. Comp.)

— die! Ein Ruf der Warnung u. Erweckung an alle Freunde der Wahrheit u. des Friedens. 12. Darmstadt 845, Jonghaus. 1¾ ngl

— die. Trauerspiel in 5 Aufzügen. Vom Verf. der Landstürmer. 8. (90 S.) Zofingen 848, Steinegger'sche Buchh.

— die. I. Erinnerungen an ihre Wirksamkeit besonders in der Pfalz. gr. 16. (45 S.) Heidelberg 851, Akademische Anstalt für Literatur und Kunst.

Jesuiten, Die alten und die neuen. Ein Wort der Warnung . . . Sursen 1840. V: *Ehrsam, Jos.* (Th) (NN)

Jesuiten, die, vor dem Assisenhof von Brabant (13.—16. Mai 1864) oder der Proceß de Buck in Brüssel. Neue Ausg. gr. 8. (IV und 107 S.) Freiburg im Br. 865, Herder'sche Verlagsh. *

Jesuiten, die, im Bagno. Ein Beitrag zur Charakteristik dieses Ordens. Aus dem Französ. von L. v. D. gr. 8. (87 S.) Würzburg 850, (Stahel'sche Buchh.) *

— über die, u. ihre Bedeutung für das Christenthum. Den Freunden u. Feinden derselben gewidmet von einem kathol. Laien. (Aus dem römisch-kathol. Volksfreund abgedr.) 12. Marienburg 845, Dormann. n. 4 ngl

Jesuiten, Die, und die ultramontanen katholischen Bischöfe . . . Stettin 1873. V: *Grassmann, Robert.* (Ky)

Jesuiten, die, u. d. ultramontanen kathol. Bischöfe; ihre verderbl. Wirkg. auf Kirche u. Staat, auf Religion u. Sittlichkeit. (Von R. Graßmann.) [Aus: „Vierteljahrsschrift d. Stettiner Zeitg."] gr. 16. (38 S.) Stettin 873. R. Graßmann. n. — 10

Jesuiten in China, oder das Aufkommen d. Religion in diesem Reiche. gr. 8. Nürnb. 782. Schmidmer. 5 Kr

Die Deutschen Jesuiten auf den Schlachtfeldern und in den Lazaretten 1866 u. 1870/71. Briefe u. Berichte hrsg. von Markus Rist S. J. *Freiburg im Br.: Herder 1904.* (XVIII, 324 S.) 8° [F.] 04. 10577

— die in England u. Oesterreich. Ein Roman. 3 Thle. 12. (35½ B.) Leipzig 845. [Carl Engelmann jun.]

Jesuiten, die, und ihre Feinde. Geschichtliche Studie. 16. (138 S.) Stuttgart 857, Scheible.

Jesuiten, Freimaurer und deutsche Rosenkreuzer. O. O. 1781. V: *Knigge, Adolph Franz Friedrich Ludwig Freiherr von.* (Ky) S. a. »Über«.

— Freimaurer u. deutsche Rosenkreuzer (v. Ad. v. Knigge.) 8. o. O. 781.

Jesuiten u. Fürstenmörder, s. Liskenne, C.

— u. Fürstenmörder. Eine Enthüllung d. größten Verbrechen u. Gräuelthaten, welche von d. Jesuiten in allen Zeiten verübt wurden. Aus d. Französ. v. C. Liskenne. 12. Stuttg. 832. Scheible. 22 Kr

Jesuiten, die, u. deren Geheimnisse (Monita secreta), v. Breitler, S. J., s.: Volksschriften zur Umwälzung der Geister. 37. Hft.

— die, vor den Geschworenen. Aus dem Französ. von Jos. Wulf. 8. (X und 87 S.) Soest 859. (Salzkotten, Grasso.) *

JESUITEN, Die, in ihrer wahren Gestalt. Oder vollkommene Nachricht von ihrem bisherigen Betragen. Frankfurt und Leipzig 1764. 4°. 88 S.

— die, in ihrer wahren Gestalt, ein Warnungsbild f. die Schweiz u. ganz Europa, dem Schweizervolk gewidmet. (Gedicht.) 8. (2 B.) Winterthur 845. [Leipzig, Verlagsbüreau.]

— und Jesuitereien. Wirkliche Begebenheiten und geschichtliche Thatsachen nebst Gründen der Erfahrung. Berlin 853. Vereins-Buchhdlg. 8. (XII, 244 S.) 1 Thlr.

Jesuiten, die, u. der Jesuitismus. Od. Geschichte, Verfassung u. Grundsätze der Gesellschaft Jesu u. Winke in Bezug auf die Bestrebungen d. Ultramontanismus in unserer Zeit. 12. (1½ B.) Nordhausen 845, Fürst. Thlr.

— die, und der Jesuitismus oder Geschichte und Verfassung dieses Ordens nebst Enthüllung seiner Grundsätze und geheimen Verhaltungsbefehle. 2. (Titel-)Aufl. 12. (88 S.) Leipzig 853, Hentze.

Jesuiten, Die, in Luzern, wie sie kamen, wirkten und gingen . . . St. Gallen 1848. V: *Leu, Joseph Burkhard.* (AarK)

Jesuiten, Die, und ihre Moral. Danzig 1852. V: *Berger, R.* (Russell XVI, I, 3, 3505)

— die, in New-York. Aus dem Engl. 16. (192 S. mit 1 Holzschnt. in Tondr.) New-York 857. 59. (Philadelphia, Schäfer und Koradi.) geb. *

— die, u. der Radicalismus. Oder kurze u. gründliche Widerlegung jener Vorwürfe, welche dem Jesuitenorden in den schlechten Zeitungen gemacht zu werden pflegen. Aus dem „Katholiken" abgedruckt. gr. 8. Mainz 845, Kirchheim, Schott u. Thielmann. 1/6 Thlr

— die, u. d. Revolution, s. *de Laroche*-Arnaud.

Jesuiten, die, u. die Revolution, s. Roche-Arnaud, M. M. de la.

Jesuiten, Die, in Tirol. Von einem Tiroler. Heidelberg 1845. V: *Jordan, Silvester.* (BGE VII[a], 657) Vgl. VI, 5932.

Jesuiten, Die, in Tirol . . . Heidelberg 1845. V: *Streiter, Jos.* (WBL) (Mitth. A. Rosenbaum.)

— die, in Tirol. Von einem Tiroler. gr. 8. Heidelberg 845, Hoffmeister. 1/4 Thlr

Jesuiten, Die, in Tirol und ihre Gegner. Offenes Schreiben an einen der Letztern. Freiburg 1869. V: *Jungmann, Joseph.* (Jes)

Jesuiten, die, in Tirol und ihre Gegner. Offenes Schreiben an einen der Letzteren. 8. (36 S.) Freiburg i. Br. 869, Herder'sche Verlagsh.

Die Jesuiten in Trier. Vortrag, geh. bei d. Festfeier d. akad. Bonifatiusvereins in d. Aula d. Bischöfl. Priesterseminars zu Trier 1906. Von C. K. Trier: Paulinus-Dr. 1906. (43 S.) 4°(8°) 06. 703

— die, nach dem Urtheile großer Männer oder Was ist von den Jesuiten zu halten? Aus dem Ital. gr. 12. (IV u. 50 S.) Paderborn 852, Schöningh. 1/12 Thlr

— die, u. der Ultramontanismus in der Schweiz von 1798 bis 1845. (Allg. Lit.-Ztg. 1845. Nr. 173—179.) gr. 4. Halle 845, Exped. d. A. L.-Z. n. 1/3 Thlr

Jesuiten. Die J' und der Ultramontanismus in der Schweiz. Liestal 1846 s. [Snell, Ludwig].

— die, u. der Ultramontanismus in der Schweiz von 1798—1845. Aus d. „Allgem. Halle'schen Literaturzeitung" besond. abgedr. u. herausgeg. mit einem Vorwort v. Jh. Glhr. gr. 8. Liestal 846, Honegger. 5½ ngr

Jesuiten. Die J' in der Unterwelt. Zürich 1847 s. [Kottinger, Hermann Marcus].

Jesuiten, Die, im Verhältniss zu Staat und Kirche. Zürich 1819 V: *Escher, Hnr.* (Ky) (Winer) (ADB) (Th)

Jesuiten, d., im Verhältniß z. Staat u. Kirche, (v. H. Escher III.). 8. Zürich 819. Orell. 9 gr

Die Jesuiten in ihrem Verhältniß zu Staat, Kirche und Leben. Aus ihren Lehren und Handlungen dargestellt von einem Katholiken. Leipzig, Verlagsbüreau 1847. VIII 183 S. 8.

— die aus d. Maurerei verjagten, u. ihr Dolch von den Maurern zerbrochen. 2 Thle. 8. Straßb. 786. Treuttel u. W. 1 Thlr

Jesuiten, die, als Vermittler rc., s. Röhr.

Jesuiten, Die, vertrieben aus der Freimaurerey und ihr Dolch zerbrochen ... Leipzig 1788. V: *Bonneville, Nicolas.* Ü: *Bode, Johann Joachim Christoph.* (ML) (Ky) (Tt) (SJL)

Jesuiten, die, u. ihre Widersacher v. Gracchus, s.: Volksaufklärung.

Jesuiten. Die J' in ihrer Wirksamkeit.... Bern 1845 s. [Glück, Christian Wilhelm].

Jesuiten, Die, nach dem Zeugniss berühmter Männer. 2. Aufl. Regensb. 1891. V: *Fell, Georg.* (Keiter, Kath. Litt. Kal. VI, 69.)

— die, nach dem Zeugnisse berühmter Männer. 2., sehr verm. Aufl. 8. (III, 882 S.) Regensburg 891. Pustet. n. — 80

— zum Land hinaus! Von G. M. Sch. gr. 8. (24 S.) Soest [Münster] 872, Raffe'sche Verlagsh.

Jesuiten-Advocat, Der, oder Beleuchtung der, den Jesuiten gemeinhin gemachten Vorwürfe, nebst Würdigung ihres Instituts aus dem Welthistorischen und Philosophischen Standpunkte. Leipzig 1832. V: *Cunow, Martin.* (Nowack, Schles. Schriftst.-Lex. Bresl. 1836—43. IV, 13.)

Jesuiten-Advocat, der, oder Beleuchtung der, den Jesuiten gemeinhin gemachten Vorwürfe, nebst Würdigung ihres Instituts aus dem welthistorischen u. philosoph. Standpunkte. 8. Leipz. 832. Hartmann. 6 gr

Jesuitenansiedlung, die, in Westfalen und das westfälische Junkerthum. Beiträge zur Geschichte der Volksverdummung in Preußen. 8. (67 S.) Bremen 850, Geisler.

Jesuiten-Arbeit, ein Stückchen, oder die Mission in Tilsit im J. 1838. Nach den Akten. Aus d. Franz. gr. 8. Berlin 838. Mittler. ½ Thlr

JESUITENBEICHTE. (20 vierzeil. Stroph. lasciven Inhalts.) O. O. u. J. (c. 1895). Gr. 8°. 1 Bl., nur einseitig bedruckt.
Der Jesuit geniesst ein junges Mädchen, in dem Grade fortschreitend, wie letzteres dem Pater seine Erlebnisse mit ihrem Freunde Franz beichtet.

Jesuiten-Bilder. Ein Schattenfries für das neue deutsche Reichstags-Gebäude. qu. gr. Fol. (1 Holzschntaf. mit Text.) Berlin 863, Lichtwerck.

Jesuiten-Bilder. Ein Schattenfries f. das neue deutsche Reichstags-Gebäude. qu. gr. Fol. (e. Holzschntaf. m. Text.) Berlin 873. Lichtwerck — 50

Jesuitenbüchlein, s.: Für die Feste u. Freunde d. Gustav-Adolf-Vereins.

JESUITENBÜCHLEIN. Leipzig 1845. 8°. 138 S. (5 Mk. E. Frensdorff, 1910:)
Seltene Schrift! Das interessante Titelbild stellt einen Jesuiten dar im Ueberhange. Neben ihm ein junger Mann, welcher mit einem Stabe den Ueberhang des Jesuiten hochhebt. Es zeigt sich ein Pferdefuss.

Jesuitenbüchlein. 2. Aufl. 8. (8⅝ B.) Leipzig 845, Ph. Reclam jun.

Jesuitendebatte, die, im deutschen Reichstage am 15. und 16. Mai 1872. Nach den kritisch durchgeseh. stenograph. Berichten mit Anmerkungen und der Uebersetzung der Bulle Unam sanctam und des Breves Clemens XIV. hrsg. von der Gesellschaft für Verbreitung von Volksbildung. 8. (104 S.) Berlin 872, Simion. *

Jesuiten-Facultät in Innsbruck. Beleuchtet durch die bedeutendsten Reden aus der Debatte im Abgeordnetenhause des Reichsraths am 24. März 1874. gr. 8. (100 S.) Teschen 874, Prochaska. *

Jesuitenfeind, Der. Pendant zur Zeitschrift: Die Jesuiten ... Frankf. 1817. V: *Doller, Johann Lorenz.* (Jes) (Th) (Schmal) (SO) (Ky) (MGT)

Jesuitenfeind, der, Pendant zur Zeitschrift: die Jesuiten, (v. J. L. Doller.) 8. Frankf. a. M. 817. Hermann. 20 gr

Die JESUITENFRAGE in Pressburg im Jahre 1873. Pressburg 1873: Buchdruckerei d. kath. Liter. A.-G. 29 (1) S. - gr. 8°

„Jesuitenfrage", die, vom politischen Standpunkt. [Aus: „Deutsch-evangel. Blätter".] gr. 8. (48 S.) Halle a/S. 891. E. Strien. n. — 80

Jesuitenfrage. Die schweizerische J' in ihrer staats- und völkerrechtlichen Bedeutung. SA. 8. Tübingen 1845.

Jesuitenfresser, die, nebst Wanderpaß u. Signalement des ewigen Juden v. Eugène Sue. Aus d. Franz. v. Vict. Joly, übersetzt. Mit d. Umschlagstitel: Der ewige Jude. Von E. Sue. Supplemtbd. zu allen Ausgaben. 8. (13 B.) Regensburg 845, Manz.

Die **Jesuitenfresser.** Von einem Freunde des katholischen Volkes. Deggendorf: Krüll 1871. 18 S. 8⁰ [Umschlagtit.]

°[Dasselbe.] 2. Aufl. Ebendas. 1871. 18 S. 8⁰

°[Dasselbe.] 3. Aufl. Ebendas. 1871. 18 S. 8⁰

[Dasselbe.] 4. Aufl. Ebendas. 1871. 20 S. 8⁰

°[Dasselbe.] 5. Aufl. Ebendas. 1871. 18 S. 8⁰

°[Dasselbe.] 6. Aufl. Ebendas. 1871. 18 S. 8⁰

°[Dasselbe.] 7. Aufl. Prag: Steinhauser 1872. 16 S. 8⁰
cf. Vrt. 3 (1872) S. 280—283.
Bezeichnet die Frmr als die gefährlichste Klasse der Jesuitenfresser, weil sie für die Sache des Teufels das sind, was die Jesuiten für die Sache Gottes.
[Heinsius: Allgem. Bücher-Lexikon. 15, 1 (1877) S. 838.]

Jesuiter-Geschichte, Critische, worinn alles aus ächten Quellen kurz hergeleitet . . . Frankf. u. Maynz 1765. V: *Reiffenberg, Friedrich von.* (Jes)

Jesuitengeschichte, krit., woraus auch Harenbergs Historie beleuchtet wird. 8. Frankf. a. M., 765. Varrentrapp. 1 ₰ 2 K

Jesuitengesetz, das. Ein unparteiisches Wort an unsere kathol. Mitbürger von dem Verf. des „kleinen kathol. Katechismus von der Unfehlbarkeit" und des „Syllabus". gr. 8. (14 S.) Leipzig 872, Mayer. *

Jesuitengesetz, das, u. der Evangelische Bund, s. a. Aktenstücke, kirchliche. Nr. 12.

Das **Jesuitengesetz** und der Evangelische Bund. Resolutionen, Eingaben, Erklärungen und Denkschriften von neuem veröffentl. im Auftr. d. Centralvorstandes d. Evang. Bundes. *Leipzig: C. Braun 1902.* (67 S.) 8°
— Aktenstücke, Kirchliche. No 12.

Jesuitengift, Das, wie es unter Clemens XIII. entdeckt, unter Clemens XIV. unterdrückt und unter Pius VI. noch fortschleicht oder die Jesuiten in fünferlei Gestalten. [Philadelphia] 1784. V: *Rautenstrauch, Johann* [?]. (WBI.)

JESUITENGIFT, wie es unter Clemens XIII. entdeckt, unter Clemens XIV. unterdrückt, und unter Pius VI. noch fortschleicht, oder die Jesuiten in fünferlei Gestalten allen Christen zur Warnung vorgestellt. Mit Titelkupfer. Philadelphia (Wien, Hartmann) 1784. 8°.
[B. III, 411.]
Selten. Enthält: Der Jesuit als Probabilist, Beichtvater, Ketzermacher, Fürstenhasser und päpstlicher Soldat.

Jesuitengift, wie es unter Clemens XIII. entdeckt, unter Clemens XIV. unterdrückt wird u. unter Pius VI. noch fortschleicht. 8. Wien 784. Hartmann. 8 K

Jesuitenkirche, die, zu Trier u. das preußische Gouvernement. Ein zeitgemäßer Nachtrag zu der im Sommer 1838 u. d. T.: „Zum preuß. Kirchenrechte" üb. diese Angelegenheit erschienenen „Monographie". gr. 8. (184 S.) Trier 850. (Mainz, Kirchheim & Schott.) n. ½ ₰

Jesuitenkrieg, Der, gegen Österreich und Deutschland. Leipzig 1845. V: *Schuselka, Franz.* (Heidler, J., Čechy a Rakonsko. V Praze 1920, S. 20)

Jesuitenkünste u. Seelenfang am Krankenbett. Ein Muster röm. Propaganda aus Bremen. 1.—5. Aufl. gr. 8. (56 S.) Barmen 888. 889. Klein. n. —60

Ⓑ **Jesuitenkünste** u. Seelenfang am Krankenbett. 889. Jetzt: Basel, E. Finckh.

Jesuitenliebe und Jesuitenränke, oder scandalöse Anekdoten aus dem Leben des Paters La Chaise. Frey nach d. Französ. bearb. 2 Thle. (Th. 2 mit d. Zusatz: „nach La Chaise: Beichtvater Ludw. XIV.") Frankfurt u. Leipzig (Schweinfurt, Riedel) 1792. 8⁰. 172 u. 182 S. (In Wien, Stadtbibl.: Secr. A. 18. 1 vol.) (1⅓ Rthl. Scheible, vor 1880; jetzt theurer!)
(Dem Münchener Expl. fehlt d. letzte Bl. d. 2ten Theils.) — Zuerst gedr. ebd. 1778. 8⁰. (Heinsius' B.-Lex.) Beide Ausgaben höchst selten!

Jesuitenliebe u. Ränke; aus d. Französ. 2 Thle. 8. Leipz. 778. Schneider. 12 K

JESUITENLIST u. Jesuiten-Ränke. Eine Enthüllung der größten Verbrechen u. Gräuelthaten, welche von den Jesuiten in allen Ländern u. zu allen Zeiten verübt wurden. Schwäb. Hall, F. F. Haspel, 1848. 12⁰.
Tit. u. 322 S. Chronologisch, nur mit Angabe des Jahrs als Ueberschrift. Vergriffen!

Jesuitenlist u. Jesuiten-Ränke. Eine Enthüllung der größten Verbrechen u. Gräuelthaten, welche von den Jesuiten in allen Ländern u. zu allen Zeiten verübt wurden. 24. (322 S.) Schw. Hall 848, Haspel. ½ ₰

JESUITEN-Liebschaften oder Die Väter der Gesellschaft Jesu in gutem Humor. Rom und Paris 1869. Breit 12°. 77 S., 1 S. weiß, 1 Bl. mit Anzeigen ähnlicher erotischer Schriften zum Preise von M. 1.— bis M. 5.50!
Äußerst selten geworden!

JESUITEN-LIEBSCHAFTEN, oder die Väter der Gesellschaft Jesu in gutem Humor. (Priapisches Machwerk, nach d. Französ.) Rom u. Paris, gedruckt auf Kosten guter Freunde (Stuttgart, J. Scheible?), o. J. (c. 1877). Breit-12°. (4 Mk. Fischhaber; 4 Mk. 50 Pfg. A. Bielefeld; jetzt theurer und kaum noch zu erlangen.)
115 S. (incl. Tit. u. 1 Bl. Vorr. d. Verlegers an die Leser). In diesem unsinnigen, aber sehr pikanten Opus werden u. a. im Jesuiten-Kloster 1 junges Mädchen u. 1 schöne Schuhmacherfrau von 30 Mönchen zu Tode gemissbraucht.

Jesuitenmission, die, in Hildesheim und damit zusammenhängendes. Worte der Belehrung und Mahnung an den protestant. Bürger und Landmann zunächst im Königr. Hannover. 8. (72 S.) Peine 852, Heuer.

Jesuitenmoral. Ein Album für Freunde der frommen Väter. Zusammengestellt nach mehr als 300 Stellen aus Jesuitischen Kasuisten. 8. Leipzig 845, Michelsen. n. 1/3 ℛ

JESUITENMORAL. Ein Album für Freunde der frommen Väter. Zusammengestellt nach mehr als 300 Stellen aus jesuitischen Casuisten. Leipzig 1845. 8°. 3 Bll. u. 104 S. (1 Mk. R. Levi, Stuttg., 1892; 3 Mk. Oskar Rauthe, Berlin, 1908.)
Moralgesetze der Jesuiten, Vom Königsmorde, Vatermord, Von der Nothzucht, Vom Kindermord, Von der Beichte etc. etc.

Jesuitenmoral oder der Zweck heiligt die Mittel. Ein offenes Wort an Pater Bottgießer, Missionspred. gr. 16. (22 S.) Bremen 863, Geißler's Verlag.

Jesuitenmuth und Pharisäerstolz. Offenes Sendschreiben an den Verf. der „Jesuitenhetze in Bremen." Vom Verf. der „Jesuitenmoral." 8. (32 S.) Bremen 863, Geisler's Verlag.

Jesuiter-Orden, üb. den, v. Lucas Wahrmund. 8. Berl. Wittich. 814.

Jesuiten-Orden, über den, dessen Aufhebung u. Wiederherstellung, eine historisch pragmat. Skizze von einem wahrheitliebenden Protestanten. gr. 8. Ulm 839. (Leipzig, Klinkhardt.) 1/3 ℛ

Jesuiten-Orden, Der, seine Gesetze, Werke und Geheimnisse. Eine Beleuchtung nach den Quellen. Regensburg 1872. V: *Schneemann, Gerhard.* (SO) (Jes) (ADB)

Jesuitenorden, der, seine Gesetze, Werke und Geheimnisse. Eine Beleuchtung nach den Quellen. 1. Aufl. (223 S.), und 2. verb. und mit einem Anh. verm. Aufl. 8. (253 S.) Regensburg 872, Pustet.

Jesuitenorden, der, u. seine Unverträglichkeit mit den deutschen Verhältnissen. gr. 8. (10 1/2 B.) Stuttgart 846, Ebner u. Seubert.

Jesuitenpest, die. Jesuiten u. Jesuitismus seit 1814. 2. Aufl. 12. (2 B.) Leipzig 845, Keil u. Comp.

Jesuitenpredigt. Radikale V: Basel 1845 u. Zürich 1845 s. a. Reithard, Johann Jacob].

Jesuitenpredigt, Radikale. Zürich 1845. V: *Fröhlich, Abraham Emanuel.* (ADB)

Jesuitenpredigt, Radikale. Zürich 1845. V: *Reithard, Joh. Jakob.* (Schumann, Aaarg. Schriftsteller I, 1888, S. 73) (Zeitschr. f. Büch. N. F. 15, 1923, S. 112.) Vgl. VI, 5935.

Jesuitenpredigt, radikale. Gehalten am Neujahrstage 1845 im geheim. Conventikel der Wissenden v. Pater Incognitus. 2. verm. Aufl. gr. 16. Zürich 845, Meyer u. Zeller. 1/4 ℛ

Jesuiten-Prozeß, der, in Brüssel. Verhandlungen vor dem Assisenhofe von Brabant vom 13. bis 16. Mai 1864. 1.—4., durchgeseh. Aufl. gr. 8. (72 S.) Köln und Düsseldorf 864, 65, Kaulen und Comp.

Jesuiten-Republik, die, in Paraguay, e. Pombal'sche Lügenschrift, s.: Nachricht, kurze, von der Republique der R. R. P. P. der Gesellschaft JEsu.

Jesuiten-Sensationsprozeß, der, d. Pfarrers Hartmann v. Kronungen, verhandelt vor dem Schwurgericht in Straubing. 12. (47 S.) Barmen 890. Klein. n. — 20

Jesuiten-Sensationsprozeß, der, d. Pfarrers Hartmann v. Kronungen, verhandelt vor dem Schwurgericht in Straubing. (Der Meineidpfarrer. Ein Beitrag zur Jesuitenmoral.) 2.—4. Aufl. 12. (47 S.) Barmen 891. H. Klein. n. — 20

Jesuitenspiegel, s. Santo-Domingo.

Jesuitenspiegel. Oder: hat man Ursache sich vor den Jesuiten zu fürchten? Erlangen 1839. V: *Harless, Gottlieb Christoph Adolph.* (Russell IV, 104)

Jesuitenspiegel. Oder: hat man Ursache sich vor den Jesuiten zu fürchten? gr. 8. Erlangen 839. (Altenburg, Helbig.) n. 1/3 ℛ

Jesuitenspiegel, Der. Biel 1873. V: *Fischer, P.* (?) (BSchwLk V, 10 e γ)

Jesuitenspiegel, neuer, s. Maurer, K. C. L.

Jesuitenspiegel, neuester, s.: Herzog u. Lommel.

Jesuiten-Spiegel, Schweizerischer, ein ernstes Warnbild, Magistraten u. Bürgern aufgestellt von einem für sein Vaterland besorgten Eidgenossen. Mit Titelbild. 8. Bern 842, Jenni, Sohn. 1/2 ℛ

Jesuiten-Statistik der Gegenwart, d. i. authentisches Verzeichniß sämmtl. jetzt bestehender Häuser, Niederlassungen u. Mitglieder der Gesellschaft Jesu, nebst Angabe der Adressen derselben. gr. Lex.-8. (1 1/2 B.) Grimma 846, Verlags-Comptoir.

Jesuiten-Statistik der Gegenwart, d. i. authent. Verzeichniß sämmtl. jetzt bestehender Häuser, Niederlassungen u. Mitglieder d. Gesellschaft Jesu, nebst Angabe d. Adressen derselben. gr. 8. (24 S.) Grimma 847, Verlags-Comptoir. n. 1/3 ℛ

Jesuitenstreit, der, in Erfurt. Eine aktenmäß. Darstellg. der wegen der beantragten Aufhebg. d. Gesetzes vom 4. Juli 1872 in Erfurt geführten Verhandlgn. gr. 8. (43 S.) Leipzig 891. Buchhandlg. d. Evang. Bundes v. C. Braun. (Erfurt, Bartholomäus.) n. — 40

Jesuitenverfolgung, die, in England. Geschichtsbilder aus den Zeiten Elisabeths und Jakobs I. Von einem Mitglied der Gesellschaft Jesu. Aus dem Engl. 8. (VIII, 275 S.) Mainz 874, Kirchheim.

Jesuiten-Wissenschaft u. Gelehrsamkeit, beleuchtet von e. Wahrheitsfreund. gr. 8. (29 S.) Berlin 893. Germania. n. — 40

Jesuitenzögling, der, als Schuhflicker, à la Rousseau, Seminarist, Libetiner, Hofmeister, Pfarrer, Hanswurst, Bär, Gassenkehrer, Polizeispion, König, Vatermörder rc. Nach d. Französ. des Leaumier frei bearb. von Conradin. Nebst ill. Steindr. gr. 12. Altenb. 830. (Leipz., litter. Museum.) 1 ₰ 12 ℊ

Jésuites. Les J' à l'oeuvre. Satire. 8. Lausanne 1845.

Jesuitica. I. Die Jesuiten u. der Ritter Heinrich v. Lang. Oder Nachweis: wie die Gegner der Jesuiten deren Geschichte schreiben. Von Dr. Wittmann. 12. Augsburg 845, Kollmann'sche Buchh. 1/8 ₰

Jesuitismus, Der, treu geschildert . . . 2. . . . Aufl. Zürich 1845. V: *Kitt, Heinrich* [?]. (Th)

Jesuitismus, der, treu geschildert von ein. unbefangenen Protestanten Zürichs. 2., umgearb. u. verm. Aufl. 8. (3 3/4 B.) Zürich 845. (Augsburg, Kollmann'sche Buchh.)

Jesuitismus. Der J' treu geschildert von einem unbefangenen Protestanten Zürichs. Zürich 1846 s. [Kitt. David].

Jesuitismus, der, getreu nach der Natur gezeichnet und den Männern der Kirche, des Staates und des Volkes zur Betrachtung vorgestellt von einem bekehrten Jesuiten. 8. (VI, 116 S.) Leipzig 872, O. Wigand. *

Jesuitismus, der. Eine krit. Würdigg. der Grundsätze, Verfassg. u. geist. Entwicklg. der Gesellschaft Jesu, m. besond. Beziehg. auf die wissenschaftl. Kämpfe u. auf die Darstellg. v. antijesuit. Seite. Nebst e. literarhistor. Anh.: Die antijesuit. Literatur von der Gründg. des Ordens bis auf unsere Zeit. Von Pilatus (Vikt. Naumann.) (IX, 595 S.) gr. 8. Regensburg 905. Verlagsanstalt vorm. G. J. Manz. n. 7.50; geb. n. 9.50

—— der, in Belgien. Ein warnendes Wort an die deutschen Fürsten und Staaten v. Junius. gr. 8. (4 1/4 B.) Leipzig 846, Rud. Weigel. *

Ueber Jesuitismus, Lavaterianismus, Urlspergerianismus und deren Ursachen von Tsienkiang einem chinesischen Mandarin. Krakau 1787. 62 S. 8°

S. 23: Die Jesuiten sollen auch im Frmrbunde zu Ansehen gelangt sein.

— über, Lavaterianismus, Urlspergerianismus u. deren Urs. v. Tsienkiang. 8. Krakau 787. (Felßecker in Nürnb.) 3 ℊ

Jesuitismus, der, in nuce, oder Charakteristik d. h. Ignaz von Lojola. 8. Rom 789. (Wienbrack in Lpz.). 9 ℊ

Jesuitismus und Protestantismus. Die Realisation der geheimen Pläne der Jesuiten . . . Leipzig 1852. V: *Bertholdi, Hermann.* (zu) (Ky)

Jesuitismus und Protestantismus. Die Realisation der geheimen Pläne der Jesuiten oder von Rom nach Berlin. Zur Charakteristik des Ordens, seiner Fortschritte, seiner Taktik und des Verhaltens der protestantischen Geistlichkeit. Mit interessanten Belägen aus jesuitischen Autoren. Vom Verfasser von „Jesus der Essäer", „Der wahre christliche Staat" rc. Leipzig, Br. Hinze 1852. 47 S. 8.

Jesuitismus und Protestantismus. Die Realisation der geheimen Plane der Jesuiten oder von Rom nach Berlin. Zur Charakteristik des Ordens, seiner Fortschritte, seiner Taktik und des Verhaltens der protestantischen Geistlichkeit. Mit interessanten Belegen aus jesuit. Autoren. Vom Verf. von: „Jesus der Essäer" rc. 8. (47 S.) Leipzig 852, [Matthes.] *

Jesukind, d. wunderthätige, v. Prag, s.: Propaganda-Schriften, kathol.

Jesukindlein, d. gnadenreiche Prager, s. Geschichte u. andächt. Verehrg. M. vielen frommen Gebeten u. Bildern. 2. Aufl. 16. (90 S.) M.-Gladbach 896. B. Kühlen. — 30; geb. — 50

Jesuliebe, die heiligste, in österl. Predigten vorgetragen. gr. 8. Augsb. 815. Wolff. 10 ℊ

Jesu-Lieder, Die heiligsten, ohne die kein Heil zu hoffen . . . Augsb. 1815. V: *Stipperger, Roland.* (schmal)

Jesurun, Jacobo A. [aus Curaçao (W.-I.)]: Ueber einige Derivate und die Constitution des Cymenols (m-Iso-Cymophenol) . . . . Rostock, Carl Boldt'sche Hof-Buchdr., 1886; 34 S. 8°. Rostock, Phil. Fak., Inaug.-Diss. v. 3. Mai 1886.

Jesurun, Jacobo A., über einige Derivate und die Constitution des Cymenols (m-Iso-Cymophenol). Diss. Rostock 1886, G. B. Leopolds Univ.-Buchh. 8°. 34 S.

Jesus, ein Buch für Kinder, die anfangen in der Religion unterrichtet zu werden. Leipzig 1797. V: *Albrecht, Erdmann Hannibal.* (Ky)

Jesus; ein Buch für Kinder d. anfangen in d. Religion unterricht. zu werden, (v. E. H. Albrecht.) Mit 6 Kpf. 8. Leipz. 797. 2e A. 815. Leo. 12 ℊ

— mit demselben glücklich zu reisen zu Wasser u. zu Lande, tägliches Handbüchlein, darinnen Gebetsandachten rc. Neue Aufl. 12. Prenzlau 819. Ragoczy. 10 ℊ

— katholisches Gebetbuch f. Kirche u. Haus. Mit (4 lith.) Bildern. 16. (432 S.) Einsiedeln 871. Benziger. — 70

— nach neutestamentlichen Quellen v. Amicus Veritatis. 8. (58 S.) Heilbronn 894. (A. Scheurlen's Sort.) n. — 60

Jesus, Tragödie des Menschensohnes. In Worten der Hl. Schrift. (Von Otto Wille.) (In 3 Lfgn.) 1. Lfg. (32 S.) 8. Leipzig(-R., Ostftr. 23 l) 906. Otto Wille. — 50
Erscheint zunächst nicht weiter.

Jesus. 4 Vorträge, geh. in Frankfurt a. M. (1. Bornemann, W., Jesus als Problem. — 2. Veit, W., Jesus als Lehrer. — 3. Schuster, H., Jesus als Persönlichkeit. — 4. Foerster, E., Jesus als Kraft.) (119 S.) 8. Frankfurt a. M. 910. M. Diesterweg. 1. 60

Jesus, mein Alles! Gebetbuch für Erstkommunikanten. Mit Vorwort von L. C. Businger. Ausgabe in farbiger Einfassung, mit 4 Stahlst. und vielen Vignetten. 448 Stn. in-24. Einsiedeln, Gebr. Benziger. 1843 1. 90

Jesus mein Alles! Gebetbuch für Erstcommunikanten. M. Vorw. v. L. C. Businger. Ausgabe in farbiger Einfassung. M. 4 Stahlst. u. vielen Vign. 448 Stn. 24. Einsiedeln, Gebr. Benziger. 1844 1. 90

Jesus, mein Alles! Gebetbuch für Erstcommunikanten. Bevorwortet von L. C. Businger. (Ausg. Nr. 1.) 16. (VI, 444 S. m. eingedr. Holzschn. u. 3 Chromolith.) Einsiedeln 877. Benziger. — 80

Jesus, mein Alles. Gebetbuch für Erst-Communicanten. Mit einem Anhange von lateinischen u. deutschen Kirchen-Gesängen. Bevorwortet von L. C. Businger, Regens. Mit bischöflicher Approbation. In-24°, 448 S., mit 3 Stahlstichen. Einsiedeln, Gebr. K. & N. Benziger. 1881

Jesus, mein Alles. Gebetbuch für Erst-Communicanten. Mit lateinischen und deutschen Kirchengesängen. Bevorwortet von L. C. Businger, Regens. Neue Ausgabe No. 2 in brauner Einfassung. Mit Approbation. Mit 4 Stahlstichen. In-24°, 456 S. Einsiedeln, Gebr. K. u. N. Benziger. 1882 1 80

Jesus mein Alles! 16. (15 S. m. 1 Lichdr.) München 897. J. Pfeiffer. n. — 10

Jesus, mein Alles! Gebetbuch f. Erst-Communicanten. Bevorwortet von L[ukas] C[aspar] Businger, Regens. *Einsiedeln, Köln: Benziger & Co. (1904).* (VI, 444 S.) 8° [5.-]

—— der Allmächtige. Von einem Laien. 8. (16 S.) Barmen 870, (Klein.) *

Jesus im allerheil. Altarsakramente oder das Frohnleichnamsfest u. die Bruderschaft vom allerheil. Sakramente in der Dompfarrkirche zu Erfurt. 12. (XXII u. 172 S.) Erfurt 847, Loës in Comm. n. 6 ngr

Jesus im allerheiligsten Altarssakramente. Salzburg 1877. V: *Hager, Edmund.* (Hr)

Jesus im h. Altarssakrament. Predigten. Augsburg 1806. V: *Kiepach, Stanislaus.* (schmal)

Jésus l'ami des enfants. Petites heures à l'usage de la jeunesse catholique. 32. (254 S. mit 2 Holzschntaf. in Buntdr.) Einsiedeln 867, Gebr. Benziger.

—— l'ami des enfants. Petites heures à l'usage de la jeunesse catholique. 32. (254 S. mit 2 Chromolithogr. und chromolithogr. Umschlag.) Ebendas. 878. cart. *

— amigo de los niños, s.: Färber, Wilh.

Jesus und der Apostel, mit Sittenlehren ... Bamberg 1844. V: *Riegler, Georg.* (Th)

Jesus und seine Apostel im Widerspruch, in Ansehung der Lehre von der ewigen Verdammniss ... Berlin [1803]. V: *Thiess, Johann Otto.* (MGT)

Jesus, d. auferstand., s. Geschichte d. Prophet. v. Nazareth.

Jesus der Auferstandene. Aegypten [Kopenhagen] 1802. V: *Venturini, Carl Heinrich Georg.* (Wr)

— der Baumeister v. Nazareth in neuzeitlicher Betrachtung, v. Teutomannus. (In ca. 25 Heften.) 1. Heft. (S. 1—64.) 11. 8. Dresden (909). R. E. Schmidt. — 20

Jesus, der Befreier von Sünde. Erfahrungen aus dem innern Leben. 40 Stn. 8. Basel, C. F. Spittler. 1874 —. 20

Jesus, der Befreier von Sünde. Erfahrungen aus dem innern Leben. 40 Stn. 8. Basel, C. F. Spittler. 1875 —. 20

—— der Bräutigam frommer Seelen. Katholisches Gebetbuch für die heil. Communion auf alle Sonn- und Festtage des Jahres. Von einem Ordensmanne. 8. (676 S. mit 1 Stahlst. und Illustr. in Holzschn.) Regensburg 869, Manz.

—— der Bräutigam frommer Seelen. Katholisches Gebetbuch für die heil. Communion auf alle Sonn- und Festtage des Jahres. Von einem Ordensmanne. 2. verb. Aufl. 8. (520 S. mit 1 Stahlst.) Regensburg 881, Manz.

— bron des levens. Volledig gebedenboek inzonderheid geschikt voor jongelieden. 24. (387 S. m. Titelbild.) Kevelaer 892. J. Thum. Geb. in Chagrinldr. m. Goldschn. 1. 30

—— - Christ et les Protestants, s. Frö(h)lich, A. [Der Verf. schreibt sich ohne h, was a. a. O. zu berichtigen ist.]

Jesus Christus. Vorträge auf dem Hochschulkurs zu Freiburg im Breisgau 1908, geh. v. Karl Braig, Gottfr. Hoberg, Cornel. Krieg, Sim. Weber u. Gerh. Esser. (VIII, 440 S.) gr. 8. Freiburg i/B. 908. Herder. 4.80; geb. 6. —

Jesus Christus allein ist der rechte Erretter aus den Gefahren des Sturmes. Eine Predigt an das deutsche Volk in den Gefahren der Gegenwart. gr. 8. (15 S.) Zerbst 848, Kummer'sche Buchh.

Jesus Christus unser Alles und Einziges. Predigt gehalten zu Bockenheim den 31. Juli 1774. Frankfurt a. M. [1774]. V: *Lavater, Johann Kaspar.* (schstr S. 105)

Jesus Christus in seiner Ankunft, Kindheit und Jugend auf Erden ... Augsb. 1837. V: *Stempfle, Laurentius.* (Kn) (Th) (winer)

Jesus Christus das Brod des Lebens. Denkblatt zur 1sten Communion. 8. Münch. Lentner. 815.

Jesus Christus die grosse Christenwelt und die kleine Auswahl. Germanien [Leipzig] 1784. V: *Basedow, Joh. Bernhard.* (Wr)

Jesus Christus durch seine Toleranz ein Muster der Gesetzgeber. A. d. Franz. Braunschweig 1785. Ü: *Reichard, Johann Christian Friedrich.* (ML) Ü: *Reich, Joh. Chn Frdr.* (Ky)

— Christus durch seine Toleranz, ein Muster der Gesetzgeber; aus d. Französ. (v. Jh. Chr. Fr. Reich.) 8. Braunschw. 785. Schulbuchh. 10 gr.

Jesus Christus gestern u. heute u. in Ewigkeit! Flügge Gedanken über Einigung der Christenkirchen. gr. 8. (1½ B.) Kiel 845. [Grädener.] *.

Jesus Christus, mein Glaube, meine Hoffnung und meine Liebe. Katholisches Gebet- u. Andachtsbuch zum Gebrauche des Gottesdienstes im Verlaufe des Kirchenjahres sammt ausgewählten geistl. Liedern für fromme Christen. Herausg. von dem Convente des Minoritenordens zum heil. Kreuze in Würzburg. 3. Aufl. Würzburg 856. Etlinger. 16. (XVI, 476 S. u. 1 Stahlst.) 10 ngr.; Velinp. mit 3 Stahlst. 15 ngr.

—— Christus, der wahre Gott u. Mensch im hochheil. Altarssakramente. Ein Gebet- u. Andachtsb. f. Katholiken, welche ihrem Glauben getreu Gott im allerheiligsten Altarsgeheimnisse anbeten, u. bei ihm in allen ihren Anliegen Trost u. Hilfe suchen. Von d. Verf. d. „Schritte zur vollkomm. Liebe Gottes" (G. Blum). M. 1 Titlkpfr. gr. 12. (16 B.) Landshut 832. [Regensburg, Manz.] 10 Gr., Blnp.

Jesus Christus der wahre Gott und Mensch im hochheil. Altarssakrament ... 2. Aufl. Landshut 1835. V: *Blum, Gg.* (schmal)

—— Christus, d. wahre Gott u. Mensch im hochheil. Altarssacrament. Ein Gebet- u. Andachtsb. f. Katholiken etc. Von d. Verf. d. Gebet- u. Andachtsbücher: „Schritte z. vollkomm. Liebe Gottes etc." 2., verm. Aufl. gr. 12. (20 B. u. 1 Stahlst.) Regensburg 835, Manz. ⁵⁄₁₂ Thlr., Blnp.

Jesus Christus, der wahre Gott und Mensch im hochheil. Altarssakramente. Ein Gebet- und Andachtsbuch für Katholiken etc. Von dem Verf. des Gebetbuches: „Schritte zur vollkommenen Liebe Gottes." 3., mit fünf Meß- und andern Gebeten verm. und verb. Aufl. 8. (368 S. mit 1 Stahlst.) Regensburg 854, Manz.

—— —— das Heil der Welt. Ein vollständ. Gebetbuch f. fromme kathol. Christen aus allen Ständen. 2. Aufl. 18. (6 B.) Augsburg 844, Herzog. (Regensburg, Manz.)

Jesus Christus, der Herr. 44 kleine Geschichten aus seinem Leben. Für kleine Kinder. Mit Bibelsprüchen. 16. (46 S.) Grimma 865, Heun. cart. *

— Christus in seiner Kindheit, der Jugend zum Muster vorgestellt. 8. Augsb. Doll. 794.

Jesus Christus am Kreuze. Riga 1823. V: *Politour, Alexander.* (R-N)

— Christus d. liebenswürdigste u. preiswürdigste. 8. Nürnb. 805. Raw. 1 gr.

Jesus Christus, Der Mensch, 1. Timoth. 2, 5 ... 3. Ausg. Stuttg. 1868. V: *Bretschneider, Joh. Carl.* (Ky)

Jesus Christus, der Mensch, 1. Timoth. 2, 5. oder kurzgefaßte Einleitung in die Geschichte des menschl. Wandels unseres Gottes und Herrn Jesu Christi (von Joh. Carl Bretschneider). Mit einer Beigabe: Vom Glauben des Hauptmanns zu Capernaum und des cananäischen Weibes. 3. verb. Ausg., besorgt von Vikt. Friedr. Oehler. gr. 8. (292 S.) Stuttgart 868, Belser's Verlag. 1 80

—— Christus und die Protestanten, s. Frö(h)lich, A.

—— —— unentbehrlicher Vermittler mit Gott u. Wirkungen der Verbindung mit Ihm. 8. (22½ B.) St. Gallen 843, Huber u. Comp. *

— Christus von d. Vätern des Bundes vorgebildet zur Glaubensbefestigung. 8. Nürnb. ... (Raw.) 4 gr.

Jesus Christus der Wahrheitslehrer kein Volkstäuscher. Erlangen 1787. V: *Seiler, Georg Friedrich.* (Fiker) (MGT)

Jesus Christus, der Weg, die Wahrheit und das Leben. Eine Sammlung von Aussprüchen ... Aarau 1835. V: *Hemmann, D.* (zu)

—— Christus d. Weg, die Wahrheit u. d. Leben. Eine Samml. v. Aussprüchen d. heil. Schrift, sammt beigefügten erläut. Hauptsätzen z. Gebr. beim Confirmanden-Unterricht. 12. (3 B.) Aarau 835, [Sauerländer, Brlsb.]

— f. unsere Zeit. Dargestellt in Vorträgen v. Haußleiter, Walther, Lütgert, Kaftan u. Schaeder. 2. u. 3. Aufl. (V, 211 S.) 8. Hamburg 907. G. Schloeßmann. Geb. 4.

—— Christus unsere Zuversicht. Gebet- und Andachtsbuch für kathol. Christen von einem kathol. Pfarrer. 2., verb. Aufl. 18. (IV und 312 S. mit 1 Stahlst.) Aachen 852, Hensen und Comp.

— **Dir lebe ich! Kleines Gebet- u. Erbauungsbüchlein f. Kinder von 7 bis 10 Jahren. 16. (IX, 110 S. m. Bildern.) München 892. R. Oldenbourg, Abteilg. f. Schulbücher. Geb. in Leinw.** n. 1. 60; in Ldr. n. 2. —

— Dir leb' ich! Vollständ. Gebetbüchl f. kathol. Christen jeden Standes. 32. (288 S. m. 1 Stahlst.) Einsiedeln 895. Verlagsanstalt Benziger & Co. Geb. in Leinw. m. Goldschn. n. — 75

— dir leb' ich! Kurzgefaßtes vollständ. Gebetbuch f. Katholiken aller Stände v. H. S. (XVI, 576 S. m. Titelbild.) 16. Salzburg 901. A. Pustet. Geb. von n. 1. — bis n. 2. 60

Jesus, Dir leb' ich! Vollst. Gebetbüchlein f. kath. Christen jeden Standes. 9. Aufl. *Einsiedeln, Köln: Benziger & Co. [um 1902].* (288 S.) 8° [J.] [04. 1601]

Jesus als Erlöser und Lehrer ... Augsb. 1808. V: *Kiepach, Stanislaus.* (schmal)

Jesus mein Erlöser. Kathol. Gebetbüchlein f. Kirche und Haus. 32°. 320 S. m. farbig. Titel u. Titelbild. Einsiedeln, Eberle, Kälin & Co. 1900 von 1 70 bis 3 80

— mein Erlöser und Seligmacher. Ein vollständ. Gebet- und Erbauungsbuch für kathol. Christen. Von einem Ordenspriester. 16. (592 S.) Dülmen 880, Laumann'sche Verlagsh. * geb. * M 2. bis *

— der Essäer oder die Religion der Zukunft. Eine Beleuchtung der „Enthüllungen über die wirkl. Todesart Jesu" und ihrer Consequenzen für die Gesellschaft, verbunden mit einer Kritik der Einwendungen der orthodoxen Theologie, wie sie die Schrift des F. S. Kirchenraths Dr. Wohlfarth ausspricht. 8. (79 S.) Leipzig 849, Kollmann.

„— u. die Ewigkeit!" Charakterbild u. Zeugnisse des gottbegnadeten Predigers u. Seelsorgers Jakob Engels v Nümbrecht. Hrsg. v. W. Haarbeck. (266 S.) gr. 8. Neukirchen (903). Buchh. des Erziehungsvereins. n. 2.—; geb. in Leinw. n. 2.75

— the childrens friend. s.: Färber, Wilh.

Jesus der himmlische Gärtner. Ein Gebet- und Erbauungsbuch für kathol. Christen. 32. (882 S. mit 1 Stahlst.) Regensburg 869, Pustet. — 50
— dass. — 2. Aufl. 16. (512 S. mit eingedr. Holzschn., 1 Stahlst. und 1 Titelbl. in color. Farbendr.) Ebendas. 871. — 60

Jesus, der himmlische Gärtner. Ein Gebet- und Erbauungsbuch für kathol. Christen. 4. Aufl. 16. (408 S. mit 1 Farbendr.) Regensburg 884, Pustet. geb. in Leinw. * M 1.—; in Leder mit Goldschn. *

— der himmlische Gärtner. Ein Gebet- u. Erbauungsbuch f. kathol. Christen. 6., verb. Aufl. 16. (448 S. m. 1 Stahlst.) Regensburg 901. F. Pustet. — 60; geb. in Leinw. n. 1.—; in Ldr. m. Goldschn. n. 1.80

— d. himmlische Gärtner. Ein Gebet- u. Erbauungsbuch f. kathol. Christen. 7. Aufl. (440 S. m. 1 Farbdr.) 16. Regensburg 907. F. Pustet. — 60; geb. in Leinw. 1.—; m. Goldschn. n 1.30; in Ldr. m. Goldschn. 1.80; in Chagrin m. Goldschn. 2.20; in fein wattiertem Ldrbd. m. Goldschn. 3.—

Jesus der Gecreutzigte, in andächtigen Betrachtungen aus dem Evangelio St. Johannis gezogen. O. O. 1727. V: *Müller, Ernst.* (Kat. der ständ. Bibl. Stuttg. 1907. S. 110.)

— der Gekreuzigte, seines Volkes, seiner Kirche, der Welt einiges Heil! In evangelisch-protestantischen Zeugnissen u. Predigten zum heilsamen Gebrauche des Leidens u. Sterbens unseres Herrn Jesu Christi dem evangel. Volke Deutschlands übergeben in Gemeinschaft mit einigen gleichgesinnten Freunden von G. F. Haag. 8. (IV u. 216 S.) Pforzheim 852. Stuttgart, Scheitlin in Comm. n. 1/3 ₰

Jesus, Der für die Sünden der Welt gemarterte und sterbende, aus den vier Evangelisten in gebundener Rede vorgestellt. Hamb. 1712. V: *Brockes, Barthold Heinrich.* (JL) (GGr)

Jesus, Der gemarterte und sterbende, ... in der St. Marien-Kirche ... musicalisch aufgeführet. Nürnberg 1729. V: *Zeidler, Max.* (Bibliotheca Norica Williana. Altdorf 1772—78. I, 3, 314.)

— unsere Gnadenquelle. Andachtsübungen zu Ehren der 33 Lebensjahre des Heilandes. Nebst einem vollständ. Gebetbuch für kathol. Christen. 3. verm. Aufl. gr. 16. (XIX, 426 S. mit 3 Bildern in Stahlst.) Freiburg i. Br. 869, Herder'sche Verlagsh. * 1 40

Jesus unsere Gnadenquelle. Andachtsübungen zu Ehren der dreiunddreissig Lebensjahre des Heilandes nebst einem vollständigen Gebetbuch für katholische Christen. 4. Aufl. Freiburg i. Br. 1879. V: *Diebach, Catharina.* (Kat. Herder 1801—95.)

— unsere Gnadenquelle. Andachtsübungen zu Ehren der 33 Lebensjahre des Heilandes, nebst einem vollständ. Gebetbuch für kathol. Christen. 4. Aufl. gr. 16. (XVI, 348 S. mit 3 Bildern in Stahlst.) Freiburg i. Br. 879, Herder'sche Verlagsh.

Jesus auf Golgatha, eine heilige Ode nebst zweien Osterliedern ... Zürich 1766. V: *Lavater, Joh. Casp.* (Cat. d. Stadtbibl. Zürich. Zürich 1864—97.)

— auf Golgatha, oder Betrachtt. über dessen letzte Reden am Kreuz. Ein Andachtsbuch für wahre Christusverehrer. gr. 8. St. Gallen 815. (Huber). 12 gr

Jesus, der Gottes-Sohn oder der Welt-Messias nach den Darstellungen des Lieblings-Jüngers Johannes. Giessen 1823. V: *Münch, Friedrich.* (Hessische Biographien. Hgbn. von Herman Haupt. Darmstadt. II/2 [1921], S. 159)

— d. Gottes-Sohn, oder Welt-Messias, nach d. Darstell. d. Lieblings-Jüngers Johannes, ein neuer Versuch üb. d. Logos. Joh. 1, 1 ff. ꝛc. Von M. 8. Gießen 823. (Leske in Darmst.) 8 gr

Jesus, d. Gottes-Sohn od. Welt-Messias, nach d. Darstell. d. Lieblings-Jüngers Johannes, ein neuer Versuch über d. Logos. Joh. 1, 1 ff. ꝛc. Von M. 8. Gießen, 824, Müller.

Jesus, der liebenswürdigste Gottmensch ꝛc. 8. Einsiedeln 804. (Augsburg, M. Rieger.) 1/2 ₰

— im Hause seiner Eltern zu Nazareth, d. höchste Muster für alle Kinder. 18. Augsb. ... Kranzfelder. Das Dutz. 6 gr

— d. treue Haus- u. Kirchenengel. R. X. 12. Zittau 800. Schöps. 8 gr Schrbp. 12 gr

Jesus mein Heil. Brüssel 1862. V: *Weynand, Joseph.* (JES)

— mein Heil. Rathschläge und Gebete für Männer, insbesondere dem Militärstande angehörige. 3. verm. und umgearb. Aufl. 32. (XVI, 256 S. mit 1 Stahlst.) Ebendas. 874. — 50

— mein Heil. Sammlung der vorzüglichsten Andachten für fromme Seelen. 32. (416 S. mit 3 lithogr. Bildern.) Einsiedeln 875, Eberle, Kälin und Comp. geb. mit Goldschn. ** 1 —

—— mein Heil. Gebetbuch für alle Stände. Von einem Priester der Gesellschaft Jesu. 3. verm. Aufl. 16. (IV, 187 S. mit 1 Bilde.) Trier (885), Paulinus-Druckerei. geb. in Leinw. *
geb. in Leder mit Rothschn. *
geb. in ff. Leder mit Rothschn. *

— mein Heil. Sammlung der vorzügl. Andachten f. fromme Seelen. 32. (416 S. m. Titelbild.) Einsiedeln (900). Eberle, Kälin & Co. Geb. von n. — 90 bis n. 3. 50

Jesus, mein Heil. Kath. Gebet- u. Gesangbüchlein z. Gebr. i. Kirche u. Haus. *Einsiedeln, Köln: Benziger & Co. 1900.* (366 S.) 8° [F.]

Jesus, unser Heil und unser Versöhnungsopfer. Hundert fromme Ausblicke auf das Leiden Jesu Christi des sel. Heinrich Suso nach der ihm selbst gewordenen Offenbarung. 2. Aufl. 24. (40 S. mit Titelbild und sieben Stationsbildern.) Mit Leinenrücken —.12
Wien: Sankt-Norbertus-Verlagsbuchhandlung 1893.

— der freundl. Heiland. 12. Halle 822. Waisenhaus-B. 2 gr

(F) Jesus unsere Heiligung und Glorie. Vollständiges Gebetbuch für gebildete Katholiken. Herausgegeben von Jacob Obweger. Salzburg. [1901.] Pustet. 16°. XVI, 680 S. mit 1 Tafel. Geb. K 2.20

— unser lieber Herr u. Heiland zum heiligen Christe u. bei jeder andern feierlichen Gelegenheit. Das allerbeste Geschenk für fromme christliche Kinder. 8. Breslau 820. Schöne. 8 gr

Jesus an des Jünglings Herz. A. d. Ital. Ü: *Stöger, Johann Nepomuk.* (jes) »1836« (so)

—— an das Herz des Jünglings. Andachtsbuch für Jünglinge. Aus dem Italien. von Th. Ruggle. 3. Aufl. 32. (400 S. mit 2 Farbendr.-Bildern.) Einsiedeln 872, Gebr. Benziger. — 70

Jesus der gute Hirt. Ein Gebetbüchl. f. d. kathol. Jugend. 18. (144 S. u. Titlkpfr.) Wien 834, Mayer u. Comp.

—— der gute Hirt. Gebetbüchlein für die katholische Jugend. 3. Aufl. 12. (174 S. mit Holzschn. und 1 Stahlst.) Wien 851, Mayer und Comp.

Jesus der gute Hirt. Gebetbüchlein für die katholische Jugend. Mit 18 Bildern. 4. Auflage. 16. (82 S.) Wien. Druck von Ant. Schweiger. Verlag von Mayer und Komp. 1855.

—— der gute Hirt. Gebetbüchlein für die kathol. Jugend. 5., verm. Aufl. 32. (182 S. mit 1 Stahlst. und 18 Bildern in eingedr. Holzschn.) Wien 858, Mayer und Comp. geb.

Jesus der gute Hirt. Gebetbüchlein für die kathol. Jugend. 8., verm. Aufl. 16. (IV und 206 S. mit 1 Stahlst. und 18 Bildern in eingedr. Holzschn.) Wien 866, Mayer und Comp.

Jesus der gute Hirt! Ein kathol. Gebetbuch. Mit Titlkpfr. 12. Grätz 841, Kienreich.

Jesus der gute Hirt. Ein kathol. Gebetbuch. 3. Aufl. 18. (182 S.) Grätz 856. 58. (Wien, Mayer und Comp.) *

Jesus der gute Hirt. Katholisches Gebetbuch für fromme Knaben und Mädchen. Mit einem Stahlstiche. 12. (192 S.) Innsbruck. Verlag von Karl Rauch's Buchhandlung. 18 5.

Jesus der gute Hirt. Katholisches Gebetbuch für Knaben und Mädchen. 2te Aufl. Innsbruck, 1857. Verlag der Karl Rauch's Buchhandl. (192 S. 8.)

Jesus d. gute Hirte. E. bibl. Bilderbuch aus d. Leben uns. Heilandes m. Geschichten nach Worten d. hl. Schrift u. Liederversen 12. (20 S. m. 4 Farbdr.) Konstanz 898. C. Hirsch. — 35

Jesus, Du guter Hirt! Gebetbuch f. kathol. Christen. 24. (290 S., 1 Kpfr. u. Prachttl.) Aachen 844, Cremersche Bh. —

—— meine Hoffnung u. mein Heil. Kurze Betrachtungen u. Gebete. Ein Andachtsbüchlein f. die heil. Fastenzeit. (Als Anh. z. Andacht d. heil. Woche.) 32. (160 S. u. 1 Kpfr.) Wien 813, Mechitaristen-Congreg.-Buchh.

Jesus is mij Alles! Gebedenboek voor Roomsch-Katholieken. Geheel nieuw. *Kevelaer: J. Thum [1891].* (1 Bl., 256 S., 1 Bl., 1 Taf.) 1 Bd 8.

JESUS ist die reinste Liebe. Gebet- und Gesangbuch für die zarte Jugend. Pesth 1853: J. A. Bucsánszky. 157, 3 S. - 32°
- Dass. Pesth 1856: Bucsánszky. 157, 3 S. 1 t. - 32°
- Dass. Pesth 1857: Bucsánszky. 157, 3 S. 1 t. - 32°

Jesus ist die reinste Liebe. Gebet- und Gesangbuch für die zarte Jugend. 8. (158 S.) Pesth, Druck und Verl. Alois Bucsanszky 1853.

Jesus ist die reinste Liebe. Gebet- und Gesangbuch für die zarte Jugend. Pest, Dr. und Verlag von Alois Bucsánszky. (157 S. 1 Bl. 8.) Mit in den Text eingedruckten Holzschnitten. (Ohne Angabe des Jahres.) 1857

— ist Sieger. (Von Graf M. v. Korff.) (2. verm. Aufl.) (4 S.) kl. 8. Hildesheim (904). H. Helmke. n.n.n. — 02; 100 Stück 1. 50

— ist Sieger. Von Graf M. v. K(orff). 4. Aufl. (4 S.) kl. 8. Hildesheim (908). H. Helmke. p — 02

Jesus und der Jünger. Ein Betrachtungsbuch . . . Bremen 1832. V: *Connemann, Joseph Ignaz.* (schmal) (Ky)

— u. der Jünger. Ein Betrachtungsbuch. Aus u. nach dem Lateinischen v. einem kathol. Geistlichen (Jos. Ign. Connemann.) 8. Bremen 832. Geisler. 18 gr

—— u. der Jünger. Ein Betrachtungsbuch f. Katholiken. Aus u. nach dem Latein. v. Jos. Ign. Connemann. 3., verm. Aufl. 8. (20 B.) Bremen 813, Geisler.

—— und die Jungfrau. Vollständiges Unterrichts- und Gebetbuch für christl. Jungfrauen aller Stände größtentheils in Gesprächen zwischen Jesus und der frommen Seele. In 2 Abthlgn. 8., gänzlich umgearb. und sehr verm. Aufl. (Ausg. Nr. 1.) 8. (622 S. mit 1 Stahlst. und vielen Bildern und Vignetten in Holzschn. geziert.) Regensburg 858, Pustet.
Ausg. Nr. 2. mit chromolithogr. Titel
Ausg. Nr. 3 mit chromolithogr. Titel und 5 Stahlst.

Jesus u. die Jungfrau. Vollständiges Unterrichts- u. Gebetbuch f. christl. Jungfrauen aller Stände, größtentheils in Gesprächen zwischen Jesus u. der frommen Seele. 17. Orig.-Ausg. 12. (591 S. m. farb. Titelbild.) Regensburg 890. Pustet. 1. 80; geb. in Halbldr. n. 2. 40; in Ldr. m. Goldschn. n. 3. 40; in Chagrin m. Goldschn n. 3. 80

— a. d. Jungfrau. Vollst. Unterrichts- u. Gebetbuch f. christl. Jungfrauen all. Stände, größtenteils in Gesprächen zwischen Jesus u. d. frommen Seele. 19. Orig.-Ausg. 12. (591 S. m. farb. Titelbild.) Regensburg 895. F. Pustet. 1. 80; geb in Halbldr. n. 2 40; in Ldr. m. Goldschn. n. 3. 40; in Chagrin m. Goldschn. n. 3. 80

— u. die Jungfrau. Vollst. Unterrichts- u. Gebetbuch f. christl. Jungfrauen aller Stände, größtenteils in Gesprächen zwischen Jesus u. der frommen Seele. Neue rev. Ausg. 12. (308 S. m. farb. Titelbild.) Regensburg 902. F. Pustet. 1. 80; geb. in Halbldr. n. 2. 40; in Ldr. m. Goldschn. n. 3.40; in Chagrin m. Goldschn. n. 3.80

Jesus u. die Jungfrau. Vollständiges Unterrichts- u. Gebetbuch f. christl. Jungfrauen aller Stände größtenteils in Gesprächen zwischen Jesus u. der frommen Seele. Neu rev. Ausg. (608 S. m. 1 Farbdr.) kl.8. Regensburg 907. F. Pustet. 1.80; geb. in Leinw. 2.40; in Ldr. m. Goldschn. 3.40; in Chagrin m. Goldschn. 3. 80

— an d. Jungfrau. Unterrichts- u. Gebetbuch f. kathol. Jungfrauen. 16 (384 S. m. 1 Stahlst.) Einsiedeln 895. Verlagsanstalt Benziger & Co. Geb. in Leinw. n 1. —

Jesus an die Jungfrau. Unterrichts- u. Gebetbuch f. kath. Jungfrauen. *Einsiedeln, Köln: Benziger & Co. [um 1902].* (384 S.) 8° [F.] (04. [illegible]

Jesus und die christliche Jungfrau. Nach P. Waldner, S. J. 'Lehr- u. Gebetbuch f. Jungfrauen' frei bearb. von e. Ordensmitgliede. Kevelaer: Butzon & Bercker [1905]. (719 S.) 8° [F.] (06. 4007

Jesus an die Jungfrauen. Unterrichts u. Gebetbuch für kathol. Jungfrauen. In-16°. 384 S. m. 1 Stahlstich. Einsiedeln, Benziger & Co. Lwd. 1 25

1835

—— als Kind, oder: Das Vorbild der christlichen Jugend. 4. (31 S. mit 1 lithogr. Titelbild.) Neu Ruppin 859, Bergemann.

—— das göttliche Kind. Den Kindern zum Vorbild gegeben. 16. (164 S.) Regensburg 870, Pustet. 45 Pf.; cart. — 60

— das göttliche Kind. Den Kindern zum Vorbild gegeben. 16. (164 S.) Regensburg 872. Pustet. — 45; cart. — 60

— das göttliche Kind, als unser Vorbild, Seelenführer u. Gnadenspender. Katholisches Betrachtungs- u. Gebetbuch für fromme Verehrer der heil. Kindheit Jesu Christi. Vom Verf. von „Nazareth u. Bethlehem ꝛc." Einsiedeln 857. Benziger. 24. (324 S. u. 5 Lithogr.) 8 ngr.

— (das) Kind, in der Krippe. Ein religiöses Sinngedicht zum Weihnachtsgeschenke für die kathol. Jugend. Von e. Jugendfreunde. Mit 1 Abbild. 12. Coesfeld 838. Riese'sche Buchh. 1/8 Rt

Jesus als Kind mit dem Kreuz. Lithogr. Folio. Wien, Reiffenstein & Rösch. 1865 1 fl. 20 kr.

— als Kinderfreund, ein Lied für Kinder. 8. Landsh. 818. Storno. 3/4 fl

—— der Kinderfreund. Ein christkathol. Gebethbüchlein für Kinder. 32. (191 S. mit eingedr. Holzschn.) Linz 850. (Leipzig, Hübner.) *

Jesus der Kinderfreund. qu. Lex.-8. (12 Farbdr.-Taf. m. eingedr. Text.) Reutl. 891, Enßlin u. Laiblin. 1 20; auf Pappe 1 80

— der Kinderfreund. 25. Aufl. 16. (32 S.) Berlin 893. Hauptverein f. christl. Erbauungsschriften. n. — 6

— dasselbe. Katholisches Gebetbüchlein f. kindl. Seelen. Zusammengestellt v. e. kathol. Priester. 24. (190 S. m. Abbildgn.) Kevelaer 894. J. Thum. In Pappbd. — 25

[F.] Jesus, der Kinderfreund. Kathol. Gebetbüchl. f. kindl. Seelen. Zsgest. v. e. kathol. Priester ... *Kevelaer: J. Thum [1896].* (190 S.) 1 Bd 8. (96. 7326

—— der göttliche Kinderfreund. Katholisches Gebetbüchlein für fromme Knaben und Mädchen. 4. Aufl. 1850. und 5. Aufl. 32. (141 S. mit eingedr. Holzschn.) Passau 852, Elsäßer und Waldbauer. *

—— der göttliche Kinderfreund. Ein kathol. Gebetbüchlein für kindl. Seelen. Mit 6 feinen (lithogr.) Bildern. 32. (240 S.) Einsiedeln 855, Gebr. Benziger. mit Anhang. (48 S.)

—— der göttliche Kinderfreund. Katholisches Lehr- und Gebetbüchlein für die Jugend. 10. Aufl. 32. (192 S. mit eingedr. Holzschn. und 1 Holzschnt.) Passau 860, Elsäßer und Waldbauer. geb. Thlr. *

—— der göttliche Kinderfreund. Gebetbüchlein für die liebe Jugend. 16. (208 S. mit 1 Chromolithogr.) Münster 866, Aschendorff'sche Buchh.

—— der göttliche Kinderfreund. Gebetbüchlein für die liebe Jugend. 2. Aufl. 16. (208 S. mit 1 Holzschntaf. in Buntdr.) Münster 872, Aschendorff'sche Buchh. — 30

—— dass. — Gebetbüchlein für kindliche Seelen. 16. Aufl. 48. (240 S. mit 2 Chromo-Bildern.) Einsiedeln 872, Gebr. Benziger. — 20

—— der göttliche Kinderfreund. Gebetbüchlein für fromme Kinder. Von J. Es. 32. (94 S. mit 1 Stahlst.) Dülmen 876, Laumann'sche Verlagsh. geb. *

—— dass. — Ein kathol. Gebetbüchlein für kindl. Seelen. 32. (240 S. mit 2 Stnt. und chromolithogr. Umschlag.) Einsiedeln 878, Gebr. Benziger. cart. *

—— dass. — 24. (94 S. mit eingedr. Holzschn. und 1 Stahlst.) Ebendas. 879. 30 Pf.; geb. in Leinw. *

— der göttliche Kinderfreund. Katholisches Lehr- u. Gebetbüchlein für kindliche Seelen. 18. Aufl. 32. (192 S. m. 1 Tondr.-Taf.) Salzburg 881. Pustet. n. — 25

—— der göttliche Kinderfreund. Kathol. Gebetbüchlein für kindl. Seelen. 19. Aufl. 32. (208 S. mit 1 Tondr.-Taf.) Salzburg 888, Pustet. *

[F.] Jesus der göttliche Kinderfreund. E. kathol. Gebet-Büchlein f. kindl. Seelen... *Saarlouis: Hansen & C. [1897?].* (190 S.) 1 Bd 8. (98. 4077

Jesus de kindervriend. M. 19 fijn bewerkte misplaatjes ... *Kevelaer: J. Thum [1894].* (188 S.) 1 Bd 8. (95. 3177

— unser Kleinod! Vollständiges Gebet- u. Betrachtungsbuch für alle Anliegen des christlichen Lebens. Soest 865. Nasse. 16. (531 S. u. 1 Stahlst.) 12½ ngr.

—— unser Kleinod! Vollständiges Gebet- und Betrachtungsbuch für alle Anliegen des christlichen Lebens. 2. verm. Aufl. 8. (480 S. mit Titelbild.) Münster 873, Nasse'sche Verlagsh. 1 20

—— unser Kleinod! Vollständiges Gebet- und Betrachtungsbuch für alle Anliegen des christl. Lebens. 3. Aufl. (540 S. mit 1 Stahlst.) * M 1,20.; 4. verm. Aufl. 16. (552 S. mit 1 Stahlst.) Neumünster 879, Nasse'sche Verlagsh.

—— kommt! oder Predigten und Anreden vor, bei und nach der ersten Kommunion; nebst vielen kurzen für die sakramental. und geistl. Kommunion dienlichen Betrachtungen. Aus neueren französ. Schriften gesammelt und bearb. von L. Jung. 1. Aufl. (VI und 158 S.) 1848. 12½ Ngr. und 2., mit einem starken Anhange verm. Aufl. gr. 8. (VI und 234 S.) Augsburg 852, Rieger'sche Buchh.

—— dass. — 1. Fortsetzung (zur 1. Aufl.) gr. 8. (80 S.) Ebds. 852.

— kommt! Erzählungen für die lieben Communionkinder. Zusammengestellt von einem geistlichen Jugendfreunde. 16. (64 S.) Dülmen 882. Laumann. n. — 20

Jesus kommt! Erzählungen für die lieben Communionkinder. Hrsg. von einem geistl. Jugendfreunde. 2. Aufl. 16. (64 S.) Dülmen 883, Laumann'sche Verlagsh. *

—— kommt! Erzählungen für die lieben Communionkinder. Hrsg. von einem geistl. Jugendfreunde. 3. Aufl. 16. (64 S.) Dülmen 885. Laumann'sche Verlagsh. *

— kommt! Erzählung f. die lieben Communionkinder. Hrsg. v. e. geistl. Jugendfreunde. 5. Aufl. 16. (64 S.) Dülmen 889. Laumann. — 20

— kommt! Erzählungen f. die lieben Communionkinder. Hrsg. v. e. geistl. Jugendfreunde. 7. Aufl. 16. (64 S.) Dülmen 894. A. Laumann. n. — 20

[F.] Jesus kommt! Erzählgn f. d. lieben Kommunionkinder. Hrsg. v. e. geistl. Jugendfreunde. 8. Aufl. ... *Dülmen i. W.: A. Laumann 1897.* (64 S.) 1 Bd 8. [illegible]

Jesus kommt! Erzählungen f. d. lieben Kommunionkinder. Hrsg. von e. geistl. Jugendfreunde. 9. Aufl. *Dülmen: A. Laumann (1902).* (64 S.) 8° [F.] [illegible]

Jesus kommt! Erzählungen f. d. lieben Kommunionskinder. Hrsg. von e. geistl. Jugendfreunde. 10. Aufl. Dulmen: A. Laumann [um 1907]. (64 S.) 8° [F.] [illegible]

Jesus am Creuze. Eine Predigt . . . Berlin 1765. V: *Sack, Aug. Frdr. Wilh.* (Cat. d. Stadtbibl. Zürich. Zürich 1864—97.)

—— mein Leben. Ein christkathol. Gebet- u. Erbauungsb. Hrsg. von e. Weltpriester d. wiener Erzdiöcese. gr. 12. (11⅔ B. u. 5 Stahlst.) Wien 840, (Paßau, Pustet'sche Buchh.) 1⅓ Thlr., f. Velinp.

— lebt u. 8 andere Erzählungen, s.: Goldkörner.

Jesus lebt! Ansprachen, geh. bei d. großen öffentl. Versammlungen am 20. Febr. 1910 im Zirkus Busch u. im Dom zu Berlin, veranst. von d. Positiven Kirchl. Vereinigung z. Pflege d. Evang. Lebens in Berlin. Berlin: Verl. d. Positiven Union 1910. 15 S. 8° [illegible]

Jesus als Lehrer. Von H. U. B. O. *Berlin: Th. Fröhlich 1900.* (116 S.) 8° [F.] [illegible]

— d. Lehrer u. Wohlthäter d. Menschen, histor. moral. Volksbuch. 8. Leipz. 796. Rabenhorst. 14 gl

Jesus, Der leidende, oder die Geschichte des Leidens und Sterbens unseres Herrn Jesu Christi . . . Hamb. 1760. V: *Kühl, Anton.* (schr)

— meine Liebe, s.a. Gebet- u. Gesangbuch f. kathol. Christen.

— meine Liebe. Katholisches Gebet- u. Andachtsbuch von einem Pfarrer der Erzdiöz. Köln. (Ausg. in grobem Druck.) M.-Gladbach, Riffarth. — Köln u. Neuß, Schwann. 32. (VI, 566 S. u. 1 Stahlst.) 17½ ngr

— meine Liebe. Ein Gebeth- u. Erbauungsbuch zur Beförderung des wahren Christenthums. Mit 1 Stahlstich. 8. Ingolstadt 838. (Regensburg, Manz.) n. ½ ß

— meine Liebe. Ein Gebet- u. Erbauungsbuch zur Beförderung des wahren Christenthums. Neue Aufl. — A. u. d. T.: Andachtsübungen eines wahren Christen für alle Zeiten und Umstände. 8. Ingolstadt 840, 41. (Regensburg, Manz.) n. 5/12 ß — Mit 1 Stahlst. n. 13¾ ngr

JESUS, meine Liebe. Gebetbuch für katholische Christen. Pesth 1853: Alois Bucsánszky. 222, 2 S. - 16°
- Dass. Pesth o. J.: Alois Bucsánszky. 168 S. - 120 mm

—— meine Liebe. Katholisches Gebet- und Andachtsbuch von einem Pfarrer der Erzdiözese Köln. 32. (VI und 566 S. grober Druck mit 1 Stahlst. und chromolithogr. Titel.) M.-Gladbach 856, Riffarth. (Köln und Neuß, Schwannsche Vrlgsh.) -

JESUS, meine Liebe. Gebetbuch für katholische Christen. Pest 1869: Alois Bucsánszky. 222 S. - 140 mm

—— meine Liebe. Katholisches Gebetbuch für Kirche und Haus. 16. (432 S. mit 4 lithogr. Bildern.) Einsiedeln 871, Gebr. Benziger. — 65

—— meine Liebe! Katholisches Gebetbuch, aus den Gebeten der Kirche und der Heiligen Gottes, und den Schriften gottseliger Männer zusammengestellt und bearb. von einem kathol. Priester. 16. (XX, 716 S. mit 1 Stahlst.) Regensburg 875, Coppenrath. 2 —

— dasselbe. Vollständiges Gebetbuch, zusammengesetzt aus den Gebeten der Kirche, der Heiligen u. anderer gottf. Personen. Hrsg. v. e. kathol. Priester. 16. (IV, 688 S. m. Titelbild.) Steyl 893. Missionsdruckerei. n. 1. —; geb. n. 1. 70; n. 2. —; n. 2. 30 u. n. 2. 60

Jesus meine Liebe. Katholisches Gebetbuch . . . 3. Aufl. Kevelaer [1894]. V: *Janssen, Johann.* (Berl)

[F.] Jesus meine Liebe. Kathol. Gebetb. enth. vorzugsweise Ablassgebete ... Von e. kathol. Pfarrer d. Diöc. Münster. 3. verb. Aufl. ... *Kevelaer: J. Thum [1894].* (XVI, 512 S., 1 Taf.) 1 Bd 8. [illegible]

Jesus, meine Liebe. Kath. Gebetbuch f. Kirche u. Haus. *Einsiedeln, Köln: Benziger & Co. [um 1902].* (432 S.) 8° [F.] [illegible]

— meine Liebe im heil. Altarssakramente. Ein vollständ. Erbauungs- u. Gebetbuch für kathol. Christen jeden Standes. 3. verm. u. verb. Ausg. 8. Paderborn 844, 45, Junfermann. Ausg. Nr. 1. mit 1 Stahlst. n. ⅓ ß — Nr. 2. (fein. Pap.) n. ½ ß — Nr. 3. Duodez-Ausg. Nr. 1. Mit 1 Stahlstich. n. ⅙ ß — Nr. 4. Duodez-Ausg. Nr. 2. n. ¼ ß — 5. verm. u. verb. Aufl. Ebend. 846. Ausg. Nr. 1 in 8. mit 2 Kpfr. n. ⅓ ß — Nr. 2. Mit 3 Stahlst. n. ½ ß — Nr. 3. n. ⅙ ß — Nr. 4. n. ¼ ß — Nr. 5. ½ ß — Nr. 6. ⅔ ß — Grob. Druck. 12. Mit 1 Stahlst. u. 1 Lith. ½ ß — Mit 3 Stahlst. Velinp. n. ⅔ ß

— dass. vorzügl. für junge Leute etc. 12. Ebend. 845. Mit 1 Stahlst. u. 1 Lith. n. ⅙ ß Velp. n. ¼ ß

—— meine Liebe im heiligsten Altarssakramente. Ein vollständ. Erbauungs- u. Gebetbuch f. kathol. Christen jeden Standes. 3., verm. u. verb. Aufl. Ausg. Nr. 1. 8. (32 B. u. 1 Stahlst.) Paderborn 841, Junfermann'sche Buchh. *
Ausg. Nr. 2. fein Papier *

Jesus, meine Liebe im heiligsten Altarssakramente rc. Nr. 3. Duodez-Ausg. Nr. 1. 12. (14 B. u. 1 Stahlst.) Paderborn 844, Junfermann'sche Buchh. Thlr. *
Nr. 4. Duodez-Ausg. Nr. 2. *

—— dass. Nr. 5. Ausg. m. grobem Drucke. Nr. 1. 12. (24⅓ B. u. 1 Stahlst.) Ebds. 846.

—— dass. Nr. 6. Ausg. m. grob. Drucke. Nr. 2. (M. 2 Stahlst.) Ebds. 846.

—— meine Liebe im heiligsten Altarssakramente. Ein Erbauungs- u. Gebetbuch f. kathol. Christen jeden Standes; insbesondere für alle treuen Verehrer u. Liebhaber Jesu im hochheiligen Altarssakramente, vorzüglich f. junge Leute u. Erstkommunikanten, als Anleitung zur herzlichen Andacht u. zum würdigen Empfange der heil. Kommunion. 3. Aufl. Ausg. Nr. 3. 8. (VIII u. 352 S. mit 1 Stahlst.) Paderborn 847, Junfermann. n. ⅙ ₰ — 6. m. den Regeln d. dritten Ordens verm. Aufl. 8. (VIII u. 520 S. mit 1 Stahlst.) Ebd. 849. n. ⅓ ₰; Velinp. n. ½ ₰ — Ausg. in 12. n. ⅙ ₰; Velinp. n. ¼ ₰ — Ausg. in 8. mit grobem Druck. ⅓ ₰; Velinp. ⅔ ₰ — 7. mit den Regeln des 3. Ordens verm. Aufl. Ausg. Nr. 1. 8. (VIII u. 520 S. m. 1 Stahlst.) Ebd. 851. n. ⅓ ₰

—— meine Liebe im heiligsten Altarssakramente. Ein vollständ. Erbauungs- und Gebetbuch für kathol. Christen jeden Standes; vorzüglich für alle treue Verehrer und Liebhaber Jesu im hochheil. Altarssakramente rc. 5. Aufl. 1847. und 6., mit den Regeln des dritten Ordens verm. Aufl. 8. (VIII und 520 S. mit 1 Stahlst.) Paderborn 849, Junfermann'sche Buchh. *
Vlnp. *
Ausg. in 12. * 5 Ngr.; Vlnp. *
Ausg. in 8. mit grobem Druck 15 Ngr.; Vlnp.

—— dass. — 3. Aufl. Ausg. Nr. 3. (VIII und 352 S. mit 1 Stahlst.) 1850. * 5 Ngr. und 7., mit den Regeln des 3. Ordens verm. Aufl. Ausg. Nr. 1. 8. (VIII und 520 S. mit 1 Stahlst.) Ebds. 851. *

—— meine Liebe im heiligsten Altarssakramente. Ein vollständiges Erbauungs- u. Gebetbuch für katholische Christen jeden Standes; vorzüglich für alle treue Verehrer u. Liebhaber Jesu im hochh. Altarssakramente, insbesondere als Anleitung zum würdigen Empfange der heil. Kommunion. 8., mit den Regeln des dritten Ordens verm. Aufl. Paderborn 853. Junfermann. 8. (VIII, 520 S.) Ausg. Nr. 1. n. 10 ngr; Ausg. Nr. 2 mit 3 Stahlst. u. lith. Titel in Farbendr. 18 ngr

—— dass. — 8., mit den Regeln des dritten Ordens verm. Aufl. Ausg. Nr. 2. 8. (VIII und 520 S. mit 1 Stahlst. und lithochrom. Titel.) Ebds. 853.

—— — Ein Erbauungs- u. Gebetbuch für kathol. Christen jeden Stande. rc. vorzüglich für junge Leute u. Erstkommunikanten, als Anleitung zur herzlichen Andacht u. zu würdigem Empfange der heil. Kommunion. 5. Aufl. Ausg. Nr. 4. Paderborn 851. Junfermann. 16. (VIII, 352 S., lith. Titel in Farbendr. u. 1 Stahlst.) n. 7½ ngr

—— — Ausg. Nr. 7 in 16. Ebend. 858. (384 S. u. 1 Stahlst.) 7½ ngr

—— meine Liebe im heiligen Altarssakramente. Ein Erbauungs- und Gebetbuch für katholische Christen jeden Standes; insbesondere für alle treue Verehrer und Liebhaber Jesu im hochheiligsten Altarssakramente rc. 8. Aufl. Ausg. Nr. 3. Paderborn 860. Junfermann. 8. (352 S. u. 1 Stahlst.) n. 5 ngr

—— meine Liebe im heiligsten Altarssakramente. Ein Erbauungs- und Gebetbuch für kathol. Christen jeden Standes; insbesond. für alle treue Verehrer und Liebhaber Jesu im hochheiligsten Altarssakramente, vorzüglich für junge Leute und Erstkommunikanten, als Anleitung zur herzl. Andacht und zum würd. Empfange der heil. Kommunion. 10. Aufl. (Ausg. Nr. 3.) 8. (352 S. mit 1 Stahlst.) Paderborn 865, Junfermann'sche Buchh. *

—— meine Liebe im heiligsten Altarssakramente. Gebetbuch für eifrige Verehrer des hochheil. Sakramentes. 16. (454 S. mit chromolithogr. Titel und 1 Stahlst.) Paderborn 875, Junfermann'sche Buchh.

—— dass. — Gebetbuch für Verehrer des hochheil. Sakramentes, vorzüglich für junge Leute und Erstkommunikanten. Ausg. Nr. 3. 12. Aufl. (352 S. mit 1 Stahlst.) 1872; 13. Aufl. 16. (415 S. mit 1 Stahlst.) Ebendas. 878.

—— unsere Liebe rc., Zwickenpflug, K.

Jesus unsere Liebe, im heil. Altarssakrament ... 2. Aufl. Deggendorf 1830. V: *Zwickenpflug, Caspar.* (SCHMAL)

— liebt dich. Ein bibl. Bilderbuch aus d. Leben uns. Heilandes m. Geschichten nach Worten d. hl. Schrift u. Liederversen. 12. (20 S. m. 4 Farbdr.) Konstanz 898. C. Hirsch —35

Jesus, Liebster, wir sind hier. O. O. u. J. V: *Clausnitzer, Tobias.* (BRUUN, Suppl. 68)

Jesus mijne liefde! Eene verzameling van uitgezochte gebeden voor kathol. Christeren. Geheel nieuw. *Kevelaer: J. Thum [1895].* (4 Bl., 384 S., 2 Bl., 1 Taf.) 1 Bd 8. [illegible]

— u. Lykurg, zwei Gemälde, von Lucius Sempronius Stephita. 8. Berl. 784. Rottmann. 8 gr

—— und Maria, s. Betrachtungsreden.

Jesus und Maria. Eine Sammlung kurzer Betrachtungsreden ... Regensburg 1838. V: *Blum, Johann Georg.* (RUSSELL IX, 399)

—— und Maria ermahnen die gottliebende Seele zu ihrer Nachfolge. Nebst einem Anhang von Morgen-, Abend-, Meß-, Beicht- und Communion-Gebeten. 16. (128 S.) Dülmen 879, Laumann'sche Verlagsh. *

—— und Maria, unsere Hoffnung. Ein vollständ. Gebet- und Betrachtungsbuch für fromme Verehrer der allerseligsten Jungfrau Maria. Hrsg. von einem kathol. Geistlichen des Bisth. Münster. 32. (801 S. mit 1 chromolithogr. Titel und 1 Stahlst.) Münster 863, (Fahle.) *

— Maria, Joseph. Ein Gebet- u. Erbauungsbuch f. besondere Verehrer der heiligsten Familie; in welchen auch Andachten zu Ehren des heil. Peregrin, Johann v. Nepomuk, der 14 heil. Nothhelfer, der heil. Engel, des heil. Leopold, für die leidenden Seelen im Fegfeuer u. für Kranke u. Sterbende, enthalten sind. Mit 1 Stahlstich. 12. Grätz 840. Kienreich. ⅓ ₰

—— Maria und Joseph. Englischer Harfenklang, dem glorwürdigsten Namen Jesus zu höchstschuldigster Ehre geweiht. Trost in jeder Betrübniß. — Psalmen und Lobgesänge zu Ehren der allerseligsten Jungfrau Maria. Vom heil. Bonaventura. — Psalmen auf den Namen des glorwürd. heil. Vater Joseph. gr. 16. (70 S.) Regensburg 865, Manz.

—— Maria und Joseph. Ein kathol. Gebet- und Erbauungsbuch mit sieben Meßandachten, Morgen-, Untertags- und Abendandachten, Beicht-, Communion- und Ablaßgebeten, Vesperandachten 2c. Mit einer kurzen Vorrede von einem Ordensgeistlichen. 8. (IV, VIII, 375 S. mit 1 Stahlst.) Würzburg 877, Bucher.

— Maria u. Joseph. Englischer Harfenklang, dem glorwürdigsten Namen Jesus zu höchstschuldigster Ehre geweiht. Trost in jeder Betrübniß. — Psalmen u. Lobgesänge zu Ehren der allerseligsten Jungfrau Maria. Vom heil. Bonaventura. — Psalmen auf den Namen d. glorwürd. heil. Vaters Joseph. Eine geistl. Arznei, in allen schweren Anliegen d. Leibes u. der Seele m. größtem Nutzen zu gebrauchen. 2. Aufl. 12. (72 S.) Regensburg 884. Verlags-Anstalt. n. — 35

—— Maria und Joseph. Ein kathol. Gebet- und Erbauungsbuch mit sieben Meßandachten, Morgen-, Untertags- und Abendandachten, Beicht-, Communion- und Ablaßgebeten, Vesperandachten, Gebeten und Litaneien auf alle Tage einer Woche, Andachten für die Hauptfestzeiten des Kirchenjahres, Andachten zur heil. Mutter Gottes und zu den Heiligen Gottes, Andachten für Kranke und Sterbende und für die Verstorbenen. Von einem Ordensgeistlichen. Neu hrsg. von Dominikus Faustmann. 2. verb. Aufl. 12. (XVI, 494 S. mit 1 Stahlst.) Würzburg 887, Bucher.

— Maria, Joseph! Gebet- u. Andachtsbüchl. f. Mitglieder d. Vereins zu Ehren d. hl. Familie v. Nazareth u. f. Verehrer d. hl. Joseph. 16. (160 S m. Titelbild.) Breslau 895. F. Goerlich. — 30; geb. in Leinw. — 50

[J.] Jesus, Maria, Joseph! Gebet- u. Andachtsbüchlein f. Verehrer des hl. Joseph nebst Andachtsübgn f. Mitglieder d. Ver. zu Ehren d. hl. Familie v. Nazareth ... *Breslau: F. Goerlich [1896?].* (160 S.) 1 Bd 18. [96.1660

—— und die Jungfrau Maria. Ein Gebet- und Lesebuch für kathol. Jungfrauen geistl. und weltl. Standes. Von einem Priester der Diöcese Augsburg. 8. (XII und 586 S. mit 1 Titelbilde in Stahlst. und eingedr. Holzschn.-Bildern.) Regensburg 866, Manz.

—— und die Jungfrau Maria. Ein Gebet- und Lesebuch für kathol. Jungfrauen geistl. und weltl. Standes. Von einem Priester der Diöcese Augsburg. 2., verb. und verm. Aufl. 8. (XII, 583 S. mit 1 Titelbilde in Stahlst. und eingedr. Holzschnbildern.) Regensburg 872, Manz. 2 —

—— und die Jungfrau Maria. Ein Gebet- und Lesebuch für kathol. Jungfrauen geistl. und weltl. Standes. Von einem Priester der Diöcese Augsburg. 3. verb. und verm. Aufl. 8. (VIII, 583 S. mit 1 Titelbilde in Stahlst. und eingedr. Holzschn.-Bildern.) Regensburg 876, Manz.

— u. Maria stehet mir bei, jetzt u. in d. Stunde meines Todes. Auszug aus d. Schriften d. Heiligen. Von e. Ordensmanne 3 Aufl. 16. (479 S. m. 2 Bild.) Kevelaer 897. J. Thum. Geb. in Halbldr. — 80

— u. Maria, stehet mir bei, jetzt u. in d. Stunde meines Todes. 4. Aufl., s.: Amherd, Ambr.

O mein Jesus! Ein katholisches Gebetbuch. 4. Aufl. 32. (156 S.) Gratz. (Wiesner). 15 kr.
1860.

O mein Jesus! Ein katholisches Gebetbuch. 4. Aufl. 32. (156 S.) Grav, Heie. 1864
geb. 30 kr.
Lwdbd. 40 kr.
Lwdbd. mit Goldschnitt 52 kr.

Jesus, ein Mensch, nicht Gottes Sohn. Ein Fehdebrief wider das falsche Christentum. Dem Angedenken an Moritz v. Egidy. Gr. 8°. VIII, 60 S. Zürich, Caesar Schmidt. 1893 1 —

— u. die Menschen seiner Zeit. Bilder aus Jesu Leben f. unsere Tage, in Beiträgen v. Barthold, Müller, Schultz, Schumann, Stieb, Voigt. Hrsg. v. Paul Cremer. (VII, 478 S.) 8. Gütersloh 909. C. Bertelsmann. 6.—;
geb. 7. —

— Messias, s. a. Lavater.

Jesus Messias, oder die Zukunft des Herrn, nach der Offenbarung Johannis. Zürich 1780. V: *Lavater, Johann Caspar.* (MGT) (AarF) (Th) (Ky)

— Messias, oder die Zukunft des Herrn, nach d. Offenb. Johannis (v. J. K. Lavater.) gr. 8. (Zürich) 780. Ziegler. 12 gr Mit Vign. 1 ₰ 16 gr

Jesus Messias oder die Evangelien und Apostelgeschichte in Gesängen. [Winterthur] 1782—85. V: *Lavater, Joh. Caspar.* (JL) (AarK)

Jesus Messias. Oder die Evangelien und die Apostelgeschichte, in Gesängen. 1782—86. V: *Lavater, Johann Kaspar.* (schstr S. 119)

— von Nazareth, s. a. Volksaufklärung.

Jesus v. Nazareth. Von e. Christen. 8. (112 S.) Berlin 893. F. Fontane & Co. n. 2. —

— v. Nazareth nach neutestamentl. Quellen v. Amicus Voritatis. 2., verm. u. verb. Aufl. 8. (104 S.) Heilbronn 896. (Stuttgart, M. Kielmann.) n. 1. 40

— v. Nazareth nach neutestamentlichen Quellen, 3. Aufl., s.: Lessing, Karl Fr., Jesus v. Nazareth.

— v. Nazareth, in seinen jährlichen Feierlichkeiten. Mit Kpf. gr. 8. Augsb. 804. J. Wolf. 16 gr

Jesus von Nazareth, der wahre Sohn Gottes . . . Augsb. 1804. V: *Stipperger, Roland.* (schmal)

— nimmt die Sünder an! I—III. Serie. Je 250 S. erweckl. Traktate. kl. 8. Neumünster (906). Vereinsbuchh. G. Ihloff & Co. à n. n. — 20

—— die Offenbarung des Herzens Gottes. Aus dem Engl. 16. (94 S.) Hamburg 862, J. G. Oncken.

— die Offenbarung des Herzens Gottes. Aus dem Engl. Hamburg 863. Oncken. 16. (94 S.) 6 ngr

—— am Oelberge. Gebete und Betrachtungen über das Leiden unsers Herrn Jesus Christus am Oelberge, zur Feier der Oelberg-Andachten auf die sieben Donnerstage der heil. Fastenzeit eingetheilt. 8. (79 S.) Ingolstadt 865, (Krüll'sche Buchh.) *

— ruft zum hl. Gastmahl. Von Ernestus Clericus. (XV, 264 S. m. Bildnis.) kl. 8. Kevelaer (910). J. Thum.
Geb. in Leinw. — 75

--- in Samarien. Joh. Cap. 4. Vom Verf. des Naemann. gr. 8. (112 S.) Basel 864, Bahnmaier's Verlag. geb. mit Goldschn. *

— u. d. Samaritin am Jacobsbrunnen, e. lehrreiche Scene aus d. Leben unsers Herrn. 8. Lübben 801. Gotsch. 8 gr.

[F.] Jesus sei mein Vorbild. Kathol. Gebet- u. Andachtsbüchl. f. Kinder ... Dülmen i. W.: A. Laumann 1895. (VIII, 120 S.) 1 Bd 8. [96. 1037

Jesus, sei mein Vorbild! Kath. Gebet- u. Andachtsbüchlein f. Kinder. Dülmen: A. Laumann 1904. (VIII, 120 S.) 8° [F.] [04. 1038

— d. Seligmacher, e. Buch zum Trost u. zur Erbauung für katholische Verehrer d. Religion Jesu. 8. Leipz. ... Neue A. 820. Joachim. 10 gr.

—— der Seligmacher. Ein kathol. Gebetbuch f. gebild. Stände. M. 1 Kpfr. 12. (13 B.) Neiße 829, (Hennings.)

Jesus Sirach. Ein Volksbuch für Jedermann. Aarau 1844. V: *Schmieder, Heinrich Erdmann.* (ZU)

Jesus Sirach. Ein Volksbuch f. Jedermann. gr. 12. (3½ B.) Leipzig 844, Vogel.

Jesus Sirach und der König Salomo . . . Kreuznach 1829. V: *Kehr, Ludwig Christian.* (ZU)

Jesus Sirach u. d. König Salomo. Ein Spiegel f. alle Stände, f. Christen, Juden u. Heiden. Oder Stimmen a. d. Morgenlande f. alle Zeiten u. Völker. (Von Ludw. Chrstn. Kehr.) 8. (10 B.) Kreuznach 829, Kehr.

Jesus, Der sterbende, Ein Oratorium; in Musik gesetzt von Rosetti Wallerstein 1785. V: *Zinkernagel, Carl Frdr. Bernhard.* (GGr) (MGT)

Jesus, der wahrhaftige Sünder-Freund. Basel 1756. V: *Annone, Hieron. d'.* (Cat. d. Stadtbibl. Zürich. Zürich 1864—97.)

— d. wahrhafte Sünderfreund. 8. Jena 764. Cröker. 1 gr.

—— der wahrhaft. Sünderfreund, dargest. in e. Liebe v. Woltersdorf. Von einigen Freunden dieser Wahrheit neu hrsg. z. Besten d. Gesellschaft d. Freunde Israels in Basel. 8. (3½ B.) Basel 831, (Schneider.)

Jesus der wahrhaftige Sünderfreund . . . Zürich 1840. V: *Woltersdorff, Ernst Gottlieb.* (KY)

— der wahrhaftige Sünderfreund; zur Reizung aller Sünder, aus Lukas 15, 1.—10. vor Augen gemalt u. mit mehrern Sprüchen der heil. Schrift bewährt. (Von E. G. Woltersdorff.) 12. 840. Zürich, Hanke. 2 ngr

Jesus, der wahrhaftige Sünder-Freund. Allen Sündern z. kräftigen Reitzung[!], zur wahren Buße u. Glauben an Ihn, vor d. Augen gestellt. Tilsit: H. Post [um 1900]. (16 S.) 8° [F.] [04. 1068 10

—— im Tempel; oder, das Vorbild christlicher Jugend. Hrsg. von der Gesellschaft zur Verbreitung evangelisch-luther. Schriften. 4. (32 S. mit 1 Titelbild in Holzschn.) Philadelphia 856,57, (Schäfer und Koradi.) *

—— mein Trost und meine Hilfe! Gebetbuch für die kathol. Jugend. Hrsg. von einem Geistlichen der Diözese Augsburg. 3. Aufl. (157 S. mit 1 Holzschn.) 1848. und 4. Aufl. 16. (159 S. mit 1 Holzschn.) Rorschach 851, Koch. *

—— mein Trost in stillen Seelenleiden. Gebet- und Gesang-Buch für andächtige kathol. Christen. 2., verm. Aufl. 12. (228 S. mit 1 Holzschntaf.) Freiwaldau 862. (Troppau, Schüler.) *

—— unser Trost und Leben. Gebetbuch für kathol. Christen. Eine Auswahl des Vorzüglichsten aus älteren und neueren Erbauungsschriften. 12. (309 S. und 1 lithogr. Ttlbld.) Aschaffenburg 847, (Pergay.)

— Tugenden u. Geschichte für Kinder. 8. Salzb. 807. Mayr. 2 gr.

— mein Verlangen. Ein kathol. Gebetbuch mit Belehrung u. Anleitung zu e. frommen Lebenswandel. 3e Aufl. gr. 12. Grätz 836. Kienreich. ¼ ℔

—— mein Vertrauen, oder: der wahre Christ in der Andacht und im Gebete zu Gott. Ein christkathol. Gebetbuch. Enthaltend: Morgen-, Meß-, Beicht-, Kommunion- und Abendgebete rc. Mit einem Anhang des heil. Kreuzweges, Litaneien und geistl. Kirchenliedern. Von einem Weltpriester. 4. Aufl. 12. (408 S. mit 1 Stahlst.) Wien 860, Gorischek's Universitäts-Buchh. *

Jesus mein Vertrauen, oder der wahre Christ in der Andacht und im Gebete zu Gott. Ein christkatholisches Gebetbuch. Enthaltend: Morgen-, Meß-, Beicht-, Communion- u. Abendgebete rc. Mit e. Anh. d. heil. Kreuzweges, Litaneien u. geistl. Kirchenliedern. Von einem Weltpriester. 4. Aufl. kl 8. (408 S. m. 1 Stahlst.) Wien, Grund. 1860 50 kr.

— das Vorbild f. Ordensfrauen. Betrachtungen auf alle Tage des Jahres. Von e. Schwester der Kongregation der barmherz. Schwestern vom hl. Karl Borromäus. 3 Bde. 8. Dülmen 910. A. Laumann. 6.30; geb. 9.—

1. Für die Zeit von Advent bis Pfingsten. (536 S.) 2.70; geb. 3.60
2. Für die Zeit von Pfingsten bis Advent. (488 S.) 2.10; geb. 3.—
3. Betrachtungen f. den Ergänzungsmonat, die Herz-Jesu-Freitage, die monatliche Geistessammlung u. die Feste der Heiligen. (387 S.) 1.50; geb. 2.40

— unsre Weisheit und Wissenschaft. (Koloss. 2, 3.) Ein sehr vollständiges heilbringendes Erbauungsbuch, enthaltend: I. Morgen-, Abend-, Meß-, Beicht-, Communion-, Ablaß-, Kreuzweg-, Vesper-Andachten, nebst vielen andern täglichen Gebeten zu Ehren Gottes u. der Heiligen. II. Das bittere Leiden u. Sterben, die Auferstehung u. Himmelfahrt Jesu Christi unsers Herrn, ausführlich dargestellt. Mit 27 Vign. u. 1 Stahlst. 8. Sulzbach 843, v. Seidel. ¾ ℔

Jesus, wie er lebte und lehrte . . . Halle 1799. V: *Vermehren, Johann Bernhard.* (GGr) (Th) (MGT) (KY)

— wie er lebte u. lehrte, Beilage zu Niemeyers Charakt. d. Bibel, (v. J. B. Vermehren.) gr. 8. Halle 799. Gebauer. 21 gr.

—— und Zachäus oder: die wahre Bekehrung. Ein Zeugniß aus der Gemeinde für die Gemeinde. 8. (IV, 48 S.) Basel 871, Spittler. * — 20

—— unsere Zuflucht! Katholisches Gebet-, Bruderschafts- und Gesangbuch für fromme Christen. Hrsg. von D. K. 12. (VIII und 424 S. mit 1 Stahlst.) M.-Gladbach 853. (Crefeld, Kühler.)

—— unsere Zuflucht und Hilfe! Ein christkathol. Gebetbuch. 12. (VI und 114 S. mit 2 Stahlst.) Augsburg 847, Schlosser's Buchh.

— meine Zuversicht. Kathol. Gebetbuch f. Kirche u. Haus. 32. (304 S. m. 1 Stahlst.) Einsiedeln 895. Verlagsanstalt Benziger & Co.
Geb in Leinw. m. Goldschn. n. 1. —

— meine Zuversicht. Kathol. Gebet- u. Andachtsbuch v. e. Pfarrer der Erzdiözese Köln. 6. durchgeseh. u. verb. Aufl. 16. (VI, 372 S. m. farb. Titel u. 1 Stahlst.) M. Gladbach (896). A. Riffarth. Geb. in Halbldr. — 75

Jesus, meine Zuversicht. Kath. Gebetbuch f. Kirche u. Haus. *Einsiedeln, Köln: Benziger & Co. [um 1903].* (304, 16 S.) 8° [F.] [03. 26014]

— unsere Zuversicht. Gebet- und Andachtsbuch für kathol. Christen von einem kathol. Priester. 4., verm. Aufl. 24. (VIII und 408 S.) Aachen 861. Hensen.

Jesus Christus

— Christi Parabeln. Metr. v. E. Gotthelf, s. Perlen.

Jesu Christi Parabeln, s. Perlen d. heil. Schrift. 16 Bdchn.

Die Reden Jesu [Jesus Christus: Λόγια] verdeutscht u. vergegenwärtigt von Dr. Johannes Müller. Bd 1. 2. München: C. H. Beck 1909–12. 8°
1. Von d. Menschwerdung. 1909. 2. Von d. Nachfolge. 1912. [11. 18441]

— einzelne Worte. Zusammengestellt und zur Erbauung besond. hrsg. (von J. J. Bernet.) 32. (143 S.) St. Gallen 848, Huber und Comp.

Jesus Sirach, s. a. Sirach, Jesus.

— — Chokmat Jehôšu'a b. Sirā. Wien 1807.

Ecclesiasticus [Verf.: Jesus Sirach] ⟨39,12–49,16⟩ ope artis criticae et metricae in formam originalem redactus a P. Nivardo Schloegl, O. Cist. *Vindobonae: Mayer & soc. 1901.* (XXXIV, 72 S.) 4° [00. 8005]

Der jüngst wiederaufgefundene hebräische Text des Buches Ecclesiasticus [Verf.: Jesus Sirach.] Unters., hrsg., übers. u. mit krit. Noten vers. von Dr. Theol. Norbert Peters, Prof. zu Paderborn. *Freiburg i. Br.: Herder 1902.* (XVI, 447 S.) 8° [02. 8763]

Liber Iesu filii Sirach sive Ecclesiasticus hebraice secundum codices nuper repertos vocalibus adornatus, addita versione latina cum glossario hebraico-latino ed. Norbertus Peters. Friburgi Br.: Herder 1905. (XVI, 163 S.) 8° [05. 2316]

Jesus', des Sohnes Sirachs Sprüche, hrsg. v. Herm. L. Strack, s.a. Schriften des Institutum judaicum in Berlin. Nr. 31.

Die Sprüche [Ecclesiasticus] Jesus', des Sohnes Sirachs. Der jüngst gefundene hebräische Text mit Anm. u. Wörterbuch hrsg. von Prof. Dr. Hermann L[eberecht] Strack. *Leipzig: A. Deichert 1903.* (VI, 74 S.) 8°
— Schriften d. Institutum Judaicum in Berlin. No 31. [03. 7128]

Jesus Sirach. Die Weisheit aus dem Grund-Text aufs Neue übers. und mit Anmerkungen versehen. Halle 1706. Ü: *Arnold, Gottfried.* (cl. zür S. 369)

Jesus Sirach. Die Weisheit . . . A. d. Griech. Würzburg 1786—88. Ü: *Onymus, Adam Joseph.* (Th)

Das hebräische Fragment der Weisheit des Jesus Sirach hrsg. v. Rudolf Smend. *Berlin: Weidmann 1897.* (34 S.) 4.
— Abhandlungen d. Kgl. Gesellschaft d. Wissenschaften zu Göttingen. Phil.-hist. Klasse. N. F. Bd 2. No 2. [97. 7006]

Die Weisheit [Ecclesiasticus] des Jesus Sirach hebräisch u. deutsch hrsg. von Rudolf Smend, Prof. Mit e. hebr. Glossar. Berlin: G. Reimer 1906. (Getr. Pag.) 8°
[Nebent.: Hebr.] Sefer ḥokmat Jēšūa' Ben-El'āzār Ben-Sirā. [06. 19640]

Jesus-Büchlein, neuvermehrtes, oder über hundert schöne Seufzer und Trost-Reimlein über den Namen Jesus. Sodann einige Morgen- und Abend-Seufzer und Psalmen, nebst einem geistl. Gespräch zwischen Christo und einer gläub. Seele. 8. (32 S.) Reutlingen 870, Fleischhauer und Spohn. — 10

Jesus-Hymnen. Sammlung altkirchl. latein. Gesänge. Hrsg. und mit freier deutscher Uebersetzung begleitet von Ed. Kauffer. 16. (65 S.) Leipzig 854, Roßberg'sche Buchh.

Das Aussätzigenasyl 'Jesus-Hilfe' in Jerusalem. *(Herrnhut [1900?]: G. Winter.)* (6 S.) 8° [Umschlagt. F.] [00. 7086]

Jesus-Lieder für seine Glieder. O. O. 1720—23. V: *Gruber, Eberhard Ldw.* (Adel)

Jesus-Lust, Seelenlabende. Leipzig 1713. V: *Dedekind, Benj.* (Myl)

Ieszensky, Lad., Tractat. crit. de electricitate et aliq. ub. physicae capitib. 8. Colocae. (Eggenberger, Pest.) 805.

Jetel, Frz., meine Behandlungsmethode der Ischias. Erweiterter Vortrag, geh. am 24. II. 1909 in der Sitzg. der Gesellschaft f. physikal. u. diätet. Therapie in Wien. (27 S.) 8. Wien (I, Naglergasse 1) 909. Dr. Frz. Jetel. — 80

Jetschmen: Bemerkungen zur Uebersetzung zweier Stellen aus Cicero. 6 S.–Znaim, Progr. 1852

Jetses, C., noch bei Mutter. Ein Bilderbuch f. die Kinderstube. Mit 16 [farb.] Bildern v. C. J. u. Text in Prosa v. Picus (nach Ligthart u. Scheepstra. (33 S.) 21,5×27,5 cm. Stuttgart (908). Loewe. Geb. 3.—; auf Pappe (16 S.) 3.—; Volksausg. (33 S.) Kart. 2. —

Jett, Chr., Bruderbund u. Kampf, oder Cajus Gracchus. 8. Manh. 800. Schwan u. G. 16 ℊ

v. Jett, K. A. Graf, vielleicht ein Wort zur rechten Zeit, bei Gelegenheit d. Entwickelung des Graf Sodenschen Plans zu Errichtung eines Credit-Vereins für Baiern. 8. München 824. (Finsterlin). 4 ℊ

Jetta, Die Schöne Zauberin, oder der Wolfsbrunn. Eine Geistergeschichte. Wien 1797. V: *Gleich, Joseph Alois.* (streisandkat. 23)

Jetta, die schöne Zauberin, od. der Wolfsbrunnen, (v. Jos. Al. Gleich). 8. Wien, K. Haas. 20 ℊ

Jetta die schöne Zigeunertochter oder der Wolfsbrunnen. Wien 1799. V: *Gleich, Joseph Alois.* (MGT) (Ky) (WBL)

JETTCHEN, die schöne Schenkmamsell. 2. Auflage. Hamburg 1860. 12°. 48 S.

Jettchen, Tante. Ein Lebensbild . . . Gotha 1882. V: *Walther.* (Ky)

Jettchen, Tante. Ein Lebensbild. (Von Walther.) Als Manuskr. gedr. 8. (III, 107 S.) Gotha 882. F. A. Perthes. n. 1. 60; geb. n. 2. 40

Jettchen, Tante. Ein Lebensbild. 2. Aufl. gr. 8. (III, 113 S. m. 1 Lichtdr.-Portr.) Gotha 884. F. A. Perthes. n. 1. 60; geb. n. 2. 40

Jette; oder der Husarenraub. Trsp. v. Plümike. 8. Berlin, Maurer. 786.

Jette und Eustachia oder die Juwelen. Königsberg i. Pr. [1902]. V: *Wigand, Auguste.* (Berl)

Jette, Die Zauberin. Wien 1796. V: *Gleich, Joseph Alois.* (NN)

Jette, Lor. Der Pariser Ofen oder Anweisung zur Kenntniss aller Arten von Stubenöfen. Erfurt 1837. 8.

Jettel, Dr. Emil, Handbuch des internationalen Privat- und Straf-Rechtes mit Rücksicht auf die Gesetzgebungen Oesterreichs, Ungarns, Croatiens und Bosniens. Gr.-8. (XV, 344 S. mit 1 Uebersichtstabelle) 4.80
Wien: Braumüller 1892.

Jettel, Emil, Handbuch d. internationalen Privat- u. Strafrechtes m. Rücksicht auf die Gesetzgebungen Österreichs, Ungarns, Croatiens u. Bosniens. gr. 8. (XV, 344 S. m. 1 Tab.) Wien 893. W. Braumüller. n. 8. —

Jettel, T. M., s. Zusammenstellung der Waarenzölle.

T. M. Jettel, Zusammenstellung der Waarenzölle, welche in den Staaten Europas u. in Nord-Amerika bei der Einfuhr erhoben werden. Wien, K. K. Hof- u. Staatsdr. 1874. gr. 8. 7 Thlr.

Jettel, Wladimir

Jettel, W., s. Adress-Buch der Zündwaaren- und Holzdraht-Fabrikanten.

Jettel, Wlasimir [Red.], s. Zeitschrift für Zündwarenfabrikation.

Jettel, W.: Die Zündwaarenfabrikation...
s. Bolley, P.: Handbuch d. chem. Technologie.

Jettel, Wlad., die Zündwaaren-Fabrikation, s. Handbuch der chemischen Technologie.

— Die Zündwarenfabrikation. (Handb. d. chem. Technologie VI, 3. III) Braunschweig 1871

Jettel, Wladimir, Die Zündwaaren-Fabrication nach dem heutigen Standpunkte. Mit 78 Abbildungen. Gr.-8. (VIII, 255 S.) (Mechanisch-technische Bibliothek, Band IX) 5.50
Dasselbe. Geb. (nur fest) 6.60
Wien: Hartleben 1897.

Jetter, A. v., s. Zeitschrift f. d. freiwillige Gerichtsbarkeit in Württemberg.

Jetter, Gustav [app. Arzt]: Über die traumatischen Epiphysen-Lösungen am oberen Ende des Humerus ... (Aus: Beitr. z. klin. Chir. IX. Bd. II. Heft.) Tübingen, H. Laupp'sche Buchh., 1892; 28 S. 8.
Tübingen, Med. Fak., Inaug.-Diss. v. 1892

Jetter, J. L., Anti-Normallehrplan, s.: Beiträge z. erzieh. Unterricht.

Jetter, J. L., Heimat u. Unterricht, s.: Zur Pädagogik der Gegenwart. 26. Heft.

Jetter, J. L., neue Schulkunst. Spezielle Didaktik u. Methodik e. entwickelnd-erzieh. Unterrichts. 2 Bde. gr. 8. Dresden, Bleyl & Kaemmerer. n. 8. 80; geb. n. 4. 80
1. Spezielle Didaktik. (VII, 71 S.) 904. n. 1. 20; geb. n. 1. 60
2. Spezielle Methodik. (VII, 156 S.) 906. n. 2. 60; geb. n. 3. 20

Jetter, J. L. Erziehender Unterricht. Eine zeitgemäße pädagog. Forderg., nach Begriff, Plan u. Methode in kürzester Fassg. dargestellt. gr. 8. (56 S.) Altenb. 890, H. A. Pierer. * — 60

— Persönlicher Unterricht, s. Aus Schule u. Leben.

Persönlicher Unterricht. Von J. L. Jetter. Strassburg: Bull 1910. 120 S. 8°
(Aus Schule u. Leben. H. 3.) [10. 11918]

— Vorschule der Herbartischen Pädagogik, s.: Ufer, Chr.

Jetter, [Karl]: Die mathematischen Aufgaben bei der württembergischen Konkursprüfung im Lauf der letzten 50 Jahre. *Urach 1898: F. Bühler.* (3—32 S.) 4°
Urach, k. ev.-theol. Sm, P 1898 (611)

Jetter, Karl Über die Methode des Unterrichts in der ebenen Geometrie. 20 S. Progr. *Blaubeuren* 1885.

Jetter, d. geometrischen Orter, m. bes. Berücksicht. v. Spieckers Lehrbuch u. Benützg. and. Quellen zusammengest. 2., verm. Aufl. 8. (12 S.) Blaubeuren 897. F. Mangold. n. — 20

Jetter, Paul [app. Arzt aus Schwäbisch Hall]: Über die rasche Dilatation der Harnröhrenstrikturen. . . . (Aus: Beitr. z. klin. Chir. VI. Bd. III. H.) Tübingen, H. Laupp'sche Buchh, 1890; 19 S. 8°
Tübingen, Med. Fak., Inaug.-Diss. v. 1890

2928. **Jetter, Wilhelm:** Über das 1,3 Diphenylpropenol und Derivate. 1906. 53 S. 8°
Stuttgart, Dr.-Ing.-Diss. v. 23. 7. 1906

Jetter & Scheerer: Ill. Hauptkatalog u. Preislisten der Fabrik chirurgischer Instrumente. 5. Aufl. Nebst Nachträgen. Tuttlingen und Berlin (1891—1900?)

Jetter & Scheerer: Ill. Musterbuch über Chirurgie-Instrumente. 6. Aufl. Tuttlingen und Berlin 1904

Jettershagen, G. C., geheime Scheidung der Metalle u. dessen Nutzbarkeit. 8. Braunschw. Schröder. 774.

Jettmar Übersicht slavischer Orts- und Volksnamen der Provinz Brandenburg etymologisch und historisch betrachtet. 26 S.
Potsdam, Progr. 1846

Jettmar Anton: C. J. V. Maximinus.
H. 1899 PN 1242 Diss. Wien, Univ.

v. Jettmer, Heinrich R[itter]: Schulrat Professor Franz Batta †. S. 3—5. 8. Progr. K. k. Staatsgymn. im VIII. Bezirke *Wien* 1904.

Jettmar, Heinr. Ritter v. Bestimmung der Bildorte und Wellenform der an den ebenen Flächen reflektierten und gebrochenen Lichtstrahlen auf elementarem Wege. 26 S. u. Taf. 8.
Progr. G. *Marburg Öst.* 1879.

von Jettmar, Heinrich: Über merkwürdige Punkte und Gerade, welche einem Dreiecke und dem ihm umschriebenen, beziehungsweise eingeschriebenen Kegelschnitte zugeordnet sind. S. 108—118. 8.
In: Festschrift zur Feier des zweihundertjährigen Bestandes des
Progr. k. k. Staatsgymn. im VIII. Bezirke *Wien* 1901.

Jettmar, H. v.: Studien über die Strahlenbrechung im Prisma. 37 S. u. 1 Taf. – Marburg, Progr. 1883.

— Zur Strahlenbrechung im Prisma. Strahlengang und Bild von leuchtenden zur Prismenkante parallelen Geraden. 43 S. u. Taf.
Progr. G. VIII. Bez. *Wien* 1885.

Jettmar, Heinr. Rittor v., zur Strahlenbrechung im Prisma. Strahlengang u. Bild v. leuchtenden zur Prismenkante parallelen Geradon. gr. 8. (43 S. m. 1 Steintaf.) Wien 885. (Pichler's Wwe. & Sohn.) n. 1. 20

von Jettmar, Heinrich Versuch der Einführung homogener Punkt- und Liniencoordinaten in die Elemente der analytischen Geometrie. 8 (S. 3—45, 3 Taf.).
Progr. K. k. Staatsg. im VIII. Bezirke *Wien* 1892.

Jettmar, Josef

Jettmar, J., Düngerlehre des Gärtners. Unter Mithilfe mehrerer Fachmänner verf. 8. (VIII, 152 S.) Wien 890. Hartleben. n. 3. —

Jettmar, J: Düngerlehre des Gärtners. Leipzig . . . 1891

Jettmar, Jos., Düngerlehre d. Gärtners oder Anleitg. f. die Züchter v. Blumen, Gemüse, Obst- Zierbäumen u. Sträuchern, wie verschiedene Düngemittel zubereitet u. verwendet werden sollen. gr. 8. (VIII, 152 S. m. 15 Abbildgn.) Wien 891. Hartleben. n. 3. —

Das Färben des lohgaren Leders. Leipzig, 1899. 8vo. Ill.

Jettmar, Jos., das Färben des lohgaren Leders. Theorie u. Praxis des Bunt-, Weiß- u. Schwarzfärbens, nebst e. Abhandlg. üb. die einschlüg. natürl. u. künstl. Farbstoffe, Materialien. Hilfsmaschinen, sowie das Gerben u. Zurichten des Farbleders. gr. 8. (VIII, 184 S. m. 7 Abbildgn.) Leipzig 900. B. F. Voigt. 5. —; geb. 6. 50

— **Handbuch** der Chromgerbung einschliesslich der übrigen Mineralgerbungen, m. besond. Berücksicht. der Kombinations-Gerbeverfahren. Mit 49 Abbildgn. u. 24 Ledermustern. gr. 8. (XVI, 607 S. m. 1 Bildnis.) Leipzig 900. Schulze & Co. Geb. in Leinw. n. 20. —

Praxis und Theorie der Leder-Erzeugung. Ein Leitfaden f. Lohe-, Weiss-, Sämisch- u. Glacé-Gerber von **Josef Jettmar**, Ing. Chemiker. Mit 51 Fig. *Berlin: J. Springer 1901.* (XII, 391 S.) 8° jos. 7718

Jettmar, Jos. Bernh, Lenin u. seine Fürstengräber. Nebst der Weissagg. d. Abtes Hermann v. Lenin. gr. 8. (VII, 147 S.) Regensburg 885. Verlags-Anstalt. 1. 80

Jettmar, Wilh., illustr. Führer durch Budapest, s.: **Heksch,** Alex. F.

Jetze, F. A., de Chr. concionatore sapienter urbano. Liegn. 1792. 4.

Jetze, F. C., Sicheres Mittel um künftigen Hornviehseuchen zuverlässig vorzubeugen. 4. Glogau 774.

FRAU, Die, eine moralische Wochenschrift (verfasst von *Franz Christian Jetze*). 2 Bde. u. Bd. 3. Stück 1 soviel ersch.). Leipzig 1756—60. 8°.
Anon-Lex. II p. 118 hat (nach Kayser) „sittliche" Wochenschrift.

Jetze, Franz Christoph

Des Prof. Jetze's Abhandlung über das Kundmannsche aus altem Fensterbley gemachte Gold; und über ganz neue Alchymisterey, besonders des Baron Hirschen vorgebliches Luftsalzwasser. Dresden u. Leipzig: Breitkopf 1786. 22 S. 8° KB.

§ **JETZE,** M. Franz Christoph („der Mathematik und Physik Professor an der Königl. Preußl. [!] Ritterakad. zu Liegnitz, Beisitzer der königl. gel. Gesellsch. d. Wiss. zu Frankf. a. d. O. u. der ökonom. patriot. Gesellsch. in Schlesien Mitglied"). Statistische, Politische und galante Anekdoten von Schweden, Lief- und Rußland. (Druckerst.) Liegnitz, bey David Siegert, 1788. 8°. (12 Sgr. Scheible, c. 1870.)
104 S. (incl. Tit.). Mit hübschem Schlussornament. — Abdruck von Reisenotizen des Verfassers. (Gefalt. Tabelle bei S. 20.) Das auffallende Lob der Kaiserin Elisabeth von Russland (der berüchtigten Messaline) und andere servile Äusserungen machen des Vf. Glaubwürdigkeit verdächtig. Uebrigens enthält die Schrift nichts von Bedeutung zur Chronique galante.

Jetze, F. C., statist., polit. u. galante Anekdoten von Schweden, Lief- u. Rußland. 8. 788. Jetzt Heymann in Berlin. 1/3 ℛ

— alle Aufgaben d. arithmet. u. geometr. Progression, z. Selbstunterrichte. 8. Liegn. 798. Siegert. 8 gl (Heymann in Glogau). 10 gl

— alle Aufgaben der arithmetischen u. geometrischen Progression. 8. 791. Jetzt Heymann in Berlin. 5/12 ℛ

— Betrachtung über d. Auferstehung d. Todten. 1e u. 2e Betracht. 4. Thorn 754, 55.

— Betracht. über 1 Cor. 10. 3. 8. Thorn 754.

— Betracht. über Epheser 4. 25. 8. Thorn 754.

— Ehre d. Menschheit, d. Patriotismus u. d. Christenthums in Kriegen aller Klassen. 8. Bresl. 781.

— neue Erörterung des christl. Verstandes d. Worte Christi: Seid klug wie d. Schlangen rc. 4. Stargard 765.

Jetze, Frz. Chr., Geographie f. Militaristen u. andere z. Selbstunterricht, m. K. 8. Liegn. Siegert. 791. 0thlr.

Jetze, F. C. Theoret.-prakt. Handbuch der Feldbefestigungswissenschaft. Mit Taf.
Breßlau 1793. 319 S.

— theoret.-prakt. Handbuch d. Feldbefestigungswissenschaft durch eigene ganz neue Erfindungen, umgearb. u. vervollkomm. zum Selbstunterricht. Mit 10 Kpf. gr. 8. Bresl. 793. (Belitz in Berl.) 1 ℛ 4 gl

— introductio in eruditionem gener. et omnes philosophiae partes specim. cum inspersis multis histor. liter. antiquis et novis observatt. in usum schol. doctorum, inprimis studios. rite ad altiora se praeparant. 8. Liegn. 799. Siegert. (Heymann in Glogau). 8 gl

Jetze, F. C., de Joanne B., majore et minore in regno coelorum probl. hermeneuticum, novo modo solutum. Sedin. 1769. 4.

— das merkwürd. Leben u. d. Schriften e. gelehrten Pommers Hönning Schutzen, vor 100 Jahren Prediger in Alten Schlaga. 4. Stargard 771.

— Leben u. Schriften des ber. Jh. Jak. Schmidt. 4. Stargard 762.

Von dem Licht der Erkenntniss welches der Krieg in dunkle Gegenden verbreitet — eine Rede auf des Königs Geburtstag öffentlich gehalten von Franz Christoph Jetze. Auf Verlangen hoher Gönner und Freunde zum Druck befordert. Stargard o J.

Jetze, Franz Christoph, Von dem Licht der Erkenntniss, welches der Krieg verbreitet. Eine Rede auf des Königs Geburtstag. Stargard 1762. fol.

— Logik, oder Vernunftlehre, zum Selbstunterricht für Militaristen u. andere. 8. Liegn. 798. Siegert. (Glogau, Heymann). 8 gr

— Logik oder Vernunftlehre, zum Selbstunterricht. 8. 798. Jetzt Heymann in Berlin. 1/3 rthl

— de natura et indole problematis theologici. Fol. Thorn 760.

— von dem Nutzen u. d. Einrichtung d. öffentl. Schulprüfungen. 4. Stargard 770.

— ob d. bewohnbare Erde durch Kunst u. Fleiß d. Menschen in allen Himmelsstrichen zu e. irdischen Paradiese gediehen wäre rc.? Fol. Stargard 772.

— Ode auf den Frieden. 4. Stargard 762.

— Ode auf des Königs Geburtstag. Fol. Stargard 762.

— Commentationis de parabola Luc. VII. 1—13. et contractu instit. et fine sermonem facientis summi prophetae explic. nunn. ex adsuclis ejus et Pharisaeis etc. Fol. Thorn 759.

— gemeinnütz. Praxis a. d. Felde u. Papiere ohne Winkelmeßinstrument alle Winkel zu messen u. überzutragen, auch militär. Plans aufzunehmen. 8. Leipzig. Höfer. (Friese in Pirna.) 802.

Jetze, Frz. Chph., ökonom. Problem; ob d. Erdboden durch Fleiss u. Kunst d. Menschen in e. irdisches Paradies verwandelt werden könne? Fol. Stargard, 1762.

— neue allgem. Regel für alle Arten von Feldschanzen, mit 1 Kpf. 8. Bresl. 781.

— brevis commentatio de studio linguarum, graecae imprimis et latinae, facilitando per indices novo modo componendos. Fol. Thorn 756.

— Theorie, od. Grundl., wor. d. Brückenbau s. gründet, m. K. 4. Thorn. (Hartung in Königsb.) 766.

— Theorie, oder Grundlehren aus d. Mathematik, auf welche sich d. Bau hölzerner Brücken über breite rc. Flüsse gründet. Mit Kpf. 4. Thorn 766. (Hartung in Königsb.) 8 gr

— über Verbesserung schlechter Aecker durch eine neue Art Dünger. Fol. Stargard 762.

Jetze, J. C., de supplicio crucis, quo Christus est adfectus, barbaro ac infami. Starg. 1761. 4.

Jetzeler, Cph., († d. 12. März 1785.) Beschreib. d. Rheinbrücke in Schafhausen. Mit 1 architekton. Abriß. gr. 8. Zürich 778. Ziegler u. S. 8 gr

Jetzer, Max, aus Lengnau (Aargau) und aus Basel: Untersuchung der symmetrischen p-Dialkyldioxychinone aus Fettsäureestern. Basel 1910. 71 S. 8°. [20. II. 10.]
Basel. Phil. Diss. 1909/10.

Jetzer, Max. Untersuchung der symmetrischen p-Dialkyldioxychinone aus Fettsäureestern. Diss. Phil. Basel. 71 S. 8. Basel, Froese & Co., 1910.

Jetzergeschichte. Die J' zu Bern, 1507. Njbl. Bern 1843 s.a. [Stierlin, Emanuel].

Jetzergeschichte, Die, zu Bern 1507. Bern 1843. V: *Stierlin, Emanuel.* (ZÜRKL)

Jetzergeschichte, die, zu Bern, 1507. Neujahrs-Blatt der bernischen Jugend gewidmet für das Jahr 1843. Mit 1 Abbild. gr. 4. Bern 843, Huber u. Co. n. 5/12 rthl

Jetzke, Jo. F. Car., praes. Fr. Gttl. **Goldhagen,** De tensione nervorum in genere. 24 pp. Hal. 4°. 1770

Jetzke, Karl Tobias

Jetzke, K. T., Entwurf d. Vormittagspredigten üb. d. Evangelien. 4 Thle. gr. 8. Halle, Trampe. 768–71.

Jetzke, Karl Tob., Entwürfe d. Vormittagspredigten über d. Evangelien. 4 Thle. gr. 8. Halle 769—71. Trampe. 2 rthl

Jetzt! — Historisch-polit. Taschenbuch fur Liberale u. Servile auf d. J. 1846. Hrsg. v. Bruno Theobald. gr. 16. (21 B.) Grimma 845, Verlags-Comptoir. *

—— dass. (2. Jahrg.) auf d. J. 1847. Hrsg. v. Dems. 8. (16⅛ B.) Ebds. 846. *

Jetzt! Histor.-polit. Taschenbuch f. Liberale u. Servile auf das J. 1847. Hrsg. v. Br. Th. 8. (266 S.) Grimma, Verlags-Comptoir. n. 2/3 rthl

Jetzt! Historisch-politisches Taschenbuch auf das J. 1849. 4. Jahrg. 2 Abthlgn. A. u. d. T.: Historisch-politische Revue der Ereignisse des J. 1848. 2 Abthlgn. gr. 16. (662 S.) Bautzen 848, Helfer.
1. und 2. Jahrg. 1846 und 1847 erschien im Verlags-Comptoir in Grimma und kostet à Jahrg. * 20 Ngr. — 3. Jahrg. vgl.: Das Jahr 1848.

Jetzt noch Theologie studiren? Ein ermunternd-abmahnendes Wort aus dem Munde eines Theologie Studirenden. gr. 8. (27 S.) Jena 850, (Döbereiner.) Thlr.

— wie sonst! Luther üb. Fürsten, Adel, Hofbeamte u. Pfaffen. 1. 12. (23 S.) Leipzig 851, Bibliopolische Anstalt. 1 1/2 ngr

Jetztzeit, die —. Wochenschrift für Politik, Belehrung und Unterhaltung in gebildeten Kreisen. Redakteur: Dr. H. Meynert. Druck und Verlag von Ant. Schweiger. 8. Wochentlich einmal. 6 fl. und 6 fl. 40 kr. jährlich.
Wien 1855.

Jetztzeit, die. Wochenschrift für Belehrung und Unterhaltung in gebildeten Kreisen. Redakt.: H. Meynert. 1. Jahrg. 1855. 52 Nrn. (Bog.) gr. Lex.-8. Wien, (Gerold's Sohn.) *

Jeu d'amour, oder das Spiel der Liebe, m. K. 8. Leipzig, Fr. Bruder.

Jeu, le, d'Esmorée, fils du Roi de Sicile, Drame du XIIIe siècle, trad. du flamand par C. P. Serrure, Conservateur des Archives de la Province de la Flandre Orientale. gr. in-8. Gand 837. (Bonn. Marcus.) n. ⅓ ℳ

— militaire, etc. av. une planch. ibid.

— de mappemonde, av. planch. Leipz. Ind. Compt.

— de questions sur la géographie universelle etc. Braunschweig, Pluchart.

Jeu de la roulette. Unique procédé positif et pertinent de résister constamment à la banque et de gagner sûrement, avéré par une démonstration irréfragable et les résultats de l'expérience, avec tabelles. Par J. H. B*. gr. 8. (31 S. mit 1 Stnt.) Bad Homburg 858(60), Fraunholz.

Jeuckens, Rob., Plutarch v. Chaeronea u. die Rhetorik, s.a. Dissertationes philologicae Argentoratenses selectae.

Jeuckens, Robert [Peter], a. Eupen, Rheinland: Plutarch von Chaeronea und die Rhetorik. Straßburg: K. J. Trübner 1907. (100 S.) 8° ¶(Erscheint vollst. in: „Dissertationes Argentoratenses selectae" Bd 12.)
Straßburg, Phil. Fak., Ref. Keil, Diss. v. 8. Dez. 1906
[Geb. 26. Mai 84 Eupen, Rheinland; Wohnort: Eupen; Staatsangeh.: Preußen; Vorbildung: Progym. Eupen, Gymn. Düren, Rhld. Reife O. 03; Studium: Bonn 1, Straßburg 7 S.]

Die falschen Brůder, oder Die Wahrheit in einem helleren Lichte. Ein merkwůrdiges wichtiges Werk, geschikt unmerklich zur Kenntniss der in der Welt herrschenden Irrthůmer, Missbräuche und Vorurtheile zu fůhren. [Von Jeudi.] Berlin: Unger 1784. 67 S. 8⁰

[Dasselbe.] Berlin 1784. 42 S. 8⁰
Kl. 460.
Ausg. 1784 67 S. in KB. 25; 42 S.

Jeune Allemagne, die, in Deutschland. 8. (2 B.) Stuttgart 836, (Liesching u. Comp.)

de Jeune, Guil. Alex., Dissertatio astronomica exhibens definitiones ex nonnullis Pleiadum occultationibus deductas. gr. 8. Lugduni-Batav. 845, Hazenberg et S. n. 1 ℳ

le Jeune, P. J., der treue u. sichere Wegweiser von Jericho nach Jerusalem, s.a. Bibliothek d. vorzügl. Kanzelredner d. Auslandes. 3. Abthl.

Jeune, J. le, blinder aber sicherer Wegweiser v. Jericho nach Jerusalem, oder Predigten, a. d. Franz. 10 Thle. 4. Augsb. Veith, 759–65. (I. II. à 1 Rthlr. III. 13 gr. IV. 1 Rthlr. 1 gr. V. 22 gr. VI. 1 Rthlr. VII. 20 gr. VIII. 22 gr. IX. X. 1 Rthlr. 8 gr.)

Jeunesse, et Folie, Comédie en 5 Actes, en prose, de M. Pigault-Lebrun. gr. 8. Rudolst. Hofbuchh. 821.

— la, de Henri V. Comédie par Duval. gr. 8. la même. 808.

Jeunesse parisienne. Grand album. Ed. spéciale du Chic parisien. Dernières créations de robes pour enfants, fillettes et jeunes filles. Administrateur gérant: A. Bachwitz. 4. année. 2 Nrs. (à 20 S. m. farb. Abbildgn. u. 4 S. Text in französ., engl. u. deutscher Sprache.) 42,5×32,5 cm. Wien (910). Verlag der Modejournale „Chic parisien" usw. 6. —

Jeunesse: La Jeunesse Professionnelle v. L'Artisan Romand.

Jeuthe, G., der Affe als Liebhaber, s.: Turner-Pantomimen. 2.

— die turnende Familie od. Großmutter macht's besser, s.: Turner-Pantomimen. 1.

Jeuthe, Loth., Friedrich de la Motte Fouqué als Erzähler, s.a. Beiträge, Breslauer, zur Literaturgeschichte. 21. Heft.

Jeuthe, Lothar: Fouqué als Erzähler. Kap. 6. 7: Fouqués Stellung zum Ritterroman und zur Romantik. Breslau 1910: Nischkowsky. 44 S. 8° ¶(Ersch. vollst. als: Breslauer Beiträge z. Literaturgesch. H. 21.)
Breslau, Phil. Diss. v. 14. Jan. 1910, Ref. Koch
[Geb. 21. Juli 86 Bautsch; Wohnort: Breslau; Staatsangeh.: Preußen; Vorbildung: Ev. Gymn. Glogau Reife O. 05; Studium: Breslau 2, Halle 2, Breslau 6 S.; Rig. 1. Dez. 09.] [U 10.611

Friedrich de la Motte Fouqué als Erzähler. Von Dr. Lothar Jeuthe. Breslau: Hirt 1910. 163 S. 8°
[Ein T. erschien als Inaug.-Diss. Breslau 1910.]
(Breslauer Beiträge z. Literaturgeschichte. H. 21.) [10. 13437

Jeux, les, de la Fortune, roman moral. 8. Francf. Varrentrapp et W. 769.

Jeux nouveaux de la petite Thalie, ou collection des pièces de théâtre, à l'usage de la jeunesse de Mad. de Genlis. Vol. I. 12. Copenh. Bonnier. 814.

Jeux de la petite Thalie; ou nouv. pet. drames, dialogues, par Mons de Moissy. 8. Lps. Schneider. 789.

Jever [Schlagwort]

Jever, s. Deutschland. Kürschner-Pelp.

Jever — Charte von der Herrschaft — Nach astronomischen Bestimmungen etc. entworfen von F. L. Güssefeld. Nürnberg bey den Homannischen Erben 1801. 1: 92,500. 1 Bl.

Jever [Verfasser]

Jever, Rich. v., vom grünen Zweig. Gedichte. Illustrirt von Heinr. Morin. 8. (158 S.) München 885, Merhoff's Verlag. geb. mit Goldschn.

—— dass. — 2. Aufl. 8. (158 S. mit Illustr.) Ebendas. 886. geb. mit Goldschn. *

PIETISTEN. — Jeverus Wiburgensis, J., Verzeichniß allerhand pietistischer Intriguen und Unordnungen in Litthauen, vielen Städten Teutschlands, Hungarn und Amerika. 1729. (In Rostock, Landesbibl., laut Kat. v. 1909, S. 538, ohne Formatsangabe.)

Jevons, F. B., s.: Anthropologie, die, u. die Klassiker.

Jevons, W. St., Geld und Geldverkehr, s.a. Bibliothek, internationale wissenschaftliche.

Jevons WSt, Geld und Geldverkehr. (Bibliothek, Internat. 21) Leipzig 1876

Leitfaden der Logik [Elementary Lessons in Logic] von William Stanley **Jevons**. Autor. deutsche Übers. nach d. 22. Aufl. d. engl. Orig. von Dr. Hans Kleinpeter. Leipzig: J. A. Barth 1906. (VIII, 319 S.) 8° [07. 12. 6

Jewish Herald: 1882 1888

Weekly Jewish paper, printed in English and German. Edited by the Rev. Dr. Browne, & published by S. M. Friedlander, 1882 – 88.
New York, NY

Jewreinow, T. A., Die nationale Frage in den fremdvölkischen russischen Grenzgebieten. 180 S. St. Petersburg 1908

Jewsbury, Geraldine Endsor, die Halbschwestern, s. a. Lesekabinet, leipziger.

Jewsbury, Geraldine Endsor, die Halbschwestern. Aus dem Engl. übers. von Louise v. Grau. 3 Bde. Wien 857. Hartleben. 8. (190; 194; 172 S.) 1 ℛ. 15 ngr.

Jewsbury, Geraldine Endsor, das Pflegekind. Ein Roman. Aus dem Engl. übers. von Henriette Lewald. Mit einem Vorw. von Fanny Lewald. Berlin 859. Guttentag. 8. (IX, 328 S.) 1 ℛ 7½ ngr.

Jex, Karl, das patentierte Querleiter-System, sowie die daraus hervorgegangenen u. zum Patent angemeldeten Radialleiter- u. Universalleiter-Systeme u. ihre Projekte direkter Stromzuführg. zum elektr. Betrieb v. schienenlosen Bahnen (Strassenfuhrwerk), Wasserstrassen (Schiffen auf Strömen, Flüssen, Kanälen), doppelgeleisigen Bahnen m. Universalleitg., Wasserbahnen m. versenktem Kabel, Strassen-Eisenbahnen m. versenkter Planie-Leitg., schienenlosen Bahnen m. Planie-Leitg., Kriegsbahnen auf der Landstrasse u. s. w. Nach Patentschriften bearb. unter Beifügg. d. Patentansprüche nebst Patentzeichngn. 4. (31 S. m. 2 Taf.) Leipzig 893. Grübel & Sommerlatte. n. 2. —

Jeż, Theodor Thomas

Jeż, T. T. 1903 [Pseud.]
s. a. Miłkowski, Zygmunt. [10. 1116 10

Jeż, Thdr. T., Helena, powieść spółczesna. 2 Bde. Posen 869. Leitgeber. 8. (346 u. 316 S.) n. 2 ℛ

Jeż, Thdr. Thomas [Milkowski], die Uskoken. (Das Volk der Rächer.) Roman. Deutsch v. Jul. Meixner. Einzig autoris. Uebersetzg. 2 Bde. 8. (289 u. 343 S.) Berlin 891. H. Conitzer. 7. 50; geb. n. 10. —

Der Abdominaltyphus. Von Dr. Valentin **Jež**, Abtheil.-Assist. . . . in Wien. *Wien: J. Šafář 1897.* (XIV, 128 S.) 1 Bd 8. [97. 1149

Jež, V., Mitterbad Arsen-Eisen-Trinkwasser, s.: Simon, Herm.

— Mitterbadwasser u. s. Anwendg. in verschied. Erkrankungen. [Aus: „Reichs-Medicinal-Anzeiger".] gr. 4. (4 S.) Leipzig 898. Verlag d. „Reichs-Medicinal-Anzeigers" B. Konegen. n. 1. —

Jez, V., Serumbehandlung des Abdominaltyphus. (12 S.) 8. Leipzig 905. B. Konegen. n. 1. —
Sonderabdruck aus: „Reichs-Medizinal-Anzeiger".

Jezbera, F. J., ke všem slovanským druhům mojim. List ve dvou tisícich devadesáti sedmi daktylech. Prag 864. (Rziwnatz.) 16. (16 S.) n. 4 ngr.

Jezber, F. J., Kyril a Method, svatí apoštolové slovanských národův, nepsali nikdy hlaholsky než kyrilsky, to jest písmem na základě abecedy řecké sestaveným a doplněným. Připojeno vypravování o Slovanech v království Neapolském, obnoveným písmem kyrilskym. Prag 858. (Rziwnatz.) gr. 8. (72 S.) n. 18 ngr.

— list ke všem kněžím, učitelům etc. o tom, jak by tisíciletá upomínka na blahodárné působení prvoučitelův slovanských Kyrila a Methoda r. 1863 důstojně zasvětiti se měla. Ebend. 861. gr. 8. (16 S.) n. 6 ngr.

— nástin svého písemního vyučování, dle něhož se každý i v pokročilém stáří, jestliže jen po česku zná, buď si on pak na kterékoliv zemi v Evropě, rusky nejen dobře rozuměti a psáti, než i mluviti naučiti může. Ebend. 861. 16. (8 S.) n. 2½ ngr.

— obrana proti rozmanitým a sobě už odporujícím úvahám o spisu „Kyril a Method, svatí apoštolové slovanských národův, nepsali nikdy hlaholsky než Kyrilsky." Ebend. 859. gr. 8. (32 S.) n. 6 ngr.

— o písmenech všech slovanských národův. Ebend. 860. 8. (68 S. u. 1 Tab. in Fol.) n. 16 ngr.

— původní zpěvy a básně. Napsal a všem věrným synům a dcerám slovanským posvětil. Čast. 1. Ebend. 861. 8. (IV, 88 S.) n. 16 ngr.

— Rusové, Srbové, Poláci a Čechové s ostatními Slovany. S povyjasněním nevzájemného vzhledu některých listův a nepravého českých na polsko-ruskou záležitost. Ebend. 863. 8. (X, 76 S.) n. 10 ngr.

— upomínka na Jana Kollára, narozeného v Mošovcech na Slovensku dne 29. července 1793, zemřelého ve Vídni dne 24. ledna 1852. Ebend. 860. 8. (15 S.) n. 4 ngr.

Anregung zur Reform der Physiologie des Menschen v. Dr. F(r.) **Ježek**. M. zahlr. Abb. im Texte. *Stuttgart: Hobbing & Büchle 1896.* (XI S., 2 Bl., 191 S.) 1 Bd 4.(8.) [96. 1651

(**Ježek**, [F.]. Lebenslehre. Liefg. 1:) Die Entstehung von Stoff, Kraft und Leben. Zugleich Beantwortung der Fragen: Woher komme Ich? Was bezwecke Ich? Wohin gehe Ich?.. IV + 44 S. 8. Bern, Kampf-Verlag (Buchdr. H. Spahr), [1904]. (fr. 1. —)

(**Ježek**, [F.]. Lebenslehre. Liefg. 2 (Doppel-)L.:) Normales Leben ohne Blutkreislauf. Zugleich Beantwortung der Fragen: Wie entsteht das Blut? Was bezweckt es? Was spricht gegen die Blutzirkulation? [Mit Figuren und 1 Tafel.] IV + 75 S. 8. Bern, Kampf-Verlag (Buchdr. H. Spahr), [1904]. (fr. 2. —)

Ježek, Lebenslehre. 1. u. 2. Lfg. gr. 8. Bern, Basel, Kampf-Verlag. n. 2. 40
1. Die Entstehg. v. Stoff, Kraft u. Leben. Zugleich Beantwortg. der Fragen: Woher komme ich? Was bezwecke ich? Wohin gehe ich? (44 S.) (901.) n. — 80
2. (Doppel-)Lfg. Normales Leben ohne Blutkreislauf. Zugleich Beantwortg. der Fragen: Wie entsteht das Blut? Was bezweckt es? Was spricht gegen die Blutzirkulation? (75 S. m. 30 Abbildgn.) (905.) n. 1. 60

100 Thatsachen durch Autoritäten beglaubigt, gegen die Blutzirkulations-Theorie. Von [Fr.] **Ježek**. Stuttgart: Hobbing & Büchle [1899?] 16 S. 8° [Umschlagt.] [11. 10594 4

Ježek, F., Umsturz der Harvey'schen Lehre vom Blutkreislaufe u. Erklärung der natürlichen Blutbewegung. Lex.-8. (VII, 61 S. m. Abbildgn.) Leipzig 893. P. Hobbing. n. 2. —

Ježek, Ottokar

Ježek, O., üb. die Reihenumkehrung. [Aus: „Sitzungsber. d. k. Akad. d. Wiss."] Lex.-8. (13 S.) Wien 890. (Tempsky.) n. — 30

Jezeler, Beschreibung d. Rheinbrücke in Schafhausen. Mit 1 architektonischen Abriß. gr. 8. Zürich, Ziegler u. S. 778.

Jezennemours; roman dramatique. II Vol. 12. Basle, Flick. 777.

Jezennemours ein dramatischer Roman, aus dem Franz. 2 Theile, 8. Leipzig, 778. Lincke. 15 sgl.

— ein dramat. Roman, a. d. Französ. 2 Thle. 8. Leipzig, Schneider. 778.

Jeżowski, A., do ontologii Szachów. Korespondencya w szkizach publicystycznych, do której prowadzenia gotowość swą niniejszém oswiadcza. Poszyt 1. Z trzema rycinami. Edycya 2. br, 8. (64 S.) Berlin 864, Behr's Buchh. *

Jeżowski, Sigismund von, Jena: Verkehrsgeographische Betrachtungen über die Eisenbahnen in den französischen Kolonien. Borna-Leipzig 1908: R. Noske. (37 S.) 8°
Jena, Phil. Fak., Ref. Dove, Diss. v. 2. Mai 1908
[Geb. 21. Juni 84 Leipzig; Wohnort: Klosterlausnitz; Staatsangeh.: Sachsen; Vorbildung: Gymn. Weimar Reife O. 03; Studium: Jena 10 S.; Rig. 29. Febr. 08.]

Jezienicki, Michael, über die Abfassungszeit der Platonischen Dialoge Theaitet und Sophistes, mit einer kurzen Einleitung über die Versuche der Gelehrten die Zeitfolge Platonischer Schriften zu bestimmen. gr. 8. (49 S.) Lemberg 887, (Milikowski.) *

Jezienicki, Mich., quaestiones Lucretianae. [Aus: „Eos".] gr. 8. (28 S.) Lemberg 894. (J. Milikowski.) n.n. 1.—

Jezienicki, Michael Untersuchung über die Abfassungszeit der Platonischen Dialoge Theaitet und Sophistes, eingeleitet durch eine kurze Darstellung der Ansichten der Gelehrten über die Zeitfolge der Platonischen Schriften. 8 (S. 3—49).
Progr. K. k. zweites Oberg. *Lemberg* 1887.

Jezierski, And. St. De universis P. Ovidii Nasonis epistolis Heroidum et singillatim de Sapphus ad Phaonem epistula. gr. 8. (112 S.) Tarnopoli 886. (Lpz., Fock.) 3 —

Jezierski A. St.: De universis P. O. N. epistulis Heroidum et singillatim de Sapphus ad Phaonem epistula. 57. Tarnow 86.
Progr.

Jezierski, A. St., Platona Eutyfron czyli O. Pobożności. Pr. 1890. 53 S. 1.—

Jezierski, Apolinaris [!] (geb. Wronke in Posen 23. 7. 1825): De varicibus. Berolini (1851). (24 S.) 8°
Berlin, Med. Diss. v. 15. Apr. 1851

Jezierski, Edm., Finsternis? Licht?! Ein Märchen. (31 S.) 8. Leipzig (909). Reform-Verl. 1.—; geb. in Leinw. 1.50

Jezierski Felix, Nauczyciel ze stanowiska naukowego i moralnego, dzieło napisane dla rodziców i nauczycieli. 8. Warschau 847, Orgelbrand. 1⅓ ₰

Jezierski, Paul Vincent, Arzt aus Pleschen: Kasuistischer Beitrag zur Lehre von der spinalen progressiven Muskelatrophie (Typus Duchenne-Aran). *(Hamburg: Gebr. Lüdeking [1903].)* (30 S.) 8°
Freiburg i. B., Med. Diss. v. 1903

Jezler, Christoph J. von Schaffhausen (1734–1791). Eine Neujahrsgabe.... Schaffhausen s. [Stokar, Carl].

Jezler, Ch., die Entwickelung unserer Naturanschauung im XIX. Jahrh. u. Friedrich Mohr. Vortrag, geh. vor der naturwiss. Gesellschaft in Winterthur am 14. XII. 1900. gr. 8. (44 S. m. 1 Bildnis.) Leipzig 902. J. A. Barth. n. 1.20

Die Tochter des Intendanten. Roman von P. F. Jezma [d. i. Jenny Zink]. *Einsiedeln, Köln: Benziger & Co. 1903.* (472 S.) 8° [F.] [03. 4480

Jeżower, Ignaz, s. a. Cicerone, der poetische.

Der poetische Cicerone. Städte u. Länder in d. Dichtung. Hrsg. von Ignaz Jeżower. 1. Berlin: Behr 1908. 8° [11. 13786

— s.: Schiller, Frdr. v.

Jezuici w Polsce. Przez L. U. Lissa 855. E. Günther. gr. 8. (80 S.) 12 ngr.

Jezus, Maria ino Jožef, Božji Angeli ino Svetniki, naši Varchi ino Pomocniki. Molitve ino Pesmi za katolške Kristjane vsakega stana. V Gradci 1856. S'pismencami Jožefa A. Kienreichà. (436 S. 8.) (Jesus Maria und Josef, die Engel Gottes und die Heiligen, unsere Beschützer und Helfer. Gebete und Gesänge für den katholischen Christen jedes Standes. Gratz. 1856. Gedr. bei J. A. Kienreich.) (Slovenisch.)

Kolibri 360 GmbH
Ferdinand-Jühlke-Straße 7
99095 Erfurt, Deutschland
produktsicherheit@kolibri360.de